종자

내가 뽑은 원픽! 최신 출제경향에 맞춘 최고의 수험서

기사·산업기사

필기

최상민 저

예문사

최근 농업생산성 향상과 농가소득 증대를 위한 정책적 배려로 인해 작물재배에 대한 관심과 함께 우수한 작물품종의 개발 및 보급이 매우 중요하게 부각되고 있으며, 더불어 관련 분야인 작물의 육채종, 종자검사, 관리업무 등을 수행할 수 있는 전문인력에 대한 수요 또한 증가하고 있다. 특히 종자를 육성, 증식, 생산, 조제, 양도, 대여, 수출, 수입 또는 전시하는 것과 관련된 사업을 하려면 종자관리사 1인 이상을 두어 종자 보증업무를 하도록 되어 있어 최근 이 분야의 시험 응시자와 합격자 수는 나날이 증가하는 추세에 있다.

이 책의 특징은 다음과 같다.

객관식 문제유형인 필기시험에서 다루는 과목은 종자생산학, 식물육종학, 재배원론, 식물보호학, 종자관련법규로서 이 책에서는 각 과목의 핵심이론과 그동안의 기출문제를 분석하여 자주 출제되었던 핵심내용들을 정리하고 문제로 풀어봄으로써 효과적인 정리를 할 수 있도록 구성하였다.

최선을 다해 자료를 준비하고 나름대로 애써서 기획하고 편집하였지만 미비한 부분이 없지는 않을 것이다. 이에 대해서는 차후로 독자들의 의견을 수렴하고 출제경향들을 계속 분석하여 보완할 것을 약속드린다.

이 책이 출간되기까지 도와주신 지인들과 워드작업을 함께해 준 평생의 반려자인 아내, 소중한 분신 아람이와 보람이에게 고마움을 전하고, 실제적인 작업을 위해 애써주신 도서출판 예문사 임직원들께 감사의 뜻을 전한다.

무등산 자락 운림골에서
최상민

CBT 모의고사 이용 가이드

- 인터넷에서 [예문사]를 검색하여 홈페이지에 접속합니다.
- PC, 휴대폰, 태블릿 등을 이용해 사용이 가능합니다.

STEP 1 회원가입 하기

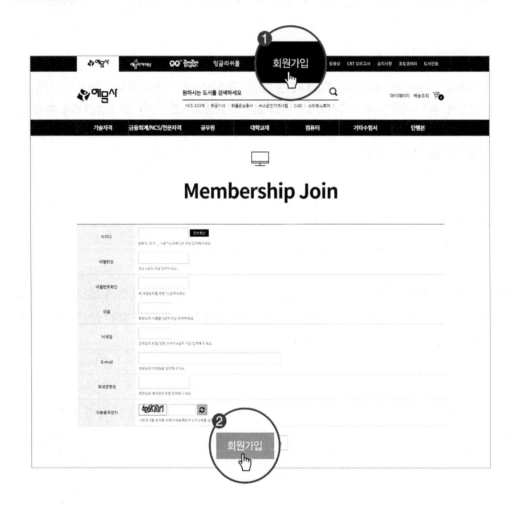

1. 메인 화면 상단의 [회원가입] 버튼을 누르면 가입 화면으로 이동합니다.
2. 입력을 완료하고 아래의 [회원가입] 버튼을 누르면 **인증절차 없이 바로 가입**이 됩니다.

시리얼 번호 확인 및 등록

시리얼번호

| D089 | — | 1280 | — | 4F20 | — | RHA2 |

1. 로그인 후 메인 화면 상단의 [CBT 모의고사]를 누른 다음 **수강할 강좌를 선택**합니다.
2. 시리얼 등록 안내 팝업창이 뜨면 [확인]을 누른 뒤 **시리얼 번호를 입력**합니다.

STEP 3 등록 후 사용하기

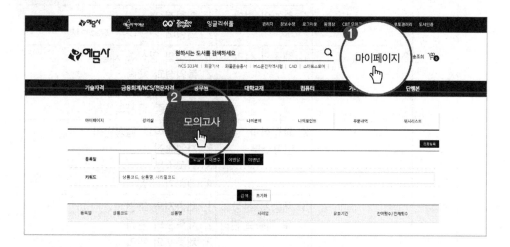

1. 시리얼 번호 입력 후 [마이페이지]를 클릭합니다.
2. 등록된 CBT 모의고사는 [모의고사]에서 확인할 수 있습니다.

»»» 종자기사 필기

직무 분야	농림어업	중직무 분야	농업	자격 종목	종자기사	적용 기간	2024.1.1.~2028.12.31

○ 직무내용 : 농작물의 새로운 품종개발을 위해서 교배, 돌연변이 유발, 형질전환, 선발 등의 육종행위를 수행하고, 선발된 신품종의 가장 적합한 재배조건과 번식방법을 확립하며, 우수한 성능을 가진 품종의 종자를 효율적으로 생산·번식시키며, 종자검사 및 종자보증 등의 종자관리를 수행하는 직무이다.

필기검정방법	객관식	문제수	100	시험시간	2시간 30분

필기과목명	문제수	주요항목	세부항목	세세항목
종자생산학	20	1. 종자의 형성과 발달	1. 종자의 형성	1. 화아유도와 분화 2. 생식세포의 형성과 발달 3. 생식세포분열 4. 화기구조 5. 꽃가루 형성 6. 배낭의 형성 7. 수분 8. 수정(무수정생식 포함) 9. 종자 형성
			2. 종자의 발달	1. 꽃의 형태와 분류 2. 과실의 발달과 종류 3. 종자의 발달과 성숙
			3. 종자의 구조	1. 종자의 외곽부 2. 저장조직과 배
			4. 종자의 형태	1. 외형적 특징 2. 외형에 나타나는 특수기관
		2. 채종기술	1. 채종의 생리	1. 생식의 양식과 채종 2. 불임성과 채종 3. 자가불합성과 채종 4. 1대 잡종 종자의 양산
			2. 교잡성과 인공수분	1. 무성생식과 영양번식 2. 자연교잡 3. 인공수분 4. 개화기 조절
			3. 채종지 선정 및 채종포 관리	1. 채종지의 조건 2. 채종포의 환경 3. 채종포의 관리

필기과목명	문제수	주요항목	세부항목	세세항목	
			4. 수확·정선·선별	1. 수확 3. 선별	2. 정선
		3. 수확 후 종자관리	1. 건조	1. 자연건조 3. 상온건조	2. 천일건조와 태양열건조 4. 열풍건조
			2. 종자처리	1. 종자소독 3. 종자코팅 5. 액상파종	2. 종자프라이밍 4. 퇴화 종자의 선별 6. 기타 종자처리
			3. 종자저장	1. 이상적인 종자저장환경 2. 종자의 저장 중 품질에 영향을 끼치는 요인 3. 종자의 저장 방법과 설비 4. 저장고가 갖추어야 할 사항	
		4. 종자발아와 휴면	1. 발아에 관여하는 요인	1. 종자의 내적 조건 2. 발아환경조건	
			2. 종자의 발아과정	1. 흡수(침윤) 2. 저장양분 분해효소의 생성과 활성 3. 저장양분의 분해·전류 및 재합성 4. 배의 생장개시 5. 유근 및 유아의 출현	
			3. 발아의 촉진과 억제	1. 발아촉진 3. 발아에 관여하는 물리적 요인	2. 발아억제
			4. 종자의 발아능과 종자세	1. 발아능 2. 종자세	
			5. 종자의 휴면	1. 휴면의 형태 3. 휴면의 타파	2. 휴면의 원인
		5. 종자의 수명과 퇴화	1. 종자의 수명	1. 퇴화개념 2. 수명에 관여하는 요인	
			2. 종자의 퇴화증상	1. 퇴화의 증상	
			3. 종자의 퇴화원인	1. 퇴화의 원인	
		6. 포장검사와 종자검사	1. 포장검사	1. 전작물 재배제한 2. 포장격리 3. 포장생육상태 4. 작물별 포장검사의 기준 5. 포장검사시기 6. 포장검사방법	

필기과목명	문제수	주요항목	세부항목	세세항목
			2. 종자검사	1. 시료추출 2. 순도분석 3. 발아검사 4. 활력의 생화학적 검사 5. 종자병 검정 6. 수분함량 검사 7. 천립중 검사 8. 종자건전도 검사 9. 품종검증
식물육종학	20	1. 육종의 기초	1. 육종의 중요성과 성과	1. 육종의 중요성 및 목표 2. 신품종의 출현 3. 경제적 효과 4. 재배한계의 확대 5. 품질의 개선 6. 작물의 안전성 증대 7. 경영의 합리화
			2. 재배식물의 기원과 도입	1. 생물의 다양성 2. 생물의 진화 3. 식물의 기원과 분화 4. 식물의 도입
			3. 육종기술의 발달	1. 1900년 이전의 육종 2. 멘델리즘의 재발견과 유전학의 발전 3. 순계도태에 의한 육종 4. 인공교배에 의한 육종 5. 1대 잡종에 의한 육종 6. 배수체에 의한 육종 7. 인위돌연변이에 의한 육종 8. 앞으로의 육종연구
		2. 변이	1. 변이의 생성 원인	1. 환경의 영향 2. 온도 3. 영양분 4. 기타
			2. 변이의 종류와 감별	1. 대립변이 2. 질적변이 3. 양적변이 4. 방황변이 5. 개체변이 6. 후대검정 7. 특성검정 8. 변이의 비교
			3. 변이와 육종	1. 변이와 육종과의 관계
			4. 유전자원의 수집, 평가 및 보존	1. 유전자원의 수집 2. 유전자원의 평가 3. 유전자원의 보존

필기과목명	문제수	주요항목	세부항목	세세항목
		3. 생식	1. 생식	1. 자식성 작물 2. 타식과 자식을 겸하는 작물 3. 타식성 작물
			2. 식물의 생식방법	1. 유성생식 2. 아포믹시스 3. 영양생식 4. 인공증식
			3. 웅성불임성	1. 유전자웅성불임성 2. 세포질웅성불임성 3. 세포질유전자웅성불임성
			4. 자가불화합성	1. 배우체형 자가불화합성 2. 포자체형 자가불화합성 3. 이형화주형 자가불화합성
		4. 유전	1. 유전자의 개념	1. 유전자의 개념 2. 유전자의 일반적 특징
			2. 세포질 유전	1. 세포질 유전
			3. 유전자의 구조, 기능	1. 유전자의 구조 2. 유전자의 기능
			4. 멘델 유전	1. 멘델이 성공한 원인 2. 멘델의 유전법칙 3. 유전자의 기호 4. 양성교배-독립의 법칙 5. 3성교배 6. 분리에 대한 검정법 7. 멘델의 유전법칙의 변형
			5. 염색체와 연관 및 교차 유전	1. 독립적 유전자조합에서의 편차 2. 연관의 강도 및 교차가 3. 교차
			6. 유전자 지도	1. 유전자 지도의 작성 기초 2. 유전자 지도상의 거리 3. 유전자 배열순서의 결정 4. 2중교차와 재조합과의 관계 5. 초파리에서의 3점검정
			7. 양적 형질의 유전과 선발	1. 폴리진 2. 평균과 분산 3. 유전분산의 구성 4. 유효인자의 수 5. 유전력의 선발 6. 유전상관과 선발

필기과목목	문제수	주요항목	세부항목	세세항목
		5. 육종방법	1. 도입육종법	1. 식물의 유전자원 2. 식물의 도입 3. 도입과 도입 후의 관리
			2. 분리육종법	1. 순계분리법　　2. 계통분리법 3. 영양계분리법
			3. 교잡육종법	1. 교잡육종법의 이론적 근거 2. 육종목표와 교배친의 선정 3. 인공교배법　　4. 교잡육종법
			4. 잡종강세육종법	1. 근계교배　　2. 잡종강세의 표현 3. 잡종강세의 기구 4. 조합능력 5. 조합능력검정육종법 6. 영양번식성 작물의 잡종육종법
			5. 배수성 육종법	1. 인위동질배수체의 일반적 특성 2. 동질배수체의 작성 3. 동질배수체의 육종적 효과와 문제점 4. 이질배수체의 이용 5. 특수배수체의 이용
			6. 돌연변이육종법	1. 자연돌연변이의 이용 2. 인위돌연변이의 유발 3. 인위돌연변이의 특징 4. 인위돌연변이의 발생률 5. 인위돌연변이의 선발법 6. 염색체절단의 이용 7. 돌연변이육종법의 특징
		6. 특성 및 성능의 검정방법	1. 제1차적 특성에 관한 형질검정	1. 함유성분의 검정 2. 품질검정
			2. 제2차적 특성에 관한 형질검정	1. 생육성 형질 2. 저항성 형질 3. 유전조성변화에 따른 특수현상 4. 물질생산성 형질
			3. 제3차적 특성에 관한 형질검정	1. 수량성 형질의 검정 2. 양질성형질의 검정 3. 내구성형질의 검정
			4. 조기 검정법	1. 유식물검정법 2. 화분립 및 종자검정법

필기과목명	문제수	주요항목	세부항목	세세항목
				3. 초형 및 체형에 의한 선발 4. 세대촉진과 단축
			5. 생산력 및 지역 적응성 검정	1. 지역적응성 검정 2. 포장시험법 3. 시험구 배치법
		7. 품종의 유지 증식, 보급	1. 품종의 특성 유지	1. 품종 퇴화　　2. 퇴화방지와 종자갱신 3. 특성유지법
			2. 품종의 증식과 보급	1. 증식과 채종　　2. 종자 증식체계 3. 품종의 보급
		8. 생명공학 기술 이용	1. 조직배양	1. 무병주 생산　　2. 인공종자 3. 조직배양을 이용한 유전자원 보존
			2. 분자표지	1. 유전자원 및 품종의 분류 2. 종자순도의 검정 3. 분자표지를 이용한 선발 4. 양적 형질 유전자좌의 선발
			3. 형질전환기술	1. 유전자 클로닝 2. 형질전환방법 3. 형질전환식물체의 식별 4. 형질전환체의 유전 5. 형질전환식물의 안정성 6. 형질전환을 이용한 식물 육종의 실제
			4. 생물공학적 식물 육종의 전망	1. 생물공학적 식물육종의 전망
재배원론	20	1. 재배의 기원과 현황	1. 재배작물의 기원과 세계 재배의 발달	1. 석기시대의 생활과 원시재배 2. 농경법 발견의 계기 3. 농경의 발상지　　4. 식물영양 5. 작물의 개량　　　6. 작물보호 7. 잡초방제　　　　8. 식물의 생육조절 9. 농기구 및 농자재 10. 작부방식
			2. 작물의 분류	1. 작물의 종류　　2. 작물의 종수 3. 용도에 따른 분류 4. 생태적 분류 5. 재배·이용에 따른 분류
			3. 재배의 현황	1. 토지의 이용 2. 농업인구

필기과목명	문제수	주요항목	세부항목	세세항목
				3. 주요 작물의 생산
		2. 재배환경	1. 토양	1. 지력　　　　2. 토성 3. 토양구조 및 토층 4. 토양 중의 무기성분 5. 토양유기물　　6. 토양수분 7. 토양공기　　　8. 토양오염 9. 개간지와 사구지 10. 논토양과 밭토양 11. 토양보호　　　12. 토양미생물 13. 토양반응과 산성 토양 14. 기타 토양과 관련된 사항
			2. 수분	1. 작물의 흡수 관련 사항 2. 작물의 요수량 3. 대기 중의 수분과 강수 4. 한해 5. 관개 6. 습해 7. 배수 8. 수해 9. 수질오염 10. 기타 수분과 관련된 사항
			3. 공기	1. 대기의 조성과 작물생육 2. 바람 3. 대기오염 4. 기타 공기와 관련된 사항
			4. 온도	1. 유효온도 2. 온도의 변화 3. 열해 4. 냉해 5. 한해
			5. 광	1. 광과 작물의 생리작용 2. 광합성과 태양에너지의 이용 3. 보상점과 광포화점 4. 포장광합성 5. 생육단계와 일사 6. 수광과 그 밖의 재배적 문제
			6. 상적 발육과 환경	1. 상적발육의 개념 2. 버널리제이션 3. 일장효과　　　4. 품종의 기상생태형

필기과목명	문제수	주요항목	세부항목	세세항목
		3. 작물의 내적 균형과 식물호르몬 및 방사선 이용	1. C/N율, T/R율, G-D 균형	1. 작물의 내적 균형의 특징 2. C/N율 3. T/R율 4. G-D 균형
			2. 식물생장조절제	1. 식물생장조절제 정의 2. 옥신류 3. 지베렐린 4. 시토키닌 5. ABA 6. 에틸렌 7. 생장억제물질 8. 기타 호르몬
			3. 방사선 이용	1. 방사선 조사 2. 육종적 이용 3. 추적자로서의 이용
		4. 재배 기술	1. 작부체계	1. 작부체계의 뜻과 중요성 2. 작부체계의 변천 및 발달 3. 연작과 기지 4. 윤작 5. 답전윤환 6. 혼파 7. 그 밖의 작부체계 8. 우리나라 작부체계의 변천 및 발전방향
			2. 영양번식	1. 영양번식의 뜻과 이점 2. 영양번식의 종류 3. 접목육묘 4. 조직배양
			3. 육묘	1. 육묘의 필요성 2. 묘상의 종류 3. 묘상의 구조와 설비 4. 기계이앙용 상자육묘 5. 상토
			4. 정지	1. 경운 2. 쇄토 3. 작휴 4. 진압
			5. 파종	1. 파종시기 2. 파종양식 3. 파종량 4. 파종절차
			6. 이식	1. 가식과 정식 2. 이식시기 3. 이식양식 4. 이식방법 5. 벼의 이양양식

필기과목명	문제수	주요항목	세부항목	세세항목
			7. 생력재배	1. 생력재배의 정의 2. 생력재배의 효과 3. 생력기계화재배의 전제조건 4. 기계화 적응 재배 5. 기타 생력재배에 관한 사항
			8. 재배관리	1. 시비　　　　2. 보식 3. 중경　　　　4. 제초 5. 멀칭　　　　6. 답압 7. 정지　　　　8. 개화결실 9. 기타 재배관리에 관한 사항
			9. 병해충 방제	1. 병해　　　　2. 해충 3. 작물보호　　4. 농약(작물보호제) 5. 기타 병해충 방제 사항
			10. 환경친화형 　재배	1. 개념　　　　2. 발전과정 3. 정밀농업　　4. 유기농업
		5. 각종 재해	1. 저온해와 냉해	1. 저온해　　　2. 냉해
			2. 습해, 수해 및 　가뭄해	1. 습해　　　　2. 수해 3. 가뭄해
			3. 동해와 상해	1. 동해　　　　2. 상해
			4. 도복과 풍해	1. 도복　　　　2. 풍해
			5. 기타 재해	1. 기타 재해
		6. 수확, 건조 및 　저장과 도정	1. 수확	1. 수확시기 결정　2. 수확방법
			2. 건조	1. 목적　　　　2. 원리와 방법
			3. 탈곡 및 조제	1. 탈곡　　　　2. 조제
			4. 저장	1. 저장 중 품질의 변화 2. 큐어링과 예냉 3. 안전저장 조건
			5. 도정	1. 원리　　　　2. 과정 3. 도정단계와 도정률
			6. 포장	1. 포장재의 종류와 방법 2. 포장재의 품질
			7. 수량구성요소 　및 수량 사정	1. 수량구성요소 2. 수량구성요소의 변이계수

필기과목명	문제수	주요항목	세부항목	세세항목
				3. 수량의 사정
식물보호학	20	1. 작물보호의 개념	1. 피해의 원인	1. 작물보호의 정의 2. 작물의 피해 3. 피해의 원인
			2. 작물의 피해 종류	1. 작물 피해 종류
			3. 병해충의 종합적 관리(IPM)	1. 병해충의 종합적 관리(IPM)
		2. 식물의 병해	1. 병의 성립	1. 병원 2. 기주와 감수성 3. 발병요인의 상호관계 4. 병의 발생과정(병환)
			2. 병원학과 종류	1. 진균 2. 세균 3. 파이토플라스마와 스피로플라스마 4. 바이러스 5. 바이로이드 6. 기타 병원
			3. 발생 및 병리 생태	1. 진균병의 발생 생태 2. 세균병의 발생 생태 3. 바이러스병의 발생 생태
			4. 식물병의 진단	1. 병징 2. 표징 3. 포장진단 4. 식물진단
			5. 병원성과 저항성	1. 병원성의 구성인자 2. 저항성에 관한 정의 3. 저항성 기구
			6. 식물 병해의 방제법	1. 법적 방제 2. 생물적 방제 3. 경종적 방제 4. 저항성 품종 이용 5. 화학적 방제 6. 물리적 방제
		3. 식물 해충	1. 해충의 분포 및 분류	1. 지리적 분포 2. 생태적 분포 3. 한국의 곤충상 4. 분류의 단위 5. 채집 및 분류방법 6. 곤충의 목
			2. 해충의 생리	1. 소화계 2. 순환계 3. 호흡계 4. 신경계 5. 생식계 6. 감각기관 7. 특수조직
			3. 해충의 생태	1. 해충의 번식과 발육 2. 곤충의 생활사

필기과목명	문제수	주요항목	세부항목	세세항목
				3. 이동과 습성 4. 발생경과
			4. 해충의 형태	1. 내부구조 2. 외부구조
			5. 해충피해의 종류	1. 저작 피해 2. 흡즙 피해 3. 혹 생성 피해 4. 기타 피해 5. 전파 및 유인
			6. 해충의 방제	1. 벼의 해충 2. 밭작물의 해충 3. 채소의 해충 4. 과수의 해충 5. 기타의 해충
		4. 잡초	1. 잡초 일반	1. 잡초로 인한 피해 2. 잡초의 유용성 3. 잡초방제의 개념
			2. 잡초의 생리 생태	1. 잡초의 분류 2. 잡초의 분포 3. 잡초종자의 발아 4. 잡초의 출현 5. 잡초의 산포 6. 잡초의 생육특성 7. 작물의 경합특성 8. 잡초의 군락과 천이특성
			3. 잡초방제의 원리	1. 잡초경합 2. 잡초의 허용한계
			4. 잡초의 방제	1. 잡초문제의 특이성 2. 예방적 방제법 3. 생태적 방제법 4. 물리적 방제법 5. 화학적 방제법 6. 종합적 방제법
		5. 농약 (작물보호제)	1. 농약의 정의와 중요성	1. 농약의 정의 2. 농약의 중요성
			2. 농약의 분류	1. 사용목적에 의한 분류 2. 사용형태에 의한 분류 3. 화학적 조성에 의한 분류 4. 작용 기작에 의한 분류

필기과목명	문제수	주요항목	세부항목	세세항목
			3. 농약의 형태 및 이화학적 특성	1. 살균제 2. 살충제 3. 제초제 4. 살서제 5. 식물생장조절제 6. 보조제 7. 계면활성제 8. 용제 9. 고체증량제 10. 액제 11. 고형제 12. 기타 제형
			4. 농약의 사용법	1. 농약의 선정 2. 농약의 살포량 및 살포횟수 3. 농약의 살포시기 4. 농약 사용상의 주의점
			5. 농약의 구비조건	1. 농약의 구비조건
			6. 농약의 독성 및 잔류와 안전사용	1. 급성독성 2. 만성독성 3. 중독사고의 예방 4. 농약의 잔류와 안전사용 5. 농약의 안전사용기준
종자 관련 법규	20	1. 종자관련법규	1. 종자산업관련 법규	1. 종자산업법, 시행령과 시행규칙 2. 종자 관련 규정 및 고시 3. 법령상 용어의 정의
			2. 식물신품종 보호 관련 법규	1. 식물신품종보호법, 시행령과 시행규칙 2. 식물신품종보호관련 규정 및 고시 3. 법령상 용어의 정의
			3. 품종성능의 관리	1. 대상작물 2. 심사 절차 및 요건 3. 등재품종의 종자생산 4. 등재의 취소
			4. 종자보증	1. 보증의 의의 2. 국가 및 자체 보증 3. 포장 및 종자검사 4. 보증의 효력
			5. 종자유통	1. 종자업의 등록 2. 종자의 판매 3. 종자의 수·출입 4. 수입적응성 시험 5. 유통종자의 품질관리

필기과목명	문제수	주요항목	세부항목	세세항목
			6. 벌칙 및 징수규칙	1. 각종 벌칙 2. 징수규칙
			7. 관리요강	1. 종자관리요강
			8. 검사요령	2. 종자검사요령

>>> 종자산업기사 필기

직무 분야	농림어업	중직무 분야	농업	자격 종목	종자산업기사	적용 기간	2023. 1. 1.~2026. 12. 31.

○ 직무내용 : 농작물의 새로운 품종 개발을 위해서 교배, 돌연변이 유발, 선발 등의 육종 행위를 수행하고 우수한 성능을 가진 품종의 종자 및 작물을 효율적으로 보호·생산·번식을 수행하는 직무이다.

필기검정방법	객관식	문제수	80	시험시간	2시간

필기과목명	문제수	주요항목	세부항목	세세항목
종자생산과 법규	20	1. 종자의 발달	1. 종자의 형성과 발달	1. 종자의 형성 2. 종자의 발달 3. 화성과 결실
			2. 종자발아와 휴면	1. 종자발아 2. 종자휴면
			3. 종자의 수명과 퇴화	1. 종자의 수명 2. 종자의 퇴화
		2. 종자생산체계	1. 종자생산기술	1. 교잡 2. 인공수분 3. 종자 번식
			2. 채종관리	1. 종자생산의 원리 2. 채종의 생리 3. 채종지의 조건과 환경 4. 채종포의 관리
			3. 종자수확 및 관리	1. 수확·정선 및 선별 2. 수확 후 종자관리
			4. 종자의 병해충과 방제	1. 병해충의 검정 2. 병해충의 방제
		3. 보증종자의 검사	1. 포장검사	1. 포장선정 2. 포장검사
			2. 종자검사	1. 시료채취 2. 종자검사

필기과목명	문제수	주요항목	세부항목	세세항목
육종	20	1. 육종의 기초	1. 육종의 중요성	1. 육종의 주요 성과 2. 재배식물의 기원과 도입 3. 육종기술의 발달
			2. 변이	1. 변이의 생성 원인 2. 변이의 종류와 감별 3. 변이와 육종
			3. 생식	1. 식물의 생식방법 2. 웅성불임성 3. 자가불화합성
			4. 유전	1. 유전자의 개념 2. 멘델의 유전법칙 3. 염색체의 연관과 교차 4. 유전적 변이 5. 양적 및 질적 형질의 유전
		2. 육종기술	1. 육종의 종류 및 특성	1. 도입육종 2. 분리육종 3. 교잡육종 4. 잡종강세육종 5. 배수성육종 6. 돌연변이육종 7. 생명공학기술이용 육종 8. 유전자원 보존·관리
		3. 특성 및 성능 검정	1. 육성·선발계통 특성 및 성능검정	1. 다수성 검정 2. 품질 검정 3. 병해충 저항성 검정 4. 내재해성 검정 5. 조기 검정 6. 기타 검정
재배	20	1. 작물현황분석	1. 재배의 기원과 현황	1. 재배작물의 기원과 발달 2. 작물의 분류 3. 재배의 현황

필기과목명	문제수	주요항목	세부항목	세세항목
		2. 재배 환경	1. 재배 환경	1. 토양 2. 수분 3. 공기 4. 온도 5. 광
			2. 각종 재해	1. 기상 재해 2. 농업 재해
		3. 재배 기술	1. 재배 및 수확관리	1. 작부체계 2. 종자관리 3. 정지, 파종, 육묘 및 정식 4. 재배관리 5. 병·해충 방제 6. 환경친화형 재배 7. 작물의 내적 균형 8. 식물호르몬 및 방사선 이용 9. 수확 후 관리
작물보호	20	1. 작물보호의 기초	1. 작물보호의 개념	1. 작물보호의 정의 2. 작물의 피해 원인 3. 작물의 피해 종류 4. 병해충의 종합적 관리
		2. 작물 병·해충 및 잡초 관리	1. 작물의 병	1. 식물병의 발생과 진단 2. 병원성과 저항성 3. 식물병해의 방제
			2. 작물의 해충	1. 해충의 분포 및 분류 2. 해충의 형태 및 생리·생태 3. 해충의 진단과 방제
			3. 잡초	1. 잡초의 종류 2. 잡초의 생리·생태 3. 잡초의 방제
		3. 작물보호제 (농약)	1. 작물보호제의 분류 및 특성	1. 작물보호제의 분류 2. 작물보호제의 형태 및 이화학적 특성
			2. 작물보호제의 안전 사용	1. 작물보호제의 사용법 2. 작물보호제의 독성 및 잔류

» 차 례

PART 01 이론

제4과목 | 식물보호학

제5과목 | 종자 관련 법규

PART 02　최신 기출문제

부록 1 | 과년도 기출문제

부록 2 | CBT 기출복원문제

P A R T

01

이론

CHAPTER 01 재배학 원론

1 작물재배의 분류

(1) 작물의 분화과정

유전적 변이 발생 → 순화 → 격절

(2) 단위면적에서 최대수량을 올리기 위한 3대 조건

유전성, 환경, 재배기술

(3) 우량 품종 구비조건

균등성, 우수성, 영속성, 광지역성

(4) 세계 3대 작물

밀, 벼, 옥수수

2 작물의 재배환경

(1) 토양

1) 토양의 3상

고상(50%), 액상(30~35%), 기상(20~15%)

2) 토양수분의 형태(작물의 흡수압 : 5~14기압)

① 결합수(화합수) : pF7.0 이상, 식물 이용 불가, 점토광물에 결합되어 있어 분리시킬 수 없다.
② 흡습수(흡착수) : pF4.5 이상, 식물 이용 불가, 건토를 공기 중에 두어 분자 간 인력에 의해 토양 표면에 수증기가 응축하여 피막상으로 흡착된 수분
③ **모관수 : pF2.7~4.3, 표면 장력**에 의하여 토양 공극 내에서 중력에 저항하며 유지되는 수분, 작물이 **주로 이용하는 수분**, 모세관 현상에 의해 지하수가 모관공극을 상승하여 공급한다.
④ 중력수(자유수) : pF0~2.7, 중력에 의하여 비모관 공극을 스며내리는 물
⑤ 지하수 : 모관수의 근원이 되는 물

3) 최적함수량

최대용수량의 60~80%. 즉, 포장용수량 부근에 있다.

4) 최대용수량(포화용수량)

(pF0)토양의 모든 공극에 물이 꽉 찬 상태의 수분 함량

5) 포장용수량(최소용수량)

(수분장력 1/3기압, pF2.5) 최대용수량에서 증발을 방지하면서 중력수가 완전히 제거된 후 모세관에서만 지니고 있는 수분 함량

6) 수분당량

젖은 토양에 중력의 1,000배의 원심력을 작용시킬 경우 잔류하는 수분상태로, 포장용수량과 거의 일치한다(pF2.7 이내).

7) 최소용수량 = 최적용기량

8) 최적용기량

토양 중에 공기로 차 있는 공극량(10~25%), 양배추 · 강낭콩(24%), 벼 · 양파 · 이탈리안 라이그라스(10%), 귀리 · 수수(15%)

9) 위조점과 위조계수

① 초기 위조점 : 생육이 정지하고 하엽이 위조하기 시작하는 토양의 수분상태(pF3.9, 8기압)
② 영구 위조점 : 위조한 식물을 포화습도의 공기 중에 24시간 방치해도 회복 못하는 위조(pF4.2, 15기압)
③ 영구 위조점에서의 토양함수율 = 위조계수(토양 건조 중에 대한 수분 중량비)

10) 흡습계수

흡습수만 남은 수분상태(pF4.5, 31기압), 상대습도 98%(25℃)의 공기 중에서도 건조토양이 흡수하는 수분상태, 작물에 이용될 수 없는 상태

11) 모세관

지름이 클수록 이동 속도가 빠르다. 올라가는 높이는 반지름에 반비례한다.

12) 증산률

건물 1g을 생산하는 데 필요한 물의 양

(2) 토양공기

1) 토양 중 CO_2(0.25%)

여름에 함량이 많다. 대기중 CO_2 농도보다 많다(0.03%).

2) 토양공기는 대기에 비해 CO_2 농도가 높고 O_2 농도는 낮다.

3) 토양공기는 분압의 차이에 따라 결정되는 방향으로 확산된다.

4) 최적용기량 : 작물의 최적용기량 10~25%

① 벼 · 양파 · 이탈리안 라이그라스 : 10%

② 귀리 · 수수 : 15%

③ 보리 · 밀 · 순무 · 오이 · 커먼베치 : 20%

④ 양배추 · 강낭콩 : 24%

5) 최대용기량 : 풍건상태(pF6)의 용기량

최소용기량＝최대용수량

6) 자연상태에서 토양의 전 공극량 : 토양용적의 30~50%

7) 토양공기의 조성

토양 중에는 유기물의 분해와 뿌리나 미생물의 호흡작용에 의해서 산소가 소모되고 이산화탄소가 배출된다. → 대기와의 가스교환이 더디기 때문에 산소가 적고 CO_2가 많아진다.

8) 토양공기와 작물생육

토양 중 이산화탄소가 높아지면 탄산이 생성되어 토양이 산성화된다. 수분과 무기염류 흡수를 저해한다.

9) 토양중 산소 부족 시

① 환원성 유해물질을 생성(H_2S)하여 뿌리가 상한다.

② 호기성 토양미생물 활동이 저해되고 유효태 식물양분이 감소한다.

10) 토양통기 조장책

① 토양처리 : 배수, 입단조성, 심경, 객토실시

② 재배적 조치 : 답전윤환재배, 답리작 · 답전작 실시, 중경, 중습답 · 습전은 휴립재배한다.

(3) 토양반응

1) 토양반응 표시법

토양용액 중의 수소이온 농도(H^+)와 수산화이온 농도(OH^-)의 비율에 따라서 결정된다(보통 pH반응 표시).

2) 활산성과 잠산성

① 활산성 : 토양용액에 들어 있는 H^+에 의한 것 → 토양에서 침출된 물에 대해 산도측정

② 잠산성(치환산성) : 토양교질물에 흡착된 H^+와 Al이온에 의해 나타나는 것

3) 토양반응과 작물생육

① 작물 양분의 가급도 : 중성~미산성에서 가장 높다.

② 강산성−Al, Cu, Zn, Mn 용해도가 증가하여 독성에 의한 작물생육을 저해한다.

 ※ 강산성에 용해도 감소 : B, Ca, Mg, B, Mo의 가급도 감소된다.

③ 강알칼리성−Na_2CO_3 등의 강염기가 다량 존재하여 작물생육을 저해한다.

 ※ 강알칼리성에 용해도 감소 : B, Fe, Mn

4) 산성 및 알칼리성 토양의 적응작물

① 산성 : 강함−벼, 귀리, 땅콩, 감자, 수박

 약함−보리, 클로버, 고추, 완두, 콩, 팥, 양파

② 알칼리성에 강함−사탕무, 수수, 유채, 양배추, 목화, 보리, 버뮤다그라스

5) 산성토양의 개량 및 재배대책

① 개량−석회와 유기물 넉넉히 시용

② 재배대책−산성에 강한 작물재배, 산성비료 자제, 용성인비 시용, 붕소 시용(산성토양 붕소결핍)

6) 토양 중 유기물

입단의 형성, 양분 및 CO_2의 공급, 보수 및 보비력 증대, 암석의 분해촉진, 완충력 증대, 미생물의 번식조장, 지온상승, 토양보호

7) 부식의 유기물 산화적 분해

중성, 유기물이 호기적 조건에서 호기성 세균에 의해 분해되는 작용으로, 부식이 적고 중성부식이 생긴다.

8) 부식의 환원적 분해

산성, 유기물이 호기적 조건에서 혐기성 세균에 의해 분해되는 작용으로, 부식량 많고 산성부식이 생긴다.

9) 습답

환원적 분해가 잘 일어남

10) 질소기아현상

C/N율이 낮은 유기물을 사용하고 질소질 비료를 사용하지 않을 때, C/N율 30 이상 시 발생

11) 토양의 질소형태

유기태(부식에 함유)

12) **토양 내 미생물의 유익작용**

① 유기물분해 → 암모니아 생성

② 유리질소 고정(근류균은 콩과 식물과 공생하면서 유리질소를 고정한다.)

③ 암모니아 → 질산으로 변화시켜 밭작물에 이롭다.

④ 무기성분을 변하게 한다(인산의 용해도를 높인다).

⑤ 가용성 무기성분을 동화하여 유실을 적게 한다.

⑥ 호르몬성의 생장촉진물질을 분비한다.

⑦ 미생물 간 길항작용에 의해 유해작용을 경감시킨다.

> **+ Reference**
>
> **토양미생물**
> 생육하는 데 가장 알맞은 토양(중성, 유기질 토양)

13) **근류균**

중성에서 생육왕성(유리질소 고정이 제일 잘 됨), 인산과 석회 시비 시 번식을 돕고, 활동이 활발해진다. 250~500kg/ha/year

14) **단독질소고정**

아조터박터, 클로스트리듐, 남조류

15) **근류균의 접종**

콩과 작물을 새로운 땅에 재배할 때 순수 배양한 근류균의 우량계통을 종자와 혼합하거나 직접 토양에 첨가하며, 그 콩과 작물의 생육이 좋았던 밭의 그루 주변 표토를 채취하여 객토한다.

16) **필수원소**

C, H, O, N, S, P, K, Mg, Ca

17) **미량원소**

Fe, Cu, Mn, Zn, B, Cl, Mo

18) **작물이 토양으로부터 흡수하는 필수원소의 형태**

$N(NO_3^-, NH_4^+)$, $P(H_2PO_4^-, HPO_4^{-2})$

(4) 수분

1) **팽압과 막압**

① 팽압 : 삼투에 의해서 세포의 수분이 늘면 세포의 크기를 증대시켜 만들어짐

② 막압 : 팽압에 의해 세포막이 늘어나면 세포막의 탄력성에 의해 다시 수축하려는 압력

2) 토양용액으로부터 작물 뿌리의 흡수

흡수량＝[세포삼투압−세포막압(팽압)]−(토양수분보유력＋토양용액 삼투압)

3) 수동적 흡수(소극적 흡수)

증산에 의해 수분흡수가 왕성해지며, 도관의 부압에 의한 흡수를 한다.

4) 능동적 흡수(적극적 흡수)

① 세포의 삼투압에 기인한 흡수로 일비현상 · 일액현상으로 설명된다.
② 광합성작용, 호흡작용, 질소동화작용, 삼투압(막압)에 관련된 흡수

5) 요수량

작물의 건물 1g을 생산하는 데 소비된 수분량(g)(＝증산계수)
① 요수량이 작은 식물 : 기장＞수수＞옥수수
② 요수량이 큰 식물 : 클로버＜알팔파＜호박＜흰 명아주
③ 생육초기에는 요수량이 크다.
④ 불량환경조건에 요수량이 크다.

(5) 온도

1) Q_{10}(온도계수)

10℃ 높아질 때에 증가되는 이화학적 반응이나 생리작용의 증가 배수

2) 적산온도

작물의 발아로부터 성숙(종자/과실이 발아력을 완전히 갖춘 수확의 최적상태)까지의
0℃ 이상의 일평균기온을 합산한 것
※ 여름 작물 중 생육이 긴 것 : 벼(3,500~4,500℃), 담배(3,200~3,600℃)
　생육이 짧은 것 : 메밀(1,000~1,200℃), 조(1,800~3,000℃)

3) 하고현상

① 다년생 북방형 목초가 여름철에 황화, 고사하고 목초 생산량이 떨어지는 현상
② 원인 : 고온, 건조, 장일, 병충해, 잡초
③ 대책 : 관개, 초종의 선택(고랭지 : 티머시, 남부평지 : 오처드그라스), 혼파, 방목 ·
　채초의 조절

4) 온도의 변화

일교차는 작물 생육 영향이 크다.
① 변온에 유리 : 발아, 동화물질의 축적, 괴근 · 괴경의 발달, 개화(맥류는 항온에 좋
　다.), 결실

② 항온에 유리 : 작물의 생장(변온이 작은 것이 생장은 빠르다.)

5) 식물은 온도가 낮아지면 양분흡수가 약해진다. 온도의 영향을 덜 받는 것은 칼슘(Ca)이다.

(6) 빛(광)

1) 빛의 역할

광합성, 증산작용, 호흡작용, 굴광작용, 착색, 신장 및 개화

2) 광합성 일반식

$6CO_2 + 12H_2O + 빛에너지 \rightarrow C_6H_{12}O_6 + 6H_2O + 6O_2$

3) 광합성에 이용되는 광

675nm(적색광), 450nm(청색광)이 효과적이고, 녹색 · 황색 · 주황색은 반사, 투과되어 효과가 적다.

4) 굴광현상

청색광이 가장 유효하다(400~500nm, 특히 440~480nm).

5) 작물의 광합성에 의한 태양에너지 이용 : 1~2%

6) 광보상점과 광포화점

① 작물은 광합성에 의해 CO_2를 흡수하고 유기물 합성과 동시에 호흡에 의해서 CO_2를 방출하고 유기물을 소모한다.

② 보상점

낮은 조도에서 진정 광합성 속도와 호흡속도가 같아서 외견 광합성 속도가 0이 되는 상태로 유기물의 증대 · 감소가 없고, 이산화탄소의 흡수 · 방출이 없다.

③ 광포화점(전광의 30~60%)

㉠ 이산화탄소 포화점까지 대기의 이산화탄소 농도가 높아질수록 광합성 속도 · 광포화점이 높아진다.

㉡ 작물의 수광태세가 좋을수록 광포화점은 낮아신나.

㉢ 재식밀도가 증가하면(군락형성) 광포화점은 높아진다.

④ 고립상태에서의 광포화점

㉠ 고립상태

ⓐ 실험대상이 되는 낱개의 엽 전부가 직사광을 받는 경우(포장에서 극히 생육초기)

ⓑ 어느 정도 성장하면 고립은 형성되지 않는다.

ⓒ 광포화점은 온도와 CO_2 농도에 따라 변화한다.

㉡ 광포화점은 온도와 CO_2 농도에 따라 변화한다.

ⓐ 생육적온까지 '온도'가 높을수록 광합성 속도는 높아지고, 광포화점이 낮아진다.
ⓑ 이산화탄소 포화점까지 CO_2 농도가 높을수록 광합성 속도와 광포화점은 높아진다.
ⓒ CO_2 농도와 광포화점의 관계
공기중의 CO_2 농도를 자연 상태의 약 4배로 증대시키면 광포화점은 거의 전광도도 (조사광량)에 가까워진다(C4식물인 옥수수는 광포화점이 80∼100%이다).

7) 포장동화능력

포장군락의 단위면적당 동화능력(광합성 능력) : 수량을 직접 지배한다.
① 최적엽면적 : 건물 생산이 최대가 되는 단위면적당 군락엽면적
② 최적엽면적지수(LAI) : 최적엽면적일 때 엽면적 지수(수광태세가 좋을 때 커진다.)

최적엽면적지수를 크게 하는 것은 군락의 건물 생산량을 크게 하여 수량을 증대시킨다.

8) 군락의 수광태세

군락 최적엽면적지수 : 군락의 수광태세가 좋을 때 높아진다. → 좋은 초형(직립형)의 품종육성, 재배법 개선

9) 생육단계와 일사

① 일사량이 부족한 환경에서 작물 생육에 비효가 큰 성분 : 칼리(K)
② 생육단계별 수량의 영향 : 유숙기 > 감수분열시 > 유수분화기 → 유숙기의 차광은 수량에 큰 영향을 준다.

10) 소모도장 효과

7∼8월에는 기온은 높은데 비가 많아서 일조가 부족하여 소모도장 효과

(7) 상적발육과 환경

1) 단계발육설

Lysenko의 가을밀 연구에 의한 상적발육설
① 감자, 고구마 : 영양생장, 생식생장 평행하게 진행, 무성생식
② 양배추 : 1년차(영양생장), 2년차(생식생장)

2) 화성의 유도

① 내적요인(양분, 호르몬) : 영양상태, C/N율, 호르몬(옥신, 지베렐린 등)
② 외적요인(광/온도−환경) : 광조건(일장), 온도조건(버널리제이션, 감온성)

3) 버널리제이션

저온에 의해서 식물의 감온상을 경과시키는 것(춘화, 춘화처리)

① 종자 버널리제이션 시기 – 최아종자의 시기(추파맥류, 배추, 완두, 잠두, 봄올무)

② 녹체 버널리제이션 시기 – 식물의 일정크기인 녹체기(양배추, 히요스, 양파, 당근)

> 추파맥류를 최아종자 때 저온처리하면 추파성을 소거하고 봄에 파종해도 '좌지현상'이 방지된다.

③ 온도 이외의 조건 : 산소, 광, 건조, 탄수화물

④ 일반적 저온처리로 개화촉진되는 것은 장일성(여름) 작물이 많다.

⑤ 농업적 이용 : 수량증대, 대파, 촉성재배, 채종, 세대단축, 종 또는 품종의 감정, 재배법의 개선

4) 일장효과

일장이 식물의 화성 및 그 밖의 여러 면에 영향을 끼치는 현상

① 유도일장 : 식물의 화성을 유도할 수 있는 일장

② 한계일장 : 유도일장과 비유도일장의 경계가 되는 일장

③ 최적일장 : 화성을 가장 빨리 유도하는 일장

④ 단일식물 : 단일처리에 화성유도 · 촉진(국화, 콩, 담배, 들깨, 사르비아, 도꼬마리, 코스모스, 목화, 벼, 나팔꽃)

⑤ 장일식물 : 맥류, 양귀비, 시금치, 양파, 상추, 아마, 티머시, 아주까리, 감자, 무

⑥ 중성식물 : 강낭콩, 고추, 토마토, 당근, 셀러리(화성이 일장에 영향을 받지 않음)

⑦ 중간식물, 정일성 식물 : 어떤 좁은 범위의 특정한 일장에서만 화성유도(사탕수수)

5) 일장효과에 영향을 미치는 조건(화성유도를 위한 일장효과)

① 발육단계 : 본엽이 나온 뒤 어느 정도 발육한 후에 감응

② 광의 강도

③ 광의 파장 : 적색광(600~680nm) > 자색광(400nm) > 청색광(480nm)

6) 개화 이외의 일장효과

성의 표현, 형태적 변화, 저장기관의 발육, 결협 및 등숙, 수목의 휴면

7) 식물의 개회 · 결실을 지배하는 3가지 요인

기본영양생장성, 감광성, 감온성

8) 일반적으로 봄철에 개화하는 것은 감온성이 높고 가을철에 개화하는 것은 감광성이 높다.

9) 조만성

영양생장기의 길고 짧음

10) 기본영양생장성

생육되는 장소의 일장이나 온도에 관계없이 일정량의 영양생장에 도달하면 생육상이 바

꾸는 성질이다. 식물의 개화기와 성숙기를 지배하는 요인으로서 식물 자신의 유전적 특성에 의해 지배되며, 환경의 영향을 거의 받지 않는다.

❸ 작물 품종의 재배적 특성

(1) 우량품종

균등성, 우수성, 영속성, 지역성

(2) 다수성 품종의 초형 : 단간수중형

1) 수수형 품종

다비재배, 비옥지 – 분얼 · 수수가 많다. 이삭은 작고, 대체로 단간이며 흡비력 강하다. 도복하지 않으며 천근성이고, 생육 도중 거름이 부족 시 무효분얼이 많아진다.

2) 수중형 품종

소비재배, 척박지, 늦심기 – 분얼이 적다. 수수도 적으나 이삭이 무겁고 굵다. 대체로 장간이며 심근성이고, 줄기도 굵으나 도복하기 쉽다.

3) 벼의 품종명

① 조생종 : 보급지역 명산 이름. 감온성 높다.
② 중생종 : 특성을 나타낼 수 있는 이름
③ 만생종 : 보급지역의 강이나 호수 이름. 감광성 높다.

4) 통일계 품종

단간수중형이며 내도복성이 강하다.

5) 장해형 냉해

생식생장기의 저온피해, 불임현상초래

6) 지연형 냉해

영양생장기의 저온 → 출수지연, 등숙저하, 생육초기부터 출수기에 걸쳐서 여러 시기에 냉온을 만나면 지연형 냉해 피해를 받는다.

7) 농작물 생산성 증대의 요인과 식물의 형태적 특성

초형과 관련된 형태적 형질이 생산성 증대의 가장 큰 요인이다.

4 작물의 내적 균형적 기초생리

(1) 2년생 식물의 생활환

양배추, 당근, 사탕수수(1년차 : 영양생장, 2년차 : 생식생장)

(2) 식물호르몬

1) 옥신(Auxin)

① NAA, IBA(단위결과 유기 시 사용), PCPA, 2,4,5-T, 2,4,5-TP, 2,4-D, BNOA
② 특성 : **발근촉진**, **접목에서 활착촉진**, 가지의 굴곡유도, 개화촉진, 적화 및 적과, 낙과 방지, 과실의 비대와 성숙촉진, 단위결과의 유도, 증수효과, **제초제로서의 이용**, 세포의 신장촉진, 기관생장, 줄기나 뿌리의 선단에서 생성

2) 지베렐린

① 주사법, 수정법, 도말법, 침지법, 적하법, 살포법
② 특성 : 휴면타파, 발아촉진, 화성의 유도 및 촉진, 경엽의 신장촉진, 단위결과 유도 (토마토), 수량증대(채소, 감자 가을 재배), 기관생장, 식물체에서 생합성

3) 생장억제물질

B-Nine, Phosfon-D, Amo-1618, MH

4) 사이토키닌(cytokinin)

발아촉진, 잎의 생장촉진, 호흡억제, 엽록소·단백질의 분해억제, 저장중의 신선도 유지, 세포분열촉진, BA, IPA, kinetin → 잎의 노화 방지

5) ABA

잎의 노화, 낙엽촉진, 휴면유기, 불량환경(스트레스 조건에서 많이 발생)

6) ethylene, ethrel

정아우세타파, 생장억제, 개화촉진, 낙엽촉진, 적과 성숙촉진-오이, 호박(암꽃증가), 고추(미숙과의 착색촉진), 토마토(착색, 성숙촉진)

7) 인돌비

IAA+BA 혼합물

8) C/N율

식물의 생육·화성·결실 지배하는 기본요인
(높을 때 : 화성유도, 낮을 때 : 영양생장 계속)

9) T/R률

지하부 생장량에 대한 지상부 생장량 비율

① 일사가 적어지면, 토양통기가 불량하면 T/R률은 커진다.

② 고구마 · 감자의 파종기 · 이식기가 늦어질수록 커진다.

10) 식물호르몬의 주요작용

① cytokinin : 내한성 증대, 발아촉진, 호흡억제, 노화방지

② MH-30 : 발아억제 및 서류의 맹아억제

③ 지베렐린(gibberellin) : 휴면타파, 단위결과

④ ABA : 휴면유도, 낙엽촉진

5 작물 재배기술

(1) 연작과 기지

1) 연작

이어짓기-동일포장에서 같은 종류의 작물을 계속해서 재배하는 것

2) 기지현상

연작에의 한 작물 생육이 뚜렷하게 나빠지는 일

3) 연작에 의한 피해가 적은 작물

식용작물

4) 기지의 해가 적은 작물

벼, 맥류, 조, 수수, 옥수수, 고구마, 삼, 담배, 무, 당근, 양파, 호박, 순무, 뽕나무, 아스파라거스, 토당귀, 미나리, 딸기, 양배추, 꽃양배추

5) 5~7년 휴작 필요한 작물

수박, 가지, 고추, 토마토, 사탕무

6) 10년 이상 휴작 필요한 작물

아마, 인삼

7) 과수에서의 기지

① 문제가 되는 것 : 복숭아나무, 무화과나무, 감귤류, 앵두나무 등(수박, 완두, 감자, 콩, 고추, 토마토)

② 문제가 안 되는 것 : 사과, 포도, 자두, 살구

③ 원인 : 토양비료 소모, 토양 중의 염류집적, 토양물리성의 악화, 잡초번성, 유독물질

의 축적, 토양선충의 피해, 토양 전염의 병해

8) 기지대책

윤작, 담수, 토양소독, 유독물질의 유리, 객토 및 환토, 접목, 지력배양

(2) 윤작(돌려짓기)

① 3포식 농법
② 개량3포식 농법(휴한 대신 지력증진 작물재배)
③ 노포크식 윤작법 : 화본과의 식용작물과 두과인 클로버, 근채류인 순무가 조합된 윤작
(무 → 보리 → 클로버 → 밀, 밀 → 콩 → 보리 → 순무)
④ 효과
지력유지 증강, 토양보호, 기지의 회피, 병충해의 경감, 잡초의 경감, 수량증대, 토지이
용도의 향상, 노력분배의 합리화, 농업경영의 안정성 증대

(3) 답전윤환

① 논을 몇 해 동안씩 담수한 논 상태와 배수한 밭 상태로 돌려가면서 이용(최적연수 : 2~3년)
② 효과 : 지력의 유지증진, 기지의 회피, 잡초발생 억제, 수량증가, 노력의 절감

(4) 혼파

① 단점
작물과 토양의 정밀한 관리가 어려움, 기계화 곤란
② 이점
가축 영양상의 이점, 공간의 효율적 이용, 비료성분의 효율적 이용, 질소비료의 절약, 잡
초의 경감, 재해에 대한 안정성 증대, 산초량의 평준화, 건초제조상의 이점

(5) 간작(사이짓기)

노력에 비해 토지가 적을 경우, 제한된 일정면적의 토지에서 소출을 증대시킬 필요가 있는
경우

(6) 혼작(섞어짓기) 및 혼파

1) 효과

① 토양과 기상에 대한 적응력이 약한 작물은 다른 작물에 의해 보완될 수 있다.
② 기상재해와 병충해에 대한 위험성을 분산시킬 수 있다.
③ 포복성과 직립성, 천근성과 심근성, 비료수탈 작물과 증각작물의 생리생태적 특성을
이용하여 공간의 유리한 이용, 비료절약 가능

2) 단점

① 정밀한 작물관리 및 토양관리 작업이 어렵다.

② 축력이용, 기계화가 곤란하다.

③ 간작물에 따라서 생육장해를 초래한다.

④ 목초 혼파 시 혼파 사료작물 선택에 제한을 받고, 비배관리 · 채종이 곤란하다.

⑤ 목초는 수확기가 일치하지 않아 수확이 지연되는 경우가 많다.

3) 장점

① 화본과 목초와 두과 목초를 혼파하여 재배하면 가축 영양상 균형을 도모할 수 있다.

② 상번초와 하번초의 혼파, 심근성과 천근성의 혼파는 효율적 이용을 기할 수 있다.

③ 비료성분을 효율적으로 이용할 수 있다.

④ 영구 방목지와 영구 채초지에 있어서 연간 산초량을 평준화할 수 있다.

⑤ 주형 목초지에 포복형 목초를 혼파하면 잡초발생을 경감할 수 있다.

(7) 교호작(엇갈아짓기)

생육기간이 비등한 작물들을 서로 건너서 교호로 재배하는 방식

(8) 육묘

묘상과 배지의 종류, 가온(加溫)과 이식의 유무에 따라 방식이 달라진다.

1) 가온육묘

가온과 함께 낮에는 태양열, 밤 — 보온

2) 양액육묘

노력절감, 병충해 위험 경감, 생력 육묘

3) 접목육묘

토양전염병 예방, 양수분의 흡수력 증대, 저온신장성 강화, 이식성 향상시키기 위해

4) 육묘목적

과채류의 조기수확, 결구성 채소의 추대방지, 유묘기의 관리용이, 토지이용률 제고와 종자 절약

5) 육묘의 필요성

직파가 불리할 경우, 증수, 조기수확, 토지이용도의 증대, 재해방지, 노력절감, 추대방지, 종자절약

6) 채소 온상관리

관수는 횟수를 줄이고, 한번에 주는 분량을 늘리며, 가식은 최소한도에 그쳐야 하며, 추비는 거의 주지 않는다.

(9) 파종

1) 봄파종

맨드라미, 메리골드, 백일홍

2) 가을파종

팬지, 금잔화, 금어초, 데이지, 시네라리아

3) 최아(催芽)후 파종

땅콩, 벼, 맥류, 가지(종자의 싹을 틔워 파종)

4) 상파

고가종자, 집약적인 관리가 필요한 파종법

5) 10cm 이상 복토

튤립, 수선화, 히아신스

6) 정지(整地)

경기(토양의 이화학적 성질개선, 잡초의 경감, 해충의 경감), 추경, 심경

7) 파종량 결정 시 고려 사항

작물의 종류 및 품종, 종자의 크기, 파종기, 재배지역, 재배법, 토양 및 시비, 종자의 조건

(10) 발아

1) 발아 최저온도가 가장 낮은 것

조, 보리, 밀 : 0~2℃

2) 종자 발아 최적온도

20~30℃

3) 침종목적

발아억제 물질 제거, 종자의 수분흡수, 발아의 균일과 촉진

4) 미세종자

관수법−저면관수, 파종법−모래와 섞은 후 체로 쳐서 파종, 파종 후 저면 관수

(11) 비료

1) 비료의 5요소

N, P, K, Ca, 부식(유기물)

2) 액체비료

제4종 복합비료

3) 화학적 산성비료

중과석(중과인석회 – 생리적 중성), 과석(과인산석회)

4) 화학적 중성비료

① 요소(생리적 중성비료), 유안, 염안, 염화칼륨, 질산암모니아(초안), 황산가리, 염화
가리, 콩깻묵, 어박
② 화학적 염기성비료 : 석회질소, 용성인비, 초목회

5) 질소비료

① 질산태 : 초안, 칠레초석
② 암모늄태 : 유안(물에 잘 녹고 속효성, 유실이 적다.)
③ 시안아미드태 : 석회질소
④ 유기태 : 요소
⑤ 3요소계 비료
ⓐ 질소질비료 : 황산암모니아(황안, 유안), 요소, 질산암모니아(질안, 초안), 석회질소
ⓑ 인산질비료 : 과인산석회(과석), 중과인산석회(중과석), 용성인비, 용과린
ⓒ 가리질비료 : 염화가리, 황산가리

(12) 관리

1) 중경

파종 또는 이식 후 작물 생육기간에 작물 사이의 토양을 부드럽게 하는 토양관리작업

2) 중경효과

① 발아조장, 비효증진, 토양 중 산소투입, 유해가스 방출, 잡초방제, 지면증발억제
② 단점

중경은 필연적으로 뿌리의 일부가 끊기게 되어 생식생장에 접어들어 중경에 의한 단
근이 심하면 피해가 발생한다. 화곡류의 유수형성기 이후는 중경을 하지 않는다.

3) 복대(봉지 씌우기)

4) 배의 무대재배

조 · 중생만 가능

5) 사과 봉지 벗기기

착색을 위한 것이다.

6) 지온을 낮추는 데 효과적

짚을 깔아준다.

7) 배토

① 작물의 생육기간 중에 골 사이나 포기 사이의 흙을 포기 밑으로 긁어 모아주는 것
② 목적 : 연백, 도복 방지, 잡초제거, 신근발생 조장, **무효분얼의 억제,** 덩이줄기의 발육
  조장, 배수

8) C/N율

결실이 좋으려면 질소 비교적 소량＋탄수화물 충분

9) 단위결과(수분수 불필요)

감, 감귤, 바나나, 파인애플, 무화과

10) 보식과 솎기

고사한 곳에 보충적으로 이식하는 것을 보식, 밀생한 곳에서 개체를 제거해서 앞으로 키
워나갈 공간을 넓혀주는 일을 솎기라 한다.

11) 추파(追播)

발아가 불량한 곳에 보충적으로 파종하는 것을 추파 또는 보파라 한다. 보파나 보식은 가
능한 일찍 해야 생육지연이 덜하다.

12) 멀칭(mulching)의 효과

작물의 생육 촉진, 가뭄해 경감, 동상해 경감, 잡초발생의 억제, 토양침식의 방지, 과실
의 품질 향상

13) 낙과

① 조기낙과(June drop)
  수정이 되어 어느 정도 자라다가 양, 수분의 과부족으로 인해 배의 발육이 중지되었을
  경우
② 후기낙과(Preharvest drop) : ABA이 함량이 증가하고 옥신의 함량 감소
  (대책 : 질소를 줄인다. 옥신살포)

③ 낙과방지

꽃눈을 충실하게 키운다. 수분수를 철저히 심는다. 개화기에 저온의 피해가 없도록 주의한다.

14) 정지(整枝)

① 과수 · 관상수목의 생육형태를 변형하여 목적하는 생육형태로 유도하는 것

　　㉠ 교목성 과수의 수형 : 변칙주간형, 개심자연형, 방추형

　　㉡ 덩굴성 과수의 수형 : 평덕식, 울타리식

　　㉢ 관목성 과수의 수형 : 총상수형

② 정지법

　　㉠ 원추형(주간형 · 폐심형)

　　　수형이 원추상태가 되도록 하는 정지법. 수고가 높아서 관리 불편, 풍해도 심하다.

　　㉡ 배상형

　　　술잔 모양이 되게 하는 정지법. 3~4본의 주지를 발달시킴. 관리편리, 통풍 · 통광 양호, 가지가 늘어지기 쉽고 결과수가 적어지는 결점이 있다.

　　㉢ 변칙주간형

　　　원추형과 배상형의 장점을 취할 목적으로 정지, 주로 사과에 이용

　　㉣ 개심자연형

　　　배상형의 단점을 보완한 수형복숭아, 매실, 자두, 배에 적합

　　㉤ 방추형

　　　왜화 사과나무를 키울 때 사용, 원추형의 축소된 모형

15) 전정

① 과수의 결실을 조절 · 조장하기 위해서 가지를 잘라주는 것

② 전정의 효과

　　㉠ 목적하는 수형을 만든다.

　　㉡ 가지를 적당히 솎아서 수광 · 통풍을 좋게 한다.

　　㉢ 결과부위의 상승을 막아 보호 · 관리를 편리하게 한다.

　　㉣ 격년결과를 예방하고 적과의 노력을 적게 한다.

(13) 개화 · 결실의 조절

1) 일장효과

일장이 식물의 화성 및 그 밖의 여러 영향을 끼치는 현상. 작물의 개화조절에 필요하다.

2) 버널리제이션

생육의 일정시기에 일정기간 인위적인 저온으로 화성을 유도 · 촉진하는 것

3) 감온성

생육적온에 이르기까지 저온보다 고온에 의해서 작물의 출수 · 개화가 촉진되는 것

4) C/N율

식물의 생육 · 화성 · 결실을 지배하는 기본요인이 된다는 견해

(14) 적화 및 적과

1) 적화

개화수가 너무 많을 때 꽃망울이나 꽃을 솎아서 따주는 것으로 과수에 있어서 조기에 적화하게 되면 과실의 발육이 좋고 비료도 낭비되지 않는다.

2) 적과

착과수가 너무 많을 때 여분의 것을 솎아 따주는 것으로 경엽의 발육이 양호해지고 남은 과실의 비대도 균일하여 품질이 좋게 된다.

(15) 단위결과의 유도

씨 없는 과실은 상품가치를 높일 수 있다. 포도(GA처리) · 수박(3배체) 등에서 단위결과를 유도하여 씨 없는 과실을 생산한다.

(16) 생력재배

1) 생력재배의 방향

농작업의 기계화와 제초제의 사용이 주된 것이다.

2) 생력화를 위한 조건

① 농지가 생력화를 가능케 하도록 정리되어야 한다.
② 넓은 면적을 공동관리에 의하여 집단으로 재배해야 한다.
③ 기계의 이용에 따른 남는 노동력을 수입화해야 한다.
④ 제초제를 이용한다.
⑤ 품종선택 · 재배법의 개선 등 기계화 적응재배체계가 확립되어야 한다.
⑥ 유능한 지도자가 있어야 하고 모든 농민이 잘 훈련되어야 한다.

6 작물의 피해

(1) 냉해

여름작물이 고온이 필요한 여름철에 냉온을 만나서 입는 피해(1~10℃에 냉해를 입는다.)

(2) 냉해의 원인

저온, 다우(多雨)

1) 수도

10℃ 이하 : 영양기관 냉해
20℃ 이하 : 생식기관 냉해

2) 증상

증산작용의 이상, 호흡작용의 이상, 수분 및 양분흡수 작용의 저해, 탄소동화작용의 저해, 동화물질의 전류 및 식물 호르몬 이동저해

3) 냉온장해

작물의 조직 내에 결빙이 생기지 않는 범위의 저온에 의한 피해

(3) 냉해의 구분

1) 지연형 냉해

생육초기부터 출수개화기에 걸쳐 여러 시기에 냉온을 만나면 등숙지연, 등숙불량 발생

2) 장해형 냉해

유수형성기~개화기(생식생장기) 사이의 냉온에 의한 **불임현상 발생**

3) 병해형 냉해

냉온하의 벼 → 증산감퇴 → 규산 흡수 감소 → 조직의 규질화 불량 → 도열병균 침입

4) 대책

내랭성 품종의 선택, 입지조건의 개선(방품림 조성, 습답 개량, 누수답의 개량, 지력배양, 관개수온 상승책의 강구), 육묘법의 개선, 재배법의 개선, 냉온기의 담수, 관개수온의 상승

5) 재배적 조치

조기/조식재배로 성숙기를 앞당긴다. 인산·가리·규산·마그네슘을 충분히 주고, 소주밀식하여 강건한 생육을 유지한다. 벼의 질소과용은 내랭성, 도열병 저항성이 낮아진다.

(4) 필수원소와 생리장해

① C, H, O : 식물체의 90~98%, 엽록소 구성원
② N : 단백질 구성성분, 결핍 시 황백화, 분얼저해
③ P : 분열조직, 세포핵, 효소 등의 주성분
④ K : 세포 내 수분공급, 수분상실제어, 효소반응 화성작용, 결핍 시 생장점고사, 하엽탈락

⑤ Ca : 세포의 중간막 구성, 체내이동이 어렵다. 분열조직의 생장, 뿌리 끝의 발육작용. 결핍시 뿌리 · 눈의 생장점 붉게 변함

⑥ Mg : 엽록소 구성원소, 결핍 시 잎의 황백화, 종자 중의 지유(脂油) 집적 돕는다.

⑦ S : 단백질, 아미노산, 효소의 구성성분, 결핍 시 단백질 생성 및 세포분열 억제, 콩과작물은 근류균의 질소고정 능력이 저하된다.

⑧ Fe : 호흡효소의 구성성분, 엽록소 형성에 관여, 결핍 시 어린잎부터 황백화 현상 발생

⑨ Mn : 각종 효소의 활성을 높여서 동화물질의 합성 분해, 호흡작용, 엽록소 형성에 관여

⑩ B : 촉매나 반응 조절물질로 작용, 생장점 부근에 많이 함유, 결핍 시 콩과작물의 근류균 형성과 질소고정 저해, 작물의 수정결실 저해

(5) 수해

1) 관수해

① 식물체가 완전히 물속에 잠기게 되는 침수로 인해 생기는 피해

② 완전침수 → 산소부족 → 무기호흡 → 당분, 전분, 단백질 등의 호흡기질 소진 → 기아상태

2) 관여요인

① 작물적 요인

㉠ 화본과 작물 : 수수, 옥수수, 피 → 강하다.

㉡ 화본과 목초와 땅콩 → 강하다.

㉢ 두과작물, 채소류 : 감자, 고구마, 메밀 → 약하다.

㉣ 벼 : **분얼 초기 강하고, 수잉기~출수개화기(생식생장기)에 약하다.**

② 침수요인

㉠ 수온 : 높을수록 피해가 크다.

㉡ 수질 : 흙탕물＞맑은 물, 정체수＞유수

· 정체탁수에서 급격히 고사－청고(靑枯) : 단백질이 소모되지 못하고 죽기 때문

· 유동탁수에서 고사－적고(赤枯) : 단백질까지도 소모, 갈색으로 변해 죽음

㉢ 비료 : 질소비료의 과용 또는 추비의 경우－관수해 커진다.

③ 침수에 의한 생육 저해 및 병해 발생 : **흰잎마름병** · 잎집무늬마름병 등

(6) 한해(旱害)

가뭄해, 토양수분 부족 → 위조, 고사

1) 원인

토양수 부족, 근계발달의 불충분, 흡수량＜증산량, 포장의 과습, 세포의 삼투압 저하, 당분농도 저하

2) 내건성 강한 작물

① 체내 수분의 상실이 적다.

② 수분의 흡수력이 크다.

③ 체내의 수분 보유력이 크다.

④ 수분함량이 낮은 상태에서 생리 기능이 높다.

3) 내건성 작물의 특징

① 형태적 특징

　㉠ 표면적 · 체적의 비가 작다.

　㉡ 뿌리가 깊고, 지상부에 비해 근군 발달이 좋다.

　㉢ 잎 조직 치밀, 잎맥과 울타리 조직 발달, 표피에 각피가 잘 발달되어 있다.

　㉣ 저수능력이 크고, 다육화의 경향이 있다.

　㉤ 기동세포가 발달, 탈수되면 잎이 말라서 표면적이 축소된다.

② 세포적 특성

　㉠ 세포가 작아서 수분이 적어져도 원형질 변형이 적다.

　㉡ 세포 중 원형질이나 저장 양분이 차지하는 비율이 높아서 수분보유력이 강하다.

　㉢ 탈수 시 원형질 응집이 덜하다.

　㉣ 원형질 점성이 높고 세포액의 삼투압이 높아서 수분보유력이 강하다.

　㉤ 원형질막의 수분 · 요소 · 글리세린 등에 대한 투과성이 크다.

4) 고구마, 조

가뭄에 강함

(7) 동상해

1) 동해

저온에 의해 작물의 조직 내에 결빙이 생겨서 받는 피해

2) 상해

서리에 의한 피해

3) 작물의 내동성

① 생리적 요인

　㉠ 원형질의 수분 투과성이 큰 것

　㉡ 원형질 단백질의 성질은-SH가 많은 것이 원형질 파괴가 적다.

　㉢ 원형질 점도가 낮고 연도가 높은 것이 기계적 견인력이 낮다.

　㉣ 원형질의 친수성 콜로이드가 많은 것

    ⑩ 지유함량이 큰 것이 내동성이 크다.

    ⓑ 당분함량이 많은 것

    ⓢ 조직의 굴절률이 큰 것

    ⓞ 세포의 무기성분이 많은 것

    ⓩ 전분함량이 적을 것

    ⓧ 세포의 수분함량이 적은 것

   ② 형태적 요인

    ㉠ 포복성인 것

    ㉡ 심파하거나 중경이 신장하지 않아 생장점이 깊이 배기는 것

    ㉢ 엽색이 짙은 것

4) 대책

내한성 품종, 작물 선택, 입지조건 개선(방풍시설), 저습지대(배수구), 보온재배법 강구, 정지상의 주의, 퇴기사용, 세사의 객토, 배수 등과 답압을 실시한다.

5) 응급대책

관개법, 발연볍(연기발산), 송풍법(10m 높이에 송풍기 설치, 따뜻한 공기를 지면으로), 연소법, 피복법, 살수 빙결법(sprinkler 가동으로 식물체 표면 결빙)

(8) 열해

작물이 과도한 고온으로 인하여 받는 피해(고온해)

1) 열해의 기구

생육최고온도에서 지속될 때, 생육쇠퇴·고온장해 발생

① 유기물의 과잉소모 : 광합성보다 호흡작용의 우세 → 유기물의 소모과다(당분의 감소)

② 질소대사의 이상 : 고온은 단백질 합성저해, 암모니아 축적이 많아진다.(유해물질로 작용)

③ 철분의 침전 : 황백화 현상 발생

④ 증산과다 : 수분흡수보다 증산의 과다로 위조를 유발

2) 열사의 온도와 기구

생육 중 고등식물의 열사온도는 50~60℃ 범위

① 원인

  ㉠ 원형질 단백의 응고

  ㉡ 원형질막의 액화 : 반투성의 인지질은 고온에서 액화되면 기능이 파괴된다.

  ㉢ 전분의 점괴화 : 엽록체가 그 기능을 상실한다.

② 작물의 내열성

  ㉠ 내건성이 큰 것이 내열성이 크다.

    ⓛ 세포 내의 결합수가 많고, 유리수가 적으면 내열성이 크다.

    ⓒ 세포의 점성, 염류 농도, 단백질 함량, 지유 함량, 당분 함량 증가시 내열성 증가

    ⓔ 작물체 연령이 높으면 내열성 증대

    ⓜ 기관별 내열성 : 주피·완성엽 > 눈·유엽 > 미성엽·중심주

    ⓗ 고온, 건조, 많은 일사 환경에서 오래 생육한 것이 경화되어 내열성이 증대한다.

(9) 습해

토양의 과습상태 지속 → 토양산소 부족 → 뿌리가 상함 → 지상부 황화 → 위조, 고사

1) 대책

배수, 정지(밭 – 휴립휴파, 논 – 휴립재배), 토양개량(객토), 시비(질소질비료의 과용을 피하고, 칼륨, 인산질 비료를 충분히 시용), **과인산석회(CaO_2)**, 병충해 방제 철저, 내습성 작물 및 품종의 선택(화곡류, 화훼류 약함)

2) 작물의 내습성

① 골풀, 미나리, 택사, 연, 벼 > 밭벼, 옥수수, 율무 > 토란 > 유채, 고구마 > 보리, 밀 > 감자, 고추 > 토마토, 메밀 > 파, 양파, 당근, 자운영

② 채소 : 양상추, 양배추, 토마토, 가지, 오이 > 시금치, 우엉, 무 > 당근, 꽃양배추, 멜론, 피망

③ 과수 : 올리브 > 포도 > 밀감 > 감, 배 > 밤, 복숭아, 무화과

(10) 풍해

태풍의 피해를 보통 풍해라 한다.

1) 직접적인 기계적 장해

① 도복·수발아·부패립 등의 발생(벼·보리)

② 불임립·자조·도열병 등을 유발(벼)

③ 절손·열상·낙과

2) 직접적 생리적 장해

① 작물체가 손상을 입으면 호흡이 증대하여 체내양분 소모가 심하다.

② 광조사 및 CO_2의 흡수가 감소되므로 광합성이 감퇴한다.

③ 작물체의 수분증산을 이상적으로 증대시켜 건조해를 유발한다(벼 – 백수현상).

④ 냉풍은 작물체온을 저하시킨다.

⑤ 해안지방에서는 염풍의 피해를 받는다.

3) 재배환경의 불량화

① 강풍은 풍식을 유발하여 토양을 척박하게 한다.

② 바람으로 지온이 저하하면 유용미생물의 활동이 둔해지고 토양비료분의 분해가 방해된다.

③ 지표 부근 대기의 탄산가스 농도를 감소시킨다.

(11) 작물병의 전파 경로

1) 공기전염

맥류의 녹병, 벼의 도열병, 깨씨무늬병

2) 수매(水媒) 전염

벼의 잎집무늬마름병, 흰잎마름병

3) 충매(蟲媒)전염

오갈병, 모자이크병

01 유수형성기부터 개화기까지 특히 생식세포의 감수분열에 영향을 주는 냉해는?

① 지연형 냉해 ② 장해형 냉해
③ 병해형 냉해 ④ 등숙불량형 냉해

해설

지연형 냉해
생육 초기부터 출수기에 이르기까지 여러 시기에 걸쳐 냉온이나 일조부족으로 출수가 지연되어 등숙기에 낮은 온도에 처하게 되어 수량에 영향을 미치는 냉해

장해형 냉해
유수형성기부터 개화기까지의 사이, 특히 생식세포의 감수분열기에 냉온의 영향을 받아서 생식기관에 수정장해를 일으켜 불임현상을 초래하는 냉해

02 북방형 목초에서 식물이 한여름철을 지낼 때 생장이 현저히 쇠퇴 내지 정지하거나, 심한 경우 고사하는 현상은?

① 고온장해 ② 좌지현상
③ 하고현상 ④ 추고현상

해설

하고현상
㉠ 내한성이 강하여 잘 월동하는 다년생인 북방형 목초는 여름철에 접어들면서 생장이 쇠퇴·정지하고 심하면 황화·고사하여 여름철의 목초 생산량이 몹시 감소하는데 이것을 목초의 하고현상이라고 한다.
㉡ 목초의 하고현상은 사료의 공급을 계절적으로 균일하게 하는 데 지장을 초래한다.

03 백색 비닐 멀칭의 효과라 볼 수 없는 것은?

① 잡초 발생 억제
② 생육 촉진과 증수
③ 지온의 상승 및 토양의 침식 방지
④ 토양 건조와 다습에 의한 장해 방지

해설

투명필름
멀칭용 플라스틱 필름에 있어서 모든 광을 잘 투과시키는 투명필름은 지온상승 효과가 크다. 잡초의 발생이 많아진다.

04 저장에 의하여 종자가 수명을 잃게 되는 주된 원인은?

① 원형질단백질의 응고 ② 저장양분의 소모
③ 유독물질의 생성 ④ 저장양분의 분해

해설

저장 중에 종자가 발아력을 상실하는 이유
㉠ 원형질단백질의 응고(주원인)
㉡ 효소의 활력 저하
㉢ 저장양분의 소모

05 재배포장에 파종된 종자의 대부분(80% 이상)이 발아한 날은?

① 발아시 ② 발아전
③ 발아기 ④ 발아일수

해설

발아(출아)상태의 대상이 되는 주요항목
㉠ 발아시 : 최초의 1개체가 발아한 날
㉡ 발아기 : 전체 종자의 40~50%가 발아한 날
㉢ 발아전 : 대부분(80% 이상)이 발아한 날
㉣ 발아일수＝발아기간 : 파종기부터 발아기(또한 발아 전)까지의 일수

06 감자와 고구마의 종묘로 이용되는 영양기관은?

① 가는줄기, 덩이뿌리 ② 비늘줄기, 덩이줄기
③ 비늘줄기, 덩이뿌리 ④ 덩이줄기, 덩이뿌리

정답 01 ② 02 ③ 03 ① 04 ① 05 ② 06 ④

덩이줄기(감자)와 덩이뿌리(고구마)는 정부와 기부의 위치가 상반되어 있으며, 눈은 정부에 많고, 세력도 정부의 눈이 강한데 이것을 정아우세라고 한다.

07 우량 종자의 구비조건으로 잘못된 것은?

① 유전적으로 순수하고 우량형질에 속하는 것이어야 한다.
② 신선한 종자로 발아율이 높아야 하지만 발아세는 문제되지 않는다.
③ 종자가 전염성 병충해에 감염되지 않은 것이어야 한다.
④ 종자가 충실하고 생리적으로 좋은 것이어야 한다.

㉠ 발아율 : 파종된 공시개체수에 대한 발아개체수의 백분율로 표시한다.
㉡ 발아세 : 발아시험 개시 후 일정한 일수를 정하여 그 기간 내에 발아한 것을 총수에 대한 비율(%)로 표시한다.
작물의 발육상을 경과하는 데 있어서 특정 온도를 필요로 하는 단계를 감온상이라 하고, 특정 일장을 필요로 하는 단계를 감광상이라 한다. 감광상에 관여하는 색소는 파이토크롬이다.

08 관수 피해 설명으로 맞는 것은?

① 출수개화기에 가장 약하다.
② 침수보다 관수에서 피해가 적다.
③ 수온과 기온이 높으면 피해가 적다.
④ 청수보다 탁수에서 피해가 적다.

식물체가 완전히 물속에 잠기게 되는 침수를 관수라 한다. 그 피해를 관수해라 하고 수온과 관수저항성은 시기적으로 변동하기 때문에 관수해는 생육시기에 따라 다르다. 벼는 분얼초기에 침수에 강하고, 수잉기~출수개화기에 극히 약하다.

09 낙과방지를 위한 방법으로 옳지 않은 것은?

① 인공수분을 위하여 곤충을 방사한다.
② 관개, 멀칭 등으로 토양의 건조를 방지하고 과습하지 않게 배수에도 주의한다.
③ 질소를 비롯하여 각종 성분의 비료를 부족하지 않게 고루 시비한다.
④ 에스렐 500~2,000ppm을 살포하면 과경의 이층형성을 억제하여 낙과방지효과가 있다.

낙과의 방지법
㉠ 수분의 매조 : 인공 수분, 곤충의 방사, 수분수의 혼식에 의해 매조한다.
㉡ 방한 : 동상해가 없도록 그 대책에 힘쓴다.
㉢ 합리적 시비 : 질소를 비롯한 각종 성분의 비료분이 부족하지 않게 한다.
㉣ 수광상태의 향상 : 재식밀도의 조절, 정지, 전정 등에 의해서 수광태세를 향상하여 광합성을 조장한다.
㉤ 병충해 방지 : 병충해는 낙과의 원인이 되므로 방제한다.
㉥ 생장 조절제의 살포 : 옥신 등의 생장조절제를 살포하면, 이층의 형성을 억제하여 후기낙과를 방지하는 효과가 크다.

10 다음 중 전정효과로 틀린 것은?

① 수광 통풍을 좋게 한다.
② 결과부위의 상승 촉진
③ 해거리 예방
④ 적과노력을 줄인다.

전정의 효과
㉠ 목적하는 수형을 만든다.
㉡ 죽은 가지, 병충해의 피해를 입은 가지, 노쇠한 가지 등을 제거하고, 튼튼한 새 가지로 갱신하여 결과를 좋게 한다.
㉢ 가지를 적당히 솎아서 수광 · 통풍을 좋게 하여 좋은 품질의 과실을 열리게 한다.
㉣ 결과부위의 상승을 막아 공간을 최대한 이용할 수 있게 하고, 보호 · 관리에 편리하도록 한다.
㉤ 결과지를 알맞게 절단하여 결과를 알맞게 조절함으로써 해거리를 예방하고 적과의 노력을 적게 한다.

11 다음에서 도복이 잘되는 작부방식은?

① 건답직파   ② 담수직파
③ 기계이앙   ④ 손이앙

> **해설**
>
> 담수직파의 단점
> ㉠ 물의 요동에 의한 출아 · 입묘 불량
> ㉡ 뜬묘 발생, 괴불 발생
> ㉢ 잡초방제의 어려움
> ㉣ 파종종자의 새, 쥐 피해우려
> ㉤ 도복의 우려 큼
> ㉥ 관개용수 다량 필요

12 적과(열매솎기) 시기가 바른 것은?

① 개화 전 1~2주   ② 만개기
③ 낙화 후 2~3주   ④ 낙화 직후

> **해설**
>
> 열매솎기는 양분 경제상 빠를수록 효과적이지만, 조기 낙과 이전에 하면 과실의 수가 부족할 수도 있다. 열매 솎기의 시기가 빠를수록 꽃눈분화율이 높고 다음 해의 결실을 좋게 한다.

13 다음 중 멀칭의 효과가 아닌것은?

① 토양보호   ② 동해 경감
③ 도복 방지   ④ 품질 향상

> **해설**
>
> 멀칭의 이용성
> ㉠ 생육 촉진   ㉡ 한해의 경감
> ㉢ 동해의 경감   ㉣ 잡초의 억제
> ㉤ 토양보호   ㉥ 과실의 품질 향상

14 다음 중 경종적 방법에 의한 병해충 방제에 해당되지 않는 것은?

① 감자를 고랭지에서 재배하여 무병종서를 생산한다.
② 연작에 의해 발생되는 토양 전염성 병해충 방제를 위해 윤작을 실시한다.
③ 밭토양에 장기간 담수하여 병해충의 발생을 줄인다.
④ 파종시기를 조절하여 병해충의 피해를 경감한다.

> **해설**
>
> ③은 물리적 방제법이다.
> 경종적 방제법
> ㉠ 토지의 선정   ㉡ 저항성 품종의 선택
> ㉢ 중간 기주식물의 제거   ㉣ 작물 생육기의 조절
> ㉤ 작물 시비법의 개선   ㉥ 포장의 정결한 관리
> ㉦ 수확물의 건조   ㉧ 종자의 선택
> ㉨ 윤작 및 혼작   ㉩ 재배양식의 변경

15 작물을 생육적온에 따라 분류했을 때 저온 작물인 것은?

① 콩   ② 고구마
③ 감자   ④ 옥수수

16 다음 중 설명이 잘못된 것은?

① C-N율 : 화성(花成)유도와 영양생장관계 설명
② T-R률 : 신장생장에 대한 비대생장의 비율
③ G-D균형 : 생장과 분화와의 관계를 설명
④ R-T율 : 생육상태의 변동 중 지하부 생장을 주로 고찰할 때의 비율

> **해설**
>
> T-R률
> 작물의 지하부 생장량에 대한 지상부 생장량의 비율(S-R률) 생장량은 생체중 또는 건물중으로 표시한다.

17 도복의 유발조건을 바르게 설명한 것은?

① 키가 큰 품종은 대가 실해도 도복이 심하다.
② 칼륨, 규산이 부족하면 도복이 유발된다.
③ 토양환경과 도복은 상관이 없다.
④ 밀식은 도복을 적게 한다.

정답   11 ②   12 ③   13 ③   14 ③   15 ③   16 ②   17 ②

18 다음 작물 중에서 전분작물이 아닌 것은?

① 벼   ② 해바라기

③ 맥류   ④ 옥수수

> **해설**
>
> ㉠ 전분작물 : 옥수수 · 감자 · 고구마
> ㉡ 유료작물 : 참깨 · 들깨 · 아주까리 · 평지 · 해바라기 · 콩 · 땅콩 · 아마 · 목화

19 국화의 개화를 지연시키려면 다음 중 어떠한 처리를 하여야 하는가?

① 장일처리   ② 단일처리

③ 고온처리   ④ 저온처리

> **해설**
>
> 일장조절에 의해 개화기를 조절할 수 있다. 국화는 단일에 개화습성이 있어 장일처리하여 개화일을 지연시킨다.

20 연작장해에 의하여 일어나는 기지현상의 원인이 아닌 것은?

① 토양물리성의 악화   ② 유효 미생물의 증가

③ 토양비료 성분의 수탈   ④ 유독물질의 축적

> **해설**
>
> 연작에 의한 기지현상
> 비료분의 소모, 토양 중 염류 집적, 토양물리성 악화, 잡초의 번성, 유독물질의 축적, 토양선충의 해, 토양전염병의 해

21 상적발육설에 관한 설명 중 맞지 않는 것은?

① 작물의 발육이란 체내의 순차적인 질적 재조정 작용을 말한다.
② 1년생 종자식물의 발육상은 개개의 단계에 의해서 구성되어 있다.
③ 개개의 발육상은 서로 접속해서 성립되어 있으므로 앞의 발육상을 경과하여야 다음 발육상으로 이행을 할 수 있다.
④ 개개의 발육상을 경과하려면 발육상에 따라 서로 다른 특정한 환경조건은 필요없다.

> **해설**
>
> 상적발육설
> Lysenko가 제창한 것으로 생장이란 기관의 양적 증가를 말하고, 발육이란 체내의 질적 재조정 작용을 말한다. 1년생 종자식물의 발육상은 여러 단계의 상으로 구성된다. 개개의 발육상은 서로 접속되어 있으며, 앞의 발육상을 거치지 않고는 다음 발육상으로 이행되지 않는다. 한 식물체에서 개개의 발육상을 경과하는 데는 특정한 환경조건을 필요로 한다.

22 다음 중 한 번 경작하고 나서 5~7년 정도의 휴작이 필요한 작물들로 구성되어 있는 것은?

① 완두 – 고추 – 콩 – 참외
② 토란 – 수박 – 쪽파 – 시금치
③ 가지 – 완두 – 토마토 – 우엉
④ 수박 – 생강 – 오이 – 파

> **해설**
>
> 5~7년 휴한을 요하는 작물
> 수박, 가지, 완두, 우엉, 고추, 토마토, 레드클로버, 사탕무 등

23 연작의 피해가 일어나지 않는 것은?

① 가지   ② 옥수수

③ 토란   ④ 수박

> **해설**
>
> 작물의 종류와 기지
> ㉠ 연작의 피해가 적은 작물 : 화본과 작물, 고구마, 담배, 목화, 양파, 사탕수수, 호박 등
> ㉡ 기지가 문제되지 않는 과수 : 사과, 포도, 살구, 자두 등

24 답전윤환에 대해 틀린 것은?

① 답리작이나 답전작과 비슷하다고 볼 수 있다.
② 현재 우리나라에서는 콩 – 벼의 형태로 한다.
③ 밭토양에서는 논토양보다 미량원소의 용탈이 많다.
④ 잡초 발생이 감소한다.

정답   **18** ②   **19** ①   **20** ②   **21** ④   **22** ③   **23** ②   **24** ①

답전윤환

㉠ 포장을 담수한 논 상태와 배수한 밭 상태로 몇 해씩 돌려가면서 이용하는 것을 답전윤환 또는 윤답·환답·변경답이라고 한다.

㉡ 벼가 생육하지 않는 기간만 맥류나 감자를 재배하는 답리작이나 답전작과는 뜻이 다르다.

25 목초종자 혼파 시 볏과목초와 콩과목초의 혼합비율은 어느 정도가 적합한가?

① 화본과 : 콩과=2~3 : 7~8

② 화본과 : 콩과=4~5 : 5~6

③ 화본과 : 콩과=6~7 : 3~4

④ 화본과 : 콩과=8~9 : 1~2

혼파의 방법

사료작물, 즉 목초재배에서는 화본과 목초와 콩과 목초의 종자를 8~9 : 1~2(3 : 1) 정도로 혼합하여 파종하고 질소비료를 적게 시용한다.

26 채소류 접목에 대한 설명 중 옳지 않은 것은?

① 채소류의 접목은 불량 환경에 견디는 힘을 증가시킬 수 있다.

② 박과채소류에서 접목을 이용할 경우 기형과의 출현이 줄어들고 당도는 높아진다.

③ 수박은 연작에 의한 덩굴쪼김병 방제 목적으로 박이나 호박을 대목으로 이용한다.

④ 채소류의 접목 시 호접과 삽접을 이용할 수 있다.

채소에서의 접목육묘는 토양전염성 병의 발생을 억제하고 저온·고온 등 불량 환경에 견디는 힘을 높이며, 흡비력을 증진시키기 위하여 주로 이용된다. 박과채소인 수박과 참외, 그리고 시설재배 오이는 연작에 의한 덩굴쪼김병 방제용으로 박이나 호박을 대목으로 이용한다.

27 다음 중 연작의 해가 적은 작물은?

① 토란   ② 콩

③ 감자   ④ 고구마

연작의 피해가 적은 작물

벼, 맥류, 조, 수수, 옥수수, 고구마, 대마, 담배, 무, 당근, 호박, 연, 순무, 뽕나무, 아스파라거스, 토당귀, 미나리, 딸기, 양배추, 꽃양배추, 목화, 삼, 양파, 담배, 사탕수수, 호박 등

28 기지의 대책이 아닌 것은?

① 윤작   ② 담수

③ 토양소독   ④ 종자소독

기지대책

윤작, 담수, 토양소독, 유독물질 제거, 객토, 환토, 저항성대목에 접목, 지력배양 및 결핍양분의 보충, 양액재배

29 연작에 의한 피해 병이 아닌 것은?

① 인삼의 뿌리썩음병   ② 토마토 풋마름병

③ 수박의 덩굴쪼김병   ④ 고구마 무름병

연작은 토양의 특정 미생물이 번성하여 병해를 유발시키는 원인이 된다.

고구마의 무름병은 저장 중에 발생한다.

30 기지현상의 가장 근본적인 대책은?

① 윤작   ② 결핍성분의 보급

③ 토양소독   ④ 객토

기지의 대책

윤작, 담수, 토양소독, 유독물질의 제거, 객토, 접목, 지력배양 등이 있다.

31 과수재배 시 우량한 꽃가루의 공급을 위한 수분수의 혼식 비율은?

① 10~20% ② 20~30%
③ 30~40% ④ 40~50%

> 해설

수분수는 주품종과 친화성이 있고 개화기가 주품종과 같거나 약간 빠르며, 건전한 화분을 많이 생산하고, 수분수 자체의 과실생산이나 품질도 우수한 것이어야 하며, 20~30% 정도 혼식한다.

32 다음 중 시비방법으로 맞는 것은?

① 생육기간이 길고 시비량이 많은 작물일수록 밑거름을 많이 주고 덧거름을 줄인다.
② 지효성 비료나 완효성 비료인 인, 칼리, 석회 등의 비료는 밑거름으로 일시에 준다.
③ 논에서 암모니아태질소를 시용하는 경우에 유용한 방법으로 표층시비를 한다.
④ 엽채류처럼 잎을 수확하는 것은 질소추비를 늦게까지 해서는 안 된다.

> 해설

비료를 주는 시기와 횟수
- 요소·황산암모늄 등의 속효성 질소 비료는 생육기간이 극히 짧은 작물(감자 등)을 제외하고 분시한다.
- 퇴비나 깻묵 등의 지효성 또는 완효성 비료나, 인산·가리·석회 등의 비료는 주로 기비로 준다.
- 생육기간이 길고 시비량이 많은 경우일수록 질소의 기비를 줄이고 추비를 많게 하며 그 횟수를 늘린다.
- 엽채류와 같이 잎을 수확하는 작물은 질소비료를 늦게까지 추비로 준다.
- 사질토·누수답·온난지 등에서는 비료가 유실되기 쉬우므로 추비량과 추비횟수를 늘린다.
- 속효성 비료일지라도 평지의 감자처럼 생육기간이 짧은 경우는 주로 기비로 주고, 맥류나 벼처럼 생육기간이 긴 경우는 분시한다. 조식재배를 하여 생육기간이 길어질 경우, 다비재배의 경우에는 기비의 비율을 줄이고 추비의 비율을 높이고 분시횟수도 늘린다.

33 복합비료 한 포가 20kg일 때 N : P : K(15 : 10 : 12) 인산의 함량은?

① 2kg ② 3kg
③ 10kg ④ 15kg

> 해설

비료무게×성분함량/100＝20×10/100＝200/100＝2

34 종자의 수명을 연장할 수 있는 저장방법으로 가장 좋은 조건은?

① 고온·다습·개방 ② 고온·저습·개방
③ 저온·저습·밀폐 ④ 저온·다습·밀폐

> 해설

종자의 저장
건조한 종자를 저온·저습·밀폐 상태로 저장하면 수명이 매우 오래 지속된다. 벼, 맥류, 옥수수, 콩, 채소 등의 종자를 45℃에 75시간 정도 건조하여 종자의 수분함량을 극히 적게 하고 방습용기 내에 밀폐 수납하여 -1℃에 저장하면 최저 10년의 수명이 유지된다.

35 종자가 생리적으로 퇴화하는 원인은?

① 새로운 유전자형의 분리
② 자연교잡
③ 채종지의 부적합한 환경
④ 이형종자의 기계적 혼입

> 해설

생산지의 환경조건이나 재배조건이 불량하면 종자의 생리적 조건이 불량해져서 생리적으로 퇴화한다.
①, ②, ④는 유전적 퇴화이다.

36 종자에 대한 설명 중 옳지 않은 것은?

① 발아과정은 '수분흡수-효소의 활성-배의 생장개시-과(종)피의 파열'이다.
② 테트라졸륨으로 발아시험을 대신하여 발아검정을 한다.
③ 호광성종자는 복토를 얇게 한다.
④ 종피가 흡수를 저해하는 종자를 후숙종자라 한다.

후숙

미숙한 것을 수확하여 일정기간 보관해서 성숙시키는 것

경실

여러 가지 원인에 의하여 씨껍질이 수분을 투과시키지 않기 때문에 장기간 휴면상태를 유지하는 종자를 말한다.

37 정아우세 현상을 유발하는 데 관련된 호르몬은?

① 지베렐린   ② 옥신

③ 에틸렌   ④ ABA

옥신의 정아우세

㉠ 줄기의 정아에서 생성된 옥신이 정아의 생장은 촉진하나 아래로 확산하여 측아의 발달을 억제하는 현상은 정아우열로 알려져 있으며, 정아를 제거하면 측아는 발달한다.

㉡ 정아를 절제하더라도 절제한 자리에 옥신을 흡수시킨 우무절편을 놓아두면 측아는 발달하지 못한다.

㉢ IAA 농도가 생장에 미치는 크기는 줄기 > 눈 > 뿌리 순이다.

38 효소, 엽록소, 단백질의 주성분이면서 황백화 현상을 일으키는 물질은?

① 마그네슘   ② 인산

③ 질소   ④ 칼슘

질소(N)의 작용 및 결핍

㉠ 작물의 영양 생장에 있어서 가장 중요한 양분이다.

㉡ 작물의 색채를 좋게 한다.

㉢ 원형질 건물의 40~50%를 차지하는 무기성분이다. (단백질의 중요한 구성성분, 효소·엽록소도 질소화합물이다.)

㉣ 질소반응이 긍정적인 작물 : 옥수수, 수수, 기장, 담배, 루핀, 아주까리

㉤ 유효태질소의 공급에 영향을 끼치지 않는 작물 : 메밀, 대마, 콩, 완두 및 강낭콩

㉥ 질소는 엽록소의 주성분으로 질소질 비료를 사용하면 엽록소 함량이 증대되어 동화작용이 활발해진다.

㉦ 결핍 : 황백화현상이 일어나고 화곡류의 분얼이 저해된다.

39 저장고 내의 공기조성을 조절하여 과일의 호흡을 억제하고 저온에서 저장하는 저장방법은?

① CA저장   ② 보온저장

③ 냉동저장   ④ CO_2 저장

40 사료작물을 이용에 따라 분류할 때 해당되지 않는 것은?

① 예취용   ② 청예용

③ 방목용   ④ 사일리지용

사료작물의 이용에 따른 분류

방목용, 청예용, 건초용, 사일리지용

41 지온상승에 가장 효과가 큰 광 파장은?

① 300~400nm   ② 400~500nm

③ 500~600nm   ④ 770nm 이상

42 다음 작물 중 연작의 피해가 가장 크게 발생하는 것은?

① 벼, 옥수수, 고구마, 무

② 콩, 생강, 오이, 감자

③ 수박, 가지, 고추, 토마토

④ 맥류, 조, 수수, 당근

일반작물

㉠ 연작의 피해가 적은 작물 : 벼, 맥류, 조, 수수, 옥수수, 고구마, 삼(大麻), 담배, 무, 당근, 양파, 호박, 연, 순무, 뽕나무, 아스파라거스, 토당귀, 미나리, 딸기, 양배추, 꽃양배추 등

㉡ 1년 휴작을 요하는 작물 : 쪽파, 시금치, 콩, 파, 생강 등

㉢ 2년 휴작을 요하는 작물 : 마, 감자, 잠두, 오이, 땅콩 등

정답   37 ②   38 ③   39 ①   40 ①   41 ④   42 ③

ⓔ 3년 휴작을 요하는 작물 : 쑥갓, 토란, 참외, 강낭콩 등

ⓜ 5~7년 휴작을 요하는 작물 : 수박, 가지, 완두, 우엉, 고추, 토마토, 레드클로버, 사탕무 등

ⓗ 10년 이상 휴작을 요하는 작물 : 아마, 인삼 등

43 윤작방법 중 개량삼포식이란?

① 경작지의 2/3에는 추파 또는 춘파 곡류를 심고 1/3은 휴한한다.

② 경작지의 2/3에는 추파 또는 춘파 곡류를 심고 1/3은 콩과작물을 심는다.

③ 경작지의 1/3에는 춘파 또는 추파 곡류를 심고 2/3는 콩과작물을 심는다.

④ 경작지의 1/3에는 춘파 또는 추파 곡류를 심고 2/3는 휴한한다.

해설

개량삼포식 농법

3포식 농법에 있어서 휴한할 곳에 클로버 같은 콩과작물을 재배하면 사료도 얻고, 전 경작지에 3년에 한 번씩 클로버가 재배되어 지력도 좋아지게 된다. 3포식 농법을 이와 같이 개량한 것을 개량삼포식 농법이라고 한다.

44 목초의 하고(夏枯)유인이 아닌 것은?

① 고온　　　　　② 건조

③ 단일　　　　　④ 잡초

해설

하고의 원인

북방형목초는 18~24℃만 되어도 생육이 감퇴하고 그 이상에서 생육이 정지되고 하고현상을 일으킨다. 원인은 건조, 일장, 고온, 병충해, 잡초에 의한다.

45 Butler 등은 광가역 반응체계를 설정하여 Pr을 적색광 흡수형이라 하였다. Pr의 해당사항이 아닌 것은?

① 단일식물의 화성을 촉진

② 단일식물의 화성을 억제

③ 호광성종자의 발아를 억제

④ 장일식물의 화성을 억제

해설

연속암기와 광중단

단일식물은 하루 24시간 중 일정 시간 이상의 연속암기가 있어야 단일효과가 나타난다. 따라서 장야식물 또는 장암기식물이라고 한다. 단일식물에서 암기의 중단에 광을 조사하여 연속암기를 중단시키면 단일효과가 발생하지 않는 현상을 광중단, 야간조파 또는 야파라고 한다. 광중단에 효과적인 파장은 적색광이다.

46 엽면시비에서 엽면흡수에 영향을 미치는 요인 중 올바르게 표현된 것은?

① 낮보다 밤에 잘 흡수한다

② 잎의 호흡작용이 왕성할 때 잘 흡수한다.

③ 성엽보다 노엽에서 잘 흡수한다.

④ 잎의 이면보다 표면에서 잘 흡수한다.

47 후기생육이 조장되어 다비밀식을 해서 증수를 꾀하는 이앙 방법은?

① 난식　　　　　② 정방형식

③ 난방형식　　　④ 병목식

해설

ⓐ 정조식

　• 정방형식 : 포기 사이와 줄 사이를 같은 간격으로 심는 방법. 초기생육이 좋다.

　• 장방형식 : 포기 사이를 줄 사이보다 좁게 심는 방법. 후기생육이 좋고 관리작업이 편하다.

ⓑ 병목식 : 줄 사이를 넓게 하고 포기 사이를 극히 좁게 하는 방법. 후기생육이 좋아지는 장점, 다비 · 밀식재배로 증수가 가능, 기계이앙은 병목식이 된다.

48 채종포에서 격리재배를 하는 주된 이유는?

① 해충방지

② 병해방지

③ 잡초의 유입방지

④ 다른 화분의 혼입방지

정답　43 ②　44 ③　45 ②　46 ②　47 ④　48 ④

유전적 퇴화(遺傳的 退化)

세대가 경과함에 따라서 자연교잡, 새로운 유전자형의 분리, 돌연변이, 이형종자의 기계적 혼입 등에 의하여 종자가 유전적으로 순수하지 못해져서 유전적으로 퇴화하게 된다.

㉠ 자연교잡은 격리재배를 함으로써 방지할 수 있으며, 다른 품종과의 격리거리는 옥수수 400~500m 이상, 호밀 300~500m 이상, 십자화과 식물 1,000m 이상 등이다.

㉡ 이형종자가 혼입되는 원인은 퇴비 · 낙수 등에서 섞여들거나 수확 · 탈곡의 보관 시에 섞여들거나 하는 것이므로 이를 막아야 한다. 이미 이형주가 섞였으면 이형주의 식별이 용이한 출수~성숙의 시기에 포기째로 철저히 제거한다. 때로는 순정한 이삭만을 골라서 채종하기도 한다.

㉢ 종자를 고도로 건조시켜서 밀폐냉장하면 종자 수명이 극히 오래간다. 새 품종의 순정한 종자를 이렇게 장기저장해 두고 해마다 이 종자를 증식해서 농가에 보급하는 일을 계속 하면 세대가 많이 경과함에 따르는 유전적 퇴화를 방지할 수 있다.

㉣ 옥수수, 호밀, 삽자화과 등은 격리재배를 함으로써 자연 교잡을 방지할 수 있다.

49 다음 중 단명종자로 바르게 연결된 것은?

① 고추, 벼 　　　　② 강낭콩, 배추
③ 양파, 기장 　　　　④ 메밀, 보리

종자가 발아력을 보유하고 있는 기간을 종자의 수명이라고 하다.

㉠ 단명종자(1~2년) : 콩, 땅콩, 목화, 옥수수, 수수, 해바라기, 메밀, 기장, 강낭콩, 상추, 파, 양파, 고추, 당근

㉡ 상명종자(3~5년) : 벼, 밀, 보리, 완두, 페스큐, 귀리, 유채, 켄터키블루그래스, 목화, 배추, 양배추, 방울다다기, 양배추, 꽃양배추, 멜론, 시금치, 무, 호박, 우엉

㉢ 장명종자(5년 이상) : 클로버, 알팔파, 사탕무, 베치, 비트, 토마토, 가지, 수박

50 종자의 유전적 퇴화를 방지할 수 있는 방법과 거리가 먼 것은?

① 격리재배 　　　　② 이형주 도태
③ 기본식물 보존 　　④ 고랭지채종

고랭지채종은 씨감자의 병리적 퇴화의 대책이다.

51 감자괴경의 휴면타파에 가장 효과적인 처리방법은?

① 농황산에서 20분간
② 2ppm의 지베렐린에서 30~60분간
③ 40℃에서 3주간
④ 0.5%~1%의 과산화수소액에서 24시간

감자의 휴면타파

감자를 절단해서 2ppm 정도의 지베렐린 수용액에 30~60분간 침지하여 파종하면 가장 간편하고 효과적으로 휴면이 타파된다.

52 종자발아에 대한 필수적인 외적조건이 아닌 것은?

① 수분 　　　　② 광선
③ 온도 　　　　④ 산소

㉠ 광선 : 작물마다 다름
㉡ 호광성 종자 : 담배, 상추, 우엉
㉢ 혐광성 종자 : 토마토, 가지, 호박
㉣ 광무관계 종자 : 화곡류, 옥수수, 콩과작물

53 품종의 특성을 유지하고 퇴화를 방지하는 방법으로 옳지 않은 것은?

① 종자번식법
② 격리재배법
③ 종자의 밀폐냉장처리법
④ 종자갱신

정답 　49 ③ 　50 ④ 　51 ② 　52 ② 　53 ①

종자 퇴화의 유전적 원인으로는 자연교잡, 새로운 유전자형의 분리, 돌연변이, 이형종자의 기계적 혼입 등이 있고, 이에 대한 대책으로는 격리재배, 이형주 제거, 종자의 밀폐냉장처리, 종자갱신, 영양번식법 등이 있다.

54 종자채종을 목적으로 한 재배법과 거리가 먼 것은?

① 질소보다 인산 칼리 증비
② 밀식재배로 대량 종자생산
③ 이형주 도태
④ 병해충 방제 철저

해설

채종 재배법
㉠ 질소비료 과용 금지
㉡ 지나친 밀식 회피
㉢ 도복·병해 방지
㉣ 균일하고 건실한 결실유도
㉤ 비배관리
㉥ 병해충 방제
㉦ 이형주 도태(출수개화기~성숙기)

55 기지현상이 문제시되지 않는 과수류는?

① 감귤류
② 복숭아나무
③ 사과나무
④ 앵두나무

해설

㉠ 기지가 문제되는 과수 : 복숭아나무·무화과나무·감귤류·앵두나무
㉡ 기지가 문제되지 않는 과수 : 사과나무·포도나무·자두나무·살구나무

56 다음 병충해 방제 중 경종적 방제법이 아닌 것은?

① 시비법의 개선
② 소각 및 담수
③ 종자의 선택
④ 생육기의 조절

해설

물리적(物理的, 機械的) 방제법
㉠ 담수에 의한 방제 : 밭 토양에 장기간 담수해 두면 토양전염의 병원충을 구제할 수 있다.
㉡ 소각에 의한 방제 : 낙엽 등에는 병원균이 많고 해충도 숨어 있는 수가 많으므로 이를 소각하면 병충해가 방지된다.

57 연작과 비교할 때 윤작의 효과가 가장 크게 나타나는 작물로 짝지어진 것은?

① 완두, 가지, 옥수수
② 벼, 콩, 강낭콩
③ 옥수수, 벼, 보리
④ 수박, 완두, 가지

해설

일반작물
㉠ 연작의 피해가 적은 작물 : 벼, 맥류, 조, 수수, 옥수수, 고구마, 삼(大麻), 담배, 무, 당근, 양파, 호박, 연, 순무, 뽕나무, 아스파라거스, 토당귀, 미나리, 딸기, 양배추, 꽃양배추 등
㉡ 1년 휴작을 요하는 작물 : 쪽파, 시금치, 콩, 파, 생강 등
㉢ 2년 휴작을 요하는 작물 : 마, 감자, 잠두, 오이, 땅콩 등
㉣ 3년 휴작을 요하는 작물 : 쑥갓, 토란, 참외, 강낭콩 등
㉤ 5~7년 휴작을 요하는 작물 : 수박, 가지, 완두, 우엉, 고추, 토마토, 레드클로버, 사탕무 등
㉥ 10년 이상 휴작을 요하는 작물 : 아마, 인삼 등

58 작물의 호흡억제와 노화방지 등에 효과가 있는 물질은?

① 옥신
② ABA
③ 지베렐린
④ 사이토키닌

해설

사이토키닌(Cytokinin) 작용
㉠ 발아를 촉진한다.
㉡ 잎의 생장을 촉진한다.(무)
㉢ 저장 중의 신선도를 증진하는 효과가 있다.(아스파라거스)
㉣ 호흡을 억제하여 엽록소와 단백질의 분해를 억제하고 잎의 노화를 방지한다.(해바라기)
㉤ 식물의 내동성 증대효과가 있다.
㉥ 두과식물의 근류형성에도 관여한다.

정답 54 ② 55 ③ 56 ② 57 ④ 58 ④

59 방사선 동위원소 ^{32}P, ^{42}K가 이용되는 분야는?

① 영양생리 연구
② 인위돌연변이 유발원
③ 식품저장
④ 농업토목

해설

작물영양생리의 연구

^{15}N, ^{32}P, ^{42}K, ^{45}Ca 등의 방사성 동위원소로 표지화합물을 만들어 이용하면 여러 가지 필수원소인 N, P, K, Ca 등의 영양성분의 체내 행동을 파악할 수 있다.

60 지베렐린의 역할이 아닌 것은?

① 가지의 굴지성을 가진다.
② 화성유도 및 촉진
③ 발아촉진
④ 단위결과 유도

해설

지베렐린의 역할
㉠ 발아촉진   ㉡ 단위결과의 유기
㉢ 화성의 유도 및 촉진   ㉣ 경엽의 신장 촉진
㉤ 성분의 변화   ㉥ 수량증대

61 T/R률과 작물재배와의 관계를 잘못 설명한 것은?

① 양생식물은 일사가 강할수록 T/R률이 작아서 유리하다.
② 토양통기가 불량하면 T/R률이 작아져 불리하다.
③ 토양함수량이 최적함수량 이하면 T/R률은 작아져 불리하다.
④ 감자, 고구마의 파종기·이식기가 늦어질수록 T/R률이 커서 불리하다.

해설

토양통기가 불량하여 뿌리의 호기호흡이 저해되면 지상부보다도 지하부의 생장이 더욱 감퇴되므로 T/R은 증대한다.

62 맥류의 수발아에 대한 설명으로 옳지 않은 것은?

① 성숙기의 이삭에서 수확 전에 싹이 트는 경우이다.
② 우기에 도복하여 이삭이 젖은 땅에 오래 접촉되어 발생한다.
③ 우리나라에서는 조숙종이 만생종보다 수발아의 위험이 적다.
④ 숙기가 같더라도 휴면기간이 짧은 품종이 수발아의 위험이 적다.

해설

수발아
㉠ 보리·밀 등에 있어서 수확기에 이르러 강우가 계속되어 이삭이 젖은 상태로 있거나, 장마철에 도복해서 이삭이 젖은 땅에 오래 접촉되어 있으면 이삭에 싹이 트는 일이 있는데, 이것을 수발아라고 한다.
㉡ 보리는 밀보다 성숙기가 빠르므로 성숙기에 오랜 비를 맞게 되는 일이 적어 수발아의 위험이 적다.
㉢ 조숙종이 만숙종보다 수발아의 위험이 적고, 숙기가 같더라도 휴면기간이 길어서 수발아성이 낮은 품종이 수발아의 위험이 적다.

63 생육기간이 거의 같은 두 종류 이상의 작물을 동시에 같은 포장에 섞어 재배하는 작부체계는?

① 혼작
② 교호작
③ 주위작
④ 간작

해설

혼작의 방법
혼작을 하는 것은 그들 작물의 여러 가지 생태적 특성에 의해서 혼작을 하는 편이 그들을 분리해서 따로따로 재배하는 것보다도 합계수량 또는 수익성이 많을 경우에만 의미가 있다.
㉠ 점혼작 : 경작지 내의 군데군데 다른 작물을 일정한 간격으로 점점이 혼작하는 것으로 콩밭에 옥수수나 수수를 심는 방식이다.
㉡ 난혼작 : 경작지 내에 정해진 특별한 위치 없이 군데군데 질서 없이 파종하는 것으로 콩밭에 수수, 조를 파종하거나, 목화밭에 참깨, 들깨 등을 심는 방식이다.

64 연작에 관한 설명 중 잘못된 것은?

① 하우스 내의 연작이 작토층에 염류가 집적하는
  결과를 초래한다.
② 목화, 담배, 호박은 연작으로 품질이 향상된다.
③ 수박을 연작하면 덩굴쪼김병이 번성하여 병해
  를 일으킨다.
④ 옥수수는 벼보다 연작에 강하다.

해설

벼는 담수상태에서 재배되므로 옥수수보다 연작에 강
하다.

65 기지현상의 대책으로 참외는 호박, 수박은
박과에 접목하는 이유는?

① 잘록병 방지   ② 탄저병 방지
③ 덩굴쪼김병 방지   ④ 뿌리썩음병 방지

해설

토양전염병의 해
㉠ 잘록병 : 아마, 완두, 목화
㉡ 탄저병 : 강낭콩
㉢ 덩굴쪼김병 : 수박
㉣ 뿌리썩음병 : 인삼

66 옥수수와 녹두를 간작형태로 재배하면 유
리한 점은?

① 잡초 방제와 지력 유지
② 투광태세 양호
③ 작업 용이
④ 수확작업 용이

해설

간작의 장점
㉠ 토지 이용상 단작보다 유리하다.
㉡ 노력의 분배조절이 유리하다.
㉢ 상하작의 적절한 조합에 의해서 비료를 경제적으로
  이용할 수 있고 녹비에 의해서 지력을 높일 수 있다.
㉣ 상작은 하작에 대하여 불리한 기상조건과 병충해에
  대하여 보호하는 작용을 한다.
㉤ 잡초의 번무를 막는다.

67 생력재배의 효과를 높이는 재배법이 아닌
것은?

① 제초제의 이용   ② 공동재배
③ 추비 중점의 시비   ④ 집단재배

해설

생력재배 전제조건
경지정리, 집단재배, 공동재배, 잉여노력의 수입화, 제
초제의 이용, 적응재배체계의 확립

68 다음 중 파장이 가장 짧고 에너지를 가장 많
이 가지고 있는 것은?

① X선   ② α선
③ β선   ④ γ선

69 동상해의 피해를 줄이기 위한 응급대책이
아닌 것은?

① 연소법   ② 피복법
③ 살수빙결법   ④ 경화법

70 작물이 분화되어 가는 마지막 과정은?

① 도태(淘汰)   ② 격절(隔絕)
③ 순화(馴化)   ④ 적응(適應)

해설

유전적 변이 – 도태와 적응 – 고립 – 순화 – 격절

71 질소, 인산, 가리 중 K(가리)의 흡수비율이
특히 높은 작물로 짝지어진 것은?

① 벼, 옥수수   ② 콩, 밀
③ 옥수수, 감자   ④ 고구마, 감자

해설

고구마에서는 4 : 1.5 : 5, 감자에서는 3 : 1 : 4 정도로
서 칼리 > 질소 > 인산 순으로 되어 있다.

72 비료의 사용상 반응에 따른 분류에서 생리적 염기성비료는 무엇인가?

① 황산칼륨　　　② 요소
③ 염화칼륨　　　④ 용성인비

해설

생리적 반응
시비한 다음 토양 중에서 식물뿌리의 흡수작용이나 미생물의 작용을 받은 뒤에 나타나는 토양의 반응
㉠ 산성비료 : 황산암모니아, 황산칼리, 염화칼리 등
㉡ 중성비료 : 질산암모니아, 요소, 과인산석회, 중과인산석회 등
㉢ 염기성비료 : 석회질소, 용성인비, 재, 칠레초석, 어박 등

73 다음 중 생리적 중성비료에 해당하는 것은?

① 과인산석회　　　② 황산암모늄
③ 염화칼륨　　　　④ 석회질소

해설

생리적 반응
㉠ 생리적 산성비료 : 황산암모니아, 염화암모니아, 황산칼리, 염화칼리 등
㉡ 생리적 중성비료 : 질산암모니아, 요소, 과인산석회, 중과인산석회
㉢ 생리적 염기성비료 : 석회질소, 용성인비, 재, 칠레초석, 퇴비, 구비 등

74 위조 저항성, 한해 저항성, 휴면아 형성 등과 관련 있는 호르몬은?

① 옥신　　　　② 지베렐린
③ 사이토키닌　④ ABA

해설

ABA는 잎의 노화 및 낙엽을 촉진하고 휴면을 유도한다. 종자의 휴면을 연장하여 발아를 억제한다. 단일 식물에서 장일하의 화성을 유도한다. ABA가 증가하면 기공이 닫혀서 위조저항성이 커진다. 목본식물에서는 냉해저항성이 커진다.

75 요수량이 적은 식물로 짝지은 것은?

① 옥수수, 수수, 기장
② 알팔파, 호박, 클로버
③ 명아주, 완두, 강낭콩
④ 잠두, 오이, 흰명아주

해설

수수 · 기장 < 채소류 < 알팔파 · 호박 · 클로버 < 명아주

76 대기 오염물질 중에 오존을 생성하는 것은?

① 아황산가스(SO_2)
② 이산화질소(NO_2)
③ 일산화탄소(CO)
④ 불화수소(HF)

77 다음 무기성분 중 작물의 황백화 현상을 일으킬 수 있는 것만으로 조합된 것은?

① N, P, K, Fe, Ca
② N, K, Mg, Co, Ca
③ N, Mg, Na, Ca, Si
④ N, Mg, Fe, S, Cu

78 방사선 동위원소의 농업적 이용에 있어 방사선의 어떤 면을 가장 많이 이용하는가?

① 이온화작용
② 사진작용
③ 형광작용
④ 맹아발육촉진

해설

재배적 이용
추적자로 표시된 화합물을 표지 화합물이라 하며 작물 영양생리의 연구는 ^{32}P, ^{42}K, ^{45}Ca, ^{15}N를 이용하며, 광합성 연구는 ^{11}C, ^{14}C를 이용, 농업토목에는 ^{24}Na를 이용한다.

79 종자발아에 대한 수분흡수의 역할에 대한 설명으로 옳지 않은 것은?

① 원형질의 농도가 낮아진다.
② 수분을 흡수하면 종피가 연해진다.
③ 산소흡수와 이산화탄소 배출의 가스교환이 불리해진다.
④ 각종 효소들이 작용하여 전류와 호흡작용이 활발해진다.

해설

세포가 수분을 흡수하면 원형질의 농도가 낮아지고 각종 효소들이 작용하여 저장물질의 전류와 호흡작용이 활발해진다. 수분을 흡수한 종피는 호흡이 활발해지고 산소흡수와 이산화탄소 배출의 가스교환이 용이해진다.

80 종묘(종물과 묘)에 대한 설명으로 틀린 것은?

① 종묘는 형태에 의해서 분류된다.
② 종묘는 배유의 유무에 의해서 분류된다.
③ 종묘는 저장물질에 의해서 분류된다.
④ 종묘는 종자의 색에 의해서 분류된다.

해설

종자의 분류
㉠ 형태에 의한 분류 – 식물학상 종자, 식물학상 과실
㉡ 배유의 유무에 의한 분류 – 배유종자, 무배유종자
㉢ 저장물질에 의한 분류 – 전분종자, 지방종자

81 근관의 기능으로 가장 알맞은 것은?

① 생장점 보호   ② 잎 보호
③ 뿌리 보호   ④ 어린 유수 보호

해설

뿌리 끝의 정단분열조직(頂端分裂組織)에서 밖을 향해 만들어지는 조직으로 뿌리의 증식 신장이 이루어지는 부드럽고 연한 세포를 보호하는 작용을 한다.

82 영양번식의 이점으로 잘못된 것은?

① 종자 번식이 어려울 때 이용된다.

② 종자번식보다 생육이 왕성할 때 이용된다.
③ 우량한 상태의 유전질을 쉽게 영속적으로 유지시킬 수 있다.
④ 접목을 하면 수세의 조절, 풍토적응성이 증대되긴 하지만 품질이 향상되지는 않는다.

해설

영양번식의 장점
㉠ 종자번식이 어려운 고구마, 마늘 등에 이용한다.
㉡ 우량한 상태의 유전질을 쉽게 영속적으로 유지시킬 수 있는 과수, 감자 등에 이용한다.
㉢ 종자번식보다 생육이 왕성한 감자, 모시풀, 꽃, 과수 등에 이용한다.
㉣ 암수의 어느 한쪽 그루만을 재배하는 호프의 암그루를 재배할 때 종자에서 암그루와 수그루가 함께 나오므로 암그루를 영양번식시킨다.
㉤ 접목을 하면 수세의 조절, 풍토적응성의 증대, 병해충 저항성의 증대, 결과의 촉진, 품질의 향상, 수세의 회복 등을 기대할 수 있다.

83 기지현상을 나타내지 않는 작물들로 짝지어진 것은?

① 고구마, 담배, 인삼, 무, 당근
② 벼, 맥류, 수수, 딸기, 담배
③ 미나리, 땅콩, 연, 뽕나무, 조
④ 양파, 호박, 순무, 수박, 양배추

해설

기지현상을 나타내지 않는 작물
벼, 맥류, 조, 수수, 옥수수, 고구마, 대마, 담배, 무, 당근, 양파, 호박, 연, 순무, 뽕나무, 미나리, 딸기, 양배추 등

84 기지현상의 원인이 아닌 것은?

① 윤작   ② 양분결핍
③ 토양 중의 염류집적   ④ 토양선충 번식

해설

기지의 원인
토양 비료성분의 소모, 토양물리성의 약화, 잡초의 번성, 토양선충의 번성, 토양전염병의 발생 등

85 종자발아력 검정에 대한 내용으로 옳지 않은 것은?

① 전기전도가 높으면 종자활력이 높다.
② 배의 단면에 테트라졸륨 처리 후 적색으로 착색되면 활력이 있다.
③ 종자발아력 검정에 X-선 검사법이 이용된다.
④ Amylase, Lipase, Catalase, Peroxidase 등의 활력을 측정하는 효소활성측정법이 있다.

[해설]

전기전도도 검사법
종자의 세력이 낮거나 퇴화된 종자를 물에 담그면 세포 내 물질이 밖으로 침출되어 나오는데 이들이 지닌 전하를 전기전도계로 측정한 전기전도도 값으로 발아력을 추정하는 방법이다. 전기전도도가 높으면 활력이 낮은 것으로 이 방법은 완두와 콩 등에서 많이 이용된다.

86 종자발아 조사에 대한 설명 중 옳지 않은 것은?

① 발아율은 파종된 총 종자수에 대한 발아종자 수의 비율이다.
② 발아전은 파종된 종자 중 80% 이상이 발아한 날이다.
③ 평균 발아속도는 총 발아수를 조사일수로 나눈 값이다.
④ 발아시는 파종된 종자의 30% 이상이 발아한 날이다.

[해설]

발아시험
㉠ 종자의 발아상을 발아시험에 의해서 조사하는 것이 가장 정확하다.
㉡ 발아시험기에 조사되는 주요 항목
  • 발아율＝발아 개체수 / 공시 개체수×100
  • 발아세(발아속도) : 발아시험에 있어 파종한 다음 일정한 일수 내의 발아를 말함
  • 발아시 : 최초의 1개체가 발아한 날
  • 발아기 : 전체 종자의 50%가 발아한 날
  • 발아전 : 대부분(80% 이상)이 발아한 날
  • 발아일수(발아기간) : 파종기부터 발아기(또는 발아 전)까지의 일수

87 감자의 휴면 타파법으로 가장 적절한 것은?

① 지베렐린, 에스텔   ② MH-30, 지베렐린
③ 에스텔, 옥신   ④ 옥신, MH-30

[해설]

감자의 휴면타파법
㉠ 지베렐린 처리 : 감자를 절단해서 2ppm 정도의 지베렐린 수용액에 30~60분간 침지하여 파종하면 가장 간편하고 효과적으로 휴면이 타파된다.
㉡ 에스렐, 에틸렌클로로하이드린에 처리하는 것도 효과적이다.

88 모종 굳히기(경화)에 좋은 조건으로 해당하는 것은?

① 고온, 다습, 강한 빛   ② 저온, 건조, 강한 빛
③ 고온, 건조, 강한 빛   ④ 저온, 다습, 약한 빛

[해설]

경화(馴化)
㉠ 육묘 후기에는 모종을 굳혀서 정식한 후 활착이 잘 되도록 한다.
㉡ 낮의 온도를 20~21℃, 밤의 온도를 10℃ 정도로 낮게 관리한다.
㉢ 모종간격을 충분히 넓혀서 잎이 서로 겹쳐지지 않도록 하며 되도록 햇빛을 많이 받도록 한다. 그리고 물 주는 양을 적게 한다.

89 조직배양에 대한 설명으로 옳지 않은 것은?

① 번식이 힘든 관상식물을 대량으로 육성할 때 기간이 길어진다.
② 바이러스병에 걸리지 않은 신개체를 육성할 수 있다.
③ 세포 돌연변이를 분리해서 이용할 수 있다.
④ 농약에 대한 독성이나 방사능에 대한 감수성을 간단하게 검정할 수 있다.

[해설]

조직배양의 응용
㉠ 번식이 힘든 관상식물은 단시일에 대량으로 육성할 수 있다.

ⓒ 바이러스병에 걸리지 않은 신개체를 육성할 수 있다.
ⓒ 세포 돌연변이를 분리해서 이용할 수 있다.
ⓔ 농약에 대한 독성이나 방사능에 대한 감수성을 간단하게 검정할 수 있다.

90 묘상의 설치장소로 부적당한 곳은?

① 본포에서 멀리 떨어진 곳이어야 한다.
② 못자리는 오수와 냉수가 침입하지 않아야 한다.
③ 온상의 설치는 배수가 잘 되는 곳이어야 한다.
④ 저온기의 육묘에는 양지바르고 따뜻한 곳이어야 하며 강한 바람을 막는 방풍이 되는 곳이어야 한다.

> **해설**
>
> 묘상의 장소는 본포에 가까운 곳이어야 한다.

91 벼에서 이삭거름을 주기에 가장 적당한 시기는?

① 출수기
② 유효분얼기
③ 유수형성기
④ 등숙기

> **해설**
>
> 이삭거름(수비)
> 이삭의 벼알 수를 많게 하고 임실을 좋게 하여 천립중을 증가시키기 위하여 유수형성기 경에 시비하는 비료로 전체의 15% 정도를 시비한다.

92 다음 원소 중 엽록소 생성과 가장 관계가 없는 것은?

① 질소(N)
② 마그네슘(Mg)
③ 칼슘(Ca)
④ 철(Fe)

> **해설**
>
> 엽록소(葉綠素) 분자식
> ⓐ 엽록소 a : $C_{56} H_{72} Mg N_4 O_5$
> ⓑ 엽록소 b : $C_{55} H_{70} Mg N_4 O_5$

93 다음 중 염기성 비료인 것은?

① 유안, 황산칼리, 염화칼리
② 요소, 질산암모니아, 과인산석회
③ 과인산석회, 유안, 석회질소
④ 용성인비, 칠레초석, 석회질소

> **해설**
>
> 비료의 종류
> ⓐ 산성비료 : 황산암모니아(유안), 황산칼리, 염화칼리 등
> ⓑ 중성비료 : 질산암모니아, 요소, 과인산석회, 중과인산석회 등
> ⓒ 염기성비료 : 석회질소, 용성인비, 재, 칠레초석, 어박 등

94 다음 설명 중 틀린 것은?

① 엽채류 영양생장 시 질소는 적게 하고 칼륨 사용을 높인다.
② 생육기간이 긴 작물은 나누어서 분시한다.
③ 화본과 목초와 콩과 목초를 혼파했을 때에 질소를 많이 주면 화본과가 우세하다.
④ 논에서 벼에 대한 인산의 효과는 보통 크지 않다.

> **해설**
>
> 엽채류 영양생장 시 잎을 수확하는 작물은 질소비료를 늦게까지 추비로 준다.

95 벼에서 이삭거름을 주는 가장 적절한 시기는?

① 유효분얼기
② 무효분얼기
③ 등숙기
④ 유수형성기

> **해설**
>
> ⓐ 분얼거름 : 유효분얼기(이앙 후 15~20일)
> ⓑ 이삭거름 : 유수형성기(출수 25일 전)

96 벼가 보리보다 무비료재배의 계속에 견디는 주된 이유는?

① 통기조직이 잘 발달되어 있기 때문이다.
② 생육기간이 짧기 때문이다.
③ 기동세포가 잘 발달되어 있기 때문이다.
④ 관개수에 의한 비료요소의 공급 때문이다.

> **해설**
>
> **비료요소의 천연 공급량**
> 토양 중에서 또는 관개수에 의하여 천연적으로 공급되는 비료요소의 분량

97 작물의 시비에 관련된 설명이 옳은 것은?

① 염소시비는 섬유작물에는 유리하지만 전분 작물에는 불리하다.
② 일반적으로 인산과 마그네슘의 함량은 쌀의 식미와 부의 상관이 있다.
③ 고구마는 질소＞인산＞칼륨의 순으로 흡수율이 높다.
④ 벼의 조기재배 시 질소비료는 추비 중점의 시비를 한다.

> **해설**
>
> ㉠ 염소시비는 섬유작물에는 유리하지만 전분 작물에는 불리하다.
> ㉡ 일반적으로 칼륨과 마그네슘의 함량은 쌀의 식미와 부의 상관이 있다.
> ㉢ 고구마는 칼륨＞질소＞인산 순으로 흡수율이 높다.
> ㉣ 벼의 조기재배 시 질소비료는 밑거름 중점의 시비를 한다.

98 다음에서 지베렐린의 작용이 아닌 것은?

① 세포분열을 촉진하고 성장 촉진작용을 한다.
② 휴면타파한다.
③ 발아를 촉진시킨다.
④ 접목 시 활착을 촉진시킨다.

> **해설**
>
> **지베렐린의 재배적 이용**
> ㉠ 발아 촉진   ㉡ 단위 결과의 유기
> ㉢ 화성의 유도 및 촉진   ㉣ 경엽의 신장 촉진
> ㉤ 성분 변화   ㉥ 수량증대

99 잡초가 작물에 미치는 영향이 아닌 것은?

① 작물과의 경합으로 작물의 생육 및 수량을 저하시킨다.
② 유해물질을 분비하여 작물의 생육을 억제한다.
③ 과번무를 조장하여 작물의 생육을 촉진시킨다.
④ 수광, 통기 등을 불량하게 한다.

> **해설**
>
> **잡초의 해작용**
> 작물과의 경쟁, 유해물질의 분비, 병충해의 전파, 품질 저하, 미관의 손상

100 다음 중 경종적 방법에 의한 병해충 방제에 해당되지 않는 것은?

① 윤작을 하여 토양선충의 발생을 억제한다.
② 질소비료의 과용을 피한다.
③ 밭에서 담수에 의해 병해충을 방제한다.
④ 무병종서를 재배에 이용한다.

> **해설**
>
> ①, ②, ④는 재배적 방제법이고 ③은 물리적 방제법이다.

101 작물을 재배할 때 토양 피복(Mulch)의 효과에 대해 바르게 설명한 것은?

① 지온의 상승효과는 흑색 플라스틱 필름보다 투명 플라스틱 필름에서 더 높다.
② 잡초 발생량은 투명 플라스틱 필름보다 흑색 플라스틱 필름에서 더 많다.
③ 스터블멀치는 지온의 상승효과가 있으나 토양 침식을 조장한다.
④ 녹색 플라스틱 필름 피복은 잡초 발생을 조장한다.

투명필름

멀칭용 플라스틱 필름에 있어서 모든 광을 잘 투과시키는 투명필름은 지온상승 효과가 크고 잡초의 발생이 많아진다.

102 잡초종자의 발아습성을 잘못 설명한 것은?

① 얕은 복토에서 발아가 잘 된다.
② 논잡초는 산성토양에서 잘 자란다.
③ 대부분의 경지잡초들은 혐광성이다.
④ 바랭이와 뚝새풀은 비옥한 땅에서 자란다.

㉠ 호광성 종자 : 광선에 의해 발아가 조장되며 암흑에서는 전혀 발아하지 않거나 발아가 몹시 불량한 종자이다.
㉡ 혐광성 종자 : 광선이 있으면 발아가 저해되고 암중에서 잘 발아하는 종자이다.

103 필름의 종류별 멀칭에 대한 효과를 바르게 설명한 것은?

① 투명필름은 지온상승 효과는 적으나 잡초발생을 억제하는 효과가 크다.
② 흑색, 투명필름은 잡초방제에 효과가 있다.
③ 흑색필름은 지온상승 효과가 크나 잡초발생이 많아진다.
④ 녹색필름은 잡초를 거의 억제하며 지온상승 효과도 크다.

㉠ 투명필름은 지온상승 효과는 크나 잡초발생을 억제하는 효과가 작다.
㉡ 흑색필름은 지온상승 효과가 작으나 잡초발생이 거의 억제된다.

104 환경을 오염시키지 않고 다수확할 수 있는 방법은?

① 생태농업   ② 유기농업
③ 정밀농업   ④ 저투입지속농업

㉠ 생태농업 : 지역폐쇄 시스템에서 작물양분과 병해충 종합관리기술을 이용하여 생태계 균형유지에 중점을 두는 농업이다.
㉡ 유기농업 : 농약과 화학비료를 사용하지 않고, 흙을 중시하여 자연에서 안전농산물을 수확하는 농업이다.
㉢ 정밀농업 : 토양비옥도와 작물생육과의 관계를 토대로 농산물을 효율적으로 생산하고 환경에 대한 부담을 최소화하여 다수확을 할 수 있는 농법으로 지구위치 정보체계와 감지기, 컴퓨터 모델을 이용하여 작물을 관리한다.
㉣ 저투입지속농업 : 환경에 부담을 주지 않고 화학비료, 농약 등을 최소한으로 투입하여 작물의 수량성을 추구하는 농법이다.

105 종묘로서 영양기관을 이용한 영양번식법을 실시하는 가장 큰 이유는?

① 종자생산이 용이하기 때문에
② 우량한 유전질의 영속적인 유지를 위하여
③ 종묘가 크게 절약되기 때문에
④ 파종 또는 이식 작업이 편리하여 노동력이 절약되기 때문에

영양번식의 장점

㉠ 종자번식이 어려운 고구마, 마늘 등에 이용한다.
㉡ 우량한 상태의 유전질을 쉽게 영속적으로 유지시킬 수 있는 과수, 감자 등에 이용한다.
㉢ 종자번식보다 생육이 왕성한 감자, 모시풀, 꽃, 과수 등에 이용한다.

106 화곡류의 내건성이 가장 약한 시기는?

① 분얼기   ② 감수분열기
③ 출수, 개화기   ④ 유숙기

감수분열기(수잉기)에는 대부분의 재해에 가장 취약한 시기이다.

107 다음 중 호광성(광발아) 종자로만 짝지어진 것은?

㉠ 벼	㉡ 담배	㉢ 토마토
㉣ 수박	㉤ 상추	㉥ 가지
㉦ 셀러리	㉧ 양파	

① ㉠, ㉢, ㉧   ② ㉡, ㉤, ㉦
③ ㉢, ㉣, ㉦   ④ ㉤, ㉥, ㉧

> **해설**
>
> 호광성 종자
> ㉠ 광선에 의해 발아가 조장되며 암흑에서는 전혀 발아
>   하지 않거나 발아가 몹시 불량한 종자이다.
> ㉡ 담배, 상추, 우엉, 차조기, 금어초, 베고니아, 뽕나무,
>   피튜니아, 버뮤다그라스, 셀러리 등이다.
> ㉢ 땅속에 깊이 파종하면 산소와 광선이 부족하여 휴면
>   을 계속하고 발아가 늦어지게 되므로 복토를 얕게
>   한다.

108 작물종자의 발아에 관한 설명 중 옳지 않은 것은?

① 담배나 가지과 채소 등은 주야간 변온보다는 항
  온에서 발아가 촉진된다.
② 전분 종자가 단백질 종자보다 발아에 필요한 최
  소수분함량이 적다.
③ 호광성 종자는 가시광선 중 600~680nm에서 가
  장 발아를 촉진시킨다.
④ 벼, 당근의 종자는 수중에서도 발아가 감퇴하지
  않는다.

> **해설**
>
> ㉠ 변온에 의해 발아가 촉진되는 종자 : 셀러리, 담배,
>   아주까리, 박하, 버뮤다그라스 등
> ㉡ 항온에 의해 발아가 촉진되는 종자 : 당근, 파슬리,
>   티머시 등
> ㉢ 수중에서 발아를 잘하는 종자 : 벼, 상추, 당근, 셀러
>   리 등

109 각 설명의 내용이 틀린 것은?

① 씨감자의 퇴화를 방지하려면 고랭지에서 채종
  해야 한다.
② 콩은 따뜻한 남부에서 생산된 종자가 서늘한 지
  역에서 생산된 것보다 충실하다.
③ 평지에서는 가을재배를 하면 퇴화를 경감할 수
  있다.
④ 벼 종자는 평야지보다 분지에서 생산된 것이 임
  실이 좋아서 종자가치가 높다.

> **해설**
>
> 콩은 따뜻한 남부에서 생산된 종자가 서늘한 지역에서
> 생산된 것보다 충실하지 못한 경향이 있다.

110 두류에서 도복의 위험이 가장 큰 시기는?

① 개화기로부터 약 10일간
② 개화기로부터 약 20일간
③ 개화기로부터 약 30일간
④ 개화기로부터 약 40일간

111 다음 중에서 단일성 작물로 짝지은 것은?

① 들깨, 담배, 코스모스
② 감자, 시금치, 양파
③ 고추, 당근, 토마토
④ 사탕수수, 딸기, 메밀

> **해설**
>
> ㉠ 단일성 작물 : 주로 가을에 수확하는 작물
> ㉡ 장일성 작물 : 봄·여름에 수확하는 작물

112 다음 중 잘못 연결된 것은?

① Liebig : 무기영양설
② De Vries : 돌연변이설
③ Pasteur : 병원균설
④ De Candolle : 농경의 발상지를 산간지역으로
  추정함

정답   107 ②   108 ①   109 ②   110 ①   111 ①   112 ④

113 내습성이 강한 작물의 특징으로 맞지 않는 것은?

① 황화수소 등 환원성 유해물질에 대한 저항성이 큰 것이 내습성이 강하다.
② 근계가 얕게 발달하거나 부정근의 발생력이 큰 것이 내습성을 강하게 한다.
③ 채소류에서는 양상추, 양배추, 토마토, 가지, 오이 등이 내습성이 강하다.
④ 과수류에서는 복숭아, 무화과, 밤 등이 내습성이 강하다.

해설

㉠ 작물의 내습성 : 골풀, 택사, 미나리, 벼 > 밭벼, 옥수수 > 토란 > 평지, 고구마 > 보리, 밀 > 고추 > 메밀 > 파, 양파, 자운영
㉡ 채소의 내습성 : 양배추, 토마토, 오이 > 시금치, 무 > 당근, 꽃양배추, 멜론
㉢ 과수의 내습성 : 올리브 > 포도나무 > 밀감나무 > 감나무, 배나무 > 밤나무, 복숭아나무, 무화과나무

114 경종적 병해충 방제방법이 아닌 것은?

① 병원 미생물을 이용한다.
② 윤작을 하여 토양선충의 발생을 억제한다.
③ 질소비료과용을 피한다.
④ 파종시기를 조절한다.

해설

경종적 병해충 방제법
㉠ 토지의 선정   ㉡ 저항성 품종의 선택
㉢ 중간기주식물 제거   ㉣ 작물의 시비법 개선
㉤ 포장의 청결한 관리   ㉥ 수확물의 건조
㉦ 작물의 생육기 조절   ㉧ 종자의 선택
㉨ 윤작 및 혼작   ㉩ 재배양식의 변경

115 다음 중 화학적 병충해 방제법에 속하는 것은?

① 살충제 사용 : 천적 이용
② 살균제 사용 : 미생물 이용
③ 유인제 사용 : 기피제 사용
④ 병원미생물 사용 : 포살

해설

천적을 이용하는 방제법을 생물학적 방제법이라고 하며, 천적의 주된 것은 기생성 곤충, 포식성 곤충, 병원미생물 등이 있다. 살충제, 살균제, 유인제 사용은 화학적 방제법에 해당한다.

작물의 병해충 방제법
㉠ 경종적 방제법 : 토지선정, 혼식, 윤작, 생육기의 조절, 중간기주식물의 제거
㉡ 생물적 방제법 : 천적 이용
㉢ 물리적 방제법 : 포살 및 채란, 소각, 소토, 담수, 차단, 유살
㉣ 화학적 방제법 : 살균제, 살충제, 유인제, 기피제

116 우리나라 잡초분포의 특징에 대한 설명으로 잘못된 것은?

① 북방형 잡초가 많다.
② 논에서는 피와 방동사니가 우점종이다.
③ 답리작에는 뚝새풀이 많다.
④ 밭에는 바랭이가 우점종이다.

해설

②, ③, ④는 우리나라 잡초의 특징이며, 우리나라는 남방형 잡초가 많다.

117 복토에 대한 다음의 설명 중 틀린 것은?

① 대립의 종자는 얕게, 소립의 종자는 깊게 복토한다.
② 물못자리에 볍씨를 파종하는 경우에는 복토를 하지 않는다.
③ 광발아성 종자는 파종 후 복토하지 않거나 복토를 해도 극히 얕게 해야 한다.
④ 점질토에서는 얕게 하고 경토에서는 깊게 하며, 토양이 습윤할 경우에는 얕게 하고 건조할 경우에는 깊게 한다.

해설

종자의 크기
소립의 종자는 얕게, 대립의 종자는 깊게 복토한다.

---

118 식물에 대한 옥신의 기능이 아닌 것은?

① 발근 촉진　　② 가지의 굴곡 유도
③ 낙과 방지　　④ 개화지연

해설

옥신
과실의 비대·성숙 촉진, 가지의 굴곡 유도, 낙과 방지,
발근 촉진

119 작물 재배에서 도복을 유발시키는 재배 조건은?

① 밀식, 질소다용　　② 소식, 이식재배
③ 토입과 배토　　④ 칼륨과 규산질 증시

120 다음 중 파종량을 늘려야 하는 경우는?

① 단작을 할 때
② 발아력이 좋을 때
③ 따뜻한 지방의 파종 시
④ 파종기가 늦어질 때

121 식물체의 흡수량이 적게 되면 내건성이 저하되는 원소는?

① 질소　　② 인
③ 칼륨　　④ 칼슘

해설

칼륨
식물체내 이온의 형태로 존재하며, 광합성, 단백질합성,
세포의 수분생리에 관여한다.

122 봄 결구배추를 직파하지 않고 육묘하여 이식하는 주된 이유는?

① 종자절약　　② 용수절약
③ 추대방지　　④ 생육촉진

해설

직파 시 저온에 감응하면 춘화처리효과로 추대되고 상품의 가치가 떨어진다.

123 다음 중 기지현상이 가장 심한 것은?

① 시금치　　② 딸기
③ 수박　　④ 콩

해설

작물의 종류와 기지
㉠ 연작의 해가 적은 것 : 벼, 맥류, 조, 수수, 옥수수, 고구마, 삼, 담배, 무, 당근, 양파, 호박, 연, 순무, 뽕나무, 아스파라거스, 토당귀, 미나리, 딸기, 양배추, 꽃양배추 등
㉡ 1년 휴작을 요하는 것 : 쪽파, 시금치, 콩, 파, 생강 등
㉢ 2년 휴작을 요하는 것 : 마, 감자, 잠두, 오이, 땅콩 등
㉣ 3년 휴작을 요하는 것 : 쑥갓, 토란, 참외, 강낭콩 등
㉤ 5~7년 휴작을 요하는 것 : 수박, 가지, 완두, 우엉, 고추, 토마토, 레드클로버, 사탕무 등
㉥ 10년 이상 휴작을 요하는 것 : 아마, 인삼 등

124 다음 중 답전윤환의 이점으로 볼 수 없는 것은?

① 지력의 유지·증진
② 수량 증대
③ 잡초발생 경감
④ 토지 이용의 제고 증진

해설

답전윤환의 효과
지력증강, 기지의 회피, 잡초의 경감, 벼의 수량 증대

125 혼파의 이점에 대한 설명으로 옳지 않은 것은?

① 가축영양상의 이점
② 병충해 방제에 유리
③ 공간의 효율적 이용
④ 비료성분의 효율적 이용

해설

혼파의 장점
㉠ 가축영양상의 균형
㉡ 공간의 효율적 이용
㉢ 비료성분의 합리적 이용
㉣ 잡초의 발생 억제
㉤ 건초제조 용이
㉥ 재해에 대한 안정성 증대

126 기지 현상에 대한 가장 근본적인 대책은?

① 결핍성분의 보급　　② 토양소독
③ 객토　　　　　　　④ 윤작

해설

기지의 대책
윤작, 담수, 토양소독, 유독물질의 제거, 객토, 접목, 지력배양 등이 있다.

127 화본과 목초와 콩과작물의 혼파 시 장점이 아닌 것은?

① 잡초의 경감 효과　　② 병충해 방제 효과
③ 공간의 효율적 이용　④ 비료의 효율적 이용

해설

혼파의 이점
가축영양상의 균형, 공간의 효율적 이용, 비료성분의 효율적 이용, 질소비료의 절약, 잡초의 감소, 사료공급의 평준화

128 과실의 성숙에 효과적으로 작용하는 것은?

① 지베렐린　　　　　② 에스렐
③ IAA　　　　　　　④ ABA

129 작물의 일생을 마치는 데 소요되는 총온량은 적산온도로 표시하는데, 벼의 적산온도는?

① 500〜1,500℃　　② 1,500〜2,500℃
③ 2,500〜3,500℃　　④ 3,500〜4,500℃

130 연작에 의한 해가 적은 작물로 짝지어진 것은?

① 가지, 고추, 수박　　② 무, 당근, 양파
③ 파, 쪽파, 시금치　　④ 토란, 쑥갓, 참외

해설

연작의 피해가 적은 것
벼, 맥류, 조, 수수, 옥수수, 고구마, 담배, 당근, 무, 양파, 호박, 토당귀, 미나리, 딸기 등

131 이산화탄소의 농도를 높여서 작물의 증수를 위한 시비 방법은?

① 엽면시비　　　　　② 질산시비
③ 탄산시비　　　　　④ 표층시비

해설

탄산가스 시비는 유해가스가 동시에 발생할 수 있는 단점이 있다. 일출부터 환기할 때까지의 시간대에 1,000〜1,500ppm의 탄산가스 농도를 유지, 공급한다.

132 벼 논에 심층시비를 하는 효과에 해당되는 것은 다음 중 어느 것인가?

① 질산태 질소비료를 논 토양의 환원층에 주어 탈질을 막는다.
② 질산태 질소비료를 논 토양의 산화층에 주어 용탈을 막는다.
③ 암모니아태 질소비료를 논 토양의 환원층에 주어 탈질을 막는다.
④ 암모니아태 질소비료를 논 토양의 산화층에 주어 용달을 막는다.

해설

담수된 논 토양의 산화층에 암모니아태 질소가 시비되면 질화작용에 의하여 질산이 되고, 질산은 토양에 흡착되지 않으므로 하부의 환원층으로 이동되어 탈질에 의해 가스태 질소로 환원된 후 공기 중으로 휘산된다.

정답　　126 ④　127 ②　128 ②　129 ④　130 ②　131 ③　132 ③

133 벼의 생육기간 중 냉해에 의해 출수가 가장 크게 지연되는 시기는?

① 활착기　　　　　② 분얼기
③ 유수형성기　　　④ 출수기

> **해설**
>
> 출수 30일 전부터 25일 전까지의 약 5일간, 즉 벼가 생식생장기에 접어들어 유수를 형성할 때에 냉온을 만나면 출수의 지연이 가장 심하다.

134 다음 토양미생물 중 자급 영양 세균은?

① Azotomonas　　② Rhizobium
③ Nitrobacter　　　④ Clostridium

135 경작하는 과정에서 토양 입단을 형성, 발달시키려 할 때의 방법이 아닌 것은?

① 석회의 시용　　　② Na^+의 첨가
③ 콩과작물 재배　　④ 토양의 피복

> **해설**
>
> Na^+은 토양의 입단을 파괴한다.

136 식물분류학적 방법에 의한 작물 분류가 아닌 것은?

① 볏과 작물　　　　② 콩과 작물
③ 가지과 작물　　　④ 공예작물

> **해설**
>
> 공예작물은 용도에 의한 분류이다.

137 화곡류의 생육단계 중 한발의 해에 가장 약한 시기는?

① 유숙기　　　　　② 출수개화기
③ 감수분열기　　　④ 유수형성기

138 작물의 특성을 유지하기 위한 방법이 아닌 것은?

① 영양번식에 의한 보존재배
② 격리재배
③ 원원종재배
④ 자연교잡

> **해설**
>
> 작물의 특성을 유지하기 위한 방법은 격리가 필수적이다.

139 강풍에 의한 피해를 자주 입는 지역에서의 재배적 대책 중 거리가 먼 것은?

① 위험 태풍기에는 배수를 철저히 한다.
② 내도복성 품종을 선택한다.
③ 작기를 이동한다.
④ 태풍 후에는 반드시 병해충 방제를 실시한다.

> **해설**
>
> 강풍에는 방풍림설치, 지주설치 등으로 도복을 방지해야 한다.

140 무기성분 중 결핍 증상을 상위엽에서 주로 관찰할 수 있는 것은?

① N, P　　　　　　② P, B
③ K, Ca　　　　　④ Ca, B

> **해설**
>
> ㉠ Ca : 작물체 내로 이동이 안 되어 부족하게 되면 뿌리 끝이나 새싹(생장점)이 말라죽게 된다.
> ㉡ B : 부족 시 분열조직에 괴사를 일으켜 많은 작물에서 생리장해의 원인이 된다.

141 풍해는 어떤 경우에 작물에 피해를 심하게 주는가?

① 풍속이 크고 공기습도가 낮을 때
② 풍속이 크고 공기습도가 높을 때
③ 풍속이 크고 온도가 높을 때
④ 풍속이 크고 온도, 습도는 무관함

벼는 건조한 상태에서 강풍이 백수현상을 일으킨다.

142 벼를 재배할 때 심경(深耕)이 오히려 불리한 경우는?

① 조식재배   ② 보통기재배

③ 만식재배   ④ 다비재배

143 녹체버널리제이션을 하는 것이 가장 효과가 큰 작물은?

① 잠두   ② 추파맥류

③ 완두   ④ 양배추

녹체버널리제이션에 알맞은 작물은 양배추 · 양파 · 당근 등이며, 식물체가 클수록 감응을 잘한다.

144 벼의 시비 체계에서 수비(이삭거름)의 사용 시기는?

① 최고분얼기   ② 유수형성기

③ 수전기   ④ 등숙기

145 화곡류의 잎을 일어서게 하여 수광 태세를 가장 좋게 하는 성분은?

① 질소   ② 규소

③ 망간   ④ 칼슘

146 작물이 생육 최적 온도 이상에서 오래 유지될 때 나타나는 현상이 아닌 것은?

① 체내에 암모니아의 축적이 많아진다.

② 원형질막이 점괴화되어 기능이 상실된다.

③ 엽록체의 전분이 점괴화되어 기능이 상실된다.

④ 호흡량이 증대하여 당의 함량이 줄어든다.

열해

유기물의 과잉소모(당분함량 감소), 질소대사의 이상(암모니아 축적), 철분의 침전(엽록소의 형성이 저해), 증산과다 발생(뿌리의 수분흡수보다 증산이 증가 위조 · 한해유발)

147 봄철 늦추위가 올 때 동상해의 방지책으로 가장 균일하고 큰 보온효과를 기대할 수 있는 것은?

① 발연법   ② 송풍법

③ 연소법   ④ 살수빙결법

148 수해에 관한 다음 설명 중 맞지 않는 것은?

① 벼에서 수잉기~출수개화기에는 수해에 매우 약하다.

② 벼에서 7일 이상이 관수될 때에는 다른 작물 파종의 필요성이 있다.

③ 벼의 청고현상은 수온이 낮은 유동 청수(淸水)에서 볼 수 있는 현상이다.

④ 질소질비료를 많이 주면 탄수화물의 함량이 적어지고 호흡작용이 왕성하여 관수해가 더 커진다.

149 파이토크롬(Phytochrome)의 설명 중에서 잘못된 것은?

① 광흡수색소로서 일장효과에 관여한다.

② Pr은 호광성 종자의 발아를 억제한다.

③ 파이토크롬(Phytochrome)은 적색광과 근적외광을 가역적으로 흡수할 수 있다.

④ 굴광현상을 나타내는 호르몬의 일종으로 식물 생육에 필수적인 물질이다.

④는 옥신에 대한 설명이다.

정답   142 ③   143 ④   144 ②   145 ②   146 ②   147 ④   148 ③   149 ④

150 식물 세포의 크기를 증대시키는 데 직접적으로 관여하는 것은?

① 팽압　　　　　　② 막압
③ 벽압　　　　　　④ 수분포텐셜

해설

삼투압에 의한 팽압의 증가

151 인위적 돌연변이를 유발하기 위하여 방사선 육종에 이용하는 방사선이 아닌 것은?

① 자외선　　　　　② 적외선
③ 중성자　　　　　④ X−선

해설

적외선은 열선으로 온도를 상승시킨다.

152 작물을 생육형에 따라 분류할 때 옳지 않은 것은?

① 벼 − 주형(株型)
② 고구마 − 포복형(匍匐型)
③ 오처드그래스 − 주형(株型)
④ 수단그래스 − 하번초(下繁草)

해설

㉠ 주형 작물 : 벼 · 맥류
㉡ 포복형 작물 : 고구마 · 호박

153 버널리제이션의 농업 이용은 괄목할 만하다. 이에 해당되지 않는 것은?

① 억제 재배　　　　② 수량 증대
③ 육종에 이용　　　④ 대파(代播)

154 식물 영양생리의 연구에 사용되는 방사성 동위원소는?

① ^{32}P　　　　　　② ^{24}Na
③ ^{60}Co　　　　　　④ ^{137}Cs

해설

㉠ 재배적 이용 : 추적자로 표시된 화합물을 표지화합물이라 한다.
㉡ 작물 영양생리의 연구 : ^{32}P, ^{42}K, ^{45}Ca, ^{15}N를 이용
㉢ 광합성 연구 : ^{11}C, ^{14}C를 이용
㉣ 농업토목에 이용 : ^{24}Na를 이용

155 전분 합성과 관련되는 효소는?

① 아밀라제　　　　② 포스포릴라제
③ 프로테아제　　　④ 리파아제

156 벼 종자의 온탕 처리로서 방제할 수 있는 병은?

① 선충심고병　　　② 오갈병
③ 줄무늬잎마름병　④ 잎집무늬마름병

157 정아우세를 억제하고 측아의 생장을 촉진하는 식물호르몬은?

① 옥신(Auxin)
② 지베렐린(Gibberellin)
③ 사이토키닌(Cytokinin)
④ 아브시스산(Abscisic acid)

해설

㉠ 옥신 : 정아우세 현상 촉진
㉡ 사이토키닌 : 정아우세 억제 및 측아생장 촉진

158 과수재배에서 기본적인 정지법 중 그림과 같이 주간을 일찍 자르고 3~4본의 주지를 발달시켜 술잔모양으로 하는 정지법은 어느 것인가?

① 개심형
② 원추형
③ 변칙주간형
④ 울타리형

159 화전의 작부 형태는?

① 휴한농법　　　　② 순환농법
③ 자유경작　　　　④ 이동경작

160 다음 병해 중 해충이 병원균을 매개하는 것은?

① 벼의 줄무늬 잎마름병
② 보리의 깜부기병
③ 토마토의 청고병(풋마름병)
④ 오이의 흰가루병

161 T/R률(root/shoot ratio)에 대한 설명으로 잘못된 것은?

① T/R률의 변동은 생육상태의 변동을 표시하는 지표가 될 수 있다.
② T/R률을 조사하면 작물생육의 유리 또는 불리한 조건을 고찰할 수 있다.
③ T/R률은 절대 수량의 감소 및 증가와는 상관관계가 없다.
④ 생장량의 조사는 생체 또는 건물의 중량으로 표시한다.

162 식량과 사료를 균형 있게 생산하는 유축농업에 해당하는 재배형식은?

① 소경(疎耕)　　　　② 식경(殖耕)
③ 곡경(穀耕)　　　　④ 포경(圃耕)

163 작물의 내적 균형의 지표로 흔히 사용하는 것은?

① G－D균형　　　　② LAD
③ GDD　　　　④ RQ

> 해설
> 내적 균형을 표시하는 지표로 G－D 균형의 개념이 제시되었다. 식물의 생육을 생장과 분화의 두 방면으로 고

찰하고, 양자간의 균형 여하가 작물의 생육을 지배하는 요인으로 생각하여 생장과 분화의 균형을 들어 설명한 것이다.

164 다음 중 답전윤환의 효과가 아닌 것은?

① 지력유지 증진　　　　② 기지현상 증진
③ 잡초발생 억제　　　　④ 생력재배

> 해설
> **답전윤환 효과**
> 지력증강, 기지회피, 잡초감소, 벼의 수량 증가

165 다음은 윤작의 효과이다. 적당하지 않은 것은?

① 지력의 유지 및 증강
② 토양보호 및 수량 증대
③ 기지 발생 증가
④ 농업경영의 안정성 증대

> 해설
> **윤작의 효과**
> ㉠ 지력의 유지 및 증강
> ㉡ 토양보호 및 기지의 회피
> ㉢ 수량 증대 및 토지이용도의 향상
> ㉣ 노력분배의 합리화 및 농업경영의 안전성 증대
> ㉤ 잡초 및 병충해의 경감

166 생육단계와 재배조건에 따른 내건성 설명이 잘못된 것은?

① 작물의 내건성은 생식 생장기가 가장 약하다.
② 화곡류는 삼수분얼기에 가장 약하나.
③ 퇴비, 인산, 가리를 적게 주고 질소를 많이 주고 밀식을 하였을 경우 내건성이 강해진다.
④ 건조한 환경에서 생육시키면 내건성은 증대한다.

> 해설
> 내건성을 위해 퇴비, 인산, 가리를 많이 주고 질소를 적게 주어야 한다.

167 다음 작물 중 호광성 종자는?

① 담배 ② 가지
③ 토마토 ④ 옥수수

해설

호광성 종자
담배, 상추, 뽕, 금어초

168 적산온도가 가장 높은 작물은?

① 벼, 보리 ② 보리, 옥수수
③ 벼, 담배 ④ 조, 메밀

해설

적산온도가 높은 작물은 주로 여름을 지나는 작물이다.

169 다음 중 논 토양교질의 개념과 작용이 올바르게 설명된 것은?

① 토양교질은 양이온을 띤다.
② 토양에 점토나 부식은 교질화를 증대한다.
③ 토양교질화가 증대될수록 CEC는 적어진다.
④ 토양에 CEC가 적어지면 양분의 흡착력은 커진다.

170 요수량(要水量)과 동의어로 사용되는 것은?

① 증산효율 ② 물 이용효율
③ 용수량 ④ 증산계수

171 최근 대기오염에 의한 유해가스로 인하여 작물에 대한 피해가 증가하고 있다. 다음 중 그 피해를 경감시킬 수 있는 것으로 짝지은 것은?

① 질소, 철, 규산 ② 인산, 마그네슘, 석회
③ 철, 마그네슘, 망간 ④ 칼륨, 규산, 석회

해설

대기오염의 피해를 경감시키기 위해 규산, 칼륨, 석회를 증가시킨다.

172 나무딸기에서 주로 이용 되는 취목법은?

① 보통법 ② 선취법
③ 파상취법 ④ 당목취법

해설

선취법
가지 끝부분을 흙에 묻는 방법으로 선단이 지면을 향하도록 한다.

173 다음 중 생장억제물질이 아닌 것은?

① Phosfon−D ② CCC
③ BNOA ④ Amo−1618

해설

옥신의 일종으로 PCA 또는 BNOA를 살포하면 단위결과가 유도된다. 오이 · 호박 등에서는 2 · 4−D를 살포로 단위결과가 유도된다.

174 작물을 생태적인 특성에 의하여 분류한 것은?

① 녹비작물 ② 중경작물
③ 피복작물 ④ 일년생작물

해설

생태적 분류는 생존연한, 생육계절, 생육적온, 생육형, 저항성에 따른 분류로 나뉜다.

175 작물에서 화성(花成)을 유도하는 데 필요한 중요 요인이 아닌 것은?

① 체내 동화생산물의 양적 균형
② 체내의 사이토키닌과 ABA의 균형
③ 온도조건
④ 일장조건

해설

화성유도에는 작물의 영양상태(C−N율), 식물호르몬, 광조건, 온도조건이 중요 요인이다.

176 대기오염물질의 식물생육에 미치는 영향으로 가장 거리가 먼 것은?

① 잎 표면에 반점이 생기나 뿌리의 활력은 오히려 증대된다.
② 대기오염물질은 대부분 기공을 통하여 식물체 내로 들어온다.
③ 불소계가스, 염소, 오존 등은 독성이 강한 물질이다.
④ 광합성 능력의 저하로 식물의 생육이 저하된다.

177 다음 작물 중 내동성이 가장 강한 작물은?

① 보리
② 밀
③ 호밀
④ 귀리

178 생물공학적 기법에 의해 반수체식물이 얻어지는 것은?

① 배배양(胚培養)
② 약배양(葯培養)
③ 조직배양(組織培養)
④ 세포융합(細胞融合)

> **해설**
>
> **약배양**
> 반수체를 육성하여 유용한 형질을 얻어 교배모본으로 사용하며 육종연한을 단축시킨다.

179 벼 장해형 냉해에 가장 민감한 시기로 가장 석낭한 것은?

① 유묘기
② 감수분열기
③ 최고분얼기
④ 유숙기

180 다음 기술적 이론과 제창한 사람이 틀린 것은?

① 무기영양설 – Liebig
② 돌연변이설 – Darwin
③ 병원균설 – Pasteur
④ 부식설 – Thaer

181 C_3 작물에 대한 C_4 작물의 설명으로 가장 거리가 먼 것은?

① 광 포화점이 높다.
② 광 호흡률이 높다.
③ 광 보상점이 낮다.
④ 광합성 효율이 높다.

182 작물생장속도(CGR)를 결정해주는 요인으로 가장 옳은 것은?

① 엽면적 × 순동화율
② 엽면적률 × 상대생장률
③ 엽면적지수 × 순동화율
④ 비엽면적 × 상대생장률

183 다음 중 수박 묘를 본포에 이식할 때 알맞는 양식은?

① 조식(條植)
② 점식(點植)
③ 혈식(穴植)
④ 난식(亂植)

184 다음 각 항의 토성의 특징으로 가장 올바른 것은?

① 사토는 척박하나, 토양침식이 적다.
② 식토는 투기·투수가 불량하고, 유기질 분해가 빠르다.
③ 부식토는 세토가 부족하고, 산성을 나타낸다.
④ 식토는 세토 중의 점토 함량이 25% 이상인 토양이다.

> **해설**
>
> 식토는 통기나 투수가 불량하고, 유기질의 분해가 더디며, 습해나 유해물질에 의한 피해를 받기 쉽다. 사토는 척박하고 보수력이 적어서 한발의 해를 입기 쉬우며, 토양 침식도 심하다. 부식토는 세토가 부족하고 부식산에 의한 산성을 나타낸다.

정답   **176** ①   **177** ③   **178** ②   **179** ②   **180** ②   **181** ②   **182** ③   **183** ③   **184** ③

185 C-N율과 작물의 생육, 화성, 결실과의 관계를 잘못 설명한 것은?

① 작물의 양분이 풍부해도 탄수화물의 공급이 불충분할 경우 생장이 미약하고 화성 및 결실도 불량하다.
② 탄수화물의 공급이 풍부하고 무기양분 중 특히 질소의 공급이 풍부하면 생육이 왕성할 뿐만 아니라 화성 및 결실도 양호하다.
③ 탄수화물의 공급이 질소 공급보다 풍부하면 생육은 다소 감퇴하나 화성 및 결실은 양호하다.
④ 탄수화물, 질소의 공급이 더욱 감소될 경우 생육 감퇴 및 화아형성도 불량해진다.

186 현재 전 세계적으로 재배면적이 가장 많은 식량작물은?

① 벼   ② 보리
③ 밀   ④ 옥수수

단일작물의 생산량 : 밀>벼>옥수수

187 고구마가 가장 많이 흡수하는 비료 성분은?

① 질소   ② 인산
③ 칼륨   ④ 석회

188 다음 중 생존연한에 따른 분류상 2년생작물에 해당되는 것은?

① 보리   ② 사탕무
③ 호프   ④ 벼

189 농업상 이용되고 있는 방사선동위원소로만 된 것은?

① ^{14}C, ^{32}P, ^{60}Co ② ^{22}N, ^{14}C, ^{60}Co
③ ^{14}C, ^{22}N, ^{32}P ④ ^{22}N, ^{32}P, ^{42}K

재배적 이용

추적자로 표시된 화합물을 표지화합물이라 하며, 작물 영양생리의 연구는 ^{32}P, ^{42}K, ^{45}Ca, ^{15}N를 이용하며, 광합성 연구는 ^{11}C, ^{14}C를 이용하고, 농업토목에는 ^{24}Na를 이용한다. 영양기관의 장기저장에는 ^{60}Co, ^{137}Cs에 의한 γ선을 조사하면 휴면이 연장된다.

190 테트라졸륨법(TTC용액)을 이용하여 콩 종자의 발아력 검정 시 발아력이 강한 경우에 배, 유아의 단면의 색깔은?

① 녹색   ② 적색
③ 검은색   ④ 청색

191 아래에 제시한 작물은 일장효과와 관련하여 다음 중 어디에 속하는가?

> 작물 : 토마토, 당근, 고추, 민들레

① 단일식물   ② 장일식물
③ 중성식물   ④ 중간성식물

192 생력 기계화 재배를 위한 전제조건이 아닌 것은?

① 생장조절제 이용
② 경지정리
③ 제초제 이용
④ 공동재배

193 봄철에 늦추위가 닥쳐 동상해의 위험이 있을 때 보온효과가 가장 큰 응급대책으로 적당한 방법은?

① 발연법(發煙法)
② 연소법(燃燒法)
③ 송풍법(送風法)
④ 살수빙결법(撒水氷結法)

---

194 식물의 개화 · 결실에 영향을 미치는 요인 중 가장 거리가 먼 것은?

① 식물호르몬　　② 일장효과
③ 버널리제이션　　④ T/R률

195 방사선 동위원소 중에서 인위적 돌연변이 효과가 가장 큰 것은?

① α선　　② β선
③ γ선　　④ δ선

196 배추과 작물의 성숙 과정이 가장 옳은 것은?

① 유숙－호숙－황숙－완숙
② 백숙－녹숙－갈숙－고숙
③ 유숙－황숙－갈숙－완숙
④ 백숙－황숙－완숙－고숙

197 광합성 효과를 높이는 데 식물의 수광태세가 양호한 것은?

① 잎이 직립형이다.　② 잎이 무성하다.
③ 가지가 많다.　　④ 엽병의 각도가 크다.

198 습해(濕害) 발생에 대한 설명 중 가장 적당한 것은?

① 양분의 흡수가 너무 많아진다.
② 수분흡수가 과다하게 일어난다.
③ 산화성 유해물질이 많이 발생한다.
④ 환원성 철(Fe^{2+}) 및 망간(Mo^{2+})의 생성이 많아진다.

해설

습해의 발생기구
산소부족에 의한 호흡장해로 작물의 수분이나 무기양분의 흡수작용 저해, 지온이 높을 때 과습하면 토양산소의 부족으로 토양이 환원상태가 되고 환원성 유해물질이 생성되어 환원성 철(Fe^{2+}) 및 망간(Mo^{2+})등이 유해작용한다.

199 SMS(Soil Moisture Stress)를 가장 잘 설명한 것은?

① 내 · 외액의 농도 차에 의해서 삼투를 일으키는 압력
② 삼투에 의해서 세포의 수분이 늘면 세포를 증대시키려는 압력이 생기는데 이 압력을 말함
③ 토양의 수분 보유력 및 삼투압을 합친 것
④ 삼투압과 막압을 합친 것

200 다음 중 굴광현상에 가장 유효한 광은?

① 청색광　　② 녹색광
③ 황색광　　④ 적색광

201 수발아(穗發芽)에 대한 설명 중 맞지 않는 것은?

① 우리나라에서는 보리가 밀보다 성숙기가 빠르므로 수발아의 위험이 적다.
② 벼에서 수발아가 문제가 되는 때도 있다.
③ 밀에서는 초자질립, 백립종 등이 수발아가 심한 경향이다.
④ 맥류에서 출수 후 40일경 종피가 굳어진 후 발아억제제를 살포하면 수발아가 억제된다.

202 옥수수의 버널리제이션에 필요한 종자의 흡수량으로 가장 적당한 것은?

① 5%　　② 10%
③ 15%　　④ 30%

203 다음 중에서 영년생(永年生, 다년생) 작물에 속하는 것은?

① 호프　　② 상추
③ 메밀　　④ 시금치

㉠ 1년생 작물 : 벼, 콩, 옥수수, 수수, 조 등
㉡ 월년생 작물 : 가을밀, 가을보리, 마늘 등
㉢ 2년생 작물 : 무, 사탕무 등
㉣ 영년생 작물 : 아스파라거스, 목초류, 호프, 과수류 등

204 작물의 유연관계(類緣關係)를 구명하는 데 적당치 않은 것은?

① 후대검정에 의한 방법
② 염색체에 의한 방법
③ 교잡에 의한 방법
④ 전기영동법에 의한 방법

205 밭의 중경은 때에 따라 작물에 피해를 준다. 다음 중 피해와 관계되지 않는 것은?

① 중경은 뿌리의 일부를 단근시킨다.
② 중경은 표토의 일부를 풍식시킨다.
③ 중경은 토양수분의 증발을 증가시킨다.
④ 토양온열이 지표까지 상승하는 것을 억제해 동해를 조장한다.

206 작물의 개화기를 조절하는 조건 중 틀린 것은?

① 일장효과   ② 버널리제이션
③ 감온성   ④ T−R률

207 토양표면을 여러 재료로 피복하는 것을 멀칭이라 하는데 그 장점이 아닌 것은?

① 한해경감   ② 생육억제
③ 잡초억제   ④ 토양보호

208 논벼(수도)는 다른 작물에 비해서 계속 무비료 재배를 하여도 수량이 급격히 감소하지 않는 이유는?

① 잎의 동화력이 크기 때문이다.
② 뿌리의 활력이 좋기 때문이다.
③ 비료의 천연공급량이 많기 때문이다.
④ 비료의 흡수력이 크기 때문이다.

209 연작 장해에 의하여 일어나는 기지(忌地)현상의 원인이 아닌 것은?

① 토양물리성의 악화
② 유효 미생물의 증가
③ 토양비료 성분의 수탈
④ 유독물질의 축적

210 냉해대책에 대한 기술로 가장 거리가 먼 것은?

① 저항성 품종을 선택하여 재배한다.
② 등숙기 냉해는 출수기와 관계가 크다.
③ 수온을 높인다.
④ 질소 사용량과는 관계가 적다.

질소 사용량이 많은 작물은 냉해에 약하다.

211 다음 중 비료의 3요소끼리 짝지어진 것은?

① 질소−인산−칼슘   ② 질소−인산−부식
③ 질소−인산−칼륨   ④ 인산−칼륨−칼슘

비료의 3요소
질소−인산−칼륨

212 가을 감자 재배시 가장 효과적인 휴면타파 방법은?

① 2~5ppm 지베렐린 수용액에 30~60분 처리
② 2~5ppm 지베렐린 수용액에 24시간 처리
③ 250~500ppm 지베렐린 수용액에 60분 처리
④ 250~500ppm 지베렐린 수용액에 24시간 처리

감자

㉠ 감자를 절단해서 2~5ppm 정도의 지베렐린 수용액에 30~60분간 침지하여 파종하면 가장 간편하고 효과적으로 휴면이 타파된다.

㉡ 에스렐·에틸렌 클로로하이드린 등의 처리와 박피 절단법 등도 효과가 있다.

213 벼 담수직파에 적합한 파종방법은?

① 적파   ② 산파

③ 점파   ④ 혼파

산파(散播) = 흩어뿌림

포장 전면에 종자를 흩어 뿌리는 방법이며, 노력이 적게 들지만, 종자소요량이 많아지고, 생육기간 중 통기 및 통광이 나빠지고, 도복되기 쉬우며, 제초·병충해 방제 등의 관리 작업이 불편하다.

214 작물 수량을 지배하는 3요소는?

① 유전성, 환경조건, 재배기술

② 유전성, 환경조건, 유통시장

③ 유전성, 지대, 자본

④ 환경조건, 재배기술, 토지자본

단위면적에서 최대수량을 올리기 위한 3대 조건

유전성, 환경, 재배기술

215 식물의 생장조절제 중에서 괴일의 성숙을 촉진하는 것은?

① Auxin   ② Gibberellin

③ Cytokinin   ④ Ethylene

에틸렌의 이용

에틸렌은 과실의 성숙 촉진을 위시해서 식물생장의 조절에 이용한다. 그러나 에틸렌은 기체이므로 처리가 곤란하여 최근에는 수용액으로 살포하거나 수용액에 침지하면 식물조직 내에 이행하여 분해해서 에틸렌을 발산하는 에스렐(2-chloroethyl-phosphonic acid)을 많이 사용하게 되었다.

216 벼의 도복을 방지하는 재배법이 가장 올바르게 조합된 것은?

① 2절간의 신장억제, 2, 4-D살포, 유수분화기 질소시용

② 3절간의 신장억제, 규산질시용, 유수분화기 질소억제

③ 4절간의 신장억제, 규산질시용, 유수분화기 질소시용

④ 5절간의 신장억제, 2, 4-D살포, 유수분화기 질소억제

217 식물체의 안토시아닌(anthocyanin)의 생성을 촉진하는 빛은?

① 자색광   ② 녹색광

③ 황색광   ④ 적색광

안토시안(anthocyan, 화청소)의 생성에 의해 사과·포도·딸기·순무 등의 착색이 이루어지는데, 안토시안은 비교적 저온에 의해서 생성이 조장되고, 또 비교적 단파장의 자외선이나 자색광에 의해서 생성이 조장되며, 광선을 잘 받을 때 착색이 좋아진다.

218 방사선동위원소가 방출하는 방사선 중 가장 현저한 생물적 효과를 가진 것은?

① α선   ② β선

③ γ선   ④ X선

방사선의 종류

α선·β선·γ선이 있는데 α선은 입자의 흐름이라고 생각하여 α입자라고 하고, β선은 전자의 흐름으로 β입자라고 하며, γ선은 전자파의 일종이며 파장이 극히 작다. 이 중 가장 현저한 생물적 효과를 가진 것은 γ입자이다.

정답   213 ②   214 ①   215 ④   216 ④   217 ①   218 ③

219 강산성 토양에서 용해도가 증대되어 뿌리의 신장을 억제하는 성분은?

① 알루미늄 ② 마그네슘
③ 황 ④ 붕소

해설

강산성 토양
P, Ca, Mg, B, Mo 등의 가급도가 감소되어 작물생육에 불리하며, Al, Cu, Zn, Mn 등의 용해도가 증가하여 그 독성 때문에 작물생육에 저해된다.

220 작물 도복의 유발요인으로 볼 수 없는 것은?

① 질소성분의 과잉 흡수
② 근계의 발달과 근활력의 증대
③ 밀파 및 밀식
④ 병해충의 발생

221 혼파 시 화본과 목초와 콩과 목초의 알맞은 혼합비율은?

① 8~9 : 1~2 ② 6~7 : 3~4
③ 4~5 : 5~6 ④ 2~3 : 7~8

해설

혼파의 방법
사료작물, 즉 목초재배에서는 화본과 목초와 콩과 목초의 종자를 8~9 : 1~2(3 : 1) 정도로 혼합하여 파종하고 질소비료를 적게 사용한다.

222 벼에서 침관수 피해가 가장 큰 시기는?

① 묘대기(못자리기) ② 분얼 초기
③ 출수개화기 ④ 등숙기

해설

생육시기
벼의 분얼 초기에는 침수에 강하고 수잉기·출수개화기에는 침수에 극히 약하다.

223 생력작업을 위한 기계화 재배의 전제조건이 아닌 것은?

① 대규모 경지정리 ② 재배체계의 확립
③ 집단재배 ④ 제초제의 미사용

해설

제초제의 사용
제초제의 사용을 전제로 하여야만 기계화 재배가 성립될 수 있는 맥류의 드릴파처럼 제초제를 이용하면 그 자체만으로도 큰 생력이 된다.

224 환경보존형 지속농업의 실천방안으로 볼 수 없는 것은?

① 생물학적인 순환과 조절기능을 이용한다.
② 녹비작물의 재배를 늘린다.
③ 복합저항성 품종을 육성하여 보급한다.
④ 고투입을 통해 생산성을 유지 증가시킨다.

해설

저투입·지속적 농업(低投入·持續的 農業)
환경에 부담을 주지 않고 영원히 유지할 수 있는 농업으로 환경을 오염시키지 않는 농업이다.

225 방사성동위원소의 이용에 관한 설명으로 적절하지 않은 것은?

① 식물체내의 에너지원으로 이용
② 표지화합물로 작물의 생리연구에 이용
③ 영양기관의 장기저장에 이용
④ 돌연변이를 유발시켜 육종에 이용

226 산성 토양에 가장 강한 작물로 짝지은 것은?

① 벼, 호밀 ② 땅콩, 콩
③ 보리, 귀리 ④ 콩, 양파

해설

㉠ 극히 강한 것 : 벼, 밭벼, 귀리, 토란, 아마, 기장, 땅콩, 감자, 봄무, 호밀, 수박 등
㉡ 강한 것 : 메밀, 당근, 옥수수, 목화, 오이, 포도, 호박, 딸기, 토마토, 밀, 조, 고구마, 베치, 담배 등

정답 219 ① 220 ② 221 ① 222 ③ 223 ④ 224 ④ 225 ① 226 ①

227 작물의 생육과정에서 화성(花性)을 유발케 하는 요인이 아닌 것은?

① C−N률
② N−K율
③ 식물호르몬
④ 일장효과

> **해설**

내적 요인
㉠ 영양 상태 특히 C/N율로 대표되는 동화생산물의 양적 관계
㉡ 식물호르몬 특히 옥신과 지베렐린의 체내수준 관계

외적 요인
㉠ 광조건, 특히 일장 효과의 관계
㉡ 온도조건, 특히 버널리제이션과 감온성의 관계

228 겨울철 작물의 내동성을 높이는 요인이 아닌 것은?

① 지방 함량이 적다.
② 당분 함량이 높다.
③ 세포의 수분 함량이 낮다.
④ 칼슘, 마그네슘 함량이 많다.

> **해설**

지유 함량
지유와 수분이 공존할 때에는 빙점강하도가 커지므로 내동성을 증대시킨다.

229 추락답의 벼 뿌리에 유해작용을 하는 물질 중 가장 피해를 많이 주는 것은?

① 황화수소
② 이산화탄소
③ 메탄가스
④ 유기산

> **해설**

추락현상(秋落現象)
담수하의 작토 환원층에서는 황산염이 환원되어 황화수소(H_2S)가 생성되는데, 철분이 많으면 벼 뿌리가 적갈색 산화철의 두꺼운 피막을 입고 있어 황화수소가 철과 반응하여 황화철(FeS)이 되어 침전하므로 해를 끼치지 않는다.

230 작물이 생육기간 중에 장해형 냉해를 가장 받기 쉬운 시기는?

① 발아기
② 유묘기
③ 등숙기
④ 감수분열기

> **해설**

유수발육과정
㉠ 소수 분화기(출수 전 12~14일경)에는 20℃에서 10일에 냉해를 입게 되는데, 특히 감수분열기는 냉해에 가장 민감한 시기이다.
㉡ 유수발육과정 중의 냉해는 영화착생수의 감소·불완전영화·기형화·불임화 등의 발생을 초래하며 출수지연을 가져온다.
㉢ 감수분열기의 냉해는 소포자의 형성에 있어서 세포막이 형성되지 않고 약벽 내면층(타페트) 이상비대 현상을 일으켜 생식기관의 이상을 초래한다.

231 기지(忌地)의 대책으로 옳지 않은 것은?

① 연작
② 담수처리
③ 객토와 환토
④ 토양소독

232 작물의 뿌리에서 물의 흡수가 가장 왕성하게 이루어지는 부위는 다음 중 어느 것인가?

① 근관
② 근모
③ 생장점
④ 신장부

233 단위결과가 가장 잘 되는 과실로 짝지은 것은?

① 귤, 포도
② 복숭아, 감귤
③ 사과, 삼
④ 자두, 포도

234 춘화처리의 농업적 이용으로 가장 옳은 것은?

① 채종상의 이용
② 춘파맥류의 추파 가능
③ 내비성의 증대
④ 출수개화의 지연

정답   227 ②   228 ①   229 ①   230 ④   231 ①   232 ②   233 ①   234 ①

235 논의 추경(가을갈이)효과가 크게 나타나는 조건은?

① 다년생 잡초가 많을 때
② 유기물 함량이 많을 때
③ 겨울철 강우가 많을 때
④ 배수가 양호할 때

236 식물의 화성 유도에 대한 설명으로 잘못된 것은?

① 일반적으로 월년생작물들은 생육초기의 저온에 의해서 화성이 유도된다.
② 추파맥류는 저온감온상과 장일 감광상이 뚜렷하다.
③ 온도와 일장이 식물의 화성에 영향을 미친다.
④ 벼의 단일 감광형 품종을 장일환경에서 생육시키면 출수가 촉진된다.

237 다음 중 T/R률이 가장 많이 증대하는 것은?

① 칼륨비료 다량 시용   ② 인산비료 다량 시용
③ 질소비료 다량 시용   ④ 석회 다량 시용

238 환원성 유해물질이 아닌 것은?

① Fe^{++} ② Mn^{++}
③ H_2S ④ FeS

해설

산화형태와 환원상태에서의 원소형태

구분	산화상태	환원상태
C	CO_2	CH_4, 유기물
N	NO_3^-	N_2, NH_4^+
Mn	Mn^{+4}, Mn^{+3}	Mn^{+2}
Fe	Fe^{+3}	Fe^{+2}
S	SO_4^{-2}	H_2S, S
인산	$FePO_4$, $AlPO_4$	$Fe(H_2PO_4)_2$, $Ca(H_2PO_4)_2$
Eh	높음	낮음

239 작물을 일반식물과 구별할 수 있는 특성은?

① 병에 대한 저항성이 강하다.
② 생존경쟁에 있어서 유리하다.
③ 특수부분이 잘 발달되어 있다.
④ 환경적응성이 뛰어나다.

240 다음 중 속효성인 비료로 짝지은 것은?

① 요소, 황산암모늄
② 깻묵, 퇴비
③ 중과린산석회, 구비
④ 염화칼륨, 깻묵

해설

속효성 비료
요소, 황산암모니아, 과석, 염화칼리 등
완효성 비료
㉠ 깻묵, 피복비료 등
㉡ 지효성 비료
㉢ 퇴비, 구비 등

241 다음 목초 중에서 하고 발생이 가장 심한 것은?

① 라이그라스   ② 티머시
③ 오처드그라스   ④ 화이트클로버

해설

하고의 발생
㉠ 목초의 하고현상은 여름철의 기온이 높고 건조가 심할수록 심하다.
㉡ 티머시는 중남부 평지에서는 격심한 하고현상을 보이나, 산간부 높은 지대에서는 하고현상이 경미하다.
㉢ 티머시, 블루그라스, 레드클로버 등은 하고가 심하고 오처드그라스, 라이그라스, 화이트클로버 등은 비교적 덜하다.

242 다음 작물의 종류에서 세계적으로 가장 많은 비율을 차지하는 작물은?

① 식용작물   ② 사료작물
③ 채소작물   ④ 섬유작물

정답   235 ②   236 ④   237 ③   238 ④   239 ③   240 ①   241 ②   242 ①

세계적으로 재배되고 있는 작물의 총수는 2,500여 종에 달하며, 그중 식용작물이 가장 많이 재배되고 있다.

작물종류	작물 수	비율(%)
식용작물	888	39.9
조미료작물	186	8.4
사료작물	327	14.7
기호작물	70	3.1
채료작물	342	15.3
섬유작물	97	4.4
유료작물	56	2.6
염료작물	48	2.1
비료작물	81	3.7
기 타	128	5.8
계	2,223	100.0

243 재배식물이 그 선조인 야생식물에 비해 환경적응성이 약하다고 하는데, 그 원인으로 가장 적당한 것은?

① 병 저항성 유전자의 축적
② 환경적응성 관련 유전자의 소실
③ 유전자의 상호작용
④ 유전자의 재조합

기형식물인 작물이 야생식물보다 생존경쟁에서 약한 이유는 환경적응성 관련 유전자의 손실 때문이다.

244 벼가 냉해를 받아 화분방출과 수정이 저해되었을 때, 이를 어떤 종류의 냉해라고 하는가?

① 지연형 냉해
② 병해형 냉해
③ 장해형 냉해
④ 복합형 냉해

장해형 냉해
유수형성기부터 개화기까지의 사이에서, 특히 생식세포의 감수분열기에 냉온의 영향을 받아 생식기관 형성을 정상적으로 해내지 못하거나 또는 꽃가루의 방출이나 정받이에 장해를 일으켜 결국 불임 현상이 초래되는 유형의 냉해이다.

245 다음 중 산성토양에 대한 작물의 적응성이 가장 강한 작물로 되어 있는 것은?

① 밀, 조, 고구마
② 보리, 클로버, 양배추
③ 벼, 귀리, 감자
④ 알팔파, 자운영, 콩

246 벼 도복의 대책을 가장 바르게 설명한 것은?

① 질소를 다량 시용한다.
② 만기추비를 다량으로 시용한다.
③ 직파재배보다 이앙재배를 한다.
④ 밀식을 한다.

247 조파조식으로 영양생장기간을 연장하여 증수하고자 할 때 알맞은 기상생태형은?

① blt형
② Blt형
③ blT형
④ bLt형

감광형(感光型)
㉠ 감광형(bLt형)은 기본영양생장성과 감온성이 작고 감광성이 커서 생육기간이 주로 감광성에 지배되는 것이다.
㉡ 벼농사는 우리나라 남부 평야지대에서 주로 만생종 벼가 재배된다.

248 식물체 내에 함유된 탄수화물과 질소의 비율이 개화와 결실을 유도한다는 이론은?

① 일장효과
② G-D균형
③ C-N율
④ T/R률

249 다음 중 내건성 작물의 특성은?

① 세포액의 삼투압이 낮다.
② 원형질의 점성이 높다.
③ 표면적이 크다.
④ 기공이 크다.

내건성이 큰 작물의 특성

㉠ 형태적 특성

- 표면적 · 체적의 비가 작다. 그리고 지상부가 왜생화되었다.
- 지상부에 비하여 뿌리의 발달이 좋고 길다(심근성).
- 저수능력이 크고, 다육화의 경향이 있다.
- 기동세포가 발달하여 탈수되면 잎이 말라서 표면적이 축소된다.
- 잎조직이 치밀하고 잎맥과 울타리조직이 발달하고, 표피에 각피가 잘 발달하고, 기공이 작고 수가 적다.

㉡ 세포적 특성

- 세포가 작아서 함수량이 감소되어도 원형질의 변형이 적다.
- 세포 중에 원형질이나 저장양분이 차지하는 비율이 높아서 수분 보유력이 강하다.
- 원형질의 점성이 높고, 세포액의 삼투압이 높아서 수분 보유력이 강하다.
- 탈수될 때 원형질의 응집이 덜하다.
- 원형질막의 수분 · 요소 · 글리세린 등에 대한 투과성이 크다.

250 다음 중 버널리제이션의 효과를 감소시키는 조건은?

① 건조처리 ② 탄수화물의 공급
③ 저온처리 ④ 산소의 공급

251 토양 유기물의 기능이 될 수 없는 것은?

① 다량원소와 미량원소를 공급한다.
② 암석분해를 억제한다.
③ 대기 중에 이산화탄소를 공급한다.
④ 미생물의 번식을 조장한다.

토양 유기물의 효과

㉠ 암석의 분해 촉진
㉡ 유기물이 분해할 때 여러 가지 산을 생성하여 분해를 촉진한다.
㉢ 토양의 입단화 형성

㉣ 유기물의 무기화 작용과 부식화 작용에서 생성되는 각종 분해 생성물과 미생물이 분비하는 폴리우로니드는 토립을 접착시켜서 입단화를 도모하고 토양 공극량을 증대시킨다.
㉤ 보수 · 보비력의 증대
㉥ 부식콜로이드는 양분을 흡착하는 힘이 강하다. 따라서 토양의 통기 · 보수력 · 보비력을 증대시킨다.

252 다음 식물 중 장일성 식물은 어느 것인가?

① 도꼬마리 ② 보리
③ 나팔꽃 ④ 국화

장일식물(長日植物)

추파맥류, 완두, 박하, 아주까리, 시금치, 양딸기, 양파, 상추, 감자, 해바라기 등

253 잎의 노화촉진과 눈의 휴면을 유도하는 식물호르몬은?

① 아브시스산(abscisic acid)
② 옥신(auxin)
③ 사이토키닌(cytokinin)
④ 에틸렌(ethylene)

254 논토양의 탈질현상을 방제하기 위하여 암모니아태 질소비료를 주는 가장 적합한 때는?

① 이앙기 ② 정지하기 전
③ 최고분얼기 ④ 유수분화기

255 벼 도복의 대책을 가장 바르게 설명한 것은?

① 질소를 다량 사용한다.
② 만기추비를 다량으로 사용한다.
③ 직파재배보다 이앙재배를 한다.
④ 밀식을 한다.

256 식물호르몬 중 작물의 세포분열을 촉진하며, 잎의 생장촉진, 호흡억제, 엽록소와 단백질의 분해억제, 노화방지 등의 효과가 있는 것은?

① 옥신류
② 지베렐린
③ 사이토키닌
④ 플로리겐

257 다음 중 합성옥신이 아닌 것은?

① NAA(naphthalene acetic acid)
② PCPA(p−chlorophenoxy acetic acid)
③ BOH(β−hydroxyethyl hydrazine)
④ BNOA(β−naphthoxy acetic acid)

해설

식물생장 조절제의 종류

구분		종류
옥신류	천연	IAA, IAN, PAA
	합성	NAA, IBA, 2,4−D, 2,4,5−T, PCPA, MCPA, BNOA
지베렐린류	천연	GA_2, GA_3, GA_{4+7}, GA_{55}
사이토키닌류	천연	제아틴(zeatin), IPA
	합성	키네틴(kinetin), BA
에틸렌	천연	C_2H_4
	합성	에세폰(ethephon)
생장억제제	천연	ABA, 페놀(phenol)
	합성	CCC, B−9, phosphon−D, AMO−1618, MH−30

258 혼작의 효과가 가장 큰 작물은?

① 식용작물
② 원예작물
③ 공예작물
④ 사료작물

259 벼 담수 중 직파재배에서 과산화석회를 분의하여 파종하는 이유는?

① 산소 공급
② 석회 공급
③ 종자 소독
④ 도복 방지

260 비료의 엽면흡수에 영향을 끼치는 요인에 대한 설명 중 옳은 것은?

① 잎의 표면보다 이면에서 더 잘 흡수된다.
② 성엽보다 노엽에서, 밤보다 낮에 잘 흡수된다.
③ 살포액의 pH가 약알칼리성인 경우 흡수가잘 된다.
④ 전착제 가용 시 흡수가 저해된다.

해설

비료의 엽면흡수에 영향을 미치는 요인
㉠ 잎의 표면보다는 표피가 얇은 뒷면에서 잘 흡수된다.
㉡ 잎의 호흡작용이 왕성할 때에 잘 흡수되므로 가지나 줄기의 정부에 가까운 잎에서 흡수율이 높다.
㉢ 노엽보다 성엽에서, 밤보다 낮에 잘 흡수된다.
㉣ 살포액의 pH는 미산성에서 잘 흡수된다.
㉤ 0.01∼0.02% 정도의 전착제를 가용하는 것이 흡수가 잘 된다.
㉥ 피해가 나타나지 않는 범위 내에서는 살포액의 농도가 높을 때 흡수가 빠르다.
㉦ 석회를 시용하면 흡수가 억제되어 고농도 살포의 해를 경감한다.
㉧ 기상조건이 좋을 때에는 작물의 생리작용이 왕성하므로 흡수가 빠르다.

261 생리적 염기성 비료로만 짝지은 것은?

① 질산암모니아, 요소
② 염화가리, 황산가리
③ 용성인비, 염화가리
④ 석회질소, 용성인비

해설

비료의 반응에 따른 성분
㉠ 생리적 반응 : 시비한 다음 토양 중에서 식물뿌리의 흡수작용이나 미생물의 작용을 받은 뒤에 나타나는 토양의 반응
• 산성 비료 : 황산암모니아(유안), 황산칼리, 염화칼리 등
• 중성 비료 : 질산암모니아, 요소, 과인산석회, 중과인산석회 등
• 염기성 비료 : 석회질소, 용성인비, 재, 칠레초석, 어박 등

262 칼륨을 포장에 15kg을 시비하려면 염화칼륨은 얼마를 넣어야 하는가?

① 10kg   ② 15kg
③ 20kg   ④ 25kg

> **해설**
>
> 칼리비료 : 염화칼륨(60%), 황산칼륨(48~50%)
> $15 \times 100/60 = 25kg$

263 식물의 버널리제이션(춘화처리) 현상을 규명한 사람은?

① 루이센코(Lysenko)   ② 바빌로프(Vavilov)
③ 다윈(Darwin)   ④ 우장춘

> **해설**
>
> Lysenko(1928)가 추파맥류를 재료로 한 실험에서 이론화되었다.

264 동일 식물의 줄기와 뿌리의 상하조직을 연결시키기 위한 접목법은?

① 거접(居接)   ② 기접(寄接)
③ 근두접(根頭接)   ④ 교접(橋接)

265 작물이 자연적으로 분화하는 첫 과정으로 옳은 것은?

① 순화   ② 고립
③ 다양성   ④ 유전적 변이

266 작물의 흡수압은?

① 1~4기압   ② 5~14기압
③ 15~28기압   ④ 31~10,000기압

267 다음 중에서 연작 장해가 가장 큰 작물은?

① 수박   ② 양파
③ 콩   ④ 담배

> **해설**
>
> **작물의 종류와 기지**
> ㉠ 연작의 해가 적은 것 : 벼, 맥류, 조, 수수, 옥수수, 고구마, 삼, 담배, 무, 당근, 양파, 호박, 연, 순무, 뽕나무, 아스파라거스, 토당귀, 미나리, 딸기, 양배추, 꽃양배추 등
> ㉡ 1년 휴작을 요하는 것 : 쪽파, 시금치, 콩, 파, 생강 등
> ㉢ 2년 휴작을 요하는 것 : 마, 감자, 잠두, 오이, 땅콩 등
> ㉣ 3년 휴작을 요하는 것 : 쑥갓, 토란, 참외, 강낭콩 등
> ㉤ 5~7년 휴작을 요하는 것 : 수박, 가지, 완두, 우엉, 고추, 토마토, 레드클로버, 사탕무 등
> ㉥ 10년 이상 휴작을 요하는 것 : 아마, 인삼 등

268 답전윤환재배의 효과라고 할 수 있는 것은?

① 지력감퇴   ② 잡초 감소
③ 수량 감소   ④ 기지현상의 증가

> **해설**
>
> **답전윤환의 효과**
> 지력 증강, 기지의 회피, 잡초의 경감, 벼의 수량 증대

269 배나무 붉은별무늬병(적성병)의 중간 기주식물은?

① 전나무   ② 향나무
③ 가문비나무   ④ 밤나무

> **해설**
>
> **중간 기주식물의 제거**
> ㉠ 병원균의 생활환을 완성하는 데 중간기주가 필요하므로 중간기주가 되는 잡초나 작물을 제거하거나 격리할 수 있는 조치가 필요하다.
> ㉡ 배의 적성병은 주변에 중간기주식물인 향나무가 있으면 발생이 심하므로 이를 제거해야 한다.

270 내풍성 작물에 해당하는 것은?

① 고구마   ② 벼
③ 목화   ④ 콩

271 도복의 대책과 거리가 먼 것은?

① 도복저항성 품종을 이용한다.
② 밀식재배를 통하여 입묘 수를 늘린다.
③ 규산질 비료의 시용을 늘린다.
④ 식물생장조절제를 이용한다.

272 식량과 사료를 서로 균형 있게 생산하는 재배형식은?

① 식경(殖耕)　　　② 원경(園耕)
③ 소경(疎耕)　　　④ 포경(圃耕)

273 벼나 보리의 채종 재배시 이형주를 도태시키는 데 가장 적당한 시기는?

① 출수기　　　　② 감수분열기
③ 유수형성기　　④ 유효분열기

274 도시 근교에서 수익성이 높은 작물을 선택하여 집약적 관리를 하는 작부방식은?

① 이동경작　　　② 자유경작
③ 대전법(代田法)　④ 순환농법

275 작물 생육에 필요 불가결한 미량원소가 아닌 것은?

① 아연　　　　　② 염소
③ 붕소　　　　　④ 규소

276 옥신의 재배적 이용이 아닌 것은?

① 발근 촉진　　　② 가지의 굴곡유도
③ 제초제로 이용　④ 과실의 성숙 지연

277 작물생육에 적당하지 않은 토양수분상태는?

① 최대용수량　　　② 최소용수량
③ 수분당량　　　　④ 포장용수량

278 작물생육에서 질소기아가 일어나는 원인에 해당되는 것은?

① 유기물 시용을 극히 제한하였을 때
② 미숙유기물을 다량 시용하였을 때
③ 완숙유기물을 다량 시용하였을 때
④ 작물의 질소 흡수가 왕성할 때

해설
질소기아현상
탄질률이 30 이상일 때에는 토양 질소의 미생물 이용이 유기물의 무기화보다 훨씬 커서 질소기아현상을 일으킨다.

279 증산계수가 큰 작물로 짝지은 것은?

① 옥수수, 수수, 기장
② 사탕무, 귀리, 감자
③ 호박, 알팔파, 클로버
④ 보리, 완두, 밀

해설
작물의 종류
요수량은 수수·기장·옥수수 등이 작고, 알팔파·클로버 등이 크다. 명아주의 요수량은 극히 크며, 이 잡초는 토양수분을 많이 수탈한다.

280 비료의 행동을 정확하게 추적할 수 있는 방사성 동위원소는?

① ^{11}C, ^{14}C　　　　② ^{60}CO, ^{24}Na
③ ^{32}P, ^{42}K, ^{45}Ca　④ ^{137}Cs, ^{35}S

해설
작물 영양생리의 연구
^{15}N, ^{32}P, ^{42}K, ^{45}Ca 등의 방사성 동위원소로 표지화합물을

만들어 이용하면 여러 가지 필수원소인 N, P, K, Ca 등의 영양성분의 체내에서의 행동을 파악할 수 있으며, 또한 비료의 토양 중에서 행동과 흡수기구를 밝힐 수 있다.

281 수해를 입은 뒤의 사후대책이라 할 수 없는 것은?

① 물이 빠진 즉시 추비해야 한다.
② 철저한 병해충 방제노력이 있어야 한다.
③ 물이 빠진 즉시 새로운 물을 갈아 대야 한다.
④ 토양표면의 흙앙금을 헤쳐줌으로써 지중 통기를 좋게 한다.

> 해설

사후대책
㉠ 산소가 많은 물을 갈아 새 뿌리의 발생을 촉진하도록 한다.
㉡ 김을 매어 토양 표면의 흙앙금을 헤쳐줌으로써 지중 통기를 좋게 한다.
㉢ 표토가 많이 씻겨 내렸을 때에는 새 뿌리의 발생 후에 추비를 주도록 한다.
㉣ 침수 후에는 병충해의 발생이 많아지므로 그 방제에 노력한다.
㉤ 피해가 격심할 때에는 추파 · 보식 · 개식 · 대작 등을 고려한다.
㉥ 못자리 때에 관수된 것은 뿌리가 상해 있으므로, 퇴수 후 5~7일이 지나 새 뿌리가 발생한 다음에 이앙한다.

282 다음 작물 중 휴립 휴파법을 이용하여 재배하는 작물은 어느 것인가?

① 보리   ② 고구마
③ 감자   ④ 논벼

283 도복대책으로 적절하지 않은 것은?

① 밀식재배   ② 내도복성 품종 선택
③ 배토 후 답압   ④ 균형시비

284 감온성과 감광성이 높은 벼품종을 저위도 지역으로 옮길 경우 예상되는 현상은?

① 아무런 영향이 없다.
② 출수가 너무 지연된다.
③ 출수가 조금 지연된다.
④ 출수가 촉진된다.

285 작물이 생육 도중에 각종 환경스트레스를 받았을 때 나타내는 반응과 거리가 먼 것은?

① 토양이 과습하면 흡수작용과 광합성 등이 저하된다.
② 특정 유전자의 발현이 유도되어 체내물질대사에 변화가 일어난다.
③ 병원균에 감염되면 2차대사물질이 많이 생성되는 것으로 알려져 있다.
④ 저온 스트레스는 작물의 양분 흡수를 조장한다.

286 옥신의 재배적 이용으로 활용되지 않는 항목은?

① 착과증대   ② 접목의 활착증진
③ 개화촉진   ④ 발근억제

287 연작 장해가 가장 적은 작물은?

① 인삼   ② 쑥갓
③ 수박   ④ 옥수수

288 다음 작물 중 C_4 식물에 해당되는 것은?

① 벼, 보리, 오처드그라스
② 벼, 피, 오처드그라스
③ 보리, 옥수수, 해바라기
④ 옥수수, 사탕수수, 피

> 해설

C_4 식물에는 옥수수, 수수, 수단그라스, 사탕수수, 기장, 버뮤다그라스, 명아주 등이 있다.

정답   281 ①   282 ②   283 ①   284 ④   285 ④   286 ④   287 ④   288 ④

289 토양구조에서 작물생육에 유리한 것은 입단구조이다. 다음 중 입단구조를 파괴시키는 조건은?

① 유기물과 석회의 시용
② 콩과작물의 재배
③ 입단의 수축과 팽창
④ 토양개량제의 시용

> 해설

입단의 파괴

㉠ 경운 : 경운을 하여 토양통기가 조장되면 토양입자를 결합시키고 있는 부식의 분해가 촉진되어 입단이 파괴된다.

㉡ 입단의 팽창과 수축의 반복 : 습윤과 건조, 동결과 융해, 고온과 저온 등에 의해서 입단이 팽창·수축하는 과정을 반복하면 파괴한다.

㉢ 비와 바람 : 비가 와서 입단이 급히 팽창하여 입단 사이의 공기가 압축되어서 폭발적으로 배제될 때에 입단이 파괴된다. 토양입자의 결합이 약할 때에는 빗물이나 바람에 날린 모래의 타격작용에 의해서도 입단이 파괴된다.

㉣ 나트륨이온(Na^+)의 작용 : 점토의 결합이 분산되기 쉬우므로 입단이 파괴되기 쉽다.

290 포도의 무핵과 생산에 가장 효과적으로 이용되고 있는 화학물질은?

① NAA
② 2, 4−D
③ IBA
④ Gibberellin

291 플러그 육묘의 장점이 아닌 것은?

① 육묘의 노력절감
② 종자절약
③ 추대조장
④ 토지이용도 증대

292 괴경으로 번식하는 작물은?

① 생강
② 마늘
③ 감자
④ 고구마

293 다음 중 가장 낮은 농도에서 피해를 일으키는 대기오염 물질은?

① SO_2
② HF
③ PAN
④ O_3

> 해설

불화수소(HF)

㉠ 피해증상 : 잎의 끝이나 가장자리가 백변한다. 누에에도 피해가 있고, 불소가 많이 함유되어 있는 사료를 먹이면 소의 골격에도 이상이 생긴다. 불화수소에 대한 지표식물로 글라디올러스의 경우는 1일당 5〜10ppb(10억분의 1)의 농도로 고사한다.

㉡ 작물별 감수정도 : 상추<배추<무<가지<콩<아주까리<토마토<감자<고구마 순이다.

㉢ 생육시기별 감수정도 : 수도의 경우 분얼최성기<유수형성기<출수기 순이다.

㉣ 피해대책 : 오염물질의 배출을 최대한으로 억제하며 오염된 농지에서 저항성이 강한 작물 및 품종을 선택하여 재배하고 규회석, 석회, 인산질비료를 충분히 시용한다.

294 작물의 다양성에 대해 옳게 설명한 것은?

① 작물의 분화 과정을 통하여 다양성이 감소한다.
② 작물의 기원중심지에는 다양성이 적다.
③ 환경적 변이가 다양성의 원인이 된다.
④ 새로운 품종 개발을 위한 재료로 이용된다.

295 답전윤환의 작부체계에서 논과 밭의 기간은 각각 어느 정도가 좋은가?

① 2〜3년
② 3〜4년
③ 4〜5년
④ 5〜6년

296 「재배식물기원」의 저자는?

① Vavilov
② De Candole
③ Liebig
④ Went

---

289 ③ 290 ④ 291 ③ 292 ③ 293 ② 294 ④ 295 ① 296 ②

297 작물 종자 저장 중에 수명이 끝나서 발아력이 상실하게 되는 주된 원인은?

① 저장 양분의 소진
② 원형질 단백의 응고
③ 발아 억제물질의 생성
④ 세포막의 파괴

해설

저장 중의 종자가 발아력을 상실하는 이유
㉠ 원형질 단백의 응고(주원인)
㉡ 효소의 활력 저하
㉢ 저장양분의 소모

298 식물체에서 내열성이 가장 강한 곳은?

① 주피　　　　　② 눈
③ 유엽　　　　　④ 중심주

299 하우스 재배에서 가장 문제가 되는 것은?

① 일조 부족　　　② 과습
③ 염류 집적　　　④ 잡초 방제

해설

토양 염류의 집적
다비작을 하며, 토양의 용탈이 적은 하우스 내의 연작이 작토 층에 염류가 과잉 집적하는 결과를 초래하여 작물의 생육을 저해한다.

300 세계 3대 작물로 구성된 것은?

① 밀, 옥수수, 벼　　② 밀, 감자, 보리
③ 보리, 고구마, 벼　④ 감자, 고구마, 벼

301 식물 화성의 유인에 관련된 요인으로 볼 수 없는 것은?

① 식물체의 수분함량　② C-N율
③ 식물호르몬　　　　④ 광조건

302 생력화 재배와 가장 관련이 적은 것은?

① 노력비 절감　　② 생산비 절감
③ 미질 향상　　　④ 기계화 재배

303 벼의 키다리병에서 유래한 생장조절 물질은?

① 옥신　　　　　② 지베렐린
③ 사이토키닌　　　④ 에틸렌

304 단위면적당 광합성능력을 표시하는 것은?

① 재식밀도 × 수광태세 × 평균동화능력
② 재식밀도 × 엽면적률 × 순동화율
③ 총 엽면적 × 수광능률 × 평균동화능력
④ 엽면적률 × 수광태세 × 순동화율

305 작물의 분류가 잘못된 것은?

① 전분작물 : 옥수수, 고구마, 감자
② 식용작물 : 벼, 보리, 옥수수, 감자, 강낭콩
③ 사료작물 : 옥수수, 알팔파, 화이트클로버
④ 원예작물 : 포도, 가지, 차, 담배

306 고위도지대에서 벼 재배에 적합한 품종의 기상생태형은?

① 감광성이 크고 감온성이 작은 품종
② 감광성이 작고 감온성이 큰 품종
③ 감광성과 감온성이 큰 품종
④ 감광성과 감온성이 작은 품종

307 월동작물의 동해에 대한 설명 중 잘못된 것은?

① 저온 경화가 된 것은 내동성이 강하다.
② 적설(눈)의 깊이가 깊을수록 지온이 높아진다.
③ 당분의 함량이 높을수록 내동성이 약해진다.
④ 세포의 수분함량이 높으면 내동성이 약해진다.

정답　　297 ②　298 ①　299 ③　300 ①　301 ①　302 ③　303 ②　304 ③　305 ④　306 ②　307 ③

308 다음 중 발아, 생장 촉진 물질과 그 효력이 잘못 연결된 것은?

① 지베렐린 : 휴면 타파, 발아 촉진
② 사이토키닌 : 정아억제, 측아 생장 촉진
③ 질산염 : 화본과 목초 및 벼 종자 발아 촉진
④ 에틸렌 : 휴면 유도, 생장 촉진

309 토양 입단의 파괴 원인이 되는 것은?

① 유기물의 시용　　② 콩과 작물의 재배
③ 나트륨이온의 첨가　④ 석회의 시용

310 작물을 일반식물과 구별할 수 있는 특성은?

① 병에 대한 저항성이 강하다.
② 생존경쟁에 있어서 유리하다.
③ 특수부분이 잘 발달되어 있다.
④ 환경적응성이 뛰어나다.

311 토양 유기물의 기능이 될 수 없는 것은?

① 다량원소와 미량원소를 공급한다.
② 암석분해를 억제한다.
③ 대기 중에 이산화탄소를 공급한다.
④ 미생물의 번식을 조장한다.

312 다음 중 산성토양에 가장 약한 작물의 조합은?

① 벼, 감자, 땅콩, 수박
② 시금치, 알팔파, 콩, 사탕무
③ 당근, 옥수수, 목화, 오이
④ 호박, 토란, 아마, 기장

313 사과와 단감을 같이 보관할 때 단감의 조직이 연해지는 이유는?

① 사과에서 Abscisic acid가 생성
② 단감에서 Auxin이 생성
③ 사과에서 Ethylene이 생성
④ 단감에서 Cytokinin이 생성

314 논토양의 탈질현상을 방제하기 위하여 암모니아태 질소 비료를 주는 가장 적합한 때는?

① 이앙기　　　　② 정지하기 전
③ 최고분얼기　　④ 유수분화기

315 작물의 수량을 가장 많이 올리기 위해서 3가지 조건이 균형을 이루어야 하는데 다음 중 어느 것이 가장 합리적인가?

① 유전성 – 노동 – 환경
② 노동 – 환경 – 재배기술
③ 유전성 – 환경 – 재배기술
④ 노동 – 유전성 – 재배기술

316 pH 4.0~8.0인 토양에서 가장 잘 생육할 수 있는 작물은?

① 호밀　　　　② 시금치
③ 메밀　　　　④ 땅콩

317 내병성 품종의 형태적 특성으로 가장 옳은 것은?

① 장간종이며 다비조건에서 줄기의 신장이 크다.
② 잎이 늘어지는 현상이 크다.
③ 줄기의 탄력성이 약하다.
④ 줄기가 굵고 단단하다.

318 내습성이 가장 약한 작물은?

① 벼, 택사, 미나리　　② 밭벼, 옥수수, 율무
③ 감자, 고추, 메밀　　④ 당근, 양파, 파

정답　308 ④　309 ③　310 ③　311 ②　312 ②　313 ③　314 ②　315 ③　316 ①　317 ④　318 ④

319 조파조식으로 영양생장기간을 연장하여 증수하고자 할 때 알맞는 기상생태형은?

① blt형
② Blt형
③ blT형
④ bLt형

320 농업의 특질에 대한 설명 중 틀린 것은?

① 토지는 수확체감의 법칙이 작용한다.
② 농업노동은 분업이 곤란하다.
③ 농산물은 수급적응성이 적다.
④ 농산물은 수요의 탄력성이 크다.

321 종자춘화형식물에 속하는 것은?

① 추파맥류, 봄올무
② 봄올무, 양배추
③ 양배추, 히요스
④ 잠두, 히요스

322 가지과 작물로서 호광성 종자인 것은?

① 오이
② 상추
③ 토마토
④ 담배

323 방사성동위원소가 방출하는 방사선 중 가장 현저한 생물적 효과를 가진 것은?

① α선
② β선
③ γ선
④ X선

324 작물에 탄산시비를 하는 경우 그 효과는 다음 중 어느 것인가?

① 광합성 촉진
② 호흡작용 감소
③ 전류작용 촉진
④ 병해충 방제

325 한 가지 작물이 생육하고 있는 조간(條間－고랑 사이)에 다른 작물을 재배하는 방법은?

① 혼작(mixed cropping)
② 간작(intercropping)
③ 점혼작(point mixed cropping)
④ 교호작(row intercropping)

326 피자식물에서 중복수정을 끝낸 후의 염색체 수가 올바르게 된 것은?

① 씨눈 2n + 씨젖 2n
② 씨눈 2n + 씨젖 3n
③ 씨눈 3n + 씨젖 2n
④ 씨눈 3n + 씨젖 3n

327 다음 중 도복저항성에 관한 설명으로 가장 옳은 것은?

① 도복지수가 높은 품종이 도복저항성이 높다.
② 좌절중을 작게 하면 도복저항성이 높아진다.
③ 일반적으로 단간종, 수수형 품종은 도복저항성이 높다.
④ 간장, 수중이 커지면 도복지수가 낮아진다.

328 벼 재배에서 정방형식으로 이앙할 때 생육상 가장 유리한 것은?

① 후기생육의 조장
② 초기생육의 조장
③ 노력이 절감에 유리
④ 척박지에 알맞은 이앙방식

329 다음 중 작물의 일반분류로 가장 적당한 것은?

① 전분작물 – 옥수수, 고구마, 단수수
② 식용작물 – 벼, 보리, 옥수수, 감자, 강낭콩
③ 사료작물 – 옥수수, 알팔파, 왕골
④ 원예작물 – 포도, 가지, 차, 담배

---

330 환상박피(Girdling, Ringing)에 의하여 과수의 개화, 결실을 조절하는 것과 가장 밀접한 관계가 있는 것은?

① 일장효과　　　　② 춘화처리
③ 감온성　　　　　④ C-N율

331 다음 중 습해의 대책으로 가장 적당한 것은?

① 이랑과 고랑의 높이를 동일하게 한다.
② 점토로 객토한다.
③ 황산근 비료를 시용한다.
④ 과산화석회를 분의하여 파종한다.

332 감자의 번식에 사용되는 종서로 가장 적당한 것은?

① 비늘줄기(鱗莖)　　② 알뿌리(球莖)
③ 덩이뿌리(塊根)　　④ 덩이줄기(塊莖)

333 다음 중 크세니아 현상이 나타나는 작물은?

① 벼　　　　　　　② 감
③ 배　　　　　　　④ 사과

334 식물체의 안토시아닌(Anthocyanin)의 생성을 촉진하는 빛으로 가장 적당한 것은?

① 자색광　　　　　② 녹색광
③ 황색광　　　　　④ 적색광

335 다음 중 빗물에만 의존하여 농사를 짓는 논은?

① 건답　　　　　　② 천수답
③ 누수답　　　　　④ 습답

336 다음 중 한해(旱害)의 대책으로 가장 적당한 것은?

① 토양입단을 파괴한다.
② 지면을 피복한다.
③ 잡초를 제거하지 않는다.
④ 밭에서는 뿌림골을 높게 한다.

337 다음 중 대목이 포장에 있는 채로 접목하는 방법은?

① 양접　　　　　　② 거접
③ 기접　　　　　　④ 근접

338 병해저항성 중 포장저항성과 동일한 개념으로 사용되는 것은?

① 수평저항성
② 수직저항성
③ 레이스(race)적 저항성
④ 진성저항성

339 다음 중 내염성이 강한 작물로 가장 거리가 먼 것은?

① 보리　　　　　　② 양배추
③ 감자　　　　　　④ 목화

340 다음 중 작물이 단시간 내에 동사(凍死)하는 온도가 가장 낮은 것은?

① 감　　　　　　　② 호밀
③ 보리　　　　　　④ 복숭아

341 다음 중 가지의 굴곡유도, 낙과방지, 과실의 비대와 성숙을 촉진하는 식물 생장조절제는?

① 지베렐린　　　　② 옥신
③ 사이토키닌　　　④ 프로리겐

정답　　330 ④ 331 ④ 332 ④ 333 ① 334 ① 335 ② 336 ② 337 ② 338 ① 339 ③ 340 ② 341 ②

옥신(Auxin)의 특성

발근촉진, 접목에서 활착촉진, 가지의 굴곡유도, 개화촉진, 적화 및 적과, 낙과방지, 과실의 비대와 성숙촉진, 단위결과의 유도, 증수효과, 제초제로서의 이용, 세포의 신장촉진, 기관생장, 줄기나 뿌리의 선단에서 생성

342 밭작물 생육에 가장 적합한 토양의 수분항수(水分恒數)는?

① 최대용수량
② 최소용수량
③ 풍건상태
④ 건토상태

포장용수량(최소용수량)

(수분장력 1/3기압, pF 2.5) 최대용수량에서 증발을 방지하면서 중력수를 완전히 배제하고 모세관에서만 지니고 있는 수분 함량

343 벼의 출수생태를 올바르게 설명한 것은?

① 벼에서 감광형은 묘대일수 감응도가 낮고, 만식 적응성도 크다.
② 조기수확을 목적으로 조파조식할 때는 감광형이 알맞다.
③ 조파조식할 때보다 만파만식할 때에 출수기 지연 정도는 감광형이 크다.
④ 일반적으로 적도와 같은 저위도지대에서 감온성이 큰 것은 수확량 증대에 유리하다.

344 작물의 내건성(drought tolerance)은 생육시기에 따라 다른데, 다음 중 화곡류의 생육시기별 내건성에 대한 설명으로 옳은 것은?

① 생식세포의 감수분열기에 가장 약하고, 분얼기에 그 다음으로 약하며, 유숙기에 비교적 강하다.
② 분얼기에 가장 약하고, 생식세포의 감수분열기에 그 다음으로 약하며, 유숙기에 비교적 강하다.

③ 출수개화기에 가장 약하고, 생식세포의 감수분열기에 그 다음으로 약하며, 분얼기에 비교적 강하다.
④ 생식세포의 감수분열기에 가장 약하고, 출수개화기와 유숙기에 그 다음으로 약하며, 분얼기에는 비교적 강하다.

345 작물의 도복을 방지하기 위한 대책이 아닌 것은?

① 인산, 칼륨, 규산 사용량을 늘린다.
② 2, 4 - D를 처리한다.
③ 질소를 추가로 시용하여 생장량을 크게 한다.
④ 키가 작고, 대가 강한 품종을 선택한다.

346 감자(뿌리작물)의 수량 계산 공식으로 옳은 것은?

① 단위면적당 식물체 수 × 식물체당 덩이줄기 수 × 덩이줄기의 무게
② 단위면적당 덩이줄기 수 × 식물체당 무게
③ 단위면적당 식물체 수 × 단위면적당 덩이줄기 수
④ 식물체당 무게 × 단위면적당 식물체 수

347 식물이 한여름철을 지낼 때 생장이 현저히 쇠퇴, 정지하고, 심한 경우 고사하는 현상은?

① 하고현상
② 좌지현상
③ 저온장해
④ 추고현상

348 야간조파에 가장 효과가 큰 광의 파장은?

① 400nm 부근의 자색광
② 480nm 부근의 청색광
③ 520nm 부근의 녹색광
④ 650nm 부근의 적색광

349 식물의 '지리적 미분법'을 제정한 사람은?

① De Candolle　　② Vavilov
③ C. O. Miller　　④ Darwin

350 배(胚)를 구성하는 요소들로만 나열된 것은?

① 유아, 떡잎, 배축, 유근
② 종피, 주심, 배젖, 배축
③ 주심, 배젖, 유아, 유근
④ 유아, 떡잎, 배주, 유근

351 다음 중 성 표현의 조절작용을 하는 식물 호르몬은?

① CCC　　　　　② 에틸렌
③ Amo-1618　　④ Rh-531

352 다음 중 작물을 생육적온에 따라 분류했을 때 저온작물인 것은?

① 콩　　　　　② 벼
③ 감자　　　　④ 옥수수

353 맥류의 내동성이 저하되는 경우는?

① 전분 함량이 많을 때
② 친수성 교질이 많을 때
③ 단백질에 -SH기가 많을 때
④ 칼슘이온이 많을 때

354 위조저항성 및 휴면아 형성과 관련 있는 호르몬은?

① ABA　　　　② GA
③ Etylene　　　④ Auxin

355 다음 중 고구마를 저장할 때 가장 좋은 저장 방법은?

① 움 저장　　　② 굴 저장
③ 상온 저장　　④ 냉온 저장

356 품종의 내병성 설명으로 틀린 것은?

① 병균에 대한 품종 간 반응이 다르다.
② 질소질 과용과 진딧물은 발병 요인이 된다.
③ 환경요인에 의해서는 이병화가 거의 없다.
④ 병원균은 분화된다.

357 녹체 춘화형 식물들로만 나열된 것은?

① 추파맥류, 봄올무　　② 봄올무, 양배추
③ 양배추, 히요스　　　④ 히요스, 잠두

358 토양의 pH가 1단위 감소하면 수소이온의 농도는 몇 % 증가하는가?

① 1%　　　　　② 10%
③ 100%　　　　④ 1,000%

359 식물분류학적 방법에 의한 작물 분류가 아닌 것은?

① 볏과 작물　　　② 콩과 작물
③ 가지과 작물　　④ 공예작물

360 연작에 의한 기지현상이 가장 심하여 10년 이상 휴작을 요하는 작물은?

① 아마, 인삼　　　② 수박, 고추
③ 시금치, 생강　　④ 감자, 땅콩

> 해설
> ㉠ 5~7년 휴작이 필요한 작물 : 수박, 가지, 고추, 토마토, 사탕무
> ㉡ 10년 이상 휴작을 요하는 작물 : 아마, 인삼

361 다음 무기성분 중 작물의 황백화 현상을 일으킬 수 있는 것만으로 조합된 것은?

① N, P, K, Ca
② N, K, Co, Ca
③ Mg, Na, Ca, Si
④ N, Mg, Fe, Cu

362 작물생육에 있어서 아황산(SO)가스의 연해방제에 가장 효과적인 비료는?

① 질소
② 인산
③ 칼륨
④ 마그네슘

363 다음 중 전분 합성과 관련되는 효소는?

① 아밀라제
② 포스포릴라아제
③ 프로테아제
④ 리파아제

364 간척지 논토양에서 벼 재배시 염해의 우려가 되는 염분 농도는?

① 0.1% 이상
② 0.3% 이상
③ 0.5% 이상
④ 0.7% 이상

365 30cm(줄 간격) 14cm(포기 사이)로 이앙한다면 1평당 몇 포기가 심기게 되는가?

① 약 69포기
② 약 79포기
③ 약 89포기
④ 약 103포기

366 다음 식물 중에서 단일성 식물은?

① 시금치
② 목화
③ 밀
④ 감자

367 다음 일반적인 고구마의 저장온도와 저장습도로 가장 적합한 것은?

① 8~10℃, 60~70%
② 10~12℃, 70~80%
③ 12~15℃, 80~95%
④ 15~17℃, 90% 이상

368 동상해의 피해를 경감시키는 방법이 아닌 것은?

① 물을 담수한다.
② 암거 배수를 한다.
③ 밟아준다.
④ 토질을 개량한다.

369 기체성 식물호르몬인 것은?

① 사이토키닌
② 옥신
③ 지베렐린
④ 에틸렌

370 광합성의 과정이나 동화물질의 전류기작을 연구하는 데 가장 알맞은 동위원소는?

① C
② P
③ Cl
④ Co

371 작물의 재배에 가장 유용한 정보를 많이 제공하여 주는 분류법은?

① 일반적 분류
② 식물학적 분류
③ 생태적 분류
④ 경영적 분류

372 다음 종자 중 식물학상의 과실에 해당하는 것은?

① 참깨
② 유채
③ 콩
④ 벼

해설

식물학상의 종자
두류, 평지(유채), 담배, 아마, 목화, 참깨 등이다.
식물학상의 과실
㉠ 과실이 나출된 것 : 밀, 쌀보리, 옥수수, 메밀, 호프(hop), 삼(大麻), 차조기(蘇葉＝소엽), 박하, 제충국 등이다.
㉡ 과실의 외측이 내영, 외영(껍질)에 싸여 있는 것 : 벼, 겉보리, 귀리 등이다.
㉢ 과실의 내과피와 그 내용물을 이용하는 것 : 복숭아, 자두, 앵두 등이다.

정답 361 ④ 362 ③ 363 ② 364 ① 365 ② 366 ② 367 ③ 368 ① 369 ④ 370 ① 371 ③ 372 ④

373 배나무 주위에 있는 향나무를 제거하여 배나무의 적성병 발생을 방제하는 방법은?

① 물리적 방제법
② 경종적 방제법
③ 화학적 방제법
④ 생물학적 방제법

374 다음 식물호르몬 중 Avena 검정과 관련이 있는 것은?

① auxin
② gibberellin
③ kinetin
④ ethylene

375 콩의 수광태세 증진을 위한 콩의 이상적인 초형과 거리가 먼 것은?

① 키가 작고, 가지는 많으며 길다.
② 꼬투리가 주경에 많이 달린다.
③ 잎자루가 짧고 일어선다.
④ 잎이 작고 가늘다.

┌─ 해설 ─────────────────────

콩의 초형
콩은 다음과 같은 초형인 것이 군락의 수광태세가 좋아지고 밀식적응성이 커진다.
㉠ 키가 크고, 도복이 안 되며, 가지를 적게 치고, 가지가 짧다.
㉡ 꼬투리가 주경에 많이 달리고, 밑에까지 착생한다.
㉢ 잎줄기가 짧고 일이선다.
㉣ 잎이 작고 가늘다.

376 다음 중 교잡에 의한 작물개량 가능성을 최초로 제시한 사람은?

① Koelreuter
② Liebig
③ Mendel
④ Morgan

377 바람이 작물에 미치는 영향을 설명한 것 중 옳은 것은?

① 강한 바람에 의해서 상처가 나면 호흡이 증대하여 체내 양분의 소모가 증대한다.
② 강한 바람은 군락 내부까지 빛을 통하게 하여 광합성을 조장한다.
③ 냉풍은 작물체온을 저하시키나 냉해를 유발시키지 않는다.
④ 일반적으로 벼에서 백수현상은 습도 60%에서는 풍속 10m/sec에서도 생기지 않는다.

378 작물 내건성에 대한 설명 중 옳은 것은?

① 세포액의 삼투압이 높아져 수분 보유력이 강하다.
② 일반적으로 표면적/체적의 비가 크다.
③ 지상부에 비하여 뿌리가 얕게 발달한다.
④ 화곡류에서는 출수개화기와 유숙기에 가장 약하다.

379 황산가리(KSO)의 칼륨 함량은 약 몇 %인가?(단, K=39, S=32, O=16)

① 약 22%
② 약 39%
③ 약 45%
④ 약 81%

380 작물에 질소가 과잉상태로 되는 경우 작물체 내에서 일어나는 변화로 옳은 것은?

① C/N율이 올라가게 된다.
② 개화가 촉진된다.
③ 세포벽이 두꺼워진다.
④ 아미드태 질소가 많아진다.

381 pH 4.5~5.0인 토양에서 가장 생육이 불량한 작물은?

① 호밀
② 땅콩
③ 토란
④ 시금치

정답   373 ②   374 ①   375 ①   376 ①   377 ①   378 ①   379 ③   380 ④   381 ④

382 발아를 촉진하고 균일하게 하기 위해서 이용되는 수단으로 가장 거리가 먼 것은?

① 알칼리성 용액 처리법
② 최아(催芽)
③ 침종(浸種)
④ 춘화처리(春化處理)

383 다음 토양반응에 따른 몇 가지 요인들 중 올바르게 표현된 것은?

① 강알칼리성이 되면 토양을 입단(粒團)으로 만든다.
② 대부분의 토양미생물은 알칼리 토양을 좋아한다.
③ 강산성 토양에서는 수소이온이 작물의 양분흡수를 저해한다.
④ 강산성 토양세서는 P, Ca, Mg, B 등의 가급도가 증가된다.

384 토양 용액이 pH 4와 pH 6의 {H⁺}의 농도 차이는?

① pH 4가 10배 높다.
② pH 4가 100배 높다.
③ pH 6이 10배 높다.
④ pH 6이 100배 높다.

385 작물의 생육습성이나 재배형편에 따라 이식을 하는데 이식의 방식이 아닌 것은?

① 조식
② 가식
③ 난식
④ 정식

386 감자의 위축병을 매개하는 해충은?

① 선충
② 진딧물
③ 명나방
④ 응애류

387 작물의 생태적인 특성에 의하여 분류한 것은?

① 녹비작물
② 중경작물
③ 피복작물
④ 일년생작물

388 작물의 원형식물에 대한 설명 중 부적합한 것은?

① 조, 콩이 야생종은 단순하고 잘 알려져 있다.
② 감자나 고구마의 재배종은 야생종보다 덩이줄기나 덩이뿌리가 더 잘 발달하였다.
③ 야생종 중 이용가치가 높은 것이 재배종으로 발달하였으나 형태적·생태적 변이가 존재하였다.
④ 목초로 사용되는 수단그라스의 청산함량은 재배종이 야생종보다 높은 것으로 알려져 있다.

389 추락답에서 황화수소의 발생으로 인하여 생기는 벼의 근부현상을 막기 위하여 토양에 필요한 성분은?

① 철
② 규소
③ 인
④ 칼리

390 벼의 키다리병에서 유래한 생장 조절제는?

① 지베렐린
② 옥신
③ 사이토카도닌
④ 에틸렌

391 저온 버널리제이션(0~10℃)으로 개화된 작물로만 구성된 것은?

① 무, 양배추, 맥류
② 무, 맥류, 글라디올러스
③ 맥류, 배추, 글라디올러스
④ 맥류, 아이리스, 양배추

392 정지(整地)작업에 관한 내용으로 거리가 먼 것은?

① 복토
② 작휴
③ 쇄토
④ 진압

393 다음 중 수중에서 발아를 하지 못하는 것은?

① 당근
② 담배
③ 무
④ 상추

394 C/N율에 대한 설명으로 틀린 것은?

① 보편적으로 C/N율이 높을 때 개화결실이 양호하다.
② 개화 결실에 C/N율보다 더욱 결정적인 영향을 주는 요인들이 많다.
③ 질소가 풍부하면 생육도 왕성해지고 개화 결실도 좋아진다.
④ 환상박피한 윗부분은 유관 속이 절단되어 C/N율이 높아져 개화, 결실이 조장된다.

395 종자 파종에서 일반적인 복토 깊이를 가장 깊게 하는 것은?

① 상추
② 콩
③ 감자
④ 튤립

396 다음 중 벼의 장해형 냉해에 해당되는 것은?

① 양분흡수 저해
② 광합성 저해
③ 화분의 방출 수정 장해
④ 암모니아의 축적

397 외계 기온이 −20℃일 때 적설의 깊이가 40cm이면 지표온도는 약 몇 ℃를 유지하는가?

① −5℃
② −3℃
③ −1℃
④ 3℃

> **해설**
>
> 기온 : −21.07℃, 표면 설온 : −22.4℃
> 적설량이 40cm에서는 지표온도가 약 −1~−3℃를 유지한다.

398 엽면적 20,000m², 토지면적 5,000m²일 경우 엽면적 지수는?

① 2.5m²
② 0.25m²
③ 4.0m²
④ 0.4m²

399 씨 없는 포도를 만드는 데 가장 효과적인 호르몬은?

① 옥신
② 지베렐린
③ 사이토키닌
④ ABA

> **해설**
>
> 단위 결과
> 포도(델라웨이 품종)에서 만화기 전 14일 및 후 10일경의 2회에 지베렐린 100ppm 용액에 화(과)방을 침지하면 무핵과가 형성될 뿐만 아니라, 성숙도 크게(22~24일 또는 15~20일) 촉진되어 재배적으로 많이 이용되고 있다.

400 광합성의 과정이나 동화물질의 전류기구를 파악히는 데 이용하는 방사성 동위원소는?

① ^{14}C
② ^{35}S
③ ^{24}Na
④ ^{60}Co

> **해설**
>
> 광합성의 연구
> ^{11}C, ^{14}C 등으로 표지된 CO_2를 잎에 공급하여 시간의 경과에 따른 탄수화물의 합성과정을 규명할 수 있고, 또 동화물질의 전류, 축적과정도 ^{14}C를 표지화합물로 이용하여 밝힐 수 있다.

정답 392 ① 393 ③ 394 ③ 395 ④ 396 ③ 397 ③ 398 ③ 399 ② 400 ①

401 다음 작물에서 호광성 종자는?

① 담배　　　　　② 가지

③ 토마토　　　　④ 호박

해설

호광성 종자

㉠ 광선에 의해 발아가 조장되며 암흑에서는 전혀 발아하지 않거나 발아가 몹시 불량한 종자이다.

㉡ 담배, 상추, 우엉, 차조기, 금어초, 베고니아, 뽕나무, 피튜니아, 버뮤다그라스

㉢ 복토를 얇게 한다. 땅속에 깊이 파종하면 산소와 광선이 부족하여 휴면을 계속하고 발아가 늦어지게 된다.

402 장일식물과 단일식물에서 일장을 인지하는 부위는?

① 생장점　　　　② 잎

③ 줄기　　　　　④ 뿌리

해설

자극의 발생

㉠ 일장처리에 감응하는 부위는 성숙한 잎이며, 그러나 노엽이 되면 다시 감응이 둔해진다.

㉡ 같은 잎이라도 어린 상반부보다 성숙한 하반부가 더욱 잘 감응한다.

403 벼를 재배하는 논두렁에 콩을 심어 재배하는 작부 체계는?

① 간작　　　　　② 주위작

③ 점혼작　　　　④ 교호작

해설

주위작

콩 · 참외밭 주위에 옥수수 · 수수와 같은 초장이 큰 작물을 심으면 방풍의 효과가 있고, 경사지 주위에다 뽕나무 · 닥나무 등을 심으면 토양침식을 방지하는 한편 내측의 작물을 보호한다. 논두렁에 콩을 심는 것은 주위작의 대표적인 예이다.

404 다음 중 일반적으로 내습성이 강한 작물의 특성이 아닌 것은?

① 피층세포의 직렬 배열

② 파생 통기 조직의 형성

③ 뿌리조직의 목화

④ 심근성의 근계 형성

해설

천근성이거나, 부정근의 발생력이 큰 것은 내습성이 강하다.

405 작물의 자연적 분화과정을 올바르게 표현한 것은?

① 원형식물 → 도태 → 유전변이

② 유전변이 → 적응 → 격절

③ 도태 → 적응 → 원형식물

④ 격절 → 도태 → 적응

406 줄기를 수평으로 땅에 묻어 각 마디에 새 가지를 발생시켜 번식하는 방법은?

① 분주법　　　　② 성토법

③ 당목취법　　　④ 고취법

해설

당목취법

가지를 수평으로 묻고, 각 마디에서 발생하는 새 가지를 발근시켜 한 가지에서 여러 개를 취목하는 방법으로 포도, 양앵두, 자두 등에서 이용된다.

407 하우스 재배에서 흔히 나타나는 고온장해에 대하여 올바르게 설명한 것은?

① 일반적으로 내습성이 큰 것은 내열성도 크다.

② 세포 내에 유리수가 적으면 내열성이 증대된다.

③ 세포 내의 점성이 감소되면 내열성이 증대된다.

④ 작물체의 연령이 높아지면 내열성이 감소된다.

CHAPTER 02 종자생산학

1 종자의 발달

(1) 종자의 생성

1) 화분과 배낭이 형성되고 생식세포가 만들어져 **자웅 양핵이 유합**하여 수정되면 종자가 생성된다.

2) 중복수정

   제1웅핵과 난핵이 접하여 2n의 배(胚)가 되고, **제2웅핵과 2개의 극핵이 유합하여 3n의 배유(胚乳)**가 된다.

3) 꽃가루의 형성

   소포자 : 꽃밥 속의 화분모세포(2n) – 감수분열 → 꽃가루4분자(n) → 꽃가루(n) → 발아 → **생식핵, 영양핵**

4) 배낭의 형성(피자식물)

   대포자 : 배낭모세포 – (감수분열) → 4개의 배낭세포(n) – 동형분열 → n(4분자 중 3개 퇴화) → 1개만 성숙 → 3회 핵분열 → 8개의 핵을 갖는 배낭 형성[난세포(n), 조세포(2n), 극핵(2n), 반족세포(3n)]

   > 발아전 화분 2핵성 : 가지

(2) 배와 배유

1) 배

   난핵과 웅핵의 접합자(zygote)
   ① 떡잎(子葉) : 외떡잎 식물은 1개, 쌍떡잎 식물은 2개가 있고, 송백류는 15개가 있다.
   ② 유아(幼芽) : 배의 끝에 있는 눈(芽)이며, 이것이 장차 신장발달하여 줄기나 잎이 된다.
   ③ 하배축(下胚軸) : 배에 있는 줄기 모양의 주축, 떡잎이 착생하는 부분에서 밑으로 유근의 위 끝까지이다.
   ④ 유근(幼根) : 발아에 의해 신장하여 제1차근이 된다.

2) 배젖(胚乳, 배유)

   ① 배낭 속에는 2개의 극핵과 꽃가루관에서 온 웅핵의 하나가 합일하여 수정되어 세포분열을 거듭하고 그 속에 많은 저장물질이 축적되어 만들어져 3n의 배젖이 된다.

② 무배유 종자 : 떡잎이 발달하여 그 속에 저장물질을 간직한다.

③ 콩·완두·알팔파·클로버 등 콩과 작물(쌍떡잎 식물)의 **종자에는 배젖이 없다.**(뽕나무에는 배젖이 있다.)

(3) 크세니아

모체의 일부분인 **배젖**에 아비의 영향이 직접 당대에 나타나는 것

(4) 메타크세니아

정핵이 직접 관여하지 않는 모체의 일부분에 꽃가루의 영향이 직접 나타나는 것(맛, 크기, 색깔)

(5) 화성의 생리

1) 생장과 발육

① 생장 : 작물의 종자가 발아하여 잎, 줄기, 뿌리와 같은 영양기관의 **양적** 증가

② 발육 : 작물의 아생, 분얼, 화성, 개화, 등숙 등의 생육단계를 거치면서 체내에 **질적인** 재조정 작용이 이루어지는 것을 말한다.

2) 발육상과 상적발육

① 발육상 : 생육의 단계적 양상

② 상적발육 : 순차적인 여러 발육상을 거쳐 발육이 완성되는 것(영양생장 → 생식생장)

3) 화성

영양생장에서 생식기관의 발육단계인 생식생장으로 이행하는 것(화아분화 및 개화를 포함한 개념)

4) 화성의 유도

화성의 유도에는 특수환경, 즉 특수한 **온도와 일장**이 관여한다. 이것은 체내 호르몬이나 양분의 질적변화를 초래하여 발육상을 완수한다.

5) 춘화처리(vernalization)

상적발육을 완성하는 데 있어서 특수온도의 작용

① 춘화처리(vernalization)의 목적 : 개화 유도, 비교적 생육초기에 처리

② 종자춘화처리 : 발아 당시의 유(幼)식물에 처리한 저온의 효과가 뚜렷한 형(추파성맥류)

③ 춘화처리에 암흑이 필요한 것 : 고온 버널리제이션, 비교적 생육초기에 처리

④ 저온 버널리제이션의 대치효과 위해 : **지베렐린 처리**

⑤ vernalin(버날린) : 화성호르몬인 플로리겐을 합성하는 데 필요한 이동성 전구물질

저온 - 춘화반응 - 버날린(vernalin) - 플로리겐 - 개화

6) 일장효과

상적발육을 완성하는 데 필요한 특수일장의 작용(일장 감응부위 : 성숙한 잎)

① 작물 또는 품종의 화성유도 · 개화하기 위해서는 일정한 일장에 감응되어야 하며, 작물이 화아분화 및 개화 등에 영향을 미치는 현상을 일장효과라 한다.

② 장일(보통 14시간 이상), 단일(보통 12시간 이하)로 구분하며, 화성을 유도할 수 있는 일장을 유도일장이라 한다.

③ 일장효과에 영향을 미치는 조건은 작물의 발육단계, 광의 약도, 광파장, 온도, 질소시용(작물체의 영양상태), 명기와 암기, 처리기간 등이다.

④ 일장효과의 후작용(일장유도)

일장처리의 영향이 뒤에까지 계속되어 화아분화 또는 개화를 유도하는 것

⑤ 중성식물 : 한계일장이 없고 넓은 범위의 일장조건에서 개화하는 식물

　　－고추, 토마토, 당근, 강낭콩, 셀러리, 조생종 벼, 메밀

⑥ 단일발육조장 : 고구마의 덩이뿌리, 파의 비대근, 감자의 덩이줄기, 달리아의 알뿌리

⑦ 일장과 성의 발현

　　㉠ 모시풀 : 8시간 이하 단일 → 완전 암컷화

　　㉡ 삼 : 단일 → 성전환

　　㉢ 콩 : 결협은 단일에서 조장

⑧ 화학물질과 일장효과

　　㉠ 옥신(auxin) : 장일식물(화성촉진), 단일식물(억제)

　　㉡ 지베렐린 : 저온 · 장일이 화성에 필요한 작물에 탁월한 효과(단일식물에서는 일정한 영향이 없다.)

　　㉢ 플로리겐(florigen) : 개화호르몬, 일장효과의 물질적 본체로, 플로리겐 본체는 아직 규명 안 됨

7) 촉성재배

딸기 등은 화성유도에 저온이 필요하다. 겨울철 조기출하를 하려면 딸기모를 여름철에 냉장하여 저온유도시킨다.

8) 채종상의 이용월동채소(배추, 무, 시금치)는 저온처리를 하여 춘파하여 추대 개화결실하므로 이런 작물의 채종에 이용한다.

(6) 종자의 구조

종피(씨껍질), 주심의 흔적, 배젖, 배(유아 · 떡잎 · 하배축 · 유근)로 형성

1) 종피

주피가 변화해서 이루어진 것, 성숙한 종자의 외모에는 배꼽(hilum, 臍), 배꼽줄, 씨구멍 등이 보인다.

> 배꼽(hilum) : 동화산물의 전류의 통로

2) 배와 배유

배와 배유 사이에 흡수층이 있고 배유는 양분이 저장되며, 배는 잎 · 생장점 · 줄기 · 뿌리등의 어린 조직이 모두 구비되어 있다.

❷ 종자의 발아 · 휴면 · 수명 · 퇴화

(1) 발아에 미치는 환경요인(외적 요인)

1) 수분과 발아

① 종자의 수분흡수량은 작물의 종류에 따라 매우 다르며, 종자 중량에 대해 벼 23%, 쌀보리 50%, 밀 30%, 콩 100% 정도이다.
　※ 대체로 종자 무게에 대하여 벼와 옥수수는 30% 정도이고 콩은 50% 정도로서, 전분종자보다 단백종자가 발아에 필요한 최소수분함량이 많다.
② 종자의 수분흡수와 발아
　㉠ 종피의 수분흡수 → 팽연 → 배, 배유, 자엽이 수분을 흡수 팽창 → 종피 파열
　㉡ 수분흡수된 종피로 가스교환 용이, 산소가 내부로 공급, 호흡작용 활발, 이산화탄소의 배출
　㉢ 수분흡수된 내부세포의 원형질의 농도 저하, 각종 효소의 활성증대, 저장물질의 전화 및 전류
　㉣ 생리작용이 활발 → 종자의 생장
③ 발아촉진 물질 : KNO_3, thiourea, ethylene
④ 온탕처리 : 종자소독과 발아를 촉진시킨다.

2) 온도와 발아

① 종자는 20~30℃의 최적온도에서 가장 빠르고 균일하게 발아한다.
② 지나친 고온은 종자의 열사나 제2차 휴면을 유발한다.
③ 변온에서 발아촉진의 작물 : 셀러리, 오처드그라스, 버뮤다그라스, 켄터키블루그래스, 피튜니아, 담배

④ 저온발아 : 셀러리

⑤ 배추, 양배추(발아적온 > 결구적온)

3) 산소와 발아

① 종자는 호흡작용이 활발해야 발아한다. 산소는 발아에 충분히 공급되어야 호기호흡으로 정상발아한다.

② 수중발아

벼 종자는 수중에서 무기호흡에 의해 발아에 필요한 에너지를 방출할 수 있다. 이것은 무기적 발효계가 잘 발달되어 있기 때문이다. 물이 너무 깊으면 이상발아하여 유근이 불량해진다.

③ 수중에서 작물의 발아현상

㉠ 수중에서 발아 못하는 종자 : 콩, 귀리, 밀, 무, 퍼레니얼 라이그라스

㉡ 수중에서 발아 감퇴되는 종자 : 담배, 토마토, 화이트클로버, 카네이션

㉢ 수중에서도 발아에 이상 없는 종자 : 상추, 당근, 셀러리, 티머시, 벼

4) 광(빛)과 발아

① 호광성 종자 : 담배, 상추, 뽕나무, 금어초, 베고니아, 피튜니아, 화본과 목초, 잡초

② 혐광성 종자 : 토마토, 가지, 오이, 호박

③ 광무관 종자 : 화곡류, 두과작물, 옥수수

호광성 종자의 대부분은 KNO_3 용액으로 발아상을 적시면 암소발아가 가능하다.

④ 무 종자의 발아와 광선

발아적온(25℃), 휴면타파처리에 의해 감광성 소실, 채종 직후 저온에서 혐광성이 뚜렷하다.

⑤ 배추 종자의 발아와 광선관계

휴면기간 중에는 호광성, 감광부위(종피), 휴면기간(1년 6개월)

(2) 휴면

1) 자발적 휴면 원인

① 종피의 불투수성(연, 고구마)

② 종피의 불투기성(귀리, 보리)

③ 종피의 기계적 저항, 배(胚)의 미숙

④ 저장물질(胚乳)의 미숙

⑤ 발아억제물질 존재

⑥ 발아촉진물질(生長素)의 부족(땅콩)

2) 휴면에 관련된 호르몬

① ABA : 휴면, 낙엽
② 목본식물의 눈의 휴면과 관련 : dormin
③ 항옥신(coumarin), 항지베렐린(dormin)

3) 휴면타파와 발아촉진

① 경실(hard seed)의 휴면타파와 발아촉진
    ㉠ 종피의 불투수성이 원인 : 두과목초, 일부 화본과 목초, 연, 고구마, 오클라종자 등
    ㉡ 종피파상법, 농황산처리법, 건열처리법, 습열처리법, 진탕처리법에 의해 투수성을
        증대시켜 휴면을 타파하다.
② 화곡류의 휴면타파와 발아촉진
    ㉠ 수도종자 : 40℃에 3주일 정도 보존하면 발아억제물질을 불활성화시킨다.
    ㉡ 맥류종자 : 0.5~1%의 H_2O_2 용액에 24시간 정도 침지
        → 5~10℃의 저온에 보관(종피의 불투기성 제거)
    ㉢ 감자의 휴면타파와 최아 : 지베렐린과 에스렐(Ethrel)을 혼합처리, 박피절단법
    ㉣ 화본과 목초종자의 휴면타파와 발아촉진
        Brome-grass, Wheat-grass 등의 휴면기간이 긴 것 → 파종 전 질산 염류액이나
        지베렐린 수용액 처리

(3) 종자의 수명

1) 단명종자(1~2년)

콩, 고추, 양파, 메밀, 토당귀

2) 상명종자(2~3년)

벼, 완두, 목화, 쌀보리

3) 장명종자(4~6년)

녹두, 오이, 배추, 가지, 담배, 수박, 잠두

(4) 종자의 저장

1) 건조저장

수분함량을 13% 이하로 건조시켜 저장하면 안전하다.

2) 저온저장

종자를 저온상태에서 저장하는 방법이다.

3) 밀폐저장

건조한 종자를 용기에 넣고 밀폐해서 저장하는 방법(소량의 저장에 적합)

4) 토중저장

종자의 과숙을 억제하고 여름철의 고온 및 겨울철의 저온을 피하기 위한 저장법이다.

(5) 종자의 저장과 발아와의 관계

① 저장 중의 종자가 발아력을 상실하는 이유는 종자의 **원형질단백의 응고**와 활력저하 및 호흡에 의한 저장양분의 소모에 의한다.

② 종자의 수분함량, 저장습도가 가장 큰 영향을 미치며 이밖에 저장온도와 통기상태(산소)가 관여한다.

③ 젖은 종자를 고온 · 고습의 환경에 저장하면 수명이 극히 짧아진다.

④ 건조한 종자를 저온 · 밀폐 상태로 저장하면 수명이 극히 오래간다. 즉 종자의 수명을 연장시키려면 흡습을 방지하고 저온으로 저장하는 동시에 산소를 제한한다. 또한 종자를 충분히 건조시켜서 저장한다.

(6) 종자 퇴화

1) 퇴화 원인

① 유전적 : 이형유전자의 분리, 자연교잡, 돌연변이, 이형종자의 기계적 혼입
② 생리적 : 불리한 생산지 환경 · 재배조건
③ 병리적 : 종자로 전염하는 병해, 바이러스병

2) 대책

① 유전적 퇴화방지
자연교잡방지(격리재배), 이형종자 혼입방지, 낙수(落穗)의 제거, 채종포 변경, 수확 및 조제시 주의, 완숙퇴비시용
② 생리적 퇴화방지 : 재배시기 조절, 비배관리의 개선, 착과수의 제한, 종자선별
③ 병리적 퇴화방지
무병지에서 채종, 종자소독, 이병주(罹病株) 및 이병수(罹病穗)의 철저한 제거

❸ 종자의 발아과정

(1) 종자발아의 주요과정

① 흡수 → 저장양분의 분해 → 양분의 전류 → 동화 → 호흡 → 생장
② 발아시 보통 유근이 유아(幼芽)보다 먼저 나온다.
③ 종자 내 주요 저장 탄수화물 : amylose amylopectin

1) 흡수

① 종자의 흡수는 물의 침윤과 삼투에 의한다.

② 발아 전에는 모관현상이나 침윤에 의한 흡수(제1단계 흡수)를 하고, 발아가 시작되면 삼투에 의한 흡수(제2단계 흡수)를 한다.

③ 균일하고 속히 발아시키기 위한 방법으로 침종을 한다(발아촉진 효과).

④ 위조계수에서 포장용수량까지의 토양유효수의 범위에서 발아 속도가 빨라진다.

2) 저장 양분의 분해

① 발아 초기의 유식물은 광합성작용(탄소동화작용)을 할 수 없어 종자 내 양분을 공급받아 생장한다.

② 저장양분은 전분, 지방, 단백질 등 분자량이 큰 물질이므로 원형으로는 조직 내 이동할 수 없어 가수분해되어 배로 운반되어 호흡기질이 된다.

③ 종자가 흡수 후 최초 일어나는 화학변화는 효소에 의한 저장양분의 분해이다.

④ 가수분해효소(아밀라제, 말타아제, 리파제, 프로테아제 등)는 벼, 보리 등의 종자발아에 있어서 처음에 반상체(scutellum)에서 분비되는 섬유소분해효소(cellulase)의 작용에 의해 세포막이 분해되어 그 후 역시 반상체에서 분비되는 산화효소의 침입을 용이하게 한다.

⑤ 배유와 자엽의 녹말(탄수화물) → 산화효소에 의한 분해 → 맥아당 형성 → 말타아제에 의한 분해 → 포도당 형성 → 배나 생장점으로 이동 → 호흡기질과 셀룰로오스 · 비환원당 · 전분으로 재합성된다.

3) 가용성 양분의 이동

① 종자가 흡수하여 종피파열 후 가스교환이 용이해지면 효소력이 증대되고 저장양분이 분해된다. 가용화된 양분은 배 생장점으로 이동된다.

② 저장물질의 동원

종자 내의 저장물질이 분해되어 가용성 물질로 변한 다음 배나 생장점으로 이동하는 현상

4) 동화작용

① 발아 중인 종자에서 분자량이 낮은 물질에서 분자량이 큰 고분자 물질로 재합성되는 현상

② 배나 생장점에 이동해온 물질에서 원형질이나 세포막 물질이 합성되고 유근이나 유아, 자엽 등의 생장이 일어난다.

5) 호흡작용

① 발아 중 종자는 다른 기관과 조직에 비해 호흡이 극히 왕성하다.(에너지 소모가 크다.)

② 호흡작용에 의해 탄수화물과 지방이 분해되어 CO_2와 H_2O가 되고 에너지를 방출한다. 이 에너지는 발아식물의 생장에 필요한 물질의 동화에 쓰이거나 대부분은 호흡열로 소비된다.

③ 종자 발아 때의 호흡은 건조종자의 100배에 달하고 소비되는 에너지는 종자건물의 50% 이상에 해당한다.

6) 생장

① 유근과 유아의 출현순서는 보통 유근이 먼저 출현한다. 쌍떡잎식물은 유근이 먼저 출현하고, 외떡잎식물은 자엽이 먼저 출현한다. 그러나 밀, 겉보리, 귀리, 쌀보리 등은 유근이 먼저 출현한다.

② 이유기

발아초기의 유식물은 배유 · 자엽의 저장양분에 의하여 생육되지만 광합성(동화작용)에 의해 양분을 합성하여 생육하는 독립영양의 시기로 전환되는 시기. 생육환경을 좋게 해야 한다.(논벼는 본엽 3~4매 · 발근수 5~7본, 맥류는 본엽 2~3매 · 발근수 5~9본)

(2) 종자의 발아검사

1) 발아율, 발아세, 발아능, 순도

① 발아율 : 종자 품질 결정시 가장 중요한 인자로, 파종된 총 종자수에 대한 발아된 종자 개체수의 비율(%)로서 보통 400알을 반복 실시한다. 일정한 기간과 조건에서 정상묘로 분류되는 종자의 숫자비율(정수로 표시)로 정의한다.

② 발아세 : 일정한 시일 내의 발아율로 발아에 관계되는 종자의 활력

③ 청결률(순도) : 종자총중량에 대한 순정종자량의 비율

즉, 순도 $= \dfrac{순정종자량}{종자총중량} \times 100\%$

④ 발아능(용가) : 종자의 가치를 총체적으로 표시하는 것

> **Reference**
>
> **종자의 용가**
> 종자의 용가(진가)는 순도와 발아율에 의해 결정된다.
>
> 종자의 용가(진가) $= \dfrac{발아율(\%) \times 순도(청결률\%)}{100}$

2) 발아시험에 의하지 않는 방법

① 광선을 투과시켜 활력 유무를 보는 법(육안검정법, 투시법)

② 배를 절단하여 그 빛깔에 의해 생사를 판단하는 절단법

③ 구아이아콜법, 테트라졸륨법(TTC 용액 : 적색으로 염색 → 발아력 강함)

④ X선 조사에 의한 방법(죽은 세포는 검게 찍힌다.)

⑤ 지베렐린과 티오요소의 혼합액에 의한 발아 검정법

(3) 발아력 검정

1) 순정종자

우량한 유전형질이 확인된 것으로 발아력이 높고 다른 종류의 종자나 불순물 등이 없고 병충해의 피해나 상처가 없는 종자

2) 순도검사

① 정상적이며 상처를 입지 않은 종자

② 깨진 종자, 반조각 난 종자

③ 미숙 종자

④ 잡초 종자 및 기타 종자

⑤ 병해 입은 종자

⑥ 기타 이물질

※ 순도검사 시에 필요한 종자량은 배추 40g, 양배추 100g, 참외·오이 700g, 상추 30g, 옥수수 1,000g 등으로 크고 무거운 종자는 많은 양, 작은 종자는 적은 양의 종자가 필요하다.

4 종자관리

(1) 우량종자의 구비조건

1) 외적조건

순도, 크기, 중량, 색택, 냄새, 수분함량

2) 내적조건

유전성, 발아력, 종자전염병충해

(2) 우량종자를 얻기 위한 조건

① 원종이 유전적으로 순수해야 한다.

② 채종과정에서 타 화분에 의한 오염수분이 없어야 한다.

③ 최적환경에서 적정한 비배·병충해 방제관리로 건강한 종자를 생산해야 한다.

④ 수확 후 건조·조제·선별·저장을 잘 하여 종자의 생명력과 발아력을 오래 보존해야 한다.

⑤ 잡초 등 이물질을 최소화해야 한다.

(3) 수확·건조·선별

1) 수확(채종 시)

① 곡물류(화곡류, 두류) : 유숙기 > 호숙기 > 황숙기 > 완숙기 > **고숙기(황숙기가 수확적기)**

② 채소류(십자화과 작물) : 백숙기 > 녹숙기 > 갈숙기 > **고숙기(갈숙기가 수확적기)**

2) 건조

① 자연건조 : 멍석에 널어 말리거나 건조장에서 건조시킨다.

② 인공건조 : 열풍을 이용하여 수분함량을 10% 이하로 한다. 채소의 경우 35℃, 2~3시간 정도면 건조된다.

③ 기타 : 건조기에 넣어 건조한다.

3) 선별(선종)

① 용적에 의한 선별 : 맥류·두류 등 종자를 체로 쳐서 소립종자 제거

② 중량에 의한 선별 : 키·풍구·선풍기 등을 사용하여 가볍고 작은 것을 날려버림

③ 육안에 의한 선별 : spatula를 사용하여 불량한 종자·협잡물 제거

④ 비중에 의한 선별 : 용액의 비중에 의해 가라앉는 충실한 종자만 가려냄

(4) 종자의 보증기관

1) 보증종자

당해 품종의 진위성 및 당해 품종 종자의 품질이 보증된 채종단계별 종자

2) 품종의 보호요건

신규성, 구별성, 균일성, 안정성, 품종명칭 등

3) 국가보증

농림축산식품부장관이 행하는 보증

4) 자체보증

종자관리사가 행하는 보증

(5) 종자의 병해충

1) 종자전염병

① 도열병 : Piricularia oryzae에 의해 전염

② 모썩음병 : Achlya oryzae에 의해 유백색의 면보가 방사상으로 나타난다.

③ 깨씨무늬병 : Cochliobolus miyabeanus에 의해 주위에 뚜렷한 농갈색의 작은 반점이 생긴다.

④ 키다리병 : Gibberella fujikuroi의 기생으로 종피가 암갈색으로 변하고 균총이 생긴다.

⑤ 벼알마름병 : 담황색을 띤 담황갈색의 띠무늬가 생긴다.

⑥ 오이세균성 점무늬병 : 토양 및 종자 전염

⑦ 덩굴쪼김병(만할병) : 내병성의 접목 재배로 막을 수 있다.

⑧ 오이 모자이크 바이러스병 : TMV의 종자 전염으로 외종피와 내종피에 병원체 존재

⑨ 종자 전염 : 시들음병, 탄저병, 위황병

2) 종자 전염병의 방제

① 종자소독

㉠ 화학적 소독 : 부산30유제, 벤레이트티, 호마이수화제, vitavax

㉡ 물리적 소독 : 냉수온탕침법, 욕탕침법, 온탕침법(고구마의 검은무늬병은 45℃의 Uspulun 800배 액에 씨고구마를 30분 담가서 소독)

㉢ 기피제처리, 종자의 경화처리

3) 종자 해충의 방제

① 잎마름선충 : 볍씨 안에 들어가 현미와의 사이에서 월동하므로 종자소독과 토양소독으로 방제

② 바이러스 : 매개하는 진딧물을 구제

③ 유아등의 채집량을 감안하여 방제적기를 판단한 뒤 약제 살포(화학적 방제)

④ 저항성 품종의 선택, 종자의 건조 · 저장, 연작장해의 제거 해충접근 회피

⑤ 천적을 이용한 생물학적 방제

⑥ 나방 · 유충의 포살 및 산란한 알의 채취, 온탕처리와 건열처리 등의 물리적 방제

> 감자바이러스병 매개(복숭아 혹진딧물), 가지(점박이응애), 무 · 배추(비단노린재, 민달팽이), 고추(담배나방)

(6) 종자검사 기준

1) 벼 종자의 병해

① 특정 병 : 키다리병, 선충심고병

② 기타 병 : 도열병, 깨씨무늬병

2) 보리 종자의 병해

① 특정 병 : 겉 · 속 깜부기병, 보리줄무늬병

② 기타 병 : 붉은곰팡이병

3) 콩 종자의 병해

① 특정 병 : 자주빛무늬병[자반병(紫斑病)]

② 기타 병 : 모자이크병, 세균성 점무늬병, 잎마름병, 탄저병

5 종자의 검정

(1) 종자의 검사

1) 순도검정

실내에서 종자의 발아율, 순결도, 병충해의 유무검정

2) 차대검정

종자를 포장에 재배, 품종등록사항과의 상이 여부와 검정기관이 정하는 특성을 검정한다.

(2) 출원품종 검사기준

1) 구별성

① 작물별 세부특성 조사요령에 있는 조사특성 중에서 한 가지 이상의 특성이 대조품종 과 명확하게 구별되는 경우

② 질적 특성의 경우 관찰에 의하여 특성조사를 실시하고 출원품종과 대조품종의 계급이 한 등급 이상 차이 나면 구별성 있는 것으로 판정한다.

③ 양적 특성은 실측에 의해 특성조사를 실시하고 그 결과를 5% 오차확률(95% 신뢰구 간)에서 최소유의차 LSD 검정을 실시해서 계급으로 분류하여 출원품종과 대조품종 의 계급이 두 계급 이상 차이 나면 구별성 있는 것으로 판정한다. 다만 한 계급 이상 차이가 나도 명확히 구별할 수 있는 경우 구별성 있는 것으로 판정한다.

2) 균일성

품종의 조사특성들이 당대에 충분히 균일하게 발현하는 경우, 즉 이형주의 수가 작물별 균일성 판정기준의 수치를 초과하지 아니하는 경우

3) 안정성

① 통상의 번식방법에 의하여 증식을 계속하였을 경우 모든 번식단계의 개체가 구별성의 판정에 관련된 특성을 발현하고 균일성을 유지하고 있는지 판정한다.

② 안정성은 1년차 시험의 균일성 판정 결과와 2년차 이상 시험의 균일성 판정결과가 다 르지 않으면 안정성이 있다고 판정한다.

(3) 국가 품목 목록 등재대상 종자의 품종 성능검사 기준

1) 심사종류

서류심사, 재배심사(2년)

2) 재배시험지역

최소 3개 지역

3) 표준품종

　　· 선정기준(잘 알려지고, 널리 재배되고 있어야 한다. 형질 발현이 안정적이고, 형질에 대한 조사자료가 확립되어 있으며, 쉽게 구할 수 있어야 한다.)

4) 평가기준

　　기본특성(표준품종과 유사 또는 우수), 추가특성(대상특성에 따라 표준품종과 유사, 우수)

5) 평가형질

　　기본특성(수량성), 추가특성(품질, 주요 내재해성, 주요 내병충성 등)

(4) 포장검사

① 국가보증 또는 자체보증을 받은 종자는 농림축산식품부장관 또는 종자관리사로부터 1회 이상 포장검사를 받아야 한다.

② 다른 작물과 교잡을 방지하기 위해 교잡위험이 있는 품종은 재배지역으로부터 일정 거리를 두거나 격리시설을 갖추어야 한다.

(5) 포장검사 및 종자검사의 용어

1) 백분율(%)

　　검사항목의 전체에 대한 중량비율을 말한다. 다만 발아율, 병해립과 포장검사항목에 있어서는 전체에 대한 개수비율을 말한다.

2) 품종순도

　　이형주, 이품종주, 이종종자주를 제외한 해당품종 고유의 특성을 나타내고 있는 개체의 비율

3) 이형주(off type)

　　동일품종 내에서 유전적 형질이 그 품종 고유의 특성을 갖지 아니한 개체

4) 포장격리

　　자연교잡이 일어나지 않도록 충분히 격리된 것

5) 작황균일

　　시비, 제초, 약제살포 등 포장관리 상태가 양호하여 작황이 고르고 좋은 것

6) 소집단

　　생산자별, 종류별, 품위별로 편성된 현물종자

7) 1차시료

　　소집단의 한 부분으로 얻어진 적은 양의 시료

8) 합성시료

소집단에서 추출한 모든 1차 시료를 혼합하여 만든 시료

9) 제출시료

검정기관에 제출된 시료, 최소한 관련요령에서 정한 양 이상으로 합성시료의 전량 또는 합성시료의 분할시료여야 한다.

10) 검사시료

표검사실에서 제출시료로부터 취한 분할시료로 품위 검사에 제공되는 시료

11) 분할시료

합성시료 또는 제출시료로부터 규정에 따라 축분하여 얻어진 시료

12) 수분

103 ± 2℃ 또는 130~133℃ 건조법에 의해 측정한 수분을 말하며 전기저항식 수분계, 전열건조식 수분계, 적외선조사식 수분계 등에 의해 측정한 수분을 말한다.

13) 정립

① 이종종자, 잡초종자 및 이물을 제외한 종자
② 병해립, 미숙립 발아립, 주름진립, 소립, 원래 크기의 1/2 이상인 종자쇄립, 목초나 화곡류의 영화가 배유를 가진 것
③ 병해립 중 맥각병해립, 균핵병해립, 깜부기병해립 및 선충에 의한 충영립은 제외한다.

14) 이종종자

대상작물 이외의 다른 작물의 종자

15) 이품종

대상품종 이외의 다른 품종

16) 잡초종자

보편적으로 인정되는 잡초의 괴근, 괴경 및 종실과 이와 유사한 조직을 말한다. 다만 이물질로 정의된 것은 제외한다.

17) 메성 배유개체 출현율

찰성벼, 보리, 밀, 옥수수 등에서 크세니아 현상으로 일어나는 메성 전분배유소지 개체의 출현율

18) 이물

정립이나 이종종자로 분류되지 않는 종자구조를 가졌거나 종자가 아닌 모든 물질로 다음의 것을 포함

① 원형의 반 미만의 작물종자 쇄립 또는 피해립

② 완전 박피된 두과종자, 십자화과 종자 및 야생겨자종자

③ 작물종자 중 불임소수

④ 맥각병해립, 균핵병해립, 깜부기병해립, 선충에 의한 충영립

⑤ 배아가 없는 잡초종자

⑥ 회백색 또는 회갈색으로 변한 새삼과 종자

⑦ 모래, 흙, 줄기, 잎, 식물의 부스러기, 꽃 등 종자가 아닌 모든 물질

19) 피해립

발아립, 부패립, 충해립, 열손립, 박피립, 상해립, 기계적 손상립으로 이물에 속하지 아니한 것

20) 종자검정규정은 ISTA(국제종자검사협회) 규정에 따른다.

(6) 벼의 포장검사 기준

1) 검사시기 및 횟수

유숙기로부터 호숙기 사이에 1회

2) 포장격리

원원종포 · 원종포는 이품종으로부터 3m 이상 격리되어야 하고, 채종포는 이품종으로부터 1m 이상 격리한다. 단, 각 포장과 이품종이 논둑 등으로 구획되어 있는 경우 그러하지 아니한다.

3) 전작물 조건

없음

4) 포장조건

포장 조사 시 1/3 이상이 도복되어서는 안 되며, 작물이 적절한 조치를 할 수 없도록 왜화되어 있거나, 잡초 발생이 있거나 작물이 훼손되어서는 안 된다.

5) 검사규격

항목 채종단계		최저한도 품종 순도(%)	최고한도					작황
			이종 종자주(%)	잡초		병주		
				특정해초(%)	기타 해초	특정 병(%)	기타 병(%)	
원원종포		99.9	무	무		0.01	10.00	균일
원종포		99.9	무	무		0.01	15.00	균일
채종포	1세대	99.7	무	0.01		0.02	20.00	균일
	2세대	99.0						

※ 특정 해초 : 피

특정 병 : 키다리병, 선충심고병

기타 병 : 도열병, 호마엽고병, 백엽고병, 문고병, 호엽고병, 오갈병 및 이삭누룩병

(7) 벼 종자 검사 기준

항목 채종 단계	최저한도		최고한도										
						잡초종자				병해립			
	정립 (%)	발아율 (%)	수분 (%)	이품종 (%)	이종 종자 (%)	특정 해초 (%)	기타 해초 (%)	계 (%)	피해립 (%)	특정 병 (%)	기타 병 (%)	이물 (%)	메벼 출현율 (%)
원원종	99.0	85.0	14.0	0.02	0.02	무	0.03	0.05	2.0	2.0	5.0	1.0	0.2
원종	99.0	85.0	14.0	0.05	0.03	무	0.10	0.10	3.0	5.0	10.0	1.0	0.4
보급종	98.0	85.0	14.0	0.10	0.05	무	0.10	0.20	3.0	5.0	10.0	2.0	0.6

※ 채소작물의 포장검사 시기 및 횟수 : 개화 전 및 개화 후 각 1회

(8) 보증종자의 사후관리시험 기준

1) 검사항목

품종의 순도(판단할 수 없을 시 전기영동검사), 품종의 진위, 품종의 전염병

2) 검사시기

성숙기

3) 검사횟수

1회 이상

4) 검사방법(품종의 순도)

① 포장검사

작물별 사후관리시험 방법에 따라 품종의 특성조사를 바탕으로 이형주수를 조사하여 품종의 순도 기준에 적합한지를 검사한다.

② 실내검사

포장검사로 명확하게 판단할 수 없는 경우 유묘검사 및 전기 영동을 통한 정밀검사로 품종의 순도를 검사한다.

(9) 표본추출

1) 포장검사, 종자검사는 전수 또는 표본추출 검사방법에 의한다.

2) 표본추출은 종자 생산의 채종 전과정에서 고루 채취한다. 특히 기계적 채취 시에는 일정시간마다 일정량의 종자를 채취한다.

3) 저장 중 종자 채취시 10곳 이상의 부위에서 충분한 양을 채취하여 이들을 섞어 일정량을 표본으로 추출한다.

4) **표본추출방법**
   ① 유의추출법 : 추출 전에 실험자의 사전계획에 따라 추출한다. 실험자의 주관이 개입할 수 있다.
   ② 임의추출법 : 무작위 추출법. 주사위나 난수표를 이용하기도 하며 모집단을 이상적으로 대표한다.

5) **표본의 크기**
   표본의 크기가 100 이하인 것을 소수표본 또는 소형표본이라 한다.

6) **평가형질 검정의 표준품종**
   ① 벼의 초다수 평가형질의 검정에 쓰이는 표준품종 : 다산벼
   ② 벼의 극조생 평가형질의 검정에 쓰이는 표준품종 : 소백벼
   ③ 벼의 단기성 평가형질의 검정에 쓰이는 표준품종 : 금오벼
   ④ 벼의 직파용 평가형질의 검정에 쓰이는 표준품종 : 주안벼
   ⑤ 맥주보리의 내재해성 평가형질의 검정에 쓰이는 표준품종 : 사천 6호
   ⑥ 쌀보리의 내재해성 평가형질의 검정에 쓰이는 표준품종 : 새쌀보리

6 채종

(1) 모본 유지 선발

1) 교잡육종

교잡육종에서 목표형질이 우수한 우성이 F_1에서 분리되어 우수한 형질을 이어받은 개체를 선발하여 영양번식으로 증식한다.

2) 품종

유전성, 균일성, 영속성, 광지역성을 갖춘 모본을 선발한다.

(2) 채종포 관리

1) 채종 체계

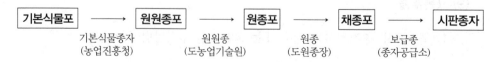

기본식물포	→	원원종포	→	원종포	→	채종포	→	시판종자
기본식물종자 (농업진흥청)		원원종 (도농업기술원)		원종 (도원종장)		보급종 (종자공급소)		

2) 우량종자

원원종, 원종, 보급종

3) 벼의 경우 채종 체계

수도(벼)기본계통의 유지는 농진청 산하 작물시험장, 호남농업시험장, 영남농업시험장이 담당하고, 원원종과 원종의 양성은 각 도 농업기술원이 담당한다. 보급종의 증식은 농림축산식품부가 독농가에 위탁하여 채종포를 설치 운영하여 이루어진다.

4) 채종재배

우수한 종자를 생산 목적한 재배

> **Reference**
>
> **종자의 선택 및 처리 → 채종포의 선정 → 재배조처 → 수확 및 조제 → 건조 · 저장**
> - 종자의 선택 및 처리 : 원종포에서 생산된 종자
> - 채종포의 선정 : 감자(고랭지), 옥수수, 십자화과(격리포장), 벼 · 맥류(과도하게 비옥하거나 척박한 토양 피함)
> - 재배조처 : 밀식 삼가, 질소비료 과용금지, 제초 철저, 이형주 도태

(3) 각 작물의 채종방법

1) 자가수정 작물의 채종

토마토 · 가지 · 상추 · 완두 등의 자가수정 작물에서는 한 꽃 안의 화분이 그 꽃 자신의 주두로 옮겨 수정이 일어나는 것으로 각 종자 자체가 유전적으로 homo할 뿐만 아니라 종자 간에도 완전히 동일하게 된다.(토마토 · 가지는 잡종강세육종법으로 육성하고 시판하기도 한다.)

> 자가수정 작물에 많이 이용되는 육종 : 분리육종, 계통육종법

2) 타가수정 작물의 채종

박과, 십자화과, 산형화과의 채소 및 1~2년생 화초의 대부분이 속한다.(십자화과는 자가불화합성, 당근은 웅예선숙, 박과는 자웅이화, 시금치 · 아스파라거스 등은 자웅이주에 의해 타가수정을 한다.)

> - 무 채종포에서 인접해서는 안 되는 것 : 당근
> - 고정종 : 타가수정 작물에 있어서 집단선발법에 의해 육성되는 방임수분품종

3) 영양번식 작물의 채종

다년생 과수 · 화훼는 대목생산이나 육종을 위한 종자채종(이 종자는 층적 저장법을 이용하여 봄철에 발아하도록 한다.) 이외에는 영양번식을 이용한다.

> 무성번식 : 감자, 고구마

4) 1대 잡종의 채종

다수성 품질 및 형상의 균일성, 강건성 및 강한 내병성 때문에 선호한다.(옥수수, 수수, 해바라기, 가지, 고추, 토마토, 오이, 호박, 양배추, 배추)

> 수박의 채종 : 모계 대 부계의 심는 비율=10 대 1

5) 자가불화합성 채소의 원종 유지를 위한 교배육종 : 뇌수분

> **＋ Reference**
>
> **뇌수분**
> 수분이 되지 않는 작물끼리 강제로 수분시키는 방법, 화기가 완전히 성숙되지 않았을 때 하는 방법

(4) 인공수분과 교잡

1) 다른 품종과 계통 사이를 양친으로 인공교배하여 F_1 종자를 생산하는 방법

2) 수박, 오이, 호박, 참외 같은 오이과 작물과 토마토, 가지 같은 가지과 작물 등에 이용

3) 인공수분방법

① 모계와 부계 품종을 결정하고 양친 품종을 같은 포장에 인접시켜서 심고, 꽃이 피기 하루 전 봉오리 때의 암꽃과 수꽃에 유산지로 봉지를 만들어 씌워두고, 꽃이 피는 날 아침에 봉지를 벗겨 수꽃의 꽃가루를 암꽃의 암술머리에 발라준다.

② 양성화(토마토, 가지)는 개화 2~3일 전 수술을 제웅하고 봉지를 씌운 뒤 개화 당일 화분을 수분시킨다. 박과와 같은 단성화는 제웅할 필요가 없으나 암꽃이 개화하지 못 하도록 클립으로 묶어둔다.

(5) F_1 종자 생산

1) 잡종강세육종법

잡종강세가 왕성하게 나타나는 1대 잡종 그 자체를 품종으로 이용하는 육종법

2) 잡종강세육종법의 적용 작물

① 타가수정 작물에서 강하게 나타나며 이용 면에서는 교배종자를 손쉽게 생산할 수 있 는 작물 및 한 교배에서 많은 종자가 생산되는 작물에서 많이 이용된다.

② 채종 능률이 나쁘거나 불화합성 또는 웅성 불임성 등을 이용할 수 있는 작물에 대해서 도 이용된다.

(6) 인공종자

① 교배하지 않고, F_1 종자를 대량생산한다.

② 영양번식하는 식물을 종자로 만들 수 있다.

③ 인공종자 내에 생장조절 물질이나 농약을 넣을 수 있다.

(7) 채소작물의 포장격리

① 같은 종의 다른 품종

② 바람이나 곤충에 의해 전파된 치명적인 특정 병 또는 기타 물질에 감염된 같은 작물이나 다른 숙주식물

③ 교잡양파 양친계통 : ①, ②로부터 1,600m

작물명	격리거리 (m)	포장 내지 식물로부터 격리되어야 하는 것	작물명	격리거리 (m)	포장 내지 식물로부터 격리되어야 하는 것
무	1,000	①, ②	고추	500	①, ②
배추	1,000	①, ②	토마토	300	①, ②
양배추	1,000	①, ②	오이	1,000	①, ②
양파	1,000	①, ②, ③	참외	1,000	①, ②
당근	1,000	①, ②	수박	1,000	①, ②
시금치	1,000	①, ②	파	1,000	①, ②

교잡을 방지하기 위한 방법 : 복개법, 격리법, 화판제거법

01 종자가 어미친식물(모식물)에서 떨어질 때 배(胚)가 형태적으로 미숙상태에 있어 배의 성숙에 필요한 기간만큼 휴면상태로 지내는 것은?

① 배휴면
② 후숙
③ 제2차 휴면
④ 타발휴면(他發休眠)

[해설]

후숙의 의미와 중요성
모식물에서 과실이 분리(수확)되어진 상태로 더 익히는 것
오이의 경우 개화 후 통상 40일 필요(25일에 수확한 오이는 15일 이상 후숙시키면 발아능을 갖춘 종자를 채종할 수 있음)

02 과실이 영(穎)에 싸여 있는 것은?

① 밀
② 옥수수
③ 귀리
④ 시금치

[해설]

과실의 외측이 내영 · 외영(껍질)에 싸여 있는 것
벼 · 겉보리 · 귀리 등이다.

03 다음 중 옥수수 종자의 수분함량과 건조온도를 바르게 나타낸 것은?

① 젖은 종자는 고온, 마른 종자는 저온에 건조시킨다.
② 젖은 종자는 고온, 마른 종자도 고온에 건조시킨다.
③ 젖은 종자는 저온, 마른 종자도 저온에 건조시킨다.
④ 젖은 종자는 저온, 마른 종자도 고온에 건조시킨다.

[해설]

종자의 수분함량과 건조온도
젖은 종자는 저온, 마른 종자도 고온에 건조시킨다.

04 대부분 곡물의 원종포에서 품종순도의 허용한계(최저한도)는?

① 97.0%
② 98.0%
③ 99.0%
④ 99.9%

[해설]

검사규격

항목 채종단계	최저 한도 품종 순도 (%)	최고한도					작황
		이종종 자주 (%)	잡초		병주		
			특정 해초(%)	기타 해초	특정 병(%)	기타 병(%)	
원원종포	99.9	무	무		0.01	10.00	균일
원종포	99.9	무	무		0.01	15.00	균일
채종포 1세대	99.7	무	0.01		0.02	20.00	균일
채종포 2세대	99.0						

05 단일성 식물을 한계일장보다 긴 일장조건에 두면 어떤 반응을 보이는가?

① 발아 촉진
② 발아 지연
③ 개화 촉진
④ 개화 지연

[해설]

단일식물(短日植物)
㉠ 단일상태(보통 8~10시간 조명)에서 화성이 유도 · 촉진되는 식물이며 장일상태는 이를 저해한다.
㉡ 최적일장과 유도일장의 주체가 단일 측에 있고, 한계일장은 보통 장일 측에 있다.
㉢ 늦벼, 조, 기장, 피, 콩, 고구마, 아마, 담배, 호박, 오이, 국화, 코스모스, 목화 등이 있다.

06 배낭모세포의 감수분열 결과 생긴 4개의 배낭세포 중 몇 개가 정상적인 세포로 남게 되는가?

① 1개
② 2개
③ 3개
④ 4개

배낭의 형성(피자식물)

대포자 : 배낭모세포−(감수분열) → 4개의 배낭세포(n)−동형분열 → n(4분자 중 3개 퇴화) → 1개만 성숙 → 3회 핵분열 → 8개의 핵을 갖는 배낭형성[난세포(n), 조세포(2n), 극핵(2n), 반족세포(3n)]

07 녹식물춘화형 식물에 속하는 것은?

① 배추   ② 유채
③ 순무   ④ 양배추

양배추, 양파의 추대를 지배하는 요인

저온과 식물체의 크기(녹체춘화처리), 2년생 초본식물

08 시금치의 화성 유기를 촉진시킬 수 있는 환경요인은?

① 저온과 단일조건   ② 저온과 장일조건
③ 고온과 단일조건   ④ 고온과 장일조건

채종상의 이용 월동채소(배추, 무, 시금치)는 저온처리를 하여 춘파하여 추대 개화결실하므로 이런 작물의 채종에 이용한다.

09 다음 중 장명종자에 속하는 작물은?

① 기장   ② 완두
③ 삼엽채   ④ 가지

종자의 수명

㉠ 단명종자(1~2년) : 콩, 고추, 양파, 메밀, 토당귀
㉡ 상명종자(2~3년) : 벼, 완두, 목화, 쌀보리
㉢ 장명종자(4~6년) : 녹두, 오이, 배추, 가지, 담배, 수박, 잠두

10 종자의 발아능 검사인 테트라졸륨검사(TTC)에 관여하는 주 효소는?

① dehydrogenase   ② catalase
③ peroxidase   ④ amylase

디하이드로게나아제(dehydrogenase) = 탈수소 효소(산화 환원 효소의 일종)

11 다음 종자 갱신의 채종체계가 맞는 것은?

① 원원종 → 원종 → 보급종 → 기본식물
② 기본식물 → 원원종 → 원종 → 보급종
③ 보급종 → 원종 → 원원종 → 기본식물
④ 원원종 → 기본식물 → 원종 → 보급종

종자 갱신의 채종체계

포장 : 기본식물포 → 원원종포 → 원종포 → 채종포 → 농가포장

종자 :   기본식물종자   원원종   원종   보급종

12 배수성 육종에 대한 내용 중 옳지 않은 것은?

① 배수성 육종은 염색체를 배가시켜 품종이나 종을 육성하는 방법이다.
② 콜히친이 배수성 육종에 널리 이용된다.
③ 라이밀은 일종의 동질배수체이다.
④ 지베렐린 처리에 의한 단위 결과는 배수체가 아니다.

라이밀은 이질배수체이다.

13 종자에서 제2차 휴면을 일으키는 원인이 되지 못하는 것은?

① 건조   ② 암조건
③ 감마선   ④ 종피의 기계적 저항

제2차 휴면

식물의 생존을 위한 보다 정밀한 적응수단이다. 갑작스런 환경불량상태를 접하면 발아가 지연되고 휴면이 계속되는 현상이다. 너무 높거나 낮은 온도, 장기간의 암흑조건 또는 광조건, 장기간의 근적외광 조사, 수분스트레스, 무산소의 원인이 있다.

정답   07 ④   08 ②   09 ④   10 ①   11 ②   12 ③   13 ④

14 품종의 특성을 유지하고 퇴화를 방지하는 방법으로 옳지 않은 것은?

① 종자번식법
② 격리재배법
③ 종자의 밀폐냉장처리법
④ 종자갱신

해설

종자 퇴화의 유전적 원인으로는 자연교잡, 새로운 유전자형의 분리, 돌연변이, 이형종자의 기계적 혼입 등이 있다. 이에 대한 대책으로는 격리재배, 이형주 제거, 종자의 밀폐냉장처리, 종자갱신, 영양번식법 등이 있다.

15 종자채종을 목적으로 한 재배법과 거리가 먼 것은?

① 질소보다 인산칼리 증비
② 밀식재배로 대량 종자생산
③ 이형주 도태
④ 병해충 방제 철저

해설

채종재배법
㉠ 질소비료 과용 금지
㉡ 지나친 밀식 회피
㉢ 도복·병해방지
㉣ 균일하고 건실한 결실 유도
㉤ 비배관리
㉥ 병해충 방제
㉦ 이형주 도태(출수개화기~성숙기)

16 충분히 건조된 종자의 저장용기로 가장 좋은 재료는 무엇인가?

① 캔
② 종이
③ 면
④ 폴리에스테르

17 저장 중인 종자 주변에 나타나는 현상으로 맞는 것은?

① 일정 상대습도에서 전분종자는 유지종자보다 수분함량이 높은 상태에 있다.
② 종자 저장고 내에 온도가 낮아지면 상대습도도 낮아진다.
③ 상대습도로 보면 일반적으로 곤충의 번식 한계가 균의 번식 한계보다 좁다.
④ 저장 종자에서 균의 활동이 커지면 그 주변의 상대습도는 점차로 낮아진다.

해설

종피는 매우 친수성이어서 심지어 대기의 수증기로부터도 수분을 흡수한다.

18 비교적 교잡률이 높은 고추는 인공교배에 의해 F_1인 원종을 만들고, 이것의 자연교잡에 의한 F_2 이용이 일부 시도되고 있다. 이때 가장 큰 문제점으로 대두되는 것은?

① 채종량 감소
② 종자의 품위 저하
③ 채종비용 상승
④ 자식약세 현상 극복

해설

F_1 이후의 세대는 열성형질의 발현이 많아진다. 그러므로 종자의 품질이 저하한다.

19 종자의 저장양분과 발아시 대사 산물을 짝지어 놓은 것 중 잘못된 것은?

① 탄수화물 – glucose
② 탄수화물 – maltose
③ 단백질 – glycerol
④ 지질 – 유리지방산

해설

저장양분의 분해
㉠ 전분 : 배유나 자엽에 저장된 전분은 산화효소에 분해되어 맥아당이 되고 맥아당은 말타아제에 의해 가용성인 포도당(glucose)이 되어 배나 생장점으로 이동하여 호흡기질이 되거나 셀룰로오스, 비환원당, 전분 등으로 재합성된다.
㉡ 지방 : 리파아제에 의하여 지방산·글리세롤로 변하고 다시 화학변화를 받아서 당분으로 변하여 유식물로 이동하고, 호흡기질로 쓰이며, 탄수화물·지방의 형성에도 이용된다.

© 단백질 : 프로테아제에 의해 가수분해되어 아미노산 등으로 분해된 뒤 유식물에 이동되어 단백질 구성물질 또는 호흡기질로 이용된다.

20 다음 중 발아전(發芽前)을 가장 잘 설명한 것은?

① 종자의 75% 이상이 발아한 날
② 종자의 80% 이상이 발아한 날
③ 종자의 85% 이상이 발아한 날
④ 종자의 90% 이상이 발아한 날

해설

발아(發芽)

㉠ 발아시(發芽始) : 최초의 1개체가 발아한 날
㉡ 발아기(發芽期) : 전체 종자의 50%가 발아한 날
㉢ 발아전(發芽前) : 대부분(80% 이상)이 발아한 날

21 다음 중 피해립으로 맞는 것은?

① 균핵병해립
② 미숙립
③ 깜부기병해립
④ 부패립

해설

피해립

발아립, 부패립, 충해립, 열손립, 박피립, 상해립, 기계적 손상립으로 이물에 속하지 않는 것

22 배추과 작물의 채종재배 시 시용을 필요로 하는 미량요소는?

① 철
② 망간
③ 붕소
④ 몰리브덴

해설

붕소의 요구량은 외떡잎식물보다 쌍떡잎식물에서 많고, 특히 배추과 작물에서의 요구량이 많다. 또한 콩과 작물의 근류형성과 질소고정을 촉진한다.

23 실리카겔(Silicagel) 약품은 종자에서 주로 어디에 사용되는가?

① 휴면 타파
② 종자 분석
③ 흡습 방지
④ 발아 억제

24 가지 종자의 발아율이 크게 떨어지는 가장 큰 원인은?

① 수분 과다
② 수소 부족
③ 산소 과다
④ 유황 부족

해설

종자의 발아율은 주로 수분 함량에 영향이 크다.

25 발아세의 뜻은 무엇인가?

① 파종된 총 종자 개체수에 대한 발아종자 개체수의 백분율
② 파종기부터 발아기까지의 일수
③ 일정한 시일 내의 발아율
④ 종자의 대부분이 발아한 날

26 1대 잡종 무의 원종 증식을 위해 종자회사 등에서 가장 많이 이용하는 자가불화합성의 일시적 타파방법은?

① 인공뇌수분
② 주두의 전기충격
③ 탄산가스 처리
④ 소금물 처리

해설

종자회사 등은 자가불화합성을 타파하기 위한 가장 쉬운 방법을 실시한다.

27 우리나라에서 벼, 보리, 콩 등 자식성작물의 종자갱신 연한은 몇 년이 1기로 되어 있는가?

① 1년 1기
② 3년 1기
③ 4년 1기
④ 6년 1기

해설

종자갱신에 있어서 전 면적을 해마다 갱신하는 것을 매년갱신이라고 하며, 2년이나 3년에 걸쳐서 갱신하는 것을 2년 1기 갱신, 3년 1기 갱신이라 한다. 벼, 보리는 4년 1기 갱신을 한다.

정답   20 ②   21 ④   22 ③   23 ③   24 ①   25 ③   26 ③   27 ③

28 종자발아에 대한 수분흡수의 역할에 대한 설명으로 옳지 않은 것은?

① 원형질의 농도가 낮아진다.
② 수분을 흡수하면 종피가 연해진다.
③ 산소흡수와 이산화탄소 배출의 가스교환이 불리해진다.
④ 각종 효소들이 작용하여 전류와 호흡작용이 활발해진다.

해설
세포가 수분을 흡수하면 원형질의 농도가 낮아지고 각종 효소들이 작용하여 저장물질의 전류와 호흡작용이 활발해진다. 수분을 흡수한 종피는 호흡이 활발해지고 산소흡수와 이산화탄소 배출의 가스교환이 용이해진다.

29 종묘(종물과 묘)에 대한 설명으로 틀린 것은?

① 종묘는 형태에 의해서 분류된다.
② 종묘는 배유의 유무에 의해서 분류된다.
③ 종묘는 저장물질에 의해서 분류된다.
④ 종묘는 종자의 색에 의해서 분류된다.

해설
종자의 분류
㉠ 형태에 의한 분류 : 식물학상 종자, 식물학상 과실
㉡ 배유의 유무에 의한 분류 : 배유종자, 무배유종자
㉢ 저장물질에 의한 분류 : 전분종자, 지방종자

30 냉수온탕침법에 효과적인 병해는?

① 맥류의 겉깜부기병   ② 고구마의 검은무늬병
③ 벼의 도열병   ④ 벼의 흰잎마름병

해설
냉수온탕침법은 맥류의 겉깜부기병에 대한 소독법으로 널리 알려져 있다.

31 근교약세를 일으키는 것은?

① 옥수수   ② 벼
③ 콩   ④ 밀

해설
옥수수와 같은 타가수정 작물을 자식시키면 생육세가 약해지고 수량이 감소하는데, 이를 자식약세(근교약세)라 한다.

32 웅성불임성에 관한 설명이 잘못된 것은?

① 유전자적 웅성불임성, 세포질적 웅성불임성, 세포질 · 유전자적 웅성불임성으로 나뉜다.
② 임성회복유전자에는 배우체형과 포자체형이 있다.
③ 세포질적 웅성불임은 불임요인이 세포질에 있기 때문에 자방친이 불임이면 유전자 구성에 관계 없이 불임이다.
④ 대체로 세포질적 웅성불임이 유전자적 웅성불임보다 잘 생긴다.

33 당근의 채종과 관련된 특성으로 틀린 것은?

① 종자 저온 감응성 식물
② 웅예선숙성
③ 웅성불임성 이용 1대 잡종 종자 생산
④ 종자 성숙 불균일

34 수확적기가 10월 10일인 콩을 9월 20일 수확하였을 때 나타나는 증상과 거리가 먼 것은?

① 종자가 쭈글쭈글해지기 쉽다.
② 정선과정에서 미숙립의 손실이 많아진다.
③ 저장 중 발아능이 빨리 저하된다.
④ 탈곡, 조제과정에서 상처를 받기 쉽고 수분함량이 14% 정도이다.

해설
종자의 최적 수확시기는 완숙종자를 최대한 수확할 수 있는 때로 정한다. 너무 늦으면 비산하거나 탈립한 종자가 많아 수량이 감소하고 너무 일찍 수확하면 미성숙된 종자가 증가한다.
콩의 수확적기는 수분함량이 14%가 되었을 때이다.

정답   28 ③   29 ④   30 ①   31 ①   32 ④   33 ①   34 ④

35 발아검사 시 재시험을 하여야 하는 경우가 아닌 것은?

① 경실종자가 많아 휴면으로 여겨질 때
② 독물질이나 진균, 세균의 번식으로 시험결과에 신빙성이 없을 때
③ 발아율이 낮을 때
④ 반복간의 차이가 규정된 최대 허용오차 범위를 초과할 때

36 검사용 표본의 크기는 검사의 신뢰를 얻기 위한 최소한의 종자량이 되어야 하는데 볏과 식물 종의 종자 순도를 분석할 때는 최소한 몇 립의 종자 중량으로 하는가?

① 1,000립 ② 2,000립
③ 2,500립 ④ 4,000립

37 다음 중 무배유형 종자는?

① 당근 ② 양파
③ 호박 ④ 토마토

> 해설
> 무배유형 = 쌍떡잎식물

38 다음 작물 중 단일처리에 의하여 성전환이 이루어지는 것은?

① 배추 ② 목화
③ 아마 ④ 대마

> 해설
> 대마(삼)는 자웅이주식물로, 단일하에서 ♂ → 우, 우 → ♂ 의 성전환을 한다.

39 보리에서 수분(受粉) 후 8개의 배젖(유)핵이 형성되는 시기는?

① 수분 5시간 후 ② 수분 10시간 후
③ 수분 13시간 후 ④ 수분 15시간 후

40 지베렐린산(GA_3 : 분자량 346.37) 10^{-3}mol 을 조제하고자 할 때 증류수 1L에 몇 mg의 지베렐린산을 녹이면 되는가?

① 3.4637mg ② 34.637mg
③ 346.37mg ④ 3.4637g

41 종자검사 시 제출시료의 추출방법에 대한 설명으로 잘못된 것은?

① 대상 포장물의 선택은 전체 소집단에서 무작위로 취한다.
② 용기의 상·중·하 각 부위로부터 채취한다.
③ 대량의 종자는 손으로 추출하는 데 제약을 받으므로 표본추출봉을 이용하여 추출한다.
④ 추출한 혼합시료의 양이 제출하기에 너무 많을 때에는 다시 소량으로 재분할한다. 이때 종자에 혼합된 돌은 제거해야 하지만 손상된 종자나 잡초의 종자는 그대로 두어야 한다.

42 다음 채소 중 자가수정률이 가장 높은 것은?

① 토마토 ② 고추
③ 수박 ④ 배추

> 해설
> 토마토·가지·상추·완두 등의 자가수정 작물에서는 한 꽃 안의 화분이 그 꽃 자신의 주두로 옮겨 수정이 일어나는 것으로 각 종자 자체가 유전적으로 homo할 뿐만 아니라 종자 간에도 완전히 동일하게 된다(토마토·가지는 잡종강세육종법으로 육성하고 시판하기도 한다).

43 단일성 식물끼리 짝지은 것은?

① 보리·밀 ② 양파·당근
③ 담배·들깨 ④ 상추·유채

> 해설
> ㉠ 단일성 식물 : 가을 수확
> ㉡ 장일성 식물 : 봄~여름 수확(화성유도 : 종자결실 시기)

44 당근 채종에서 추대한 화지를 순지르기하는 주된 목적은?

① 도복을 막기 위해서
② 광선 투사를 좋게 하기 위하여
③ 각 화지의 균일한 발육을 위하여
④ 주지의 결실을 좋게 하기 위하여

45 F₁ 채종을 위한 인공수분 시 미리 제웅을 하는 목적은?

① 작업능률 향상
② 잡종강세 발현 촉진
③ 자식종자의 혼입 방지
④ 봉지 내 다습에 의한 병해 방지

46 단자엽식물 종자발아에서 수분이 침윤되면 가장 먼저 활동하는 것은?

① gibberellin
② α − amylase
③ lipase
④ phytase

47 빛의 유무와 관계없이 종자가 발아하는 작물끼리 짝지은 것은?

① 옥수수, 담배, 딸기
② 옥수수, 콩, 보리
③ 옥수수, 파, 양파
④ 옥수수, 가지, 우엉

> **해설**
> ㉠ 호광성 종자 : 담배 · 상추 · 금어초 · 딸기
> ㉡ 혐광성 종자 : 토마토 · 가지 · 오이 · 파 · 호박
> ㉢ 광무관계종자 : 화곡류 · 옥수수 · 콩과작물

48 박과 채소의 후숙(after − ripening)에 대한 설명으로 옳은 것은?

① 후숙은 충분히 시키는 것이 좋다.
② 후숙 효과가 크게 나타나는 것은 수박이다.
③ 후숙은 과실의 저장적온 정도의 낮은 온도가 알맞다.

④ 후숙 과정에서 종피의 발아 억제물질이 제거되어 발아율이 높게 된다.

> **해설**
> **박과 채소의 후숙(after − ripening)**
> 후숙은 충분히 시키는 것이 좋다.

49 종자생산포장의 포장검사방법에 관한 설명으로 잘못된 것은?

① 포장검사는 달관검사와 표본검사 및 재관리검사로 구분하여 실시한다.
② 표본검사는 달관검사 결과 불합격 범위에 속하는 포장에 대하여 실시한다.
③ 재관리검사는 표본 검사결과 규격미달 포장이라도 재관리하면 합격이 가능한 포장에 대하여 실시한다.
④ 검사단위는 필지별로 하되, 동일인이 동급 이상의 동일품종을 인접 경계 필지에 재배할 때에는 동일 필지 포장으로 간주할 수 있다.

> **해설**
> 포장검사는 원원종 · 원종 · 보급종 종자와 원종 및 보급종 식물을 그 대상으로 한다. 국가보증 또는 자체보증을 받을 종자를 생산하고자 하는 자는 농림축산식품부장관 또는 종자관리사로부터 1회 이상의 포장검사를 받아야 한다.

50 다음 중 과실이 바로 종자로 취급되고 있는 작물은?

① 오이, 고추
② 고추, 옥수수
③ 옥수수, 벼
④ 벼, 오이

> **해설**
> **식물학상의 과실**
> 과실이 나출된 것으로 밀, 쌀보리, 옥수수, 메밀, 호프(hop), 삼(大麻), 차조기(蘇葉＝소엽), 박하, 제충국 등이다.

정답 44 ③ 45 ③ 46 ① 47 ② 48 ① 49 ② 50 ③

51 경실종자의 휴면타파에 가장 많이 이용하는 방법은?

① 암소저장　　　　② 진공처리
③ 종피파상　　　　④ 밀폐처리

해설

경실(hard seed)의 휴면타파와 발아촉진
㉠ 종피의 불투수성이 원인 : 두과목초, 일부 화본과 목초, 연, 고구마, 오클라종자 등
㉡ 종피파상법, 농황산처리법, 건열처리법, 습열처리법, 진탕처리법에 의해 투수성을 증대시켜 휴면을 타파하다.

52 종자품질(성능)검사 방법이 아닌 것은?

① 순도 검사　　　　② 발아 검사
③ 수분 검사　　　　④ 수량 검사

53 냉수온탕침법에 효과적인 병해는?

① 벼의 도열병　　　　② 고구마의 검은무늬병
③ 맥류의 겉깜부기병　④ 벼의 흰잎마름병

해설

냉수온탕침법은 맥류의 겉깜부기병에 대한 소독법으로 널리 알려져 있다.

54 종자의 수명을 연장할 수 있는 저장방법으로 가장 좋은 조건은?

① 고온 · 다습 · 개방　② 고온 · 저습 · 개방
③ 저온 · 저습 · 밀폐　④ 저온 · 다습 · 밀폐

해설

종자의 저장
건조한 종자를 저온 · 저습 · 밀폐 상태로 저장하면 수명이 매우 오래 지속된다. 벼 · 맥류 · 옥수수 · 콩 · 채소 등의 종자를 45℃에 75시간 정도 건조하여 종자의 수분함량을 극히 적게 하고 방습용기 내에 밀폐 수납하여 −1℃에 저장하면 최저 10년의 수명이 유지된다.

55 종자가 생리적으로 퇴화하는 원인은?

① 새로운 유전자형의 분리
② 자연교잡
③ 채종지의 부적합한 환경
④ 이형종자의 기계적 혼입

해설

생산지의 환경조건이나 재배조건이 불량하면 종자의 생리적 조건이 불량해져서 생리적으로 퇴화한다.
①, ②, ④는 유전적 퇴화이다.

56 감자괴경의 휴면타파에 가장 효과적인 처리 방법은?

① 농황산에서 20분간
② 2ppm의 지베렐린에서 30~60분간
③ 40℃에서 3주간
④ 0.5~1%의 과산화수소액에서 24시간

해설

감자의 휴면타파
감자를 절단해서 2ppm 정도의 지베렐린 수용액에 30~60분간 침지하여 파종하면 가장 간편하고 효과적으로 휴면이 타파된다.

57 암배우체(자성배우자)가 형성된 후 배낭에서 8개의 반수체 핵의 기능과 수가 맞는 것은?

① 반족세포 3개, 극핵 2개, 난핵 1개, 조세포 2개
② 반족세포 2개, 극핵 2개, 난핵 1개, 조세포 3개
③ 반족세포 2개, 극핵 2개, 난핵 2개, 조세포 2개
④ 반족세포 3개, 극핵 2개, 난핵 2개, 조세포 1개

해설

배낭의 형성(피자식물)
대포자 : 배낭모세포−(감수분열) → 4개의 배낭세포 (n)−동형분열 → n(4분자 중 3개 퇴화) → 1개만 성숙 → 3회 핵분열 → 8개의 핵을 갖는 배낭형성[난세포(n), 조세포(2n), 극핵(2n), 반족세포(3n)]

정답　　51 ③　52 ④　53 ③　54 ③　55 ③　56 ②　57 ①

58 발아시험 시 재시험을 실시해야 되는 경우의 설명 중 잘못된 것은?

① 발아율 조사에 있어서 허용오차 범위를 넘었을 때
② 경실종자 등이 많아 만족한 시험결과가 아닐 때
③ 묘 평가의 실수로 인한 시험결과의 신빙성이 낮을 때
④ 발아시험 온도가 ±0.5℃의 범위를 넘었을 때

59 장일성 식물을 한계일장보다 짧은 조건에 두면 어떤 반응을 보이는가?

① 발아 촉진   ② 발아 지연
③ 개화 촉진   ④ 개화 지연

60 다음 중 종자의 유전적 퇴화의 원인이 아닌 것은?

① 자연교잡
② 바이러스에 의한 퇴화
③ 이형종자의 기계적 혼입
④ 새로운 유전자형의 분리

> **해설**
>
> 유전적 원인에 의한 종자퇴화의 원인
> 자연교잡, 새로운 유전자형의 분리, 이형종자의 기계적 혼입, 돌연변이

61 다음 종자 중 비늘줄기를 이용하는 작물은?

① 마늘   ② 감자
③ 토당귀   ④ 고구마

> **해설**
>
> 인경(비늘줄기)을 이용하는 종자 : 나리(백합), 마늘, 양파 등

62 종자의 저장과 관련된 설명 중 틀린 것은?

① 잘 성숙한 종자를 수확해야 저장력이 높다.
② 장마철에 수확한 종자의 저장력은 떨어진다.
③ 종자의 수분함량은 저장의 성패를 크게 좌우한다.
④ 수분함량을 5~6%로 낮추어 수확·탈곡하는 것이 저장에 유리하다.

> **해설**
>
> 일반적으로 수분함량이 15% 이하로 감소하였을 때 수확·탈곡하는 것이 저장시 종자에 생기는 손상을 줄일 수 있다.

63 동일 3배체를 이용하는 작물은?

① 무   ② 수박
③ 코스모스   ④ 라이밀

> **해설**
>
> 동질 3배체를 이용하는 작물로는 사탕무, 씨 없는 수박 등이 있고, 동질 4배체를 이용하는 작물로는 무, 코스모스, 피튜니아 등이 있다.

64 원종포 및 채종포의 경영규모는?

① 원원종포 50%, 원종포 80%, 채종포 90%가 되도록 계산한다.
② 원원종포 50%, 원종포 80%, 채종포 100%가 되도록 계산한다.
③ 원원종포 30%, 원종포 50%, 채종포 100%가 되도록 계산한다.
④ 원원종포 50%, 원종포 50%, 채종포 100%가 되도록 계산한다.

> **해설**
>
> 농작물의 기본식물 양성은 국립시험연구기관에서, 원원종은 각 도 농업기술원에서, 원종은 각 도 농산물 원종장에서, 보급종은 국립종자공급소와 시·군 및 농업단체 등에서 생산한다. 종자생산 포장의 채종량은 보통 재배에 비하여 원원종포 50%, 원종포 80%, 채종포 100%가 되도록 계획하고 관리한다.

65 재배포장에 파종된 종자의 대부분(80% 이상)이 발아한 날은?

① 발아시   ② 발아전
③ 발아기   ④ 발아일수

발아(출아)상태의 대상이 되는 주요항목

㉠ 발아시 : 최초의 1개체가 발아한 날

㉡ 발아기 : 전체 종자의 40~50%가 발아한 날

㉢ 발아전 : 대부분(80% 이상)이 발아한 날

㉣ 발아일수(발아기간) : 파종기부터 발아기(또한 발아전)까지의 일수

66 감자와 고구마의 종묘로 이용되는 영양기관은?

① 가는줄기, 덩이뿌리   ② 비늘줄기, 덩이줄기

③ 비늘줄기, 덩이뿌리   ④ 덩이줄기, 덩이뿌리

덩이줄기(감자)와 덩이뿌리(고구마)는 정부와 기부의 위치가 상반되어 있으며, 눈은 정부에 많고, 세력도 정부의 눈이 강한데 이것을 정아우세라고 한다.

67 발아검사에서 사용하는 종자는?

① 순도분석 후의 정립(순수종자)

② 소집단별로 채취한 1차 시료

③ 휴면 중인 종자를 포함한 혼합시료

④ 살균제 처리를 한 수확 직후의 종자

68 다음 중 기본식물, 원원종, 원종 및 F₁ 종자를 인공교배에 의하여 증식 · 생산하고 있는 작물은?

① 고추   ② 시금치

③ 양파   ④ 수박

1대 잡종(F₁) 종자 채종 시 3가지 방법과 해당 작물

㉠ 인공교배 이용 : 수박, 호박, 멜론, 참외, 오이, 토마토, 가지, 피망

㉡ 웅성불임성 이용 : 당근, 상추, 파, 양파, 고추, 쑥갓, 옥수수, 벼, 밀

㉢ 자가불화합성 이용 : 무, 양배추, 배추, 브로콜리, 순무

69 세포질적 · 유전자적 웅성불임(gene cyto-plasmic male sterility)을 이용하여 F₁ 종자를 생산할 때 임성을 가진 F₁ 종자를 얻으려면 어떻게 해야 하는가?

① 웅성불임인 종자친(種子親)과 임성회복 계통인 화분친(花粉親)을 교잡한다.

② 웅성가임의 유지친(維持親)과 화분친을 교잡한다.

③ 웅성가임의 유지친을 자식한다.

④ 웅성가임의 화분친을 자식한다.

70 채종포장 선정 시 동일작물포장과의 격리를 중요시하는 이유는?

① 조수해(鳥獸害) 방지

② 병 · 해충 방지

③ 잡초유입 방지

④ 다른 화분의 혼입 방지

71 종자검사를 위한 표본추출의 원칙은?

① 표본은 전체 종자를 대표해야 한다.

② 표본은 전체보다 약간 양호한 부위에서 추출한다.

③ 표본은 전체보다 약간 불량한 부위에서 추출한다.

④ 접근이 용이한 부위를 중심으로 임의로 채취한다.

72 다음 작물 중 뇌수분의 실용성이 가장 높은 것은?

① 호박   ② 가지

③ 토마토   ④ 오이

73 동질배수체의 특성으로 옳은 것은?

① 임성이 높은 것이 보통이다.

② 성숙이 늦어지는 경향이 있다.

③ 현저한 특성 변화를 나타낼 경우도 있다.

④ 어버이 형질의 중간 특성을 나타내는 경우가 많다.

정답   66 ④   67 ①   68 ④   69 ①   70 ④   71 ①   72 ②   73 ②

동질배수체의 특성

㉠ 형태적 특성 : 개화, 결실, 생육이 늦어지는 경향이 있다. 임성 저하, 저항성 증대, 발육 지연, 함유성분의 변화

㉡ 동질배수체의 이용·동질 3배체 : 사탕무, 씨 없는 수박

㉢ 동질 4배체 : 무, 피튜니아, 코스모스 등

74 타식성 집단의 유전변이가 자식성 집단보다 큰 이유는 무엇인가?

① 근친교배가 이루어지기 때문이다.
② 잡종강세가 크기 때문이다.
③ 화분친이 제한되어 있지 않기 때문이다.
④ 돌연변이가 많이 일어나기 때문이다.

타식성 집단은 타가수정을 하므로 이형접합성이 높으며, 화분친이 제한되어 있지 않기 때문에 자식성 집단보다 유전변이가 더 크다.

75 1대 잡종을 이용하는 육종에서 구비되어야 할 조건이 아닌 것은?

① 교잡 조작이 용이해야 한다.
② 1회 교잡으로 다량의 종자를 생산할 수 있어야 한다.
③ 단위면적당 재배에 요하는 종자량이 많아야 한다.
④ F₁의 실용 가치가 커야 한다.

1대 잡종을 이용할 경우 단위면적당 소요되는 종자량이 적게 드는 작물에서 유리하다.

76 조합능력 검정능력에서 특정 조합능력을 검정하는 방식은?

① 단교잡　　　　　② 이면교잡
③ 복교잡　　　　　④ 톱교배

조합능력의 검정

조합능력은 어버이의 조합 여하에 따라서 나타나는 잡종강세의 정도를 말하며, 조합능력이 높은 어버이 계통을 선정하는 것이 중요하다.

㉠ 단교배 : 특정한 자식계를 다른 여러 자식계와 교잡하여 여러 자식계들의 특정 조합능력을 검정하는 방법이다. 이때 특정한 자식계를 '검정친'이라 한다.

㉡ 톱교배 : 적당한 품종·복교잡종·합성품종 등을 검정친으로 하여 여러 자식계를 교잡하고, 그들의 일반조합능력을 검정하는 방식이다.

㉢ 2면 교배 : 여러 자식계를 둘씩 조합·교배하여 그들의 특정 조합능력과 일반 조합능력을 함께 검정하는 방법이다.

77 잡종강세를 이용하는 육종대상 작물로 가장 좋은 것은?

① 옥수수　　　　　② 보리
③ 벼　　　　　　　④ 콩

잡종강세의 이용

옥수수, 수수, 사탕무, 사료작물, 가지과 작물, 양파, 담배, 꽃배추, 양배추 등의 육종에서 이용되고 있다.

78 새로운 품종의 개량 순서는?

① 변이 → 지역적응시험 → 생산력검정시험 → 농가실증시험 → 품종
② 변이 → 생산력검정시험 → 지역적응시험 → 농가실증시험 → 품종
③ 변이 → 농가실증시험 → 지역적응시험 → 생산력검정시험 → 품종
④ 변이 → 생산력검정시험 → 농가실증시험 → 지역적응시험 → 품종

새로운 품종의 개량 순서

변이 → 생산력검정시험 → 지역적응시험 → 농가실증시험 → 품종

정답　　74 ③　75 ③　76 ①　77 ①　78 ②

79 종자발아력 검정에 대한 내용으로 옳지 않은 것은?

① 전기전도도가 높으면 종자활력이 높다.

② 배의 단면에 테트라졸륨 처리 후 적색으로 착색되면 활력이 있다.

③ 종자발아력 검정에 X – 선 검사법이 이용된다.

④ Amylase, Lipase, Catalase, Peroxidase 등의 활력을 측정하는 효소활성측정법이 있다.

해설

전기전도도 검사법

종자의 세력이 낮거나 퇴화된 종자를 물에 담그면 세포 내 물질이 밖으로 침출되어 나오는데 이들이 지닌 전하를 전기전도계로 측정한 전기전도도 값으로 발아력을 추정하는 방법이다. 전기전도도가 높으면 활력이 낮은 것으로 이 방법은 완두와 콩 등에서 많이 이용된다.

80 다음 중 호광성(광발아) 종자로만 짝지어진 것은?

㉠ 벼	㉡ 담배	㉢ 토마토
㉣ 수박	㉤ 상추	㉥ 가지
㉦ 셀러리	㉧ 양파	

① ㉠, ㉢, ㉧   ② ㉡, ㉤, ㉦

③ ㉢, ㉣, ㉦   ④ ㉤, ㉥, ㉧

해설

호광성 종자

㉠ 광선에 의해 발아가 조장되며 암흑에서는 전혀 발아하지 않거나 발아가 몹시 불량한 종자이다.

㉡ 담배, 상추, 우엉, 차조기, 금어초, 베고니아, 뽕나무, 피튜니아, 버뮤다그라스, 셀러리 등이다.

㉢ 땅속에 깊이 파종하면 산소와 광선이 부족하여 휴면을 계속하고 발아가 늦어지게 되므로 복토를 얕게 한다.

81 저장에 의하여 종자가 수명을 잃게 되는 주된 원인은?

① 원형질단백질의 응고   ② 저장양분의 소모

③ 유독물질의 생성   ④ 저장양분의 분해

해설

저장 중에 종자가 발아력을 상실하는 이유

㉠ 원형질단백질의 응고(주원인)

㉡ 효소의 활력 저하

㉢ 저장 양분의 소모

82 건열처리로 오이 녹반모자이크바이러스(CGMMV)를 없애기 위한 최적 조건은?

① 65℃에서 1일간   ② 70℃에서 3일간

③ 80℃에서 3시간   ④ 80℃에서 1일간

83 종자 정선 시 완충기(bumper)를 주로 사용하는 작물은?

① 강낭콩   ② 귀리

③ 티머시   ④ 해바라기

84 양파의 일대교잡종 채종에 주로 이용되는 유전적 특성은?

① 자가불화합성   ② 내혼약세

③ 감광성   ④ 웅성불임성

해설

웅성불임성 이용

당근, 상추, 파, 양파, 고추, 쑥갓, 옥수수, 벼, 밀

85 광발아종자에서 발아를 촉진시키는 파장은?

① 700~760nm   ② 400~440nm

③ 660~700nm   ④ 500~560nm

해설

적색광에서 피토크롬에 의한 광발아가 촉진된다.

86 종자가 발아할 때 가장 많은 수분을 흡수하는 것은?

① 벼   ② 밀

③ 옥수수   ④ 콩

정답   79 ①   80 ②   81 ①   82 ②   83 ③   84 ④   85 ③   86 ④

콩 100%, 벼 23%, 밀 30%, 쌀보리 50%

87 유전적인 원인으로 생기는 품종의 퇴화로 볼 수 없는 것은?

① 아조변이　　　　② 병리적 퇴화
③ 자연교잡　　　　④ 역도태

해설

퇴화 원인
㉠ 유전적 : 이형유전자의 분리, 자연교잡, 돌연변이, 이형종자의 기계적 혼입
㉡ 생리적 : 불리한 생산지 환경 · 재배조건
㉢ 병리적 : 종자로 전염하는 병해, 바이러스병

88 합성품종은 1대잡종과 비교하여 다음과 같은 이점이 있다. 잘못 설명된 것은?

① 육종연한이 짧고 육종조작이 용이하다.
② 변이성이 많아 광지역성이 풍부하다.
③ 채종 조작이 간단하다.
④ 종자 형질이 균일하다.

해설

합성품종
다계교잡의 후대를 그대로 품종으로 이용하는 경우이다. 합성품종은 원품종들보다는 우수하지만 세대가 진행됨에 따라서 생산력도 점차 저하한다.

89 종묘로 이용되는 영양기관의 분류가 맞는 것은?

① 고구마 – 괴경, 감자 – 괴근
② 고구마 – 인경, 감자 – 괴경
③ 고구마 – 괴경, 감자 – 인경
④ 고구마 – 괴근, 감자 – 괴경

해설

종묘로 이용되는 영양기관의 분류
㉠ 눈 : 마, 포도나무, 꽃의 아삽 등

㉡ 잎 : 베고니아 등
㉢ 줄기
　• 지상경 또는 사탕수수, 포도나무, 사과나무, 귤나무, 모시풀 등
　• 땅속줄기 : 생강, 연, 박하, 홉 등
　• 덩이줄기 : 감자, 토란, 뚱딴지 등
　• 알줄기 : 글라디올러스 등
　• 비늘줄기 : 나리(百合), 마늘 등
　• 박하, 모시풀 등
㉣ 뿌리
　• 닥나무, 고사리, 부추 등
　• 덩이뿌리 : 다알리아, 고구마, 마 등

90 다음 중 식물학상 종자는?

① 밀　　　　② 옥수수
③ 벼　　　　④ 참깨

해설

식물학상 종자
콩, 팥, 완두, 녹두 등의 콩과 작물과 유채, 담배, 아마, 목화, 참깨 등

91 배추를 자연교잡할 때 적당한 격리거리는?

① 15m　　　　② 50m
③ 70m　　　　④ 1000m

해설

자연교잡에 의한 새로운 유전자형의 출현은 품종의 퇴화 원인이 된다. 이는 격리재배를 함으로써 방지할 수 있으며 다른 품종과의 격리거리는 옥수수 400~500m, 호밀 300~500m, 십자화과 식물 1,000m 이상 등이다.

92 다음 중 저장수명이 가장 짧은 종자는?

① 양파　　　　② 배추
③ 수박　　　　④ 토마토

해설

㉠ 단명종자 : 콩, 옥수수, 강낭콩, 양파, 고추, 당근
㉡ 장명종자 : 사탕무, 클로버, 토마토, 가지, 수박

93 저장종자가 발아력을 잃게 되는 가장 큰 원인은?

① 단백질의 변성
② 수분손실에 의한 대사정지
③ 호흡에 의한 저장물질 소모
④ 산소부족으로 인한 호흡 저해

해설

원형단백질의 변성이 가장 큰 원인이다.

94 1대 잡종 종자 채종 시 자가불화합성을 이용하는 작물로만 구성된 것은?

① 멜론 – 참외 – 토마토
② 오이 – 수박 – 호박
③ 순무 – 배추 – 무
④ 당근 – 상추 – 고추

해설

1대 잡종 종자의 채종은 인공교배를 하거나 식물의 웅성불임성 또는 자가불화합성을 이용한다. 자가불화합성을 이용하는 작물로는 무, 양배추, 배추, 브로콜리, 순무 등이 있다.
㉠ 인공교배 : 오이, 수박, 호박, 멜론, 참외, 토마토, 가지, 피망
㉡ 웅성불임성 이용 : 당근, 상추, 고추, 쑥갓, 파, 양파, 옥수수, 벼, 밀
㉢ 자가불화합성 이용 : 무, 양배추, 배추, 브로콜리, 순무

95 다음 중 양성화가 아닌 것은?

① 밀   ② 보리
③ 삼   ④ 호밀

해설

㉠ 단성화 : 한 식물체가 암꽃 또는 수꽃만을 가지고 있는 식물이다.
  • 자웅이주 : 시금치, 삼, 홉, 아스파라거스, 파파야, 은행
  • 자웅동주이화 & 웅성선숙 : 옥수수, 감, 딸기, 밤, 호두, 포도(일부), 오이, 수박

㉡ 양성화 : 암술과 수술을 한 꽃에 모두 가지고 있는 식물이다.
  • 양성화 & 웅성선숙 : 양파, 마늘, 셀러리, 치자
  • 양성화 & 자가불화합성 : 호밀, 화본과 및 두과의 다년생 목초류, 양배추, 배추, 무, 뽕나무, 차, 메밀, 고구마, 사과, 일본배, 서양배

96 배수체인 씨 없는 수박은 몇 배체인가?

① 2배체   ② 3배체
③ 4배체   ④ 다배체

해설

씨 없는 수박을 만드는 과정

97 찰벼와 메벼를 교잡하여 얻은 교잡종자의 배유가 투명한 메벼의 성질을 나타내는 현상은?

① 크세니아(xenia)
② 메타크세니아(metaxenia)
③ 위잡종(false hybrid)
④ 단위결과(parthenocarpy)

해설

크세니아
화분의 형질이 직접 당대의 모체에 영향을 미치는 현상

98 건조된 종자의 수분함량이 민감하게 변하는 저장고 내 상대습도의 범위는?

① 30~45%   ② 45~60%
③ 60~75%   ④ 75~90%

99 작물종자의 발아에 관한 설명 중 옳지 않은 것은?

① 담배나 가지과 채소 등은 주야간 변온보다는 항온에서 발아가 촉진된다.

② 전분 종자가 단백질 종자보다 발아에 필요한 최소수분함량이 적다.

③ 호광성 종자는 가시광선 중 600~680nm에서 가장 발아를 촉진시킨다.

④ 벼, 당근의 종자는 수중에서도 발아가 감퇴하지 않는다.

> 해설
>
> ㉠ 변온에 의해 발아가 촉진되는 종자 : 셀러리, 담배, 아주까리, 박하, 버뮤다그라스 등
> ㉡ 항온에 의해 발아가 촉진되는 종자 : 당근, 파슬리, 티머시 등
> ㉢ 수중에서 발아를 잘하는 종자 : 벼, 상추, 당근, 셀러리 등

100 각 설명의 내용이 틀린 것은?

① 씨감자의 퇴화를 방지하려면 고랭지에서 채종해야 한다.

② 콩은 따뜻한 남부에서 생산된 종자가 서늘한 지역에서 생산된 것보다 충실하다.

③ 평지에서는 가을재배를 하면 퇴화를 경감할 수 있다.

④ 벼 종자는 평야지보다 분지에서 생산된 것이 임실이 좋아서 종자가치가 높다.

> 해설
>
> 콩은 따뜻한 남부에서 생산된 종자가 서늘한 지역에서 생산된 것보다 충실하지 못한 경향이 있다.

101 종자 일부는 저장에 알맞은 종자 수분함량 5%인 단명종자를 9% 수분함량일 때 방습포장하였고, 종자 일부는 종이에 포장하여 데시케이터에 넣었다. 그리고 둘 다 상온에 보관하였다. 1년 후의 발아시험 결과는?

① 방습포장 종자가 데시케이터 종자보다 발아율이 높다.

② 방습포장 종자가 데시케이터 종자보다 발아율이 낮다.

③ 방습포장 종자와 데시케이터 종자 모두 비슷하게 발아율이 높다.

④ 방습포장 종자와 데시케이터 종자 모두 비슷하게 발아율이 낮다.

102 순도검사에서 이물(異物)에 속하지 않는 것은?

① 대상 작물 이외의 다른 작물의 종자

② 작물의 종자 중 원형의 반 미만의 쇄립

③ 잡초의 종자 중 배가 없는 종자

④ 모래나 흙

103 배추과(십자화과) 채소의 채종 적기는?

① 백숙기   ② 녹숙기

③ 갈숙기   ④ 고숙기

> 해설
>
> 채소류의 성숙과정
> 백숙기 – 녹숙기 – 갈숙기 – 고숙기
> 채종은 갈숙기에 한다.

104 우량 종자의 구비조건으로 잘못된 것은?

① 유전적으로 순수하고 우량형질에 속하는 것이어야 한다.

② 신선한 종자로 발아율이 높아야 하지만 발아세는 문제되지 않는다.

③ 종자가 전염성 병충해에 감염되지 않은 것이어야 한다.

④ 종자가 충실하고 생리적으로 좋은 것이어야 한다.

> 해설
>
> ㉠ 발아율 : 파종된 공시개체수에 대한 발아개체수의 백분율로 표시한다.
> ㉡ 발아세 : 발아시험 개시 후 일정한 일수를 정하여 그

기간 내에 발아한 것을 총수에 대한 비율(%)로 표시한다.

105 채종포에서 격리재배를 하는 주된 이유는?

① 해충 방지
② 병해 방지
③ 잡초의 유입 방지
④ 다른 화분의 혼입 방지

해설

유전적 퇴화(遺傳的 退化)
세대가 경과함에 따라서 자연교잡, 새로운 유전자형의 분리, 돌연변이, 이형종자의 기계적 혼입 등에 의하여 종자가 유전적으로 순수하지 못해져서 유전적으로 퇴화하게 된다.
㉠ 자연교잡은 격리재배를 함으로써 방지할 수 있으며, 다른 품종과의 격리거리는 옥수수 400~500m 이상, 호밀 300~500m 이상, 십자화과 식물 1000m 이상 등이다.
㉡ 이형종자가 혼입되는 원인은 퇴비·낙수 등에서 섞여들거나 수확·탈곡의 보관 시에 섞여들거나 하는 것이므로 이를 막아야 한다. 이미 이형주가 섞였으면 이형주의 식별이 용이한 출수~성숙의 시기에 포기째로 철저히 제거한다. 때로는 순정한 이삭만을 골라서 채종하기도 한다.
㉢ 종자를 고도로 건조시켜서 밀폐냉장하면 종자 수명이 극히 오래간다. 새 품종의 순정한 종자를 이렇게 장기저장해 두고 해마다 이 종자를 증식해서 농가에 보급하는 일을 계속하면 세대가 많이 경과함에 따르는 유전적 퇴화를 방지할 수 있다.
㉣ 옥수수, 호밀, 삽자화과 등은 격리재배를 함으로써 자연교잡을 방지할 수 있다.

106 종자발아에 대한 필수적인 외적 조건이 아닌 것은?

① 수분
② 광선
③ 온도
④ 산소

해설

광선 : 작물마다 다름
㉠ 호광성 종자 : 담배, 상추, 우엉
㉡ 혐광성 종자 : 토마토, 가지, 호박
㉢ 광무관계 종자 : 화곡류, 옥수수, 콩과작물

107 다음 중 종자의 저장능력이 높은 작물로 짝지어진 것은?

① 벼, 수수
② 귀리, 양파
③ 옥수수, 콩
④ 목화, 땅콩

108 경실이 아니면서 주어진 조건에서 시험기간이 끝나도 발아하지 못하였으나 깨끗하고 건실하여 확실히 활력이 있는 종자를 무엇이라 하는가?

① 무배종자
② 충해종자
③ 죽은종자
④ 신선종자

109 다음 중 종자의 선별방법이 아닌 것은?

① 육안선별
② 풍선
③ 비중선
④ 균분기선별

해설

선별(선종)
㉠ 용적에 의한 선별 : 맥류·두류 등 종자를 체로 쳐서 소립종자 제거
㉡ 중량에 의한 선별 : 키·풍구·선풍기 등을 사용하여 가볍고 작은 것을 날려버림
㉢ 육안에 의한 선별 : spatula를 사용하여 불량한 종자·협잡물 제거
㉣ 비중에 의한 선별 : 용액의 비중에 의해 가라앉는 충실한 종자만 가려냄

110 100립 4반복으로 실시한 발아검사에서 평균 발아율이 89%일 때 반복간 최대 허용범위를 12%로 규정하고 있다. 100립씩 4반복간의 발아율이 보기항과 같을 때 발아검사를 다시 실시해야 되는 경우는?

① 93%, 94%, 83%, 86%
② 85%, 92%, 90%, 89%
③ 94%, 88%, 90%, 84%
④ 95%, 82%, 91%, 88%

최고발아율과 최저발아율의 차가 최대 허용범위 내에 있어야 한다.

111 종자의 품질을 결정하는 내적조건으로 적당한 것은?

① 종자의 수분함량　　② 종자의 순도
③ 종자전염 병충해　　④ 종자의 색택 및 냄새

해설

종자품질의 지배조건

㉠ 내적 조건(內的條件)
- 유전성(遺傳性) : 우량품종에 속하고 이형종자의 혼입이 없는 것이 유전적으로 순수하다.
- 발아력(發芽力) : 발아율이 높고 발아가 빠르며 균일한 것이 우량하다. 종자의 진가 또는 용가는 종자의 순도와 발아율에 의해서 결정된다.

$$종자의 \ 진가(용가) = \frac{발아율(\%) \times 순도(\%)}{100}$$

- 병충해(病蟲害) : 종자전염의 병충해를 지니지 않는 종자가 우량하다. 특히, 바이러스처럼 종자전염을 하면서도 종자소독으로 방제할 수 없는 병은 종자의 품질을 크게 손상시킨다.

㉡ 외적 조건(外的條件)
- 순도(純度) : 전체 종자에 대한 순수종자(불순물을 제외한)의 중량비를 순도라고 하며, 순도가 높을수록 종자의 품질이 향상된다. 불순물에는 이형종자, 잡초종자, 협잡물(돌, 흙, 이삭줄기 등) 등이 있다.
- 종자의 대소와 중량 : 종자는 크고 무거운 것이 충실하며, 발아 및 생육이 양호하다. 종자의 크기는 대개 1,000립중 또는 100립중으로 표시하며, 종자의 무게, 즉 충실도는 비중 또는 1L중(1립중)으로 표시한다.
- 색택 및 냄새 : 품종 고유의 신선한 색택과 냄새를 가진 것이 건전, 충실하고, 발아 및 생육이 좋다. 수확기의 일기, 수확의 조만, 저장 상태, 병해의 유무에 따라 색택과 냄새가 좌우된다.
- 수분함량(水分含量) : 수분함량이 낮을수록 저장이 잘되고, 발아력이 오래 유지되며, 변질 및 부패의 우려가 적으므로 종자의 수분함량이 낮을수록 좋다.
- 건전도(健全度) : 오염·변색·변질이 없고, 또 탈곡 중의 기계적 손상이 없는 종자가 우량하다.

112 다음에서 종자휴면의 원인이 아닌 것은?

① 배의 완숙
② 종자 내 저장물질의 미숙
③ 발아억제 물질의 존재
④ 경실

해설

종자휴면의 원인

경실, 종피의 산소흡수 저해, 종피의 기계적 저항, 배의 미숙, 발아억제물질 존재

113 다음 중 종자의 유전적 퇴화의 원인이 아닌 것은?

① 새로운 유전자형의 분리
② 자연교잡
③ 바이러스에 의한 퇴화
④ 이형종자의 기계적 혼입

해설

유전적 원인에 의한 종자퇴화 원인

자연교잡, 새로운 유전자형의 분리, 이형종자의 기계적 혼입, 돌연변이

114 종자가 성숙하면 주병이 떨어지고 배주 위에 흔적이 남는데, 이를 무엇이라 하는가?

① 주공(珠孔)　　　② 합점(合點)
③ 봉선(縫線)　　　④ 제(臍)

115 식물의 성숙된 화분과 배낭은 각각 몇 개씩의 핵을 갖는가?

① 화분 : 1개, 배낭 : 1개
② 화분 : 2개, 배낭 : 4개
③ 화분 : 3개, 배낭 : 8개
④ 화분 : 4개, 배낭 : 4개

해설

㉠ 화분 : 화분관핵n, 정핵2n
㉡ 배낭 : 난핵n, 극핵2n, 반족세포3n, 조세포2n

116 채종재배 시 채종포로서 적당하지 못한 곳은?

① 등숙기에 강우량이 많고 습도가 높은 지역
② 토양이 비옥하고 배수가 양호하며 보수력이 좋은 토양
③ 겨울 기온이 온화하고 등숙기에 기온의 교차가 큰 곳
④ 교잡을 방지하기 위하여 다른 품종과 격리된 지역

117 종자 발아검사 시 작물에 따라 종자를 예냉(豫冷)하거나 질산칼륨(KNO₃) 등으로 처리하는 주된 이유는?

① 종자 소독
② 종자 춘화처리
③ 발아 균일화
④ 휴면타파

[해설]

휴면타파
종피 파상법, 광선처리, 온도(저온처리, 층적저장, 고온처리), 생장조절제, 기타 화학물질(과산화수소, 지베렐린, 사이토키닌, 에세폰, 질소복합물, 항화합물) 등을 사용한다.

118 쌍자엽식물에서 배유(씨젖)의 발달에 대한 설명이다. 가장 올바르지 않은 것은?

① 배유를 형성하여 종자를 구성한다.
② 배유는 종자발달 과정에서 퇴화된다.
③ 성숙한 종자는 거의 대부분 배로 구성된다.
④ 비정상 배(anamolous embryo)가 된다.

[해설]

난사업식물(외떡잎식물)에 배유가 있다.

119 다음 중 단명종자로 바르게 연결된 것은?

① 고추, 벼
② 강낭콩, 배추
③ 양파, 기장
④ 메밀, 보리

[해설]

종자가 발아력을 보유하고 있는 기간을 종자의 수명이라고 한다.

⊙ 단명종자(1~2년) : 콩, 땅콩, 옥수수, 수수, 해바라기, 메밀, 기장, 강낭콩, 상추, 파, 양파, 고추, 당근
⊙ 상명종자(3~5년) : 벼, 밀, 보리, 완두, 페스큐, 귀리, 유채, 켄터키블루그래스, 목화, 배추, 양배추, 방울다다기, 꽃양배추, 멜론, 시금치, 무, 호박, 우엉
⊙ 장명종자(5년 이상) : 클로버, 알팔파, 사탕무, 베치, 비트, 토마토, 가지, 수박

120 종자의 유전적 퇴화를 방지할 수 있는 방법과 거리가 먼 것은?

① 격리재배
② 이형주 도태
③ 기본식물보존
④ 고랭지채종

[해설]

고랭지채종은 씨감자의 병리적 퇴화의 대책이다.

121 발아묘의 판별에서 정상묘로 분류할 수 있는 것은 다음 중 어느 것인가?

① 초생근이 가늘고 약한 것 또는 배지성인 것
② 상·하배축이 짧고 굵거나 잘록한 것
③ 자엽이 1개 있으며 변색되었거나 새싹이 피해를 입은 것
④ 종자 전염이 아니고 주위 환경에서 전염된 병에 의하여 심히 부패되었지만 필요한 기관들이 건전한 2차 감염묘

[해설]

발아묘 판정
완전묘(정상묘), 줄기 결함묘, 2차 감염묘 등으로 구분할 수 있다. 이들은 모두 발아한 것으로 간주된다.

122 기본식물에서 직접 증식된 종자를 무엇이라 하는가?

① 원종
② 원원종
③ 보급종
④ 장려품종

[해설]

기본식물 – 원원종 – 원종 – 보급종

123 다음 중 무배유형 종자를 형성하는 것으로 짝지은 것은?

① 오이, 완두   ② 당근, 양파
③ 토마토, 벼   ④ 보리, 호박

해설

무배유형 종자 : 쌍떡잎식물

124 종자의 휴면에는 자발휴면과 타발휴면이 있다. 자발휴면에 포함되지 않는 것은?

① 생리적 휴면, 미숙 배
② 미숙에 의한 휴면, 종피에 의한 휴면
③ 종자 휴식, 불투성에 의한 휴면
④ 배 휴면, 억제물질에 의한 휴면

해설

자발휴면 : 종자 내부적인 원인에 의한다.

125 타식성 작물의 채종포에 있어서 포장검사 시 반드시 조사해야 할 사항은?

① 총 건물생산량   ② 종실의 지방 함량
③ 타 품종과의 격리거리   ④ 개화기와 성숙기

해설

이품종과의 격리가 중요한 조사대상이 된다.

126 다음 중 호광성 종자의 조합만으로 된 것은?

① 토마토, 가지, 호박, 오이
② 티머시 종자, 담배, 상추, 피튜니아
③ 토마토, 가지, 담배, 상추
④ 담배, 상추, 베고니아, 가지

해설

광선에 의해 발아가 조장되며 암흑에서는 전혀 발아하지 않거나 발아가 몹시 불량한 종자로는 담배, 상추, 우엉, 차조기, 금어초, 뽕나무, 피튜니아 등이 있다.
※ 혐광성 종자 : 토마토, 가지, 오이, 호박 등

127 낙엽 과수의 휴면 원인이 아닌 것은?

① 불투수성   ② 고온
③ 배의 미숙   ④ 저온

해설

휴면의 원인
경실, 불투기성, 불투수성, 기계적 저항, 배와 배유의 미숙, 생장소의 부족, 종피의 산소흡수저해, 발아억제물질 등

128 봉지씌우기를 필요로 하지 않는 경우는?

① 교배 육종
② 원원종 채종
③ 과채류 F_1채종
④ 자가불화합성을 이용한 F_1채종

해설

봉지씌우기는 격리방법의 하나이다.

129 화본과 종자에서 볼 수 있는 초엽의 기능은?

① 양분의 저장   ② 양분의 생산
③ 배(胚)에 양분 전달   ④ 발아 시 어린잎의 보호

해설

화본과 종자는 외떡잎식물이다. 외떡잎(초엽)의 기능은 발아 시 어린잎의 보호이다.

130 종자에 발생하는 사물기생균(死物寄生菌)의 포자가 많이 발생하는 저장고의 조건은?

① 저장고 내의 상대습도가 50% 이하이고 온도가 5℃ 이하일 때
② 저장고 내의 상대습도가 50% 이하이고 온도가 15℃ 이상일 때
③ 저장고 내의 상대습도가 75% 이상이고 온도가 5℃ 이하일 때
④ 저장고 내의 상대습도가 75% 이상이고 온도가 15℃ 이상일 때

131 무 종자의 순도검사를 위한 검사시료(검사용 표본)의 최소 종자량은?

① 5g ② 8g
③ 30g ④ 50g

132 종자검사 시료채취 시 100kg까지의 포장물에서 채취해야 할 1차 시료의 개수로 옳은 것은?

① 소집단의 크기가 1~4대인 경우에는 매 포장에서 1개 이상의 1차 시료를 추출한다.
② 소집단의 크기가 5~8대인 경우에는 매 포장에서 3개 이상의 1차 시료를 추출한다.
③ 소집단의 크기가 9~15대인 경우에는 매 포장에서 2개 이상의 1차 시료를 추출한다.
④ 소집단의 크기가 60대 이상인 경우에는 총 30개 이상의 1차 시료를 추출한다.

133 농가에 보급할 1대 잡종 종자를 경제적으로 생산하기 위하여 이용되는 작물의 특성이 아닌 것은?

① 잡종강세 ② 자웅이주성
③ 웅성불임성 ④ 자가불화합성

> [해설]
> 잡종강세는 1대 잡종 종자를 생산하기 위한 방법이 아니라 F₁을 품종으로 육성하는 방법이다.

134 종자 프라이밍(priming) 처리의 주된 목적은?

① 병해충 방제 ② 발아 균일성
③ 저장력 향상 ④ 기계화 파종

> [해설]
> **종자 프라이밍의 목적**
> ㉠ 종자의 발아 촉진
> ㉡ 발아의 균일성 향상
> ㉢ 발아속도 향상
> ㉣ 발아율 향상

135 종자생산에서 관수(灌水) 시 유의하여야 할 사항으로 옳은 것은?

① 스프링클러를 이용하면 습도가 조절되어 수정을 촉진한다.
② 지면 관수(地面灌水)가 수로를 통하여 영양 공급이 되어 유리하다.
③ 개화시기 이전 영양생장기에 충분한 물을 공급한다.
④ 등숙기에 관수하여 수분 부족에 따른 등숙 억제를 방지한다.

136 식물체의 저온 춘화처리의 감응 부위는 어디인가?

① 잎 ② 줄기
③ 뿌리 ④ 생장점

> [해설]
> 일장감응은 잎에서, 춘화처리는 생장점에서 발생한다.

137 다음 중 벼의 종자 전염에 의한 병해가 아닌 것은?

① 깨씨무늬병 ② 모썩음병
③ 키다리병 ④ 오갈병

> [해설]
> **벼의 종자 전염병**
> 점무늬병, 좀공균핵병, 이삭누룩병, 먹깜부기병, 갈색무늬병, 깨씨무늬병, 키다리병, 도열병, 모썩음병

138 종자의 휴면타파에 사용할 수 있는 생장조절제는?

① 지베렐린 ② ABA
③ 2,4-D ④ CCC

> [해설]
> **휴면타파 생장조절제**
> 지베렐린, 사이토키닌, 에세폰 등을 사용한다.

139 채종포에서 이형주(異型株)를 제거해야 하는 주된 이유는?

① 잡초 방제
② 이병 종자 제거
③ 단위면적당 종자량의 확보
④ 품종의 유전적 순도 유지

해설

이형주(off type)
동일 품종 내에서 유전적 형질이 그 품종 고유의 특성을 갖지 아니한 개체

140 일반 실내저장의 경우 종자의 수명이 가장 짧은 것은?

① 벼
② 고추
③ 가지
④ 쌀보리

해설

단명종자
콩, 땅콩, 목화, 옥수수, 강낭콩, 상추, 파, 양파, 고추, 당근, 베고니아, 팬지, 일일초 등

141 식물종자의 구성 성분으로 보아 지방종자에 해당하는 것으로 짝지은 것은?

① 땅콩, 수박, 유채
② 메밀, 해바라기, 완두
③ 대두, 옥수수, 아주까리
④ 현미, 목화, 보리쌀

해설

저장물질에 의한 분류
㉠ 전분종자 : 미곡, 맥류, 잡곡 등과 같은 화곡류
㉡ 지방종자 : 참깨, 들깨 등과 같은 작물
㉢ 단백질종자 : 콩과 작물

142 종자검사를 위한 시료는 어떤 것을 사용하는 것이 가장 합리적인가?

① 추출한 1차 시료 전체

② 검사용으로 제출한 시료 전체
③ 혼합시료(합성시료)의 일부 또는 전체
④ 포장에서 수집한 시료의 일부 또는 전체

해설

종자검사를 위한 시료는 하송단위로부터 한 점씩 채취된 1차 시료, 1차 시료를 모두 합한 혼합시료, 검사기관에 제출된 제출시료, 품질검사가 이루어지는 검사시료 등으로 구분되며, 기본검사는 제출시료를 철저히 혼합하여 검사시료를 만든다. 주어진 종자는 일정량의 시료를 취하여 조제한 후 재선별된 종자로 다양한 검사를 실시한다.

143 종자에 대한 설명 중 옳지 않은 것은?

① 발아과정은 '수분흡수 – 효소의 활성 – 배의 생장 개시과(종)피의 파열'이다.
② 테트라졸륨으로 발아시험을 대신하여 발아검정을 한다.
③ 호광성종자는 복토를 얇게 한다.
④ 종피가 흡수를 저해하는 종자를 후숙종자라 한다.

해설

후숙
미숙한 것을 수확하여 일정기간 보관해서 성숙시키는 것을 말한다.
경실
여러 가지 원인에 의하여 씨껍질이 수분을 투과시키지 않기 때문에 장기간 휴면상태를 유지하는 종자를 말한다.

144 파종된 종자 중에서 최초의 1개체가 발아한 날을 무엇이라 하는가?

① 발아기
② 발아전
③ 출아시
④ 발아시

해설

발아시란 최초 1개체가 발아한 날을 의미한다.
㉠ 발아기 : 전체 종자의 40~50%가 발아한 날
㉡ 발아전 : 전체 종자의 80~90%가 발아한 날
㉢ 출수시 : 전체 이삭의 10~20%가 출수한 날
㉣ 출수기 : 전체 이삭의 40~50%가 출수한 날
㉤ 수전기 : 전체 이삭의 80~90%가 출수한 날

145 상추에서 1대 잡종 채종이 실용화되고 있지 않은 이유는?

① 품질이 낮다.
② 종자의 시장규모가 작다.
③ 엽채류이므로 1대 잡종 이용의 필요성이 없다.
④ 화기 구조상 자가수분이 잘 이루어지므로 교배가 어렵다.

> **해설**
> 자가수정 작물 : 토마토, 가지, 상추, 완두, 오이, 호박

146 자가불화합성의 유전양식이 배우체형인 경우에 임실종자비율이 100%가 되는 조합은?

① $S^1S^3 \times S^1S^4$
② $S^1S^3 \times S^2S^3$
③ $S^1S^3 \times S^2S^4$
④ $S^1S^3 \times S^1S^3$

> **해설**
> 화분친의 유전자가 자방친의 것과 전혀 다른 $S^1S^2 \times S^3S^4$와 같은 형태의 조합이 완전한 화합이다.

147 종자의 휴면타파 방법에 속하지 않는 것은?

① 예냉
② 예열
③ GA_3
④ TP

> **해설**
> TP(Top of Paper)는 발아검사 배지 중 종이 위에 치상하는 방법이다.

148 종자의 발달에 관한 설명 중 잘못된 것은?

① 수정 후 세포분열과 신장을 위한 양분과 수분의 흡수로 종자는 무거워진다.
② 수정 직후의 건물중은 과피가 가장 무겁다.
③ 배젖(배유) 발달의 초기에 높은 수준에 있던 당 함량은 전분 함량이 증가함에 따라 급속히 감소한다.
④ DNA와 RNA는 배젖(배유)의 초기발생과정 중 세포가 분열할 때에는 감소한다.

149 다음 중 수분되기 전의 화분이 1개의 정핵과 1개의 영양핵을 가진 2핵성 화분 식물은?

① 콩과 식물
② 가지과 식물
③ 볏과 식물
④ 배추과 식물

> **해설**
> 2핵성 화분 : 장미과 · 난과 · 백합과 · 가지과 식물

150 미숙기에 수확한 종자의 발아능 획득에 후숙의 효과가 가장 큰 작물은?

① 과채류
② 근채류
③ 엽채류
④ 곡실류

151 종자 코팅의 목적과 거리가 먼 것은?

① 종자의 휴면타파를 위함이다.
② 기계 파종 시 취급이 유리하다.
③ 종자소독이 가능하다.
④ 종자의 품위를 향상시킬 수 있다.

> **해설**
> 코팅 종자는 코팅재료에 다양한 성분을 첨가시켜 포장 발아율을 높이는 것이 중요하다. 기계화파종 · 포장 발아율을 높이기 위한 방법이다.

152 종자의 자발휴면에 해당하는 것은?

① 종피가 딱딱하여 배의 팽대가 기계적으로 억제되는 경우
② 종피에 발아억제물질을 가지고 있어 발아가 억제되는 경우
③ 종자의 흡수 부위에 큐티클층이 잘 발달하여 수분투과를 억제하는 경우
④ 종피의 불투기성으로 인하여 산소 흡수가 저해되고, 이산화탄소가 축적되는 경우

> **해설**
> ⓐ 자발휴면 : 배나 종피에 그 원인이 있어서 유발되는 휴면으로 미숙배, 휴면배, 각종 종피관련 원인들에 의하여 유발된다.

ⓛ 타발휴면 : 종자 자체는 정상이나 환경조건이 부적
합하여 나타나는 휴면으로, 주로 종피의 특성과 관
계가 깊다. 수분, 공기, 온도, 기계적 요인이 있다.

153 식물의 불화합성을 타파하기 위한 방법으로 적합하지 않은 것은?

① 형매교배(sib – crossing)
② 위임성(僞稔性)의 이용
③ 식물생장 조절물질의 이용
④ 살정제(殺精劑)의 이용

해설

살정제는 병해충 방지에 이용된다.

154 채종포에서 품종 순도검사를 위한 포장검사는 주로 어느 시기에 실시하는가?

① 파종기   ② 개화기
③ 수확기   ④ 성숙기

해설

품종의 순도를 확인할 수 있는 시기는 생식생장기 중 개화기이다.

155 종자수분검사를 할 때 분쇄가 필요한 종으로서 일반적으로 수분이 몇 % 이상일 때 예비건조를 실시해야 하는가?

① 10%   ② 13%
③ 17%   ④ 20%

156 다음 중 종자 발아형태 중 지상발아하는 작물로 가장 적당한 것은?

① 완두   ② 콩
③ 벼   ④ 옥수수

해설

지상발아는 주로 쌍떡잎식물의 발아형태이다.

157 춘화처리 시 감응 온도가 가장 높은 작물은?

① 무   ② 배추
③ 상추   ④ 양파

158 씨껍질(종피)에 의해서 휴면하는 종자의 휴면타파 방법이 아닌 것은?

① 물의 투과   ② 가스의 투과
③ 종피 파상   ④ 미성숙 배의 후숙

해설

경실종자의 휴면타파 방법을 말한다.

159 강제적 종자보증의 설명으로 옳지 않은 것은?

① 종자의 품질이 일정 수준 이상 되어야 거래할 수 있다.
② 품질이 높은 종자를 공급할 수 있다.
③ 보증비용의 부담이 커진다.
④ 일반적으로 종자산업이 잘 발달된 나라에서 시행한다.

160 일대잡종 종자 채종시 생력화 수단으로 활용되는 채종체계가 아닌 것은?

① 자가불화합성 이용
② 웅성불임현상 이용
③ 웅성주제거법 활용
④ 잡종강세현상 이용

해설

생력화
노력과 경제적 비용 절감

161 경실종자의 발아촉진법으로 적당하지 않은 것은?

① 침지(담금)   ② 기계적인 상처내기
③ 산으로 상처내기   ④ 지베렐린 처리

정답   153 ④   154 ②   155 ③   156 ②   157 ③   158 ④   159 ④   160 ④   161 ④

162 소나무씨 배유의 염색체 수는?

① 1n   ② 2n
③ 3n   ④ 4n

163 채종재배에 대한 설명으로 가장 적절한 것은?

① 생산을 목적으로 하는 재배
② 농가에 보급할 종자를 생산하기 위한 재배
③ 교배육종을 목적으로 하는 재배
④ 양친보다 우수한 잡종을 생산하기 위한 재배

164 다음 중 모본의 특성유지를 위하여 철저한 격리재배가 필요한 작물만을 나열한 것은?

① 유채, 수박, 무
② 강낭콩, 고추, 오이
③ 배추, 벼, 토마토
④ 옥수수, 땅콩, 보리

165 종자의 선별에 이용되는 특성으로 활용할 수 없는 것은?

① 종자의 크기   ② 종자의 액체 친화성
③ 종자의 무게   ④ 종자의 단백질 함량

166 보리검사용 시료에서 이물(異物)로 가장 적당한 것은?

① 원형의 반 이하의 보리쇄립
② 벼
③ 잡초종자
④ 미숙립

167 자가불화합성(自家不和合性)인 타가수정 작물의 모본유지(母本維持)를 위하여 가장 많이 쓰이는 방법은?

① 뇌수분   ② 노화수분
③ 방임수분   ④ 개화수분

168 실리카겔(Silicagel) 약품은 종자에서 주로 어디에 사용되는가?

① 휴면타파   ② 종자분석
③ 흡습방지   ④ 발아억제

169 종자의 발아를 가장 촉진시키는 광파장은 어느 것인가?

① 적색광   ② 초적색광
③ 청색광   ④ 녹색광

170 크고 충실하여 발아 · 생육이 좋은 종자를 가려내는 선종(選種)의 방법이 아닌 것은?

① 저장방법에 의한 선별
② 중량에 의한 선별
③ 비중에 의한 선별
④ 용적에 의한 선별

정답   162 ①   163 ②   164 ①   165 ④   166 ①   167 ①   168 ③   169 ①   170 ①

171 2004년까지 개발된 유전자변형신작물(GMO)의 특성 중 세계적으로 가장 많은 비중을 차지하는 것은?

① 품질 향상
② 제초제 저항성
③ 해충 저항성
④ 수량 증대

172 화곡류에서 질소의 과다시용에 의한 피해가 아닌 것은?

① 잎에 병을 유발한다.
② 종자의 휴면성을 증가시킨다.
③ 과도한 영양생장과 도복의 원인이 된다.
④ 종자의 등숙률을 저하시킨다.

173 종자퇴화가 진전되면서 일어나는 증상을 잘못 설명한 것은?

① 효소의 활력 저하
② 호흡량의 저하
③ 침출액의 저하
④ 유리지방산의 증가

종자퇴화 증상
효소활력 저하, 호흡량 저하, 침출액 증가, 유리지방산 증가

174 안전저장을 위한 최고 종자 수분함량이 가장 알맞게 짝지어진 것은?

① 보리 : 13.0%
② 콩 : 13.0%
③ 벼 : 14.0%
④ 밀 : 10.0%

벼 : 8.0%, 콩 : 7.0%, 배추 : 5.0%, 토마토 : 5.5%, 가지 : 6.0%, 당근 : 6.5%

175 종자검사를 위한 표본추출의 원칙으로 가장 적당한 것은?

① 표본은 전체 종자를 대표해야 한다.
② 표본은 전체보다 약간 양호한 부위에서 추출한다.
③ 표본은 전체보다 약간 불량한 부위에서 추출한다.
④ 접근이 용이한 부위를 중심으로 임의로 채취한다.

176 발아 중인 종자에서 단백질은 가수분해하여 어떠한 가용성 물질로 변화하는가?

① 지방산
② 맥아당
③ 아미노산
④ 만노스

177 다음 중 저장수명이 가장 짧은 종자는?

① 양파
② 배추
③ 수박
④ 토마토

종자의 수명
㉠ 단명종자(1~2년) : 콩, 고추, 양파, 메밀, 토당귀
㉡ 상명종자(2~3년) : 벼, 완두, 목화, 쌀보리
㉢ 장명종자(4~6년) : 녹두, 오이, 배추, 가지, 담배, 수박, 잠두

178 적색광(670nm) 조건에서 종자의 발아가 촉진되는 작물로 짝지어진 것은?

① 담배, 상추, 뽕나무
② 담배, 가지, 오이
③ 담배, 상추, 양파
④ 담배, 가지, 뽕나무

광(빛)과 발아 → 670nm의 적색광이 발아를 촉진
㉠ 호광성 종자 : 담배, 상추, 뽕나무, 금어초, 베고니아, 피튜니아, 화본과 목초, 잡초
㉡ 혐광성 종자 : 토마토, 가지, 오이, 호박
㉢ 광무관 종자 : 화곡류, 두과작물, 옥수수

179 종자 발아 검사 시 반복간 발아율의 차이가 최대 허용오차를 벗어나면 다시 실험해야 한다. 이때 최대 허용오차 범위로 가장 적당한 것은?

① 평균발아율이 높을수록 허용오차가 커진다.
② 평균발아율이 낮을수록 허용오차는 커진다.
③ 평균발아율이 중간일 때 허용오차는 가장 크다.
④ 평균발아율과 관계없이 허용오차는 일정하다.

정답 171 ② 172 ② 173 ③ 174 ① 175 ① 176 ③ 177 ① 178 ① 179 ③

180 다음 중에서 단위결과가 안 되는 작물은?

① 감   ② 사과
③ 포도   ④ 귤

> **해설**
>
> 단위결과 – 작물에 씨가 생기지 않는다.

181 보리에서 수분(受粉) 후 8개의 배젖(배유) 핵이 형성되는 시기는?

① 수분 5시간 후   ② 수분 10시간 후
③ 수분 13시간 후   ④ 수분 15시간 후

182 양파를 장해물이 없는 상태에서 채종하고 자 할 때 격리거리는?

① 200m   ② 300m
③ 500m   ④ 1,000m

> **해설**
>
> 채소작물 포장 격리거리
> ㉠ 같은 종의 다른 품종
> ㉡ 바람이나 곤충에 의해 전파된 치명적인 특정 병 또는 기타에 감염된 같은 작물이나 다른 숙주식물
> ㉢ 교잡양파 양친계통 : ㉠, ㉡으로부터 1,600m

작물명	격리거리(m)	포장 내지 식물로부터 격리되어야 하는 것	작물명	격리거리(m)	포장 내지 식물로부터 격리되어야 하는 것
무	1,000	㉠, ㉡	고추	500	㉠, ㉡
배추	1,000	㉠, ㉡	토마토	300	㉠, ㉡
양배추	1,000	㉠, ㉡	오이	1,000	㉠, ㉡
양파	1,000	㉠, ㉡, ㉢	참외	1,000	㉠, ㉡
당근	1,000	㉠, ㉡	수박	1,000	㉠, ㉡
시금치	1,000	㉠, ㉡	파	1,000	㉠, ㉡

183 종자의 성숙기에 대한 설명으로 옳은 것은?

① 수분함량이 감소된다.
② 세포분열이 활발하다.
③ 동화양분의 축적이 활발하다.
④ 엽록소의 기능이 최고단계에 달한다.

184 원종포 선정 시 타 품종과의 격리거리에서 고려하지 않아도 되는 것은?

① 교통여건   ② 작물의 종류
③ 장해물 유무   ④ 원종포의 면적

185 종자에서 저장조직으로서의 역할을 하는 것이 아닌 것은?

① 배유   ② 외배유
③ 자엽   ④ 내종피

186 저장된 건조종자는 저장고 내의 대기 중 상대 습도가 높아지면 수분을 흡수할 수 있다. 종자의 구성물질 중 수분을 가장 쉽게 흡수하는 성분은?

① 전분   ② 단백질
③ 지방질   ④ 무기물

> **해설**
>
> 수분흡수량
> 종자의 수분흡수량은 작물의 종류에 따라 매우 다르며, 종자 중량에 대해 벼 23%, 쌀보리 50%, 밀 30%, 콩 100% 정도이다.

187 세포질적 웅성불임성을 이용하여 F_1종자를 채종하고자 할 때 C 계통의 임성회복유전자를 고려하지 않아도 되는 작물은?

① 옥수수, 배추   ② 배추, 양파
③ 양파, 당근   ④ 당근, 옥수수

> **해설**
>
> 웅성불임성 이용
> 옥수수, 양파, 파, 상추, 당근, 고추, 벼, 밀, 쑥갓

정답   180 ②   181 ④   182 ④   183 ①   184 ①   185 ④   186 ②   187 ③

188 다음 용어 설명 중 옳은 것은?

① 발아세 : 총 발아수를 총 조사일수로 나눈 수치
② 발아율 : 종자의 대부분(약 80%)이 발아한 비율
③ 발아기 : 총 발아수를 총 조사일수로 나눈 값
④ 발아세 : 치상 후 중간조사일까지 발아한 종자의 비율

발아시험
㉠ 발아율(發芽率, Percentage of germination) : 발아율 ＝발아 개체수/공시 개체수×100
㉡ 발아세(發芽勢, 발아속도 ; germination) : 발아시험에 있어 파종한 다음 일정한 일수 내의 발아를 말하며, 발아가 왕성한가 또는 왕성하지 못한가를 검정한다.
㉢ 발아시(發芽始) : 최초의 1개체가 발아한 날
㉣ 발아기(發芽期) : 전체 종자의 50%가 발아한 날
㉤ 발아전(發芽揃) : 대부분(80% 이상)이 발아한 날

189 오이의 채종재배 시 보통 1주당 적당한 채종과(採種果) 수(數)는?

① 1~2과　　　　② 3~4과
③ 5~7과　　　　④ 8~10과

오이 채종 시 적당한 채종과 수
3~4과

190 벼의 특정 병에 대한 최고한도의 포장검사 규격으로 옳은 것은?

① 원원종포 : 0.05%
② 원종포 : 0.02%
③ 채종포 : 0.02%
④ 원원종포 : 0.10%

검사규격

항목 채종단계	최저 한도 품종 순도 (%)	최고한도						작황
		이종종 자주 (%)	잡초		병주		
			특정 해초(%)	기타 해초	특정 병(%)	기타 병(%)	
원원종포	99.9	무	무		0.01	10.00	균일
원종포	99.9	무	무		0.01	15.00	균일
채종포 1세대	99.7	무	0.01		0.02	20.00	균일
채종포 2세대	99.0						

191 크고 충실하여 발아, 생육이 좋은 종자를 가려내는 선종(選種)의 방법이 아닌 것은?

① 저장방법에 의한 선별
② 중량에 의한 선별
③ 비중에 의한 선별
④ 용적에 의한 선별

선별(선종)
㉠ 용적에 의한 선별 : 맥류·두류 등 종자를 체로 쳐서 소립종자 제거
㉡ 중량에 의한 선별 : 키·풍구·선풍기 등을 사용하여 가볍고 작은 것을 날려버림
㉢ 육안에 의한 선별 : spatula를 사용하여 불량한 종자·협잡물 제거
㉣ 비중에 의한 선별 : 용액의 비중에 의해 가라앉는 충실한 종자만 가려냄

192 다음 중 가지 종자의 발아율이 크게 떨어지는 가장 큰 원인은?

① 수분 과다　　　　② 수소 부족
③ 산소 과다　　　　④ 유황 부족

193 다음 중 무배유종자인 것은?

① 보리　　　　② 팥
③ 옥수수　　　　④ 메밀

무배유종자
㉠ 떡잎이 발달하여 그 속에 저장물질을 간직한다.
㉡ 콩, 완두, 알팔파, 클로버 등 콩과 작물(쌍떡잎식물)의 종자에는 배젖이 없다.

194 다음 중 나란히맥을 가진 잎과 3배수의 화기구조를 가진 식물은?

① 콩　　　　　　　② 완두
③ 감자　　　　　　④ 난초

195 다음 중 자가수정에 의하되 교잡에 대한 우려가 가장 적은 것은?

① 상추, 완두　　　② 참외, 멜론
③ 수박, 오이　　　④ 배추, 시금치

자가수정 작물의 채종
토마토, 가지, 상추, 완두 등의 자가수정 작물에서는 한 꽃 안의 화분이 그 꽃 자신의 주두로 옮겨 수정이 일어나는 것으로 각 종자 자체가 유전적으로 homo할 뿐만 아니라 종자 간에도 완전히 동일하게 된다.

196 꽃가루 형성과정의 설명 중 옳은 것은?

① 화분모세포의 염색체 수는 1n이다.
② 1개의 화분모세포는 2회의 감수분열 결과 4개의 소포자가 형성되며 모두 다 생식기능을 갖는다.
③ 1개의 소포자는 다시 1회의 핵분열을 거쳐 성숙한 화분립을 만든다.
④ 수분 후에 화분립이 발아하여 화분관을 형성하고 생식세포는 1개의 웅핵 배우자를 만든다.

꽃가루의 형성
소포자 : 꽃밥 속의 화분모세포(2n) – 감수분열 → 꽃가루4분자(n) → 꽃가루(n) → 발아 → 생식핵, 영양핵

197 잡종강세의 원인을 핵 내 유전자의 작용에 있다고 보는 내용과 관련이 없는 것은?

① 비대립 유전자 간의 상호작용
② 대립 유전자 간의 상호작용
③ 세포질과 핵 내 유전자의 상호작용
④ 부분형질 간의 상호작용

198 완전화의 화기에서 암술을 구성하는 부분이 아닌 것은?

① 주두(암술머리)　　② 자방(씨방)
③ 화주(암술대)　　　④ 화분관

199 종자검사용 시료 추출 시 포장물의 크기가 100~500kg 범위일 경우 채취해야 할 1차 시료의 기준은?

① 최소 5개 이상　　② 최소 10개 이상
③ 최소 20개 이상　　④ 최소 30개 이상

200 고구마꽃의 수술은 몇 개인가?

① 3개　　　　　　　② 5개
③ 6개　　　　　　　④ 10개

201 밀 종자의 테트라졸륨 검사에서 발아능이 가장 좋은 종자의 상태는?

① 배가 착색되지 않은 종자
② 배가 청색으로 착색된 종자
③ 배가 붉은색으로 착색된 종자
④ 배가 엷은 분홍색으로 착색된 종자

테트라졸리움(TTC 용액)
적색으로 염색되며 발아력이 강하다.

202 맥류 종자의 휴면타파에 가장 효과가 큰 것은?

① 비타룩스 A   ② 비타지람

③ H_2O_2 ④ KClO

해설

맥류 종자

0.5~1%의 H_2O_2 용액에 24시간 정도 침지 → 5~10℃의 저온에 보관(종피의 불투기성 제거)

203 유전자 웅성불임성(GMS)을 이용하여 효과적으로 1대 잡종 종자를 생산하고 있는 작물은?

① 무   ② 고추

③ 양파   ④ 당근

204 씨 없는 수박(3배체)에 대한 설명으로 옳지 않은 것은?

① 종자가 크고 종피가 두껍다.

② 종자의 발아율이 낮아서 발아촉진처리를 필요로 한다.

③ 정상적인 2배체에 콜히친 처리를 하여 3배체 수박 종자를 바로 얻게 된다.

④ 3배체 수박을 착과시키기 위해서는 정상 수박(2n)의 화분으로 수분시켜 줄 필요가 있다.

205 다음 중 인공교배법을 이용하지 않는 것은?

① 자가불화합성 식물의 원종 증식

② 웅성불임성 식물의 원종 증식

③ 과채류의 1대 잡종 종자 생산

④ 생산력 검정용 1대 잡종 조합 채종

206 다음 중 식물의 화아유도에 영향을 주는 화학물질은?

① GA   ② Coumarin

③ HO   ④ NaCl

해설

춘화처리(vernalization)

상적발육을 완성하는 데 있어서 특수온도의 작용

㉠ 춘화처리(vernalization)의 목적 : 개화유도, 비교적 생육 초기에 처리

㉡ 종자춘화처리 : 발아 당시의 유(幼)식물에 처리한 저온의 효과가 뚜렷한 형(추파성 맥류)

㉢ 춘화처리에 암흑이 필요한 것 : 고온 버널리제이션, 비교적 생육 초기에 처리

㉣ 저온 버널리제이션의 대치효과를 위해 : 지베렐린 처리

207 Guaiacol 방법에 의해 종자 발아력을 간이로 검정할 수 있다. 절단한 종자에 Guaiacol 수용액을 첨가하면 발아력이 있는 종자의 배 및 배유의 단면 색깔은?

① 적색

② 갈색 내지 청색

③ 황색

④ 반응 없음

해설

구아이아콜 방법

㉠ 종자의 배를 포함하여 절단하고, 1%의 구아이아콜(guaiacol) 수용액을 한 방울 추가한 후 다시 1.5%의 과산화수소를 한 방울 더 추가한다.

㉡ 발아력이 강한 종자는 배 및 배유의 단면과 주가액이 갈색으로 변하나 죽은 종자는 변색반응이 보이지 않는다.

208 다음 중 발아검사에 사용하는 종자로 가장 적합한 것은?

① 순도분석을 마친 정립종자(순수종자)

② 수집단별로 채취한 1차 시료

③ 휴면 중인 종자를 포함한 혼합시료

④ 살균제 처리를 한 수확 직후의 종자

정답   202 ③   203 ②   204 ③   205 ②   206 ①   207 ②   208 ①

209 볏과(禾本科) 종자의 초엽이 가진 기능을 바르게 나타낸 것은?

① 양분의 저장
② 발아시 배(胚)에 양분 전달
③ 발아시 어린잎의 보호
④ 발아시 종자근 보호

210 종자를 너무 늦게 수확할 경우에 나타날 수 있는 가장 큰 현상은?

① 탈곡과정에서 종자가 상처를 받기 쉽다.
② 정선과정에서 등숙정지립이 많이 발생한다.
③ 건조과정에서 위축되는 종자가 많다.
④ 저장 중에 퇴화가 빨라 저장성이 떨어진다.

211 농약과 색소를 혼합하여 접착제(Polymer)로 종자 표면에 코팅처리를 하는 경우가 있는데, 이러한 코팅처리를 무엇이라 하는가?

① 필름코팅(Film coating)
② 종자펠릿(Seed pellet)
③ 피막종자(Encrusted seed)
④ 장환종자(Seed granules)

212 다음 중 품종 확인을 위한 종자 검사방법은?

① 페놀반응 검사 ② 테트라졸리움 검사
③ 순도검사 ④ 발아검사

213 국제적으로 유통되는 종자의 검사규정 등을 입안하고 국제 종자분석 증명서를 발급하는 기관은?

① FAO ② UPOV
③ ISTA ④ ISO

214 상추에서 1대 잡종 채종이 실용화되고 있지 않은 이유는?

① 품질이 낮다.
② 종자의 시장규모가 작다.
③ 엽채류이므로 1대 잡종 이용의 필요성이 없다.
④ 화기 구조상 자가수분이 잘 이루어지므로 교배가 어렵다.

215 F_1 개체는 화분이 생기지 않고 불임의 F_1 종자만 생산되어 종실이 수확대상이 되는 작물에서는 이용할 수 없고 영양체를 이용하는 사료용 유채나 양파에서는 실용화될 수 있는 웅성불임성은?

① 유전자적 웅성불임
② 세포질적 웅성불임
③ 세포질적 유전자적 웅성불임
④ 3가지 방법 모두 가능하다.

216 채종포에서 줄뿌림(뿌림)을 하는 주된 이유는?

① 파종작업이 쉬우므로
② 측지가 많이 생기므로
③ 이형주 관찰이 용이하므로
④ 수량이 많이 나므로

217 종자이 표준 발아 검사법에 대한 설명으로 틀린 것은?

① 순도검사가 끝난 종자를 이용한다.
② 무작위로 400립을 추출한다.
③ 100립씩 4반복으로 시험한다.
④ 결과는 소수점 이하 한 자리까지 %로 표시한다.

218 다음 중 발아 촉진물질이 아닌 것은?

① 사이토키닌　　　② 질산칼륨
③ 티오요소　　　　④ ABA

219 종자전염을 하는 병균은 주로 종자의 어느 부분에 있는가?

① 배　　　　　　　② 배유
③ 종피　　　　　　④ 극핵

220 종자처리방법 중 바이러스 불활성화에 가장 효과가 큰 것은?

① 건열처리　　　　② 냉수온탕처리
③ 캡탄 도말처리　　④ 벤레이트 처리

221 채종재배는 정상적인 수분(pollination)을 전제로 하기 때문에 재배상에 특별한 조치가 필요하다. 그 관계가 가장 부적합한 것은?

① 다른 화분이 수정되는 것을 방지하기 위해 일정한 격리가 필요하다.
② 수분 대상이 되는 화분친을 충분히 재식하게 한다.
③ 충매화는 비산(飛散)방향에 따라 차폐물을 이용한다.
④ 개화기를 조절하여 다른 화분의 혼입을 방지한다.

222 다음 중 단일성 식물이 아닌 것은?

① 국화　　　　　　② 담배
③ 고구마　　　　　④ 감자

해설

단일식물(短日植物)
㉠ 단일상태(보통 8∼10시간 조명)에서 화성이 유도·촉진되는 식물이며 장일상태는 이를 저해한다.
㉡ 최적일장과 유도일장의 주체가 단일 측에 있고, 한계일장은 보통 장일 측에 있다.
㉢ 늦벼, 조, 기장, 피, 콩, 고구마, 아마, 담배, 호박, 오이, 국화, 코스모스, 목화 등이 있다.

223 종자의 발아검사 시 가장 많이 사용하고 있는 배지(발아상)로 짝지은 것은?

① 종이, 인공토양
② 한천, 인공토양
③ 한천, 모래
④ 종이, 모래

224 발아세의 정의를 바르게 설명한 것은?

① 파종된 총 종자 개체수에 대한 발아종자 개체수의 백분율
② 파종기부터 발아기까지의 일수
③ 일정한 시일 내의 발아율
④ 종자의 대부분이 발아한 날

해설

발아세
일정한 시일 내의 발아율로 발아에 관계되는 종자의 활력

225 국가에서 육성하여 보급하고 있는 국가품종 등재대상 작물의 경우 기본식물을 관리하고 있는 담당기관은?

① 각 시군 농업기술센터
② 해당품목 육성기관 또는 육종가
③ 각 도 농업기술원
④ 농업단체 및 독농가

226 종자검사를 위한 제출시료를 만드는 방법으로 옳은 것은?

① 1차 시료 중 임의로 하나의 시료를 선택한다.
② 3반복으로 추출한 1차 시료 전체를 택한다.
③ 1차 시료를 혼합한 시료의 전부 또는 일부를 이용한다.
④ 소집단(lot)별로 생산한 종자 중 한 집단을 택한다.

정답　218 ④　219 ③　220 ①　221 ③　222 ④　223 ④　224 ③　225 ②　226 ③

227 종자작물은 다른 꽃가루 및 종자전염병(종자바이러스 감염 및 질병의 원인이 될 수 있는 야생식물 포함)의 모든 원천으로부터 격리되어야 한다. 다음 중 격리거리가 가장 먼 것은?

① 토마토   ② 고추
③ 오이   ④ 상추

228 자식성 작물의 특징이 아닌 것은?

① 일반적으로 자연교잡률이 4% 이하인 것을 말한다.
② 채종 시 품종특성유지와 개체증식을 병행하기 어려운 작물이다.
③ 채종 시 교잡회피를 위한 격리거리는 타식성 작물에 비해 매우 짧다.
④ 이에 속하는 작물로 대두, 완두, 토마토, 상추 등이 있다.

229 일반적인 중복수정에 대한 설명으로 틀린 것은?

① 속씨식물(피자식물)은 대개의 경우 중복수정을 한다.
② 소포자핵은 분열하여 화분관세포와 생식세포를 만든다.
③ 화분관이 신장하여 배낭 속으로 들어가면 화분관핵은 분해되고 1개의 웅핵이 중복수정을 한다.
④ 2개의 웅핵 중에서 한 개는 난핵과 결합하여 배(2n)가 되고, 다른 한 개는 극핵과 결합하여 배유(3n)가 된다.

230 세균 병원균의 혈청학적 검정방법이 아닌 것은?

① 면역이중확산법
② 괴경지표법
③ 형광항체법
④ 효소결합항체법

231 수확 후 전염병 종자식물의 위생적인 질을 향상시킬 수 있는 방법이 아닌 것은?

① 화학제에 의한 종자의 표면소독
② 저항성 품종의 선택
③ 감염종자나 이물질의 분리
④ 온탕처리

232 다음 중 형태적 결함에 의한 불임성의 원인으로 부적합한 것은?

① 이형예 현상   ② 뇌수분
③ 자웅이숙   ④ 장벽수정

해설

뇌수분(bud pollination : 꽃봉오리 때 수분하는 것)
자식계통의 자가불화합성 타파를 위하여 뇌수분(bud pollination : 꽃봉오리 때 수분하는 것) 또는 3~10%의 CO_2 처리를 한다.

233 자가불화합성 타파에 효과적인 탄산가스의 농도는?

① 0.3%   ② 3%
③ 30%   ④ 100%

234 종자의 순도분석을 할 때 검사용 종자시료의 3가지 구성요소는?

① 이물질(협잡물), 이병종자, 모래(흙 포함)
② 정립(순종자), 이종종자(타종자), 이물질(협잡물)
③ 미숙종자, 정립(순종자), 이병종자
④ 이종종자(타종자), 모래(흙 포함), 미숙종자

235 100kg까지의 포장물에서 종자검사용 표본의 추출시 만일 20개의 종자자루가 있다면 몇 자루에서 검사용 표본을 추출해야 하는가?

① 15자루(개소) 이상   ② 20자루(개소) 이상
③ 25자루(개소) 이상   ④ 40자루(개소) 이상

정답   227 ③   228 ②   229 ③   230 ②   231 ②   232 ②   233 ②   234 ②   235 ①

236 종자 발아 조사에 대한 설명 중 옳지 않은 것은?

① 발아율은 파종된 총 종자수에 대한 발아종자 수의 비율이다.
② 발아전은 파종된 종자 중 80% 이상이 발아한 날이다.
③ 평균 발아속도는 총 발아수를 조사일수로 나눈 값이다.
④ 발아시는 파종된 종자의 30% 이상이 발아한 날이다.

> **해설**
>
> **발아시험**
> ㉠ 종자의 발아상을 발아시험에 의해서 조사하는 것이 가장 정확하다.
> ㉡ 발아시험기에 조사되는 주요 항목
> • 발아율＝발아 개체수 / 공시 개체수×100
> • 발아세(발아속도) : 발아시험에 있어 파종한 다음 일정한 일수 내의 발아를 말함
> • 발아시 : 최초의 1개체가 발아한 날
> • 발아기 : 전체 종자의 50%가 발아한 날
> • 발아전 : 대부분(80% 이상)이 발아한 날
> • 발아일수(발아기간) : 파종기부터 발아기(또는 발아전)까지의 일수

237 감자의 휴면타파로 가장 적절한 것은?

① 지베렐린, 에스텔   ② MH－30, 지베렐린
③ 에스텔, 옥신   ④ 옥신, MH－30

> **해설**
>
> **감자의 휴면타파법**
> ㉠ 지베렐린 처리 : 감자를 절단해서 2ppm 정도의 지베렐린 수용액에 30~60분간 침지하여 파종하면 가장 간편하고 효과적으로 휴면이 타파된다.
> ㉡ 에스렐, 에틸렌클로로하이드린에 처리하는 것도 효과적이다.

238 경실종자 휴면타파방법은?

① MH   ② ABA
③ 옥신   ④ 농황산 처리

> **해설**
>
> **경실의 발아촉진방법**
> ㉠ 씨껍질에 상처를 낸다.(자운영은 종자 분량의 25~35%쯤의 가는 모래를 종자와 섞어서 20~30분간 절구에 넣고 찧어서 씨껍질에 상처를 내어서 뿌리며, 고구마는 등에 손톱깎기 같은 것으로 상처를 내어서 심는다.)
> ㉡ 농황산 처리 : 종자를 농황산에 일정 시간 담그고 저으며 씨껍질의 표면이 침식되면 물에 씻어서 뿌린다. 씨고구마 1시간, 씨감자 20분, 레드클로버 15분, 화이트클로버 30분, 목화 5분간씩 처리한다.

239 화아유도에 영향을 미치는 조건이 되지 못하는 것은?

① 저온   ② 700nm 이상의 광
③ 옥신   ④ 탄소와 질소의 비율

> **해설**
>
> **내적 요인**
> ㉠ 영양상태 특히 C/N율로 대표되는 동화생산물의 양적 관계
> ㉡ 식물호르몬 특히 옥신과 지베렐린의 체내수준 관계
> **외적 요인**
> ㉠ 광조건, 특히 일장 효과의 관계
> ㉡ 온도조건, 특히 버널리제이션과 감온성의 관계

240 웅성불임을 이용하여 F₁ 종자를 생산하고자 한다. 다음 중 종실을 이용 목적으로 재배하는 작물의 경우 이용될 수 없는 F₁ 종자의 생산방법은?

① 유전자적 웅성불임
② 세포질적 웅성불임
③ 세포질적 유전자적 웅성불임
④ Gametocides를 이용한 웅성불임

> **해설**
>
> **웅성불임의 이용**
> 세포질적 웅성불임의 계통은 교잡을 할 때 제웅이 필요하지 않으므로 일대잡종을 만들 때에 웅성불임 계통을 많이 이용하고 있다.

241 다음 중 발아검사에 대한 일반적인 규정과 방법으로 잘못 설명된 것은?

① 발아검사 기간은 작물에 따라 다르며 포장검사 및 종자검사 실시요령에 따른다.

② 발아조사의 결과는 정상묘로 분류되는 종자의 숫자 비율로 나타내고 소수점 이하는 반올림한다.

③ 발아율의 반복 간 차이가 허용 범위를 벗어날 경우 재검사를 실시한다.

④ 반복 간 허용 범위는 규정된 표에 준하며 재검사는 1차에 한정한다.

242 웅화(雄花)착생의 비율을 증가시키는 생장조절제는?

① NAA
② gibberellin
③ ethephon
④ B-9

243 타식성 작물의 채종 시 개체수가 너무 작을 때 특정 유전자형만 채종되어 차대의 유전자형에 편향이 생겨 발생하는 품종의 퇴화를 무엇이라 하는가?

① 미동유전자 분리에 의한 퇴화

② 역도태에 의한 퇴화

③ 기회적 변동에 의한 퇴화

④ 후작용에 의한 퇴화

244 배유가 있는 밀 종자에서 종자발달에 대한 내용 중에 맞지 않는 것은?

① 수정 후 접합체(zygote)는 발달하여 배를 형성한다.

② 수정 후 8~10일에 종자의 건물중은 대부분 종피 부분이 차지한다.

③ 생리적 성숙단계에 도달하면 성장량의 증가와 대사적 소비량은 균형이 잡힌다.

④ 생리적 성숙기에 도달하면 종자용으로 수확적기라고 판정한다.

245 채종재배에 있어서 충매를 방지하기 위한 격리라고 할 수 없는 것은?

① 울타리를 세워서 재배

② 망실에 재배

③ 1km 이상 떨어져서 재배

④ 강 건너편에 재배

246 화아유도에 큰 영향을 미치는 원인이 아닌 것은?

① 온도
② 일장
③ 화학물질
④ 습도

247 다음 종자 중 수분함량이 가장 많은 종자는?

① 유채
② 참깨
③ 옥수수
④ 들깨

> **해설**
>
> 종자 중 수분함량
> 단백질 → 녹말 → 지방

248 일반적으로 진균이 가장 많이 존재하고 있는 종자 부분은?

① 배

② 종피, 과피, 영 등 종자의 외층부

③ 배유부 등 종자 내층부

④ 자엽 부분

249 보리의 발아율을 조사하였더니 완전묘 81개, 경결함묘 4개, 2차 감염묘 2개, 기형묘 3개, 부패묘 2개, 불발아 종자 8개였다. 이때 발아율은 얼마인가?

① 81%
② 85%
③ 87%
④ 90%

---

250 다음 중 쌀에 가장 많이 함유되어 있는 단백질은 어느 것인가?

① 글루텔린 　　② 알부민
③ 글로불린 　　④ 프롤라민

251 종자의 발아검사요령에 대한 설명으로 맞는 것은?

① 발아검사는 300립을 100립씩 3반복으로 치상한다.
② 발아배지로 종이, 모래, 흙 등의 재료가 사용된다.
③ 발아율은 백분율로 나타내며, 소수점 둘째 자리에서 반올림한다.
④ 발아온도의 변온 시 고온 16시간, 저온 8시간의 조건을 준다.

252 테트라졸륨(tetrazolium) 검사 시 종자의 살아 있는 조직은 어떤 색으로 착색되는가?

① 노란색 　　② 붉은색
③ 푸른색 　　④ 검은색

253 종자에서 배유의 가장 중요한 역할이라고 할 수 있는 것은?

① 종자가 발아하는 동안 배(胚)가 성장하는 데 필요한 양분을 공급한다.
② 종자가 발아하는 동안 배(胚)를 외부로부터 보호하는 역할을 한다.
③ 종자가 발아하는 동안 새로운 식물체로서의 기관을 형성한다.
④ 배(胚)로부터 양분을 공급받아 기관으로 성장한다.

254 종자의 활력을 충분히 가질 수 있는 적정 수확기의 판단으로 옳은 것은?

① 적기보다 빨리 하여 약간 미숙립이 생겨도 된다.
② 적기보다 약간 늦게 하여 과숙을 시킨다.
③ 적기보다 빨리 하여 수분함량을 충분하게 한다.
④ 작물별 적기 수확 시의 수분함량으로 판단하여 수확한다.

255 웅성불임을 이용하여 F_1 종자를 생산하고자 한다. 다음 중 종실을 이용 목적으로 재배하는 작물의 경우 이용될 수 없는 F_1 종자 생산방법은?

① 유전자적 웅성불임
② 세포질적 웅성불임
③ 세포질적 유전자적 웅성불임
④ Gametocides를 이용한 웅성불임

256 다음 중 발아시 광조건과 무관한 불감수성 종자는?

① 양파 　　② 상추
③ 담배 　　④ 옥수수

257 채종재배에서 화곡류의 일반적인 수확적기는?

① 유숙기 　　② 황숙기
③ 갈숙기 　　④ 고숙기

258 콩의 파종량을 50kg/10a로 하였을 때 10a에서 기대되는 채종량은?

① 250kg 　　② 500kg
③ 750kg 　　④ 1,000kg

259 특히 오전 중에 수분시켜야 수정이 잘 되는 채소는?

① 배추과 　　② 박과
③ 가지과 　　④ 미나리과

정답　　250 ①　251 ②　252 ②　253 ①　254 ④　255 ②　256 ④　257 ②　258 ④　259 ②

260 불임성과 불화합성의 원인이 아닌 것은?

① 자성기관 또는 웅성기관의 이상
② 자가불화합성
③ 무핵란 생식
④ 이형예 불화합성

261 다음 조건 중 종자의 발아력을 가장 오래 유지할 수 있는 조건은?

① 온도 17℃, 상대습도 40%
② 온도 19℃, 상대습도 57%
③ 온도 21℃, 상대습도 57%
④ 온도 25℃, 상대습도 62%

262 종자 내 수분함량을 측정하는 방법 중에서 건조기를 이용해 고온(130~133℃)에서 건조시켜 측정하는 경우가 있는데 옥수수의 건조시간은 얼마인가?

① 1시간   ② 2시간
③ 3시간   ④ 4시간

263 종자전염성 병의 방제법을 가장 옳게 설명한 것은?

① 파종 직전 종자처리로 완전방제가 가능하다.
② 종자저장 중 방제로 모든 병해충을 방제할 수 있다.
③ 종자수확 후 방제에 의하여 전염원을 제거할 수 있다.
④ 종자수확 전 방제가 가장 중요하다.

264 펠렛(단립, 과립)종자를 이용하는 가장 중요한 목적은?

① 저장력 향상   ② 휴면타파
③ 기계파종 유리   ④ 조기착과 유도

265 다음 채소 중 대표적인 호암성(암발아성) 발아종자에 속하는 것은?

① 우엉   ② 상추
③ 호박   ④ 담배

266 배휴면(胚休眠)을 하는 종자의 휴면타파에 가장 효과적인 방법은?

① 습윤저온처리   ② 건조저온처리
③ 습윤고온처리   ④ 건조고온처리

267 적심이 교잡을 위한 개화기 조절방법으로 쓰일 수 없는 작물은?

① 무   ② 배추
③ 상추   ④ 양파

268 등숙기의 저온감응이 차대식물의 화아분화에 영향을 미칠 수 있는 것은?

① 무   ② 가지
③ 오이   ④ 옥수수

269 종자가 발아할 때 산소를 가장 많이 필요로 하는 작물들로 구성된 것은?

① 벼, 상추, 셀러리
② 담배, 토마토, 카네이션
③ 화이트클로버, 당근, 티머시
④ 밀, 콩, 기지, 고추

해설

발아 중의 종자는 호흡작용이 활발해진다. 따라서 산소는 발아에 필요하며, 대부분의 종자는 산소가 충분히 공급되어 호기호흡이 잘 이루어져야 발아가 정상적으로 된다. 볍씨처럼 산소가 없을 경우에도 무기호흡에 의하여 발아에 필요한 에너지를 얻을 수 있으나, 벼종자도 못자리의 물이 너무 깊어서 산소가 부족해지면 유근의 생장이 불량하고, 유아가 도장해서 연약해지는 이상발아가 유발된다. 수중에서의 발아의 난이에 따라 종자를 분류하면 다음과 같다.

㉠ 수중에서 발아를 하지 못하는 종자 : 콩, 밀, 귀리, 메밀, 무, 양배추, 가지, 고추, 파, 알팔파, 옥수수, 수수, 호박, 율무 등

㉡ 수중에서 발아가 감퇴되는 종자 : 담배, 토마토, 화이트클로버, 카네이션, 미모사 등

㉢ 수중에서 발아를 잘하는 종자 : 벼, 상추, 당근, 셀러리, 티머시, 피튜니아 등

270 가을 감자 재배 시 가장 효과적인 휴면타파 방법은?

① 2~5ppm 지베렐린 수용액에 30~60분 처리
② 2~5ppm 지베렐린 수용액에 24시간 처리
③ 250~500ppm 지베렐린 수용액에 60분 처리
④ 250~500ppm 지베렐린 수용액에 24시간 처리

해설 --------

지베렐린 처리법
절단하여 2ppm 수용액에 50~60분간 담갔다가 심는다.

271 다음의 종자 중 양분의 주요 저장기관이 배유(배젖)가 아닌 것은?

① 보리
② 호밀
③ 옥수수
④ 콩

272 자식성 화본과 작물 채종포에서 가장 합리적인 관리에 해당하는 것은?

① 발아조건이 유리하게 파종기는 적기보다 4~5일 지연한다.
② 박파(드물게 파종)를 하여 얼자 발생을 유도한다.
③ 재배는 관행에 준하며, 적정 파종을 하여 균일한 개화기를 유도한다.
④ 종자 생산량을 높이기 위해 관행보다 시비량을 높인다.

273 성숙도 판단의 기준으로 부적절한 것은?

① 색깔
② 호흡 정도
③ 관수량, 시비량
④ 함유성분의 양

274 종자 내 수분의 종류 중 종자수분 측정 시에 포함시키지 않아도 되는 수분 형태는?

① 흡습수
② 결합수
③ 화학수
④ 자유수

275 다음 종자소독방법 중에 물리적 소독방법이 아닌 것은?

① 훈증소독법
② 건열소독법
③ 냉수온탕법
④ 태양열 이용

276 가지 종자의 발아는 어느 환경조건하에서 잘 되는가?

① 저온
② 고온
③ 변온
④ 항온

277 다음 중 종자발아에 가장 큰 영향을 미치는 것은?

① 산소
② 질소
③ 수소
④ 메탄

278 장류 콩의 품종성능 심사에서 평가형질 중 두부수율 평가를 위한 표준품종은?

① 은하콩
② 만리콩
③ 검정콩 1호
④ 화엄풋콩

정답   270 ①   271 ④   272 ③   273 ③   274 ②   275 ①   276 ③   277 ①   278 ②

279 채종재배 시 주의할 점으로 잘못된 것은?

① 질소비료는 충분히 시용한다.
② 이형주의 도태에 유의한다.
③ 지나친 밀식을 피한다.
④ 배추과(십자화과) 작물은 격리재배를 한다.

280 다음의 종자소독 유기약제 중 침투성이 강하고 보호살균제로 주로 보리와 밀의 겉깜부기병과 줄무늬병 방제를 위하여 사용하는 것은?

① 베노람수화제
② 지오람수화제
③ 프로라츠유제
④ 카보람분제

281 벼 종자 채종 시 원원종포는 이품종으로부터 얼마나 격리되어야 하는가?

① 1m 이상
② 2m 이상
③ 3m 이상
④ 5m 이상

282 상추 종자의 발아 촉진에 유효한 광파장(光波長)은?

① 청색광(470nm)
② 적색광(660nm)
③ 초적색광(720nm)
④ 적외선(770nm)

283 종자의 발아에 필요한 양분을 배젖(배유)에 저장하는 것은?

① 콩
② 오이
③ 복숭아
④ 옥수수

284 종자의 수명에 관여하는 요인으로 적절하지 못한 것은?

① 종자 저장고 내의 온도와 상대습도
② 종자 저장고 내의 산소, 이산화탄소, 질소가스의 농도
③ 종자 저장고 내의 종자소독 약제의 살포 여부
④ 종자의 수분 함량

285 이상적인 종자처리 약제의 특성이 아닌 것은?

① 인체에 해가 없어야 한다.
② 약효가 오랫동안 지속되어야 한다.
③ 종자에 약해가 다소 있어도 무관하다.
④ 사용이 편리해야 한다.

286 정상적으로 수정이 이루어진 피자식물 종자에서 배와 배젖(배유)의 염색체 조성은?

① 배는 2배체이고 배젖은 1배체이다.
② 배는 1배체이고 배젖은 2배체이다.
③ 배는 2배체이고 배젖은 3배체이다.
④ 배는 3배체이고 배젖은 2배체이다.

287 100kg까지의 포장물에서 종자검사용 표본의 추출 시 만일 20개의 종자자루가 있다면 몇 자루에서 검사용 표본을 추출해야 하는가?

① 15자루 이상
② 20자루 이상
③ 25자루 이상
④ 40자루 이상

288 다음 중 단명종자는?

① 고추
② 토마토
③ 가지
④ 수박

289 옥수수에 피해를 주는 해충이 아닌 것은?

① 조명나방
② 이화명나방
③ 멸강나방
④ 진딧물

290 다음 중 벼 품종의 품종보호권 존속기간으로 맞는 것은?

① 품종보호권의 설정등록이 있는 날부터 20년으로 한다.
② 출원공개가 있는 날부터 20년으로 한다.

---

③ 출원공고가 있는 날부터 20년으로 한다.
④ 품종보호사정이 있는 날부터 20년으로 한다.

291 채종모본을 선발할 때 도태시켜야 할 식물체는?

① 품종 고유의 특성을 지닌 것
② 세력이 특히 강한 것
③ 병이 없는 것
④ 정상적으로 자란 것

292 발아 검사 시 종이배지의 pH는 얼마인가?

① pH 5.0~6.0
② pH 6.0~7.5
③ pH 7.5~8.5
④ pH 8.5~9.5

293 기계파종을 가장 쉽게 해주는 종자처리방법은?

① 종자단립(과립)처리
② 저온처리
③ 건열처리
④ 종자프라이밍처리

294 국가품종 목록 등재(성능관리) 신청시 첨부할 벼 종자의 시험용 및 보관용 종자시료량으로 알맞게 짝지어진 것은?

① 시험용 : 3,000g, 보관용 : 1,800g
② 시험용 : 6,000g, 보관용 : 3,600g
③ 시험용 : 3,000g, 보관용 : 2,400g
④ 시험용 : 6,000g, 보관용 : 1,800g

295 국제종자검사협회(ISTA)에서 규정한 발아검사용 배지로 가장 많이 사용되고 있는 것은?

① 경량토, 물
② 흙, 한천
③ 숯, 양액
④ 종이, 모래

296 웅성불임을 이용하여 채종하고자 할 때는 불임계통의 화분을 수분하기 전에 어떻게 하여야 하는가?

① 수분 하루 전에 제거하여야 한다.
② 그대로 두어도 된다.
③ 뇌수분(雷授粉)을 하여야 한다.
④ 노화수분(老花授粉)을 하여야 한다.

297 배추의 일대 교잡종 채종에 쓰이는 유전적 특성은?

① 웅성불임성
② 타가불화합성
③ 이형예 불화합성
④ 자가불화합성

298 타가수정 식물의 채종포장으로서 가장 알맞은 곳은?

① 지리적 고립지
② 관리가 편리한 도시 근교
③ 동일작물의 집단재배지
④ 동일작물의 연작지역

299 품종보호 출원품종의 품종 요건 심사와 관계 없는 것은?

① 구별성
② 균일성
③ 우량성
④ 안정성

300 결구상추의 채종재배에서 1주당 채종량 및 천립 중에 영향이 가장 큰 비료는?

① 황(S)
② 칼륨(K)
③ 인(P)
④ 질소(N)

301 경실종자의 휴면타파법과 거리가 먼 것은?

① MH 수용액 처리
② 종피파상법
③ 저온처리
④ 건·습열처리

302 1대 잡종 품종의 농업적 의의로서 가장 중요한 것은?

① 수량성이 높다.
② 채종이 용이하다.
③ F₁ 종자값이 싸다.
④ 열성유전자를 유리하게 이용할 수 있다.

303 종자선별에 흔히 이용되는 물리적 특성이 아닌 것은?

① 비중
② 크기
③ 색
④ 구성성분

304 그림은 벼의 발아형태이다. 부위별 명칭이 잘못된 것은?

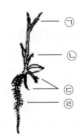

① ㉠ 제1본엽
② ㉡ 자엽
③ ㉢ 관근
④ ㉣ 종자근

해설
㉡ 초엽

305 다음 중 화아형성에 저온 춘화처리를 필요로 하는 작물끼리 짝지은 것은?

① 상추, 무, 양파
② 양파, 옥수수, 벼
③ 밀, 무, 당근
④ 당근, 콩, 상추

306 10개의 배낭모세포가 감수분열하여 만드는 암배우자의 수는?

① 1개
② 10개
③ 20개
④ 40개

307 종자 정선단계에서 이루어지는 작업내용으로만 구성된 것은?

① 종자건조, 이형주 제거, 종자검사
② 종자검사, 정밀정선, 순도분석
③ 순도분석, 이형주 제거, 종자소독
④ 종자소독, 정밀정선, 종자건조

308 콩의 포장검사 시 특정 병은?

① 모자이크병
② 세균성점무늬병
③ 엽소병
④ 자반병

309 농업상으로는 종자이고 식물학상으로는 과실(果實)에 해당하는 것은?

① 당근과 시금치 종자
② 고추와 참깨 종자
③ 오이와 수박 종자
④ 무와 배추 종자

310 다음 중 종자소독 약제로 널리 사용되는 것은?

① 베노람수화제(벤레이트티)
② 지베렐린수용제(지베렐린)
③ 비티수화제(슈리사이드)
④ 캡탄수화제(오소사이드)

311 대맥 및 과맥의 포장검사에서 특정 병으로 취급하는 것은?

① 흰가루병
② 겉깜부기병
③ 줄기녹병
④ 붉은곰팡이병

312 자연교잡에 의한 품종의 퇴화를 방지하기 위하여 채종포에서 봉지씌우기 등을 사용하여 자연교잡을 막는 방법을 무엇이라 하는가?

① 공간격리법
② 시간격리법
③ 차단격리법
④ 거리격리법

313 종자의 씨눈(배)은 씨방(자방) 안의 어느 세포와 정(웅)핵이 융합하여 만들어지는가?

① 난핵세포　　　　② 극핵세포
③ 조세포　　　　　④ 반족세포

314 자가불화합성을 이용하여 1대 잡종 종자를 채종하는 작물이 아닌 것은?

① 무　　　　　　　② 배추
③ 양배추　　　　　④ 당근

315 종피에 있는 것으로 동물의 배꼽과 같은 역할로 동화산물의 전류의 통로가 되는 것은?

① 제(hilum)　　　　② 자엽(cotyledon)
③ 하배축(hypocotyl)　④ 유근(radicle)

316 다음 중 종자전염병의 수확 전 방제에 있어서 주의해야 할 사항이 아닌 것은?

① 무병종자를 파종한다.
② 저항성 품종을 선택한다.
③ 온탕처리를 한다.
④ 윤작을 실시한다.

317 다음에 열거한 작물 종자 가운데 종피의 특수기관인 제(臍, hilum)가 종자 뒷면에 있는 것은?

① 콩　　　　　　　② 배추
③ 상추　　　　　　④ 쑥갓

318 다음 중 종자 춘화형 채소는?

① 무와 배추
② 당근과 우엉
③ 양배추와 꽃양배추
④ 양파와 셀러리

319 다음 채소 중 대표적인 호암성(암발아성) 발아종자에 속하는 것은?

① 우엉　　　　　　② 상추
③ 호박　　　　　　④ 담배

320 양성화의 인공배양 순서 및 방법으로 잘못 설명한 것은?

① 개화 당일 봉오리 상태의 모계를 제웅하고, 오염 방지를 위해 부계의 수꽃 또는 양성화를 꽃이 피기 전 꽃봉오리 상태로 봉지를 씌운다.
② 개화 당일 부계의 수꽃을 제웅한 모계 꽃의 주두에 발라주는 수분작업을 한다.
③ 수분 후에 봉지를 씌우고 라벨을 붙여둔다.
④ 수분 수일 후에 봉지를 벗긴다.

321 다음 중 종자의 수명과 가장 관계가 깊은 환경 요인은?

① 채종포의 시비량, 종자의 침출액 감소 여부
② 저장고의 온도, 저장고의 상대습도
③ 종자의 소독 여부, 채종포의 위치
④ 유리지방산의 감소 여부, 변색의 정도

322 국제적인 인정을 받기 위하여 발아검사를 할 때의 최소 시료는 어느 정도여야 하는가?

① 50립씩 2반복　　② 50립씩 4반복
③ 100립씩 2반복　④ 100립씩 4반복

323 채종포에서 종자의 과도한 밀파(密播)를 피하는 이유는?

① 파종량이 많아져 비용이 더 들므로
② 비료, 농약의 소모가 많으므로
③ 과번무(過繁茂)되어 포장관리가 어려워지므로
④ 종실의 크기가 작아져 품질이 떨어지므로

---

324 전분종자에서 전분립이 주로 저장되어 있는 곳은?

① 배   ② 배유
③ 배축   ④ 떡잎

325 옥수수 F_1 품종의 종자를 채종하는 과정을 옳게 설명한 것은?

① 모본으로 이용하는 계통의 수꽃은 피기 전에 제거한다.
② 부본으로 이용하는 계통의 암꽃은 피기 전에 제거한다.
③ 부본으로 이용하는 계통의 수꽃은 꽃가루가 비산하기 전에 제거한다.
④ 종자의 생산은 부본의 암꽃에서 얻어진 종자도 모본의 암꽃에서 얻어진 종자와 혼합하여 사용한다.

326 인공수분을 위한 개화기 조절방법이 되지 못하는 것은?

① 파종기 조절   ② 적심에 의한 조절
③ 붕소 시용   ④ 식물 생장조절제 처리

327 종자생산을 위한 채종재배에서의 일반적인 사항으로 잘못 설명된 것은?

① 유전적으로 순수하게 생산한 종자로 품질이 보장되어야 한다.
② 생리적으로 충실하고 종자 활력이 유지된 종자로 품질이 보장되어야 한다.
③ 병해충에 오염되지 않은 종자로서 품질이 보장되어야 한다.
④ 경제성을 높이기 위한 다수확재배법으로 생산한 종자로 경제성이 높아야 한다.

328 종자 포장재료로 이용되고 있는 방습질(防濕質)류의 가장 큰 장점은?

① 무게가 가벼워진다.
② 종자 중량에 변화가 적다.
③ 포장비용이 많이 들지 않는다.
④ 재고목록을 비치하지 않아도 된다.

329 번식 수단으로 식물학상의 종자를 이용하는 것은?

① 벼   ② 쌀보리
③ 콩   ④ 옥수수

330 종자 순도 분석 시 분류 항목이 아닌 것은?

① 정립(Pure seed)   ② 이종종자(Other seed)
③ 쇄립(Broken seed) ④ 이물(Inert matter)

331 식물의 화아유도에 영향을 주며 일장효과와 광선의 질에 의하여 결정되는 물질은?

① 말레익 히드라지드(Maleic Hydrazide, MH)
② 지베렐린(GA_3)
③ 사이토키닌(Cytokinin)
④ 파이토크롬(Phytochrome)

332 종자의 발아과정을 순서대로 나열한 것은?

① 효소의 활성화 → 과피 파열 → 수분 흡수 → 유묘 출아 → 배의 생장개시
② 배의 생장개시 → 수분 흡수 → 효소의 활성화 → 유묘 출아 → 과피 파열
③ 수분 흡수 → 효소의 활성화 → 배의 생장개시 → 과피 파열 → 유묘 출아
④ 유묘 출아 → 배의 생장개시 → 효소의 활성화 → 수분 흡수 → 과피 파열

정답   324 ②   325 ①   326 ③   327 ④   328 ②   329 ③   330 ③   331 ④   332 ③

333 종자 채종기술에서 기회적 부동(機會的浮動, random drift)이란 무엇인가?

① 채종 조건에 따라 그해에 발현되는 표현형 비율
② 선발 과정에서 특수한 형질만을 선발하여 채종하는 경우
③ 개화기에 타가수정에 의해서 잡종 발현 비율이 달라지는 현상
④ 특정 유전자형만 채종되어 다음 세대의 유전자형 비율이 달라지는 현상

334 종자발아력 검사방법 가운데 발아력을 가장 빨리 검사할 수 있는 방법은?

① X-선 검사법
② 효소활성 측정법
③ 전기전도율 검사법
④ 테트라졸리움(TZ) 검사법

335 정선할 벼 종자 8,000kg의 시료종자를 접수하여 수분함량이 23%인 종자를 12%로 건조시킬 때의 종자 중량은 얼마인가?

① 1,000kg
② 2,000kg
③ 5,000kg
④ 7,000kg

해설

$8,000 \times (100-23/100-12) = 8,000 \times (77/88)$
$= 8,000 \times 0.875 = 7,000 \text{kg}$

336 볍씨를 물속에서 발아시키면 어떻게 되는가?

① 유아(幼芽)가 먼저 나온다.
② 초엽이 먼저 나온다.
③ 유아와 유근이 같이 나온다.
④ 저온에서는 유근이, 고온에서는 유아가 먼저 나온다.

337 다음 중 이형예 현상을 나타내는 작물로 가장 적당한 것은?

① 보리
② 수수
③ 메밀
④ 콩

338 종자의 정선 및 선별과정에 대한 순서를 나열한 것으로 순서가 가장 바른 것은?

① 수납-조제-정선-선별-소독-포장-수송
② 수납-조제-선별-정선-소독-포장-수송
③ 수납-선별-조제-정선-소독-포장-수송
④ 수납-조제-정선-선별-포장-소독-수송

339 춘화(vernalization)에 대한 설명으로 옳은 것은?

① 춘화 시 저온을 감응하는 부위는 어린잎이다.
② 춘화를 응용하면 육종연한을 단축할 수 있다.
③ 고온에 의하여 춘화되는 식물을 2년생 식물이라고 한다.
④ 저장 중인 종자가 저온에 감응하는 현상을 종자춘화라고 한다.

해설

춘화처리(vernalization)
㉠ 춘화처리(vernalization)의 목적 : 개화유도, 비교적 생육초기에 처리
㉡ 종자 춘화처리 : 발아 당시의 유(幼)식물에 처리한 저온의 효과가 뚜렷한 형(추파성맥류)
㉢ 춘화처리에 암흑이 필요한 것 : 고온 버널리제이션, 비교적 생육초기에 처리
㉣ 저온 버널리제이션의 대치효과 위해 : 지베렐린 처리
㉤ 춘화를 응용하면 육종연한을 단축할 수 있다.

340 종자의 발아를 촉진시키는 광과 온도를 대체할 수 있는 물질만을 나열한 것은?

① thiourea, ammonia
② ammonia, hydrogen cyanide
③ hydrogen cyanide, gibberellin
④ gibberellin, thiourea

정답　333 ④　334 ④　335 ④　336 ①　337 ③　338 ①　339 ②　340 ④

341 세포질 유전자적 웅성불임을 이용한 F_1 종자 생산에 필요한 계통들의 세포질(F, S)과 임성 회복유전자(Rf)의 조합이 옳게 표시된 것은?

① 화분친(R – 계통) = (S)RfRf, 종자친(A – 계통) = (F)rfrf, 유지친(B – 계통) = (S)RfRf

② 화분친(R – 계통) = (F)RfRf, 종자친(A – 계통) = (S)rfrf, 유지친(B – 계통) = (F)rfrf

③ 화분친(R – 계통) = (F)RfRf, 종자친(A – 계통) = (F)rfrf, 유지친(B – 계통) = (S)rfrf

④ 화분친(R – 계통) = (S)RfRf, 종자친(A – 계통) = (S)rfrf, 유지친(B – 계통) = (F)RfRf

342 순도검사에서 이물(異物)의 범주에 속하는 것은?

① 손상 받지 않은 종자
② 원래 크기의 절반 미만인 종자
③ 주름진 종자
④ 미숙립

> 해설

이물

정립이나 이종종자로 분류되지 않는 종자 구조를 가졌거나 종자가 아닌 모든 물질로 다음의 것을 포함

㉠ 원형의 반 미만의 작물종자 쇄립 또는 피해립
㉡ 완전박피된 두과종자, 십자화과 종자 및 야생겨자 종자
㉢ 작물종자 중 불임소수
㉣ 맥각병해립, 균핵병해립, 깜부기병해립, 선충에 의한 충영립
㉤ 배아가 없는 잡초종자
㉥ 회백색 노는 회살색으로 변한 새삼과 콩사
㉦ 모래, 흙, 줄기, 잎, 식물의 부스러기 꽃 등 종자가 아닌 모든 물질

343 광발아성 종자의 발아에 가장 효과적인 파장(波長)범위는?

① 290~350nm
② 400~480nm
③ 540~600nm
④ 660~700nm

> 해설

적색광에서 피토크롬에 의한 광발아가 촉진된다.

344 수분함량 30%인 벼 10,000kg을 수분함량 20%로 감소하면 얼마의 벼가 되는가?

① 8,250kg
② 8,750kg
③ 9,250kg
④ 9,750kg

> 해설

$10,000 \times (100 - 30/100 - 20)$
$= 10,000 \times (70/80)$
$= 8,750kg$

CHAPTER 03 육종학

1 육종의 기초

(1) 작물분화

자연교잡 · 돌연변이 → 도태 · 적응 → 순화 → 분화 → 격절/고립

> **Reference**
>
> **격절/고립**
> 분화의 마지막 과정은 성립된 적응형들이 유전적인 안정상태를 유지하는 것으로, 이렇게 되려면 적응형 상호 간에 유전적 교섭이 생기지 않아야 한다. 이것을 격절/고립이라 한다.
> ① 지리적 격절 : 어떤 기회에 서로 한 곳에 모일 가능성이 있으므로 본질적 격절이 아니다.
> ② 생리적 격절 : 개화기의 차이, 교잡불임 등의 생리적 원인에 의해서 같은 장소에 있어도 상호 간 유전적 교섭이 방지되는 것. 가장 본질적인 격절이다.

(2) 작물의 특질

① 이용성 · 경제성이 높아야 한다.
② 단위 수량이 높아야 한다.
③ 기형식물의 경우가 많다(필요한 부분만 발달시킴).
④ 야생식물보다 약하고, 자연 방치시 소멸한다(환경적응 능력이 상실되었기 때문).

(3) 지리적 종 분화의 특징

아종이 형성되는 단계를 거친다.
① 특성 : 단간(短稈), 장립(長粒), 다엽(多葉)
② 형질 : 간장(稈長)

(4) 단위면적당 최대수량을 올리기 위한 3대 조건

유전성+환경+재배기술

> **Reference**
>
> **수량**
> 품종의 경제적 특성 – 우량품종의 가장 기본적 특성

(5) 농경의 발상지

① 큰강 유역 : De Candolle

② 산간부 : N. T. Vavilov

③ 해안지대 : P. Dettweiler

(6) 자연계에서 한 개의 대립유전자에 대해 돌연변이가 일어날 확률

$10^{-5} \sim 10^{-6}$

(7) 잡종강세 육종법(주로 종묘회사에서 이용)

① 잡종강세가 왕성하게 나타나는 1대 잡종(F_1)을 품종으로 취급하는 육종법

② 잡종강세 육종법의 필요성 : 어버이 식물을 일정 상태로 유지하면서 해마다 1대 잡종을 만들어서 재배하면 1대 잡종도 고정된 품종과 해마다 거의 동일 상태의 것을 해마다 이용할 수 있다(개체가 거의 동일한 우량 유전조성을 갖는다).

(8) 계통

혼형 · 혼계의 집단에서 유전형질이 서로 같은 집단을 다시 가려낸 것

(9) 순계

계통이 품종이 되려면 자식성 작물에서는 계통의 균일성이 영속적이 되도록 유전적으로 순수고정이 되어야 한다.

(10) 영양계

유전적으로 잡종상태라도 영양 번식하면 그 특성이 영속적으로 유지된다(그대로 품종이 될 수 있다).

(11) 우량품종의 구비조건

균일성, 우수성, 영속성

(12) 질적형질(질적유전자)

주동유전자, 불연속변이(색깔, 모양), 형질특성 구분이 명확한 것, 소수 유전자에 의해 지배된다. 유전자의 작용가를 추정할 수 있다.

(13) 양적형질(양적유전자)

미동유전자, 폴리지인이 관여(연속변이 – 키, 무게 등), 재배상의 중요한 형질, 환경의 영향을 크게 받음, 복수유전자, 잡종 환경 후기세대 선발이 유리, 계량할 수 있음, 여러 가지 미동유전자에 의해 나타남

(14) 자식성 작물은 일단 고정되면 분리가 일어나지 않는다.

(15) 지리적 특성

조만성과 내병충성

> **상동기관**
> 외형은 달라도 기원은 같은 것(탱자나무의 가시, 포도나무의 덩굴손 – 줄기의 변형)
>
> **상사기관**
> • 기원은 다르나 그 기능이 같은 것
> • 완두의 덩굴손(잎), 포도의 덩굴손(줄기)
> • 감자의 줄기와 고구마의 뿌리

② 변이

(1) 변이의 종류

1) 환경적 변이

유전질에 차이 없음, 환경 차이에 의함, 유전하지 않음

2) 유전적 변이

유전질(염색체 · 유전자 · 세포질) 차이에 의해 후대에 유전하는 변이

① 교잡(교배)변이 : 변이의 원인이 교잡에 의함

② 돌연변이 : 교잡 이외의 원인에 의함(유전자 · 염색체 · 세포질), 체세포에 생긴 돌연 변이(체세포 돌연변이)

> 소재변이 : 환경변이가 생육장소의 차이에 의한 원인

3) 대립변이

변이의 형질이 암 · 수, 흑 · 백 등의 2계급만 있고 중간계급이 없는 것

4) 방황변이(환경)

어떤 계급치를 중심으로 양방향 비슷하게 변이하는 것(벼의 키)

(계급이 여러 계단으로 나뉘는 형질에서 각 개체 등의 유전질이 같을 때 발생)

① 연속변이(양적변이) : 키가 큰 것부터 작은 것까지의 여러 가지 계급의 것을 포함(중앙치를 중심으로 정규분포를 이룬다.)

② 불연속변이(대립변이) : 두 변이 사이에 구별이 뚜렷하고 중간 계급의 것이 없는 변이(색깔, 모양, 까락의 유무)

5) 양적변이

측정 형질을 숫자로 표시할 수 있는 변이

① 가산적 변이 : 측정 결과를 정수로 표시할 수 있는 변이(1 수립수 등)

② 가측적 변이 : 키, 이삭 무게와 같이 측정 결과를 정수로 표시할 수 없는 변이

6) 변이가 나타나는 범위에 따라 구분

① 일반변이 : 개체군 전체에는 공통이지만 다른 장소에서 생존하는 다른 개체와 구별할 수 있는 경우

② 개체변이 : 같은 장소에서 생육하고 있는 개체군이라도 개체에 따라 그 성질의 정도를 달리할 경우

(2) 변이의 식별(감별)

유전적 변이는 육종의 대상이 되므로 유전성 여부를 결정하여야 한다.

1) 후대검정

후대의 형질을 관찰 : 변이의 유전성 여부 판별(1세대 또는 여러 세대 검정)

2) 특성검정

특별한 환경(변이가 잘 나타나는 환경)을 만들어 변이의 정도 비교(내병성, 내한성)

3) 변이의 상관

형질변이의 상관관계 이용. 특성을 간접적 검정(콩의 비중 측정 → 단백질 함량 추정)

(3) 변이의 비교(표현형 상관)

양적형질 사이에 외견적인 상관관계가 있을 때

1) 유전상관

표현형이 유전질에 의해 지배되는 부분(유전자의 연관, 다면적 발현 등)

2) 환경상관

환경에 의하여 표현형이 지배되는 부분(키, 이삭 길이 등)

(4) 연속변이를 나타내는 형질 표시

통계적 방법 적용(평균치, 중앙치, 표준오차, 표준편차, 분산, 변이계수)

(5) 통계적 유의성 검정 : t검정, 분산분석법 등

t검정 : 평균치 이상의 차가 통계적으로 유의성이 있는지 없는지 알기 위해

(6) 변이의 생성 · 유기

1) 육종의 대상

① 유전적 변이 : 교잡 · 돌연변이에서 나타난다.

② 자연적으로도 생성됨, 초기육종의 대상, 현재 인위적으로 쉽게 유기한다.

환경적 변이 : 보편적으로 나타나는 현상(온도, 양분, 방사선, 화학물질 등에 의함)

■ 자주 출제되는 문제 및 용어풀이

- 잡종후대에서 변이의 크기 : 계통군 간의 변이가 가장 크다.
- 생산력 검정의 단계
  생산력 검정 예비시험 → 생산력 검정 본시험 → 지역적응성 시험 → 농가실증 시험
- 영양번식 작물의 조합능력 검정에 가장 많이 사용 : 다교잡 검정법
- 교배모본선정 : 특성검정 결과 이용, 유전자의 표현형질과의 관계를 명료히 하여 모본으로 사용, 각 지방에서 오랫동안 재배되어 온 품종(교배 모본으로 적합), 양적형질이 개량목표인 경우 조합능력 검정을 토대로 선정
- 생식세포 돌연변이와 체세포 돌연변이 중 생식세포만 유전
- 이면교잡법 : 양친의 유전자형, 특히 조합능력을 추정(조합수 : $n^2 - 2n$)
- 고등식물의 돌연변이 유기원 : 알킬화물질(가장 효과적)

❸ 생식

(1) 생식의 방법

1) 유성생식

① 정형 유성생식 : 수정에 의해 접합자 형성 → 다음 세대 개체로 발육

② 이형 유성생식 : 배우자 형성과정이 있지만 수정이 이루어지지 않고 단성적 발육

2) 무성생식(영양번식)

배우자 형성과정 없이 영양체의 일부가 직접 다음세대의 식물 형성(진정 무성생식 : 영양 번식)

Reference

별도 분류
- 유성생식 : amphimixis(정형유성생식)
- 무성생식 : apomixis(이형유성생식) – 불합생식, 무접합생식, 영양번식

(2) 접합자

1) 접합자

감수분열시 배우자 형성에 의하여 반수(n)를 형성하고, 난핵(n)과 정핵(n)이 2n을 형성하는 것

2) 접합자는 양쪽 어버이에서 염색체를 받아 배수의 염색체를 형성

① 어버이와 염색체 수는 같지만 염색체 내용은 달라진다. – 정형유성생식

② 아무리 세대가 경과해도 염색체 수의 변동이 없지만, 내용은 다르다. – 양친의 유전형질 혼합

(3) 이형유성생식(apomixis)

'무성생식'으로도 불린다. 배우자가 '단성적'이다. 이형 접합체의 유전형을 그대로 유지한다.

1) 처녀생식

단성생식, 단위생식, 수정 안 된 난세포가 홀로 발육, 배 형성

> 위수정 : 이종화분의 자극에 의한 처녀생식

① 반수처녀생식 : 배낭형성 완료 후 반수성(n) 난세포가 수정 없이 홀로 발육 → 자성의 n식물 형성
② 전수처녀생식 : 감수분열 시 염색체가 한쪽 극으로만 몰려 난세포가 2n의 복구핵 형성 → 수정 없이 발육하여 자성의 2n식물 형성

2) 무핵란생식(동정생식)

핵을 잃은 난세포의 세포질에 '웅핵'이 들어가 단독 발육 → 웅성의 n식물 형성

3) 무배생식

조세포 · 반족세포의 핵이 단독 발육 → '자성'의 n식물 형성

4) 주심배생식(주심배형성, 부정배생식)

① '체세포'에 속하는 주심세포가 배낭 속 침입
② 한 개의 주심 속에 정상 수정된 한 개의 정상배 이외 몇 개의 주심배 존재

5) 다배형성

배낭 속 정상배 형성 + 무배생식 또는 주심배 생식 함께 형성 = 여러 배 형성

> **+ Reference**
>
> **아포믹시스(apomixis)**
> 피자식물에서만 알려져 있다. 헤테로(잡종)한 유전자형이 증식하는 데 유리, 암 · 수 배우자가 수정하지 않고 종자 형성, 생식기관에 관여한다. 이형유성생식이다. 무성생식으로도 볼 수 있다.

(4) 유사분열 : 유전물질의 균등분열

1) 간기

① G_1 phase : DNA 합성준비
② S phase : DNA 합성복제(2배), 엽록체 복제

③ G₂ phase : DNA 합성복제 후 성장기

M(분열기) phase : 세포분열시기 → 낭세포가 생겨난다.

2) 전기

염색사 → 염색체, 인과 핵막 소실, 각 염색체가 2개씩 염색분체를 형성

3) 중기

복제된 염색사 적도판으로 배열, 핵형관찰(염색체가 적도판에 늘어섰을 때의 모양을 기준으로 핵형을 판정한다.)

4) 후기

방추사에 의해 염색체가 양극으로 끌려감

5) 말기

핵막, 인 생성, 세포판 형성

(5) 감수분열

상동염색체가 서로 짝을 이루어 2가 염색체 형성 : 감수분열에서만 이루어진다.

1) 한 개의 2배체 체세포로부터 2개의 반수 체세포를 형성하는 것

2) 유전학적 의의

유전자 재조합

3) DNA가 복제(염색체배가)되는 시기 : 제2감수분열과 제1감수분열 사이의 간기

① 제1성숙분열(감수분열)
㉠ 전기 : 세사기, 대합기, 태사기(키아즈마 형성 – 유전자의 교차와 조환 발생), 복사기, 이동기
※ 전기에는 염색사가 압축 · 포장되어 염색체 구조로 되며 인과 핵막이 소실된다.
㉡ 중기 : 적도판 배열, 핵막과 인 소실, 방추사 형성(염색체 수 조사에 알맞은 시기)
㉢ 후기 : 양극분리
㉣ 말기
㉤ 간기 : DNA 합성이 일어나지 않는다. 간기가 매우 짧다.
② 제2성숙분열(유사분열＝동형분열)

(6) 배우자 형성과정

1) 식물체 성의 결정시기

접합자 형성 시

2) 소포자 형성과정 중 발아하는 소배우자에게 영양을 공급하는 세포

　타페트 세포

3) 꽃가루 형성과정

　포원세포 → 2개 정핵, 1개 영양핵 형성까지 총 5회 분열

포원세포 ――→ 화분모세포(2n) ――→ ⟨ n / n ⟩ ――→ 꽃가루 4분자 형성 ――→ 1개 영양핵,
(꽃밥/약)　동형　　　　　　　　감수　　　　　동형　　(n, n, n, n)　　　　　　 1개 정핵 형성
　　　　　분열　　　　　　　　분열　　　　　분열　　　　　　　　　　4분자
　　　　　　　　　　　　　　　　　　　　　　　　　　　　　　　　각각 동형분열

――→ 2개의 정핵(생식핵), ――→ 1개의 화분(꽃가루) 형성
정핵의 1개의 영양핵(화분관핵)
동형분열

　※ 화분모세포(2n)는 총 8개의 정핵과 4개의 영양핵을 형성한다.

4) 배낭 형성과정

　포원세포 → 난핵·극핵·조세포·반족세포까지 총 6회 분열

포원세포(배주) ――→ 배낭모세포(2n) ――→ ⟨ n / n ⟩ ――→ 4분자 형성 ――→ 4분자 중
　　　　　　　　동형　　　　　　　감수　　　　동형　　(n, n, n, n)　　　　　 3개 소멸
　　　　　　　　분열　　　　　　　분열　　　　분열　　　　　　　염색체 수 n인
　　　　　　　　　　　　　　　　　　　　　　　　　　　　　　4분자 형성

――→ 8개의 핵을 갖는
　　　배낭형성
3회
동형분열

　※ 배낭모세포(2n)는 1개의 난핵, 2개 조세포, 2개 극핵, 3개 반족세포를 형성한다.

5) 감수분열에서만 나타나는 현상

　상동염색체가 서로 짝을 이루어 2가염색체를 형성한다.

6) 감수분열의 유전학적 의의

　유전자의 재조환, 종 고유의 염색체 수 유지, 염색체 조성이 다양한 배우자 생산

7) 유사분열의 유전학적 의의

　유전물질의 균등분배

8) 종자의 종피에서 나타나는 염색체 조성의 특징

　모체의 유전자형에 의해 결정된다.

9) 수정란의 세포질은 자방친 세포로부터 온 것이다.

10) 배는 암수 양성에서 유래한 배우자의 융합에 의해 생겨난 것이며, 종자배의 발육은
　　뚜렷하지 않으므로 그 유전적 특징은 발아 이후에 나타난다.

(7) 수분과 수정

1) 수분

꽃가루가 암술머리(주두)에 가서 붙는 것 : pollination

① 자가수분 : 같은 개체에 있는 꽃들의 암술과 수술 사이에 이루어지는 수분

    ㉠ 완전화 : 암술과 수술을 모두 갖추고 있는 꽃(벼, 보리)

    ㉡ 자식성 작물 : 자연교잡률이 4% 이하인 작물 : 벼, 보리, 밀, 콩, 땅콩, 아마, 토마토

    ㉢ 타식성에 비해 임실률 낮다.

    ㉣ 화기가 잘 열리지 않는다.(폐화수분)

② 타가수분(교잡수분) : 서로 다른 개체나 유전적 조성이 다른 개체 사이의 수분

    ㉠ 불완전화 : 암술과 수술이 같은 꽃 속에 있지 않은 꽃

    ㉡ 타식성 작물 : 옥수수, 호밀, 알팔파, 사탕무, 클로버류, 페스큐, 무, 배추

③ 자웅동주 식물

    ㉠ 한 식물체 안에 암꽃과 수꽃이 각각 있음 : 자가·타가수분한다.(옥수수, 박, 수박)

    ㉡ 자식·타식을 겸하는 작물 : 목화, 수수, 수단그라스

④ 자웅이주 식물

    암꽃과 수꽃이 각각 다른 식물체에 있음 : 타가수분만 한다.(시금치, 삼)

2) 수정

암수 두 배우자가 합체하여 접합자를 이루는 것

> 피자식물 : 중복수정을 한다.

(8) 결실

수정 후 배와 배젖이 형성되고 발육하여 종자가 된다[1)과 2)는 유전적 조성이 다르다].

1) 배와 배젖

이미 차대 식물

2) 종피와 과피

모체의 일부

3) 과실

배주를 싸고 있는 조직, 보통 수정해서 종자 형성 시 과실도 발육

> 단위결과 : 감·포도·귤 등 배주가 수정되지 않아서 종자형성 없이도 발육되는 경우(꽃가루의 자극 또는 생장조절물질 처리로 유기)

(9) 불화합성

① 생식기관이 건전한 근연 간의 경우에도 수정 · 결실하지 못하는 현상으로 불임성의 큰 원인이 된다.

② 불친화성 : 유연관계가 멀기 때문에 보이는 불화합성

(10) 불임성

수분을 하여도 수정이나 결실이 되지 못하는 현상

1) 원인

① 환경적 원인(다즙질 불임성, 쇠약질 불임성, 순환적 불임성)

② 유전적 원인(성적 결함, 형태적 결함)

③ 웅성불임

자성생식기관은 건전하고 웅성생식기관이 불완전하여 발생하는 불임성

> 1대 잡종에 이용되는 웅성불임 : 고추, 옥수수, 수수, 양파, 토마토(제웅의 노력이 절감)

④ 자가불화합성

양성화 또는 자웅동주의 단성화에서 자가수분, 특정 계통 간 수분을 할 때 보이는 불화합성

⑤ 교잡불화합성

종속 간 또는 품종 간 교잡에서 보이는 불화합성(사과, 배, 양앵두, 고구마, 유채, 십자화과 식물)

> 성비가 1 : 1로 나타나는 이유는 한쪽 성의 성염색체 조성이 헤테로이기 때문이다.

(11) 자가불화합성

1) 유전적 원인

① 치사유전자

② 염색체의 수직 · 구조직 이싱

③ 자가불화합성을 유지하는 이반유전자나 복대립유전자

④ 자가불화합성을 유기하는 세포질

2) 생리적 원인

① 화분의 발아, 신장을 억제하는 억제물질의 존재

② 화분관의 신장에 필요한 물질의 결여

③ 화분관 호흡에 필요한 호흡기질의 결여

④ 화분과 암술머리 사이의 삼투압 차이

⑤ 화분과 암술머리 조직의 단백질 간 불친화성

3) 자가불화합성을 이용해 1대 잡종을 가장 많이 만드는 작물

무, 배추

4) 자가불화합성은 암술과 화분의 기능이 정상적이나 자가수분으로 종자를 형성하지 못해 불임이 생긴다. **F1 종자의 채종 특징은 양친의 어느 쪽에서도 잡종종자를 채종할 수 있다는 것이다.**

(12) 이형예불화합성(자가불화합성의 원인)

수술과 암술의 길이가 꽃에 따라 다른 현상 : **메밀, 아마, 앵초**

(13) 웅예선숙

옥수수

(14) 배우자경합(gametic screening)

수정과정에서 암술의 화주(style) 내 화분관의 신장속도에 따라 특정한 인자형의 화분(pollen)은 수정되지 못한다.

(15) 뇌수분

십자화과 식물에서 꽃봉오리 시기의 주두가 아주 짧을 때 같은 개체에서 다른 꽃의 꽃가루를 채취하여 수분시키는 것. 자가불화합성인 채소의 원종을 유지하기 위해 실시한다.

4 유전

(1) 유전을 발생시키는 핵심

1) 유전자

① 유전자의 물질적 본체는 **DNA**이다.

② 유전자는 유전자좌로 표현할 수도 있다.

③ 유전자가 가지는 유전정보는 아미노산 조성에 대한 정보이다.

④ 유전자를 정확하게 표현한 것 : mRNA

핵＝단백질＋핵산[기본단위 : 질소염기(DNA의 특이성 있음), 인산, 5탄당]

⑤ 진핵세포의 염색체 구조에서 DNA가 응축되는 순서

DNA → nucleosome → solenoid → 간기염색체 → 중기염색체

> DNA를 변화시키는 화학물질(돌연변이 유기원)의 작용기작은 염기와 염기 간의 수소결합에 변동을 초래한다.

2) RNA

① **전령 RNA(mRNA)**

단백질 합성에 필요한 유전정보를 복사하여 단백질 합성 시 amino산 배열 순서를 결정해준다.

② **운반 RNA(tRNA)**

단백질 합성에 필요한 세포 내의 amino산을 ribosome으로 운반하는 작용

③ rRNA : ribosome을 형성(유전암호 해독에 관여), 세포 내 RNA 중 가장 많은 비율을 차지한다.

ribosome 내에서 rRNA는 단백질과 더불어 안정된 구조적 기능을 갖는다.

> TMV의 구성요소 : RNA와 단백질

④ codon : 유전암호가 mRNA에 전사되어 형성된 3개의 염기

⑤ anticodon : codon과 짝을 짓는 tRNA의 3개 염기

⑥ DNA상의 유전암호가 전사되어 codon을 형성하는 장소＝mRNA

> genetic code(유전암호) : 3개의 질소염기가 한 단위로 되어 특정 아미노산을 지정하는 것

3) DNA가 일정한 구조를 유지하면서 반보존적으로 복제되는 이유

DNA에 염기들이 상보적으로 결합하고 있기 때문이다.

RNA		DNA	
purine 염기	pyrimidine	purine 염기	pyrimidine
A＝U, G≡C	G≡C, A＝U	A＝T, G≡C	G≡C, A＝T

> Transition 돌연변이 : 한 purine 염기가 다른 한 purine 염기로 치환되는 것이다.

4) 뉴클레오시드(핵산구조의 기본단위)

당, 질소염기, 인산으로 이루어져 있다.

> 100개의 아미노산은 300개의 뉴클레오시드로 이루어져 있다.

5) 폴리진

① 핵 내에 있고 분리 · 연관 현상도 있다.

② 폴리진에 속하는 각 유전자의 작용가는 작지만 유전자의 본질은 주동 유전자와 다르지 않다.

③ 연속변이의 원인이 되는 유전자

④ 통계유전학에서 양적형질을 지배하는 유전자이다.

6) 핵산의 종류

DNA, RNA

7) 유전물질의 본체

DNA, 세포질에 있는 RNA는 단백질 합성에 직접 관계하고, RNA의 합성은 DNA가 지배한다.

> 세포질 효과설 : 누에, 잡종강세 표현에 모친 세포질의 영향

■ 자주 출제되는 문제 및 용어풀이

- DNA의 2중구조 : 유전정보 보호, 유전자의 반보존적 복제를 가능하게 함, 대칭적으로 평행을 이루고 있어서 유전자 작용을 용이하게 한다.
- phage : 박테리아에 기생하는 virus
- homozygote : 유전적으로 순수한 접합체
- 독립 유전하는 양성잡종을 검정교배하면 표현형은 = 1 : 1 : 1 : 1 → 독립유전
- 이형접합자 : AaBb, 동형접합자 : CCDD
- 염색체 수는 특정 종의 모든 개체에서 동일하며, 분류학상의 진화단계와 직접적인 상관이 없다.
- 상동염색체의 접합(synapsis)으로 생긴 염색체 : 2가염색체
- 상동염색체 : 염색체 수 2n, 성세포 : 염색체 수 n(반수체), 유전정보의 운반체 : 염색체
- 용균작용(lysis) : phage가 감염된 세균 내에서 증식하여 많은 phage를 형성한 후 기주를 깨뜨리고 세포 밖으로 나오는 것
- 용원화 : phage가 박테리아의 염색체로 끼어 들어감으로써 세포 내에 증식하지 않는 현상
- 형질전환(transformation) : 유전물질이 살아 있는 세포에 흡수되어 그 유전적 특성이 살아 있는 세포에서 발견되는 현상
- 전이소 : 약제내성 유전자의 어떤 것이 다른 plasmid로 이전하면 그 유전자를 포함하는 일정한 크기의 DNA만이 증식하며, 증식된 일정한 크기의 DNA는 염색체 또는 plasmid의 다른 영역으로 이전하여 그의 일부로 조합되는데, 이 전이성 DNA를 전이요소라 한다.
- DNA의 염기서열은 아미노산의 종류와 서열을 지정하는 유전암호이다.
- 유전정보가 있는 곳 : 핵산의 염기 서열순서
- 폴리펩티드(polypeptide) 합성이 시작되는 아미노산 ⇒ 메티오닌(methionine)

(2) 멘델의 유전법칙

1) 지배의 법칙(우열의 법칙, 우성의 법칙)

F_1은 항상 잡종, 우성과 열성이 모여 있을 때 우성형질만 나타나고 열성은 잠복

2) 분리의 법칙(단성을 이용)

F_1에서는 우성형질만 나타나고 열성잠복, F_2에서는 우성과 열성이 일정한 비율로 분리된다.

3) 독립의 법칙(양성을 이용)

① 두 쌍의 대립형질이 유전 분리함에 있어 서로 독립적이고 아무 연관이 없는 것
   ㉠ F_2 표현형 - 9 : 3 : 3 : 1, 배우자의 분리비 - 1 : 1 : 1 : 1
   ㉡ 표현형의 종류 수(9 : 3 : 3 : 1) 16개와 배우자 종류 수(2^n)는 같다. 그 이유는 상동염색체 감수분열시 각각 독립적으로 분리되고 각각 상동염색체에 실려 있는 대립유전자와 이것에 의해 발현되는 대립형질들도 서로 분리되어 독립적으로 행동하기 때문이다.
② 유전자의 연관에 의해 다수 예외 발생
   두 쌍의 대립유전자가 같은 종류의 상동염색체에 실려 있는 경우(독립의 법칙 적용 안 됨)

4) 순수의 법칙(유전의 법칙으로 보지 않는 경우도 있음)

F_1에서는 Rr이더라도 F_2에서 다시 R과 r로 순수하게 분리한다는 것

(3) 멘델법칙의 변이(멘델유전법칙의 예외)

1) 불완전 우성

대립유전자의 우열관계가 완전하지 못한 것(분꽃의 붉은꽃 : 분홍꽃 : 흰꽃)
이 경우 F_1 같은 것을 중간잡종이라 한다.

불완전 우성의 F_2 분리비 = 1 : 2 : 1
붉은꽃 × 흰꽃
↓
분홍색(F_1)
↓
붉은 꽃 : 분홍꽃 : 흰꽃 = 1 : 2 : 1

2) 부분적 우성

부분에 따라 우성형질이 나타나는 것

3) 우열전환

고추의 꼬투리가 처음에는 상향이었다가 뒤에 하향으로 바뀌는 섯(시기에 따라 우열의 관계가 바뀌는 것)

4) 격세유전

조상의 형질이 먼 후대에 나타나는 것
① 부유(副乳) : 한 쌍의 유방 외에 작은 유방
② 온몸이 털로 덮인 사람
③ 꼬리

5) 등위유전

우열관계가 없는 경우(**예** 누에의 호랑무늬와 갈원무늬)

6) 지체유전

유전자의 표현이 1대씩 늦어지는 경우

(4) 멘델에 의한 F_2의 이형접합체 분리비율 ⇒ 1 : 2

(5) 비대립유전자 상호작용

1) 유전자의 상호작용

유전자가 형질 발현 시 원칙적으로 대립유전자 간에 서로 영향이 없고 독립적이다(독립의 법칙). 그러나 대립유전자 간에 서로 형질 발현에 영향을 끼치는 경우 상호작용이라 한다.

※ 대립유전자 간 상호작용

① 불완전우성에서 대립유전자 형질의 비는 1 : 2 : 1이다.

② 공동우성 : 두 쌍의 대립유전자가 함께 작용하고 공존하는 것

③ 우열전환 : 처음에는 상향이었다가 뒤에 하향(시기에 따라 우열 관계가 바뀌는 것)

　　예 고추의 꽃받침, 꽃잎, 과실 모두 상향이었던 것이 시간경과에 따라 하향

④ 복대립유전자

　　㉠ 염색체상의 같은 유전자좌에 동일형질에 관여하는 3개 이상의 유전자군

　　㉡ F_2 표현형의 분리비=3 : 1

　　㉢ 식물의 자가불화합성 유발

　　　　예 혈액형 A, B, O형의 관계는 A=B>O(즉, A와 B형은 O형에 대해 우성이면서 서로는 우열관계가 없다.)

+ Reference

복대립유전자설
- 분화된 거리가 먼 것끼리 합쳐질수록 강세가 크게 나타난다.
- 같은 유전자좌(locus)에 몇 개의 유전자가 있어서 모두 같은 형질을 지배하면서 서로 다른 표현형을 나타낼 때 이들을 복대립유전자라 한다.

비대립유전자 간 상호작용(inter allelic interaction) : 비상동염색체에 있는 유전자들 간 상호작용

2) 보족유전자

비대립유전자가 공동작용으로 한 가지 표현형을 나타냄

(스위트피 F_2의 표현형 분리비는 유색 : 무색=9 : 7) ⇒ 이중열성상위

3) 조건유전자(일종의 보족유전자)

다른 것의 존재를 바탕으로 형질발현
(토끼 털색 F_2의 표현형 분리비는 9 : 3 : 4) ⇒ 열성상위

4) 피복유전자(비대립유전자의 상호작용)

대립유전자가 아닌 서로 다른 우성유전자인데도 우성처럼 작용하는 유전자
(호박 과색의 F_2의 표현형 분리비는 12 : 3 : 1) ⇒ 우성상위

5) 억제유전자

두 쌍의 비대립유전자 간에 자신은 아무런 형질도 발현하지 못하고 다른 우성유전자의
작용을 억제시키기만 하는 유전자(누에고치 색깔 F_2의 분리비는 13 : 3)

6) 동의유전자

① 중복유전자 : 두 유전자가 형질 발현에 있어 같은 방향으로 작용하면서 누적효과를
나타내지 않고 표현형이 같은 유전자(냉이의 꼬투리 모양 F_2의 분리비는 15 : 1)
예 부채꼴(CCDD) × 창꼴(ccdd)에서 부채꼴 C와 D 어느 것 하나만 있어도 부채꼴
② 양적유전자(동의유전자의 대부분) : 중복유전자와 달리 누적적 효과를 보인다.
  ㉠ 각 유전자의 지배비가 같을 경우－동가동의유전자
  ㉡ 각 유전자의 지배비가 다를 경우－이가동의유전자

7) 복수유전자

두 유전자가 동일방향으로 작용하면서 누적적인 효과를 나타내는 것
키, 돼지의 털색, 귀리의 입색, 수량(F_2의 분리비는 9 : 6 : 1)

8) 변경유전자

단독으로는 형질 발현에 아무런 작용을 하지 못하지만 주동유전자와 공존 시 작용을 증
대 또는 감소시키도록 작용하는 다른 유전자이다. 주동유전자가 없으면 변경유전자도
나타나지 않는다.

9) 치사유전자(헤테로 상태만 존재하게 함)

우성유전자가 호모 상태로 존재 시 그 배우자나 개체를 죽게 하는 작용이 있는 유전자이
다. 유전물질에 결함이 생겨서 연유된 것이므로 복귀되지 않는다.

예 생쥐의 털 색깔

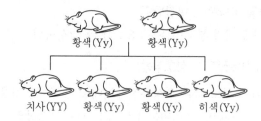

① 배우자 치사유전자

배우자 상태에서 배우자를 죽게 하는 원인이 되는 유전자이다.

불임성의 원인, 1 : 1의 이상분리

② 접합자 치사유전자

수정 후 개체발생과정에 있는 접합체를 죽게 하는 원인이 되는 유전자이다.

③ 반성치사유전자

치사유전자가 성염색체상에 위치하여 암수에 따라 치사작용에 차이를 나타내는 경우

④ 평형치사유전자(초파리, 옥수수, 질경이, 금어초, 달맞이꽃)

2개의 열성치사유전자가 작용하는 경우로 homo인 개체는 치사하고 hetero 개체만 살아남는다.

> **Reference**
>
> **접합자 치사유전자**
> - 열성치사유전자 : 호모상태일 때 우열에 관계없이 치사작용이 생기는 경우
> - 우성치사유전자 : 호모 및 헤테로 상태일 때 둘 다 치사작용이 생기는 경우
> - 아치사유전자 : 치사유전자를 가진 개체의 일부가 생존하여 후대를 남기는 경우
> - 완전치사유전자 : 치사유전자를 가진 개체가 100% 죽는 경우

(6) 유전물질

① 파지(phage) : 박테리아에 기생하는 바이러스, 파지의 유전물질은 DNA

② TMV : 단백질과 RNA로 구성, TMV의 유전물질은 RNA

(7) 형질전환(transformation)

유전물질이 살아 있는 세포에 흡수되어 그 유전적 특성이 살아 있는 세포에서 발견되는 현상

(8) 형질도입

파지에 감염된 박테리아의 유전물질이 증식되는 파지에 끼어들어 갔다가 이것이 감염될 때 다른 박테리아로 옮겨져 박테리아의 후손에서 그 형질이 발현되는 현상

(9) 핵산

기본단위는 뉴클레오티드(nucleotide : 5탄당, 질소염기 및 인산)

(10) 유전정보

핵산의 염기서열에 수록

(11) 성과 유전

1) 성염색체

염색체 중 그 조성에 따라 암수의 성이 결정되는 것

> 한쪽 성은 헤테로, 다른 한쪽 성은 호모
> ♂ : XY, XO   ♀ : XY(ZW), XO(ZO)

구분		수컷	암컷
수컷 hetero형	XO형	XO	XX
	XY형	XY	XX
암컷 hetero형	XO(ZO)형	XX	
	XY(ZW)형	XX	XY

2) 상염색체

성염색체를 제외한 그 밖의 염색체들

3) 성이상(성변경유전자 ⇒ 간성, 성전환)

① 간성

외관상 암수구별이 불분명한 것으로, 암컷 결정인자와 수컷 결정인자의 양적 관계에 의해 나타남

② 성전환

동일한 개체가 하나의 성으로부터 반대의 성으로 변환하는 현상

③ 성모사이크

한 개체가 암·수의 특징을 모두 갖는 것

> 원인 : 성숙분열이 끝난 난핵이 한 번 더 분열하여 한 개의 난에 두 개의 정자가 들어간다.
> 한 개의 난에 두개의 난핵이 있고 거기에 두 개의 정자가 들어간다.

4) 반성유전

① 어떤 형질을 발현하는 유전자가 성염색체에 있을 경우, 그 형질이 성과 특정한 관계를 가지는 유전

② 형질을 지배하는 유전자가 성염색체인 X 염색체상에 있을 때 나타나는 유전현상

③ 수컷 헤테로형 반성유전은 X 염색체에 반성유전자가 나타나고, 암컷 헤테로형 반성
유전은 Z 염색체에 반성유전자가 나타난다.

5) 한성유전

① 단발유전자(암컷 또는 수컷 어느 한쪽만 나타나는 유전형질)

② 어떤 형질을 발현하는 유전자가 성염색체에 있고, 그 형질이 특정한 한쪽 성에만 한정
되어 나타나는 것

6) 종성유전

상염색체에 있는 유전자라도 그 형질발현이 암 · 수 성에 따라 우 · 열 관계가 달라질 때
나타나는 유전현상이다.

> 한성유전과 종성유전의 차이 : 유전형질이 반성유전자에 지배되느냐의 여부에 따라 차이가 난다.

(12) 세포질유전(비멘델식 유전)

① 모친의 유전자형에 의해 표현형의 특성이 지배된다.

② F_1은 항상 모친과 같은 표현형을 나타낸다.

③ 멘델식 유전인 보통유전에서는 F_1에서 우성형질을, F_2에서는 우성 : 열성=3 : 1로 표현
되나, 모성유전은 F_2에서 우성, F_3에서 우성 : 열성=3 : 1로 분리되는 지체유전을 한다.

1) 세포질이 독립유전물질로 작용하는 경우

① 나팔꽃의 잎색깔
세포질의 색소체에 의한 지배(색소체는 난세포의 세포질에 의해서만 다음 세대에 전
달된다.)

② 색소체유전 : 세포질의 색소체가 직접 유전물질로 작용하는 경우
모성유전 : 다음 세대의 형질이 어미에 의해서만 지배되는 것

2) 세포질이 핵유전자와 공동으로 작용하는 경우

플라즈마
색소체처럼 확연한 존재가 아니고도 세포질 속에 있는 미세한 유전입자를 가정한 것
→ 대체로 모성유전하며, 핵 유전자의 형질 발현에 영향을 끼친다.

(13) 유전자의 연관(멘델의 독립의 법칙이 적용되지 않음)

두 쌍의 대립형질이 두 쌍의 대립유전자에 의하여 발현되고 두 쌍의 유전자가 서로 다른 상
동염색체에 실려 있을 때는 각각 독립적 행동을 하지만, 동일한 상동염색체에 실려 있을 때

에는 각각 독립이 아닌 집단적 행동을 취한다. → 같은 상동염색체에 실려 있는 대립유전자들이 집단행동을 취하는 것

1) 완전연관

AAbb×aaBB의 F_2세대에서 AABB와 aabb(homo)가 나타나지 않는다.

2) 부분연관(불완전연관, 교차) : 감수분열 전기 때 태사기에서 발생

① 동일한 상동염색체에 실려 있던 대립유전자라도 그 집단적인 행동의 일부가 파괴되어 유전자 연관관계가 완전하지 못하고 부분적인 것

② 유전자 연관관계가 일부 파괴되는 원인 : 염색체 교차가 생겨 일부 유전자가 서로 조환됨

ⓐ 교차형 : 염색체 교차가 생겨서 일부 대립유전자가 조환된 배우자

ⓑ 비교차형 : 교차가 생기지 않은 배우자

3) 상인과 상반

① **상인** : 양우성이나 양열성인 배우자가 단우성보다 많이 생기는 것

② **상반** : 배우자 형성에 양우성과 양열성이 단우성의 것보다 적게 생기는 현상

양우성·양열성 배우자는 비교차형, 단우성 배우자는 교차형이 된다.

(14) 염색체 변이

1) 염색체의 구조적 변화(부분적 이상)

염색체의 정상적 구조에 어떤 변화가 생기는 것

① **절단** : 염색체가 절단되어 단편을 만들어서 염색체 수가 증가한 것처럼 되는 것

② **결실** : 일부 단편이 세포 밖으로 망실되는 것. 결실이 염색체 중앙부에 생겼을 때는 삭제라고 한다.

③ **중복** : 염색체의 일부 단편이 정상보다 더 많아지는 것

④ **전좌** : 염색체의 일부 단편이 비상동염색체로 자리를 옮기는 것

⑤ **역위** : 염색체의 일부 단편이 절단되었다가 종래와 다르게 유착되어 유전자의 배열이 그곳부터 반대로 된 것

2) 염색체의 수적변화(수적변이)

① 게놈 : 어떤 생물종이 생존하는 데 필수불가결한 최소 염색체의 1군(염색체 세트)

ⓐ **벼의 염색체 수 2n = 24, 연관군은 12개**

ⓑ 무, 배추 : 2n = 18

ⓒ 옥수수(2n = 20), 밀·귀리(2n = 42), 보리·호밀(2n = 14), 목화·참깨(2n = 26), 양파·파(2n = 16)

② **이수성(염색체 이수현상)**

한 게놈을 구성하는 염색체들 중 1개 또는 몇 개의 염색체가 증감하는 현상

③ **불분리현상**

감수분열 시 상동염색체가 1개씩 양극으로 분리되지 않고 2개 모두 한쪽 극으로 함께 가는 현상 발생 시 이수성 유발

(15) 돌연변이

① 교잡·수분의 자극 없이 다른 어떤 원인에 의한 유전질의 변이가 생겨 어버이와 다른 형질이 나타나는 현상이다.

② 자외선 260nm 파장범위에서 광선을 최고로 흡수하는데, UV의 이 범위는 미생물에서 최고의 돌연변이를 일으키는 파장범위이다.

③ 체세포 돌연변이 : 유전에 의하지 않음, **영양번식에 의해 유기**, X선에 의해 유기

(16) 자식약세와 잡종강세

1) 자식약세

① 타가수정 작물을 자식시키면 생육세가 약해지고 수량이 감소하는 현상

② 타가수정 작물을 자식하면 세대 경과에 따라 호모(homo) 상태의 유전자형이 많아진다.

2) 잡종강세

자식약세된 것을 다시 교잡하면 세력이 회복되고, 자식 개시 이전보다 세력이 강해지는 경우가 발생한다.

3) 잡종강세의 기구

① 비대립유전자 간의 작용

㉠ 우성유전자 연쇄설

㉡ 유전자 작용의 상승효과설

② 대립유전자 간의 작용

㉠ 초우성설

㉡ 복대립유전자설

(17) 크세니아(花粉直感)

모체의 일부분인 배젖에 아비의 영향이 직접 당대에 나타나는 것

例 ① 메벼(S)는 찰벼(ss)에 우성

② 찰벼의 암술에 메벼의 꽃가루를 가루받이하면 찰벼 위에 메벼가 맺힌다.

메벼(♂, SS)+찰벼(♀, ss) 하면 중복수정이 이루어져

정핵(S)+알세포(s) → 배(Ss)

정핵(S)+극핵(ss) → 배젖(Sss) 메벼(F1)

(18) 메타크세니아

정핵이 직접 관여하지 않는 모체의 일부분에 꽃가루의 영향이 나타나는 것

例 단감 꽃에 떫은감의 꽃가루 수분 → 단맛이 감소

떫은감 꽃에 단감의 꽃가루 수분 → 떫은 맛 감소

즉, 과일의 맛에 꽃가루의 영향이 나타나는 것

5 육종방법

(1) 도입육종법

비용이 적게 들고, 단시일 내에 신품종을 얻을 수 있다.

(2) 분리육종법(선발육종법)

지방종을 순화하거나 기성품종을 재선발할 때 기본식물을 유지할 때 이용한다. 자연적으로 이루어진 혼계집단에서 우수한 순수계통은 새로 분리·선발하여 신품종으로 육성한다.

1) 순계분리법(선발법)

> 유전적 조성이 같은 순계 내에서는 선발의 효과가 없다.

① 자가수정 작물에 주로 이용하며(개체별 선발), 기본집단에서 개체를 선발하여 우수한 순계를 가려낸다(벼, 보리, 콩).

기본집단(혼형집단) → 1년째(개체선발 위한 집단재배) → 2년째(선발된 개체를 계통재배하고 특성을 검정한다.) → 3년째(고정된 계통들을 선발하여 생산력 검정시험) → 4년 이후 2~3년간 더 생산력 검정시험 실시 → 적응성 시험(6~8년째)

② 타식성 작물

유전적으로 hetero이므로 5~6세대 정도의 자식세대를 경과시킨 다음 비로소 순도 검정(자식약세 현상이 일어나지 않는 작물에만 이용가치가 있다(오이, 참외, 호박, 수박).

③ 적용대상

재래종이 유전적으로 불순하여 어떤 특정 형질에 대해서 분리되는 경우, 재래종이 어떤 특별한 약점이 있는 경우, 재래종에 어떤 우량한 점이 있다고 생각이 되는 경우

타식성 작물에서 순계분리육종법을 적용시킬 시

• 순계를 얻기 위해서는 인공수분으로 자식시켜야 한다.

• 순계를 얻는 데 있어서 자가수정 작물보다 더 많은 기간을 필요로 한다.

• 순도 검정은 5~6세대의 자식세대가 경과한 후에야 가능하다.

• 자식약세 현상이 일어나지 않는 타식성 작물(오이, 참외)에서만 이용가치가 있다.

• 타식성 작물 중 내혼약세(자식약세) 현상이 문제되는 것 : 양배추, 배추, 양파

• 타식성 작물 중 내혼약세(자식약세) 현상이 문제되지 않는 것 : 수박, 호박, 오이

■ **자주 출제되는 문제 및 용어풀이**

• 도태 : 우량품종의 순도를 유지하는 과정에서 수행

• 순계선발 시 1개체에서 수확된 종자는 1계통으로 재배한다(50개체 수확 시 다음 해에는 50계통으로).

• 핵형분석의 목적 : 식물의 유연관계 규명

• 순계분리육종

 −1년째 : 개체선발을 위해 집단재배

 −2년째 : 선발된 개체들을 계통재배하고 특성검정을 한다.

 −3년째 : 고정된 계통들을 선발, 생산력 검정시험

 −4년째 : 생산력 검정에서 우수한 계통들을 지방적응연락시험에 공시

 자식성 식물을 비교적 넓은 면적에서 장기간에 적은 노력과 비용으로 감별이 곤란한 형질과 용이한 형질에 관하여 다같이 효과적으로 선발할 수 있다.

• 자가수분식물의 호모화 : F_1(50%) F_2(75%) F_3(87.5%)

2) 계통분리법

재래종이 타 품종과 교배시 우량형질의 발현이 예상되는 경우

① 순계분리처럼 완전한 순계는 얻기 힘들다.

② 기본집단에서 처음부터 집단적인 선발 → 우수한 계통분리

③ 자가수정 작물은 단기간에 비교적 순수한 집단을 얻을 수 있어 채종용으로 쓴다.

 ㉠ **집단선발법 : 주로 타식성 이용**

  ⓐ 기본집단 → 비슷한 우량개체선발(집단으로) → 집단재배(약 3년) → 격리포장에서 증식 → 생산력 검정시험 → 지방적응성 시험 → 새 품종

  ⓑ 자식성의 경우

   발수법 이용, 원품종에서 이형을 없애는 정도(농가에서 자가용 채종을 할 때 흔히 사용한다.)

 ㉡ **계통집단선발법(타가수정 작물의 분리육종법)**

  ⓐ 양적형질의 선발은 개체를 대상으로 할 수 없으므로 선발한 개체를 계통재배하고 그 계통을 서로 비교하여 선발한다(육성 고정품종의 열악화를 방지하기 위하여, 또는 품종의 특성을 유지하기 위해).

  ⓑ 자식성의 경우 : 원원종포에서 우량품종이나 육성된 신품종의 특성을 유지하기 위해

ⓒ **일수일렬법** : 한 이삭에서 얻은 종자를 1열로 재배하는 것으로, 계통집단 선발법의 변형으로 타식성에서 주로 이용한다(직접법, 잔수법 : 옥수수에서 많이 이용).

  ⓐ 잔수법

   계통재배 시 생산능력검정을 먼저 실시하고, 나머지 종자를 제3년째 일수일렬로 재배한다.

  ⓑ 직접법

   재료집단에서 개체선발 바로 직후에 1수 1열로 재배한다(잔수법보다 1년 먼저 생산력 검정을 시작한다).

ⓔ 성군집단선발법

   타식성 작물에서 재래종의 개량에 이용하는 것으로 집단선발법을 특성에 차이가 있는 몇 가지 군(群)으로 나누어서 실시하는 방법이다. 단시일 내에 비교적 균일한 계통을 얻을 수 있고 군 간의 생산력 비교가 가능하다. 실용적 가치와 순도는 높지만 순계라고는 할 수 없다. 재료집단을 비슷한 형질을 기준으로 하여 몇 개의 소군으로 나눈 다음 선발한다.

3) 영양계분리법

① 영년생식물(永年生植物 : 과수류, 뽕나무, 차나무, 화목류, 임목)이나 고구마, 감자, 양딸기 등과 같이 영양체로 번식하는 작물들의 자연집단이나 재래품종에서 우량한 영양체를 분리하는 방법

② 아조(牙條)변이, 유전적 변이 등 변이체 분리 → 영양계 육성(고정 불필요)

■ 자주 출제되는 문제 및 용어풀이

- 클론(clone, 營養系) : 영양번식에 의하여 번식된 개체
- 영양번식을 하는 식물은 식물개체 간에는 유전조성이 동일하다고 볼 수 있다(헤테로성이 작다).
- 영양계선발법과 실생선발법의 근본적 차이
  실생선발법은 교잡의 과정을 거쳐 종자로서 육종하는 방법이지만, 영양계선발법은 교잡의 과정이 없고 모두 영양번식에 의존한다.
- 타식성 작물의 계통분리법으로 적합한 것 : 집단선발법, 일수일렬법, 성군집단선발법
- 집단선발법은 목적형질에 대해서만 어느 정도 호모화시킬 수 있고, 근본적으로 타식성 작물에 대해서 모든 형질의 호모화는 불가능하다.
- 선발(選拔) : 계통선발보다 계통군을 먼저 선발, F_2세대에서의 수량에 대한 개체선발은 의미가 없다. 질적 형질에 대한 조기선발은 효과적이다.
- 교배에서 나온 잡종을 대상으로 선발할 때의 일반적인 원칙
  유전력이 낮은 형질은 후기선발을 실시한다.
- 선발을 하는 데 계통재배가 유리한 이유는 호모접합성 여부의 판정이 쉽고 유전자형 간 비교가 용이하기 때문이다.
- 조기선발에 유리한 경우 : 감별이 용이한 질적 형질

(3) 교잡육종법

교잡에 의한 유전적 변이 작성(벼, 보리, 밀 등의 개량 육종에 이용)

① **조합육종** : 어버이의 우량형질을 새 품종에 모아 재배적 특성을 종합적으로 향상시키는 것

② **초월육종** : 어버이가 갖지 못한 새로운 우수형질을 새 품종에 발현시키는 것

1) 자식성의 경우

① 계통육종법(자식성 작물에 적용)

㉠ 교잡 → F_2세대(잡종분리세대)부터 순계분리법에 준하여 개체선발과 선발개체의 계통재배 계속 → 우수한 순계집단을 얻어 신품종 육성 : 세대단축의 장점

㉡ $F_1 \sim F_4$(선발) → F_5(생산력검정 예비시험) → F_6(본시험) → F_7(지방적응시험)

㉢ 최초의 개체선발, 계통성립은 F_2(F_1은 획일적이고 F_2에서는 분리가 일어난다.)

㉣ F_3부터 계통재배

㉤ 유전자형의 표현이 환경에 의해 크게 영향받지 않는 형질을 대상으로 했을 경우에 효과적이다.

㉥ 유전력이 높은 양적 형질, 감별이 용이한 형질을 개량하는 데 유리하다.

㉦ 적어도 계통이 분명한 것을 모본으로 삼아야 한다.

㉧ 양친을 비교용으로 동반해 나가는 것이 좋다.

㉨ 작은 면적이 소요된다.

㉩ 초기세대부터 고정된 유전형을 선발할 수 있다.

㉪ 조기선발이 유리하다.

② 집단육종법(람쉬육종법) : 벼, 보리 등의 자식성 작물에 적용

㉠ 계통이 고정되는 $F_5 \sim F_6$ 세대까지는 교배조합별로 보통 재배하여 집단선발 → 계통선발법으로 전환

㉡ $F_1 \sim F_6$(보통재배) → F_6(개체선발) → F_7(순도조사) → F_8(생산력검정예비시험) → $F_9 \sim F_{12}$(생산력검정시험)

㉢ **폴리진(polygene)**이 관여하는 양적형질(수량)은 후기 세대에 가서야 비로소 순수하게 분리되므로 초기에는 집단선발한다.

㉣ 다수의 유전자가 관여되고 연관을 고려할 때, 후기세대에 선발하는 것이 유리할 때

㉤ 잡종초기세대에 집단 재배하는 이유
자연도태를 유리하게 이용하기 위해, 양적형질의 호모화를 피하기 위해, 수량형질을 선발하기 위해

㉥ 잡종세대를 진전시키면 호모개체의 비율이 증대된다.

㉦ 집단 내 호모 개체비율이 80% 정도일 때부터 시작한다.

㉧ 장점 : 잡종 집단을 취급하기가 용이하다. 유용한 유전자를 상실할 염려가 적다.

자연선택을 유리하게 이용할 수 있다.

    ⓩ 후기선발이 유리하고, 육종연한이 길다.

> **＋ Reference**
>
> **잡종집단**
> - 세대가 진전됨에 따라 동형접합성이 증가된다.
> - 잡종집단에서는 개체 간에 경합이 일어난다.
> - 잡종집단 내에서 자연도태가 이루어진다.

> 집단육종법이 계통육종법에 비해 자연도태를 유리하게 이용할 수 있다.
> 집단육종법이 계통육종법에 비해 잡종 집단의 취급이 용이하다.

> **＋ Reference**
>
> **1개체 1계통법**
> 온실 등의 세대촉진 조건하에서 유용하게 이용할 수 있고, 육종연한을 줄일 수 있다.
> 한 개체를 한 계통으로 생각하고 초기세대를 진전시키는 법으로 유용유전자를 상실할 염려가 적다.
> 소면적에서 많은 조합을 취급하면서도 세대촉진에 유리한 육종법이다.

> **＋ Reference**
>
> **계통육종법과 집단육종법의 비교**
> - 계통육종법은 인위선발의 오류가 염려되고, 집단육종법은 자연선택의 불확실성이 염려된다.
> - 계통육종법은 육종연한의 단축을 기대할 수 있으나, 집단육종법은 육종연한이 길다.
> - 계통육종법은 유효유전자를 상실할 염려가 있으나, 집단육종법은 그럴 염려가 적다.

③ **파생계통육종법** : 계통육종법과 집단육종법의 절충

    ㉠ 자가수정 작물, F_2에서 계통선발한다.

    ㉡ 주동유전자에 지배되는 질적 형질(조만성, 내병성, 품질)을 초기에 선발한다.

    ㉢ 초기세대 분리형질과 후기세대 분리형질(양적형질) 모두 이상적으로 선발한다.

    ㉣ 이점 : 집단육종법에 있어서 양적형질의 경합에 의한 우량개체가 없어질 염려가 적고, 포장면적과 육종연한도 감소 또는 단축할 수 있다.

④ **여교잡육종법**

    ㉠ 여교잡 횟수가 많을수록 반복친과 같아진다.

    ㉡ 여교잡은 자식시킨 것보다 F_2세대에서 유전자형의 출현이 단순해진다. 자식한 경우에 비해 동형접합체 비율은 같으면서 희망 유전자형 비율이 더 높다.

    ㉢ 우량유전자 도입, 복수유전자 집적, 다수품종 형질의 수렴

    ㉣ 우량품종을 반복친으로 한다.

    ㉤ 여교잡 4세대 정도에 가서 대개 중단하고 자식시킨다.

    ㉥ 목표형질과 불량형질과의 연관이 약할수록 반복친의 형질을 빨리 회복할 수 있다.

ⓐ 재배품종이 가지고 있는 **한 가지 결점**을 개량하는 데 가장 효과적인 육종법이다.

ⓑ 대립유전자의 수가 많을수록 백크로스(back cross, 역교배) 횟수를 늘려야 고정비율이 높아진다.

ⓒ 반복친을 자방친으로 하면 교배의 성공 여부를 판단하기 쉽다.

ⓓ 자식의 경우보다 homo 개체의 출현비율이 높다.

ⓔ 횟수를 늘릴수록 반복친에 가까워지므로 치환된 염색체의 수는 적어진다.

ⓕ 목표형질이 우성인 경우 F_1에서 바로 식별이 가능하지만, 열성인 경우에는 후대검정을 통해서만 가능하므로 시간과 노력이 더 많이 소요된다.

■ 자주 출제되는 문제 및 용어풀이

- 여교잡에서 열성형질을 이전하려고 할 때 F_2를 전개해야 할 세대 : BC_1F_1
- 여교잡의 반복친 : 하나의 결점을 가진 장려품종
- 여교잡에서 반복친을 자방친으로 사용했을 시
  - 불리한 경우 : F_1의 불임이 심할 때
  - 유리한 경우
    - 교배의 성공 여부를 판단하기 쉽다.
    - 반복친을 연중 재배하여 F_1만 개화하면 언제든지 교배할 수 있다.
    - F_1 한 개의 꽃으로 여러 개의 교배종자를 얻을 수 있다.
- 여교잡육종 시 고려할 점
  모본선정, 교배방향, 여교잡의 횟수, 유전형질의 유리, 이끌어가야 할 집단의 크기, 계통평가의 문제점
- back cross(BC_1F_1)에서는 자식 F_2에 비하여 희망하는 유전자형의 출현비율이 높다.
- back cross 육종법을 가장 효과적으로 적용할 수 있는 경우 ⇒ 우성유전자 도입

⑤ **다계교잡육종법(복교잡육종법)**

자가수정 작물에서 여러 품종의 우수형질을 함께 모으거나 보통으로 출현하기 힘든 특정형질을 얻을 때 이용한다.

2) 타식성의 경우

① 자가가임의 경우 : 성군선발법을 적용한다.

② 자가불임 또는 자웅이주의 경우

ㄱ **조환육종법**

ⓐ 비교적 순수한 집단을 만든 뒤 목표 형질을 가진 개체를 골라 조합별로 교잡한다.

ⓑ 단간소립인 것과 장간대립인 것을 교배하여 단간대립인 것을 육성하는 것

ⓒ 양친이 가진 우수한 유전자들을 한 품종에 모으는 것

ㄴ 혼합교잡법

ⓐ 자가불임 작물은 원래 헤테로 상태이므로 열성형질(호모 – 약세)을 목표하지 않는 한 혼합교잡을 시킬 필요가 있다.

ⓑ 특색 있는 2개 기본집단에서 여러 개체를 선발하여 섞어 심고 혼합교잡을 유도한다.

(4) 종 · 속간 교잡육종

교잡육종법보다 더 넓은 범위에서 풍부한 유전자 도입목적(종간 · 속간 교잡하여 유용한 신종작물 획득)으로 사용

Reference

난점
- 교잡하기 힘들다 : DNA조환, 세포융합기술 이용
- 잡종식물이 불임성을 나타내기 쉽다.
- 위잡종이 생기기 쉽고, 진정잡종이라도 종자립이 너무 작아 발아가 곤란하다.
- 불량유전자 도입이 쉽다.

---

(5) 잡종강세육종법

1) 잡종강세

유전적으로 헤테로 상태인 잡종의 생육세가 훨씬 더 강한 현상으로 타식성에서 현저하다.

2) 1대 잡종이용 작물

옥수수, 수수, 사탕무, 사료작물, 해바라기, 토마토, 가지, 고추, 수박, 호박, 오이, 양배추, 양파, 배추, 담배, 유채

① **1대 잡종 육종법의 절대적 조건**
  ㉠ 양친품종이 순계이어야 한다.
  ㉡ F_1이 실용적이어야 한다.
  ㉢ F_1이 잡종강세를 고도로 나타내야 한다.

② **1대 잡종 품종의 생산물의 균일성이 매우 높은 이유** : 품종 내 개체들의 유전자형이 Aa와 같이 모두 헤테로이다.

③ 옥수수, 무, 배추(타식을 주로, 자식도 가능)에서 잡종강세도 크고 잡종종자를 대량으로 채종

3) 잡종강세 이용 시 갖추어야 할 조건

① 1회 교삽 → 많은 종자를 생산할 수 있어야 한다.
② 교잡조작이 용이해야 한다.
③ 단위면적당 재배에서 요하는 종자량이 적어야 한다.
④ F_1을 재배하는 이익이 F_2종자를 생산하는 경비보다 커야 한다.

4) 잡종강세를 이용한 식물의 생태

식물이 왕성해진다, 식물체 내의 내용성분이나 함량이 변화한다, 개화기와 성숙기가 촉진된다, 외계의 불량조건에 대한 저항력이 강해진다.

5) 조합능력의 검정

단교배, 톱교배, 2면교배

① 단교배

ㄱ 특정한 자식계를 다른 여러 자식계와 교잡하여 여러 자식계들의 특정조합 능력을 검정하는 방식이다. 이때 여러 자식계와 교잡되는 특정한 자식계를 검정친이라고 한다.

ㄴ 특정조합능력 : 특정한 계통과 조합될 때만 높은 잡종강세, 유전자의 상호작용에 기인한다.

② 톱교배

ㄱ 적당한 품종, 복교잡종, 합성품종 등을 검정친으로 하여 여러 자식계를 교잡하고 그들의 일반조합능력을 결정하는 방법이다.

ㄴ 일반조합능력

자식계통이 많은 검정용 계통과 교배되었을 때 그 F_1들이 나타내는 평균 잡종강세의 정도를 말한다. 생활에 유리한 우성유전자들의 집적에 나타난다. 어떤 계통과 조합되더라도 보편적으로 높은 잡종강세를 보이며, 우성유전자들의 집적이다.

③ 2면교배

여러 자식계를 둘씩 조합 교배하여 그들의 특정조합능력과 일반조합능력을 함께 검정하는 방법

조합능력의 검정 시 톱교배검정법(자식계)과 다교배검정법(영양번식작물에서)의 차이
→ 공시계통의 자식과 타식계
조합능력의 검정시기 : 잡종강세의 기구(機構)와 육종의 규모에 따라 달라질 수 있다.

6) 생산방식

① 단교잡(A×B)

2개의 자식계/근교계교잡, F_1 잡종강세 발현도와 **균일성이 매우 우수하다.**

② 3계교잡(A×B)×C

ㄱ 단교잡된 F_1을 모계로 다시 자식계나 근교계에 교잡한다.

ㄴ 종자 생산량은 많고 잡종강세 발현도 높으나 균일성이 다소 낮다.

③ 복교잡(A×B)×(C×D) : 단교잡×단교잡 형태

종자의 생산량이 많고 잡종강세 발현도 높지만, 균일성이 다소 낮다.

④ 다계교잡[(A×B)×(C×D)]×[(E×F)×(G×H)] : 4개 이상의 자식계를 조합시킬 경우

ㄱ 복교잡 간의 교잡 또는 몇 해간 몇 계통을 격리포장에서 자유교잡 후 다시 그들 간의 교잡을 실시한다.

ㄴ 복교잡보다 생산량이 떨어지나 종자를 생산하기가 편리하다.

⑤ **합성품종(A×B×C×D×E×F×…×N)**

㉠ 계통 간 교잡에 의한 잡종품종 중에서 잡종종자의 생산이 가장 쉽다.

㉡ 복교잡에 비하여 일반적으로 수량이 떨어지지만 해마다 F₁ 교잡종자를 생산할 필요가 없고, **유전변이의 폭이 넓어 재해를 당했을 때 피해가 경감된다는 장점**이 있다.

⑥ 톱교잡

톱교배(일반조합능력 검정)하여 보다 성적이 좋은 것을 그대로 채종용으로 사용한다.

7) 조합능력 개량

① 누적선발법

자식초기에 계통 선발 → 우량계통 간 교잡 → 다시 근친교배에 의한 2차적 우량계통 육성

② 순환선발법 : 조기검정법 적용, 단기간에 순환적으로 계통조합능력을 높이는 방법

③ **상반순환선발법** : 일반조합능력과 특정조합능력의 쌍방에 대해 선발하는 방법

④ 집중개량법

8) 잡종강세 이용 육종 시 잡종강세가 가장 두드러지게 나타나는 것

단교잡(우량조합의 선정이 용이하고 형질이 균일하며 불량형질이 나타나는 일이 별로 없다.)

9) 복교잡

종자생산량이 많다(옥수수 이용), $(A×B)×(C×D)$

10) 합성품종의 장점(잡종강세)

해마다 F1 종자를 생산할 필요가 없다. 재해에 대한 피해를 덜 받는다. 집단선발에 의해 육성한다.

11) 2주교배법

쌍교배, 상사교배(相似交配), 조교배(組交配)

12) 3원교배조합

$(AA×BB)×CC$

13) 집중개량법

잡종강세에 관여하는 우성유전자를 back cross에 의해 집적하여 자식계통을 육성하는 방법

14) 조합능력

잡종강세 정도를 추정하는 방법에 있어서 양친 중 우수한 친과 F1을 비교하는 방법

15) 어떤 품종의 조합능력을 검정하고자 할 때 가장 앞서 해야 할 일

단교배를 하여 일반조합능력에 대한 선택을 한다.

(6) 자식성 작물의 잡종강세

① 자식약세가 적으며 잡종강세도 적은 것이 보통이다.

② **원연(遠緣)품종끼리의 교잡일수록 잡종강세는 뚜렷해진다.**

③ 잡종강세 현상이 뚜렷할지라도 1회의 교잡에 의해 생산되는 종자의 양이 적으면 실용적 가치가 없다.

④ 토마토, 가지, 담배 등은 한 번 인공교잡으로 많은 종자를 얻을 수 있고 잡종강세도 크므로 실제 이용한다.

(7) 자식성 작물의 단성잡종 분리세대에서의 호모(homo) 개체의 비율

$$1 - \left(\frac{1}{2}g\right)(g : \text{세대수})$$

① 조환가 0일 때 2개의 유전자조환을 생각할 경우 잡종후대에서 호모(homo) 개체의 출현 비율이 가장 높다.

② 조환가가 적으면 그만큼 유전적인 재조합의 기회가 적어지므로 우량개체의 출현율이 적어진다.

■ 자주 출제되는 문제 및 용어풀이

- 잡종강세가 나타나는 세대 : F_1(F_1 이후 세대는 유전적 분리가 발생한다.)
- 잡종강세 이용 육종이 가장 쉽게 적용 : 영양번식작물(F_1을 그대로 영양번식시킬 수 있으므로)
- 우성유전자 연관설 : 잡종강세 원인, 비대립유전자 간의 작용, 유전자 작용의 상승효과설
- 1대 잡종 이용 : 1대 잡종을 종자로 쓸 경우 매년 바꾸어 써야 한다.
- 잡종강세의 원인 : 우성유전자 연관설

---

(8) 배수성육종법

육종연한을 단축시키는 데 가장 효과적이다.

1) 특성

핵과 세포의 거대성, 저항성의 증대, 영양기관의 생육증진, 함유성분의 변화, 차과성의 감퇴, 임성저하와 화기 및 종자의 대형화, 발육지연

2) 배수성 이용 육종

염색체 수가 많은 식물보다 적은 식물에 적합하다. 배수체는 유전현상이 2배체보다 훨씬 복잡하여 우량한 변이를 얻으려면 많은 개체를 취급해야 한다. 자식성보다 타식성에 적합하고, 영양기관을 이용하는 식물에서 그 효율이 높다.

3) 동질배수체의 이용

① 염색체의 배가법 : 콜히친처리법, 아세나프텐처리법

㉠ **콜히친처리법**
　　　　　ⓐ 침지법 : 종자 또는 식물체에 처리하는데, 식물체에 할 때는 항시 생장점(뿌리 또는 줄기의 선단부)을 콜히친 수용액에 담그면 된다.
　　　　　ⓑ 적하법 : 0.1～0.8%의 콜히친 용액을 피펫으로 생장점에 반복하여 몇 방울씩 떨어뜨린다.
　　　　　ⓒ 라놀린법 : 무수라놀린에 콜히친을 가하여 연고를 만들어 생장점에 발라둔다.
　　　　　ⓓ 한천법 : 라놀린 사용과 같은 방법으로 한다.
　　　　　ⓔ 분무법 : 유탁액을 만들어 0.1～1.0%의 액을 살포한다.
　　　㉡ 콜히친의 세포분열 시 미치는 생화학적 작용 : 방추체의 형성 억제(분열에 장해 일으킴)
　　② 육종상 이용
　　　영양번식작물에서 이용성이 높다. 종자 자체가 재배 목적일 때는 결실성 저하로 이용률이 낮다.
　　③ 특징
　　　㉠ 세포가 크고, 영양기관 발육이 왕성하다.
　　　㉡ 임성이 저하되고, 함유성분에 변이가 발생한다.
　　　㉢ 내동·내건·내병성이 대부분 증가하거나 감소하는 경우도 있다.

4) 이질배수체의 이용

　　① 보통 복이배체를 작성·이용하는 것이 주가 된다. 잡종의 염색체를 당대에 배가시키거나, 어버이 염색체를 미리 배가시켜 교잡하는 방법이다.
　　② 육종상 이용
　　　㉠ 임성이 높아 종자를 목적으로 재배할 때에도 유리하다.
　　　㉡ 채소류, 화훼류, 과수류, 밀, 유채, 벼
　　③ 특징
　　　임성은 동질배수체보다 높다(어버이의 중간 특성을 나타낼 때가 많다).

> 육종연한을 단축하는 데 가장 효과적인 방법 : 반수체육종법(유리한 이유 : 1～2세대 안에 순계를 선발할 수 있다.)

■ **자주 출제되는 문제 및 용어풀이**

- 반수체육종법이 계통육종법과 다른 점 : 반수체육종에서는 분리되는 유전자형의 수가 계통육종법에 비해 현저하게 적다.
- 배수체의 임성이 저하되는 이유 : 감수분열시 배우자 형성이 불규칙하기 때문이다.
  2배체의 경우는 감수분열 시 n, n으로 배우자가 형성되는데 배수체에서는 매우 불규칙하게 이루어진다. 따라서 이들 배우자들의 접합이 잘 이루어지지 않는다.

- 이수체

  게놈 중에서 몇 개의 염색체가 더 붙거나 빠진 것을 말한다. 배수체도 이수체라고 할 수 있다. 국화의 대륜화, 사탕무의 내병성, 감수분열시 배우자의 게놈이 달라지므로 고정성이 거의 없다고 할 수 있다(라이밀＝호밀＋빵밀).
- 동질 3배체 : 사탕무, 씨 없는 수박
  - 동질 4배체 : 무, 코스모스, 피튜니아
  - 이질 배수체 : 라이밀
  - Triticale : 이질배수체의 라이밀(호밀과 빵밀 교배)
- 동질 4배체는 종자 또는 생장점을 콜히친(colchicine) 처리하여 얻는다.
- 염색체의 배수화로 인한 영양기관 증대의 원인 : 세포용적의 증가(내용물질의 함량이 증대되어 핵과 세포의 증대와 더불어 거대화를 초래)
- 동질배수체에서는 6배체 이상에서 형질이 감소되는 경향이 있는데 이것은 세포질과 염색체의 불균형에 의한 것으로 볼 수 있다. 이질배수체에서는 6배체에서도 형질이 더욱 증대하는 경향이 있지만 무한정은 아니다.(AABBCC)

(9) 돌연변이육종법

1) 특성

① 새로운 유전자를 **창성할 수 있다.**

② 단일유전자를 용이하게 변화(치환)시킬 수 있다.

③ 영양번식작물에서도 인위적으로 유전적 변이를 일으킬 수 있다.

④ 종래 불가능했던 자식계나 교잡계를 만들 수 있다(임성을 향상시킬 수 있다).

⑤ 교잡육종의 새로운 재료를 만들어낼 수 있다.

⑥ 방사선 처리하여 염색체를 절단하면 연관군 내의 유전자들을 분리시킬 수 있다.

2) 돌연변이 육종에서 선량률(線量率)은 생리적 장해 및 염색체변이에 영향

① 인위돌연변이 유발 시 가장 많이 쓰이는 방사능 물질 : P^{32}, S^{35}

② 돌연변이 유발 방사선

가시광선보다 파장이 짧은 것 : 자외선, X선, α선, β선, γ선, 중성자, 양자, 중량자

③ 조생온주밀감 : 자연돌연변이의 이용(온주밀감의 아조변이를 이용한 것이다. 아조변이 : 사과에서 가장 많이 발견, 이용되었다.)

④ 돌연변이율이 저하되는 조건 : N_2나 CO_2보다 산소가 충분한 조건에서 X선 처리를 하였을 때

⑤ 돌연변이 발생률

　㉠ 수분함량 : 수분함량에 따라 감수성의 차이는 방사선에 따라 다르며, X선에서는 종자의 수분함량에 따라 감수성이 16~20배나 달라지고, 중성자에서는 같은 조건에서 2배 정도 달라진다.

　㉡ 저장 : 방사선 처리 후 저장해두면 생리적 장해 증대, 돌연변이율 감소

ⓒ 영양물질

ⓔ 온도

ⓜ 대기 : 종자나 식물체를 X선 처리시 산소결핍 상태로, 질소 · 이산화탄소 속에 넣어둔다.

ⓗ 생육기

ⓢ 선량률 : 유전자 돌연변이율은 선량률과 관계없다. 생리적 장해, 염색체 변이는 관계있다.

ⓞ 방사선의 종류

ⓩ 방사선의 조합

ⓒ 배수체 : 배수체는 2배체보다 방사선 저항성이 크며, 또한 생존할 수 있는 형태적 · 생리적 돌연변이를 생성하는 비율이 높다.

ⓚ 세포 간 경쟁

3) 인위돌연변이 유발 시 방사능 물질의 사용이 방사선의 사용보다 유리한 점은 방사능 물질을 대상의 특정한 성장기에 처리할 수 있고 저선량을 장시간 방사할 수 있다는 것이다.

4) 키메라현상

변이세포와 정상세포가 조직 내에 섞여 있어서 한 식물체 내에서도 부분에 따라서 다른 형질을 나타내는 현상

⑥ 특성 및 성능의 검정방법

(1) 내병성 · 내충성의 검정

1) 내병성 · 내충성의 유전

① 벼 줄무늬잎마름병

애멸구에 의해 전염되는 바이러스 병으로 자포니카 품종의 저항성은 2쌍의 우성보족유전자에 의해 지배된다.

② 벼 흰잎마름병

모두 11개의 저항성유전자 중 8개는 단순우성이고 3개는 단순열성 유전을 한다.

③ 벼 도열병

곰팡이 병으로 벼의 전 생육기간을 통해서 가장 큰 피해를 주는 병해인데, Pi-계통의 저항성 유전자가 각각의 유전자좌에서 서로 복대립관계에 있다.

④ 벼멸구

식물체를 흡즙하여 직접 가해하는데 4개의 생태형이 밝혀졌으며, 벼멸구에 대한 저항성 유전자 Bph-1, bhp-2, Bph-3, bhp-4가 있다.

⑤ 흰등멸구

저항성 유전자는 4개의 우성유전자와 1개의 열성유전자가 밝혀졌다.

⑥ 끝동매미충

벼 위축병을 매개하며, 6개의 우성유전자와 1개의 열성유전자가 있다.

2) 내병성의 검정

① **병원균의 변이계통 : 균은 계통별로 저항성 유전자가 다르므로 그 지방에 알맞은 내병성 품종을 육성한다.**

② 작물의 종류나 병균의 특성에 따라 병의 발생을 촉진시키거나 병균의 인공접종을 실시한다.

③ **내병성 검정은 F2부터 시작한다.**

④ 내병성 육종시 한 개의 우성유전자에 의해 지배되는 내병성 품종이 이용하기 쉽다.

3) 내충성 검정

① 유전적 내충성 : 해충의 산란 · 식란 · 피복 등의 기호성, 내성, 생리적 저항성 등

② 내충성의 검정 : 해충의 상습 발생지를 택하여 실내 및 포장 검정한다.

③ 기호성 : 어떤 해충이 특이한 품종을 잘 식이하지 않는 것, 산란(産卵), 식이(食餌), 피복

④ 유전적 내충성 : 기호성, 내성, 생리적 저항성

4) 기상조건에 대한 저항성 검정

① 맥류의 내한성과 벼의 내건성을 검정할 수 있는 약제 : $KClO_3$($KClO_3$에 대해 항독(抗毒) 정도가 강한 식물체는 맥류나 벼에서 내한성, 내건성이 강하다.)

② 내랭성(耐冷性) : 벼의 유수형성기 및 여름의 저온은 출수지연과 불임유발

③ 내습성이 문제되는 작부체계 : 답리작(수도와 맥류)

④ 밀에서 수발아성의 차이를 검정할 때 가장 적당한 온도 : 15℃

5) 내비성의 검정

시비에 대한 증수효과가 두드러지는 성질

① 내도복성, 형태적 내비성(동화태세, 잎의 번무 정도), 생리적 내비성(추락현상의 정도)

② 병에 있어서 내비성 품종의 특성

㉠ 성숙기간이 길다.

㉡ 엽초를 포함한 줄기의 양이 잎의 양에 비해 상대적으로 크다.

㉢ 비교적 짧은 줄기에 두껍고 곧으며 경사진 잎을 가진다.

㉣ 전이율이 높다.

벼의 다수확재배 또는 기계화 생력재배 시 가장 문제되는 것 : 내도복성

6) 스트레스 내성

식물체에 가해지는 각종 환경스트레스에 대한 저항성

① 회피

　환경스트레스의 영향이 식물체내에까지 미치지 않는 기구에 의한 저항성

② 좁은 의미의 내성

　여기에 대해서 체내에 스트레스가 침입한 후에도 식물체 자신이 저항성을 나타낼 때

③ 수수형, 수중형, 다비재배시의 각종 스트레스에 대한 저항성으로 검정한다.

7) 저항성 품종을 육성할 때 육종가가 해야 할 가장 중요한 일

육성계통의 대상 병해충에 대한 저항성 검정

(2) 조기검정법과 품질검정법

1) 조기검정법

유식물검정법, 화분립 및 종자검정법, 초형 및 체형에 의한 검정법, 세대촉진과 단축을 이용한 검정법

2) 품질검정법

전기영동법이나 아미노산분석기는 단백질 검정을 하고, 페이퍼크로마토그래피나 가스크로마토그래피는 지방성분, HPLC는 당류나 소량의 유기성분을 검정, 분광광도계나 굴절계로는 아밀로오스 정량 · 효소활성측정 · 당도 측정 등을 검정한다.

(3) 생산력 검정

1) 생산력 검정을 위한 포장시험

오차를 줄이기 위해 시험구 1구의 면적을 작게 하고 반복수를 늘린다.

2) 생산력 검정

① 반복 검정한다. 시비수준, 재식밀도 등 처리를 포함하고, 보통재배법으로 검정하면, 비교품종이 필요하다.

생산력 검정 예비시험 → 생산력 검정 본시험 → 지방적응연락시험 → 농가실증 → 신품종
　　1~2년　　　　　　　　약 3년　　　↳ 계통번호가 붙는다.

② 신품종 육성 시 품질 면에서 가장 까다로운 작물 : 담배

3) 시험구 배치법

① 완전임의배치법

　　㉠ 실험 단위가 동질적인 경우에 효과적이며 환경조건을 쉽게 조절할 수 있는 실내실험이나 온실 및 pot 시험에 이용

　　㉡ 다루기 쉽고, 처리에 제약이 없으며, 계산이 용이하고, 처리당 반복수가 같지 않아도 무방하다. 1원 분류법이며, 지력이 균일한 포장에서 가장 효율적이다.

② **난괴법**

　　㉠ 시험포장의 지력이 한 방향으로 변화할 때 이용하며, 2원 분류법이다.

　　㉡ 처리(또는 품종)의 수가 너무 많지 않고 요인이 단 하나인 경우에 이용한다.

　　㉢ 효율이 100% 이상 → 완전임의배치법에 비하여 효율이 높다.

③ 라틴방격법

　　㉠ 한 번의 실험으로 가장 많은 정보를 얻어낸다.

　　㉡ 지력이 가로, 세로의 두 방향으로 변화하는 포장에서 실험하려고 할 때 이용한다.

　　㉢ 처리수와 반복수가 반드시 같아야 한다.

　　㉣ 상대효율이 188% → 난괴법으로 시험하는 경우보다 라틴방격법으로 시험하는 것이 효율적이다.

④ 요인시험

　　모든 분야의 연구에서 이용한다. 특히 어떤 요인이 중요한지, 적정수준이 어느 정도인지 알아내는 탐구적 연구에서 가장 가치 있는 실험이다.

⑤ 분할구배치법

　　㉠ 한 개 혹은 몇 개 요인의 수준과 관련된 처리가 실험단위당 실험재료를 많이 필요로 할 때 적합한 실험설계법

　　㉡ 작물에 대한 질소, 인산, 칼륨 비료효과를 알기 위한 실험에서 각 비료를 주구(主區)로 하고 각 주구 내에 품종들을 완전 임의로 배치한다.

7 신품종의 유지, 증식, 보급

(1) 종자의 퇴화

유전적 퇴화 : 자연돌연변이, 자연교잡, 이형종자의 기계적 혼입, 미고정형질의 분리

① 타식성(옥수수) : 근교약세, 역도태 → 유전적 도태

② 자식성(벼) : 자연교잡, 자연돌연변이, 미고정유전자형의 분리, 이형유전자 기계적 혼입, 자식약세

(2) 종자교환(종자갱신)

특정지역(채종지, 채종장)에서 채종한 종자와 교환하여 재배

(3) 우량품종 또는 우량종자의 생리적 퇴화원인

재배환경과 재배조건 불량

(4) 우량품종유지

① 유전적 퇴화방지 : 건조, 저온 → 호흡방지

② **품종의 퇴화방지와 특성유지 : 영양번식, 격리재배, 종자의 저온저장, 종자갱신**

(5) 종자갱신 사업내용

종자의 저장, 증식, 보급

(6) 종자갱신

벼, 맥류, 감자

포장	종자	기관
기본식물포		
↓ ー ー ー ー	기본식물종자	(농촌진흥청)
원원종포		
↓ ー ー ー ー	원원종	(도농업기술원)
원종포		
↓ ー ー ー ー	원종	일반재배포장의 80%의 채종량(도원종장)
채종포		
↓ ー ー ー ー	보급종	(종자공급소)
농가		

- 벼 품종의 종자갱신 연한 : 3년 1기, 4년 1기, 5년 1기
- 콩 품종의 종자갱신 연한 : 6년1기

(7) 채종재배

1) 재배지 선정

① 생리적, 병리적 퇴화를 막기 위해 종서(씨감자) : **고랭지에서 채종**

② 옥수수, 십자화과 등 타식성을 원칙으로 하는 작물 : 인위적 격절(격리법, 포피법)

③ 화본과(벼, 맥류) : 과도한 비옥지, 과도한 척박지 토양은 피한다.

2) 종자선택 및 종자처리

① 채종재배에 공용할 종자 : 원종포에서 생산 관리된 우량종자 선택

② 생리적, 병리적 퇴화 방지 위해 : 선종과 종자소독

3) 재배법과 비배관리

① 다소 영양생장을 억제(**질소 과용을 피하고, 인산 · 칼륨 시비**), 밀식 피하고, 도복 · 병
해충 방제, 점파, 격리재배, 포피법

② 이형주의 철저한 도태

③ 수확 및 조제

ⓐ 곡물류 : 유숙기 – 호숙기 – **황숙기(채종적기)** – 완숙기 – 고숙기

ⓑ 채소류, 십자화과 : 백숙기 – 녹숙기 – **갈숙기(채종적기)** – 고숙기

(8) 기본식물 양성포에서 개체집단 선발법

품종의 고유한 특성을 지니고 있는 개체만 선발하여 그 종자를 혼합하는 것

(9) 어떤 품종의 특성유지방법으로 보통 농가에서 행하는 것

개체집단 선발법 : 원하는 품종을 1본씩 남기고 이주를 제거해서 그 품종의 순도를 높이는 방법

(10) 생리적 퇴화방지 요인

채종지의 선택, 생육기의 조절, 충실한 종자의 선택

(11) 역도태(逆淘汰)에 의한 퇴화

① 관리 작업 중 기계적 혼입에 의해 일어나는 것

② 품종 내에서 채종 조건에 따라 개체군 간에 도태가 일어나는 것

(12) 품종 퇴화 원인

자연교잡, 미동유전자의 분리, 기계적 혼입

(13) 콩의 채종

밭(생리적 퇴화)에서 하는 것보다 논에서 하는 것이 유리하다.

(14) 십자화과 채소의 자가불화합성 계통 유지방법

뇌수분

(15) 옥수수

근교약세(타식성에서 일어남)

(16) $10^5 \sim 10^6$개의 유전자 중 1개꼴로 돌연변이가 일어남

(17) 벼와 옥수수의 종자 증식률

벼 : 100배, 옥수수 : 168배

(18) 다비소식

종자 증식포에서 좀 더 많은 가지를 확보하기 위해 다비소식을 한다.

(19) 교배친 선정 시

그 지역의 적응한 유전자를 가지고 있는 한쪽 친을 이용한다.

(20) 인공종자

우량한 F_1 식물체를 대량생산할 수 있다. 영양번식 식물을 종자번식 식물과 똑같이 취급할 수 있다. 농약, 비료, 생장조절물질 등을 첨가하여 생육을 촉진시킬 수 있다.

(21) 종자 장기보존

종자수분은 3~7%로 하여 -10~-18도의 조건에 저장한다.

(22) 종자 장기보존의 요인

종자의 수분함량, 저장고 습도, 저장고 온도, 통기상태

8 생명공학기술의 이용

(1) 조직배양

1) 배배양

종간 교잡 시 배가 일찍 퇴화되어 배주 내에서 배반을 분리하여 배양하는 방법(난류)

2) 약배양

반수체를 육성하여 유용한 형질을 얻어 교배모본으로 사용하며 육종연한을 단축

3) 배유배양

불임성이 강하고 생육이 왕성한 3배체 식물의 육성법(과수나 과채류의 종자가 없는 과실 육성)

4) 조직배양에서 새로운 변이가 생기는 것

체세포성 영양계 변이

5) 생장점 배양의 목적

바이러스 프리(virus-free) 개체의 증식

6) 전체형성능

식물의 세포나 조직을 기내에서 배양하면 완전한 식물 개체로 분화시킬 수 있는 것은 식물세포의 전체형성능을 이용한 것이다.

7) 조직배양을 육종에 응용하는 이유

세대를 단축할 수 있다. 배수체를 유기할 수 있다. 이종속 간의 교배불화합성을 극복할 수 있다.

8) 조직배양을 세분해볼 때 기관배양

종자배양

9) 조직배양 번식법 중 세포배양으로 분류할 수 있는 것

화분배양

10) 조직배양에 의한 무병주 생산이 요구되는 화훼

카네이션

11) 생장점 배양 시

0.1~0.3mm 크기로 자른다(생존율과 바이러스 감염억제에 지장이 없다).
생장점은 매우 작고 바이러스가 없으므로 크기가 작을수록 무병주가 될 수 있다.

12) 빠른 기간 내에 대량 번식

조직배양

13) 화분배양의 육종상 가장 큰 의의

육종연한 단축(대상형질 및 제반형질의 호모화를 단시일 내에 달성할 수 있어 육종연한이 단축)

① 화분배양을 위해 양성하는 식물

잡종 1세대(F_1 식물체는 균일하지만 이 식물체에서 형성되는 배우자들은 분리가 일어난다. 따라서 이 분리되는 화분 각각은 n 상태이므로 이들을 배양시키면 유전적으로 다양한 식물체들을 얻을 수가 있다. 그러므로 육종연한의 단축을 위해서는 F_1의 화분을 배양한다.)

② 화분배양 : F_1 식물체 양성 → 저온처리 → 약 채취 → 배지치상

③ 기본배지(고농도의 호르몬처리를 하고 치상) → 캘러스(callus) 형성 → 배지이식 → 반수성 유식물 유도

④ 육종시 화분배양방법을 도입할 때 생산력 검정을 최소 F_4에서 실시 가능

배양된 식물체 F_2(완전 유전적으로 고정된 상태) → F_3(선발) → F_4(생산력 검정)

⑤ 검정교배 : F₁을 양친 중 열성친과 교배하는 경우, AaBb × aabb(F₁에 완전열성친 교잡)
⑥ 특징
  ㉠ 자식에서 분리되는 표현형들과 그 비율은 그 개체가 만들어내는 배우자의 종류 및 비율과 일치한다.
  ㉡ 어떤 두 개의 유전자에 대하여 연관의 유무 또는 그 강도를 알아보기 위하여(보통 헤테로 개체를 이중열성 개체와 교배시키는 방법으로 교배 후 이들 BC1 개체의 분리비율이 바로 헤테로 개체의 배우자 분리비율이라고 볼 수 있다.
  ㉢ 조환가(RV) : 테스트 결과 AB · Ab · aB · ab = 4 : 1 : 1 : 4
    $RV = \{2/(4+1+1+4)\} \times 100 = 20\%$
⑦ 삼점검정교배 : 3개 유전자에 대하여 헤테로인 개체를 3중 열성인 개체와 교배하는 것
  ㉠ 세 유전자 간의 각 조환가를 단 한 번의 교배로 얻을 수 있다.
  ㉡ 연관검정을 위한 시간과 노력이 절약된다.
  ㉢ 유전자배열 순서를 보다 정확하게 추정할 수 있다.
  ㉣ 양친형과 2중교차형
    8가지 표현형 중에서 개체수가 가장 많은 표현형 2가지가 양친형이고, 개체수가 가장 적은 2가지는 2중교차형이다.

(2) 증식을 목적으로 조직배양 시 작업순서

배양목적 및 작물 결정 → 배양방법 · 조건 및 배지 결정 → 식물재료 준비 → 배지준비 → 살균 → 치상 → 배양 → 경화 → 이식

(3) 조직배양시 적온

20~25℃

(4) 무병주 생산

배양된 식물체를 경화시켜 이식한 후 바이러스 감염 여부를 반드시 조사해야 한다.

(5) 원괴체(protocorm)

난초 종자가 비대해서 줄기, 잎, 뿌리로 분화되기 직전의 상태를 원괴체라 한다.

(6) 형질전환

형질전환을 일으키는 유전물질의 본체 DNA
① 플라스미드(plasmid) : 고등식물 세포의 형질전환을 위한 DNA 운반체
② 형질전환은 새로운 형질로 전환된 품종이나 계통을 만들어 작물의 육종을 효과적으로 할 수 있다.

③ 현재는 유전자변형 식물에 이용한다.

④ 아그로박테리움 이용법, 유전자총 이용법, 직접주입법, 전기충격법, PEG 이용 등이 있다.

(7) 세포융합

① 서로 다른 두 식물의 세포벽을 융해시켜 삼투압·전기충격 등으로 원형질체를 융합하여 새로운 생물체를 만드는 것

② 교배할 수 없는 새로운 잡종식물을 얻을 수 있다.

③ 종간에 이루어진 종간잡종을 만들거나 속간잡종을 만들 수 있다.

④ 포마토(pomato : 감자＋토마토)는 세포융합에 의해 만들어졌다.

(8) 분자표지

식물의 표현형에 근거한 선발을 실시해 왔다. 그런데 형태적·생리적 특성의 표현형은 환경의 영향을 크게 받아 생육후기에 발현되는 형질은 선발에 오랜 시간과 많은 비용이 소요되며, 대상형질이 열성인 경우에 후대검정을 해야 하는 문제점이 있다.

1) 동위효소

유전자의 연관검정과 종속 간 잡종동정에 활용한다. 생육단계·기관·배수체의 변이·주동유전자와 연관된 경우가 적어 육종적 한계가 있다.

2) RFLP

게놈 DNA의 변이를 직접 찾아내기 때문에 대상식물 발육단계나 종에 따른 사용상의 제한을 받지 않으며 환경의 영향도 받지 않는다.

3) RAPD

RFLP에 비해 노력과 비용이 절감되고 다형성이 크며 분석에 필요한 DNA 양이 적어 쉽고 간편히 분석할 수 있다.

4) AFLP

DNA 증폭을 선택적으로 이룰 수 있어 RAPD보다 안정성을 지닌다.

작물수량과의 관계 : 초형은 광합성 산물이 수확 부분으로 분배되는 비율 결정

01 벼 종자의 증식 및 보급체계에서 '원원종'에 대한 설명으로 맞는 것은?

① 기본식물로부터 생산된 종자
② 농가에 보급되기 전단계의 종자
③ 육종가가 최초로 생산한 종자
④ 원종에서 한 세대 더 진전된 종자

⟨해설⟩

종자 증식 체계
기본식물 → 원원종 → 원종 → 보급종의 단계를 거친다.
㉠ 기본식물(국립시험연구기관)
　기본식물은 신품종 증식의 기본이 되는 종자로 육종가들이 직접 생산하거나, 육종가의 관리하에서 생산한다.
㉡ 원원종(각 도 농업기술원)
　원원종은 기본식물을 증식하여 생산한 종자이다.
㉢ 원종(각 도 농산물원종장)
　원종은 원원종을 재배하여 채종한 종자이다.
㉣ 보급종(국립종자공급소와 시·군 및 농업단체)
　보급종은 농가에 보급할 종자로서 원종을 증식한 것이다.

02 중복수정에 관한 설명 중 옳지 않은 것은?

① 중복수정은 화분의 2개의 정핵이 1개는 배낭의 난세포와, 1개는 극핵과 결합하여 수정하는 방식이다.
② 난세포와 정핵이 결합한 것은 배로, 극핵과 정핵이 결합된 것은 배유로 발육한다.
③ 중복수정을 하는 식물들은 모두 3핵성화분을 생산한다.
④ 피자식물(현화식물)의 일반적인 수정방식이다.

⟨해설⟩

자가수분 및 타가수분 작물
㉠ 3핵성화분(배추과, 국화과, 볏과) : 영양핵＋2정핵
㉡ 2핵성화분(장미과, 난과, 백합과, 가지과) : 영양핵 ＋정핵

03 배우자 간 접합에 의한 정상적인 수정과정을 거치지 않고도 종자가 형성되는 생식방법은?

① 유성생식
② 아포믹시스
③ 영양번식
④ 자가수정

⟨해설⟩

아포믹시스(Apomixis)
㉠ 아포믹시스(apomixis)란 mix가 없는 생식을 뜻한다. 아포믹시스는 수정과정을 거치지 않고 배가 만들어져 종자를 형성하기 때문에 무수정종자형성 또는 무수정생식이라고도 한다.
㉡ 아포믹시스에 의하여 생긴 종자는 수정을 거친 것이 아니므로 종자 형태를 가진 영양계라 할 수 있고, 다음 세대에 유전분리가 일어나지 않기 때문에 종자번식작물의 우량한 아포믹시스는 영양번식작물의 영양계와 똑같은 신품종이 된다.
㉢ 아포믹시스는 배를 만드는 세포에 따라 부정배형성, 무포자생식, 복상포자생식, 위수정생식, 웅성단위생식 등으로 나누어진다.

04 집단선발법에 대한 설명 중 옳지 않은 것은?

① 집단 속에서 선발한 우량개체 간에 타식시킨다.
② 집단 속에서 선발한 우량개체를 자식시켜 나간다.
③ 어느 정도 헤테로(hetero)성을 유지해 나가도록 할 필요가 있다.
④ 선발한 우량개체를 방임상태로 수분시켜 채종한다.

⟨해설⟩

집단선발법
타식성 식물은 기본집단으로부터 상당수의 우량개체를 선발, 혼합채종하여 후대를 집단재배하고, 집단 내 우량개체들 간에 타가수분을 유도하여 품종을 육성한다.

05 30개의 아미노산으로 형성된 효소를 합성하는 데 필요한 최소한의 DNA의 핵산 수는 얼마인가?

① 30
② 60
③ 90
④ 120

해설

DNA 3염기설
3개의 염기가 1개 유전암호를 지정한다. 즉 A · G · C · T 중에서 3개가 1개의 유전암호를 지정하며 총 64개의 염기가 20여 종의 아미노산을 지배한다.

06 감나무나 가지 열매의 과육이나 과피의 성질에 관여하는 것은?

① 키메라
② 크세니아
③ 메타크세니아
④ 영양잡종

해설

메타크세니아
정핵이 직접 관여하지 않는 모체의 일부분에 꽃가루의 영향이 직접 나타나는 현상으로 과일의 맛, 색깔, 크기, 모양 등에 꽃가루의 영향이 직접 나타나는 것이다.

07 다음 중 멘델의 유전법칙을 잘못 설명한 것은?

① 우성과 열성의 대립유전자가 함께 있을 때 우성 형질이 나타난다.
② F_2에서 우성과 열성 형질이 일정한 비율로 나타난다.
③ 유전자들이 섞여 있어도 순수성이 유지된다.
④ 두 쌍의 대립형질이 서로 연관되어 유전분리한다.

해설

멘델의 법칙은 대립 형질에 의한 우열의 법칙, 단성잡종을 이용한 분리의 법칙, 양성잡종을 이용한 독립의 법칙이다.

08 타가수정을 하는 재래종 품종의 계통집단 선발과정을 옳게 기술한 것은?

① 개체선발 → 선발개체의 계통재배 → 선발우량 계통의 혼합채종
② 우량계통혼합 → 계통선발 → 개체선발
③ 개체선발 → 선발개체혼합 → 계통선발
④ 개체선발 → 증식 → 계통선발

해설

계통집단 선발법
개체선발과 계통재배를 통하여 품종의 순도와 특성을 유지하는 방법이다. 1년째 개체선발 → 2년째 선발개체를 계통재배(순계선발) → 선발된 계통 중 품종의 특성을 구비한 개체나 이삭을 선발하여 다음해 계통재배한다.

09 배추의 자가불화합성 개체에서 자식 종자를 얻을 수 있는 가장 효과적인 방법은?

① 타가수분
② 개화수분
③ 뇌수분
④ 말기수분

해설

뇌수분(꽃봉오리 수분)
타식성 식물은 자가불화합성 때문에 타가수분이 이루어진다. 이런 식물은 자가불화합성이 발현하기 이전에 꽃봉오리 때 인공교배를 실시한다.

10 신품종의 특성을 유지하기 위하여 취해야 할 조치가 아닌 것은?

① 원원종재배
② 격리재배
③ 영양번식에 의한 보존재배
④ 개화기 조절

해설

원원종재배 시 자연교잡되지 않도록 봉지를 씌워야 하며 채종에는 인공수분을 실시하여 타 품종과 섞이지 않도록 해야 한다(일종의 격리재배).
영양번식에 의한 보존재배는 주 보존법을 말하며 해당 식물체를 살아 있는 상태로 계속 보존하는 방법이다.

11 조합능력이 우수한 몇 개의 근교계를 혼합 재배하여 방임수분에 의해서 집단의 특성을 유지해 나가는 품종을 (   )이라 한다. 괄호 안에 알맞은 것은?

① 순계품종   ② 합성품종
③ 도입품종   ④ 다계품종

12 다음은 교잡육종법의 종류에 관한 설명이다. 틀린 것은?

① 1대 잡종육종법은 잡종강세 현상을 가장 잘 이용할 수 있는 방법이다.
② 여교잡육종법은 기존의 품종이 갖고 있는 다수 형질의 결점을 개량하는 데에 가장 효과적인 방법이다.
③ 집단육종법은 교잡 후 초기세대에서는 선발을 하지 않고 혼합재배하다가 후기세대에서 선발하는 방법이다.
④ 계통육종법은 교잡 후 초기세대부터 계속 개체 선발과 계통재배를 반복하면서 우량한 동형접합체 개체를 선발하는 방법이다.

> **해설**
>
> 여교잡육종법은 재배되고 있는 우량품종이 가지고 있는 한두 가지 결점을 개량하는 데 효과적인 방법이다.

13 잡종강세육종법의 설명이 아닌 것은?

① 헤테로상태에서 교잡한다.
② 호모상태에서 교잡한다.
③ 자식계와 근연간 교잡시 나타난다.
④ 1대 잡종에서 바로 종자로 채종할 수 있다.

> **해설**
>
> 잡종강세육종법은 잡종강세가 왕성하게 나타나는 1대 잡종 그 자체를 품종으로 이용하는 육종법이다. 타가수정 작물은 품종 자체의 잡종성이 높고, 균일성이 낮아서 F_1의 잡종강세 발현도와 균일성이 낮아지는 단점이 있어 될 수 있으면 호모상태에 가까운 계통 간에 교잡을 하는 것이 좋다.

자식이 가능한 것은 자식계간 교잡법, 그렇지 못한 것은 근교계간 교잡법을 이용하는 일이 많다.

14 조합육종과 초월육종의 이용으로 관계가 없는 것은?

① 계통분리법   ② 람쉬육종법
③ 조환육종법   ④ 여교잡법

> **해설**
>
> ㉠ 계통분리법 : 조합육종과 초월육종의 이용과 관계가 없다.
> ㉡ 교잡육종법 : 교잡에 의해 유전적 변이를 만들어 그중 우량한 계통을 선발하여 품종을 육성하는 방법이다.
> ㉢ 조합육종법 : 어버이의 우량형질을 새 품종에 모음으로써 새 품종의 지배적 특성을 종합적으로 향상시키는 방법이다.
> ㉣ 초월육종법 : 어버이가 가지고 있지 못하던 새로운 우수형질을 새 품종에 발현시키는 방법이다.

15 육종의 성과 중에 부정적인 것은?

① 생산성 증가   ② 저항성 증진
③ 품질향상   ④ 유전적 취약성

> **해설**
>
> 육종에 의해 육성한 병해충에 대한 단일저항성 품종을 확대 재배하는 경우 새로 분화하는 병해충의 변이체로부터 일시에 급격한 피해를 받을 위험성이 있으며, 이를 유전적 취약성이라 한다.

16 잡종강세육종에 대한 설명 중 옳지 않은 것은?

① 양친보다 우수한 형질이 나타나야 한다.
② 한 번 교배에서 다량의 종자생산이 있어야 한다.
③ 잡종 종자는 세대를 거듭해서 채종, 사용할 수 있다.
④ 양친의 유지가 쉬워야 한다.

정답   11 ②   12 ②   13 ①   14 ①   15 ④   16 ③

잡종강세육종법의 구비조건

㉠ 교잡하기 용이하거나 1회의 교잡에 의해서 많은 종자가 생산되어 1대 잡종 종자 생산이 쉬워야 한다.

㉡ 단위면적당 소요되는 종자량이 적게 드는 작물이 유리하다.

㉢ 잡종강세가 현저하여 1대 잡종을 재배하는 이익이 1대 잡종을 생산하는 경비보다 커야 한다.

㉣ 현재 1대 잡종(F_1)이 이용되고 있는 작물로는 옥수수, 수수, 사탕무, 사료작물, 토마토, 수박, 오이, 양파, 배추, 양배추, 담배, 해바라기, 고추, 꽃 등이다.

17 바빌로프의 재배기원 중심에 대한 설명 중 틀린 것은?

① 농작물을 식물지리적 미분법으로 조사했다.
② 채취한 곳에 따라 종의 분포를 결정했다.
③ 재배기원 중심지를 8개 지역으로 나누었다.
④ 변이종이 가장 적은 지역을 중심지라 생각하였다.

해설

바빌로프는 식물지리적 미분법으로 그들의 기원과 분포를 정의하여 유전자중심지설을 제창하였다. 작물발생 중심지에는 많은 유전변이가 축적되어 있고, 유전적으로 우성형질이 많으며, 2차중심지에는 열성형질을 가진 것이 더 많이 존재한다고 하였다(우성형질을 많이 가진 식물이 주로 분포되어 있는 지역이 그 식물의 원산지 −8개 지역으로 구분).

18 품종 간 DNA 염기서열의 차이를 비교하기 위하여 사용되는 실험방법이 아닌 것은?

① PCR을 이용한 분석
② RFLP를 이용한 분석
③ SSR을 이용한 분석
④ Northern Blot을 이용한 분석

해설

노던 블롯(Northern blot)
전기영동하여 분리한 RNA를 겔로부터 니트로셀룰로오스 종이에 옮겨 붙이는 방법으로 이렇게 만들어진 블롯은 핵산 프로브와의 혼선화 반응에 사용된다.

19 작물 유전현상에 대한 설명으로 옳지 않은 것은?

① 세포질 유전은 멘델의 법칙이 적용되지 않는다.
② 질적형질은 주동유전자가 지배한다.
③ 세포질 유전은 핵 외의 미토콘드리아와 색소체의 유전자에 의해 결정된다.
④ 유전형질의 변이양상이 불연속적인 경우를 양적형질이라 한다.

해설

질적형질
㉠ 형질의 특성이 몇 가지 종류로 뚜렷하게 구별된다.
㉡ 분리세대에서 불연속변이하는 형질로 비교적 표현력이 큰 소수의 주동유전자에 의해 지배된다.

20 피자식물에서 체세포의 유전자형이 aa인 자방친과 AA인 화분친이 중복수정하여 형성된 배(embryo)와 배유(endosperm)의 유전자형을 바르게 짝지은 것은?

	배(embryo)	배유(endosperm)
①	AA	AAa
②	Aa	Aaa
③	Aa	AAa
④	Aaa	Aa

해설

중복수정
㉠ 난세포(a) + 정핵(A) = 배(Aa)
㉡ 2개의 극핵(a + a) + 정핵(A) = 배젖(Aaa)

21 체세포의 염색체 구성이 $2n + 1$일 때 이를 무엇이라 하는가?

① 1염색체(monosomic) ② 3염색체(trisomic)
③ 이질배수체 ④ 동질배수체

해설

㉠ $2n - 1$: 1염색체적
㉡ $2n + 1$: 3염색체적
㉢ $2n + 2$: 같은 상동염색체의 2개의 증가 − 4염색체적
다른 상동염색체의 1개씩의 증가 − 2중 3염색체적

22 유전자형이 AaBbCcDdEE인 F_1 식물체를 약배양할 경우 기대되는 유전자형의 종류 수는? (각각의 대립유전자는 독립적으로 분리하며, 비대립 유전자들은 서로 다른 염색체에 있다.)

① 4가지
② 8가지
③ 16가지
④ 32가지

해설

헤테로 상태에서는 생식세포가 2개 나오고, 호모 상태에서는 1개가 나온다. 여기에서 5성이므로 2×2×2×2 = 16이다.

23 다음 작물 중 타식성 작물은 어느 것인가?

① 보리
② 메밀
③ 조
④ 귀리

해설

타식성 식물은 자웅이주, 암수의 숙기 차이, 자가불화합성 등의 메커니즘으로 자식을 억제하며 생식에 관여하는 수배우체가 제한되어 있지 않아 유전자 풀의 범위가 넓고, 잡종개체들 간에 자유로운 수분이 이루어지므로 자식성 식물보다 타식성 식물이 유전변이가 더 크다. 시금치, 삼, 옥수수, 호밀, 메밀, 율무, 고구마 등이 타식성 작물이다.

24 콜히친의 기능을 바르게 설명한 것은?

① 세포 융합을 시켜 염색체 수가 배가된다.
② 분열 중이 아닌 세포의 염색체를 분할시킨다.
③ 세포막을 통하여 인근 세포의 염색체를 이동시킨다.
④ 분열 중인 세포의 방추체와 세포막의 형성을 억제한다.

해설

중기
세포분열 시 방추체의 형성을 억제시킨다.

25 약배양(藥培養)에 의하여 새 품종을 육성하려면 다음 세대 중 어느 것으로부터 약을 채취하는 것이 바람직한가?

① 순계
② F_1
③ F_2
④ F_3

해설

약배양
반수체를 육성하는 방법으로 반수체에 나타난 표현형 가운데 유용한 형질이 있는 계통을 선발하여, 선발된 식물의 염색체 수를 배가시켜 고정계통을 얻는 방법으로 필요한 형질을 얻게 되는 점에서 육종적으로 이용 가능하다.

26 1세대 잡종의 웅성불임을 이용하는 것은?

① 냉이, 피튜니아
② 양배추, 배추
③ 유채, 사탕무
④ 당근, 양파

해설

웅성불임의 계통은 교잡을 할 때 제웅이 필요하지 않으므로 일대잡종을 만들 때에 웅성불임계통을 많이 이용하고 있다. 옥수수, 수수, 양파, 유채 등이 웅성불임을 이용하는 것들이다.

27 계통육종법에 대한 설명으로 틀린 것은?

① 초기 세대에 고정되어 육종연한이 길지 않다.
② 수량과 같이 재배적으로 중요한 양적 형질은 다수의 유전자가 관여한다.
③ 집단육종보다 유용유전자를 상실할 염려가 많다.
④ 집단육종법에 비해 환경에 영향을 받지 않는다.

해설

계통육종법
우리나라에서 가장 많이 이용되는 육종법으로 소수의 유전자가 관여하여 비교적 초기 세대에 고정되고 환경적 영향을 크게 받지 않는 질적 형질의 개량에 효과적이다. 육종가의 능력에 따라 육종 규모를 조절하고 육종연한을 단축할 수 있는 장점이 있으나 잘못 선발하면 유용유전자를 상실할 염려가 있다.

28 종속 간의 교잡육종을 할 때 단점이 아닌 것은?

① 교잡을 하기가 힘들다.

② 불량유전자가 도입되기 쉽다.

③ 위잡종이 생기기 쉽고 진정잡종이 생겨도 발아하기 곤란한 경우가 많다.

④ 불임성이 없어진다.

해설

종속 간 교잡육종의 단점으로는 교잡을 하기가 힘들고 잡종식물이 불임성을 나타내기 쉬우며, 불량유전자가 도입되기 쉽다는 점 등을 들 수가 있다. 또한 위잡종이 생기기 쉽고 진정잡종이 생기더라도 대부분 종자립이 작아서 발아하기 곤란한 경우가 많다.

29 작물의 타가수정률을 높이는 기작(mechanism)이 아닌 것은?

① 폐화수정(閉花受精)

② 웅성불임성(雄性不稔性)

③ 자가불화합성(自家不和合性)

④ 자웅이숙(雌雄異熟)

해설

폐화수정

꽃이 완전히 닫혀진 상태로 수분하는 것으로 벼, 밀 등이 있으며 타식률은 4% 이하로 극히 낮다.

30 채종재배에 의하여 종자증식을 서두를 때는 어떻게 하여야 하는가?

① 밀파(密播)하여 작은 묘를 기른다.

② 다비밀식(多肥密植)재배를 한다.

③ 조기재배를 한다.

④ 박파(搏播)를 하여 큰 묘를 기른다.

31 내병성 품종의 육성이나 유전자의 분리 및 연쇄관계를 밝히는 방법으로 흔히 쓰이는 것은?

① 단교잡법　　　　② 복교잡법

③ 여교잡법　　　　④ 삼원교잡법

해설

여교잡법

F₁에 어버이의 어느 한쪽을 다시 교잡하는 것으로, A(1회친)의 특성형질을 B(반복친)이라고 한다. A의 특정형질을 B에 옮기려 할 때 여교잡법이 이용된다. 계통이 내병성이나 그 밖의 중요형질에 결점이 있을 때에 이를 개량할 목적으로 여교잡을 실시하는 경우가 있다.

32 잡종강세가 크게 나타나는 F₁ 종자를 채종하기 위하여 이용할 수 있는 현상은?

① 웅성불임성, 역도태

② 자가불화합성, 자식약세

③ 웅성불임성, 자가불화합성

④ 자식약세, 역도태

33 육성계통의 생산력 검정을 위한 포장시험에서 주의해야 할 사항으로 알맞지 않은 것은?

① 토양의 균일성 검정

② 품종 및 계통의 임의 배치

③ 반복실험

④ 일장처리

해설

생산력 검정(포장시험)

토양 및 재배조건을 일반농가 포장과 유사한 상태에서 실시한다. 균일한 조건의 토양과 완전임의 배치법 · 난괴법 등으로 시험구를 배치하며 큰 면적의 단일 시험구보다 작은 면적의 시험구로 반복하는 것이 실험오차를 줄이는 데 유리하다.

34 변이를 감별하는 방법은?

① 정역교배　　　　② 격리

③ 영양번식　　　　④ 후대검정

해설

변이의 식별

후대검정, 특성검정, 정밀재배, 검정교배를 실시한다. 후대검정은 변이를 나타낸 개체들의 종자를 심어 그 후대의 형질을 관찰 · 측정함으로써 변이의 유전성 여부를 판별하는 방법이다.

정답　　28 ④　29 ①　30 ④　31 ③　32 ③　33 ④　34 ④

35 20계통을 난괴법으로 4반복하여 생산성 검정시험을 할 때 오차의 자유도는?

① 57　　　　　　② 60

③ 76　　　　　　④ 80

해설

자유도

(품종(계통) − 1)×(반복수 − 1)×시험장소갯수

(20 − 1)×(4 − 1) = 19×3 = 57

36 식물 신품종보호협약은?

① UPOV 협약　　② CBD 협약

③ TRIPs 협약　　④ INBIO 협약

해설

국제식물신품종보호연맹(UPOV ; Internation Union for the Protection of Plants)

회원국은 국제적으로 육성자의 권리를 보호받으며, 우리나라는 2002년 1월 7일 가입하였다.

37 일수일렬법을 채종하는 작물은?

① 옥수수　　　　② 고구마

③ 벼　　　　　　④ 콩

해설

1수 1열법

㉠ 계통집단 선발법의 한 변형으로 주로 옥수수에서 이용되는 방법이다.

㉡ 선발한 우량개체의 자수를 1수 1열로 재배하여 각 열의 생산력이나 그 밖의 중요한 특성을 조사해서 우수한 계통을 선발해내는 방법이다.

㉢ 1수 1열법에는 직접법과 잔수법이 있다.

　• 직접법 : 엇갈아(서로 엇바뀌게 번갈아) 제웅하는 것이 특징이다.

　• 잔수법 : 종자의 절반을 잔수로 보관하여 두는 것이 특징이다.

38 다음 중 종속 간 교잡의 단점은 무엇인가?

① 위잡종이 생기기 쉽다.

② 불임성이 생기기 어렵다.

③ 교잡을 하기가 쉽다.

④ 불량유전자가 도입되기 어렵다.

해설

종속 간 교잡의 단점

㉠ 교잡을 하기가 힘들다.

㉡ 잡종식물이 불임성을 나타내기 쉽다.

㉢ 불량유전자가 도입되기 쉽다.

㉣ 위잡종이 생기기 쉽고 진정잡종이 생기더라도 대부분 종자립이 잘아서(소립종자) 발아하기 곤란한 경우가 많다.

39 다음에서 1대 잡종 종자 이용 시 단교잡할 때의 문제점은?

① 발현도와 균일도가 낮다.

② 종자생산량이 적다.

③ 생산량이 적다.

④ 자식계나 근교계를 교잡하는 방식이다.

해설

단교잡(Single cross)

㉠ (A×B), (C×D)와 같이 2개의 자식계나 근교계를 교잡시키는 방식이다.

㉡ F_1의 잡종강세 발현도와 균일성은 매우 우수하나 약세화된 자식계 또는 근교계에서 종자가 생산되므로 종자생산량이 적은 결점이 있다.

㉢ 옥수수, 배추와 같은 품질의 균일성을 중요시하는 작물에 적용된다.

40 다음 중 주로 타가수정 작물에만 적용하는 육종방법은?

① 계통분리법　　② 인공교배법

③ 도입육종법　　④ 단위생식이용법

해설

계통분리법

주로 타가수정 작물에서 실시하며, 자식성 작물도 실시한다. 단기간(3년) 소요되며 순계분리법같이 완전순계를 얻기는 힘들다.

41 자식성 작물의 교잡육종에서 교배모본 선정과 관계가 가장 깊은 것은?

① 조합능력검정　　② 근연계수의 이용
③ 혼형집단의 이용　④ 지역의 주요품종

해설

교배모본 중 한쪽 친은 대상지역의 주요품종으로 하는 것이 바람직하다. 그 이유는 각 지역의 주요품종은 그 지역에 적응한 유전자를 많이 가지고 있기 때문이다.

42 1개의 유전자가 2개 이상의 표현형에 관여하는 현상을 무엇이라고 하는가?

① 다면발현　　② 복대립 현상
③ 표현형 모사　④ 폴리진

해설

다면발현
하나의 유전자가 여러 가지 유전적 효과를 나타내어 두 개 이상의 형질 발현에 영향을 미치는 현상이다.

43 어느 기본 집단에서 목표로 하는 우수한 개체를 선발하여 완전한 순계를 가려내어 종자를 증식시키고 품종을 육성하는 육성법은?

① 교잡육종법　　② 분리육종법
③ 돌연변이육종법　④ 잡종강세육종법

해설

기본 집단에서 목표로 하는 우수한 개체를 선발하여 완전한 순계를 가려내어 종자를 증식시키고 품종을 육성하는 육성법을 분리육종법(선발육종법)이라 하며, 영양번식작물에서는 분열법이라고 한다.

44 다음 중 자식약세인 것은?

① 옥수수　　② 벼
③ 콩　　　　④ 보리

해설

자식약세
옥수수, 십자화과, 알팔파, 클로버, 화본과 목초 등과 같은 타가수정 작물을 자식시키면 생육세가 약해지고 수량이 감소하는 현상이 자식약세이다.

45 잡종강세육종법의 이용과 관계가 먼 것은?

① 옥수수, 오이, 배추, 호박 등의 작물이 이용된다.
② 단위면적당 사용되는 종자의 양이 많이 드는 작물에 유용하다.
③ 주로 타가수정 작물에 이용되나 일부 자가수정 작물에도 이용된다.
④ 모계 웅성불임성을 이용할 경우 교배시 모계의 제웅의 노력이 필요치 않아 유용하다.

해설

잡종강세육종법 이용조건으로는 교잡을 하기가 쉬워야 하고, 1회의 교잡으로 많은 종자가 생산되어야 하며, 단위면적당 소요 종자량이 적어야 좋고, 이익이 경비보다 커야 한다.

46 잡종집단에서 분자표지를 이용한 선발이 효과적인 가장 합리적인 이유는?

① 선발에 소요되는 경비가 필요 없다.
② 누구나 쉽게 할 수 있다.
③ 생산력검정을 생략할 수 있다.
④ 생육초기에 선발할 수 있다.

해설

분자표지법
식물의 표현형에 근거한 선발시 형태적 · 생리적 특성은 환경의 영향이 크고, 생육후기에 발현되는 형질은 선발에 오랜 시간과 많은 비용이 소요되며, 대상형질이 열성인 경우에 후대검정을 해야 하는 문제점을 해결할 수 있는 방법이다. 분자표지에는 동위효소, RFLP, RADP 등이 있다.

47 변이는 일으키는 원인에 따라서 다음 3가지로 구분한다. 옳은 것은?

① 방황변이, 개체변이, 일반변이
② 장소변이, 돌연변이, 교배변이
③ 돌연변이, 유전변이, 비유전변이
④ 대립변이, 양적변이, 정부변이

정답　41 ④　42 ①　43 ②　44 ①　45 ②　46 ④　47 ②

변이의 원인

㉠ 환경적 변이 또는 일시적 변이(비유전적 변이) : 장소변이, 연차변이

㉡ 유전적 변이(돌연변이) : 개체변이, 아조변이, 교배변이

48 다음 중 염색체의 부분적 이상이 아닌 것은?

① 결실　　　　　　② 절단
③ 전좌　　　　　　④ 배수

염색체의 정상적 구조에 어떤 변화가 생기는 것을 염색체의 구조적 변이 또는 부분적 이상이라고 하며 절단, 결실, 중복, 전좌, 역위 등이 있다.

49 양적형질과 질적형질에 관한 설명으로 옳지 않은 것은?

① 양적형질은 연속변이를 하며 여러 가지 유전자가 관여한다.

② 질적형질은 형질의 구별이 확실하다.

③ 질적형질은 여러 가지 미동유전자에 의하여 나타나고, 양적형질은 소수의 주동유전자가 지배한다.

④ 양적형질은 정도로 표시하고 분산과 유전력 등을 구하여 유전적 특성을 추정한다.

질적형질

㉠ 형질의 특성이 몇 가지 종류로 뚜렷하게 구별된다.

㉡ 분리세대에서 불연속변이하는 형질로 비교적 표현력이 큰 소수의 주동유전자에 의해 지배된다.

50 전이효소에 의하여 촉매되며, 게놈의 한 장소에서 다른 장소로 이동하여 삽입될 수 있는 유전자는?

① 플라스미드　　　② 트랜스포존
③ 정방향돌연변이　④ 조건돌연변이

트랜스포존

㉠ 게놈의 한 장소에서 다른 장소로 이동하여 삽입될 수 있는 DNA단편(유전자)이다.

㉡ 트랜스포존의 절단과 이동은 전이효소에 의하여 촉매되며, 전이효소유전자는 트랜스포존 내에 있다.

㉢ 원핵생물과 진핵생물에 광범위하게 분포하며 그 종류가 수백 가지이고 돌연변이의 원인이 된다.

㉣ 유전분석과 유전자조작에 유용하게 쓰이며, 유전자에 삽입된 트랜스포존을 표지로 이용하면 특정 유전자를 구별할 수 있다.

㉤ 트랜스포존은 유전자조작에서 유전자운반체로 이용되고, 돌연변이를 유기하는 데에도 유용하다.

51 감수분열의 과정에서 실 모양의 4중구조로 된 염색체로 분열된 시기는?

① 태사기　　　　　② 세사기
③ 대합기　　　　　④ 복사기

감수 제1분열(이형분열)전기 : 태사기

㉠ 대합한 상동염색체가 동원체를 중심으로 하여 세로로 갈라져서 염색체가 4중구조를 보이는 시기이다.

㉡ 4중구조가 된 염색체의 4갈래의 평행된 실처럼 된 하나하나를 염색분체라고 한다.

㉢ 교차(組換) : 키아즈마가 생긴 그대로 염색분체들이 2개씩 양극으로 분리되면 상동염색체 간에 일부의 유전자가 서로 교환되는 것이다.

※ 키아즈마(Chiasma)
　분리할 때 4개의 염색분체 중 2개 사이에 상동 부분이 엇갈린 것처럼 모양이 군데군데 보이는 것이다.

52 외국에서 새로 도입하는 식물 및 종자에 감염된 병균과 해충의 침입을 방지하기 위한 것은?

① 고랭지 채종
② 품종 등록
③ 종자증식
④ 식물 검역

53 생식격리가 확실한 종속 간 잡종식물체를 얻기 위하여 사용하는 방법은?

① 화분배양, 미숙배배양
② 미숙배배양, 배주배양
③ 배주배양, 생장점배양
④ 생장점배양, 화분배양

종속 간 교잡육종법
보통의 교잡종법보다 더욱 넓은 범위에서 풍부한 유전자를 도입하려는 데 목적이 있다. 배주배양은 미성숙종자를 배양하여 새로운 개체를 만드는 법이다. 배배양은 종자 내의 배를 분리시켜 배양하는 방법으로 미숙종자라 하더라도 발아능력이 있어야만 배양이 가능하다.

54 성염색체 위에 있는 유전자가 지배하는 성질이 성호르몬의 영향을 받아 자성과 웅성에 따라 형질발현을 달리하는 현상을 (   )이라 한다. (   ) 안에 알맞은 말은?

① 반성유전
② 세포질유전
③ 종성유전
④ 한성유전

55 배낭의 난세포 이외의 조세포나 반족세포의 핵이 단독으로 발육하여 배를 형성하고 자성의 n식물을 형성하는 생식은?

① 무핵란생식
② 무배생식
③ 처녀생식
④ 다배생식

무배생식
배낭의 난세포 이외의 조세포나 반족세포의 핵이 단독으로 발육하여 배를 형성하고 자성의 n식물을 형성하는 생식을 말한다.

56 다음 중 멘델의 법칙이 속하지 않는 것은?

① 우열의 법칙
② 분리의 법칙
③ 순수의 법칙
④ 연관의 법칙

멘델의 유전법칙
우열의 법칙(지배의 법칙, 우성의 법칙), 분리의 법칙, 독립의 법칙, 순수의 법칙

57 감수분열에 대한 설명으로 틀린 것은?

① 제1중기와 제2중기가 있다.
② 체세포 분열은 염색체 수가 동형분열한다.
③ 감수분열은 2회의 핵분열로 진행되며, 제1감수분열은 감수분열이고 제2감수분열은 이형분열이다.
④ 한 개의 생식모세포로부터 4개의 감수분열 낭세포가 생긴다.

③ 생식기관의 특수한 세포에서 일어나는 감수분열은 연속적인 2회의 핵분열로 진행되며, 제1감수분열은 염색체 수가 반으로 줄어드는 감수분열이고 제2감수분열은 염색분체가 분열하는 동형분열이다.

감수분열
㉠ 체세포의 일부가 생식세포분열을 하여 배우자를 형성한다.
㉡ 생식세포분열에 의해서 염색체 수는 반감된다.
㉢ 한 개의 체세포가 2회의 생식세포분열을 거쳐서 4개의 배우자만 형성한다.
㉣ 생식세포 분열과정 중에 염색체 교차가 일어나 새로운 유전자 조성이 생긴다.

58 식물에 있어서 타가수정률을 높이는 장치가 아닌 것은?

① 폐화수정
② 자웅이주
③ 자가불화합성
④ 웅예선숙

59 일대잡종 품종 종자생산에 효과적으로 사용하고 있는 것은?

① 아트라진 저항성
② 기본영양 생장성
③ 웅성불임성
④ 삼염색체성(trisomics)

F_1 품종생산을 위해서 웅성불임 · 자가불화합성 등이 효과적이다.

60 자가불화합성을 이용한 일대잡종 종자 채종상의 특징은?

① 화분친에서만 잡종 종자를 채종할 수 있다.
② 양친의 어느 쪽에서도 잡종 종자를 채종할 수 있다.
③ 자식계통을 육성할 필요가 없다.
④ 자방친에서만 잡종 종자를 채종할 수 있다.

해설

자가불화합성을 이용하는 1대 잡종 종자 생산체계는 제웅을 하지 않아도 되는데, 웅성불임성의 경우에 비하여 양친 모두에서 1대 잡종 종자를 채종하는 장점이 있다.

61 염색체의 구조적 변이에 포함되지 않는 것은?

① 복제   ② 결실
③ 중복   ④ 역위

해설

염색체의 구조적 변화에는 절단, 결실, 중복, 전좌, 역위 등이 있다.

62 멘델 법칙의 변이가 아닌 것은?

① 불완전우성   ② 독립의 법칙
② 우열전환   ④ 부분적 우성

해설

멘델의 법칙으로는 우열의 법칙, 분리의 법칙, 독립의 법칙이 있다.

63 다음 중 변이의 감별방법이 아닌 것은?

① 후대검정   ② 변이의 상관
③ 특성검정   ④ 조합능력검정

해설

조합능력
어떤 계통과 조합되더라도 보편적으로 높은 잡종강세를 나타내는 일반조합능력과 특정한 계통과 조합될 때에만 높은 잡종강세를 나타내는 특정조합능력의 구별이 있다.
단교배(특정조합능력), 톱교배(일반조합능력), 2면교배(특정 · 일반조합능력 함께 검정) 등으로 검정한다.

64 우리나라에서 배추의 F_1 품종의 종자생산이 남해안과 그 인근 도서지방에 집중되어 있는 이유를 설명한 것 중 옳지 않은 것은?

① 노지 월동이 가능하기 때문에
② 다른 품종과의 격리가 용이하므로
③ 춘화처리에 필요한 저온 처리가 가능하기 때문에
④ 균핵병 등 토양전염병이 없기 때문에

65 계통분리법과 관계가 없는 것은?

① 자가수분 작물의 집단선발에 가장 많이 사용되는 방법이다.
② 주로 타가수분 작물에 쓰여지는 방법이다.
③ 개체 또는 계통의 집단을 대상으로 선발을 거듭하는 방법이다.
④ 일수일렬법과 같이 옥수수의 계통분리에 사용된다.

해설

계통분리법
집단선발법, 성군집단선발법, 계통집단선발법, 1수 1열법, 영양계분리법 등이 있다.

66 변형 단교잡종의 설명으로 옳은 것은?

① 단교잡종의 종자생산량이 적을 때 이용한다.
② 단교잡종의 질적형질을 개량한 교잡종이다.
③ 단교잡종의 양적형질을 개량한 교잡종이다.
④ 단교잡종보다 개량되어 수량성이 높다.

정답   60 ②   61 ①   62 ②   63 ④   64 ④   65 ①   66 ①

단교잡이 가장 많은 생산량(F_1을 파종해서 수확되는 수확물의 양)을 낸다.

※ 종자생산량은 합성품종이 가장 많다.

67 무와 같은 자가불화합성인 작물의 자식종자를 얻고자 할 때에는 어떻게 하면 되는가?

① 다른 품종을 섞어 심는다.
② 개화기를 조절한다.
③ 수분수(授粉樹)를 심는다.
④ 화뢰(花蕾)수분에 의한다.

화뢰수분＝뇌수분

68 반수체를 이용한 품종개량에 대한 설명으로 옳은 것은?

① 육종연한이 단축된다.
② 열성형질의 선발이 어렵다.
③ 반수체는 생육이 왕성하고 임성이 높아 실용성이 높다.
④ 반수체의 염색체는 배가하면 곧바로 이형접합체를 얻어 변이체를 많이 만들 수 있다.

반수체의 염색체를 배가하면 곧바로 동형접합체를 얻을 수 있고, 육종연한을 대폭 줄일 수 있다.

반수체
㉠ 생육이 불량하고 완전불임으로 실용성이 없다.
㉡ 상동게놈이 1개이므로 열성형질을 선발하기 쉽다.
㉢ 모든 식물에서 나타나며 자연상태에서는 반수체의 발생빈도가 낮다.

69 1대 잡종 종자 채종 시 자가불화합성을 이용하는 작물로만 구성된 것은?

① 멜론 – 참외 – 토마토　② 오이 – 수박 – 호박
③ 순무 – 배추 – 무　　　④ 당근 – 상추 – 고추

1대 잡종 종자의 채종은 인공교배를 하거나 식물의 웅성불임성 또는 자가불화합성을 이용한다. 자가불화합성을 이용하는 작물로는 무, 양배추, 배추, 브로콜리, 순무 등이 있다.

㉠ 인공교배 : 오이, 수박, 호박, 멜론, 참외, 토마토, 가지, 피망
㉡ 웅성불임성 이용 : 당근, 상추, 고추, 쑥갓, 파, 양파, 옥수수, 벼, 밀
㉢ 자가불화합성 이용 : 무, 양배추, 배추, 브로콜리, 순무

70 돌연변이에 관한 설명 중 틀린 것은?

① 변이 1세대를 M_1이라 한다.
② 아조변이는 열성형질이기에 우성형질이 나타나기 힘들다.
③ 우성변이는 M_2 이후에야 나타난다.
④ 영양계분리작물은 이형접합체이기 때문에 돌연변이 육종을 하기 어렵다.

영양번식작물은 흔히 잡종성이므로 생장점에 변이가 생겼을 때는 Aa에서 aa로 되며 이것은 곧 아조변이로 나타난다. 우성변이는 M_1(처리당대)에서 직접 나타나지만, 열성변이는 M_2 이후에야 나타난다.

71 농작물의 꽃가루 배양에 의하여 얻어진 반수체 식물은 육종적으로 어떤 유리한 점이 있는가?

① 불임성이 높기 때문에 자연교잡률이 높다.
② 유전적으로 헤테로상태이므로 잡종강세가 크게 나타난다.
③ 영양체가 거대해지기 때문에 영양체 이용 작물에서는 유리하다.
④ 염색체 배가에 의하여 바로 호모가 되기 때문에 육종기간을 단축할 수 있다.

꽃가루는 반수체(n)로 그 자체는 가치가 없지만 배가하면 순계가 되어 육종상 이용가치가 높다. 화분배양은 효율이 낮기 때문에 토마토·담배 등 일부 작물에서만 활용된다.

정답　　67 ④　68 ①　69 ③　70 ③　71 ④

72 한 번 교잡 후 다시 아비를 교잡하는 방식은?

① 다계교잡   ② 여교잡
③ 복교잡   ④ 단교잡

> **해설**
>
> **여교잡**
> 여교잡은 F_1 어버이의 어느 한쪽을 다시 교잡하는 것이며 여교잡을 이용한 육종법이 여교잡법이다.

73 품종의 일반조합 특성과 특수조합 특성을 동시에 개량할 수 있는 방법은?

① 순환선발법   ② 집중개량식
③ 누적선발법   ④ 상반순환선발법

> **해설**
>
> **상반순환선발법**
> 조합시킬 2개의 기본집단을 사용하여 상반교잡을 하면서 순환선발을 실시하여 일반조합능력과 특정조합능력의 쌍방에 대하여 선발하는 방법이며, 3년 1기로 한다.

74 계통분리법과 관계가 없는 것은?

① 자가수분작물의 집단선발에 가장 많이 사용되는 방법이다.
② 주로 타가수분 작물에 쓰여지는 방법이다.
③ 개체 또는 계통의 집단을 대상으로 선발을 거듭하는 방법이다.
④ 일수일렬법과 같이 옥수수의 계통분리에 사용된다.

> **해설**
>
> 자연직으로 이루어진 혼형집단에서 우수한 순수 계동을 새로이 분리 · 선발하여 새 품종으로 육종하는 것을 분리육종법(선발육종법)이라고 한다.
> ㉠ 순계분리법 : 기본 집단에서 개체 선발을 하여 우수한 순계를 가려내는 방법으로 자가수정 작물에서 주로 이용한다.
> ㉡ 계통분리법 : 처음부터 집단적인 선발을 계속하여 우수한 순계를 가려내는 방법. 타가수정 작물에서 주로 이용한다.

75 내병성과 같은 생리적 변이를 감별하려면?

① 촉성재배를 한다.
② 차광재배를 한다.
③ 육묘재배를 한다.
④ 보통재배를 한다.

> **해설**
>
> 농작물의 내병성 · 내냉성 · 내한성 · 내염성과 같은 생리적 특성은 특수한 환경하에서만 나타나기 때문에 그 형질이 발현하는 데 적합한 환경을 만들어 주어 변이를 조사한다.
> 내병성은 그 병이 잘 발생할 수 있도록 질소비료를 많이 주고 습도를 높이며 차광상태에서 그 병원균을 접종시키는 방법 등으로 발병을 유기시켜서 집단과의 내병성 차이를 검정한다.

76 아조변이를 이용하는 작물 육종방법은?

① 영양계분리법   ② 잡종강세육종법
③ 교잡육종법   ④ 분리육종법

> **해설**
>
> 영양체의 일부인 눈에 돌연변이가 생긴 것을 아조변이라 한다. 영양계분리법이란 영양번식 작물 등에서 아조변이나 그 밖의 원인으로 유전적 변이를 일으킨 영양체를 갈라내어 영양계를 육성하고 이 중에서 우수한 영양계를 선발하여 새 품종을 만드는 방법이다.

77 타식성 식물집단은 자식성 식물집단에 비해 유전변이가 크다. 그 이유는?

① 화분친이 제한되어 있지 않다.
② 선택교배가 잘 이루어진다.
③ 동형접합성이 높다.
④ 자식약세가 심하다.

> **해설**
>
> **타식성 집단**
> 타식을 하므로 이형접합성이 높으며, 화분친이 제한되어 있지 않기 때문에 유전변이가 크다는 점이 특징이다.

---

     72 ②   73 ④   74 ①   75 ②   76 ①   77 ①

78 다음과 같은 조건일 때 광의의 유전력 (heritability)은 얼마인가?(단, VP_1(양친 A의 표현형 분산)=4, VP_2(양친 B의 표현형 분산)=6, VF_1(F_1의 표현형 분산)=5, VF_2(F_2의 표현형 분산)=20이다.)

① 25%   ② 50%
③ 75%   ④ 100%

해설

유전력 = $(VF_2 - VE)/VF_2$
       = $(20-5)/20 = 15/20 = 0.75$

여기서 VE(환경분산)
       = $(VP_1 + VP_2)/2$ 또는 $(VP_1 + VF_2 + VF_1)/3$
       = $(4+6)/2$ 또는 $(4+6+5)/3$
       = 5

79 농작물 육종의 성과만으로 짝지어진 것은?

① 양배추의 연중재배 가능, 딸기 비닐 피복재배의 확대
② 딸기 비닐 피복재배의 확대, 상추 수경재배의 일반화
③ 상추 수경재배의 일반화, 왜성사과의 보급
④ 왜성사과의 보급, 양배추의 연중재배 가능

80 DNA에 대한 설명으로 틀린 것은?

① 두 가닥으로 2중 나선 구조이다.
② 염기서열은 단백질에 대한 유전정보이다.
③ 2개 염기가 1개 단백질을 지정한다.
④ 염기와 염기의 상보적 결합에 의하여 염기쌍을 이루고 있다.

해설

핵 내외의 DNA
㉠ DNA는 두 가닥의 2중 나선 구조로 되어 있고, 두 가닥은 염기와 염기의 상보적 결합(A=T, G≡C)에 의하여 염기쌍을 이루고 있다.
㉡ DNA 가닥의 염기서열은 단백질에 대한 유전정보이고, 단백질의 기능에 의하여 형질이 나타나게 된다.

㉢ DNA의 염기서열에서 3염기조합이 1개의 아미노산을 지정하는데, 이것이 유전암호이다.
㉣ 유전자 DNA는 단백질을 지정하는 엑손(exon)과 단백질을 지정하지 않는 인트론(intron)을 포함한다.
㉤ 진핵세포의 DNA는 히스톤 단백질과 결합하여 뉴클레오솜을 형성하며 뉴클레오솜들이 나선형 섬유를 만들고, 나선형 섬유가 다시 감기고 압축, 포장되어 염색체 구조를 이룬다.
㉥ 나선형 섬유를 염색사라 하고 염색사의 덩어리를 염색질이라고 한다.
㉦ 핵에서 DNA는 염색질로 존재하며 세포분열 때 염색체 구조로 된다.
㉧ 식물의 세포질에 있는 엽록체와 미토콘드리아는 핵 DNA와는 독립된 DNA를 가지고 있으며 이를 핵외유전자라고 한다.

81 꽃가루의 영향으로 당대에 아비형질이 모체 일부분 나타난 것은?

① 메타크세니아   ② 크세니아
③ 세포질유전   ④ 우열전환

해설

메타크세니아(Metaxenia)
㉠ 정핵이 직접 관여하지 않는 모체의 일부분에 꽃가루의 영향이 직접 나타나는 현상이다.
㉡ 단감의 꽃에 떫은감의 꽃가루를 수분하면 단맛이 감소되고, 떫은감의 꽃에 단감의 꽃가루를 수분하면 떫은맛이 감소되는 등 과형이나 과육에 꽃가루의 영향이 직접 나타난다.
㉢ 과일의 맛·색깔·크기·모양 등에 꽃가루의 영향이 직접 나타나는 것이다(감, 배, 사과 등).

82 다음 위수정에 대한 설명으로 옳지 않은 것은?

① 다른 품종의 배낭의 자극을 받는 것을 말한다.
② 위수정은 난세포가 배로 된다.
③ 화분의 자극으로 난세포가 발육한다.
④ 보통 n의 식물체를 얻을 수 있다.

위수정생식(pseudogamy)

수분의 자극을 받아 난세포가 배로 발달하는 것으로, 담배 · 목화 · 벼 · 밀 · 보리 등에서 나타난다.

위잡종(false hybrid)

위잡종은 위수정생식에 의하여 종자가 생기는 것으로 주로 종속 간 교배에서 나타난다.

83 잡종 집단에서 선발차가 50이고, 유전획득량이 25일 때의 유전력(%)은?

① 0.2
② 0.5
③ 20
④ 50

84 교잡육종법의 하나인 계통육종법을 옳게 설명한 것은?

① F_6, F_7 세대까지 선발하지 않고, 실용적으로 고정되었을 때 선발해 나가는 육종법을 말한다.
② 잡종의 분리세대(F_2)에서 선발을 시작하여 계통 간의 비교로 우수한 계통을 고정시킨다.
③ F_2, F_3 집단에서는 질적형질에 대해서만 선발하고, 수량에 대하여는 후기세대에서 선발한다.
④ 많은 품종에 따로 따로 포함되어 있는 몇 가지 형질을 한 품종에 모으고자 할 때 복교배에 의한다.

계통육종법

인공교배하여 F_1을 만들고 F_2부터 매세대 개체선발과 계통재배를 반복하며 목표형질에 대한 우량한 유전자형의 순계를 품종으로 육성하는 육종방법이다. 질적형질을 개량하는 데 효과적이다.

85 여교잡에 관한 설명 중 옳지 않은 것은?

① 소수의 유전자가 관여하는 우량형질을 도입할 경우 효과적이다.
② 비실용품종을 1회친으로 하고 실용품종을 반복친으로 한다.
③ 개량하려고 하는 형질은 많은 유전자가 관여할수록 효과적이다.
④ 목표형질 이외의 다른 형질에 대한 새로운 유전자 조합을 기대하기가 어렵다.

여교잡육종법은 비실용품종을 1회친으로 하고 실용품종을 반복친으로 하여 연속적으로 교배 · 선발함으로써 비교적 작은 집단의 크기로 비교적 짧은 세대 동안에 비실용품종의 우수한 특성을 이전하여 품종을 개량할 수 있다. 여교잡육종법에서는 1회친의 특성만을 선발하므로 육종의 효과가 확실하고 선발 환경을 고려할 필요가 없으며 재현성이 높은 장점이 있으나, 목표 형질이 이외의 다른 형질에 대한 새로운 유전자 조합을 기대하기 어렵다.

86 잡종강세육종법의 구비조건이 아닌 것은?

① 교잡하기가 쉽다.
② 1회 교잡에 의해 많은 종자가 생산된다.
③ 단위면적당 소요 종자량이 커야 한다.
④ 1대 잡종을 재배하는 이익이 1대 잡종을 생산하는 경비보다 커야 한다.

잡종강세육종법의 구비조건으로는 교잡을 하기가 쉽거나 1회의 교잡에 의해서 많은 종자가 생산되어 1대 잡종 종자의 생산이 용이해야 하고, 단위면적당 소요 종자량이 적게 드는 것이 좋으며, 잡종강세가 현저하여 1대 잡종을 재배하는 이익이 1대 잡종을 생산하는 경비보다도 커야 한다.

87 람쉬(집단)육종법의 정의로 옳은 것은?

① 교잡을 한 번 한 다음 F_2 세대부터 순계분리법에 준하여 항상 개체선발과 선발개체의 계통재배를 계속하여 우수한 순계집단을 얻어서 새 품종으로 육성하는 방법이다.
② 계통이 거의 고정되는 F_5~F_6 세대까지는 교배조합별로 보통재배를 하여 집단선발을 계속하고 그 뒤에 계통선발법으로 바꾸는 방법이다.
③ F_1 어버이의 어느 한쪽을 다시 교잡하는 것이다.
④ 교배모본으로서 3품종 이상을 사용하는 방법으로 우수한 형질들을 함께 모으거나 출현하기 힘든 형질을 얻으려 할 때 이용된다.

정답 83 ④ 84 ② 85 ③ 86 ③ 87 ②

집단육종법

계통이 거의 고정되는 $F_5 \sim F_6$ 세대까지 교배조합으로 보통재배를 하여 집단선발을 계속하고 그 후에 계통선발로 바꾸는 방법인데, 람쉬육종법(Ramsch method)이라고도 한다. 수량과 같이 재배적으로 중요한 양적형질은 많은 유전자가 관여하고 초기분리세대에서는 잡종강세를 나타내는 개체가 많으며, 환경의 영향을 받기 쉽다. 따라서 후기세대에 가서야 비로소 순수하게 분리되므로 초기세대에는 개체선발보다 집단선발이 알맞다는 견해에 둔 방법으로, 벼·보리 등 자가수정작물에 이용된다.

동질배수체의 이용

영양번식작물에서 이용성이 높으며, 종자번식작물 특히 종자 자체가 재배의 목적물인 경우에는 결실성의 저하 때문에 이용성이 낮다.

㉠ 동질 3배체의 이용작물
- 자연적으로 이용된 작물 : 뽕나무, 차나무, 사과나무, 바나나, 튤립 등이다.
- 인위적으로 이용된 작물 : 사탕무(발육왕성), 씨 없는 수박(현재는 상호전좌에 의한 불임성 이용)

㉡ 동질 4배체의 이용작물 : 동질 4배체는 인위적으로 이용하며 무·피튜니아·코스모스 등이다.

88 내병성 육종 과정을 설명한 것 중 틀린 것은?

① 대상되는 병이 많이 발생하는 계절에 선발한다.
② 튼튼하게 키우기 위하여 농약살포를 충분히 한다.
③ 대상되는 병에 대해 제일 약한 품종을 일정한 간격으로 심는다.
④ 병원균을 인위적으로 살포하여 준다.

89 염색체의 수적 변이인 이수성에서 2n+2의 경우 같은 상동염색체가 두 개씩 증가하는 것은?

① 일염색체성　　　② 삼염색체성
③ 사염색체성　　　④ 이중삼염색체성

㉠ 일염색체성($2n-1$)
㉡ 삼염색체성($2n+1$)
㉢ 사염색체성($2n+2$: 같은 상동염색체 2개씩 증가)
㉣ 이중삼염색체성($2n+2$: 다른 상동염색체 1개씩 증가)

90 다음 작물 중 이질배수체가 아닌 것은?

① 무　　　　　　　② 밀
③ 라이밀　　　　　④ 서양유채

91 집단육종법에 대한 설명으로 옳지 못한 것은?

① 많은 면적이 요구된다.
② 품종육성에 장기간이 요구된다.
③ 자연도태의 효과를 이용하므로 선발기술이 생략된다.
④ 유용유전자의 확보가 유리하다.

집단육종법(람쉬육종법)

계통이 거의 고정되는 $F_5 \sim F_6$ 세대까지 교배조합으로 보통 재배를 하여 집단선발을 계속하고 그 후 집단의 동형접합성이 높아진 후기세대에 가서 계통선발로 바꾸는 방법인데, 람쉬육종법(Ramsch method)이라고도 한다.

㉠ 수량과 같이 재배적으로 중요한 양적 형질은 다수의 유전자(폴리진)가 관여하고 초기분리세대에서는 잡종강세를 나타내는 개체가 많다.

㉡ 환경의 영향을 받기 쉽다. 따라서 후기세대에 가서야 비로소 순수하게 분리되므로 초기세대에는 개체선발보다 집단선발이 알맞다는 견해에 둔 방법으로 벼·보리 등 자가수정 작물에 이용된다.

㉢ 잡종집단의 취급이 용이하고, 많은 개체수를 전개할 수 있고, 자연선택을 유리하게 이용할 수 있고, 선발이 간편하며, 유용유전자를 상실할 염려가 없다는 점의 장점이 있다.

㉣ 대면적이 요구되고 노력이 많이 들며 육종연한이 긴 단점이 있다.

92 반수체육종에 많이 이용되는 배양법으로 짝지어진 것은?

① 약배양, 생장점배양
② 생장점배양, 배주배양
③ 약배양, 화분배양
④ 화분배양, 원형질체배양

해설

반수체의 작성
㉠ 자연적으로 발생하기도 하지만 그 빈도가 매우 낮은 편이다.
㉡ 인위적으로 반수체를 만드는 방법은 약배양 또는 화분배양, 종속 간 교배나 반수체 유도유전자를 이용하는 경우가 있다.

93 요한슨(Johanson)의 순계설에 관한 다음 설명 중 틀린 것은?

① 동일한 유전자형으로 된 집단을 순계라 한다.
② 순계 내에서의 선발은 효과가 없다.
③ 육종적 입장에서 선발은 유전변이가 포함되어 있는 경우에만 유효하다.
④ 순계설은 교잡육종법의 이론적 근거가 된다.

94 콜히친 처리하면 염색체 수를 배가할 수 있다. 이 콜히친의 기능을 바르게 설명한 것은?

① 세포융합을 시켜 염색체 수가 배가된다.
② 인근세포의 염색체를 세포막을 통과시켜 이동시킨다.
③ 분열 중이 아닌 세포의 염색체를 분할시킨다.
④ 분열 중의 세포의 방추사와 세포막의 형성을 억제한다.

해설

콜히친은 분열하는 세포의 방추체 형성을 저해함으로써 염색체가 양극이 분리되는 것을 방해하기 때문에 염색체 수를 배가하는 효과를 나타낸다. 콜히친은 뿌리의 생장을 저해하여 생장점을 콜히친 수용액에 일정시간 담그는 침지법과, 생장점에 탈지면을 덮고 그 위에 콜히친 수용액을 몇 방울 떨어뜨린 적하법이 많이 쓰인다.

95 신품종의 특성을 유지하기 위해서 실시하는 사항 중 옳지 않은 것은?

① 차단 재배를 한다.
② 주변 농가에서 먼 곳에 심는다.
③ 유사 품종의 기계적 혼입을 막는다.
④ 그 작물의 주산지에 심는다.

해설

품종의 퇴화를 방지하고 특성을 유지하는 방법으로는 영양번식에 의한 주보존재배법, 격리재배, 개체집단선발법, 계통집단선발법, 종자저장법 등이 있다.

96 반수체 식물이 가장 잘 생길 수 있는 조직배양 방법은?

① 약배양(葯培養)   ② 배배양(胚培養)
③ 생장점 배양   ④ 단세포 배양

해설

약배양은 꽃밥 자체의 조직이나 다른 체세포 조직으로부터 식물체가 분화될 수 있기 때문에 직접 화분을 배양하여 반수체를 얻는 것이 가능하다.

97 잡종집단에서 선발효율을 높이고자 할 때 이용할 수 있는 분자표지는?

① 캘루스 형성 여부   ② 히스톤 단백질 함량
③ RFLP 표지   ④ 폴리펩티드 신장

해설

분자표지는 동위효소, RFLP, RAPD 및 AFLP 등이 주로 쓰인다.

98 자가불화합성을 지닌 작물에 있어서 불화합성을 타파하여 자식 종자를 생산할 수 있는 방법에 속하지 않는 것은?

① 뇌수분   ② 일장처리
③ 탄산가스 처리   ④ 노화수분

해설

무에서 개화기에 하우스 내에서 3~10%의 이산화탄소를 공급하여 자가불화합성을 타파시킨 후 꿀벌을 이용하여 수분시킨다.

정답   92 ③   93 ④   94 ④   95 ④   96 ①   97 ③   98 ②

99 수량성을 늘리기 위한 육종방법(다수성 육종)에 대한 다음 설명 중 틀린 것은?

① 수량성은 주로 폴리진(polygene)이 관여하는 전형적인 양적 형질이다.
② 환경의 영향을 많이 받기 때문에 유전력이 높은 편이다.
③ 다수성 육종에서는 계통육종법보다 집단육종법이 유리하다.
④ 수량성의 선발은 개체선발보다 계통선발에 중점을 둔다.

해설

길이·무게·크기·수량 등의 계측·계량에 의하여 표시되는 형질을 양적형질이라고 한다. 재배상 중요한 형질은 양적형질인 것이 많다. 양적형질은 폴리진이 관여하는 연속변이로 환경의 영향이 크다. 미동유전자, 복수유전자, 잡종환경 후기세대 선발이 유리하다.

100 식물육종에서 추구하는 주요 목표라 할 수 없는 것은?

① 불량 온도 등 환경스트레스에 대한 저항성 증진
② 비타민 등 영양분 개선에 의한 기계화작업 증진
③ 병·해충 등 생물적 스트레스에 대한 저항성 증진
④ 생산물의 물리적 특성 개선에 의한 품질개량

101 다음 중 유전변이체를 얻을 목적으로 수행하는 것은?

① 질소 비료 사용
② 지역 적응성 검정
③ 일장 처리
④ 인공 교잡

102 독립유전의 경우 YYRR×yyrr의 교잡에서 F_2의 표현형 분리비는?(단, Y가 y에 대하여, R이 r에 대하여 완전우성인 경우)

① 9 : 3 : 3 : 2 : 1
② 3 : 1
③ 9 : 3 : 3 : 1
④ 27 : 9 : 3 : 1

103 감수분열에 관한 사항 중 틀린 것은?

① 상동염색체끼리 대합한다.
② 접합기의 염색체 수는 반수이다.
③ 화분모세포의 염색체 수는 반수이다.
④ 4분자의 낭세포 염색체 수는 반수이다.

해설

감수분열과정 : 세사기 − 대합기 − 태사기 − 복사기 − 이동기 − 제1중기 − 제1후기 − 제1종기
대합기＝접합기 : 상동염색체가 대합하는 시기

104 영양번식 작물의 교배육종 시 선발은 어느 때 하는 것이 가장 좋은가?

① 교배종자
② F_1 세대
③ F_4 세대
④ F_7 이후 고정세대

해설

영양번식 식물은 이형접합자가 많으며, 우량한 유전자형이 발견되면 그것을 영양계로 증식하여 그대로 품종으로 이용할 수 있다는 특징이 있다. F_1에서 우량한 실생묘를 선발하여 영양계로 증식하면 품종을 육성할 수 있다.

105 돌연변이육종법의 특징을 기술한 것 중 옳지 않은 것은?

① 품종 내의 조화를 파괴하지 않고 1개의 특성만 용이하게 치환할 수 있다.
② 이형으로 되어 있는 영양번식 식물에서 변이를 작성하기가 용이하다.
③ 인위 배수체의 임성을 저하시킨다.
④ 상동이나 비상동 염색체 사이에 염색체 단편을 치환시키기가 용이하다.

해설

돌연변이 육종법의 특징
㉠ 새로운 유전자를 창성할 수 있다.
㉡ 단일유전자만을 변화시킬 수 있다.
㉢ 영양번식작물에서도 인위적으로 유전적 변이를 일으킬 수 있다.
㉣ 방사선 처리 시 불화합성이던 것을 화합성으로 변하게 할 수 있으므로 종래 불가능했던 자식계나 교잡

계를 만들 수 있다.
ⓔ 방사선을 처리하여 염색체를 절단하면 연관군 내의 유전자들을 분리시킬 수 있다.
ⓑ 인위 배수체의 임성을 향상시킨다.

106 세포질-유전자적 웅성불임성에 있어서 불임주의 유지친(B line)이 갖추어야 할 유전적 조건을 바르게 설명한 것은?

① 핵내의 모든 유전자 조성이 웅성불임친과 동일해야 한다.
② 웅성불임친과 교배시에 강한 잡종강세 현상이 일어나야 한다.
③ 핵내의 모든 유전자 조성이 웅성불임친과 동일하지 않아야 한다.
④ 웅성불임친에는 없는 내병성 유전인자를 가져야 한다.

107 웅성불임에 대한 설명으로 틀린 것은?

① 양파 사탕무는 핵내 유전자와 세포질유전자의 상호작용에 의한 웅성불임이다.
② 웅성불임에는 세포질 웅성불임 유전자와 엽록체 DNA가 관여한다.
③ 온도, 일장, 지베렐린 등에 의한 임성을 회복하는 웅성불임성이 있다.
④ 벼, 보리는 핵내 유전자만의 작용에 의한 유전자 웅성불임이다.

[해설]

웅성불임성(male sterility)
웅성불임 유전자는 핵과 세포질 모두에 있으며 세포질에서는 미토콘드리아 DNA가 관여한다.
㉠ 세포질적 · 유전자적 웅성불임성(CGMS) : 핵내 유전자와 세포질유전자의 상호작용으로 불임이 생긴다.(양파, 사탕무, 아마)
㉡ 세포질적 웅성불임성(CMS) : 세포질적 유전자만 관여하는 불임이다.(옥수수)
㉢ 유전자적 웅성불임성(GMS) : 핵내 유전자만 작용하여 불임이 나타난다.(보리, 수수, 토마토)

108 적색과 백색을 교배했을 때 F_1은 분홍색, F_2는 적색 1, 분홍색 2, 백색 1의 비율로 분리될 경우는?

① 보족유전자이다.　　② 억제유전자이다.
③ 동의유전자이다.　　④ 불완전우성이다.

[해설]

중간유전(불완전우성)
㉠ 붉은꽃의 유전자가 흰꽃의 유전자에 대해서 불완전우성으로 작용하기 때문에 나타난다.
㉡ 대립유전자 사이의 우열관계가 불완전하여 F_1의 형질이 양친의 중간형질을 나타내는 유전이다.

109 단성유성생식에 관한 설명 중 틀린 것은?

① 수정되지 않은 난세포가 홀로 발육하여 배를 형성하는 것을 처녀생식이라 하고 이종화분의 자극으로도 처녀생식이 이루어진다.
② 배낭의 난세포 이외의 조세포나 반족세포의 핵이 단독으로 발육하여 배를 형성하는 것을 무배생식이라 한다.
③ 핵을 잃은 난세포의 세포질 속으로 웅핵이 들어가서 이것이 단독 발육한 것을 위수정이라 한다.
④ 체세포에 속하는 주심세포가 배낭 속으로 침입하여 부정아적으로 주심배를 형성하는 것을 주심배생식이라고 한다.

[해설]

단성유성생식
㉠ 처녀생식 : 수정되지 않은 난세포가 홀로 발육하여 배를 형성하는 것을 처녀생식이라 한다. 이종화분의 자극으로 처녀생식이 이루어질 때에는 위수정이라 하기도 한다.
㉡ 무핵란생식 : 핵을 잃은 난세포의 세포질 속으로 웅핵이 들어가서 이것이 단독 발육하여 웅성의 n식물을 이루는 것이다.
㉢ 무배생식 : 배낭의 난세포 이외의 조세포나 반족세포의 핵이 단독으로 발육하여 배를 형성하고 자성의 n식물을 이루는 것이다.
㉣ 주심배생식 : 체세포에 속하는 주심배세포가 배낭 속으로 침입하여 부정아적으로 주심배를 형성하는 것이다.

정답　　106 ①　107 ②　108 ④　109 ③

110 단성유성생식에 대한 정의가 옳은 것은?

① 처녀생식은 핵을 잃은 난세포의 세포질 속으로 웅핵이 들어가서 단독으로 발육한 것이다.
② 무핵란생식은 수정되지 않은 난세포가 홀로 발육하여 배를 형성하는 것이다.
③ 위수정은 수정은 이루어지나 생식핵 없이 접합체를 형성하는 방법이다.
④ 무배생식은 조세포나 반족세포의 핵이 단독으로 발육하여 배를 형성하는 것이다.

해설

㉠ 처녀생식 : 수정되지 않은 난세포가 홀로 발육하여 배를 형성하는 것이다.
㉡ 무핵란생식 : 핵을 잃은 난세포의 세포질 속으로 웅핵이 들어가서 이것이 단독 발육하여 웅성의 n식물을 이루는 것이다.
㉢ 위수정 : 이종화분의 자극으로 처녀생식이 이루어질 때에는 위수정이라 하기도 한다.
㉣ 무배생식에 대한 설명으로 옳은 내용이다.

111 자기불화합성의 원인 가운데 유전적 원인에 해당하는 것은?

① 꽃가루의 발아 신장 억제물질
② 꽃가루관 신장에 필요한 물질의 결여
③ 호흡기질 결여
④ 염색체의 구조적 이상

해설

자기불화합성의 원인 가운데 유전적 원인으로는 치사유전자 염색체의 수적·구조적 이상, 자가불화합성을 유기하는 유전자, 자가불화합성을 유기하는 세포질 등이 있다.
㉠ 생리적 원인
 • 꽃가루의 발아, 신장을 억제하는 억제물질의 존재
 • 꽃가루관의 신장에 필요한 물질의 결여
 • 꽃가루관의 호흡에 필요한 호흡기관의 결여
 • 꽃가루와 암술머리 조직 사이의 삼투압의 차이
 • 꽃가루와 암술머리 조직의 단백질 간의 친화성 결여
㉡ 유전적 원인
 • 치사유전자
 • 염색체의 수적, 구조적 이상

 • 자가불화합성을 유기하는 유전자
 • 자가불화합성을 유기하는 세포질

112 자웅이주식물은 어느 것인가?

① 옥수수　　　　② 시금치
③ 호박　　　　　④ 메밀

해설

자웅이주식물은 암꽃과 수꽃이 각각 다른 식물체에 있는 식물로 시금치, 삼, 홉, 아스파라거스 등이 있다.

113 다음 중 배낭세포의 구성으로 맞는 것은?

① 난세포 1개, 조세포 1개, 극핵 2개, 반족세포 2개
② 난세포 1개, 조세포 2개, 극핵 2개, 반족세포 3개
③ 난세포 1개, 조세포 1개, 극핵 2개, 반족세포 2개
④ 난세포 1개, 조세포 2개, 극핵 1개, 반족세포 3개

해설

배낭세포와 배낭의 형성(대포자 형성)
㉠ 밑씨 속에는 1개의 배낭모세포(2n)가 들어 있는데 이것은 감수분열을 하여 4개의 배낭세포(n)를 만든다.
㉡ 4개의 배낭세포 중 3개는 퇴화하고 그중 1개만이 자라 다시 3번 핵분열을 하여 8개의 핵을 가진 배낭이 된다.
㉢ 8개의 배낭핵 중 1개는 난세포로 성숙하여 주공(수정 때 화분을 받는 부분) 쪽에 자리 잡으며, 나머지는 조세포 2개, 반족세포 3개, 극핵 2개가 된다.

114 A와 B, a와 b가 연관되었고 AABB×aabb에서 얻어진 F_1 AaBb를 교잡해서 A－B : A－b : a－B : a－b=1327 : 145 : 135 : 1193의 분리비를 얻었다. 교차율은 얼마인가?

① 7%　　　　　② 9%
③ 10%　　　　 ④ 12.5%

해설

교차율(조환가)
$$교차율(\%) = \frac{교차로\ 생긴\ 생식세포\ 수}{전체\ 생식세포\ 수} \times 100$$

$$= \frac{145+135}{1327+145+135+1193} \times 100$$

$$= \frac{280}{2,800} \times 100 = 10$$

115 개체의 집단이 작을 때 집단 내의 특수한 유전자 조성의 경우만 보존되어 집단의 유전자 빈도를 변화하게 한다. 이는 무엇에 관한 설명인가?

① 상동군의 법칙
② 기회적 변동
③ 식물지리적 미분법
④ 하디 와인버그(Hardy-Weinderg)의 법칙

해설

기회적 부동(浮動)

작물의 채종재배시 재식개체 수가 적거나 채종개체 수가 적은 경우 특정한 유전자형만이 채종되어 다음 세대의 유전자형 출현비율이 달라지는 현상. 타식성 작물의 방임수분 품종 또는 합성품종의 채종재배시에는 기회적 부동이 흔히 나타나 품종의 특성이 바뀔 수 있다.

116 신품종의 특성을 유지하는 데 있어서 품종의 퇴화가 큰 문제가 되고 있는데 품종의 퇴화 원인을 설명한 것 중에 옳지 않은 것은?

① 근교약세에 의한 퇴화
② 기계적 혼입에 의한 퇴화
③ 주동유전자의 분리에 의한 퇴화
④ 자연교잡에 의한 퇴화

해설

품종 퇴화의 원인

돌연변이, 자연교잡, 근교약세, 미동유전자의 분리, 역도태, 기회적 변동, 기계적 혼입 생리적 영향, 병해의 발생

117 다음 변이 중에서 비유전적 변이에 속하는 것은?

① 돌연변이
② 교잡변이
③ 아조변이
④ 장소변이

118 품종육성방법 중에서 인공교배를 필요로 하지 않는 육종방법은?

① 계통육종법
② 순계분리육종법
③ 잡종강세육종법
④ 파생계통육종법

해설

분리육종법은 혼합된 재래종 또는 육성품종 중 유전자형이 분리하는 집단에서 원하는 유전자형을 선발하여 신품종으로 육성하는 방법으로 인공교배를 필요로 하지 않는다.

119 여교잡육종법을 바르게 나타낸 것은?

① (A×B)
② (A×B)×C
③ [(A×B)×A]×B
④ [(A×B)×B]×B

해설

여교잡육종법

F_1에 양친의 어느 한쪽을 다시 교잡하는 것을 여교잡이라 하는데, 여교잡을 이용한 육종법을 여교잡 육종법이라 하며 재배되고 있는 우량육종이 가지고 있는 한두 가지 결점을 개량하는 데 효과적이다. (A×B)×B 또는 (A×B)×A와 같이 여교잡을 할 때 한 번 교잡시킨 것을 1회친, 두 번 이상 공용한 것을 반복친이라고 한다.

120 람쉬육종법의 정의로 옳은 것은?

① 한 번 교잡을 한 다음 F_2 세대부터 순계분리법에 준하여 항상 개체 선발과 선발개체의 계통재배를 계속하여 우수한 순계집단을 얻어서 새 품종으로 육성하는 방법이다.
② F_1 어버이의 어느 한쪽을 다시 교잡하는 것이다.
③ 계통이 거의 고정되는 $F_5 \sim F_6$ 세대로까지는 교배조합별로 보통재배를 하여 집단선발을 계속하고 그 뒤에 계통선발법으로 바꾸는 방법이다.
④ 교배모본으로서 3품종 이상을 사용하는 방법으로 우수한 형질들을 함께 모으거나 출현하기 힘든 형질을 얻으려 할 때 이용된다.

람쉬육종법(집단육종법)

계통이 거의 고정되는 $F_5 \sim F_6$세대까지 교배조합으로 보통재배를 하여 집단선발을 계속하고 그 후 집단의 동형접합성이 높아진 후기세대에 가서 계통선발로 바꾸는 방법이다. 잡종집단의 취급이 용이하고 많은 개체수를 전개할 수 있고, 자연선택을 유리하게 이용할 수 있고 선발이 간편하며 유용유전자를 상실할 염려가 없다는 장점이 있다.

121 잡종강세 현상의 발현에 관하여 틀리게 표현된 것은?

① 개화와 성숙이 촉진될 수 있다.
② 줄기 및 잎의 생육이 왕성해진다.
③ F_2에서 그 효과가 가장 강하게 나타나며 일반적으로 F_3까지는 그 효과가 지속된다.
④ 외계 불량조건에 대한 저항성이 증대된다.

잡종강세는 호모상태인 어버이의 어느 것보다도 헤테로인 잡종의 생육세가 훨씬 강한 현상을 말한다. 따라서 이형접합성이 가장 높은 F_1에서 효과가 가장 크게 나타난다.

122 온대지방이 원산인 단일성 작물(예 : 벼, 콩 등)을 열대지방에 재배했을 때와 온대지방에 재배했을 때의 개화기를 비교하여 바르게 설명한 것은?

① 일반적으로 고도와는 관계없이 일찍 개화한다.
② 일반적으로 고도와는 관계없이 늦게 개화한다.
③ 열대지방의 저지대에서는 일찍 개화하고 고지대에서는 늦게 개화한다.
④ 일반적인 경향이 없다.

저위도 지방은 단일, 고위도 지방은 장일에 알맞다.

123 게놈분석에 대한 설명 중 옳지 않은 것은?

① 분석종으로는 게놈을 아직 모르는 이배체를 사용한다.
② 근연식물이 가지는 게놈 간의 친화력을 조사한다.
③ 적어도 3개의 분석종과 교배함으로써 게놈을 알 수 있다.
④ F_1 식물의 성숙분열에 있어서 염색체의 대합 여부로 분석한다.

124 신품종이 만들어진 후 농가에 보급될 때까지의 종자 갱신체계로 알맞은 것은?

① 기본식물 → 원원종 → 원종 → 보급종 → 농가
② 기본식물 → 원종 → 원원종 → 보급종 → 농가
③ 원원종 → 기본식물 → 원종 → 보급종 → 농가
④ 원종 → 원원종 → 기본식물 → 보급종 → 농가

125 자연교잡에 의한 품종퇴화를 방지하기 위하여 어떤 조치가 필요한가?

① 격리재배한다.　　　② 계통재배한다.
③ 원원종재배한다.　　④ 촉성재배한다.

자식성 작물이라도 자연상태하에서는 어느 정도 자연교잡이 발생할 수 있으며, 이로 인한 이형유전자의 혼입이 반복되면 품종퇴화가 일어난다. 때문에 반드시 격리재배에 의한 채종이 필요하다.

126 단위결과를 유도할 수 있는 방법으로 가장 알맞은 것은?

① 꽃가루의 자극 이용, 배수성 이용
② 배수성 이용, 중복수정 이용
③ 중복수정 이용, 꽃가루배양 이용
④ 교잡 이용, 꽃가루의 자극 이용

해설

단위결과

과실은 수정에 의하여 종자가 생성되어야만 형성되는 것이 보통이지만 어떤 경우에는 종자가 생기지 않고 과실이 형성된다. 인위적 단위결과 유발방법은 종류가 다른 식물체 화분의 자극에 의한 방법·생장조절물질 처리방법(옥신, 지베렐린 등)·배수체 이용에 의한 방법 등이 있다.

127 식물의 진화과정상 새로운 작물의 형성에 가장 큰 원인이 된 배수체는?

① 복이배체(Amphidiploid)
② 동질사배체(Autotetraploid)
③ 동질삼배체(Autotriploid)
④ 이질삼배체(Allotriploid)

해설

복이배체

서로 다른 게놈을 복수로 가진 것(게놈구성의 예 : AACC, AABBDD 등). 가장 큰 특징은 양친의 특성을 모두 발현하거나 중간형질을 나타내는 것이며 정상적인 감수분열이 이루어져 임성이 높다.

128 꽃가루의 인공적 배양을 하는 가장 중요한 목적은?

① 현재 존재하지 않는 완전히 새로운 작물을 만들기 위하여
② 4배체 식물을 만들어 과실의 크기를 크게 하기 위하여
③ 씨 없는 과실을 만들기 위하여
④ 동형접합률이 높은 계통을 단시일 내에 얻기 위하여

해설

약배양

하나의 게놈으로 구성되어 있는 반수체를 염색체 배가시켜 배수체를 획득하면 곧바로 순계가 되므로 육종상 이용가치가 높다(육종연한의 단축, 돌연변이 육종 가능).

129 자가수정 작물의 어떤 재래종 집단에서 순계분리를 시도하였다. 이때의 순계분리를 옳게 설명한 것은?

① 집단 내에서 우량형질을 골라내는 것이다.
② 집단 내 전개체를 균일하게 하는 것이다.
③ 우수성과 열성을 구별하여 많은 쪽을 고르는 것이다.
④ 분리의 위험성이 없는 것을 고르는 것이다.

130 복2배체의 작성방법은?

① 게놈이 같은 양친을 교잡한 F₁의 염색체를 배가하여 작성한다.
② 게놈이 서로 다른 양친을 교잡한 F₁의 염색체를 배가하여 작성한다.
③ 2배체에 콜히친을 처리하여 4배체로 한 다음 여기에 3배체를 교잡하여 작성한다.
④ 3배체와 2배체를 교잡하여 만든다.

해설

$AA \times BB = AB(F_1) \rightarrow$ 염색체 배가 $\rightarrow AABB$(복이배체 완성)

131 다음 중 4개의 어버이 계통을 유지해야 하며 종자 생산량이 많고 잡종강세의 발현도는 높지만 균일성은 다소 낮은 잡종종자 생산방식은?

① 단교잡   ② 3계교잡
③ 복교잡   ④ 톱교잡

해설

복교잡은 (A×B)×(C×D)와 같이 단교잡 간에 잡종을 만드는 방법으로 목초와 같이 개개의 식물체는 고르지 않더라도 수량만 많은 작물에 적용된다. 장점으로는 종자의 생산량이 많고 잡종강세의 발현도가 높으나, 4개의 어버이 계통을 유지해야 하는 불편이 있다.

132 품종의 육성방법 중 가장 많이 사용되는 육종법은?

① 1수 1열법   ② 순계분리법
③ 교잡육종법   ④ 1대 잡종

정답   127 ①   128 ④   129 ①   130 ②   131 ③   132 ③

교잡육종법

교잡에 의해서 유전적 변이를 만들어 그중에서 우량한 계통을 선발하여 품종을 육성하는 방법으로 육종방법 중에서 가장 널리 이용되는 것이다.

133 돌연변이육종법에 대한 설명으로 알맞지 않은 것은?

① 인위적으로 유전적 변이를 일으킬 수 있다.
② 단일유전자에 대해서만 유효하다.
③ 다른 육종법에 비해 더 우량한 형질을 얻을 수 있다.
④ 새로운 유전형질을 얻을 수 있다.

돌연변이 육종법이 다른 육종법에 비해 더 우량한 형질을 얻는 것은 아니다.

돌연변이육종법의 특징

㉠ 새로운 유전자를 창성할 수 있다.
㉡ 품종 내에서 특성의 조화를 파괴하지 않고 1개의 특성만을 용이하게 치환할 수 있다.
㉢ 헤테로로 되어 있는 영양번식 식물에서 변이를 작성하기 용이하다.
㉣ 인위배수체의 임성을 향상시킬 수 있다.
㉤ 방사선을 처리하면 불화합성이던 것을 화합성으로 전환시킬 수 있으므로 종래 불가능했던 자식계나 교잡계를 만들 수 있다.
㉥ 방사선을 처리하여 염색체를 절단하면 연관군 내의 유전자들을 분리시킬 수 있다.
㉦ 교잡육종의 새로운 재료를 만들어 낼 수 있다.

134 돌연변이육종법의 특징으로 옳지 않은 것은?

① 영양번식 식물에서도 인위적으로 유전적 변이를 일으킬 수 있다.
② 연관군 내의 유전자는 분리시킬 수 없다.
③ 단일유전자만을 변화시킬 수 있다.
④ 새로운 유전자를 창성할 수 있다.

돌연변이육종법은 단일유전자만을 변화시킬 수 있고, 새로운 유전자를 창성할 수 있다.

135 생식세포돌연변이와 체세포 돌연변이의 예를 올바로 짝지은 것은?

생식세포 돌연변이	체세포 돌연변이
① 염색체의 상호전좌	아조변이
② 아조변이	열성돌연변이
③ 열성돌연변이	우성돌연변이
④ 우성돌연변이	염색체의 상호전좌

• 생식세포돌연변이(DNA) : 염기배열변화, 전위, 결실, 역위, 주옥, 전좌
• 아조변이 : 다년생 과수 등에서 가지・싹 등에 변이가 발생한 것을 선발하여 증식 후 이용

136 F_2의 분산량은 88, P_1의 분산량은 42, P_2의 분산량은 46, F_1의 분산량은 44일 때 F_2 세대에서의 유전력은?

① 0.3　　　　　② 0.5
③ 0.7　　　　　④ 0.9

137 다음 중 조기검정법을 적용하여 목표 형질을 선발할 수 있는 경우는?

① 나팔꽃은 떡잎의 폭이 넓으면 꽃이 크다.
② 배추는 결구가 되어야 수확한다.
③ 오이는 수꽃이 많아야 암꽃도 많다.
④ 고추는 서리 올 때까지 수확하여야 수량성을 알게 된다.

조기검정

생육초기 또는 잡종 초기세대에 검정하는 것이다. 유식물검정법, 화분립 및 종자검정법, 초형 및 체형에 의한 검정법, 세대촉진과 단축을 이용한 검정법이 있다.

138 배낭에서 난세포 이외의 조세포나 반족세포의 핵이 단독으로 발육하여 배를 형성하는 생식은?

① 처녀생식　　　② 무핵란생식
③ 무배생식　　　④ 주심배생식

해설
㉠ 단위생식(처녀생식) : 수정하지 않은 난세포가 단독 발육하여 배를 형성한다.
㉡ 무핵란생식(동정생식) : 핵을 잃은 난세포의 세포질 속으로 웅핵이 들어가서 단독발육하여 웅성의 n식물을 이루는 것
㉢ 주심배생식 : 체세포에 속하는 주심세포가 배낭 속으로 침입하여 부정아적으로 주심배를 형성한다. 한 개의 정상배 이외에 몇 개의 주심배가 존재하게 된다.

139 다음의 교잡육종법에 대한 설명 중 맞는 것은?

① 계통육종법은 질적형질의 선발에 효과적이다.
② 자식성 식물의 잡종은 자식을 거듭할수록 집단 내의 호모접합성은 감소한다.
③ 집단육종법은 잡종집단의 취급은 용이하지만, 자연선택은 이용할 수 없다.
④ 집단육종법이 계통육종법보다 육종연한을 단축할 수 있다.

해설
잡종식물은 자식을 거듭하면 약세를 나타내며 호모접합성이 증가한다.
㉠ 계통육종법 : 세대단축의 장점이 있다.(F_2부터 선발한다.)
㉡ 집단육종법 : 자연선택 조건에서 세대를 진전시키므로 선발 노력 없이 집단개량을 도모할 수 있지만 잠시간이 소요된다.

140 신품종의 특성을 유지하는 데 있어서 품종의 퇴화가 큰 문제가 되고 있는데 품종의 퇴화원인을 설명한 것 중에 옳지 않은 것은?

① 근교약세에 의한 퇴화
② 기계적 혼입에 의한 퇴화
③ 주동유전자의 분리에 의한 퇴화
④ 기회적 변동에 의한 퇴화

해설
품종 퇴화의 원인
돌연변이, 자연교잡, 근교약세, 미동유전자의 분리, 역도태, 기회적 변동, 기계적 혼입, 생리적 영향, 병해의 발생

141 작물의 진화 과정에서 새로운 변이를 생성시키는 기작이 아닌 것은?

① 돌연변이　　　② 교배
③ 배수체　　　④ 환경변이

해설
유전자 변이가 새로운 변이를 생성시킨다.

142 톱교잡(top cross)을 옳게 설명한 것은?

① (A×B)×C와 같이 3개의 최우수 품종을 교잡하는 경우
② 최고 수준(top level)의 품종을 얻기 위해서 (A×B)×(C×D)와 같이 교잡하는 경우
③ A×B×C×D×E×⋯×N와 같은 방법으로 교잡하는 경우
④ 조합능력검정에서 검정계통 또는 품종들과 교배를 할 경우

해설
톱교배(일반조합능력 검정)
다양한 유전자형으로 구성된 자유수분 품종이나 복교배 품종 등을 검정친으로 하여 자식 계통을 교배하는 방법

143 농작물의 이용부위 생산능력을 평가하기 위하여 생산력 검정을 수행한다. 다음 중 가장 합리적인 생산력 검정방법은?

① 실험포장에서 정밀하게 조사한 수량구성요소를 이용하여 평가대상 품종의 생산력을 추정한다.
② 농가포장에 평가대상 품종만을 단반복으로 재배하여 그 품종의 생산력을 조사한다.
③ 농가포장과 비슷한 조건 및 방법으로 평가대상 품종과 비교 품종을 반복 배치하여 생산력을 조사한다.

---

④ 농가포장과 비슷한 조건에서 평가대상 품종과 비교품종을 재배하고 생육이 가장 좋은 곳의 수량을 조사한다.

[해설]

농가와 비슷한 조건에서 시험구의 반복으로 오차를 감소시킨다.

144 유전자 재조합과 관계없이 어떤 원인에 의하여 유전물질 자체에 변화가 일어나 발생되는 변이는?

① 양적변이   ② 교배변이
③ 방황변이   ④ 돌연변이

145 타가수분을 초래하는 원인이 아닌 것은?

① 영양계 수분   ② 웅예선숙
③ 장벽수정   ④ 이형예 현상

146 토마토 F_1과 F_2 집단에서 조사한 과일 무게의 분산값은 각각 18g 및 90g이었다. 넓은 의미의 유전력은 얼마인가?

① 90%   ② 80%
③ 20%   ④ 18%

147 자연일장이 13시간 이하로 되는 늦여름부터 야간에 자정부터 1시까지 1시간 동안 충분한 광선을 식물체에 일정 기간 동안 조명해주었을 때 다음 중 어떠한 현상이 나타나겠는가?

① 코스모스 같은 단일성 식물의 개화가 현저히 촉진되었다.
② 가을 배추가 꽃이 피었다.
③ 가을 국화의 꽃봉오리가 제대로 생기지 않았다.
④ 조생종 벼가 늦게 여물었다.

148 집단육종법(bulk method)에서 개체 선발을 F_5~F_6에서 하는 이유를 바르게 설명한 것은?

① 개체의 동형접합도(homozygosity)가 충분히 높아진 후에 선발하려고
② 계통의 동질성(homogeneity)이 충분히 높아진 후에 선발하려고
③ 잡종강세현상이 강하게 나타난 후에 선발하려고
④ 자식열세현상이 더 이상 나타나지 않을 때 선발하려고

[해설]

집단육종법의 이점
분리세대에 개체선발과 계통재배를 하지 않으므로 잡종집단의 관리가 용이하고, 자연선택 조건에서 세대를 진전시켜 선발 노력 없이 집단개량을 도모하며, 동형접합자가 증가한 후기세대에 개체를 선발하므로 선발이 간편하다.

149 동질배수체의 임성이 낮은 이유는?

① 배수체는 유전물질이 많기 때문이다.
② 배수체는 식물체가 거대화하기 때문이다.
③ 배수체는 감수분열시 염색체가 불균등분리를 하기 때문이다.
④ 배수체는 발육이 지연되기 때문이다.

[해설]

동질배수체는 감수분열할 때 상동염색체의 불규칙적인 행동으로 인하여 종자의 임성이 매우 낮다. 동질4배체는 감수분열할 때 다가염색체를 이루는데, 모두 4가염색체로 되기도 하지만, 1가염색체·2가염색체·3가염색체도 생기므로 임성이 떨어진다.

150 새로운 우수품종을 개량하기 위한 계통육종법에 대한 설명 중 옳지 않은 것은?

① 수량과 같은 양적형질의 개량에 효과적이다.
② 교잡 후 F_2부터 개체선발을 하고 F_3부터 계통이라 하고 계통선발을 한다.
③ 우리나라에서 가장 많이 이용되는 육종법이다.
④ 육종가의 능력에 따라 육종연한은 단축될 수 있다.

정답   144 ④   145 ①   146 ②   147 ③   148 ①   149 ③   150 ①

계통육종법

소수의 유전자가 관여하여 비교적 초기세대에 고정되고 환경적 영향을 크게 받지 않는 질적 형질의 개량에 효과적이다.

151 종속 간 교잡육종에 대한 설명으로 옳지 않은 것은?

① 유연관계가 멀수록 임성이 높다.
② 품종의 유지가 어렵지 않다.
③ 불량유전자가 도입되기 쉽다.
④ 위잡종이 생기기 쉽다.

해설

종속 간 교잡을 할 경우 유연관계가 먼 경우일수록 잡종 종자가 생기기 힘들고, 또한 생기더라도 잡종의 임성은 낮다.

152 원원종포에서 생산된 종자를 재식하여 채종포용 종자를 생산하기 위하여 원종포에서는 1주당 몇 본씩 심는가?

① 1본
② 2본
③ 3본
④ 4본

153 단백질 합성의 장소가 되는 곳은?

① 세포질
② 염색체
③ 핵
④ DNA

해설

단백질의 합성은 세포질에서 리보솜에 의해 실시된다.

154 자연교잡에 의한 신품종의 퇴화를 방지하는 데 사용되는 방법으로 가장 실용적인 것은?

① 밀식재배법
② 주보존재배법
③ 격리재배법
④ 다비재배법

155 영양계 분리법의 실용적인 장점으로 가장 알맞은 것은?

① 우량한 변이체를 발견하면 이를 곧 이용할 수 있다.
② 유전적으로 쉽게 고정시킬 수 있다.
③ 유전분리 현상 규명에 효율적으로 이용된다.
④ 계통비교를 할 필요가 없다.

156 농작물 육종과정 중 세대 촉진 및 생육기간 단축을 위하여 쓰이는 방법으로 가장 알맞은 것은?

① 접목, 일장처리
② 일장처리, 자연도태
③ 자연도태, 검정교잡
④ 검정교잡, 접목

해설

접목은 영년생 과수 등에서 생육기간 단축을 위해 실시하고, 일장처리는 인위적인 장일·단일 조건으로 세대 촉진 및 개화기 조절 등에 이용한다.

157 반수체를 유기하는 방법이 아닌 것은?

① 종속 간 교잡
② 배배양
③ 무핵란생식
④ 처녀생식

해설

종속 간 교잡은 불임성을 나타내는 경우가 많아 반수체를 유기하여 염색체를 배가시켜 임성을 갖게 유도한다.

158 육종의 중요 성과가 아닌 것은?

① 신품종 육성
② 수량증가
③ 품질개선
④ 재배한계의 축소

159 유전자 간의 재조합 설명 중 맞는 것은?

① 재조합 빈도가 0%이면 완전독립이다.
② 재조합 빈도가 50%이면 완전연관이다.
③ 상동염색체의 감수분열시 교차가 일어나면 부분연관 관계를 나타내는 것이다.
④ F_1 배우자 형성시 단우성 배우자보다 양우성이나 양열성 배우자가 많이 생기는 것을 상반이라 한다.

정답   151 ①   152 ①   153 ①   154 ③   155 ①   156 ①   157 ②   158 ④   159 ③

해설

㉠ 재조합 빈도가 0%이면 완전연관이다.

㉡ 재조합 빈도가 50%이면 완전독립이다.

㉢ 상동염색체의 감수분열시 교차가 일어나면 부분연 관 관계에 있는 것이다.

㉣ F_1 배우자 형성시 단우성 배우자보다 양우성이나 양 열성 배우자가 많이 생기는 것을 상인이라 한다. 반대 로 F_1 배우자 형성시 양우성이나 양열성 배우자보다 단우성 배우자가 많이 생기는 것을 상반이라 한다.

160 하나의 형질발현에 대하여 같은 방향으로 작용하는 우성유전자가 2개 이상 관여할 때 이들 을 무엇이라 하는가?

① 동의유전자 　② 치사유전자

③ 억압유전자 　④ 변경유전자

해설

㉠ 동의유전자 : 하나의 형질발현에 대하여 같은 방향 으로 2개 이상 유전자가 작용하는 경우를 의미

㉡ 치사유전자 : 어떤 유전자가 호모 상태로 존재할 때 그 배우자나 개체를 죽게 하는 작용이 있는 유전자 (생쥐털 색깔)

㉢ 억압유전자 : 독자적인 형질발현 없이 다른 유전자의 형질발현을 억압하는 유전자(누에고치 색깔)

㉣ 변경유전자 : 주동유전자의 작용을 증대, 감소시키 도록 변경하는 유전자

161 불임의 원인이 아닌 것은?

① 자가불화합성 　② 적법수분

③ 이형예불화합성 　④ 웅성불임

해설

적법수분

단주화×장주화 또는 장주화×단주화 수분에서 불화합 성을 나타내지 않는 것을 의미한다.

162 감수분열시 유전자가 교차되어 키아즈마가 형성되어 일어나는 시기는?

① 이형분열 전기 대합기

② 이형분열 전기 태사기

③ 동형분열 전기 복사기

④ 동형분열 전기 이동기

해설

태사기

대합한 상동염색체가 동원체를 중심으로 하여 세로로 갈라져서 염색체가 4중구조를 보이는 시기로, 4중구조 가 된 염색체의 4갈래의 평행된 실처럼 된 하나하나를 염색분체라고 한다. 또한 키아즈마가 생긴 그대로 염색 분체들이 2개씩 양극으로 분리되면 상동염색체 간에 일 부의 유전자가 서로 교환되는 것이 교차이다.

163 양적 형질은 작물의 수량에 관한 주요 형질 이나 그 유전현상은 매우 복잡하다. 잡종 후기 세 대의 분리상태는?

① 정규곡선을 나타내는 연속변이를 나타낸다.

② 정규곡선을 나타내나 대립변이를 나타낸다.

③ 대립변이를 나타내면서 간별하기 쉽다.

④ 관여하는 유전자의 수도 적고 간별하기 쉽다.

해설

양적 형질은 정규분포를 보이며 농작물의 엽면적이나 과일의 무게와 같이 연속변이를 보이는 형질로 계급구 분이 어렵고 환경의 영향으로 표현형이 결정되는 경우 가 많다.

164 잡종강세 현상의 발현에 관하여 적합지 않 게 표현된 것은?

① 줄기 및 잎의 생육이 왕성해진다.

② 개화와 성숙이 촉진될 수 있다.

③ 외계 불량조건에 대한 저항성이 증대된다.

④ F_2에서 그 효과가 가장 강하게 나타나며 일반적 으로 F_3까지는 그 효과가 지속된다.

해설

잡종강세는 F_1에서 그 효과가 강하며 그 이후 세대에서 는 열성이 발현된다.

---

165 다음 설명 중 가장 옳은 것은?

① 단교잡은 잡종강세의 발현도와 균일성은 우수하지만 종자생산량이 적다.
② 복교잡은 종자의 생산량이 적고 잡종강세의 발현도는 높지만 균일성이 다소 낮다.
③ 다계교잡은 복교잡보다 일반적으로 생산력이 높다.
④ 3계교잡은 종자생산량이 많고 잡종강세의 발현도가 낮으나 균일성이 높다.

> **해설**
>
> ㉠ 단교잡은 잡종강세의 발현도와 균일성은 우수한 반면 많은 종자를 생산하지 못한다는 단점이 있다.
> ㉡ 복교잡 : 종자의 생산량이 많고 잡종강세의 발현도도 높지만 균일성이 다소 낮으며 4개의 어버이 계통을 유지해야 한다.
> ㉢ 다계교잡 : 복교잡 간에 교잡을 시키거나, 몇 계통을 몇 해 동안 격리 포장에서 자유교잡시켜 그들 간에 다시 교잡하는 것으로 복교잡보다 일반적으로 생산력이 낮다.
> ㉣ 3계교잡 : 강세화된 F_1 식물에서 채종되므로 종자생산량이 많고 잡종강세의 발현도도 높으나 균일성이 다소 낮아진다.

166 배수성육종시 가장 효과가 좋은 방법은?

① 아세나프텐　　② 콜히친처리법
③ 절단법　　　　④ 온도처리법

> **해설**
>
> **콜히친처리법**
> 염색체를 배가시키는 가장 효과적인 방법이며 콜히친을 처리하면 감수분열의 과정에서 방추사의 형성이 저해되어 염색체들이 양극으로 분리되지 않고 그대로 정지핵의 상태로 들어가게 되어 배수성인 복구핵이 형성된다.

167 다음 중 다른 성격의 육종법은?

① 분리육종　　　② 계통육종
③ 도입육종　　　④ 교잡육종

> **해설**
>
> 품종의 육성방법에는 도입육종법, 분리육종법, 교잡육종법, 일대잡종법, 배수성육종법, 돌연변이육종법, 영년생육종법 등이 있는데, 계통육종은 교잡육종법의 하나이다.

168 작물체에 방사선을 조사할 때 발생하기 쉬운 형태적 변화를 설명한 것 중 옳지 않은 것은?

① 잎이 작아지거나 두터워진다.
② 생장이 빨라진다.
③ 분열조직이 사멸된다.
④ 줄기에 종창이 생긴다.

> **해설**
>
> **방사선 감수성**
> 방사선 조사는 발아불량, 생존율 저하, 생육저해, 불임 발생 등 장해가 나타난다.

169 양적유전에 대한 설명으로 옳은 것은?

① 모든 양적 형질은 유전력이 높다.
② 관련되는 유전자의 수가 많다.
③ 폴리진계를 이루지 않아 유전현상이 간단하다.
④ 환경변이가 적다.

> **해설**
>
> **양적유전자**
> 동의유전자나 폴리진의 작용으로 설명한다. 양적형질의 표현형 값은 유전적 요인에 의한 효과와 환경요인에 의한 효과로 결정된다.

170 다음 중 트리티케일(Triticale)의 기원은?

① 밀×호밀
② 밀×보리
③ 호밀×보리
④ 보리×귀리

정답　　165 ①　166 ②　167 ②　168 ②　169 ②　170 ①

171 식물병에 대한 저항성에는 진성저항성과 포장저항성이 있다. 이 두 가지 저항성의 차이를 옳게 설명한 것은?

① 진성저항성이나 포장저항성은 병감염률이 상대적으로 낮으나 병균을 접종하면 모두 병이 많이 발생한다.

② 진성저항성을 수평저항성이라고 하며, 포장저항성은 수직저항성이라고도 한다.

③ 진성저항성이나 포장저항성 모두 병 발생이 거의 없으나, 포장저항성은 포장에서 병 발생이 없다.

④ 진성저항성은 병이 거의 발생하지 않으나, 포장저항성은 여러 균계에 대하여 병 발생률이 상대적으로 낮다.

> **해설**
> ㉠ 유전적 저항성 : 진성저항성 · 포장저항성
> ㉡ 진성저항성 : 발병이 쉬운 조건에서도 병 발생이 적은 성질, 주동유전자의 작용에 의함, 발병 정도가 불연속성, 질적저항성 · 수직저항성 · 주동유전자저항성 · 과민성 저항성 · 레이스특이적 저항성이라고도 한다.

172 식물의 불임성은 한 개의 꽃 속에 있는 암술과 수술의 길이가 서로 다르기 때문에 나타나기도 한다. 암술과 수술의 길이가 다른 현상을 무엇이라 하는가?

① 웅성불임　　　② 자웅이숙
③ 순환적 불임　　④ 이형예

173 자가가임인 영양번식작물에서 교잡육종을 통하여 우량계통을 선발하려고 한다. 만약 목표형질이 열성인 경우 영양계 선발이 가능한 최초의 잡종세대는?

① 잡종 제1세대
② 잡종 제2세대
③ 잡종 제3세대
④ 잡종 제1세대와 여교잡 후

> **해설**
> 자가가임의 경우 육종방법은 교잡 후대에 대해서 성군선발법을 적용하는 것이고, 자가불임 또는 자웅이주의 경우 육종방법은 집단교잡법, 조환육종법 등이 있다. 한편 영양번식작물에 이용되는 방법으로는 교잡 후에 영양계로 계통선발하는 방법이 있는데, 이때 목표형질이 우성인 경우엔 F_1세대부터 영양계를 선발하고, 목표형질이 열성인 경우엔 F_1을 자식시키고 F_2 세대에 영양계 선발한다.

174 잡종강세를 이용할 경우 고려사항이 아닌 것은?

① 교잡 조작이 간편할 것
② 재배에 필요한 종자량이 적을 것
③ 타가수정 작물에 주로 이용할 것
④ 잡종 2세대에 적응할 것

> **해설**
> **잡종강세육종법(1대 잡종 이용법)의 구비조건**
> ㉠ 교잡하기가 쉬운 것
> ㉡ 1회의 교잡에 의해서 많은 종자가 생산되어 1대 잡종 종자의 생산이 용이한 것
> ㉢ 단위면적당 소요 종자량이 적게 드는 것
> ㉣ 잡종강세가 현저해야 함
> ㉤ 1대 잡종을 재배하는 이익이 1대 잡종을 생산하는 경비보다는 커야 함

175 자가수정 작물을 대상으로 한 교잡육종법이 아닌 것은?

① 집단육종법　　　② 계통육종법
③ 조환육종법　　　④ 여교잡

> **해설**
> 자가수정 작물을 대상으로 한 교잡육종법에는 계통육종법, 집단(람쉬)육종법, 파생계통육종법, 여교잡육종법 등이 있고, 타가수정 작물을 대상으로 한 교잡육종법에는 조환육종법, 혼합교잡법 등이 있다.

176 유전적 취약성(genetic vulnerability)이란 무엇인가?

① 품종의 단순화에 의해 작물재배가 환경 스트레스에 견디지 못하는 성질
② 품종개량에 있어서 종내의 유전적 변이의 폭이 좁아서 육종에 기여하지 못하는 성질
③ 식물기원지에서 떨어진 곳에서는 다양한 유전적 변이를 기대할 수 없는 현상
④ 유전형질이 충분히 표현될 수 있는 환경조성이 이루어지지 않았을 때 일어나는 현상

177 다음 세대에 유전분리가 안 되어 이형접합 상태의 우량유전자형을 유지, 증식하는 방법으로 적당한 것은?

① 돌연변이(Mutation)
② 아포믹시스(Apomixis)
③ 세포융합(Cell Fusion)
④ 유전자재조합(Recombination)

> [해설]
>
> 아포믹시스
> 이형유성생식은 배우자의 형성과정을 밟지만 정상적인 수정이 이루어지지 않고 단성적으로 발육하여 새로운 개체를 만드는 생식이다.

178 자가 불화합성인 작물의 특징은?

① 암술과 수술이 모두 완전하다.
② 암술과 수술의 성숙기가 다르다.
③ 암술과 수술이 퇴화되어 있다.
④ 생식세포에 이상이 있다.

> [해설]
>
> 자가불화합성은 양성화 혹은 자웅동주의 단성화에서 같은 꽃, 같은 개체에 있는 꽃, 또는 계통 간의 수분에 의해서 결실을 못하는 현상으로 암수의 생식기관에는 형태적으로나 기능적으로 전혀 이상이 없는데 자기 꽃가루 또는 같은 계통 간의 수분에 의해서는 수정이 되지 않거나 수정이 극히 어려운 현상이다.

179 체세포 돌연변이를 이용하여 새로운 품종을 많이 육성하는 작물은?

① 콩과 작물
② 화본과 작물
③ 일년생 화훼류
④ 다년생 과수류

> [해설]
>
> 영양번식작물
> 영양번식작물은 흔히 잡종성이므로 생장점에 변이가 생겼을 때는 Aa → aa로 되며 이것은 곧 아조변이로 나타나는데, 변이 부분을 일찍이 잘라내어 접목, 취목, 삽목 등에 의해서 별도로 번식시키는 것이 좋다.

180 후대 검정과 관계가 적은 것은?

① 선발된 우량형이 유전적인 변이인가를 알아본다.
② 표현형에 의하여 감별된 우량형을 검정한다.
③ 선발된 개체가 방황변이인가를 알아본다.
④ 질적형질의 유전적 변이 감별에 주로 이용된다.

> [해설]
>
> 자연계에서 나타나는 변이(유전적 · 환경적 · 유전과 환경의 복합) 모두 감별에 이용한다.

181 중복수정을 바르게 설명한 것은?

① (난핵＋제1정핵)의 배와(2극핵＋제2정핵)의 배유
② (난핵＋제1정핵)이 이중으로 되어 기형의 2배와 배유가 되는 것
③ (난핵＋제1정핵)의 배와(2극핵＋영양핵)의 배유
④ (난핵＋제1정핵)의 배와(반족세포＋영양핵)의 배유

> [해설]
>
> 중복수정의 과정
> ㉠ 중복수정은 피자식물(속씨식물)에서 이루어진다.
> ㉡ 과정
> 　수분 → 꽃가루 발아 → 꽃가루 신장 → 암술대(화주) 통과 → 주공을 통해 배낭에 침입 → 침입한 정핵 1개＋난세포, 침입한 정핵 1개＋극핵 2개
> ㉢ 난세포(♀n)＋정핵(♂n)＝배(2n)
> 　2개의 극핵(♀n＋♀n)＋정핵(♂n)＝배젖(3n)

182 다음의 세포 주기 중 DNA가 복제되는 시기는?

① 전기   ② 간기(휴지기)
③ 후기   ④ 중기

> **해설**
>
> DNA의 자기복제는 세포분열기의 간기(휴지기) 중 S기에 일어난다.

183 HACCP란 무엇을 의미하는가?

① 위해요소중점관리기준
② 우수농산물관리제도
③ 생산이력추적관리제도
④ 병충해종합관리

> **해설**
>
> HACCP(Hazard Analysis Critical Control Point)
> 식품의 원재료 생산에서부터 제조, 가공, 보존, 조리 및 유통단계를 거쳐 최종소비자가 섭취하기 전까지 각 단계에서 위해물질이 해당식품에 혼입되거나 오염되는 것을 사전에 방지하기 위하여 발생할 우려가 있는 위해요소를 규명하고, 이들 위해요소 중에서 최종 제품에 결정적으로 위해를 줄 수 있는 공정, 지점에서 해당 위해요소를 중점적으로 관리하는 위생관리 시스템이다. '해썹' 또는 '해십'이라 부르며 우리나라에서는 1995년 12월에 도입하면서 '식품위생법'에서 '식품위해요소중점관리기준'이라고 한다.

184 농가에서 매년 새로운 종자를 구입하여 재배하는 것이 유리한 작물로 짝지어진 것은?

① 벼, 보리, 밀   ② 콩, 완두, 팥
③ 옥수수, 배추, 수박   ④ 조, 아마, 귀리

> **해설**
>
> 종자증식
> ㉠ 주요 농작물의 품종 중 우수한 것으로 인정되어 장려품종으로 결정된 것은 국가사업으로 퇴화를 방지하면서 체계적으로 증식하여 농가에 보급시키고 있는데 이를 종자갱신사업이라고 한다.
> ㉡ 종자갱신에 있어서 전 면적을 해마다 갱신하는 것을

매년갱신이라고 하며 2년이나 3년에 걸쳐서 갱신하는 것을 2년 1기 갱신, 3년 1기 갱신이라고 한다.
㉢ 우리나라에서 벼, 보리, 콩 등 자식성 작물의 종자갱신 연한은 4년 1기로 한다.
㉣ 옥수수와 채소류(배추, 수박, 오이, 토마토 등)의 1대잡종품종은 매년 새로운 종자를 사용한다.
㉤ 종자갱신에 의한 증수효과는 벼 6%, 맥류 12%, 감자 50%, 옥수수 65%로 효과가 있다.

185 장벽수정(hercogamy)의 대표적 식물은?

① 양파   ② 복숭아
③ 붓꽃   ④ 국화

186 교배친(P_1, P_2), F_1 및 F_2의 분산값이 다음과 같을 때 넓은 의미의 유전력은 얼마인가?(단, 분산 : $P_1=28$, $P_2=27$, $F_1=38$, $F_2=62$)

① 20%   ② 50%
③ 60%   ④ 15%

187 자식열세 현상의 설명으로 옳은 것은?

① 자가수정 작물이나 타가수정 작물 모두에서 나타난다.
② 열성유전자의 동형화에 의하여 불량형질이 나타난다.
③ 자식열세 현상은 세대를 거듭하여도 거의 일정한 비율로 나타난다.
④ 자식열세 현상은 자식 초기에는 적지만 자식 후기에는 크다.

> **해설**
>
> 자식열세＝자식약세

188 신품종의 유전적 퇴화의 원인을 옳게 나열한 것은?

① 자연교잡, 잡종강세
② 잡종강세, 바이러스병 감염

---

③ 바이러스병 감염, 돌연변이
④ 돌연변이, 자연교잡

해설
잡종강세는 유전적 우성, 바이러스 감염은 병리적 퇴화이다.

189 바빌로프의 유전자 중심지설에 무, 가지, 오이, 호박 등은 (   )가 재배기원 중심지였다고 한다. (   ) 안에 알맞은 것은?

① 지중해 연안 지구　　② 극동 지구
③ 중국 지구　　　　　④ 중앙아메리카 지구

190 20계통을 난괴법으로 4반복하여 생산성 검정시험을 할 때 오차의 자유도는?

① 57　　　　　　　　② 60
③ 76　　　　　　　　④ 80

191 인위적으로 반수체를 육성하는 방법이 아닌 것은?

① 약배양　　　　　　② 종속 간 교배
③ 화학약품의 처리　　④ 생장점의 충치환

192 필요한 유전자를 F_1에 집적하여 안정된 작황을 유지하며 생산력 향상과 생산물의 규격화를 꾀하는 품종은?

① 자연수분품종　　　② 합성품종
③ 다계교잡품종　　　④ 일대잡종품종

해설
잡종강세육종법은 일대잡종을 이용한다.

193 유전자의 격리(隔離) 조건 중 교잡불친화성으로 격리가 되는 현상은?

① 지리적 격리　　　　② 시간적 격리
③ 생리적 격리　　　　④ 차단적 격리

해설
교잡불친화성 : 웅성불임, 이형예 등을 말한다.

194 벼와 같은 자식성 식물에서의 잡종강세를 설명한 것으로 옳은 것은?

① 자식성 식물이므로 잡종강세가 일어나지 않는다.
② 교배조합에 따라 잡종강세가 일어날 수 있다.
③ 모든 교배조합에서 잡종강세가 크게 나타난다.
④ 자식성 식물에서는 잡종강세를 조사하지 않는다.

195 약배양(葯培養, anther culture)을 하는 주된 이유는?

① 동형접합체(homozygosity)를 신속히 얻기 위하여
② 씨 없는 과실을 얻기 위하여
③ 생육이 강한 개체를 얻기 위하여
④ 자가불화합성을 타파하기 위하여

196 농작물 육종의 성과로 볼 수 없는 것은?

① 고추 비닐피복 재배의 확대 보급
② 배추의 연중재배 가능
③ 왜성사과의 보급
④ 대륜국화의 보급

197 재래종 또는 지방종의 설명 중 적합하지 않은 것은?

① 하나의 품종으로 보아도 좋다.
② 작물의 원산지에서 오랜 기간 자생 또는 재배되어 온 것이어야만 한다.
③ 대부분의 재래종은 일종의 고정종에 속하는 것이다.
④ 한 지역에서 예로부터 재배되어 내려온 것을 흔히 일컫는다.

정답　189 ③　190 ①　191 ④　192 ④　193 ③　194 ②　195 ①　196 ①　197 ②

198 다음 육종방법들의 변천과정을 순서에 맞게 열거한 것은?

① 교배육종 → 선발육종 → 1대 잡종육종 → 생명공학육종

② 1대 잡종육종 → 교배육종 → 생명공학육종 → 선발육종

③ 생명공학육종 → 교배육종 → 선발육종 → 1대 잡종육종

④ 선발육종 → 교배육종 → 1대 잡종육종 → 생명공학 육종

199 형질전환작물에 관한 설명으로 옳지 않은 것은?

① 형질전환에 이용된 유전자는 형질전환작물의 모든 세포에 존재하지 않고 특정기관에만 존재한다.

② 외래유전자 도입에 의해 새로운 형질을 나타내는 작물이다.

③ 유전자변형기술(DNA 재조합 기술)을 이용하여 만든 작물이다.

④ 유용한 유전형질을 다른 종의 생물체에서도 얻을 수 있다.

> 해설
>
> 형질전환
> 외부로부터 주어진 DNA에 의하여 생물의 유전적인 성질이 변하는 일을 말하는데 최근에는 많은 실험을 통하여 식물이나 동물 등에 새로운 유전자를 이식한 형질전환생물들이 탄생되고 있다.

200 전체 배우자 중 재조합형의 비율을 재조합빈도(RF교차율)라 하는데, 완전연관의 경우 RF값은?

① 0% ② 10%

③ 20% ④ 50%

> 해설
>
> 완전교차율의 해석에서, RF＝0이면, 교차가 전혀 일어나지 않았으므로 완전연관이다.

또 RF＝50이면 생식 세포나 자손의 분리비는 독립의 법칙과 같다. 즉, 교차율이 0%에 가까울수록 연관의 강도가 강하고 교차율이 50%에 가까울수록 연관의 강도는 약하다.

201 유전자의 상호작용에 대한 설명 중 어느 하나가 없으면 발현하지 않는 유전자는?

① 억제유전자 ② 피복유전자

③ 조건유전자 ④ 보족유전자

> 해설
>
> 조건유전자(열성상위)의 경우 A 유전자가 있어야 B 유전자의 작용이 나타난다. 반면 피복유전자(우성상위)의 경우 물질대사의 두 경로에서 A 유전자가 작용하지 않을 때에만 B 유전자의 작용이 나타난다.

202 육종에서 타식성 식물의 유전변이가 자식성 식물보다 큰 이유에 해당하는 것은?

① 근친교배가 이루어진다.

② 유전자풀의 범위가 넓다.

③ 생육기간이 길다.

④ 유전자재조합의 기회가 적다.

> 해설
>
> 타식성 생식에 관여하는 수배우자가 제한되어 있지 않아 유전자풀의 범위가 넓고, 잡종개체들 간에 자유로운 수분이 이루어지므로 유전자 재조합의 기회가 많기 때문이다.

203 이배체식물에서 배우자형성과 수정과정에 대한 설명으로 틀린 것은?

① 화분모세포에서 감수분열하여 4개의 소포자를 형성한다.

② 배낭모세포에서 감수분열 결과 1개의 난세포만 형성하고, 3개는 퇴화한다.

③ 화분은 즉각 감수분열 1회와 2회 핵분열을 하여 생식핵과 화분관핵을 형성한다.

④ 피자식물의 경우 2개의 정핵 중 하나는 난핵과 융합하여 배를 형성하고, 다른 하나는 극핵과 융합하여 배유를 형성한다.

정답   198 ④ 199 ① 200 ① 201 ③ 202 ② 203 ③

수술의 꽃밥 속에는 많은 화분모세포(2n)가 존재하는데, 화분모세포가 감수분열하여 4개의 화분 세포(n)가 형성된다. 이 4개의 화분세포가 성숙하여 4개의 화분이 되고 화분의 핵이 핵분열을 하여 생식핵(n)과 화분관핵(n)을 만든다. 화분이 암술머리에 부착하면 화분은 발아를 시작하여 화분관을 뻗고, 화분관핵은 화분관의 끝부분으로 이동하고, 생식핵은 화분관 안에서 핵분열을 하여 2개의 정핵(n)으로 된다. 정핵은 후에 수정에 관여한다.

204 다음 연관에 대한 설명으로 틀린 것은?

① 조환가가 높으면 연관관계가 멀어진다.
② 유전자 사이의 거리가 가까우면 조환가는 상대적으로 높다.
③ 상인은 F_1의 배우자 형성에 있어서 양우성이나 양열성인 배우자가 단우성인 배우자보다 많이 생기는 것이다.
④ 상반은 F_1의 배우자 형성에 있어서 양우성이나 양열성인 배우자가 단우성인 배우자보다 적게 생기는 것이다.

교차율은 연관된 두 유전자 사이의 거리에 따라 달라지는데, 거리가 멀면 교차가 일어날 확률이 높아 교차율(조환가)은 높고, 거리가 가까우면 교차율은 상대적으로 낮다.

205 타가수정 작물의 잡종강세육종에 관한 설명으로 옳지 않은 것은?

① 타가수성 작물의 잡종강세는 약세극치에 덜한 호모 상태에 가까운 자식계나 근교계 간에 교잡할 때 가장 왕성하게 나타난다.
② 타가수정 작물에서 F_1의 잡종강세 정도와 균일성을 높이려면 호모 상태에 가까운 계통 간에 교잡을 하는 것이 좋다.
③ 조합능력의 검정방법으로 톱교배, 이면교배 등이 있다.
④ 3계교잡[(A×B)×C]은 단교잡(A×B)에 비해서 잡

종강세의 정도와 종자생산량은 다소 떨어지나 균일성은 높아진다.

3계교잡(Triple cross)
㉠ (A×B)×C와 같이 단교잡과 다른 근교계와의 잡종이 3계 교잡이며, 우량조합을 선정하는 데 이용되며, 육종면에서의 가치가 단교잡과 복교잡의 중간 정도이다.
㉡ 강세화된 F_1 식물에서 채종되므로 종자의 생산량이 많고 잡종강세의 발현도도 높으나 균일성이 다소 낮아진다.

206 다음 잡종강세육종법의 이용과 관계가 먼 것은?

① 주로 타가수정 작물에 이용되나 일부 자가수정 작물에도 이용된다.
② 단위면적당 사용되는 종자의 양이 많이 드는 작물에 유용하다.
③ 옥수수, 오이, 배추, 호박 등의 작물이 이용된다.
④ 모계 웅성불임성을 이용할 경우 교배시 모계의 제웅의 노력이 필요치 않아 유용하다.

잡종강세육종법(1대 잡종 이용법)의 구비조건
㉠ 교잡을 하기가 쉬워야 한다.
㉡ 1회의 교잡으로 많은 종자가 생산되어야 한다.
㉢ 단위면적당 소요 종자량이 적어야 좋다.
㉣ 이익이 경비보다 커야 한다.

207 우량품종에 한두 가지 결점이 있을 때 이를 보완하기 위하여 이용되는 여교잡육종에 대한 설명으로 옳지 않은 것은?

① 1회친의 특정 형질을 선발하므로 육종효과와 재현성이 낮다.
② 대상형질에 관여하는 유전자가 많을수록 육종과정이 복잡하고 어려워진다.
③ 여러 번 여교배를 한 후에도 반복친의 특성을 충분히 회복해야 한다.
④ 목표형질 이외의 다른 형질의 개량을 기대하기 어렵다.

정답　204 ②　205 ④　206 ②　207 ①

여교잡육종에서는 1회친의 특성만을 선발하므로 육종의 효과가 확실하고 선발환경을 고려할 필요가 없으며 재현성이 높은 장점이 있으나, 목표 형질 이외의 다른 형질에 대한 새로운 유전자 조합을 기대하기 어렵다.

여교잡육종법

㉠ (A×B)×B 또는 (A×B)×A와 같이 여교잡을 할 때 한 번 교잡시킨 것을 1회친, 두 번 이상 공용한 것을 반복친이라고 한다.

㉡ 비실용품종을 1회친으로 하고 실용품종을 반복친으로 하여 연속적으로 교배·선발함으로써 비교적 작은 집단의 크기로 비교적 짧은 세대 동안에 비실용품종의 우수한 특성을 이전하여 품종을 개량할 수 있다.

208 여러 가지 유전자형이 혼합되어 있는 배추 재래종 집단 중에서 우량한 유전자형을 골라서 품종을 만들고자 한다. 어떤 육종법이 가장 효율적인가?

① 배수성육종법　　② 여교잡육종법
③ 돌연변이육종법　　④ 집단선발법

타가수정 작물에서 주로 쓰인다. 집단 내 우량개체들 간의 타가수분을 유도한다.

209 영양계분리법과 관계없는 것은?

① 과수류나 뽕나무 같은 영년생 식물에 이용한다.
② 양딸기의 자연집단에서 우량한 영양체를 분리하는 데 이용한다.
③ 영양이 좋은 종자를 선발 분리하는 방법이다.
④ 재래집단이나 자연집단에는 많은 변이체를 가지고 있다.

210 우성형질을 이용하는 작물은?

① 벼　　　　　　② 옥수수
③ 보리　　　　　④ 콩

우성형질이란 대립형질을 지닌 양친의 교배에 있어서 그 잡종 F_1에 나타나는 형질을 말한다.

211 다음은 돌연변이육종법을 설명한 것이다. 옳지 않은 것은?

① 새로운 유전자를 창생할 수 있다.
② 여러 유전자를 동시에 변화시킬 수 있다.
③ 영양번식식물에서도 인위적으로 유전적 변이를 일으킬 수 있다.
④ 방사선을 처리하면 불화합성이던 것을 화합성으로 변하게 할 수 있다.

단일유전자만을 변화시킬 수 있다.

212 다음 중 돌연변이에 대한 설명이 틀린 것은?

① 잡종으로 되어 있는 영양번식 식물에서 변이로 사용된다.
② 변이 1세대를 M_1이라 한다.
③ 타식성으로 이형접합체인 것은 돌연변이육종을 하기가 쉽다.
④ 유발원이 되는 방사선은 α선, β선, 중성자가 있다.

타식성 식물은 자식성 식물보다 유전변이가 풍부하기 때문에 인위돌연변이에 의해 변이를 확대할 필요성이 높지 않다. 또한 인위돌연변이의 대부분은 열성돌연변이인데, 타식성 집단은 이형접합체가 많으므로 돌연변이를 선별하기 어렵다.

213 보통밀(Triticum Aestrivum)의 게놈 조성은?

① AA
② BB
③ AABB
④ AABBDD

밀 속에는 A, B, D, G 4종류의 게놈이 있으며 게놈의 조성에 따라서 1립계(AA), 2립계(AABB), 보통계(AABBDD), 티모피비계(AAGG)로 분류한다.
㉠ 1립계 : 게놈의 조성은 AA이며 2배체이다.
㉡ 2립계 : 게놈의 조성은 AABB이며 이질 4배체이다.
㉢ 보통계 : 게놈의 조성은 AABBDD이며 이질 6배체이다.
㉣ 티모피비계 : 게놈의 조성은 AAGG이며, 이질 4배체이다.
이 중에서 수량은 보통계가 가장 많으므로 재배면적도 가장 넓으며 다른 계통 조성은 육종의 모재로 쓰이고 있다.

214 일반조합능력과 특수조합능력을 함께 검정할 수 있는 방법은 무엇인가?

① 단교잡 ② 이면교잡
③ 톱교잡 ④ 다계교잡

이면교잡은 특정조합능력과 일반조합능력을 함께 검정하며, 환경에 의한 오차를 적게 할 수 있다.

잡종강세육종법(조합능력의 검정)
㉠ 일반조합능력 : 어떤 계통과 조합되어도 보편적으로 높은 강세를 나타냄
㉡ 특정조합능력 : 특정계통과 조합될 때에만 높은 잡종강세를 나타냄
 • 단교잡 : 특정조합능력의 검정에 이용
 • 톱교잡 : 일반조합능력의 검정에 이용
 • 이면교잡 : 특정조합능력과 일반조합능력을 함께 검정
 • 다계교배 : 영양체번식식물의 일반조합능력 검정법

215 식물의 난세포가 단독으로 발육하여 씨눈(胚)을 형성하는 경우를 (　)이라 한다. (　) 안에 들어갈 말은?

① 무배생식 ② 단성생식
③ 영양번식 ④ 중복수정

무배생식
배낭에서 난세포 이외의 조세포나 반족세포가 발육하여 배를 형성하는 것

216 자연교잡에 의한 배추과(십자화과) 채소 품종의 퇴화를 막기 위하여 채종재배시 사용할 수 있는 방법으로 가장 적당한 것은?

① 망실재배, 수경재배
② 지베렐린 처리, 외딴섬섬재배
③ 외딴섬섬재배, 망실재배
④ 수경재배, 지베렐린 처리

217 신품종의 특성이 퇴화되어서 나타나는 피해를 막기 위하여 농민들이 할 수 있는 가장 좋은 방법은?

① 종자갱신 ② 돌연변이
③ 역도태 ④ 자연교잡

218 다음 중 일반조합능력에 이용되는 조합능력검정법으로 가장 적당한 것은?

① 단교잡검정법
② 여교잡법
③ 톱교잡검정법
④ 다교잡검정법

219 F_1의 유전자 구성이 AaBbCcDd인 잡종의 자식 후대에서 고정될 수 있는 유전자형의 종류 수는 얼마나 되는가?(단, 모든 유전자는 독립유전한다.)

① 9 ② 12
③ 16 ④ 24

220 양성잡종 AaBb를 자식하면 다음 대에 AaBb는 얼마나 나타나게 되는가?

① 1/16 ② 2/16
③ 4/16 ④ 8/16

221 다음 중 단위결과를 옳게 설명한 것은?

① 하나의 식물체에 하나의 과일이 달리는 현상
② 종자가 생기지 않고 과일이 비대되는 현상
③ 하나의 과일 속에 하나의 종자가 생기는 현상
④ 과일 속에 수많은 종자가 생기는 현상

222 표현형 분산 100, 유전자의 상가적 효과에 의한 분산(VD) 50, 유전자의 우성효과에 의한 분산(VH) 10, 환경변이에 의한 분산(VE) 40인 경우 넓은 뜻의 유전력은?

① 30%   ② 40%
③ 50%   ④ 60%

223 육종 대상집단에서 유전양식이 비교적 간단하고 선발이 쉬운 변이는 어느 것인가?

① 불연속변이   ② 방황변이
③ 연속변이   ④ 양적변이

해설
불연속변이
질적형질, 계급구별이 분명한 형질, 환경영향 적음, 주동유전자에 의해 지배된다.

224 조직배양의 목적과 직접적인 관계가 적은 것은?

① 화분배양으로 반수체를 유발한다.
② 무병개체를 육성할 수 있다.
③ 병해충에 대한 저항성을 증대시킬 수 있다.
④ 단시일 내에 많은 동질의 개체를 증식할 수 있다.

225 두 유전자가 연관되었는지를 알아보기 위하여 주로 쓰는 방법은?

① 타가수정   ② 원형질융합
③ 속간교배   ④ 검정교배

226 1대 잡종 품종이 재배되고 있는 배추, 고추, 수박, 옥수수 등의 농작물은 종자갱신을 몇 년에 한 번씩 하는 셈인가?

① 1년   ② 2년
③ 3년   ④ 4년

해설
잡종강세육종에 의한 종자는 F₁ 세대에서만 우량형질을 나타낸다.

227 순계분리육종법을 적용할 수 있는 작물로 짝지어진 것은?

① 감자, 고구마   ② 콩, 보리
③ 호밀, 메밀   ④ 벼, 옥수수

해설
순계분리법(純系分離法)
㉠ 기본집단에서 우수한 형질을 가진 개체에 대해 개체 선발을 계속하여 우수한 순계를 선발하는 방법이다.
㉡ 자가수정 작물(벼, 보리, 콩 등)에서 이용되며 타가수정 작물 중에서도 근교약세를 나타내지 아니하는 작물에 대하여 이용될 수 있다.
㉢ 기본집단을 개체별로 심고 우수해 보이는 개체를 선발하고 개체별로 채종, 그 종자를 증식하여 하나의 품종으로 만드는 방법이다.

228 자가불화합성식물 1대 잡종한 것과 자식한 것과의 차이점은 무엇인가?

① 환경적응성 증가
② 채종이 용이하다.
③ 생산성 증가
④ 환경저항성 증가

해설
배추나 양배추와 같이 자가불화합성이 있는 식물은 제웅을 하지 않고서도 1대 잡종 품종의 1대 잡종 종자를 생산할 수 있다.

정답   221 ②   222 ④   223 ①   224 ③   225 ④   226 ①   227 ②   228 ②

229 잡종강세의 정도를 나타내는 조합능력에 대한 설명 중 옳지 않은 것은?

① 잡종강세를 이용하는 육종에서는 조합능력이 높은 어버이 계통을 선정하는 것이 좋다.
② 일반조합능력은 어떤 자식 계통이 여러 검정 계통과 교배되어 나타나는 1대 잡종의 평균잡종강세이다.
③ 조합능력은 순환선발에 의하여 개량된다.
④ 톱교잡 검정법은 특정조합능력검정에 이용한다.

해설

톱교잡은 적당한 품종·복교잡종·합성품종 등을 검정친으로 하여 여러 자식계를 교잡하고, 그들의 일반조합능력을 검정하는 방법이다. 반면 단교잡은 검정하려고 하는 계통을 다른 특정한 계통을 판정하는 방법으로 특정조합능력의 검정에 이용된다.

230 순계에 대한 설명으로 옳지 않은 것은?

① 재래 개체군에는 많은 순계가 혼합되어 있다.
② 자가수정 작물의 동형접합체에서 생산된 자손들이다.
③ 선발의 효과가 없다.
④ 타가수정 작물은 순계를 이용할 수가 없다.

해설

타가수정 작물도 목적에 따라 순계를 이용한다(자식약세 극치 → 잡종강세발현 유도).

231 방사선 돌연변이 육종에 있어서 방사선의 적정 강도를 결정하는 데 치사율을 고려한다. 가장 적정한 치사율은?

① 5%   ② 25%
③ 50%   ④ 75%

해설

LD_{50} 전후가 방사선 조사의 적정선량이다.

232 다음 중 어느 경우에 선발의 효과가 가장 크게 기대되는가?

① 유전변이가 작고, 환경변이가 클 때
② 유전변이가 크고, 환경변이가 작을 때
③ 유전변이가 크고, 환경변이도 클 때
④ 유전변이가 작고, 환경변이도 작을 때

해설

질적 형질은 주동유전자에 의하여 지배되므로 선발효과가 크다.

233 다음 중 돌연변이에 대한 설명으로 옳지 않은 것은?

① 근연종 사이에는 비슷한 돌연변이도 상당히 일어나는데 이것을 평행돌연변이라 한다.
② 돌연변이가 어떤 유전질에서 일어나느냐에 따라 유전자·염색체·색소체 돌연변이로 구분할 수 있다.
③ 우성에서 열성으로 돌연변이하는 것을 우성돌연변이, 열성에서 우성으로 돌연변이하는 것을 열성돌연변이라 한다.
④ 돌연변이는 자연적으로 발생한 자연돌연변이, 인위적으로 유발된 인위돌연변이로 구별할 수 있다.

해설

㉠ 근연종 사이에는 비슷한 돌연변이도 상당히 일어나는데 이것을 평행돌연변이라 한다.
㉡ 돌연변이가 어떤 유전질에서 일어나느냐에 따라 유전자·염색체·색소체 돌연변이로 구분할 수 있다.
㉢ 우성에서 열성으로 돌연변이하는 것을 열성돌연변이, 열성에서 우성으로 돌연변이하는 것을 우성돌연변이라 한다.
㉣ 돌연변이는 자연적으로 발생한 자연돌연변이, 인위적으로 유발된 인위돌연변이로 구별할 수 있다.

234 품종개발의 기본적 육종과정으로 맞는 것은?

① 잡종집단양성 → 선발 → 생산력 검정시험 → 지역적응시험 → 농가실증시험 → 품종등록

② 잡종집단양성 → 생산력 검정시험 → 선발 → 농가실증시험 → 지역적응시험 → 품종등록

③ 잡종집단양성 → 생산력 검정시험 → 농가실증시험 → 선발 → 지역적응시험 → 품종등록

④ 잡종집단양성 → 선발 → 생산력 검정시험 → 농가실증시험 → 지역적응시험 → 품종등록

해설

계통육종법은 인공교배 → F_1 양성 → F_2 전개와 개체선발 → 계통육성과 특성검정 → 생산력 검정 → 지역적응성 검정 및 농가실증시험 → 종자증식 → 농가보급의 순서로 진행된다.

계통육종법

㉠ 교잡을 한 번 한 다음 F_2부터 순계분리법에 준하여 항상 개체선발과 선발개체의 계통재배를 계속하여 우수한 순계집단을 얻어서 신품종을 육성하는 방법이다.

㉡ 우리나라에서 가장 많이 이용되는 육종법이다.

㉢ 소수의 유전자가 관여하여 비교적 초기세대에 고정되고 환경적 영향을 크게 받지 않는 질적 형질의 개량에 효과적이다.

㉣ F_2를 집단이라고 하고 개체선발을 하며, F_3부터 계통이라고 하고 이후 특성검정을 위한 계통선발을 한다.

㉤ F_5에서 생산력 검정 예비시험을 실시하고, F_7에서 생산력 검정 본시험과 적응성 검정시험을 실시한다.

㉥ 육종가의 능력에 따라 육종규모를 조절하고 육종연한을 단축할 수 있는 장점이 있으나, 잘못 선발하면 유용유전자를 상실할 염려가 있다.

235 돌연변이육종법에 대한 설명으로 틀린 것은?

① 새로운 유전자를 창성할 수 있다.

② 헤테로로 되어 있는 영양번식물에는 인위적으로 이용할 수 없다.

③ 방사선을 처리하여 염색체를 절단하면 연관군 내의 유전자를 분리시킬 수 있다.

④ 방사선을 처리하면 불화합성을 화합성으로 유도할 수 있다.

해설

돌연변이육종법은 헤테로로 되어 있는 영양번식식물에서 변이를 작성하기 용이하다.

236 어느 기본집단에서 목표로 하는 우수한 개체를 선발하여 완전한 순계를 가려내어 종자를 증식시키고 품종을 육성하는 육성법은?

① 돌연변이육종법   ② 잡종강세육종법

③ 분리육종법   ④ 교잡육종법

해설

기본 집단에서 목표로 하는 우수한 개체를 선발하여 완전한 순계를 가려내어 종자를 증식시키고 품종을 육성하는 육성법을 분리육종법(선발육종법)이라 하며 영양번식작물에서는 분열법이라고 한다.

237 종속이 다른 작물 간 교배에 의하여 새로운 작물을 육성해내는 데 사용될 수 있는 가장 적절한 방법은?

① 생장점 배양   ② 배 배양

③ 단위생식 야기법   ④ 웅성불임 야기법

238 포장조건에서 생산력 검정을 할 때 생기는 오차를 줄이기 위하여 해야 할 일은?

① 다비재배

② 조합능력검정

③ 통계적 방법에 의한 실험설계

④ 유전자 분석

239 우수형질을 가진 아조변이가 나타났을 때 신품종으로 이용할 수 있는 것은?

① 양파, 파   ② 배추, 무

③ 토마토, 가지   ④ 사과, 밀감

해설

다년생 과수에서의 아조변이를 통하여 유용한 돌연변이체를 얻는다.

정답   234 ①   235 ②   236 ③   237 ②   238 ③   239 ④

240 다음 그림은 배추과 채소의 자가 및 교잡불화합의 유전양식이다. 잘못 표시된 것은?(단, 우는 Sa : Sb, ♂는 Sa<Sb이다.)

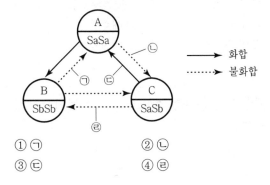

① ㉠   ② ㉡
③ ㉢   ④ ㉣

241 다음 중 우장춘 박사의 작물육종 업적에 속하는 것은?

① 유채와 양배추 간의 종간 잡종 획득
② 속간 잡종을 이용한 담배의 내병성 품종 육성
③ 콜히친에 의한 C−mitosis 발생 기작 규명
④ 방사선을 이용한 옥수수의 돌연변이체 획득

242 감수분열에 관한 사항 중 틀린 것은?

① 상동염색체끼리 대합한다.
② 접합기의 염색체 수는 반수이다.
③ 화분모세포의 염색체 수는 반수이다.
④ 4분자의 낭세포의 염색체 수는 반수이다.

243 시판되고 있는 배추과 작물의 잡종 종자는 주로 어떤 종자인가?

① 말기 수분으로 자식한 종자이다.
② 봉오리 수분으로 자식한 종자이다.
③ 자가불화합성을 이용하여 자연채종한 것이다.
④ 자가불화합성을 이용하여 인공교배한 것이다.

244 농작물 유전적 취약성의 이유가 되는 것은?

① 재배품종의 유전적 배경이 단순화되었기 때문이다.
② 재배품종의 유전적 배경이 다양화되었기 때문이다.
③ 농약 사용이 많아졌기 때문이다.
④ 잡종강세를 이용한 F1 품종이 많아졌기 때문이다.

245 다음 중 가장 임성(稔性)이 양호한 것은?

① 반수체   ② 2배체
③ 3배체   ④ 이수체

246 잡종강세 이용 육종법에서 조합능력의 종류에는 어떤 것들이 있는가?

① 톱교배조합능력, 일반조합능력
② 일반조합능력, 특정조합능력
③ 특정조합능력, 단교배조합능력
④ 단교배조합능력, 복교배조합능력

> 해설
> 톱교배(일반조합), 단교배(특정조합능력), 이면교배(일반＋특정조합능력)

247 다음 잡종강세를 이용한 F1 품종들의 장점으로 가장 거리가 먼 것은?

① 증수효과가 크다.
② 품질이 균일하다.
③ 내병충성이 양친보다 강하다.
④ 종자의 대량 생산이 용이하다.

> 해설
> F1 품종의 재배이유
> 생산력의 증대가 확실, 균일한 생산물 획득, 내병성 등의 우성유전자 이용(채종을 위한 방법이 아니다.)

248 잡종강세 이용 육종법에서 조합능력의 종류에는 어떤 것들이 있는가?

① 톱교배조합능력, 일반조합능력
② 일반조합능력, 특정조합능력
③ 특정조합능력, 단교배조합능력
④ 단교배조합능력, 복교배 조합능력

249 중복수정 시 배유를 형성하는 조합은?

① 정핵+반족세포
② 정핵+2개의 조세포
③ 정핵+난핵
④ 정핵+2개의 극핵

250 자가불화합성을 이용하여 F_1 종자를 생산하는 작물에 해당되지 않는 것은?

① 배추
② 양배추
③ 오이
④ 무

251 자연상태에서 식물의 정상형과 변이형 사이에 빈번히 돌연변이가 일어날 때 이 유전자를 무엇이라고 하는가?

① 복대립유전자
② 보족유전자
③ 이변유전자
④ 중복유전자

252 한 그루의 과수에서 영양번식된 100개체의 키를 조사한 결과 정규분포를 보였다. 이와 같은 변이는 다음 중 어느 것에 가장 가까운가?

① 교잡변이
② 돌연변이
③ 아조변이
④ 환경변이

253 몇 개 품종의 초장을 측정한 결과 산술평균($\bar{x}$)이 10, 표준편차(S)가 1.5이였다면 변이계수(C.V)는 얼마인가?

① 0.15%
② 5.0%
③ 8.5%
④ 15.0%

254 다음 ( ) 안에 알맞은 용어는?

동일한 염색체 위에 자리 잡고 있는 유전자군을 ( )이라고 한다.

① 중복
② 배수성
③ 연관군
④ 다면발현

255 다음 중 3염색체(trisomic) 식물의 염색체 구성은?

① $2n+1$
② $2n-1$
③ $2n+2$
④ $2n-2$

256 배수체를 이용하여 단위결과를 시킬 수 있는 식물체로 육성된 것은?

① 동질2배체
② 동질4배체
③ 이질복2배체
④ 3배체

257 다음 중 미동유전자의 집적을 목적으로 할 때 효과적인 육종법은?

① 여교잡육종법
② 계통육종법
③ 집단육종법
④ 복교잡법

258 조합능력 검정과 관련이 없는 교잡법은?

① 톱교잡
② 단교잡
③ 여교잡
④ 다교잡

259 반수체 육성과 관계가 없는 것은?

① 아세나프텐
② 종속 간 교잡
③ 처녀생식
④ 다배종자

정답 248 ② 249 ④ 250 ③ 251 ③ 252 ④ 253 ④ 254 ③ 255 ① 256 ④ 257 ③ 258 ③ 259 ①

260 주연효과(周緣效果)에 대한 설명으로 맞는 것은?

① 파종량이 많을수록 주연효과가 커진다.
② 파종량이 적을수록 주연효과가 커진다.
③ 파종량과 주연효과는 상관이 없다.
④ 파종작물의 종류, 장소 등의 영향을 받지 않는다.

261 생물이 성체로 발육하는 과정 중에 생명을 잃게 하는 유전자는?

① 치사유전자　　　② 중복유전자
③ 변경유전자　　　④ 억제유전자

262 1대 잡종 품종이 재배되고 있는 배추, 고추, 수박, 옥수수 등의 농작물은 몇 년을 기준으로 종자 갱신을 한 번씩 실시하는가?

① 1년　　　　　② 2년
③ 3년　　　　　④ 4년

263 배우체형 자기불화합성을 옳게 설명한 것은?

① 암술대(화주) 길이와 꽃밥의 높이(화사의 길이) 차이 때문에 발생하는 불화합성
② 화분(꽃가루)의 유전자와 암술대(화주) 세포의 유전자형 간 상호작용에 의하여 발생하는 불화합성
③ 화분(꽃가루)이 형성된 개체 또는 체세포의 유전자형(2n)에 의하여 발생하는 불화합성
④ 화분(꽃가루)의 유전자에 관계없이 암술대(화주) 세포의 세포질 유전자에 의하여 발생하는 불화합성

264 다음의 형질변이를 감별하는 방법 중 옳지 않은 것은?

① 후대검정에 의한 유전변이와 환경변이 감별
② 후대검정에 의한 유전자형의 동형성 여부 감별

③ 교잡검정에 의한 양적형질과 질적형질의 감별
④ 특성검정에 의한 연속변이와 불연속변이 감별

265 선발에 의한 유전획득량에 관한 설명으로 옳은 것은?

① 선발강도가 높으면 유전획득량이 커진다.
② 분산이 크면 유전획득량이 작아진다.
③ 유전력이 낮으면 유전획득량이 커진다.
④ 유전획득량은 분산과 유전력과는 무관하다.

266 중복수정의 과정을 설명하는 것 중 틀린 것은?

① 웅핵과 난핵이 결합하여 2n의 배(胚)를 형성한다.
② 웅핵과 2개의 극핵이 결합하여 3n의 배유(胚乳)를 형성한다.
③ 배낭 1개는 하나의 난핵과 2개의 극핵이 있으므로 배낭 1개 중복수정에는 최소 2개의 화분관이 필요하다.
④ 배와 배유는 거의 동시에 그 형성이 시작되어 수정한다.

267 유전자를 가장 올바르게 설명한 것은?

① DNA 분자
② 질소를 가진 염기 3개로 구성된 DNA 절편
③ 질소를 가진 염기 3개로 구성된 RNA 절편
④ 단백질 합성을 위한 완전한 염기 코드를 가진 DNA 절편

268 다음 4쌍의 유전자가 결합하여 있는 식물체 중 가장 유전적인 순계는?

① AAbbCcDd　　　② AAbbCCdd
③ AaBbCcDd　　　④ aabbccDd

269 양파의 웅성불임성을 이용하여 F_1 종자를 얻을 경우 가장 좋은 조합형은?

① SMsms×SMsms
② Smsms×NMsms
③ Smsms×Nmsms
④ Smsms×SMsMs

270 20계통을 난괴법으로 4반복하여 생산성 검정시험을 할 때 오차의 자유도는?

① 57
② 60
③ 76
④ 80

271 동질배체를 육종에 이용할 때 가장 불리한 점은?

① 임성
② 저항성
③ 생육상태
④ 종자의 크기

272 게놈(genome)이란 생물이 생존하는 데 필요한 최소한의 염색체 집단이다. 1게놈으로 되어 있는 반수체 작물은 상동 염색체를 몇 개나 가지고 있는가?

① n개
② 2n∼2개
③ 0개
④ 1/2n개

273 원연 간 교배에서 수정된 배주를 퇴화하기 전 태좌에 붙인 채로 기내 배지에서 배양하거나 수정된 배주를 태좌로부터 분리 배양하여 식물체를 얻는 방법은?

① 배배양
② 배주배양
③ 자방배양
④ 경정배양

274 내병성, 내한성을 검정하기 위하여 필요한 조치는?

① 작물 재배의 최적 조건을 조성한다.
② 이상 환경이나 특수한 환경을 조성한다.

③ 작물 재배관리를 철저히 한다.
④ 촉성 재배나 억제 재배를 한다.

275 종자증식 포장에서 포장검사를 실시하는 시기는?

① 유숙기에서부터 호숙기 사이
② 호숙기에서부터 고숙기 사이
③ 유숙기
④ 완숙기

276 양적형질(量的形質)에 대하여 바르게 설명한 것은?

① 양적형질은 색깔이나 모양을 나타내는 형질이다.
② 양적형질의 변이는 대립변이(對立變異)를 나타낸다.
③ 양적형질은 주로 polygene이 지배한다.
④ 양적형질의 변이는 환경의 영향을 받지 않는다.

277 다음 중 Apomixis에 속하지 않는 것은?

① 무포자생식
② 부정배 형성
③ 위수정생식
④ 영양번식

278 DNA를 구성하고 있는 염기(Base)들로만 짝지어진 것은?

① 시토신, 티민, 아데닌, 구아닌
② 시토신, 티민, 아데닌, 우라실
③ 시토신, 우라실, 아데닌, 구아닌
④ 시토신, 티민, 우라실, 구아닌

279 보통의 재배 환경조건에서 정확한 감별이 불가능하여 형질발현에 적합한 환경에서 검정하여야 하는 형질은?

① 수량성
② 내병성
③ 개화기
④ 초형

정답   269 ③   270 ①   271 ①   272 ③   273 ②   274 ②   275 ①   276 ③   277 ④   278 ①   279 ②

280 세포질에 들어 있는 유전물질을 지칭하는 것은?

① 키아스마
② 플라스마진
③ 상위유전자
④ 삼염색체(trisomic)

281 F_1 잡종강세를 일으킬 수 있는 힘을 가리키는 것은?

① 선발효과
② 교잡능력
③ 근연계수
④ 조합능력

282 바빌로프의 유전자중심지설이란 무엇을 기준으로 원산지를 추정하는 방법인가?

① 식물의 염색체
② 교잡의 친화성
③ 식물의 변이성
④ 식물의 면역성

283 원연식물 간의 유전질조합방법으로 가장 알맞은 것은?

① 복교잡
② 원형질체 융합
③ 3계교잡
④ 배배양

284 변이를 일으키는 원인에 따라서 3가지로 구분할 때 옳은 것은?

① 방황변이, 개체변이, 일반변이
② 장소변이, 돌연변이, 교배변이
③ 돌연변이, 유전변이, 비유전변이
④ 대립변이, 양적변이, 정부변이

285 후대 검정의 설명으로 가장 관련이 없는 것은?

① 선발된 우량형이 유전적인 변이인가를 알아본다.
② 표현형에 의하여 감별된 우량형을 검정한다.
③ 선발된 개체가 방황변이인가를 알아본다.
④ 질적 형질의 유전적 변이 감별에 주로 이용된다.

286 다음 중 웅예선숙에 해당하는 식물은?

① 배추
② 무
③ 질경이
④ 양파

287 감수분열 시 2가염색체가 적도면에 배열되고, 양극에서 방추사가 나와 2가염색체가 붙는 시기로 가장 적합한 것은?

① 전기
② 중기
③ 후기
④ 종기

288 여러 가지 불임의 종류 중 뇌수분으로 이성을 회복시킬 수 있는 것은?

① 이형예불임성
② 자가불화합성
③ 교잡불임성
④ 웅성불임성

289 잡종분리세대(F)에서 25cm의 과실을 선발하여(이 때의 잡종집단 평균치는 20cm) 다음 세대를 양성하였더니 평균 23cm의 과실이 나왔다고 가정하면 이때의 유전력은?

① 25%
② 50%
③ 60%
④ 80%

290 약배양(葯培養)의 이용은 육종상 어떤 이점이 있는가?

① 새로운 유전자의 창출(創出)
② 염색체 배가 용이
③ 육종연한의 단축
④ 육종규모 확대 용이

291 자식성 식물에서 우성에서 열성으로 돌연변이가 발생할 경우 돌연변이의 선발은 언제 하는가?

① M_1
② M_2
③ 아무 때나 한다.
④ F_1

292 감자 유전자원을 보존하는 방법 중 적합하지 않은 것은?

① 종자보존
② 영양체 보존
③ 기내보존
④ 동결보존

293 품종의 유전적인 퇴화에 해당되는 것은?

① 토양의 퇴화
② 자연교잡에 의한 퇴화
③ 바이러스 감염에 의한 퇴화
④ 기계적 혼입에 의한 퇴화

294 다음 배수성 육종법에 대한 설명 중 틀린 것은?

① 염색체 수가 많은 식물일수록 효과적이다.
② 복2배체 동질배수체에 비해 임성이 높다.
③ 주로 이용되는 동질배수체의 배수성은 3배체 또는 4배체이다.
④ 동질배수체의 종실을 이용하는 식물보다 잎과 줄기 등 영양기관을 이용하는 식물에서 효과적이다.

295 생식격리가 확실한 종속 간 잡종식물체를 얻기 위하여 사용하는 방법으로 짝지어진 것은?

① 화분배양, 미숙배배양
② 미숙배배양, 배주배양
③ 배주배양, 생장점배양
④ 생장점배양, 화분배양

296 식물의 수술 조직에서 화분 모세포 15개가 감수분열을 하여 만들 수 있는 화분립의 최대 개수는?

① 15개
② 30개
③ 60개
④ 150개

297 재배식물의 종류 수가 가장 많은 식물과는?

① 포도과
② 벼과(화본과)
③ 장미과
④ 가지과

298 신품종의 3대 구비조건인 DUS는 각각 무엇을 나타내는가?

① D : 신규성, U : 균일성, S : 광지역성
② D : 신규성, U : 안정성, S : 광지역성
③ D : 구별성, U : 균일성, S : 경제성
④ D : 구별성, U : 균일성, S : 안정성

299 딸기의 바이러스 프리묘를 얻기 위한 방법은?

① 경정조직배양
② 배유배양
③ 기내수정
④ 세포융합

300 고구마 육종시 개화유도에 가장 효과적인 방법은?

① 춘화처리
② 접목단일처리
③ 비배법
④ 파종기 조절

301 내병성에 대한 특성검정을 할 때 잘못된 것은?

① 대상 병이 상습적으로 발생하는 지역에다 검정포를 설치한다.
② 검정포를 설치할 때는 감수성 품종을 충분히 배치한다.
③ 내병성을 검정하기 위해서는 인위적으로 병원균을 배양하여 접종할 필요도 있다.
④ 내병성 정도의 판정은 감수성 품종의 이병 정도에 관계없이 처리 후 일정기간이 지난 다음에 실시한다.

302 집단육종법(bulk method)의 특징으로 틀린 것은?

① 자연도태에 의해 우량형질이 없어질 위험이 없다.
② 잡종강세 개체를 잘못 선발할 위험이 적다.
③ 선발 개체의 후대에서 분리가 적게 일어난다.
④ 실용적으로 고정되었을 때에 선발을 시작한다.

303 다음 중 계통분리법에 해당되지 않는 것은?

① 집단선발법
② 성군집단선발법
③ 1수 1열법(一穗一列法)
④ 초월육종법(超越育種法)

304 유전력의 이용에 관한 설명으로 옳은 것은?

① 유전력은 양적형질에 대한 선발지표로 이용될 수 있다.
② 유전력의 값이 0에 가까울수록 환경변이가 적음을 나타낸다.
③ 자식성 작물에서는 세대 경과에 따라 유전력의 값이 감소한다.
④ 유전력은 다음 대의 선발개체 수 산정과 무관하다.

305 자가수정 작물에서 가장 단기간에 신품종을 육성할 수 있는 방법은?

① 반수체 이용 육종
② 종속 간 교잡육종
③ 여교잡육종
④ 잡종강세육종

306 냉이의 삭과형에서 '부채꼴×창꼴'의 F_1이 부채꼴이고, F_2에서는 부채꼴과 창꼴이 15 : 1로 분리된다면, 이러한 유전인자는?

① 보족유전자
② 억제유전자
③ 중복유전자
④ 변경유전자

307 다음 중 자연계에서 이미 존재하는 이질배수체로 적합한 것은?

① 배추(Brassica sinensis)
② 재래평지(Brassica campestris)
③ 무(Raphanus sativus)
④ 평지(Brassica napus)

308 인공교배를 위한 개화기 일치 방법이 아닌 것은?

① CO_2 처리
② 춘화저리 응용
③ 일장효과 이용
④ 파종시기에 의한 조절

> 해설
> 자가불화합성 타파를 위하여 뇌수분 또는 3~10%의 CO_2를 처리한다.

309 다음 중 DNA에 들어 있는 염기가 아닌 것은?

① 아데닌
② 우라실
③ 구아닌
④ 티민

310 타식성 작물의 자식의 효과는?

① 호모성의 증가와 잡종강세를 나타낸다.
② 호모성의 증가와 자식약세를 나타낸다.
③ 헤테로성의 증가와 잡종강세를 나타낸다.
④ 헤테로성의 감소와 잡종강세를 나타낸다.

311 타식성 작물의 특징이 아닌 것은?

① 폐화수분
② 자가불화합성
③ 이형예 현상
④ 자웅이숙

312 채종포를 산간벽지나 섬에 설치하는 이유는?

① 도난방지
② 화분오염 방지
③ 관리비 절감
④ 비밀유지

313 다음 중 질적 형질인 것은?

① 꽃색
② 초장
③ 간장
④ 수량

314 인간이 변이를 작성하여 육종에 이용하고 있는 행위로 가장 알맞은 것은?

① 자연계에서 변이를 탐색하여 이용
② 인위돌연변이를 유발하여 이용
③ 야생종에서 변이를 찾아서 이용
④ 재래종에 포함된 변이를 분리하여 이용

315 체세포 염색체 수가 20인 2배체 식물의 연관군 수는?

① 20
② 12
③ 10
④ 2

316 재래종의 육종상 중요한 의의는?

① 재배지역의 기상 상태형에 적합한 인자를 다수 보유한다.
② 각종 저항성이 신품종보다 크다.
③ 수량과 품질이 우수하다.
④ 종자를 확보하기 쉽다.

317 품종의 퇴화를 유전자 퇴화와 생리적 퇴화로 나눌 때 생리적 퇴화에 속하는 것은?

① 토양적 퇴화
② 돌연변이 퇴화
③ 자연교잡 퇴화
④ 이형 유전자형의 분리

318 서로 다른 형질을 발현할 수 있는 2쌍의 유전자를 가진 관상용 호박에서 과실의 백색종(WWYY)과 녹색종(wwyy)의 교배에서 W가 Y에 대하여 상위에 있다고 한다면 F_2에서의 백색종 : 황색종 : 녹색종의 분리비는?

① 12 : 3 : 1
② 9 : 6 : 1
③ 1 : 2 : 1
④ 9 : 3 : 4

319 유전자원을 수집·보존해야 할 가장 합당한 이유는?

① 멘델 유전법칙을 확인하기 위함
② 다양한 육종 소재로 활용하기 위함
③ 야생종을 도태시키기 위함
④ 개량종의 보급을 확대시키기 위함

320 육종상 주요 대상이 되는 변이는?

① 유전변이
② 환경변이
③ 장소변이
④ 일시적변이

321 농작물 육종에 이용할 목적으로 세계 각국에서 품종을 수집하여 보존하고 있는 것을 ( )이라 한다. ( ) 안에 알맞은 말은?

① 유전자원
② 야생종
③ 재래종
④ 장려품종

322 자가불화합성 작물에서 불화합이 일어나는 조합은?

① $S_2S_3 \times S_1S_2$
② $S_1S_1 \times S_2S_2$
③ $S_1S_2 \times S_3S_3$
④ $S_1S_2 \times S_1S_1$

323 다음 교배조합을 명시한 것 중 틀린 것은?

① A×B → 단교잡
② (A×B)×(C×D) → 복교잡
③ [(A×B)×A]×A → 3계교잡
④ [A×B×C×D … ×N] → 다계교잡

---

324 X성 염색체 위에 특수유전자가 존재할 때 나타나는 유전현상은?

① 반성유전　　　　② 한성유전
③ 종성유전　　　　④ 연관유전

325 다음은 여교잡육종법을 설명한 것이다. 적당하지 않은 것은?

① 소수의 유전자를 대상으로 할 때 효과적이다.
② 여교잡을 하면 자식했을 때보다 유전자형이 감소된다.
③ 형질의 고정화되는 비율이 낮다.
④ 여교잡은 열악형질의 제거에도 유리한 방법이다.

326 현재 종묘회사에서 판매하는 채소 품종들은 주로 어떤 종류인가?

① F_1 잡종　　　　② 재래종
③ 고정종　　　　　④ 변이종

327 순계분리 육종에 관한 기술 중 옳지 않은 것은?

① 순계 내의 선발은 의미가 없다.
② 유전적으로 불순한 집단이 대상이 된다.
③ 자식성 작물을 대상으로 하는 것이 쉽다.
④ 자식열세가 큰 타가수정 작물에서 효과가 크다.

328 다음 중 채종체계로 가장 알맞은 것은?

① 원종포 – 원원종포 – 채종포 – 기본식물포
② 원원종포 – 원종포 – 채종포 – 기본식물포
③ 기본식물포 – 원종포 – 원원종포 – 채종포
④ 기본식물포 – 원원종포 – 원종포 – 채종포

해설

종자갱신의 채종체계는 '기본식물포 – 원원종포 – 원종포 – 채종포'이다. 원원종은 기본식물을 증식하여 생산한 종자이고, 원종은 원원종을 재배하여 채종한 종자이며, 보급종은 농가에 보급할 종자로서 원종을 증식한 것이다. 원원종, 원종, 보급종을 우량종자라고 한다.

329 배수성육종법에서 염색체를 배가하는 방법이 아닌 것은?

① 콜히친 처리　　　② 아세나프텐 처리
③ 절단법　　　　　④ 춘화처리

해설

배수성육종법에서 염색체를 배가하는 방법으로는 콜히친 처리법, 아세나프텐 처리법, 절단법, 온도처리법 등이 있다.

330 돌연변이육종법의 특징으로 옳지 않은 것은?

① 새로운 유전자를 만들 수 없다.
② 영양번식 식물에서도 인위적으로 유전적 변이를 일으킬 수 있다.
③ 연관군 내의 유전자를 분리시킬 수 있다.
④ 단일유전자만을 변화시킬 수 있다.

해설

돌연변이육종법의 특징 중 '새로운 유전자를 창성할 수 있다'는 의미는 유전자에 변화를 줌으로써 새로운 유전적 변이를 창성할 수 있다는 의미이지, 새로운 유전자 자체를 만들 수 있다는 의미는 아니다.

331 다음 중 교잡육종법에 해당되지 않는 것은?

① 계통분리법　　　② 여교잡법
③ 조환육종법　　　④ 파생계통육종법

해설

계통분리법은 분리육종법에 속한다.

332 배추과 작물과 같이 타가수정을 원칙으로 하는 충매화의 경우 채종시 자연교잡에 의한 품종의 퇴화를 방지하기 위한 격리재배의 실용적인 안전거리는?

① 100m 이상　　　② 1km 정도
③ 5~10km 정도　　④ 10km 이상

정답　　324 ①　325 ③　326 ①　327 ④　328 ④　329 ④　330 ①　331 ①　332 ②

333 여교잡법에서 특정 형질이 우성일 때 목적하는 형질을 가진 개체 선발은 언제하는가?

① 여교잡한 다음 대 표현형에서 한다.
② 여교잡한 반복친에서 한다.
③ 여교잡한 후 3회 자식을 시킨 후대에서 한다.
④ 우량품종의 양친에 재차 여교잡한 후에 한다.

334 콜히친 처리를 하면 왜 염색체가 배가 되는가?

① 염색체가 2개로 종단되기 때문이다.
② 세포판이 생기기 때문이다.
③ 방추사와 세포막의 형성을 억제하기 때문이다.
④ 핵분열이 촉진되기 때문이다.

335 야생형이나 사용치 않는 재래종을 보존하는 가장 중요한 목적은 무엇인가?

① 품종의 변천사 교육
② 식물분류상의 이용
③ 장래 육종 자료로 이용
④ 자연상태의 돌연변이 연구

336 농작물 신품종의 환경적응성을 검정하려고 한다. 다음 중에서 가장 알맞은 방법은?

① 신품종의 배수성을 조사한다.
② 신품종의 생산성을 여러 지역에서 조사한다.
③ 신품종을 이용한 유전분석을 실시한다.
④ 신품종의 생산성을 가장 적당한 환경에서 조사한다.

337 육종에서 체세포돌연변이를 가장 많이 이용하는 작물은?

① 화본과 작물　　② 두과 작물
③ 영년생 과수류　　④ 일년생 화초류

338 육종기술의 체계화 3단계의 순서가 올바른 것은?

① 변이의 선택과 고정 → 변이의 탐구와 창성 → 신종의 증식과 보급
② 변이의 탐구와 창성 → 신종의 증식과 보급 → 변이의 선택과 고정
③ 변이의 선택과 고정 → 신종의 증식과 보급 → 변이의 탐구와 창성
④ 변이의 탐구와 창성 → 변이의 선택과 고정 → 신종의 증식과 보급

339 잡종강세육종법 중 F_1의 형질은 균일하나 종자생산량이 적은 것은?

① A×B
② (A×B)×C
③ (A×B)×(C×D)
④ (A×B×C×D)×(E×F×G×H)

340 다음 중 염색체의 수적(數的) 변이는?

① 역위　　　　　② 이수성
③ 중복　　　　　④ 전좌

CHAPTER 04 식물보호학

1 작물보호의 개념

작물보호란 작물이 피해를 받는 **병해나 충해** 및 기상 등에 의한 재해를 방지하는 동시에 이들의 피해를 제거하는 기술을 말한다.

(1) 피해의 원인

1) 기상재해

수해, 풍해, 한해, 냉해, 건조해, 동상해 등은 재배학 원론 내용 참고

2) 병해충 등에 의한 재해

병해, 충해, 조해(鳥害), 수해(獸害) 등

3) 인위적인 재해

광공업 또는 보건 위해상 생기는 **오염**

4) 기타 재해

지진 · 사태 등

(2) 작물병의 전파경로

1) 공기전염

맥류의 녹병, 벼의 도열병 · 깨씨무늬병

2) 수매(水媒)전염

벼의 잎집무늬마름병 · 흰잎마름병

3) 충매 전염

오갈병, 모자이크병

4) 중요 수확물 및 부산물에 의한 전염 및 비료, 토양, 농기구에 의한 전염

5) 동물에 의한 전염

식물 전염병 발생에 필요한 3가지 요건 : 품종의 감수성, 병원균의 병원성, 발병 환경

(3) 발병에 미치는 환경요인

온도, 습도, 일조 및 강수량

> 병의 전파기간 : 병징이 나타난 때부터 식물체가 완전히 고사할 때까지의 기간

(4) 식물병 발생 요인

병원, 기주, 환경

> • 보균식물 : 식물체 내에 병균을 지니고 있으면서도 밖으로 병징을 나타내지 않는 식물
> • 저항성 : 병균에 대한 감수성이 둔한 성질, 어떤 병원의 작용을 억제하는 성질

(5) 작물의 병충해 방제법

1) 경종적 방제법

저항성 품종의 선택, 파종기의 조절, 윤작의 실시, 토지의 선정, 혼작, 재배양식의 변경, 시시법의 개선, 포장의 정결한 관리, 수확물을 잘 건조, 중간숙주식물의 제거 등

2) 생물학적 방제법

침파리 · 고치벌 · 맵시벌(나비목 해충 기생), 꽃등애 · 풀잠자리 · 됫박벌레(진딧물), 딱정벌레(각종 해충), 졸도병균 · 강화 병균(송충이), 바이러스(옥수수의 심식충), 진딧물(무당벌레), 송충(백강균), 멸강나방(찌르레기)

3) 물리적 방제법

낙엽의 소각, 소토, 담수(밭 토양의), 유아등의 설치, 온탕처리와 건열처리, 유충의 포살 및 산란한 알 채취

4) 화학적 방제법

농약 살포

5) 법적 방제법

식물방역법을 제정해서 식물 검역을 실시

> 병충해 방제 : 농작물에 대한 각종 피해를 없애는 일로 예방과 구제를 모두 말한다.

(6) 잡초의 해

1) 작물과의 경쟁, 병해충의 매개, 유해물질의 분비, 곡물과 종자의 품질이 손상
2) 목초에 잡초가 섞이면 기호성과 사료 가치의 저하
3) 목야지의 잡초는 가축에 중독을 일으킨다.

(7) 잡초 종자의 특징

조산(早産)성, 조숙성, 장명성

방제법	예방	구제
경종적 방제	내병충성 품종 이용, 재배 및 관리법 개선	기주 제거, 피해주 제거
화학적 방제	농약 사용(기피제, 유인제)	농약 사용(치료제, 독제, 접촉제 등)
생물적 방제	천적보호 이용, 저항성 계통 이용	천적의 방사, 생물농약 이용
생태적 방제	발생예찰, 환경개선	유아등 사용, 불임성 이용
물리적 방제	**온도 처리, 자외선 처리**	방사선 이용, 유인기 이용
기계적 방제	**봉지씌우기, 잡초 소각**	포살과 소각, 제분과 가공

❷ 식물의 병해

(1) 병원성

기주식물에 대해서 **기생체**가 병을 일으킬 수 있는 능력(병원체의 침해력과 병원력을 합친 개념)

(2) 병원

1) 병을 일으키는 원인 중 생물일 때는 **병원체**라고 하며, 세균·진균일 때는 **병원균**이라고 부른다. 병원체는 바이러스, 마이코 플라스마 등이 있다.

2) 식물에 병을 일으키는 모든 요인을 광의의 뜻으로 '병원'이라 한다.

(3) 식물병의 요인

1) 주인

식물병에 직접적으로 관여하는 것

2) 유인

주인의 활동을 도와서 발병을 촉진시키는 환경요인 능(실소실 비료 과용 시 어러 가지 병의 발병 촉진)

(4) 식물병의 원인에 대한 병의 종류

1) 바이러스 병

2) 세균병

박테리아, 분열균, 식물의 세균병은 대개 상처를 통해 들어가 발생한다.

3) 균류병

곰팡이 · 효모균 · 버섯 등이 포함된다. 균류는 핵을 갖고 있어 세균류와 구별된다.

4) 선충병

뿌리를 헤쳐서 혹을 만들거나 썩게 하며 잎에 반점을 만드는 것, 종자를 해치는 것, 구근과 줄기에 피해를 주는 것 등이다.

(5) 식물병의 분류

1) 병원에 의한 분류

① 생물성 원인 : 세균, 진균, 점균, 종자식물, 곤충, 선충, 응애, 고등동물(간접 원인), 바이러스, 마이코 플라스마 등에 의한 것이다.

② 비생물성 원인 : 대부분이 환경에 의한 영향이며, 농사작업 대사산물의 이상 등에 의해 발생한다.

진균(곰팡이)	세균	바이러스
벼 잎집무늬마름병, 벼모썩음병, 모 잘록병, 과수 균핵병, 벼깨씨무늬병(자낭균류), 벼 키다리병, 맥류 흰가루병, 뿌리썩음병, 복숭아나무 잎오갈병, 도열병, 오이류 흰가루병, 배나무 검은별무늬병, 수박덩굴쪼김병, 오이류 덩굴마름병, 콩 미라아병, 감귤나무 그을음병, 무 · 배추 노균병, 무 · 배추 흰녹가루병, 벼 노균병, 오이 노균병, 감자 겹둥근무늬병, 감자 역병, 보리 줄무늬병, 고구마 검은무늬병, 사과나무 탄저병, 배나무 붉은별무늬병, 과수뿌리썩음병, 밀 붉은녹병, 보리겉깜부기병, 보리속깜부기병, 무 · 배추 검은무늬병	**벼흰잎마름병균(도관침해)**, 유조직병, 물관병, 증생병, 무 · 배추 검은빛썩음병, 배추 연부병, 담배 불마름병, 담배 들불병(유조직병), 감자 둘레썩음병(물관병), 감자 더뎅이병, 복숭아나무 세균성구멍병, 가지과작물 풋마름병(물관병), 무 · 배추 세균성검은무늬병, 강낭콩 불마름병, 감귤궤양병, 고구마 무름병(유조직병)	벼 줄무늬잎마름병(애멸구), 감자 모자이크병, 감자 괴저모자이크병, 벼 오갈병, 벼 검은줄오갈병, 오이 모자이크병, 담배 모자이크병, 감자 잎말림병, 토마토 모자이크바이러스병

(6) 식물병의 진단

1) 병징(病徵)

식물체가 병원에 의해서 세포, 조직 또는 기관에 이상을 일으켜 외부에 나타나는 반응

2) 표징(標徵)

식물병의 진단에 있어서 가장 중요하고 확실한 것, 병원체 그 자체가 병든 식물체 위 또는 병환부에 나타나서 병의 발생을 직접 표시하는 것

① 기생성 병에 있어서는 흔히 병환부에 병원체 그 자체가 나타나서 병의 발생을 직접 표시하는 것

② 식물체 표면에 병원균이 노출되어 있는 것

③ 곰팡이, 균핵, 분상물, 흑색소립, 이상 돌출물, 점질물

3) 동정(同定)

병원체를 분리 배양하고 접종 시험을 거치는 등 복잡한 실험을 거쳐 종명을 정확하게 결정하는 것

4) 병원체의 동정에 관한 코흐(Koch)의 3원칙(예외 : 바이러스, 흰가루병균, 녹병균)

① 병원체는 반드시 병환부에 존재한다.

② 병원체를 순수배양 접종하여 같은 병을 일으킨다.

③ 접종한 식물로부터 같은 병원체를 다시 분리할 수 있다.

5) 병의 진단법

진단은 현장에서 전신(全身) 진단 요망, 원인 · 결과 규명

① 육안적 진단

시드는 것(시들음병), 오그라드는 것(오갈병), 혹이 생기는 것(암종병, 혹병), 구멍이 생기는 것(구멍병), 과실 · 근경 · 잎에 혹이 생겨 그 표면이 찢어지고 상처난 껍질과 같이 되는 것(더뎅이병), 조직이 파괴되고 곰보처럼 되는 것(궤양병), 복숭아나무처럼 잎에 구멍이 뚫리는 것(구멍병)

② 이화학적 진단

감자 바이러스병의 진단에 쓰이는 황산동법

③ 생물학적 진단

지표식물 이용(시금치 : 산성에 약함), 근두암종병 병균의 유무(사과나무, 벚나무 묘목을 1년 후 뽑아 본다.)

④ 혈청학적 진단

병원체에 의한 혈청을 만들어 진단하는 방법

(7) 식물병의 발생

1) 소인

식물체가 처음부터 가지고 있는 병에 걸리기 쉬운 성질(종족소인, 개체소인)

2) 병환

기생성 식물병이 한 번 발생하여 되풀이하여 발생하는 과정

전염원(접종원)−(전파, 전반) ⟶ 침입 ⟶ 감염−(잠복기) ⟶ 병징, 표징, 병상 ⟶ 병사(병원은 살아 있다.)

(8) 병원체의 기생성

1) 절대기생체(순활물기생체)

살아 있는 조직 내에서만 생활할 수 있는 것(녹병균, 노균병균, 흰가루병균, **바이러스** : 인공배양 안 됨)

2) 반기생체(임의부생체)

기생을 원칙으로 하나 죽은 유기물에서도 영양을 취하는 것(깜부기병균, 감자역병균, 배나무검은별무늬병)

3) 임의기생체

부생을 원칙으로 하나 노쇠 또는 변질된 산 조직을 침해하기도 함(고구마의 무름병균, 잿빛곰팡이병균, 각종 식물의 모잘록병)

4) 절대부생체(순사물기생체)

죽은 유기물에서만 영양 섭취 : 심재(心材) 썩음병균

> 기주교대 : 병원균 중 생활사를 완성하기 위해 기주를 바꾸는 것

(9) 병원균의 분산

1) 공기

배의 붉은별무늬병(배나무와 향나무), 보리의 녹병(바람이 병원균의 포자를 운반하여 병을 전파하는 것)

2) 빗물

탄저병, 보통의 포자를 만드는 병균도 탄저병과 같이 바람에 날리는 것보다 물에 운반되는 것이 많다.

3) 흙

밀의 바이러스병(오갈병)은 흙으로 전파되는 예이다.

4) 농작업

토마토의 모자이크병(적심 · 적아를 할 때 사람에 의하여)

5) 종묘 및 기타

과수의 근두암종병(묘목), 감자의 역병, 무름병(괴경과 함께)

(10) 병원균의 전파 경로

1) 잠복

대개의 작물은 병원균이 들어가서부터 병해가 일어나기까지 어느 정도의 시간이 걸린다.

2) 보균

병원체가 식물의 몸에 전혀 병징을 나타내지 않고 있다가 어떤 기회에 병에 걸리는 식물을 만나면 병균을 옮기는 것

> 식물병은 병원체가 식물과 접촉되어야만 성립된다.

(11) 발병환경

1) 토양의 산도

① 산성토양이 발병에 유리한 경우 : 목화 시들음병, 토마토 시들음병, 무 · **배추 무사마귀병**
② 알칼리성 토양이 발병에 유리한 경우 : 목화 뿌리썩음병
③ 중성토양이 발병에 유리한 경우 : **감자 더뎅이병**

2) 온도, 수분, 일광, 비료 등의 환경조건이 기주와 병원체 등에 영향을 미친다.

3) **길항현상**이나 협력현상으로 서로의 작용을 억제 또는 조장시키는 현상이다.

> 저장 및 수송환경과 발병 : 상처 · 온도 · 습도 등이 관련한다.

(12) 병원균의 레이스(race)

1) 병원균의 레이스

① 기생성이 기주의 품종별로 다른 것을 말한다.
② 레이스가 다르면 형태는 같아도 기생성이 다르다.

2) 병원성의 요소

① 효소

병원균의 기주 침입시 또는 침입 후 세포벽을 관통할 때 분비하는 효소로 cutinase, cellulase, oxidase 등이 있다.

② 독소

기주식물에 병을 일으키는 길항대사 물질

3) 병원에 대한 식물의 성질

① 저항성 : 병원체의 작용을 억제하는 기주의 능력

② 면역성 : 식물이 전혀 어떤 병에 걸리지 않는 것

③ 감수성 : 식물이 어떤 병에 걸리기 쉬운 성질

④ 병회피 : 적극적 또는 소극적으로 식물 병원체의 활동기를 피하여 병에 걸리지 않는 성질

⑤ 내병성 : 감염되어도 기주가 실질적인 피해를 적게 받는 경우

> 면역법 : 감염과 발병에 대한 기주의 저항성을 개량하는 것

(13) 저항성의 기작

1) 감염 전 저항성

식물체 자체의 생리적 · 신체적 구조가 병원체의 침입을 억제하는 것(각피 두께, 기공수와 개폐 정도)

2) 감염 후 저항성

과민성, 피토알렉신(phytoalexin), 조직의 변화, 병원체의 생육 지연

3) 저항성의 유전

① 수직저항성

병균의 특정 레이스에만 효과적인 것으로 '특이적 저항성' 또는 '단인자 저항성'이라고 한다.

② 수평저항성

병균의 모든 레이스에 균일하게 작용하는 것으로 '레이스 비특이적 저항성' 또는 '다인자 저항성'이라고 한다.

(14) 식물병해와 방제법

1) 방제법의 종류

① 예방법 : 배제, 제거, 직접보호(약제살포, 종자소독, 환경조절)

② 면역법 : 저항성을 개량

③ 종합적 방제 : 환경 · 생물 · 화학적 요인을 합친 방제법

④ 식물검역 : 타국의 병원체와 해충의 우리나라에 대한 침입을 막는 제도

2) 종자, 묘목에 대한 처치

저항성 품종 선택, 종자 · 모의 선택, 소독(온탕침법, 냉수온탕침법, 욕탕침법, 침지법, 분의법, 훈증법)

3) 재배상의 처치

입지조건, 경종법(윤작, 객토, 토양소독, 이랑나비 · 포기사이, 영양, 중경 · 제초 · 봉지 씌우기)

4) 저장물에 대한 처치

　① 저장 전의 예방법 : 큐어링, 저장고에 포르말린 · 석회유를 뿌려 살균

　② 저장 중의 예방법 : 수분, 온도조절

5) 병원체의 배제

　식물 검역, 병 발생 예찰

6) 식물에 기생하는 세균(식물병원 세균 : 막대기형)

　증식속도가 빠르며, 식물의 병 수는 적고, 바람에 의한 전염은 거의 없다.

7) 진균＝사상균, 곰팡이

8) 세균에 의해 일어나는 병

　토마토 풋마름병, 무 검은빛썩음병, 배추 연부병, 고구마 무름병균, 담배 불마름병

9) 수박 덩굴쪼김병

　진균의 불완전 균류에 의한 병

10) 연부병

　조직이 크림처럼 썩어들어가 악취를 발산한다.

11) 세균병 중 유조직병

　세포간극에서 세균이 증식하여 수침상을 띠며 채소 무름병, 담배 들불병, 강낭콩 불마름병, 감귤 궤양병이 이에 속한다.

12) 비생물성 원인에 의한 병은 비전염성병, 비기생성병이라고도 부른다.

13) 윤작에 대한 방제효과가 가장 적은 것

　배추 무름병

14) 벼의 세균병 중에서 가장 피해가 큰 것

　흰잎마름병

15) 병원균이 도관을 침해하는 발병

　벼 흰잎마름병, 감자 둘레썩음병, 가지 · 토마토 풋마름병, 토마토 시듦병

16) 감자

　모자이크병(바이러스), 역병 · 겹둥근무늬병(진균) · 둘레썩음병 · 더뎅이병(세균)

17) 바이러스의 주요 구성성분

핵산과 단백질

18) 기생성 종자식물

겨우살이, 새삼, 열당, 쑥더부살이

19) 바이러스

생활 세포에서만 증식, 크기가 가장 작음, 곤충 매개(가장 중요한 역할)

20) 알팔파 모자이크 바이러스

타원형

21) 벼 문고병(잎집무늬마름병)

균핵과 담포자를 형성하여 균핵의 형으로 땅에 떨어져 월동

22) 식물병 진단에 필요한 사항

기상조건, 식물의 영양상태, 병원체의 조사, 발병시기, 발병상황, 식물의 종류, 재배환경,
식물의 노유(老幼)

(15) 병과 병징

1) 흰가루병

잎·어린가지의 표면에 흰가루를 뿌린 듯한 외관

2) 균핵병

말라죽은 조직 속 또는 표면에 검은 쥐똥 같은 덩어리가 생긴다.

3) 잿빛곰팡이병

열매, 꽃, 잎이 무르고 그 표면에 쥐털 같은 곰팡이가 생긴다.

4) 노균병

잎의 뒷면에 흰서리 또는 가루 모양의 곰팡이가 생긴다. 표면은 약간 누렇게 되므로 황달
이라고도 한다.

5) 녹병

여름포자 세대에는 잎에 황, 등, 갈색의 가루를 내는 병반이 많이 생긴다.

6) 외형·생육의 이상에 따른 병징 구분

모잘록병, 시들음병, 빗자루병, 잎말림병

7) 빛깔에 따른 병징 구분

모자이크병, 점무늬병, 줄무늬병, 무늬마름병, 오반병

8) 표징(병을 나타내는 것)

① 깜부기병 : 대체로 이삭에 발병하고 환부에서 검은 가루를 날린다.

② 벼 모썩음병 : 솜털 모양

③ 과수 날개무늬병 : 깃털 모양

④ 수박덩굴쪼김병 : 잔털 모양

⑤ 그을음병 : 잎, 열매, 가지의 표면에 그을음을 바른 듯하다.

⑥ 흰날개무늬병 : 뿌리가 푸석하게 썩으며 그 표면에 회백색인 실 모양, 깃털 모양의 것이 엉겨 붙는다.

⑦ 고약병 : 줄기에 고약을 바른 듯한 두꺼운 막을 만든다.

⑧ 맥각병 : 볏과 작물의 꽃으로부터 자흑색, 뿔 모양의 단단한 덩어리이다.

⑨ 흰비단병 : 줄기의 땅가에 광택이 있는 흰명주실 같은 것이 엉겨붙고, 나중에는 다갈색의 좁쌀 크기의 공이 많이 생긴다.

(16) 병원균의 분리 · 배양 · 접종에 의한 진단

병원균 파악 → 검경 → 병원체 분리 → 순수배양 → 접종

(17) 병균의 레이스(race)

형태는 같으나 특정한 품종에 대한 병원성이 서로 다르다.

(18) 벼의 병

1) 잎집무늬마름병

1차 전염(균핵)

2) 줄무늬잎마름병

① 잎에 황록색 · 황백색의 줄무늬가 생기고, 새 잎은 똘똘 말리어 비틀리며 활 모양으로 늘어진다.

② 병의 발병이 빠를수록 벼는 작고, 분얼이 적어지며 일찍 말라 죽는다.
이삭은 출수되다 말거나 출수한 이삭이라 할지라도 기형이 되거나 충실한 종자가 형성되지 않는다.

3) 도열병

못자리에서 모의 잎이 갈색으로 변하여 주저앉는다. 파종기가 늦을수록 많이 발생한다.

4) 키다리병

모의 잎이 연약하고 황백색으로 되며 심하면 도장·마디에 수염뿌리가 난다(예방 : 종자 소독).

5) 오갈병

모가 위축되고 잎이 짧으나 폭은 넓고 황록색을 나타낸다(**끝동매미충**, 체내에서 병원 월동).

(19) 세균병

유조직병, 물관병, 증생병

(20) 식물병 발생 3대 요소

병원체, 적당한 환경, 감수성 있는 식물

1) 1차 전염원

균사, 포자, 균핵

2) 1차 감염

월동한 병원체가 봄에 활동을 시작하여 처음으로 기주에 침입하는 것

> 병원체가 감수성 식물에 옮겨져서 침입을 끝내고 기주의 세포조직 내에 정착하여 영양수수(營養授受)관계가 성립되는 과정을 감염이라고 한다.

3) 보균식물

병징은 나타나지 않지만 기주식물의 조직 속에 병원균을 가진 식물

4) 보독식물

병징은 나타나지 않지만 기주식물의 조직 속에 바이러스를 가진 식물

5) 바이오타입(biotype)

유전적으로 균일한 최종적인 생물단위

(21) 병원성과 저항성

1) 병원균의 레이스란 같은 종인데 형태적으로 같으나 기생성이 다른 것을 말한다.

도열병, 흰잎마름병, 감자역병 등이 있다.

2) 병원균과, 병원균이 분비하는 독소

귀리의 마름병균(victoxinine), 배나무검은무늬병균(A−K독소), 옥수수깨씨무늬병균(HMT독소), 옥수수 그을음무늬병균(HC독소), 벼도열병균(pyricurol)

3) 감수성＝이병성≠면역성

4) 내병성

   병원체를 가지면서 병징이 나타나지 않거나 수량에는 큰 영향이 없는 등 기주가 실질적
   피해를 적게 받는 경우

5) 저항성

   병원체의 작용을 억제하는 기주의 능력을 저항성이라 하며, 이와 같은 저항성은 계속되
   지 않고 새로운 발병 요인에 의해 감수성으로 변하기도 한다.

6) 비기주저항성

   특정한 기주 외에는 병을 일으킬 수 없는 성질

7) 면역저항성을 증진시켜 방제하는 방법

   교차보호, 유도저항성 및 품종저항성 등을 향상시켜 방제하는 방법

(22) 식물병의 방제법

1) 예방법

   배제, 제거, 직접보호

2) 면역법

   감염과 발병에 대한 기주의 저항성 개량

3) 작물병의 가장 바람직한 방제방법

   저항성 품종의 육성

4) 종자소독의 물리적 방법 중 오이 모자이크바이러스를 불활성화시키는 가장 좋은 방법

   36℃에서 3~4주간 처리

5) 고구마 무름병

   저장 중 상처 부위에 코르크 형성을 촉진시키는 큐어링을 통하여 방제효과를 거둘 수 있다.

6) 배나무 과수원에서 봉지씌우기를 하면 발생하기 쉬운 해충

   콩가루벌레

7) 식물 마이코플라즈마병의 방제법

   항생제의 수간주입, 저항성 품종의 재배, 매개충의 구제

8) 2~3년간 윤작을 통해서도 전염원을 제거할 수 없는 경우

각종 식물의 모잘록병균, 배추 무사마귀병균은 기주식물 없이도 오랫동안(5년 이상) 살 수 있는 토양서식균

9) 토양소독제

PCNB, TMTD, NBA, Vapam

(23) 병발생예찰

병의 발생을 사전에 예측하는 것

1) 보리 흰가루병

발병은 5월부터 시작, 기온이 15~20℃ 이상이고 습기가 많고 통풍이 좋지 않을 때 발생한다. 발병 부위는 잎, 잎집, 줄기 및 이삭으로, 심하면 밀가루를 뒤집어쓴 듯한 증상이고 후에 까만 점이 생긴다.

2) 콩미라아병

꼬투리에서는 표면에 백색을 띤다. 그 백색 위에 검은색 작은 알맹이가 많이 생긴다. 씨는 처음에는 수침상이나 나중에는 오백색이 된다.

3) 감자 오갈병

감자의 잎에 처음 지표면에 가까운 잎끝이나 잎 언저리에 암록색 수침상의 부정형 병반이 생긴다. 이것이 점차 확대되어 암갈색이 되고 그 질이 부드러워지고 수축되며 말기에는 병반의 뒷면에 서리와 같은 곰팡이가 생기고, 병에 걸린 잎은 위 쪽으로 말리면서 말라 죽는다.

4) 감자 더뎅이병

감자의 괴경에 처음 갈색의 반점이 생기고 이것이 점차 확대되어 3~5mm 크기로 되며 병반의 중앙부는 움푹하고 가장자리는 융기하며 병반의 표면이 거칠고 창가상으로 보인다.

5) 감자 둘레썩음병

어떤 병에 걸린 씨감자를 칼로 쪼개어 자외선을 쬐면 유관속(관다발)부가 둥글게 형광빛을 내는 것이 있다.

6) 상추 균핵병

다습할 때에 많이 나타나고 겉잎의 잎자루에 수침상의 암갈색인 반점이 생기며 점차로 속잎에 번져 잎이 시든다.

7) 수박 덩굴쪼김병

발병 초기에는 주간에는 시들고 야간에는 다시 회복된다. 보통 주경의 지제 부분이 내부

에서부터 말라죽고 갈색으로 변하며 전체가 시든다. 잔뿌리는 썩고 주근만 남게 되며 줄기의 한쪽에 발생하면 병환부는 세로로 쪼개진다.

8) 오이 노균병

처음에는 잎에 담황색의 작은 반점이 생긴다. 이것이 점차 확대되어 다갈색으로 되고, 병반의 가장자리는 잎맥에 포위되어 다각형의 병반으로 되고, 병환부는 말라죽고 잘 찢어지며 잎은 위쪽으로 말리고 일찍 떨어진다.

9) 파 검은무늬병

잎자루에 처음에는 타원형 또는 방추형의 담갈색이 형성된다. 병반이 확대되면 약간 움푹한 암자색 병반이 된다. 병반면에 그을음과 같이 분말이 동심윤상으로 생긴다.

10) 배추 노균병

기온이 20℃ 전후이고 습한 상태가 계속되면 발생한다. 9월 말부터 더욱 심하다. 병무늬는 아랫잎에서부터 생긴다. 병반은 부정형이지만 잎맥에 따라 황백색의 다각형을 이룬다. 병반 뒷면에는 회백색의 곰팡이가 생긴다.

11) 배추 흰빛썩음병

물기가 많은 연약한 조직에 발생하며 처음엔 수침상이지만 나중에 연부하고 심한 악취를 낸다.

12) 밤나무 흰가루병

주로 잎에 발생하는데 백색분상의 병반이 생기며 잎은 다소 부정형이 된다.

❸ 식물 해충

(1) 곤충의 목 분류

입과 날개의 진화 정도, 날개의 모양, 변태의 방식 및 진화 정도

(2) 곤충의 분류

1) 무시아강

원래 날개가 없다.
① **톡토기목** : 메뚜기형 입틀, 무변태, 도약기 있음, 점진적 변태, 더듬이(4마디 이상) 있음, 날개 없음, 겹눈은 서로 떨어진 몇 개의 작은 눈(알톡토기는 말피기관이 없다.)
② 낫발이목 : 매미형 입틀, 더듬이 없음, 겹눈 없음(일본낫발이)
③ 좀붙이목 : 좀붙이, 눈 없음, 더듬이 있음
④ 좀목 : 메뚜기형 입틀, 더듬이 있음, 말피기씨관 있음

2) 유시아강

날개를 가지고 있지만, 2차적으로 퇴화되어 없는 것도 있다.

① 고시류 : 날개를 접을 수 없다.

　　㉠ 하루살이목

　　　메뚜기형 입틀, 입틀이 퇴화되거나 없음, 불완전변태(반변태), 뒷날개가 앞날개보
　　　다 훨씬 작고 때로는 없음, 날개의 시맥이 극히 많음, 평균곤 없음, 약충(물속에서
　　　생활, 기관아가미를 갖고 있다)

　　㉡ 잠자리목

　　　메뚜기형 입틀, 겹눈 발달, 아랫입술 발달, 불완전변태(반변태), 식육성, 약충(양
　　　어장에 유해)

② 신시류 : 날개를 접을 수 있다.

3) 외시류

불완전변태한다(유시아강에 속함).

① 집게벌레목

　메뚜기형 입틀, 날개 2쌍(없는 것도 있다), 점진변태, 식육성, 각종 해충 잡아먹음

② 바퀴목

　겹눈 발달, 메뚜기형 입틀, 가늘고 긴 더듬이, 앞날개 막질(날개맥이 남아 있는 곤충)

③ 사마귀목

　앞가슴이 길다.

④ 대벌레목

　식식성, 불완전변태, 몸이 매우 가늘고 길어 작대기 모양

⑤ 갈르아벌레목

　홑눈과 날개가 없다.

⑥ 메뚜기목

　청각기관 발달, 날개 2쌍(앞날개 두텁고 뒷날개는 크다), 암컷 산란관 발달, 쌍꼬리 짧고
　마디도 없음, 메뚜기, 여치, 귀뚜라미, 땅강아지(유충에서 개구식기관계를 볼 수 있다.)

⑦ 흰개미붙이목

　앞다리 제1발목마디가 크고 넓적하며, 그 견사선에서 실을 토한다.

⑧ 강도래목

　메뚜기형 입틀, 더듬이, 날개 2쌍, 약충은 물속에 산다, 강도래

⑨ 민벌레목

⑩ 다듬이벌레목

　저장식품, 표본 등의 해충

⑪ 털이목

털이목

닭털이, 개털이

⑫ 이목

몸이

⑬ 흰개미목

씹는 입틀, 사회생활, 날개는 망상, 암컷 무변태, 수컷 불완전변태, 일흰개미, 병정흰개미

⑭ 총채벌레목

단위생식도 한다. 입틀의 좌우가 다르다. 왼쪽 큰턱이 한 개만 발달, 날개는 가늘고 길며 날개맥이 없다, 벼총채벌레

⑮ 노린재목

육서, 반수서, 진수서군(초식성, 포식성), 매미형 입틀(아랫입술 발달), 진딧물, 식물 바이러스 매개, 매미충, 멸구류, 반초시(앞날개의 끝부분은 막질)

⑯ 매미목

진딧물, 깍지벌레, 멸구(무시형도 있다, 단위생식도 한다, 앞날개 키틴화)

4) 내시류

완전변태한다.

① 벌목

벌, 말벌, 개미, 잎벌(메뚜기형 입틀과 핥는 입틀, 유충은 대개 다리가 없다, 입벌이목과 말벌이목으로 나뉜다.)

② **딱정벌레목**

딱정벌레, 바구미, 가뢰과(과변태 : 알－유충－의용－용－성충)

곤충강 중 가장 큰 목, 유충의 배에는 육상돌기 발달

③ 부채벌레목

과변태, 벌목 또는 멸구류, 기타 곤충 외부에 기생

④ 뱀잠자리목

⑤ 풀잠자리목

풀잠자리, 개미귀신

⑥ 약대벌레목

⑦ 밑들이목

⑧ 벼룩목

벼룩, 홑눈만 2개

⑨ 파리목

모기, 파리, 각다귀(피를 빨 때 혈액의 응고를 막는 액 분비)

⑩ 날도래목

⑪ **나비목**

나비, 나방(유충에서 개구식기관계를 볼 수 있다.)

(3) 변태의 종류

변태순서 : 부화 ⟶ 탈피 ⟶ 용화(蛹化) – 번데기 ⟶ 우화)

변태의 종류		경과	예
완전변태		**알 → 유충 → 번데기 → 성충**	나비목, 딱정벌레목, 벌레목
불완전 변태	반변태	알 → 유충 → 성충 (유충은 성충과 아주 다르다.)	잠자리목
	점변태	알 → 유충 → 성충 (유충과 성충은 비교적 가깝다.)	메뚜기목, 총채벌레목, 노린재목
	무변태	변화 없다.	톡토기목

(4) 형태와 기능

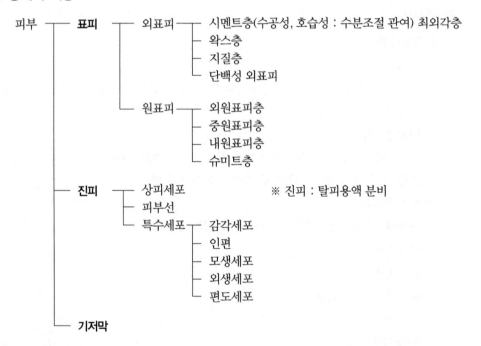

```
피부 ─┬─ 표피 ─┬─ 외표피 ─┬─ 시멘트층(수공성, 호습성 : 수분조절 관여) 최외각층
      │        │          ├─ 왁스층
      │        │          ├─ 지질층
      │        │          └─ 단백성 외표피
      │        │
      │        └─ 원표피 ─┬─ 외원표피층
      │                   ├─ 중원표피층
      │                   ├─ 내원표피층
      │                   └─ 슈미트층
      │
      ├─ 진피 ─┬─ 상피세포        ※ 진피 : 탈피용액 분비
      │        ├─ 피부선
      │        └─ 특수세포 ─┬─ 감각세포
      │                     ├─ 인편
      │                     ├─ 모생세포
      │                     ├─ 외생세포
      │                     └─ 편도세포
      │
      └─ 기저막
```

1) 소화계

① **전장** : 전구강에서 중장으로 운반하는 통로

② **중장** : 중장에 들어온 얇은 막으로 싼다.

③ **후장** : 말피기씨관이 있다.

2) 타액선

식도, 인두 및 구강 내에 개구하는 모든 선(線)의 총칭

3) 말피기씨관

중장(中腸)과 후장 사이에서 배설작용을 한다.

4) 분문판

곤충의 소화기관 중 전장과 중장 사이에서 중장에 있는 음식물(먹이)이 전장으로 역류하지 못하게 하는 기관

5) 특수조직

① 편도세포

탈피할 때 표피의 어떤 생성물질을 합성하는 특수 작용에 관여하는 황갈색을 띤 대형세포

② 지방체

영양물질의 저장과 배설작용을 맡는 곳, 곤충의 기관 사이에 차 있는 백색의 조직

6) 눈

1쌍의 겹눈, 1~3개의 홑눈

7) 뇌

식도 위에 위치한 것은 가슴 신경절

제3대뇌 역할 : 소화기 운동에 관여, 소화기 앞쪽 감각과 운동에 관여

① 후대뇌 : 촉감에 관여

② 전대뇌 : 시감각, 가장 복잡, 유병체라고 불리움, 중추신경계의 중심

③ 중추신경 : 감각기관

8) 신경계

중추신경, 전장신경 및 말초신경

전장신경 : 뇌의 양쪽에 위치하여 제3대뇌와 연락한다. 타액선, 대동맥, 입의 근육 등을 지배

9) 분비계

체벽의 각종 물질과 체내 대사를 위해 혈액에 분비

① 외분비선

침샘, 악취선(노린재), 이마샘(흰개미 방어용 물질), 배끝마디샘(딱정벌레의 불쾌한 물질 분비), 페로몬

② 내분비선

    ⊙ 카디아카체 : 심장박동 조절에 관여

    ⓒ 알라타체 : 성충으로의 발육을 억제하는 유약호르몬(Juvenile hormon) 생성, 유충 발육을 도와주지만 최종령기에 중단

    ⓒ 앞가슴샘 : 탈피호르몬의 엑디손(ecdysone) 분비

    ⓔ 환상선 : 파리류의 유충에서 작은 환상의 조직이 기관으로 지지되어 있다.

(5) 맛, 감각

윗입술, 작은턱수염, 아랫입술 수염

(6) 원추정체

개안으로 들어오는 광선의 양 조절

(7) 존스턴(Johnston) 기관

청각

(8) 자성생식계

수란관, 수정낭(교미후 정충 보관), 난선, 알집, 알관

(9) 웅성생식계

저장낭, 수정관

(10) 의근

배관에 부착하여 배관의 팽창과 수축에 관여

(11) 호흡작용

배복근과 측근과의 공동 작업에 의해 몸 마디를 압축함으로써 호흡한다.

(12) 공생미생물

흰개미의 직장에 있는 목재섬유인 셀룰로오스를 분해할 수 있는 것

(13) 흰개미붙이목

앞다리 제1발마디 아랫부분에서 실을 토한다.

(14) 곤충의 혈액기능

양분운반, 노폐물의 운반, 산소의 운반

(15) 곤충 순환계

대부분의 혈액이나 림프가 체강 내의 내부기관을 직접 싸고 있는 개방순환계. 심실은 9개로 각 심실 양쪽에 1쌍의 심문이 있다. 횡경막의 작용으로 혈액이 후방과 측방으로 흐르게 한다.

(16) 학질모기 알의 좌우에(물에 부유 위해) 공기주머니가 붙어 있는 것

(17) 곤충의 완전기문기관계의 기공 수

흉부 2쌍과 복부 8쌍

(18) 자웅동체

이세리아 깍지벌레

(19) 알라타체

유충의 탈피를 돕는다. 유충호르몬(Juvenile hormone) 분비

(20) 단위생식

수벌(환경이 적합하면 유충, 번데기가 생식능력을 갖는다), 진딧물, 밤나무순혹벌, 혹파리, 풍뎅이

(21) 진딧물의 간모

단성생식한다. 월동한 알에서 부화, 월동 후 하기주로 이동하여 번식한 첫 개체

(22) 파리의 난기간(卵期間)

2~3일

(23) 번데기

벌(나용), 나비(피용), 파리(위용)

(24) 유충

알에서 나온 후 아직 다 자라지 아니한 벌레로, 유충이 성충과 모양이 다를 때 유충이라고 부른다.

(25) 약충(nymph)

유충이 성충과 비슷할 때 약충이라고 부르며, 날개가 있는 경우에는 몇 번의 탈피 뒤에 체외의 날개눈에서 발생한다.

(26) 사과면충(무시충, 유시충), 고자리파리(연 1회 발생), 거세미나방(4령충부터 야행성)

(27) 복숭아 혹진딧물

① 바이러스병 매개, 단성생식, 기주전환하며, 간모는 단위생식한다.

② 산란(핵과 식물에서) → 여름, 가을(가지과 작물) → 늦가을(핵과 식물로)

(28) 세대

말매미(9년에 1세대), 목화진딧물(1년에 30세대 경과)

(29) 식성 분류

1) 식물질을 먹는 것

① 식식성 : 현화식물, 음화식물에서 영양섭취

② 균식성 : 버섯과와 버섯파리과

③ 미식성 : 파리목의 파리구더기

2) 동물질을 먹는 것

① 포식성 : 살아있는 다른 곤충을 잡아먹는 것으로 됫박벌레류는 깍지 벌레류, 진딧물류를 잡아먹는다.

② 기식성 : 기생벌, 기생파리 등 인간에게는 익충이다.

③ 육식성 : 물방개류, 물무당류, 물장군

④ 식시성 : 다른 동물의 시체를 먹는 것으로 송장벌레과, 반날개과의 곤충은 쥐, 개구리, 뱀 등의 시체를 먹는다.

(30) 곤충의 형태

1) 머리

① 더듬이 : 제1절(밑마디) – 제2절(자루마디) – 제3절(채찍마디)

② 입틀

㉠ 저작 핥는 형 : 씹고 핥아 먹기에 알맞은 입틀 – 꿀벌

㉡ 저작구(씹는 입) : 메뚜기 · 잠자리 · 딱정벌레 – 독제(毒劑) 이용

㉢ 흡수구(빠는 형) : 매미 · 진딧물 · 노린재 – 접촉제 사용

2) 가슴

① 날개맥 : 아전연맥 2개, 경맥 5개, 중맥 4개, 주맥 3개, 둔맥 3개

② 반초시(앞날개의 반 정도만 딱딱하고 끝부분은 막질) : 노린재

③ 복시(앞날개가 막질이면서 날개맥이 남아 있으나 딱딱한 것) : 바퀴, 메뚜기

④ 의평균곤(앞날개 퇴화) : 부채벌레목

3) 배

암컷은 산란관을 가지는 경우가 많고, 유충은 2차적으로 생긴 다리와 아가미를 가지는 경우도 있다.

4) 촉각

① 편상 촉각 : 하늘소, 바퀴벌레

② 새엽상촉각 : 풍뎅이류

③ 사상촉각 : 딱정벌레, 벼메뚜기, 노린재

④ 우모상촉각 : 나방

⑤ 즐치상촉각(빗같이 생김) : 잎벌

⑥ 거치상 촉각 : 방아벌레

⑦ 곤봉상 촉각 : 나비, 바구미

⑧ 부정형 촉각 : 파리

5) 곤충피부

주성분(키틴질)

(31) 해충 방제 개념

1) 경제적 가해수준

경제적 피해가 나타나는 최저밀도

2) 경제적 피해수준

경제적 가해수준에 달하는 것을 억제하기 위하여 직접방제수단을 써야 하는 밀도 수준

3) 일반 평형밀도

일반적인 환경 조건하에서의 평균밀도

(32) 병충해 방제방법

1) 새배적

① 환경조건 변경, 미기상의 변경(기상조건), 포장위생, 경운, 재배시기 조절, 내충성 품종의 이용, 윤작, 토성의 개량, 재배관리의 개선

② 벼의 조기이앙으로 발생량이 준 것(이화명나방)

③ 내충성 품종(저항성 품종)의 3대 기작 : 비선호성, 내성, 항충성

④ 윤작

㉠ 식성의 범위가 적고, 이동성이 적으며, 생활사가 긴 것이 방제효과를 거둘 수 있다.

㉡ 목화다래나방, 방아벌레(가장 큰 효과)

⑤ 콩나방 방제 : 재배시기 조절(성충발생 최성기 이전에 수확)

⑥ 곡물 함수량 12% 이하에서는 저장해충 발육이 불가능

2) 기계적 · 물리적 방제

① 기계적 : 유살, 포살, 차단

② **물리적** : 온도처리, 수분, 광선, 방사선(치사, 불임)

　ⓐ (+)주지성 : 방아벌레 / (−)주지성 : 매미충

　ⓑ (+)주광성 : 이화명충, 집파리(성충), 솔나방, 꿀벌 / (−)주광성 : 파리 유충

　ⓒ (+)주열성 : 모기, 빈대

　ⓓ 복숭아 순나방 : 해가 뜨고 질 때의 희미할 때 활동

③ **봉지씌우기 시 문제되는 해충 : 콩가루벌레(배나무)**

3) 화학적 방제

① 효과가 정확하고 빠르며, 자재를 쉽게 구할 수 있고, 저장이 가능하며, 사용이 편리하다는 장점이 있다.

② 입제살포 : 사용이 간편, 비산성이 적어 최근 이용이 점차 늘고 있다(값이 비싸다).

③ 분제는 상승기류가 없는 아침, 저녁에 뿌린다.

④ 소화중독제로 방지할 수 있는 해충 : 배추흰나비(씹는 입틀)

⑤ 제충국제제 : 잔효성이 짧다, 직접살충제, 합성된 것도 있다.

⑥ 불임제 : 테파, 메테파, 아포레이트

⑦ 유인제 : 유지놀

⑧ 단점 : 자연계의 평형파괴, 약제저항성 해충의 출현, 잠재적 곤충의 해충화, 독성의 축적 및 잔류, 환경오염

4) 생물학적 방제

① 생물학적 방제가 성공하는 데 좋은 조건 : 과수원

② 사과면충(기생봉), 이세리아깍지벌레(베달리아됫박벌레), 루비깍지벌레(기생벌)

③ 생물적 방제의 단점 : 방제효과가 완만하다.

④ 곤충이 균류병에 걸리면 신경계의 이상으로 운동에 마비가 일어난다.

⑤ 온대지방은 생물적 방제가 성공할 가능성이 높다.

⑥ 생물적 방제방법 : 외국산 유력천적의 도입과 이용, 자연 천적류의 세력강화, 천적류의 증식과 방사

(33) 생태형(Biotype)

저항성 품종을 재배하였을 때 저항성 품종을 공격 가해할 수 있는 능력이 형성된 곤충의 계통 · 집단

4 잡초

(1) 생육기간의 장 · 단에 따른 잡초의 분류

구분		종류
1년생 잡초		**알방동사니**
2년생 잡초		첫해(발아, 생육, 월동), 월동 중(화아수분), 봄(개화, 결실, 고사)
다년생 잡초	단순다년생 잡초	민들레, 질경이
	구근형다년생 잡초	산달래, 야생마늘
	포복형다년생 잡초	너도방동사니, 쇠뜨기

(2) 수습(水濕) 적응성에 따른 분류

1) 수생잡초

주로 담수나 포화수분 상태에서 발생하는 잡초(쇠털골, 물달개비)

2) 습생잡초

주로 포화수분, 부차적으로 담수나 밭 상태에서도 발생(뚝새풀)

3) 건생잡초

밭 상태나 포화수분 상태 모두에서 잘 발생(냉이, 개비름)

4) 간척지 잡초

간척지 토양에서 많이 발생하는 방동사니과(매자기)

(3) 발생시기에 따른 잡초의 분류

1) 여름형

3~4월 발생, 4~6월 성기(명아주, 강아지풀)

2) 월동형

9~10월 발생, 월동 전후 성기(냉이, 속속이풀, 개미사리)
※ 암발아종자 : 냉이

(4) 피

뿌리 기능에 의한 수분과 무기 영양만을 의존하는 반기생체

(5) 논잡초의 종류

화본과 1년생 잡초	피, 뚝새풀
화본과 다년생 잡초	나도겨풀
방동사니과 1년생 잡초	알방동사니, 참방동사니, 바람하늘지기, 바늘골
방동사니과 다년생 잡초	너도바동사니, 매자기, 올방개, 올챙이고랭이, 쇠털골, 파대가리
광엽 1년생 잡초	물달개비, 물옥잠, 사마귀풀, 여뀌, 여뀌바늘, 마디꽃, 밭뚝외풀, 생이가래, 곡정초, 자귀풀, 중대가리풀
광엽 다년생 잡초	가래, 벗풀, 올미, 개구리밥, 좀개구리밥, 네가래, 미나리

1) 수도 재배 양식별 우생잡초

이앙재배	올방개, 올미, 벗풀, 피, 물달개비, 올챙고랭이
건답직파재배	피, 바랭이, 자귀풀, 사마귀풀, 강아지풀, 드렁새(잡초 발생량이 가장 많다.)
무논골뿌림직파재배	피, 사마귀풀, 나도겨풀, 올방개, 여뀌바늘

벼농사에서 대표적 다년생 잡초 : **올방개, 벗풀, 올미,** 너도방동사니, 올챙고랭이

2) 밭 잡초의 종류

화본과 1년생 잡초	강아지풀, 개기장, 바랭이(전형적인 여름 밭 잡초), 피
방동사니과 1년생 잡초	바람하늘지기, 참방동사니, 파대가리
광엽 1년생 잡초	개비름, 명아주, 여뀌, 환삼덩굴, 석류풀, 까마중, 쇠비름(6월 초순 발생, 과수원), 자귀풀, 주름잎, 도꼬마리
광엽 월년생 잡초	망초, 중대가리풀, 황새냉이
광엽 다년생 잡초	반하, 쇠뜨기, 쑥, 토끼풀, 메꽃

① 겨울형 잡초 · 건생잡초 : **냉이**
② 여름철 밭작물에서 문제가 되는 주요 밭잡초 : 바랭이, 쇠비름, 명아주, 여뀌, 깨풀
③ 평지 과수원에서 우점(優占)하는 잡초 : 1년생 밭잡초
④ 경사지 과수원에서 우점하는 잡초 : 다년생 밭잡초

(6) 잡초의 피해 요인

1) 농경지

경합, 상호대립억제작용(타감작용), 기생, 병해충의 매개, 작업환경의 약화, 사료포장오염, 종자혼입 및 부착

2) 경합의 주요인자

광, 수분, CO_2와 산소, 양분

3) 경합의 임계기간

잡초 경합으로 인한 작물의 손실량이 비교적 적다. 잡초 경합허용기간, 잡초경합임계기간(철저한 방제요구), 잡초허용한계밀도(허용해줄 수 있는 발생밀도), 경제적허용한계밀도(방제 노력과 방제로 인한 이득이 상충되는 수준을 허용밀도에 추가시킨 한계치)

4) 잡초의 경합특성

생장특성	종자의 크기가 작아 발아가 빠르고 이유기가 빨라 개체로의 독립생장을 일찍 시작하여 초기 생장속도가 빠르다.
생육유연성	밀도에 변화를 일으키더라도 개체량의 생체량을 유연하게 변동시키면서 일정량의 후대생산과 개체군의 생물체량을 확보한다.
생산효율	잡초종 – C_4, 작물종 – C_3, 초기 생육단계에서 고온, 고광도, 수분제한 조건 등에서 치명적인 차이를 보인다.

5) 종자 생산력에 관여하는 요인

① 일장 : 단일로 개화가 촉진, 종자 수 증대
② 영양생장량 : 영양생장기간이 늘어나면 종실의 크기와 수가 늘어난다.
③ 온도 : 생리, 대사에 영향

6) 번식

① 유성번식 : 일장(단일 – 개화촉진, 종자증대)
② **영양번식 : 주로 다년생 잡초**
③ 영양번식기관
　　포복경(버뮤다그라스), 인경(야생마늘), 지하경(너도방동사니), 괴경(올방개), 지근(엉겅퀴), 줄기(민들레), 절편(쇠비름)
④ 광발아 종자 : 바랭이, 쇠비름, 개비름, 참방동사니, 소리쟁이, 메귀리
⑤ 암발아 종자 : 냉이, 광대나물, 독말풀, 별꽃
⑥ 유묘의 출현 : 산성토양에 잘 적응한다.
⑦ 발아주기성 : 같은 조건하에서 일정한 간격을 두고 최고의 발아율을 나타내는 특성
⑧ 준동시성 : 일정한 기간 내에 대부분 종자가 발아를 마치는 영향

7) 잡초의 인축(人畜)에 대한 직접 피해

병해충 매개 환경악화, 혼입 부착

8) 잡초 경합 한계기간

작물과 잡초가 가장 심하게 경합하는 시기로 초관형성기부터 생식생장기 이전까지

9) 음성적 간섭

경합작용, 편해작용(타감작용), 기생

10) 선점현상(head start) 위한 재배기술

재식밀도 증가, 육묘이식, 적기파종

(7) 잡초방제

1) 예방적 방제

농경지를 청결히 유지, 잡초위생이나 검역으로 잡초종 유입 방지

2) 경종적(생태적) 방제

환경제어법(경합 특이성 이용방법), 작부체계, 육묘이식재배, 재식밀도, 작목 · 품종 · 종자선정, 파종지 준비, 재파종 · 대파, 피복작물, 병해충 및 선충의 방제, 특수 경지의 관리

3) 물리적(기계적) 방제

수취 · 호미질 · 경운 · 예취 · 피복 · 소각 · 열처리 · 침수처리 · 사슬끌기 등의 방법을 이용

4) 화학적 방제

제초제 이용, 현재 가장 일반적으로 이용

5) 종합적 방제(IPM)

① 여러 가지 잡초방제법 중에서 두 가지 이상의 방제법을 사용하여 잡초방제를 하는 것
② 불리한 환경으로 인한 경제적 손실이 최소가 되도록 유해생물의 군락을 유지시키는 데 있다.

(8) 잡초의 유용성

유전자 은행, 만성독성, 수질정화

(9) 기생식물

새삼

(10) 잡초의 분류와 분포

1) 세계적으로 문제가 되는 잡초종의 상위 3개과(식물학적 분류)

화본과, 국화과, 사초과

2) 잡초종이 가장 많이 속하는 식물부류

화본과

3) 단자엽 잡초

화본과, 닭의장풀과, 물옥잠과

5 농약

(1) 사용 목적에 의한 분류

1) 살균제

살포용 살균제	보호살균제	병균의 포자가 엽경에 침입하기 전에 사용해서 예방적 효과를 거두기 위한 보르도액, 석회유황합제 부착성(附着性), 잔류성이 양호해야 함
	직접살균제	식물에 침입되어 있는 병균에 직접 작용시키는 약제 디포라탄 세균 세포막을 투과하는 투과작용이 양호해야 한다.
종자소독제		종자 또는 묘를 약제에 침지하거나 또는 약제의 분말을 묻혀서 살균시키는 약제
토양살균제		클로로피크린
농용항생제		

2) 살충제

소화중독제		잔류 독성으로 인하여 사용이 극히 제한
접촉제	직접접촉제	제충국, 유기인제
	잔류성접촉제	드린제, 파라티온
훈증제		메틸브로마이드, 청산가스
침투성 살충제		식물의 일부분에 처리하면 식물 전체에 퍼져 즙액을 빨아먹는 해충을 살해, 카보퓨란(carbofuran), 메타시스톡스
기피제		니프탈렌, 올소디클로로벤젠
불임제		생식세포 형성에 장해, 아폴레이트(apholate), 텝파
유인제		휘발성, 방향성

3) 살비제

주로 식물에 붙는 **응애류를 죽이는 데 사용**

4) 살선충제

주로 식물의 지하부에 기생하는 선충류 방제(DD, 베이팜)

5) 살서제

쥐, 두더지(fratol, warfarin, ANTU)

6) 제초제

입제를 많이 사용

① 선택성 : 2 · 4-D, 화본과 식물에 안전하고, 광엽식물만 제거하는 데 사용

② 비선택성 : 약제가 처리된 전체 식물을 제거하는 약제(TCA, 염산소다)

7) 보조제

8) 식물생장조정제

지베렐린, MH-30

9) 기타

화학적	무기화합물	비소제, 동제, 유황제
조성에 의한	유기화합물	유기염소제, 유기불소제, 유기인제, 알칼로이드제
물리적 성질에 의한		액제, 분제, 연무제, 가스제
약리 작용에 의한		중독제, 접촉제, 부식제, 기피제

(2) 농약의 형태 및 특성

1) 용액
① 액제

석회유황합제, 황산니코틴, 2, 4-D, 소다염과 같이 수용액으로 사용되는 것과 제충국의 추출액처럼 석유 등에 녹인 유용액이 있다.

② 유제

물에 녹지 않는 약제를 잘 녹는 용제(溶劑)에다 녹여서 이것에 유화제(乳化劑)를 가해서 만든 것. 유화성 외에 습전성(濕展性), 부착성, 침투성을 가지고 있다.

③ 수화제

물에 녹지 않는 약제의 작은 입자를 물속에다 균등히 분산시킨 것을 현탁액이라고 하며 이런 현탁액을 만들도록 만들어진 분말을 수화성 분제 또는 수화제라고 한다. 이 수화제는 주제(主劑)에다 벤토나이트, 고령토 같은 증량(增量)제와 적당히 전착제를 가해서 혼합 분해시켜 만든다. **수화제로서 중요한 것은 현수성이 양호하고, 동시에 고착성과 습전성을 갖도록 해야 한다.**

2) 분제

분산성, 비산성, 부착성(약제를 탈크, 고령토 같은 증량제와 혼합 분쇄하여 250~300메시의 고운 분말로 만든 것. 주성분 1~3% 함유)

3) 가스제

훈증제가 사용됨, 적당한 휘발성·침투력·흡착력을 갖춘 동시에 낮은 농도로 충분한 효력을 낼 수 있어야 한다. 클로로피크린, 메틸브로마이드, 청화소다

4) 연무제

삼림해충, 창고·온실 등의 병해충 구제시, 입자크기 0.03~0.1mm

5) 도포제

석회와 같은 점성이 큰 약제를 해충의 통로에 도포

6) 입제(粒劑)

침투이행성이 있는 농약의 주제를 흡착, 압출 또는 피부에 의하여 입자상으로 제조한 약제

7) 농약의 화학조성 및 구조에 의한 분류

무기농약			무기화합물을 주성분으로 하는 농약(구리제, 무기황제, 비소제)
유기농약	천연유기농약		식물의 구성물질 중 살균이나 살충성분을 농약으로 이용 제충국(pyrethrun) 담배(니코틴)
	유기합성농약	유기인계 농약	diazinon, malathion, EPN, DDVP, parathion, dipterex, Imidan(동식물체 내에서의 분해가 빨라 오래 축적되지 않는다.)
		카바메이트(carbamate)계 농약	carbaryl(NAC), propoxur, carbofuran, BPMC, sevin(콜린에스테라제의 활성저해로 인한 아세틸콜린 축적으로 신경전달 중단)
		유기염소계 농약	구조 중 염소가 많이 함유된 농약. 잔류성이 크고, 지용성이며 환경오염을 일으킴과 동시에 다른 생물체를 통하여 인체로 이행된다. 인체의 지방조직에 축적되어 만성중독을 일으킬 가능성이 크다. BHC, DDT, Heptachlor, methoxychlor
		유기황계 농약	TMTD, zineb
		유기비소계	Neoasozin

8) Linden

비교적 순수한 r-BHC만 분리한 것

9) 비소제(砒素劑)

살충제로 가장 우위를 차지했던 것
-paris-green(DDT, BHC 등의 살충제가 생기기 전까지)

10) 항세균성 항생물질

Agrimycin

11) 유기유황제

파아밤(Ferbam, Fermate), 지람(Ziram, Zerlate), 나밤(Nabam, Dithane D-14)

12) 농약의 살포법 : 바람이 약하고, 이슬이 완전히 말랐을 때, 입자의 크기 0.1~0.2mm

① **농약의 살균법** : 분제의 분말도 250메시, 주제 1~3%
② **농약의 연무법** : 직경 30μ

13) 농약살포 시 주의사항

① 고독성 농약의 살포작업은 동일인이 3시간 이상 계속함을 엄금한다.
② 일기가 가물 때는 작물의 엽면흡수가 왕성하여 이때 약제를 살포하면 약해가 일어나기 쉽다.
③ 연용할 수 없는 약제와 처리기간

먼저 처리할 약제	나중에 처리할 약제	처리기간
보르도액	석회유황합제	배, 사과, 포도에 약 1개월
보르도액	지넵제(디이센)	1개월
보르도액	송지합제	1주일
석회유황합제	보르도액	2~3주일
석회유황합제	비산연	5일
비산연	니코틴비누액	10일
송지합제	석회유황합제	2주일
기계유유제	보르도액	1개월
기계유유제	석회유황합제	1개월
비누	비산연	5일

④ 대부분의 농약은 알칼리에 의해 분해되어 효력이 없어지거나 또는 유독한 물질을 형성한다.
⑤ 농약 혼용 시 주의사항 : 당일 즉시 살포, 혼용시 침전물 생기면 사용금지, 유제와 수화제의 혼용을 가급적 피한다.
⑥ 유제와 수화제의 혼용 : 액제 → 수화제 → 유제 → 물(부득이한 경우 사용시)
⑦ 피레트린(pyrethrin)의 효력증진제 : piperonyl butoxide
⑧ 광선을 피해 저장해야 할 약제 : 제충국제, 데리스제, 일반식물성 살충제
⑨ 습기를 피해 저장할 약제 : 비산연, 매루쿠론, 일반분상제
⑩ 밀폐하여 저장할 약제 : 니코틴제, 청산제, 이류화탄소, 클로로피크린
⑪ 화기 피해 저장할 약제 : 유황, 석유, 알코올, 일류화탄소
⑫ 저온에서 굳어지거나 결정이 되는 약제 : 기계유유제, 석유유제, 유황합제

14) 농약의 농도

농도＝용질/용액×100

15) 농약의 희석

① 액제

원액의 용량×(원액의 농도/희석할 농도－1)×원액의 비중＝희석할 물의 양

㉠ 25% 유제(원액의 비중 1) 100cc를 0.05%액으로 희석하는 데 필요한 물의 양

$$100 \times \left(\frac{25}{0.05} - 1 \right) = 49,900cc$$

㉡ 주제(主劑) 1cc＋물(9cc)＝10배액

＋99＝100배액

＋100＝101배액

＋999＝1,000배액

(3) 농약의 독성

1) 유기인제 중독증상

① 자극증상 : 식욕부진, 오심구토

② 마비증상 : 근섬유성 연축, 근력감퇴

③ 교감신경 : 혈압상승, 빈맥

④ 중추신경 : 권태감, 의식혼탁

2) 살충작용기구

살충제가 충체의 어떠한 기관에 작용하느냐에 따라 구분

① 신경독 : BHC, 유기인제, DDT

② 원형질독 : 비소제

③ 피부독 : 기계유유제

④ 호흡독 : 청산가리

⑤ 근육독 : 데리스제

3) DDT는 신경독으로서 온혈동물에서는 비교적 독성이 낮으나 냉혈동물인 곤충류엔 강력한 살충력을 보인다.

4) 피레트린(Pyrethrin)은 공기 중의 산소 또는 자외선에 의해서 분해가 촉진되므로 하이드로퀴논(hydroquinone) 같은 항산화제(antioxidant)를 가하면 분해를 억제시킬 수 있다.

5) 비소제

해충의 체내에서 산화환원 작용의 근원이 되는 글루타티온(glutathione)의 −SH기와 작용하여 불용성인 유화물을 형성시켜 해충의 호흡작용 조절을 불능케 한다.

7) 우수한 살충제가 되려면 분자구조 중 친유성기(親油性基)와 독성기가 있어야 한다. 친유성기에 의해서 표피의 리포이드층에 쉽게 용입되어 체내에 들어오면 독성기에 의해 독작용을 나타낸다.

8) 유기인제

석회의 알칼리성에 의해 분해되기 쉽고 살충효과가 저해된다. 살충력이 강하고 적용 해충의 범위가 넓다(입, 기도 등으로 흡수되어 조직, 혈액의 콘린에스트레라아제(cholinesterase)와 결합하여 작용을 억제한다. 동·식물체내에서의 분해가 빨라 체내에 오래 축적되지 않는다).

9) 카바메이트계 살충제의 살충작용의 기전

콜린에스테라아제의 활성 저해로 인한 아세틸콜린 축적으로 신경전달 중단

10) 니코틴은 살란(殺卵)작용을 갖추고 있으며 살란작용은 알의 외벽이 되는 chitin질에 이것이 흡착되어 난세포의 분열에 따라 배지의 호흡작용에 의해 흡수되는 살란작용을 한다.

11) 살충제의 해독작용

pyrethin(esterase), carbamate(carbamatase), 유기인제(phosphatase, carboxyesterase), DDT → DDE(dehydrochlorinase)

12) 독성 증가 효소

parathion → paraoxon, malathion → malaoxon

13) 세포의 원형질을 파괴시켜 말라죽게 하는 제초제의 작용기전

화학작용에 의한 원형질의 파괴

14) 부화시기(난기, 卵期)

곤충이 농약에 대한 저항성이 가장 약한 시기이다.

15) 약해

처리된 약제에 의해서 식물의 생리·생태에 변이를 일으키는 현상
① 급성약해 : 살포 후 2~4일, 엽소(葉燒), 축엽(縮葉), 낙화, 낙과
   무기농약에 잎이 탄다.
② 만성약해 : 불가시적(不可視的 : 생육억제, 감수(減收))

16) 천적보호를 위한 살균

선택성 살균제(침투성 살균제)

17) 작물의 종류와 농약에 의한 약해관계

① 동제(銅劑)에 약해가 일어나기 쉬운 작물 : 복숭아, 자두, 살구, 잎이 어린 감나무
② 비소제에 약한 작물 : 두류, 복숭아, 잎이 어린 감나무, 매화나무
③ 석회 유황합제에 약한 작물 : 복숭아, 자두, 감자, 토마토, 파

18) 급성 독성 정도에 따른 농약의 구분

구분	LD$_{50}$(반수치사량, mg/kg 체중)			
	급성 경구		급성 경피	
	고체	액체	고체	액체
맹독성	5 미만	20 미만	10 미만	40 미만
고독성	5 이상 50 미만	20 이상 200 미만	10 이상 100 미만	40 이상 400 미만
보통 독성	50 이상 500 미만	200 이상 2000 미만	100 이상 1000 미만	400 이상 4000 미만
저독성	500 이상	2000 이상	1000 이상	4000 이상

※ 유기화합물이기 때문에 농약은 체내에서 분해속도가 느리다.

19) 금속화합물

생체 내에서 단백질의 변성을 일으켜 세포의 생리기능을 상실하게 하거나 특정한 효소단백질의-SH기와 결합하여 그 기능을 저해한다.

20) 유기염소제

① 비교적 안정적이며 잔류성이 크다.
② 지용성으로 인체의 지방조직에 축적된다(만성중독 유발).
③ 토양 등 환경에 축적성이 높다.

21) 유기인제

① 동ㆍ식물체 내에서의 분해가 빨라 체내에 오래 축적되지 않는다.
② 콜린에스테라아제(cholinesterase)의 작용을 억제하여 체내에 아세틸콜린(acethylcholine)이 축적됨으로써 중독증상을 나타낸다.

22) 제충국제

① 곤충의 기문 또는 피부를 통해서 체내에 침입되어 중추신경을 마비시켜 죽게 하는 살충제

② 인체에 무해하며 곤충에만 유해

③ 가정용 방역 살충제

23) 잔류성 농약

① 작물잔류성 농약

② 토양잔류성 농약 : **토양 중 농약의 반감기간이 180일 이상인 농약**

③ 수질오염성 농약 : 수도용 농약으로서 잉어의 반수치사농도(48시간 처리) 0.1ppm 이하인 농약

24) 잔류독성

① 1일 섭취허용량(ADI) : 농약 성분을 일생 동안 계속 먹어도 건강에 지장을 주지 않는 양

② 농약 잔류 허용량 결정요소 : ADI, 식품계수, 실제 잔류수준

25) 어독성

농약의 수산물에 대한 독성

어독성 Ⅰ급 : 하천에 오염되어 실제로 어독성이 문제되는 것

26) TLM

어류독성을 나타낼 때 저항한계

27) 어독성 정도에 따른 농약의 구분

구분	반수치사농도(ppm, 48시간)
Ⅰ급	0.5 미만
Ⅱ급	0.5 이상~2 미만
Ⅲ급	2 이상

※ Ⅱ급 또는 Ⅲ급에 속하는 농약이라 하더라도 전국적으로 연간 사용량이 많아 10a당 평균사용량이 유효 성분으로 0.1kg을 초과하고, 잉어에 대한 반수치사농도(ppm)를 10a당 농약 사용량에 대한 유효성분(kg)으로 나눈 값이 5 미만인 농약은 Ⅰ급으로 한다.

28) 토양 중의 잔류독성 측정 시 검토사항

① 농약의 분해 속도

② 토양 중 농약의 반감기

③ 잔류기간과 후작물 및 환경에 미치는 영향

01 우리나라 논의 대표적인 광엽잡초로서 종자로 번식하는 수생 1년생 잡초는?

① 여뀌   ② 물달개비
③ 피   ④ 쇠털골

해설

논잡초의 종류

화본과 1년생 잡초	피, 뚝새풀
화본과 다년생 잡초	나도겨풀
방동사니과 1년생 잡초	알방동사니, 참방동사니, 바람하늘지기, 바늘골
방동사니과 다년생 잡초	너도방동사니, 매자기, 올방개, 올챙고랭이, 쇠털골, 파대가리
광엽 1년생 잡초	물달개비, 물옥잠, 사마귀풀, 여뀌, 여뀌바늘, 마디꽃, 밭뚝외풀, 생이가래, 곡정초, 자귀풀, 중대가리풀
광엽 다년생 잡초	가래, 벗풀, 올미, 개구리밥, 좀개구리밥, 네가래, 미나리

02 잡초가 작물과의 경합에서 유리한 위치를 차지할 수 있는 잡초의 특성을 기술한 것 중 잘못된 것은?

① 잡초 종자는 일반적으로 크기가 작아 발아가 빠르다.
② 대부분의 잡초는 생육유연성을 갖고 있어 밀도변화가 있더라도 생체량을 유연하게 변화시킨다.
③ 대부분의 잡초는 C_3식물로서 대부분이 C_4식물인 작물에 비해 광합성 효율이 높다.
④ 잡초는 작물에 비해 이유기가 빨리 와 초기 생장속도가 작물에 비해 빠르다.

해설

대부분의 잡초는 C_4식물로서 대부분이 C_3식물인 작물에 비해 광합성 효율이 높다.

03 알−약충−성충의 3시기로 변화하는 곤충 중에 약충과 성충의 모양이 완전히 다른 변태는?

① 완전변태   ② 반변태
③ 점변태   ④ 무변태

해설

변태의 종류
(변태순서 : 부화 → 탈피 → 용화(蛹化) − 번데기 − 우화)

변태의 종류		경과	예
완전변태		알 → 유충 → 번데기 → 성충	나비목, 딱정벌레목, 벌레목
불완전 변태	반변태	알 → 유충 → 성충(유충이 성충과 아주 다르다.)	잠자리목
	점변태	알 → 유충 → 성충(유충이 성충과 비교적 가깝다.)	메뚜기목, 총채벌레목, 노린재목
	무변태	변화 없다.	톡토기목

04 곤충의 탈피에 관여하는 내분비 호르몬은?

① 유약호르몬   ② 뇌호르몬
③ 이뇨호르몬   ④ 페로몬

해설

내분비선
카디아카체(심장박동 조절에 관여), 알라타체(성충으로의 발육을 억제하는 유약호르몬(Juvenile hormon) 생성, 유충 발육을 도와주지만 최종령기에 중단), 앞가슴샘(탈피호르몬의 ecdysone 분비) 환상선(파리류의 유충에서 작은 환상의 조직이 기관으로 지지되어 있다.)

05 다음 중 순수보호 살균제는?

① 훼나리수화제   ② 석회보르도액
③ 카복신(cardoxin)제   ④ 베노밀제

정답   **01** ②   **02** ③   **03** ②   **04** ①   **05** ②

보호살균제
병균의 포자가 엽경에 침입하기 전에 사용해서 예방적 효과를 거두기 위한 보르도액, 석회유황합제

06 작물의 피해 원인이 아닌 것은?

① 파이토플라스마   ② 응애
③ 잡초   ④ 뿌리혹박테리아

뿌리혹박테리아는 질소의 고정균으로 작물에 유리하다.

07 살포된 약제의 물리적 성질 중 약제가 식물체나 해충의 체내로 잘 스며드는 성질은?

① 침투성   ② 현수성
③ 부착성   ④ 습전성

침투성 농약은 뿌리나 잎을 통해 식물체 내부로 흡수되어 그 약효가 퍼지는 것으로 식물체 내부에 침입한 병원균을 살균하며 동시에 예방의 효과도 갖는다.

08 다음 중 고추, 토마토, 담배에 큰 피해를 가져오는 담배모자이크 바이러스병의 전염방법은?

① 애멸구 전염   ② 토양전염
③ 화분전염   ④ 수매전염

고추, 토마토, 담배 등에 피해를 가져오는 담배모자이크 바이러스병은 주로 토양전염이다.

09 셀룰라아제(cellulase)라는 효소의 분비에 의하여 당류를 분해해서 주로 영양을 취하는 병원균은?

① 흰가루병   ② 도열병균
③ 그을음병균   ④ 잿빛곰팡이병균

10 다음과 같은 잡초의 주요 특성 중 생리적 특성으로 볼 수 있는 것은?

① 다양한 환경조건에서도 결실이 가능하다.
② 종자의 성숙기가 작물의 수확기와 일치한다.
③ 영양번식으로 물리적 방제를 극복할 수 있다.
④ 작물에 비하여 광합성 능력이 크다.

잡초는 주로 C_4 식물이므로 작물에 비하여 광합성 능력이 크다.

11 포도노균병 방제에 크게 공헌한 사람은 Millardet이다. 그의 주된 업적은?

① 접촉의 바이러스가 전파됨을 확인하였다.
② 보르도액을 발명하여 약제에 의한 방제법을 널리 보급하였다.
③ 세균이 병원체임과 이의 방제법을 고안하였다.
④ 세균병의 방제법을 발견하였다.

Millardet(1885)는 보르도액을 포도노균병의 방제약으로 개발하였다.

12 식물에 병을 일으키는 병원체란 어떤 것인가?

① 비생물적 병원인 온도나 습도, 생물성 병원균인 세균, 곰팡이 같은 것을 말한다.
② 병든 식물체를 의미한다.
③ 온도와 습도 같은 것이다.
④ 무름병을 의미한다.

병원체는 세균이나 곰팡이, 바이러스 등 기생성 식물과 온도, 습도 등 발병을 촉진케 하는 비기생성 병인을 모두 포함하여 일컫는 용어이다.

13 작물을 흡즙하여 피해를 일으키는 곤충은?

① 진딧물   ② 메뚜기
③ 딱정벌레   ④ 풀무치

정답   06 ④   07 ①   08 ②   09 ②   10 ④   11 ②   12 ①   13 ①

흡수구(빠는 형) : 매미 · 진딧물

14 다음 중 벼 오갈병의 주된 전염원으로 적합한 것은?

① 토양   ② 물
③ 농기구   ④ 곤충

해설

바이러스
생활 세포에서만 증식, 크기가 가장 작다, 곤충 매개(가장 중요한 역할)

15 식물병 발명에 관여하는 3대 요소가 아닌 것은?

① 병원체   ② 기주(감수체)
③ 환경   ④ 시간

해설

식물병 발생 3대 요소
병원체, 적당한 환경, 감수성 있는 식물

16 간척지 토양에서 많이 발생하는 방동사니과 잡초는?

① 사마귀풀   ② 자귀풀
③ 매자기   ④ 뚝새풀

해설

간척지 잡초
간척지 토양에서 많이 발생하는 방동사니과(매자기)

17 주로 씹는 입틀을 가진 해충을 방제할 때 사용하는 약제는?

① 소독제   ② 소화중독제
③ 접촉제   ④ 유인제

해설

입틀
㉠ 저작 핥는 형 : 씹고 핥아 먹기에 알맞은 입틀－꿀벌
㉡ 저작구(씹는 입) : 메뚜기, 잠자리, 딱정벌레－독제(毒劑) 이용
㉢ 흡수구(빠는 형) : 매미, 진딧물, 노린재－접촉제 사용

18 다음 중 사과나무 부란병의 주요 발생 부위는?

① 뿌리   ② 줄기
③ 잎   ④ 열매

해설

㉠ 부란병(腐爛病)은 가지, 줄기에 발생한다.
㉡ 나무껍질이 갈색으로 되며 약간 부풀어 오르고 쉽게 벗겨지며 시큼한 냄새가 난다.
㉢ 병이 진전되면 병이 걸린 곳에 까만 돌기가 생기고 여기서 노란 실 모양의 포자퇴가 나오는데 이것이 비, 바람에 의해 수많은 포자가 되어 날아간다.

19 식물이 병든 병적 상태란?

① 병든 식물은 대체로 생산성이 높고 경제적이다.
② 생리 및 형태적 이상을 초래하여 생산성이 감소되고 경제적 가치가 떨어진다.
③ 건전한 식물과 차이가 없는 상태
④ 생리적으로만 차이가 있다.

해설

병이란 부적합한 환경조건에서 병원과 기주가 상호반응하는 과정을 말하는 것으로 식물에 병이 들면 정상적인 생육이 방해되어 생리작용이나 형태구조가 이상하게 됨으로써 경제적 가치가 줄어들게 된다.

20 식물병의 발생이 최고가 되는 경우는 어떤 조건일 때인가?

① 병원체와 식물체가 있을 때
② 환경이 최적이나 기주는 고도저항성일 때
③ 식물체가 저항성이고 기상조건은 발병최적기일 때
④ 감수성식물과 병원성이 강한 병원균이 있고, 발병에 최적인 기상조건일 때

식물체에 발병이 되는 조건은 감수성식물과 병원성이 강한 병원균 및 수분, 온도 등 발병 환경요인이 좋을 때 이다.

21 병원체에 대해 감수성이 큰 식물의 특징은?

① 수분 또는 양분의 운반이 저해될 때
② 포자발아가 잘 되는 요인이 있을 때
③ 병원체가 병원성을 상실하였을 때
④ 병원균과 접촉된 식물이 병에 걸리기 쉬운 유전적 소질을 가졌을 때

병에 걸리기 쉬운 기주의 성질을 감수성 또는 이병성이라고 하며, 그 반대의 성질은 저항성이라 한다.

22 식물병을 일으키는 바이러스의 구조와 특징은?

① 곰팡이와 같은 세포성 생물이다.
② 핵단백질로 된 입자상 구조체로 비세포성 미생물이다.
③ 식물세포와 같이 세포구조로 되었고 침입성이 있다.
④ 단백질 덩어리로 이루어진 구조체이다.

식물병을 일으키는 바이러스는 비세포성 미생물로, 핵산과 단백질로만 구성된 입자상 구조체이다. 순무누런 모자이크바이러스(TYMV)의 입자는 모두 180개의 단백질소단위로 구성되어 있다.

23 연작으로 그루터기병이 발생되는데, 이의 주된 원인은?

① 토양 내 병원성을 띠는 병원균의 수가 크게 증가하였을 때
② 무기물이 과다하게 공급된 토양 조건에서 주로 발생한다.

③ 미량 원소의 결핍이 원인이다.
④ 길항미생물이 증가되었을 때

같은 토양에 한 가지 작물을 연작하면 토양 속에 병원성을 가진 병원균 수가 증가하여 병이 발생한다. 토양균은 기주범위가 넓어도 윤작을 하면 전염원이 감소한다.

24 외국으로부터의 침입해충이 아닌 것은?

① 미국흰불나방   ② 이화명나방
③ 감자나방   ④ 솔잎혹파리

솔잎혹파리(1929, 일본), 흰불나방(1958, 미국), 감자나방(1967, 미국) 등은 모두 외국으로부터 들어온 해충이다.

25 어느 밭에서나 5월 중순에 우점종이 발생하여 피해를 주는 대표적인 잡초는?

① 돌피   ② 바랭이
③ 명아주   ④ 강아지풀

㉠ 여름철 밭작물에서 문제가 되는 주요 밭잡초 : 바랭이, 쇠비름, 명아주, 여뀌, 깨풀
㉡ 겨울형 잡초 · 건생잡초 : 냉이

26 다음 중 쌀바구미의 분류학적 위치로 옳은 것은?

① 매미목
② 노린재목
③ 총채벌레목
④ 딱정벌레목

딱정벌레목
딱정벌레, 쌀바구미, 가뢰과(과변태 : 알 – 유충 – 의용 – 용 – 성충)

27 식물병 발생에 필요한 3대 요인에 속하지 않는 것은?

① 감수체   ② 병원체
③ 환경   ④ 매개체

해설

식물병 발생 3대 요소
병원체, 적당한 환경, 감수성 있는 식물

28 식물보호체 중에서 비생물적 병원은 다음 중 어느 종류인가?

① 선충이다.
② 농기구에 의한 전염이다.
③ 식물과 동물체가 병원이다.
④ 온도, 적당한 산소, 광선, 양분 오염원 등이 식물 성장과 발달에 부적합한 경우이다.

해설

비생물적 병원
온도, 습도, 적당한 산소, 광선, 오염물질의 해, 산성비, 영양적 장해, 제초제의 해 및 부적합한 농산물

29 발병과정에서 병원체가 나타내는 병원성이란 어떤 성질인가?

① 병원체가 식물체내에서 잠재하는 잠재력을 뜻한다.
② 병원체의 침략력만을 말한다.
③ 침략력 및 발병력을 가진 병원체를 의미한다.
④ 병원균의 발병력만을 의미한다.

해설

병원성이란 병원체가 기생물에 대한 병을 일으키는 능력인데, 발병과정에서 병원체의 병원성은 침략력 및 발병력을 가진 상태로 된다.

30 그루터기병은 주로 연작을 하므로 발생한다. 이의 주원인은 무엇일까?

① Ca이 과다하게 공급된 토양조건 하에서 쉽게 발생한다.

② 토양미생물에 의한 반응결과로서 병원성생물의 수가 증가하였기 때문이다.
③ Fe와 같은 원소결핍에 의해 주로 발생한다.
④ Mg와 같은 원소결핍에 의해 주로 발생한다.

해설

같은 토양에다 한 가지 작물을 연작하면 토양 속에 병원성을 가진 병원균 수가 증가하여 병이 발생한다. 토양균은 기주범위가 넓어도 윤작을 하면 전염원이 감소한다.

31 많은 피해를 주는 벼도열병원균체의 전파는 어떤 요인에 의하여 주로 전파되는가?

① 물을 매체로 하여 전파된다.
② 주로 접촉전염으로 전파된다.
③ 꽃의 화기를 통하여 전파된다.
④ 기상조건의 하나인 바람에 의하여 주로 전파된다.

해설

벼도열병의 발병요인
㉠ 비가 자주 오고 일조가 부족하여 냉량하고 음습한 일기가 계속될 때
㉡ 강한 바람이 불었을 때
㉢ 토양 온도가 낮을 때
㉣ 토양의 수분함량이 적을 때
㉤ 질소거름을 과용했을 때
㉥ 파종량이 많았을 때
㉦ 이식시기가 늦었을 때

32 병원균체 이외에 발병에 미치는 환경요인은 어떤 것이 있는가?

① 온노 · 일조 · 습도 및 강우량 등이 빌병환경에 중요한 요인이 된다.
② 잡초와 곤충에 의하여 영향을 받는다.
③ 소동물 · 곤충 및 농기구에 의한다.
④ 곤충과 많은 양의 강수량이 영향을 준다.

해설

발병의 환경요인
온도, 습도, 일조, 강수, 토양

정답   27 ④   28 ④   29 ③   30 ②   31 ④   32 ①

33 다음 중 잡초의 생육 특성에 대한 설명으로 틀린 것은?

① 잡초는 일반적으로 종자 크기가 작아서 발아가 빠르다.
② 잡초는 독립 생장을 빨리 하므로 일반적으로 초기생장은 늦은 편이다.
③ 잡초는 생육의 유연성(plasticity)이 크다.
④ 대부분의 문제 잡초들은 C_4식물이다.

> **해설**
>
> **잡초의 생육 특성**
> 종자의 크기가 작아 발아가 빠르고, 이유기가 빨라 개체로의 독립생장을 일찍 시작하여, 초기생장속도가 빠르다.

34 곤충의 분산과 이동에 관계하는 것으로 가장 거리가 먼 것은?

① 환경 요인
② 먹이
③ 짝 찾기
④ 휴면

> **해설**
>
> **휴면**
> 성숙한 종자에 수분·산소·온도 등 적당한 환경조건을 주어도 일정 기간 동안 발아하지 않는 것을 말한다.

35 비기생성 질병인 토마토 배꼽썩음병의 발생과 관련이 가장 큰 것은?

① 칼슘
② 망간
③ 고토
④ 규소

> **해설**
>
> 석회(칼슘) 부족의 원인이다.

36 잡초의 생물적 방제에 관한 설명으로 옳은 것은?

① 잡초 방제에 효과적인 천적을 이용하는 것이다.
② 잡초의 완전근절을 목표로 한다.
③ 영속성 효과가 없다.
④ 화학적 방제에 비해 효과가 빠르다.

> **해설**
>
> **생물적 방제법**
> 잡초 방제에 효과적인 천적을 이용하는 것이다.

37 양성 주광성을 지닌 곤충이 아닌 것은?

① 나비
② 바퀴
③ 파리
④ 나방

> **해설**
>
> ㉠ 물리적 : 광선
> ㉡ (+)주광성 : 이화명충, 집파리(성충), 솔나방, 꿀벌
> ㉢ (−)주광성 : 바퀴벌레, 파리 유충

38 앞창자 신경계와 협동하여 변태호르몬을 분비하며, 머리 속에 있는 한 쌍의 신경구 모양의 조직은?

① 편도세포
② 지방체
③ 알라타체
④ 고리신경줄

39 다음 약제 중 항생제 계통의 살균제로 사용되는 것은?

① 블라스티시딘−S
② 석회보르도액
③ 카올린
④ 세레산

> **해설**
>
> 블라스티시딘−S는 벼 도열병약제이다.

40 습해의 발생기구에 대한 설명 중 거리가 먼 것은?

① 호흡장해가 생긴다.
② 환원성 유해물질이 생성된다.
③ 토양전염병의 전파가 많다.
④ 유기성분의 흡수가 어렵다.

> **해설**
>
> 유기성분이 아니라 무기성분의 흡수가 어렵다.

정답   33 ②   34 ④   35 ①   36 ①   37 ②   38 ③   39 ①   40 ④

41 메뚜기나 나비목 유충의 구기형은?

① 저작구형   ② 흡관구형

③ 흡취구형   ④ 자흡구형

해설

곤충구기의 기본유형

㉠ 저작구형 : 메뚜기류나 나비목 유충의 구기형

㉡ 여과구형 : 파리목의 simuliidae에 속하는 black fly 의 구기형

㉢ 절단흡취구형 : 등애과의 등애, 이, 벼룩

㉣ 흡취구형 : 집파리의 구기형

㉤ 저작 핥는 형 : 벌목에 꿀벌이나 말벌류

㉥ 자흡구형 : 진딧물류, 깍지벌레류, 멸구, 매미충류 등과 모기, 빈대, 이, 벼룩 등도 가지고 있는 구기형

㉦ 흡관구 : 나비목·성충인 나비와 나방의 구기형

42 세계적으로 병·해충 및 잡초에 의한 감소 율은?

① 13.8%   ② 23.8%

③ 33.8%   ④ 43.8%

해설

세계적으로 병해충 및 잡초에 의한 피해작물 수량 감소 율은 33.8%이다.

43 해충밀도가 경제적 피해에 나타나는 최저 밀도, 즉 해충에 의한 피해액과 방제비가 같은 수 준의 밀도는?

① 경제적 피해 허용수준(E.T.L)

② 경제적 피해수준(E.I.L)

③ 일반평형밀도(G.E.P)

④ 변형평형밀도(M.E.P)

해설

㉠ 경제적 피해 허용수준 : 해충의 밀도가 경제적 피해 수준에 도달하는 것을 막기 위하여 직접 방제수단을 써야 하는 밀도수준

㉡ 일반평형밀도 : 일반적인 환경조건 하에서의 평균 밀도

㉢ 변형평균밀도 : 발생예찰을 통하여 해충 출현시 철 저한 방제수단을 강구하여 일반평균밀도를 경제적 피해 허용수준 이하로 변화시켜서 변형된 평형밀도

44 우리나라 논잡초 중 광엽 1년생 잡초는?

① 여뀌   ② 벗풀

③ 미나리   ④ 매자기

해설

광엽 1년생 잡초

물달개비, 물옥잠, 사마귀풀, 여뀌, 여뀌바늘, 마디꽃, 밭 뚝외풀, 생이가래, 곡정초, 자귀풀, 중대가리풀

45 알루미늄 전해공장이나 인산질 비료공장 등 에서 많이 발생하는 물질로 식물 잎의 선단이나 가 장자리가 처음에는 유침상을 띠며 점차 황백화되 고 갈색을 띠게 하는 환경 오염물질은?

① 아황산가스   ② 암모니아가스

③ 불화수소가스   ④ 질소산화물

해설

불화수소가스

알루미늄 전해공장이나 인산질 비료공장 등에서 많이 발생하는 물질로 식물 잎의 선단이나 가장자리가 처음 에는 유침상을 띠며 점차 황백화되고 갈색으로 변한다.

46 곤충의 형태에 대한 설명 중 틀린 것은?

① 곤충은 알 → 유충 → 번데기 → 성충으로 변태 한다.

② 성충의 몸은 머리, 가슴, 배의 3부분으로 구별된다.

③ 다리와 날개는 곤충의 배에 부착되어 있다.

④ 곤충의 머리는 더듬이, 눈, 입틀로 구성되어 있다.

해설

다리와 날개는 곤충의 가슴에 부착되어 있다.

47 벼 도열병에 대한 방제법으로 적합하지 못 한 내용은?

① 찬물을 관수한다.

② 약제로는 가드수화제(올타), 이소란유제(후지왕) 등이 있다.

③ 질소비료나 녹비의 과용을 피한다.

④ 병든 볏짚을 모아서 완숙 퇴비를 만든다.

찬물을 관수하면, 냉 도열병이 발생한다.

48 다음 중 잡초 제거의 최적기는?

① 작물 전 생육기간 중 첫 1/3~1/2 기간인 생육초기
② 작물 전 생육기간 중 1/2~2/3 기간
③ 작물 전 생육기간 중 생육중기 이후
④ 작물의 초관(canopy)형성 이후

해설

잡초 제거의 최적기
작물 전 생육기간 중 첫 1/3~1/2 기간인 생육초기

49 벼물바구미 성충방제를 위하여 펜치온(fenthion)유제 50%를 1000배로 희석하여 10a당 140L를 살포하려고 한다. 논 전체 살포면적이 80a이라면 이 때 소요되는 약량은?

① 140mL
② 560mL
③ 1,120mL
④ 2,800mL

해설

소요 농약량 $= \dfrac{\text{단위면적당 살포량}}{\text{소요 희석 배수}}$

$= \dfrac{1,000\text{mL} \times 140}{1,000} = 140 \times 8 = 1,120\text{mL}$

50 분제에 있어서 주성분의 농도를 낮추기 위하여 쓰이는 보조제는?

① 전착제
② 증량제
③ 유화제
④ 협력제

해설

분제
분산성, 비산성, 부착성(약제를 탈크, 고령토 같은 증량제와 혼합 분쇄하여 250~300메시의 고운 분말로 만든 것, 주성분 1~3% 함유)

51 다음 중 식물 병원체가 될 수 없는 것은?

① 곰팡이
② 이끼
③ 세균
④ 바이러스

해설

이끼는 선태식물이다.

52 곤충의 생식방법 중 수정되지 않은 난자가 발육하여 성체가 되는 생식수단은?

① 유생생식
② 처녀생식
③ 다배생식
④ 양성생식

해설

처녀생식이란 수정되지 않은 난자가 발육하여 성체가 되는 것을 말하며, 여러 가지 곤충에서 보고되었으나 정상적인 생식방법일 수도 있고 생활환의 일부에서 일어날 수도 있다.

53 한국에서 과수의 해충 종류 수가 제일 많이 보고된 수종은?

① 배나무
② 밤나무
③ 사과나무
④ 복숭아나무

해설

우리나라 과수의 해충 종류 수가 가장 많이 보고된 수종은 사과나무이다.

54 일반적으로 식물 병원곰팡이의 포자 발아에 가장 큰 영향을 미치는 것은?

① 습도
② 낮의 길이
③ 밤의 온도
④ 식물의 나이

55 식물의 광합성 능력 차이에서 광합성 효율이 높은 C_4식물은?

① 피
② 벼
③ 보리
④ 밀

정답   48 ①   49 ③   50 ②   51 ②   52 ②   53 ③   54 ①   55 ①

C_4식물에는 옥수수, 수수, 수단그라스, 사탕수수, 기장, 버뮤다그라스, 피 등이 있다.

56 다음 중 농약의 구비조건이 될 수 없는 것은?

① 효력이 정확할 것
② 잔류성이 높을 것
③ 인축에 독성이 낮을 것
④ 다른 약제와의 혼용 범위가 넓을 것

농약의 구비조건
㉠ 효력이 정확할 것
㉡ 잔류성이 낮을 것
㉢ 인축에 독성이 낮을 것
㉣ 다른 약제와의 혼용 범위가 넓을 것

57 나비목에 속하는 기주 범위가 넓은 해충이다. 유충기에 수확된 밤이나 밤송이 속으로 파 먹어 들어가 많은 피해를 주는 해충은?

① 밤바구미
② 복숭아명나방
③ 복숭아심식나방
④ 복숭아유리나방

58 페로몬에 대한 설명 중 틀린 것은?

① 동종 내에서 작용하는 화학적 신호 물질이다.
② 체외로 분비된다.
③ 이성을 인식하는 데 사용된다.
④ 단일 성분으로 이루어져 있다.

유인제
㉠ 페로몬(pheromone) : 같은 종 내의 다른 개체 간 통신수단으로 체외로 분비하는 휘발성화합물로 암·수의 만남과 교미 등의 생식행동, 또는 사회생활을 하는 집단에서의 개체들의 생리현상에 영향을 끼친다.
㉡ 성페로몬, 집합페로몬, 경보페로몬, 길잡이페로몬, 계급조절페로몬 등이 있다.

59 다음 중 완전변태를 하지 않는 곤충목은?

① 집게벌레목
② 벌목
③ 딱정벌레목
④ 부채벌레목

㉠ 외시류 : 불완전변태한다.(유시아강에 속함)
   집게벌레목 : 메뚜기형 입틀, 날개 2쌍(없는 것도 있다), 점진변태, 식육성, 각종 해충 잡아먹음
㉡ 내시류 : 완전변태한다.

60 다음 식물체가 가진 저항성의 용어 중 수직저항성과 유사한 의미로 사용되고 있는 용어는?

① 부분저항성
② 레이스(race) 특이적 저항성
③ 지속저항성
④ 포장저항성

저항성의 유전
㉠ 수직저항성
   병균의 특정 레이스에만 효과적인 것으로 저항성 또는 단인자 저항성이라고 한다.
㉡ 수평저항성
   병균의 모든 레이스에 균일하게 작용하는 것으로 레이스 비특이적 저항성 또는 다인자 저항성이라고 한다.

61 종자소독제 베노밀, 티람수화제(벤레이트티) 혹은 티오파네 이트메틸, 티람수화제(호마이)에 의하여 종자소독이 가능한 병해는?

① 진균병
② 세균병
③ 바이러스병
④ 마이코플라스병

진균(곰팡이)
도열병, 모 잘록병, 벼깨씨무늬병(자낭균류), 벼, 키다리병

62 다음 용어와 관련된 설명 중 틀린 것은?

① 액제란 주제가 수용성이고, 가수분해의 우려가 없는 경우에 주제를 물에 녹여 만든 것을 말한다.
② 수용제란 수용성의 유효성분을 증량제로 희석하고 분상 또는 입상의 고체로 만든 것을 말한다.
③ 수화제란 물에 녹지 않는 주제를 카올린, 벤토나이트 등의 점토광물과 계면활성제, 분산제를 배합하여 만든 것이다.
④ 액상수화제란 주제의 성질이 지용성인 것은 유기용매에 녹여 유화제를 첨가한 용액을 말한다.

> **해설**
>
> 액상수화제(Suspension Concentrate : SC)
> 주제가 고체로서 물과 용제에도 녹기 어려운 것을 액상의 형태로 제제한 것으로, 작게 분쇄시킨 주성분을 물에 분산시켜 현탁액으로 만든다.

63 해충 방제법 중에서 기계적 방제수단이 아닌 것은?

① 유살처리　　　② 광선처리
③ 포살처리　　　④ 차단처리

> **해설**
>
> 해충방제 방법 중 가장 오랜 역사를 가진 것으로 기계적·물리적 방제법을 들 수 있는데, 기계적 방제법에는 포살, 유살, 차단처리가 있으며 물리적 방제법은 온도, 습도, 광선을 이용하여 해충을 방제하는 방법이다.

64 과수 근두암종병의 병원균과 이 병의 주된 발병 부위는?

① 뿌리에 주로 발생하고 Agrobacterium tumefaciens가 병원체이다.
② 주로 줄기에 발생하고 Valsa mali가 병원체이다.
③ 뿌리에 발생하고 Mosaic Virus이다.
④ 잎에 발생하는 병으로 Meloidogyne incognata이다.

> **해설**
>
> 과수 근두암종병은 기온이 20℃ 이상 되고 습기가 많은 지방에서 주로 나무의 근두부, 뿌리 등에 침입하여 혹을 형성하며, 병원균은 Agrobacterium tumefaciens이다.

65 곤충이 지구상에 번성한 이유가 아닌 것은?

① 곤충은 충체가 작다는 이유
② 곤충은 날개를 갖고 있다는 이유
③ 곤충은 단순한 생식수단을 갖고 있다는 이유
④ 곤충은 외부 영향에 대한 적응력이 강하다는 이유

> **해설**
>
> 곤충은 전체 동물의 약 80%인 100~120만 종이 있는데, 곤충이 이처럼 번성하게 된 이유는 다음과 같다.
> ㉠ 지지작용과 보호작용을 하는 체벽을 가지고 있다.
> ㉡ 날개를 갖고 있다.
> ㉢ 충체가 작다.
> ㉣ 외부 영향에 대한 강한 적응력이 있다.
> ㉤ 다양한 생식수단을 가지고 있다.
> ㉥ 다양한 변형이나 변태가 가능하다.

66 잡초방제 방법 중 가장 바람직하고 이상적인 것은?

① 생태적 방제
② 기계적 방제
③ 화학적 방제
④ 종합적 방제

> **해설**
>
> 종합적 방제(IPM)
> ㉠ 여러 가지 잡초방제법 중에서 두 가지 이상의 방제법을 사용하여 잡초방제를 하는 것이다.
> ㉡ 불리한 환경으로 인한 경제적 손실이 최소화되도록 유해생물의 군락을 유지시키기 위한 것이다.

67 광 조건에 따른 잡초의 분류에서 암발아 잡초들로 짝지어진 것은?

① 바랭이, 메귀리　　② 강피, 향부자
③ 개비름, 소리쟁이　　④ 냉이, 광대나물

> **해설**
>
> ㉠ 암발아 종자 : 냉이, 광대나물, 독말풀, 별꽃
> ㉡ 광발아 종자 : 바랭이, 쇠비름, 개비름, 참방동사니, 소리쟁이, 메귀리

정답　　62 ④　63 ②　64 ①　65 ③　66 ④　67 ④

68 농약의 구비조건으로 틀린 것은?

① 약효가 확실한 것
② 약해가 없을 것
③ 급성, 만성 독성이 낮을 것
④ 다른 약제와 혼용 범위가 좁을 것

해설

농약의 구비조건
㉠ 약효가 확실한 것
㉡ 약해가 없을 것
㉢ 급성, 만성 독성이 낮을 것
㉣ 다른 약제와 혼용 범위가 넓을 것

69 벌목, 딱정벌레목의 번데기에서 볼 수 있는 형태로 촉각, 다리, 날개 등이 몸에서 분리되어 있다. 이러한 번데기의 형태를 무엇이라고 하는가?

① 나용
② 피용
③ 위용
④ 전용

해설

번데기
㉠ 벌 : 나용
㉡ 나비 : 피용
㉢ 파리 : 위용

70 해충의 생식기관 발육저해, 알 또는 정충의 생식능력을 없게 하여 산란된 알이 부화되지 않도록 하는 데 쓰이는 약제는?

① 잔류성 접촉제
② 침투성 살충제
③ 훈증제
④ 불임제

해설

불임제
생식 기능을 저해시키는 농약

71 다음 중 원제가 유기용매에 녹기 어려운 경우 주제를 카올린, 벤토나이트 등의 분말과 혼합, 분쇄하고 계면활성제를 적량 혼합하여 만든 것은?

① 수용제
② 유제
③ 수화제
④ 분제

해설

수화제
물에 녹지 않는 약제의 작은 입자를 물속에다 균등히 분산시킨 것을 현탁액이라고 하며 이런 현탁액을 만들도록 만들어진 분말을 수화성 분제 또는 수화제라고 한다. 이 수화제는 주제(主劑)에다 벤토나이트, 고령토 같은 증량(增量)제와 적당히 전착제를 가해서 혼합 분해시켜 만든다. 수화제로서 중요한 것은 현수성이 양호하고, 동시에 고착성과 습전성을 갖도록 해야 한다.

72 다음 중 혹을 만드는 해충은?

① 솔잎혹파리
② 벼줄기굴파리
③ 뽕나무하늘소
④ 목화진딧물

해설

솔잎혹파리는 파리목 혹파리과의 임업해충이다.
유충시기에 솔잎밑부분에 벌레혹(충영)을 만들고 그 속에서 수액을 빨아먹어 기생당한 솔잎을 말라죽게 한다.

73 1년에 2회 발생하여 볏짚이나 벼 그루 속에서 유충태로 월동한다. 4월경부터 용화하기 시작하여 벼에 피해를 주는 해충으로 1회 발생 최성기는 6월 상순, 2회 발생 최성기는 8월 중순경이며 난기(卵期)가 5~7일 소요되는 해충은?

① 두줄꼬마밤나방
② 애멸구
③ 이화명나방
④ 끝동매미충

해설

이화명나방
㉠ 1년에 2회 발생하여 볏짚이나 벼, 그루 속에서 유충태로 월동한다.
㉡ 4월경부터 용화하기 시작하여 벼에 피해를 주는 해충으로 1회 발생 최성기는 6월 상순, 2회 발생 최성기는 8월 중순경이며 난기(卵期)가 5~7일 소요된다.

74 벼 줄기 굴파리의 설명 중 틀린 것은?

① 제1세대 부화유충은 줄기 속 생정점 부근에서 연약한 어린 잎을 가해한다.

② 못자리 고온성 해충이다.

③ 1년에 3회 발생한다.

④ 제1회 성충의 발생 최성기는 5월 하순경이다.

해설

못자리 저온성 해충이다.

75 진딧물, 깍지벌레, 멸구, 가루이의 분류학적 위치는?

① 노린재목   ② 매미목

③ 총채벌레목   ④ 부채벌레목

해설

매미목

진딧물, 깍지벌레, 멸구(앞날개 키틴화. 무시형도 있으며, 단위생식도 한다.)

76 우리나라에서 벼 물바구미의 발생 횟수는?

① 2년에 1회 발생   ② 1년에 1회 발생

③ 1년에 3회 발생   ④ 1년에 5회 발생

해설

벼 물바구미의 발생 횟수

1년에 1회 발생한다.

77 아연(zn) 결핍으로 생기는 병이 아닌 것은?

① 감귤류 로젯트병

② 핵과류 소형잎병

③ 무 검은무늬병

④ 감귤류 얼룩잎병

해설

무 검은무늬병

㉠ 잎에 지름 2~10mm의 담갈색 원형반점이 생기고 나중에 구멍이 뚫리는 경우도 있다.

㉡ 비가 오면 병든 부분에 암갈색의 곰팡이가 생긴다.

㉢ 병원균은 병든 잎에 부착하여 월동하고 고온 다습하거나 비료가 부족할 경우 발생이 심하다.

78 다음 복숭아진딧물에 관한 설명 중 틀린 것은?

① 무시충과 유시충이 있다.

② 식물 바이러스 병을 매개한다.

③ 유충으로 월동한다.

④ 꽃등애류, 풀잠자리류, 기생벌 등이 천적이다.

해설

봄에 알에서 깨어나 늦가을까지 단위생식한다.

79 1년에 5회 발생되며 4령의 노숙, 약충태로 제방이나 잡초에서 월동하고 발생밀도는 보리 재배면적과 밀접한 관계이며 벼의 줄무늬잎마름병과 옥수수의 검은 줄오갈병을 옮기는 해충명은?

① 벼멸구   ② 흰등멸구

③ 끝동매미충   ④ 애멸구

해설

애멸구는 1년에 5회 발생하며 4령의 약충태로 뚝이나 잡초에서 월동하는데 기주범위가 넓고 직접적으로 흡즙가해할 뿐만 아니라, 간접적으로 벼의 바이러스병을 옮긴다.

80 벼와 뚝새풀이 주기주이며 성충과 약충은 기주식물의 즙액을 흡즙하고 오갈병을 옮기는 해충이고, 벼출수기의 피해증상은 반점미 및 변색미의 피해를 주는 해충명은?

① 벼멸구   ② 흰등멸구

③ 끝동매미충   ④ 애멸구

해설

끝동매미충은 벼와 잡초를 가해하며 벼오갈병을 매개한다. 출수기에는 벼이삭에 흡즙가해하여 임실률의 저하와 배설물에 의한 그을음병을 유발하기도 한다.

81 식물병원체로서의 바이러스는 어떤 특징을 가지는가?

① 단백질 덩어리로 된 구조체이다.

② 세포생물이다.

③ 식물세포와 같은 구조로 되어 있다.

④ 본체는 핵단백질이며 비세포성으로 입자성구조이다.

[해설]

바이러스는 그 본체가 핵단백질로만 되어 있는 비세포성 병원체로 알려졌다.

82 곤충이 인간에게 직간접으로 이익을 주는 설명이 아닌 것은?

① 곤충의 각종 물질 분해자 역할

② 토양곤충에 의한 통풍이나 비옥도 증진

③ 곤충의 냄새샘(악취) 활용

④ 꿀벌의 화분매개 효과

[해설]

인간에게 이익을 주는 익충

곤충의 습성이나 분비물질로서 직접 인간에게 경제적인 실이익을 주는 것(누에, 꿀벌)

식충성 곤충의 기능

㉠ 각종 물질의 분해자로서, 자연에서 생성된 물질의 순화자로서 에너지 순환에 기여한다.

㉡ 토양 내의 산소공급 및 유기물 함량이 증가된다.

㉢ 곤충의 섭식습성을 이용할 수 있다.

83 곤충의 중장에서 소화효소의 분비나 소화 물질의 흡수와 관계가 먼 세포명은?

① 원주상세포　　② 재생세포

③ 편조세포　　　④ 배상세포

[해설]

체벽에 부착되는 여러 형의 인편을 생성하거나 지질이나 왁스를 생성하는 편조세포는 진피층에 있는 특수세포이다.

84 잡초의 유용성에 관한 설명으로 옳은 것은?

① 병해충의 매개　　② 농작업 환경의 악화

③ 상호대립억제 작용　④ 유전자 은행의 역할

[해설]

잡초의 유용성

유전자 은행, 만성독성, 수질정화

85 작물병의 방제에 있어서 감염과 발병에 대한 기주작물의 저항성을 증강하는 방법은?

① 면역법　　　　② 예방법

③ 치료법　　　　④ 제거법

[해설]

병원에 대한 식물의 성질

㉠ 저항성 : 병원체의 작용을 억제하는 기주의 능력

㉡ 면역성 : 식물이 전혀 어떤 병에 걸리지 않는 것

㉢ 감수성 : 식물이 어떤 병에 걸리기 쉬운 성질

㉣ 병회피 : 적극적 또는 소극적으로 식물 병원체의 활동기를 피하여 병에 걸리지 않는 성질

㉤ 내병성 : 감염되어도 기주가 실질적인 피해를 적게 받는 경우

※ 면역법 : 감염과 발병에 대한 기주의 저항성을 개량하는 것

86 곤충의 소화관의 주체가 되는 기관으로 짝지은 것은?

① 전장, 중장, 후장

② 전장, 중장, 말피기관

③ 전장, 말피기관, 직장

④ 직장, 식도, 항문

[해설]

소화계

㉠ 전장 : 전구강에서 중장으로 운반하는 통로

㉡ 중장 : 중장에 들어온 얇은 막으로 싼다.

㉢ 후장 : 말피기씨관이 있다.

87 다음 중 기상 조건에 의한 식물의 해(害)에 해당되지 않는 것은?

① 한해(旱害)　　② 풍해(風害)

③ 습해(濕害)　　④ 충해(蟲害)

정답　82 ③　83 ③　84 ④　85 ①　86 ①　87 ④

88 다음 중에서 영양번식하는 잡초는?

① 물달개비   ② 올방개

③ 뚝새풀   ④ 바랭이

> **해설**

영양번식 – 주로 다년생 잡초
포복경(버뮤다그라스), 인경(야생마늘), 지하경(너도방동사니), 괴경(올방개), 지근(엉겅퀴), 줄기(민들레), 절편(쇠비름)

89 진딧물은 곤충 분류학상 어디에 속하는가?

① 노린재목   ② 매미목

③ 파리목   ④ 잠자리목

> **해설**

매미목
진딧물, 깍지벌레, 멸구(단위생식도 한다.)

90 다음 중 1년생 잡초가 아닌 것은?

① 바랭이   ② 명아주

③ 피   ④ 제비꽃

> **해설**

영양번식 : 주로 다년생 잡초
포복경(버뮤다그라스), 인경(야생마늘), 지하경(너도방동사니), 괴경(올방개), 지근(제비꽃), 줄기(민들레), 절편(쇠비름)

91 다음 벼의 병해 중에서 병원균이 세균인 것은?

① 벼잎집무늬마름병   ② 벼오갈병

③ 벼흰잎마름병   ④ 벼깨씨무늬병

> **해설**

벼의 세균병 중에서 가장 피해가 큰 것 : 흰잎마름병

92 잡초방제 방법 중 가장 바람직한 것은?

① 생태적 방제   ② 기계적 방제

③ 화학적 방제   ④ 종합적 방제

> **해설**

종합적 방제(IPM)
- ㉠ 여러 가지 잡초방제법 중에서 두 가지 이상의 방제법을 사용하여 잡초방제를 하는 것
- ㉡ 불리한 환경으로 인한 경제적 손실이 최소화되도록 유해생물의 군락을 유지시키기 위한 것이다.

93 콩미라아병의 방제방법과 거리가 먼 것은?

① 종자소독   ② 토양소독

③ 잔재물 소각 및 추경   ④ 병든 식물의 제거

> **해설**

콩미라아병
- ㉠ 원인
  - 꼬투리에서는 표면에 백색을 띤다.
  - 백색 위에 검은색 작은 알맹이가 많이 생긴다.
  - 씨는 처음에는 수침상이나 나중에는 오백색이 된다.
- ㉡ 대책
  - 종자소독
  - 잔재물 소각 및 추경
  - 병든 식물의 제거

94 해충의 발생예찰을 위해 사용되는 직접적인 밀도조사법이 될 수 없는 것은?

① 컴퓨터통신에 의한 조사법

② 예찰등 조사법

③ 수반 조사법

④ 페로몬 조사법

해충의 발생예찰방법
㉠ 예찰등 조사법
㉡ 수반 조사법
㉢ 페로몬 조사법

95 해충과 동일한 종의 곤충을 이용하여 해충을 방제하는 방법은?

① 천적의 이용　　　② 불임해충의 이용
③ 호르몬의 이용　　④ 페로몬의 이용

96 A약제의 유제 50%를 0.08%로 희석하여 10a당 5말로 살포하려고 할 때 소요되는 약의 양은?(비중 1.25)

① 380cc　　　　　② 156.2cc
③ 115.2cc　　　　④ 112.5cc

해설

50%를 0.08%로 희석하면 50/0.08＝625이므로 625배 희석한 것이다.
1말＝18L → 5말＝90L
90/1.25＝72
→ 72×1,000/625＝115.2

97 리바이짓드유제 50%를 1,000배로 희석하여 20L의 약액을 만들려고 할 때 필요 약량은?

① 10mL　　　　　② 20mL
③ 50mL　　　　　④ 100mL

해설

소요 농약량 $= \dfrac{단위면적당 살포량}{소요 희석 배수}$

$= \dfrac{1,000mL \times 20}{1,000}$

$= 20mL$

98 칼탑 50% 수용제를 1,000배로 희석해서 10a당 5말을 살포하려 한다. 칼탑 50% 수용제의 소요량은 얼마인가?

① 50mL　　　　　② 20mL
③ 40mL　　　　　④ 100mL

해설

소요 농약량 $= \dfrac{단위면적당 살포량}{소요 희석 배수}$

$= \dfrac{1,000mL \times 100}{1,000} = 100mL$

99 관행적인 방법으로 살충제인 A유제 50%를 500배로 희석해서 10a당 100L를 살포하고자 할 때 그 약제의 소요량은?

① 50mL　　　　　② 100mL
③ 200mL　　　　　④ 500mL

해설

소요 농약량 $= \dfrac{단위면적당 살포량}{소요 희석 배수}$

$= \dfrac{1,000mL \times 100}{500} = 200mL$

100 종자 소독을 위해 분제를 종자의 외피에다 골고루 묻혀서 살균 또는 살충하는 약제처리법은?

① 침적법　　　　　② 분의법
③ 훈증법　　　　　④ 분무법

해설

분의법
분제를 종자의 외피에다 골고루 묻혀서 살균 또는 살충하는 종자 소독법

101 여러 가지 측면에서 가장 바람직한 해충방제수단이라고 할 수 있는 것은?

① 화학적 방제　　　② 해충종합관리
③ 생물적 방제　　　④ 재배적 방제

정답　95 ② 　96 ③ 　97 ② 　98 ④ 　99 ③ 　100 ② 　101 ②

해충종합관리

병해충종합관리(IPM)는 작물재배 전 과정을 통해 꾸준히 지속적으로 이루어져야 하며, IPM에 의한 성공적인 해충방제를 위해서는 재배 중에 이루어지는 관행적 방제도 필수적이지만 품종선택, 아주심기 전 포장조성, 육묘 및 아주심기, 수확 후 포장정리 등 모든 과정에 걸쳐 세심한 계획수립과 노력이 필요하다.

최근 신선 과채류에 대해 농약잔류검사가 강화되고 있고 소비자들도 보다 안전한 농산물을 선호하고 있으므로 저공해, 고품질 고추의 생산을 위해서는 천적을 이용한 생물적 방제와 적기방제로 농약사용량 절감이 시급한 과제라고 할 수 있다.

102 저장 중인 곡물, 마늘, 담배, 건채류 등에 있는 해충을 구제하기 위하여 사용되는 약제는?

① 디디브이피(DDVP)유제
② 인화늄 정제(에피흄)
③ 비펜스린유제(타스타)
④ 아바멕틴유제(올스타)

인화늄 정제(에피흄)

저장 중인 곡물, 마늘, 담배, 건채류 등에 있는 해충을 구제하기 위하여 사용되는 저장해충 약제이다.

103 식물병원 바이러스(virus)의 설명으로 틀린 것은?

① 단백질로 된 껍질을 가짐
② 핵산으로 구성
③ 인공배지에서 증식이 가능함
④ 절대기생자

바이러스

생활 세포에서만 증식, 크기가 가장 작음, 곤충 매개(가장 중요한 역할)

104 바이러스병의 방제방법 중 아직 실용화되지 않은 것은?

① 매개충의 구제
② 기주잡초의 제거
③ 저항성 품종의 재식
④ 항바이러스제의 살포

105 벼 수량에 간접적으로 영향을 주는 이 병의 병원균은 균핵의 형태로 월동한 후 초여름부터 발생하는데 발병최성기는 고온다습한 8월 상순부터 9월 상순경이다. 어떤 병에 해당하는가?

① 벼 · 줄무늬잎마름병
② 벼 · 흰잎마름병
③ 벼 · 잎집무늬마름병
④ 벼 · 검은줄무늬오갈병

잎집무늬마름병(문고병)

이른 여름부터 주로 아래쪽 잎집 부분에 구름 무늬 모양의 병반이 생기고, 점차 위쪽 잎으로 번지며 성숙 전에 잎이 말라 죽어 등숙을 나쁘게 한다.

발병 요인

이 병은 최근 모내는 시기가 빨라지고 거름 주는 양이 늘어남에 따라 많이 발생하는 것이다. 특히, 고온다습한 해에 많이 발병한다.

106 다음 중 식물체에 병징(病徵)을 유발시킬 수 있는 것은?

① 해충
② 잡초
③ 바이러스
④ 기상장해

바이러스

동물, 식물, 세균 따위의 살아 있는 세포에 기생하고, 세포 안에서만 증식이 가능한 미생물이다. 핵산과 단백질을 주요 성분으로 하고, 세균 여과기에 걸리지 않으며, 병원체가 되기도 한다.

107 입제에 대한 설명으로 올바른 것은?

① 농약 값이 저렴하다.
② 환경오염성이 높다.
③ 효과가 빠르게 나타난다.
④ 사용이 간편하다.

108 다음 중 곤충가슴의 형태와 부속기관에 대한 설명으로 틀린 것은?

① 곤충의 가슴은 앞가슴, 가운데가슴, 뒷가슴의 3마디로 구분된다.
② 부속기관으로서 날개와 다리가 있다.
③ 날개는 대개 2쌍이다.
④ 다리는 3쌍으로서 앞가슴에 1쌍, 뒷가슴에 2쌍이 있다.

109 비선택성 제초제는?

① 헥사지논 입제(솔솔)
② 글라신 액제(근사미)
③ 푸로닐 유제(스탬에프-34)
④ 파미드 수화제(데브리놀)

해설

제초제 선택 유무에 따른 분류
㉠ 선택성 제초제 : 작물에는 피해가 없고 잡초만 고사시키는 제초제
㉡ 비선택성 제초제 : 개간지, 비농경지, 과수원 등에 발생하는 모든 잡초를 죽이는 효과가 있는 제초제이다.
㉢ 글라신 액제(근사미), 파라코(Paraqat)

110 번데기가 위용(圍蛹)인 곤충은?

① 파리목
② 나비목
③ 벌목
④ 딱정벌레목

해설

번데기
벌(나용), 나비(피용), 파리(위용)

111 토마토 줄기를 잘라 컵에 든 물속에 넣었더니 우윳빛 즙액이 흘러나오는 것이 선명하게 보이는 병은?

① 풋마름병
② 시들음병
③ 돌림병
④ 오갈병

해설

토마토 – 풋마름병
발병초기의 꼭대기 잎이 시드는 것은 모자이크병이나 시들음병과 비슷하지만 본 병은 병세의 진전이 늦어 순차적으로 주위의 주에 만연하고 발병 초에는 도관이 갈색이나 뿌리가 썩는 것이 확실하지 않지만, 좀더 진전한 것은 뿌리의 갈변 및 부패, 지면 인접부의 줄기 도관이 약간 갈변하며 줄기의 절단부를 세게 비틀면 오백색의 즙이 나오므로 다른 병과 쉽게 구별할 수 있다.

112 다음 중 대표적인 토양전염성 병원균은 어느 것인가?

① 사과 탄저병균
② 벼 도열병균
③ 고추 역병균(돌림병균)
④ 대추나무 빗자루병균

113 다음 중 농약의 설명으로 틀린 것은?

① 보호살균제는 병원균이 침입한 후 식물을 보호하기 위해 살포한다.
② 독제 살충제는 해충이 먹어야 살충작용을 한다.
③ 유인제로는 성 호르몬이 주로 이용된다.
④ 살비제는 응애류 방제 약제이다

해설

보호살균제
㉠ 병균의 포자가 엽경에 침입하기 전에 사용해서 예방적 효과를 거두기 위한 보르도액, 석회유황합제이다.
㉡ 부착성(附着性), 잔류성이 양호해야 한다.

정답　107 ③　108 ④　109 ②　110 ①　111 ①　112 ③　113 ①

114 병원체가 기주작물에 병을 일으킬 수 있는 능력을 무엇이라고 하는가?

① 감수성 ② 저항성
③ 병원성 ④ 면역성

해설

병원성
기주식물에 대해서 기생체가 병을 일으킬 수 있는 능력 (병원체의 침해력과 병원력을 합친 개념)

115 다음 중 농약의 구비조건이 아닌 것은?

① 농작물에 대한 약해가 없을 것
② 잔류성이 클 것
③ 인축, 어류에 대한 독성이 적을 것
④ 다른 약제와 혼용범위가 넓을 것

116 다음 용어의 설명 중 잘못된 것은?

① 실험 동물에 매일 일정량의 농약을 혼합한 사료를 장기간 투여하여 2세대 이상에 걸친 영향을 조사하고, 전혀 건강에 영향이 없는 양을 구한 후 여기에 적어도 100배의 안전계수를 곱하여 산출한 것을 1일섭취허용량(ADI)이라고 한다.
② 잔류허용한계(ppm) = ADI(mg/kg/일)×체중(kg)/적용농작물 섭취량(kg/일)
③ 식품계수란 어떤 농약이 잔류할 우려가 있는 식품군의 전체 식사량 중에서 차지하는 평균적 비율을 말한다.
④ 작물잔류성농약이란 토양 중 농약의 반감기가 1년 이상인 농약으로 사용한 결과 토양에 그 성분이 잔류되어 후 작물에 잔류되는 농약을 말한다.

해설

토양잔류성 농약
토양 중 농약의 반감기간이 180일 이상인 농약을 말한다.

117 식물병과 환경과의 관계를 설명한 것으로 틀린 것은?

① 벼도열병의 잠복기는 기온과 밀접한 관계가 있다.
② 배추무 사마귀병은 pH 7.0 이상의 토양에서 많이 발생한다.
③ 감자 더뎅이병은 알칼리성 토양에서 많이 발생한다.
④ 밀모썩음병(G. zea)은 24~28℃ 토양에서 많이 발생한다.

해설

토양의 산도
㉠ 산성토양이 발병에 유리한 경우 : 목화 시들음병, 토마토 시들음병, 무·배추 무사마귀병
㉡ 알칼리성 토양이 발병에 유리한 경우 : 목화 뿌리썩음병
㉢ 중성토양이 발병에 유리한 경우 : 감자 더뎅이병

118 다음 곤충에 의한 기술 중 잘못 설명한 것은?

① 가슴에는 대개 두 쌍의 기문과 날개가 있다.
② 파리의 평균곤은 뒷날개가, 부채벌레의 평균곤은 앞날개가 퇴화한 것이다.
③ 곤충의 외분비선은 여왕물질, 악취선, 실선(silk gland) 등이 있다.
④ 곤충다리의 기본구조는 기절, 전절, 퇴절, 병절, 부절로 구성되어 있다.

해설

곤충다리의 기본구조
기절(밑마디), 전절(도래마디), 퇴절(넓적다리마디), 경절(종아리마디), 부절(발목마디)로 구성되어 있다.

119 마늘이 하엽부터 고사하기 시작하여 그 포기의 인경을 파내서 보았더니 구더기 같은 유충을 볼 수 있었다. 어느 해충의 피해인가?

① 총채벌레
② 파좀나방
③ 파밤나방
④ 고자리파리

해설

고자리파리
마늘이 하엽부터 고사하기 시작하여 그 포기의 인경을 파내서 보았더니 구더기 같은 유충을 볼 수 있었다.

120 농약의 살포 시 약효에 크게 영향을 미치지 않는 것은?

① 살포시기
② 작물의 식재 장소
③ 약제살포량
④ 기상상태

121 잡초 종자의 휴면타파를 위한 방법 중 가장 거리가 먼 것은?

① 고농도의 황산에 잠깐 침지한다.
② 종자의 배에 침으로 상처를 낸다.
③ 30℃에서 며칠간 처리한다.
④ 저온과 고온을 번갈아 가면서 부여한다.

122 다음 중 해충의 방제법에 대한 설명으로 틀린 것은?

① 곤충의 유약호르몬(JH)이 해충방제에 이용된다.
② 불임 수컷의 방사로 해충 방제가 가능하다.
③ BT제는 나비목 해충을 제외한 해충 방제에 탁월하다.
④ 성호르몬 methyl eugenol은 귤 광대파리 방제에 이용된다.

해설

배추 무 벌레 잡는 방법
[BT제, 바이오테크놀로지(bio-technology)]
BT제란 bio-technology의 두 자를 따서 사용하는 용어로서 bio-technology는 생물 공학적으로 만들어진 농

약제제라는 것으로 냉혈동물이 아닌 항온동물(인체)에는 무해하게 기술적으로 제제한 것으로 이러한 제제에는 여러 각도로 연구되어 상품화하여 생산되고 있다.
배추 좀나방은 배추의 생장점 부위에서 부드러운 생장점을 식해하여 배추를 망쳐버리는 것으로 배추가 결구되기 전에 방제하지 않으면 배추 속에서 아무리 약을 쳐도 죽지 않기 때문에 필수적으로 결구 직전에 잡아두어야 한다.

123 대부분의 지상곤충들이 최종 산물로서 배설하는 질소대사 산물은?

① 요소
② 암모니아
③ 아미노산
④ 요산

해설

곤충의 질소 노폐물은 요산이다.

124 맥류녹병의 설명 중 맞지 않는 것은?

① 병원균이 이종기생균이다.
② 종자전염한다.
③ Puccinia 속균에 의하여 발생한다.
④ 병원균의 레이스가 있다.

해설

공기
보리의 녹병(바람이 병원균의 포자를 운반하여 병을 전파하는 것)

125 기주체 내로 침입한 식물병원균을 죽이기 위하여 식물체가 분비하는 화학물질은?

① 기주특이 독소
② 페로몬(pheromon)
③ 파이토알렉신(phytoalexin)
④ 생장조절제

해설

파이토알렉신(phytoalexin)
외독(外毒)에 대해 식물 조직이 산출하는 항독성 물질

126 다음 중에서 화본과 잡초는?

① 참방동사니   ② 벗풀

③ 밭뚝외풀   ④ 나도겨풀

해설

화본과 1년생 잡초	피, 뚝새풀
화본과 다년생 잡초	나도겨풀

127 사과 하늘소의 연 발생 횟수는?

① 1년에 1회 발생한다.   ② 1년에 2회 발생한다.

③ 2년에 1회 발생한다.   ④ 4년에 1회 발생한다.

해설

하늘소의 생활사 및 피해증상

㉠ 2년에 1회 발생, 4~5월 번데기, 6월 성충

㉡ 애벌레는 나무줄기 가지의 굴속에서 월동

㉢ 성충은 나무줄기 가지 껍질속 목질부에 1개씩 산란

㉣ 유충은 나무줄기 가지 위 아래 굴을 만들어 식해

128 뿌리에 혹을 형성하는 아래 병 중 세균에 의한 것은?

① 배추 무사마귀병   ② 포도 뿌리혹병

③ 콩 씨스트병   ④ 소나무 혹병

해설

포도 뿌리혹병

주간이나 가지에 종양이 생겨 수세를 약화시키거나 때로는 나무를 고사시킨다.

129 작물 재배 시 잡초의 피해에 관한 설명 중 잘못된 것은?

① 경합의 해   ② 상호대립억제작용

③ 병해충 매개   ④ 침식 초래

해설

잡초의 유용성

㉠ 지면을 덮어서 수식이나 풍식에 의한 토양 침식을 막아준다.

㉡ 토양에 유기물을 제공하여 좋은 녹비가 될 수 있다.

130 다음 중 농약의 독성 관련 설명으로 틀린 것은?

① 잔류 농약이 문제가 되는 것은 만성 독성 때문이다.

② 농약 살포시는 노출 부위가 적은 복장이 좋다.

③ 농약의 식품잔류 허용기준에는 ADI가 중요하다.

④ 안전사용기준이란 농약이 변질되기 전에 사용되는 기간이다.

해설

안전사용기준

농산물 중에 농약 잔류량이 허용기준을 초과하지 않도록 작물별로 사용 농약, 사용 횟수와 수확 전 최종사용 시기 등을 제한하는 기준이다.

131 작물 피해 원인 중 생물요소에 대한 내용은?

① 농약 혼용 잘못에 의한 피해

② 질소 과다에 의한 피해

③ 하우스 가스(gas)에 의한 피해

④ 잡초의 피해

해설

생물요소

㉠ 식물 : 잡초 · 기생식물 등이다.

㉡ 동물 : 곤충 · 새와 짐승 등이다.

㉢ 미생물 : 병균 · 토양미생물 등이다.

132 다음은 식물병원 세균의 특징을 설명한 것이다. 올바른 것은?

① 대부분 내생포자를 만든다.

② 균사가 있다.

③ 상처를 통하여 침입한다.

④ 증식 속도가 느리다.

해설

세균병

박테리아, 분열균, 식물의 세균병은 대개 상처를 통해 들어가 발생한다.

정답   126 ④   127 ③   128 ②   129 ④   130 ④   131 ④   132 ③

133 병원체가 기주체에 침입한 다음 양자 상호작용의 결과로 생성된 병원체의 발육을 저해하는 물질은?

① 프로토카테쿠산　　② Phytoalexin
③ 카테콜　　　　　　④ 리그닌

> **해설**
>
> 파이토알렉신(phytoalexin)
> 외독(外毒)에 대해 식물 조직이 산출하는 항독성 물질

134 다음 중 유기인제가 아닌 것은?

① 그로메 유제　　　　② 디프 수화제
③ 할로스린 수화제　　④ 파라치온 유제

> **해설**
>
> 유기인계농약
> diazinon, malathion, EPN, DDVP, parathion, dipterex, Imidan(동식물체내에서의 분해가 빨라 오래 축적되지 않는다.)

135 지오판 수화제(70%)를 1,000배로 희석하여 10a당 200L를 살포할 때 지오판 수화제 원액 소요약량은?

① 140mL　　　　　　② 160g
③ 180g　　　　　　　④ 200g

> **해설**
>
> $$소요\ 농약량 = \frac{단위면적당\ 살포량}{소요\ 희석\ 배수}$$
> $$= \frac{1,000mL \times 200}{1,000} = 200g$$

136 다음 중에서 후대뇌(제3대뇌)에 연결되어 있는 것은?

① 큰턱신경　　　　　② 작은턱신경
③ 윗입술신경　　　　④ 아랫입술신경

> **해설**
>
> 신경분비 및 감각을 연합하는 전대뇌(protocerebrum), 더듬이의 조절과 윗입술에서 나온 신경을 받는 후대뇌(tritocerebrum)로 구성된다.

137 주제(主劑)의 성질이 지용성으로 물에 녹지 않을 때 이것을 유기용매에 녹여 유화제를 첨가한 용액으로 살포 시 유탁액으로 만든 다음 분무하게 되는 농약은?

① 액제　　　　　　　② 유제
③ 수화제　　　　　　④ 액상수화제

> **해설**
>
> 유제
> 물에 녹지 않는 약제를 잘 녹는 용제(溶劑)에다 녹여서 이것에 유화제(乳化劑)를 가해서 만든 것으로 유화성 외에 습전성(濕展性), 부착성, 침투성을 가지고 있다.

138 병원체의 전염원(감염) 능력(inoculum potential)과 가장 관련이 깊은 것은?

① 병원체의 에너지(energy)
② 병원체의 수 혹은 양
③ 병원체의 포자형성능력
④ 병원체의 발아능력

139 다음 중 월동태가 틀리게 짝지어진 것은?

① 벼줄기굴파리 – 번데기
② 끝동매미충 – 노숙약충
③ 네발나비 – 성충
④ 목화진딧물 – 알

> **해설**
>
> 벼줄기굴파리
> ㉠ 1~2령 유충으로 밭뚝의 독새풀에서 월동하며 월동 후 발육을 시작하여 5월 중·하순경 성충이 된다.
> ㉡ 성충은 못자리나 이앙된 논에 침입, 벼잎에 1개씩 산란하며 부화된 유충은 생장점 부근으로 이동하여 심엽(어린 잎)을 먹고 자란다.
> ㉢ 다 자란 유충은 벼 엽초에서 용화하며 7월 상·중순경에 우화한다.

정답　133 ②　134 ③　135 ④　136 ③　137 ②　138 ①　139 ①

140 벼 · 물바구미가 벼를 가해하는 데 가장 큰 피해를 주는 시기는?

① 알
② 유충
③ 번데기
④ 성충

해설

벼 물바구미
애벌레가 벼뿌리에 피해를 준다.

141 생활사에 따른 잡초의 분류에서 다년생 잡초는?

① 뚝새풀
② 쇠털골
③ 물달개비
④ 밭뚝외풀

해설

화본과 다년생 잡초	나도겨풀
방동사니과 다년생 잡초	너도방동사니, 매자기, 올방개, 올챙이고랭이, 쇠털골, 파대가리
광엽 다년생 잡초	가래, 벗풀, 올미, 개구리밥, 좀개구리밥, 네가래, 미나리

142 잡초 피해를 경감하기 위한 예방적 방제법은?

① 작물의 종자를 청결히 정선한다.
② 가축의 분뇨가 발생하면 직접 경작지에 살포한다.
③ 사용된 농기구나 농기계를 즉시 보관한다.
④ 관개수로의 잡초는 자연스럽게 방치한다.

해설

예방적 방제
농경지를 청결히 유지, 잡초위생이나 검역으로 잡초종 유입 방지

143 일반적으로 세균병의 병징이라고 할 수 없는 증상은?

① 총생(rosette)
② 반점(spot)
③ 천공(shot hole)
④ 궤양(canker)

해설

로제트(rosette)
㉠ 화훼에서 줄기가 거의 신장하지 않고 뿌리에 직접 잎이 붙어 있는 상태로 보인다.
㉡ 작은 꽃이 여러 송이 달린 꽃차례

144 다음은 토양 훈증제를 이용한 토양 소독 방법을 설명한 것이다. 알맞지 않은 것은?

① 비용이 많이 든다.
② 병원균에 선택적이다.
③ 재오염의 문제가 있다.
④ 효과가 크다.

해설

병원균에 비선택적이다.

145 농약사용에 의한 포장에서의 저항성균 대책이 아닌 것은?

① 약제 사용횟수를 줄인다.
② 동일 작용기작 계통의 약제 연속 사용을 피한다.
③ 동일 약제를 연속 사용한다.
④ 다른 계통의 약제를 혼용하여 사용한다.

해설

동일 약제를 연속 사용하면 내성이 생긴다.

146 약제 살포 방법 중 분무법에 비해서 작업이 간편하고 노력이 적게 들며 용수가 필요치 않은 이점이 있으나, 단위면적에 대한 주제의 소요량이 많고 방제효과가 비교적 떨어지는 약제 살포 방법은?

① 액체 살포법
② 미스트법
③ 살분법
④ 연무법

해설

살분법
분제를 살분기를 이용하여 뿌리는 방법이다.

147 다음 중 세균에 의하여 발생되는 병은?

① 벼도열병
② 벼깨씨무늬병
③ 벼흰잎마름병
④ 벼줄무늬잎마름병

해설

작물에서 발병하는 세균
벼의 흰잎마름병, 보리의 이삭불마름병, 수수의 긴줄무늬세균병, 옥수수의 세균성시들음병, 콩의 세균성점무늬병, 감자의 풋마름병, 감자의 더뎅이병, 감자의 무름병 등

148 잡초의 유용성과 관계가 먼 것은?

① 지면을 덮어서 토양의 침식을 막아준다.
② 자연 보존에 기여한다.
③ 작물과 경합하여 작물의 생존 능력이 증강된다.
④ 유전자 은행 역할을 한다.

해설

잡초의 유용성
㉠ 지면을 덮어서 수식이나 풍식에 의한 토양 침식을 막아준다.
㉡ 토양에 유기물을 제공하여 좋은 녹비가 될 수 있다.
㉢ 구황작물로 이용될 수 있는 것들이 많다.
㉣ 잡초는 야생동물이나 조류 및 미생물의 먹이와 서식처로 이동되므로 자연보존에 기여한다.
㉤ 잡초는 같은 종속의 작물에 대한 유전자 제공처가 될 수 있다.
㉥ 과수원 등에서 초생재배식물로 이용될 수 있다.
㉦ 약용물질이나 기타 유용한 천연물질의 추출원이 될 수 있다.
㉧ 가축의 사료로서의 가치가 높다.
㉨ 환경오염지역에서 오염물질을 생물 제거시키는 데 이용되기도 한다.
㉩ 경우에 따라서는 자연경관을 아름답게 하는 조경재료가 된다.

149 식물병의 생물학적 방제 수단으로 이용하는 데 적당하지 않은 것은?

① 길항곰팡이
② 항균성 세균
③ 살균성 농약
④ 약독바이러스

해설

살균제 : 작물에 피해를 가져오는 각종 병해를 방제하는 데 쓰이는 농약을 살균제라 한다.
㉠ 보호용 살균제 : 예방적 효과를 지닌 살균제이다(석회보르도액 등).
㉡ 직접 살균제 : 작물체 내로 병균이 침입하여 병반이 발생한 경우에 약제 살포로 치료효과가 있어 치료제라 한다(석회황합제, 포르말린 등).

150 주로 곤충의 암컷에 의해 분비되는 화합물로서 상대 성(性)을 유인하는 데 사용되는 페로몬은?

① 집합페로몬
② 경보페로몬
③ 길잡이페로몬
④ 성페로몬

해설

유인제
㉠ 페로몬 : 같은 종 내의 다른 개체 간에 통신수단으로 체외로 분비하는 휘발성화합물로 암·수의 만남과 교미 등의 생식행동, 또는 사회생활을 하는 집단의 개체들의 생리현상에 영향을 끼친다.
㉡ 성페로몬, 집합페로몬, 경보페로몬, 길잡이페로몬, 계급조절페로몬 등이 있다.

151 다음 중 틀리게 설명한 것은?

① 식물 전염병 발생에 필요한 3가지 조건은 병원균의 병원성, 품종의 저항성, 발병 환경이다.
② 식물병 진단에서 가장 중요하고 확실한 것은 표징이다.
③ 냉해(冷害)는 하계 작물에서 하계 기온의 저하로 입는 장해를 말한다.
④ 질소 과용을 피하고 인산, 칼륨을 충분히 시용하면 내한성이 증가한다.

해설

식물병 발생 3대 요소
병원체, 적당한 환경, 감수성 있는 식물

152 종자보다는 근경으로 커져서 지하경 선단에 형성된 비늘경으로 번식하는 부유성(浮游性) 다년생 잡초로서 기계적 방제가 어려운 잡초는?

① 가래   ② 올미
③ 벗풀   ④ 매듭풀

[해설]

지하경 선단에 형성된 비늘경으로 번식하는 부유성(浮游性) 다년생 잡초 : 가래

153 완전변태하는 곤충은?

① 잠자리목   ② 메뚜기목
③ 매미목   ④ 딱정벌레목

[해설]

완전변태
㉠ 알 → 유충 → 번데기 → 성충
㉡ 나비목, 딱정벌레목, 벌레목

154 다음은 곤충과 거미의 특징에 대한 설명이다. 틀린 것은?

① 곤충은 머리, 가슴, 배의 3부분으로 구분된다.
② 거미류는 다리가 4쌍이다.
③ 거미류의 생식기는 배의 배면 끝에 있다.
④ 곤충은 겹눈과 홑눈이 있다.

[해설]

생식기는 암수 모두 배의 아랫면 앞쪽에 있으며 또 수컷에서는 촉지가 교미 때 이용된다.
이에 비해 곤충은 생식기가 보통 배의 말단부에 있다. 거미는 모두 난생을 하며 곤충의 경우 변태를 하는 것이 많지만 거미는 변태를 하지 않고 여러 번 탈피만 하여 성체로 변한다.

155 식물 바이러스병과 이를 매개하는 곤충이 잘못 연결된 것은?

① 벼오갈병 – 끝동매미충
② 벼줄무늬잎마름병 – 애멸구

③ 감자잎말림병 – 복숭아혹진딧물
④ 콩모자이크병 – 번개매미충

[해설]

충매전염
㉠ 벼 : 애멸구에 의한 줄무늬잎마름병, 매미충류에 의한 오갈병
㉡ 맥류 : 애멸구에 의한 북지모자이크병
㉢ 감자 : 진딧물에 의한 감자의 모자이크병 등
㉣ 콩 : 진딧물에 의한 콩모자이크병

156 다음 중 곤충의 배설작용을 돕는 일을 하는 조직은?

① 알라타체   ② 지방체
③ 편도세포   ④ 앞가슴샘

[해설]

지방체
영양물질의 저장과 배설작용을 맡는 곳, 곤충의 기관 사이에 차 있는 백색의 조직

157 아래 식물병 중 표징(sign)이 아닌 것은?

① 장미근두암종병의 혹
② 밀흰가루병의 흰가루
③ 호밀맥각병의 맥각
④ 유채균핵병의 균핵

[해설]

표징(標徵)
식물병의 진단에 있어서 가장 중요하고 확실한 것, 병원체 그 자체가 병든 식물체 위 또는 병환부에 나타나서 병의 발생을 직접 표시하는 것
㉠ 기생성병에 있어서는 흔히 병환부에 병원체 그 자체가 나타나서 병의 발생을 직접 표시하는 것
㉡ 식물체 표면에 병원균이 노출되어 있는 것
㉢ 곰팡이, 균핵, 분상물, 흑색소립, 이상 돌출물, 점질물

158 액체 시용 형태의 제제 형태가 아닌 것은?

① 유제   ② 수화제
③ 수용제   ④ 미립제

미립제(微粒劑)

미립제의 제제는 입제와 같으나 입자의 크기가 일반적인 입제보다 작다.

입제 및 분제의 문제점을 개선한 제형으로, 벼의 생육후기에 벼의 하부를 가해하는 해충을 효과적으로 방제할 수 있다.

159 다음 중 여름밭 작물 포장의 주요 우점 잡초는?

① 냉이　　　　　　② 바랭이
③ 뚝새풀　　　　　④ 쇠뜨기

해설

㉠ 여름철 밭작물에서 문제가 되는 주요 밭잡초 : 바랭이, 쇠비름, 명아주, 여뀌, 깨풀
㉡ 평지 과수원에서 우점(優占)하는 잡초 : 1년생 밭잡초

160 농약 사용 시 주의하여야 할 점이 아닌 것은?

① 농약 살포 시의 기상
② 다른 약제와의 혼용 가능 여부
③ 주변 농장의 병해충 발생 상황
④ 천적이나 방화 곤충에 대한 영향

해설

농약 사용 시 주의사항

㉠ 약효 증대를 위한 가장 효율적인 처리방법을 강구해야 한다.
㉡ 처리시기의 온도, 습도, 공기, 토양, 바람 등의 기상조건을 고려해야 한다.
㉢ 약제의 처리부위, 처리시간, 유효성분, 처리농도, 제제 등과 기상조건에 따라 작물체에 나타나는 저항성도 달라지므로 반드시 충분한 지식을 가지고 처리하여야 한다.
㉣ 농약처리에 의한 인축, 후작물, 생태계에 대한 약해를 고려하여야 한다.
㉤ 천적관계에 미치는 영향을 고려하여야 한다.
㉥ 같은 농약을 연용하면 모든 생물은 이에 대한 면역 및 저항성이 생기므로 약효를 증진하기 위하여 새로운 약종을 찾아야 한다.

161 현재까지 기록된 곤충 중 세계적으로 가장 많은 종을 포함하고 있는 분류군은?

① 벌목　　　　　　② 나비목
③ 딱정벌레목　　　④ 파리목

해설

딱정벌레목

㉠ 딱정벌레, 바구미, 가뢰과(과변태 : 알－유충－의용－용－성충)
㉡ 곤충강 중 가장 큰 목이다.

162 약제 저항성이 발달된 병해충의 가장 효율적인 방제법은?

① 약제를 추천농도보다 진하게 타서 뿌린다.
② 저항성이 생긴 약제에는 전착제를 섞어 뿌린다.
③ 사용해오던 약제를 바꾸어 계통이 다른 약제를 번갈아 가며 살포한다.
④ 약제의 양을 평소보다 늘려서 뿌린다.

해설

같은 농약을 연용하면 모든 생물은 이에 대한 면역 및 저항성이 생기므로 약효를 증진하기 위하여 새로운 약종을 찾아야 한다.

163 나비목 해충이 알에서 부화(깨어난) 후 3번 탈피하였을 때 유충의 영기는?

① 2령충　　　　　② 3령충
③ 4령충　　　　　④ 5령충

해설

3번 탈피하면 4령유충이다.

164 병원균이 주로 종자에 의해 전염되는 병은?

① 보리 속깜부기병　② 토마토 시들음병
③ 사과 탄저병　　　④ 밀 줄기녹병

해설

보리 속깜부기병

병원균이 후막홀씨의 형태로 종자 표면에서 생존하고,

파종하면 병원균도 발아하여 종자전염을 하는 보리의 질병이다.

165 다음 중 잡초의 유용성에 해당하는 것은?

① 주요 유전자원
② 병해충 매개
③ 작업환경의 악화
④ 작물과의 경쟁

166 수출입 농산물의 검역과정에서 발견된 병해충의 박멸을 위해 가장 적합한 약제의 종류는?

① 훈증제
② 접촉제
③ 유인제
④ 소화중독제

해설

훈증제
유독 가스를 발생시켜 병균이나 해충을 죽이는 살충제

167 다음 살충제 중 미생물 농약에 속하는 것은?

① 비티수화제(슈리사이드)
② 메타 유제(메타시스톡스)
③ 아바메틴 유제(올스타)
④ 비펜드린 수화제(타스타)

해설

미생물 살충제
우리나라에도 비티수화제(슈리사이드)라는 이름으로 배추흰나비, 배추좀나방에 사용하는 미생물살충제가 보급되고 있다.

168 각종 경제작물의 주산지를 가보면 고추 역병, 감자 더뎅이병, 토마토 풋마름병, 사과 역병 등 여러 가지 병해가 최근 들어 심하게 발생하고 있다. 이들 병의 다발생 원인으로 맞지 않은 것은?

① 동일 작물의 연작
② 병원성 변화
③ 이병성 품종의 재식
④ 토양환경의 악화

169 곤충의 표피는 죽어 있는 층이 아니라 살아 있는 층이다. 제일 바깥 층은?

① 시멘트층
② 외각피
③ 외원표피
④ 진피세포층

해설

외표피
시멘트층(수공성, 호습성 : 수분조절 관여), 최외각층

170 사람을 기준으로 볼 때에 포식성 곤충으로서 간접익충에 해당되는 것은?

① 진딧물
② 진딧벌
③ 풀잠자리
④ 배추벌레 고치벌

해설

포식성 곤충
풀잠자리, 꽃등애, 됫박벌레 등은 진딧물을 잡아먹고 딱정벌레는 각종 해충을 잡아먹는 포식성 해충이다.

171 해충의 생물학적 방제의 장점이라고 할 수 없는 것은?

① 환경오염에 대한 위험성이 적다.
② 속효적이며 일시적이다.
③ 생물상이 평형을 되찾고 생태계가 안정된다.
④ 저항성(내성)이 생기지 않는다.

해설

생물학적 방제법(生物學的 防除法)
㉠ 곤충이나 미생물, 또는 병원성을 이용하여 잡초의 세력을 경감시키는 방제법이다.
㉡ 비용이 적게 들고, 환경잔류가 없고 효과가 영속적이나 살초작용이 느리며 방제효과가 늦게 나타나는 단점이 있다.

172 과수원, 나지상태 포장에 피복작물(cover crops) 재배로 잡초발생, 병해충 서식을 억제하고 토양 비옥도를 높이는 잡초 방제법은?

① 경합특성 이용법 ② 물리적 방제법
③ 예방적 방제법 ④ 생물적 방제법

> **해설**
>
> 경합특성 이용법 : 작물의 경합력 증진을 위한 방법

작부체계	윤작, 답전윤환재배, 이모작
육묘이식재배	육묘이식 및 이앙으로 작물이 공간 선점
재식밀도	재식밀도를 높여 초관형성 촉진
품종선정	분지성, 엽면적, 출엽속도, 초장 등 경합력이 큰 작물 선정
피복작물	토양침식 및 잡초발생 억제
재파종 및 대파	1년생 잡초의 발생억제
춘경, 추경 및 경운, 정지	작물의 초기생장 촉진
병해충 및 선충 방제	적기방제로 피해지의 잡초발생 억제

173 배추의 무사마귀병을 방제하는 방법으로 적당하지 않은 것은?

① 토양 소독 ② 저항성 품종 재배
③ 양배추로의 윤작 ④ 토양 산도의 교정

> **해설**
>
> 배추무사마귀병(혹병)의 발병을 줄이기 위하여 산성토양 개량, 적용약제로 토양처리, 윤작 등으로 포장관리 등의 방법을 이용한다.

174 다음과 같이 식물병 입증 3원칙을 확립한 사람은?

> ㉠ 병원균은 반드시 병환부에 존재한다.
> ㉡ 병원균을 순수배양해서 접종하면 같은 병을 일으킨다.
> ㉢ 접종한 식물로부터 같은 병원균을 다시 분리할 수 있다.

① 린네(Linne) ② 밀라드(Millardet)
③ 드 바리(De Bary) ④ 코흐(Koch)

> **해설**
>
> 병원체의 동정에 관한 코흐의 3원칙
> ㉠ 병원체는 반드시 병환부에 존재한다.
> ㉡ 병원체를 순수배양 접종하여 같은 병을 일으킨다.
> ㉢ 접종한 식물로부터 같은 병원체를 다시 분리할 수 있다.

175 농약 제제의 장점이 아닌 것은?

① 주성분의 경시적 변화방지
② 대상 병해충의 저항성 감소
③ 식물체로의 침투촉진
④ 살포시 안정분산

> **해설**
>
> 대상 병해충의 저항성이 증대된다.

176 세계적으로 주요 잡초 종수를 과별분포로 볼 때에 가장 비율이 높은 잡초는?

① 화본과 잡초
② 국화과 잡초
③ 사초과 잡초
④ 마디풀과 잡초

> **해설**
>
> 잡초의 분류와 분포
> ㉠ 세계적으로 문제가 되는 잡초종의 상위 3개과(식물학적 분류) : 화본과, 국화과, 사초과
> ㉡ 잡초종이 가장 많이 속하는 식물분류 : 화본과
> ㉢ 단자엽 잡초 : 화본과, 닭의장풀과, 물옥잠과

177 종자가 발아하는 데 꼭 필요한 조건이지만 다른 종류에 따라서는 갖추지 않아도 되는 것은?

① 수분 ② 온도
③ 광 ④ 산소

> **해설**
>
> 발아 3요소 : 수분, 온도, 산소

178 다음 중에서 비선택성 제초제는?

① 시마진(Simazine)　　② 벤타존(Bentazon)
③ 파라코(Paraquat)　　④ 프로파닐(Propanil)

해설

제초제 선택 유무에 따른 분류

㉠ 선택성 제초제 : 작물에는 피해가 없고 잡초만 고사시키는 제초제
㉡ 비선택성 제초제 : 개간지, 비농경지, 과수원 등에 발생하는 모든 잡초를 죽이는 효과가 있는 제초제이다. **예** 글라신 액제(근사미), 파라코(Paraquat)

179 다음 중에서 광엽성 잡초는?

① 뚝새풀　　② 개비름
③ 바랭이　　④ 강아지풀

해설

밭 잡초의 종류

광엽 1년생 잡초	개비름, 명아주, 여뀌, 환삼덩굴, 석류풀, 까마중, 쇠비름(6월 초순 발생, 과수원), 자귀풀, 주름잎, 도꼬마리
광엽 월년생 잡초	망초, 중대가리풀, 황새냉이
광엽 다년생 잡초	반하, 쇠뜨기, 쑥, 토끼풀, 메꽃

180 해충의 발생을 예찰하는 실질적인 목적은 다음 중 어느 것인가?

① 해충의 생활사를 알아보기 위하여
② 해충의 유아등에 대한 반응을 알아보기 위하여
③ 해충의 발생주기를 알아보기 위하여
④ 가장 적절한 방제대책을 마련하기 위하여

181 해충의 생태적 방제법에 속하지 않는 것은?

① 윤작(돌려짓기)　　② 택벌
③ 내충성 품종의 이용　　④ 온도처리

해설

재배적(생태적) 방제법

㉠ 환경조건 변경, 미기상의 변경(기상조건), 포장위생,

경운, 재배시기 조절, 내충성품종의 이용, 윤작, 토성의 개량, 재배관리의 개선

㉡ 벼의 조기이앙으로 발생량이 줄어든 것(이화명나방)
㉢ 내충성품종(저항성품종)의 3대 기작 : 비선호성, 내성, 항충성
㉣ 윤작
　• 식성의 범위가 적고, 이동성이 적으며, 생활사가 긴 것이 방제효과를 거둘 수 있다.
　• 목화다래나방, 방아벌레(가장 큰 효과)
㉤ 콩나방 방제 : 재배시기 조절(성충발생 최성기 이전에 수확)
㉥ 곡물 함수량 12% 이하에서는 저장해충 발육이 불가능

182 잎에는 황록색 또는 황백색의 줄무늬가 생기고 새잎은 돌돌 말리어 비틀어지며, 활 모양으로 늘어진다. 발생이 빠르면 벼는 작고 분얼이 적어지며 일찍 말라 죽는다. 늦게 감염되면 출수하지 않는 벼의 병은?

① 줄무늬잎마름병　　② 오갈병
③ 검은줄무늬오갈병　　④ 갈색마름병

해설

줄무늬잎마름병

㉠ 잎에 황록색·황백색의 줄무늬, 새잎은 돌돌 말리어 비틀리며 활 모양으로 늘어진다.
㉡ 병의 발병이 빠를수록 벼는 작고 분얼이 적어지며 일찍 말라 죽는다. 이삭은 출수되다 말거나 출수한 이삭이라 할지라도 기형이 되거나 충실한 종자가 형성되지 않는다.

183 식물병원세균에 의한 병징 중에서 가장 흔하게 접하는 증상으로 짝지어진 것은?

① 모자이크 – 줄무늬　　② 황화 – 위축
③ 무름 – 궤양　　④ 흰가루 – 빗자루

해설

식물병원세균

무·배추 세균성 검은무늬병, 강낭콩 불마름병, 감귤궤양병, 고구마 무름병(유조직병)

184 농약 중독사고를 방지하기 위한 방법 중 틀린 것은?

① 농약제가 흡입, 부착되게 하지 않는다.
② 마스크, 방호안경을 사용한다.
③ 바람을 등지고 살포한다.
④ 연속 살포시간을 3시간 이하로 한다.

> **해설**
>
> **농약살포 시 주의사항**
> ㉠ 고독성 농약의 살포작업은 동일인이 3시간 이상 계속함을 엄금한다.
> ㉡ 일기가 가물 때는 작물의 엽면흡수가 왕성하여 이때 약제를 살포하면 약해가 일어나기 쉽다.
> ㉢ 연용할 수 없는 약제와 처리기간

185 작물의 병해충을 방제하기 위하여 윤작을 하였다면 어느 방제법에 해당되는가?

① 생물적 방제법 ② 물리적 방제법
③ 화학적 방제법 ④ 경종적 방제법

> **해설**
>
> **경종적 방제법**
> 저항성 품종의 선택, 파종기의 조절, 윤작의 실시, 토지의 선정, 혼작, 재배양식의 변경, 시비법 개선, 포장의 정결한 관리, 수확물을 잘 건조, 중간숙주식물의 제거 등

186 농약의 특성 중 유제의 특성이 아닌 것은?

① 부착성 ② 침투성
③ 현수성 ④ 습전성

> **해설**
>
> **현수성**
> 수화제에서 약제의 미립자가 약액 중에서 균일하게 퍼지는 성질

187 다음 중 잡초종자의 발아에 관한 설명 중 틀린 것은?

① 잡초종자가 발아하기 위해서는 휴면에서 깨어나야 한다.

② 잡초종자의 발아에 필요한 온도는 종류에 따라 다르다.
③ 잡초종자가 발아하기 위해서는 반드시 광(光)이 필요하다.
④ 잡초의 발생시기는 종류에 따라서 일반적으로 정해져 있다.

> **해설**
>
> **광선**
> 잡초 종자에는 호광성인 것이 많고 혐광성인 것은 드물다. 이것은 토양에 매몰된 종자가 긴 휴면상태를 지속하는 한 가지 이유로 되어 있다.

188 다음 중 무시아강(無翅亞綱)에 속하는 것은?

① 대벌레목 ② 사마귀목
③ 톡토기목 ④ 바퀴목

> **해설**
>
> **무시아강**
> 원래 날개가 없다.
> ㉠ 톡토기목 : 메뚜기형 입술, 무변태, 도약기 있음, 점진적 변태, 더듬이 있음(4마디 이상), 날개가 없다, 겹눈은 서로 떨어진 몇 개의 작은 눈(알톡토기, 말피기관 없음)
> ㉡ 낫발이목 : 매미형 입틀, 더듬이 없다. 겹눈 없다.(일본낫발이)
> ㉢ 좀붙이목 : 좀붙이, 눈이 없고, 더듬이 있다.
> ㉣ 좀목 : 메뚜기형 입틀, 더듬이 있다. 말피기씨관을 갖고 있다.

189 다음 중 벼에 발생하는 병이 아닌 것은?

① 잎집얼룩병 ② 덩굴쪼김병
③ 키다리병 ④ 흰잎마름병

> **해설**
>
> **수박 덩굴쪼김병**
> 발병 초기에는 주간에는 시들고 야간에는 다시 회복된다. 보통 주경의 지제부분이 내부에서부터 말라죽고 갈색으로 변하며 전체가 시든다, 잔뿌리는 썩고 주근만 남게 되며 줄기의 한쪽에 발생하면 병환부는 세로로 쪼개진다.

정답 184 ① 185 ④ 186 ③ 187 ③ 188 ③ 189 ②

190 작물보호의 의미를 가장 포괄적으로 잘 설명한 것은?

① 새로이 도입된 종합적 방제를 뜻한다.
② 병해충방제는 신농약으로 예방과 구제하는 것을 뜻한다.
③ 병해충방제는 환경친화적인 방법으로 보호와 방제하는 것을 뜻한다.
④ 작물의 병, 해충, 잡초, 기상 등의 재해로부터 작물을 합리적으로 보호하는 수단을 뜻한다.

해설

작물보호
작물보호란 작물이 피해를 받는 병해나 충해 및 기상 등에 의한 재해를 방지하는 동시에 이들의 피해를 제거하는 기술을 말한다.

191 일반적인 곤충에서 마지막 유충기를 지나면 껍질을 벗고 번데기가 되는 기간은?

① 약충기(nymphal stage)
② 난기(egg-period)
③ 유충기(Larval period)
④ 용화(pupation)

해설

변태순서 : 부화 → 탈피 → 용화(蛹化) - 번데기 → 우화

192 잡초에 의한 피해가 가장 심한 벼 재배방식은?

① 손이앙재배
② 기계이앙재배
③ 담수직파재배
④ 건답직파재배

해설

건답직파재배
잡초 발생이 많고 방제가 곤란하다.

193 곤충이 지구상에서 번성하게 된 원인이 아닌 것은?

① 외골격이 발달하여 몸을 보호할 수 있다.
② 몸의 크기가 작아서 수분의 상대적 증발산량이 적다.

③ 변태를 통하여 불량환경에 대한 적응력이 높다.
④ 날개가 발달해서 분산에 유리하다.

194 작물병원의 종류에서 비전염성병(非傳染性病)에 속하는 것은?

① 병원성 식물
② 병원성 동물
③ 생리병
④ 바이러스

195 1년 잡초는 7년 제초라는 말과 가장 밀접한 방제는?

① 생태적 방제
② 화학적 방제
③ 생물적 방제
④ 예방적 방제

196 농약의 여러 보조제 중 분제의 주성분 농도를 낮추기 위해 사용되는 것은?

① 전착제
② 용제
③ 협력제
④ 증량제

197 액상 시용제의 물리적 성질에서 수화제에 물을 가하여 현탁액을 만들어 고체 입자가 균일하게 분산 부유하는 성질과 그 안정성을 나타내는 것은?

① 유화성
② 현수성
③ 수화성
④ 분산성

198 외국에서 침입한 해충이 아닌 것은?

① 애멸구
② 벼물바구미
③ 꽃노랑총채벌레
④ 온실가루이

정답   190 ④   191 ④   192 ④   193 ②   194 ③   195 ④   196 ④   197 ②   198 ①

199 토양잔류성 농약의 반감기(半減期)는?

① 30일 이상인 농약　　② 60일 이상인 농약
③ 90일 이상인 농약　　④ 180일 이상인 농약

200 부적합한 생육환경이나 겨울철을 지내기 위해 곰팡이 중에서 난균류가 만드는 월동태는?

① 분생포자　　　　　② 난포자
③ 후막포자　　　　　④ 담자포자

201 병환을 순서에 따라 알맞게 표기한 것은?

① 전염원 – 전반 – 침입 – 감염
② 전반 – 침입 – 전염원 – 감염
③ 침입 – 전염원 – 감염 – 전반
④ 감염 – 전반 – 침입 – 전염원

202 다음 중 사과나무 부란병의 방제에 가장 중요하다고 볼 수 있는 사항은?

① 진딧물 방제　　　② 병든 부분의 제거
③ 포장의 배수관리　④ 과원 잡초의 제거

203 미국흰불나방의 방제 최적기는?

① 1화기에 방제 중점
② 2화기 이후부터 방제 철저
③ 3령기 이후부터 방제 철저
④ 4령기 이후부터 방제 철저

204 다음 중 곤충의 호흡계에 속하지 않는 것은?

① 기문　　　　　　② 기관
③ 침샘　　　　　　④ 모세기관

205 작물이 잡초와의 경합 중 초관형성기에서 생식생장기까지를 무엇이라고 하는가?

① 잡초경합 허용기간
② 잡초발생 허용한계기간
③ 잡초경합 한계기간
④ 경제적 허용한계기간

206 동일 분자 내에 친수성기와 소수성기를 가진 화합물은?

① 계면활성제　　　② 도포제
③ 유화제　　　　　④ 현수성

207 잡초의 산포와 밀접한 관련이 없는 것은?

① 바람　　　　　　② 토양
③ 물　　　　　　　④ 동물

208 재배 중인 벼의 도열병 피해를 줄이려고 한다. 저항력을 길러줄 수 있는 비료는?

① 질소　　　　　　② 인산
③ 칼륨　　　　　　④ 규산

209 다음 병징 중 식물체의 일부 기관에만 나타나는 국부병징에 속하는 것은?

① 빗자루병　　　　② 오갈병
③ 시들음병　　　　④ 황화병

210 다음 중 다년생 잡초가 아닌 것은?

① 쑥　　　　　　　② 제비꽃
③ 방동사니　　　　④ 질경이

211 체외로 분비되는 곤충의 생리활성 물질로서 암수의 교미를 방해하여 방제하는 데 이용되는 것은?

① 페로몬
② 호르몬
③ 유인물질
④ 불임제

212 벼도열병 방제와 거리가 먼 것은?

① 밀식다비 재배
② 저항성품종 이용
③ 균형 있는 시비
④ 철저한 종자소독

213 곤충이 번성하게 된 원인과 가장 관계가 먼 사항은?

① 불완전변태
② 날개의 출현
③ 외골격의 발달
④ 몸의 구조의 적응력

214 다음 중 바르게 연결하지 않은 것은?

① 직접 접촉 살충제 – 제충국제
② 직접 살균제 – 석회보르도액
③ 유인제 – 터펜유(terpene 油)
④ 살비제 – 켈센

215 농약 살포시 식물에 대한 약해의 원인이 되는 것 중 가장 거리가 먼 것은?

① 불합리한 농약 혼용
② 2종 이상의 약제를 며칠 간격으로 처리하는 근접살포
③ 지하수 사용
④ 기상조건

216 다음 중 항생제 농약은?

① 아바멕틴(abamectin)유제(올스타)
② 아시트 수화제(오트란)
③ 아조포 유제(호스타치온)
④ 아진포 수화제(구사치온)

217 다음은 감자의 어떤 병의 증상인가?

> 병든 덩이줄기를 잘라 보면 유관속 둘레가 누른색으로 변색되어 있고 심하면 피부와 육질부가 분리된다.

① 역병
② 둘레썩음병
③ 잎말림병
④ 더뎅이병

218 쌀바구미의 연 발생횟수와 월동태는?

① 연 1회 발생, 월동태 – 성충
② 연 2회 발생, 월동태 – 알
③ 연 3~4회 발생, 월동태 – 유충 또는 성충
④ 연 6~7회 발생, 월동태 – 유충 또는 성충

219 농약 주제의 성질이 지용성으로 물에 녹지 않을 때 이것을 유기용매에 녹여 유화제를 첨가하여 만든 용액은 어느 것인가?

① 유제
② 액제
③ 분제
④ 수화제

220 박테리오파지를 이용한 병원세균의 정량이 가능한 것은 다음의 어느 현상 때문인가?

① 삼투현상
② 침출현상
③ 용균현상
④ 항균현상

221 잡초를 생장형에 따라 분류할 때에 질경이는 무슨 형에 속하는가?

① 직립형
② 분지형
③ 총생형
④ 로제트형

222 생활형에 따른 잡초의 분류방법은?

① 다년생 잡초
② 화본과 잡초
③ 포복형 잡초
④ 논 잡초

---

223 다년생 잡초가 아닌 것은?

① 너도방동사니   ② 쇠비름

③ 메꽃   ④ 벗풀

224 벼흰잎마름병의 방제방법과 거리가 먼 것은?

① 발생예찰   ② 태풍 후 약제살포

③ 질소비료 과용 회피   ④ 종자소독

225 다음 중 곤충의 휴면에 관한 설명 중 틀린 것은?

① 불리한 환경을 극복하는 수단이다.

② 매 세대마다 휴면에 들어가는 것을 의무적 휴면이라고 한다.

③ 장거리 이동을 하기 위한 수단이다.

④ 대사와 발육이 정지상태로 들어간다.

226 다음 중 잡초 종자의 발아에 끼치는 영향이 가장 적은 것은?

① 온도   ② 수분

③ 이산화탄소 농도   ④ 광

227 과수뿌리혹병(根頭癌腫病)의 병원균이 월동하는 주된 장소는?

① 토양   ② 잎

③ 줄기   ④ 열매

228 다음 중 벼도열병의 1차 전염원이 되는 것은?

① 병원체에 감염된 종자

② 병원체에 오염된 토양

③ 병 매개충

④ 풍매전염

229 다음 중에서 주로 고추의 열매를 가해하는 해충은?

① 멸강나방   ② 담배나방

③ 감자나방   ④ 거세미나방

230 살아 있는 조직에서만 생활이 가능한 절대 활물기생균이 아닌 것은?

① 녹병균   ② 역병균

③ 흰가루병균   ④ 노균병균

231 다음 중 곤충의 특징을 틀리게 설명한 것은?

① 모든 곤충은 1쌍의 겹눈과 1~3개의 홑눈을 가지고 있다.

② 가슴에는 대개 2쌍의 기문이 있다.

③ 인간에게 피해를 주는 해충보다는 피해가 거의 없거나 유익한 곤충이 더 많다.

④ 날개는 가운데 가슴과 뒷가슴에 위치한다.

232 작물보호란 작물이 피해를 받는 각종 피해 원인들로부터 이들에 의한 피해를 제거하는 기술을 말한다. 다음 피해의 원인 중 생물학적 피해원인이 아닌 것은?

① 세균   ② 균류

③ 과습   ④ 해충

233 해충의 종합적 관리의 필요성이 대두된 초기 요인으로 거리가 먼 것은?

① 살충제에 대한 저항성 해충의 출현

② 농약사용에 의한 천적류의 파괴

③ 살충제의 잔류독성 문제

④ 생력화 재배

정답   223 ②   224 ④   225 ③   226 ③   227 ①   228 ①   229 ②   230 ②   231 ①   232 ③   233 ④

234 다음 중 해충 방제법의 설명으로 옳지 않은 것은?

① 내충성 품종을 이용한다.
② 포장 주위에 잡초를 유지하여 해충을 유인한다.
③ 살충제를 살포한다.
④ 기주범위가 좁은 해충에는 윤작이 효과적이다.

235 일반적으로 식물병원곰팡이의 포자 발아에 가장 큰 영향을 미치는 것은 다음 중 어느 것인가?

① 습도
② 낮의 길이
③ 밤의 온도
④ 식물의 나이

236 다음 중 전신적 병징에 속하는 것은?

① 혹의 형성
② 탄저병
③ 시들음병
④ 가지마름병

237 작물의 병해충을 방제하기 위하여 윤작을 하였다면 어느 방제법에 해당되는가?

① 생물적 방제법
② 물리적 방제법
③ 화학적 방제법
④ 경종적 방제법

238 벼 도열병의 발병 유인에 합당하지 못한 것은?

① 식물 병원균
② 저온
③ 과습
④ 질소비료 과다 시비

239 다음 중 다년생 잡초는?

① 올방개
② 나도냉이
③ 갯질경이
④ 둑밭소리쟁이

240 다음 중 잡초 발생량이 가장 많은 논은?

① 담수직파재배 논
② 건답직파재배 논
③ 무논골뿌림재배 논
④ 어린모 기계이앙재배 논

241 벼 줄무늬잎마름병을 매개하는 곤충은?

① 벼멸구
② 흰등멸구
③ 애멸구
④ 끝동매미충

242 다음 중 불완전변태를 하는 곤충 목(目)은?

① 노린재목
② 딱정벌레목
③ 파리목
④ 벌목

243 감자역병의 병원균이 기주에 침입하여 감염하기에 가장 알맞은 기상 조건은?

① 저온 건조할 때
② 저온 다습할 때
③ 고온 건조할 때
④ 고온 다습할 때

244 농약의 보관상 유의해야 할 사항으로 잘못된 것은?

① 냉암소에 보관한다.
② 건조한 곳에 보관한다.
③ 관리하기 편리하도록 모든 약제는 한곳에 모아 보관한다.
④ 인화의 위험이 있으므로 불을 피하여 보관한다.

245 제초제의 구비조건으로 적절하지 못한 것은?

① 환경변동에 대한 안정성이 높아야 한다.
② 작물 선택성이 낮아야 한다.
③ 저독성이며 인축과 환경에 대한 위험성이 적어야 한다.
④ 가격이 저렴해야 한다.

---

246 잡초문제의 특이성에 해당되지 않는 사항은?

① 피해 특성이 생산 활동 억제이다.
② 정체성을 가진다.
③ 진전이 급진성이다.
④ 방제 개념은 피해수준을 근거로 한다.

247 잡초와 작물의 경합요인이 아닌 것은?

① 광선
② 양분
③ 산소
④ 수분

248 잡초의 방제법으로 가장 옳은 것은?

① 작물의 재식밀도를 낮춘다.
② 작물을 선점시킨다.
③ 전체적으로 시비한다.
④ 연작시킨다.

249 살선충제의 구비조건으로 맞는 것은?

① 친유성이어야 한다.
② 다른 동물에 대한 독성이 커야 한다.
③ 토양에 휘발이 빠르고 오랫동안 존재해야 한다.
④ 물에 대한 용해도가 커야 한다.

250 식물병의 발생은 어떤 한 요인에 의해서만 발생하지 않는다. 식물병의 발생에 가장 적게 관여하는 요인은?

① 기주식물
② 환경요인
③ 병원균
④ 유전인자

251 작물에 병이 발생할 때에는 여러 요인이 종합적으로 관여하게 된다. 병이 발생하는 데 직접적으로 관여하는 가장 중요한 요인은 어느 것인가?

① 소인
② 유인
③ 종인
④ 주인

252 다음 중 주로 빗자루 증상을 일으키는 병원체는?

① 파이토플라스마
② 박테리아
③ 곰팡이
④ 선충

253 다음 대기 구성물질들 중 식물에 피해를 일으키는 것은?

① N_2
② H_2O
③ O_3
④ CO_2

254 곤충의 시냅스(synapse)에서 신경전도에 관여하는 물질은?

① 아세틸콜린
② 아밀라아제
③ 펩신
④ 베타시토스테롤

255 다음 중 농약 살포방법의 설명으로 틀린 것은?

① 미스트법은 분무법의 1/3~1/4 약량을 살포한다.
② 스프링클러법은 과수원에서의 노력절감형 살포법이다.
③ 폼스프레이법은 기포제가 필요 없어 값이 저렴하다.
④ 스피드스프레이법은 평탄한 과수원에서 생력적이다.

256 다음 농약의 제제형태 중 수화제를 설명한 것은?

① 주제의 성질이 지용성으로 물에 녹지 않을 때 이것을 유기용매에 녹여 유화제를 첨가한 것
② 가수분해의 우려가 없는 수용성의 주제를 물에 녹이고 동결방지제를 가하여 제제화한 것
③ 수용성의 유효성분을 수용성인 증량제로 희석하고 분말상의 고체로 제제화한 것
④ 비수용성의 주제를 점토광물, 계면활성제 및 분산제와 혼합·분쇄하여 제제화한 것

257 벼의 저온성 해충이 아닌 것은?

① 벼 줄기굴파리　　② 벼 애잎굴파리
③ 벼 잎벌레　　　　④ 벼 끝동매미충

258 다음 각 해충에 대한 설명으로 틀린 것은?

① 진딧물류나 매미충류는 식물의 즙액을 빨아먹는다.
② 혹명나방의 유충은 벼를 가해한다.
③ 온실가루이는 채소작물의 중요한 해충이다.
④ 흰등멸구는 우리나라에서 월동한다.

259 일반적으로 헬리콥터로 공중액제 살포 시 살포액의 보급 횟수를 적게 하고 살포능력을 높이는 생력적인 것은?

① 미량살포
② 묽게 희석 살포
③ 다량살포
④ 공중 증량제 살포

260 작물을 각종 재해로부터 보호하기 위한 방법으로 부적절한 것은?

① 저항성 품종의 육성
② 병해충 방제 기구의 개량
③ 농약의 개발과 적기 살포
④ 다량의 시비

261 곤충 혈림프에는 곤충에 따라 여러 종류의 혈구가 있는데 이들 혈구의 여러 가지 기능 중 지혈, 응고 및 침전작용을 주로 담당하고 있는 혈구는?

① 낭상혈구　　　　② 과립혈구
③ 세포질혈구　　　④ 소구형혈구

262 메프 유제 20%를 1,000배로 희석해서 10a 당 100L를 살포하여 해충을 방제하려고 할 때 소요 약량은 얼마인가?

① 100mL　　　　② 90mL
③ 80mL　　　　　④ 70mL

해설

$$소요\ 농약량 = \frac{단위면적당\ 살포량}{소요\ 희석\ 배수}$$
$$= \frac{1,000\text{mL} \times 100}{1,000}$$
$$= 100\text{mL}$$

263 다음 설명 중 틀린 것은?

① 위용이란 다 자란 유충의 허물이 그대로 굳어서 번데기의 껍질을 형성하고 있는 것을 말한다.
② 진딧물의 생활사 중에서 간모란 늦가을에 발생하는 수정란을 낳을 수 있는 성충을 말한다.
③ 단위생식 또는 처녀생식이란 암컷만으로 번식하는 것을 말한다.
④ 유효적산온도의 법칙은 한 생물이 생육을 완성하는 데 필요한 총온도는 일정하다는 개념에 기초를 두고 있다.

264 잡초의 2차 휴면을 일으키는 조건이 아닌 것은?

① 탄산가스의 짙은 농도
② 산소부족
③ 고온
④ 수분흡수장해

265 매년 중국으로부터 비래해 오며, 해에 따라 대발생하여 벼 생육에 막대한 지장을 주는 해충은?

① 애멸구　　　　② 이화명나방
③ 벼멸구　　　　④ 끝동매미충

266 잡초의 유용성과 관계없는 사항은?

① 지면을 덮어서 침식을 방지한다.
② 구황작물로서 이용성이 인정된다.
③ 작물과 경합하여 작물이 튼튼하게 자라도록 한다.
④ 잡초는 자연보존과 유전자은행 역할을 한다.

267 최근 피해가 확산되고 있는 무사마귀병의 설명 중 맞는 내용은?

① 자낭균에 의한 병이다.
② 산성토양일수록 많이 발생한다.
③ 국화과 식물에 주로 발생한다.
④ 주 전염원은 토양전염보다 공기전염이다.

268 다음은 천적과 해충을 연결한 것이다. 틀린 것은?

① 칠레이리응애 – 점박이응애
② 무당벌레 – 진딧물
③ 꽃등애 – 진딧물
④ 파리매 – 끝동매미충

269 곤충의 행동 중 개미가 위협을 받을 시 분산, 공격적 행동을 유도하는데 이때 다른 개체에 알리는 통신 물질은?

① 페로몬(pheromone) 물질
② 시각에 의한 통신
③ 청각 통신
④ 접촉에 의한 통신

270 다음 중에서 일생 동안을 지하에서 생활하는 곤충에 속하지 않는 것은?

① 반날개류   ② 낫발이류
③ 좀붙이류   ④ 땅강아지

271 다음 중 잡초로 인한 피해와 거리가 먼 것은?

① 농작업시간을 지연시키고 수량 감소를 초래한다.
② 병해충의 매개원이 된다.
③ 조류나 어패류의 서식지가 된다.
④ 광·수분 및 영양 등의 작물과의 경합으로 작물 생육에 지장을 초래한다.

272 작물의 피해 원인에는 생물적 요소와 비생물적 요인이 있다. 다음 중 비생물적 요인은?

① 배추 무름병에 의한 피해
② 응애에 의한 오이피해
③ 철의 용탈에 의한 추락현상
④ 벼 여뀌 잡초에 의한 피해

273 냉수온탕침법에 의하여 종자소독이 불가능한 병원체는?

① 점균   ② 바이러스
③ 세균   ④ 진균

274 다음 해충의 월동처와 월동태가 모두 맞는 것은?

① 담배나방의 월동처는 땅속이고 월동태는 번데기이다.
② 복숭아심식나방의 월동처는 나무껍질 속이고 월동태는 유충이다.
③ 애멸구의 월동처는 제방의 잡초, 보리밭 등지이고, 월동태는 성충이다.
④ 벼잎벌레의 월동처는 논 부근의 숲이나 잡초 사이이고 월동태는 알이다.

275 최초로 합성된 페녹시(phenoxy)계 제초제는?

① 2, 4 – D
② 부타클로르(butachlor)
③ 알라클로르(alachlor)
④ 시마진(simazine)

276 액제를 물에 희석하여 분무기로 살포할 때 물의 양을 적게 하고 진한 약액을 미립자로 해서 살포하는 방법은?

① 분무법
② 살분법
③ 미스트법
④ 미량살포법

277 토마토 배꼽썩음병은 식물 영양원 중 어떤 원소의 결핍으로 나타나는 병인가?

① Mg
② Ca
③ K
④ Mn

278 거름기가 떨어진 벼에 많이 발생하는 병해는?

① 도열병
② 잎집무늬마름병(문고병)
③ 깨씨무늬병
④ 이삭누룩병

279 흡즙하고 바이러스병을 매개하는 해충은?

① 이화명나방
② 조명나방
③ 벼밤나방
④ 애멸구

280 작물의 생육을 우세하도록 환경을 유도해 주는 동시에 잡초의 생육을 재배적으로 억제하여 작물의 생산성을 높이도록 관리해주는 방법은?

① 물리적 방제법
② 생태적 방제법
③ 생물적 방제법
④ 화학적 방제법

281 다음 중 식물의 줄기를 파고 들어가는 곤충은?

① 벼멸구
② 벼물바구미
③ 사과하늘소
④ 오이잎벌레

282 해충의 약제 방제 효과는 1령충 때에 크게 나타난다. 1령충이란 어느 기간을 말하는가?

① 산란 이후 부화 직전까지
② 부화 직후부터 1회 탈피 전까지
③ 1회 탈피 후 2회 탈피 전까지
④ 용화 이후 우화 직전까지

283 우리나라 씨감자 생산은 대관령과 같은 고랭지에서 생산하게 되는데 이는 씨감자를 주로 어떤 병으로부터 보호하기 위해서인가?

① 곰팡이병
② 세균병
③ 파이토프라스마병
④ 바이러스병

284 제초제에 의한 잡초의 약해 증상이 아닌 것은?

① 잎과 줄기의 생장 억제
② 잎의 황화와 비틀림
③ 잎의 백화현상과 괴사
④ 잎의 큐티클층 형성 촉진

285 곤충의 알라타체에서 분비되는 호르몬의 종류로서 곤충으로 하여금 유충의 상태를 유지하도록 해주는 것은?

① 유약호르몬
② 탈피호르몬
③ 신경분비호르몬
④ 알라타체자극호르몬

286 다음 중 유기합성 농약은?

① 보르도액
② 다이아지논
③ 송지합제
④ 석유유제

287 작물의 어느 곳에 뿌려도 약액이 퍼져서 즙액을 빨아먹는 해충방제에 유용한 약제는?

① 잔류성 접촉제
② 불임제
③ 침투성 살충제
④ 훈증제

288 칼탑 50% 수용제를 1,000배로 희석해서 10a당 5말을 살포하려 한다. 칼탑 50% 수용제의 소요량은 얼마인가?

① 120mL   ② 100mL
③ 90mL   ④ 80mL

해설

$$소요 농약량 = \frac{단위면적당 살포량}{소요 희석 배수}$$

$$= \frac{1,000mL \times 100}{1,000}$$

$$= 100mL$$

289 잡초의 천이에 가장 크게 작용하는 요인은?

① 강우   ② 비옥도
③ 토성   ④ 제초방법

290 식물병의 제1차 전염원이 될 수 없는 것은?

① 종자 내의 병원체
② 토양 내 월동 균핵
③ 포장 내 이병 잔재물
④ 생육기 병반상의 분생포자

291 수도유효분얼 후 유수형성기 이전에 살포하는 제초제는?

① 벤치오 입제   ② 벤타존 액제
③ 부타졸 입제   ④ 2, 4−D 액제

292 거미강 응애목이며 과수 및 채소 화훼작물의 줄기에 기생하여 즙액을 빨아먹고 흡즙 부위는 백색의 점이 생기고 몸의 양측에 검은 무늬가 뚜렷한 해충은?

① 점박이응애   ② 칠리이리응애
③ 차응애   ④ 깍지응애

293 응애 방제 방법 중 가장 적절한 방법은?

① 독성이 강한 약제 살포
② 응애 전문약제 지속 살포
③ 고농도 살포로 완전 방제
④ 저항성 유발 방지를 위한 계통이 다른 적용 약제의 교호 살포

294 체외로 분비되는 곤충의 생리활성물질로 이를 이용하여 암수의 교미를 방해하여 방제하는 데 이용되는 것은?

① 페로몬   ② 호르몬
③ 유인물질   ④ 불임제

295 다음 중 생물학적 진단에 속하는 것은?

① 혈청반응을 이용한 진단
② 황산구리를 이용한 진단
③ 지표식물을 이용한 진단
④ 현미경을 이용한 진단

296 각종 작물의 잿빛곰팡이병 발생과 가장 관련이 깊은 기상 요인은?

① 일사량   ② 풍속
③ 대기습도   ④ 토양온도

297 다음 중 다년생 잡초는?

① 개비름   ② 방동사니
③ 명아주   ④ 쇠뜨기

298 작물보호의 의미를 가장 적합하게 설명한 것은?

① 새로이 도입된 종합적 방제를 뜻한다.
② 병·해충 방제는 신농약으로 보호하는 것을 뜻한다.
③ 병·해충 방제는 환경 친화적인 방법으로 보호하는 것을 뜻한다.
④ 작물의 병·해충·잡초·기상 등의 재해로부터 작물을 합리적으로 보호하는 수단을 말한다.

299 밤나무의 눈에 기생하여 혹을 형성함으로써 순이 자라지 못하고, 개화 결실도 하지 못하여 결국은 작은 가지부터 고사한다. 연 1회 발생하고 어린 유충으로 겨울눈 속에서 월동하는 이 해충은?

① 밤나무혹응애   ② 밤나무순혹벌
③ 밤나무왕진딧물   ④ 밤나무알락진딧물

300 작물에 병을 일으키는 바이러스의 화학적 조성을 가장 알맞게 설명한 것은?

① 초현미경적 미세구조로 되어 있다.
② 본체는 핵단백질이고, 비세포성 입자구조로 되어 있다.
③ 단백질 덩어리로 되어 있고, 전염성이다.
④ 식물세포와 동일한 구조로 되어 있고, 자기증식을 한다.

301 단위면적당 잡초의 발생밀도가 높아지면 농작물에 장해(障害)현상이 나타나는데 다음 설명 중 가장 거리가 먼 것은?

① 작물의 발육 불량   ② 작물의 수량 저하
③ 생산물의 품질 저하   ④ 작물의 수정 장해

302 다음 중 잡초의 피해 요인으로 맞지 않는 것은?

① 작물에 기생
② 작물과의 경쟁
③ 수온 및 지온 상승 요인
④ 혼입 및 부착

303 다음 중 감자잎말림병의 병원균으로 가장 적당한 것은?

① 바이러스   ② 진균
③ 세균   ④ 파이토플라스마

304 살포액의 물리적 성질을 설명할 때 살포된 약제가 식물체나 충체 내에 스며드는 성질은?

① 침투성   ② 유화성
③ 습전성   ④ 수화성

305 '1년 잡초는 7년 제초'라는 말과 가장 밀접한 방제법은?

① 생태적 방제   ② 화학적 방제
③ 생물적 방제   ④ 예방적 방제

306 식물병을 동정하는 데 있어서 코흐(Koch)의 원칙이 아닌 것은?

① 병원체는 반드시 병든 부분에 존재해야 한다.
② 분리한 병원체를 대량 배양할 수 있어야 한다.
③ 병원체를 순수배양하여 접종하면 같은 병을 일으킨다.
④ 접종한 식물로부터 같은 병원균을 분리할 수 있다.

307 다음 중 해충 방제법의 설명으로 옳지 않은 것은?

① 내충성 품종을 이용한다.
② 포장 주위에 잡초를 유지하여 해충을 유인한다.
③ 적정량의 살충제를 살포한다.
④ 기주범위가 좁은 해충에는 윤작이 효과적이다.

308 병원체가 기주식물을 침입하여 병을 일으킬 수 있는 능력을 무엇이라 하는가?

① 반응성   ② 감수성
③ 소인   ④ 병원력

정답   299 ②   300 ②   301 ④   302 ③   303 ①   304 ①   305 ④   306 ②   307 ②   308 ④

CHAPTER 05 종자 관련 법규

1 종자산업법(종자법)

(1) 산업법 총칙

1) 종자산업법의 목적

종자와 묘의 생산·보증 및 유통, 종자산업의 육성 및 지원 등에 관한 사항을 규정함으로써 종자산업의 발전을 도모하고 농업 및 임업 생산의 안정에 이바지함을 목적

2) 법령상 용어의 정의

① 종자 : 증식용 또는 재배용으로 쓰이는 씨앗, 버섯 종균(種菌), 묘목(苗木), 포자(胞子) 또는 영양체(營養體)인 잎·줄기·뿌리 등을 말한다.

② 묘(苗) : 재배용으로 쓰이는 씨앗을 뿌려 발아시킨 어린 식물체와 그 어린 식물체를 서로 접목(接木)시킨 어린 식물체를 말한다.

③ 종자산업 : 종자와 묘를 연구개발·육성·증식·생산·가공·유통·수출·수입 또는 전시 등을 하거나 이와 관련된 산업을 말한다.

④ 작물 : 농산물 또는 임산물의 생산을 위하여 재배되는 모든 식물을 말한다.

⑤ 품종 : 「식물신품종 보호법」 제2조 제2호의 품종을 말한다.

⑥ 품종성능 : 품종이 이 법에서 정하는 일정 수준 이상의 재배 및 이용상의 가치를 생산하는 능력을 말한다.

⑦ 보증종자 : 이 법에 따라 해당 품종의 진위성(眞僞性)과 해당 품종 종자의 품질이 보증된 채종(採種) 단계별 종자를 말한다.

⑧ 종자관리사 : 제27조에 따라 등록한 사람으로서 종자업자가 생산하여 판매·수출하거나 수입하려는 종자를 보증하는 사람을 말한다.

⑨ 종자업 : 종자를 생산·가공 또는 다시 포장(包裝)하여 판매하는 행위를 업(業)으로 하는 것을 말한다.

⑩ 육묘업 : 묘를 생산하여 판매하는 행위를 업으로 하는 것을 말한다.

⑪ 종자업자 : 이 법에 따라 종자업을 경영하는 자를 말한다.

⑫ 육묘업자 : 이 법에 따라 육묘업을 경영하는 자를 말한다.

3) 종합계획

농림축산식품부장관은 종자산업의 육성 및 지원을 위하여 5년마다 농림종자산업의 육성 및 지원에 관한 종합계획을 수립·시행하여야 한다.

① 종자산업의 현황과 전망

② 종자산업의 지원 방향 및 목표

③ 종자산업의 육성 및 지원을 위한 중기 · 장기 투자계획

④ 종자산업 관련 기술의 교육 및 전문인력의 육성방안

⑤ 종자 및 묘 관련 농가(農家)의 안정적인 소득증대를 위한 연구개발 사업

⑥ 민간의 육종연구(育種研究)를 지원하기 위한 기반구축 사업

⑦ 수출 확대 등 대외시장 진출 촉진방안

⑧ 종자에 대한 교육 및 이해 증진방안

⑨ 지방자치단체의 종자 및 묘 관련 산업 지원방안

⑩ 그 밖에 종자산업의 육성 및 지원을 위하여 대통령령으로 정하는 사항

(2) 종자산업의 기반 조성

1) 전문인력의 양성

전문인력 양성의 지정을 취소하는 경우

① 거짓이나 그 밖의 부정한 방법으로 지정받은 경우

② 전문인력 양성기관의 지정기준에 적합하지 아니하게 된 경우

③ 정당한 사유 없이 전문인력 양성을 거부하거나 지연한 경우

④ 정당한 사유 없이 1년 이상 계속하여 전문인력 양성업무를 하지 아니한 경우

2) 종자산업 관련 기술 개발의 촉진

① 종자산업 관련 기술의 동향 및 수요 조사

② 종자산업 관련 기술에 관한 연구개발

③ 개발된 종자산업 관련 기술의 실용화

④ 종자산업 관련 기술의 교류

⑤ 그 밖에 종자산업 관련 기술 개발을 촉진하는 데 필요한 사항

3) 국제협력 및 대외시장 진출의 촉진

① 국가와 지방자치단체는 종자산업의 국제적인 동향을 파악하고 국제협력을 촉진하여야 한다.

② 국가와 지방자치단체는 종자산업의 국제협력 및 대외시장의 진출을 촉진하기 위하여 종자산업 관련 기술과 인력의 국제교류 및 국제공동연구 등의 사업을 실시할 수 있다.

③ 국가 또는 지방자치단체는 종자산업과 관련하여 국제협력을 추진하거나 대외시장에 진출하는 자에 대하여 대통령령으로 정하는 바에 따라 필요한 지원을 할 수 있다.

4) 지방자치단체의 종자산업 사업수행

① 종자 및 묘 생산과 관련된 기술의 보급에 필요한 정보 수집 및 교육

② 지역특화 농산물 품목 육성을 위한 품종개발

③ 지역특화 육종연구단지의 조성 및 지원

④ 종자생산 농가에 대한 채종 관련 기반시설의 지원

⑤ 그 밖에 농림축산식품부장관이 필요하다고 인정하는 사업

5) 종자산업진흥센터의 지정

진흥센터는 다음의 업무를 수행한다.

① 종자산업의 활성화를 위한 지원시설의 설치 등 기반조성에 관한 사업

② 종자산업과 관련된 전문인력의 지원에 관한 사업

③ 종자산업의 창업 및 경영 지원, 정보의 수집 · 공유 · 활용에 관한 사업

④ 종자산업 발전을 위한 유통활성화와 국제협력 및 대외시장의 진출 지원

⑤ 종자산업 발전을 위한 종자업자에 대한 지원

⑥ 그 밖에 종자산업의 발전에 필요한 사업

(3) 국가품종목록의 등재

1) 국가품종목록의 등재 대상

대상작물은 벼, 보리, 콩, 옥수수, 감자와 그 밖에 대통령령으로 정하는 작물로 한다. 다만, 사료용은 제외한다.

2) 품종목록의 등재 신청

① 품종목록에 등재신청하는 품종은 1개의 고유한 품종명칭을 가져야 한다.

② 대한민국이나 외국에 품종명칭이 등록되어 있거나 품종명칭 등록출원이 되어 있는 경우에는 그 품종명칭을 사용하여야 한다.

3) 국가품종목록 등재 신청 시 절차

신청 → 심사 → 등재 → 공고

4) 품종목록 등재의 유효기간

① 품종목록 등재의 유효기간은 등재한 날이 속한 해의 다음 해부터 10년까지로 한다.

② 품종목록 등재의 유효기간은 유효기간 연장신청에 의하여 계속 연장될 수 있다.

③ 품종목록 등재의 유효기간 연장신청은 그 품종목록 등재의 유효기간이 끝나기 전 1년 이내에 신청하여야 한다.

④ 농림축산식품부장관은 유효기간 연장신청을 받은 경우 그 유효기간 연장신청을 한 품종이 품종목록 등재 당시의 품종성능을 유지하고 있을 때에는 그 연장신청을 거부할 수 없다.

5) 품종목록 등재의 취소

① 품종성능이 품종성능의 심사기준에 미치지 못하게 될 경우
② 해당 품종의 재배로 인하여 환경에 위해(危害)가 발생하였거나 발생할 염려가 있을 경우
③ 「식물신품종 보호법」 제17조 제1항 어느 하나에 해당하여 등록된 품종명칭이 취소된 경우
④ 거짓이나 그 밖의 부정한 방법으로 품종목록 등재를 받은 경우
⑤ 같은 품종이 둘 이상의 품종명칭으로 중복하여 등재된 경우(가장 먼저 등재된 품종은 제외한다)

6) 품종목록 등재품종 등의 종자생산

농림축산식품부장관이 품종목록에 등재한 품종의 종자 또는 농산물의 안정적인 생산에 필요하여 고시한 품종의 종자를 생산할 경우에는 다음의 어느 하나에 해당하는 자에게 그 생산을 대행하게 할 수 있다. 이 경우 농림축산식품부장관은 종자생산을 대행하는 자에 대하여 종자의 생산·보급에 필요한 경비의 전부 또는 일부를 보조할 수 있다.

① 농촌진흥청장 또는 산림청장
② 특별시장·광역시장·특별자치시장·도지사 또는 특별자치도지사
③ 특별자치시장·특별자치도지사·시장·군수 또는 자치구의 구청장
④ 대통령령으로 정하는 농업단체 또는 임업단체
⑤ 농림축산식품부령으로 정하는 종자업자 또는 「농어업경영체 육성 및 지원에 관한 법률」에 따른 농업경영체

(4) 종자의 보증

1) 종자의 보증

① 국가보증 : 농림축산식품부장관
② 자체보증 : 종자관리사

2) 국가보증의 대상

① 농림축산식품부장관이 종자를 생산하거나 제22조에 따라 그 업무를 대행하게 한 경우
② 시·도지사, 시장·군수·구청장, 농업단체 등 또는 종자업자가 품종목록 등재대상 작물의 종자를 생산하거나 수출하기 위하여 국가보증을 받으려는 경우
③ 농림축산식품부장관은 대통령령으로 정하는 국제종자검정기관이 보증한 종자에 대하여는 국가보증을 받은 것으로 인정할 수 있다.

3) 자체보증의 대상

① 시·도지사, 시장·군수·구청장, 농업단체 등 또는 종자업자가 품종목록 등재대상 작물의 종자를 생산하는 경우

② 시 · 도지사, 시장 · 군수 · 구청장, 농업단체 등 또는 종자업자가 품종목록 등재대상
작물 외의 작물의 종자를 생산 · 판매하기 위하여 자체보증을 받으려는 경우

4) 종자관리사의 자격기준

① 종자기술사 자격을 취득한 사람

② 종자기사 자격을 취득한 사람으로서 자격 취득 전후의 기간을 포함하여 종자업무 또
는 이와 유사한 업무에 1년 이상 종사한 사람

③ 종자산업기사 자격을 취득한 사람으로서 자격 취득 전후의 기간을 포함하여 종자업무
또는 이와 유사한 업무에 2년 이상 종사한 사람

④ 종자기능사 자격을 취득한 사람으로서 자격 취득 전후의 기간을 포함하여 종자업무
또는 이와 유사한 업무에 3년 이상 종사한 사람

⑤ 버섯종균기능사 자격을 취득한 사람으로서 자격 취득 전후의 기간을 포함하여 버섯
종균업무 또는 이와 유사한 업무에 3년 이상 종사한 사람(버섯 종균을 보증하는 경우
만 해당한다)

5) 포장(圃場)검사

국가보증이나 자체보증을 받은 종자를 생산하려는 자는 농림축산식품부장관 또는 종자
관리사로부터 채종 단계별로 1회 이상 포장(圃場)검사를 받아야 한다.

6) 종자검사

① 국가보증이나 자체보증 종자를 생산하려는 자는 포장검사의 기준에 합격한 포장에서
생산된 종자에 대하여는 농림축산식품부장관 또는 종자관리사로부터 채종 단계별 종
자검사를 받아야 한다.

② 제1항에 따른 종자검사의 결과에 대하여 이의가 있는 자는 그 종자검사를 한 농림축
산식품부장관 또는 종자관리사에게 재검사를 신청할 수 있다.

③ 제1항 또는 제2항에 따른 채종 단계별 종자검사 또는 재검사의 기준, 방법, 절차 등에
관한 사항은 농림축산식품부령으로 정한다.

7) 보증표시

① 포장검사에 합격하여 종자검사를 받은 보증종자를 판매하거나 보급하려는 자는 해당
보증종자에 대하여 보증표시를 하여야 한다.

② 보증종자를 판매하거나 보급하려는 자는 종자의 보증과 관련된 검사서류를 작성일부
터 3년(묘목에 관련된 검사서류는 5년) 동안 보관하여야 한다.

③ 보증표시 및 작물별 보증의 유효기간 등에 관한 사항은 농림축산식품부령으로 정한다.

8) 사후관리시험 사항

사후관리시험의 기준과 방법은 다음과 같다.

① 검사항목
  ㉠ 품종의 순도(포장검사 : 이형주수조사, 실내검사 : 유묘검사, 전기영동검사)
  ㉡ 품종의 진위성(품종 고유의 특성이 발현되고 있는지 확인)
  ㉢ 종자전염병(포장상태에서 병해 조사)
② 검사시기 : 성숙기
③ 검사횟수 : 1회 이상
④ 검사방법
  ㉠ 품종의 순도
    ⓐ 포장검사 : 작물별 사후관리시험 방법에 따라 품종의 특성조사를 바탕으로 이형주수를 조사하여 품종의 순도기준에 적합한지를 검사
    ⓑ 실내검사 : 포장검사로 명확하게 판단할 수 없는 경우 유묘검사 및 전기영동을 통한 정밀검사로 품종의 순도를 검사
  ㉡ 품종의 진위성 : 품종의 특성조사의 결과에 따라 품종고유의 특성이 발현되고 있는지를 확인
  ㉢ 종자전염병 : 포장상태에서 식물체의 병해를 조사하여 종자에 의한 전염병 감염여부를 조사

9) 보증의 효력을 잃는 경우

① 보증표시를 하지 아니하거나 보증표시를 위조 또는 변조하였을 때
② 보증의 유효기간이 지났을 때
③ 포장한 보증종자의 포장을 뜯거나 열었을 때. 다만, 해당 종자를 보증한 보증기관이나 종자관리사의 감독에 따라 분포장(分包裝)하는 경우는 제외한다.
④ 거짓이나 그 밖의 부정한 방법으로 보증을 받았을 때

10) 종자보증을 받지 않아도 되는 경우

① 1대 잡종의 친(親) 또는 합성품종의 친으로만 쓰이는 경우
② 증식 목적으로 판매하여 생산된 종자를 판매자가 다시 전량 매입하는 경우
③ 시험이나 연구 목적으로 쓰이는 경우
④ 생산된 종자를 전량 수출하는 경우
⑤ 직무상 육성한 품종의 종자를 증식용으로 사용하도록 하기 위하여 육성자가 직접 분양하거나 양도하는 경우
⑥ 그 밖에 종자용 외의 목적으로 사용하는 경우

11) 보증종자 보증표시 사항

분류번호, 종명(種名), 품종명, 로트(Lot)번호, 발아율, 이품종률, 유효기간, 무게 또는 낱알 개수, 포장일

(5) 종자의 무병화(無病化) 인증

1) 무병화인증

① 농림축산식품부장관은 종자업자가 사과ㆍ배 등 대통령령으로 정하는 작물의 종자를 생산하는 과정에서 바이러스 및 바이로이드에 감염되지 아니하도록 관리하였음을 인증할 수 있다.

② "무병화인증"을 받으려는 종자업자는 농림축산식품부령으로 정하는 바에 따라 농림축산식품부장관에게 신청하여야 한다.

③ 무병화인증을 신청할 수 없는 경우

　㉠ 「종자산업법」을 위반하여 징역형의 실형을 선고받고 그 집행이 끝나거나 집행이 면제된 날부터 1년이 지나지 아니한 자

　㉡ 「종자산업법」을 위반하여 징역형의 집행유예를 선고받고 그 유예기간 중에 있는 자

　㉢ 「종자산업법」을 위반하여 벌금형을 선고받고 1년이 지나지 아니한 자

　㉣ 무병화인증이 취소된 후 1년이 지나지 아니한 자

④ 무병화인증을 받은 종자업자는 무병화인증을 받은 종자의 용기나 포장에 무병화인증의 표시를 할 수 있다.

⑤ 무병화인증의 기준, 절차 및 표시방법 등에 필요한 사항은 농림축산식품부령으로 정한다.

2) 무병화인증의 기준

① 품질 규격 기준

　㉠ 무병화인증 대상 작물의 종자는 무병재료만을 사용하여 생산해야 한다.

　㉡ 생육기간에 3개의 시기(4~6월, 7~9월, 10월~다음해 2월) 중 선택하여 2회 이상 소집단을 구성하고 직접 눈으로 표본검사를 실시하여 포장검사 보급종 검사규격을 충족해야 한다. 다만, 포트묘의 경우 묘목 출하 1개월 전까지 소집단을 구성하여 육안으로 표본검사와 함께 바이러스ㆍ바이로이드 검사를 실시하여 표본검사 및 바이러스ㆍ바이로이드 검사 모두 보급종 검사규격을 충족해야 한다.

　㉢ 2회차 포장검사 시 표본 조사구에서 아래의 시료 추출량 및 방법에 따라 시료를 추출하고 바이러스ㆍ바이로이드 검정을 실시하여 포장검사 검사규격의 특정병 최고한도 기준을 충족해야 한다.

　　ⓐ 시료 채취 시기 및 부위

시료 채취시기 및 부위	채취량
가) (4~6월) 발아신초, 경지수피, 꽃	묘목당 5점 (고르게)
나) (7~9월) 신초선단부 유엽, 성엽, 엽병, 과피	
다) (10월~다음 해 2월) 줄기수피, 성엽, 과피	

ⓑ 시료 채취 방법

시료 채취는 나무 1주 단위로 잎 등 필요한 검정부위를 나무 전체에서 고르게 5개를 깨끗한 시료용기(지퍼백 등 위생봉지)에 채취한다.

ⓔ 과수별 묘목의 길이 및 직경 기준을 충족해야 한다.

② 재배포장 기준

㉠ 동일한 묘목 생산지에서 3년을 초과하여 생산하지 말 것. 다만, 선충 등 병해충 예방을 위하여 토양소독을 실시한 경우에는 예외로 한다.

㉡ 꽃가루나 매개충을 통한 바이러스 감염을 최소화하기 위하여 주변의 무병묘로 확인되지 않은 같은 속·종의 나무나 과수원으로부터 최소 5m 이상 격리되어 있어야 한다.

㉢ 재배포장은 토양소독을 실시하여야 하며, 토양소독은 무병화인증을 신청한 시점을 기준으로 3년 이내에 실시한 실적이 있어야 한다.

③ 생산 및 관리 기준

㉠ 품종 또는 계통별로 묘목을 심어야 한다.

㉡ 70% 알코올 및 유효약제(차아염소산나트륨) 1% 함유 또는 락스 4배 희석액을 비치하고, 재배포장 출입 시 사용된 신발과 농기자재들을 5분 이상 소독한다.

㉢ 농기계는 출입 전후에 식물체의 일부분이나 흙 등이 완전히 제거될 수 있도록 깨끗하게 세척한다.

㉣ 가위 등 장비는 항상 오염되지 않아야 하며, 사용 시마다 1% 차아염소산나트륨 용액에 소독한다.

㉤ 작물이 건강하게 자랄 수 있도록 종합 병해충 방제, 물관리, 양분관리를 적정 수준으로 실시한다.

㉥ 병해충 방제 및 농작업일지를 작성하여 보관한다.

3) 무병화인증의 표시

① 무병화인증을 받은 종자업자 또는 무병화인증을 받은 무병화인증 대상 작물의 종자를 판매·보급하려는 자는 무병화인증의 표시를 하려는 경우에는 무병화인증표시를 묘목 1주 또는 최대 10주 단위로 알아보기 쉽게 부착해야 한다. 다만, 단일구매자에게 대량으로 유통·판매하는 경우에는 거래명세서에 무병화인증을 받은 묘목임을 명시하고 하나의 무병화인증표시를 첨부하는 방법으로 무병화인증의 표시를 할 수 있다.

② 무병화인증 묘목을 대량으로 구매한 단일구매자는 다수의 수요자에게 재판매하려는 경우에는 무병화인증표시를 묘목 1주 또는 최대 10주 단위로 알아보기 쉽게 부착해야 한다.

4) 무병화인증의 유효기간

① 무병화인증의 유효기간은 무병화인증을 받은 날부터 1년으로 한다.

② 무병화인증을 받은 종자업자가 무병화인증의 유효기간이 끝난 후에도 계속하여 무병화인증을 유지하려면 그 유효기간이 끝나기 전에 무병화인증을 갱신하여야 한다.

③ 무병화인증 갱신의 절차 및 방법 등에 필요한 사항은 농림축산식품부령으로 정한다.

5) 무병화인증의 취소

농림축산식품부장관은 무병화인증이 다음의 어느 하나에 해당하는 경우에는 해당 무병화인증을 취소하거나 무병화인증을 받은 종자업자 또는 무병화인증을 받은 종자를 판매·보급하는 자에게 무병화인증 표시의 제거·사용정지 또는 시정조치를 명하거나 무병화인증을 받은 종자의 판매·보급의 정지·금지 또는 회수·폐기를 명할 수 있다. 다만, ① 경우에는 무병화인증을 취소하여야 한다.

① 거짓이나 그 밖의 부정한 방법으로 무병화인증을 받거나 갱신한 경우

② 무병화인증의 기준에 맞지 아니하게 된 경우

③ 무병화인증의 표시방법을 위반한 경우

④ 업종전환·폐업 등으로 무병화인증을 받은 종자를 생산하기 어렵다고 판단되는 경우

6) 무병화인증기관의 지정

① 농림축산식품부장관은 무병화인증에 필요한 인력과 시설 등을 갖춘 자를 무병화인증기관으로 지정하여 무병화인증에 관한 업무를 위탁할 수 있다.

② 무병화인증기관으로 지정받으려는 자는 농림축산식품부령으로 정하는 바에 따라 무병화인증에 필요한 인력과 시설 등을 갖추어 농림축산식품부장관에게 신청하여야 한다.

③ 무병화인증기관 지정의 유효기간은 지정을 받은 날부터 5년으로 한다.

④ 지정된 무병화인증기관이 그 지정의 유효기간이 끝난 후에도 계속하여 무병화인증에 관한 업무를 하려면 그 유효기간이 끝나기 전에 그 지정을 갱신하여야 한다.

⑤ 무병화인증기관은 신청한 사항 중 농림축산식품부령으로 정하는 중요 사항이 변경된 경우에는 농림축산식품부장관에게 신고하여야 한다.

⑥ 농림축산식품부장관은 신고를 받은 날부터 10일 이내에 신고수리 여부를 신고인에게 통지하여야 한다.

⑦ 농림축산식품부장관이 기간 내에 신고수리 여부 또는 민원 처리 관련 법령에 따른 처리기간의 연장을 신고인에게 통지하지 아니하면 그 기간이 끝난 날의 다음 날에 신고를 수리한 것으로 본다.

⑧ 무병화인증기관은 다음의 사항을 준수하여야 한다.

㉠ 무병화인증 과정에서 얻은 정보와 자료를 무병화인증 신청인의 서면동의 없이 공개하거나 제공하지 아니할 것. 다만, 다른 법률에 따라 공개하거나 제공하는 경우는 제외한다.

ⓛ 무병화인증 신청 및 심사에 관한 자료를 농림축산식품부령으로 정하는 바에 따라 보관할 것

ⓒ 무병화인증 심사결과를 농림축산식품부령으로 정하는 바에 따라 농림축산식품부장관에게 보고할 것

7) 무병화인증기관의 지정취소

① 농림축산식품부장관은 무병화인증기관이 다음의 경우에는 그 지정을 취소하거나 6개월 이내의 기간을 정하여 업무정지를 명하거나 시정조치를 명할 수 있다. 다만, ① 또는 ②에 해당하는 경우에는 그 지정을 취소하여야 한다.

ⓐ 거짓이나 그 밖의 부정한 방법으로 무병화인증기관의 지정을 받거나 갱신한 경우

ⓛ 업무정지 기간에 무병화인증 업무를 한 경우

ⓒ 무병화인증의 기준을 위반하여 무병화인증을 한 경우

ⓔ 무병화인증기관이 준수해야 할 사항을 준수하지 아니한 경우

ⓜ 무병화인증기관의 지정 기준에 맞지 아니하게 된 경우

ⓗ 정당한 사유 없이 1년 이상 계속하여 무병화인증 업무를 하지 아니한 경우

② 농림축산식품부장관은 ①에 따라 지정취소 또는 업무정지 처분을 한 경우에는 그 사실을 농림축산식품부의 인터넷 홈페이지에 게시하여야 한다.

③ ①에 따라 무병화인증기관의 지정이 취소된 자는 취소된 날부터 2년이 지나지 아니하면 다시 무병화인증기관으로 지정받을 수 없다.

8) 무병화인증 관련 부정행위의 금지

누구든지 무병화인증과 관련하여 다음의 행위를 하여서는 아니 된다.

① 거짓이나 그 밖의 부정한 방법으로 무병화인증을 받거나 갱신하는 행위

② 거짓이나 그 밖의 부정한 방법으로 무병화인증기관의 지정을 받거나 갱신하는 행위

③ 무병화인증을 받지 아니한 종자의 용기나 포장에 무병화인증의 표시 또는 이와 유사한 표시를 하는 행위

④ 무병화인증을 받은 종자의 용기나 포장에 무병화인증을 받은 내용과 다르게 표시하는 행위

⑤ 무병화인증을 받지 아니한 종자를 무병화인증을 받은 종자로 광고하거나 무병화인증을 받은 종자로 오인할 수 있도록 광고하는 행위

⑥ 무병화인증을 받은 종자를 무병화인증을 받은 내용과 다르게 광고하는 행위

9) 무병화인증 관련 점검·조사

농림축산식품부장관은 농림축산식품부령으로 정하는 바에 따라 무병화인증을 받은 종자업자, 무병화인증을 받은 종자를 판매·보급하는 자 또는 무병화인증기관이 무병화인

증의 기준, 무병화인증의 표시방법 등을 준수하는지 점검 · 조사하여야 한다.

① 정기 점검 · 조사: 조사계획에 따라 조사대상별 연 1회 이상 실시한다.

② 수시 점검 · 조사: 무병화인증 위반사실에 대한 신고 · 민원 · 제보 등이 접수되는 경우 실시한다.

(6) 종자 및 묘의 유통 관리

1) 종자업의 등록

① 종자업을 하려는 자는 대통령령으로 정하는 시설을 갖추어 시장 · 군수 · 구청장에게 등록하여야 한다.

② 종자업을 하려는 자는 종자관리사를 1명 이상 두어야 한다. 다만, 대통령령으로 정하는 작물의 종자를 생산 · 판매하려는 자의 경우에는 그러하지 아니하다.

③ 농림축산식품부장관, 농촌진흥청장, 산림청장, 시 · 도지사, 시장 · 군수 · 구청장 또는 농업단체 등이 종자의 증식 · 생산 · 판매 · 보급 · 수출 또는 수입을 하는 경우에는 ①과 ②를 적용하지 아니한다.

2) 육묘업의 등록

① 육묘업을 하려는 자는 대통령령으로 정하는 시설을 갖추어 시장 · 군수 · 구청장에게 등록하여야 한다.

② 육묘업을 하려는 자는 대통령령으로 정하는 전문인력 양성기관에서 대통령령으로 정하는 바에 따라 관련 교육을 이수하여야 한다.

③ 농림축산식품부장관, 농촌진흥청장, 산림청장, 시 · 도지사, 시장 · 군수 · 구청장 또는 농업단체 등이 묘의 생산 · 판매 · 보급 · 수출 또는 수입을 하는 경우에는 제1항과 제2항을 적용하지 아니한다.

④ ①에 따른 육묘업의 등록 및 등록 사항의 변경 절차 등에 필요한 사항은 대통령령으로 정한다.

3) 종자업 등록의 취소

① 거짓이나 그 밖의 부정한 방법으로 종자업 등록을 한 경우

② 종자업 등록을 한 날부터 1년 이내에 사업을 시작하지 아니하거나 정당한 사유 없이 1년 이상 계속하여 휴업한 경우

③ 종자업자가 종자업 등록을 한 후 시설기준에 미치지 못하게 된 경우

④ 종자업자가 종자관리사를 두지 아니한 경우

⑤ 수출 · 수입이 제한된 종자를 수출 · 수입하거나, 수입되어 국내 유통이 제한된 종자를 국내에 유통한 경우

4) 육묘업 등록의 취소

① 시장 · 군수 · 구청장은 육묘업자가 다음 각 호의 어느 하나에 해당하는 경우에는 육묘업 등록을 취소하거나 6개월 이내의 기간을 정하여 영업의 전부 또는 일부의 정지를 명할 수 있다. 다만, ㉠에 해당하는 경우에는 그 등록을 취소하여야 한다.

㉠ 거짓이나 그 밖의 부정한 방법으로 육묘업 등록을 한 경우

㉡ 육묘업 등록을 한 날부터 1년 이내에 사업을 시작하지 아니하거나 정당한 사유 없이 1년 이상 계속하여 휴업한 경우

㉢ 육묘업자가 육묘업 등록을 한 후 제37조의2 제1항에 따른 시설기준에 미치지 못하게 된 경우

㉣ 제43조 제2항을 위반하여 품질표시를 하지 아니하거나 거짓으로 표시한 묘를 판매하거나 보급한 경우

㉤ 제45조 제1항에 따른 묘 등의 조사나 묘의 수거를 거부 · 방해 또는 기피한 경우

㉥ 제45조 제2항에 따라 생산이나 판매가 중지된 묘를 생산하거나 판매한 경우

② 시장 · 군수 · 구청장은 육묘업자가 제1항에 따른 영업정지명령을 위반하여 정지기간 중 계속 영업을 할 때에는 그 영업의 등록을 취소할 수 있다.

③ ①이나 ②에 따라 육묘업 등록이 취소된 자는 취소된 날부터 2년이 지나지 아니하면 육묘업을 다시 등록할 수 없다.

④ ①에 따른 행정처분의 세부적인 기준은 그 위반행위의 유형과 위반 정도 등을 고려하여 농림축산식품부령으로 정한다.

5) 유통 종자 및 묘의 품질표시

① 국가보증 대상이 아닌 종자나 자체보증을 받지 아니한 종자 또는 무병화인증을 받지 아니한 종자를 판매하거나 보급하려는 자는 종자의 용기나 포장에 다음 사항이 모두 포함된 품질표시를 하여야 한다.

㉠ 종자(묘목은 제외한다)의 생산 연도 또는 포장 연월

㉡ 종자의 발아(發芽) 보증시한(발아율을 표시할 수 없는 종자는 제외한다)

㉢ 품종의 명칭

㉣ 종자의 발아율(버섯종균의 경우에는 종균 접종일)

㉤ 종자의 포장당 무게 또는 낱알 개수

㉥ 수입 연월 및 수입자명(수입종자의 경우만 해당하며, 국내에서 육성된 품종의 종자를 해외에서 채종하여 수입하는 경우는 제외한다)

㉦ 재배 시 특히 주의할 사항

㉧ 종자업 등록번호(종자업자의 경우만 해당한다)

㉨ 품종보호 출원공개번호 또는 품종보호 등록번호

ⓧ 품종 생산·수입 판매 신고번호

ⓚ 유전자변형종자 표시

② 묘를 판매하거나 보급하려는 자는 묘의 용기나 포장에 다음 사항이 모두 포함된 품질 표시를 하여야 한다.

ㄱ 묘의 품종명, 파종일

ㄴ 작물명

ㄷ 생산자명

ㄹ 육묘업 등록번호

6) 유통 종자 및 묘의 진열·보관의 금지

① 품질표시를 하지 아니한 종자 또는 묘

② 발아 보증시한이 지난 종자

③ 그 밖에 이 법을 위반하여 그 유통을 금지할 필요가 있다고 인정되는 종자 또는 묘

(7) 보칙 및 벌칙

1) 수수료

① 품종목록의 등재신청을 하려는 자

② 품종목록 등재의 유효기간 연장을 신청하려는 자

③ 국가보증을 받으려는 자

④ 보증서를 발급받으려는 자

⑤ 무병화인증을 신청하려는 자

⑥ 무병화인증을 갱신하려는 자

⑦ 무병화인증기관의 지정을 신청하려는 자

⑧ 무병화인증기관의 지정을 갱신하려는 자

⑨ 무병화인증기관의 변경신고를 하려는 자

⑩ 생산하거나 수입하여 판매하려는 종자를 신고하려는 자

⑪ 수입적응성 시험을 받으려는 자

⑫ 송자의 검정을 신청하는 자

⑬ 시험·분석을 신청하는 자

⑭ 분쟁조정을 신청하는 자

⑮ 각종 서류의 등본, 초본, 사본 또는 증명을 신청하려는 자

2) 벌칙

① 5년 이하의 징역 또는 5천만 원 이하의 벌금

무병화인증 과정에서 얻은 정보와 자료를 신청인의 서면동의 없이 공개하거나 제공한 자

② 2년 이하의 징역 또는 2천만 원 이하의 벌금

 ㉠ 보호품종 외의 품종에 대하여 등재되거나 신고된 품종명칭을 도용하여 종자를 판매 · 보급 · 수출하거나 수입한 자

 ㉡ 고유한 품종명칭 외의 다른 명칭을 사용하거나 등재 또는 신고되지 아니한 품종명칭을 사용하여 종자를 판매 · 보급 · 수출하거나 수입한 자

 ㉢ 등록하지 아니하고 종자업을 한 자

 ㉣ 신고하지 아니하고 종자를 생산하거나 수입하여 판매한 자 또는 거짓으로 신고한 자

 ㉤ 고유한 품종명칭 외의 다른 명칭을 사용하여 출원공개된 품종으로 신고를 한 자

③ 1년 이하의 징역 또는 1천만 원 이하의 벌금

 ㉠ 등록을 하지 아니하고 종자관리사 업무를 수행한 자

 ㉡ 보증서를 거짓으로 발급한 종자관리사

 ㉢ 보증을 받지 아니하고 종자를 판매하거나 보급한 자

 ㉣ 명령에 따르지 아니한 자

 ㉤ 무병화인증기관의 지정을 받거나 그 지정의 갱신을 하지 아니하고 무병화인증 업무를 한 자

 ㉥ 무병화인증기관의 지정취소 또는 업무정지 처분을 받고도 무병화인증 업무를 한 자

 ㉦ 거짓이나 그 밖의 부정한 방법으로 무병화인증을 받거나 갱신한 자

 ㉧ 거짓이나 그 밖의 부정한 방법으로 무병화인증기관의 지정을 받거나 갱신한 자

 ㉨ 무병화인증을 받지 아니한 종자의 용기나 포장에 무병화인증의 표시 또는 이와 유사한 표시를 한 자

 ㉩ 무병화인증을 받은 종자의 용기나 포장에 무병화인증을 받은 내용과 다르게 표시한 자

 ㉪ 무병화인증을 받지 아니한 종자를 무병화인증을 받은 종자로 광고하거나 무병화인증을 받은 종자로 오인할 수 있도록 광고한 자

 ㉫ 무병화인증을 받은 종자를 무병화인증을 받은 내용과 다르게 광고한 자

 ㉬ 등록하지 아니하고 육묘업을 한 자

 ㉭ 등록이 취소된 종자업 또는 육묘업을 계속하거나 영업정지를 받고도 종자업 또는 육묘업을 계속한 자

 ㉮ 종자를 수출 또는 수입하거나 수입된 종자를 유통시킨 자

 ㉯ 수입적응성 시험을 받지 아니하고 종자를 수입한 자

 ㉰ 거짓이나 그 밖에 부정한 방법으로 종자의 검정 따른 검정을 받은 자

 ㉱ 검정결과에 대하여 거짓광고나 과대광고를 한 자

 ㉲ 생산 또는 판매 중지를 명한 종자 또는 묘를 생산하거나 판매한 자

 ㉳ 제47조 제4항 후단을 위반하여 시료채취를 거부 · 방해 또는 기피한 자

3) 과태료

① 1천만 원 이하의 과태료

㉠ 종자의 보증과 관련된 검사서류를 보관하지 아니한 자

㉡ 무병화인증을 받은 종자업자, 무병화인증을 받은 종자를 판매·보급하는 자 또는 무병화인증기관은 정당한 사유 없이 보고·자료제출·점검 또는 조사를 거부·방해하거나 기피한 자

㉢ 종자의 생산 이력을 기록·보관하지 아니하거나 거짓으로 기록한 자

㉣ 종자의 판매 이력을 기록·보관하지 아니하거나 거짓으로 기록한 종자업자

㉤ 정당한 사유 없이 자료제출을 거부하거나 방해한 자

㉥ 유통 종자 또는 묘의 품질표시를 하지 아니하거나 거짓으로 표시하여 종자 또는 묘를 판매하거나 보급한 자

㉦ 출입, 조사·검사 또는 수거를 거부·방해 또는 기피한 자

㉧ 구입한 종자에 대한 정보와 투입된 자재의 사용 명세, 자재구입 증명자료 등을 보관하지 아니한 자

② 500만 원 이하의 과태료

㉠ 무병화인증 신청 및 심사에 관한 자료를 보관하지 아니한 자

㉡ 종자의 판매 이력을 기록·보관하지 아니하거나 거짓으로 기록한 종자판매자

③ 300만 원 이하의 과태료

㉠ 변경신고를 하지 아니한 자

㉡ 무병화인증 심사결과를 농림축산식품부장관에게 보고하지 아니한 자

④ 200만 원 이하의 과태료

㉠ 교육을 받지 아니한 자

㉡ 종자의 수입신고를 하지 아니하거나 거짓으로 신고한 자

㉢ 품질표시를 하지 아니한 종자 또는 묘·보증시한이 지난 종자·유통을 금지할 필요가 있다고 인정되는 종자 또는 묘를 진열·보관한 자

(8) 종자산업법 시행령 및 시행규칙

1) 수출입 종자의 국내 유통 제한

종자의 수출·수입을 제한하거나 수입된 종자의 국내 유통을 제한할 수 있는 경우는 다음과 같다.

① 수입된 종자에 유해한 잡초종자가 농림축산식품부장관이 정하여 고시하는 기준 이상으로 포함되어 있는 경우

② 수입된 종자의 증식이나 교잡에 의한 유전자 변형 등으로 인하여 농작물 생태계 등 기존의 국내 생태계를 심각하게 파괴할 우려가 있는 경우

③ 수입된 종자의 재배로 인하여 특정 병해충이 확산될 우려가 있는 경우

④ 수입된 종자로부터 생산된 농산물의 특수성분으로 인하여 국민건강에 나쁜 영향을 미칠 우려가 있는 경우

⑤ 재래종 종자 또는 국내의 희소한 기본종자의 무분별한 수출 등으로 인하여 국내 유전자원(遺傳資源) 보존에 심각한 지장을 초래할 우려가 있는 경우

2) 종자업자 및 육묘업자에 대한 행정처분의 세부 기준

위반행위	위반횟수별 행정처분기준		
	1회 위반	2회 위반	3회 이상 위반
가. 거짓이나 그 밖의 부정한 방법으로 종자업 또는 육묘업 등록을 한 경우	등록취소		
나. 종자업 또는 육묘업 등록을 한 날부터 1년 이내에 사업을 시작하지 않거나 정당한 사유 없이 1년 이상 계속하여 휴업한 경우	등록취소		
다. 「식물신품종 보호법」에 따른 보호품종의 실시 여부 등에 관한 보고명령에 따르지 않은 경우	영업정지 7일	영업정지 15일	영업정지 30일
라. 「종자산업법」을 위반하여 종자의 보증을 받지 않은 품종목록 등재대상작물의 종자를 판매하거나 보급한 경우	영업정지 90일	영업정지 180일	등록취소
마. 종자업자 또는 육묘업자가 종자업 또는 육묘업 등록을 한 후 「종자산업법」에 따른 시설기준에 미치지 못하게 된 경우	영업정지 15일	영업정지 30일	등록취소
바. 종자업자가 「종자산업법」을 위반하여 종자관리사를 두지 않은 경우	영업정지 15일	영업정지 30일	등록취소
사. 「종자산업법」을 위반하여 신고하지 않은 종자를 생산하거나 수입하여 판매한 경우	영업정지 90일	영업정지 180일	등록취소
아. 「종자산업법」에 따라 수출·수입이 제한된 종자를 수출·수입하거나, 수입되어 국내 유통이 제한된 종자를 국내에 유통한 경우	영업정지 90일	영업정지 180일	등록취소
자. 「종자산업법」을 위반하여 수입적응성 시험을 받지 않은 외국산 종자를 판매하거나 보급한 경우	영업정지 90일	영업정지 180일	등록취소
차. 「종자산업법」을 위반하여 품질표시를 하지 않은 종자 또는 묘를 판매하거나 보급한 경우	영업정지 3일	영업정지 30일	영업정지 60일
카. 「종자산업법」에 따른 종자 또는 묘 등의 조사나 종자 또는 묘의 수거를 거부·방해 또는 기피한 경우	영업정지 15일	영업정지 30일	영업정지 60일
타. 「종자산업법」에 따른 생산이나 판매를 중지하게 한 종자 또는 묘를 생산하거나 판매한 경우	영업정지 90일	영업정지 180일	등록취소

3) 종자관련법상 작물별 보증의 유효기간

　① 채소 : 2년

　② 버섯 : 1개월

　③ 감자 · 고구마 : 2개월

　④ 맥류 · 콩 : 6개월

　⑤ 기타 : 1년

4) 수입적응성 시험의 대상작물

　① 식량작물(13)

　　　벼, 보리, 콩, 옥수수, 감자, 밀, 호밀, 조, 수수, 메밀, 팥, 녹두, 고구마

　② 채소(18)

　　　무, 배추, 양배추, 고추, 토마토, 오이, 참외, 수박, 호박, 파, 양파, 당근, 상추, 시금
　　　치, 딸기, 마늘, 생강, 브로콜리

　③ 버섯(11)

　　　양송이, 느타리, 영지, 팽이, 표고, 잎새, 목이, 버들송이, 만가닥버섯, 복령, 상황버섯

　④ 약용작물(22)

　　　곽향, 당귀, 맥문동, 반하, 방풍, 백출, 사삼, 산약, 시호, 오가피, 우슬, 작약, 지황,
　　　창출, 천궁, 하수오, 향부자, 황금, 황기, 전칠, 파극, 택사

　⑤ 목초 사료 및 녹비작물(29)

　⑥ 인삼(1)

5) 대통령령으로 정하는 작물

　① 화훼

　② 사료작물(사료용 벼 · 보리 · 콩 · 옥수수 및 감자를 포함한다)

　③ 목초작물

　④ 특용작물

　⑤ 뽕

　⑥ 임목(林木)

　⑦ 식량작물(벼 · 보리 · 콩 · 옥수수 및 감자는 제외한다)

　⑧ 과수(사과 · 배 · 복숭아 · 포도 · 단감 · 자두 · 매실 · 참다래 및 감귤은 제외한다)

　⑨ 채소류(무 · 배추 · 양배추 · 고추 · 토마토 · 오이 · 참외 · 수박 · 호박 · 파 · 양파 · 당근 ·
　　　상추 및 시금치는 제외한다)

　⑩ 버섯류(양송이 · 느타리버섯 · 뽕나무버섯 · 영지버섯 · 만가닥버섯 · 잎새버섯 · 목이버
　　　섯 · 팽이버섯 · 복령 · 버들송이 및 표고버섯은 제외한다)

(9) 종자관리요강

1) 이물

정립이나 이종종자로 분류되지 않는 종자구조를 가졌거나 종자가 아닌 모든 물질로 다음의 것을 포함한다.

① 원형의 반 미만의 작물종자 쇄립 또는 피해립
② 완전 박피된 두과종자, 십자화과 종자 및 야생겨자종자
③ 작물종자 중 불임소수
④ 맥각병해립, 균핵병해립, 깜부기병해립, 선충에 의한 충영립
⑤ 배아가 없는 잡초종자
⑥ 회백색 또는 회갈색으로 변한 새삼과 종자
⑦ 모래, 흙, 줄기, 잎, 식물의 부스러기 꽃 등 종자가 아닌 모든 물질

2) 정립

이종종자, 잡초종자 및 이물을 제외한 종자를 말하며 다음의 것을 포함한다.

① 미숙립, 발아립, 주름진립, 소립
② 원래 크기의 1/2 이상인 종자쇄립
③ 병해립(맥각병해립, 균핵병해립, 깜부기병해립 및 선충에 의한 충영립을 제외한다)

3) 백분율(%)

검사항목의 전체에 대한 중량비율을 말한다. 다만 발아율, 병해립과 포장 검사항목에 있어서는 전체에 대한 개수비율을 말한다.

(10) 종자관련법상 용어

① 종피 · 종의(種皮 · 種衣, Aril Arillus, Pl. Arilli) : 주병 또는 배주의 기부로부터 자라나 온다. 육질이며 간혹 유색인 종자의 피막 또는 부속기관
② 망(芒, Awn, Arista) : 가늘고 곧거나 굽은 강모. 볏과에서는 통상 외영 또는 호영(Glumes)의 중앙맥의 연장임
③ 부리(Beak, Beaked) : 과실의 길고 뾰족한 연장부
④ 포엽(包葉, Bract) : 꽃 또는 볏과식물의 소수(Spikelet)를 엽맥에 끼우는 퇴화한 잎 또는 인편상의 구조물
⑤ 강모(剛毛, Bristle) : 뻣뻣한 털. 간혹 까락(毛)이 굽어 있을 때 윗부분을 지칭하기도 함
⑥ 악판(꽃받침, Calyx, Pl. Calyces) : 꽃받침조각으로 이루어진 꽃의 바깥쪽 덮개
⑦ 두상 화서(頭狀花序, Capitulum) : 통상 무병화(Sessile)가 밀집한 화서
⑧ 씨혹(Caruncle) : 주공(珠孔, Micropylar)부분의 조그마한 돌기
⑨ 영과(穎果, Caryopsis) : 외종피가 과피와 합쳐진 볏과 식물의 나출과

⑩ 화방(花房, Cluster) : 빽빽이 군집한 화서 또는 근대 속에서는 화서의 일부

⑪ 석과(石果 · 核果實, Drupe) : 단단한 내과피(Endocarp)와 다육질의 외층을 가진 비열개성의 단립종자를 가진 과실

⑫ 배(胚, Embryo) : 종자 안에 감싸인 어린 식물

⑬ 속생(束生, Fascicle) : 대체로 같은 장소에서 발생한 가지의 뭉치

⑭ 임실의(Fertile) : 기능적인 성기관을 가지고 있는(볏과식물에서 영과를 가지고 있는 소화)

⑮ 소화(小花, Floret) : 볏과의 자예와 웅예를 감싸고 있는 외영과 내영 또는 성숙한 영과. 본 규정의 목적상 여기서 소화란 부수적인 불임외영이 있거나 없는 임성 소화를 가리킴

⑯ 포영(苞穎, Glume) : 볏과 소수의 기부에서 발생한 통상적으로 불임인 2개의 포엽 중에 하나

⑰ 모(毛, Hair) : 단생 또는 복생하는 표피상의 돌기

⑱ 화탁(花托, Hypanthium) : 자방을 둘러싸고 그 위에 꽃받침, 꽃잎 및 웅예를 발생하는 환상, 배상 또는 관상의 구조물

⑲ 미열개(Indehiscent) : 열리지 않는, 성숙해도 열개하지 않는 과실

⑳ 주피(珠皮, Integument) : 나중에 종피나 내종 피가 되는 배주를 감싸는 주머니(보통 2개의 주피가 있음)

㉑ 2차 총포(2차 總苞, Involucel) : 2차적인 총포, 종종 꽃송이 주변에 생긴다.

㉒ 총포(總苞, Involucre) : 화서의 기부를 감싸는 포엽 또는 강모의 환

㉓ 외영(外穎, Lemma) : 볏과 소화의 바깥쪽(아래쪽) 포 때로는 꽃피는 호영 또는 하(外) 내영으로도 불림. 영과를 바깥쪽(등쪽)에서 싸고 있는 포(葉)

㉔ 실(實 · 房, Locule) : 종자를 포함한 자방의 소구획

㉕ 분과(分果, Mericarp) : 분열과의 일부

㉖ 소견과(小堅果, Nutlet) : 소형의 견과(Nut)

㉗ 내영(內穎, Palea) : 목초류의 소화 윗부분(안쪽)에 있는 포엽, 때로는 Inner 또는 Upper Palea라 부르기도 한다. 영과의 안쪽을 감싸고 있는 포(苞)

㉘ 관모(冠毛, Pappus) : 수과의 끝부분에 환상으로 붙어 있고, 가는 링으로 우모상의 털이 있는 조각

㉙ 화병(花柄, Pedicel) : 화서에 있어서 각각의 단일 꽃의 병(Stalk)

㉚ 화피(花被, Perianth) : 두 종류의 꽃잎(악편과 花변) 또는 그들 중의 하나

㉛ 과피(果皮, Pericarp, Fruit Coat) : 성숙한 자방 혹은 과실의 벽

㉜ 협(莢, Pod) : 열개한 건과. 특히 두과

㉝ 핵(核, Pyrene) : 석과의 딱딱한 내과 피를 포함하는 종자(혹은 복수의 종자를 가진 과실에서 볼 수 있는 유사의 구조물)

㉞ 지경(枝梗, Rachila, Rhachilla) : 2차의 화서 줄기. 특히 목초류에 있어서는 소화에 생

긴 축을 말함

㉟ 종자단위(Seed Unit) : 보통 볼 수 있는 번식단위, 즉 수과 및 유사의 과실, 분리과, 소화 등

㊱ 화서경(花序莖, Rachis, Rhachis, Rachides) : 화서의 주축

㊲ 무병의(無柄, Sessile) : 화병(Pedicel) 또는 줄기(Stalk)가 없는 것

㊳ 분리과(分離果, Schizocarp) : 성숙해서 2개 혹은 그 이상의 단위(分果, Mericarp) 내에 분리되는 건과

㊴ 장각과(長角果, Siliqua) : 열개성 건과, 2개의 심피로 유래된 2室의 과실 예 Brassi-caceae 속(Cruciferae과)

㊵ 소수(小穗, Spikelet) : 한 개 또는 두 개의 불임호영으로 감싸인 한 개 또는 그 이상의 소화를 갖고 있는 볏과 화서의 부분. 본 규정의 목적상 소수라는 말은 임실 소화를 뜻 하고, 1개 또는 그 이상의 부가적인 임실 또는 완전한 불임소화 혹은 포영을 포함한다.

㊶ 경(莖, Stalk) : 식물기관의 줄기(Stem)

㊷ 웅화(雄花, Staminate) : 수꽃만을 가진 꽃

㊸ 불임의(不稔, Sterile) : 기능을 가진 생식기관이 없는(목초류의 소화에는 영과가 없다)

㊹ 작은 가종피(Strophiole) : 사마귀 모양의 돌기

㊺ 외종피(外種皮, Testa) : 종피(Seed Coat)

㊻ 익(翼, Wing) : 과실 또는 종자에서 생긴 평평한 막상의 돌기

2 식물신품종 보호법(식물신품종법)

(1) 식물신품종 보호법의 목적

식물의 신품종에 대한 육성자의 권리 보호에 관한 사항을 규정함으로써 농림수산업의 발전에 이바지함을 목적으로 한다.

(2) 육성자 대리권의 범위

국내에 주소나 영업소를 가진 자로부터 품종보호에 관한 절차를 밟을 것을 위임받은 대리인은 특별한 권한을 받지 아니하면 다음의 어느 하나에 해당하는 행위를 할 수 없다.

① 품종보호 출원의 변경 · 포기 또는 취하

② 청구 또는 신청의 취하

③ 우선권의 주장 또는 그 취하

④ 심판청구

⑤ 복대리인(複代理人)의 선임

(3) 품종보호요건

다음 요건을 갖춘 품종은 이 법에 따른 품종보호를 받을 수 있다.

① 신규성
② 구별성
③ 균일성
④ 안정성
⑤ 고유한 품종명칭

(4) 신규성

① 품종보호 출원일 이전에 대한민국에서는 1년 이상, 그 밖의 국가에서는 4년[과수(果樹) 및 임목(林木)인 경우에는 6년] 이상 해당 종자나 그 수확물이 이용을 목적으로 양도되지 아니한 경우에는 그 품종은 신규성을 갖춘 것으로 본다.
② 다음에 해당하는 양도의 경우 신규성을 갖춘 것으로 본다.
  ㉠ 도용(盜用)한 품종의 종자나 그 수확물을 양도한 경우
  ㉡ 품종보호를 받을 수 있는 권리를 이전하기 위하여 해당 품종의 종자나 그 수확물을 양도한 경우
  ㉢ 종자를 증식하기 위하여 해당 품종의 종자나 그 수확물을 양도하여 그 종자를 증식하게 한 후 그 종자나 수확물을 육성자가 다시 양도받은 경우
  ㉣ 품종 평가를 위한 포장시험(圃場試驗), 품질검사 또는 소규모 가공시험을 하기 위하여 해당 품종의 종자나 그 수확물을 양도한 경우
  ㉤ 생물자원의 보존을 위한 조사 또는 국가품종목록에 등재하기 위하여 해당 품종의 종자나 그 수확물을 양도한 경우

(5) 구별성

① 품종보호 출원일 이전까지 일반인에게 알려져 있는 품종과 명확하게 구별되는 품종은 구별성을 갖춘 것으로 본다.
② 일반인에게 알려져 있는 품종이란 다음의 어느 하나에 해당하는 품종을 말한다(품종보호를 받을 수 있는 권리를 가진 자의 의사에 반하여 일반인에게 알려져 있는 품종은 제외)
  ㉠ 유통되고 있는 품종
  ㉡ 보호품종
  ㉢ 품종목록에 등재되어 있는 품종
  ㉣ 공동부령으로 정하는 종자산업과 관련된 협회에 등록되어 있는 품종

(6) 균일성

품종의 본질적 특성이 그 품종의 번식방법상 예상되는 변이(變異)를 고려한 상태에서 충분히 균일한 경우에는 그 품종은 균일성을 갖춘 것으로 본다.

(7) 안정성

품종의 본질적 특성이 반복적으로 증식된 후(1대 잡종 등과 같이 특정한 증식주기를 가지고 있는 경우에는 매 증식주기 종료 후를 말한다)에도 그 품종의 본질적 특성이 변하지 아니하는 경우에는 그 품종은 안정성을 갖춘 것으로 본다.

(8) 선출원

① 같은 품종에 대하여 다른 날에 둘 이상의 품종보호 출원이 있을 때에는 가장 먼저 품종보호를 출원한 자만이 그 품종에 대하여 품종보호를 받을 수 있다.

② 같은 품종에 대하여 같은 날에 둘 이상의 품종보호 출원이 있을 때에는 품종보호를 받으려는 자(품종보호 출원인) 간에 협의하여 정한 자만이 그 품종에 대하여 품종보호를 받을 수 있다. 이 경우 협의가 성립하지 아니하거나 협의를 할 수 없을 때에는 어느 품종보호 출원인도 그 품종에 대하여 품종보호를 받을 수 없다.

③ 농림축산식품부장관 또는 해양수산부장관은 ②의 경우에는 품종보호 출원인에게 기간을 정하여 협의 결과를 신고할 것을 명하고, 그 기간까지 신고가 없을 때에는 ②에 따른 협의는 성립되지 아니한 것으로 본다.

(9) 품종보호권자의 보호

① 권리 침해에 대한 금지청구권 : 품종보호권자나 전용실시권자는 자기의 권리를 침해하였거나 침해할 우려가 있는 자에 대하여 그 침해의 금지 또는 예방을 청구할 수 있다.

② 손해배상청구권 : 품종보호권자나 전용실시권자는 고의나 과실에 의하여 자기의 권리를 침해한 자에게 손해배상을 청구할 수 있다.

(10) 품종보호를 받을 수 있는 권리의 이전

① 품종보호를 받을 수 있는 권리는 이전할 수 있다.

② 품종보호를 받을 수 있는 권리는 질권의 목적으로 할 수 없다.

③ 품종보호를 받을 수 있는 권리가 공유인 경우에는 각 공유자는 다른 공유자의 동의를 받지 아니하면 그 지분을 양도할 수 없다.

(11) 품종명칭 등록의 요건(품종명칭의 등록을 받을 수 없는 경우)

① 숫자로만 표시하거나 기호를 포함하는 품종명칭

② 해당 품종 또는 해당 품종 수확물의 품질 · 수확량 · 생산시기 · 생산방법 · 사용방법 또는 사용시기로만 표시한 품종명칭

③ 해당 품종이 속한 식물의 속 또는 종의 다른 품종의 품종명칭과 같거나 유사하여 오인하거나 혼동할 염려가 있는 품종명칭

④ 해당 품종이 사실과 달리 다른 품종에서 파생되었거나 다른 품종과 관련이 있는 것으로 오인하거나 혼동할 염려가 있는 품종명칭

⑤ 식물의 명칭, 속 또는 종의 명칭을 사용하였거나 식물의 명칭, 속 또는 종의 명칭으로 오인하거나 혼동할 염려가 있는 품종명칭

⑥ 국가, 인종, 민족, 성별, 장애인, 공공단체, 종교 또는 고인과의 관계를 거짓으로 표시하거나, 비방하거나 모욕할 염려가 있는 품종명칭

⑦ 저명한 타인의 성명, 명칭 또는 이들의 약칭을 포함하는 품종명칭. 다만, 그 타인의 승낙을 받은 경우는 제외

⑧ 해당 품종의 원산지를 오인하거나 혼동할 염려가 있는 품종명칭 또는 지리적 표시를 포함하는 품종명칭

⑨ 품종명칭의 등록출원일보다 먼저 상표법에 따른 등록출원 중에 있거나 등록된 상표와 같거나 유사하여 오인하거나 혼동할 염려가 있는 품종명칭

⑩ 품종명칭 자체 또는 그 의미 등이 일반인의 통상적인 도덕관념이나 선량한 풍속 또는 공공의 질서를 해칠 우려가 있는 품종명칭

(12) 품종보호의 출원

품종보호 출원인은 공동부령으로 정하는 품종보호 출원서에 다음의 사항을 적어 농림축산식품부장관 또는 해양수산부장관에게 제출하여야 한다.

① 품종보호 출원인의 성명과 주소(법인인 경우 그 명칭, 대표자 성명 및 영업소의 소재지)

② 품종보호 출원인의 대리인이 있는 경우에는 그 대리인의 성명·주소 또는 영업소 소재지

③ 육성자의 성명과 주소

④ 품종이 속하는 식물의 학명 및 일반명

⑤ 품종의 명칭

⑥ 제출 연월일

⑦ 품종의 특성 및 품종육성 과정에 관한 설명서

⑧ 품종의 사진

⑨ 종자시료(種子試料)

⑩ 품종보호의 출원 수수료 납부증명서

(13) 품종보호권의 존속기간

① 품종보호권이 설정등록된 날부터 20년으로 한다.

② 과수와 임목의 경우에는 25년으로 한다.

(14) 품종보호권의 효력이 미치지 아니하는 범위

① 영리 외의 목적으로 자가소비(自家消費)를 하기 위한 보호품종의 실시

② 실험이나 연구를 하기 위한 보호품종의 실시

③ 다른 품종을 육성하기 위한 보호품종의 실시

(15) 종자산업의 기반 조성을 위해 규정한 사항

① 전문인력의 양성
② 종자산업 관련 기술개발의 촉진
③ 국제협력 및 대외 시장 진출의 촉진
④ 지방자치단체의 종자산업 사업 수행
⑤ 재정 및 금융 지원 등
⑥ 중소종자업자에 대한 지원
⑦ 종자산업진흥센터의 지정 등
⑧ 종자기술연구단지의 조성 등
⑨ 단체의 설립

(16) 통상실시권 설정의 재정

① 보호품종이 천재지변이나 그 밖의 불가항력 또는 대통령령으로 정하는 정당한 사유 없이 계속하여 3년 이상 국내에서 실시되고 있지 아니한 경우
② 보호품종이 정당한 사유 없이 계속하여 3년 이상 국내에서 상당한 영업적 규모로 실시되지 아니하거나 적당한 정도와 조건으로 국내수요를 충족시키지 못한 경우
③ 전쟁, 천재지변 또는 재해로 인하여 긴급한 수급(需給) 조절이나 보급이 필요하여 비상업적으로 보호품종을 실시할 필요가 있는 경우
④ 사법적 절차 또는 행정적 절차에 의하여 불공정한 거래행위로 인정된 사항을 시정하기 위하여 보호품종을 실시할 필요성이 있는 경우

(17) 품종보호권 설정등록일부터의 연수(年數)별 품종보호료 구분

① 제1년부터 제5년까지 : 매년 3만 원
② 제6년부터 제10년까지 : 매년 7만 5천 원
③ 제11년부터 제15년까지 : 매년 22만 5천 원
④ 제16년부터 제20년까지 : 매년 50만 원
⑤ 제21년부터 제25년까지 : 매년 1백만 원

(18) 품종보호 출원 등에 관한 수수료

① 품종보호관리인의 선임등록 또는 변경등록 수수료 : 품종당 5천5백 원
② 품종보호 출원수수료 : 품종당 3만8천 원
③ 품종보호 심사수수료
　ㄱ 서류심사 : 품종당 5만 원
　ㄴ 재배심사 : 재배시험 때마다 품종당 50만 원
④ 우선권주장 신청수수료 : 품종당 1만 8천 원

⑤ 통상실시권 설정에 관한 재정신청수수료 : 품종당 10만 원

⑥ 심판청구수수료 : 품종당 10만 원

⑦ 재심청구수수료 : 품종당 15만 원

⑧ 보정료(補正料) : 다음 각 목의 구분에 따른 금액. 다만, 보정의 기준 및 보정료의 납부대상에 관한 구체적인 사항은 농림축산식품부장관 또는 해양수산부장관이 정하여 고시한다.

㉠ 보정서를 전자문서로 제출하는 경우 : 건당 3천 원

㉡ 보정서를 서면으로 제출하는 경우 : 건당 1만 3천 원

❸ 종자업의 시설기준(종자산업법 시행령 제13조 관련)

(1) 공통기준

1) 시설

개별기준의 시설에 대하여 소유권이나 5년 이상의 임차권 등의 사용권을 확보할 것. 다만, 종자를 가공하여 판매만 하거나 종자를 다시 포장(包裝)하여 판매만 하는 경우에는 개별기준의 시설을 갖추지 않을 수 있다.

2) 장비

개별기준의 장비에 대하여 소유권이나 임차권 등의 사용권을 확보할 것. 다만, 묘목 및 영양체만을 생산하는 경우에는 개별기준의 장비를 갖추지 않을 수 있다.

(2) 개별기준

1) 채소

① 시설

㉠ 철재 하우스 : $330m^2$ 이상일 것

㉡ 육종포장(育種圃場) : $3,000m^2$ 이상일 것

② 장비

정선기, 건조기, 포장기, 수분측정기 및 발아시험기 각 1대 이상일 것

2) 과수

① 시설

㉠ 묘목포장(苗木圃場) : $7,000m^2$ 이상일 것

㉡ 어미나무 : 결실되는 나무 품종당 5그루 이상이 자기 소유일 것. 다만, 종자 관련 검정기관이 병해충이 없음을 인정한 어미나무에서 생산된 접수(接樹)를 공급받는 경우에는 자기 소유의 어미나무를 구비하지 않아도 된다.

② 장비

정선기, 건조기, 포장기, 수분측정기 및 발아시험기 각 1대 이상일 것

3) 화훼
① 시설
ⓐ 교배방법의 경우
ⓐ 철재 하우스 : 330m² 이상일 것
ⓑ 육종포장 : 3,000m² 이상일 것
ⓒ 조직배양방법의 경우
ⓐ 실험실 : 100m² 이상일 것
ⓑ 현미경(500배 이상일 것) : 1대 이상일 것
② 장비
정선기, 건조기 및 포장기 각 1대 이상일 것

4) 버섯
① 시설
㉠ 실험실 : 16.5m² 이상일 것
㉡ 준비실 : 49.5m² 이상이며, 수도시설이 설치되어 있을 것
㉢ 살균실 : 23.0m² 이상일 것
㉣ 냉각실 : 16.5m² 이상이며, 에어컨시설 또는 냉각시설이 설치되어 있을 것
㉤ 접종실 : 13.2m² 이상이며, 무균상태를 지속할 수 있는 시설 및 자외선 등이 설치되어 있을 것
㉥ 배양실 : 165.0m² 이상이며, 실온을 20~25℃로 조정할 수 있는 항온 장치시설이 설치되어 있을 것
㉦ 저장실 : 33.0m² 이상이며, 실온을 1~5℃로 조절할 수 있는 냉각시설이 설치되어 있을 것
② 장비
㉠ 실험실 : 현미경(1,000배 이상) 1대, 냉장고(200L 이상) 1대, 소형 고압살균기 1대, 항온기 2대, 건열 살균기 1대 이상일 것
㉡ 준비실 : 입병기 1대, 배합기 1대, 자숙솥 1대(양송이 생산자만 해당한다)
㉢ 살균실 : 고압 살균기(압력 : 15~20LPS, 규모 : 1회 600병 이상일 것), 보일러(0.4톤 이상일 것)

5) 식량작물(법 제15조에 따른 품종목록 등재 대상작물만 해당)
① 시설
㉠ 철재 하우스 : 330m² 이상일 것
㉡ 육종포장 : 3,000m² 이상일 것

② 장비

　　현미경(1,500배 이상일 것), 정선기, 포장기, 발아시험기(감자 제외), 건조기(감자 제외) 및 수분측정기(감자 제외) 각 1대 이상일 것

6) 그 밖의 작물(사료작물 및 특용작물 등)

　① 시설

　　육종포장(1,000m² 이상일 것)

　② 장비

　　정선기, 포장기, 건조기(인삼 제외) 각 1대 이상일 것

01 종자관련법·품종목록법상 품종목록의 등재 품종 등의 종자생산에 관한 설명 중 틀린 것은?

① 국립종자원장은 종자생산을 대행할 수 있다.
② 산림청장은 종자생산을 대행할 수 있다.
③ 특별시장은 종자생산을 대행할 수 있다.
④ 도지사는 종자생산을 대행할 수 있다.

해설

품종목록 등재품종 등의 종자생산
㉠ 농촌진흥청장 또는 산림청장
㉡ 특별시장·광역시장·특별자치시장·도지사 또는 특별자치도지사
㉢ 특별자치시장·특별자치도지사·시장·군수 또는 자치구의 구청장
㉣ 대통령령으로 정하는 농업단체 또는 임업단체
㉤ 농림축산식품부령으로 정하는 종자업자 또는 「농어업경영체 육성 및 지원에 따른 법률」에 따른 농업경영체

02 종자관리요강에서 수립적응성 시험의 신청을 위해 해당 작물의 신청 관련법인 또는 단체로 옳지 않은 것은?

① 버섯 : 한국종균생산협회
② 약용작물 : 한국생약협회
③ 녹비작물 : 농업협동조합법에 의한 농업협동중앙회
④ 식량작물 : 농촌진흥정

해설

수입적응성 시험의 신청
㉠ 과수 : 〈삭제〉
㉡ 화훼 : 〈삭제〉
㉢ 버섯 : 한국종균생산협회
㉣ 약용작물 : 한국생약협회
㉤ 목초·사료 및 녹비작물 : 농업협동조합법에 의한 농업협동조합중앙회

㉥ 식량작물 : 농촌진흥법에 따른 농업기술실용화재단
㉦ ㉢~㉥까지 외의 작물(단, 녹비용 호밀은 제외한다) : 한국종자협회

03 종자의 보증과 관련된 검사서류를 보관하지 아니한 자의 과태료의 기준은?

① 5천만 원 이하
② 3천만 원 이하
③ 2천만 원 이하
④ 1천만 원 이하

해설

1천만 원 이하의 과태료
㉠ 종자의 보증과 관련된 검사서류를 보관하지 아니한 자
㉡ 무병화인증을 받은 종자업자, 무병화인증을 받은 종자를 판매·보급하는 자 또는 무병화인증기관은 정당한 사유 없이 보고·자료제출·점검 또는 조사를 거부·방해하거나 기피한 자
㉢ 종자의 생산 이력을 기록·보관하지 아니하거나 거짓으로 기록한 자
㉣ 종자의 판매 이력을 기록·보관하지 아니하거나 거짓으로 기록한 종자업자
㉤ 정당한 사유 없이 자료제출을 거부하거나 방해한 자
㉥ 유통 종자 또는 묘의 품질표시를 하지 아니하거나 거짓으로 표시하여 종자 또는 묘를 판매하거나 보급한 자
㉦ 출입, 조사·검사 또는 수거를 거부·방해 또는 기피한 자
㉧ 구입한 종자에 대한 정보와 투입된 자재의 사용 명세, 자재구입 증명자료 등을 보관하지 아니한 자

04 다음 중 (   ) 안에 알맞은 내용은?

(   )은 국내 생태계 보호 및 자원보존에 심각한 지장을 줄 우려가 있다고 인정하는 경우에는 대통령령으로 정하는 바에 따라 종자의 수출·수입을 제한하거나 수입된 종자의 국내 유통을 제한할 수 있다.

① 농촌진흥청장
② 국립종자원장
③ 농림축산식품부장관
④ 환경부장관

수출입 종자의 국내유통 제한

종자의 수출·수입을 제한하거나 수입된 종자의 국내유통을 제한할 수 있는 경우는 다음과 같다.

㉠ 수입된 종자에 유해한 잡초종자가 농림축산식품부장관 또는 해양수산부장관이 정하여 고시하는 기준 이상으로 포함되어 있는 경우
㉡ 수입된 종자의 증식이나 교잡에 의한 유전자 변형 등으로 인하여 농작물 생태계 등 기존의 국내 생태계를 심각하게 파괴할 우려가 있는 경우
㉢ 수입된 종자의 재배로 인하여 특정 병해충이 확산될 우려가 있는 경우
㉣ 수입된 종자로부터 생산된 농산물의 특수성분으로 인하여 국민건강에 나쁜 영향을 미칠 우려가 있는 경우
㉤ 재래종 종자 또는 국내의 희소한 기본종자의 무분별한 수출 등으로 국내 유전자원보존에 심각한 지장을 초래할 우려가 있는 경우

05 종자관련법상 보증의 유효기간이 틀린 것은?

① 채소 : 2년　② 버섯 : 1개월
③ 감자 : 2개월　④ 콩 : 3개월

해설

보증의 유효기간

㉠ 채소 : 2년
㉡ 버섯 : 1개월
㉢ 감자·고구마 : 2개월
㉣ 맥류·콩 : 6개월
㉤ 그 밖의 작물 : 1년

06 다음 중 「식물신품종 보호법」상의 신규성에 대한 내용으로 옳은 것은?

① 과수 및 임목인 경우에는 6년 이상 해당 종자나 그 수확물이 이용을 목적으로 양도되지 아니한 경우에는 그 품종
② 과수 및 임목인 경우에는 4년 이상 해당 종자나 그 수확물이 이용을 목적으로 양도되지 아니한 경우에는 그 품종
③ 과수 및 임목인 경우에는 3년 이상 해당 종자나

그 수확물이 이용을 목적으로 양도되지 아니한 경우에는 그 품종
④ 과수 및 임목인 경우에는 2년 이상 해당 종자나 그 수확물이 이용을 목적으로 양도되지 아니한 경우에는 그 품종

해설

신규성

품종보호 출원일 이전에 대한민국에서는 1년 이상, 그 밖의 국가에서는 4년(과수(果樹) 및 임목(林木)인 경우에는 6년) 이상 해당 종자나 그 수확물이 이용을 목적으로 양도되지 아니한 경우에는 그 품종은 신규성을 갖춘 것으로 본다.

07 종자검사요령에서 "빽빽이 군집한 화서 또는 근대 속에서는 화서의 일부"에 해당하는 용어는?

① 속생　② 배
③ 석과　④ 화방

해설

용어

㉠ 화방(花房, Cluster) : 빽빽이 군집한 화서 또는 근대 속에서는 화서의 일부
㉡ 석과(石果·核果實, Drupe) : 단단한 내과피(Endocarp)와 다육질의 외층을 가진 비열개성의 단립종자를 가진 과실
㉢ 배(胚, Embryo) : 종자 안에 감싸인 어린 식물
㉣ 속생(束生, Fascicle) : 대체로 같은 장소에서 발생한 가지의 뭉치

08 「식물신품종법」상 과수와 임목의 경우 품종보호권의 존속기간은?

① 15년　② 20년
③ 25년　④ 30년

해설

품종보호권 존속기간 : 20년(과수, 임목 25년)

09 종자검사요령에서 주병 또는 배주의 기부로부터 자라 나온 다육질이며 간혹 유색인 종자의 피막 또는 부속기관은?

① 망 　　　　　　　② 종피
③ 부리 　　　　　　④ 포엽

① 망(芒, Awn, Arista) : 가늘고 곧거나 굽은 강모 · 볏과에서는 통상 외영 또는 호영(Glumes)의 중앙맥의 연장임
② 종피 · 종의(種皮 · 種衣, Aril Arillus, Pl. Arilli) : 주병 또는 배주의 기부로부터 자라 나온 다육질이며 간혹 유색인 종자의 피막 또는 부속기관
③ 부리(Beak, Beaked) : 과실의 길고 뾰족한 연장부
④ 포엽(包葉, Bract) : 꽃 또는 볏과식물의 소수(Spikelet)를 엽맥에 끼우는 퇴화한 잎 또는 인편상의 구조물

10 종자관리요강에서 포장검사 시 겉보리의 특정병이 아닌 것은?

① 흰가루병 　　　　② 겉깜부기병
③ 속깜부기병 　　　④ 보리줄무늬병

㉠ 특정병 : 겉깜부기병, 속깜부기병 및 보리줄무늬병을 말한다.
㉡ 기타병 : 흰가루병, 줄기녹병, 좀녹병, 붉은곰팡이병 및 바이러스병을 말한다.

11 다음 중 유통 종자의 품질표시를 하지 아니하고 종자를 판매, 보급한 자에 대한 벌칙으로 맞는 것은?

① 3년 이하의 징역 또는 1천만 원 이하의 벌금
② 1년 이하의 징역 또는 1천만 원 이하의 벌금
③ 1천만 원 이하의 과태료
④ 50만 원 이하의 과태료

1천만 원 이하의 과태료
㉠ 종자의 보증과 관련된 검사서류를 보관하지 아니한 자
㉡ 무병화인증을 받은 종자업자, 무병화인증을 받은 종자를 판매 · 보급하는 자 또는 무병화인증기관은 정당한 사유 없이 보고 · 자료제출 · 점검 또는 조사를 거부 · 방해하거나 기피한 자

㉢ 종자의 생산 이력을 기록 · 보관하지 아니하거나 거짓으로 기록한 자
㉣ 종자의 판매 이력을 기록 · 보관하지 아니하거나 거짓으로 기록한 종자업자
㉤ 정당한 사유 없이 자료제출을 거부하거나 방해한 자
㉥ 유통 종자 또는 묘의 품질표시를 하지 아니하거나 거짓으로 표시하여 종자 또는 묘를 판매하거나 보급한 자
㉦ 출입, 조사 · 검사 또는 수거를 거부 · 방해 또는 기피한 자
㉧ 구입한 종자에 대한 정보와 투입된 자재의 사용 명세, 자재구입 증명자료 등을 보관하지 아니한 자

12 「국가기술자격법」에 따른 '종자산업기사' 자격 취득자로서 종자관리사가 되기 위하여 갖추어야 할 경력기준은?

① 종자업무 또는 이와 유사한 업무에 2년 이상 종사한 자
② 종자업무 또는 이와 유사한 업무에 5년 이상 종사한 자
③ 종자업무 또는 이와 유사한 업무에 7년 이상 종사한 자
④ 종자업무 또는 이와 유사한 업무에 10년 이상 종사한 자

종자관리사의 자격기준
종자산업기사 자격을 취득한 사람으로서 자격 취득 전후의 기간을 포함하여 종자업무 또는 이와 유사한 업무에 2년 이상 종사한 사람

13 "실시"의 정의로 가장 알맞은 것은?

① 보호품종의 종자를 생산하는 행위를 말한다.
② 보호품종의 종자를 생산 · 조제 · 양도 · 대여하는 행위를 말한다.
③ 보호품종의 종자를 생산 · 조제 · 양도 · 대여 · 수출 또는 수입하는 행위를 말한다.
④ 보호품종의 종자를 증식 · 생산 · 조제 · 양도 · 대여 · 수출 또는 수입하거나 양도 또는 대여의 청약을 하는 행위를 말한다.

실시

보호품종의 종자를 증식·생산·조제·양도·대여·수출 또는 수입하거나 양도 또는 대여의 청약(양도 또는 대여를 위한 전시를 포함)을 하는 행위를 말한다.

14 품종목록등재 취소사유가 아닌 것은?

① 품종성능이 심사기준에 미달된 때
② 등록된 품종명칭이 취소된 때
③ 부정한 방법으로 품종의 복록의 등재를 받은 때
④ 등재된 품종의 종자를 생산하지 않을 때

품종목록 등재의 취소
㉠ 품종성능이 심사기준에 미치지 못하게 될 경우
㉡ 해당 품종의 재배로 인하여 환경에 위해(危害)가 발생하였거나 발생할 염려가 있을 경우
㉢ 「식물신품종 보호법」 등록된 품종명칭이 취소된 경우
㉣ 거짓이나 그 밖의 부정한 방법으로 품종목록 등재를 받은 경우
㉤ 같은 품종이 둘 이상의 품종명칭으로 중복하여 등재된 경우(가장 먼저 등재된 품종은 제외한다)

15 다음 중 종자의 구별성에 관한 설명 중 밑줄 친 부분에 해당하지 않는 것은?

종자관련법에 따른 품종보호 출원일 이전까지 일반인에게 알려져 있는 품종과 명확하게 구별되는 품종은 구별성을 갖춘 것으로 본다.

① 보호품종
② 유통되고 있는 품종
③ 품종목록에 등재되어 있는 품종
④ 농림축산식품부령으로 정하는 종자산업과 관련된 협회에 등록되어 있는 품종

구별성
품종보호 출원일 이전까지 일반인에게 알려져 있는 품종과 명확하게 구별되는 품종
㉠ 품종보호를 받고 있는 품종
㉡ 품종목록에 등재되어 있는 품종
㉢ 유통되고 있는 품종

16 종자업의 정의로 맞는 것은?

① 종자의 생산 및 판매를 업(業)으로 하는 것을 말한다.
② 종자의 매매를 업(業)으로 하는 것을 말한다.
③ 종자생산시설을 관리하는 업(業)을 말한다.
④ 종자보증을 업(業)으로 하는 것을 말한다.

종자업
종자를 생산·가공 또는 다시 포장(包裝)하여 판매하는 행위를 업(業)으로 하는 것을 말한다.

17 직무상 알게 된 품종보호출원 중인 품종에 관한 비밀을 누설하거나 도용한 때에 해당되는 벌칙은?

① 1년 이하의 징역 또는 1천만 원 이하의 벌금
② 2년 이하의 징역 또는 2천만 원 이하의 벌금
③ 3년 이하의 징역 또는 3천만 원 이하의 벌금
④ 5년 이하의 징역 또는 5천만 원 이하의 벌금

비밀누설죄
농림축산식품부·해양수산부 직원, 심판위원회 직원 또는 그 직위에 있었던 사람이 직무상 알게 된 품종보호출원 중인 품종에 관하여 비밀을 누설하거나 도용하였을 때에는 5년 이하의 징역 또는 5천만 원 이하의 벌금에 처한다.

18 종자관리사의 자격기준으로 옳지 않은 것은?

① 「국가기술자격법」에 따른 종자기술사 자격 취득자
② 「국가기술자격법」에 따른 종자기사 자격취득자로 종자 업무 또는 이와 유사한 업무에 1년 이상 종사한 사람
③ 「국가기술자격법」에 따른 종자산업기사 자격취득자로 종자업무 또는 이와 유사한 업무에 2년 이상 종사한 사람
④ 「국가기술자격법」에 따른 버섯종균기능사 자격취득자로 종자업무 또는 이와 유사한 업무에 2년 이상 종사한 사람

정답 14 ④ 15 ④ 16 ① 17 ④ 18 ④

종자관리사의 자격기준

종자관리사는 다음 어느 하나에 해당하는 사람으로 한다.

㉠ 「국가기술자격법」에 따른 종자기술사 자격을 취득한 사람

㉡ 「국가기술자격법」에 따른 종자기사 자격을 취득한 사람으로서 자격 취득 전후의 기간을 포함하여 종자업무 또는 이와 유사한 업무에 1년 이상 종사한 사람

㉢ 「국가기술자격법」에 따른 종자산업기사 자격을 취득한 사람으로서 자격 취득 전후의 기간을 포함하여 종자업무 또는 이와 유사한 업무에 2년 이상 종사한 사람

㉣ 「국가기술자격법」에 따른 종자기능사 자격을 취득한 사람으로서 자격 취득 전후의 기간을 포함하여 종자업무 또는 이와 유사한 업무에 3년 이상 종사한 사람

㉤ 「국가기술자격법」에 따른 버섯종균기능사 자격을 취득한 사람으로서 자격 취득 전후의 기간을 포함하여 버섯 종균업무 또는 이와 유사한 업무에 3년 이상 종사한 사람(버섯 종균을 보증하는 경우만 해당한다)

19 보증종자의 사후관리시험 항목에 해당되지 않는 것은?

① 검사항목
② 검사시기
③ 검사횟수
④ 검사수량

사후관리시험

사후관리시험은 다음 각 호의 사항별로 검사기관의 장이 정하는 기준과 방법에 따라 실시한다.

㉠ 검사항목 : 품종의 순도(포장검사, 실내검사 : 유묘검사, 전기영동검사), 품종의 진위(품종 고유의 특성이 발현되고 있는지 확인), 종자전염병(포장상태에서 병해 조사)

㉡ 검사시기 : 성숙기

㉢ 검사횟수 : 1회 이상

㉣ 검사방법

20 외국인 재외자로서 「식물신품종 보호법」에 의한 품종보호권을 향유할 수 있는 자로 옳은 것은?

① 국적이 무국적인 외국인
② WTO/TRIPs 협정 가입국인 외국인
③ 부모의 국적이 대한민국인 외국인
④ 우리나라에 일정기간 체류한 적이 있는 외국인

외국인의 권리능력

재외자 중 외국인은 다음 어느 하나에 해당하는 경우에만 품종보호권이나 품종보호를 받을 수 있는 권리를 가질 수 있다.

㉠ 해당 외국인이 속하는 국가에서 대한민국 국민에 대하여 그 국민과 같은 조건으로 품종보호권 또는 품종보호를 받을 수 있는 권리를 인정하는 경우

㉡ 대한민국이 해당 외국인에게 품종보호권 또는 품종보호를 받을 수 있는 권리를 인정하는 경우에는 그 외국인이 속하는 국가에서 대한민국 국민에 대하여 그 국민과 같은 조건으로 품종보호권 또는 품종보호를 받을 수 있는 권리를 인정하는 경우

㉢ 조약 및 이에 준하는 것에 따라 품종보호권이나 품종보호를 받을 수 있는 권리를 인정하는 경우

21 국가품종목록 등재신청 시 절차로 옳은 것은?

① 신청 → 심사 → 등재 → 공고
② 신청 → 심사 → 공고 → 등재
③ 신청 → 공고 → 심사 → 등재
④ 신청 → 등재 → 심사 → 공고

품종목록의 등재신청

품종목록에 등재할 수 있는 대상작물의 품종을 품종목록에 등재하여 줄 것을 신청하는 자는 농림축산식품부령으로 정하는 품종목록 등재신청서에 해당 품종의 종자시료(種子試料)를 첨부하여 농림축산식품부장관에게 신청하여야 한다. 이 경우 종자시료가 영양체인 경우에 그 제출시기 · 방법 등은 농림축산식품부령으로 정한다.

품종목록 등재신청 품종의 심사

• 농림축산식품부장관은 품종목록 등재신청을 한 품종에 대하여는 농림축산식품부령으로 정하는 품종성능의 심사기준에 따라 심사하여야 한다.

- 농림축산식품부장관은 심사 결과 품종목록 등재신청을 한 품종이 품종성능의 심사기준에 맞는 경우에는 지체 없이 그 사실을 해당 품종목록 등재신청인에게 알리고 해당 품종목록 등재신청 품종을 품종목록에 등재하여야 한다.

품종목록 등재품종의 공고
농림축산식품부장관은 품종목록에 등재한 경우에는 해당 품종이 속하는 작물의 종류, 품종명칭, 품종목록 등재의 유효기간 등을 농림축산식품부령으로 정하는 바에 따라 공고하여야 한다.

22 「종자산업법」상의 규정에 의한 발아보증시한이 경과된 종자를 진열·보관한 자에 대한 벌칙으로 1회 위반 시 과태료는?

① 1만 원
② 10만 원
③ 100만 원
④ 1,000만 원

> **해설**
>
> 과태료
>
> | 위반행위 | 과태료(단위 : 만 원) | | | | |
> |---|---|---|---|---|---|
> | | 1회 위반 | 2회 위반 | 3회 위반 | 4회 위반 | 5회 이상 위반 |
> | 발아보증시한이 경과된 종자를 진열·보관한 경우 | 10 | 30 | 50 | 70 | 100 |

23 품종보호 임시보호권리를 침해한 경우 처벌할 수 있는 벌칙기준으로 옳은 것은?(단, 당해 품종은 품종보호권이 설정등록되었으며, 피해자의 고소가 있었다.)

① 3년 이하의 징역 또는 7천만 원 이하의 벌금
② 7년 이하의 징역 또는 1억 원 이하의 벌금
③ 3년 이하의 징역 또는 1억 원 이하의 벌금
④ 7년 이하의 징역 또는 7천만 원 이하의 벌금

> **해설**
>
> 침해죄
> 다음 어느 하나에 해당하는 자는 7년 이하의 징역 또는 1억 원 이하의 벌금에 처한다.
> ㉠ 품종보호권 또는 전용실시권을 침해한 자
> ㉡ 권리를 침해한 자. 다만, 해당 품종보호권의 설정등록되어 있는 경우만 해당한다.
> ㉢ 거짓이나 그 밖의 부정한 방법으로 품종보호결정 또는 심결을 받은 자

24 품종보호출원을 한 직무육성품종에 대하여 품종보호권의 설정등록을 했을 때 품종보호권자는?

① 대한민국
② 국립종자원장
③ 해양수산부장관
④ 농림축산식품부장관

> **해설**
>
> 품종보호권의 설정등록
> 농림축산식품부장관 또는 해양수산부장관은 품종보호출원을 한 직무육성품종이 품종보호결정이 되었을 때에는 그 직무육성품종에 대하여 지체 없이 다음 각 호와 같이 국가 명의로 품종보호권의 설정등록을 하여야 한다.
> ㉠ 품종보호권자 : 대한민국
> ㉡ 관리청 : 농림축산식품부장관 또는 해양수산부장관
> ㉢ 승계청 : 농림축산식품부장관 또는 해양수산부장관

25 품종보호에 관한 설명으로 옳은 것은?

① 품종보호를 받을 수 있는 권리는 이를 이전할 수 없다.
② 품종보호를 받을 수 있는 권리는 질권의 목적으로 할 수 없다.
③ 품종보호를 받을 수 있는 권리는 공유자의 동의 없이 양도할 수 있다.
④ 품종보호를 받을 수 있는 권리를 상속할 경우 자치단체장에게 신고하여야 한다.

> **해설**
>
> 품종보호를 받을 수 있는 권리의 이전
> ㉠ 품종보호를 받을 수 있는 권리는 이전할 수 있다.
> ㉡ 품종보호를 받을 수 있는 권리는 질권의 목적으로 할 수 없다.

ⓒ 품종보호를 받을 수 있는 권리가 공유인 경우에는 각 공유자는 다른 공유자의 동의를 받지 아니하면 그 지분을 양도할 수 없다.

품종보호를 받을 수 있는 권리의 승계
품종보호를 받을 수 있는 권리의 상속이나 그 밖의 일반 승계를 한 경우에는 승계인은 지체 없이 그 취지를 공동부령으로 정하는 바에 따라 농림축산식품부장관 또는 해양수산부장관에게 신고하여야 한다.

26 포장검사나 종자검사 재검사 신청을 받은 자는 신청서를 받은 날부터 며칠 이내에 재검사를 실시하여야 하는가?

① 7일
② 15일
③ 20일
④ 30일

해설

재검사신청
ⓒ 재검사를 받으려는 자는 종자검사 결과를 통지받은 날부터 15일 이내에 별지 제15호 서식의 재검사신청서에 종자검사 결과통지서를 첨부하여 검사기관의 장 또는 종자관리사에게 제출하여야 한다.
ⓒ 제1항에 따라 재검사신청을 받은 검사기관의 장 또는 종자관리사는 그 신청서를 받은 날부터 20일 이내에 재검사를 하여야 한다.

재검사를 받으려는 자	재검사신청을 받은 자
결과를 통지받은 날부터 15일 이내 제출	신청서를 받은 날부터 20일 이내 실시

27 「종자산업법」이 다루고 있는 내용으로 옳지 않은 것은?

① 종자의 보증
② 종자의 유통관리
③ 종자 기금의 관리
④ 종자산업의 육성 및 지원

해설

종자산업법의 목적
이 법은 종자의 생산·보증 및 유통, 종자산업의 육성 및 지원 등에 관한 사항을 규정함으로써 종자산업의 발전을 도모하고 농업·임업 및 수산업 생산의 안정에 이바지함을 목적으로 한다.

28 종자업 등록취소에 해당하는 위반사항인 것은?

① 종자업자가 품질표시를 하지 아니한 종자를 판매한 때
② 종자업자가 수입적응성 시험을 거치지 아니한 외국산 종자를 판매한 때
③ 종자업자가 종자업 등록을 한 날로부터 1년 이내에 사업에 착수하지 아니할 때
④ 종자업자가 품종보호 품종의 실시 보고 등의 명령에 응하지 아니한 때

해설

종자산업법 시행규칙 제28조(종자업자에 대한 행정처분의 세부 기준 등) 제1항

위반행위	위반횟수별 행정처분기준		
	1회 위반	2회 위반	3회 이상 위반
가. 종자업 등록을 한 날부터 1년 이내에 사업을 시작하지 않거나 정당한 사유 없이 1년 이상 계속하여 휴업한 경우	등록취소		
나. 거짓이나 그 밖의 부정한 방법으로 종자업 등록을 한 경우	등록취소		
다. 「식물신품종 보호법」에 따른 보호품종의 실시 여부 등에 관한 보고명령에 따르지 않은 경우	영업정지 7일	영업정지 15일	영업정지 30일
라. 「종자산업법」을 위반하여 종자의 보증을 받지 않은 품종목록 등재대상작물의 종자를 판매하거나 보급한 경우	영업정지 90일	영업정지 180일	등록취소
마. 종자업자가 종자업 등록을 한 후 「종자산업법」에 따른 시설기준에 미치지 못하게 된 경우	영업정지 15일	영업정지 30일	등록취소

위반행위	위반횟수별 행정처분기준		
	1회 위반	2회 위반	3회 이상 위반
바. 「종자산업법」을 위반하여 종자관리사를 두지 않은 경우	영업정지 15일	영업정지 30일	등록취소
사. 「종자산업법」을 위반하여 신고하지 않은 종자를 생산하거나 수입하여 판매한 경우	영업정지 90일	영업정지 180일	등록취소
아. 「종자산업법」에 따라 수출·수입이 제한된 종자를 수출·수입하거나, 수입되어 국내 유통이 제한된 종자를 국내에 유통한 경우	영업정지 90일	영업정지 180일	등록취소
자. 「종자산업법」을 위반하여 수입적응성 시험을 받지 않은 외국산 종자를 판매하거나 보급한 경우	영업정지 90일	영업정지 180일	등록취소
차. 「종자산업법」을 위반하여 품질표시를 하지 않은 종자를 판매하거나 보급한 경우	영업정지 3일	영업정지 30일	영업정지 60일
카. 「종자산업법」에 따른 종자 등의 조사나 종자의 수거를 거부·방해 또는 기피한 경우	영업정지 15일	영업정지 30일	영업정지 60일
타. 「종자산업법」에 따른 생산이나 판매를 중지하게 한 종자를 생산하거나 판매한 경우	영업정지 90일	영업정지 180일	등록취소

29 「종자산업법」에서 종자산업 기반 조성을 위해 규정한 사항으로 옳지 않은 것은?

① 전문인력 양성
② 종자산업진흥센터의 지정
③ 종자산업 관련 기술 개발의 촉진
④ 종자수입 제한을 통한 국내 종자시장 보호

해설

종자산업 기반 조성을 위해 규정한 사항(종자산업법)
㉠ 전문인력의 양성
㉡ 종자산업 관련 기술 개발의 촉진

㉢ 국제협력 및 대외시장 진출의 촉진
㉣ 지방자치단체의 종자산업 사업수행
㉤ 재정 및 금융 지원 등
㉥ 중소종자업자에 대한 지원
㉦ 종자산업진흥센터의 지정 등
㉧ 종자기술연구단지의 조성 등
㉨ 단체의 설립

30 수입적응성 시험의 심사기준으로 옳지 않은 것은?

① 표준품종은 국내 품종 중 널리 재배되고 있는 품종 1개 이상으로 한다.
② 목적형질의 발현, 기후적응성, 내병충성에 대해 평가하여 국내적응성 여부를 판단한다.
③ 재배시험기간은 2작기 이상으로 하되 실시기관의 장이 필요하다고 인정하는 경우에는 재배시험기간을 단축 또는 연장할 수 있다.
④ 평가대상 형질은 작물별로 품종의 목표형질을 필수형질과 추가형질을 정하여 평가하며, 신청서에 기재된 추가사항이 있는 경우에는 이를 포함한다.

해설

수입적응성 시험의 심사기준
㉠ 재배시험기간
재배시험기간은 2작기 이상으로 하되 실시기관의 장이 필요하다고 인정하는 경우에는 재배시험기간을 단축 또는 연장할 수 있다.
㉡ 재배시험지역
재배시험지역은 최소한 2개 지역 이상(시설 내 재배시험인 경우에는 1개 지역 이상)으로 하되, 품종의 주 재배지역은 반드시 포함되어야 하며 작물의 생태형 또는 용도에 따라 지역 및 지대를 결정한다. 다만, 작물 및 품종의 특성에 따라 지역수를 가감할 수 있다.
㉢ 표준품종
표준품종은 국내외 품종 중 널리 재배되고 있는 품종 1개 이상으로 한다.
㉣ 평가형질
평가대상 형질은 작물별로 품종의 목표형질을 필수형질과 추가형질을 정하여 평가하며, 신청서에 기재된 추가 사항이 있는 경우에는 이를 포함한다.

정답   29 ④   30 ①

ⓜ 평가기준
- 목적형질의 발현, 기후적응성, 내병충성에 대해 평가하여 국내적응성 여부를 판단한다.
- 국내 생태계보호 및 자원보존에 심각한 지장을 초래할 우려가 없다고 판단되어야 한다.

31 「식물신품종 보호법」에서 정하는 양벌규정이 적용되는 위반행위에 해당하지 않는 것은?

① 위증죄
② 거짓표시의 죄
③ 전용실시권 침해의 죄
④ 품종보호권 침해의 죄

해설

양벌규정

법인의 대표자나 법인 또는 개인의 대리인, 사용인, 그 밖의 종업원이 그 법인 또는 개인의 업무에 관하여 위반행위를 하면 그 행위자를 벌하는 외에 그 법인 또는 개인에게도 해당 조문의 벌금형을 과(科)한다. 다만, 법인 또는 개인이 그 위반행위를 방지하기 위하여 해당 업무에 관하여 상당한 주의와 감독을 게을리하지 아니한 경우에는 그러하지 아니하다.

32 국가품종목록등재 대상작물로 옳은 것은?

① 인삼
② 보리
③ 고추
④ 참깨

해설

국가품종목록등재 대상작물

품종목록에 등재할 수 있는 대상작물은 벼, 보리, 콩, 옥수수, 감자와 그 밖에 대통령령으로 정하는 작물로 한다. 다만, 사료용은 제외한다.

33 「종자산업법」에서 사용하는 "종자산업"에 대한 용어 정의로 옳은 것은?

① 종자를 육성·증식·생산·수입 또는 전시 등을 하거나 이와 관련된 사업을 말한다.
② 종자를 육성·증식·생산·수입 또는 전시 등을 하거나 이와 관련된 사업을 말한다.

③ 종자를 육성·증식·생산·조제·수출·수입 또는 전시 등을 하거나 이와 관련된 사업을 말한다.
④ 종자를 연구개발·육성·증식·생산·가공·유통·수출·수입 또는 전시 등을 하거나 이와 관련된 사업을 말한다.

해설

종자산업

종자를 연구개발·육성·증식·생산·가공·유통·수출·수입 또는 전시 등을 하거나 이와 관련된 산업을 말한다.

34 보증종자 보증표시 사항으로 옳지 않은 것은?

① 생산지
② 품종명
③ 발아율
④ 이종품률

해설

보증종자 보증표시 사항

분류번호, 종명(種名), 품종명, 로트(Lot)번호, 발아율, 이품종률, 유효기간, 무게 또는 낱알 개수, 포장일

35 종자의 사후관리시험의 기준 및 방법 중 검사항목으로 옳지 않은 것은?

① 품종의 순도
② 품종의 진위
③ 종자 영속성
④ 종자 전염병

해설

검사항목

㉠ 품종의 순도(포장검사, 실내검사 : 유묘검사, 전기영동검사)
㉡ 품종의 진위(품종 고유의 특성이 발현되고 있는지 확인)
㉢ 종자전염병(포장상태에서 병해 조사)

36 농림축산식품부장관이 국가품종목록에 등재된 품종의 종자를 생산하고자 할 때 대행시킬 수 있는 종자업자 또는 농어업인민의 필요한 해당 농작물 재배경험으로 옳은 것은?

① 1년 이상
② 2년 이상
③ 3년 이상
④ 4년 이상

종자생산의 대행자격

"공동부령으로 정하는 종자업자 또는 농어업인"이란 다음 어느 하나에 해당하는 자를 말한다.

㉠ 등록된 종자업자

㉡ 해당 작물 재배에 3년 이상의 경험이 있는 농어업인으로서 농림축산식품부장관 또는 해양수산부장관이 정하여 고시하는 확인 절차에 따라 특별자치시장·특별자치도지사·시장·군수 또는 자치구의 구청장(이하 "시장·군수·구청장"이라 한다)이나 관할 국립종자원 지원장의 확인을 받은 자

37 「식물신품종 보호법」상 7년 이하의 징역 또는 1억 원 이하의 벌금에 해당하지 않는 것은?

① 품종보호권 및 전용실시권을 침해한 자
② 품종보호권 및 전용실시권의 상속을 신고하지 않은 자
③ 당해품종보호권의 설정등록이 되어 있는 임시보호권을 침해한 자
④ 거짓이나 기타 부정한 방법으로 품종보호결정 또는 심결을 받은 자

침해죄(해당하는 자는 7년 이하의 징역 또는 1억 원 이하의 벌금에 처한다)

㉠ 품종보호권 또는 전용실시권을 침해한 자
㉡ 권리를 침해한 자. 다만, 해당 품종보호권의 설정등록이 되어 있는 경우만 해당한다.
㉢ 거짓이나 그 밖의 부정한 방법으로 품종보호결정 또는 심결을 받은 자
※ 품종보호권 및 전용실시권의 상속을 신고하지 않은 자는 50만 원 이하의 과태료를 부과한다.

38 「종자산업법」에서 정의된 '종자'로 옳지 않은 것은?

① 재배용 볍씨
② 약제용 당귀 뿌리
③ 양식용 버섯의 종균
④ 증식용 튤립의 구근

종자

증식용·재배용 또는 양식용으로 쓰이는 씨앗, 버섯 종균(種菌), 묘목(苗木), 포자(胞子) 또는 영양체(營養體)인 잎·줄기·뿌리 등을 말한다.

39 다음 중 수입적응성 시험의 대상작물이 아닌 것은?

① 호박
② 국화
③ 수수
④ 버들송이

수입적응성 시험의 대상작물

㉠ 식량작물(13)
　벼, 보리, 콩, 옥수수, 감자, 밀, 호밀, 조, 수수, 메밀, 팥, 녹두, 고구마
㉡ 채소(18)
　무, 배추, 양배추, 고추, 토마토, 오이, 참외, 수박, 호박, 파, 양파, 당근, 상추, 시금치, 딸기, 마늘, 생강, 브로콜리
㉢ 버섯(11)
　양송이, 느타리, 영지, 팽이, 표고, 잎새, 목이, 버들송이, 만가닥버섯, 복령, 상황버섯
㉣ 약용작물(22)
　곽향, 당귀, 맥문동, 반하, 방풍, 백출, 사삼, 산약, 시호, 오가피, 우슬, 작약, 지황, 창출, 천궁, 하수오, 향부자, 황금, 황기, 전칠, 파극, 택사
㉤ 목초 사료 및 녹비작물(29)
㉥ 인삼
㉦ 산림 및 조경용 등 기타 용도
㉧ 과수와 화훼는 삭제

40 종자산업법규상 종자보증과 관련하여 형의 선고를 받은 종자관리사에 대한 행정처분의 기준으로 맞는 것은?

① 등록취소
② 업무정지 1년
③ 업무정지 6월
④ 업무정지 3월

정답　37 ②　38 ②　39 ②　40 ①

해설

등록취소

직무를 게을리하거나 중대한 과오(過誤)를 저질렀을 때에는 그 등록을 취소하거나 1년 이내의 기간을 정하여 그 업무를 정지시킬 수 있다.

41 국유품종보호권의 정의로 옳은 것은?

① 국가가 구입한 품종보호권
② 국가 간에 거래되는 품종보호권
③ 국가 명의로 등록된 품종보호권
④ 국가가 생산·공급하는 종자의 품종보호권

해설

"국유품종보호권"이란 식물신품종 보호법에 따라 국가 명의로 등록된 품종보호권을 말한다.

42 「식물신품종보호법」상 품종보호권의 효력이 미치지 않는 것이 아닌 것은?

① 자가소비를 하기 위한 보호품종 실시
② 다른 품종을 육성하기 위한 보호품종 실시
③ 실험 또는 연구를 하기 위한 보호품종 실시
④ 농업인 대상으로 판매를 하기 위한 보호품종 실시

해설

품종보호권의 효력이 미치지 아니하는 범위

㉠ 다음 어느 하나에 해당하는 경우에는 품종보호권의 효력이 미치지 아니한다.
  • 영리 외의 목적으로 자가소비(自家消費)를 하기 위한 보호품종의 실시
  • 실험이나 연구를 하기 위한 보호품종의 실시
  • 다른 품종을 육성하기 위한 보호품종의 실시

㉡ 농어업인이 자가생산(自家生産)을 목적으로 자가채종(自家採種)을 할 경우 농림축산식품부장관 또는 해양수산부장관은 해당 품종에 대한 품종보호권을 제한할 수 있다.

43 품종목록 등재의 유효기간에 관한 설명으로 옳은 것은?

① 품종목록 등재한 날부터 10년
② 품종목록 등재한 날부터 15년
③ 품종목록 등재한 날이 속한 해의 다음 해부터 10년
④ 품종목록 등재한 날이 속한 해의 다음 해부터 15년

해설

품종목록 등재의 유효기간

㉠ 품종목록 등재의 유효기간은 등재한 날이 속한 해의 다음 해부터 10년까지로 한다.

㉡ 품종목록 등재의 유효기간은 유효기간 연장신청에 의하여 계속 연장될 수 있다.

㉢ 품종목록 등재의 유효기간 연장신청은 그 품종목록 등재의 유효기간이 끝나기 전 1년 이내에 신청하여야 한다.

44 「종자산업법」상 종자의 보증 효력을 잃는 경우는?

① 보증한 종자를 판매한 경우
② 보증한 종자를 다른 지역으로 이동한 경우
③ 보증의 유효기간이 하루 지난 종자의 경우
④ 당해 종자를 보증한 종자관리사의 감독하에 분포장하는 경우

해설

보증의 실효

㉠ 보증표시를 하지 아니하거나 보증표시를 위조 또는 변조하였을 때

㉡ 보증의 유효기간이 지났을 때

㉢ 포장한 보증종자의 포장을 뜯거나 열었을 때. 다만, 해당 종자를 보증한 보증기관이나 종자관리사의 감독에 따라 분포장(分包裝)하는 경우는 제외

㉣ 거짓이나 그 밖의 부정한 방법으로 보증을 받았을 때

45 국가품종목록의 등재 대상으로 옳지 않은 것은?

① 사료용 옥수수는 국가 품종목록 등재 대상에서 제외한다.
② 대통령령으로 국가품종목록 등재 대상작물을 추가하여 정할 수 있다.

정답 41 ③ 42 ④ 43 ③ 44 ③ 45 ④

③ 국가품종목록에 등재할 대상작물은 벼 · 보리 ·
　콩 · 옥수수 · 감자이다.
④ 국가품종목록 등재는 작물의 품종성능관리를 위
　하여 모든 작물에 실시한다.

해설

국가품종목록의 등재 대상
품종목록에 등재할 수 있는 대상작물은 벼, 보리, 콩, 옥
수수, 감자와 그 밖에 대통령령으로 정하는 작물로 한
다. 다만, 사료용은 제외한다.

46 품종보호 출원 중인 품종에 대하여 관련 농림축산식품부 직원이 그 직무상 알게 된 비밀을 누설하였을 경우 처벌규정으로 옳은 것은?

① 5년 이하의 징역 또는 5천만 원 이하의 벌금
② 3년 이하의 징역 또는 5천만 원 이하의 벌금
③ 2년 이하의 징역 또는 1천만 원 이하의 벌금
④ 1년 이하의 징역 또는 5백만 원 이하의 벌금

해설

비밀누설죄
심판위원회 직원 또는 그 직위에 있었던 사람이 직무상
알게 된 품종보호 출원 중인 품종에 관하여 비밀을 누설
하거나 도용하였을 때에는 5년 이하의 징역 또는 5천만
원 이하의 벌금에 처한다.

47 품종보호출원에 관한 설명으로 옳지 않은 것은?

① 품종보호를 받을 수 있는 자는 육성자 또는 그
　승계인이다.
② 국내에 주소를 두지 않은 외국인이 국내에 출원
　할 때는 품종보호관리인을 두어야 한다.
③ 국제식물신품종보호동맹(UPOV)에 가입하지 않
　은 국가의 국민은 우리나라에 출원할 수 없다.
④ 같은 품종에 대하여 다른 날에 둘 이상의 품종보호
　출원이 있을 때에는 먼저 품종보호를 출원한 자만
　이 그 품종에 대하여 품종보호를 받을 수 있다.

해설

외국인의 권리능력
재외자 중 외국인은 다음 어느 하나에 해당하는 경우에
만 품종보호권이나 품종보호를 받을 수 있는 권리를 가
질 수 있다.
㉠ 해당 외국인이 속하는 국가에서 대한민국 국민에 대
　하여 그 국민과 같은 조건으로 품종보호권 또는 품종
　보호를 받을 수 있는 권리를 인정하는 경우
㉡ 대한민국이 해당 외국인에게 품종보호권 또는 품종
　보호를 받을 수 있는 권리를 인정하는 경우에는 그
　외국인이 속하는 국가에서 대한민국 국민에 대하여
　그 국민과 같은 조건으로 품종보호권 또는 품종보호
　를 받을 수 있는 권리를 인정하는 경우
㉢ 조약 및 이에 준하는 것(이하 "조약 등"이라 한다)에
　따라 품종보호권이나 품종보호를 받을 수 있는 권리
　를 인정하는 경우

48 「종자산업법」에서 "작물"의 정의로 옳은 것은?

① 농산물 또는 수산물의 생산을 위하여 재배되는
　일부 특정 식물
② 농산물 또는 수산물의 생산을 위하여 재배되는
　모든 식물과 동물
③ 농산물 · 임산물 또는 수산물의 생산을 위하여
　재배되는 모든 식물과 동물
④ 농산물 · 임산물 또는 수산물의 생산을 위하여
　재배되거나 양식되는 모든 식물

해설

"작물"이란 농산물, 임산물 또는 수산물의 생산을 위하여
재배되거나 양식되는 모든 식물을 말한다.

49 품종보호 출원 시 심판청구수수료로 옳은 것은?

① 품종당 5만 원　　　② 품종당 7만 원
③ 품종당 10만 원　　　④ 품종당 15만 원

해설

품종보호 출원 등에 관한 수수료
㉠ 품종보호관리인의 선임등록 또는 변경등록 수수료 :
　품종당 5천5백 원

ⓛ 품종보호 출원수수료 : 품종당 3만 8천 원
ⓒ 품종보호 심사수수료
  • 서류심사 : 품종당 5만 원
  • 재배심사 : 재배시험 때마다 품종당 50만 원
ⓔ 우선권주장 신청수수료 : 품종당 1만 8천 원
ⓕ 통상실시권 설정에 관한 재정신청수수료 : 품종당 10만 원
ⓗ 심판청구수수료 : 품종당 10만 원
ⓘ 재심청구수수료 : 품종당 15만 원

50 「식물신품종 보호법」상 품종의 보호요건으로만 묶인 것은?

① 구별성, 균일성, 안전성
② 상업성, 구별성, 안정성
③ 신규성, 상업성, 안전성
④ 안정성, 균일성, 신규성

해설

품종보호 요건
ⓐ 신규성   ⓑ 구별성
ⓒ 균일성   ⓓ 안정성
ⓔ 품종보호를 받기 위하여 출원하는 품종은 1개의 고유한 품종명칭을 가져야 한다.

51 유통종자의 품질표시 내용으로 옳지 않은 것은?

① 품종의 명칭
② 종자의 생산지
③ 재배 시 특히 주의할 사항
④ 종자의 포장당 무게 또는 낱알 개수

해설

유통종자의 품질표시
국가보증 대상이 아닌 종자나 자체보증을 받지 아니한 종자를 판매하거나 보급하려는 자는 다음 각 호의 사항을 모두 종자의 용기나 포장에 표시(이하 "품질표시"라 한다)하여야 한다.
ⓐ 품종의 명칭
ⓑ 종자의 발아율(버섯종균의 경우에는 종균 접종일)
ⓒ 종자의 포장당 무게 또는 낱알 개수
ⓓ 수입 연월 및 수입자명(수입종자의 경우만 해당하며,

국내에서 육성된 품종의 종자를 해외에서 채종하여 수입하는 경우는 제외한다)
ⓔ 재배 시 특히 주의할 사항
ⓕ 종자업 등록번호(종자업자의 경우만 해당한다)
ⓖ 품종보호 출원공개번호 또는 품종보호 등록번호
ⓗ 품종 생산·수입 판매 신고번호
ⓘ 규격묘 표시
ⓙ 유전자변형종자 표시
ⓚ 종자의 생산 연도 또는 포장 연월
ⓛ 종자의 발아(發芽) 보증시한

52 농림축산식품부장관이 국가목록등재 품종의 종자를 생산하고자 할 때 그 생산을 대행하게 할 수 없는 자는?

① 산림청장   ② 마포구청장
③ 서울특별시장   ④ 해양항만청장

해설

품종목록 등재품종 등의 종자생산
농림축산식품부장관이 품종목록에 등재한 품종의 종자 또는 농산물의 안정적인 생산에 필요하여 고시한 품종의 종자를 생산할 경우에는 다음의 어느 하나에 해당하는 자에게 그 생산을 대행하게 할 수 있다. 이 경우 농림축산식품부장관은 종자생산을 대행하는 자에 대하여 종자의 생산·보급에 필요한 경비의 전부 또는 일부를 보조할 수 있다.
① 농촌진흥청장 또는 산림청장
② 특별시장·광역시장·특별자치시장·도지사 또는 특별자치도지사
③ 특별자치시장·특별자치도지사·시장·군수 또는 자치구의 구청장
④ 대통령령으로 정하는 농업단체 또는 임업단체
⑤ 농림축산식품부령으로 정하는 종자업자 또는 「농어업경영체 육성 및 지원에 관한 법률」에 따른 농업경영체

53 「식물신품종 보호법」상 죄를 범한 자가 자수를 한 때에 그 형을 경감 또는 면제받을 수 있는 죄로 맞는 것은?

① 위증죄   ② 침해죄
③ 비밀 누설죄   ④ 허위 표시의 죄

정답   50 ④   51 ②   52 ④   53 ①

위증죄

위증죄를 지은 사람이 그 사건의 결정 또는 심결 확정 전에 자수하였을 때에는 그 형을 감경하거나 면제할 수 있다.

54 포장검사 또는 종자검사를 받으려는 자는 별지 서식의 검사신청서를 누구에게 제출하여야 하는가?

① 국립종자원장
② 농촌진흥청장
③ 산림과학원장
④ 농림축산식품부장관

해설

포장검사 또는 종자검사를 받으려는 자는 검사신청서를 산림청장 · 국립종자원장 · 국립수산과학원장 또는 종자관리사에게 제출하여야 한다.

55 종자의 수출 · 수입을 제한하거나 수입된 종자의 국내유통을 제한할 수 있는 경우로 옳은 것은?

① 국내유전자원 보존에 심각한 지장을 초래할 우려가 있는 경우
② 국내에서 육성된 품종의 종자가 수출되어 복제될 우려가 크다고 판단될 경우
③ 지나친 수입으로 국내종자 산업발전에 막대한 지장을 초래할 우려가 있는 경우
④ 지나친 수출로 해당 작물의 생산이 크게 부족하여 해당 농산물의 자급률이 크게 악화될 우려가 있는 경우

해설

수출입 종자의 국내유통 제한

㉠ 수입된 종자에 유해한 잡초종자가 농림축산식품부장관 또는 해양수산부장관이 정하여 고시하는 기준 이상으로 포함되어 있는 경우

㉡ 수입된 종자의 증식이나 교잡에 의한 유전자 변형 등으로 인하여 농작물 생태계 등 기존의 국내 생태계를 심각하게 파괴할 우려가 있는 경우

㉢ 수입된 종자의 재배로 인하여 특정 병해충이 확산될 우려가 있는 경우

㉣ 수입된 종자로부터 생산된 농산물의 특수성분으로 인하여 국민건강에 나쁜 영향을 미칠 우려가 있는 경우

㉤ 재래종 종자 또는 국내의 희소한 기본종자의 무분별한 수출 등으로 인하여 국내 유전자원(遺傳資源) 보존에 심각한 지장을 초래할 우려가 있는 경우

56 종자검사 항목 중에서 정립에 속하는 것은?

① 이물
② 주름진립
③ 잡초종자
④ 이종종자

해설

정립

이종종자, 잡초종자 및 이물을 제외한 종자를 말하며 다음의 것을 포함한다.

㉠ 미숙립, 발아립, 주름진립, 소립

㉡ 원래 크기의 1/2 이상인 종자쇄립

㉢ 병해립(맥각병해립, 균핵병해립, 깜부기병해립 및 선충에 의한 충영립을 제외한다)

㉣ 목초나 화곡류의 영화가 배유를 가진 것

57 「종자산업법」에서 정한 종자 보증표시 사항으로 틀린 것은?

① Lot번호
② 보증기관(종자관리사)
③ 발아율(%)
④ 국가품종목록등재번호

해설

보증종자 보증표시 사항

분류번호, 종명(種名), 품종명, 로트(Lot)번호, 발아율, 이품종률, 유효기간, 무게 또는 낱알 개수, 포장일

58 「종자산업법」상 작물에 해당하지 않는 것은?

① 콩
② 배추
③ 호두나무
④ 곤충

해설

종자산업법 제2조(정의)

"작물"이란 농산물, 임산물 또는 수산물의 생산을 위하여 재배되거나 양식되는 모든 식물을 말한다.

---

59 종자관련법에서 규정하고 있는 심사관의 심사대상에 해당하지 않는 것은?

① 품종보호출원
② 품종보호 거절결정에 대한 심판
③ 품종명칭등록출원
④ 국가품종목록 등재신청

> **해설** ----------------------------------

심사관에 의한 심사
㉠ 농림축산식품부장관 또는 해양수산부장관은 심사관에게 품종보호 출원 및 품종명칭 등록출원을 심사하게 한다.
㉡ 농림축산식품부장관 또는 해양수산부장관은 품종목록 등재신청을 한 품종에 대하여는 공동부령으로 정하는 품종성능의 심사기준에 따라 심사하여야 한다.
※ 품종보호 출원에 대하여 거절결정을 하거나 거절결정에 대한 심판청구의 기각심결을 확정하거나 또는 품종보호의 무효심결을 확정한 경우에는 이를 그 정당한 권리자에게 서면으로 통지하여야 한다.

60 다음 설명의 (   ) 안에 알맞은 것은?

> **품종목록** 등재의 유효기간은 등재한 날이 속한 해의 다음 해로부터 ( )년까지로 한다.

① 5 ② 10
③ 15 ④ 20

> **해설** ----------------------------------

품종목록 등재의 유효기간
등재한 날이 속한 해의 다음해부터 10년까지
㉠ 유효기간은 유효기간 연장신청에 의하여 계속 연장될 수 있다.
㉡ 유효기간 연장신청은 그 품종목록 등재의 유효기간이 끝나기 전 1년 이내에 신청하여야 한다.
㉢ 농림축산식품부장관 또는 해양수산부장관은 유효기간 연장신청을 받은 경우 그 유효기간 연장신청을 한 품종이 품종목록 등재 당시의 품종성능을 유지하고 있을 때에는 그 연장신청을 거부할 수 없다.

61 다음 중 품종보호료 면제사유에 해당하지 않는 것은?

① 국가가 품종보호권의 설정등록을 받기 위하여 품종보호료를 납부하여야 하는 경우
② 지방자치단체가 품종보호권의 설정등록을 받기 위하여 품종보호료를 납부하여야 하는 경우
③ 국가가 품종보호권의 존속기간이 끝난 후 품종보호료를 납부하여야 하는 경우
④ 국가기초생활보장법에 따른 수급권자가 품종보호권의 설정등록을 받기 위하여 품종보호료를 납부하여야 하는 경우

> **해설** ----------------------------------

품종보호료의 면제
㉠ 국가나 지방자치단체가 품종보호권의 설정등록을 받기 위하여 품종보호료를 납부하여야 하는 경우
㉡ 국가나 지방자치단체가 품종보호권의 존속기간 중에 품종보호료를 납부하여야 하는 경우
㉢ 「국민기초생활 보장법」에 따른 수급권자가 품종보호권의 설정등록을 받기 위하여 품종보호료를 납부하여야 하는 경우

62 종자의 자체보증 대상인 것은?

① 국제종자검정협회 ISTA가 보증한 종자
② 종자업자가 품종목록 등재대상작물의 종자를 생산한 종자
③ 국제종자검정가협회 협회 AOSA가 보증한 종자
④ 농림축산식품부장곤이 정하는 외국의 종자검정기관이 보증한 종자

> **해설** ----------------------------------

자체보증의 대상
㉠ 시·도지사, 시장·군수·구청장, 농업단체 등 또는 종자업자가 품종목록 등재대상작물의 종자를 생산하는 경우
㉡ 시·도지사, 시장·군수·구청장, 농업단체 등 또는 종자업자가 품종목록 등재대상작물 외의 작물의 종자를 생산·판매하기 위하여 자체보증을 받으려는 경우

63 수입종자에 대하여 수입적응성 시험을 받지 아니하고 종자를 수입한 자에 대한 벌칙 기준은?

① 500만 원 이하의 벌금
② 1,500만 원 이하의 벌금
③ 1년 이하의 징역 또는 1,000만 원 이하의 벌금
④ 2년 이하의 징역 또는 2,000만 원 이하의 벌금

> **해설**
>
> 1년 이하의 징역 또는 1천만 원 이하의 벌금에 처하는 경우
> - 등록을 하지 아니하고 종자관리사 업무를 수행한 자
> - 보증서를 거짓으로 발급한 종자관리사
> - 보증을 받지 아니하고 종자를 판매하거나 보급한 자
> - 명령에 따르지 아니한 자
> - 무병화인증기관의 지정을 받거나 그 지정의 갱신을 하지 아니하고 무병화인증 업무를 한 자
> - 무병화인증기관의 지정취소 또는 업무정지 처분을 받고도 무병화인증 업무를 한 자
> - 거짓이나 그 밖의 부정한 방법으로 무병화인증을 받거나 갱신한 자
> - 거짓이나 그 밖의 부정한 방법으로 무병화인증기관의 지정을 받거나 갱신한 자
> - 무병화인증을 받지 아니한 종자의 용기나 포장에 무병화인증의 표시 또는 이와 유사한 표시를 한 자
> - 무병화인증을 받은 종자의 용기나 포장에 무병화인증을 받은 내용과 다르게 표시한 자
> - 무병화인증을 받지 아니한 종자를 무병화인증을 받은 종자로 광고하거나 무병화인증을 받은 종자로 오인할 수 있도록 광고한 자
> - 무병화인증을 받은 종자를 무병화인증을 받은 내용과 다르게 광고한 자
> - 등록하지 아니하고 육묘업을 한 자
> - 등록이 취소된 종자업 또는 육묘업을 계속하거나 영업정지를 받고도 종자업 또는 육묘업을 계속한 자
> - ~~종자를 수출 또는 수입하거나 수입된 종자를 유통시~~ 킨 자
> - 수입적응성 시험을 받지 아니하고 종자를 수입한 자
> - 거짓이나 그 밖에 부정한 방법으로 종자의 검정 따른 검정을 받은 자
> - 검정결과에 대하여 거짓광고나 과대광고를 한 자
> - 생산 또는 판매 중지를 명한 종자 또는 묘를 생산하거나 판매한 자
> - 제47조 제4항 후단을 위반하여 시료채취를 거부·방해 또는 기피한 자

64 다음 중 정립이 아닌 것은?

① 발아립
② 소립
③ 이물
④ 목초나 화곡류의 영화가 배유를 가진 것

> **해설**
>
> **정립**
> 이종종자, 잡초종자 및 이물을 제외한 종자를 말하며 다음을 포함한다.
> ㉠ 미숙립, 발아립, 주림진립, 소립
> ㉡ 원래 크기의 1/2 이상인 종자쇄립
> ㉢ 병해립(맥각병해립, 균핵병해립, 깜부기병해립 및 선충에 의한 충영립을 제외한다)

65 직무육성품종과 관련된 설명으로 옳은 것은?

① 농민이 육성하거나 발견하여 개발한 품종으로서 미래농업의 직무에 속한 것
② 농민이 육성하거나 발견하여 개발한 품종으로서 품종보호권이 주어진 품종일 것
③ 공무원이 육성하거나 발견하여 개발한 품종으로서 미래농업의 직무에 속한 것
④ 공무원이 육성하거나 발견하여 개발한 품종으로서 그 성질상 국가 또는 지방자치단체의 업무범위에 속한 것

> **해설**
>
> **직무육성품종**
> 공무원이 육성하거나 발견하여 개발한 품종으로서 그 성질상 국가 또는 지방자치단체의 업무범위에 속한 것

66 보증의 유효기간이 틀린 것은?

① 채소 2년
② 버섯 1개월
③ 감자 2개월
④ 콩 1년

> **해설**
>
> **종자관련법상 작물별 보증의 유효기간**
> ㉠ 채소 : 2년
> ㉡ 기타 : 1년
> ㉢ 맥류·콩 : 6개월
> ㉣ 감자·고구마 : 2개월
> ㉤ 버섯 : 1개월

정답 **63** ③ **64** ③ **65** ④ **66** ④

67 다음 중 상추종자를 생산하기 위하여 종자업등록을 하고자 할 때 철재 하우스가 갖추어야 할 종자업의 시설기준으로 맞는 것은?

① 100m² 이상
② 1,000m² 이상
③ 330m² 이상
④ 3,330m² 이상

> 해설
>
> 채소
> 철재 하우스 : 330m² 이상일 것

68 품종보호등록을 위해 품종이 갖추어야 할 요건에 해당하는 것은?

① 구별성, 균일성, 안전성
② 구별성, 우수성, 균일성
③ 안정성, 우량성, 균일성
④ 우수성, 우량성, 안정성

> 해설
>
> 품종이 갖추어야 할 요건
> 신규성, 구별성, 균일성, 안정성, 고유한 품종명칭

69 다음 중 유통종자의 품질표시 사항으로 맞는 것은?

① 종자의 포장당 무게 또는 낱알 개수
② 농림축산식품부장관이 정하는 병충해의 유무
③ 자체순도 검정확인표시
④ 수입종자인 경우에는 수입적응성 시험 확인대장 등재번호

> 해설
>
> 유통종자의 품질표시
> ㉠ 품종의 명칭
> ㉡ 종자의 발아율(버섯종균의 경우에는 종균 접종일)
> ㉢ 종자의 포장당 무게 또는 낱알 개수
> ㉣ 수입 연월 및 수입자명(수입종자의 경우만 해당하며, 국내에서 육성된 품종의 종자를 해외에서 채종하여 수입하는 경우는 제외한다)
> ㉤ 재배 시 특히 주의할 사항
> ㉥ 종자업 등록번호(종자업자의 경우만 해당한다)
> ㉦ 품종보호 출원공개번호 또는 품종보호 등록번호
> ㉧ 품종 생산·수입 판매 신고번호
> ㉨ 규격묘 표시

㉩ 유전자변형종자 표시
㉪ 종자의 생산 연도 또는 포장 연월
㉫ 종자의 발아(發芽) 보증시한

70 벼의 포장검사 규격에 따른 검사 대상항목이 아닌 것은?

① 품종의 순도
② 이종 종자주
③ 찰벼 출현율
④ 병주의 특정병

71 다음 중 포장검사 신청서에 기재할 사항은?

① 포장 신청 면적
② 포장관리인의 성명 및 주소
③ 육성자의 성명 및 주소
④ 위탁생산자의 성명 및 주소

72 국내에 처음으로 수입되는 품종의 종자를 판매하기 위해 수입하고자 하는 자가 신청하는 수입적응성 시험을 실시하는 기관으로 맞는 것은?

① 농업기술센터
② 한국종자협회
③ 국립종자원
④ 국립농산물품질관리원

73 "품종"의 정의로 가장 잘 설명한 것은?

① 식물학에서 통용되는 최저분류 단위의 식물군으로서 유전적으로 발현되는 특성 중 한 가지 이상의 특성이 다른 식물군과 구별되고 변함없이 증식될 수 있는 것
② 식물학에서 통용되는 하위 단위의 식물군으로 유전적으로 발현되는 특성 중 두 가지 이상의 특성이 다른 식물군과 구별되고 변함없이 증식될 수 있는 것
③ 식물학에서 통용되는 최저분류 단위의 식물군으로 유전적으로 발현되는 특성 중 두 가지 이상의 특성이 다른 식물군과 구별되고 변함없이 증식될 수 있는 것
④ 식물학에서 통용되는 상위 단위의 식물군으로 유전적으로 발현되는 특성 중 한 가지 이상의 특성이 다른 식물군과 구별되고 변함없이 증식될 수 있는 것

정답　67 ③　68 ①　69 ①　70 ③　71 ①　72 ②　73 ①

품종

식물학에서 통용되는 최저분류 단위의 식물군으로서 유전적으로 나타나는 특성 중 한 가지 이상의 특성이 다른 식물군과 구별되고 변함없이 증식될 수 있는 것

74 다음 중 ( ) 안에 알맞은 내용은?

「종자산업법」에서 "보증종자"란 이 법에 따라 해당 품종의 ( )과 해당 품종 종자의 품질이 보증된 채종(採種) 단계별 종자를 말한다.

① 구별성　　　　　② 안전성
③ 진위성　　　　　④ 우수성

75 다음 중 국가품종목록 등재서류의 보존기간은?

① 당해 품종의 품종목록 등재 유효기간 동안 보존
② 당해 품종의 품종목록 등재 유효기간이 경과한 후 1년간 보존
③ 당해 품종의 품종목록 등재 유효기간이 경과 후 3년간 보존
④ 당해 품종의 품종목록 등재 유효기간이 등재한 날부터 5년간 보존

해설

등재서류의 보존기간

해당 품종의 품종목록 등재 유효기간 동안 보존하여야 한다.

76 다음 중 국가품종목록에 등재하여 품종의 생산보급이 가능한 작물은?

① 밀　　　　　　　② 콩
③ 호밀　　　　　　④ 고구마

해설

국가품종목록의 등재 대상

대상작물은 벼, 보리, 콩, 옥수수, 감자와 그 밖에 대통령령으로 정하는 작물로 한다. 다만, 사료용은 제외한다.

77 「종자산업법」의 제정 목적으로 맞지 않는 것은?

① 종자산업의 발전 도모
② 농업생산의 안정
③ 종자산업의 육성 및 지원
④ 종자산업 관련 법규의 규제 강화

78 품종보호와 관련하여 심판을 청구하고자 하는 경우 심판청구서에 작성할 내용으로 맞지 않는 것은?

① 심판청구자의 성명과 주소, 품종의 명칭을 기재하여야 한다.
② 심판청구서에는 청구의 취지 및 이유가 기재되어야 한다.
③ 품종보호 출원자 및 품종보호 출원번호는 기재하지 않아도 된다.
④ 심사관이 품종보호를 결정한 일자를 기재한다.

79 다음 중 품종보호에 관한 설명으로 옳지 않은 것은?

① 동일 품종에 대하여 다른 날에 둘 이상의 품종보호 출원이 있을 때에는 가장 먼저 출원한 자만이 그 품종에 대하여 품종보호를 받을 수 있다.
② 품종보호를 받을 수 있는 권리가 공유인 경우에는 공유자 전원이 공동으로 품종보호 출원을 하여야 한다.
③ 출원공개가 있는 때에는 누구든지 해당 품종이 품종보호를 받을 수 없다는 취지의 정보를 증거와 함께 농림축산식품부장관에게 제공할 수 있다.
④ 우선권을 주장하고자 하는 자는 최초의 품종보호 출원일 다음 날부터 2년 이내에 품종보호 출원을 하여야 한다.

---

80 대통령령이 정하는 시설을 갖추어 주된 생산시설의 소재지에 종자업을 등록하려고 한다. 다음 중 등록신청서 제출 대상으로 옳지 않은 것은?

① 군수   ② 구청장
③ 도지사   ④ 특별자치시장

> 해설

종자업의 등록
종자업을 하려는 자는 대통령령으로 정하는 시설을 갖추어 시장·군수·구청장에게 등록하여야 한다.

81 국가품종목록의 등재 대상 작물에 해당되지 않는 것은?

① 벼   ② 콩
③ 고구마   ④ 보리

> 해설

국가품종목록의 등재 대상
대상작물은 벼, 보리, 콩, 옥수수, 감자와 그 밖에 대통령령으로 정하는 작물로 한다. 다만, 사료용은 제외한다.

82 '종자산업'의 범주에 속하지 않는 것은?

① 종자의 폐기   ② 종자의 육성
③ 종자의 유통   ④ 종자의 전시

83 품종보호권 또는 전용실시권을 침해하였을 경우에 해당하는 벌칙 기준은?

① 3년 이하의 징역 또는 1천만 원 이하의 벌금
② 4년 이하의 징역 또는 2천만 원 이하의 벌금
③ 5년 이하의 징역 또는 3천만 원 이하의 벌금
④ 7년 이하의 징역 또는 1억 원 이하의 벌금

> 해설

침해죄 등(7년 이하의 징역 또는 1억 원 이하의 벌금)
㉠ 품종보호권 또는 전용실시권을 침해한 자
㉡ 임시보호의 권리를 침해한 자(다만, 해당 품종보호권의 설정등록이 되어 있는 경우만 해당)

㉢ 거짓이나 그 밖의 부정한 방법으로 품종보호결정 또는 심결을 받은 자

84 종자관리사의 자격기준에 맞지 않는 것은?

① 종자기술사 자격취득자
② 종자기사 자격을 취득한 사람으로서 자격 취득 전후의 기간을 포함하여 종자업무 또는 이와 유사한 업무에 1년 이상 종사자
③ 종자산업기사 자격을 취득한 사람으로서 자격 취득 전후의 기간을 포함하여 종자업무 또는 이와 유사한 업무에 2년 이상 종사자
④ 버섯종균기능사 자격을 취득한 사람으로서 자격 취득 전후의 기간을 포함하여 버섯 종균업무 또는 이와 유사한 업무에 5년 이상 종사자

> 해설

종자관리사의 자격기준
㉠ 종자기술사 자격을 취득한 사람
㉡ 종자기사 자격을 취득한 사람으로서 자격 취득 전후의 기간을 포함하여 종자업무 또는 이와 유사한 업무에 1년 이상 종사한 사람
㉢ 종자산업기사 자격을 취득한 사람으로서 자격 취득 전후의 기간을 포함하여 종자업무 또는 이와 유사한 업무에 2년 이상 종사한 사람
㉣ 종자기능사 자격을 취득한 사람으로서 자격 취득 전후의 기간을 포함하여 종자업무 또는 이와 유사한 업무에 3년 이상 종사한 사람
㉤ 버섯종균기능사 자격을 취득한 사람으로서 자격 취득 전후의 기간을 포함하여 버섯 종균업무 또는 이와 유사한 업무에 3년 이상 종사한 사람(버섯 종균을 보증하는 경우만 해당한다)

85 시장·군수는 종자업 등록을 취소하거나 6개월 이내의 기간을 정하여 그 영업의 정지를 명할 수 있다. 그중 등록을 취소하여야 하는 경우에 해당되는 것은?

① 종자업자가 종자관리사를 두는 경우
② 거짓이나 그 밖의 부정한 방법으로 종자업 등록을 한 경우

정답   80 ③   81 ③   82 ①   83 ④   84 ④   85 ①

③ 수출·수입이 제한된 종자를 수출·수입하거나, 수입되어 국내유통이 제한된 종자를 국내에 유통한 경우

④ 종자업 등록을 한 날부터 1년 이내에 사업을 시작하지 아니하거나 정당한 사유 없이 1년 이상 계속하여 휴업한 경우

해설

종자업 등록의 취소

㉠ 거짓이나 그 밖의 부정한 방법으로 종자업 등록을 한 경우

㉡ 종자업 등록을 한 날부터 1년 이내에 사업을 시작하지 아니하거나 정당한 사유 없이 1년 이상 계속하여 휴업한 경우

㉢ 종자업자가 종자업 등록을 한 후 시설기준에 미치지 못하게 된 경우

㉣ 종자업자가 종자관리사를 두지 아니한 경우

㉤ 수출·수입이 제한된 종자를 수출·수입하거나, 수입되어 국내 유통이 제한된 종자를 국내에 유통한 경우

86 수입적응성 시험을 실시하는 기관으로 옳지 않은 것은?

① 한국생약협회   ② 농업협동조합중앙회
③ 전국버섯생산자협회   ④ 농업기술실용화재단

87 일반인에게 알려져 있는 품종에 해당하지 않는 것은?

① 품종보호를 받고 있는 품종
② 품종목록에 등재되어 있는 품종
③ 농민이 채종하여 사용하는 품종
④ 유통되고 있는 품종

88 포장검사 및 종자검사에 대한 설명으로 옳지 않은 것은?

① 포장검사에 따른 종자검사 방법은 전수조사로만 실시한다.

② 국가보증이나 자체보증 종자를 생산하려는 자는 종자검사의 결과에 대하여 이의가 있으면 재검사를 신청할 수 있다.

③ 국가보증이나 자체보증 종자를 생산하려는 자는 다른 품종 또는 다른 계통의 작물과 교잡되는 것을 방지하기 위한 공동부령으로 정하는 포장조건을 준수하여야 한다.

④ 국가보증이나 자체보증을 받는 종자를 생산하려는 자는 농림축산식품부장관, 해양수산부장관 또는 종자관리사로부터 채종 단계별로 1회 이상 포장검사를 받아야 한다.

89 품종명칭으로 등록 가능한 것은?

① 숫자로만 표시
② 기호로만 표시
③ 당해 품종의 수확량만을 표시
④ 당해 품종의 육성자 이름을 표시

90 유통종자의 품질표시 사항에 해당되지 않는 것은?

① 육성자명
② 품종의 명칭
③ 종자의 발아율
④ 재배 시 특히 주의할 사항

91 품종보호권자는 그 품종보호권의 존속기간 중에서 농림축산식품부장관 또는 해양수산부장관에게 품종보호료를 얼마 주기로 납부하여야 하는가?

① 6개월마다   ② 매년
③ 2년마다   ④ 3년마다

92 다음 [보기]의 설명에 해당하는 용어는?

[보기]
보호품종의 종자를 증식·생산·조제·양도·대여·수출 또는 수입하거나 양도 또는 대여의 청약을 하는 행위를 말한다.

① 집행　　　　　② 실시

③ 실행　　　　　④ 성능

실시

보호품종의 종자를 증식·생산·조제·양도·대여·수출 또는 수입하거나 양도 또는 대여의 청약(양도 또는 대여를 위한 전시를 포함)을 하는 행위

93 감자 종자검사 기준 중 특정병에 해당하는 것은?

① 역병　　　　　② 무름병

③ 둘레썩음병　　④ 줄기마름병

94 경기도가 생산하는 종자용 보리에 해당하는 보증은?

① 민간보증

② 농협보증

③ 지방자치단체 보증

④ 국가보증 또는 자체보증

종자의 보증

㉠ 국가보증 : 농림축산식품부장관

㉡ 자체보증 : 종자관리사

95 과태료 처분대상에 해당하지 않는 것은?

① 종자업 등록을 하지 아니하고 종자업을 한 자

② 종자의 보증과 관련된 검사서류를 보관하지 아니한 자

③ 신고되지 않은 품종명칭을 사용하여 종자를 판매하거나 보급한 경우

④ 유통 중인 종자에 대한 관계공무원의 조사 또는 수거를 거부·방해 또는 기피한 자

1년 이하의 징역 또는 1천만 원 이하의 벌금에 처하는 경우
• 등록을 하지 아니하고 종자관리사 업무를 수행한 자
• 보증서를 거짓으로 발급한 종자관리사

• 보증을 받지 아니하고 종자를 판매하거나 보급한 자
• 명령에 따르지 아니한 자
• 무병화인증기관의 지정을 받거나 그 지정의 갱신을 하지 아니하고 무병화인증 업무를 한 자
• 무병화인증기관의 지정취소 또는 업무정지 처분을 받고도 무병화인증 업무를 한 자
• 거짓이나 그 밖의 부정한 방법으로 무병화인증을 받거나 갱신한 자
• 거짓이나 그 밖의 부정한 방법으로 무병화인증기관의 지정을 받거나 갱신한 자
• 무병화인증을 받지 아니한 종자의 용기나 포장에 무병화인증의 표시 또는 이와 유사한 표시를 한 자
• 무병화인증을 받은 종자의 용기나 포장에 무병화인증을 받은 내용과 다르게 표시한 자
• 무병화인증을 받지 아니한 종자를 무병화인증을 받은 종자로 광고하거나 무병화인증을 받은 종자로 오인할 수 있도록 광고한 자
• 무병화인증을 받은 종자를 무병화인증을 받은 내용과 다르게 광고한 자
• 등록하지 아니하고 육묘업을 한 자
• 등록이 취소된 종자업 또는 육묘업을 계속하거나 영업정지를 받고도 종자업 또는 육묘업을 계속한 자
• 종자를 수출 또는 수입하거나 수입된 종자를 유통시킨 자
• 수입적응성 시험을 받지 아니하고 종자를 수입한 자
• 거짓이나 그 밖에 부정한 방법으로 종자의 검정 따른 검정을 받은 자
• 검정결과에 대하여 거짓광고나 과대광고를 한 자
• 생산 또는 판매 중지를 명한 종자 또는 묘를 생산하거나 판매한 자
• 제47조 제4항 후단을 위반하여 시료채취를 거부·방해 또는 기피한 자

96 「종자산업법」에서 정의한 "종자"가 아닌 것은?

① 증식용 씨앗　　　② 산업용 화훼

③ 재배용 묘목　　　④ 양식용 영양체

종자

증식용 또는 재배용으로 쓰이는 씨앗, 버섯 종균(種菌), 묘목(苗木), 포자(胞子) 또는 영양체(營養體)인 잎·줄기·뿌리 등을 말한다.

97 종자관리사의 행정처분에 관하여 옳은 것은?

① 직무를 게을리한 경우 2년 이내의 기간을 정하여 자격을 정지시킬 수 있다.

② 직무를 게을리한 경우 3년 이내의 기간을 정하여 자격을 정지시킬 수 있다.

③ 위반행위에 대하여 정상 참작사유가 있는 경우 업무정지 기간의 3분의 1까지 경감하여 처분할 수 있다.

④ 위반행위가 둘 이상인 경우로서 그에 해당하는 각각의 처분기준이 다른 경우에는 그중 무거운 처분기준을 적용한다.

98 품종목록 등재서류의 설명 중 ( ) 안에 적합한 것은?

> 농림축산식품부장관 또는 해양수산부장관은 품종목록에 등재한 각 품종과 관련된 서류를 관련 법에 따른 해당 품종의 품종목록 등재 ( ) 보존하여야 한다.

① 유효기간 동안
② 유효기간 만료 후 6개월까지
③ 유효기간 만료 후 1년까지
④ 유효기간 만료 후 3년까지

해설

품종목록 등재서류의 보존
해당 품종의 품종목록 등재 유효기간 동안 보존하여야 한다.

99 품종보호권을 침해한 자에 대하여 품종보호권자 또는 전용실시권자가 취할 수 있는 법적 수단으로 옳지 않은 것은?

① 침해금지 청구
② 무효심판 청구
③ 손해배상 청구
④ 신용회복 청구

100 K모 씨는 거래용 서류에 품종보호출원 중이 아닌 품종을 품종보호 출원 중인 품종인 것 같이 거짓으로 표시하였다. K모 씨가 처벌 받는 벌칙기준으로 맞는 것은?

① 6개월 이하의 징역 또는 3백만 원 이하의 벌금에 처한다.

② 1년 이하의 징역 또는 5백만 원 이하의 벌금에 처한다.

③ 2년 이하의 징역 또는 1천만 원 이하의 벌금에 처한다.

④ 3년 이하의 징역 또는 2천만 원 이하의 벌금에 처한다.

해설

거짓표시의 죄
3년 이하의 징역 또는 3천만 원 이하의 벌금에 처한다.

101 다음 중 ( ) 안에 알맞은 내용은?

> 「종자관련법」상 종자업자는 종자업 등록한 사항이 변경된 경우에는 그 사유가 발생한 날부터 ( )이내에 시장·군수·구청장에게 그 변경사항을 통지하여야 한다.

① 30일
② 50일
③ 80일
④ 100일

해설

종자업의 등록
㉠ 종자업의 등록을 하려는 자는 종자업의 시설과 인력에 관한 서류를 첨부하여 등록신청서를 종자업의 주된 생산시설의 소재지를 관할하는 특별자치시장·특별자치도지사·시장·군수 또는 구청장(구청장은 자치구의 구청장을 말하며, 이하 "시장·군수·구청장"이라 한다)에게 제출(전자문서에 의한 제출을 포함한다)하여야 한다.
㉡ 종자업 등록을 신청받은 시장·군수·구청장은 신청된 사항을 확인하고, 등록요건에 적합하다고 인정될 때에는 종자업등록증을 신청인에게 발급하여야 한다.
㉢ 종자업자는 등록한 사항이 변경된 경우에는 그 사유가 발생한 날부터 30일 이내에 시장·군수·구청장에게 그 변경사항을 통지하여야 한다.

정답   97 ④   98 ①   99 ②   100 ④   101 ①

102 식물신품종 보호관련법상 품종보호를 받을 수 있는 요건은?

① 지속성   ② 특이성
③ 균일성   ④ 계절성

해설

─────────────────────

㉠ 품종보호 요건
- 신규성
- 구별성
- 균일성
- 안정성
- 품종명칭
㉡ 품종명칭
- 품종보호를 받기 위하여 출원하는 품종은 1개의 고유한 품종명칭을 가져야 한다.
- 대한민국이나 외국에 품종명칭이 등록되어 있거나 품종명칭 등록출원이 되어 있는 경우에는 그 품종명칭을 사용하여야 한다.

103 다음 중 ( ) 안에 알맞은 내용은?

( )(이)란 보호품종의 종자를 증식 · 생산 · 조제 · 양도 · 대여 · 수출 또는 수입하거나 양도 또는 대여의 청약(양도 또는 대여를 위한 전시를 포함한다. 이하 같다)을 하는 행위를 말한다.

① 실시   ② 보호품종
③ 육성자   ④ 품종보호권자

해설

─────────────────────

㉠ 육성자 : 품종을 육성한 자나 이를 발견하여 개발한 자를 말한다.
㉡ 품종보호권자 : 품종보호권을 가진 자를 말한다.
㉢ 보호품종 : 이 법에 따른 품종보호 요건을 갖추어 품종보호권이 주어진 품종을 말한다.
㉣ 실시 : 보호품종의 종자를 증식 · 생산 · 조제(調製) · 양도 · 대여 · 수출 또는 수입하거나 양도 또는 대여의 청약(양도 또는 대여를 위한 전시를 포함한다. 이하 같다)을 하는 행위를 말한다.

104 종자관련법상에서 유통종자의 품질표시 사항으로 틀린 것은?

① 품종의 명칭
② 종자의 포장당 무게 또는 낱알 개수
③ 수입 연월 및 수입자명(수입종자의 경우에 해당하며, 국내에서 육성된 품종의 종자를 해외에서 채종하여 수입하는 경우도 포함한다)
④ 종자의 발아율(버섯종균의 경우에는 종균 접종일)

해설

─────────────────────

유통종자의 품질표시
㉠ 품종의 명칭
㉡ 종자의 발아율(버섯종균의 경우에는 종균 접종일)
㉢ 종자의 포장당 무게 또는 낱알 개수
㉣ 수입 연월 및 수입자명(수입종자의 경우만 해당하며, 국내에서 육성된 품종의 종자를 해외에서 채종하여 수입하는 경우는 제외한다)
㉤ 재배 시 특히 주의할 사항
㉥ 종자업 등록번호(종자업자의 경우만 해당한다)
㉦ 품종보호 출원공개번호(「식물신품종 보호법」 출원공개된 품종의 경우만 해당한다) 또는 품종보호 등록번호(「식물신품종 보호법」 보호품종으로서 품종보호권의 존속기간이 남아 있는 경우만 해당한다)
㉧ 품종 생산 · 수입 판매 신고번호(생산 · 수입 판매 신고 품종의 경우만 해당한다)
㉨ 규격묘 표시(묘목의 경우만 해당하며, 규격묘의 규격기준 및 표시방법은 농림축산식품부장관이 정하여 고시한다)
㉩ 유전자변형종자 표시(유전자변형종자의 경우만 해당하고, 표시방법은 「유전자변형생물체의 국가 간 이동 등에 관한 법률 시행령」에 따른다)

105 종자검사요령상 항온 건조기법을 통해 보리 종자의 수분함량을 측정하였다. 수분 측정관과 덮개의 무게가 10g, 건조 전 총 무게가 15g이고 건조 후 총 무게가 14g일 때 종자 수분함량은 얼마인가?

① 10.0%   ② 15.0%
③ 20.0%   ④ 25.0%

해설

항온 건조기법

$$\frac{(M_2 - M_3)}{(M_2 - M_1)} \times 100 = \frac{(15-14)}{(15-10)} \times 100$$
$$= \frac{1}{5} \times 100 = 20$$

여기서, M_1 = 수분 측정관과 덮개의 무게(g)

M_2 = 건조 전 총 무게(g)

M_3 = 건조 후 총 무게(g)

106 「종자산업법」상에서 위반한 행위 중 벌칙이 1년 이하의 징역 또는 1천만 원 이하의 벌금에 해당하지 않는 것은?

① 보증서를 거짓으로 발급한 종자관리사
② 등록이 취소된 종자업을 계속하거나 영업정지를 받고도 종자업을 계속한 자
③ 수입적응성 시험을 받지 아니하고 종자를 수입한 자
④ 유통종자에 대한 품질표시를 하지 않고 종자를 판매한 자

해설

1년 이하의 징역 또는 1천만 원 이하의 벌금

- 등록을 하지 아니하고 종자관리사 업무를 수행한 자
- 보증서를 거짓으로 발급한 종자관리사
- 보증을 받지 아니하고 종자를 판매하거나 보급한 자
- 명령에 따르지 아니한 자
- 무병화인증기관의 지정을 받거나 그 지정의 갱신을 하지 아니하고 무병화인증 업무를 한 자
- 무병화인증기관의 지정취소 또는 업무정지 처분을 받고도 무병화인증 업무를 한 자
- 거짓이나 그 밖의 부정한 방법으로 무병화인증을 받거나 갱신한 자
- 거짓이나 그 밖의 부정한 방법으로 무병화인증기관의 지정을 받거나 갱신한 자
- 무병화인증을 받지 아니한 종자의 용기나 포장에 무병화인증의 표시 또는 이와 유사한 표시를 한 자
- 무병화인증을 받은 종자의 용기나 포장에 무병화인증을 받은 내용과 다르게 표시한 자
- 무병화인증을 받지 아니한 종자를 무병화인증을 받은 종자로 광고하거나 무병화인증을 받은 종자로 오인할 수 있도록 광고한 자
- 무병화인증을 받은 종자를 무병화인증을 받은 내용과 다르게 광고한 자
- 등록하지 아니하고 육묘업을 한 자
- 등록이 취소된 종자업 또는 육묘업을 계속하거나 영업정지를 받고도 종자업 또는 육묘업을 계속한 자
- 종자를 수출 또는 수입하거나 수입된 종자를 유통시킨 자
- 수입적응성 시험을 받지 아니하고 종자를 수입한 자
- 거짓이나 그 밖에 부정한 방법으로 종자의 검정 따른 검정을 받은 자
- 검정결과에 대하여 거짓광고나 과대광고를 한 자
- 생산 또는 판매 중지를 명한 종자 또는 묘를 생산하거나 판매한 자
- 제47조 제4항 후단을 위반하여 시료채취를 거부 · 방해 또는 기피한 자

107 종자관련법상 특별한 경우를 제외하고 작물별 보증의 유효기간으로 틀린 것은?

① 채소 : 2년
② 고구마 : 1개월
③ 버섯 : 1개월
④ 맥류 : 6개월

해설

보증의 유효기간

작물별 보증의 유효기간은 다음 각 호와 같고, 그 기산일(起算日)은 각 보증종자를 포장(包裝)한 날로 한다. 다만, 농림축산식품부장관 또는 해양수산부장관이 따로 정하여 고시하거나 종자관리사가 따로 정하는 경우에는 그에 따른다.

㉠ 채소 : 2년
㉡ 버섯 : 1개월
㉢ 감자 · 고구마 : 2개월
㉣ 맥류 · 콩 : 6개월
㉤ 그 밖의 작물 : 1년

108 보증종자를 판매하거나 보급하려는 자가 종자의 보증과 관련된 검사서류를 보관하지 아니하면 얼마의 과태료를 부과하는가?

① 1천만 원 이하의 과태료
② 2천만 원 이하의 과태료
③ 3천만 원 이하의 과태료
④ 5천만 원 이하의 과태료

1천만 원 이하의 과태료

㉠ 종자의 보증과 관련된 검사서류를 보관하지 아니한 자

㉡ 무병화인증을 받은 종자업자, 무병화인증을 받은 종자를 판매·보급하는 자 또는 무병화인증기관은 정당한 사유 없이 보고·자료제출·점검 또는 조사를 거부·방해하거나 기피한 자

㉢ 종자의 생산 이력을 기록·보관하지 아니하거나 거짓으로 기록한 자

㉣ 종자의 판매 이력을 기록·보관하지 아니하거나 거짓으로 기록한 종자업자

㉤ 정당한 사유 없이 자료제출을 거부하거나 방해한 자

㉥ 유통 종자 또는 묘의 품질표시를 하지 아니하거나 거짓으로 표시하여 종자 또는 묘를 판매하거나 보급한 자

㉦ 출입, 조사·검사 또는 수거를 거부·방해 또는 기피한 자

㉧ 구입한 종자에 대한 정보와 투입된 자재의 사용 명세, 자재구입 증명자료 등을 보관하지 아니한 자

---

109 종자의 수·출입 또는 수입된 종자의 국내 유통을 제한할 수 있는 경우에 해당되지 않는 것은?

① 수입된 종자에 유해한 잡초종자가 농림축산식품부장관 또는 해양수산부장관이 정하여 고시하는 기준 이상으로 포함되어 있는 경우

② 수입된 종자가 국내 종자 가격에 커다란 영향을 미칠 경우

③ 수입된 종자의 증식이나 교잡에 의한 유전자 변형 등으로 인하여 농작물 생태계 등 기존의 국내 생태계를 심각하게 파괴할 우려가 있는 경우

④ 수입된 종자로부터 생산된 농산물의 특수성분으로 인하여 국민건강에 나쁜 영향을 미칠 우려가 있는 경우

수출입 종자의 국내유통 제한

종자의 수출·수입을 제한하거나 수입된 종자의 국내 유통을 제한할 수 있는 경우

㉠ 수입된 종자에 유해한 잡초종자가 농림축산식품부장관 또는 해양수산부장관이 정하여 고시하는 기준 이상으로 포함되어 있는 경우

㉡ 수입된 종자의 증식이나 교잡에 의한 유전자 변형 등

으로 인하여 농작물 생태계 등 기존의 국내 생태계를 심각하게 파괴할 우려가 있는 경우

㉢ 수입된 종자의 재배로 인하여 특정 병해충이 확산될 우려가 있는 경우

㉣ 수입된 종자로부터 생산된 농산물의 특수성분으로 인하여 국민건강에 나쁜 영향을 미칠 우려가 있는 경우

㉤ 재래종 종자 또는 국내의 희소한 기본종자의 무분별한 수출 등으로 인하여 국내 유전자원(遺傳資源) 보존에 심각한 지장을 초래할 우려가 있는 경우

---

110 다음 중 품종명칭으로 등록될 수 있는 것은?

① 1개의 고유한 품종명칭

② 숫자로만 표시하거나 기호를 포함하는 품종명칭

③ 해당 품종 또는 해당 품종 수확물의 품질·수확량·생산시기·생산방법·사용방법 또는 사용시기로만 표시한 품종명칭

④ 해당 품종이 속한 식물의 속 또는 종의 다른 품종의 품종명칭과 같거나 유사하여 오인하거나 혼동할 염려가 있는 품종명칭

품종명칭

㉠ 품종보호를 받기 위하여 출원하는 품종은 1개의 고유한 품종명칭을 가져야 한다.

㉡ 대한민국이나 외국에 품종명칭이 등록되어 있거나 품종명칭 등록출원이 되어 있는 경우에는 그 품종명칭을 사용하여야 한다.

---

111 다음 중 ( ) 안에 알맞은 내용은?

식물신품종 보호관련법상 품종보호권이 공유인 경우 각 공유자가 계약으로 특별히 정한 경우를 제외하고는 다른 공유자의 동의를 받지 아니하고 ( ) 할 수 있다.

① 공유지분을 양도

② 공유지분을 목적으로 하는 질권을 설정

③ 해당 품종보호권에 대한 전용실시권을 설정

④ 해당 보호품종을 자신이 실시

해설

품종보호권의 이전

㉠ 품종보호권은 이전할 수 있다.
㉡ 품종보호권이 공유인 경우 각 공유자는 다른 공유자의 동의를 받지 아니하면 다음의 행위를 할 수 없다.
  • 공유지분을 양도하거나 공유지분을 목적으로 하는 질권의 설정
  • 해당 품종보호권에 대한 전용실시권의 설정 또는 통상실시권의 허락
㉢ 품종보호권이 공유인 경우 각 공유자는 계약으로 특별히 정한 경우를 제외하고는 다른 공유자의 동의를 받지 아니하고 해당 보호품종을 자신이 실시할 수 있다.

112 품종보호를 받을 수 있는 권리의 승계에 대한 내용으로 틀린 것은?

① 동일인으로부터 승계한 동일한 품종보호를 받을 수 있는 권리에 대하여 같은 날에 둘 이상의 품종보호 출원이 있는 경우에는 품종보호 출원인 간에 협의하여 정한 자에게만 그 효력이 발생한다.
② 품종보호 출원 전에 해당 품종에 대하여 품종보호를 받을 수 있는 권리를 승계한 자는 그 품종보호의 출원을 하지 아니하는 경우에도 제3자에게 대항할 수 있다.
③ 품종보호 출원 후에 품종보호를 받을 수 있는 권리의 승계는 상속이나 그 밖의 일반승계의 경우를 제외하고는 품종보호 출원인이 명의변경 신고를 하지 아니하면 그 효력이 발생하지 아니한다.
④ 품종보호를 받을 수 있는 권리의 상속이나 그 밖의 일반승계를 한 경우에는 승계인은 지체 없이 그 취지를 공동부령으로 정하는 바에 따라 농림축산식품부장관 또는 해양수산부장관에게 신고하여야 한다.

해설

품종보호를 받을 수 있는 권리의 승계

㉠ 품종보호 출원 전에 해당 품종에 대하여 품종보호를 받을 수 있는 권리를 승계한 자는 그 품종보호의 출원을 하지 아니하는 경우에는 제3자에게 대항할 수 없다.
㉡ 동일인으로부터 승계한 동일한 품종보호를 받을 수

있는 권리에 대하여 같은 날에 둘 이상의 품종보호 출원이 있는 경우에는 품종보호 출원인 간에 협의하여 정한 자에게만 그 효력이 발생한다.
㉢ 품종보호 출원 후에 품종보호를 받을 수 있는 권리의 승계는 상속이나 그 밖의 일반승계의 경우를 제외하고는 품종보호 출원인이 명의변경신고를 하지 아니하면 그 효력이 발생하지 아니한다.
㉣ 품종보호를 받을 수 있는 권리의 상속이나 그 밖의 일반승계를 한 경우에는 승계인은 지체 없이 그 취지를 공동부령으로 정하는 바에 따라 농림축산식품부장관 또는 해양수산부장관에게 신고하여야 한다.
㉤ 동일인으로부터 승계한 동일한 품종보호를 받을 수 있는 권리의 승계에 관하여 같은 날에 둘 이상의 신고가 있을 때에는 신고한 자 간에 협의하여 정한 자에게만 그 효력이 발생한다.

113 다음 중 종자관리사의 자격기준으로 틀린 것은?

① 종자기사 자격을 취득한 사람으로서 자격 취득 전후의 기간을 포함하여 종자업무에 1년 이상 종사한 사람
② 버섯종균기능사 자격을 취득한 사람으로서 자격 취득 전후의 기간을 포함하여 버섯 종균업무에 3년 이상 종사한 사람(버섯 종균을 보증하는 경우만 해당한다.)
③ 종자기술사 자격을 취득한 사람
④ 종자산업기사 자격을 취득한 사람으로서 자격취득 전후의 기간을 포함하여 종자업무와 유사한 업무에 1년 이상 종사한 사람

해설

종자관리사의 자격기준

㉠ 「국가기술자격법」에 따른 종자기술사 자격을 취득한 사람
㉡ 「국가기술자격법」에 따른 종자기사 자격을 취득한 사람으로서 자격 취득 전후의 기간을 포함하여 종자업무 또는 이와 유사한 업무에 1년 이상 종사한 사람
㉢ 「국가기술자격법」에 따른 종자산업기사 자격을 취득한 사람으로서 자격 취득 전후의 기간을 포함하여 종자업무 또는 이와 유사한 업무에 2년 이상 종사한 사람
㉣ 「국가기술자격법」에 따른 종자기능사 자격을 취득한

사람으로서 자격 취득 전후의 기간을 포함하여 종자 업무 또는 이와 유사한 업무에 3년 이상 종사한 사람
ⓜ 「국가기술자격법」에 따른 버섯종균기능사 자격을 취득한 사람으로서 자격 취득 전후의 기간을 포함하여 버섯 종균업무 또는 이와 유사한 업무에 3년 이상 종사한 사람(버섯 종균을 보증하는 경우만 해당한다)

114 다음 중 종자업 등록을 하지 않아도 종자를 생산·판매할 수 있는 자로 맞는 것은?

① 시·도지사
② 농업계 대학원에서 실험하는 자
③ 농업계 전문대학에서 실험하는 자
④ 실업계 고등학교 교사

해설

종자업의 등록

ⓐ 종자업의 등록을 하려는 자는 종자업의 시설과 인력에 관한 서류를 첨부하여 등록신청서를 종자업의 주된 생산시설의 소재지를 관할하는 특별자치시장·특별자치도지사·시장·군수 또는 구청장(구청장은 자치구의 구청장을 말하며, 이하 "시장·군수·구청장"이라 한다)에게 제출(전자문서에 의한 제출을 포함한다)하여야 한다.

ⓑ 종자업을 하려는 자는 종자관리사를 1명 이상 두어야 한다. 다만, 대통령령으로 정하는 작물의 종자를 생산·판매하려는 자의 경우에는 그러하지 아니하다.

ⓒ 농림축산식품부장관, 농촌진흥청장, 산림청장, 시·도지사, 시장·군수·구청장 또는 농업단체 등이 종자의 증식·생산·판매·보급·수출 또는 수입을 하는 경우에는 ⓐ과 ⓑ을 적용하지 아니한다.

115 다음 중 종자를 생산·판매하려는 자의 경우에 종자관리사를 두어야 하는 작물은?

① 장미   ② 뽕
③ 무   ④ 페튜니아

해설

종자관리사 보유의 예외

종자업을 하려는 자는 종자관리사를 1명 이상 두어야 한다. 다만, 대통령령으로 정하는 작물의 종자를 생산·

판매하려는 자의 경우에는 그러하지 아니하다.

단서에서 "대통령령으로 정하는 작물"이란 다음의 작물을 말한다.

ⓐ 화훼
ⓑ 사료작물(사료용 벼·보리·콩·옥수수 및 감자를 포함한다)
ⓒ 목초작물
ⓓ 특용작물
ⓔ 뽕
ⓕ 임목(林木)
ⓖ 해조류
ⓗ 식량작물(벼·보리·콩·옥수수 및 감자는 제외한다)
ⓘ 과수(사과·배·복숭아·포도·단감·자두·매실·참다래 및 감귤은 제외한다)
ⓙ 채소류(무·배추·양배추·고추·토마토·오이·참외·수박·호박·파·양파·당근·상추 및 시금치는 제외한다)
ⓚ 버섯류(양송이·느타리버섯·뽕나무버섯·영지버섯·만가닥버섯·잎새버섯·목이버섯·팽이버섯·복령·버들송이 및 표고버섯은 제외한다)

116 식물신품종 보호관련법상 품종보호권 또는 전용실시권을 침해한 자는 어떠한 처벌을 받는가?

① 3년 이하의 징역 또는 5백만 원 이하의 벌금에 처한다.
② 5년 이하의 징역 또는 1천만 원 이하의 벌금에 처한다.
③ 7년 이하의 징역 또는 1억 원 이하의 벌금에 처한다.
④ 9년 이하의 징역 또는 2억 원 이하의 벌금에 처한다.

해설

침해죄

ⓐ 다음 어느 하나에 해당하는 자는 7년 이하의 징역 또는 1억 원 이하의 벌금에 처한다.
 • 품종보호권 또는 전용실시권을 침해한 자
 • 권리를 침해한 자. 다만, 해당 품종보호권의 설정등록이 되어 있는 경우만 해당한다.
 • 거짓이나 그 밖의 부정한 방법으로 품종보호결정 또는 심결을 받은 자
ⓑ 죄는 고소가 있어야 공소를 제기할 수 있다.

117 다음 중 종자검사의 검사기준에서 이물로 처리되는 것은?

① 선충에 의한 충영립 　② 미숙립
③ 발아립 　④ 소립

해설

이물

정립이나 이종종자로 분류되지 않는 종자구조를 가졌거나 종자가 아닌 모든 물질로 다음의 것을 포함한다.

㉠ 원형의 반 미만의 작물종자 쇄립 또는 피해립
㉡ 완전 박피된 두과종자, 십자화과 종자 및 야생겨자 종자
㉢ 작물종자 중 불임소수
㉣ 맥각병해립, 균핵병해립, 깜부기병해립, 선충에 의한 충영립
㉤ 배아가 없는 잡초종자
㉥ 회백색 또는 회갈색으로 변한 새삼과 종자
㉦ 모래, 흙, 줄기, 잎, 식물의 부스러기 꽃 등 종자가 아닌 모든 물질

정립

이종종자, 잡초종자 및 이물을 제외한 종자를 말하며 다음을 포함한다.

㉠ 미숙립, 발아립, 주림진립, 소립
㉡ 원래크기의 1/2 이상인 종자쇄립
㉢ 병해립(맥각병해립, 균핵병해립, 깜부기병해립 및 선충에의한 충영립을 제외한다)

118 종자관리요강에서 포장검사 및 종자검사의 검사기준 항목 중 백분율을 전체에 대한 개수 비율로 나타내는 항목으로만 짝지어진 것은?

① 정립, 수분 　② 정립, 피해립
③ 발아율, 수분 　④ 발아율, 병해립

해설

백분율(%)

검사항목의 전체에 대한 중량비율을 말한다. 다만 발아율, 병해립과 포장 검사항목에 있어서는 전체에 대한 개수비율을 말한다.

119 다음 중 국가품종목록 등재 대상작물이 아닌 것은?

① 감자 　② 보리
③ 사료용 옥수수 　④ 콩

해설

국가품종목록의 등재 대상

품종목록에 등재할 수 있는 대상작물은 벼, 보리, 콩, 옥수수, 감자와 그 밖에 대통령령으로 정하는 작물로 한다. 다만, 사료용은 제외한다.

120 식물신품종 보호관련법상 "품종의 본질적 특성이 반복적으로 증식된 후에도 그 품종의 본질적 특성이 변하지 아니하는 경우"에 해당하는 것은?

① 안정성 　② 균일성
③ 구별성 　④ 신규성

해설

신품종의 보호

㉠ 구별성 : 다른 품종과 명확하게 구별되는 특성을 가져야 한다.
㉡ 균일성 : 품종의 특성이 균일해야 한다.
㉢ 안정성 : 반복증식하거나 번식주기에 따라 번식한 후에 품종특성이 변화하지 말아야 한다.
㉣ 신규성 : 육종가 권리를 신청한 날로부터 일정기간 동안 판매하거나 타인에게 양도한 일이 없어야 한다.
㉤ 고유한 명칭을 가져야 한다(숫자로 된 명칭은 안 됨).

121 종자관련법상 국가품종목록의 등재대상 작물이 아닌 것은?

① 벼 　② 사료용 옥수수
③ 보리 　④ 감자

해설

품종목록에 등재할 수 있는 대상작물은 벼, 보리, 콩, 옥수수, 감자와 그 밖에 대통령령으로 정하는 작물로 한다.

122 식물신품종 보호관련법상 품종명칭의 등록을 받을 수 있는 것은?

① 저명한 타인의 승낙을 얻은 후 사용된 그 타인의 명칭
② 해당 품종 또는 해당 품종 수확물의 품질·수확량·생산시기·사용방법 또는 사용시기로만 표시한 품종명칭
③ 숫자로만 표시하거나 기호를 포함하는 품종명칭
④ 해당 품종이 속한 식물의 속 또는 종의 다른 품종의 품종명칭과 같거나 유사하여 오인하거나 혼동할 염려가 있는 품종명칭

123 종자관련법상 품종목록 등재의 유효기간 내용으로 옳은 것은?

① 품종목록 등재의 유효기간은 유효기간 연장신청에 의하여 계속 연장될 수 없다.
② 품종목록 등재의 유효기간은 등재한 날부터 5년까지로 한다.
③ 품종목록 등재의 유효기간은 등재한 날이 속한 해의 다음 해부터 10년까지로 한다.
④ 품종목록 등재의 유효기간은 등재한 날부터 15년까지로 한다.

해설
품종목록 등재의 유효기간
등재한 날이 속한 해의 다음 해부터 10년까지

124 종자관련법상 작물별 보증의 유효기간으로 옳지 않은 것은?

① 채소 : 2년　　② 버섯 : 2개월
③ 감자 : 2개월　　④ 고구마 : 2개월

해설
보증의 유효기간
㉠ 채소 : 2년
㉡ 기타 : 1년
㉢ 맥류·콩 : 6개월
㉣ 감자·고구마 : 2개월
㉤ 버섯 : 1개월

125 종자관련법상 종자의 수출·수입에 관한 내용이다. ( ) 안에 알맞은 내용은?

( )은 국내 생태계 보호 및 자원보존에 심각한 지장을 줄 우려가 있다고 인정하는 경우에는 대통령령으로 정하는 바에 따라 종자의 수출·수입을 제한하거나 수입된 종자의 국내 유통을 제한할 수 있다.

① 농림축산식품부장관　　② 농촌진흥청장
③ 국립종자원장　　④ 환경부장관

126 종자관련법상 "꽃 또는 볏과식물의 소수(Spikelet)를 엽맥에 끼우는 퇴화한 잎 또는 인편상의 구조물"을 설명하는 용어는?

① 악판　　② 강모
③ 부리　　④ 포엽

해설
용어
㉠ 악판(꽃받침, Calyx, Pl. Calyces) : 꽃받침조각으로 이루어진 꽃의 바깥쪽 덮개
㉡ 강모(剛毛, Bristle) : 뻣뻣한 털·간혹 까락(毛)이 굽어 있을 때 윗부분을 지칭하기도 함
㉢ 부리(Beak, Beaked) : 과실의 길고 뾰족한 연장부
㉣ 포엽(包葉, Bract) : 꽃 또는 볏과식물의 소수(Spikelet)를 엽맥에 끼우는 퇴화한 잎 또는 인편상의 구조물

127 종자관련법상 대통령령으로 정하는 작물이 아닌 것은?

① 화훼　　② 뽕
③ 양송이　　④ 임목

해설
대통령령으로 정하는 작물
㉠ 화훼
㉡ 사료작물(사료용 벼·보리·콩·옥수수 및 감자를 포함한다)
㉢ 목초작물
㉣ 특용작물

ⓜ 뽕

ⓑ 임목(林木)

ⓢ 해조류

ⓞ 식량작물(벼 · 보리 · 콩 · 옥수수 및 감자는 제외한다)

ⓩ 과수(사과 · 배 · 복숭아 · 포도 · 단감 · 자두 · 매실 · 참다래 및 감귤은 제외한다)

ⓒ 채소류(무 · 배추 · 양배추 · 고추 · 토마토 · 오이 · 참외 · 수박 · 호박 · 파 · 양파 · 당근 · 상추 및 시금치는 제외한다)

ⓚ 버섯류(양송이 · 느타리버섯 · 뽕나무버섯 · 영지버섯 · 만가닥버섯 · 잎새버섯 · 목이버섯 · 팽이버섯 · 복령 · 버들송이 및 표고버섯은 제외한다)

128 종자관련법상 대통령령으로 정하는 작물이 아닌 것은?

① 포장한 보증종자의 포장을 뜯거나 열었을 때, 종자의 보증 효력을 잃은 것으로 본다. 다만, 해당 종자를 보증한 보증기관이나 종자관리사의 감독에 따라 분포장(分包裝)하는 경우도 포함한다는 단서에 따라 분포장한 종자의 보증표시는 분포장하기 전에 표시되었던 해당 품종의 보증표시와 다른 내용으로 하여야 한다.

② 포장한 보증종자의 포장을 뜯거나 열었을 때, 종자의 보증 효력을 잃은 것으로 본다. 다만, 해당 종자를 보증한 보증기관이나 농촌진흥청장의 감독에 따라 분포장(分包裝)하는 경우도 포함한다는 단서에 따라 분포장한 종자의 보증표시는 분포장한 후에 표시되었던 해당 품종의 보증표시와 같은 내용으로 하여야 한다.

③ 포장한 보증종자의 포장을 뜯거나 열었을 때, 종자의 보증 효력을 잃은 것으로 본다. 다만, 해당 종자를 보증한 보증기관이나 농촌진흥청장이나 종자관리사의 감독에 따라 분포장(分包裝)하는 경우도 포함한다는 단서에 따라 분포장한 종자의 보증표시는 분포장하기 전에 표시되었던 해당 품종의 보증표시보다 더 자세한 내용으로 하여야 한다.

④ 포장한 보증종자의 포장을 뜯거나 열었을 때, 종자의 보증 효력을 잃은 것으로 본다. 다만, 해당 종자를 보증한 보증기관이나 종자관리사의 감독에 따라 분포장(分包裝)하는 경우는 제외한다

는 단서에 따라 분포장한 종자의 보증표시는 분포장하기 전에 표시되었던 해당 품종의 보증표시와 같은 내용으로 하여야 한다.

129 종자관련법상 유통 종자의 품질표시 사항으로 맞은 것은?

① 품종의 순도

② 품종의 진위

③ 포장 연월

④ 재배 시 특히 주의할 사항

130 식물신품종 보호관련법상 품종보호권을 침해한 자가 받는 벌칙은?

① 3년 이하의 징역 또는 1,000만 원 이하의 벌금에 처한다.

② 5년 이하의 징역 또는 1,000만 원 이하의 벌금에 처한다.

③ 5년 이하의 징역 또는 1억 이하의 벌금에 처한다.

④ 7년 이하의 징역 또는 1억 이하의 벌금에 처한다.

해설

품종보호권 또는 전용실시권을 침해한 자
7년 이하의 징역 또는 1억 이하의 벌금에 처한다.

131 종자관련법상 종자업의 등록 내용으로 옳지 않은 것은?

① 종자업을 하려는 자는 종자관리사를 1명 이상 두어야 한다. 다만, 대통령령으로 정하는 작물의 종자를 생산 · 판매하려는 자의 경우에는 그러하지 아니하다.

② 종자업을 하려는 자는 종자관리사를 2명 이상 두어야 한다. 다만, 대통령령으로 정하는 작물의 종자를 생산 · 판매하려는 자의 경우에는 그러하지 아니하다.

③ 종자업을 하려는 자는 대통령령으로 정하는 시설을 갖추어 시장에게 등록하여야 한다.

④ 종자업을 하려는 자는 대통령령으로 정하는 시설을 갖추어 군수에게 등록하여야 한다.

132 식물신품종 보호관련법상 품종보호권의 효력이 적용되는 것은?

① 영리 외의 목적으로 자가소비(自家消費)를 하기 위한 품종
② 실험이나 연구를 하기 위한 품종
③ 다른 품종을 육성하기 위한 품종
④ 보호품종을 반복하여 사용하여야 종자생산이 가능한 품종

해설

품종보호권의 효력이 미치지 않는 범위
㉠ 영리 외의 목적으로 자가소비를 하기 위한 보호품종의 실시
㉡ 실험이나 연구를 하기 위한 보호품종의 실시
㉢ 다른 품종을 육성하기 위한 보호품종의 실시

133 다음 중 ( ) 안에 알맞은 내용은?

종자관리요강에서 뽕나무 포장격리에 대한 내용으로 무병 묘목인지 확인되지 않은 뽕밭과 최소 ( )m 이상 격리되어 근계의 접촉이 없어야 한다.

① 1 　　　　　　② 3
③ 5 　　　　　　④ 10

해설

포장격리
㉠ 무병 묘목인지 확인되지 않은 뽕밭과 최소 5m 이상 격리되어 근계의 접촉이 없어야 한다.
㉡ 다른 품종들과 섞이는 것을 방지하기 위해 한 열에는 한 품종만 재식한다.

134 종자관련법상 ( ) 안에 해당하는 것은?

품종성능의 심사는 ( )이 정하는 기준에 따라 실시한다.

① 산림청장
② 농촌진흥청장
③ 농업기술실용화재단장
④ 농업기술센터장

135 종자관련법상 보상 청구의 내용이다. ( ) 안에 알맞은 내용은?

종자업자는 보상 청구를 받은 날부터 ( ) 이내에 그 보상 청구에 대한 보상 여부를 결정하여야 한다.

① 5일 　　　　　② 15일
③ 25일 　　　　　④ 30일

136 다음은 식물신품종 보호관련법상 통상실시권에 대한 내용이다. ( ) 안에 알맞은 내용은?

보호품종을 실시하려는 자는 보호품종이 정당한 사유 없이 계속하여 ( ) 이상 국내에서 상당한 영업적 규모로 실시되지 아니하거나 적당한 정도와 조건으로 국내 수요를 충족시키지 못한 경우 농림축산식품부장관 또는 해양수산부장관에게 통상실시권 설정에 관한 재정(裁定)(이하 "재정"이라 한다)을 청구할 수 있다. 다만, 재정의 청구는 해당 보호품종의 품종보호권자 또는 전용실시권자와 통상실시권 허락에 관한 협의를 할 수 없거나 협의 결과 합의가 이루어지지 아니한 경우에만 할 수 있다.

① 3년 　　　　　② 2년
③ 1년 　　　　　④ 6개월

137 종자관련법상 자체보증의 대상에 대한 내용이다. ( ) 안에 해당하지 않는 것은?

( )이/가 품종목록 등재대상작물의 종자를 생산하는 경우 자체보증의 대상으로 한다.

① 종자업자 　　　　② 농업단체
③ 실험실 연구원 　　④ 시장

138 식물신품종 보호관련법상 품종보호를 위해 출원 시 첨부하지 않아도 되는 것은?

① 품종보호 출원 수수료 납부증명서
② 종자시료
③ 품종 육성지역의 토양 상태
④ 품종의 사진

139 종자관리요강상 벼의 포장검사 및 종자검사에 있어 특정병에 해당하는 것은?

① 도열병
② 선충심고병
③ 깨씨무늬병
④ 흰잎마름병

> 해설

특정병
벼 : 선충심고병, 키다리병

140 품종목록 등재의 유효기간은?

① 5년
② 10년
③ 20년
④ 30년

> 해설

품종목록 등재의 유효기간
㉠ 품종목록 등재의 유효기간은 등재한 날의 다음 해부터 10년까지로 한다.
㉡ 유효기간은 연장신청에 의해 계속 연장될 수 있다.
㉢ 유효기간 연장신청은 품종목록등제의 유효기간 만료 전 1년 이내에 신청하여야 한다.
㉣ 유효기간연장신청품종이 품종성능을 유지하고 있으면 연장신청을 거부할 수 없다.
㉤ 연장신청서를 종자관리소장 또는 산림청장에게 제출하여야 한다.

141 국가품종목록에 등재되어야 하는 작물이 아닌 것은?

① 벼
② 보리
③ 감자
④ 무

> 해설

국가품종목록 등재 대상
벼, 보리, 콩, 옥수수, 감자

142 HACCP란 무엇을 의미하는가?

① 위해요소중점관리기준
② 우수농산물관리제도
③ 생산이력추적관리제도
④ 병충해종합관리

> 해설

HACCP(Hazard Analysis Critical Control Point)
식품의 원재료 생산에서부터 제조, 가공, 보존, 조리 및 유통단계를 거쳐 최종소비자가 섭취하기 전까지 각 단계에서 위해 물질이 해당 식품에 혼입되거나 오염되는 것을 사전에 방지하기 위하여 발생할 우려가 있는 위해요소를 규명하고 이들 위해요소 중에서 최종 제품에 결정적으로 위해를 줄 수 있는 공정, 지점에서 해당 위해요소를 중점적으로 관리하는 위생관리 시스템이다. '해썹' 또는 '해십'이라 부르며 우리나라에서는 1995년 12월에 도입하면서 「식품위생법」에서 '식품위해요소중점관리기준'이라고 한다.

143 「종자산업법」에서 규정하고 있는 품종보호 요건으로 맞는 것은?

① 일치성
② 신규성
③ 적응성
④ 유사성

> 해설

품종보호를 받을 수 있는 요건 5가지
㉠ 신규성
㉡ 구별성
㉢ 균일성
㉣ 안정성
㉤ 종자산업법 규정에 의한 품종명칭

144 체세포 돌연변이를 이용하여 새로운 품종을 많이 육성하는 작물은?

① 콩과 작물
② 화본과 작물
③ 일년생 화훼류
④ 다년생 과수류

> 해설

영양번식작물
영양번식작물은 흔히 잡종성이므로 생장점에 변이가 생겼을 때는 Aa → aa로 되며 이것은 곧 아조변이로 나타나는데, 변이부분을 일찍이 잘라내어 접목, 취목, 삽목 등에 의해서 별도로 번식시키는 것이 좋다.

145 벼의 포장검사 시 특정병은?

① 선충심고병
② 도열병
③ 백엽고병
④ 오갈병

> **해설**

벼 종자의 병해
㉠ 특정병 : 키다리병, 선충심고병
㉡ 기타병 : 도열병, 깨씨무늬병

146 「종자산업법」의 목적에 대한 설명이다. 잘못된 것은?

① 신품종육성자의 권리보호
② 주요 작물 품종성능의 관리
③ 종자의 생산·보증 및 유통에 관한 사항 규정
④ 종자관리의 2원화

> **해설**

종자산업법의 목적
㉠ 신품종 육성자의 권리보호
㉡ 주요 작물의 품종성능의 관리
㉢ 종자생산·보증 및 유통
㉣ WTO 협정이행
㉤ 종자관리 체계 일원화

147 다음 중 품종성능관리에 관하여 맞지 않는 것은?

① 국가품종목록에 등재하고자 하는 자는 국가품종목록등재신청서에 종자시료를 첨부하여 신청하여야 한다.
② 농림부장관은 국가품종목록등재신청을 거절하고자 할 때에는 그 신청인에게 거절이유를 통지하고 기간을 정하여 의견서를 제출할 수 있는 기회를 주어야 한다.
③ 국가품종목록등재의 유효기간은 등재한 날의 다음 해부터 15년까지로 한다.
④ 국가품종목록에 등재된 품종에 대해 등재 당시

의 성능이 유지되지 못할 경우 등재가 취소될 수 있다.

> **해설**

품종목록 등재의 유효기간
㉠ 품종목록 등재의 유효기간은 등재한 날의 다음 해부터 10년까지로 한다.
㉡ 유효기간은 연장신청에 의해 계속 연장될 수 있다.
㉢ 유효기간 연장신청은 품종목록등제의 유효기간 만료 전 1년 이내에 신청하여야 한다.
㉣ 유효기간연장신청품종이 품종성능을 유지하고 있으면 연장신청을 거부할 수 없다.
㉤ 연장신청서를 종자관리소장 또는 산림청장에게 제출하여야 한다.

148 다음 중 「종자산업법」상 종자의 정의에 해당되는 것은?

① 버섯의 종균은 종자에 해당하지 않는다.
② 증식용 및 번식용으로 이용되는 식물의 기관은 종자에 해당한다.
③ 종자는 씨앗으로 번식하는 것만을 말한다.
④ 영양체로 번식하는 것은 종자로 분류하지 않는다.

> **해설**

종자
증식용 또는 재배용으로 쓰이는 씨앗, 버섯종균 또는 영양체를 말한다.

149 다음 중 국가품종목록에 품종을 등재하여야 하는 경우는?

① 밀에 대한 신품종을 육성하여 보급하고자 한다.
② 고구마에 대해 새로운 품종을 육성하여 보급하고자 한다.
③ 보리의 새로운 품종을 캐나다에서 도입하여 보급하고자 한다.
④ 새로운 녹두품종을 개량하여 보급하고자 한다.

> **해설**

국가품종목록 등재 대상
벼, 보리, 콩, 옥수수, 감자

정답　145 ①　146 ④　147 ③　148 ②　149 ③

150 「종자산업법」에서 규정하고 있는 '육성자'의 정의로 옳은 것은?

① 신품종을 발견하여 육성한 자
② 신품종을 육성한 자 또는 발견한 자
③ 신품종을 육성한 자 또는 발견하여 개발한 자
④ 신품종을 육성, 발견 또는 개발한 자

〔해설〕

육성자
신품종을 육성한 자 또는 발견하여 개발한 자

151 다음 작물에 대한 종자업을 영위하고자 하는 자가 종자관리사를 1인 이상 두어야만 하는 경우는?

① 뽕　　　　　② 장미
③ 수박　　　　④ 버뮤다그래스

〔해설〕

종자 생산·판매 시 종자관리사를 1인 이상 갖추지 않아도 되는 작물
㉠ 화훼
㉡ 사료작물(사료용 벼·보리·콩·옥수수 및 감자를 포함한다)
㉢ 목초작물
㉣ 특용작물
㉤ 뽕
㉥ 임목(林木)
㉦ 해조류
㉧ 식량작물(벼·보리·콩·옥수수 및 감자는 제외한다)
㉨ 과수(사과·배·복숭아·포도·단감·자두·매실·참다래 및 감귤은 제외한다)
㉩ 채소류(무·배추·양배추·고추·토마토·오이·참외·수박·호박·파·양파·당근·상추 및 시금치는 제외한다)
㉪ 버섯류(양송이·느타리버섯·뽕나무버섯·영지버섯·만가닥버섯·잎새버섯·목이버섯·팽이버섯·복령·버들송이 및 표고버섯은 제외한다)

152 품종이 법적인 보호를 받기 위해서는 구별성이 있어야 한다. 다음 중 구별성이 없다고 할 수 있는 품종은?

① 품종보호출원일 이전에 일반인에게 알려진 품종과 구별된다.
② 이미 유통되고 있는 품종과 구별된다.
③ 품종목록에 등재된 품종과 구별된다.
④ 외국에 등록된 품종과 구별이 안 된다.

〔해설〕

구별성
일반인에게 알려져 있는 품종(품종보호를 받을 수 있는 권리를 가진 자의 의사에 반하여 일반인에게 알려져 있는 품종은 제외)
㉠ 유통되고 있는 품종
㉡ 보호품종
㉢ 품종목록에 등재되어 있는 품종
㉣ 공동부령으로 정하는 종자산업과 관련된 협회에 등록되어 있는 품종

153 다음 중 채종단계별 구분을 요하는 종자의 원원종 보증표시 사항에 관하여 맞는 것은?

① 바탕색은 흰색으로, 대각선은 보라색으로, 글씨는 검은색으로 표시
② 바탕색은 흰색으로, 글씨는 검은색으로 표시
③ 바탕색은 청색으로, 글씨는 검은색으로 표시
④ 바탕색은 적색으로, 글씨는 검은색으로 표시

〔해설〕

증식단계별 보증표의 색

구분	바탕색	대각선	글씨
원원종	흰색	보라색	검은색
원종	흰색	·	검은색
보급종(I)	청색	·	검은색
보급종(II)	적색	·	검은색

PART

02

최신 기출문제

부록 1
과년도 기출문제

제1과목 종자생산학

01 자연 교잡률이 5~25% 정도인 식물은?

① 자가수정 식물
② 타가수정 식물
③ 부분타식성 식물
④ 내혼계 식물

02 화분모세포 10개가 정상적으로 감수분열하면 몇 개의 화분(소포자)을 만들게 되는가?

① 10개
② 20개
③ 40개
④ 50개

03 시금치의 개화성과 채종에 대한 설명으로 옳은 것은?

① F₁ 채종의 원종은 뇌수분으로 채종한다.
② 자가불화합성을 이용하여 F₁ 채종을 한다.
③ 자웅이주(雌雄異株)로서 암꽃과 수꽃이 각각 따로 있다.
④ 장일성 식물로서 유묘기 때 저온 처리를 하면 개화가 억제된다.

04 한천배지검정에서 Sodium Hypochlorite (NaCl)를 이용한 종자의 표면 소독 시 적정 농도와 침지시간으로 가장 적당한 것은?

① 1%, 1분
② 10%, 1분
③ 20%, 30분
④ 40%, 30분

05 배휴면(胚休眠)을 하는 종자를 습한 모래 또는 이끼와 교대로 층상으로 쌓아 두고, 그것을

저온에 두어 휴면을 타파시키는 방법을 무엇이라 하는가?

① 밀폐처리
② 습윤처리
③ 층적처리
④ 예랭

06 종자의 저장성에 대한 설명으로 옳은 것은?

① 종자의 저장성은 저장고에 입고 당시 종자의 질과 저장 전 종자의 생육단계에 의하여 지배된다.
② 종자가 생리적 성숙기에 도달하면 곧바로 기계로 수확하여 저장하는 것이 종자 저장성 향상에 좋다.
③ 저장 중 종자의 퇴화율은 동일 작물이라면 소집단별 또는 개체별로 차이를 나타내지 않는다.
④ 좋은 저장환경을 갖춘 저장고에 종자를 저장하면 종자의 질이 월등히 향상된다.

07 종자세의 평가방법에 대한 설명으로 틀린 것은?

① 저온검사법은 옥수수나 콩에 보편적으로 이용되고 있다.
② 저온발아검사법은 목화에 보편적으로 이용되고 있다.
③ 노화촉진검사법은 흡습시키지 않은 종자를 고온·다습한 조건에 처리한 후 적합한 조건에서 발아시키는 방법이다.
④ 삼투압검사법은 높은 삼투용액에서는 발아속도가 빨라지고 유근보다 유아가 더 빠르게 출현하는 것을 이용한다.

정답   01 ③   02 ③   03 ③   04 ①   05 ③   06 ①   07 ④

08 상추의 특성을 바르게 설명한 것은?

① 발아온도는 25℃가 알맞다.
② 생육 시 30℃ 전후의 고온을 좋아한다.
③ 장일 조건에서 추대가 촉진된다.
④ 20℃ 이하가 되어야 개화한다.

09 일대잡종 종자 생산을 위한 인공교배에서 제웅이란?

① 개화 전 양친의 암술을 제거하는 작업이다.
② 개화 전 자방친의 꽃밥을 제거하는 작업이다.
③ 개화 직후 화분친의 암술을 제거하는 작업이다.
④ 개화 직후 양친의 꽃밥을 제거하는 작업이다.

10 종자의 발아시험에 쓰이지 않는 온도 조건은?

① 25℃ 항온
② 35℃ 항온
③ 15~25℃의 변온
④ 20~30℃의 변온

11 종자의 발아검사에 대한 설명으로 옳지 않은 것은?

① 순도분석이 끝난 정립(Pure Seed)을 이용한다.
② 검사시료는 잘 혼합된 시료에서 무작위로 채취한다.
③ 100립 4반복으로 치상하는 것이 통례이다.
④ 평균 발아율은 소수점 이하 한 자리까지 나타낸다.

12 화곡류에서 질소의 과다시용에 의한 피해로 옳지 않은 것은?

① 병에 걸리기 쉽다.
② 종자의 휴면성을 증가시킨다.
③ 과도한 영양생장과 도복의 원인이 된다.
④ 종자의 등숙률을 저하시킨다.

13 다음 종자의 발육환경 중 일장에 의한 영향은 어떤 것인가?

① 수확 전 발아나 조기발아의 문제가 발생한다.
② 상추종자는 광 휴면성이 둔감해진다.
③ 질소의 용탈과 탈질 현상이 일어난다.
④ 콩과 작물의 경우 경실성과 관련이 있다.

14 수확적기로 벼의 수확 및 탈곡 시에 기계적 손상을 최소화할 수 있는 종자 수분 함량은?

① 14% 이하
② 17~23%
③ 24~30%
④ 31% 이상

15 종자퇴화(種子退化)의 증상이 아닌 것은?

① 발아율 저하
② 유리지방산 증가
③ 종자 침출물 증가
④ 호흡 증가

16 종자 발아 시 지베렐린이나 적색 광과 더불어 상승제적(相乘劑的) 역할을 하는 식물호르몬으로 과실의 성숙이나 눈의 휴면과도 가장 관련 있는 것은?

① 옥신
② 과산화수소
③ 에틸렌
④ 시토키닌

17 다음 중 종자의 수명이 가장 긴 종자는?

① 토마토
② 상추
③ 당근
④ 고추

18 정상묘로만 나열된 것은?

① 부패묘, 경 결함묘
② 경 결함묘, 2차 감염묘
③ 완전묘, 기형묘
④ 기형묘, 부패묘

19 종자의 자엽 부위에 양분을 저장하는 무배유(無胚乳) 작물로만 나열된 것은?

① 벼, 밀   ② 벼, 콩
③ 밀, 팥   ④ 콩, 팥

20 종자 퇴화의 직접적인 원인으로 가장 거리가 먼 것은?

① 저장 양분의 고갈   ② 저장 단백질의 과다
③ 유해 물질의 축적   ④ 지질의 자동 산화

제2과목 식물육종학

21 자연계에서 종작물의 생식방법과 유전변이 출현의 관계를 가장 바르게 설명한 것은?

① 유성생식 작물은 유전변이를 기대하기 어렵다.
② 타식성 작물이 자식성 작물보다 더 다양한 유전변이가 출현된다.
③ 자식성 작물이 타식성 작물보다 더 다양한 유전변이가 출현된다.
④ 무성생식 작물은 감수분열과 수정을 통해서 다양한 유전변이가 생긴다.

22 다음 (   ) 안에 가장 적합한 용어는?

> 유전자원의 특성을 평가할 때 (   )은(는) 환경변이가 크기 때문에 3차적 특성으로 취급한다.

① 개화기   ② 수량성
③ 종자 색깔   ④ 병해충 저항성

23 벼 유전자원을 수집하는 국제기관은?

① ILRI   ② CIP
③ IRRI   ④ CIMMYT

24 변이를 일으키는 원인에 따라서 3가지로 구분할 때 가장 옳은 것은?

① 방황변이, 개체변이, 일반변이
② 장소변이, 돌연변이, 교배변이
③ 돌연변이, 유전변이, 비유전변이
④ 대립변이, 양적변이, 정부변이

25 아포믹시스(Apomixis)에 대한 설명이 바른 것은?

① 웅성불임에 의해 종자가 만들어진다.
② 수정과정을 거치지 않고 배가 만들어져 종자를 형성한다.
③ 자가불화합성에 의해 유전 분리가 심하게 일어난다.
④ 세포질 불임에 의해 종자가 만들어진다.

26 돌연변이 유발원으로 γ선과 X선을 주로 사용하는 이유는?

① 잔류 방사능이 있지만 돌연변이가 많이 나오기 때문이다.
② 처리가 까다롭지만 돌연변이 빈도가 높기 때문이다.
③ 처리가 쉽고 잔류 방사능이 없기 때문이다.
④ 처리가 쉽고 에너지가 낮기 때문이다.

27 체세포로부터 식물체가 재생되는 현상을 적절하게 설명한 것은?

① 식물의 세포분화능을 이용하는 것이다.
② 세포의 탈분화능을 이용하는 것이다.
③ 식물의 기관형성능을 이용하는 것이다.
④ 세포의 전체형성능을 이용하는 것이다.

정답   19 ④   20 ②   21 ②   22 ②   23 ③   24 ②   25 ②   26 ③   27 ④

28 순계에 대한 설명으로 옳지 않은 것은?

① 순계 내의 개체들은 모두 동일한 유전자형을 갖는다.

② 순계 내의 개체들은 모두 동형집합체이다.

③ 순계 내에서의 선발은 효과가 없다.

④ 순계 내에서의 변이는 유전변이와 환경변이로 구성된다.

29 비대립유전자 간 상호작용으로 한 유전자의 작용효과가 다른 자리에 위치한 유전자형의 영향을 받아서 변하는 효과는?

① 상위성 효과　　　② 초우성 효과

③ 부분우성 효과　　④ 상가적 효과

30 포자체형 자가불화합성 식물에서 자가불화합성 관련 유전자 조성이 S_1S_3인 식물을 자방친으로 하고 S_1S_2를 화분친으로 하여 교배했을 때 불화합이 되는 경우는?

① 유전자 S_1이 유전자 S_3에 대하여 우성이고, S_2가 S_1에 대하여 우성일 때

② 유전자 S_1이 유전자 S_3와 S_2에 대하여 각각 열성일 때

③ 유전자 S_1이 유전자 S_3와 S_2에 대하여 각각 우성일 때

④ 유전자 S_1이 유전자 S_3와 공우성(共優性)이고, S_1이 S_2에 대하여 열성일 때

31 동질배수체와 이질배수체의 차이점을 가장 잘 설명한 것은?

① • 동질배수체 : 동일한 염색체 수가 1~2개 증가한 것

　• 이질배수체 : 체세포의 염색체가 1~2개 감소한 것

② • 동질배수체 : 염색체 수가 동일 게놈 단위로 증가한 것

　• 이질배수체 : 다른 게놈의 염색체 1~2개가 첨가된 것

③ • 동질배수체 : 동일 게놈이 배가되어 있는 배수체

　• 이질배수체 : 다른 게놈이 결합되어 있는 배수체

④ • 동질배수체 : 동일한 염색체 수가 1~2개 증가한 것

　• 이질배수체 : 다른 게놈의 염색체 1~2개가 첨가된 것

32 독립유전하는 양성잡종 AaBb 유전자형의 개체를 자식시켰을 때 동형접합 개체의 비율은?

① 100%　　　　　② 50%

③ 25%　　　　　④ 12.5%

33 다음 중 피자식물(속씨식물)의 성숙한 배낭에서 중복수정에 참여하여 배유를 생성하는 것은?

① 난세포　　　　　② 조세포

③ 반족세포　　　　④ 극핵

34 우리나라의 녹색혁명을 주도한 벼 품종은?

① IR 8　　　　　　② 통일벼

③ 일품벼　　　　　④ 대립벼 1호

35 체세포의 염색체 구성이 $2n+1$일 때 이를 무엇이라 하는가?

① 일염색체(Monosomic)

② 삼염색체(Trisomic)

③ 이질배수체

④ 동질배수체

36 녹색혁명(Green Revolution)에 관한 설명 중 옳지 않은 것은?

① 작물 중 밀과 벼에서 최초로 시작되었다.
② 작물의 다수성 품종을 보급하여 획기적으로 생산성이 증대된 것이다.
③ 과거 품종보다 키가 커지면서 수량이 증가하게 되었다.
④ 다수성 품종들은 높은 생산성을 올리기 위해서 과거 품종보다 더 많은 화학제를 필요로 하게 되었다.

37 채소류의 채종재배에서 수확 적기는?

① 황숙기　　　　　② 유숙기
③ 갈숙기　　　　　④ 녹숙기

38 식물병에 대한 진정 저항성과 동일한 뜻을 가진 저항성은?

① 질적 저항성　　　② 포장 저항성
③ 양적 저항성　　　④ 수평 저항성

39 4배체인 AAAA×aaaa의 교잡에서 A가 완전유성이라 할 때 F_2에서 우성 형질과 열성 형질의 분리비는?

① 3 : 1　　　　　② 15 : 1
③ 9 : 7　　　　　④ 35 : 1

40 육종목표를 효율적으로 달성하기 위한 육종방법을 결정할 때 고려해야 할 사항은?

① 미래의 수요예측
② 농가의 경영규모
③ 목표형질의 유전양식
④ 품종보호신청 여부

41 벼의 생육 중 냉해에 의한 출수가 가장 지연되는 생육단계는?

① 유효분얼기　　　② 유수형성기
③ 감수분열기　　　④ 출수기

42 벼에서 백화묘(白化苗)의 발생은 어떤 성분의 생성이 억제되기 때문인가?

① 옥신　　　　　　② 카로티노이드
③ ABA　　　　　　④ NAA

43 작물의 채종을 목적으로 재배할 때 작물 퇴화 방지를 위한 격리거리가 가장 먼 것은?

① 벼　　　　　　　② 콩
③ 보리　　　　　　④ 배추

44 작물의 내열성을 올바르게 설명한 것은?

① 세포 내의 유리수가 많으면 내열성이 증대된다.
② 어린잎보다 늙은 잎이 내열성이 크다.
③ 세포의 유지 함량이 증가하면 내열성이 감소한다.
④ 세포의 단백질 함량이 증가하면 내열성이 감소한다.

45 작물에 대한 수해의 설명으로 옳은 것은?

① 화본과 목초, 옥수수는 침수에 약하다.
② 벼 분얼 초기는 다른 생육단계보다 침수에 약하다.
③ 수온이 높은 것이 낮은 것에 비하여 피해가 심하다.
④ 유수가 정체수보다 피해가 심하다.

46 개량삼포식 농법에 해당하는 작부방식은?

① 자유경작법 ② 콩과 작물의 순환농법
③ 이동경작법 ④ 휴한농법

47 토양수분의 수주 높이가 100cm일 경우 pF 값과 기압은 각각 얼마인가?

	pF	기압		pF	기압
①	1	0.01	②	2	0.1
③	3	1	④	4	10

48 다음 중 T/R률에 관한 설명으로 올바른 것은?

① 감자나 고구마의 경우 파종기나 이식기가 늦어질수록 T/R률이 작아진다.
② 일사가 적어지면 T/R률이 작아진다.
③ 질소를 다량 사용하면 T/R률이 작아진다.
④ 토양함수량이 감소하면 T/R률이 감소한다.

49 일반 토양의 3상에 대하여 올바르게 기술한 것은?

① 기상의 분포 비율이 가장 크다.
② 고상의 분포는 50% 정도이다.
③ 액상은 가장 낮은 비중을 차지한다.
④ 고상은 액체와 기체로 구성된다.

50 다음 중에서 중경제초의 이로운 점과 거리가 먼 것은?

① 토양수분의 증발을 경감시킨다.
② 비료의 효과를 증진시킬 수 있다.
③ 풍식과 동상해를 경감시킬 수 있다.
④ 재배방식의 개선과 농자재 사용을 줄일 수 있어서 소득이 향상된다.

51 우리나라의 벼농사는 대부분이 기계화되어 있는데, 이러한 기계화의 가장 큰 장점은?

① 유기농 재배가 가능하다.
② 농업 노동력과 인건비가 크게 절감된다.
③ 화학비료나 농약의 사용을 크게 줄일 수 있다.
④ 재배방식의 개선과 농자재 사용을 줄일 수 있어서 소득이 향상된다.

52 작물의 내습성에 관여하는 요인을 잘못 설명한 것은?

① 뿌리의 피층세포가 사열로 되어 있는 것은 직렬로 되어 있는 것보다 내습성이 약하다.
② 목화한 것은 환원성 유해물질의 침입을 막아서 내습성이 강하다.
③ 부정근이 발생력이 큰 것은 내습성이 약하다.
④ 뿌리가 황화수소 등에 대하여 저항성이 큰 것은 내습성이 강하다.

53 고추의 기원지로 알려진 곳은?

① 중국   ② 인도
③ 중앙아시아 ④ 남아메리카

54 두류에서 도복의 위험이 가장 큰 시기는 개화기로부터 얼마인가?

① 약 10일간 ② 약 20일간
③ 약 30일간 ④ 약 40일간

55 다음 중 배유종자가 아닌 작물은?

① 보리   ② 율무
③ 옥수수 ④ 녹두

정답   46 ②   47 ②   48 ④   49 ②   50 ③   51 ②   52 ③   53 ④   54 ①   55 ④

56 유기재배 시 토양개량과 작물생육을 위하여 사용 가능한 물질로 거리가 먼 합성석회는?

① 채분
② 석회석
③ 소석회
④ 석회소다 염화물

57 식물의 광합성 속도에는 이산화탄소의 농도뿐 아니라 광의 강도도 관여를 하는데, 다음 중 광이 약할 때에 일어나는 일반적인 현상은?

① 이산화탄소 보상점과 포화점이 다 같이 낮아진다.
② 이산화탄소 보상점과 포화점이 다 같이 높아진다.
③ 이산화탄소 보상점이 높아지고 이산화탄소 포화점은 낮아진다.
④ 이산화탄소 보상점이 낮아지고 이산화탄소 포화점은 높아진다.

58 식물체의 부위 중 내열성이 가장 약한 곳은?

① 눈(芽)
② 유엽(幼葉)
③ 완성엽(完成葉)
④ 중심주(中心柱)

59 다음 중 단일상태에서 화성이 유도·촉진되는 식물은?

① 보리
② 감자
③ 배추
④ 들깨

60 옥신의 사용에 대한 설명으로 틀린 것은?

① 국화 삽목 시 발근을 촉진한다.
② 앵두나무 접목 시 접수와 대목의 활착을 촉진한다.
③ 파인애플의 화아분화를 촉진한다.
④ 사과나무의 과경 이층(離層) 형성을 촉진한다.

제4과목　식물보호학

61 각 작물에 있어서 수확량에 관계없는 잡초의 존재와 양을 가리키는 용어는?

① 잡초의 허용한계
② 잡초의 군락진단
③ 잡초의 진단기준
④ 잡초의 방제체계

62 접촉형 제초제에 대한 설명으로 옳지 않은 것은?

① 시마진, PCP 등이 있다.
② 효과가 곧바로 나타난다.
③ 주로 발아 후의 잡초를 제거하는 데 사용된다.
④ 약제가 부착된 곳의 살아있는 세포가 파괴된다.

63 병해충 발생 예찰을 위한 조사방법 중 정점조사의 목적으로 옳지 않은 것은?

① 방제 적기 결정
② 방제 범위 결정
③ 방제 여부 결정
④ 연차간 발생장소 비교

64 다음의 (　) 안에 들어갈 내용으로 옳은 것은?

병징은 나타나지 않지만 식물 조직 속에
• 병원균이 있는 것은 (ⓐ)이다.
• 바이러스에 의해 감염된 것은 (ⓑ)이다.

① ⓐ 기생식물, ⓑ 감염식물
② ⓐ 보균식물, ⓑ 보독식물
③ ⓐ 감염식물, ⓑ 잠재감염
④ ⓐ 은화식물, ⓑ 기주식물

---

65 배추 흰무늬병에 대한 설명으로 옳지 않은 것은?

① 공기로 전염된다.
② 시비량의 부족은 병 유발을 촉진한다.
③ 병원균은 주로 포자상태로 지표면에서 월동한다.
④ 잎에 발생하고 잎 표면에 갈색 반점이 생기며 나중에 회백색, 백색 병반을 형성한다.

66 잡초와 작물의 경쟁요인이 아닌 것은?

① 광선
② 양분
③ 토양수분
④ 토양산도

67 1차 전염원에 대한 설명으로 옳은 것은?

① 균류에만 해당하는 용어이다.
② 병원성이 가장 강한 전염원이다.
③ 도전 바이러스에 앞서 감염된 바이러스이다.
④ 월동이 끝난 병원체가 최초로 감염하는 전염원이다.

68 맥류 줄기녹병에 대한 설명으로 옳은 것은?

① 종자 전염한다.
② 병원균의 Race가 있다.
③ 불완전균류에 의한 병이다.
④ Gymnosporangium 속균에 의하여 발생한다.

69 유충기에 땅속에서 수목 뿌리나 부식물을 먹고 자라며, 성충이 되어 지상에 나와 밤나무 잎이나 농작물 새싹을 가해하는 해충은?

① 응애류
② 매미류
③ 하늘소류
④ 풍뎅이류

70 생활사에 따른 잡초의 분류에서 1년생 잡초는?

① 쇠털골
② 바늘골
③ 토끼풀
④ 쇠뜨기

71 25% 농도의 유제를 1,000배로 희석해서 10a당 300L를 살포하여 해충을 방제하려고 할 때의 유제의 소요량은?

① 75mL
② 200mL
③ 300mL
④ 333mL

72 다음 중 종자소독제가 아닌 것은?

① 테부코나졸 유제
② 프로클로라즈 유제
③ 디노테퓨란 수화제
④ 베노밀 · 티람 수화제

73 완전변태를 하는 곤충으로 나열된 것은?

① 바퀴목 – 매미목
② 파리목 – 나비목
③ 메뚜기목 – 풀잠자리목
④ 총채벌레목 – 딱정벌레목

74 곤충의 배설태인 요산을 합성하는 장소는?

① 지방체
② 알라타체
③ 편도세포
④ 앞가슴샘

75 잡초의 발생시기에 따른 분류로 옳은 것은?

① 봄형 잡초
② 2년형 잡초
③ 여름형 잡초
④ 가을형 잡초

정답 65 ③ 66 ④ 67 ④ 68 ② 69 ④ 70 ② 71 ③ 72 ③ 73 ② 74 ① 75 ③

76 침입에 대한 설명으로 옳지 않은 것은?

① 맥류 흰가루병균은 기공 침입을 한다.
② 고구마 무름병균은 상처 침입만 한다.
③ 토마토 모자이크병은 각피침입을 한다.
④ 오이 덩굴쪼김병균은 뿌리의 각피를 뚫고 침입한다.

77 컨테이너로 수입된 농산물의 검역과정에서 해충이 발견되었다. 발견된 해충을 박멸하기 위해 사용하는 약제의 가장 적합한 종류는?

① 훈증제   ② 접촉제
③ 유인제   ④ 소화중독제

78 벌레혹(충영)을 만드는 해충으로 옳지 않은 것은?

① 솔잎혹파리   ② 밤나무혹벌
③ 아까시잎혹파리   ④ 복숭아혹진딧물

79 병원체가 생성한 독소에 감염된 식물을 사람이나 동물이 섭취한 경우 독성을 유발할 수 있는 병은?

① 벼 도열병   ② 고추 탄저병
③ 채소류 노균병   ④ 맥류 붉은곰팡이병

80 벼 도열병균을 생장단계별로 볼 때 약제에 대한 저항력이 가장 강한 시기는?

① 균사 시기   ② 부착기 형성기
③ 분생포자 발아시기 ④ 분생포자 형성기

제5과목 **종자 관련 법규**

81 대통령령이 정하는 시설을 갖추어 주된 생산시설의 소재지에 종자업을 등록하려고 한다. 다음 중 등록신청서 제출 대상으로 옳지 않은 것은?

① 군수   ② 구청장
③ 도지사   ④ 특별자치시장

82 국가품종목록의 등재 대상 작물에 해당되지 않는 것은?

① 벼   ② 콩
③ 고구마   ④ 보리

83 '종자산업'의 범주에 속하지 않는 것은?

① 종자의 폐기   ② 종자의 육성
③ 종자의 유통   ④ 종자의 전시

84 품종보호권 또는 전용실시권을 침해하였을 경우에 해당하는 벌칙 기준은?

① 3년 이하의 징역 또는 1천만 원 이하의 벌금
② 4년 이하의 징역 또는 2천만 원 이하의 벌금
③ 5년 이하의 징역 또는 3천만 원 이하의 벌금
④ 7년 이하의 징역 또는 1억 원 이하의 벌금

85 종자관리사의 자격기준에 맞지 않는 것은?

① 종자기술사 자격 취득자
② 종자기사 자격을 취득한 사람으로서 자격 취득 전후의 기간을 포함하여 종자업무 또는 이와 유사한 업무에 1년 이상 종사자
③ 종자산업기사 자격을 취득한 사람으로서 자격 취득 전후의 기간을 포함하여 종자업무 또는 이와 유사한 업무에 2년 이상 종사자
④ 버섯종균기능사 자격을 취득한 사람으로서 자격 취득 전후의 기간을 포함하여 버섯 종균업무 또는 이와 유사한 업무에 5년 이상 종사자

정답   76 ③   77 ①   78 ④   79 ④   80 ①   81 ③   82 ③   83 ①   84 ④   85 ④

86 시장·군수는 종자업 등록을 취소하거나 6개월 이내의 기간을 정하여 그 영업의 정지를 명할 수 있다. 그중 등록을 취소하여야 하는 경우에 해당되는 것은?

① 종자업자가 종자관리사를 두지 아니한 경우
② 거짓이나 그 밖의 부정한 방법으로 종자업 등록을 한 경우
③ 수출·수입이 제한된 종자를 수출·수입하거나, 수입되어 국내유통이 제한된 종자를 국내에 유통한 경우
④ 종자업 등록을 한 날부터 1년 이내에 사업을 시작하지 아니하거나 정당한 사유 없이 1년 이상 계속하여 후업한 경우

87 수입적응성 시험을 실시하는 기관으로 옳지 않은 것은?

① 한국생약협회
② 농업협동조합중앙회
③ 전국버섯생산자협회
④ 농업기술실용화재단

88 다음 설명에서 "일반인에게 알려져 있는 품종"에 해당하지 않는 것은?

관련 법령에 따른 품종보호 출원일 이전(우선권을 주장하는 경우에는 최초의 품종보호 출원일 이전)까지 일반인에게 알려져 있는 품종과 명확하게 구별되는 품종은 구별성을 갖춘 것으로 본다.

① 품종보호를 받고 있는 품종
② 품종목록에 등재되어 있는 품종
③ 농민이 채종하여 사용하는 품종
④ 유통되고 있는 품종

89 포장검사 및 종자검사에 대한 설명으로 옳지 않은 것은?

① 포장검사에 따른 종자검사 방법은 전수조사로만 실시한다.
② 국가보증이나 자체보증 종자를 생산하려는 자는 종자검사의 결과에 대하여 이의가 있으면 재검사를 신청할 수 있다.
③ 국가보증이나 자체보증 종자를 생산하려는 자는 다른 품종 또는 다른 계통의 작물과 교잡되는 것을 방지하기 위한 농림축산식품부령으로 정하는 포장 조건을 준수하여야 한다.
④ 국가보증이나 자체보증을 받는 종자를 생산하려는 자는 농림축산식품부장관 또는 종자관리사로부터 채종 단계별로 1회 이상 포장검사를 받아야 한다.

90 품종 명칭으로 등록 가능한 것은?

① 숫자로만 표시
② 기호로만 표시
③ 당해 품종의 수확량만을 표시
④ 당해 품종의 육성자 이름을 표시

91 유통종자의 품질표시 사항에 해당되지 않는 것은?

① 육성자명
② 품종의 명칭
③ 종자의 발아율
④ 재배 시 특히 주의할 사항

92 품종보호권자는 그 품종보호권의 존속기간 중에서 농림축산식품부장관 또는 해양수산부장관에게 품종보호료를 얼마 주기로 납부하여야 하는가?

① 6개월마다   ② 매년
③ 2년마다   ④ 3년마다

93 다음 [보기]의 설명에 해당하는 용어는?

> [보기]
> 보호품종의 종자를 증식 · 생산 · 조제 · 양도 · 대여 · 수출 또는 수입하거나 양도 또는 대여의 청약을 하는 행위를 말한다.

① 집행   ② 실시

③ 실행   ④ 성능

94 감자 종자검사 기준 중 특정병에 해당하는 것은?

① 역병   ② 무름병

③ 둘레썩음병   ④ 줄기마름병

95 경기도가 생산하는 종자용 보리에 해당하는 보증은?

① 민간보증

② 농협보증

③ 지방자치단체 보증

④ 국가보증 또는 자체보증

96 과태료 처분대상에 해당하지 않는 것은?

① 종자업 등록을 하지 아니하고 종자업을 한 자

② 종자의 보증과 관련된 검사서류를 보관하지 아니한 자

③ 신고되지 않은 품종 명칭을 사용하여 종자를 판매하거나 보급한 경우

④ 유통 중인 종자에 대한 관계공무원의 조사 또는 수거를 거부 · 방해 또는 기피한 자

97 「종자산업법」에서 정의한 "종자"가 아닌 것은?

① 증식용 씨앗   ② 산업용 화훼

③ 재배용 묘목   ④ 양식용 영양체

98 종자관리사의 행정처분에 관하여 옳은 것은?

① 직무를 게을리한 경우 2년 이내의 기간을 정하여 자격을 정지시킬 수 있다.

② 직무를 게을리한 경우 3년 이내의 기간을 정하여 자격을 정지시킬 수 있다.

③ 위반행위에 대하여 정상 참작사유가 있는 경우 업무정지 기간의 3분의 1까지 경감하여 처분할 수 있다.

④ 위반행위가 둘 이상인 경우로서 그에 해당하는 각각의 처분기준이 다른 경우에는 그중 무거운 처분기준을 적용한다.

99 품종목록 등재서류의 설명 중 ( ) 안에 적합한 것은?

> 농림축산식품부장관 또는 해양수산부장관은 품종목록에 등재한 각 품종과 관련된 서류를 관련 법에 따른 해당 품종의 품종목록 등재 ( ) 보존하여야 한다.

① 유효기간 동안

② 유효기간 만료 후 6개월까지

③ 유효기간 만료 후 1년까지

④ 유효기간 만료 후 3년까지

100 품종보호권을 침해한 자에 대하여 품종보호권자 또는 전용실시권자가 취할 수 있는 법적 수단으로 옳지 않은 것은?

① 침해금지 청구   ② 무효심판 청구

③ 손해배상 청구   ④ 신용회복 청구

정답   93 ②   94 ③   95 ④   96 ①   97 ②   98 ④   99 ①   100 ②

제1과목 종자생산학 및 종자법규

01 다음 중 종자의 구별성에 관한 설명 중 밑줄 친 부분에 해당하지 않는 것은?

종자관련법에 따른 품종보호 출원일 이전까지 <u>일반인에게 알려져 있는 품종</u>과 명확 하게 구별되는 품종은 구별성을 갖춘 것으로 본다.

① 보호품종
② 유행되고 있는 품종
③ 품종목록에 등재되어 있는 품종
④ 농림축산식품부령으로 정하는 종자산업과 관련된 협회에 등록되어 있는 품종

02 종자업의 정의로 맞는 것은?

① 종자의 생산 및 판매를 업(業)으로 하는 것을 말한다.
② 종자의 매매를 업(業)으로 하는 것을 말한다.
③ 종자생산시설의 관리를 업(業)으로 하는 것을 말한다.
④ 종자보증을 업(業)으로 하는 것을 말한다.

03 다음 중 무수정생식의 특징으로 옳은 것은?

① 유성생식에서와 달리 꽃 이외의 기관에서 수정된다.
② 난핵과 웅핵(정핵)의 결합이 없다.
③ 극핵과 웅핵(정핵)이 결합하는 것이다.
④ 단위생식이 아닌 유성생식이다.

04 겉보리 포장검사 시 표본 10,000주 중 겉깜부기병 10주, 속깜부기병 20주, 흰가루병 30주, 붉은곰팡이병 40주가 조사되었다. 이때 특정 병의 비율은?

① 0.1%
② 0.3%
③ 0.6%
④ 1.0%

05 다음 중 종자보급체계에서 원종(原種)으로 가장 옳은 것은?

① 기본식물에서 1세대 증식된 종자
② 원원종에서 1세대 증식된 종자
③ 보급종에서 1세대 증식된 종자
④ 보급종에서 2세대 증식된 종자

06 다음 중 종자소독에 주로 사용되는 약제가 아닌 것은?

① 베노밀 · 티람수화제
② 페니트로티온 유제
③ 헥사지논 입제
④ 프로클로라즈 유제

07 등숙기의 저온감응이 차대식물의 화아분화에 영향을 미칠 수 있는 것은?

① 무
② 글라디올러스
③ 벼
④ 상추

08 다음 중 종자의 휴면타파에 사용되고 있는 생장조절제는?

① Gibberellin, Cytokinin
② Cytokinin, Tryptophan
③ Tryptophan, Phytochrome
④ ABA, Gibberellin

정답　01 ④　02 ①　03 ②　04 ②　05 ②　06 ③　07 ①　08 ①

09 품종목록등재 취소사유가 아닌 것은?

① 품종성능이 심사기준에 미달된 때
② 등록된 품종 명칭이 취소된 때
③ 부정한 방법으로 품종목록의 등재를 받은 때
④ 등재된 품종의 종자를 생산하지 않을 때

10 종자검사 용어 중 소집단에서 추출한 모든 1차 시료를 혼합하여 만든 시료를 무엇이라 하는가?

① 제출시료(Submitted Sample)
② 합성시료(Composite Sample)
③ 검사시료(Working Sample)
④ 분할시료(Sub − Sample)

11 다음 중 배유(Endosperm)의 형성 유형은?

① 정핵과 난핵의 융합
② 정핵과 극핵의 융합
③ 정핵과 반족세포의 융합
④ 정핵과 조세포의 융합

12 다음 중 발아촉진물질이 아닌 것은?

① KNO₃
② Thiourea
③ Ethylene
④ Phenolic acid

13 다음 중 혐광성(암발아성) 종자로만 짝지어진 것은?

① 담배, 무
② 쑥갓, 우엉
③ 가지, 토마토
④ 파, 상추

14 "실시"의 정의로 가장 알맞은 것은?

① 보호품종의 종자를 생산하는 행위를 말한다.
② 보호품종의 종자를 생산 · 조제 · 양도 · 대여하는 행위를 말한다.
③ 보호품종의 종자를 생산 · 조제 · 양도 · 대여 · 수출 · 수입하는 행위를 말한다.
④ 보호품종의 종자를 증식 · 생산 · 조제 · 양도 · 대여 · 수출 또는 수입하거나 양도 또는 대여의 청약을 하는 행위를 말한다.

15 성숙한 종자에 없었던 휴면이 외부의 환경조건에 의해 일어나는 휴면을 무엇이라고 하는가?

① 자발휴면
② 강제휴면
③ 제1차 휴면
④ 제2차 휴면

16 다음 중 화아유도에 영향을 미치는 요인으로 가장 거리가 먼 것은?

① 습도
② 일장
③ 온도
④ 화학물질

17 「국가기술자격법」에 따른 '종자산업기사' 자격 취득자로서 종자관리사가 되기 위하여 갖추어야 할 경력기준은?

① 종자업무 또는 이와 유사한 업무에 2년 이상 종사한 자
② 종자업무 또는 이와 유사한 업무에 5년 이상 종사한 자
③ 종자업무 또는 이와 유사한 업무에 7년 이상 종사한 자
④ 종자업무 또는 이와 유사한 업무에 10년 이상 종사한 자

18 종자 발아검정 시 사용하는 발아시험지(종이배지)의 구비요건에 해당하지 않는 것은?

① 흡습성이 충분해야 한다.
② 뿌리기 뚫고 들어가기 쉬워야 힌디.
③ 젖은 상태에서 잘 찢어지지 않아야 한다.
④ 유독물질이 없어야 한다.

19 다음 중 유통종자의 품질표시를 하지 아니하고 종자를 판매, 보급한 자에 대한 벌칙으로 맞는 것은?

정답   09 ④ 10 ② 11 ② 12 ④ 13 ③ 14 ④ 15 ④ 16 ① 17 ① 18 ② 19 ③

① 3년 이하의 징역 또는 1천만 원 이하의 벌금

② 1년 이하의 징역 또는 1천만 원 이하의 벌금

③ 1천만 원 이하의 과태료

④ 50만 원 이하의 과태료

20 종자의 외적 요인 중 종자의 수명에 영향을 미치는 요인으로 가장 거리가 먼 것은?

① 질소가스의 농도

② 탄산가스의 농도

③ 산소가스의 농도

④ 수분의 함량

제2과목 식물육종학

21 다음 중 자식성 식물로만 짝지어진 것은?

① 벼, 시금치, 담배 　② 벼, 밀, 콩

③ 벼, 옥수수, 오이 　④ 벼, 호밀, 메밀

22 변이를 일으키는 원인에 따라서 구별한 것에 속하지 않는 변이는?

① 장소변이 　② 연속변이

③ 교배변이 　④ 돌연변이

23 신품종의 구비 조건이 아닌 것은?

① 영속성 　② 우수성

③ 균등성 　④ 감온성

24 자웅이주(雌雄異株) 식물로 가장 옳은 것은?

① 벼 　② 보리

③ 콩 　④ 호프

25 다음 중 환경의 영향을 비교적 덜 받는 질적 형질에 해당하는 것으로 가장 옳은 것은?

① 영화수 　② 분얼수

③ 종피색 　④ 수량

26 유전적 원인에 의한 불임성에 속하는 것은?

① 다즙질 불임성 　② 쇠약질 불임성

③ 웅성 불임성 　④ 순환적 불임성

27 F_2의 분리비를 관찰하여서 각각의 유전인자가 독립유전을 하는지의 여부를 검정할 때 쓰이는 방법은?

① t 검정 　② F 검정

③ X^2 검정 　④ 상관 검정

28 유전자의 상호작용 중에서 대립 유전자 내의 작용인 것은?

① 복대립 유전자 　② 보족 유전자

③ 억제 유전자 　④ 변경 유전자

29 생산력 검정의 포장시험을 할 때 오차가 생길 수 있다. 오차가 생기는 원인과 가장 관계가 없는 것은?

① 작물의 원산지 파악이 불명확할 때

② 실험계획의 결함과 실험의 취급이 불완전할 때

③ 실험결과에 대한 해석이 잘못되었을 때

④ 실험조작, 측정, 포장관리 등에 있어서 개인에 의한 차이가 있을 때

30 여교잡을 2회 하면 반복친을 닮을 비율은?

① 50% 　② 75%

③ 87.5% 　④ 93.75%

31 유전자의 상호작용에 의하여 F_2 세대에서 각각 (a) 9 : 7과 (b) 15 : 1의 표현형 분리비를 나타내는 유전자는?

① (a) 보족유전자, (b) 중복유전자
② (a) 피복유전자, (b) 복수유전자
③ (a) 변경유전자, (b) 중복유전자
④ (a) 억제유전자, (b) 치사유전자

32 인공교배를 위한 개화기의 조절방법이 아닌 것은?

① 파종기에 의한 조절
② 비배에 의한 조절
③ 춘화 처리에 의한 조절
④ 삽목에 의한 조절

33 잡종강세육종에서 단교잡종보다 복교잡종의 유리한 점은?

① 잡종강세의 발현이 현저한다.
② 불량형질이 나타나는 경우가 적다.
③ 채종량이 많다.
④ 품질이 균일하다.

34 다음 중 반수체를 유발시키기 위한 방법으로 옳지 않은 것은?

① 종·속 간 교배
② 화학약품의 처리
③ 화분배양
④ 배배양

35 단위결과를 자연적으로 볼 수 있는 작물로만 짝지어진 것은?

① 바나나, 감귤, 포도
② 바나나, 복숭아, 배
③ 무화과, 사과, 포도
④ 무화과, 밤, 사과

36 인간이 유전자 변이를 창성하여 육종에 이용하고 있는 것으로 옳은 것은?

① 자연계에서 변이를 탐색하여 이용
② 인위돌연변이를 유발하여 이용
③ 야생종에서 변이를 찾아서 이용
④ 재래종에 포함된 변이를 분리하여 이용

37 2n = 20인 작물의 연관군 개수는?

① 5개
② 10개
③ 20개
④ 40개

38 자식성 작물의 화기구조에 대한 설명으로 옳지 않은 것은?

① 화분립은 꽃이 열개하기 전에 비산한다.
② 암술머리는 꽃가루가 터지기 전에 길어진다.
③ 꽃가루와 암술머리의 성숙기가 같고 화기가 잘 열린다.
④ 암술머리나 꽃밥이 열개한 후에도 꽃잎에 의하여 감추어져 있다.

39 F_2 집단에서 유전자형의 종류 수는 3^n으로 계산된다. AaBbCcDd 후대에서 유전자형의 종류수는?

① 27
② 81
③ 243
④ 256

40 여교배육종의 이용으로 옳지 않은 것은?

① 몇 개의 품종이 가지고 있는 서로 다른 유용 형질을 한 품종에 모으려고 할 때
② 게놈이 다른 종·속의 유용 유전자를 재배종에 도입하고자 할 때
③ 동질 유전자계통을 육성하여 다계혼합품종을 만들고자 할 때
④ 폴리진 등 여러 개의 유전자가 관여하는 형질을 실용품종에 이전하고자 할 때

41 다음은 질소비료의 종류를 화학식으로 나타낸 것이다. 사용하면 주로 음이온이 되어 토양교질에 잘 흡착되지 않고 유실되기 때문에 논보다 밭작물에 유리한 비료는?

① $(NH_4)_2SO_4$
② NH_3NO_3
③ $(NH_2)_2CO$
④ $CaCN_2$

42 방사성 동위원소가 방출하는 방사선 중에 가장 현저한 생물적 효과를 가진 것은?

① X선
② α선
③ β선
④ γ선

43 모관수(Capillary Water)의 설명으로 옳지 않은 것은?

① 밭작물 재배, 포장에서는 대부분 불필요하게 과잉수분으로 존재한다.
② pF 2.7~4.5로서 작물이 주로 이용하는 수분이다.
③ 모세관 현상에 의해서 지하수가 모관공극을 상승하여 공급된다.
④ 표면 장력에 의해 토양공극 내에서 중력에 저항하여 유지된다.

44 작물의 생리적 또는 형태적 요인에 따른 내동성 정도를 옳게 설명한 것은?

① 원형질의 점도가 낮고 연도가 높으면 내동성이 낮다.
② 원형질 단백질에 −SS기가 많은 것이 −SH기가 많은 것에 비하여 내동성이 크다.
③ 포복성인 것이 직립성인 것에 비하여 내동성이 낮다.
④ 세포의 수분 함량이 높으면 세포의 결빙을 조장하여 내동성이 낮다.

45 보리의 춘화 처리(버널리제이션)에 필요한 종자의 흡수율(흡수량)로 가장 적당한 것은?

① 15%
② 25%
③ 35%
④ 50%

46 벼 군락의 수광태세가 좋은 초형 조건으로 거리가 먼 것은?

① 잎이 지나치게 얇지 않고, 약간 좁으며, 상위엽이 직립한다.
② 줄기가 굵고 가능한 한 키가 최대로 크다.
③ 분얼이 조금 개산형(開散型)이다.
④ 각 잎이 공간적으로 되도록 균일하게 분포한다.

47 생력작업을 위한 기계화 재배의 전제조건이 아닌 것은?

① 대규모 경지정리
② 적응재배체계의 확립
③ 집단재배
④ 제초제의 미사용

48 식물의 굴광현상에 가장 유효한 광은?

① 황색광
② 적색광
③ 청색광
④ 녹색광

49 인공영양번식에서 환상박피처리를 하는 번식법으로 가장 적절한 것은?

① 삽목
② 취목
③ 복접
④ 지접

50 일반적으로 작물생육에 적합한 토양 3상의 비율은?(단, 고상, 액상, 기상의 순으로 나열)

① 60%, 20%, 20%
② 50%, 30%, 20%
③ 25%, 50%, 25%
④ 20%, 60%, 20%

정답   41 ②   42 ④   43 ①   44 ④   45 ②   46 ②   47 ④   48 ③   49 ②   50 ②

51 붕소(B)에 대한 설명으로 옳지 않은 것은?

① 고등식물의 필수 원소이다.
② 결핍 시 분열조직의 괴사현상이 나타난다.
③ 석회 부족 상태에서 붕소의 시비는 석회 결핍의 영향을 증가시킨다.
④ 결핍증으로는 갈색속썩음병, 줄기쪼김병, 끝마름병이 있다.

52 수목의 묘목(苗木)을 기르는 곳을 지칭하는 용어는?

① 묘대　　　　　② 묘상
③ 못자리　　　　④ 묘포

53 다음의 생장조절제 중 유형이 다른 하나는?

① NAA　　　　　② IAA
③ 2, 4 − D　　　　④ CCC

54 인과류로만 나열되어 있는 것은?

① 사과, 배, 비파　　② 무화과, 딸기, 포도
③ 복숭아, 앵두, 자두　④ 감, 밤, 대두

55 생육기간의 적산온도가 가장 낮은 작물은?

① 벼　　　　　　② 담배
③ 조　　　　　　④ 메밀

56 다음 중 요수량이 가장 큰 작물은?

① 감자　　　　　② 완두
③ 옥수수　　　　④ 보리

57 혼파에 관한 설명으로 틀린 것은?

① 시비, 병충해 방제 등의 관리가 용이하다.
② 공간을 효율적으로 이용할 수 있다.
③ 재해에 대한 안정성이 증대된다.
④ 잡초를 경감시킬 수 있다.

58 화성유도의 주요인으로 가장 거리가 먼 것은?

① 영양상태　　　　② 식물의 수분 함량
③ 광조건　　　　　④ 온도조건

59 수분수(受粉樹)로서 갖추어야 할 기본 조건으로 틀린 것은?

① 과실 생산이나 품질이 우수할 것
② 개화시기가 주 품종보다 늦거나 같을 것
③ 주 품종과 친화성이 높을 것
④ 건전한 꽃가루의 생산이 많을 것

60 내건성 작물의 특성을 가장 잘 설명한 것은?

① 건조할 때에 단백질의 소실이 빠르다.
② 건조할 때에 호흡이 낮아지는 정도가 작다.
③ 원형질의 점성이 낮고 수분 보유력이 강하다.
④ 원형질 막의 수분 투과성이 크다.

61 약제의 주성분을 공기 중에 안개와 같은 작은 입자로 부유시키는 방법으로 높은 농도의 약제를 짧은 시간에 처리할 수 있는 제형은?

① 분제
② 수화제
③ 훈연제
④ 연무제

62 다음 중 우리나라에서 월동하지 못하는 비래해충으로만 짝지어진 것은?

① 벼멸구, 흰등멸구
② 애멸구, 흰등멸구
③ 벼멸구, 이화명나방
④ 끝동매미충, 이화명나방

63 완전변태를 하는 곤충 중 날개가 1쌍인 것은?

① 벌목
② 파리목
③ 나비목
④ 날도래목

64 벼 도열병 방제방법에 대한 설명으로 옳지 않은 것은?

① 종자를 소독한다.
② 질소거름이나 녹비의 과용을 피한다.
③ 이삭목도열병은 못자리 때에 약제를 살포한다.
④ 방제 약제로 이프로벤포스 유제, 카프로파미드 액상수화제 등을 사용한다.

65 일반적인 곤충의 특징이 아닌 것은?

① 다리는 5마디로 되어 있다.
② 공통적으로 날개를 가지고 있다.
③ 머리, 가슴, 배의 3부분으로 되어 있다.
④ 입은 크게 나누어 씹는 입틀과 빠는 입틀로 나눌 수 있다.

66 다음 중 선택성 제초제로 옳은 것은?

① 2, 4 − D
② Paraquat
③ Sulfosate
④ Glufosinate

67 잡초 종자 발아 생리 조건과 거리가 먼 것은?

① 영양
② 산소
③ 수분
④ 온도

68 잡초의 생태적 방제방법으로 옳은 것은?

① 연작시킨다.
② 작물을 선점시킨다.
③ 전체적으로 시비한다.
④ 작물의 재식밀도를 낮춘다.

69 메프 유제를 1,000배로 희석해서 10a당 100L를 살포하려 할 때 소요 약량은?

① 1mL
② 10mL
③ 100mL
④ 1,000mL

70 제초제의 제형에 계면활성제를 첨가하는 이유로 가장 거리가 먼 것은?

① 습윤성 증진
② 확산성 증진
③ 분산성 증진
④ 휘발성 증진

71 벼의 즙액을 빨아먹어 직접 피해를 주고, 간접적으로는 바이러스를 매개하여 벼 줄무늬잎마름병을 유발시키는 것은?

① 애멸구
② 벼멸구
③ 벼잎벌레
④ 흰등멸구

정답 61 ④ 62 ① 63 ② 64 ③ 65 ② 66 ① 67 ① 68 ② 69 ③ 70 ④ 71 ①

72 다음 설명에 해당하는 감자의 병은?

잎은 암갈색 수침상의 부정형 무늬가 생겨 커지면서 암갈색으로 변하고, 잎자루와 줄기는 검게 변하여 썩으며, 괴경은 암갈색으로 물러 썩는다.

① 역병
② 더뎅이병
③ 잎말림병
④ 둘레썩음병

73 해충 방제에 있어서 생물적 방제의 장점은?

① 비용이 저렴하다.
② 방제 효과가 빠르다.
③ 천적 생물의 유지가 용이하다.
④ 해충이 농약에 내성이 생길 염려가 없다.

74 잡초의 번식에 대한 설명으로 옳은 것은?

① 올방개는 인경으로 영양번식을 한다.
② 야생마늘은 직근으로 영양번식을 한다.
③ 냉이는 이듬해에 종자를 맺는 유성생식을 한다.
④ 버뮤다그래스는 다년생 잡초로서 유성생식을 한다.

75 다음 중 작물 피해의 원인이 되지 않는 것은?

① 응애
② 바이러스
③ 방화곤충
④ 대기오염

76 다음 중 식물병 대발생에 대한 것으로 옳은 것은?

① 스리랑카에서 커피 녹병 발생
② 미국에서 벼 깨씨무늬병의 발생
③ 아일랜드 지방의 고구마 역병 발생
④ 인도 벵갈 지방의 옥수수 깨씨무늬병 발생

77 토양잔류성 농약 등의 설명으로 (   ) 안에 알맞은 것은?

토양 중 농약 등의 반감기간이 (   )일 이상인 농약 등으로서 사용결과 농약 등을 사용하는 토양(경지를 말한다)에 그 성분이 잔류되어 휴작물에 잔류되는 농약 등

① 60
② 90
③ 180
④ 365

78 Phytoplasma에 대한 설명으로 옳은 것은?

① 리보솜이 없다.
② 인공배양되지 않는다.
③ 2분열 증식을 하지 못한다.
④ 바이로이드보다 크기가 작다.

79 작물에 피해를 미치는 잡초의 공통적인 속성이 아닌 것은?

① 종자의 장구한 수명
② 가축용 사료로 이용 가능
③ 다양한 환경조건에 대한 적응성
④ 개화에서 결실까지 빠른 생장 특성

80 식물바이러스의 검출에 많이 사용하는 효소결합항체법은 무엇인가?

① MRI
② PNP
③ HPLC
④ ELISA

제1과목 종자생산학

01 종자의 테트라졸리움 검사에서 종자에 나타나는 붉은색 물질은 무엇인가?

① Bromide　　　　② Carmine
③ Formazan　　　④ Methylbromide

02 다음 중 제(臍)가 종자의 끝에 있는 것은?

① 콩　　　　　　② 시금치
③ 상추　　　　　④ 쑥갓

03 다음 채소 중 자연 상태에서 자가 수정 능률이 가장 높은 것은?

① 완두　　　　　② 양파
③ 시금치　　　　④ 호프

04 다음 작물종자 중 배(胚)가 낫 모양을 하고 있는 종자는?

① 토마토　　　　② 명아주
③ 쇠비름　　　　④ 시금치

05 종자 수확 후 저장을 위한 조치로서 가장 유의해야 할 사항은?

① 종자의 건조　　② 종자의 소독
③ 종자의 정선　　④ 종자의 포장

06 다음 중 실리카겔(Silica gel)의 작용은?

① 영양제　　　　② 종자분석
③ 수분흡수　　　④ 발아억제

07 식물의 자가수정이 이루어지는 원인에 해당하는 것은?

① 폐화수정　　　② 웅성불임
③ 자가불화합　　④ 자웅이주

08 종자의 지하발아에 관한 내용 중 옳은 것은?

① 대부분의 화본과 식물은 지하발아 종자이다.
② 콩은 지하발아 종자이다.
③ 보통 유근보다 유아가 먼저 나온다.
④ 하배축이 급속도로 신장한다.

09 특정한 양친의 일정 수만을 심어 그들 간에 교배만 일어나도록 하는 것은?

① 합성종　　　　② 혼성종
③ 복합종　　　　④ 혼합종

10 타식성 작물 채종 시 격리재배를 강조하는 가장 큰 이유는?

① 양분경합에 의한 생리적 퇴화 방지
② 자연교잡에 의한 유전적 퇴화 방지
③ 돌연변이에 의한 유전적 퇴화 방지
④ 근교약세에 따른 생리적 퇴화 방지

정답　01 ③　02 ②　03 ①　04 ①　05 ①　06 ③　07 ①　08 ①　09 ①　10 ②

11 식물의 수정에 관한 설명으로 틀린 것은?

① 수정은 자성배우자와 웅성배우자가 완전히 성숙했을 경우에 가능하다.
② 피자식물은 중복수정을 한다.
③ 나자식물에서 배유의 염색체수는 2n이다.
④ 피자식물에서는 3n인 배유세포가 만들어진다.

12 다음 중 ( ) 안에 알맞은 것은?

Pfr는 ( )의 합성에 관여한다. ( )은 많은 광발아 종자의 휴면타파에 광대체효과가 있다고 하는데, Phytochrome은 ( )의 합성을 증진시키기 때문으로 해석하고 있다.

① 지베렐린　　　　　② 옥신
③ ABA　　　　　　　④ 에틸렌

13 F_1 종자를 생산하기 위하여 주로 자가불화합성을 이용하는 작물은?

① 옥수수　　　　　　② 배추
③ 토마토　　　　　　④ 보리

14 다음 중 교배에 앞서 제웅이 필요 없는 작물은?

① 수수　　　　　　　② 호박
③ 토마토　　　　　　④ 가지

15 다음 중 종자의 형상이 방패형인 종자는?

① 아주까리　　　　　② 양파
③ 콩　　　　　　　　④ 밀

16 웅성불임성에 대한 설명으로 틀린 것은?

① 화분이 형성되지 않는다.
② 수정능력이 없기 때문에 종자를 만들지 못한다.
③ 온도, 일장 등에 의하여 임성을 회복할 수 있다.
④ 웅성불임에 관여하는 유전자가 핵과 세포질 모두에 있어야 작용한다.

17 다음 중 종자의 생리적 휴면에 해당하는 것은?

① 배휴면　　　　　　② 종피휴면
③ 타발휴면　　　　　④ 후숙

18 다음 중 ( ) 안에 알맞은 내용은?

오이에 ( )을/를 살포하면 암꽃분화가 억제되고 수꽃마디가 증가하며, 대부분 50~100ppm 이상의 처리로 감응한다.

① NAA　　　　　　② ABA
③ GA　　　　　　　④ B-9

19 발아 중인 종자에서 단백질은 가수분해하여 어떠한 가용성 물질로 변화하는가?

① 지방산　　　　　　② 맥아당
③ 아미노산　　　　　④ 만노스

20 토양에 어떤 성분이 부족할 때 콩과작물들이 떡잎의 내부 표면에 갈색의 괴사조직이 있는 괴저증 종자를 생산하는가?

① 망간　　　　　　　② 붕소
③ 마그네슘　　　　　④ 질소

21 재배식물과 그 기원지의 연결이 옳지 않은 것은?

① 벼 – 인도, 중국
② 콩 – 중앙아메리카, 멕시코
③ 고구마 – 멕시코, 중앙아메리카
④ 수수 – 중앙아프리카, 에티오피아

22 자식 또는 근친교배로 인한 근교(자식)약세가 더 이상 진행되지 않는 수준을 무엇이라 하는가?

① 우성설　　　　　② 초우성설
③ 잡종강세　　　　④ 자식극한

23 피자식물의 극핵, 조세포, 반족세포, 난세포 수의 총합은?

① 7　　　　　　　② 8
③ 9　　　　　　　④ 10

24 다음 중 (　) 안에 알맞은 것은?

토마토의 유전자웅성불임성 중에는 (　)을 살포하면 수술이 정상적으로 발육하여 자식 종자를 채종할 수 있다고 알려져 있다.

① 에틸렌　　　　　② 사이토카이닌
③ 옥신　　　　　　④ 지베렐린

25 동형접합이거나 반수접합일 때에만 표현형으로 나타나는 것은?

① 우성 돌연변이　　② 열성 돌연변이
③ 인위 돌연변이　　④ 가시 돌연변이

26 BC_3F_1이 뜻하는 것은?

① BC_1F_1을 다시 반복친에 여교배한 F_2
② BC_1F_1을 다시 반복친에 여교배한 F_3
③ BC_2F_1을 다시 반복친에 여교배한 F_2
④ BC_2F_1을 다시 반복친에 여교배한 F_1

27 다음 중 (　) 안에 알맞은 내용은?

엽이가 있는 보리에서 염기치환으로 돌연변이된 무엽이 계통에 돌연변이 유발원을 처리하면 다시 염기치환이 일어나 아주 낮은 빈도지만 엽이를 가진 개체가 나타나는데 이것을 (　)라 한다.

① 점돌연변이　　　② 복귀돌연변이
③ 트랜스포존　　　④ 염색체돌연변이

28 타식성 식물집단의 유전변이가 자식성 식물집단보다 큰 이유는?

① 화분친이 제한되어 있지 않다.
② 화분친의 선택교배가 이루어진다.
③ 순계에 빨리 이른다.
④ 돌연변이체가 많다.

29 다음 중 (　) 안에 알맞은 내용은?

통일벼는 반왜성 유전자를 가졌다. 반왜성 유전자를 가진 식물체는 (　)에 이파리가 곧게 서고 경사진 초형으로 광합성 효율이 높으며 이러한 (　) 초형을 (　)이라고 한다.

① 작은 키, 단간직립, 다수성 초형
② 작은 키, 장간직립, 다수성 초형
③ 큰 키, 단간직립, 다수성 초형
④ 큰 키, 장간직립, 다수성 초형

정답　21 ②　22 ④　23 ②　24 ④　25 ②　26 ④　27 ②　28 ①　29 ①

30 다음 중 ( ) 안에 알맞은 내용을 왼쪽부터 순서대로 가장 옳게 쓴 것은?

조직배양기술은 식물육종에 광범위하게 이용되며, ( )에 의한 영양번식식물의 무병주 생산, ( )에 의한 씨감자 생산, ( )을/를 통한 식물육종기간 단축 등이 있다.

① 약배양, 조직배양, 생장점배양
② 생장점배양, 조직배양, 약배양
③ 생장점배양, 약배양, 조직배양
④ 약배양, 생장점 배양, 조직배양

31 개화기를 앞당기기 위하여 단일처리를 할 때 효과가 가장 작은 식물은?

① 나팔꽃　　　　② 코스모스
③ 양귀비　　　　④ 양귀비

32 두 쌍의 대립유전자가 중복유전자일 때 F_2 분리비?

① 15 : 1　　　② 9 : 6 : 1
③ 9 : 7　　　④ 3 : 13

33 다음 중 잡종후대에 대한 설명이 옳은 것은?

① F_1 식물은 이형접합체이므로 대립유전자의 우열 관계를 알 수 있다.
② F_1 식물에서 채종한 종자는 F_1 종자이며, F_1 종자를 심으면 F_2 식물을 얻을 수 있다.
③ F_1 종자들이 발아하여 생육한 F_2 식물은 유전자형에 따라 특성이 비슷하므로 F_2 집단에서는 여러 가지 유전자형이 분리한다.
④ F_3 식물로부터 채종한 종자는 F_3 세대이며, F_3 한 개체에서 채종한 F_3 종자들이 발아하여 생육한 개체군을 F_3 계통이라고 한다.

34 다른 종류의 게놈을 복수로 가지고 있는 이질 배수체는?

① 반수체　　　　② 복2배체
③ 동질3배체　　　④ 동질4배체

35 다음 중 ( ) 안에 알맞은 내용은?

한 꽃 속에서 암술의 화주가 길고 수술의 화사는 짧은 ( )와 그 반대인 ( )는 자가수정이 이루어지지 않는다.

① 장주화, 장주화　　② 장주화, 단주화
③ 단주화, 단주화　　④ 중주화, 중주화

36 씨 없는 수박의 육종과정이 바른 것은?

① 3배체 작성 → 3배체 선발 → 3배체(우)×2배체(♂)
② 3배체 작성 → 3배체 선발 → 3배체(우)×3배체(♂)
③ 4배체 작성 → 4배체 선발 → 4배체(우)×2배체(♂)
④ 4배체 작성 → 4배체 선발 → 4배체(우)×4배체(♂)

37 과채류와 과실류의 후숙성에 큰 영향이 미치는 특성은?

① 외관 특성　　　② 소비 특성
③ 가공 특성　　　④ 유통 특성

38 지구상에서 유전자 자원이 침식(손실)되는 가장 보편적인 원인은?

① 돌연변이로 인한 진화에 의하여 유전자원이 침식한다.
② 우량 품종이 육성, 보급됨에 따라 유전적으로 다양한 재래종 집단이 손실된다.
③ 유전자원의 탐색에 의하여 유전자원을 수집, 보존하기 때문이다.
④ 유전자원이 육종에 이용되기 때문이다.

39 종자로 번식시키면 원래의 특성과 다른 식물체를 얻게 될 수 있기 때문에 종자보존으로 적당하지 않은 작물로만 짝지은 것은?

① 딸기, 감자　　　　② 고구마, 귀리
③ 벼, 고추　　　　　④ 밀, 보리

40 다음 중 기존의 우수한 계통에 웅성불임성이나 병저항성 등 단일유전자에 의해 지배되는 형질을 도입하려 할 때 효과적인 육종방법은?

① 여교배 육종법　　　② 순환선발 육종법
③ 순계분리 육종법　　④ 배수성 육종법

제3과목 **재배원론**

41 토양 수분 중 작물이 흡수할 수 없는 수분은?
① 결합수　　　　　　② 모관수
③ 중력수　　　　　　④ 지하수

42 다음 중 변온에 대한 설명으로 옳은 것은?

① 가을에 결실하는 작물은 대체로 변온에 의해서 결실이 억제된다.
② 동화물질의 축적은 어느 정도 변온이 큰 조건에서 많이 이루어진다.
③ 모든 종자는 변온조건에서 발아가 촉진된다.
④ 일반적으로 작물의 생장에는 변온이 큰 것이 유리하다.

43 광합성에서 산소 발생을 수반하는 광화학 반응에 촉매작용을 하는 무기원소는?

① 코발트　　　　　　② 마그네슘
③ 염소　　　　　　　④ 규소

44 우리나라의 작물재배 특색을 가장 잘 나타낸 것은?

① 고소득 작물의 도입 등 작부체계가 발달하였다.
② 최근 질소질 비료의 감축 등으로 친환경농업이 크게 발달하였다.
③ 쌀의 비중이 커서 미곡(米穀)농업이라 할 수 있다.
④ 치산치수가 잘되어 기상재해가 적은 편이다.

45 비료 및 시비에 대한 설명으로 맞는 것은?

① 요소비료의 생리적 산성비료이다.
② 용성인비의 인산성분은 17～21%이다.
③ 질산태 질소는 시비 시 토양에 잘 흡착된다.
④ 뿌리를 수확하는 작물은 칼륨보다 질소질 비료의 효과가 크다.

46 종자의 발아와 휴면에 대하여 올바르게 기술한 것은?

① 벼는 종자무게의 5%의 수분을 흡수하여야 발아한다.
② 환경이 불리하여 발아하지 않는 것을 자발적 휴면이라 한다.
③ 수발아가 잘되는 품종은 휴면성이 약하다.
④ 수종에서 발아가 감퇴하지 않는 종자는 귀리, 밀, 콩 등이다.

47 다음 중 하고현상을 일으키지 않는 목초는?

① 알팔파
② 브롬그라스
③ 수단그라스
④ 스위트클로버

정답　　39 ①　40 ①　41 ①　42 ②　43 ③　44 ③　45 ②　46 ③　47 ③

48 식물 생장조절제 에틸렌의 농업적 이용이 아닌 것은?

① 옥수수, 당근, 양파 등 작물 생육억제 효과가 있다.
② 오이, 호박 등에서 암꽃의 착생수를 증대시킨다.
③ 사과, 자두 등의 과수에서 적과의 효과가 있다.
④ 양상추, 땅콩 종자의 휴면을 연장하여 발아를 억제한다.

49 토양의 양이온치환용량 CEC에 대한 설명으로 맞는 것은?

① CEC는 토양 교질 입지가 많으면 작아진다.
② CEC는 토양 화학성을 나타내는 의미 면에서 염기치환용량과 전혀 다른 개념이다.
③ CEC가 커지면 비효가 오래 지속된다.
④ CEC가 커지면 토양의 완충능력이 작아진다.

50 세포분열을 촉진하는 물질로서 잎의 생장 촉진, 호흡억제, 엽록소와 단백질의 분해억제, 노화방지 및 저장 중 신선도 증진 등의 효과가 있는 물질은?

① ABA
② auxin
③ cytokinin
④ NAA

51 식물체의 붕소 결핍 증상이 아닌 것은?

① 분열조직이 괴사한다.
② 식물의 키가 커져서 도복하기 쉽다.
③ 사탕무의 속썩음병이 발생한다.
④ 알팔파의 황색병이 발생한다.

52 우리나라 밭 토양의 양이온치환용량은 10.5이고 K^+은 0.4, Ca^{2+}은 3.5, Mg^{+2}은 1.4me/100이었다. 우리나라 밭 토양의 평균 염기포화도는?

① 5.7%
② 15.8%
③ 50.5%
④ 53.0%

53 밀 게놈 조성 중 ABD에 속하는 것으로만 이루어진 것은?

① Triticum vulagre, Triticum compactum
② Triticum durum, Triticum monococcum
③ Triticum turgidum, Triticum polonicum
④ Triticum aegilopoides, Triticum vulgare

54 식물체 내의 수분퍼텐션을 올바르게 설명한 것은?

① 삼투퍼텐셜, 압력퍼텐셜, 매트릭퍼텐셜, 토양수분보류력으로 구성된다.
② 매트릭퍼텐셜과 압력퍼텐셜 같으면 팽만상태가 된다.
③ 수분퍼텐셜과 삼투퍼텐셜이 같으면 팽만상태가 된다.
④ 삼투퍼텐셜과 압력퍼텐셜이 같으면 팽만상태가 된다.

55 재배종과 야생종의 특징을 바르게 설명한 것은?

① 야생종은 휴면성이 약하다.
② 재배종은 대립종자로 발전하였다.
③ 재배종은 단백질 함량이 높아지고 탄수화물 함량이 낮아지는 방향으로 발달하였다.
④ 성숙 시 종자의 탈립성은 재배종이 크다.

56 개화유도물질(A)과 발아억제물질(B)이 각각 올바르게 연결된 것은?

① A : 버날린, B : 프롤리겐
② A : 오옥신, B : 지베렐린
③ A : 플로리겐 B : 블라스토콜린
④ A : 피토크림 B : 블라스탄닌

57 종자의 퇴화와 채종에 대한 설명으로 옳은 것은?

① 감자는 남부의 평야지에서 우량종자를 생산할 수 있다.
② 콩은 서늘한 지역에서 생산한 종자가 양호하다.
③ 옥수수의 격리재배는 100m 정도로 한다.
④ 배추, 무의 격리재배는 1,000cm 이상이다.

58 다음 중 토양반응의 미산성에 해당하는 pH 범위는?

① 4.9~5.2
② 5.3~5.8
③ 6.1~6.5
④ 6.8~7.5

59 다음 중 식물학상 종자에 해당되는 것은?

① 벼
② 옥수수
③ 호프
④ 오이

60 환경에 의한 변이는 유전하지 않으나 원인 불명이지만 유전하는 변이도 있는데 이것을 돌연변이라 한다. 이 학설을 주장한 사람은?

① De Vries
② Mendel
③ Johannse
④ Darwin

제4과목 **식물보호학**

61 광합성 저해에 의하여 살초 작용하는 제초제가 아닌 것은?

① urea
② uracil
③ triazine
④ chlorsulfuron

62 다음은 어떤 해충에 대한 설명인가?

- 벼를 가해한다.
- 우리나라에서는 연 2회 발생한다.
- 부화한 유충이 벼의 잎집을 파고 들어간다.
- 제2회 발생기에 피해를 받은 벼는 백수현상이 나타난다.

① 벼멸구
② 흑명나방
③ 이화명나방
④ 벼물바구미

63 Erwinia 속 무름병의 가장 대표적인 병징은?

① 기형
② 악취
③ 점무늬
④ 시듦

64 토양전염성 식물병으로 옳은 것은?

① 벼 오갈병
② 사과 탄저병
③ 인삼 모잘록병
④ 맥류 겉깜부기병

65 잡초를 방제하기 위해 제초제나 생물을 사용하지 않는 물리적 방제법으로 옳지 않은 것은?

① 소각
② 윤작
③ 솔라리제이션
④ 극초단파 이용

66 곤충의 신경 중 전대뇌에 연결되어 있는 것은?

① 전위　　　　　　② 시신경
③ 더듬이　　　　　④ 윗입술 신경

67 다음 설명에 해당하는 것은?

> 병원체가 식물과 만나 기생자가 되어 침입력과 발병력에 의하여 식물을 침해하는 힘을 발휘하는 성질

① 회복　　　　　　② 감염
③ 감수체　　　　　④ 병원성

68 다음 중 항생제 계통이 아닌 것은?

① 가스가마이신 액제
② 포스티아제이트 액제
③ 스트렙토마이신 수화제
④ 옥시테트라사이클린 수화제

69 파필라(Papilla) 돌기물이 나타나 병원균 침입에 저항하는 형태는?

① 화학적 방어반응　　② 형태적 방어반응
③ 물리적 방어반응　　④ 유전적 방어반응

70 배나무 붉은병무늬 병균에 관한 설명으로 옳은 것은?

① 자낭균에 속한다.
② 여름포자세대가 없다.
③ 중간기주는 소나무이다.
④ 병원균은 Cronartium ribicola이다.

71 다음 중 완전변태류가 아닌 것은?

① 벌목　　　　　　② 나비목
③ 메뚜기목　　　　④ 딱정벌레목

72 「농약관리법」에 정의된 잔류성에 의한 농약의 구분으로 옳지 않은 것은?

① 종자전염성 농약　　② 작물잔류성 농약
③ 토양잔류성 농약　　④ 수질오염성 농약

73 작물에 대한 잡초의 피해 요인이 아닌 것은?

① 작물에 기생하여 직접적으로 영양분을 탈취한다.
② 작물이 필요한 영양분과 생육환경에 경쟁한다.
③ 작물에 발생하는 병해충의 중간기주로 작용한다.
④ 작물이 생육하는 데 중요한 토양습도를 상승시킨다.

74 농약의 형태 중 입제의 입자 크기는 대체로 어느 정도인가?

① 8～60메시(mesh)　　② 80～130메시(mesh)
③ 100～180메시(mesh)　④ 205메시(mesh) 이상

75 창고에 보관 중인 100kg의 콩에 살충제를 10ppm 농도로 처리하려고 할 때 살충제의 소요 약량은?(단, 살충제는 50% 유제이며, 비중은 1이다.)

① 0.02mL　　　　　② 0.2mL
③ 2mL　　　　　　④ 20mL

76 여름철 밭작물에 발생하는 1년생 화본과 잡초가 아닌 것은?

① 개기장　　　　　② 바랭이
③ 강아지풀　　　　④ 나도겨풀

77 곤충의 유충과 번데기 시기 사이에 의용의 시기가 존재하는 것으로 딱정벌레목의 가뢰과에서 볼 수 있는 것은?

① 과변태　　　　　② 반변태
③ 점변태　　　　　④ 중절변태

정답　66 ②　67 ④　68 ②　69 ②　70 ②　71 ③　72 ①　73 ④　74 ①　75 ③　76 ④　77 ①

78 각종 피해 원인에 대한 작물의 피해를 직접 피해, 간접피해 및 후속피해로 분류할 때 간접적인 피해에 해당하는 것은?

① 수확물의 질적 저하
② 수확물의 양적 저하
③ 수확물 분류, 건조 및 가공비용 증가
④ 2차적 병원체에 대한 식물의 감수성 증가

79 세포벽에 섬유소를 함유하는 균류는?

① 난균류　　　　　② 병꼴균류
③ 자낭균류　　　　④ 담자균류

80 뿌리혹선충 유무를 알기 위한 지표식물로 적절하지 못한 것은?

① 콩　　　　　　　② 담배
③ 감자　　　　　　④ 토마토

| 제5과목 | 종자 관련 법규 |

81 다음 설명의 (　) 안에 알맞은 것은?

> 품종목록 등재의 유효기간은 등재한 날이 속한 해의 다음 해로부터 (　)년까지로 한다.

① 5　　　　　　　② 10
③ 15　　　　　　④ 20

해설
품종목록 등재의 유효기간
1. 등재한 날이 속한 해의 다음 해부터 10년까지로 한다.
2. 유효기간은 유효기간 연장신청에 의하여 계속 연장될 수 있다.
3. 유효기간 연장신청은 그 품종목록 등재의 유효기간이 끝내기 전 1년 이내에 신청하여야 한다.
4. 농림축산식품부장관은 유효기간 연장신청을 받은 경우 그 유효기간 연장신청을 한 품종이 품종목록 등재

당시의 품종성능을 유지하고 있을 때에는 그 연장신청을 거부할 수 없다.

82 다음 중 품종보호료 면제사유에 해당하지 않는 것은?

① 국가가 품종보호권의 설정등록을 받기 위하여 품종보호료를 납부하여야 하는 경우
② 지방자치단체가 품종보호권의 설정등록을 받기 위하여 품종보호료를 납부하여야 하는 경우
③ 국가가 품종보호권의 존속기간이 끝난 후 품종보호료를 납부하여야 하는 경우
④ 국가기초생활보장법에 따른 수급권자가 품종보호권의 설정등록을 받기 위하여 품종보호료를 납부하여야 하는 경우

83 종자의 자체보증 대상인 것은?

① 국제종자검정협회 ISTA가 보증한 종자
② 종자업자가 품종목록 등재대상작물의 종자를 생산한 종자
③ 국제종자검정가협회 협회 AOSA가 보증한 종자
④ 농림축산식품부장관이 정하는 외국의 종자검정기관이 보증한 종자

84 수입종자에 대하여 수입적응성 시험을 받지 아니하고 종자를 수입한 자에 대한 벌칙 기준은?

① 500만 원 이하의 벌금
② 1,500만 원 이하의 벌금
③ 1년 이하의 징역 또는 1,000만 원 이하의 벌금
④ 2년 이하의 징역 또는 2,000만 원 이하의 벌금

85 다음 중 정립이 아닌 것은?

① 발아립
② 소립
③ 이물
④ 목초나 화곡류의 영화가 배유를 가진 것

정답　　78 ③　79 ①　80 ②　81 ②　82 ③　83 ②　84 ③　85 ③

86 직무육성품종과 관련된 설명으로 옳은 것은?

① 농민이 육성하거나 발견하여 개발한 품종으로서 미래농업의 직무에 속한 것
② 농민이 육성하거나 발견하여 개발한 품종으로서 품종보호권이 주어진 품종일 것
③ 공무원이 육성하거나 발견하여 개발한 품종으로서 미래농업의 직무에 속한 것
④ 공무원이 육성하거나 발견하여 개발한 품종으로서 그 성질상 국가 또는 지방자치단체의 업무범위에 속한 것

87 보증의 유효기간이 틀린 것은?

① 채소 2년　　　　② 버섯 1개월
③ 감자 2개월　　　④ 콩 1년

88 다음 중 상추종자를 생산하기 위하여 종자업등록을 하고자 할 때 철제하우스가 갖추어야 할 종자업의 시설기준으로 맞는 것은?

① 100m² 이상　　　② 1,000m² 이상
③ 330m² 이상　　　④ 3,330m² 이상

89 품종보호등록을 위해 품종이 갖추어야 할 요건에 해당하는 것은?

① 구별성, 균일성, 안정성
② 구별성, 우수성, 균일성
③ 안정성, 우량성, 균일성
④ 우수성, 우량성, 안정성

90 다음 중 유통종자의 품질표시 사항으로 맞는 것은?

① 종자의 포장당 무게 또는 낱알 개수
② 농림축산식품부장관이 정하는 병충해의 유무
③ 자체순도 검정확인표시
④ 수입종자인 경우에는 수입적응성 시험 확인대장 등재번호

91 벼의 포장검사 규격에 따른 검사 대상항목이 아닌 것은?

① 품종의 순도　　　② 이종 종자주
③ 찰벼 출현율　　　④ 병주의 특정병

92 다음 중 포장검사 신청서에 기재할 사항은?

① 포장 신청 면적
② 포장관리인의 성명 및 주소
③ 육성자의 성명 및 주소
④ 위탁생산자의 성명 및 주소

93 국내에 처음으로 수입되는 품종의 종자를 판매하기 위해 수입하고자 하는 자가 신청하는 수입적응성 시험을 실시하는 기관으로 맞는 것은?

① 농업기술센터　　　② 한국종자협회
③ 국립종자원　　　　④ 국립농산물품질관리원

94 "품종"의 정의로 가장 잘 설명한 것은?

① 식물학에서 통용되는 최저분류 단위의 식물군으로서 유전적으로 발현되는 특성 중 한 가지 이상의 특성이 다른 식물군과 구별되고 변함없이 증식될 수 있는 것
② 식물학에서 통용되는 하위 단위의 식물군으로 유전적으로 발현되는 특성 중 두 가지 이상의 특성이 다른 식물군과 구별되고 변함없이 증식될 수 있는 것
③ 식물학에서 통용되는 최저분류 단위의 식물군으로 유전적으로 발현되는 특성 중 두 가지 이상의 특성이 다른 식물군과 구별되고 변함없이 증식될 수 있는 것
④ 식물학에서 통용되는 상위 단위의 식물군으로 유전적으로 발현되는 특성 중 한 가지 이상의 특성이 다른 식물군과 구별되고 변함없이 증식될 수 있는 것

95 다음 중 ( ) 안에 알맞은 내용은?

「종자산업법」에서 "보증종자"란 이 법에 따라 해당 품종의 ( )과 해당 품종 종자의 품질이 보증된 채종 (採種) 단계별 종자를 말한다.

① 구별성　　　　② 안정성
③ 진위성　　　　④ 우수성

96 다음 중 국가품종목록 등재서류의 보존기간은?

① 당해 품종의 품종목록 등재 유효기간 동안 보존
② 당해 품종의 품종목록 등재 유효기간이 경과한 후 1년간 보존
③ 당해 품종의 품종목록 등재 유효기간이 경과 후 3년간 보존
④ 당해 품종의 품종목록 등재 유효기간이 등재한 날부터 5년간 보존

97 다음 중 국가품종목록에 등재하여 품종의 생산보급이 가능한 작물은?

① 밀　　　　② 콩
③ 호밀　　　　④ 고구마

98 「종자산업법」의 제정 목적으로 맞지 않은 것은?

① 종자산업의 발전 도모
② 농업생산의 안정
③ 종자산업의 육성 및 지원
④ 종자산업 관련 법규의 규제 강화

99 품종보호와 관련하여 심판을 청구하고자 하는 경우 심판청구서에 작성할 내용으로 맞지 않는 것은?

① 심판청구자의 성명과 주소, 품종의 명칭을 기재하여야 한다.
② 심판청구서에는 청구의 취지 및 이유가 기재되어야 한다.
③ 품종보호 출원자 및 품종보호 출원번호는 기재하지 않아도 된다.
④ 심사관이 품종보호를 결정한 일자를 기재한다.

100 다음 중 품종보호에 관한 설명으로 옳지 않은 것은?

① 동일 품종에 대하여 다른 날에 둘 이상의 품종보호 출원이 있을 때에는 가장 먼저 출원한 자만이 그 품종에 대하여 품종보호를 받을 수 있다.
② 품종보호를 받을 수 있는 권리가 공유인 경우에는 공유자 전원이 공동으로 품종보호 출원을 하여야 한다.
③ 출원공개가 있는 때에는 누구든지 해당 품종이 품종보호를 받을 수 없다는 취지의 정보를 증거와 함께 농림축산식품부장관에게 제공할 수 있다.
④ 우선권을 주장하고자 하는 자는 최초의 품종보호 출원일 다음 날부터 2년 이내에 품종보호 출원을 하여야 한다.

제1과목 종자생산학 및 종자법규

01 품종명칭 등록의 요건에 해당되는 것은?

① 1개의 고유한 품종명칭을 가질 경우
② 기호로만 표시된 경우
③ 저명한 타인의 성명인 경우
④ 상표명에 의하여 등록된 상표와 동일한 경우

02 다음 중 자식성 작물의 특징에 해당되는 것은?

① 화기가 열리지 않는다.
② 꽃가루와 수술머리의 성숙기가 다르다.
③ 장벽수정이 나타난다.
④ 이형예현상이 나타난다.

03 과실의 맛, 색깔과 같이 정핵이 직접 관여하지 않는 모체의 일부분에 꽃가루의 영향이 직접 나타나는 현상을 무엇이라 하는가?

① Xenia
② Metaxenia
③ Pollination
④ Fertilization

04 대통령령으로 정하는 국재적인 종자검정기관에 해당하는 것은?

① USOV
② APSA
③ ISTA
④ WIPO

05 다음 중 장일성 식물이 아닌 것은?

① 감자
② 무궁화
③ 클로버
④ 담배

06 종자 춘화형 작물로만 짝지어진 것은?

① 배추, 양배추
② 양배추, 당근
③ 양파, 당근
④ 무, 배추

07 종자검사 순도 분석 시 정립에 해당되는 것은?

① 떨어진 불인소화
② 콩과에서 분리된 자엽
③ 원래 크기의 1/2보다 큰 종자 쇄립
④ 원래 크기의 절반 미만인 쇄립

08 다음 중 과실 저장 시 알맞은 온도와 습도는?

① 0~4도, 85~90%
② 0~4도, 80% 이하
③ 5도 이상, 80~95%
④ 12~15도, 80~95%

09 종자의 자발적 휴면이 일어나는 원인으로 옳지 않은 것은?

① 배의 미숙
② 배의 휴면
③ 종피의 경화
④ ABA의 감소

10 다음 중 무한화서에 속하는 것은?

① 단성성화
② 단집산화서
③ 총상화서
④ 복집산화서

11 대부분 종자의 발아 시 공통적인 필수조건과 가장 거리가 먼 것은?

① 수분
② 온도
③ 산소
④ 광

정답   01 ①   02 ①   03 ②   04 ③   05 ④   06 ④   07 ③   08 ①   09 ④   10 ③   11 ④

12 종자업자가 「종자산업법」에 의한 명령을 위반할 때 얼마간의 영업정지를 받을 수 있는가?

① 3개월 이내
② 6개월 이내
③ 9개월 이내
④ 12개월 이내

13 품종보호 출원품종 심사요령에서 우선권 주장을 하고자 할 경우 최초의 품종보호출원일 다음 날부터 몇 년 이내에 출원하여야 우선권 주장을 할 수 있는가?

① 4년
② 3년
③ 2년
④ 1년

14 국가품종목록의 등재대상이 아닌 것은?

① 벼
② 보리
③ 밀
④ 콩

15 다음 중 종자의 휴면타파법으로 옳지 않은 것은?

① 변온처리
② 농황산처리
③ 지베렐린 처리
④ 석회처리

16 빛에 의해 발아가 촉진되는 작물은?

① 상추
② 파
③ 가지
④ 수박

17 종자세의 검사방법으로 가장 옳지 않은 것은?

① 고온검사
② 전기전도율검사
③ 노화촉진검사
④ 테트라졸륨검사

18 일반적으로 벼에서 수분 후 웅핵이 난핵과 결합하기까지 소요되는 시간은?

① 5시간
② 10시간
③ 20시간
④ 48시간

19 다음 작물 중 연작의 해가 가장 적은 것은?

① 당근
② 수박
③ 가지
④ 고추

20 종자의 안전 저장 시 고려해야 할 요인과 거리가 가장 먼 것은?

① 저온
② 건조
③ 밀폐
④ 충분한 산소

제2과목 식물육종학

21 식물체의 방사선감수성에 영향하는 요인이 아닌 것은?

① 처리종자량
② 종자의 수분함량
③ 품종
④ 세포 내 산소농도

22 동질배수체의 일반적인 특성으로 옳은 것은?

① 임성의 증대
② 종자 크기의 감소
③ 생육지연
④ 세포의 크기 감소

23 염색체의 수적 이상에 해당하는 것은?

① 역위
② 상호전좌
③ 삼염색체성
④ 결실

24 염색체 배가의 가장 효과적인 밥법은?

① Colchicine 처리　　② N-Mustard의 처리
③ X-처리　　　　　　④ 방사선 동위원소 처리

25 다음 동질 사배체는?

① AABB　　　　　　② BBBB
③ AAAABBBB　　　④ ABCD

26 기존의 우량품종의 단점을 교배를 통하여 단기간에 개선하는 데 가장 적합한 육종방법은?

① 분리육종법　　　② 계통육종법
③ 집단육종법　　　④ 여교잡 육종법

27 내병성 검정에 대한 설명 중 옳은 것은?

① 진성저항성은 대체로 미동유전자의 작용에 의한다.
② 진성저항성은 병원균의 레이스에 따라 저항성 정도가 변한다.
③ 포장저항성은 병원균의 레이스에 따라 발병 정도가 불연속성을 나타낸다.
④ 포장저항성은 수직저항성이라고도 한다.

28 포자체형 자가불화합성의 작용메커니즘을 옳게 설명한 것은?

① 2n의 암술과 2n의 수술과의 상호작용이다.
② 2n의 암술과 n의 화분과의 상호작용이다.
③ n의 배낭과 2n의 수술과의 상호작용이다.
④ n의 배낭과 n의 화분과의 상호작용이다.

29 수정에 의해서 종자가 생기지 않았는데도 과실이 형성되는 현상은?

① 우수성　　　　　② 단위결과
③ 영양생식　　　　④ 처녀생식

30 돌연변이 육종에 관한 설명 중 옳지 않은 것은?

① 형질은 대부분 우성에서 열성으로 변화한다.
② 자연 돌연변이의 빈도는 높다.
③ 돌연변이의 발생은 연속적이 아니라 이산적이다.
④ 주로 특정 형질의 개량을 위하여 행해져 왔다.

31 F_1의 배우자 비가 AB : Ab : aB : ab＝1 : 4 : 4 : 1일 때 교차율은 얼마인가?

① 상반 20%　　　　② 상인 20%
③ 상반 25%　　　　④ 상인 25%

32 종자의 배유에 화분친의 형질이 나타나는 현상은?

① 키메라 현상
② 연관 현상
③ 키아즈마 현상
④ 크세니아 현상

33 다음 중 변이의 감별 방식 중 옳지 않은 것은?

① 유전변이와 환경변이 : 자식종자로 후대검정
② 유전자형의 동형접합성 여부 : 자식종자로 후대검정
③ 질적 변이와 양적 변이 : 자식종자로 후대검정
④ 표현형으로 구분하기 어려운 변이 : 특수 환경을 조성하여 감별

34 하나의 화분모세포는 감수분열 후 몇 개의 소포자세포가 되는가?

① 1개　　　　　　② 2개
③ 3개　　　　　　④ 4개

35 제2차적 특성에 관여하는 형질검정이 아닌 것은?

① 질적 및 양적 형질　　② 생육성 형질
③ 저항성 형질　　④ 물질생산성 형질

36 다음 중 중복수정 시 배유를 형성하는 조합은?

① 정핵＋반족세포　　② 정핵＋2개의 조세포
③ 정핵＋난핵　　④ 정핵＋2개의 극핵

37 해외로부터 식물을 도입 시 격리하는 이유는?

① 농업적 특성을 조사하기 위해
② 급속한 증식을 위해
③ 국내 풍토에 순화시키기 위해
④ 국내에 없는 병충해의 반입 여부를 검사하기 위해

38 야생식물의 재배화에 의해 일어나는 유전적 변이가 아닌 것은?

① 종자탈립성 감소
② 단백질 함량의 증가
③ 종자의 휴면성의 감소
④ 이용부위의 증대 및 수량 증가

39 교잡육종에서 교배친을 선정할 때 유의할 사항이 아닌 것은?

① 각 지방의 주요 품종을 선택하는 것이 좋다.
② 조합능력을 검정한다.
③ 교배친품종의 특성을 철저히 조사한다.
④ 타가수정을 주로 하는 품종을 교배친으로 삼는다.

40 단교잡종에 대한 설명으로 옳은 것은?

① 발아력이 약하다.
② 품질의 균일도가 낮다.
③ 잡종강세 발현이 약하다.
④ F_1 종자 수량이 많다.

제3과목 **재배원론**

41 T/R률에 대한 설명으로 틀린 것은?

① 토양함수량이 감소하면 T/R률이 커진다.
② 질소를 다량 시용하면 T/R률이 커진다.
③ 토양통기가 부량하면 T/R률이 증대된다.
④ 감자나 고구마의 경우 파종기나 이식기가 늦어질수록 T/R률이 커진다.

42 작물의 도복을 경감시키는 요인이 아닌 것은?

① 규소를 시용한다.
② 지베렐린을 처리한다.
③ 칼륨을 시용한다.
④ 인을 시용한다.

43 논토양의 산화와 환원의 정도를 나타내는 기호는?

① $E\mu$　　② EODIV
③ Eh　　④ pF

44 토양 속에서 미생물의 작용을 받아 생리적 중성을 나타내는 비료는?

① 황산암모니아　　② 과인산석회
③ 용성인비　　④ 칠레초석

45 감자의 번식에 사용되는 종서에 해당하는 영양기관은?

① 비늘줄기   ② 알뿌리
③ 덩이뿌리   ④ 덩이줄기

46 습해의 대책으로 옳은 것은?

① 이랑과 고랑의 높이를 동일하게 한다.
② 점토로 객토한다.
③ 황산근 비료를 사용한다.
④ 과산화석회를 종자에 분의하여 파종한다.

47 상추 종자에 다음과 같은 순서로 650nm의 적색광(R)과 700~800nm의 근적외광(FR)을 조사하였을 때 발아율이 가장 높은 것은?

① $(R+FR)+(R+FR)+(R+FR)+R$
② $(R+FR)+R+FR+R+FR$
③ $FR+R+(FR+R)+FR+R+FR$
④ $R+FR+(R+FR)+(R+FR)+R+FR+R+FR$

48 한 가지 주 작물이 생육하고 있는 조간에 다른 작물을 재배하는 방법은?

① 혼작   ② 간작
③ 점혼작   ④ 교호작

49 다음 중 ( ) 안에 알맞은 것은?

> 토마토, 무화과 등은 개화기에 ( )를 살포하면 단위결과가 유도된다.

① GA   ② BNOA
③ BA   ④ ABA

50 5~7년 이상의 휴작이 필요한 작물로 구성된 것은?

① 고구마, 무   ② 생강, 당근
③ 호박, 담배   ④ 완두, 우엉

51 다음 중 가지의 원인이 유독물질인 경우의 대책이 아닌 것은?

① 알코올 희석액을 흘려보낸다.
② 수산화칼륨 희석액을 흘려보낸다.
③ 계면활성제 희석액을 흘려보낸다.
④ 천근성 작물을 연작한다.

52 인조 합성비료와 농약이 발달함에 따라 유리하다고 생각되는 작물을 자유로이 재배하는 방식은?

① 대전법   ② 휴한농법
③ 3포식 농법   ④ 자유경작

53 작물의 생태적 특성에 의한 분류에 해당되지 않는 것은?

① 생존연한에 따른 분류
② 생존계절에 따른 분류
③ 생육형에 따른 분류
④ 식용 가능에 따른 분류

54 다음 중 타식성 작물이 아닌 것은?

① 참깨   ② 딸기
③ 시금치   ④ 호프

55 다음 중 적산온도가 가장 높은 작물은?

① 메밀   ② 조
③ 아마   ④ 담배

정답   45 ④   46 ④   47 ①   48 ②   49 ②   50 ④   51 ④   52 ④   53 ④   54 ①   55 ④

56 다음 중 ( ) 안에 알맞은 호르몬은?

( )은 양조산업에서 배가 없는 보리종자의 효소활성 증진과 전분의 가수분해 작용을 촉진하는 데 이용되고 있다.

① 옥신
② 지베렐린
③ 사이토키닌
④ 에스렐

57 사리풀을 재료로 하여 2년생 식물에서 버널리제이션의 이론을 세운 사람은?

① Gregory
② Melchers
③ Purvis
④ Allen

58 다음 중 ( ) 안에 알맞은 것은?

Cholodny는 저온처리를 하면 다량의 호르몬인 ( )이 배유에서 배로 이동·집적되어 발육을 촉진하는 것으로 보았는데, 이를 호르몬설이라고 한다.

① bacteria chlorophyll a
② bacteria chlorophyll b
③ carotenoid
④ blastanin

59 질산환원효소의 구성성분으로 질소대사에 필요하고, 콩과작물 뿌리혹박테리아의 질소고정에 필요한 무기성분은?

① 아연
② 망간
③ 마그네슘
④ 몰리브덴

60 작물의 태양에너지 이용률은?

① 1~2%
② 3~4%
③ 5~6%
④ 7~9%

61 성충은 8월경에 콩꼬투리와 잎자루에 산란하고 부화한 유충은 콩꼬투리를 뚫고 들어가서 종실을 갉아먹으며, 연 1회 발생하여 노숙유충으로 월동하는 해충은?

① 콩나방
② 콩풍뎅이
③ 완두콩바구미
④ 콩앞말이명나방

62 광엽잡초와 작물이 경합하는 요소가 아닌 것은?

① 양분
② 수분
③ 온도
④ 햇빛

63 분류상 고시류에 속하는 것은?

① 잠자리목
② 배잠자리목
③ 풀잠자리목
④ 날도래류목

64 박테리오파지를 이용한 병원세균의 정량이 가능한 것은 어느 현상 때문인가?

① 삼투현상
② 용균현상
③ 침투현상
④ 항균현상

65 입제의 조립법에 쓰이는 결합제의 원료는?

① 탈크
② 전분
③ 소석회
④ 탄산칼슘

66 논에서 토양처리형 제초제는 토성에 따라 약해 발생 정도가 다르다. 약해가 가장 발생하기 쉬운 토성은?

① 점질토
② 식양토
③ 사양토
④ 미사질양토

67 페녹신계 제초제는?

① 2,4-D   ② Dicamba
③ Paraquat   ④ Simazine

68 배나무의 잎에 기생하며 녹병포자와 녹포자를 차례로 형성하고, 녹포자는 바람에 날려서 주간기주인 향나무의 잎이나 가지를 침해하여 겨울포자 상태로 월동하는 것은?

① 더뎅이병균   ② 근두암종병균
③ 겹무늬썩음병균   ④ 붉은별무늬병균

69 냉해로 인해 발생되는 식물의 생리 변화가 아닌 것은?

① 불임현상   ② 양분 흡수 저해
③ 원형질 유동 증가   ④ 암모니아 축적 증대

70 잡초의 천이에 관여하는 요인으로 가장 거리가 먼 것은?

① 시비법   ② 제초방법
③ 물관리방법   ④ 살균제 처리방법

71 접촉형 비피리딜리움계 비선택성 제초제는?

① Triclopyr   ② Bentazon
③ Paraquat   ④ Quinclorac

72 우리나라 여름작물의 밭에서 나는 잡초로만 짝지어진 것은?

① 명아주, 강아지풀
② 쇠뜨기, 물달개비
③ 토끼풀, 개구리밥
④ 올방개, 참방동사니

73 농약의 급성독성의 유형이 아닌 것은?

① 경구독성   ② 잔류독성
③ 흡입독성   ④ 경피독성

74 작물을 씹어 먹어 피해를 발생시키는 해충으로 올바르게 짝지어진 것은?

① 매미충, 애멸구, 깍지벌레
② 잎말이나방, 풍뎅이, 진딧물
③ 짚시나방, 귤굴나방, 노린재
④ 배추흰나비, 벼애나방, 풍뎅이

75 식물의 줄기를 파고 들어가는 것은?

① 벼멸구   ② 벼물바구미
③ 오이잎벌레   ④ 사과하늘소

76 식물병에 대한 설명으로 옳지 않은 것은?

① 환경   ② 교잡
③ 병원체   ④ 감수체

해설
감수체
병원체가 침입하기 이전의 병에 걸릴 수 있는 상태의 식물

77 채소무름병에 대한 설명으로 옳지 않은 것은?

① 식물의 조직을 연화 부패시키는 병이다.
② 배추는 잎과 잎자루에 발생하며 악취를 낸다.
③ 감자에는 생육 중 고온 다습할 때 경엽에 발병한다.
④ 병원균은 다양하지만 고온 다습할 때 경엽에 발병한다.

정답   67 ①   68 ④   69 ③   70 ④   71 ③   72 ①   73 ②   74 ④   75 ④   76 ④   77 ④

78 다음 중 레이스의 정의로 옳은 것은?

① 바이러스에 적용되는 용어이다.
② 병원균이 다른 개체군이 생기는 현상
③ 기주의 품종에 따라 병원성이 다른 개체군
④ 분류학적으로 같은 종에 속하지만 병원성이 다른 개체군 중에서 종이 다른 식물을 침해하는 것

79 인삼 탄저병과 사과나무 탄저병의 발생에 공통적으로 영양을 미치는 요인은?

① 산소농도
② 직사광선
③ 토양산도
④ 재식간격

80 작물 해충의 종합적 관리(IPM)에 대한 설명으로 틀린 것은?

① 농약 사용을 배제하여 친환경 재배를 실시한다.
② 유기합성농약 만능주의에 대한 반성으로부터 시작하였다.
③ 병해충의 밀도를 경제적 피해 수준 이하로 유지하도록 하는 것이다.
④ 자연제어의 기작을 가능한 한 효율적으로 이용하는 것이 기본이다.

제1과목 종자생산학

01 인공교배하기 전에 제웅이 필요 없는 작물만으로 나열된 것은?

① 수박, 오이
② 오이, 토마토
③ 토마토, 벼
④ 콩, 보리

02 다음 중 바이러스에 의해 발병하는 것은?

① 콩 오갈병
② 보리 겉깜부기병
③ 벼 흰빛잎마름병
④ 벼 이삭누룩병

03 종자전염성 식물병으로 병원이 바이러스인 것은?

① 옥수수 맥각병
② 옥수수 노균병
③ 콩 회색줄기마름병
④ 오이 녹반모자이크병

04 종자처리 방법 중 건열처리의 주목적은?

① 어린 식물체의 양분흡수 촉진
② 종자전염 바이러스 제거
③ 종자의 수분흡수 증대
④ 종자발아에 필요한 대사과정 촉진

05 화아유도에 가장 효과가 큰 광파장은?

① 430nm
② 550nm
③ 660nm
④ 730nm

06 종자 휴면의 진정한 의미는?

① 양 · 수분의 흡수불능으로 생육의 쇠퇴현상이다.
② 발아에 적당한 조건이 갖추어져도 발아하지 않는 상태이다.
③ 일사량 부족으로 인한 휴식현상이다.
④ 차세대의 번식을 위한 양분저장을 위한 휴식현상이다.

07 다음 중 보리 종자의 수확 및 탈곡 시 기계적 손상을 최소화할 수 있는 수분함량은?

① 10%
② 15%
③ 20%
④ 25%

08 종자의 표준발아검사 시 치상하는 종자수와 반복수를 바르게 나타낸 것은?

① 50립씩 2반복
② 50립씩 4반복
③ 80립씩 2반복
④ 100립씩 4반복

09 다음 종자구조 중 난과식물에서 그 형태를 찾아볼 수 없을 정도로 퇴화된 것은?

① 종피
② 주심
③ 배유
④ 배

10 다음 중 타가수정 작물에 많은 생리현상이 아닌 것은?

① 웅예선숙
② 자예선숙
③ 이형예 현상
④ 폐화수정

정답 01 ① 02 ① 03 ④ 04 ② 05 ③ 06 ② 07 ③ 08 ④ 09 ③ 10 ④

11 채종재배 시 식물 영양에 대한 설명으로 옳은 것은?

① 엽채류나 근채류의 채종재배 시 비배관리는 일반재배와 별 차이가 없다.

② 채종재배 시 질소를 일찍 끊을수록 개화 및 채종기가 빨라지는 경향이 있다.

③ 채소 중에서 무, 배추, 양배추 및 샐러리 등은 미량요소로서 망간을 많이 요구한다.

④ 오이, 호박, 및 가지 등의 채종재배 기간은 전체 재배기간에 비하여 매우 짧다.

12 종자의 후숙에 대한 설명으로 맞는 것은?

① 층적처리는 종자를 건조 및 저온조건에서 처리한다.

② 건조로 후숙 시는 높은 온도와 습도조건에서 처리한다.

③ 인삼 종자는 후숙기간(1개월 미만)이 짧다.

④ 후숙은 완전한 형태의 종자로 성숙시킨다.

13 밀 종자의 테트라졸리움(Tertrazolium) 검사에서 발아능이 가장 좋은 종자의 상태는?

① 배가 착색되지 않은 종자

② 배가 청색으로 착색된 종자

③ 배가 붉은색으로 착색된 종자

④ 배가 엷은 분홍색으로 착색된 종자

14 종자의 수확에 대한 설명으로 옳지 않은 것은?

① 수확기의 결정에는 종실의 수분 함량이 중요하다.

② 적기보다 수확을 빨리하면 미숙립의 손실이 많아진다.

③ 적기보다 늦게 수확하는 것이 건조가 잘 되어 탈곡제조 과정의 손실을 방지할 수 있다.

④ 수확기는 수확과 건조과정에서의 강우를 회피해야 하므로 기상 조건도 고려되어야 한다.

15 다음 중 종자의 발아억제에 관여하는 물질은?

① abscisic acid ② auxin

③ cytokinin ④ gibberelin

16 피자식물 종자의 핵형구성이 옳은 것은?

① 배유=2n, 배=2n, 종피=2n

② 배유=2n, 배=3n, 종피=n

③ 배유=3n, 배=2n, 종피=n

④ 배유=3n, 배=2n, 종피=2n

17 자가불화합계통 채종 시 수분방법이 알맞게 짝지어진 것은?

① 뇌수분 : 인공수분 ② 개화수분 : 인공수분

③ 노화수분 : 자연수분 ④ 자가수분 : 자연수분

18 단위결과를 유기하는 방법인 것은?

① 뇌수분 ② 여교잡

③ 인공수분 ④ 착과제 처리

19 순도검사의 시료에 종자 크기가 반절 이상인 발아립(發芽粒)이 섞여 있다면 이는 어느 범주에 속하는가?

① 이물 ② 이종종자

③ 잡초종자 ④ 정립

20 단자엽식물 종자가 발아할 때에 가수분해 효소의 방출이 이루어지는 곳은?

① 호분층 ② 배

③ 배유 ④ 배축

정답 11 ② 12 ④ 13 ③ 14 ③ 15 ① 16 ④ 17 ① 18 ④ 19 ④ 20 ①

21 다음 중 유전상관에 관한 설명으로 옳은 것은?

① 유전상관의 값은 두 형질의 유전공분산과 환경분산을 이용해 구한다.
② 유전상관은 유전자 간의 연관과 다면 발현성에 기인한다.
③ 유전상관의 값은 변동이 심하여 육종상 이용이 불가능하다.
④ 일반적으로 유전상관의 값은 표현형 상관보다 낮으며 세대에 따라 달라진다.

22 경지잡초 가운데서 선발하여 재배식물로 된 작물로만 짝지어진 것은?

① 완두, 호밀
② 벼, 보리
③ 벼, 완두
④ 옥수수, 벼

23 넓은 의미의 유전력을 바르게 나타낸 것은?(단, V_G : 유전분산, V_E : 환경분산, V_P : 표현형 분산)

① $\dfrac{V_P}{V_G}$
② $\dfrac{V_P}{(V_G + V_E)}$
③ $\dfrac{V_G}{V_E}$
④ $\dfrac{V_G}{(V_G + V_E)}$

24 수정하지 않은 난세포가 수분작용의 자극을 받아 배로 발달하는 것은?

① 위수정생식
② 복상포자생식
③ 무포자생식
④ 부정배생식

25 후대로 유전하지 않는 변이는?

① 돌연변이
② 유전자변이
③ 방황변이
④ 교잡변이

26 다음 중 제1감수분열 전기에 일어나는 5단계로 옳은 것은?

① 세사기 → 대합기 → 이동기 → 태사기 → 이중기
② 세사기 → 대합기 → 태사기 → 이중기 → 이동기
③ 이동기 → 세사기 → 대합기 → 태사기 → 이중기
④ 이동기 → 대합기 → 태사기 → 세사기 → 이중기

27 유전적 침식의 원인과 거리가 먼 것은?

① 작물재배의 기계화와 육성품종의 상업화가 되어 작물재배가 가속화된다.
② 산림개발에 의해 식생이 파괴되고 품종이 획일화된다.
③ 지구 온난화에 따른 사막화 등의 환경 변화로 생태계가 파괴된다.
④ 다양한 재래종의 재배에 의해 수량이 감소된다.

28 야생식물이 재배화되면서 순화한 특성은?

① 종자산포 능력 강화
② 식물의 방어적 구조 강화
③ 종자발아의 균일성 약화
④ 종자의 휴면성 약화

29 다음 중 ( ) 안에 알맞은 것은?

바이러스를 제거하기 위한 많은 방법 중 ( )가 가장 널리 사용되고 있다. ( )는 바이러스의 복제를 저해하여 분열세포 시 바이러스의 불활성화가 일어나며, 그 결과 바이러스가 제거된다.

① 옥신처리
② 지베렐린처리
③ 고온처리
④ 저온처리

30 다음 중 열성상위의 F_2의 분리비는?

① 9 : 7
② 15 : 1
③ 9 : 3 : 4
④ 9 : 6 : 1

31 파지의 유전연구에 이용되고 있는 돌연변이에 해당하지 않는 것은?

① 기주범위 돌연변이체
② 용균반형 돌연변이체
③ 겸상적혈구 돌연변이체
④ 조건치사 돌연변이체

32 십자화과 채소에서 자식시킬 수 있으며, 자가불화합성인 계통을 유지할 수 있게 하는 방법은?

① 타가수분
② 뇌수분
③ 종간교잡 중간교잡
④ 근계교배

33 다음 중 여교배 세대에 따라 반복친을 나타낼 때 BC_4F_1에 해당하는 반복친은 약 몇 %인가?

① 75.0
② 87.5
③ 93.8
④ 96.9

34 다음 중 (가), (나)에 알맞은 것은?

(가)에서는 화분(n)의 유전자가 화합·불화합을 결정하며, (나)에서는 화분을 생산할 개체(2n)의 유전자형에 의해 화합·불화합이 달라진다.

① (가) : 포자체형 자가불화합성
　(나) : 배우체형 자가불화합성
② (가) : 배우체형 자가불화합성
　(나) : 포자체형 자가불화합성
③ (가) : 유전자적 웅성불임성
　(나) : 세포질적 웅성불임성
④ (가) : 세포질적 웅성불임성
　(나) : 유전자적 웅성불임성

35 목표로 하는 전체 형질에 대하여 동시에 선발할 때 각 형질에 대한 중요도에 따라 점수를 주어 총 득점수가 많은 것부터 선발할 때 이용되는 것은?

① 선발지수
② 유전력
③ 회귀계수
④ 상관계수

36 다음에서 설명하는 것은?

상동게놈이 한 개뿐이므로 열성형질의 선발이 쉽고, 염색체를 배가하면 곧바로 동형접합체(순계)를 얻을 수 있다.

① 반수체
② 동질3배체
③ 동질4배체
④ 복2배체

37 다음 중 포장 저항성과 관련 있는 것은?

① 진성(진정) 저항성
② 주동유전자 저항성
③ 수직 저항성
④ 수평 저항성

38 다음 중 자가불화합성을 나타내지 않기 때문에 자식률이 매우 높은 것은?

① 양성화
② 자웅이주
③ 자가불화합성
④ 웅예선숙

39 다음 중 ( ) 안에 알맞은 것은?

유전자 수준에서 가장 작은 변화는 ( )로, DNA 염기서열 중 한 쌍만이 변화하여 원래 DNA에 코드된 아미노산과 다른 아미노산을 지정함으로써 돌연변이가 일어나는 경우이다.

① 다수성돌연변이
② 충치환돌연변이
③ 복귀돌연변이
④ 점돌연변이

정답　30 ③　31 ③　32 ②　33 ④　34 ②　35 ①　36 ①　37 ④　38 ①　39 ④

40 협의의 유전력이란?

① 표현형 분산에 대한 상가적 분산의 비율
② 표현형 분산에 대한 우성효과분산의 비율
③ 유전분산에 대한 상가적 분산의 비율
④ 유전분산에 대한 우성효과분산의 비율

제3과목 **재배원론**

41 혼파의 장점에 해당하지 않는 것은?

① 영양상의 이점   ② 파종작업의 관리
③ 공간의 효율적 이용   ④ 질소질 비료의 절약

42 작물이 영양 발육단계로부터 생식 발육단계로 이행하여 화성을 유도하는 주요요인이 아닌 것은?

① C/N율   ② T/R률
③ 일장조건   ④ 온도조건

43 작물의 내건성에 대하여 가장 올바르게 설명한 것은?

① 잎의 표피에 기공수가 많다.
② 잎이 작고 왜소한 식물이 내건성이 크다.
③ 저수능력이 작고, 근군이 표층에 많이 분포한다.
④ 건조할 때에 증산작용이 크다.

44 화본과 작물이 아닌 것은?

① 옥수수   ② 귀리
③ 수수   ④ 알팔파

45 종묘로 이용되는 기관이 맞게 연결된 것은?

① 덩이뿌리 – 다알리아, 감자, 뚱딴지
② 덩이줄기 – 감자, 토란, 마늘
③ 비늘줄기 – 마늘, 백합, 생강
④ 땅속줄기 – 생강, 박하, 호프

46 종자의 순도가 90%, 100립중이 20g, 수분함량이 15%, 발아율이 80%일 때 종자의 진가(용가)는?

① 13.5   ② 18
③ 30   ④ 72

해설

용가 = 순도×발아율/100
     = 90×80/100 = 72

47 작물야생종의 분포를 고고학, 역사학 및 언어학적 고찰을 통하여 재배식물의 기원지를 추정한 사람은?

① De Candolle   ② Vavilov
③ Allen   ④ Peake

48 방사선 중 가장 현저한 생물적 효과를 갖고 있는 것은?

① ^{50}Fe ② α선
③ β선   ④ γ선

49 주심(珠心)이 발달하여 형성된 것으로 양분을 저장하는 것은?

① 배   ② 배유
③ 외배유   ④ 자엽

---

50 작물에 요소를 엽면시비할 때 알맞은 농도는?

① 1% 정도　　　　② 3% 정도
③ 5% 정도　　　　④ 7% 정도

51 여러 가지 잡초의 해작용 중에서 유해물질의 분비로 인한 피해란?

① 잡초와 작물과의 양분 경쟁에 의한 피해
② 목초지에서 유해한 잡초로 인한 가축의 피해
③ 잡초의 뿌리로부터 분비되는 물질로 인한 피해
④ 잡초에 기생하는 병해충이 분비하는 유해물질에 의한 피해

52 다음 중 방사선량의 단위로 사용되지 않는 것은?

① cpm　　　　② rhm
③ rad　　　　④ rep

53 식물의 필수원소 중 하나인 붕소가 결핍되었을 때 식물에 나타나는 특징적인 증상은?

① 분열조직에 괴사가 일어나고 사과의 축과병과 같은 병해를 일으키며 수정, 결실이 나빠진다.
② 생장점이 말라죽고 줄기가 약해지며 잎의 끝이나 둘레가 황화되고, 심하면 아랫잎이 떨어진다.
③ 생육 초기에 뿌리의 발육이 나빠지고 잎이 암녹색이 되어 둘레에 점이 생기며, 심하게 결핍되면 잎이 황색으로 변한다.
④ 황백화 현상이 일어나고 줄기나 뿌리에 있는 생장점의 발육이 나빠지며 식물체내의 탄수화물이 감소하며 종자의 성숙이 나빠진다.

54 작물의 일반분류에서 잡곡에 해당하지 않는 것은?

① 기장　　　　② 귀리
③ 수수　　　　④ 옥수수

55 식물이 주로 이용하는 토양의 수분 형태는?

① 결합수　　　　② 중력수
③ 흡습수　　　　④ 모관수

56 내염재배(耐鹽栽培)에 해당하지 않는 것은?

① 환수(換水)　　　　② 황산근 비료 사용
③ 내염성 품종의 선택　　④ 조기재배 · 휴립재배

57 전 세계로부터 수집한 작물의 연구를 통해서 다양성에 주목하였으며, 모든 Linne종은 아종과 변종으로 구성되어 있으며, 또한 변종은 형태적 및 생태적인 특성이 다른 많은 계통으로 구성되었다고 한 사람은?

① Camerarius　　　　② Linne
③ Mendel　　　　④ Vavilov

58 과실의 낙과방지 방법으로 틀린 것은?

① 옥신을 살포한다.
② 질소질 비료를 다소 부족하게 사용한다.
③ 관개, 멀칭 등으로 토양 건조를 방지한다.
④ 주 품종과 친화성이 있는 수분수를 20~30% 혼식한다.

59 개량 삼포식 농업에서 휴한기에 재배하는 작물은?

① 화곡류 작물　　　　② 화본과 목초
③ 콩과 목초　　　　④ 채소류 작물

60 벼에서 나타나는 냉해를 지연형 냉해와 장해형 냉해로 구분하는 가장 큰 이유는?

① 냉해를 일으키는 원인이 다르기 때문이다.
② 냉해를 일으키는 원인과 피해 정도가 다르기 때문이다.
③ 벼의 품종에 따라 냉해의 양상이 뚜렷하게 구분되기 때문이다.
④ 냉해를 입는 벼의 생육시기와 피해양상 및 정도가 다르기 때문이다.

제4과목 **식물보호학**

61 파이토플라스마에 의한 병으로만 짝지어진 것은?

① 벼 오갈병, 대추나무 빗자루병
② 뽕나무 오갈병, 오동나무 빗자루병
③ 붉나무 빗자루병, 벚나무 빗자루병
④ 벚나무 빗자루병, 대추나무 빗자루병

62 자낭균이 형성하는 자낭각이 공과 같이 막혀 있어 부서지면서 자낭포자를 방출하는 형태의 것은?

① 자낭반   ② 자낭구
③ 자낭각   ④ 자낭자좌

63 희석살포용 제형 중에서 고형제제인 것은?

① 유제   ② 액제
③ 수화제   ④ 액상수화제

64 유충과 성충이 모두 작물을 갉아먹어 피해를 주는 것은?

① 벼룩잎벌레   ② 고자리파리
③ 배추흰나비   ④ 담배거세미나방

65 병든 식물에서 호흡의 변화에 대한 설명으로 옳지 않은 것은?

① 병든 식물의 호흡률은 일반적으로 증가한다.
② 감수성 품종에 비해 저항성 품종에서는 호흡이 감소한다.
③ 병든 식물의 호흡 증가는 대사작용의 증가 때문이다.
④ 병든 식물의 호흡 증가는 산화적 인산화반응의 해리에 의해 발생한다.

66 우리나라 논잡초의 군락형성에 있어서 다년생잡초가 증가되는 가장 직접적인 요인은?

① 시비량의 증가 등에 의한 재배법의 변천
② 동일 제초제의 연용처리에 의한 논잡초의 초종 변화
③ 경운이나 정지법의 변화에 따른 추경 및 춘경의 감소
④ 조기이식 및 답리작의 감소, 조숙품종의 도입 등 재배시기의 변동

67 원제의 성질이 지용성으로 물에 잘 녹지 않을 때 유기용매에 녹여 유화제를 첨가한 용액으로 사용할 때 많은 양의 물에 희석하여 액체상태로 분무하는 제형은?

① 액제   ② 입제
③ 분제   ④ 유제

68 이화명나방에 대한 설명으로 옳은 것은?

① 연 1회 발생한다.
② 수십 개의 알을 따로따로 하나씩 낳는다.
③ 주로 볏집 속에서 성충 형태로 월동한다.
④ 잎집을 가해한 후 줄기 속으로 먹어 들어간다.

정답   60 ④   61 ②   62 ②   63 ③   64 ①   65 ②   66 ②   67 ④   68 ④

69 병원균에 침해받은 부위가 비정상적으로 커지는 병은?

① 고구마 무름병
② 배추 무사마귀병
③ 오이 덩굴쪼김병
④ 사과나무 점무늬병

70 프로피 수화제 20L에 약량 20g을 희석하고자 할 때 희석배수는?

① 100배
② 500배
③ 1,000배
④ 2,000배

71 계면활성제의 사용 용도로 가장 부적합한 것은?

① 유탁제
② 유화제
③ 분산제
④ 전착제

72 파리의 미각 감각기관의 위치는?

① 입틀
② 다리
③ 더듬이
④ 쌍꼬리

73 식물의 재배기간 동안 2차 전염원을 형성하지 않는 병원균은?

① 감자 역병균
② 수박 탄저병균
③ 옥수수 깨씨무늬병균
④ 배나무 붉은별무늬병균

74 곤충의 호흡계에 해당되는 것은?

① 기문
② 침샘
③ 기저막
④ 말피기관

75 우리나라 논에서 설포닐우레아계 제초제에 대해 저항성을 나타내는 논 잡초가 아닌 것은?

① 깨풀
② 마디꽃
③ 물달개비
④ 올챙이고랭이

76 잡초의 생장형에 따른 분류에 있어 생장형과 잡초 종류가 올바르게 연결된 것은?

① 포복형 – 메꽃, 환삼덩굴
② 직립형 – 명아주, 뚝새풀
③ 로제트형 – 민들레, 질경이
④ 분지형 – 광대나물, 가막사리

77 우리나라 논의 대표적인 1년생 광엽잡초로서 주로 종자로 번식하는 것은?

① 벗풀
② 강피
③ 쇠털골
④ 물달개비

78 경엽처리용 제초제에 해당하는 것은?

① 이사 – 디 액제
② 시마진 수화제
③ 뷰타클로르 입제
④ 나프로파마이드 유제

79 제초제의 살초기작과 관계가 없는 것은?

① 생장 억제
② 광합성 억제
③ 신경작용 억제
④ 대사작용 억제

80 복숭아혹진딧물에 대한 설명으로 옳지 않은 것은?

① 알로 월동한다.
② 바이러스를 매개한다.
③ 봄에는 완전변태를 한다.
④ 가을철에는 양성생식으로 수정란을 낳고, 여름과 봄에는 단위생식을 한다.

정답 69 ② 70 ③ 71 ① 72 ② 73 ④ 74 ① 75 ① 76 ③ 77 ④ 78 ① 79 ③ 80 ③

81 K모씨는 거래용 서류에 품종보호 출원 중이 아닌 품종을 품종보호 출원 중인 품종인 것 같이 거짓으로 표시하였다. K모씨가 처벌 받는 벌칙기준으로 맞는 것은?

① 6개월 이하의 징역 또는 3백만 원 이하의 벌금에 처한다.
② 1년 이하의 징역 또는 5백만 원 이하의 벌금에 처한다.
③ 2년 이하의 징역 또는 1천만 원 이하의 벌금에 처한다.
④ 3년 이하의 징역 또는 3천만 원 이하의 벌금에 처한다.

해설

거짓표시의 죄
3년 이하의 징역 또는 3천만 원 이하의 벌금에 처한다.

82 다음 중 ( ) 안에 알맞은 내용은?

> 종자관련법상 종자업자는 종자업 등록한 사항이 변경된 경우에는 그 사유가 발생한 날부터 ( ) 이내에 시장·군수·구청장에게 그 변경사항을 통지하여야 한다.

① 30일 ② 50일
③ 80일 ④ 100일

해설

종자업의 등록
1. 종자업의 등록을 하려는 자는 종자업의 시설과 인력에 관한 서류를 첨부하여 등록신청서를 종자업의 주된 생산시설의 소재지를 관할하는 특별자치시장·특별자치도지사·시장·군수 또는 구청장(구청장은 자치구의 구청장을 말하며, 이하 "시장·군수·구청장"이라 한다)에게 제출(전자문서에 의한 제출을 포함한다)하여야 한다.
2. 종자업 등록을 신청받은 시장·군수·구청장은 신청된 사항을 확인하고, 등록요건에 적합하다고 인정될 때에는 종자업등록증을 신청인에게 발급하여야 한다.

3. 종자업자는 등록한 사항이 변경된 경우에는 그 사유가 발생한 날부터 30일 이내에 시장·군수·구청장에게 그 변경사항을 통지하여야 한다.

83 식물신품종 보호관련법상 품종보호를 받을 수 있는 요건은?

① 지속성 ② 특이성
③ 균일성 ④ 계절성

해설

품종보호 요건
1. 신규성 2. 구별성
3. 균일성 4. 안정성
5. 제106조 제1항에 따른 품종명칭

품종명칭
① 품종보호를 받기 위하여 출원하는 품종은 1개의 고유한 품종명칭을 가져야 한다.
② 대한민국이나 외국에 품종 명칭이 등록되어 있거나 품종명칭 등록출원이 되어 있는 경우에는 그 품종명칭을 사용하여야 한다.

84 다음 중 ( ) 안에 알맞은 내용은?

> ( )(이)란 보호품종의 종자를 증식·생산·조제·양도·대여·수출 또는 수입거나 양도 또는 대여의 청약(양도 또는 대여를 위한 전시를 포함한다. 이하 같다)을 하는 행위를 말한다.

① 실시 ② 보호품종
③ 육성자 ④ 품종보호권자

해설

㉠ 육성자 : 품종을 육성한 자나 이를 발견하여 개발한 자를 말한다.
㉡ 품종보호권자 : 품종보호권을 가진 자를 말한다.
㉢ 보호품종 : 이 법에 따른 품종보호 요건을 갖추어 품종보호권이 주어진 품종을 말한다.
㉣ 실시 : 보호품종의 종자를 증식·생산·조제(調製)·양도·대여·수출 또는 수입하거나 양도 또는 대여의 청약(양도 또는 대여를 위한 전시를 포함한다. 이하 같다)을 하는 행위를 말한다.

85 종자관련법상에서 유통종자의 품질표시 사항으로 틀린 것은?

① 품종의 명칭

② 종자의 포장당 무게 또는 낱알 개수

③ 수입 연월 및 수입자명(수입종자의 경우에 해당하며, 국내에서 육성된 품종의 종자를 해외에서 채종하여 수입하는 경우도 포함한다)

④ 종자의 발아율(버섯종균의 경우에는 종균 접종일)

해설

유통종자의 품질표시

1. 품종의 명칭
2. 종자의 발아율(버섯종균의 경우에는 종균 접종일)
3. 종자의 포장당 무게 또는 낱알 개수
4. 수입 연월 및 수입자명(수입종자의 경우만 해당하며, 국내에서 육성된 품종의 종자를 해외에서 채종하여 수입하는 경우는 제외한다)
5. 재배 시 특히 주의할 사항
6. 종자업 등록번호(종자업자의 경우만 해당한다)
7. 품종보호 출원공개번호(「식물신품종 보호법」 출원공개된 품종의 경우만 해당한다) 또는 품종보호 등록번호(「식물신품종 보호법」 보호품종으로서 품종보호권의 존속기간이 남아 있는 경우만 해당한다)
8. 품종 생산·수입 판매 신고번호(생산·수입 판매 신고 품종의 경우만 해당한다)
9. 규격묘 표시(묘목의 경우만 해당하며, 규격묘의 규격 기준 및 표시방법은 농림축산식품부장관이 정하여 고시한다)
10. 유전자변형종자 표시(유전자변형종자의 경우만 해당하고, 표시방법은 「유전자변형생물체의 국가간 이동 등에 관한 법률 시행령」 따른다)

86 종자검사요령상 항온 건조기법을 통해 보리 종자의 수분함량을 측정하였다. 수분 측정관과 덮개의 무게가 10g, 건조 전 총 무게가 15g이고 건조 후 총 무게가 14g일 때 종자 수분함량은 얼마인가?

① 10.0% ② 15.0%

③ 20.0% ④ 25.0%

해설

항온 건조기법

수분함량은 다음 식으로 소수점 아래 1단위로 계산하며 중량비율로 한다.

$$\frac{(M_2 - M_3)}{(M_2 - M_1)} \times 100 = \frac{(15-14)}{(15-10)} \times 100 = \frac{1}{5} \times 100 = 20$$

여기서, M_1 : 수분 측정관과 덮개의 무게(g)

M_2 : 건조 전 총 무게(g)

M_3 : 건조 후 총 무게(g)

87 「종자산업법」상에서 위반한 행위 중 벌칙이 1년 이하의 징역 또는 1천만 원 이하의 벌금에 해당하지 않는 것은?

① 보증서를 거짓으로 발급한 종자관리사

② 등록이 취소된 종자업을 계속하거나 영업정지를 받고도 종자업을 계속한 자

③ 수입적응성 시험을 받지 아니하고 종자를 수입한 자

④ 유통종자에 대한 품질표시를 하지 않고 종자를 판매한 자

해설

1년 이하의 징역 또는 1천만 원 이하의 벌금에 처하는 경우

• 등록을 하지 아니하고 종자관리사 업무를 수행한 자
• 보증서를 거짓으로 발급한 종자관리사
• 보증을 받지 아니하고 종자를 판매하거나 보급한 자
• 명령에 따르지 아니한 자
• 무병화인증기관의 지정을 받거나 그 지정의 갱신을 하지 아니하고 무병화인증 업무를 한 자
• 무병화인증기관의 지정취소 또는 업무정지 처분을 받고도 무병화인증 업무를 한 자
• 거짓이나 그 밖의 부정한 방법으로 무병화인증을 받거나 갱신한 자
• 거짓이나 그 밖의 부정한 방법으로 무병화인증기관의 지정을 받거나 갱신한 자
• 무병화인증을 받지 아니한 종자의 용기나 포장에 무병화인증의 표시 또는 이와 유사한 표시를 한 자
• 무병화인증을 받은 종자의 용기나 포장에 무병화인증을 받은 내용과 다르게 표시한 자
• 무병화인증을 받지 아니한 종자를 무병화인증을 받은 종자로 광고하거나 무병화인증을 받은 종자로 오인할 수 있도록 광고한 자

- 무병화인증을 받은 종자를 무병화인증을 받은 내용과 다르게 광고한 자
- 등록하지 아니하고 육묘업을 한 자
- 등록이 취소된 종자업 또는 육묘업을 계속하거나 영업정지를 받고도 종자업 또는 육묘업을 계속한 자
- 종자를 수출 또는 수입하거나 수입된 종자를 유통시킨 자
- 수입적응성 시험을 받지 아니하고 종자를 수입한 자
- 거짓이나 그 밖에 부정한 방법으로 종자의 검정 따른 검정을 받은 자
- 검정결과에 대하여 거짓광고나 과대광고를 한 자
- 생산 또는 판매 중지를 명한 종자 또는 묘를 생산하거나 판매한 자
- 제47조 제4항 후단을 위반하여 시료채취를 거부·방해 또는 기피한 자

88 종자관련법상 특별한 경우를 제외하고 작물별 보증의 유효기간으로 틀린 것은?

① 채소 : 2년　　② 고구마 : 1개월

③ 버섯 : 1개월　　④ 맥류 : 6개월

〔해설〕

보증의 유효기간

작물별 보증의 유효기간은 다음 각 호와 같고, 그 기산일(起算日)은 각 보증종자를 포장(包裝)한 날로 한다. 다만, 농림축산식품부장관이 따로 정하여 고시하거나 종자관리사가 따로 정하는 경우에는 그에 따른다.

1. 채소 : 2년　　　2. 버섯 : 1개월

3. 감자·고구마 : 2개월　　4. 맥류·콩 : 6개월

5. 그 밖의 작물 : 1년

89 보증종자를 판매하거나 보급하려는 자가 종자의 보증과 관련된 검사서류를 보관하지 아니하면 얼마의 과태료를 부과하는가?

① 1천만 원 이하의 과태료

② 2천만 원 이하의 과태료

③ 3천만 원 이하의 과태료

④ 5천만 원 이하의 과태료

〔해설〕

1천만 원 이하의 과태료

㉠ 종자의 보증과 관련된 검사서류를 보관하지 아니한 자

㉡ 무병화인증을 받은 종자업자, 무병화인증을 받은 종자를 판매·보급하는 자 또는 무병화인증기관은 정당한 사유 없이 보고·자료제출·점검 또는 조사를 거부·방해하거나 기피한 자

㉢ 종자의 생산 이력을 기록·보관하지 아니하거나 거짓으로 기록한 자

㉣ 종자의 판매 이력을 기록·보관하지 아니하거나 거짓으로 기록한 종자업자

㉤ 정당한 사유 없이 자료제출을 거부하거나 방해한 자

㉥ 유통 종자 또는 묘의 품질표시를 하지 아니하거나 거짓으로 표시하여 종자 또는 묘를 판매하거나 보급한 자

㉦ 출입, 조사·검사 또는 수거를 거부·방해 또는 기피한 자

㉧ 구입한 종자에 대한 정보와 투입된 자재의 사용 명세, 자재구입 증명자료 등을 보관하지 아니한 자

90 종자의 수·출입 또는 수입된 종자의 국내 유통을 제한할 수 있는 경우에 해당되지 않는 것은?

① 수입된 종자에 유해한 잡초종자가 농림축산식품부장관이 정하여 고시하는 기준 이상으로 포함되어 있는 경우

② 수입된 종자가 국내 종자 가격에 커다란 영향을 미칠 경우

③ 수입된 종자의 증식이나 교잡에 의한 유전자 변형 등으로 인하여 농작물 생태계 등 기존의 국내 생태계를 심각하게 파괴할 우려가 있는 경우

④ 수입된 종자로부터 생산된 농산물의 특수성분으로 인하여 국민건강에 나쁜 영향을 미칠 우려가 있는 경우

〔해설〕

수출입 종자의 국내유통 제한

종자의 수출·수입을 제한하거나 수입된 종자의 국내 유통을 제한할 수 있는 경우

1. 수입된 종자에 유해한 잡초종자가 농림축산식품부장관이 정하여 고시하는 기준 이상으로 포함되어 있는 경우

2. 수입된 종자의 증식이나 교잡에 의한 유전자 변형 등
   으로 인하여 농작물 생태계 등 기존의 국내 생태계를
   심각하게 파괴할 우려가 있는 경우
3. 수입된 종자의 재배로 인하여 특정 병해충이 확산될
   우려가 있는 경우
4. 수입된 종자로부터 생산된 농산물의 특수성분으로 인
   하여 국민건강에 나쁜 영향을 미칠 우려가 있는 경우
5. 재래종 종자 또는 국내의 희소한 기본종자의 무분별
   한 수출 등으로 인하여 국내 유전자원(遺傳資源) 보
   존에 심각한 지장을 초래할 우려가 있는 경우

91 다음 중 품종 명칭으로 등록될 수 있는 것은?

① 1개의 고유한 품종 명칭
② 숫자로만 표시하거나 기호를 포함하는 품종 명칭
③ 해당 품종 또는 해당 품종 수확물의 품질 · 수확
  량 · 생산시기 · 생산방법 · 사용방법 또는 사용
  시기로만 표시한 품종 명칭
④ 해당 품종이 속한 식물의 속 또는 종의 다른 품
  종의 품종 명칭과 같거나 유사하여 오인하거나
  혼동할 염려가 있는 품종 명칭

해설

품종 명칭

1. 품종보호를 받기 위하여 출원하는 품종은 1개의 고유
   한 품종 명칭을 가져야 한다.
2. 대한민국이나 외국에 품종 명칭이 등록되어 있거나
   품종 명칭 등록출원이 되어 있는 경우에는 그 품종
   명칭을 사용하여야 한다.

92 다음 중 (　　) 안에 알맞은 내용은?

식물신품종 보호관련법상 품종보호권이 공유인 경우
각 공유자가 계약으로 특별히 정한 경우를 제외하고
는 다른 공유자의 동의를 받지 아니하고 (　　) 할
수 있다.

① 공유지분을 양도
② 공유지분을 목적으로 하는 질권을 설정
③ 해당 품종보호권에 대한 전용실시권을 설정
④ 해당 보호품종을 자신이 실시

해설

품종보호권의 이전

① 품종보호권은 이전할 수 있다.
② 품종보호권이 공유인 경우 각 공유자는 다른 공유자
   의 동의를 받지 아니하면 다음 각 호의 행위를 할 수
   없다.
   1. 공유지분을 양도하거나 공유지분을 목적으로 하
      는 질권의 설정
   2. 해당 품종보호권에 대한 전용실시권의 설정 또는
      통상실시권의 허락
③ 품종보호권이 공유인 경우 각 공유자는 계약으로 특별
   히 정한 경우를 제외하고는 다른 공유자의 동의를 받
   지 아니하고 해당 보호품종을 자신이 실시할 수 있다.

93 품종보호를 받을 수 있는 권리의 승계에 대한 내용으로 틀린 것은?

① 동일인으로부터 승계한 동일한 품종보호를 받을
  수 있는 권리에 대하여 같은 날에 둘 이상의 품종
  보호 출원이 있는 경우에는 품종보호 출원인 간
  에 협의하여 정한 자에게만 그 효력이 발생한다.
② 품종보호 출원 전에 해당 품종에 대하여 품종보
  호를 받을 수 있는 권리를 승계한 자는 그 품종
  보호의 출원을 하지 아니하는 경우에도 제3자에
  게 대항할 수 있다.
③ 품종보호 출원 후에 품종보호를 받을 수 있는 권
  리의 승계는 상속이나 그 밖의 일반승계의 경우
  를 제외하고는 품종보호 출원인이 명의변경 신고
  를 하지 아니하면 그 효력이 발생하지 아니한다.
④ 품종보호를 받을 수 있는 권리의 상속이나 그 밖
  의 일반승계를 한 경우에는 승계인은 지체없이
  그 취지를 공동부령으로 정하는 바에 따라 농림
  축산식품부장관 또는 해양수산부장관에게 신고
  하여야 한다.

해설

품종보호를 받을 수 있는 권리의 승계

1. 품종보호 출원 전에 해당 품종에 대하여 품종보호를 받
   을 수 있는 권리를 승계한 자는 그 품종보호의 출원을
   하지 아니하는 경우에는 제3자에게 대항할 수 없다.

2. 동일인으로부터 승계한 동일한 품종보호를 받을 수 있는 권리에 대하여 같은 날에 둘 이상의 품종보호 출원이 있는 경우에는 품종보호 출원인 간에 협의하여 정한 자에게만 그 효력이 발생한다.

3. 품종보호 출원 후에 품종보호를 받을 수 있는 권리의 승계는 상속이나 그 밖의 일반승계의 경우를 제외하고는 품종보호 출원인이 명의변경신고를 하지 아니하면 그 효력이 발생하지 아니한다.

4. 품종보호를 받을 수 있는 권리의 상속이나 그 밖의 일반승계를 한 경우에는 승계인은 지체 없이 그 취지를 공동부령으로 정하는 바에 따라 농림축산식품부장관 또는 해양수산부장관에게 신고하여야 한다.

5. 동일인으로부터 승계한 동일한 품종보호를 받을 수 있는 권리의 승계에 관하여 같은 날에 둘 이상의 신고가 있을 때에는 신고한 자 간에 협의하여 정한 자에게만 그 효력이 발생한다.

94 다음 중 종자관리사의 자격기준으로 틀린 것은?

① 종자기사 자격을 취득한 사람으로서 자격 취득 전후의 기간을 포함하여 종자업무에 1년 이상 종사한 사람

② 버섯종균기능사 자격을 취득한 사람으로서 자격 취득 전후의 기간을 포함하여 버섯 종균업무에 3년 이상 종사한 사람(버섯 종균을 보증하는 경우만 해당한다.)

③ 종자기술사 자격을 취득한 사람

④ 종자산업기사 자격을 취득한 사람으로서 자격 취득 전후의 기간을 포함하여 종자업무와 유사한 업무에 1년 이상 종사한 사람

해설

종자관리사의 자격기준

1. 「국가기술자격법」에 따른 종자기술사 자격을 취득한 사람

2. 「국가기술자격법」에 따른 종자기사 자격을 취득한 사람으로서 자격 취득 전후의 기간을 포함하여 종자업무 또는 이와 유사한 업무에 1년 이상 종사한 사람

3. 「국가기술자격법」에 따른 종자산업기사 자격을 취득한 사람으로서 자격 취득 전후의 기간을 포함하여 종자업무 또는 이와 유사한 업무에 2년 이상 종사한

사람

4. 「국가기술자격법」에 따른 종자기능사 자격을 취득한 사람으로서 자격 취득 전후의 기간을 포함하여 종자업무 또는 이와 유사한 업무에 3년 이상 종사한 사람

5. 「국가기술자격법」에 따른 버섯종균기능사 자격을 취득한 사람으로서 자격 취득 전후의 기간을 포함하여 버섯 종균업무 또는 이와 유사한 업무에 3년 이상 종사한 사람(버섯 종균을 보증하는 경우만 해당한다)

95 다음 중 종자업 등록을 하지 않아도 종자를 생산 · 판매할 수 있는 자로 맞는 것은?

① 시 · 도지사

② 농업계 대학원에서 실험하는 자

③ 농업계 전문대학에서 실험하는 자

④ 실업계 고등학교 교사

해설

종자업의 등록

1. 종자업의 등록을 하려는 자는 종자업의 시설과 인력에 관한 서류를 첨부하여 등록신청서를 종자업의 주된 생산시설의 소재지를 관할하는 특별자치시장 · 특별자치도지사 · 시장 · 군수 또는 구청장(구청장은 자치구의 구청장을 말하며, 이하 "시장 · 군수 · 구청장"이라 한다)에게 제출(전자문서에 의한 제출을 포함한다)하여야 한다.

2. 종자업을 하려는 자는 종자관리사를 1명 이상 두어야 한다. 다만, 대통령령으로 정하는 작물의 종자를 생산 · 판매하려는 자의 경우에는 그러하지 아니하다.

3. 농림축산식품부장관, 농촌진흥청장, 산림청장, 시 · 도지사, 시장 · 군수 · 구청장 또는 농업단체등이 종자의 증식 · 생산 · 판매 · 보급 · 수출 또는 수입을 하는 경우에는 제1항과 제2항을 적용하지 아니한다.

96 다음 중 종자를 생산 · 판매하려는 자의 경우에 종자관리사를 두어야 하는 작물은?

① 장미　　　　　② 뽕

③ 무　　　　　　④ 페튜니아

종자관리사 보유의 예외

(종자업을 하려는 자는 종자관리사를 1명 이상 두어야 한다. 다만, 대통령령으로 정하는 작물의 종자를 생산 · 판매하려는 자의 경우에는 그러하지 아니하다.)
단서에서 "대통령령으로 정하는 작물"이란 다음의 작물을 말한다.

1. 화훼
2. 사료작물(사료용 벼 · 보리 · 콩 · 옥수수 및 감자를 포함한다)
3. 목초작물
4. 특용작물
5. 뽕
6. 임목(林木)
7. 해조류
8. 식량작물(벼 · 보리 · 콩 · 옥수수 및 감자는 제외한다)
9. 과수(사과 · 배 · 복숭아 · 포도 · 단감 · 자두 · 매실 · 참다래 및 감귤은 제외한다)
10. 채소류(무 · 배추 · 양배추 · 고추 · 토마토 · 오이 · 참외 · 수박 · 호박 · 파 · 양파 · 당근 · 상추 및 시금치는 제외한다)
11. 버섯류(양송이 · 느타리버섯 · 뽕나무버섯 · 영지버섯 · 만가닥버섯 · 잎새버섯 · 목이버섯 · 팽이버섯 · 복령 · 버들송이 및 표고버섯은 제외한다)

---

97 「식물신품종 보호관련법」상 품종보호권 또는 전용실시권을 침해한 자는 어떠한 처벌을 받는가?

① 3년 이하의 징역 또는 5백만 원 이하의 벌금에 처한다.
② 5년 이하의 징역 또는 1천만 원 이하의 벌금에 처한다.
③ 7년 이하의 징역 또는 1억 원 이하의 벌금에 처한다.
④ 9년 이하의 징역 또는 2억 원 이하의 벌금에 처한다.

침해죄

1. 다음 각 호의 어느 하나에 해당하는 자는 7년 이하의 징역 또는 1억 원 이하의 벌금에 처한다.

ㄱ 품종보호권 또는 전용실시권을 침해한 자
ㄴ 권리를 침해한 자. 다만, 해당 품종보호권의 설정 등록이 되어 있는 경우만 해당한다.
ㄷ 거짓이나 그 밖의 부정한 방법으로 품종보호결정 또는 심결을 받은 자
2. 죄는 고소가 있어야 공소를 제기할 수 있다.

---

98 다음의 종자검사의 검사기준에서 이물로 처리되는 것은?

① 선충에 의한 충영립
② 미숙립
③ 발아립
④ 소립

이물

정립이나 이종종자로 분류되지 않는 종자구조를 가졌거나 종자가 아닌 모든 물질로 다음의 것을 포함한다.

1. 원형의 반 미만의 작물종자 쇄립 또는 피해립
2. 완전 박피된 두과종자, 십자화과 종자 및 야생겨자 종자
3. 작물종자 중 불임소수
4. 맥각병해립, 균핵병해립, 깜부기병해립, 선충에 의한 충영립
5. 배아가 없는 잡초종자
6. 회백색 또는 회갈색으로 변한 새삼과 종자
7. 모래, 흙, 줄기, 잎, 식물의 부스러기 꽃 등 종자가 아닌 모든 물질

정립

이종종자, 잡초종자 및 이물을 제외한 종자를 말하며 다음을 포함한다.

1. 미숙립, 발아립, 주림진립, 소립
2. 원래 크기의 1/2 이상인 종자쇄립
3. 병해립(맥각병해립, 균핵병해립, 깜부기병해립 및 선충에 의한 충영립을 제외한다)

---

99 종자관리요강에서 포장검사 및 종자검사의 검사기준 항목 중 백분율을 전체에 대한 개수 비율로 나타내는 항목으로만 짝지어진 것은?

① 정립, 수분
② 정립, 피해립
③ 발아율, 수분
④ 발아율, 병해립

백분율(%)

검사항목의 전체에 대한 중량비율을 말한다.

다만 발아율, 병해립과 포장 검사항목에 있어서는 전체에 대한 개수비율을 말한다.

100 다음 중 국가품종목록 등재 대상작물이 아닌 것은?

① 감자   ② 보리

③ 사료용 옥수수   ④ 콩

국가품종목록의 등재 대상

품종목록에 등재할 수 있는 대상작물은 벼, 보리, 콩, 옥수수, 감자와 그 밖에 대통령령으로 정하는 작물로 한다. 다만, 사료용은 제외한다.

제1과목 종자생산학 및 종자법규

01 종자관리요강에서 포장검사 시 겉보리의 특정병이 아닌 것은?

① 흰가루병   ② 겉깜부기병
③ 속깜부기병   ④ 보리줄무늬병

해설
• 특정병 : 겉깜부기병, 속깜부기병 및 보리줄무늬병을 말한다.
• 기타병 : 흰가루병, 줄기녹병, 좀녹병, 붉은곰팡이병 및 바이러스병을 말한다.

02 종자를 토양에 파종했을 때 새싹이 지상으로 출현하는 것을 무엇이라 하는가?

① 출아   ② 유근
③ 맹아   ④ 부아

03 종자관리요강에서 보증종자에 대한 사후관리시험의 검사항목인 것은?

① 발아율   ② 정립률
③ 품종순도   ④ 피해립률

04 종자검사요령에서 "빽빽이 군집한 화서 또는 근대 속에서는 화서의 일부"의 용어는?

① 속생   ② 배
③ 석과   ④ 화방

해설
용어
㉠ 화방(花房, Cluster) : 빽빽히 군집한 화서 또는 근대 속에서는 화서의 일부

㉡ 석과(石果・核果實, Drupe) : 단단한 내과피(Endocarp)와 다육질의 외층을 가진 비열개성의 단립종자를 가진 과실
㉢ 배(胚, Embryo) : 종자 안에 감싸인 어린 식물
㉣ 속생(束生, Fascicle) : 대체로 같은 장소에서 발생한 가지의 뭉치

05 「식물신품종법」상 과수와 임목의 경우 품종보호권의 존속기간은?

① 15년   ② 20년
③ 25년   ④ 30년

해설
품종보호권 존속기간 : 20년(과수, 임목 25년)

06 종자검사요령에서 주병 또는 배주의 기부로부터 자라 나온 다육질이며 간혹 유색인 종자의 피막 또는 부속기관은?

① 망   ② 종피
③ 부리   ④ 포엽

해설
① 망(芒, Awn, Arista) : 가늘고 곧거나 굽은 강모, 볏과에서는 통상 외영 또는 호영(Glumes)의 중앙맥의 연장임
② 종피・종의(種皮・種衣, Aril Arillus, Pl. Arilli) : 주병 또는 배주의 기부로부터 자라나 온 다육질이며 간혹 유색인 종자의 피막 또는 부속기관.
③ 부리(Beak, Beaked) : 과실의 길고 뾰족한 연장부
④ 포엽(包葉, Bract) : 꽃 또는 볏과식물의 소수(Spikelet)를 엽맥에 끼우는 퇴화한 잎 또는 인편상의 구조물

07 다음 중 단일성 식물로만 이루어진 것은?

① 무궁화, 감자　　　② 티머시, 토마토
③ 클로버, 백일홍　　④ 국화, 딸기

08 종자관리요강에서 포장검사 용어 중 소집단의 한 부분으로부터 얻어진 적은 양의 시료를 말하는 것은?

① 소집단　　　　　② 합성시료
③ 1차 시료　　　　④ 제출시료

09 다음 중 「식물신품종 보호법」상의 신규성에 대한 내용 중 옳은 것은?

① 과수 및 임목인 경우에는 6년 이상 해당 종자나 그 수확물이 이용을 목적으로 양도되지 아니한 경우에는 그 품종
② 과수 및 임목인 경우에는 4년 이상 해당 종자나 그 수확물이 이용을 목적으로 양도되지 아니한 경우에는 그 품종
③ 과수 및 임목인 경우에는 3년 이상 해당 종자나 그 수확물이 이용을 목적으로 양도되지 아니한 경우에는 그 품종
④ 과수 및 임목인 경우에는 2년 이상 해당 종자나 그 수확물이 이용을 목적으로 양도되지 아니한 경우에는 그 품종

〔해설〕

신규성
품종보호 출원일 이전에 대한민국에서는 1년 이상, 그 밖의 국가에서는 4년[과수(果樹) 및 임목(林木)인 경우에는 6년] 이상 해당 종자나 그 수확물이 이용을 목적으로 양도되지 아니한 경우에는 그 품종은 신규성을 갖춘 것으로 본다.

10 다음 중 ( ) 안에 알맞은 내용은?

( )은 국내 생태계 보호 및 자원보존에 심각한 지장을 줄 우려가 있다고 인정하는 경우에는 대통령령으로 정하는 바에 따라 종자의 수출·수입을 제한하거나 수입된 종자의 국내 유통을 제한할 수 있다.

① 농촌진흥청장　　　② 국립종자원장
③ 농림축산식품부장관　④ 환경부장관

〔해설〕

수출입 종자의 국내유통 제한
종자의 수출·수입을 제한하거나 수입된 종자의 국내 유통을 제한할 수 있는 경우는 다음과 같다.
1. 수입된 종자에 유해한 잡초종자가 농림축산식품부장관이 정하여 고시하는 기준 이상으로 포함되어 있는 경우
2. 수입된 종자의 증식이나 교잡에 의한 유전자 변형 등으로 인하여 농작물 생태계 등 기존의 국내 생태계를 심각하게 파괴할 우려가 있는 경우
3. 수입된 종자의 재배로 인하여 특정 병해충이 확산될 우려가 있는 경우
4. 수입된 종자로부터 생산된 농산물의 특수성분으로 인하여 국민건강에 나쁜 영향을 미칠 우려가 있는 경우
5. 재래종 종자 또는 국내의 희소한 기본종자의 무분별한 수출 등으로 국내 유전자원보존에 심각한 지장을 초래할 우려가 있는 경우

11 종자관련법상 보증의 유효기간이 틀린 것은?

① 채소 : 2년　　　　② 버섯 : 1개월
③ 감자 : 2개월　　　④ 콩 : 3개월

〔해설〕

보증의 유효기간
1. 채소 : 2년
2. 버섯 : 1개월
3. 감자·고구마 : 2개월
4. 맥류·콩 : 6개월
5. 그 밖의 작물 : 1년

12 도생배주에서 생긴 종자의 특성으로 종피와 다른 색을 띠며 가는 선이나 홈을 이루는 것은?

① 봉선
② 제
③ 주공
④ 합점

13 종자관련법상 등재되거나 신고되지 아니한 품종 명칭을 사용하여 종자를 판매하거나 보급한 자의 과태료 기준은?

① 5천만 원 이하
② 3천만 원 이하
③ 2천만 원 이하
④ 1천만 원 이하

14 감자보다 바이러스에 더 예민한 지표식물에 감자의 즙액을 접종하여 병의 발생 여부를 검정하는 것은?

① 개벽검정
② 괴경단위재식법
③ 효소결합항체법
④ 접종검정법

15 종자관리요강에서 수립적응성시험의 신청을 위해 해당 작물의 신청 관련법인 또는 단체로 옳지 않은 것은?

① 버섯 : 한국종균생산협회
② 약용작물 : 한국생약협회
③ 녹비작물 : 농업협동조합법에 의한 농업협동중앙회
④ 식량작물 : 농촌진흥청

16 다음 중 (가), (나)에 알맞은 내용은?

• (가)은 잎이 좁으며 상록이고, 주심이 주피로 완전히 싸여 있지 않으며 나출되어 있다.
• (나)은 잎이 넓고, 꽃이 피며, 배낭이 주심 속에 있고 주공이 열려 있다.

① (가) : 나자식물, (나) : 피자식물
② (가) : 나자식물, (나) : 겉씨식물
③ (가) : 피자식물, (나) : 나자식물
④ (가) : 피자식물, (나) : 속씨식물

17 다음 중 ( ) 안에 알맞은 온도는?

층적처리 방법 중 배휴면을 하는 종자는 저온에 수일 내지 수개월 저장하면 휴면이 타파된다. 이때 ( ) 미만 저온은 효과가 없다.

① 6℃
② 4℃
③ 2℃
④ 0℃

18 다음 중 상온의 공기 또는 약간 가열한 공기를 곡물층에 통풍하여 건조하는 방법은?

① 천일건조
② 밀봉건조
③ 상온통풍건조
④ 냉동건조

19 종자의 발아를 촉진하고 초기생육을 빠르게 하여 균일한 모를 얻기 위해 싹을 틔워서 파종하는 것은?

① 침종
② 최아
③ 선종
④ 파종

20 종자관련법상 품종목록법상 품종목록에 등재 품종 등의 종자 생산에 관한 설명 중 틀린 것은?

① 국립종자원장은 종자생산을 대행할 수 있다.
② 산림청장은 종자생산을 대행할 수 있다.
③ 특별시장은 종자생산을 대행할 수 있다.
④ 도지사는 종자생산을 대행할 수 있다.

21 계통육종법에 관한 설명으로 틀린 것은?

① F_1 세대는 이형접합성이 증가되어 계통의 상가적 유전분산이 작아진다.

② F_3 세대는 개체선발과 계통재배 및 계통선발을 반복한다.

③ 잡종 초기세대부터 계통단위로 선발한다.

④ 육종가의 경험과 선발 안목이 주요하다.

22 자가불화합성을 나타내는 설명으로 옳지 않은 것은?

① 보족유전자에 의해 조절된다.

② 자가불화합성의 유전양식에는 배우체형과 포자체형이 있다.

③ 자가불화합성 타파를 위해서는 뇌수분 또는 고농도 CO_2처리 방법 등이 있다.

④ 자가불화합성 식물에 자가수분을 하면 꽃가루의 발아, 꽃가루관의 신장이 억제된다.

23 다음 중 화분친의 유전자형에 따라 후대에 전부 가임이거나 가임과 불임이 1 : 1로 분리되는 것은?

① 유전자적 웅성불임성

② 세포질적 웅성불임성

③ 포자체형 유전자적 웅성불임성

④ 세포질 유전자적 웅성불임성

24 다음 중 정역교배 효과란?

① 세포질 효과

② F_1이 지식될 때의 효과

③ F_1이 모친과 여교잡될 때의 효과

④ F_1이 부친과 여교잡될 때의 효과

25 다음 중 조합 육종이 아닌 것은?

① 단간품종과 다수성품종을 교배하여 단간 다수성 품종을 육성한다.

② A저항성 품종과 B저항성 품종을 교배하여 복합저항성 품종을 교배하여 단간조숙성 품종을 육성한다.

③ 단간품종과 조생품종을 교배하여 극조생종을 육성한다.

④ 조생품종과 조생품종을 교배하여 극조생종을 육성한다.

26 여교배육종에서 반복친과 1회친에 대한 설명으로 옳은 것은?

① 반복친은 한 가지 결점만 가지고, 도입하고자 하는 유전자는 폴리진인 것이 좋다.

② 반복친은 한 가지 결점만 가지고, 도입하고자 하는 유전자는 소수의 주동유전자인 것이 좋다.

③ 반복친과 1회친은 서로 원연품종이 바람직하다.

④ 반복친은 비실용품종으로 하고, 1회친은 실용품종으로 하는 것이 바람직하다.

27 다음 중 교잡에 관한 설명으로 옳은 것은?

① 여교잡을 시키면 자식시킨 것보다 F_2에서 유전자형의 출현이 단순해진다.

② 여교잡에서 목표형질이 우성인 경우에는 F_2를 생산하고, 거기에 개량하고자 하는 품종을 교배시켜 나간다.

③ 복교잡은 유용한 유전자를 풍부하게 도입할 수 있으며, 단교잡에 비해 유전자 구성이 단순해진다.

④ 옥수수와 같은 타가수정 작물은 복교잡을 만들 수 없다.

28 다음 중 균일도가 가장 높은 것은?

① 단교잡종　　　　② 3원교잡종

③ 복교잡종　　　　④ 합성품종

29 변이와 육종관계에 대한 내용으로 옳지 않은 것은?

① 육종소재가 되는 변이의 존재야말로 육종의 기본이 된다.
② 환경에 의한 변이도 육종과정을 통하여 고정시킬 수 있다.
③ 육종의 대상이 되는 농업상 중요한 실용형질은 대부분이 연속적 변이를 나타내는 양적 형질이다.
④ 변이의 유발빈도가 높아지고 인위돌연변이 유발의 방향성까지 조절될 수 있다면 육종사업은 비약적인 발전을 가져오게 될 것이다.

30 재료의 측정 단위가 달라도 편차의 정도를 평균값으로 나누어서 양적형질을 직접 비교할 수 있는 통계적 방법은?

① 최빈치   ② 중앙치
③ 변이계수   ④ 표준편차

31 다음 중 배수성이 2n, 3n, 4n이면, 이와 같이 여러 가지 배수체가 있는 식물은?

① 작약   ② 모란
③ 오렌지   ④ 시금치

32 복이배체의 게놈 구성을 옳게 표현한 것은?(단, 알파벳 기호는 게놈을 의미함)

① AAAA   ② AABBCC
③ AAABBB   ④ ABC

33 집단육종법에 대한 설명으로 옳게 표현한 것은?

① 자연선택을 이용할 수 없다.
② 육종규모가 작아야 한다.
③ 선발과정이 복잡하다.
④ 양적형질 개량에 효과적이다.

34 목표 형질에 대해 육종가에 의한 개체 선발 시기가 가장 늦은 육종방법은?

① 계통육종법   ② 집단육종법
③ 파생계통육종법 ④ 돌연변이육종법

35 다음 중 벼의 인공교배 방법으로 가장 효율적인 것은?

① 개화 전날 오전 10~12시에 제웅하고, 제웅 다음 날 4시 이후에 수분시킨다.
② 개화 전날 오전 10~12시에 제웅하고, 제웅 당일 오후 4시 이후에 수분시킨다.
③ 개화 전날 오후 4시 이후에 제웅하고, 제웅하고, 제웅 2일 후 오후 4시 이후에 수분시킨다.
④ 개화 전날 오후 4시 이후에 제웅하고, 제웅 다음 날 오전 10~12시에 수분시킨다.

36 유전자의 재조합빈도에 대한 설명으로 틀린 것은?

① 두 연관유전자 사이의 재조합빈도는 0~50%의 범위에 있다.
② 재조합빈도가 50%이면 독립적임을 나타낸다.
③ 재조합빈도가 50%에 가까울수록 연관이 강하다.
④ 재조합빈도는 검정교배나 F_2의 표현형 분리비에 의해 구한다.

37 2쌍의 비대립유전자가 중복유전자로 작용할 때 F_2 세대의 분리비는 얼마인가?

① 9 : 7   ② 15 : 1
③ 9 : 6   ④ 13 : 3

38 타식성 작물 집단에서 최초 유전자형 비율이 AA : Aa : aa=0.4 : 0.4 : 0.2일 때 Hardy－Weinberg 법칙에 의한 유전자 평형 후의 비율은?

① 0.4 : 0.4 : 0.2   ② 0.25 : 0.50 : 0.25
③ 0.16 : 0.80 : 0.04   ④ 0.36 : 0.48 : 0.16

39 다음의 잡종세대 중에서 이형접합체의 비율이 가장 높은 세대는?

① F₁ 식물
② F₂ 식물
③ F₃ 식물
④ F₄ 식물

40 다음 중 반수체의 작성방법으로 옳지 않은 것은?

① 약 또는 화분배양
② 보리, 밀, 감자 등의 작물에서 종속 간 교배
③ 방사선 처리
④ 콜히친의 처리

제3과목 **재배원론**

41 화아분화나 과실의 성숙을 촉진시킬 목적으로 실시하는 작업은?

① 환상박피
② 순지르기
③ 절상
④ 잎따기

42 친환경농업에 관련된 설명으로 옳지 않은 것은?

① 유기농업 : 농약과 화학비료를 사용하지 않고 안전한 농산물을 얻는 농업
② 생태농업 : 지역폐쇄시스템에서 작물양분과 병해충 종합관리기술을 이용하여 생태계 균형 유지에 중점을 두는 농업
③ 저투입ㆍ지속농업 : 환경에 부담을 주지 않고 영원히 유지할 수 있는 농업
④ 자연농업 : 지력을 토대로 한 포장에 종자, 비료, 농약 등을 달리하여 환경문제를 최소화하는 농업

43 작물의 종류와 시비방법에 대한 설명이 바르게 된 것은?

① 콩과인 알팔파는 볏과인 오처드그라스에 비하여 질소, 칼륨, 석회 등을 훨씬 빨리 흡수한다.
② 혼파하였을 때 질소를 많이 주면 콩과가 우세해진다.
③ 담배, 사탕무는 암모니아태질소의 효과가 크고, 질산태질소를 주면 해가 되는 경우도 있다.
④ 고구마의 3요소 흡수량의 크기는 인산 > 질소 > 칼륨의 순위이다.

44 다음 중 (   ) 안에 알맞은 내용은?

서로 도움이 되는 특성을 지난 두 가지 작물을 같이 재배할 경우 이 두 작물을 (   )이라고 한다.

① 중경작물
② 보호작물
③ 흡비작물
④ 동반작물

45 다음 작물 중에서 내습성이 가장 강한 것은?

① 율무
② 유채
③ 보리
④ 메밀

46 다음 중 접목의 목적과 방법이 올바르게 짝지어진 것은?

① 생육을 왕성하게 하고 수령을 늘리기 위한 접목 – 감나무에 고욤나무를 접목
② 병해충 저항성을 높이기 위한 접목 – 수박을 박이나 호박에 접목
③ 과수나무의 왜화와 결과연형을 단축하고 관리를 쉽게 하기 위한 접목 – 사과나무를 환엽해당에 접목
④ 건조한 토양에 대한 환경적응성을 높이기 위한 접목 – 서양배나무를 중국콩배에 접목

---

47 배낭 속의 난핵과 꽃가루관에서 온 웅핵의 하나가 수정한 결과 생긴 것으로 장차 식물체가 되는 부분은?

① 배   ② 배유
③ 주심   ④ 자엽

48 식물학상 종자로만 이루어진 것은?

① 옥수수, 참깨   ② 콩, 참깨
③ 벼, 보리   ④ 쌀보리, 유채

49 다음 중 습해의 대책이 아닌 것은?

① 내습성 작물 및 품종을 선택한다.
② 심층시비를 실시한다.
③ 배수를 철저히 한다.
④ 토양공기를 조장하기 위해 중경을 실시하고 석회 및 토양개량제를 시용한다.

50 습해의 발생기구에 대한 설명으로 틀린 것은?

① 과습하여 토양산소가 부족하면 직접피해로서 호흡장해가 생긴다.
② 무기성분(N, P, K, Ca, Mg 등)이 과잉흡수·축적되어 피해를 유발한다.
③ 봄과 여름철에는 토양미생물의 활동으로 환원성 유해물질이 생성되어 피해가 커진다.
④ 토양전염병해의 전파가 많아지고 작물도 쇠약하여 병해 발생을 초래한다.

51 콩 농사를 하는 홍길동은 콩밭 둘레에 옥수수를 심어 방풍효과도 거두었다. 이 작부체계로서 가장 적절한 것은?

① 간작   ② 혼작
③ 교호작   ④ 주위작

52 작물이 영양생장에서 생식생장으로 전환하는 데 가장 크게 관여하는 요인은?

① C/N율   ② CO_2/O_2의 비
③ 수분과 양분   ④ 온도와 일장

53 작휴법에 대한 설명으로 틀린 것은?

① 채소나 밭벼 등은 건조해와 습해 방지를 위해 평휴법을 이용한다.
② 맥류는 한해와 동해 방지를 위해 휴립구파법을 이용한다.
③ 감자는 발아를 촉진하고 배토가 용이하도록 성휴법을 이용한다.
④ 조와 콩 등은 배수와 토양통기를 좋게 하기 위해 휴립휴파법을 이용한다.

해설
③ 감자는 발아를 촉진하고 배토가 용이하도록 휴립법을 이용한다.

54 종자의 침종과 최아에 대한 설명으로 올바른 것은?

① 벼 종자를 침종할 때는 5℃ 이하의 수온이 좋다.
② 벼 종자는 종자무게의 30% 정도의 수분을 흡수하여야 발아한다.
③ 맥류, 땅콩, 가지 등에서는 침종시키면 발아율이 떨어진다.
④ 종자의 최아 정도는 초엽과 뿌리가 나올 정도로 한다.

55 다음 중 청고의 개념으로 옳은 것은?

① 벼가 수온이 낮은 유동 청수에 관수되어 서서히 사멸하는 경우
② 벼가 수온이 높은 정체 탁수에 관수되어 급격히 사멸하는 경우
③ 벼가 수온이 낮은 유동 청수에 관수되어 급격히 사멸하는 경우
④ 벼가 수온이 높은 정체 탁수에 관수되어 서서히 사멸하는 경우

정답   47 ①   48 ②   49 ②   50 ②   51 ④   52 ④   53 ③   54 ②   55 ②

56 다음 중 냉해란?

① 작물의 조직세포가 도결되어 받는 피해
② 월동 중 추위에 의하여 작물이 받는 피해
③ 생육적온보다 온도가 낮아 작물이 받는 피해
④ 저온에 의하여 작물의 조직 내에 결빙이 생겨서 받는 피해

57 다음의 설명 중에서 옳은 것은?

① 토양의 양이온치환용량이나 염기치환용량이 커지면 토양반응 변동에 저항하는 힘인 토양의 완충력이 감소한다.
② 토양의 염기포화도가 35%이고, 양이온치환용량이 $10cmol(+)kg℃^{-1}$이라면 총 염기량은 $3.5cmol(+)kg℃^{-1}$이다.
③ 점토나 부식의 입자 중에서 $0.1\mu m$ 이하의 교질로 된 입자가 많아질수록 음이온을 흡착하는 힘이 강해진다.
④ 토양의 구조 중에서 단립구조와 이상구조는 토양 입자가 서로 결합하지 않은 무구조 상태이기 때문에 모두 소공극이 많아 토양통기가 불량하다.

58 과실을 수확한 직후부터 수일간 서늘한 곳에 보관하여 몸을 식히는 것이며, 저장, 수송 중 부패를 최소화하기 위해 실시하는 것은?

① 후숙   ③ 큐어링
③ 예랭   ④ 음건

59 다음 중 식물의 생육이 왕성한 여름철의 미기상 변화를 옳게 설명한 것은?

① 지표면의 온도는 낮에는 군락과 비슷하며 밤에는 군락보다 더 낮다.
② 군락 내의 탄산가스 농도는 낮에는 지표면이나 대기 중의 탄산가스 농도보다 높다.
③ 밤에는 탄산가스가 공기보다 무겁기 때문에 지

표면에서 가장 높고 지표면에서 멀어질수록 낮아진다.
④ 대기 중의 탄산가스 농도는 약 350ppm으로 지표면과 군락 내에서도 낮과 밤에 따른 변화가 거의 없이 일정하다.

60 벼의 키다리병에서 생성된 식물생장조절제는?

① 에틸렌   ② 사이토키닌
③ 지베렐린   ④ 2,4-D

제4과목 **식물보호학**

61 물에 녹지 않는 원제를 증량제 계면활성제 등과 혼합하여 분말화시킨 것은?

① 유제   ② 수용제
③ 수화제   ④ 액상수화제

62 식물바이러스의 구성성분으로 옳은 것은?

① 핵산과 단백질
② 단백질과 비타민
③ 핵산과 탄수화물
④ 단백질과 탄수화물

63 식물병원성 균류의 일반적인 특징으로 옳지 않은 것은?

① 영양체와 번식체로 구성된다.
② 세포 내 소기관을 가지고 있다.
③ 원형질막 안쪽에는 세포벽이 있다.
④ 엽록소가 없어서 광합성을 할 수 없다.

64 Sulfonylurea계 제초제인 bensulfuron에 대한 설명으로 옳지 않은 것은?

① 비선택성 제초제이다.
② 잡초의 생장을 저해한다.
③ 토양처리 및 생육기 처리제이다.
④ 잎과 뿌리로부터 흡수되어 신속하게 분열조직으로 이동한다.

65 해충이 살충제에 대하여 저항성을 갖게 되는 기작이 아닌 것은?

① 더듬이의 변형
② 표피층 구성의 변화
③ 피부 및 체내 지질의 함량 증가
④ 살충제에 대한 체내 작용점의 감수성 저하

66 약제를 가스화하여 방제하는 방법으로 수입농산물의 검역방법에 주로 사용되는 것은?

① 훈증법   ② 살립법
③ 연무법   ④ 미스트법

67 식물병원체가 생산하는 것으로 사람이나 가축에 생리적 장애를 주는 것은?

① 옥신   ② 균독소
③ 일리시타   ④ PR – 단백질

68 중국대륙에서 날아 들어오는 비래해충은?

① 벼애나방   ② 감자나방
③ 벼밤나방   ④ 흑명나방

69 식물 세포벽을 분해하는 효소가 아닌 것은?

① 펙틴   ② 탄닌 분해효소
③ 큐틴 분해효소   ④ 셀룰로오스 분해효소

70 농약의 원액이나 유효성분 함량이 높은 ULV제 등을 항공기를 이용하여 살포하는 방법은?

① 연무법   ② 관주법
③ 살분법   ④ 미량살포법

71 곤충강에 속하지 않는 것은?

① 좀목   ② 바퀴목
③ 진드기목   ④ 메뚜기목

72 곤충의 다리 마디를 몸통부터 순서대로 나열한 것은?

① 밑마디 – 넓적다리마디 – 종아리마디 – 도래마디 – 발목마디
② 밑마디 – 넓적다리마디 – 도래마디 – 종아리마디 – 발목마디
③ 밑마디 – 도래마디 – 넓적다리마디 – 종아리마디 – 발목마디
④ 밑마디 – 도래마디 – 종아리마디 – 넓적다리마디 – 발목마디

73 괴경번식을 하는 잡초는?

① 벗풀   ② 네가래
③ 한련초   ④ 쇠비름

74 벼룩에 대한 설명으로 옳지 않은 것은?

① 완전변태한다.
② 외부기생성 해충이다.
③ 날개가 없는 무시아강에 속한다.
④ 사람은 물론 고양이나 개에도 해를 가한다.

해설
벼룩은 날개가 있는 유시아강에 속한다.

75 화본과 1년생 밭잡초에 속하는 것은?

① 여뀌   ② 명아주

③ 토끼풀   ④ 강아지풀

76 벼 도열병 방제 방법으로 옳은 것은?

① 만파와 만식을 실시한다.

② 질소 거름을 기준량보다 더 준다.

③ 종자소독보다 모판소독이 더 중요하다.

④ 생육기에 찬물이 유입되지 않도록 한다.

77 광 요구성 잡초종자의 발아에 관여하는 파이토크롬의 활성화 조사에 필요한 빛의 유형은?

① 남색광   ② 백색광

③ 황색광   ④ 적색광

78 잡초방제를 위한 방법 중 생태적 반제법이 아닌 것은?

① 윤작   ② 경운

③ 피복작물 재배   ④ 재식밀도 조절

79 잡초를 토양수분 적응성에 따라 분류할 때 바랭이와 명아주는 어느 것에 속하는가?

① 수생잡초   ② 건생잡초

③ 부유잡초   ④ 습생잡초

80 인위적 처리에 의한 잡초 종자의 휴면타파 방법과 거리가 먼 것은?

① 파상방법   ② 냉동저장방법

③ 온도처리방법   ④ 약품처리방법

정답   75 ④   76 ④   77 ④   78 ②   79 ②   80 ②

제1과목 종자생산학

01 다음 중 ( ) 안에 알맞은 내용은?

> 자가수정은 꽃이 피지 않고도 내부에서 수분과 수정이 완료되는 ( )이 많이 일어난다.

① 폐화수정　　　　② 자예선숙
③ 이형예현상　　　④ 웅예선숙

해설

폐화수정(閉花受精)
속씨식물에서 꽃이 피기 전 봉오리가 진 상태에서 행하는 자가 수정

02 다음 중 타가수정을 원칙으로 하지만 자가수정을 시키면 낮은 교잡률과 종류에 따라 자가열세를 보이는 작물은?

① 완두　　　　　　② 강낭콩
③ 호박　　　　　　④ 상추

03 식물체가 어느 정도 커진 뒤에나 저온에 감응하여 추대되는 식물은?

① 배추　　　　　　② 양배추
③ 무　　　　　　　④ 순무

04 〈다음〉에서 설명하는 것은?

> 〈다음〉
> 모수로부터 영양체를 분리하여 번식시키는 것이 아니고, 모수의 가지 일부를 유인하여 흙으로 묻어 발근시킨 후 분리하는 방법으로 영양번식 중에서 가장 안전한 방법이다.

① 접목　　　　　　② 꺾꽂이
③ 분주　　　　　　④ 취목

05 다음 중 (가), (나)에 알맞은 내용은?

> • 화곡류의 채종적기는 (가)이다.
> • 채소류의 채종적기는 (나)이다.

① (가) : 황숙기, (나) : 황숙기
② (가) : 황숙기, (나) : 갈숙기
③ (가) : 갈숙기, (나) : 황숙기
④ (가) : 갈숙기, (나) : 갈숙기

06 다음 중 ( ) 안에 알맞은 내용은?

> 수분을 측정할 때 곱게 마쇄하여야 하는 종은 분쇄된 것이 0.50mm 그물체를 최소한 50% 통과하고 남는 것이 1.00mm 그물체 위 ( )% 이하이어야 한다.

① 10　　　　　　　② 12
③ 14　　　　　　　④ 18

07 다음 중 식물학상 과실을 이용할 때 과실이 내과피에 싸여 있지 않은 것은?

① 복숭아　　　　　② 자두
③ 앵두　　　　　　④ 당근

08 다음 중 안전저장을 위한 종자의 최대 수분함량이 4.5%인 작물은?

① 벼　　　　　　　② 고추
③ 귀리　　　　　　④ 옥수수

정답　01 ①　02 ③　03 ②　04 ④　05 ②　06 ①　07 ④　08 ②

09 다음 중 ( ) 안에 알맞은 내용은?

( )은 콩이나 종피의 색이 옅은 콩과 작물의 종자에서 종피의 손상을 쉽게 알 수 있는 방법으로서 저장 중인 종자의 활력평가에 효과적인 방법이며, 상처를 입은 종자의 종피가 녹자색으로 변하지만 정상의 종자는 자엽이 황백색으로 보이기 때문에 판별하기가 쉽다.

① indoxyl acetate 법　　② ferric chloride 법
③ malachite 법　　④ selenite 법

10 종자의 생리적 성숙기로서 종자가 질적으로 최고의 상태에 달하는 시기는?

① 주병이 퇴화되고 종자가 모 식물에서 분리되는 시기
② 종자가 완전히 성숙하여 건조되고 저장상태에 들어간 시기
③ 세포분열이 일어나 배의 생장이 80% 정도 이루어지는 시기
④ 배주조직의 괴사가 진행되면서 탈수기간이 이루어지는 시기

11 다음 중 ( ) 안에 알맞은 내용은?

〈종자검사요령상 손으로 시료 추출 시〉
• 어떤 종 특히 부석부석한 잘 떨어지지 않는 종은 손으로 시료를 추출하는 것이 때로는 가장 알맞은 방법이 된다.
• 이 방법으로는 약 ( )mm 이상 깊은 곳의 시료 추출은 어렵다.
• 이는 포대나 빈(산물)에서 하층의 시료를 추출하는 것이 불가능하다는 의미이다.
• 이 경우 추출자는 시료의 채취를 용이하게 하기 위하여 몇 개의 자루 또는 빈을 비우게 하거나 부분적으로 비웠다가 다시 채우게 하는 등의 특별한 사전조치를 취하게 할 수 있다.

① 100　　② 200
③ 300　　④ 400

12 다음 중 (가), (나)에 알맞은 내용은?

• 벼 포장검사 시 포장조건에서 파종된 종자는 종자원이 명확하여야 하고 포장검사 시 (가) 이상이 도복(생육 및 결실에 지장이 없을 정도의 도복은 제외)되어서는 아니 되며, 적절한 조사를 할 수 없을 정도로 잡초가 발생되었거나 작물이 왜화 · 훼손되어서는 아니 된다.
• 벼 포장검사 시 검사 시기 및 회수는 유숙기로부터 호숙기 사이에 (나)회 검사한다. 다만, 특정병에 한하여 검사횟수 및 시기를 조절하여 실시할 수 있다.

① (가) : 1/6, (나) : 4　　② (가) : 1/5, (나) : 3
③ (가) : 1/4, (나) : 2　　④ (가) : 1/3, (나) : 1

13 다음 중 "성숙한 자방이 꽃이 아닌 다른 식물부위나 변형된 포엽에 붙어 있는 것"에 해당하는 용어는?

① 복과　　② 취과
③ 단과　　④ 위과

14 다음 중 (가), (나)에 알맞은 내용은?

자가수정작물을 장기간 재배하게 되면 돌연변이나 자연교잡에 의하여 (가) 유전자가 섞이더라도 이것들은 전부 (나) 유전자가 되어 고정된다.

① (가) : 호모　　(나) : 헤테로
② (가) : 헤테로　　(나) : 호모
③ (가) : 비대립　　(나) : 헤테로
④ (가) : 대립　　(나) : 헤테로

15 다음 중 배후면의 경우 저온습윤처리의 방법으로 휴면이 타파되었을 때 종자 내의 변화로 틀린 것은?

① 불용성 물질이 분해되어 가용성 물질로 변화됨으로써 삼투압이 낮아져 배의 물질이동이 쉬어진다.

② lipase의 효소활력이 증가한다.

③ peroxidase의 효소활력이 증가한다.

④ 새로운 조직의 형성에 많이 쓰이는 당류, 아미노산 등과 같은 간단한 유기 물질이 나타난다.

16 Soueges와 Johansen의 배의 발생법칙 중 "필요 이상의 세포는 만들어지지 않는다."는 내용에 해당하는 법칙은?

① 기원의 법칙　　　　② 수의 법칙

③ 절약의 법칙　　　　④ 목적지불변의 법칙

17 다음 중 모본의 염색체가 많고 부본의 염색체가 적을 때 수정이 잘 되는 경우의 작물은?

① 밀　　　　　　　　② 귀리

③ 해바라기　　　　　④ 토마토

18 다음 중 파종 시 복토깊이가 0.5~1.0cm에 해당하지 않는 작물은?

① 순무　　　　　　　② 가지

③ 오이　　　　　　　④ 생강

19 다음 중 일반적으로 교배에 앞서 제웅이 필요 없는 작물은?

① 오이　　　　　　　② 수수

③ 토마토　　　　　　④ 가지

20 다음 중 종자증식체계에서 육종가(육성자)의 감독 아래 전문가가 증식한 것은?

① 기본식물　　　　　② 원원종

③ 원종　　　　　　　④ 보급종

21 약배양하여 얻은 반수체 식물을 2배체로 만드는데 염색체 배가를 위하여 주로 사용하는 약제는?

① 콜히친　　　　　　② 에틸렌

③ NAA　　　　　　　④ EMS

22 집단 육종법에 관한 설명 중 옳지 않은 것은?

① F₆ 이후는 잡종강세 개체를 선발할 위험이 적다.

② 실용적으로 고정되었을 후기 세대에서 선발한다.

③ 대부분의 개체가 고정될 때까지 선발하지 않는다.

④ 질적 형질을 선발할 때에 주로 이용된다.

23 후대 검정의 설명으로 가장 관련이 없는 것은?

① 선발된 우량형이 유전적인 변이인가를 알아본다.

② 표현형에 의하여 감별된 우량형을 검정한다.

③ 선발된 개체가 방황 변이인가를 알아본다.

④ 질적 형질의 유전적 변이 감별에 주로 이용된다.

24 3원 교잡의 개념을 표현한 것으로 옳은 것은?

① (A×B)×C

② (A×B)×(C×D)

③ A×B×C×D×E

④ [(A×B)×(C×D)]×E

25 다음 중 자웅이주인 것은?

① 시금치　　　　　　② 강낭콩

③ 완두　　　　　　　④ 상추

26 여교배를 한 번 한 BC_1F_1 세대에서 반복친의 유전자 출현 비율은 얼마인가?

① 25% ② 50%

③ 75% ④ 87.5%

27 타식성 작물의 화기(花器) 구조의 특성과 가장 관계가 먼 것은?

① 웅예선숙 ② 폐화수분

③ 자예선숙 ④ 이형예현상

28 76개의 Purine염기와 36개의 Thymine을 포함하는 2중 나선 DNA 절편에는 몇 개의 Cytosine이 포함되어 있는가?

① 36개 ② 40개

③ 76개 ④ 112개

29 작물육종에 있어서 새로운 유용 유전자를 탐색 수집하여 활용하고자 할 때 가장 관계되는 학설은?

① 순계설 ② 게놈설

③ 유전자 중심설 ④ 돌연변이설

30 우리나라에서 주요 식량작물의 종자 증식 체계 단계로 옳은 것은?

① 원원종포 → 기본식물포 → 원종포 → 채종포

② 기본식물포 → 원원종포 → 원종포 → 채종포

③ 원원종포 → 원종포 → 채종포 → 기본식물포

④ 원원종포 → 원종포 → 기본식물포 → 채종포

31 1대 잡종에 의한 육종을 설명한 것 중 옳지 않은 것은?

① 단위 면적당 재배에 소요되는 종자량이 적은 것이 유리하다.

② 잡종강세현상을 F_5, F_6 대에도 계속 이용한다.

③ 한 번의 교잡으로 많은 종자를 생산할 수 있어야 한다.

④ 잡종강세 식물은 개화기와 성숙기가 촉진될 수 있다.

32 유전력과 선발에 대한 설명으로 가장 옳은 것은?

① 유전력이 크면 초기세대의 선발이 효과적이다.

② 유전력과 선발효과와는 무관하다.

③ 유전력은 유전분산 중 표현형분산이 차지하는 비율이다.

④ 유전력은 환경분산이 커짐에 따라 증가한다.

33 감자 등과 같은 영양번식성 작물이 바이러스병에 의해 퇴화되는 것을 방지하는 방법은?

① 추파성 소거 ② 고랭지 채종

③ 조기재배 ④ 기계적 혼입 방지

34 논 10m²에서 생산된 재래종 "가"의 수확기 지상부 전체 건물중은 40kg이었고 쌀의 생산량은 18kg이었다. 이품종의 수확지수는 얼마인가?

① 0.45 ② 2.2

③ 58 ④ 720

35 단위생식(Apomixis)을 가장 옳게 표현한 것은?

① 씨 없는 수박은 이 원리를 이용한 것이다.

② 수분이 되지 않았는데 과실이 비대하는 현상이다.

③ 근친교배에서 많이 일어나는 일종의 퇴화현상이다.

④ 수정이 되지 않고도 종자가 생기는 현상이다.

36 한 쌍의 대립유전자가 이형접합상태인 식물을 n회 자식시켰을 때 집단 내 이형접합자의 비율은?

① $[1-(1/2)^n]$
② $[1-(1/2^n)]$
③ $(1/2^n)$
④ $[(1/2)^n-1]$

37 식물육종의 핵심기술에 해당하는 것으로만 나열된 것은?

① 우수한 유전자형의 선발, 종자프라이밍 처리
② 종자프라이밍 처리, 유정자운반체 개발
③ 유전자운반체 개발, 유전변이의 작성
④ 유전변이의 작성, 우수한 유전자형의 선발

38 사료작물에 이용되는 합성품종의 장점은?

① 유전구성이 단순하다.
② 열성유전자가 발현한다.
③ 소수의 우량계통을 사용한다.
④ 환경변화에 대한 안전성이 높다.

39 다음 중 유전적 원인에 의한 변이가 아닌 것은?

① 불연속변이
② 대립변이
③ 환경변이
④ 연속변이

40 형태적 형질 중 제1차적 특성에서 질적형질에 관여하는 요인으로 옳은 것은?

① 식미
② 저장성
③ 다수성
④ 종피색

제3과목 **재배원론**

41 작물 유전의 돌연변이설을 주장한 사람은?

① De Vries
② Mendel
③ 우장춘
④ Darwin

42 식물호르몬인 사이토카이닌의 주 생리작용은?

① 세포의 길이 신장
② 세포분열 촉진
③ 발근 및 개화 촉진
④ 과실의 후숙 촉진

43 〈다음〉에서 설명하는 것은?

〈다음〉
식물의 생장과 분화의 균형 여하가 작물의 생육을 지배하는 요인이 된다.

① Crop Growth Rate
② Carbohydrate Nitrogen Ratio
③ Top Root Ratio
④ Growth Differentiation Balance

44 풍해의 기계적 장해에 해당하는 것은?

① 벼에서 수분 및 수정이 저해되어 불임립이 발생한다.
② 상처가 나면 호흡이 증대되어 체내의 양분 소모가 증대된다.
③ 증산이 커져서 식물이 건조해진다.
④ 기공이 닫혀 광합성이 감퇴한다.

45 다음 중 원산지가 한국으로 추정되는 작물로만 나열된 것은?

① 콩, 포도
② 인삼, 감
③ 생강, 토란
④ 벼, 동부

정답 36 ③ 37 ④ 38 ④ 39 ③ 40 ④ 41 ① 42 ② 43 ④ 44 ① 45 ②

46 저장 환경조건을 가장 바르게 설명한 것은?

① 곡류는 저장습도가 낮을수록 좋지만 과실이나 영양체는 저장 습도가 낮은 것이 좋지 않다.
② 굴저장하는 고구마는 밀폐하는 것이 통기가 되는 것보다 좋다.
③ 고구마는 예랭이 필요하지만 과일은 예랭하면 저장 중 부패가 많다.
④ 식용감자는 온도가 12~15℃, 습도가 70~85%가 최적의 저장 조건이다.

47 작물의 내동성에 관여하는 생리적 요인으로 옳은 것은?

① 원형질의 수분투과성이 작은 것이 세포 내 결빙을 적게 하여 내동성을 증대시킨다.
② 세포 내 수분함량이 높아서 자유수가 많아지면 내동성이 증대된다.
③ 세포 내 전분함량이 많으면 내동성이 증대된다.
④ 원형질의 친수성콜로이드가 많으면 내동성이 증대된다.

48 버널리제이션에 대하여 옳게 설명한 것은?

① 산소의 공급은 절대로 필요하다.
② 최아종자의 저온처리에는 암흑상태가 꼭 필요하다.
③ 추파맥류는 고온처리를 해야 화성유도의 효과가 크다.
④ 춘화처리 중에 건조시키면 효과가 상승한다.

49 재배기간 동안 상토의 pH에 영향을 주는 주요 요인이 아닌 것은?

① 상토와 상토 구성분 자체에 포함귄 석회석과 같은 식재
② 관개수의 알칼리도
③ 재배기간 동안 사용된 비료의 산도/염기도
④ 재배기간 동안의 평균 기온

50 지베렐린에 대하여 옳게 설명한 것은?

① 제초제로 이용된다.
② 벼의 키다리병에서 유래한 물질이다.
③ 지베렐린의 주요 합성물질은 NAA이다.
④ 사과의 낙과방지에 특히 효과적이다.

51 농경의 발상지를 비옥한 해안지대라고 추정한 사람은?

① De Candolle
② G. Allen
③ Vavilov
④ P. Dettweiler

52 인공상토의 기능으로 거리가 먼 것은?

① 농약사용 및 비료시용 빈도를 줄인다.
② 작물이 필요할 때 흡수 이용할 수 있는 물을 보유한다.
③ 뿌리와 배지 상부 공기와의 가스 교환이 이루어지도록 한다.
④ 작물을 지탱하는 기능을 한다.

53 다음 중 식물의 광합성에 가장 효과적인 광은?

① 주황색
② 황색
③ 녹색
④ 적색

54 다음 중 2년생 작물로만 구성되어 있는 것은?

① 가을보리, 아스파라거스
② 가을밀, 사탕수수
③ 옥수수, 호프
④ 무, 사탕무

55 결핍증상이 어린잎에 먼저 나타나는 무기원소로만 나열된 것은?

① 마그네슘, 칼슘
② 질소, 철
③ 마그네슘, 망간
④ 황, 붕소

56 과실의 성숙을 촉진하는 주요 합성 식물생장조절제는?

① IAA
② ABA
③ 페놀
④ 에세폰

57 다음 중 (가), (나)에 알맞은 내용은?

- 벼의 침수피해는 분얼 초기에는 (가).
- 벼의 침수피해는 수잉기~출수개화기에는 (나).

① (가) : 작다　(나) : 작아진다
② (가) : 작다　(나) : 커진다
③ (가) : 크다　(나) : 작아진다
④ (가) : 크다　(나) : 커진다

58 작물생장속도를 구하는 공식으로 옳은 것은?

① 엽면적×순동화율
② 엽면적률×상대생장률
③ 엽면적지수×순동화율
④ 비엽면적×상대생장률

59 파이토크롬(Phytochrome)의 설명으로 틀린 것은?

① 광흡수색소로서 일장효과에 관여한다.
② Pr은 호광성 종자의 발아를 억제한다.
③ 파이토크롬은 적생광과 근적외광을 가역적으로 흡수할 수 있다.
④ 굴광현상을 나타내는 호르몬의 일종으로 식물생육에 필수적인 물질이다.

60 용도에 의한 작물의 분류에서 잡곡에 해당하지 않는 것은?

① 조
② 기장
③ 귀리
④ 옥수수

제4과목 **식물보호학**

61 벼물바구미에 대한 설명으로 옳은 것은?

① 노린재목에 속한다.
② 번데기로 월동한다.
③ 유충은 뿌리를 갉아 먹는다.
④ 벼의 잎 뒷면에서 번데기가 된다.

62 농약 살포액의 성질에 대한 설명으로 옳지 않은 것은?

① 침투성 : 식물체나 해충체 내에 스며드는 것
② 습전성 : 작물 또는 해충의 표면을 잘 적시고 퍼지는 것
③ 수화성 : 현탁액 고체입자가 균일하게 분산 부유하는 것
④ 유화성 : 유제를 물에 가한 경우 입자가 균일하게 분산하여 유탁액이 되는 것

63 완전변태를 하는 곤충 목은?

① 노린재목
② 메뚜기목
③ 잠자리목
④ 딱정벌레목

64 보르도액은 어떤 종류의 약제인가?

① 종자소독제
② 농용항생제
③ 화학불임제
④ 보호살균제

---

65 병든 부위의 알코올 냄새로 진단 가능하고 사과나무에 발생하는 병은?

① 부란병
② 겹무늬썩음병
③ 붉은별무늬병
④ 점무늬낙엽병

66 직파를 하거나 이앙기를 앞당길수록 발생량이 현저하게 늘어나는 다년생 논잡초는?

① 여뀌
② 뚝새풀
③ 자귀풀
④ 너도방동사니

67 일조 부족이 식물에게 주는 영향으로 옳지 않은 것은?

① 식물의 광합성을 저하시킨다.
② 벼는 도열병이 발생하기 쉽다.
③ 벼는 규산의 집적량이 증가한다.
④ 식물체 내에 아미노산 및 아마이드를 증가시킨다.

68 해충의 농약 저항성에 대한 설명으로 옳지 않은 것은?

① 동일 기작을 가진 계통 약제의 연속 사용을 가급적 피한다.
② 방제 효율을 올리기 위해서 약제 사용량을 계속해서 늘려야 한다.
③ 진딧물이나 응애류처럼 생활사가 짧을수록 저항성은 더 늦게 발달된다.
④ 약제에 대한 감수성종이 죽고 유전적으로 저항성을 가진 해충이 살아남아 저항성 개체가 우점종이 되는 것을 의미한다.

69 잡초의 생물학적 방제를 위해 도입되는 미생물의 구비조건이 아닌 것은?

① 대상 잡초에만 피해를 주어야 한다.
② 잡초의 적용지역 환경에 잘 적응하여야 한다.

③ 인공적인 배양 또는 증식이 용이하며 생식력이 강해야 한다.
④ 비산 또는 분산 능력이 적어 처리된 식물에만 한정되어야 한다.

70 농경지에서 잡초를 방제하지 않고 방임하면 엄청난 수량 손실이 발생하는 기간은?

① 제조제내성기간
② 잡초경합한계기간
③ 잡초경합내성기간
④ 잡초경합허용한계기간

71 곤충의 소화기관으로 음식물을 분해한 후 흡수하는 부분은?

① 전장
② 중장
③ 후장
④ 말피기관

72 겨울형 잡초에 해당하는 것은?

① 냉이
② 바랭이
③ 명아주
④ 강아지풀

73 세균성 무름증상에 대한 설명으로 옳지 않은 것은?

① Pseudomosas 속은 무름증상을 일으키지 않는다.
② Erwinia 속은 무름병의 진전이 빠르고 악취가 난다.
③ 수분이 적은 조직에서는 부패현상이 나타나지 않는다.
④ 병원균은 펙틴분해효소를 생산하여 세포벽 내의 펙틴을 분해한다.

74 Koch의 원칙으로 증명이 가능하며 균류에 의해 발병하는 것은?

① 역병   ② 노균병
③ 흰가루병   ④ 무사마귀병

75 중추신경계의 에스테라제 억제 작용을 하는 약제의 계통은?

① BT계   ② DDT계
③ 유기인계   ④ 피레스로이드계

76 주로 지하경에 의하여 영양번식하는 다년생 잡초로서 논에서 발생하는 것은?

① 피   ② 가래
③ 고마리   ④ 물달개비

77 회석살포용 제제에 대한 설명으로 옳지 않은 것은?

① 수화제란 원제를 증량제, 계면활성제와 혼합하여 분말형태로 만든 것이다.
② 액상수화제란 원제의 성질이 지용성인 것을 유기용매에 녹여 유화제를 첨가한 용액이다.
③ 수용제란 수용성의 유효성분을 증량제로 희석하고 분상 또는 입상의 고체로 만든 것이다.
④ 액제란 원제가 수용성이고 가수분해의 우려가 없는 경우에 주제를 물에 녹여 만든 것이다.

78 종자에 의해 전반되는 병이 아닌 것은?

① 벼 키다리병
② 콩 자주무늬병
③ 보리 겉깜부기병
④ 배추 모자이크병

79 해충의 생물학적 방제법에 대한 설명으로 옳지 않은 것은?

① 속효적이며 일시적이다.
② 주로 해충의 천적을 이용한다.
③ 저항성(내성)이 생기지 않는다.
④ 환경오염에 대한 위험성이 작다.

80 병원체가 식물체의 각피를 뚫고 침입하여 발생하는 병은?

① 가지 풋마름병
② 벼 잎집얼룩병
③ 감자 더뎅이병
④ 사과나무 뿌리혹병

제5과목 종자 관련 법규

81 식물신품종 보호관련법상 "품종의 본질적 특성이 반복적으로 증식된 후에도 그 품종의 본질적 특성이 변하지 아니하는 경우"에 해당하는 것은?

① 안정성   ② 균일성
③ 구별성   ④ 신규성

82 종자관련법상 국가품종목록의 등재대상 작물이 아닌 것은?

① 벼   ② 사료용 옥수수
③ 보리   ④ 감자

해설
품종목록에 등재할 수 있는 대상작물은 벼, 보리, 콩, 옥수수, 감자와 그 밖에 대통령령으로 정하는 작물로 한다.

83 식물신품종 보호관련법상 품종 명칭의 등록을 받을 수 있는 것은?

① 저명한 타인의 승낙을 얻은 후 사용된 그 타인의 명칭
② 해당 품종 또는 해당 품종 수확물의 품질·수확량·생산시기·사용방법 또는 사용시기로만 표시한 품종 명칭
③ 숫자로만 표시하거나 기호를 포함하는 품종 명칭
④ 해당 품종이 속한 식물의 속 또는 종의 다른 품종의 품종 명칭과 같거나 유사하여 오인하거나 혼동할 염려가 있는 품종 명칭

84 종자관련법상 품종목록 등재의 유효기간 내용으로 옳은 것은?

① 품종목록 등재의 유효기간은 유효기간 연장신청에 의하여 계속 연장될 수 없다.
② 품종목록 등재의 유효기간은 등재한 날부터 5년까지로 한다.
③ 품종목록 등재의 유효기간은 등재한 날이 속한 해의 다음 해부터 10년까지로 한다.
④ 품종목록 등재의 유효기간은 등재한 날부터 15년까지로 한다.

> 해설
>
> **품종목록 등재의 유효기간**
> 등재한 날이 속한 해의 다음 해부터 10년까지

85 종자관련법상 작물별 보증의 유효기간으로 옳지 않은 것은?

① 채소 : 2년　　　② 버섯 : 2개월
③ 감자 : 2개월　　④ 고구마 : 2개월

> 해설
>
> **보증의 유효기간**
> ㉠ 채소 : 2년
> ㉡ 기타 : 1년
> ㉢ 맥류·콩 : 6개월

㉣ 감자·고구마 : 2개월
㉤ 버섯 : 1개월

86 종자관련법상 종자의 수출·수입에 관한 내용이다. (　) 안에 알맞은 내용은?

> (　)은 국내 생태계 보호 및 자원보존에 심각한 지장을 줄 우려가 있다고 인정하는 경우에는 대통령령으로 정하는 바에 따라 종자의 수출·수입을 제한하거나 수입된 종자의 국내 유통을 제한할 수 있다.

① 농림축산식품부장관　② 농촌진흥청장
③ 국립종자원장　　　　④ 환경부장관

87 종자관련법상 "꽃 또는 볏과식물의 소수(spikelet)를 엽맥에 끼우는 퇴화한 잎 또는 인편상의 구조물"을 설명하는 용어는?

① 악판　　　　　② 강모
③ 부리　　　　　④ 포엽

> 해설
>
> **용어**
> ① 악판(꽃받침, calyx, pl. calyces) : 꽃받침조각으로 이루어진 꽃의 바깥쪽 덮개
> ② 강모(剛毛, bristle) : 뻣뻣한 털, 간혹 까락(毛)이 굽어 있을 때 윗부분을 지칭하기도 함
> ③ 부리(beak, beaked) : 과실의 길고 뾰족한 연장부
> ④ 포엽(包葉, bract) : 꽃 또는 볏과식물의 소수(spikelet)를 엽맥에 끼우는 퇴화한 잎 또는 인편상의 구조물

88 종자관련법상 대통령령으로 정하는 작물이 아닌 것은?

① 화훼　　　　　② 뽕
③ 양송이　　　　④ 임목

> 해설
>
> **대통령령으로 정하는 작물**
> 1. 화훼
> 2. 사료작물(사료용 벼·보리·콩·옥수수 및 감자를

포함한다)

3. 목초작물

4. 특용작물

5. 뽕

6. 임목(林木)

7. 식량작물(벼 · 보리 · 콩 · 옥수수 및 감자는 제외한다)

8. 과수(사과 · 배 · 복숭아 · 포도 · 단감 · 자두 · 매실 · 참다래 및 감귤은 제외한다)

9. 채소류(무 · 배추 · 양배추 · 고추 · 토마토 · 오이 · 참외 · 수박 · 호박 · 파 · 양파 · 당근 · 상추및 시금치는 제외한다)

10. 버섯류(양송이 · 느타리버섯 · 뽕나무버섯 · 영지버섯 · 만가닥버섯 · 잎새버섯 · 목이버섯 · 팽이버섯 · 복령 · 버들송이 및 표고버섯은 제외한다)

89 종자관련법상 분포장 종자의 보증표시를 옳게 나타낸 것은?

① 포장한 보증종자의 포장을 뜯거나 열었을 때, 종자의 보증 효력을 잃은 것으로 본다. 다만, 해당 종자를 보증한 보증기관이나 종자관리사의 감독에 따라 분포장(分包裝)하는 경우도 포함한다는 단서에 따라 분포장한 종자의 보증표시는 분포장하기 전에 표시되었던 해당 품종의 보증표시와 다른 내용으로 하여야 한다.

② 포장한 보증종자의 포장을 뜯거나 열었을 때, 종자의 보증 효력을 잃은 것으로 본다. 다만, 해당 종자를 보증한 보증기관이나 농촌진흥청장의 감독에 따라 분포장(分包裝)하는 경우도 포함한다는 단서에 따라 분포장한 종자의 보증표시는 분포장한 후에 표시되었던 해당 품종의 보증표시와 같은 내용으로 하여야 한다.

③ 포장한 보증종자의 포장을 뜯거나 열었을 때, 종자의 보증 효력을 잃은 것으로 본다. 다만, 해당 종자를 보증한 보증기관이나 농촌진흥청장이나 종자관리사의 감독에 따라 분포장(分包裝)하는 경우도 포함한다는 단서에 따라 분포장한 종자의 보증표시는 분포장하기 전에 표시되었던 해당 품종의 보증표시보다 더 자세한 내용으로 하여야 한다.

④ 포장한 보증종자의 포장을 뜯거나 열었을 때, 종자의 보증 효력을 잃은 것으로 본다. 다만, 해당 종자를 보증한 보증기관이나 종자관리사의 감독에 따라 분포장(分包裝)하는 경우는 제외한다는 단서에 따라 분포장한 종자의 보증 표시는 분포장하기 전에 표시되었던 해당 품종의 보증표시와 같은 내용으로 하여야 한다.

90 종자관련법상 유통 종자의 품질표시 사항으로 맞은 것은?

① 품종의 순도

② 품종의 진위

③ 포장연월

④ 배재 시 특히 주의할 사항

91 식물신품종 보호관련법상 품종보호권을 침해한 자가 받는 벌칙은?

① 3년 이하의 징역 또는 1,000만 원 이하의 벌금에 처한다.

② 5년 이하의 징역 또는 1,000만 원 이하의 벌금에 처한다.

③ 5년 이하의 징역 또는 1억 원 이하의 벌금에 처한다.

④ 7년 이하의 징역 또는 1억 원 이하의 벌금에 처한다.

해설

품종보호권 또는 전용실시권을 침해한 자
7년 이하의 징역 또는 1억 원 이하의 벌금에 처한다.

92 종자관련법상 종자업의 등록 내용으로 옳지 않은 것은?

① 종자업을 하려는 자는 종자관리사를 1명 이상 두어야 한다. 다만, 대통령령으로 정하는 작물의 종자를 생산 · 판매하려는 자의 경우에는 그러하지 아니하다.

② 종자업을 하려는 자는 종자관리사를 2명 이상 두어야 한다. 다만, 대통령령으로 정하는 작물의 종자를 생산·판매하려는 자의 경우에는 그러하지 아니하다.

③ 종자업을 하려는 자는 대통령령으로 정하는 시설을 갖추어 시장에게 등록하여야 한다.

④ 종자업을 하려는 자는 대통령령으로 정하는 시설을 갖추어 군수에게 등록하여야 한다.

93 식물신품종 보호관련법상 품종보호권의 효력이 적용되는 것은?

① 영리 외의 목적으로 자가소비(自家消費)를 하기 위한 품종

② 실험이나 연구를 하기 위한 품종

③ 다른 품종을 육성하기 위한 품종

④ 보호품종을 반복하여 사용하여야 종자생산이 가능한 품종 품종보호권의 효력이 미치지 않는 범위

해설

① 영리 외의 목적으로 자가소비를 하기 위한 보호품종의 실시

② 실험이나 연구를 하기 위한 보호품종의 실시

③ 다른 품종을 육성하기 위한 보호품종의 실시

94 다음 중 ( ) 안에 알맞은 내용은?

종자관리요강에서 뽕나무 포장격리에 대한 내용으로 무병 묘목인지 확인되지 않은 뽕밭과 최소 ( )m 이상 격리되어 근계의 접촉이 없어야 한다.

① 1   ② 3

③ 5   ④ 10

95 종자관련법상 ( ) 안에 해당하는 것은?

품종성능의 심사는 ( )이 정하는 기준에 따라 실시한다.

① 산림청장

② 농촌진흥청장

③ 농업기술실용화재단장

④ 농업기술센터장

96 종자관련법상 보상 청구의 내용이다. ( ) 안에 알맞은 내용은?

종자업자는 보상 청구를 받은 날부터 ( ) 이내에 그 보상 청구에 대한 보상 여부를 결정하여야 한다.

① 5일   ② 15일

③ 25일   ④ 30일

97 다음은 식물신품종 보호관련법상 통상실시권에 대한 내용이다. ( ) 안에 알맞은 내용은?

보호품종을 실시하려는 자는 보호품종이 정당한 사유 없이 계속하여 ( ) 이상 국내에서 상당한 영업적 규모로 실시되지 아니하거나 적당한 정도와 조건으로 국내 수요를 충족시키지 못한 경우 농림축산식품부장관 또는 해양수산부장관에게 통상실시권 설정에 관한 재정(裁定)(이하 "재정"이라 한다)을 청구할 수 있다. 다만, 재정의 청구는 해당 보호품종의 품종보호권자 또는 전용실시권자와 통상실시권 허락에 관한 협의를 할 수 없거나 협의 결과 합의가 이루어지지 아니한 경우에만 할 수 있다.

① 3년   ② 2년

③ 1년   ④ 6개월

98 종자관련법상 자체보증의 대상에 대한 내용이다. ( ) 안에 해당하지 않는 것은?

( )이/가 품종목록 등재대상작물의 종자를 생산하는 경우 자체보증의 대상으로 한다.

① 종자업자   ② 농업단체

③ 실험실 연구원   ④ 시장

정답   93 ④   94 ③   95 ①   96 ②   97 ①   98 ③

99 식물신품종 보호관련법상 품종보호를 위해 출원 시 첨부하지 않아도 되는 것은?

① 품종보호 출원 수수료 납부증명서
② 종자시료
③ 품종 육성지역의 토양 상태
④ 품종의 사진

100 종자관리요강상 벼의 포장검사 및 종자검사에 있어 특정병에 해당하는 것은?

① 도열병　　　　② 선충심고병
③ 깨씨무늬병　　④ 흰잎마름병

> 해설
> ----

특정병
벼 : 선충심고병, 키다리병

제1과목 종자생산학

01 물의 투과성 저해로 인하여 종자가 휴면하는 것은?

① 나팔꽃
② 미나리아재비과 식물
③ 보리
④ 사과나무

> **해설**
>
> **물리적 휴면**
> ㉠ 종자의 겉부분에는 큐틴질이 붙어 있어 수분 흡수가 어렵다.
> ㉡ 콩과 메꽃과 식물이다.

02 저온과 장일 조건에 감응하여 꽃눈이 분화·발달되는 채소는?

① 배추
② 오이
③ 토마토
④ 고추

> **해설**
>
> 십자화과 식물인 배추이다.

03 감자 포장검사 시 검사기준으로 옳지 않은 것은?

① 1차 검사는 유묘가 15cm 정도 자랐을 때 실시한다.
② 채종포는 비채종 포장으로부터 5m 이상 격리되어야 한다.
③ 연작피해 방지대책을 강구한 경우에는 연작할 수 있다.
④ 걀쭉병 발생 포장은 2년간 감자를 재배하여서는 안 된다.

> **해설**
>
> 걀쭉병 발생 포장의 경우 5년간 감자를 재배하여서는 안 된다.

04 광과 종자 발아에 대한 설명으로 옳지 않은 것은?

① 광은 종자 발아와 아무런 관계가 없는 경우도 있다.
② 종자 발아가 억제되는 광 파장은 700~750nm 정도이다.
③ 종자 발아의 광가역성에 관여하는 물질은 cyto-chrome이다.
④ 광이 없어야 발아가 촉진되는 종자도 있다.

> **해설**
>
> **피토크롬의 광가역성**
> Pr은 적색광에 의해 Pfr이 되며, Pfr은 원적색광에 피토크롬의 생리활성형으로 종자 발아를 촉진한다.

05 종자에 의하여 전염되기 쉬운 병해는?

① 흰가루병
② 모잘록병
③ 배꼽썩음병
④ 잿빛곰팡이병

06 다음 작물 중에서 종자의 수명이 짧은 단명 종자에 속하는 것은?

① 상추
② 토마토
③ 수박
④ 가지

정답 01 ① 02 ① 03 ④ 04 ③ 05 ② 06 ①

작물별 종자의 수명

단명종자(1~2년)	상명종자(2~3년)	장명종자(4~6년)
콩, 땅콩, 옥수수, 메밀, 기장, 목화, 해바라기, 강낭콩, 양파, 파, 상추, 당근, 고추	벼, 밀, 보리, 귀리, 완두, 유채, 페스큐, 켄터키블루그래스, 목화, 무, 배추, 호박, 멜론, 시금치, 우엉	클로버, 알팔파, 베치, 사탕무, 가지, 토마토, 수박, 비트

07 채종지 선정 시 고려해야 할 사항으로 옳지 않은 것은?

① 일장은 꽃눈 형성 및 추대에 매우 중요한 요소이다.
② 개화기부터 등숙기까지는 습한 곳이 적당하다.
③ 도시 근교보다는 도시에서 떨어진 지역이 적합하다.
④ 배수가 양호한 토양으로 병해충의 발생밀도가 낮아야 한다.

개화기부터 등숙기까지는 대부분 일사량이 많은 곳이 적당하다.

08 종자검사 방법에 대한 설명으로 옳지 않은 것은?

① 발아검사 시 순도검사를 마친 정립종자를 무작위로 최소한 300립을 추출하여 100립씩 3반복으로 치상한다.
② 발아검사에서의 발아시험결과는 정상묘 숫자를 비율로 표시하며, 비율은 정수로 한다.
③ 수분검사용 제출시료의 최소량은 분쇄해야 하는 종자는 100g, 그 밖의 것은 50g이다.
④ 수분 측정 시 반복 간의 수분함량의 차가 0.2%를 넘지 않으면 반복측정의 산술평균 결과로 하고, 넘으면 반복측정을 다시 한다.

09 산형화서의 형상으로 종자가 발달하는 작물이 아닌 것은?

① 파
② 보리
③ 양파
④ 부추

㉠ 산형화서(傘形花序) = 우산모양꽃차례 : 무한꽃차례의 일종으로서 꽃차례 축의 끝에 작은 꽃자루를 갖는 꽃들이 방사상으로 배열된 꽃차례
㉡ 수상화서(穗狀花序) = 이삭꽃차례 : 길고 가느다란 꽃차례 축에 작은 꽃자루가 없는 꽃이 조밀하게 달린 꽃차례(보리, 질경이)

10 포장검사에서 품종순도를 산출할 때에 직접 조사하지 않는 것은?

① 이병주
② 이종종자주
③ 이품종
④ 이형주

품종순도
재배작물 중 이형주(변형주), 이품종주, 이종종자주를 제외한 해당 품종 고유의 특성을 나타내는 개체의 비율을 말한다.

11 고구마의 개화 유도 및 촉진 방법이 아닌 것은?

① 12~14시간의 장일처리를 한다.
② 나팔꽃의 대목에 고구마순을 접목한다.
③ 고구마덩굴의 기부에 절상을 낸다.
④ 고구마덩굴의 기부에 환상박피를 한다.

단일처리를 한다.

12 다음 중 혐광성 종자는?

① 상추
② 우엉
③ 차조기
④ 무혐광성 종자

정답　　07 ②　　08 ①　　09 ②　　10 ①　　11 ①　　12 ④

혐광성 종자

㉠ 광선이 있으면 발아가 저해되고 암중에서 잘 발아하는 종자이다.

㉡ 토마토, 가지, 파, 양파, 수박, 수세미, 호박, 무, 오이 등이다.

13 채종재배의 기본 원칙 중 가장 중요한 것은?

① 목표 종자량 확보
② 생력 재배
③ 품종 개량
④ 종자 순도와 활력 유지

채종재배(採種栽培)

우수한 종자의 생산을 목적으로 하는 재배를 채종재배라고 하는데, 종자의 퇴화를 방지하기 위한 여러 가지 대책을 강구해야 한다.

14 우리나라 주요 농작물의 종자 증식을 위한 기본체계는?

① 기본식물 → 원원종 → 원종 → 보급종
② 기본식물 → 원종 → 원원종 → 보급종
③ 보급종 → 기본식물 → 원원종 → 원종
④ 보급종 → 기본식물 → 원종 → 원원종

15 해외 채종의 유리한 점이라 볼 수 없는 것은?

① 저렴한 인건비
② 유리한 기상 조건
③ 수확 종자에 생태적응성 부여
④ 저렴한 지가 및 면적 확보 용이

16 다음 중 시금치의 화성(花成) 유기에 가장 알맞은 환경 조건은?

① 저온단일
② 저온장일
③ 고온단일
④ 고온장일

저온장일에서 고온단일로 이동한 경우 자성간성에서 웅성간성으로 전환하는 경향

17 오이에 있어서 수꽃을 유기하기 위한 방법은?

① 저온 육묘
② 단일 육묘
③ 에스렐 처리
④ 질산은($AgNO_3$) 처리

오이의 수꽃 착생을 많게 하려면 고온장일 조건에 GA, $AgNO_3$(질산은) 처리를 한다.

18 종자 발아 과정을 설명한 것으로 옳지 않은 것은?

① 종자의 수분 흡수 과정을 3단계로 나눌 수 있으며, 뿌리의 신장은 3단계에서 관찰된다.
② 쌍자엽식물인 경우 배에서 생성된 지베렐린은 호분층으로 이동한다.
③ 발아 시 지방산의 산화작용은 주로 β - 산화작용에 의하여 이루어진다.
④ 물의 흡수는 제종피가 비교적 얇은 주공 근처에서 가장 잘된다.

식물체 내에서의 지베렐린은 옥신과 같은 극성이동현상이 없이 물관부와 체관부 모두를 통해서 이동한다.

19 웅성불임을 이용한 수수의 F_1은 3계교잡으로 채종하는데 이에 관여하는 계통을 모두 옳게 나열한 것은?

① 웅성불임계통 2개, 웅성불임계통의 유지계통 1개
② 웅성불임계통 1개, 임성회복인자를 갖는 자식계통 2개
③ 웅성불임계통 1개, 웅성불임계통의 유지계통 1개, 임성회복인자를 갖는 자식계통 1개
④ 웅성불임계통 2개, 임성회복인자를 갖는 자식계통 1개

웅성불임성(CGMS)을 이용한 F_1종자 생산체계 – 3계통법

웅성불임친(male sterile line, A계통)과 웅성불임을 유지해 주는 웅성불임유지친(maintainer, B계통), 웅성불임친의 임성을 회복시키는 임성회복친(restorer, C계통)이 갖추어져야 한다.

20 종자의 발아능 검사를 위한 tetrazolium 검사 시 처리농도(%) 범위로 가장 적합한 것은?

① 0.1~1.0 　　　② 1.0~2.0
③ 2.0~3.0 　　　④ 3.0~4.0

테트라졸리움법

㉠ TTC 용액의 농도로는 화본과 0.5%, 콩과 1%가 알맞다.
㉡ 배·유아의 단면적이 전면 적색으로 염색되는 것이 발아력이 강하다.

제2과목　**식물육종학**

21 순계분리 육종에 관한 설명으로 옳지 않은 것은?

① 순계집단 내에서 선발한다.
② 순계들의 혼형집단에서 선발한다.
③ 차대검정을 해야 한다.
④ 육종연한이 비교적 짧다.

22 집단선발육종법이 가장 보편적으로 이용되는 것은?

① 자가수정 작물 육종　② 모든 작물의 교배육종
③ 타가수정 작물 육종　④ 영양번식 작물 개량

집단선발육종

타식성 작물의 분리육종 순계선발을 하지 않고 집단선발이나 계통집단선발을 하는데, 이는 근교(자식)약세를 방지하고 잡종강세를 유지하기 위해서이다.

23 인위적인 교잡에 의해서 양친이 가지고 있는 유전적인 장점만을 취하여 육종하는 것은?

① 조합육종　　　　② 반수체육종
③ 초월육종　　　　④ 도입육종

조합육종(Combination Breeding)

교배를 통해 서로 다른 품종이 별도로 가지고 있는 우량형질을 한 개체 속에 조합하는 것이다.

24 복2배체의 작성 방법은?

① 게놈이 같은 양친을 교잡한 F_1의 염색체를 배가하여 작성한다.
② 게놈이 서로 다른 양친을 교잡한 F_1의 염색체를 배가하여 작성한다.
③ 2배체에 콜히친을 처리하여 4배체로 한 다음 여기에 3배체를 교잡하여 작성한다.
④ 3배체와 2배체를 교잡하여 만든다.

이질배수체(복2배체)

복2배체의 육성방법은 게놈이 다른 양친을 동질 4배체로 만들어 교배하거나 이종게놈의 양친을 교배한 F_1의 염색체를 배가시키거나 또는 체세포를 융합시킨다.

25 잡종강세를 이용하는 데 구비해야 할 조건으로 옳지 않은 것은?

① 한 번의 교잡으로 많은 종자를 생산할 수 있어야 한다.
② 교잡조작이 쉬워야 한다.
③ 단위 면적당 재배에 요구되는 종자량이 많아야 한다.
④ F_1 종자를 생산하는 데 필요한 노임을 보상하고도 남음이 있어야 한다.

정답　20 ①　21 ①　22 ③　23 ①　24 ②　25 ③

해설

단위 면적당 재배에 요구되는 종자량이 적어야 한다.

26 요한센(Johannsen)의 순계설에 관한 설명으로 틀린 것은?

① 동일한 유전자형으로 구성된 집단을 순계라 한다.
② 순계 내에서의 선발은 효과가 없다.
③ 육종적 입장에서 선발은 유전변이가 포함되어 있는 경우에만 유효하다.
④ 순계설은 교잡육종법의 이론적 근거가 된다.

해설

순계는 환경에 의한 변이가 나타나더라도 이것은 유전하지 않으므로 순계 내에서는 선발의 효과가 없으며, 종은 일반적으로 유전형을 달리하는 몇 개의 순계가 섞여 있는 것이기 때문에 이것들을 분리하면 몇 개의 순계를 얻을 수 있다. 이를 순계설이라고 하며, 요한센(Johannsen, 1901)이 제창하였다.

27 화곡류 작물의 채종재배 시 수확 적기는?

① 유숙기
② 황숙기
③ 갈숙기
④ 고숙기

해설

벼의 수확 적기
황숙기(채종용)~완숙기(식용)

28 감수분열(생식세포 분열)의 특징을 옳게 설명한 것은?

① 하나의 화분모세포는 연속적으로 분열하여 많은 수의 소포자를 형성한다.
② 하나의 배낭모세포는 1회 분열하여 2개의 배낭을 형성한다.
③ 하나의 화분모세포는 2회 분열하여 4개의 화분립을 형성한다.
④ 하나의 배낭모세포는 3회 연속 분열하여 8개의 대포자를 형성한다.

해설

하나의 화분모세포는 2회 분열하여 4개의 화분립을 형성한다.

29 다음 중 선발의 효과가 가장 크게 기대되는 경우는?

① 유전변이가 작고, 환경변이가 클 때
② 유전변이가 크고, 환경변이가 작을 때
③ 유전변이가 크고, 환경변이도 클 때
④ 유전변이가 작고, 환경변이도 작을 때

30 PCR(Polymerase Chain Reaction) 1cycle의 순서로 옳은 것은?

① 중합반응 → 프라이머 결합 → DNA 변성
② DNA 변성 → 중합반응 → 프라이머 결합
③ 프라이머 결합 → DNA 변성 → 중합반응
④ DNA 변성 → 프라이머 결합 → 중합반응

31 다음 중 염색체의 부분적 이상이 아닌 것은?

① 결실
② 중복
③ 전좌
④ 배수

해설

염색체의 구조적 변화
㉠ 절단 : 어떤 염색체가 절단되어 절편을 만들어서 마치 염색체 수가 증가한 것처럼 되는 것
㉡ 결실 : 염색체의 일부 단편이 세포 밖으로 소실되는 것
㉢ 중복 : 염색체의 일부 단편이 정상보다 더 많아지는 것
㉣ 전좌 : 염색체의 일부 단편이 비상동 염색체로 자리를 옮기는 것
㉤ 역위 : 염색체의 일부 단편이 절단되었다가 종래와 다르게 유착되어 유전자의 배열이 도중에서 반대로 되는 것

32 cDNA에 대한 설명이 옳은 것은?

① DNA 중합효소를 처리하여 RNA를 상보적 DNA로 합성한 것

② 역전사효소를 처리하여 mRNA를 상보적 DNA로 합성한 것

③ RNA 중합효소를 처리하여 DNA를 상보적 DNA로 합성한 것

④ 역전사효소를 처리하여 DNA를 상보적 mRNA로 합성한 것

33 회피성과 내성에 관한 설명이 옳은 것은?

① 회피성은 스트레스 후 저항성, 내성은 스트레스 전 저항성이다.

② 내동성(耐凍性)은 회피성, 내한성(耐旱性)은 내성이다.

③ 내성과 회피성은 포장에서 뚜렷하게 구분된다.

④ 좁은 의미의 스트레스 저항성은 내성이다.

34 품종의 생리적 퇴화의 원인이 되는 것은?

① 돌연변이

② 자연교잡

③ 토양적인 퇴화

④ 이형 유전자형의 분리

┌─── 해설 ───────────────────
생리적 퇴화
기상이나 토양 등 환경조건이 식물생육에 영향을 끼치는 것으로 감자를 온난 평지에서 채종하면 고랭지에서 채종한 것보다 생산성이 떨어진다.

35 다음 중 양적 형질에 관여하는 유전자는?

① 치사유전자   ② 중복유전자

③ 억제유전자   ④ 복수유전자

36 영양번식 작물의 교배육종 시 선발은 어느 때 하는 것이 가장 좋은가?

① 교배종자   ② F_1 세대

③ F_4 세대   ④ F_7 이후 고정세대

37 외국에서 새로 도입하는 식물 및 종자에 감염된 병균과 해충의 침입을 방지하기 위한 것은?

① 고랭지 채종   ② 품종등록

③ 종자증식   ④ 식물검역

38 표현형 분산(VP) 100, 유전자의 상가적 효과에 의한 분산(VD) 50, 유전자의 우성효과에 의한 분산(VH) 10, 환경변이에 의한 분산(VE) 40인 경우 넓은 뜻의 유전력은?

① 30%   ② 40%

③ 50%   ④ 60%

39 몇 개의 검정품종(계통)에 새로 육성한 계통을 교잡시켜 얻은 F_1의 생산력에 근거하여 일반조합능력을 검정하는 방법은?

① 톱교잡 검정법   ② 다교잡 검정법

③ 단교잡 검정법   ④ 이면교잡 검정법

40 연속적으로 자가수정한 자식성 집단의 유전적 특성은?

① 동형접합체가 많다.

② 이형접합체가 많다.

③ 돌연변이체가 많다.

④ 배수체가 많다.

정답   32 ②   33 ④   34 ③   35 ④   36 ②   37 ④   38 ④   39 ①   40 ①

41 식물체에서 기관의 탈락을 촉진하는 식물 생장 조절제는?

① 옥신
② 지베렐린
③ 시토키닌
④ ABA

해설

ABA(Abscisic acid)
어린 식물로부터 이층의 형성을 촉진하여 낙엽을 촉진하는 물질로 이용된다.

42 고무나무와 같은 관상수목을 높은 곳에서 발근시켜 취목하는 영양번식 방법은?

① 분주
② 고취법
③ 삽목
④ 성토법

해설

고취법(高取法)
고무나무와 같은 관상수목에서 지조를 땅속에 휘어 묻을 수 없는 경우에 높은 곳에서 발근시켜 취목하는 방법이다.

43 벼의 비료 3요소 흡수 비율로 옳은 것은?

① 질소 5 : 인산 1 : 칼륨 1.5
② 질소 5 : 인산 2 : 칼륨 4
③ 질소 4 : 인산 2 : 칼륨 3
④ 질소 3 : 인산 1 : 칼륨 4

해설

작물의 종류에 따른 3요소(N : P : K) 흡수량

작물	3요소 흡수비율	작물	3요소 흡수비율
콩	5 : 1 : 1.5	옥수수	4 : 2 : 3
벼	5 : 2 : 4	고구마	4 : 1.5 : 5
맥류	5 : 2 : 3	감자	3 : 1 : 4

44 종자를 치상 후 일정 기간까지의 발아율을 무엇이라 하는가?

① 발아세
② 발아 시
③ 발아 전
④ 발아기

해설

발아세(發芽勢, 발아속도 : gernination)
발아시험에 있어 파종한 다음 일정한 일수(화곡류는 3일, 귀리 · 강낭콩 · 시금치는 4일, 삼은 6일 등의 규약이 있음) 내의 발아를 말하며, 발아가 왕성한가 그렇지 못한가를 검정한다.

45 염류집적의 피해대책으로 틀린 것은?

① 객토
② 심경
③ 피복재배
④ 담수처리

46 수비(이삭거름)는 벼의 일생 중 어느 생육 단계에 사용하는가?

① 유수분화기
② 유수형성기
③ 감수분열기
④ 수전기

해설

수비(穗肥, 이삭거름)
이삭의 충실한 발육을 꾀할 목적으로 유수형성기 무렵에 주는 시비

47 잡초의 해로운 작용이 아닌 것은?

① 유해물질의 분비
② 병충해의 전파
③ 품질의 저하
④ 작물과 공생

48 도복에 대한 설명으로 틀린 것은?

① 화곡류에서 도복에 가장 약한 시기는 최고분얼기이다.
② 병해충이 많이 발생할 경우 도복이 심해진다.
③ 도복에 의하여 광합성이 감퇴되고 수량이 감소한다.
④ 도복에 대한 저항성의 정도는 품종에 따라 차이가 있다.

화곡류에서 도복에 가장 약한 시기는 등숙기이다.

49 광합성에서 C₄ 작물에 속하지 않는 것은?

① 옥수수 　　　　② 수수
③ 사탕수수 　　　④ 벼

해설

C_3 식물과 C_4 식물
㉠ C_3 식물 : 벼, 보리, 밀, 콩, 고구마, 감자 등
㉡ C_4 식물 : 옥수수, 사탕수수, 수수 등

50 유전자 발현을 조절하고 기공의 열림을 촉진하는 광파장은?

① 적색광 　　　　② 청색광
③ 녹색광 　　　　④ 자외선

51 내건성이 강한 작물이 갖고 있는 형태적 특성은?

① 잎의 해면조직 발달
② 잎의 기동세포 발달
③ 잎의 기공이 크고 수가 적음
④ 표면적/체적의 비율이 큼

해설

형태적 특성
㉠ 표면적·체적의 비가 작고 지상부가 왜생화되었다.
㉡ 지상부에 비하여 뿌리의 발달이 좋고 길다(심근성).
㉢ 저수능력이 크고, 다육화의 경향이 있다.
㉣ 기동세포가 발달하여 탈수되면 잎이 말려서 표면적이 축소된다.
㉤ 잎조직이 치밀하고 잎맥과 울타리조직이 발달하며, 표피에 각피가 잘 발달하고 기공이 작고 수가 적다.

52 에틸렌의 주요 생리작용이 아닌 것은?

① 성숙 촉진 　　　② 낙엽 촉진
③ 생장 억제 　　　④ 개화 억제

해설

개화 촉진
아이리스(품종은 wedgewood)의 알뿌리를 40일간 10℃에 저온처리하기 전에 21℃에서 5일간 1일 8시간씩, 에틸렌 1~10ppm에 처리하면 개화가 7~10일간 빨라졌다고 한다.

53 탄산시비의 효과가 아닌 것은?

① 수량증대 　　　② 품질향상
③ 착과율 감소 　　④ 모 소질 향상

해설

토마토은 엽폭이 커지고 건물생산이 증가하여 착과율은 증가한다.

54 채소류의 육묘방법 중에서 공정육묘의 이점이 아닌 것은?

① 모의 대량생산
② 기계화에 의한 생산비 절감
③ 단위면적당 이용률 저하
④ 모 소질 개선 가능

해설

공정육묘의 이점
단위면적에서 모의 대량생산이 가능하다(재래식에 비하여 4~10배).

55 논토양의 특징으로 틀린 것은?

① 탈질작용이 일어난다.
② 산화환원전위가 낮다.
③ 환원물(N_2, H_2S)이 존재한다.
④ 토양색은 황갈색이나 적갈색을 띤다.

정답　49 ④　50 ②　51 ②　52 ④　53 ③　54 ③　55 ④

해설

토양의 색깔

논토양은 청회색이나 회색을 띠고, 밭토양은 황갈색이나 적갈색을 띤다.

56 벼 병해형 냉해의 증상으로 틀린 것은?

① 화분의 수정 장해
② 규산 흡수의 저해
③ 광합성의 감퇴
④ 단백질합성의 저하

해설

병해형 냉해

냉온 조건하에서 생육이 저조하기 때문에 규산의 흡수도 적어지고, 조직의 규질화가 덜 이루어지면 그만큼 도열병 등의 병균 침입에 대한 저항성이 적어지며, 또한 광합성 속도가 떨어져서 체내의 암모니아 축적이 늘어감으로써 병해의 발생이 더욱 조장되는 냉해이다.

57 토성을 분류하는 데 기준이 될 수 없는 것은?

① 자갈
② 모래
③ 미사
④ 점토

해설

토성

모래 · 미사 · 점토의 구성 비율에 의해 결정

58 다음 중 파종 전 처리로 사용되는 제초제는?

① paraquat
② 2,4 - D
③ alachlor
④ simazine

59 논토양에서 유기태 질소의 무기화가 촉진되기 위한 방법으로 틀린 것은?

① 토양 건조 후 가수(加水)
② 담수
③ 지온 상승
④ 수산화칼슘 처리

60 모관수의 토양 수분 함량은?

① pF 0~2.7
② pF 2.7~4.5
③ pF 4.5~7
④ pF 7 이상

해설

모관수(Capillary Water)

pF 2.7~4.5로서 작물이 주로 이용하는 수분

제4과목 식물보호학

61 고형시용제 중 농약 살포 도중에 비산이 적다는 의미를 갖는 제형은?

① 분제
② FD제
③ 수화제
④ DL분제

해설

㉠ DL분제(Driftless Dust) : 저비산분제
㉡ FD제(Flow Dust제) : 미립제로 된 분제(평균입경 2 μm)로 시설재배에 있어서 병해충방제 이용

62 광엽잡초에 해당하는 것은?

① 피
② 쇠뜨기
③ 뚝새풀
④ 왕바랭이

해설

광엽 잡초

쇠비름, 닭이장풀, 명아주, 여뀌

63 농약제형 중 유제(乳劑)의 영문 표기는?

① OS(Oil Solution)
② SP(Soluble Powder)
③ WP(Wettable Powder)
④ EC(Emulsifiable Concentrate)

해설

① OS(Oil Solution)
② SP(Soluble Powder) : 수용제

③ WP(Wettable Powder) : 수화제
④ EC(Emulsifiable Concentrate) : 유제

64 벼의 병해 중에서 병원균이 세균인 것은?

① 오갈병　　　　　② 흰잎마름병
③ 깨씨무늬병　　　④ 잎집무늬마름병

[해설]

㉠ 작물에서 발병하는 세균 : 벼의 흰빛잎마름병
㉡ 벼에 발병하는 바이러스 : 줄무늬잎마름병 · 오갈병
㉢ 벼에서 발병하는 진균 : 도열병 · 잎집무늬마름병 ·
　　깨씨무늬병 · 키다리병

65 광발아성 잡초에 해당하는 것은?

① 냉이　　　　　　② 별꽃
③ 바랭이　　　　　④ 광대나물

[해설]

㉠ 광발아종자 : 바랭이, 쇠비름, 개비름, 향부자, 강피,
　　참방동사니, 소리쟁이, 메귀리
㉡ 암발아종자 : 별꽃, 냉이, 광대나물, 독말풀

66 대추나무 빗자루병에서 볼 수 있는 대표적인 병징은?

① 총생　　　　　　② 무름
③ 괴사　　　　　　④ 모자이크

[해설]

빗자루병 병징 및 표징
가지 끝부분에 작은 잎과 가는 가지가 빗자루 형태로 나면서 꽃이 피지 않는다. 빗자루 증상은 1∼2년 내에 나무 전체로 퍼지면서 병든 가지에 열매가 열리지 않으며 수년간 병이 지속되다가 말라 죽는다.

67 곤충의 피부를 구성하는 부분이 아닌 것은?

① 융기　　　　　　② 큐티클
③ 기저막　　　　　④ 표피세포

[해설]

날개맥이라 부르는 융기에 의해 떠받쳐져 있다.

68 살비제의 구비 조건이 아닌 것은?

① 잔효력이 있을 것
② 적용 범위가 넓을 것
③ 약제 저항성의 발달이 지연되거나 안 될 것
④ 성충과 유충(약충)에 대해서만 효과가 있을 것

[해설]

살비제는 성체뿐만 아니라 알과 유충에도 살충작용을 한다.

69 곤충의 소화기관 중 대부분의 소화효소가 분비되며 분해된 음식물이 흡수되는 곳은?

① 중장　　　　　　② 침샘
③ 전장　　　　　　④ 후장

[해설]

소화계
㉠ 전장 : 전구강에서 중장으로 운반하는 통로
㉡ 중장 : 중장에 들어온 얇은 막으로 싼다.
㉢ 후장 : 말피기씨관이 있다.

70 감자 바이러스병 진단에 사용되는 방법으로 미리 싹을 틔워 병징을 발현시켜 발병 유무를 진단하는 법은?

① 괴경지표법　　　② 혈촉반응법
③ 지표식물법　　　④ 병징 음폐제거법

71 해충 방제 방법 분류 중 성격이 다른 것은?

① 윤작　　　　　　② 혼작
③ 온도처리　　　　④ 포장위생

정답　　64 ②　65 ③　66 ①　67 ①　68 ④　69 ①　70 ①　71 ③

①, ②, ④는 경종적 방제법(耕種的 防除法)이고, ③은 물리적(物理的, 機械的) 방제법이다.

72 식물체의 표피세포에서만 생장하는 외부기생균에 해당하는 것은?

① 벼 도열병균
② 사과 탄저병균
③ 보리 흰가루병균
④ 보리 겉깜부기병균

73 우리나라 논의 주요 잡초 중 방동사니과에 속하는 다년생 잡초는?

① 강피
② 올미
③ 올방개
④ 뚝새풀

방동사니과
㉠ 줄기가 삼각형이고 윤택하며 속이 차 있고 잎이 좁으며 소수(小穗)에는 작은 꽃이 달린다.
㉡ 물 속이나 습지에서 잘 자란다.
㉢ 너도방동사니, 올챙이고랭이, 올방개, 향부자, 매자기, 파대가리, 바람하늘지기 등

74 애멸구가 매개하는 벼의 병은?

① 도열병, 흰잎마름병
② 도열병, 검은줄오갈병
③ 빗자루병, 줄무늬잎마름병
④ 검은줄오갈병, 줄무늬잎마름병

75 복숭아심식나방에 대한 설명으로 옳지 않은 것은?

① 일반적으로 연 2회 발생한다.
② 유충으로 나무껍질 속에서 겨울을 보낸다.
③ 부화유충은 과실 내부에 침입하여 식해한다.
④ 방제를 위해 과실에 봉지를 씌우면 효과적이다.

복숭아심식나방
유충이 대추에 가장 많이 침입하는 시기는 성충의 발생밀도가 높았던 시기로부터 약 일주일 후인 7월 하순~8월 중순이다. 이 시기에 가장 방제를 철저히 해야 피해를 줄일 수 있다.

76 화학적 잡초방제법에 속하는 것은?

① 피복처리
② 약제 방제
③ 비산 종자의 관리
④ 식물 병원균의 이용

77 0.1%의 2,4-D 농도는 몇 ppm이 되는가?

① 10ppm
② 100ppm
③ 1,000ppm
④ 10,000ppm

ppm
%=1/100, ppm=1/1,000,000
즉 1%=10,000ppm, 0.1%=1,000ppm

78 잡초의 생태적 방제법 중 작물의 경합력 증진을 위한 경합특성이용법에 해당하지 않는 것은?

① 윤작
② 경운
③ 재식밀도 조절
④ 피복작물 재배

잡초의 생태적 관리
㉠ 생태적 관리법은 경종적 관리법이라고도 하며, 경운, 작부체계, 윤작, 답전윤환 등으로 잡초의 생태적 약점에 따라 관리하는 방법이다.
㉡ 경운은 다년생의 지하경을 건조 고사하게 하고, 작부체계나 윤작은 잡초의 종류와 발생량을 변화시키고, 답전윤환은 잡초의 건습 적응성 차이를 이용하여 잡초 종류를 변화시키고 종자 수명을 단축시킨다.

79 오존에 의해 피해를 입은 식물체에 나타나는 증상이 아닌 것은?

① 암종　　　　② 황화
③ 반점　　　　④ 얼룩

해설
암종은 상피 조직에 생기는 악성 종양

80 병이 반복하여 발생하는 과정 중 잠복기에 해당하는 기간은?

① 침입한 병원균이 기주에 감염되는 기간
② 전염원에서 병원균이 기주에 침입하는 기간
③ 병징이 나타나고 병원균이 생활하다 죽는 기간
④ 기주에 감염된 병원균이 병징이 나타나게 할 때까지의 기간

제5과목 　종자 관련 법규

81 종자검사 요령상 수분의 측정에서 저온항온 건조기법을 사용하게 되는 종은?

① 당근　　　　② 상추
③ 오이　　　　④ 땅콩

해설
㉠ 저온항온 건조기법을 사용하게 되는 종
　마늘, 파, 부추, 콩, 땅콩, 배추씨, 유채, 고추, 목화, 피마자, 참깨, 아마, 겨자, 무
㉡ 고온 항온건조기법을 사용하게 되는 종
　근대, 당근, 메론, 상추, 시금치, 아스파라거스, 알팔파, 오이, 조, 참외, 치커리, 켄터키블루그래스, 토마토, 티머시, 호박, 수박, 강낭콩, 완두, 잠두, 녹두, 팥 (1시간), 기장, 벼, 귀리, 메밀, 보리, 호밀, 수수, 수단그라스(2시간), 옥수수(4시간)

82 종자관련법상 보증서를 거짓으로 발급한 종자관리사가 받는 벌칙은?

① 6개월 이하의 징역 또는 1천만 원 이하의 벌금에 처한다.
② 1년 이하의 징역 또는 1천만 원 이하의 벌금에 처한다.
③ 2년 이하의 징역 또는 3천만 원 이하의 벌금에 처한다.
④ 3년 이하의 징역 또는 7천만 원 이하의 벌금에 처한다.

해설
1년 이하의 징역 또는 1천만 원 이하의 벌금에 처하는 경우
• 등록을 하지 아니하고 종자관리사 업무를 수행한 자
• 보증서를 거짓으로 발급한 종자관리사
• 보증을 받지 아니하고 종자를 판매하거나 보급한 자
• 명령에 따르지 아니한 자
• 무병화인증기관의 지정을 받거나 그 지정의 갱신을 하지 아니하고 무병화인증 업무를 한 자
• 무병화인증기관의 지정취소 또는 업무정지 처분을 받고도 무병화인증 업무를 한 자
• 거짓이나 그 밖의 부정한 방법으로 무병화인증을 받거나 갱신한 자
• 거짓이나 그 밖의 부정한 방법으로 무병화인증기관의 지정을 받거나 갱신한 자
• 무병화인증을 받지 아니한 종자의 용기나 포장에 무병화인증의 표시 또는 이와 유사한 표시를 한 자
• 무병화인증을 받은 종자의 용기나 포장에 무병화인증을 받은 내용과 다르게 표시한 자
• 무병화인증을 받지 아니한 종자를 무병화인증을 받은 종자로 광고하거나 무병화인증을 받은 종자로 오인할 수 있도록 광고한 자
• 무병화인증을 받은 종자를 무병화인증을 받은 내용과 다르게 광고한 자
• 등록하지 아니하고 육묘업을 한 자
• 등록이 취소된 종자업 또는 육묘업을 계속하거나 영업정지를 받고도 종자업 또는 육묘업을 계속한 자
• 종자를 수출 또는 수입하거나 수입된 종자를 유통시킨 자
• 수입적응성 시험을 받지 아니하고 종자를 수입한 자
• 거짓이나 그 밖에 부정한 방법으로 종자의 검정 따른 검정을 받은 자

- 검정결과에 대하여 거짓광고나 과대광고를 한 자
- 생산 또는 판매 중지를 명한 종자 또는 묘를 생산하거나 판매한 자
- 제47조 제4항 후단을 위반하여 시료채취를 거부·방해 또는 기피한 자

83 종자의 유통 관리에서 종자업의 등록에 대한 내용이다. ( )에 해당하지 않는 것은?

> 종자업을 하려는 자는 대통령령으로 정하는 시설을 갖추어 ( )에게 등록하여야 한다.

① 농업기술센터장   ② 시장
③ 군수   ④ 구청장

84 대통령령으로 정하는 작물의 종자를 생산·판매하려는 자의 경우를 제외하고, 종자업을 하려는 자는 종자관리사를 몇 명 이상 두어야 하는가?

① 1명   ② 3명
③ 5명   ④ 7명

85 정립에 해당하지 않는 것은?

① 미숙립
② 원형의 반 미만의 작물종자 쇄립
③ 발아립
④ 주름진립

해설

정립
이종종자, 잡초종자 및 이물을 제외한 종자를 말하며 다음을 포함한다.
㉠ 미숙립, 발아립, 주름진립, 소립
㉡ 원래 크기의 1/2 이상인 종자 쇄립

86 종자의 보증과 관련된 검사서류를 보관하지 아니한 자가 받는 과태료는?

① 3백만 원 이하의 과태료
② 6백만 원 이하의 과태료
③ 1천만 원 이하의 과태료
④ 2천만 원 이하의 과태료

해설

1천만 원 이하의 과태료
㉠ 종자의 보증과 관련된 검사서류를 보관하지 아니한 자
㉡ 무병화인증을 받은 종자업자, 무병화인증을 받은 종자를 판매·보급하는 자 또는 무병화인증기관은 정당한 사유 없이 보고·자료제출·점검 또는 조사를 거부·방해하거나 기피한 자
㉢ 종자의 생산 이력을 기록·보관하지 아니하거나 거짓으로 기록한 자
㉣ 종자의 판매 이력을 기록·보관하지 아니하거나 거짓으로 기록한 종자업자
㉤ 정당한 사유 없이 자료제출을 거부하거나 방해한 자
㉥ 유통 종자 또는 묘의 품질표시를 하지 아니하거나 거짓으로 표시하여 종자 또는 묘를 판매하거나 보급한 자
㉦ 출입, 조사·검사 또는 수거를 거부·방해 또는 기피한 자
㉧ 구입한 종자에 대한 정보와 투입된 자재의 사용 명세, 자재구입 증명자료 등을 보관하지 아니한 자

87 종자관련법상 묘목의 보증표시 방법으로 옳은 것은?

① 바탕색은 흰색으로, 대각선은 보라색으로, 글씨는 검은색으로 표시한다.
② 바탕색은 파란색으로, 글씨는 검은색으로 표시한다.
③ 바탕색은 붉은색으로, 글씨는 검은색으로 표시한다.
④ 바탕색은 보라색으로, 글씨는 검은색으로 표시한다.

해설

묘목의 보증표시
바탕은 청색, 글씨는 검은색으로 한다.

정답   83 ①   84 ①   85 ②   86 ③   87 ②

88 종자관리사에 대한 행정처분의 세부 기준에서 행정처분이 업무정지 1년에 해당하는 것은?

① 종자보증과 관련하여 형을 선고받은 경우
② 종자관리사 자격과 관련하여 최근 2년간 이중취업을 2회 이상 한 경우
③ 업무정지처분기간 종료 후 3년 이내에 업무정지처분에 해당하는 행위를 한 경우
④ 종자보증과 관련하여 고의 또는 중대한 과실로 타인에게 막대한 손해를 입힌 경우

89 품질검사의 기준 및 방법에서 발아율에 대한 내용이다. (가), (나), (다)에 알맞은 내용은?

> 수거한 정립종자 중에서 무작위로 (가)립을 추출하여 (나)립 (다)반복 조사한다. 검사방법은 종이배지를 활용하고, 종이배지에서 평가할 수 없는 묘(苗)가 나오면 모래 또는 적당한 흙으로 온도, 수분 및 광(光) 조건을 같게 하여 재시험을 한다.

① (가) : 100, (나) : 80, (다) : 4
② (가) : 200, (나) : 100, (다) : 4
③ (가) : 400, (나) : 100, (다) : 4
④ (가) : 500, (나) : 100, (다) : 4

90 품종명칭등록 이의신청 이유 등의 보정에 대한 설명 중 (   )에 알맞은 것은?

> 품종명칭등록 이의신청을 한 자(이하 "품종명칭등록 이의신청인"이라 한다)는 품종명칭등록 이의신청기간이 경과한 후 (   ) 이내에 품종명칭등록 이의신청서에 적은 이유 또는 증거를 보정할 수 있다.

① 5일   ② 10일
③ 30일   ④ 60일

91 품종보호권 · 전용실시권 또는 질권의 상속이나 그 밖의 일반승계의 취지를 신고하지 아니한 자에게 부과되는 과태료는 얼마인가?

① 10만 원 이하   ② 30만 원 이하
③ 50만 원 이하   ④ 100만 원 이하

92 씨혹(Caruncle)을 설명한 것은?

① 통상 무병화(Sessile)가 밀집한 화서
② 꽃받침 조각으로 이루어진 꽃의 바깥쪽 덮개
③ 주공(珠孔, Micropylar) 부분의 조그마한 돌기
④ 꽃 또는 볏과식물의 소수(Spikelet)를 엽맥에 끼우는 퇴화한 잎 또는 인편상의 구조물

> **해설**
>
> 씨혹(Caruncle)
> 주공(珠孔, Micropylar)부분의 조그마한 돌기

93 종자업 등록을 한 날부터 1년 이내에 사업을 시작하지 아니하거나 정당한 사유 없이 1년 이상 계속하여 휴업한 경우에 받는 행정 처분은?

① 종자업 등록 취소 또는 6개월 이내의 영업의 전부 또는 일부의 정지
② 종자업 등록 취소 또는 9개월 이내의 영업의 전부 또는 일부의 정지
③ 종자업 등록 취소 또는 12개월 이내의 영업의 전부 또는 일부의 정지
④ 종자업 등록 취소 또는 3년 이내의 영업의 전부 또는 일부의 정지

94 비밀누설죄 등에 관한 설명 중 (   )에 알맞은 것은?

> 농림축산식품부 · 해양수산부 직원, 심판위원회 직원 또는 그 직위에 있었던 사람이 직무상 알게 된 품종보호 출원 중인 품종에 관하여 비밀을 누설하거나 도용하였을 때에는 (   )의 벌금에 처한다.

① 1년 이하의 징역 또는 3천만 원 이하
② 3년 이하의 징역 또는 3천만 원 이하
③ 3년 이하의 징역 또는 5천만 원 이하
④ 5년 이하의 징역 또는 5천만 원 이하

> **해설**
>
> 비밀누설죄
> 5년 이하의 징역 또는 5천만 원 이하의 벌금

정답   88 ④   89 ③   90 ③   91 ③   92 ③   93 ①   94 ④

95 전문인력 양성 기관의 지정취소 및 업무정지의 기준에서 전문인력 양성기관의 지정기준에 적합하지 않게 된 경우, 2회 위반 시 처분은?

① 업무정지 3개월
② 업무정지 6개월
③ 업무정지 12개월
④ 시정명령

96 품종보호요건을 갖춘 품종은 품종보호를 받을 수 있는데, 이에 해당하지 않는 것은?

① 신규성
② 구별성
③ 균일성
④ 특별성

97 품종보호를 받지 아니하거나 품종보호 출원 중이 아닌 품종의 종자가 용기나 포장에 품종보호를 받았다는 표시 또는 품종보호 출원 중이라는 표시를 하거나 이와 혼동되기 쉬운 표시를 하는 행위를 한 자가 받는 벌칙은?

① 3년 이하의 징역 또는 3천만 원 이하의 벌금에 처한다.
② 2년 이하의 징역 또는 2천만 원 이하의 벌금에 처한다.
③ 1년 이하의 징역 또는 1천만 원 이하의 벌금에 처한다.
④ 1년 이하의 징역 또는 5백만 원 이하의 벌금에 처한다.

해설
3년 이하의 징역 또는 3천만 원 이하의 벌금
1. 품종보호를 받지 아니하거나 품종보호 출원 중이 아닌 품종의 종자의 용기나 포장에 품종보호를 받았다는 표시 또는 품종보호 출원 중이라는 표시를 하거나 이와 혼동되기 쉬운 표시를 하는 행위
2. 품종보호를 받지 아니하거나 품종보호 출원 중이 아닌 품종을 보호품종 또는 품종보호 출원 중인 품종인 것처럼 영업용 광고, 표찰, 거래서류 등에 표시하는 행위

98 종자업자에 대한 행정처분의 세부 기준에서 거짓이나 그 밖의 부정한 방법으로 종자업 등록을 한 경우, 1회 위반 시 행정처분은?

① 영업정지 7일
② 영업정지 15일
③ 영업정지 30일
④ 등록취소

99 품종보호권 또는 전용실시권을 침해한 자에게 부과되는 벌금은 얼마인가?

① 5천만 원 이하
② 7천만 원 이하
③ 9천만 원 이하
④ 1억 원 이하

해설
침해죄 등(7년 이하의 징역 또는 1억 원 이하의 벌금)
1. 품종보호권 또는 전용실시권을 침해한 자
2. 임시보호의 권리를 침해한 자(다만, 해당 품종보호권의 설정등록이 되어 있는 경우만 해당)
3. 거짓이나 그 밖의 부정한 방법으로 품종보호 결정 또는 심결을 받은 자

100 재배 심사의 판정기준에 대한 내용 중 (   )에 알맞은 것은?

> 잎의 모양 및 색 등과 같은 질적 특성의 경우에는 관찰에 의하여 특성 조사를 실시하고 그 결과를 계급으로 표현하여 출원품종과 대조품종의 계급이 한 등급 이상 차이가 나면 출원품종은 (   )이 있는 것으로 판정한다.

① 신규성
② 영속성
③ 구별성
④ 우수성

해설
구별성
품종보호 출원일 이전까지 일반인에게 알려져 있는 품종과 명확하게 구별되는 품종은 구별성을 갖춘 것으로 본다.

제1과목 종자생산학 및 종자법규

01 농림축산식품부장관이 따로 정하여 고시하거나 종자관리사가 따로 정하는 경우를 제외하고 작물별 보증의 유효기간이 틀린 것은?[단, 기산일(起算日)은 각 보증종자를 포장(包裝)한 날로 한다.]

① 채소 : 2년　　　　② 버섯 : 1개월
③ 고구마 : 1개월　　④ 콩 : 6개월

해설

종자관련법상 작물별 보증의 유효기간
㉠ 채소 : 2년　　　　　　　㉡ 기타 : 1년
㉢ 맥류 · 콩 : 6개월　　　　㉣ 감자 · 고구마 : 2개월
㉤ 버섯 : 1개월

02 수입적응성 시험의 심사기준에 대한 설명 중 ( )에 알맞은 내용은?

> 시설 내 재배시험인 경우를 제외하고 재배시험지역은 최소한 ( ) 지역 이상으로 하되, 품종의 주 재배지역은 반드시 포함되어야 하며 작물의 생태형 또는 용도에 따라 지역 및 지대를 결정한다. 다만, 작물 및 품종의 특성에 따라 지역수를 가감할 수 있다.

① 1개　　　　　② 2개
③ 3개　　　　　④ 4개

해설

재배시험지역은 최소한 2개 지역 이상으로 한다.

03 종자가 발아에 적당한 조건을 갖추어도 발아하지 않는 현상을 무엇이라 하는가?

① 발아정지　　　② 휴면
③ 퇴화　　　　　④ 생육정지

해설

휴면의 뜻
성숙한 종자에 수분 · 산소 · 온도 등 적당한 환경조건을 주어도 일정 기간 동안 발아하지 않는 것을 휴면이라고 한다.

04 종자의 보증과 관련된 검사 서류를 보관하지 아니한 자에 대한 최대 과태료 부과기준은?

① 1백만 원　　　② 3백만 원
③ 5백만 원　　　④ 1천만 원

해설

1천만 원 이하의 과태료
㉠ 종자의 보증과 관련된 검사서류를 보관하지 아니한 자
㉡ 무병화인증을 받은 종자업자, 무병화인증을 받은 종자를 판매 · 보급하는 자 또는 무병화인증기관은 정당한 사유 없이 보고 · 자료제출 · 점검 또는 조사를 거부 · 방해하거나 기피한 자
㉢ 종자의 생산 이력을 기록 · 보관하지 아니하거나 거짓으로 기록한 자
㉣ 종자의 판매 이력을 기록 · 보관하지 아니하거나 거짓으로 기록한 종자업자
㉤ 정당한 사유 없이 자료제출을 거부하거나 방해한 자
㉥ 유통 종자 또는 묘의 품질표시를 하지 아니하거나 거짓으로 표시하여 종자 또는 묘를 판매하거나 보급한 자
㉦ 출입, 조사 · 검사 또는 수거를 거부 · 방해 또는 기피한 자
㉧ 구입한 종자에 대한 정보와 투입된 자재의 사용 명세, 자재구입 증명자료 등을 보관하지 아니한 자

05 종자가 발아하는 데 중요한 요인이 아닌 것은?

① 질소　　　　　② 수분
③ 온도　　　　　④ 산소

해설

종자의 발아조건 3요소
적당한 온도, 수분, 산소이다.

정답　01 ③　02 ②　03 ②　04 ④　05 ①

06 농림축산식품부장관은 종자산업의 육성 및 지원을 위하여 농림종자산업의 육성 및 지원에 관한 종합계획을 몇 년마다 수립·시행하여야 하는가?

① 1년　　　　　　② 3년
③ 5년　　　　　　④ 7년

해설

종합계획
농림축산식품부장관은 종자산업의 육성 및 지원을 위하여 5년마다 수립·시행한다.

07 국가품종목록에 등재할 수 있는 대상작물이 아닌 것은?

① 보리　　　　　　② 콩
③ 감자　　　　　　④ 사료용 옥수수

해설

국가품종목록의 등재 대상
대상작물은 벼, 보리, 콩, 옥수수, 감자와 그 밖에 대통령령으로 정하는 작물로 한다. 다만, 사료용은 제외한다.

08 쌀보리 포장검사의 특정병에 해당하는 것은?(단, 종자관리요강을 적용한다.)

① 흰가루병　　　　② 줄기녹병
③ 속깜부기병　　　④ 붉은곰팡이병

해설

특정병
겉깜부기병, 속깜부기병, 보리줄무늬병을 말한다.

09 다음 중 후광성 종자가 아닌 것은?

① 담배　　　　　　② 토마토
③ 상추　　　　　　④ 우엉

해설

혐광성 종자
㉠ 광선이 있으면 발아가 저해되고 암중에서 잘 발아하는 종자이다.
㉡ 토마토, 가지, 파, 양파, 수박, 수세미, 호박, 무, 오이 등이다.

10 호광성 종자의 발아에 있어서 발아촉진작용을 하는 광파장은?

① 적외선　　　　　② 적색광
③ 청색광　　　　　④ 자외선

해설

호광성 종자의 광파장
적색광

11 종자세의 평가방법에서 종자의 발아에 나쁜 조건을 주어 검정하는 방법으로 옥수수나 콩에 가장 보편적으로 이용되는 검사법은?

① 호흡량 검사법
② 저온검사법
③ 글루코스 대사검사법
④ 테트라조리움 검사법

12 품종목록 등재의 유효기간은 등재한 날이 속한 해의 다음 해부터 몇 년까지로 하는가?

① 5년　　　　　　② 7년
③ 10년　　　　　④ 15년

해설

품종목록 등재의 유효기간
1. 품종목록 등재의 유효기간은 등재한 날이 속한 해의 다음 해부터 10년까지로 한다.
2. 품종목록 등재의 유효기간 연장신청은 그 품종목록 등재의 유효기간이 끝나기 전 1년 이내에 신청하여야 한다.
3. 품종목록 등재의 유효기간은 유효기간 연장신청에 의하여 계속 연장될 수 있다.
4. 농림축산식품부장관은 유효기간 연장신청을 받은 경우 그 유효기간 연장신청을 한 품종이 품종목록 등재 당시의 품종성능을 유지하고 있을 때에는 그 연장신청을 거부할 수 없다.

정답　06 ③　07 ④　08 ③　09 ②　10 ②　11 ②　12 ③

13 옥수수의 포장격리에 관한 설명 중 (   )에 알맞은 내용은?

> 원원종, 원종의 자식계통은 이품종으로부터 (   ) 이상, 채종용 단교잡종은 200m 이상 격리되어야 한다.

① 50m   ② 100m

③ 150m   ④ 300m

해설

포장격리

원원종, 원종의 자식계통은 이품종으로부터 300m 이상, 채종용 단교잡종은 200m 이상 격리되어야 한다.

14 한국종자협회에서 실시하는 수입적응성 시험 대상작물에 해당하는 것은?

① 콩   ② 녹두

③ 고추   ④ 고구마

해설

수입적응성 시험의 대상작물 및 실시기관(제24조 관련)

구분	대상작물	실시기관
식량작물(13)	벼, 보리, 콩, 옥수수, 감자, 밀, 호밀, 조, 수수, 메밀, 팥, 녹두, 고구마	농업기술실용화재단
채소(18)	무, 배추, 양배추, 고추, 토마토, 오이, 참외, 수박, 호박, 파, 양파, 당근, 상추, 시금치, 딸기, 마늘, 생강, 브로콜리	한국종자협회
버섯(11)	양송이, 느타리, 영지, 팽이, 잎새, 버들송이, 만가닥버섯, 상황버섯	한국종균생산협회
	표고, 목이, 복령	국립산림품종관리센터
약용작물(22)	곽향, 당귀, 맥문동, 반하, 방풍, 산약, 작약, 지황, 택사, 향부자, 황금, 황기, 전칠, 파극, 우슬	한국생약협회
	백출, 사삼, 시호, 오가피, 창출, 천궁, 하수오	국립산림품종관리센터

구분	대상작물	실시기관
목초·사료 및 녹비작물(29)	오차드그라스, 톨페스큐, 티모시, 페러니얼라이그라스, 켄터키블루그라스, 레드톱, 리드카나리그라스, 알팔파, 화이트크로바, 레드크로바, 버즈풋트레포일, 메도우페스큐, 브롬그라스, 사료용 벼, 사료용 보리, 사료용 콩, 사료용 감자, 사료용 옥수수, 수수 수단그라스 교잡종(Sorghum Sudangrass Hybrid), 수수 교잡종(Sorghum Sorghum Hybrid), 호밀, 귀리, 사료용 유채, 이탈리안라이그라스, 헤어리베치, 콤먼벳치, 자운영, 크림손클로버, 수단그라스 교잡종(Sudangrass Sudangrass Hybrid)	농업협동조합중앙회
인삼(1)	인삼	한국생약협회

15 후숙의 직접적인 효과가 아닌 것은?

① 종자의 숙도를 균일하게 한다.

② 종자의 충실도를 높인다.

③ 발아세와 발아율을 향상시킨다.

④ 종자의 수명을 연장시킨다.

해설

후숙(後熟)

과실이 모식물체에서 분리된 후, 즉 수확 후에 성숙에 필요한 생리적 작용이 계속 진행되는 현상이다. 많은 종자들이 수확 직후에는 미숙한 상태로 휴면을 하는데 시간이 경과함에 따라 후숙이 진행되어 완전한 발아력을 갖게 된다.

16 품종퇴화의 원인으로 부적절한 것은?

① 미고정 형질의 분리   ② 기계적 혼종

③ 돌연변이   ④ 영양번식

17 다음 중 DNA 분석을 이용한 품종검사기술이 아닌 것은?

① RFLP
② RAPD
③ SSR
④ Isozyme

18 농림수산식품부장관은 종자관리사가 직무를 게을리하거나 중대한 과오를 저질렀을 때에는 몇 년 이내의 기간을 정하여 그 업무를 정지시킬 수 있는가?

① 1년
② 2년
③ 3년
④ 5년

19 일반적으로 자가불화합성을 이용하는 작물은?

① 양파
② 당근
③ 고추
④ 배추

해설

1대잡종 종자의 채종
㉠ 인공교배 : 호박, 수박, 오이, 참외, 멜론, 가지, 토마토, 피망
㉡ 웅성불임성 이용 : 옥수수, 양파, 파, 상추, 당근, 고추, 벼, 밀, 쑥갓
㉢ 자가불화합성 이용 : 무, 순무, 배추, 양배추, 브로콜리

20 다음 중 발아에 필요한 수분흡수량이 종자의 무게에 대하여 가장 높은 작물은?

① 콩
② 벼
③ 밀
④ 쌀보리

해설

수분(水分)흡수
㉠ 종자의 수분흡수량은 작물의 종류와 품종, 파종상의 온도와 수분상태 등에 따라 차이가 있다.
㉡ 종자무게에 대하여 벼와 옥수수는 30% 정도이고 콩은 50% 정도이다.

㉢ 전분종자보다 단백종자가 발아에 필요한 최소수분함량이 많다.

제2과목 식물육종학

21 웅성불임성이나 자가불화합성을 육성에서 이용하고 있는 이유로 가장 적당한 것은?

① 잡종종자 채종을 쉽게 할 수 있다.
② 잡종강세가 많이 나타난다.
③ 조직배양이 잘 되기 때문이다.
④ 육종기간을 단축할 수 있다.

22 RR과 rr 교배의 F_1을 반복친 RR에 2회 여교잡한 BC_2F_1에서 Rr의 비율은?

① 12.5%
② 25%
③ 50%
④ 75%

23 반수체육종의 가장 유리한 점은?

① 교배를 할 필요 없다.
② 재조합형이 많이 나온다.
③ 돌연변이가 많이 나온다.
④ 육종연한을 크게 줄인다.

해설

반수체 육종법의 특징
반수체의 염색체를 배기하면 곧바로 동형접합체를 얻을 수 있고, 육종연한을 대폭 줄일 수 있다.

24 꽃의 색깔은 흰색과 붉은색으로 뚜렷이 구분되고 그 중간계급이 없는 경우가 많다. 이와 같은 변이를 무엇이라고 하는가?

① 연속변이
② 환경변이
③ 연차변이
④ 불연속변이

유전변이

㉠ 불연속변이(질적 형질) : 꽃 색깔이 붉은 것과 흰 것으로 뚜렷이 구별

㉡ 연속변이(양적 형질) : 키가 작은 것부터 큰 것에 이르기까지 여러 등급으로 나타나는 것

25 양친 A와 B의 초장이 각각 60cm, 40cm이고, 이들이 교배된 $F_1(A \times B)$의 초장이 70cm라면, 이때의 잡종강세(heterosis) 정도는?

① 20%
② 40%
③ 60%
④ 70%

26 1개의 화분모세포에서 몇 개의 화분세포(소포자)가 형성되는가?

① 1개
② 2개
③ 4개
④ 8개

화분모세포 1개가 감수분열을 하면 4개의 반수체 화분세포가 형성된다.

27 유전분산(V_G)이 환경분산(V_E)의 1/4일 때 넓은 의미의 유전력($h^2 B$)은?

① 10%
② 15%
③ 20%
④ 25%

28 순계분리육종의 과정으로 옳은 것은?

① 기본식물 양성 → 선발된 개체의 계통재배 → 선발된 순계의 생산력 검정 → 지역적응성 검정
② 기본식물 양성 → 선발된 개체의 계통재배 → 지역적응성 검정 → 선발된 순계의 생산력 검정
③ 선발된 개체의 계통재배 → 선발된 순계의 생산력 검정 → 지역적응성 검정 → 기본식물 양성
④ 선발된 개체의 계통재배 → 지역적응성 검정 → 선발된 순계의 생산력 검정 → 기본식물 양성

29 변이에 대한 설명으로 틀린 것은?

① 환경변이는 육종의 대상이 되지 못한다.
② 아조변이는 영양번식 작물에서 주로 이용된다.
③ 자연돌연변이율은 유전자 자리당 $10^{-5} \sim 10^{-6}$ 정도이다.
④ 이질 배수체는 육종상 가치가 없다.

이질 배수체는 육종상 가치가 있다(예 라이밀).

30 다음 중 돌연변이 유발원으로 쓰이지 않는 것은?

① 코발트 60(60CoC)
② X선(Xray)
③ 알코올(alcohol)
④ 열중성자(熱中性子)

31 변이를 감별할 때 이용되는 방법을 기술한 것과 가장 관계가 적은 것은?

① 격리재배
② 특성검정
③ 저항성 검정
④ 후대검정

32 자손의 특성으로 양친의 유전자형을 평가하는 것은?

① 후대검정
② 특성검정
③ 격리재배
④ 유전상관 정도 파악

33 일반적으로 돌연변이체의 수량성이 낮은 이유는?

① 변이유전자와 함께 플러스 방향의 양적 변화가 일어나기 때문이다.
② 변이유전자와 함께 플러스 방향의 질적 변화가 일어나기 때문이다.
③ 변이유전자가 원품종의 유전배경에 적합하지 않기 때문이다.
④ 변이유전자가 원품종의 유전배경과 너무 똑같기 때문이다.

34 자식성 재배식물로만 나열된 것은?

① 토마토, 가지
② 양배추, 무
③ 메밀, 오이
④ 수박, 시금치

해설

자식성 작물
벼, 밀, 보리, 콩, 완두, 담배, 토마토, 가지, 참깨, 복숭아나무

35 품종 퇴화의 원인이 될 수 없는 것은?

① 돌연변이
② 환경변이
③ 자연교잡
④ 미동유전자

36 독립유전의 경우 교배조합 AABBCC × aabbcc의 잡종 F_2세대에서 생기는 표현형의 종류 수는?

① 2종류
② 4종류
③ 6종류
④ 8종류

37 수량구성요소의 선발과 생산능력 및 저장기관의 개량에 대한 설명으로 틀린 것은?

① 다수성 육종에서 수량 구성 요소 각각에 대하여 독립적인 선발을 하는 것인 가장 바람직하다.

② 수량구성요소를 선발할 때에는 수량 관련 유전자의 불리한 다면발현이나 불량유전자와의 연관 등에 대하여도 세심한 주의를 기울여야 한다.
③ 다수성 품종은 전체 건물중이 낮고, 수확지수가 커야 한다.
④ 다수성 육종은 저장기관의 개량과 더불어 생산능력 개량이 균형을 이루어야 한다.

38 작물의 야생형이나 사용하지 않는 재래종을 보존하는 가장 중요한 목적은?

① 품종의 변천사 교육
② 식물분류상의 이용
③ 장래 육종 재료로 이용
④ 자연상태의 돌연변이 연구

39 양성잡종에서 F_2세대에서 유전자형의 종류는?(단, 독립유전한다.)

① 4
② 6
③ 9
④ 16

40 단성잡종(AA × aa)의 F_1(Aa)을 자식시킨 F_3세대에서 예상되는 동형접합체 비율은?

① 25%
② 50%
③ 75%
④ 87.5%

41 묘의 이식을 위한 준비작업이 아닌 것은?

① 작물체에 CCC를 처리한다.
② 냉기에 순화시켜 묘를 튼튼하게 한다.
③ 근군을 작은 범위 내에 밀식시킨다.
④ 큰 나무의 경우 뿌리돌림을 한다.

해설

CCC
㉠ 많은 식물에서 절간신장을 억제한다.
㉡ 제라늄, 메리골드, 옥수수, 국화 등에서 줄기를 단축시킨다.
㉢ 토마토에서 개화를 촉진하고 하위엽부터 개화시킨다.
㉣ 밀에서는 줄기를 단태화(短太化)하여 도복을 경감시킨다.

42 다음 중 산성토양에 적응성이 가장 강한 내산성 작물은?

① 감자　　　　　② 사탕무
③ 부추　　　　　④ 콩

해설

산성토양에 극히 강한 것
벼, 밭벼, 귀리, 토란, 아마, 기장, 땅콩, 감자, 봄무, 호밀, 수박 등

43 다음 중 녹체기에 춘화처리하는 것이 효과적인 작물은?

① 양배추　　　　② 완두
③ 잠두　　　　　④ 봄무

해설

녹체 버널리제이션
㉠ 식물이 일정한 크기에 달한 녹체기에 처리하는 것을 녹체 버널리제이션이라 하며 여기에 속하는 작물을 녹체 버널리제이션형이라 한다.
㉡ 양배추, 봄무 등이 있다.

44 신품종의 구비조건으로 틀린 것은?

① 구별성　　　　② 독립성
③ 균일성　　　　④ 안정성

해설

신품종이 보호품종으로 되기 위해서는 신규성·구별성·균일성·안정성 및 고유한 품종명칭의 5가지 품종보호요건을 구비해야 한다.

45 기상생태형으로 분류할 때 우리나라 벼의 조생종은 어디에 속하는가?

① Blt형　　　　　② bLt형
③ BLt형　　　　　④ blT형

해설

감온형(感溫型)＝blT
벼농사는 우라나라 산간 고랭지에서 조생종 벼가 재배된다.

46 생력기계화 재배의 전제 조건으로만 짝지어진 것은?

① 경영단위의 축소, 노동임금 상승
② 잉여노동력 감소, 적심재배
③ 재배면적 축소, 개별재배
④ 경지정리, 제초제 이용

해설

생력기계화 재배의 전제조건
㉠ 경지정리(耕地整理)　㉡ 집단재배(集團栽培)
㉢ 공동재배(共同栽培)　㉣ 잉여 노동력의 수익화
㉤ 제초제의 사용　　　㉥ 적응재배체계의 확립

47 작물이 주로 이용하는 토양수분의 형태는?

① 흡습수　　　　② 모관수
③ 중력수　　　　④ 지하수

모관수(毛管水)

㉠ 모관현상에 의해서 지하수가 모관공극을 상승하여 공급된다.

㉡ pF 2.7~4.5로서 작물이 주로 이용하는 수분이다.

48 내습성이 가장 강한 작물은?

① 고구마
② 감자
③ 옥수수
④ 당근

작물의 내습성

골풀 · 미나리 · 택사 · 연 · 벼 > 밭벼 · 옥수수 · 율무 > 토란 > 평지(유채) · 고구마 > 보리 · 밀 > 감자 · 고추 > 토마토 · 메밀 > 파 · 양파 · 당근 · 자운영

49 중경의 특징에 대한 설명으로 틀린 것은?

① 작물종자의 발아 조장
② 동상해 억제
③ 토양통기의 조장
④ 잡초의 제거

중경의 단점

동상해의 조장 : 중경을 하면 토양 중의 온열이 지표까지 상승하는 것이 경감되고 발아 도상에 있는 어린 식물이 서리나 냉온을 만났을 때 그 피해가 조장된다.

50 작물재배 시 열사를 일으키는 원인으로 틀린 것은?

① 원형질 단백의 응고
② 원형질 막의 액화
③ 전분의 점괴화
④ 당분의 증가

열사를 일으키는 원인

㉠ 원형질 단백의 응고(열사의 직접적 원인)
㉡ 원형질 막의 액화
㉢ 전분의 점괴화
㉣ 팽압에 의한 원형질의 기계적 피해
㉤ 유독물질의 생성

51 다음 작물 중에서 자연적으로 단위결과하기 쉬운 것은?

① 포도
② 수박
③ 가지
④ 토마토

단위결과

바나나, 감귤, 포도, 감 등의 과실은 수정에 의해서 종자가 생성되어야만 형성되는 것이 보통이지만 어떤 것에서는 종자가 생기지 않고 과실이 형성되는 현상인데, 이 것은 꽃가루의 자극이나 생장조절물질의 처리로 유발된다.

52 다음 중 휴립휴파법 이용에 가장 적합한 작물은?

① 보리
② 고구마
③ 감자
④ 밭벼

휴립휴파법은 이랑을 세우고 이랑에 파종하는 방식으로 배수와 토양 통기가 좋아진다.

53 냉해의 발생양상으로 틀린 것은?

① 동화물질 합성 과잉
② 양분의 전류 및 축적 장해
③ 단백질 합성 및 효소활력 저하
④ 양수분의 흡수장해

광합성 능력의 저하

저온이 되면 광합성 능력이 저하되는데, 특히 18℃ 이하가 되면 급격히 저하된다.

54 다음에서 설명하는 식물생장조절제는?

- 줄기 선단, 어린잎 등에서 생합성되어 체내에서 아래쪽으로 이동한다.
- 세포의 신장촉진작용을 함으로써 과일의 부피생장을 조장한다.

① 옥신 ② 지베렐린
③ 에틸렌 ④ 시토키닌

해설

옥신의 생성

옥신은 줄기나 뿌리의 선단에서 생성되어 체내를 이동하면서 주로 세포의 신장촉진을 통하여 조직이나 기관의 생장을 조장하나 이에 알맞은 농도가 있으며 한계 이상으로 농도가 높으면 도리어 생장을 억제한다.

55 지베렐린의 재배적 이용에 해당되는 것은?

① 앵두나무 접목 시 활착촉진
② 호광성 종자의 발아촉진
③ 삽목 시 발근촉진
④ 가지의 굴곡유도

해설

①, ③, ④는 옥신의 재배적 이용에 해당된다.

56 괴경으로 번식하는 작물은?

① 생강 ② 마늘
③ 감자 ④ 고구마

해설

덩이줄기(塊莖) : 감자, 토란, 풍딴지 등

57 씨감자의 병리적 퇴화의 주요 원인은?

① 효소의 활력저하
② 비료 부족
③ 바이러스 감염
④ 이형 종자의 기계적 혼입

해설

병리적 퇴화(病理的 退化)

감자의 바이러스병과 맥류의 깜부기병 등이 병리적 퇴화를 일으키는 대표적인 예이다.

58 다음 중 상대적으로 하고의 발생이 가장 심한 것은?

① 수수 ② 티머시
③ 오차드그라스 ④ 화이트클로버

해설

하고의 발생

티머시, 블루그라스, 레드클로버 등은 하고가 심하고 오처드그라스, 라이그라스, 화이트클로버 등은 좀 덜하다.

59 다음 중 복토깊이가 가장 깊은 것은?

① 생강 ② 양배추
③ 가지 ④ 토마토

해설

작물의 복토 깊이

㉠ 5.0~9.0cm : 감자, 토란, 생강, 크로커스, 글라디올러스 등

㉡ 10cm 이상 : 튤립, 수선, 히아신스, 나리 등

60 수중에서 발아를 하지 못하는 종자로만 나열된 것은?

① 벼, 상추 ② 귀리, 무
③ 당근, 셀러리 ④ 티머시, 당근

정답 54 ① 55 ② 56 ③ 57 ③ 58 ② 59 ① 60 ②

⊙ 수중에서 발아를 하지 못하는 종자 : 콩, 밀, 귀리, 메밀, 무, 양배추, 가지, 고추, 파, 알팔파, 옥수수, 수수, 호박, 율무 등

⊙ 수중에서 발아를 잘하는 종자 : 벼, 상추, 당근, 셀러리, 티머시, 페튜니아 등

제4과목 식물보호학

61 식물 바이러스에 의해 감염 여부를 진단하는 방법으로 효소결합항체법을 뜻하는 것은?

① NMR
② NIR
③ ELISA
④ KOSEF

62 벼줄기굴파리의 설명으로 틀린 것은?

① 1년에 3회 발생한다.
② 못자리 고온성 해충이다.
③ 제1회 성충의 발생 최성기는 5월 중하순경이다.
④ 제1세대 부화유충은 줄기 속 생장점 부근에서 연약한 어린 잎을 가해한다.

63 다리가 4쌍인 해충은 어느 것인가?

① 끝동매미충
② 점박이응애
③ 온실가루이
④ 배추벼룩잎벌레

64 잡초로 인한 피해가 아닌 것은?

① 경합으로 인해 작물의 영양분이 부족하게 한다.
② 병해충을 매개하여 작물에 병해충 피해를 입힌다.
③ 상호대립 억제작용에 의해 작물 생육을 방해한다.
④ 잡초가 작물보다 우세한 경우 토양 침식이 가중되어 토양이 황폐화된다.

65 2%의 2,4-D 농도는 몇 ppm인가?

① 200ppm
② 2,000ppm
③ 20,000ppm
④ 200,000ppm

66 세균에 의해 발생하는 병은?

① 토마토 역병
② 배추 무름병
③ 오이 흰가루병
④ 딸기 시들음병

67 채소류에 발생하는 잿빛곰팡이병에 대한 설명으로 옳은 것은?

① 기주 범위가 좁다.
② 균핵을 형성하지 않는다.
③ 기주의 상처로 침입 가능하다.
④ 약제에 대한 내성균 발생이 적다.

68 국내 토양 잔류성 농약으로 규제하고 있는 농약의 반감기 기준은?

① 30일 이상
② 60일 이상
③ 180일 이상
④ 365일 이상

69 해충의 발생밀도를 조사하기 위한 방법이 아닌 것은?

① 피해조사법
② 예찰등조사법
③ 포충망조사법
④ 털어잡기조사법

70 살비제에 대한 설명으로 옳은 것은?

① 응애를 죽이는 약제이다.
② 비소가 들어있는 살균제이다.
③ 소화중독제가 아닌 모든 농약을 말한다.
④ 살포시 바람에 의해 비산되는 농약을 말한다.

71 식물병의 발생 생태에 대한 설명으로 옳지 않은 것은?

① 보리 속깜부기병균은 종자의 배 속에 잠재한다.
② 호밀 맥각병균의 맥각은 종자와 섞여서 존재한다.
③ 벼 도열병균은 볏짚이나 볍씨에 포자나 균사로 수년 동안 생존한다.
④ 각종 작물의 모잘록병균은 병든 식물체에서 난 포자 또는 분생포자 등으로 월동한다.

72 잡초를 1년생, 월년생, 다년생으로 구분하는 분류방식은?

① 잡초의 생활형에 따른 분류
② 잡초의 발생 시기에 따른 분류
③ 잡초의 발생 장소에 따른 분류
④ 잡초의 토양수분 적응성에 따른 분류

73 논에 사용하는 제초제가 아닌 것은?

① 2,4 - D 액제
② 벤타존 액제
③ 뷰타클로르 유제
④ 메티오졸린 유제

74 식물 병해충 발생에 따른 피해 설명으로 옳지 않은 것은?

① 느릅나무 마름병으로 인해 수목 경관이 훼손된다.
② 대추나무 빗자루병으로 인해 대추 품질이 저하된다.
③ 감자 무름병은 저장, 수송과정에서 발생하여 피해를 준다.
④ 소나무 재선충병 방제를 위하여 해마다 경제적 손실이 발생하고 있다.

75 복숭아혹진딧물에 대한 설명으로 옳지 않은 것은?

① 흡즙성 해충이다.
② 단위생식을 한다.
③ 바이러스를 매개한다.
④ 간모 상태로 월동한다.

76 논에서 주로 많이 발생하는 잡초는?

① 망초
② 바랭이
③ 쇠뜨기
④ 물달개비

77 살균제로 옳지 않은 것은?

① 베노밀 수화제
② 만코제브 수화제
③ 아세타미프리드 수화제
④ 보르도혼합액 입상수화제

78 작물의 생육을 우세하도록 환경을 유도해주는 동시에 잡초의 생육을 재배적으로 억제하여 작물의 생산성을 높이도록 관리해주는 방법은?

① 물리적 방제법
② 생태적 방제법
③ 생물적 방제법
④ 화학적 방제법

79 식물 병원균의 비병원성 유전자와 기주의 저항성 유전자와의 상호관계가 적용되는 소수의 주동 유전자에 의해 발현되는 고도의 저항성은?

① 확대저항성
② 침입저항성
③ 수평저항성
④ 수직저항성

80 다음에서 설명하는 해충은?

> 밤나무의 눈에 기생하여 혹을 형성하므로 순이 자라지 못하고, 개화결실도 하지 못하여 결국은 작은 가지부터 고사한다. 연 1회 발생하고 어린 유충으로 겨울눈 속에서 월동한다.

① 밤나무혹벌
② 밤나무혹응애
③ 밤나무왕진딧물
④ 밤나무알락진딧물

정답 71 ① 72 ① 73 ④ 74 ② 75 ④ 76 ④ 77 ③ 78 ② 79 ④ 80 ①

제1과목 | 종자생산학

01 옥수수 단교잡종의 파종량을 25kg/10a로 하였을 때 10a에서 기대되는 채종량은?

① 500kg
② 1,000kg
③ 1,400kg
④ 1,900kg

해설

증식률
㉠ 벼 : 100~150배
㉡ 맥류와 콩 : 20~25배
㉢ 옥수수 단교잡종 : 75배
㉣ 옥수수 3계교잡종 : 160배

02 두 작물 간 교잡이 가장 잘 되는 것은?

① 참외×멜론
② 오이×참외
③ 멜론×오이
④ 양파×파

해설

참외와 멜론은 같은 종으로 유연관계가 가깝다.

03 오이 종자의 성숙일수는 교배 후 40일 내외이다. 완숙하여 수확한 오이의 종과는 며칠 정도 후숙시키는 것이 적절한가?

① 1~4일
② 4~7일
③ 7~10일
④ 10~13일

해설

오이는 수확한 종과를 7~10일 정도 후숙하면 발아력을 갖춘다.

04 종자 증식 시 포장검사를 실시하기에 가장 알맞은 시기는?

① 발아기
② 생육 초기
③ 개화기
④ 수확기

해설

포장검사시기
품종의 진위를 판별하기 가장 좋은 시기는 개화기 전후이다.

05 4계성 딸기에 대한 설명으로 옳지 않은 것은?

① 종자번식이 용이하다.
② 저위도 지방의 원산지에서 유래한 것이다.
③ 주년(周年) 개화·착과되는 특성을 갖는다.
④ 우리나라에서는 주로 여름철 재배에 이용된다.

해설

영양번식
㉠ 딸기는 숙근성 초본이다.
㉡ 번식은 영양번식으로 런너(Runner)의 선단에 착생되는 자묘로부터 시작하며 자묘의 밑부분에서 뿌리가 발생하여 땅속으로 줄기를 유인하고 착생하여 번식한다.

06 옥수수의 화기구조 및 수분양식과 관련하여 옳은 것은?

① 충매수분
② 양성화
③ 자웅이주
④ 자웅동주이화

해설

옥수수는 자웅동주로 수이삭은 줄기 끝에, 암이삭은 줄기의 중간 마디에 달린다.

정답 01 ④ 02 ① 03 ③ 04 ③ 05 ① 06 ④

07 종자 생산에 있어서 웅성불임을 이용하는 이유는?

① 종자 생산량이 증가한다.
② 품종의 내병성이 증가한다.
③ 종자의 순도 유지가 쉽다.
④ 교잡이 간편하다.

> **해설**
>
> 웅성불임의 이용
> 웅성불임의 계통은 교잡을 할 때 제웅이 필요하지 않으므로 일대잡종을 만들 때에 웅성불임계통을 많이 이용하고 있다.

08 국내에서 1대 잡종(F_1) 종자생산에 웅성불임성을 이용하는 것은?

① 당근
② 배추
③ 양배추
④ 꽃양배추

> **해설**
>
> 웅성불임의 이용
> 옥수수, 수수, 양파, 유채(평지), 당근 등

09 다음 종자기관 중 종피가 되는 부분은?

① 주심
② 주피
③ 주병
④ 배낭

> **해설**
>
> 종자의 형성
> ㉠ 배주 → 종자로 발달
> ㉡ 주피 → 종피로 발달

10 종자의 발아시험기간이 끝난 후에도 발아되지 않은 신선종자에 대한 설명으로 옳지 않은 것은?

① 생리적 휴면종자이다.
② 무배(無胚) 종자도 여기에 속한다.
③ 주어진 조건에서 발아하지 못하였으나 깨끗하고 건실한 종자이다.
④ 규정된 한 가지 방법으로 처리 후 재시험한다.

> **해설**
>
> 종자의 발아시험에 무배(無胚)종자는 속하지 않는다.
> 무배식물(無胚植物 : Non－embryophytes)
> 수정란이 분열하여 배(胚 : Embryo)를 형성하지 않고 바로 영양체를 만드는 식물을 말한다.

11 옥수수 종자는 수정 후 며칠쯤이 되면 발아율이 최대에 달하는가?

① 13일
② 21일
③ 31일
④ 43일

> **해설**
>
> 옥수수 종자는 수정 후 30일쯤 발아율이 최대에 달한다.

12 다음 중 채종종자의 안전건조 온도가 가장 낮은 것은?

① 벼
② 콩
③ 옥수수
④ 양파

> **해설**
>
> 씨앗이 작은 원예작물 채종종자은 안전건조 온도가 대부분 식용작물에 비해 낮다.

13 종자 순도분석의 결과를 옳게 나타내는 것은?

① 구성요소의 무게를 소수점 아래 한 자리까지
② 구성요소의 무게를 소수점 아래 두 자리까지
③ 구성요소의 무게를 백분율로 소수점 아래 한 자리까지
④ 구성요소의 무게를 백분율로 소수점 아래 두 자리까지

> **해설**
>
> 종자의 순도분석
> 구성요소의 무게를 백분율로 소수점 아래 한 자리까지 나타낸다.

정답   **07** ④ **08** ① **09** ② **10** ② **11** ③ **12** ④ **13** ③

14 수박의 꽃에 대한 설명으로 옳지 않은 것은?

① 단성화이다.

② 오전 이른 시각에 수정이 잘 된다.

③ 암꽃의 씨방에서는 여러 개의 배주가 생긴다.

④ 단위 결과로 만들어진 종자가 다음 대에 씨 없는 수박이 된다.

15 생장조절제에 의한 일반적인 휴면 타파방법에 관한 설명으로 틀린 것은?

① 휴면타파에 이용되는 생장조절제 종류로는 gibberellin, cytokinin, kinetin이 있다.

② 야생귀리 종자에 효과적인 gibberellin의 농도는 $10^{-5} \sim 10^{-3}$M이다.

③ gibberellin과 ABA의 혼합처리는 휴면타파에 효과를 증진시킨다.

④ gibberellin은 휴면타파에 효과가 있으며, 휴면하지 않는 종자에서도 발아촉진효과가 있다.

16 다음 중 제웅방법이 아닌 것은?

① 유전적 제웅　　② 화학적 제웅

③ 기계적 제웅　　④ 병리적 제웅

17 교잡 시 개화기 조절을 위하여 적심을 하는 작물은?

① 양파　　　　　② 상추

③ 참외　　　　　④ 토마토

18 세포질적 · 유전자적 웅성불임을 이용하여 F_1 종자를 생산할 경우 임성을 가진 F_1 종자를 얻게 되는 것은?

① 웅성불임의 종자친(자방친)과 우성불임 화분친을 교잡할 때

② 웅성가입의 종자친(자방친)과 웅성불임 화분친을 교잡할 때

③ 웅성가입의 종자친(자방친)과 임성회복 화분친을 교잡할 때

④ 웅성불임 종자친(자방친)과 임성회복 화분친을 교잡할 때

19 다음 중 일반적으로 종자의 발아촉진 물질이 아닌 것은?

① Gibberellin　　② ABA

③ Cytokinin　　　④ Auxin

20 다음 중 안전저장을 위한 종자의 최대수분함량이 가장 낮은 것은?

① 벼　　　　　　② 콩

③ 토마토　　　　④ 시금치

21 자기불화합성 식물을 자가수정시켜 종자를 얻을 수 있는 방법으로만 알맞게 짝지어진 것은?

① 종간교배, 뇌수분　　② 뇌수분, 노화수분
③ 노화수분, 정역교배　④ 정역교배, 종간교배

> [해설]

자가불화합성 타파
㉠ 뇌수분
　억제물질이 생성되기 전인 개화 2~3일 전의 꽃봉오리(화뢰)에 수분하는 것으로 자가수정률이 높으며 십자화과식물의 채종에 많이 이용된다.
㉡ 노화수분
　개화 후 3~4일 후에 수분
㉢ 자연수분
㉣ 이산화탄소 처리

22 유전자형이 Aa인 이형접합체를 지속적으로 자가수정하였을 때 후대집단의 유전자형 변화는?

① Aa 유전자형 빈도가 늘어난다.
② 동형접합체와 이형접합체 빈도의 비율이 1 : 1이 된다.
③ Aa 유전자형 빈도가 변하지 않는다.
④ 동형접합체 빈도가 계속 증가한다.

23 벼의 조생종과 만생종을 교배시키려고 한다. 가장 알맞은 방법은?

① 조생종을 장일처리한다.
② 만생종을 단일처리한다.
③ 조생종을 단일처리한다.
④ 만생종을 저온처리한다.

24 다음 중 조기검정법을 적용하여 목표 형질을 선발할 수 있는 경우는?

① 나팔꽃은 떡잎의 폭이 넓으면 꽃이 크다.

② 배추는 결구가 되어야 수확한다.
③ 오이는 수꽃이 많아야 암꽃도 많다.
④ 고추는 서리가 올 때까지 수확하여야 수량성을 알게 된다.

25 F_3 이후의 계통선발에 대한 설명으로 가장 옳은 것은?

① 계통군을 선발한 다음 계통을 선발한다.
② 계통을 선발한 다음 계통군을 선발한다.
③ 유전력이 작은 양적 형질은 F_3~F_4 세대에 고정 계통을 선발한다.
④ 유전력이 큰 질적 형질은 F_7~F_8 세대에 개체선발을 시작한다.

26 다음 중 유전적 변이를 감별하는 방법으로 가장 알맞은 것은?

① 유의성 검정
② 후대 검정
③ 전체형성능(Totipotency) 검정
④ 질소 이용률 검정

27 다음 중 임성이 가장 높은 것은?

① AABBDD　　　　② ABDD
③ AADDD　　　　④ ABD

> [해설]

임성(稔性)
활력이 있는 자손을 생산하는 능력이다.

28 여교배육종에 대해 바르게 설명한 것은?

① 3개 이상의 교배친이 필요하다.
② 반복친의 특성을 충분히 회복해야 한다.
③ 타가수분작물만 가능하다.
④ 4배체 식물이 유리하다.

정답　21 ②　22 ④　23 ②　24 ①　25 ①　26 ②　27 ①　28 ②

여교배육종(Backcross Breeding)
여교배육종은 우량품종에 한두 가지 결점이 있을 때 이를 보완하는 데 효과적인 육종방법이다.

29 동질 4배체 간 F_1 식물체의 유전자형이 AAaa일 때 자가수분된 F_2 세대에서의 표현형 분리비는?(단, A가 a에 대하여 완전우성임)

① 3 : 1　　　　　② 15 : 1
③ 35 : 1　　　　　④ 63 : 1

30 재조합 DNA를 생식과정을 거치지 않고 식물 세포로 도입하여 새로운 형질을 나타나게 하는 기술은?

① 세포융합기술　　　② 원형질 융합기술
③ 형질전환기술　　　④ 약배양기술

형질전환식물(形質轉換植物)
외래유전자 도입에 의해 전혀 새로운 형질이 나타나는 식물체이다.

31 자가불화합성 식물에서 반수체육종이 유리한 점은?

① 반수체는 특성검정을 할 필요가 없다.
② 유전적 변이가 크다.
③ 돌연변이가 많이 나온다.
④ 유전적으로 고정이 된다.

반수체 육종(半數體育種)
반수체를 배가함으로써 동형 접합체를 생산하는 육종법(**예** 약배양에 의해 생성된 개체에 영양체를 배가함으로써 순수한 2배체의 식물체를 만들 수 있다.)

32 채종재배에 의하여 조속히 종자를 증식해야 할 때 적절한 방법은?

① 밀파(密播)하여 작은 묘를 기른다.
② 다비밀식(多肥密植) 재배를 한다.
③ 조기 재배를 한다.
④ 박파(博播)를 하여 큰 묘를 기른다.

채종재배(採種栽培)
유전형질이 안정되고 병충해에 강한 종자를 얻을 목적으로 농작물을 튼튼하게 재배한다.

33 분자표지를 이용하는 육종을 설명한 것으로 틀린 것은?

① 분자표지는 다양한 품종 간 DNA 염기서열의 차이를 이용해서 제작할 수 있다.
② 분자표지의 유전분리는 일반 유전자와 같은 분리방식을 따른다.
③ DNA 분자표지는 환경에 영향을 받지 않기 때문에 선발 시 안정적으로 사용할 수 있다.
④ 품종 간에 근연일수록 분자표지의 다형성이 높아서 이용하기 쉽다.

34 배수체 작성에 쓰이는 약품 중 콜히친의 분자구조를 기초로 하여 발견된 것은?

① 아세나프텐　　　② 지베렐린
③ 멘톨　　　　　　④ 헤테로옥신

배수체
㉠ 캘러스를 통해서 배가시킴(줄기절편배양법)
㉡ 화학물질 이용(콜히친, 아세나프텐)
㉢ 온도, X-ray, 자외선, 원심력 등으로 배가

35 유전자원의 액티브 컬렉션(Active Collection) 저장조건으로 옳은 것은?

① 종자 수분을 15%로 한 다음 −18℃에 저장
② 종자 수분을 5±1%로 한 다음 4℃에 저장
③ 종자 수분을 15%로 한 다음 4℃에 저장
④ 종자 수분을 5±1%로 한 다음 −18℃에 저장

[해설]

액티브 컬렉션은 종자 수분은 5±1%, 온도는 4℃에서 저장한다.

36 1대 잡종 품종의 교배친이 갖추어야 할 조건으로 틀린 것은?

① 유전적으로 고정되어 있어야 한다.
② 조합능력이 우수해야 한다.
③ 병해충 저항성 같은 실용적 형질을 지니고 있어야 한다.
④ 두 교배친 간 유전적 거리가 가까워야 한다.

[해설]

잡종강세는 양친의 유전자 차이가 클수록 현저하기 때문에 근친계통 간 조합에서보다는 이계통 간의 조합에서 더 크게 나타난다.

37 타식성 식물에 대한 설명으로 옳은 것은?

① 유전자형이 동형접합(Homozygosity)이다.
② 단성화와 자가불임의 양성화뿐이다.
③ 자연계에서 서로 다른 개체 간 수정되는 비율이 높은 식물이다.
④ 자웅이숙 식물만이 순수한 타식성 식물이다.

[해설]

타식성 식물
타가수정 현상은 작물이 그 후손에게 적응력을 넓히기 위하여 유전적 변이성을 보유하고자 하는 특수기작으로 이해되고 있다.

38 웅성불임성의 발현에 해당하는 것은?

① 무배생식
② 위수정
③ 수술의 발생억제
④ 배낭모세포의 감수분열 이상

[해설]

웅성불임(雄性不姙)
웅성세포인 꽃가루가 아예 생기지 않거나 있어도 기능이 상실되어 수정능력을 잃어버리는 현상이다.

39 신품종의 특성을 유지하는 데 있어서 품종의 퇴화가 큰 문제가 되고 있는데 품종의 퇴화 원인을 설명한 것으로 틀린 것은?

① 근교 약세에 의한 퇴화
② 기계적 혼입에 의한 퇴화
③ 주동 유전자의 분리에 의한 퇴화
④ 기회적 변동에 의한 퇴화

[해설]

주동유전자=주유전자(主遺傳子)
멘델의 유전을 하는 유전자로 일반적으로 불연속적인 형질을 지배하며 폴리진(Polygene)이나 변경(變更) 유전자(Modifier)에 대비하여 사용한다.

40 식물에 있어서 타가수정률을 높이는 기작이 아닌 것은?

① 폐화수정   ② 자웅이주
③ 자기불화합성   ④ 웅예선숙

[해설]

폐화수정(閉花受精)
속씨식물에서 꽃이 피기 전 봉오리가 진 상태에서 행하는 자가 수정

41 다음 중 작물의 생육에 가장 적합한 토양 구조는?

① 이상구조　　　　② 단립(單粒)구조
③ 입단구조　　　　④ 혼합구조

> 해설

입단구조(粒團構造)
토양을 구성하는 기본단위는 토양입자이며 입자와 입자가 모여 입단을 이룬다.

42 다음 중 투명 플라스틱 필름의 멀칭 효과가 아닌 것은?

① 지온상승　　　　② 잡초 발생 억제
③ 토양 건조 방지　　④ 비료의 유실 방지

> 해설

투명필름
㉠ 멀칭용 플라스틱 필름에 있어서 모든 광을 잘 투과시키는 투명필름은 지온상승효과가 크다.
㉡ 잡초의 발생이 많아진다.

43 에틸렌의 전구물질에 해당하는 것은?

① tryptophan　　　② methionine
③ acetyl CoA　　　④ proline

44 다음 중 작물의 주요온도에서 최적온도가 가장 낮은 작물은?

① 보리　　　　　　② 완두
③ 옥수수　　　　　④ 벼

> 해설

작물의 주요온도에서 최적온도가 가장 낮은 작물은 월동작물인 보리이다.

45 음지 식물의 특성으로 옳은 것은?

① 광보상점이 높다.
② 광을 강하게 받을수록 생장이 좋다.
③ 수목 밑에서는 생장이 좋지 않다.
④ 광포화점이 낮다.

46 다음 중 발아 시 호광성 종자 작물로만 짝지어진 것은?

① 호박, 토마토　　　② 상추, 담배
③ 토마토, 가지　　　④ 벼, 오이

> 해설

호광 종자
담배, 화본과목초, 상추, 우엉, 셀러리, 갓, 뽕나무, 피튜니아, 베고니아

47 우리나라 주요 작물의 기상생태형에서 감온형에 해당하는 것은?

① 그루콩　　　　　② 올콩
③ 그루조　　　　　④ 가을 메밀

> 해설

기상생태형에서 감온형은 온도에 감응하는 올콩이고 나머지는 감광형이다.

48 다음 중 적심의 효과가 가장 크게 나타나는 작물은?

① 벼　　　　　　　② 옥수수
③ 담배　　　　　　④ 조

> 해설

적심(摘芯)
생육 중인 작물의 줄기 또는 가지의 선단을 제거해 버리는 일(담배)

49 장해형 냉해에 대한 설명으로 옳은 것은?

① 출수기 이후 등숙기간 동안의 냉온으로 등숙률이 낮아진다.
② 융단조직이 배대해진다.
③ 수수 감소 및 출수 지연 등의 장해를 받는다.
④ 질소의 다비를 통해 피해를 경감시킬 수 있다.

해설

융단조직(Tapetum, 絨緞組織)
약(葯) 내에 특수하게 분화된 조직으로, 화분발달에 영양공급 및 보호기능을 한다.

50 질산 환원 효소의 구성 성분으로 콩과작물의 질소고정에 필요한 무기성분은?

① 몰리브덴   ② 철
③ 마그네슘   ④ 규소

해설

몰리브덴
질산 환원 효소의 구성 성분으로 콩과작물의 질소고정에도 필요하며 결핍되면 황백화하고 모자이크병에 가까운 증세가 발생한다.

51 다음 중 작물의 내동성에 대한 설명으로 옳은 것은?

① 포복성인 작물이 직립성보다 약하다.
② 세포 내의 당 함량이 높으면 내동성이 감소된다.
③ 작물의 종류와 품종에 따른 차이는 경미하다.
④ 원형질의 수분투과성이 크면 내동성이 증대된다.

해설

작물의 내동성
㉠ 포복성인 작물이 직립성보다 강하다.
㉡ 세포 내의 당 함량이 높으면 내동성이 증대된다.
㉢ 작물의 종류와 품종에 따른 차이는 있다.

52 등고선에 따라 수로를 내고, 임의의 장소로부터 월류하도록 하는 방법은?

① 보더관개   ② 수반관개
③ 일류관개   ④ 고랑관개

해설

전면관개(월류관개)
㉠ 일류관개(등고선월류관개) : 일류관개는 등고선에 따라서 수로를 내고, 임의의 장소로부터 월류시키는 방법이다.
㉡ 보오더관개(구획월류관개) : 보더관개(Border Method)는 완경사의 포장을 알맞게 구획하고, 상단의 수로로부터 전 표면에 물을 흘려 펼쳐서 대는 방법이다.
㉢ 수반법 : 수반법은 포장을 수평으로 구획하고 관개하는 방법이다.

53 다음 중 우리나라가 원산지인 작물로만 나열된 것은?

① 벼, 참깨   ② 담배, 감자
③ 감, 인삼   ④ 옥수수, 고구마

54 화곡류 잎의 표피조직에 침전되어 병에 대한 저항성을 증진시키고 잎을 곧게 지지하는 역할을 하는 원소는?

① 칼륨   ② 인
③ 칼슘   ④ 규소

해설

규소(Si)
화본과 식물에는 함량이 극히 높다. 병에 대한 저항성을 높이고 경엽이 직립화되어 수광태세가 좋아져서 군락의 동화량을 증대시키는 효과가 있다.

55 토양수분 항수로 볼 때 강우 또는 충분한 관개 후 2~3일 뒤의 수분 상태를 무엇이라 하는가?

① 포장용수량   ② 최대용수량
③ 초기위조점   ④ 영구위조점

정답   49 ② 　50 ① 　51 ④ 　52 ③ 　53 ③ 　54 ④ 　55 ①

토양의 최대용수량 상태에서 2~3일이 지나고 나면 중력수(과잉수)가 제거되어 포장용수량의 상태가 된다.

56 다음 중 수중에서 종자가 발아를 하지 못하는 작물은?

① 벼   ② 상추

③ 당근   ④ 콩

해설

수중에서 발아하지 못하는 종자

콩, 밀, 귀리, 메밀, 무, 양배추, 가지, 고추, 파, 알팔파, 옥수수, 수수, 호박, 율무 등이다.

57 다음 중 고온에 의한 작물생육 저해의 원인이 아닌 것은?

① 유기물의 과잉 소모   ② 암모니아의 소모

③ 철분의 침전   ④ 증산 과다

해설

열해의 주요원인

㉠ 유기물의 과잉 소모

㉡ 질소대사의 이상 : 암모니아의 축적이 많아지고 암모니아가 많이 축적되면 유해물질로 작용한다.

㉢ 철분의 침전 : 고온에 의해서 철분이 침전되면 황백화현상이 일어난다.

㉣ 증산 과다 : 고온에서는 수분흡수보다 증산이 과다해지므로 위조가 유발된다.

58 식물의 진화과정으로 옳은 것은?

① 적응 → 순화 → 도태 → 유전적 변이

② 적응 → 유전적 변이 → 순화 → 도태

③ 유전적 변이 → 순화 → 도태 → 적응

④ 유전적 변이 → 도태 → 적응 → 순화

59 풍해를 받을 때 작물체에 나타나는 생리적 장해로 틀린 것은?

① 호흡의 증대   ② 광합성의 감퇴

③ 작물체의 건조   ④ 작물 체온의 증가

해설

풍해에서는 냉풍으로 인한 작물의 체온 저하로 피해를 입게 된다.

60 굴광현상에 가장 유효한 광은?

① 적색광   ② 자외선

③ 청색광   ④ 적외선

해설

굴광현상

식물이 광조사의 방향에 반응하여 굴곡반응을 나타내는 현상으로 4,000~5,000 Å, 특히 4,400~4,800 Å의 청색광이 가장 유효하다.

제4과목 **식물보호학**

61 잡초와 작물 간의 경합에 관여하는 요인으로 가장 거리가 먼 것은?

① 광   ② 수분

③ 영양분   ④ 토양미생물

해설

경합에 관여하는 제한요인

㉠ 무기양분 : 질소, 인산, 가리 등 다량원소와 철, 망간, 아연 등 미량원소

㉡ 수분 : 강우가 충분치 않는 건조지, 관개가 어려운 곳 등에서 수분 경합이 심하다.

㉢ 광 및 CO_2 : 숲 내부의 광도는 외부의 10~25%이며, 초본류의 군락에서는 1~4% 정도이다.

62 주로 저장곡식에 피해를 주는 해충은?

① 화랑곡나방   ② 온실가루이
③ 꽃노랑총채벌레   ④ 아메리카잎굴파리

해설

화랑곡나방
나비목 명나방과에 속하는 곤충이다. 흔히 쌀나방으로 불리며, 쌀이나 밀 등 곡류 안에 알을 낳는다.

63 국제 간 교역량의 증가에 따라 침입 병해충을 사전에 예방하기 위한 조치는?

① 법적 방제법   ② 생물적 방제법
③ 물리적 방제법   ④ 화학적 방제법

해설

법적 방제법(法的 防除法)
법적 방제법은 식물방역법을 제정해서 식물검역을 실시하여 위험한 병균이나 해충의 국내침입이나 전파를 방지함으로써 병충해를 방지하는 것이다.

64 다음 설명에 해당하는 해충은?

- 성충은 잎의 엽육을 갉아먹어 벼 잎에 가는 흰색 선이 나타나며, 특히 어린모에서 피해가 심하다.
- 유충은 뿌리를 갉아먹어 뿌리가 끊어지게 하고 피해를 받은 포기는 키가 크지 못하고 분얼이 되지 않는다.

① 벼밤나방   ② 벼혹나방
③ 벼물바구미   ④ 끝동매미충

65 병원균이 특정 품종의 기주식물을 침해할 뿐 다른 품종은 침해하지 못하는 집단은?

① 클론   ② 품종
③ 레이스   ④ 분화형

해설

병원균의 레이스
㉠ 기생성이 기주의 품종별로 다른 것을 말한다.
㉡ 레이스(Race)가 다르면 형태는 같아도 기생성이 다르다.

66 계면활성제에 대한 설명으로 옳지 않은 것은?

① 약액의 표면장력을 높이는 작용을 한다.
② 대상 병해충 및 잡초에 대한 접촉효율을 높인다.
③ 소수성 원자단과 친수성 원자단을 동일 분자 내에 갖고 있다.
④ 물에 잘 녹지 않는 농약의 유효성분을 살포 용수에 잘 분산시켜 균일한 살포작업을 가능하게 한다.

해설

계면활성제
기체와 액체, 액체와 액체, 액체와 고체가 서로 맞닿은 경계면이다. 계면활성제란 이런 계면의 경계를 완화시키는 역할을 한다. 이 때문에 계면이 가지고 있던 표면장력은 약해진다. 하나의 분자 내에 친수성과 친유성을 가진 화학적 구조를 지니고 있다.

67 광발아 잡초에 해당하는 것은?

① 냉이   ② 별꽃
③ 쇠비름   ④ 광대나물

해설

광발아 잡초
바랭이, 쇠비름, 개비름, 참방동사니, 소리쟁이, 메귀리

68 우리나라 맥류 포장에 주로 발생하는 광엽1년생 잡초는?

① 명아주   ② 뚝새풀
③ 괭이밥   ④ 개망초

정답   **62** ①   **63** ①   **64** ③   **65** ③   **66** ①   **67** ③   **68** ①

광엽1년생 잡초
개비름, 명아주, 여뀌, 환삼덩굴, 석류풀, 까마중, 자귀
풀, 주름잎, 도꼬마리

69 다알리아, 튤립, 글라디올러스 등에 발생하는 바이러스병의 가장 중요한 1차 전염원은?

① 비료　　　　　　② 구근
③ 곤충　　　　　　④ 양액

70 해충종합관리(IPM)에 대한 설명으로 옳은 것은?

① 농약의 항공방제를 말한다.
② 여러 방제법을 조합하여 적용한다.
③ 한 가지 방법으로 집중적으로 방제한다.
④ 한 지역에서 동시에 방제하는 것을 뜻한다.

종합적 방제(IPM)
여러 가지 잡초방제법 중에서 두 가지 이상의 방제법을
사용하여 방제를 하는 것

71 농약을 사용하면서 발생하는 약해가 아닌 것은?

① 섞어 쓰기로 인한 약해
② 근접 살포에 의한 약해
③ 동시 사용으로 인한 약해
④ 유효기간 경과로 인한 약해

72 잡초 방제에 사용하는 생물의 조건으로 옳지 않은 것은?

① 잡초 외 유용식물은 가해하지 않아야 한다.
② 문제시되는 잡초보다 빠른 번식특성을 지녀야
　한다.

③ 새로운 지역에서의 환경과 생물에 대한 적응성
　과 저항성이 있어야 한다.
④ 산재해 있는 문제 잡초를 선별적으로 찾아다니
　는 이동성이 적어야 한다.

73 식물병의 제1차 전염원 소재로 가장 거리가 먼 것은?

① 토양　　　　　　② 잡초
③ 화분(꽃가루)　　　④ 병든 식물의 잔재물

74 유충이 고추나 가지를 비롯한 기주식물에 지표 가까운 줄기를 끊어 피해를 주는 해충은?

① 총채벌레　　　　② 담배나방
③ 거세미나방　　　④ 배추흰나비

75 25% 제초제 유제(비중 1.0)를 0.05%의 살포액 1L로 만드는 데 소요되는 물의 양은?

① 49.9L　　　　　② 499L
③ 499mL　　　　　④ 4,990mL

액제의 희석법
희석에 소요되는 물의 양 = 원액의 용량(cc)×(원액의 농
도/희석하려는 농도 − 1)×원액의 비중
100×(0.25/0.05 − 1)×1 = 499.00L

76 곤충의 순환계에 대한 설명으로 옳지 않은 것은?

① 온몸에 혈관이 있다.
② 혈액이 세포와 직접 닿는 것이 아니다.
③ 사람처럼 혈관을 따라 혈액이 흐르지 않는다.
④ 체강 내 체액과 함께 섞여 순환하는 개방순환계
　이다.

정답　　69 ②　70 ②　71 ④　72 ④　73 ③　74 ③　75 ②　76 ①

해설

곤충의 순환계는 개방순환계이다.

77 액상 시용제의 물리적 성질에 해당하지 않는 것은?

① 유화성　　　　② 응집성
③ 수화성　　　　④ 습전성

해설

농약 살포액(액상 시용제)의 물리적 성질
㉠ 유화성 : 유제를 연수에 희석하였을 때 입자가 균일하게 분산되어 유탁액으로 되는 성질
㉡ 수화성 : 수화제와 물 사이의 친화 정도를 나타내는 성질
㉢ 습전성·습윤성 : 살포한 농약이 작물이나 곤충의 표면에 잘 적셔지고 퍼지는 성질
㉣ 현수성 : 수화제에서 약제의 미립자가 약액 중에서 균일하게 퍼져 있는 성질
㉤ 표면장력 : 일정량의 계면활성제를 제제에 첨가하면 표면장력이 작아진다.
㉥ 부착성 : 분제의 살포시 알갱이와 식물체에 병해충의 표면에 도달하여 떨어지지 않고 붙어 있는 성질

78 1월 평균기온이 12℃ 이상인 경우에만 월동이 가능하여 우리나라에서 월동하기 어려운 비래해충은?

① 애멸구　　　　② 벼멸구
③ 끝동매미충　　④ 이화명나방

해설

벼멸구
㉠ 1년에 3회 정도 발생한다.
㉡ 우리나라에서는 월동이 안 되고 필리핀이나 중국 남부지방에서 월동하며 기압골의 통과와 함께 날아온다.
㉢ 8~9월에 많이 출현하며, 늦은 10월까지 출현하기도 하므로 가을 멸구라고도 한다.

79 사과나무 부란병에 대한 설명으로 옳은 것은?

① 기주교대를 한다.
② 균사 형태로 전염된다.
③ 잡초에 병원체가 월동하며 토양으로 전염된다.
④ 주로 빗물에 의해 전파되며 발병 부위에서 알코올 냄새가 난다.

해설

부란병은 병이 걸린 곳에서 포자를 형성해 빗물로 다시 넓어질 우려가 크기 때문에 발견 즉시 치료하거나 없애주는 것이 중요하다.

80 잡초로 인한 피해가 아닌 것은?

① 방제비용 증대
② 작물의 수확량 감소
③ 경지의 이용효율 감소
④ 철새 등 조류에 의한 피해 증가

해설

잡초의 유용성
㉠ 토양에 유기물 제공 – 토양의 물리환경 개선
㉡ 곤충의 먹이와 서식처 제공
㉢ 야생동물, 조류 및 미생물의 먹이와 서식처로 이용

제5과목 종자 관련 법규

81 과수와 임목의 경우 품종보호권의 존속기간은 품종보호권이 설정등록된 날부터 몇 년으로 하는가?

① 15년　　　　② 20년
③ 25년　　　　④ 30년

해설

품종보호권의 존속기간
품종보호권의 존속기간은 품종보호권이 설정등록된 날부터 20년, 과수와 임목의 경우에는 25년으로 한다.

82 대통령령으로 자격기준을 갖춘 사람으로서 종자관리사가 되려는 사람은 농림축산식품부령으로 정하는 바에 따라 농림축산식품부장관에게 등록하여야 하는데, 등록을 하지 아니하고 종자관리사 업무를 수행한 자의 벌칙은?

① 6개월 이하의 징역 또는 3백만 원 이하의 벌금에 처한다.
② 6개월 이하의 징역 또는 5백만 원 이하의 벌금에 처한다.
③ 1년 이하의 징역 또는 5백만 원 이하의 벌금에 처한다.
④ 1년 이하의 징역 또는 1천만 원 이하의 벌금에 처한다.

해설

무등록종자업의 벌칙
1년 이하 징역 또는 1천만 원 이하 벌금에 처한다.

83 종자관련법상 품종목록 등재의 유효기간에 대한 내용이다. (   )에 알맞은 것은?

농림축산식품부장관은 품종목록 등재의 유효기간이 끝나는 날의 (   ) 전까지 품종목록 등재신청인에게 연장절차와 품종목록 등재의 유효기간 연장신청기간 내에 연장신청을 하지 아니하면 연장을 받을 수 없다는 사실을 미리 통지하여야 한다.

① 3개월　　　　② 6개월
③ 1년　　　　　④ 2년

해설

품종목록 등재의 유효기간
㉠ 품종목록 등재의 유효기간은 등재한 날이 속한 해의 다음 해부터 10년까지로 한다.
㉡ 품종목록 등재의 유효기간 연장신청은 그 품종목록 등재의 유효기간이 끝나기 전 1년 이내에 신청하여야 한다.
㉢ 품종목록 등재의 유효기간은 유효기간 연장신청에 의하여 계속 연장될 수 있다.

84 종자관련법상 보증의 유효기간에 대한 내용으로 농림축산식품부장관이 따로 정하여 고시하거나 종자관리사가 따로 정하는 경우를 제외하고, 기산일(起算日)을 각 보증종자의 포장(包裝)한 날로 할 때 고구마 보증의 유효기간은?

① 1개월　　　　② 2개월
③ 6개월　　　　④ 1년

해설

종자관련법상 작물별 보증의 유효기간
㉠ 채소 : 2년
㉡ 기타 : 1년
㉢ 맥류, 콩 : 6개월
㉣ 감자, 고구마 : 2개월
㉤ 버섯 : 1개월

85 종자검사 요령상 추출된 시료를 보관할 경우 검사 후 재시험에 대비하여 제출시료는 품질변화가 최소화되는 조건에서 보증일자로부터 원원종은 몇 년간 보관되어야 하는가?

① 1년　　　　② 2년
③ 3년　　　　④ 4년

86 종자검사 요령상 고온항온건조기법을 사용하게 되는 종은?

① 부추　　　　② 유채
③ 오이　　　　④ 목화

87 종자관리요강상 벼 포장검사 시 특정병에 해당하는 것은?

① 선충심고병　　② 도열병
③ 이삭누룩병　　④ 흰잎마름병

해설

특정병
키다리병, 선충심고병을 말한다.

88 「식물신품종 보호법」상 품종명칭등록 이의 신청 이유 등의 보정에 대한 내용이다. ( )에 알맞은 내용은?

> 품종명칭등록 이의신청을 한 자는 품종명칭등록 이의신청기간이 경과한 후 ( ) 이내에 품종명칭등록 이의신청서에 적은 이유 또는 증거를 보정할 수 있다.

① 5일   ② 10일
③ 20일   ④ 30일

89 종자업의 등록에 관한 사항 중 대통령령으로 정하는 작물의 종자를 생산 판매하려는 자의 경우를 제외하고 종자업을 하려는 자는 종자관리사를 몇 명 이상 두어야 하는가?

① 1명   ② 2명
③ 3명   ④ 5명

해설

종자업의 등록
㉠ 종자업을 하려는 자는 대통령령으로 정하는 시설을 갖추어 시장·군수·구청장에게 등록하여야 한다.
㉡ 종자업을 하려는 자는 종자관리사를 1명 이상 두어야 한다. 다만, 대통령령으로 정하는 작물의 종자를 생산·판매하려는 자의 경우에는 그러하지 아니하다.

90 종자검사요령상 종자검사신청에 대한 내용이다. ( ) 안에 알맞은 내용은?

> 신청서는 검사희망일 3일 전까지 관할 검사기관에 제출하여야 하며, 재검사 신청서는 종자검사결과 통보를 받은 날로부터 ( ) 이내에 통보서 사본을 첨부하여 신청한다.

① 3일   ② 7일
③ 10일   ④ 15일

91 종자관련법상 종자생산의 대행자격에서 "농림축산식품부령으로 정하는 종자업자 또는 농업인"에 해당하는 자에 대한 내용이다. ( )에 알맞은 내용은?

> 해당 작물 재배에 ( ) 이상의 경험이 있는 농업인으로서 농림축산식품부장관이 정하여 고시하는 확인 절차에 따라 특별자치시장·특별자치도지사·시장·군수 또는 자치구의 구청장이나 관할 국립종자원 지원장의 확인을 받은 자

① 6개월   ② 1년
③ 2년   ④ 3년

92 종자관리요강상 감자의 포장격리에 대한 내용이다. ( ) 안에 알맞은 내용은?

> 원원종포 : 불합격포장, 비채종포장으로부터 ( ) 이상 격리되어야 한다.

① 20m   ② 30m
③ 40m   ④ 50m

해설

포장격리
원원종포 : 불합격포장, 비채종포장으로부터 50m 이상 격리되어야 한다.

93 종자검사요령상 "빽빽이 군집한 화서 또는 근대 속에서는 화서의 일부"에 해당하는 용어는?

① 화방   ② 영과
③ 씨혹   ④ 석과

해설

① 화방(花房, Cluster) : 빽빽이 군집한 화서 또는 근대 속에서는 화서의 일부
② 영과(穎果, Caryopsis) : 외종피가 과피와 합쳐진 벼 과 식물의 나출과
③ 씨혹(Caruncle) : 주공(珠孔, Micropylar) 부분의 조그마한 돌기
④ 석과(石果·核果實, Drupe) : 단단한 내과피(Endocarp)와 다육질의 외층을 가진 비열개성의 단립종자 과실

94 종자관련법상 농림축산식품부장관은 종자산업의 육성 및 지원을 위하여 몇 년마다 농림종자산업의 육성 및 지원에 관한 종합계획을 수립·시행하여야 하는가?

① 5년 　　　　② 3년
③ 2년 　　　　④ 1년

95 종자관리요강상 밀 포장검사 시 검사시기 및 횟수와 관련하여 유숙기로부터 황숙기 사이에는 몇 회 실시하여야 하는가?

① 4회 　　　　② 3회
③ 2회 　　　　④ 1회

해설 ┄┄┄┄┄┄┄┄┄┄┄┄┄┄┄┄┄┄┄┄

포장검사 시 검사시기 및 횟수
유숙기로부터 황숙기 사이에 1회 실시한다.

96 「식물신품종 보호법」상 품종보호 요건에 해당하지 않는 것은?

① 신규성 　　　　② 우수성
③ 구별성 　　　　④ 균일성

해설 ┄┄┄┄┄┄┄┄┄┄┄┄┄┄┄┄┄┄┄┄

품종보호 요건
㉠ 신규성 　　　　㉡ 구별성
㉢ 균일성 　　　　㉣ 안정성
㉤ 고유한 품종명칭

97 「식물신품종 보호법」상 침해죄 등에서 전용실시권을 침해한 자의 벌칙은?

① 3년 이하의 징역 또는 5백만 원 이하의 벌금에 처한다.
② 5년 이하의 징역 또는 1천만 원 이하의 벌금에 처한다.
③ 5년 이하의 징역 또는 1억 원 이하의 벌금에 처한다.

④ 7년 이하의 징역 또는 1억 원 이하의 벌금에 처한다.

해설 ┄┄┄┄┄┄┄┄┄┄┄┄┄┄┄┄┄┄┄┄

침해죄 등(7년 이하의 징역 또는 1억 원 이하의 벌금)
1. 품종보호권 또는 전용실시권을 침해한 자
2. 임시보호의 권리를 침해한 자(다만, 해당 품종보호권의 설정등록이 되어 있는 경우만 해당)
3. 거짓이나 그 밖의 부정한 방법으로 품종보호결정 또는 심결을 받은 자

98 「식물신품종 보호법」상 종자위원회는 위원장 1명과 심판위원회 상임심판위원 1명을 포함한 몇 명 이상 몇 명 이하의 위원으로 구성하여야 하는가?

① 5명 이상 10명 이하 　② 10명 이상 15명 이하
③ 15명 이상 20명 이하 　④ 20명 이상 25명 이하

해설 ┄┄┄┄┄┄┄┄┄┄┄┄┄┄┄┄┄┄┄┄

품종보호권 침해분쟁의 조정
심판위원회 상임심판위원 1명을 포함한 10명 이상 15명 이하의 위원으로 구성한다.

99 종자업 등록을 한 날부터 1년 이내에 사업을 시작하지 아니하거나 정당한 사유 없이 1년 이상 계속하여 휴업한 경우 시장·군수·구청장은 종자업자에게 어떤 것을 명할 수 있는가?

① 종자업 등록을 취소하거나 1개월 이내의 기간을 정하여 영업의 전부 또는 일부의 정지를 명할 수 있다.
② 종자업 능록을 취소하거나 3개월 이내의 기간을 정하여 영업의 전부 또는 일부의 정지를 명할 수 있다.
③ 종자업 등록을 취소하거나 6개월 이내의 기간을 정하여 영업의 전부 또는 일부의 정지를 명할 수 있다.
④ 종자업 등록을 취소하거나 12개월 이내의 기간을 정하여 영업의 전부 또는 일부의 정지를 명할 수 있다.

정답　94 ①　95 ④　96 ②　97 ④　98 ②　99 ③

종자업 등록을 취소하거나 6개월 이내의 기간을 정하여 영업의 전부 또는 일부의 정지를 명할 수 있다.

100 종자검사요령상 이물에 해당하는 것은?

① 미숙립
② 주름진립
③ 소립
④ 진실종자가 아닌 종자

정립

이종종자, 잡초종자 및 이물을 제외한 종자를 말하며 다음의 것을 포함한다.

㉠ 미숙립, 발아립, 주름진립, 소립
㉡ 원래 크기의 1/2 이상인 종자쇄립
㉢ 병해립(맥각병해립, 균핵병해립, 깜부기병해립 및 선충에 의한 충영립은 제외한다)

제1과목 종자생산학 및 종자법규

01 다음 설명에 알맞은 용어는?

발아한 것이 처음 나타난 날

① 발아세   ② 발아전
③ 발아기   ④ 발아시

[해설]

발아시험(發芽試驗)
㉠ 발아시(發芽始) : 최초의 1개체가 발아한 날
㉡ 발아기(發芽期) : 전체 종자의 50%가 발아한 날
㉢ 발아전(發芽揃) : 대부분(80% 이상)이 발아한 날

02 다음 중 발아최적온도가 가장 낮은 것은?

① 호밀   ② 옥수수
③ 목화   ④ 기장

[해설]

발아최적온도
① 호밀 : 26℃
② 옥수수 : 34~38℃
③ 목화 : 35℃
④ 기장 : 30℃

03 종자관리요강상 콩의 포장검사에서 특정병에 해당하는 것은?

① 모자이크병   ② 세균성 점무늬병
③ 자주무늬병(자방병)   ④ 불마름병(엽소병)

[해설]

특정병
자주무늬병(자반병)을 말한다.

04 다음 설명 중 ( ) 안에 알맞은 내용은?

종자관리사 등록이 취소된 사람은 등록이 취소된 날로부터 ( )이 지나지 아니하면 종자관리사로 다시 등록할 수 없다.

① 1년   ② 2년
③ 3년   ④ 4년

[해설]

종자산업법 제27조(종자관리사의 자격기준 등) 제5항
종자관리사 등록이 취소된 사람은 등록이 취소된 날부터 2년이 지나지 아니하면 종자관리사로 다시 등록할 수 없다.

05 종자의 발아과정으로 옳은 것은?

① 수분흡수 → 저장양분 분해효소 생성과 활성화 → 저장양분의 분해·전류 및 재합성 → 배의 생장시기 → 과피(종피)의 파열 → 유묘출현
② 수분흡수 → 저장양분의 분해·전류 및 재합성 → 저장양분 분해효소 생성과 활성화 → 과피(종피)의 파열 → 배의 생장시기 → 유묘출현
③ 수분흡수 → 과피(종피)의 파열 → 저장양분 분해효소 생성과 활성화 → 저장양분의 분해·전류 및 재합성 → 배의 생장시기 → 유묘출현
④ 수분흡수 → 저장양분 분해효소 생성과 활성화 → 과피(종피)의 파열 → 저장양분의 분해·전류 및 재합성 → 배의 생장시기 → 유묘출현

06 농업기술실용화재단에서 실시하는 수입적응성 시험 대상 작물에 해당하는 것은?

① 매밀   ② 배추
③ 토마토   ④ 상추

정답   01 ④   02 ①   03 ③   04 ②   05 ①   06 ①

수입적응성 시험의 대상 작물

식량작물(13) : 벼, 보리, 콩, 옥수수, 감자, 밀, 호밀, 조, 수수, 메밀, 팥, 녹두, 고구마

07 정세포 단독으로 분열하여 배를 만들며 달맞이꽃 등에서 일어나는 것은?

① 부정배생식　　　② 무포자생식
③ 웅성단위생식　　④ 위수정생식

웅성단위생식(Male Parthenogenesis)
정세포 단독으로 분열하여 배를 형성한다. (예 달맞이꽃, 진달래 등)

08 수분을 측정할 때 고온항온건조기법을 사용하게 되는 종은?

① 파　　　　　　　② 오이
③ 땅콩　　　　　　④ 유채

09 다음 중 암발아 종자로만 나열된 것은?

① 수세미, 무　　　② 베고니아, 명아주
③ 갓, 차조기　　　④ 우엉, 담배

혐광성 종자

㉠ 광선이 있으면 발아가 저해되고 암중에서 잘 발아하는 종자이다.
㉡ 토마토, 가지, 파, 양파, 수박, 수세미, 호박, 무, 오이 등이다.
㉢ 광이 충분히 차단되도록 복토를 깊게 한다.

10 식물학상 과실에서 과실이 내과피에 싸여 있는 것은?

① 옥수수　　　　　② 메밀
③ 차조기　　　　　④ 앵두

식물학상의 과실

㉠ 과실이 나출(裸出)된 것 : 밀·쌀보리·옥수수·메밀·호프(hop)·삼(大麻)·차조기(蘇葉＝소엽)·박하·제충국 등이다.
㉡ 과실의 외측이 내영·외영(껍질)에 싸여 있는 것 : 벼·겉보리·귀리 등이다.
㉢ 과실의 내과피와 그 내용물을 이용하는 것 : 복숭아·자두·앵두 등이다.

11 파종 시 작물의 복토깊이가 5.0~9.0cm인 것은?

① 가지　　　　　　② 토마토
③ 고추　　　　　　④ 감자

작물의 복토 깊이

㉠ 종자가 보이지 않을 정도 : 소립목초종자, 파, 양파, 당근, 상추, 유채, 담배 등
㉡ 0.5~1.0cm : 양배추, 가지, 토마토, 고추, 배추, 오이, 순무, 차조기 등
㉢ 1.5~2.0cm : 조, 기장, 수수, 호박, 수박, 시금치 등
㉣ 2.5~3.0cm : 보리, 밀, 호밀, 귀리, 아네모네 등
㉤ 3.5~4.0cm : 콩, 팥, 옥수수, 완두, 강낭콩, 잠두 등
㉥ 5.0~9.0cm : 감자, 토란, 생강, 크로커스, 글라디올러스 등
㉦ 10cm 이상 : 튤립, 수선, 히아신스, 나리 등

12 단명종자로만 나열된 것은?

① 토마토, 가지　　② 파, 양파
③ 수박, 클로버　　④ 사탕무, 알팔파

작물별 종자의 수명

단명종자(1~2년)	상명종자(2~3년)	장명종자(4~6년)
콩, 땅콩, 옥수수, 메밀, 기장, 목화, 해바라기, 강낭콩, 양파, 파, 상추, 당근, 고추	벼, 밀, 보리, 귀리, 완두, 유채, 페스큐, 켄터키블루그래스, 목화, 무, 배추, 호박, 멜론, 시금치, 우엉	클로버, 알팔파, 베치, 사탕무, 가지, 토마토, 수박, 비트

정답　07 ③　08 ②　09 ①　10 ④　11 ④　12 ②

13 종자의 외형적 특징 중 난형에 해당하는 것은?

① 고추　　　　　② 보리
③ 파　　　　　　④ 부추

> 해설
난형은 달걀 모양처럼 아래위가 긴 둥근형 씨앗

14 품종목록 등재의 유효기간 연장신청은 그 품종목록의 유효기간이 끝나기 전 몇 년 이내에 신청하여야 하는가?

① 1년　　　　　② 2년
③ 3년　　　　　④ 4년

> 해설
품종목록 등재의 유효기간
1. 품종목록 등재의 유효기간은 등재한 날이 속한 해의 다음 해부터 10년까지로 한다.
2. 품종목록 등재의 유효기간 연장신청은 그 품종목록 등재의 유효기간이 끝나기 전 1년 이내에 신청하여야 한다.
3. 품종목록 등재의 유효기간은 유효기간 연장신청에 의하여 계속 연장될 수 있다.
4. 농림축산식품부장관은 유효기간 연장신청을 받은 경우 그 유효기간 연장신청을 한 품종이 품종목록 등재 당시의 품종성능을 유지하고 있을 때에는 그 연장신청을 거부할 수 없다.

15 다음 중 작물의 자연교잡률이 가장 높은 것은?

① 수수　　　　　② 벼
③ 보리　　　　　④ 아마

> 해설
자연교잡률이 높은 작물(타식성 작물)
옥수수, 호밀, 메밀, 수수, 딸기, 양파, 마늘, 시금치, 호프, 아스파라거스

16 일반적으로 발아촉진 물질이 아닌 것은?

① 지베렐린　　　② 옥신
③ ABA　　　　　④ 질산칼륨

> 해설
ABA(Abscisic acid)
어린 식물로부터 이층의 형성을 촉진하여 낙엽을 촉진하는 물질로 이용된다.

17 거짓이나 그 밖의 부정한 방법으로 종자업 등록을 한 경우에 받는 벌칙은?

① 1개월 이내의 영업 전부 또는 일부 정지
② 3개월 이내의 영업 전부 또는 일부 정지
③ 9개월 이내의 영업 전부 또는 일부 정지
④ 등록 취소

> 해설
종자업 등록의 취소
1. 거짓이나 그 밖의 부정한 방법으로 종자업 등록을 한 경우
2. 종자업 등록을 한 날부터 1년 이내에 사업을 시작하지 아니하거나 정당한 사유 없이 1년 이상 계속하여 휴업한 경우
3. 종자업자가 종자업 등록을 한 후 시설기준에 미치지 못하게 된 경우
4. 종자업자가 종자관리사를 두지 아니한 경우
5. 수출·수입이 제한된 종자를 수출·수입하거나, 수입되어 국내 유통이 제한된 종자를 국내에 유통한 경우

18 종자관리요강상 감자 원원종포의 포장격리에 대한 내용이다. ( ) 안에 알맞은 것은?

> 불합격포장, 비채종포장으로부터 ( ) 이상 격리되어야 한다.

① 30m　　　　　② 50m
③ 100m　　　　④ 150m

포장격리

㉠ 원원종포 : 불합격포장, 비채종포장으로부터 50m 이상 격리되어야 한다.

㉡ 원종포 : 불합격포장, 비채종포장으로부터 20m 이상 격리되어야 한다.

㉢ 채종포 : 비채종포장으로부터 5m 이상 격리되어야 한다.

19 보증서를 거짓으로 발급한 종자관리사가 받는 벌칙은?

① 1년 이하의 징역 또는 1천만 원 이하의 벌금

② 1년 이하의 징역 또는 3천만 원 이하의 벌금

③ 3년 이하의 징역 또는 1천만 원 이하의 벌금

④ 3년 이하의 징역 또는 3천만 원 이하의 벌금

해설

1년 이하의 징역 또는 1천만 원 이하의 벌금에 처하는 경우

• 등록을 하지 아니하고 종자관리사 업무를 수행한 자
• 보증서를 거짓으로 발급한 종자관리사
• 보증을 받지 아니하고 종자를 판매하거나 보급한 자
• 명령에 따르지 아니한 자
• 무병화인증기관의 지정을 받거나 그 지정의 갱신을 하지 아니하고 무병화인증 업무를 한 자
• 무병화인증기관의 지정취소 또는 업무정지 처분을 받고도 무병화인증 업무를 한 자
• 거짓이나 그 밖의 부정한 방법으로 무병화인증을 받거나 갱신한 자
• 거짓이나 그 밖의 부정한 방법으로 무병화인증기관의 지정을 받거나 갱신한 자
• 무병화인증을 받지 아니한 종자의 용기나 포장에 무병화인증의 표시 또는 이와 유사한 표시를 한 자
• 무병화인증을 받은 종자의 용기나 포장에 무병화인증을 받은 내용과 다르게 표시한 자
• 무병화인증을 받지 아니한 종자를 무병화인증을 받은 종자로 광고하거나 무병화인증을 받은 종자로 오인할 수 있도록 광고한 자
• 무병화인증을 받은 종자를 무병화인증을 받은 내용과 다르게 광고한 자
• 등록하지 아니하고 육묘업을 한 자
• 등록이 취소된 종자업 또는 육묘업을 계속하거나 영업정지를 받고도 종자업 또는 육묘업을 계속한 자

• 종자를 수출 또는 수입하거나 수입된 종자를 유통시킨 자
• 수입적응성 시험을 받지 아니하고 종자를 수입한 자
• 거짓이나 그 밖에 부정한 방법으로 종자의 검정 따른 검정을 받은 자
• 검정결과에 대하여 거짓광고나 과대광고를 한 자
• 생산 또는 판매 중지를 명한 종자 또는 묘를 생산하거나 판매한 자
• 제47조 제4항 후단을 위반하여 시료채취를 거부·방해 또는 기피한 자

20 국가품종목록에 등재할 수 없는 대상작물은?

① 보리   ② 사료용 옥수수

③ 감자   ④ 벼

해설

국가품종목록의 등재 대상

대상작물은 벼, 보리, 콩, 옥수수, 감자와 그 밖에 대통령령으로 정하는 작물로 한다(다만, 사료용은 제외한다).

제2과목   식물육종학

21 식물학적 분류방법에서 최하위 분류단위는?

① 강(Class)   ② 목(Order)

③ 속(Genus)   ④ 종(Species)

해설

분류단계 순서

계 → 문 → 강 → 목 → 과 → 속 → 종

22 같은 형질에 관여하는 비대립유전자들이 누적효과를 가지게 하는 유전자는?

① 중복유전자   ② 보족유전자

③ 복수유전자   ④ 억제유전자

23 유전력에 대한 설명으로 옳지 않은 것은?

① 전체 표현형 분산 중에서 유전 분산이 차지하는 비율을 넓은 의미의 유전력이라고 한다.

② 환경분산이 적을수록 유전력이 낮아진다.

③ 유전력은 0~1의 사이의 값을 가진다.

④ 유전력이 높다고 해서 그 형질이 환경에 의해 변하지 않는다는 의미는 아니다.

24 아조변이를 직접 신품종으로 이용하기 가장 용이한 작물은?

① 일년생 자가수정 작물
② 다년생 영양번식 작물
③ 일년생 타가수정 작물
④ 다년생 타가수정 작물

해설

영양계 선발(Clone Selection)은 교배나 돌연변이(과수의 햇가지에 생기는 돌연변이를 아조변이라고 함)에 의한 유전변이 또는 실생묘 중에서 우량한 것을 선발하고, 삽목이나 접목 등으로 증식하여 신품종을 육성한다.

25 교배친을 선정할 때 고려해야 할 사항이 아닌 것은?

① 목표 형질 관련 유전자 분석 결과
② 과거 육종 실적
③ 근연계수
④ 자연교잡률

26 여교배 육종의 특징으로 옳은 것은?

① 잡종강세를 가장 잘 이용할 수 있는 육종법이다.
② 유전자 재조합을 가장 많이 기대할 수 있는 육종법이다.
③ 재배종 집단의 순계분리에 가장 효과적이다.
④ 재배품종이 가지고 있는 한 가지 결점을 개량하는 데 가장 효과적인 육종법이다.

해설

여교배 육종(Backcross Breeding)
여교배 육종은 우량품종에 한두 가지 결점이 있을 때 이를 보완하는 데 효과적인 육종방법이다.

27 어느 경우에 여교배 육종의 성과가 가장 크게 기대되는가?

① 수량성 개량
② 초장의 개량
③ 병해충저항성 개량
④ 숙기의 개량

28 잡종강세 육종에서 일대잡종의 균일성을 중요시할 때 쓰이는 교잡법은?

① 단교잡법
② 복교잡법
③ 3계 교잡법
④ 톱교잡법

29 염색체 지도의 설명으로 틀린 것은?

① 염색체 지도상의 거리가 가까울수록 조환가가 낮다.
② 거리가 50단위 이상일 때는 활용할 수 없다.
③ 잡종후대의 유전자형 또는 표현형의 분리비를 예측할 수 있다.
④ 거리가 멀수록 연관되는 정도가 약하다.

30 1수 1렬법에서 직접법과 잔수법의 가장 큰 차이점은?

① 기본집단의 구성방법
② 후대검정 유무와 잔여종자의 이용방법
③ 기본집단에서 우량개체를 선발하는 방법
④ 한 이삭에서 채종된 종자를 1렬로 전개하는 방법

31 피자식물의 중복수정에서 배유 형성을 바르게 설명한 것은?

① 하나의 웅핵이 극핵과 융합하여 3n의 배유 형성
② 하나의 웅핵이 난세포의 난핵과 융합하여 2n의 배유 형성
③ 하나의 웅핵이 2개의 조세포 핵과 융합하여 3n의 배유 형성
④ 하나의 웅핵이 3개의 반족세포핵과 융합하여 4n의 배유 형성

속씨식물의 중복수정

㉠ 난세포(n) + 정핵(n) = 배(2n)

㉡ 2개의 극핵(n+n) + 정핵(n) = 배젖(3n)

32 폴리진에 대한 설명으로 옳은 것은?

① 불연속변이의 원인이 된다.

② 많은 유전자를 포함하고 각 유전자의 작용가는 환경변이보다 작다.

③ 폴리진의 유전자들은 누적효과를 나타내지 않는다.

④ 폴리진은 멘델법칙에 의해 유전분석이 가능하다.

33 1개체 1개통육종법의 단점이라고 볼 수 없는 것은?

① 초장, 성숙기, 내병충성 등 유전력이 높은 형질에 대하여는 개체선발이 불가능하다.

② 유전력이 낮은 형질이나 폴리진이 관여하는 형질의 개체선발을 할 수 없다.

③ 도복저항성과 같이 소식(疏植)이 필요한 형질은 불리하다.

④ 밀식재배로 인하여 우수하지만 경쟁력이 약한 유전자형을 상실할 염려가 있다.

1개체 1개통육종법의 장단점

㉠ 장점

- 1개체에서 1립씩만 채종하므로 면적이 적게 들고 많은 조합을 취급할 수 있다.
- 온실에서 세대촉진으로 생육기간을 단축시켜 육종연한을 줄일 수 있다.
- 이론적으로 잡종집단 내 모든 개체가 유지되므로 유용유전자를 상실할 염려가 없다.
- 선발에 참고하기 위한 야장기록이나 선발을 위한 개체표지 및 개체수확에 드는 노력을 절약할 수 있다.
- 초장, 성숙기, 내병충성 등 유전력이 높은 형질에 대해 개체선발이 가능하다.
- 잡종 후기세대에 선발하므로 집단 내 동형접합체 빈도가 높아져 고정된 개체 선발이 가능하다.

㉡ 단점

- 유전력이 낮은 형질이나 폴리진이 관여하는 형질의 개체선발을 할 수 없다.
- 도복저항성과 같이 소식(疏植)이 필요한 형질은 불리하다.
- 밀식재배로 인하여 우수하지만 경쟁력이 약한 유전자형을 상실할 염려가 있다.

34 어떤 잡종집단에서 유전자 작용의 상가적 분산(V_D)이 40, 우성적 분산(V_H)이 10, 환경분산(V_E)이 30일 때, 좁은 의미의 유전력은?

① 12.5%   ② 37.5%

③ 50.0%   ④ 62.5%

35 다음 중 검정교배에 관한 설명으로 틀린 것은?

① 이형접합체(F_1)를 그 형질에 대한 열성친과 여교배하는 것이다.

② 검정교배를 하면 후대의 표현형 분리비와 이형접합체의 배우자 분리비가 일치한다.

③ 단성잡종의 검정교배를 통하여 교배한 이형접합체의 유전자형을 알 수 있다.

④ 양성잡종의 경우에는 적용되지 않는다.

검정교배(檢定交配)

이형접합체의 유전자형을 알아내기 위한 교배방법으로, 이형접합체를 열성동형접합체와 교배한다.

36 돌연변이 육종의 특징이 아닌 것은?

① 원품종의 유전자형을 크게 변화시키지 않고 특정 형질만 개량할 수 있다.

② 영양번식 작물에는 적용하기가 어렵다.

③ 실용형질에 대한 돌연변이율이 매우 낮다.

④ 인위돌연변이는 대부분 열성이므로 우성돌연변이를 얻기 힘들다.

돌연변이육종의 이점
㉠ 새로운 유전자를 창성할 수 있다.
㉡ 품종 내에서 특성의 조화를 파괴하지 않고 1개의 특성만을 용이하게 치환할 수 있다.
㉢ 헤테로로 되어 있는 영양번식 식물에서 변이를 작성하기에 용이하다.

37 집단육종법에 대한 설명으로 옳은 것은?

① 양적 형질의 개량에 유리하다.
② 환경의 영향을 적게 받는 형질에 유리하다.
③ 유전력이 높은 형질에 유리하다.
④ 개체 간의 경합과 자연도태에 의하여 우량형질이 없어질 가능성이 적다.

계통육종과 집단육종의 특징 비교

	계통육종	집단육종
대상 형질	질적 형질 개량에 효과적이다.	양적 형질 개량에 효과적이다.
육종 규모	육종가가 선발에 의해 육종 규모를 조절한다.	집단 재배하는 동안 선발을 하지 않으므로 육종 규모가 크다.
선발노력	선발노력이 많이 든다.	선발이 간편하다.
육종 연한	단축할 수 있다.	계통육종보다 장기간이 소요된다.

38 인위 동질배수체의 주요 특징으로 옳은 것은?

① 종자가 커지고 세포의 크기도 커진다.
② 착과성이 양호하다.
③ 종자가 작아진다.
④ 세포의 크기가 작아진다.

형태적 특성
핵질의 증가에 따라 핵과 세포가 커지고 따라서 잎, 줄기, 뿌리 등의 영양기관이 왕성한 발육을 하여 거대화하고, 생육·개화·결실이 늦어지는 경향이 있다.

39 여교배 중 BC_2F_1의 1회친과 반복친의 유전 구성 비율은?

① 1회친 50%, 반복친 50%
② 1회친 75%, 반복친 25%
③ 1회친 12.5%, 반복친 87.5%
④ 1회친 3.13%, 반복친 96.87%

㉠ Aa를 AA(반복친)로 1회 여교배한 BC_1F_1의 유전구성은 1회친(aa) 25%, 반복친(AA) 75%이다.
㉡ BC_1F_1을 다시 반복친(AA)로 여교배한 BC_2F_1의 유전구성은 1회친(aa) 12.5%, 반복친(AA) 87.5%가 된다.

40 타가수정 작물은?

① 밀
② 보리
③ 양파
④ 수수

타식성 작물
옥수수, 호밀, 메밀, 딸기, 양파, 마늘, 시금치, 호프, 아스파라거스

제3과목 재배원론

41 다음에서 설명하는 것은?

생육 초기부터 출수기에 걸쳐서 여러 시기에 냉온을 만나서 출수가 지연되고, 이에 따라 등숙이 지연되어 후기의 저온으로 인하여 등숙불량을 초래한다.

① 혼합형 냉해
② 병해형 냉해
③ 지연형 냉해
④ 장해형 냉해

지연형 냉해
㉠ 생육 초기부터 출수기에 이르기까지 여러 시기와 단계에 걸쳐 냉온 조건에 부딪혀 출수를 비롯한 등숙 등의 단계가 지연되고 결국 수량에까지 영향을 미치는 냉해이다.

ⓛ 벼에서는 특히, 출수 30일 전부터 25일 전까지의 약 5일간, 즉 벼가 생식 생장기에 돌입하여 유수를 형성할 시기에 냉온에 부딪히면 출수의 지연이 가장 심하다.

42 다음 중 작물의 생육에 따른 최적온도가 가장 낮은 것은?

① 보리　　　　　　② 완두
③ 멜론　　　　　　④ 오이

작물의 주요 온도(Haberlandt)

작물	최저온도(℃)	최적온도(℃)	최고온도(℃)
밀	3~4.5	25	30~32
호밀	1~2	25	30
보리	3~4.5	20	28~30
귀리	4~5	25	30
옥수수	8~10	30~32	40~44
벼	10~12	30~32	36~38
담배	13~14	28	35
삼	1~2	35	45
사탕무	4~5	25	28~30
완두	1~2	30	35
멜론	12~15	35	40
오이	12	33~34	40

43 밀에서 저온 버널리제이션을 실시한 직후에 35℃ 정도의 고온처리를 하면 버널리제이션 효과를 상실하게 되는데, 이 현상을 무엇이라 하는가?

① 버날린　　　　　② 화학적 춘화
③ 재춘화　　　　　④ 이춘화

이춘화(離春化)
밀에서 저온 버널리제이션을 실시한 직후에 35℃ 정도의 고온처리를 하게 되면 버널리제이션 효과를 상실하며, 이와 같은 현상은 다른 작물에서도 인정되는데, 이를 이춘화라고 한다.

44 대기 중의 이산화탄소 농도는?

① 약 21%　　　　　② 약 35%
③ 약 0.35%　　　　④ 약 0.035%

대기 중의 CO_2 농도는 대체로 0.035%이다.

45 점오염원에 해당하는 것은?

① 산성비　　　　　　② 방사성 물질
③ 대단위 가축사육장　④ 농약의 장기간 연용

46 작물의 기지 정도에서 2년 휴작이 필요한 작물은?

① 수박　　　　　　② 가지
③ 감자　　　　　　④ 완두

2년 휴작을 요하는 작물
마, 감자, 잠두, 오이, 땅콩 등

47 다음 중 자외선 하에서 광산화되어 오존가스를 생성하는 것은?

① SO_2　　　　　② HF
③ NO_2　　　　　④ CI_2

48 종자의 수명에서 단명종자에 해당하는 것은?

① 당근　　　　　　② 토마토
③ 가지　　　　　　④ 수박

작물별 종자의 수명

단명종자(1~2년)	상명종자(2~3년)	장명종자(4~6년)
콩, 땅콩, 옥수수, 메밀, 기장, 목화, 해바라기, 강낭콩, 양파, 파, 상추, 당근, 고추	벼, 밀, 보리, 귀리, 완두, 유채, 페스큐, 켄터키블루그래스, 목화, 무, 배추, 호박, 멜론, 시금치, 우엉	클로버, 알팔파, 베치, 사탕무, 가지, 토마토, 수박, 비트

49 다음 중 C₄ 식물에 해당하는 것은?

① 벼 ② 기장
③ 밀 ④ 담배

C₃ 식물과 C₄ 식물

㉠ C₃ 식물 : 벼, 보리, 밀, 콩, 고구마, 감자 등
㉡ C₄ 식물 : 옥수수, 사탕수수, 수수, 기장 등

50 최적엽면적에 대한 설명으로 가장 옳은 것은?

① 수광태세가 양호한 단위면적당 군락엽면적
② 호흡량이 최소로 되는 단위면적당 군락엽면적
③ 동화량이 최대가 되는 단위면적당 군락엽면적
④ 건물생산량이 최대로 되는 단위면적당 군락엽면적

최적엽면적

건물생산이 최대로 되는 단위면적당 군락엽면적을 뜻하는데 일사량과 군락의 수광태세에 따라서 크게 변동한다.

51 이랑을 세우고 낮은 골에 파종하는 방식은?

① 휴립구파법 ② 휴립휴파법
③ 성휴법 ④ 평휴법

휴립법(畦立法)

이랑을 세워서 고랑이 낮게 하는 방식이다.

㉠ 휴립구파법 : 이랑을 세우고 낮은 골에 파종하는 방식이다(맥류).
㉡ 휴립휴파법 : 이랑을 세우고 이랑을 파종하는 방식이다(콩·조).

52 다음 중 작물의 요수량이 가장 큰 것은?

① 호박 ② 보리
③ 옥수수 ④ 수수

작물의 요수량

조사자 / 작물	Briggs· Shantz	Shantz· Piemeisel	조사자 / 작물	Briggs· Shantz	Shantz· Piemeisel
호박	834	–	보리	534	523
알팔파	831	835	밀	513	491
클로버	799	759			550
완두	788	745			455
아마	–	752	사탕무	–	377
강낭콩	–	656	옥수수	368	361
잠두	–	646	수수	322	380
목화	646	–			287
감자	636	499			285
호밀	–	634	기장	310	274
귀리	597	604	오이	713	–
메밀	–	540	흰명아주	948	–

53 굴광현상에 가장 유효한 것은?

① 자외선 ② 자색광
③ 적색광 ④ 청색광

굴광현상

식물이 광조사의 방향에 반응하여 굴곡반응을 나타내는 깃으로 $4,000\sim5,000 \text{Å}$, 특히 $4,400\sim4,800 \text{Å}$의 청색광이 가장 유효하다.

54 근채류를 괴근류와 직근류로 나눌 때 직근류에 해당하는 것은?

① 감자 ② 우엉
③ 마 ④ 생강

정답 49 ② 50 ④ 51 ① 52 ① 53 ④ 54 ②

직근류

원뿌리가 비대하여 땅속으로 곧게 내리는 뿌리가 바로 저장기관이 되는 식물로서 무, 당근, 우엉 등이 있다.

55 배유종자에 해당하는 것은?

① 상추   ② 피마자
③ 오이   ④ 완두

㉠ 배유종자 : 배와 배유의 두 부분으로 형성되는 벼 · 보리 · 옥수수 등의 화본과 종자와 피마자 등
㉡ 무배유종자 : 배유가 흡수하여 저장 양분이 자엽에 저장되며 배는 유아 · 배축 · 유근의 세 부분으로 형성되는 콩 · 팥 등의 두과 종자

56 수광태세를 좋아지게 하는 콩의 초형으로 틀린 것은?

① 가지가 짧다.
② 꼬투리가 원줄기에 많이 달리고 밑에까지 착생한다.
③ 잎자루가 짧고 일어선다.
④ 잎이 길고 넓다.

콩의 초형

① 키가 크고, 도복이 안 되며, 가지를 적게 치고, 가지가 짧다.
② 꼬투리가 주경에 많이 달리고, 밑에까지 착생한다.
③ 잎줄기가 짧고 일어선다.
④ 잎이 작고 가늘다.

57 휴작기에 비가 올 때마다 땅을 갈아서 빗물을 지하에 잘 저장하고, 작기에는 토양을 잘 진압하여 지하수의 모관상승을 좋게 함으로써 한발적응성을 높이는 농법은?

① 프라이밍   ② 일류관개
③ 드라이파밍   ④ 수반법

드라이 파밍(Dry Farming, 내건성농법)

작물을 재배하지 않을 때 비가 오기 전에 땅을 갈아서 빗물이 땅속 깊이 스며들게 하고, 작기에는 토양을 잘 진압하여 지하수의 모관상승을 조장함으로써 한발적응성을 높이는 방법이다.

58 토성의 분류법에서 세토 중의 점토 함량이 12.5~25%에 해당하는 것은?

① 사토   ② 양토
③ 식토   ④ 사양토

토성의 분류와 판정방법

토성	점토 함량(%)	점토와 모래 비율의 느낌	점토로 토성 판정
사토	12.5 이하	까칠까칠하고 거의 모래라는 느낌	반죽이 되지 않고 흐트러짐
사양토	12.5~25.0	70~80%가 모래이고 약간의 점토가 있는 느낌	반죽은 되지만 막대가 되지 않음
양토	25.0~37.5	모래와 점토가 반반인 느낌	굵은 막대가 됨
식양토	37.5~50.0	대부분이 점토이고 일부가 모래인 느낌	가는 막대가 됨
식토	50.0	거의 모래가 없이 부드러운 점토의 느낌	종이로 가늘게 꼰 끈 모양의 막대가 됨

59 박과 채소류의 접목 시 일반적인 특징에 대한 설명으로 틀린 것은?

① 당도가 높아진다.
② 흡비력이 강해진다.
③ 과습에 잘 견딘다.
④ 토양전염성 병의 발생을 억제한다.

정답   55 ②   56 ④   57 ③   58 ④   59 ①

㉠ 접목의 이로운 점
- 토양전염성 병 발생을 억제한다(덩굴쪼김병 : 수박, 오이, 참외).
- 저온, 고온 등 불량환경에 대한 내성이 증대된다(수박, 오이, 참외).
- 흡비력이 강해진다(수박, 오이, 참외).
- 과습에 잘 견딘다(수박, 오이, 참외).
- 과실의 품질이 우수해진다(수박, 멜론).

㉡ 접목의 불리한 점
- 질소 과다 흡수의 우려가 있다.
- 기형과가 많이 발생한다.
- 당도가 떨어진다.
- 흰가루병에 약하다.

60 식물의 일장감응 중 SI식물에 해당하는 것은?

① 도꼬마리
② 시금치
③ 봄보리
④ 사탕무

일장감응의 9개형

명칭	화아분화전	화아분화후	종류
LL식물	장일성	장일성	시금치 · 봄보리
LI식물	장일성	중일성	Phlox paniculate · 사탕무
LS식물	장일성	단일성	Boltonia · Physostegia
IL식물	중일성	장일성	밀 · 보리
II식물	중일성	중일성	고추 · 올벼 · 메밀 · 토마토
IS식물	중일성	단일성	소빈국(小濱菊)
SL식물	단일성	장일성	프리뮬러 · 시네라리아 · 양딸기
SI식물	단일성	중일성	늦벼(신력 · 욱) · 도꼬마리
SS식물	단일성	단일성	코스모스 · 나팔꽃 · 늦콩

(L=Long, I=Indeterminate, S=Short)
- 장일식물 : Long−Day Plants
- 단일식물 : Short−Day Plants
- 중간식물 : Indeterminate Plants
- 장단일식물 : Long−Short Day Plants
- 단장일식물 : Short−Long Day Plants

제4과목 식물보호학

61 대기오염으로 인한 피해로 식물의 잎을 은색으로 변하게 하는 것은?

① HF
② SO_2
③ NO_3
④ PAN

PAN

탄화수소 · 오존 · 이산화2질소가 화합해서 생성되며, PAN은 광화학적인 반응에 의하여 식물에 피해를 끼치는데 담배 · 페튜니어는 10ppm으로 5시간 접촉되면 피해증상이 생기며 잎의 뒷면에 황색 내지 백색의 반점이 잎맥 사이에 나타난다.

62 농약의 주성분 농도를 낮추기 위해 사용되는 것은?

① 전착제
② 감소제
③ 협력제
④ 증량제

증량제

입제, 분제, 수화제 등의 고체약제 조제 시 주성분의 농도를 저하시키고 부피를 증대시켜 농약 주성분을 목적물에 균일하게 살포하여 농약의 부착력을 향상시키는 약제

63 잡초의 발생으로 인한 피해가 아닌 것은?

① 병해충의 전염원
② 식물상의 다양화
③ 기생에 의한 양분 탈취
④ 영양분, 공간, 햇빛 등에 대한 경쟁

64 배나무방패벌레에 대한 설명으로 옳지 않은 것은?

① 1년에 3~4회 발생한다.
② 잎의 뒷면에서 즙액을 빨아먹는다.
③ 유충으로 잡초나 낙엽 밑에서 월동한다.
④ 알을 잎의 뒷면 조직 속에 낳아서 검은 배설물로 덮어 놓는다.

정답   60 ①   61 ④   62 ④   63 ②   64 ③

해설
배나무방패벌레는 성충으로 피해목의 지제부(地際部), 잡초, 낙엽 밑에서 월동한다.

② 그람염색법 : 감자둘레썩음병 등 그람양성 병원균 진단
⑩ 초박절편법(TEM) : 전자현미경으로 관찰
⑭ 면역전자현미경법(ISEM) : 혈청반응을 전자현미경으로 관찰

65 병원에 대한 설명으로 옳지 않은 것은?

① 파이토플라스마는 비생물성 병원이다.
② 병원이란 식물성의 원인이 되는 것이다.
③ 병원에는 생물성, 비생물성, 바이러스성이 있다.
④ 병원이 바이러스일 경우 이를 병원체라고 한다.

해설
㉠ 생물성 원인 : 세균, 진균, 점균, 종자식물, 곤충, 선충, 응애, 고등동물(간접 원인), 바이러스, 파이토플라스마 등에 의함
㉡ 비생물성 원인 : 대부분이 환경에 의하며, 농사작업 대사산물의 이상 등에 의해 발생한다.

66 식물병이 발생하는 데 직접적으로 관여하는 가장 중요한 요인은?

① 소인 ② 주인
③ 유인 ④ 종인

해설
㉠ 주인 : 식물병에 직접적으로 관여하는 것
㉡ 유인 : 주인의 활동을 도와서 발병을 촉진시키는 환경요인 등

67 식물병 진단법 중 해부학적 방법에 해당하는 것은?

① DN법 ② 즙액접종
③ 괴경지표법 ④ 파지(Phage)의 검출

해설
해부학적 진단
㉠ 현미경 관찰
㉡ 봉입체(X-body)의 형태를 이용해 바이러스종을 동정
㉢ 침지법(DN) : 바이러스에 감염된 잎을 슬라이드글라스 위에 올려놓고 염색하여 관찰

68 제초제의 선택성에 관여하는 요인과 가장 거리가 먼 것은?

① 제초제의 독성 ② 제초제의 대사 속도
③ 잡초의 형태적 차이 ④ 제초제의 처리 방법

69 농약 제제 중 고형시용제인 것은?

① 유제 ② 수화제
③ 미분제 ④ 수용제

해설
미분제(微粉劑)
부유성 지수 85 이상, 평균 입경 5마이크로미터(μm) 이하의 고운 가루로 형성된 제제로서 주로 시설 재배의 병해충 방제에 사용된다.

70 암발아 잡초에 해당하는 것은?

① 냉이 ② 쇠비름
③ 소리쟁이 ④ 노랑꽃창포

해설
암발아 잡초
냉이, 광대나물, 독말풀, 별꽃 등

71 농약 유제를 물에 넣으면 입자가 균일하게 분산되어 유탁액으로 되는 성질은?

① 수화성 ② 현수성
③ 부착성 ④ 유화성

해설
유화성
유제를 연수에 희석하였을 때 입자가 균일하게 분산되어 유탁액으로 되는 성질

정답 65 ① 66 ② 67 ① 68 ① 69 ③ 70 ① 71 ④

72 변태의 유형과 곤충을 올바르게 연결한 것은?

① 점변태 – 노린재
② 완전변태 – 메뚜기
③ 증절변태 – 하루살이
④ 불완전변태 – 풀잠자리

해설

② 완전변태 : 곤충에서 번데기 시기가 있는 변태(벌, 나비, 초파리)
③ 증절변태 : 곤충이 알로부터 부화한 후 몸마디가 불어나가는 것(검은낫발이)
④ 불완전변태 : 알에서 깬 유충이 번데기의 시기를 거치지 않고 바로 성충이 되는 변태(잠자리, 매미, 메뚜기, 하루살이)

73 무시류에 속하는 곤충목은?

① 파리목   ② 돌좀목
③ 사마귀목   ④ 집게벌레목

74 절대기생균에 해당하지 않는 병원균은?

① 녹병균   ② 노균병균
③ 흰가루병균   ④ 잿빛곰팡이병균

해설

절대기생균은 살아 있는 조직에서 영양원을 섭취하는 균이다.

75 병원체가 식물체에 침입할 때 사용하는 분해요소가 아닌 것은?

① 큐틴 분해효소
② 펙틴 분해효소
③ 리그닌 분해 효소
④ 헤미셀룰로오스 분해효소

76 벼의 즙액을 빨아먹어 직접 피해를 주고, 간접적으로는 바이러스를 매개하여 벼의 줄무늬잎마름병을 유발시키는 것은?

① 벼멸구   ② 애멸구
③ 벼잎벌레   ④ 흰등멸구

해설

애멸구
㉠ 1년에 5회 발생하며, 성충기간은 약 1개월이다.
㉡ 유충의 형태로 자운영 또는 논둑의 잡초 속에서 월동한 후 4월 중순경에 성충이 되어 못자리 때부터 출현한다.
㉢ 잎집의 조직 속에 산란하며, 산란 수는 200개 이상이 된다. 유충기간은 여름철 2주일, 가을철 3주일 정도이고, 5령을 거쳐 성충이 된다.
㉣ 줄무늬마름병의 병원 바이러스를 매개한다.

77 잡초의 결실을 미연에 방지하고 키가 큰 잡초의 차광 피해를 막기 위해 중간 베기로 잡초를 제거하는 방법은?

① 피복   ② 경운
③ 예취   ④ 침수

해설

예취
곡식이나 풀을 베는 것이며 예취 높이를 높게 하면 호광성 또는 광발아성 잡초의 발생과 생육을 억제하는 효과가 있다.

78 이화명나방 2화기 방제를 위하여 페니트로티온 50% 유제를 1,000배로 희석하여 10a당 160L를 살포한다. 논 전체 살포면적이 60a일 때 소요되는 약량은?

① 160mL   ② 480mL
③ 960mL   ④ 3,200mL

해설

160/1,000 = 160mL×6 = 960mL

79 우리나라의 논에서 발생하는 주요 잡초가 아닌 것은?

① 피 ② 쇠비름
③ 방동사니 ④ 물달개비

해설
쇠비름은 밭잡초이다.

80 천적 및 미생물제를 이용한 해충 방제방법은?

① 경종적 방제방법 ② 화학적 방제방법
③ 물리적 방제방법 ④ 생물적 방제방법

해설
생물학적 방제법(生物學的 防除法)
해충에는 이를 포식하거나 기생하는 자연계의 천적이 있는데, 이와 같은 천적을 이용하는 방제법을 생물학적 방제법이라고 한다.

제1과목 종자생산학

01 자식성 식물에서 작물의 종자생산 관리체계에서 증식체계로 옳은 것은?

① 기본식물 → 원원종 → 원종 → 보급종
② 보급종 → 기본식물 → 원원종 → 원종
③ 보급종 → 원원종 → 원종 → 기본식물
④ 원종 → 보급종 → 원원종 → 기본식물

〔해설〕

종자 증식 체계
기본식물 → 원원종 → 원종 → 보급종의 단계를 거친다.

02 여교배 중에서 F₁을 양친 중 열성친과 교배하는 경우를 말하며, 주로 유전자 분석을 목적으로 하는 것은?

① 검정교배 ② 복교배
③ 다계교배 ④ 3계교배

〔해설〕

검정교배
특성 형질에 있어 자손세대에 나타나는 표현형을 통해 유전자형을 알지 못하는 개체가 동형접합성인지 이형접합성인지를 결정하는 데 쓰이는 방법

03 다음 설명의 ( ) 안에 알맞은 내용은?

구분	휴면상태	후숙처리 방법	후숙처리 기간(개월)
상추종사	종피휴면	광·저온	( )

① 5~8 ② 12~18
③ 20~23 ④ 25~28

〔해설〕

상추의 후숙처리기간은 12~18개월이다.

04 유채의 포장검사 시 포장격리에서 산림 등 보호물이 있을 때를 제외하고 원종, 보급종은 이품종으로부터 몇 m 이상 격리되어야 하는가?

① 300 ② 500
③ 800 ④ 1,000

〔해설〕

유채
원종, 보급종은 이품종으로부터 1,000m 이상 격리되어야 한다.

05 다음에서 설명하는 것은?

> 일명 Hiltner 검사라고도 하며, 처음에는 곡류에 종자 전염 하는 Fusarium의 감염여부를 알고자 고안한 방법이었지만, 후에 종자의 불량묘검사에 이용되었다.

① 삼투압검사 ② ATP검사
③ GADA검사 ④ 와사검사

〔해설〕

Hiltner test → 와사검사(瓦砂檢査)

06 제웅하지 않고 풍매 또는 충매에 의한 자연교잡을 이용하는 작물로만 나열된 것은?

① 벼, 보리 ② 수수, 토미토
③ 가지, 멜론 ④ 양파, 고추

〔해설〕

웅성불임성을 이용하는 작물
옥수수, 양파, 파, 상추, 당근, 고추, 벼, 밀, 쑥갓 등

07 다음 중 종자 안전건조온도의 적정 온도가 가장 낮은 것은?

정답 01 ① 02 ① 03 ② 04 ④ 05 ④ 06 ④ 07 ②

① 벼 ② 양파

③ 순무 ④ 옥수수

08 고추, 무, 레드클로버 종자의 형상은?

① 난형 ② 도란형

③ 방추형 ④ 구형

> 해설
>
> 종자의 형상
> • 도란형 : 목화
> • 방추형 : 보리, 모시풀
> • 구형 : 배추, 양배추
> • 방패형 : 파, 양파, 부추
> • 타원형 : 벼, 밀, 팥, 콩

09 다음에서 설명하는 것은?

> 기계적 상처를 입은 콩과작물의 종자를 20%의 $FeCl_3$ 용액에 15분간 처리하면 손상을 입은 종자가 검은색으로 변한다.

① 산화효소법

② ferric chloride(페릭 클로라이드)법

③ 과산화효소법

④ 셀레나이트법

10 다음 설명에 해당하는 것은?

> 많은 꽃의 자방들이 모여서 하나의 덩어리를 이루고 있는 것으로 파인애플, 라즈베리가 해당한다.

① 복과 ② 위과

③ 취과 ④ 단과

> 해설
>
> • 복과(複果) : 여러 개의 꽃이 꽃차례를 이루어 된 많은 열매가 한데 모여 마치 한 개의 열매처럼 생긴 것
> • 위과(僞果) : 배, 사과 등과 같이 꽃턱, 꽃대 부분이 씨방과 함께 비대해져서 된 과실
> • 취과(聚果) : 한 개의 꽃이 다수의 씨방으로 구성되어

있어 결실하면 한 개의 꽃받침 위에 다수의 과실이 모이는 것(산딸기 종류)

11 다음 "수확적기의 종자의 수분함량" 관련 설명에 적합한 작물은?

> • 수분함량이 20~25%일 때 수확하는 것이 이상적이지만, 30%일 때 적기인 것도 있음
> • 수분주의 수확은 수분함량 30~35%에서 조기 수확함

① 옥수수 ② 콩

③ 땅콩 ④ 밀

> 해설
>
> 수확 적기 종자의 수분함량
> • 옥수수 : 20~25% • 벼, 보리 : 17~23%
> • 밀 : 16~19% • 콩 : 14%
> • 귀리 : 19~21%

12 다음은 감자의 포장검사에서 검사시기 및 횟수에 대한 내용이다. (가)에 알맞은 내용은?

> 춘작 : 유묘가 (가) 정도 자랐을 때 및 개화기부터 낙화기 사이에 각각 1회 실시한다.

① 8cm ② 15cm

③ 23cm ④ 30

> 해설
>
> • 춘작 : 유묘가 15cm 정도 자랐을 때 및 개화기부터 낙화기 사이에 각각 1회 실시한다.
> • 추작 : 유묘가 15cm 정도 자랐을 때 및 제1기 검사 후 15일경에 각각 1회 실시한다.

13 자가수정만 하는 작물로만 나열된 것은? (단, 자가수정 시 낮은 교잡률과 자식열세를 보이는 작물은 제외)

① 옥수수, 호밀 ② 참외, 멜론

③ 당근, 수박 ④ 완두, 강낭콩

해설

자식성 작물

벼, 밀, 보리, 콩, 완두, 강낭콩

14 발아억제물질인 coumarin이 영 부위에 존재하는 것은?

① 사탕무   ② 보리

③ 단풍나무   ④ 장미

해설

보리는 발아억제물질인 쿠마린(coumarin)이 영 부위에 존재한다.

15 수분의 자극을 받아 난세포가 배로 발달하는 것으로만 나열된 것은?

① 밀감, 부추   ② 파, 달맞이꽃

③ 목화, 벼   ④ 진달래, 국화

해설

위수정생식(pseudogamy)

수분(受粉)의 자극을 받아 난세포가 배로 발달하는 것 (담배, 목화, 벼, 밀, 보리)

16 무한화서이고, 작은 화경이 없거나 있어도 매우 짧고 화경과 함께 모여 있으며, 총포라고 불리는 포엽으로 둘러싸여 있는 것은?

① 두상화서   ② 단정화서

③ 단집산화서   ④ 안목상취산화서

17 ( ) 안에 알맞은 내용은?

2개의 게놈을 갖고 있는 유채나 서양유채와 같은 것은 제1상의 저온감응상의 요구가 없고 다만 제2상의 일장감응상에 의하므로 이러한 ( ) 식물은 교배에 있어서 일장처리에 의하여 개화기를 조절할 수 있다.

① 뇌수분형   ② 종자춘화형

③ 적심형   ④ 무춘화형

해설

무춘화형

개화에 저온을 요구하지 않고 주로 일장반응에 따라 개화한다.(유채. 갓 등)

18 종자의 휴면 및 발아의 호르몬기구와 관련된 상호관계에서 휴면인 경우는?

① 지베렐린 : 유, 시토키닌 : 유, 억제물질(ABA) : 무

② 지베렐린 : 유, 시토키닌 : 유, 억제물질(ABA) : 유

③ 지베렐린 : 유, 시토키닌 : 무, 억제물질(ABA) : 유

④ 지베렐린 : 유, 시토키닌 : 무, 억제물질(ABA) : 무

19 ( ) 안에 알맞은 내용은?

종이나 그 밖의 분해되는 재료로 만든 폭이 좁은 대상(帶狀)의 물질에 종자를 불규칙적 또는 규칙적으로 붙여 배열한 것을 ( )라고 한다.

① 장환종자   ② 피막처리종자

③ 테이프종자   ④ 펠릿종자

해설

코팅종자의 형태

• 장환종자(seed granules) : 다소 원통형에 가까운 단위로서 2개 이상의 종자를 함께 집어넣을 수도 있다.

• 피막종자(encrusted seed) : 종자의 형태와 크기는 원형에 가깝게 유지하게 하고, 중량이 약간 변할 정도로 피막 재료 속에 살충, 살균, 염료, 기타 첨가물을 포함한다.

• 펠릿종자(pelleted seed) : 대체로 둥글게 개발되었으며, 코팅물질은 점토로 한다. 재료에는 살충제, 염료 또는 첨가물이 포함될 수 있다.

20 "주피에 있는 구멍으로서 그 구멍을 통하여 자란 화분관이 난세포와 결합한다."에 해당하는 것은?

① 주심   ② 에피스테이스

③ 주병   ④ 주공

정답   14 ②   15 ③   16 ①   17 ④   18 ③   19 ③   20 ④

주공(珠孔)
•수정할 때 화분이 주심피를 통과하는 구멍이다.
•종자식물 밑씨의 선단에 있으며 주심(珠心), 외계와 연락을 하는 작은 구멍이다.

제2과목 식물육종학

21 종자번식 농작물의 일생을 순서대로 나타낸 것은?

① 배우자형성 → 결실 → 중복수정 → 영양생장 → 발아
② 영양생장 → 결실 → 발아 → 중복수정 → 배우자형성
③ 발아 → 중복수정 → 배우자형성 → 결실 → 영양생장
④ 발아 → 영양생장 → 배우자형성 → 중복수정 → 결실

해설

종자번식 농작물은 파종 후 발아 → 생장 → 출수 → 성숙(결실)의 단계를 거쳐 일생을 마치며, 생장과정은 잎과 줄기 및 뿌리의 영양기관이 형성되고 커지는 영양생장기와 벼알이 생겨나고 익는 생식생장기로 구분된다.

22 육종집단 변이 크기를 나타내는 통계치는?

① 평균치
② 최소치와 평균치의 차이
③ 중앙치
④ 분산

해설

분산(分散, variance)
어떤 집단의 자료가 중심치인 평균으로부터 떨어진 정도를 나타내는 양, 즉 산포(散布)의 정도를 나타내는 방법 중의 하나를 분산이라고 한다.

23 반수체식물을 얻을 수 있는 조직배양 기법은?

① 배유배양
② 약배양
③ 생장점배양
④ 세포융합

해설

반수체(haploid)
㉠ 자연적으로 발생하기도 하지만 그 빈도가 매우 낮은 편이다.
㉡ 인위적으로 반수체를 만드는 방법에는 약배양, 화분배양, 종속 간 교배 및 반수체 유도유전자를 이용하는 경우가 있다.

24 집단 육종법과 파생계통 육종법의 차이는?

① 집단 육종법은 F_2세대에서 선발을 거친다.
② 파생계통 육종법은 F_2에서 선발을 거친다.
③ 파생계통 육종법은 모든 세대에서 선발이 이루어진다.
④ 후기 세대의 육종과정이 약간 다르다.

해설

파생계통 육종(F_2-derived line method)
계통 육종법과 집단 육종법을 절충한 육종법이다.

25 불임성 중 유전자 원인에 의한 것이 아닌 것은?

① 순환적 불임성
② 웅성불임성
③ 자가불화합성
④ 이형예현상

해설

순환적 불임성은 환경적 원인에 의한 불임성이다.

26 동질배수체의 일반적인 특징이 아닌 것은?

① 핵과 세포가 커진다.
② 함유성분의 변화가 생긴다.
③ 발육이 지연된다.
④ 채종량이 증가한다.

임성 저하

동질배수체 식물은 임성이 저하되어 계통유지가 곤란하며 높은 것은 70%, 낮은 것은 10% 이하가 된다. 3배체(3n)는 거의 완전불임을 보인다.

27 내병성 품종의 육성이나 유전자의 분리 및 연관관계를 밝히는 방법으로 흔히 쓰이는 것은?

① 단교잡법
② 복교잡법
③ 여교잡법
④ 삼원교잡법

여교잡법(戻交雜法)

㉠ 교잡으로 생긴 잡종을 잡종 제1세대를 만들 때 이용한 양친 가운데 우수한 형질을 가진 반복친과 계속적으로 교배하여 새로운 품종을 만드는 육종법이다.
㉡ 내병성 육종에 많이 이용한다.
㉢ 품질은 떨어지지만 내병성 품종을 일회친으로 하고, 병에 약하지만 우수 형질을 가진 품종을 반복친으로 하여 내병성 신품종을 육성할 수 있다.

28 수정을 거치지 않고 유성생식 기관 또는 거기에 부수되는 조직 및 세포로부터 배가 만들어지는 경우가 아닌 것은?

① 부정배형성
② 유배생식
③ 복상포자생식
④ 무포자생식

아포믹시스(Apomixis)

아포믹시스는 배를 만드는 세포에 따라 부정배형성, 무포자생식, 복상포자생식, 위수정생식, 웅성단위생식 등으로 나누어진다.

29 완전히 자가수정 하는 동형접합체의 1개체로부터 불어난 자손의 총칭은?

① 유전자원
② 유전변이체
③ 순계
④ 동질배수체

순계(純系)

유전 형질이 순수한 개체끼리 생식을 계속해 온 동일한 형질의 계통

30 세포질적 웅성불임성에 해당하는 것은?

① 보리
② 옥수수
③ 토마토
④ 사탕무

세포질적 웅성불임성(細胞質的雄性不稔性)

종자나 묘목을 얻으려고 기르는 나무의 세포질 인자 때문에 꽃가루의 발육이 불완전하여 씨를 맺지 못하는 성질을 말한다. 세포질 인자는 주로 미토콘드리아 핵 외 유전자를 의미하며 옥수수, 밀, 벼, 담배, 유채에서 나타난다.

31 콩과식물의 제웅에 가장 적당한 방법은?

① 화판인발법(花瓣引拔法)
② 집단제정법(集團除精法)
③ 절영법(切穎法)
④ 수세법(水洗法)

화판인발법

꽃망울 끝의 꽃잎을 꽃밥과 함께 뽑아내는 방법으로, 자운영 등 콩과목초의 제웅에 쓰이는 간단한 방법이다.

32 배수체 작성을 위한 염색체 배가 방법이 아닌 것은?

① 콜히친처리법
② 자외선처리법
③ 근친교배법
④ 아세나프텐처리법

근친교배(近親交配)

혈연이 매우 가까운 생물의 암수를 인위적으로 수정시키거나 수분시킨다.

33 A/B//C 교배의 순서는?

① A와 B와 C를 함께 방임수분함
② A와 B를 교배하여 나온 F$_1$과 C를 교배함
③ A와 B를 모본으로 하고, C를 부본으로 하여 함께 교배함
④ B와 C를 모본으로 하고, A를 모본으로 하여 함께 교배함

해설

3계교배(three way cross)
'(A×B)×C'와 같이 단교잡과 다른 근교계와의 잡종이 3계교잡이며, 우량조합을 선정하는 데 이용되며 육종 면에서의 가치가 단교잡과 복교잡의 중간 정도이다.

34 일반조합능력에 이용되는 조합능력 검정법으로 가장 적당한 것은?

① 단교잡검정법　② 여교잡법
③ 톱교잡검정법　④ 다교잡검정법

해설

Top 교잡(Top cross)
적당한 품종 · 복교잡종 · 합성품종 등을 검정친으로 하여 여러 자식계를 교잡하고, 그들의 일반조합능력을 검정하는 방법이다.

35 체세포의 염색체수가 2n인 농작물의 배, 배젖, 화분, 생장점에서의 염색체수를 순서대로 옳게 나타낸 것은?

① n, 2n, 3n, 2n　② 2n, 3n, 2n, n
③ 2n, 3n, n, 2n　④ n, 2n, 2n, 3n

해설

체세포의 염색체수가 2n인 농작물
㉠ 배 : 2n
㉡ 배젖 : 3n
㉢ 화분(꽃가루) : n
㉣ 뿌리, 줄기의 생장점 : 2n

36 자가수정 작물 품종 간 단교잡 후대에서 개체선발을 시작할 수 있는 세대는?

① F$_1$　　　② 양친 세대
③ F$_4$　　　④ F$_2$

해설

계통육종(pedigree breeding)
계통육종은 인공교배 하여 F$_1$을 만들고 F$_2$부터 매 세대 개체선발과 계통재배 및 계통선발을 반복하면서 우량한 유전자형의 순계를 육성하는 육종방법이다.

37 식물육종에서 추구하는 주요 목표라 할 수 없는 것은?

① 불량온도 등 환경스트레스에 대한 저항성 증진
② 비타민 등 영양분 개선에 의한 기계화 적응성 증진
③ 병, 해충 등 생물적 스트레스에 대한 저항성 증진
④ 영양성분 및 물리적 특성 개선에 의한 품질개량

38 돌연변이 육종법의 특징이 아닌 것은?

① 품종 내 조화를 파괴하지 않고 1개의 특성만 용이하게 치환할 수 있다.
② 이형접합체 영양번식 식물에서 변이를 작성하기가 용이하다.
③ 동질배수체의 임성을 저하시킬 수 있다.
④ 상동이나 비상동 염색체 사이에 염색체 단편을 치환시키기가 용이하다.

해설

동질배수체
㉠ 인위적인 염색체배가법, 즉 주로 콜히친처리법에 의해서 기본종의 염색체를 배가시켜 동질배수체를 작성한다(n → 2n, 2n → 4n 등).
㉡ 씨 없는 수박(3n)은 4n×2n의 방법으로 작성한다.

39 돌연변이 육종과 관련이 가장 적은 것은?

① 감마선　　　② 열성변이
③ 성염색체　　④ 염색체 이상

해설

성염색체(性染色體)

암수의 성을 결정하는 유전자를 지닌 염색체이다.

40 1대 잡종 육종에서 조합능력의 개량이 필요한 이유는?

① 근연종 간에 교잡을 위하여
② 순계를 육성하기 위하여
③ 1대 잡종의 생산력을 높이기 위하여
④ 교잡을 용이하게 하기 위하여

해설

1대 잡종의 장점

㉠ 1대 잡종품종은 수량이 많다.
㉡ 균일한 생산물을 얻을 수 있다.
㉢ 우성유전자를 이용하기 유리하다는 이점이 있다.
㉣ 매년 새로 만든 F_1 종자를 파종하므로 종자산업 발전에 큰 몫을 한다.

제3과목 **재배원론**

41 광합성 연구에 활용되는 방사선 동위원소는?

① ^{14}C
② ^{32}P
③ ^{42}K
④ ^{24}Na

해설

방사선 동위원소의 활용

㉠ 광합성의 연구 : ^{11}C, ^{14}C 등으로 표지된 CO_2를 잎에 공급하여 시간의 경과에 따른 탄수화물의 합성과정을 규명할 수 있고, ^{14}C를 표지화합물을 이용하여 동화물질의 전류, 축적과정도 밝힐 수 있다.
㉡ 작물 영양 · 생리의 연구 : ^{15}N, ^{32}P, ^{42}K, ^{45}Ca
㉢ 농업 · 토목에 이용 : ^{24}Na

42 추파성 맥류의 상적 발육설을 주창한 사람은?

① 다윈
② 우장춘
③ 바빌로프
④ 리센코

해설

상적 발육설(相的 發育說)

Lysenko가 가을밀을 재료로 하여 단계발육설을 제창하고 그 뒤 여러 학자들이 이를 보강하여 상적 발육설을 발전시켰다.

43 좁은 범위의 일장에서만 화성이 유도 촉진되며 2개의 한계일장을 가진 식물은?

① 장일식물
② 중일식물
③ 장단일식물
④ 정일식물

해설

중간식물(中間植物, 정일식물)

㉠ 좁은 범위의 일장에서만 화성이 유도 · 촉진되며 2개의 한계일장이 있다.
㉡ 사탕수수의 F106이란 품종은 12시간 45분과 12시간의 좁은 일장 범위에서만 개화를 한다.

44 침수에 대한 피해가 가장 큰 벼의 생육 단계는?

① 분얼성기
② 최고분얼기
③ 수잉기
④ 등숙기

해설

생육시기

벼는 분얼초기에는 침수에 강하고, 수잉기 · 출수개화기에는 침수에 극히 약하다.

45 휴면연장과 발아억제를 위한 방법으로 틀린 것은?

① 에스렐처리
② MH 수용액 처리
③ 저온저장
④ 감마선 조사

에스렐

에틸렌(에스렐)은 과실의 성숙 · 촉진을 비롯한 식물생장의 조절에 이용한다.

46 고온이 오래 지속될 때 식물체 내에서 일어나는 현상은?

① 당의 증가 ② 증산작용의 저하
③ 질소대사의 이상 ④ 유기물의 증가

열해의 주요원인

㉠ 유기물의 과잉 소모 : 고온이 지속되면 흔히 당분이 감소한다.
㉡ 질소대사의 이상 : 고온에서는 단백질의 합성이 저해되고, 암모니아의 축적이 많아진다. 암모니아가 많이 축적되면 유해물질로 작용한다.
㉢ 철분의 침전 : 고온에 의해서 철분이 침전되면 황백화현상이 일어난다.
㉣ 증산과다 : 고온에서는 수분흡수보다도 증산이 과다해지므로 위조가 유발된다.

47 다음 중 육묘의 장점으로 틀린 것은?

① 증수 도모 ② 종자 소비량 증대
③ 조기 수확 가능 ④ 토지 이용도 증대

육묘하면 직파하는 것보다 종자량이 적게 든다.

48 토양 통기의 촉진책으로 틀린 것은?

① 배수 촉진
② 토양 입단 조성
③ 식질토를 이용한 객토
④ 심경

세사를 객토하여 식질토양을 개량한다.

49 교잡에 의한 작물개량의 가능성을 최초로 제시한 사람은?

① Camerarius ② Koelreuter
③ Mendel ④ Johannsen

㉠ 카메라리우스(Camerarius, 1665~1721) : 식물에도 자웅의 성별이 있다는 것을 밝히며 시금치 · 삼 · 호프 · 옥수수 등의 성에 관해서 기술하였다.
㉡ 멘델(Mendel, 1822~1884) : 멘델의 법칙을 발견하고 현대유전학 발전의 초석이 되었다.
㉢ 요한센(Johannsen, 1857~1927) : 순계는 환경에 의한 변이가 나타나더라도 유전되지 않으며 따라서 순계 내에서는 선발의 효과가 없다는 순계설을 제창하였다.

50 변온이 작물 생육에 미치는 영향이 아닌 것은?

① 발아촉진 ② 동화물질의 축적
③ 덩이뿌리의 발달 ④ 출수 및 개화의 지연

개화

㉠ 일반적으로 변온의 정도가 커서 밤의 기온이 비교적 낮은 것이 동화물질의 축적을 조장하여 개화를 촉진하고 화기도 커진다.
㉡ 맥류에서는 밤의 기온이 높아서 변온이 작은 것이 출수 및 개화를 촉진한다.

51 화성유도 시 저온 장일이 필요한 식물의 저온이나 장일을 대신하는 가장 효과적인 식물호르몬은?

① 에틸렌 ② 지베렐린
③ 시토키닌 ④ ABA

화성의 유도 및 촉진

식물이 어느 정도 자란 다음에 지베렐린을 살포하면(1,000ppm 2회), 양배추(100~1,000ppm), 당근(100ppm) 등에서 저온 처리를 대신하여 추대 · 개화하고, 추파맥류에서도 6엽기 정도부터 100ppm 액을 몇 차례 살포하면 저온 처리가 불충분해도 출수한다.

정답 46 ③ 47 ② 48 ③ 49 ② 50 ④ 51 ②

52 군락의 수광 태세가 좋아지고 밀식 적응성이 큰 콩의 초형이 아닌 것은?

① 고투리가 원줄기에 적게 달린 것
② 키가 크고 도복이 안 되는 것
③ 가지를 적게 치고 마디가 짧은 것
④ 잎이 작고 가는 것

해설

콩의 초형

㉠ 키가 크고 도복이 안 되며, 가지를 적게 치고, 가지가 짧다.
㉡ 꼬투리가 주경에 많이 달리고 밑에까지 착생한다.
㉢ 잎줄기가 짧고 일어선다.
㉣ 잎이 작고 가늘다.

53 다음 중 동상해 대책으로 틀린 것은?

① 방풍시설
② 파종량 경감
③ 토질 개선
④ 품종선정

해설

맥류는 적기 파종하도록 하고 한랭지역에서는 파종량을 늘려 월동 중 동사에 의한 결주를 보완한다.

54 파종 양식 중 뿌림골을 만들고 그곳에 줄지어 종자를 뿌리는 방법은?

① 산파
② 점파
③ 조파
④ 적파

해설

조파(條播, 줄뿌림)

㉠ 작조하고 종자를 줄지어 뿌리는 방법이며, 맥류처럼 개체가 차지하는 평면공간이 넓지 않은 작물에 적용된다.
㉡ 골 사이가 비어 있으므로 수분·양분의 공급이 좋고, 통풍·통광이 좋으며, 관리 작업도 편리하여 생장이 고르고 수량과 품질도 좋아지는 경향이 있다.
㉢ 대부분의 작물들은 조파 양식으로 파종된다.

55 작물체 내에서 생리적 또는 형태적인 균형이나 비율이 작물생육의 지표로 사용되는 것과 거리가 가장 먼 것은?

① C/N율
② T/R률
③ G－D균형
④ 광합성 호흡

해설

작물의 내적 균형

재배적으로 중요시되는 지표에는 C/N율, T/R률, G－D균형 등이 있다.

56 비료의 엽면 흡수에 영향을 미치는 요인 중 맞는 것은?

① 잎의 이면보다 표피에서 더 잘 흡수된다.
② 잎의 호흡작용이 왕성할 때에 잘 흡수된다.
③ 살포액의 ph는 알칼리인 것이 흡수가 잘 된다.
④ 엽면시비는 낮보다 밤에 실시하는 것이 좋다.

해설

① 잎의 표면보다 이면(뒷면)에서 더 잘 흡수된다.
③ 살포액의 ph는 미산성인 것이 흡수가 잘 된다.
④ 엽면시비는 밤보다 낮에 실시하는 것이 좋다.

57 이랑을 세우고 낮은 골에 파종하는 방식은?

① 휴립휴파법
② 이랑재배
③ 평휴법
④ 휴립구파법

해설

① 휴립휴파법 : 이랑을 세우고 이랑을 파종하는 방식이다(콩·조).
④ 휴립구파법 : 이랑을 세우고 낮은 골에 파종하는 방식이다(맥류).

58 내염성 정도가 강한 작물로만 짝지어진 것은?

① 완두, 셀러리
② 배, 살구
③ 고구마, 감자
④ 유채, 양배추

해설

내염성 정도가 강한 작물

유채, 목화, 순무, 사탕무, 양배추, 라이그래스

---

59 다음 중 무배유 종자로만 짝지어진 것은?

① 벼, 밀, 옥수수　　　② 벼, 콩, 팥

③ 콩, 팥, 완두　　　　④ 옥수수, 밀, 귀리

해설

㉠ 배유 종자 : 주로 화본과식물

㉡ 무배유 종자 : 주로 콩과식물

---

60 세포막 중간막의 주성분으로 잎에 많이 존재하며 체내의 이동이 어려운 것은?

① 질소　　　　　　　② 칼슘

③ 마그네슘　　　　　④ 인

해설

칼슘

세포막 중 중간막의 주성분으로 잎에 많이 존재하며 체내에서 이동하기 힘들다. 단백질의 합성, 물질전류에 관여하며 질소의 흡수 이용을 조장한다. 체내의 유독한 유기산을 중화하고, 알루미늄의 과잉 흡수를 억제하며 그 독성을 경감한다.

제4과목　식물보호학

61 잡초의 생태적 방제방법 중 경합특성 이용법에 해당되지 않는 것은?

① 관배수 조절　　　　② 재식밀도 조절

③ 육묘이식　　　　　④ 품종 및 종자 선정

해설

경종적(생태적) 방제법

㉠ 경합특성 이용 : 작부체계(답전윤환, 답리작, 윤작), 육묘이식, 재식밀도, 작물 품종 종자선정, 재피종, 피복작물 이용

㉡ 환경제어 : 작물에게는 유리한 환경, 잡초에게는 불리한 환경을 조성, 시비관리, 토양산도, 관배수 조절, 제한 경운법, 특정설비 이용

---

62 식물병이 크게 발생한 역사에 대한 설명으로 옳지 않은 것은?

① 19세기 말 스리랑카에서 커피 녹병 발생

② 1845년경 아일랜드에서 양배추 역병 발생

③ 1970년경 미국에서 옥수수 깨씨무늬병 발생

④ 일제강점기 우리나라에서 사탕무 갈색무늬병 발생

해설

1845년경 아일랜드에서 감자역병 발생

---

63 농약제조용 증량제에 대한 설명으로 옳지 않은 것은?

① 증량제의 강도가 너무 강하면 농약 살포 때 살분기의 마모가 심하다.

② 증량제 입자의 크기는 분제의 분산성, 비산성, 부착성에 영향을 미친다.

③ 농약의 저장 중 증량제에 의해 유효성분이 분해되지 않고 안정성이 유지되어야 한다.

④ 증량제의 수분함량 및 흡습성이 높으면 살포된다.

해설

증량제의 수분함량 및 흡습성이 낮으면 증량제가 좋다.

---

64 다년생 잡초만 올바르게 나열한 것은?

① 쑥, 개비름　　　　② 바랭이, 괭이밥

③ 개여뀌, 참소리쟁이　④ 올방개, 너도방동사니

해설

다년생 잡초

너도방동사니, 올방개, 쇠털골, 매자기, 가래, 보풀, 올미, 벗풀, 개구리밥, 좀개구리밥 등

---

65 상처가 아물도록 처리하고 저장할 경우 방제 효과가 가장 큰 병은?

① 사과 탄저병 ② 고추 탄저병
③ 사과 겹무늬썩음병 ④ 고구마 검은무늬병

해설

아물이(큐어링) 처리
검은무늬병의 원인균은 모종을 심기 전과 수확한 고구마에 대해서 감염 방지를 위해 반드시 아물이(큐어링) 처리를 하는 것이 중요하다.

66 진균에 대한 설명으로 옳은 것은?

① 발달된 균사를 가지고 있다.
② 그람양성균과 그람음성균이 있다.
③ 운동기관으로 편모를 가지고 있다.
④ 효소계가 없으며 생명체 안에서만 증식이 가능하다.

해설

진균
곰팡이, 효모, 버섯 등을 포함한 72,000종 이상의 균종으로 구성되는 미생물군이다. 핵막이 있는 진핵생물에 속하며, 미토콘드리아, 소포체 등의 세포소기관이 발달하고, 키틴, 글루칸 등으로 구성된 세포벽이 있다. 대부분은 세포성인 균사를 형성하여 신장·발육하고 유성생식 및 무성생식을 하고 번식체로서 포자형성을 하지만, 일부 균종(효모)은 단세포성 증식을 한다. 주로 부생균으로서 자연계의 유기분해에 관여하지만, 일부는 동식물에 기생 또는 공생한다.

67 파리목에 대한 설명으로 옳은 것은?

① 각다귀와 모기 등이 있다.
② 완전 변태하며 번데기는 주로 대용이다.
③ 파리목은 크게 4개의 아목으로 나눠진다.
④ 뒷날개가 퇴화되어 반시초를 이루고 있다.

해설

파리목
곤충류·유시류(有翅類)에 속하며 3아목(亞目)으로 나

뉜다. 뒷날개는 퇴화하여 흔적만 있거나 아주 없으며, 한 쌍의 날개와 큰 겹눈 및 세 개의 홑눈이 있다. 입은 빨거나 핥기에 적당하고 대개 난생이며 완전 변태한다. 파리, 등에, 모기 등이 이에 속한다.

68 벼 줄무늬잎마름병과 벼 검은줄오갈병을 예방하기 위해 방제해야 하는 해충은?

① 독나방 ② 애멸구
③ 혹명나방 ④ 벼모기붙이

해설

벼 줄무늬잎마름병
㉠ 발병요인 : 바이러스병으로 애멸구에 의해 매개된다.
㉡ 방제법
 • 살충제를 살포하여 애멸구를 구제한다.
 • 저항성 품종을 재배한다.

69 고추, 담배, 땅콩 등의 작물을 재배할 때 많이 사용되는 방법으로 잡초의 방제뿐만 아니라 수분을 유지시켜 주는 장점을 지닌 방법은?

① 추경 ② 중경
③ 담수 ④ 피복

해설

멀칭(mulching, 피복)
포장 토양의 표면을 여러 가지 재료로 피복하는 것을 멀치(mulch)라고 하며 토양 표면에 고간류·퇴비구·건초 등을 피복해서 주로 토양 수분의 증발 억제를 꾀하는 것을 멀칭(mulching)이라 부르기도 한다.

70 접촉형 제초제에 대한 설명으로 옳지 않은 것은?

① 시마진, PCP 등이 있다.
② 효과가 곧바로 나타난다.
③ 주로 발아 후의 잡초를 제거하는 데 사용된다.
④ 약제가 부착된 세포가 파괴되어 살초효과를 보인다.

정답 65 ④ 66 ① 67 ① 68 ② 69 ④ 70 ①

접촉형 제초제(接觸型除草劑)

약제가 직접 접촉한 부위의 세포를 파괴하여 잡초를 죽이는 농약으로 식물의 잎에 접촉하여 광합성을 방해함으로써 잡초를 죽게 한다. 1년생 잡초의 제초에 적당하며 PCP, DNOC, DCPA 등이 있다.

※ 이행성 제초제 : 대부분의 잡초 및 뿌리가 깊은 다년생 잡초에 효과적인 토양 및 경엽처리제로 2,4-D, MCPA, 시마진 등이 있다.

71 같은 작물을 동일한 포장에 계속 재배하였을 때 나타나는 연작장해 현상과 가장 관련이 깊은 병해는?

① 공기전염성 병해 　② 종자전염성 병해
③ 토양전염성 병해 　④ 충매전염성 병해

토양전염성 병해

㉠ 연작은 토양의 특정미생물이 번성하여 병해를 유발시키는 원인이 된다.
㉡ 종류 : 아마(잘록병) · 토마토(풋마름병) · 사탕무(근부병 · 갈반병) · 인삼(뿌리썩음병) · 강낭콩(탄저병) · 수박(덩굴쪼김병＝만할병) · 완두(잘록병) · 목화(잘록병) · 가지(풋마름병) 등

72 어떤 유제(50%)를 1,000배로 희석하여 150L를 살포하려 한다면 이 유제의 소요량은?

① 15mL 　　② 75mL
③ 150mL 　④ 300mL

유제의 소요량

150L/1,000 = 0.15L = 150mL

73 잡초에 대한 설명으로 옳지 않은 것은?

① 번식력이 강하며 종자 생산량이 많다.
② 생태학적 천이과정이 극상에 이른 지역에서 많이 발생한다.

③ 생태계의 구성원으로서 각자 고유한 생태적 지위를 가지고 있다.
④ 한 지역에 발생하는 수가 많아 다양한 유전적 특성을 지니고 있다.

생태학적 천이과정이 극상에 이른 지역에서 적게 발생한다.

74 보호 살균제에 해당하는 것은?

① 페나리몰 유제
② 만코제브 수화제
③ 가스가마이신 액제
④ 스트렙토마이신 수화제

보호 살균제(保護殺菌劑)

병균이 식물체에 침투하는 것을 막기 위하여 쓰는 살균제로 석회보르도액, 구리분제, 유기 유황제 등이 있다.

75 식물병 진단 방법에 대한 설명으로 옳지 않은 것은?

① 충체 내 주사법은 주로 세균병 진단에 사용된다.
② 지표식물을 이용하여 일부 TMV를 진단할 수 있다.
③ 파지(phage)에 의한 일부 세균병 진단이 가능하다.
④ 혈청학적인 방법은 바이러스 진단에 효과적이다.

76 자낭균에 속하는 병균은?

① 소나무 혹병균 　② 잣나무 털녹병균
③ 복숭아 잎오갈병균 ④ 사과 붉은별무늬병균

복숭아 잎오갈병

자낭균인 잎오갈병균에 의한 병으로 잎오갈병균은 자낭포자와 분생포자를 형성하며 균사는 기주조직의 세포 간극에서 자란다.

77 잡초의 종자가 바람에 의하여 먼 거리까지 이동이 가능한 것은?

① 등대풀　　　　　② 바랭이
③ 민들레　　　　　④ 까마중

해설

자연력에 의한 전파
바람을 타고 종자가 날기도 하고(민들레 등의 국화과 잡초), 바람에 의해 이동하기도 하며(강아지풀), 물에 떠내려가기도 한다(돌피).

78 주로 땅속에서 작물의 뿌리를 가해하는 해충은?

① 도둑나방　　　　② 조명나방
③ 방아벌레　　　　④ 화랑곡나방

79 살충제에 대한 해충의 저항성이 발달되는 가장 중요한 요인은?

① 살균제와 살충제를 섞어 뿌리기 때문에
② 같은 약제를 계속해서 뿌리기 때문에
③ 약제를 농도가 진하게 만들어 조금 뿌리기 때문에
④ 약제의 계통이나 주성분이 다른 약제를 바꾸어 뿌리기 때문에

해설

약제저항성
동일 살충제를 해충의 집단에 계속 사용하면 저항력이 강한 개체만이 계속 선발되어 저항력이 더욱 증가한다. 따라서 이전에 유효했던 약량(사용배수)으로는 그 해충을 방제할 수 없게 되는데, 이러한 현상을 약제저항성(Chemical resistance)이라 하고, 이러한 해충집단을 저항성 계통이라 한다.

80 오염된 물보다는 주로 깨끗한 물에서 서식하는 곤충은?

① 꽃등에　　　　　② 나방파리
③ 모기붙이　　　　④ 민날개강도래

해설

민날개강도래
㉠ 국립공원과 같이 수질이 양호한 산림수계에서 관찰되며, 낙엽 등을 썰어 먹고 산다.
㉡ 대체적으로 북부지방 산간계류의 해발 600m 이상 최상류에 서식한다.

제5과목　종자 관련 법규

81 최아율(발아세)에 관한 설명 중 (　) 안에 알맞은 내용은?

> 전처리 수 30℃ 항온의 물에 침종하여 3, 4, 5일째 유아 또는 유근의 길이가 (　　) 이상인 낱알 수의 비율 또는 표준발아 검정 중간발아 조사일(5일째)까지의 발아율

① 1mm　　　　　② 3mm
③ 5mm　　　　　④ 7mm

해설

최아율(발아세)
전처리 후 30℃ 항온의 물에 침종하여 3, 4, 5일째 유아 또는 유근의 길이가 1mm 이상인 낱알 수의 비율 또는 표준발아 검정 시 중간발아 조사일(5일째)까지의 발아율

82 품종목록 등재의 유효기간은 등재한 날이 속한 해의 다음 해부터 얼마까지로 하는가?

① 3년　　　　　　② 5년
③ 7년　　　　　　④ 10년

해설

품종목록 등재의 유효기간
품종목록 등재의 유효기간은 등재한 날이 속한 해의 다음 해부터 10년까지로 한다.

83 수분의 측정에서 저온항온 건조기법을 사용하게 되는 종은?

① 피마자　　　　　② 조
③ 호밀　　　　　　④ 수수

정답　　77 ③　78 ③　79 ②　80 ④　81 ①　82 ④　83 ①

저온항온 건조기법을 사용하는 종

마늘, 파, 부추, 콩, 땅콩, 배추씨, 유채, 고추, 목화, 피마자, 참깨, 아마, 겨자, 무 등

84 종자 검사신청에 대한 설명 중 (가), (나)에 알맞은 내용은?

> ㉠ 검사대상은 초장검사에 합격한 포장에서 생산한 종자로 한다.
> ㉡ 검사신청서는 종자산업법 시행규칙 별지 제14호(종자검사신청서) 및 제15호(재검사신청서) 서식에 따라 제출하되 일괄 신청할 때는 품종별, 생산자별(생산계획량과 검사 신청량 표시)로 명세표를 첨부하여야 한다.
> ㉢ 신청서는 검사희망일 (가)까지 관할 검사기관에 제출하여야 하며, 재검사신청서는 종자검사결과 통보를 받은 날로부터 (나) 이내에 통보서 사본을 첨부하여 신청한다.

① (가) : 5일 전, (나) : 30일
② (가) : 5일 전, (나) : 15일
③ (가) : 3일 전, (나) : 30일
④ (가) : 3일 전, (나) : 15일

해설

신청서는 검사희망일 3일 전까지 관할 검사기관에 제출하여야 하며, 재검사신청서는 종자검사결과 통보를 받은 날로부터 15일 이내에 통보서 사본을 첨부하여 신청한다.

85 보증표시 등에서 묘목을 제외하고 보증종자를 판매하거나 보급하려는 자는 종자의 보증과 관련된 검사서류를 작성일부터 몇 년 동안 보관하여야 하는가?

① 3년
② 5년
③ 7년
④ 10년

해설

보증표시

보증종자를 판매하거나 보급하려는 자는 종자의 보증

86 재배심사의 판정기준에서 안정성은 1년차 시험의 균일성 판정결과와 몇 년차 이상의 시험의 균일성 판정결과가 다르지 않으면 안정성이 있다고 판정하는가?

① 2년차
② 3년차
③ 4년차
④ 5년차

87 순도분석에서 "가늘고 굽은 강모, 벼과에서는 통상 외영 또는 호영(glumes)의 중앙맥의 연장"에 해당하는 용어는?

① 망(arista)
② 포엽(bract)
③ 부리(beaked)
④ 강모(bristle)

해설

- 망(芒, awn, arista) : 가늘고 곧거나 굽은 강모, 벼과에서는 통상 외영 또는 호영(glumes)의 중앙맥의 연장
- 부리(beak, beaked) : 과실의 길고 뾰족한 연장부
- 강모(剛毛, bristle) : 뻣뻣한 털, 간혹 까락(毛)이 굽어 있을 때 윗부분을 지칭

88 납부기한 경과 후의 품종보호료 납부에서 품종보호권의 설정등록을 받으려는 자나 품종보호권자는 품종보호료 납부기간이 경과한 후에도 몇 개월 이내에 품종보호료를 납부할 수 있는가?

① 1개월
② 3개월
③ 5개월
④ 6개월

해설

식물신품종 보호법 제47조(납부기간 경과 후의 품종보호료 납부)

품종보호권의 설정등록을 받으려는 자나 품종보호권자는 제46조 제5항에 따른 품종보호료 납부기간이 경과한 후에도 6개월 이내에는 품종보호료를 납부할 수 있다.

89 식물신품종 보호법상 종자위원회는 위원장 1명과 심판위원회 상임심판위원 1명을 포함한 몇 명 이상 몇 명 이하의 위원으로 구성해야 하는가?

① 3명 이상 9명 이하   ② 10명 이상 15명 이하
③ 18명 이상 21명 이하 ④ 23명 이상 27명 이하

식물신품종 보호법 제118조(종자위원회)
종자위원회는 위원장 1명과 제90조 제2항에 따른 심판위원회 상임심판위원 1명을 포함한 10명 이상 15명 이하의 위원으로 구성한다.

90 포장검사 병주 판정기준에서 맥류의 특정병에 해당하는 것은?

① 줄기녹병   ② 좀녹병
③ 위축병   ④ 겉깜부기병

맥류의 특정병
㉠ 특정병 : 겉깜부기병, 속깜부기병 및 보리줄무늬병을 말한다.
㉡ 기타병 : 흰가루병, 줄기녹병, 좀녹병, 붉은곰팡이병 및 바이러스병을 말한다.

91 종자관리요강상 사후관리시험의 기준 및 방법에 대한 내용이다. ( ) 안에 알맞은 내용은?

• 검사항목 : 품종의 순도, 품종의 진위성, 종자전염병
• 검사시기 : 성숙기
• 검사횟수 : ( ) 이상

① 1회   ② 3회
③ 5회   ④ 7회

92 종자관리요강상 규격묘의 규격기준에서 뽕나무 접목묘 묘목의 길이는?

① 10~20cm   ② 20~30cm
③ 30~40cm   ④ 50cm 이상

뽕나무 묘목

묘목의 종류	묘목의 길이(cm)	묘목의 직경(mm)
접목묘, 삽목묘, 휘묻이묘	50 이상	7

93 포장검사 및 검사종자의 검사기준에서 "합성시료 또는 제출시료로부터 규정에 따라 축분하여 얻어진 시료이다."에 해당하는 용어는?

① 검사시료   ② 분할시료
③ 보급종   ④ 원종

분할시료(Sub-Sample)
합성시료 또는 제출시료로부터 규정에 따라 축분하여 얻어진 시료이다.

94 품종보호료의 추가납부 또는 보전에 의한 품종보호 출원과 품종보호권의 회복 등에 관한 내용이다. ( ) 안에 알맞은 내용은?

추가납부기간 이내에 품종보호료를 납부하지 아니하였거나 보전기간 이내에 보전하지 아니하여 실시 중인 보호품종의 품종보호권이 소멸한 경우 그 품종보호권자의 추가납부기간 또는 보전기간 만료일로부터 ( ) 이내에 품종보호료의 3배를 납부하고 그 소멸한 권리의 회복을 신청할 수 있다. 이 경우 그 품종보호권은 품종보호료 납부기간이 경과한 때에 소급하여 존속하고 있었던 것으로 본다.

① 1개월   ② 2개월
③ 3개월   ④ 5개월

추가납부기간 이내에 품종보호료를 납부하지 아니하였거나 보전기간 이내에 보전하지 아니하여 실시 중인 보호품종의 품종보호권이 소멸한 경우 그 품종보호권자는 추가납부기간 또는 보전기간 만료일부터 3개월 이내에 품종보호료의 3배를 납부하고 그 소멸한 권리의 회복을 신청할 수 있다. 이 경우 그 품종보호권은 품종보호료 납부기간이 경과한 때에 소급하여 존속하고 있었던 것으로 본다.

95 품종명칭등록 이의신청 이유 등의 보정에 관한 설명 중 ( )에 알맞은 것은?

품종명칭등록 이의신청을 한 자는 품종명칭 등록 이의신청기간이 경과한 후 ( ) 이내에 품종명칭등록 이의신청서에 적은 이유 또는 증거를 보정할 수 있다.

① 10일   ② 15일
③ 20일   ④ 30일

해설

식물신품종 보호법 제111조(품종명칭등록 이의신청 이유 등의 보정)
품종명칭등록 이의신청기간이 경과한 후 30일 이내에 품종명칭등록 이의신청서에 적은 이유 또는 증거를 보정할 수 있다.

96 서류의 보관 등에서 농림축산식품부장관 또는 해양수산부장관은 품종보호 출원의 포기, 무효, 취하 또는 거절결정이 있거나 품종보호권이 소멸한 날부터 몇 년간 해당 품종보호 출원 또는 품종보호권에 관한 서류를 보관하여야 하는가?

① 1년   ② 2년
③ 3년   ④ 5년

해설

식물신품종 보호법 제128조(서류의 보관 등)
농림축산식품부장관 또는 해양수산부장관은 품종보호 출원의 포기, 무효, 취하 또는 거절결정이 있거나 품종보호권이 소멸한 날부터 5년간 해당 품종보호 출원 또는 품종보호권에 관한 서류를 보관하여야 한다.

97 종자관리사의 자격기준 등에 관한 내용이다. ( )에 알맞은 내용은?

종자관리사가 직무를 게을리하거나 중대한 과오를 저질러 등록이 취소된 사람은 등록이 취소된 날부터 ( )이 지나지 아니하면 종자관리사로 다시 등록할 수 없다.

① 1년   ② 2년
③ 3년   ④ 4년

해설

종자산업법 제27조(종자관리사의 자격기준 등)
등록이 취소된 사람은 등록이 취소된 날부터 2년이 지나지 아니하면 종자관리사로 다시 등록할 수 없다.

98 종자업의 등록 등에서 대통령령으로 정하는 작물의 종자를 생산·판매하려는 자의 경우를 제외하고 종자업을 하려는 자는 종자관리사를 몇 명 이상 두어야 하는가?

① 1명   ② 2명
③ 3명   ④ 5명

해설

종자산업법 제37조(종자업의 등록 등)
1. 종자업을 하려는 자는 대통령령으로 정하는 시설을 갖추어 시장·군수·구청장에게 등록하여야 한다.
2. 종자업을 하려는 자는 종자관리사를 1명 이상 두어야 한다. 다만, 대통령령으로 정하는 작물의 종자를 생산·판매하려는 자의 경우에는 그러하지 아니하다.
3. 농림축산식품부장관, 농촌진흥청장, 산림청장, 시·도지사, 시장·군수·구청장 또는 농업단체 등이 종자의 증식·생산·판매·보급·수출 또는 수입을 하는 경우에는 제1항과 제2항을 적용하지 아니한다.

99 사료용으로 활용하기 위한 벼, 보리의 수입 적응성시험을 실시하는 기관은?

① 농업기술실용화재단
② 한국종자협회
③ 농업협동조합중앙회
④ 한국생약협회

100 보증서를 거짓으로 발급한 종자관리사는 어떤 벌칙을 받는가?

① 1년 이하의 징역 또는 1천만 원 이하의 벌금에 처한다.

② 1년 이하의 징역 또는 5백만 원 이하의 벌금에 처한다.

③ 6개월 이하의 징역 또는 5백만 원 이하의 벌금에 처한다.

④ 3개월 이하의 징역 또는 3백만 원 이하의 벌금에 처한다.

[해설]

1년 이하의 징역 또는 1천만 원 이하의 벌금에 처하는 경우
- 등록을 하지 아니하고 종자관리사 업무를 수행한 자
- 보증서를 거짓으로 발급한 종자관리사
- 보증을 받지 아니하고 종자를 판매하거나 보급한 자
- 명령에 따르지 아니한 자
- 무병화인증기관의 지정을 받거나 그 지정의 갱신을 하지 아니하고 무병화인증 업무를 한 자
- 무병화인증기관의 지정취소 또는 업무정지 처분을 받고도 무병화인증 업무를 한 자
- 거짓이나 그 밖의 부정한 방법으로 무병화인증을 받거나 갱신한 자
- 거짓이나 그 밖의 부정한 방법으로 무병화인증기관의 지정을 받거나 갱신한 자
- 무병화인증을 받지 아니한 종자의 용기나 포장에 무병화인증의 표시 또는 이와 유사한 표시를 한 자
- 무병화인증을 받은 종자의 용기나 포장에 무병화인증을 받은 내용과 다르게 표시한 자
- 무병화인증을 받지 아니한 종자를 무병화인증을 받은 종자로 광고하거나 무병화인증을 받은 종자로 오인할 수 있도록 광고한 자
- 무병화인증을 받은 종자를 무병화인증을 받은 내용과 다르게 광고한 자
- 등록하지 아니하고 육묘업을 한 자
- 등록이 취소된 종자업 또는 육묘업을 계속하거나 영업정지를 받고도 종자업 또는 육묘업을 계속한 자
- 종자를 수출 또는 수입하거나 수입된 종자를 유통시킨 자
- 수입적응성 시험을 받지 아니하고 종자를 수입한 자
- 거짓이나 그 밖에 부정한 방법으로 종자의 검정 따른 검정을 받은 자
- 검정결과에 대하여 거짓광고나 과대광고를 한 자
- 생산 또는 판매 중지를 명한 종자 또는 묘를 생산하거나 판매한 자
- 제47조 제4항 후단을 위반하여 시료채취를 거부·방해 또는 기피한 자

정답 100 ①

제1과목 종자생산학 및 종자법규

01 웅성불임을 이용하여 채종하고자 할 때는 불임계통의 화분을 수분하기 전에 어떻게 하여야 하는가?

① 수분 하루 전에 제거하여야 한다.
② 그대로 두어야 한다.
③ 뇌수분을 하여야 한다.
④ 노화수분을 하여야 한다.

02 발아억제물질이 있는 부위가 영이며, 억제물질이 Phenolic Acid에 해당하는 것은?

① 사탕무   ② 보리
③ 장미   ④ 단풍나무

03 정세포 단독으로 분열하여 배를 만드는 것은?

① 부정배생식   ② 웅성단위생식
③ 무포자생식   ④ 위수정생식

> 해설
>
> 웅성단위생식(male parthenogenesis)
> 정세포 단독으로 분열하여 배를 형성한다(예 달맞이꽃, 진달래 등).

04 「식물신품종 보호법」상 품종명칭등록의 이의신청을 할 때에는 그 이유를 적은 품종명칭등록 이의신청서에 필요한 증거를 첨부하여 누구에게 제출하여야 하는가?

① 농업기술원장   ② 농업기술센터장
③ 농촌진흥청장   ④ 농림축산식품부장관

> 해설
>
> 식물신품종 보호법 제110조(품종명칭등록 이의신청)
> 품종명칭등록 이의신청을 할 때는 품종명칭등록 이의신청서에 필요한 증거를 첨부하여 농림축산식품부장관 또는 해양수산부장관에게 제출하여야 한다.

05 종자검사요령상 추출된 시료를 보관할 때에 대한 내용이다. ( )에 알맞은 내용은?

> 검사 후에는 재시험에 대비하여 제출시료는 품질변화가 최소화되는 조건에서 보증일자로부터 보급종은 ( )간 보관되어야 한다.

① 3개월   ② 6개월
③ 1년   ④ 2년

> 해설
>
> 보증일자로부터 원원종은 3년, 원종은 2년, 보급종은 1년, 기타 종자는 6개월간 보관되어야 한다.

06 「식물신품종 보호법」상 품종보호 요건에 해당하지 않는 것은?

① 우수성   ② 신규성
③ 구별성   ④ 안정성

> 해설
>
> 품종보호 요건
> 신규성, 구별성, 균일성, 안정성

07 종자검사요령상 소집단 시료추출의 방법으로 틀린 것은?

① 유도관 색대를 이용한 추출
② 노브 색대를 이용한 추출
③ 손으로 시료 추출
④ 양면테이프를 이용한 시료 추출

정답 01 ② 02 ② 03 ② 04 ④ 05 ③ 06 ① 07 ④

소집단 시료추출 기구와 방법
- 막대 또는 유도관 색대를 이용한 추출
- 노브 색대를 이용한 추출
- 손으로 시료 추출

08 ( )에 알맞은 내용은?

- ( )은/는 포원세포로부터 자성배우체가 되는 기원이 된다.
- ( )은/는 원래 지방조직에서 유래하며 포원세포가 발달하는 곳이다.

① 주공
② 주피
③ 주심
④ 에피스테이스

㉠ 주심 : 종자식물 배주(胚珠) 중앙에 1장 또는 2장의 주피(珠皮)로 둘러싸여 있는 부위
㉡ 배주, 밑씨 : 식물에서 장차 종자가 될 기관. 웅성배우체(배낭), 주심, 주피로 구성된다.

09 종자의 퇴화 증상으로 틀린 것은?

① 효소활성의 저하
② 호흡의 저하
③ 유리지방산의 증가
④ 종자침출액의 억제

종자의 퇴화 증상
- 종자의 퇴화 증상은 발아 또는 유묘가 성장할 때 알 수 있다.
- 성장과정 중 호흡의 감소, 지방산의 증가, 발아율 저하, 성장 및 발육의 저하, 저항성이 감소되고 종자침출물이 증가되며 효소활동도 감소된다.

10 다음 중 암발아성 종자에 해당하는 것은?

① 우엉
② 상추
③ 호박
④ 담배

혐광성 종자
㉠ 광선이 있으면 발아가 저해되고 암중에서 잘 발아하는 종자이다.
㉡ 토마토, 가지, 파, 양파, 수박, 수세미, 호박, 무, 오이 등이 해당한다.
㉢ 광이 충분히 차단되도록 복토를 깊게 한다.

11 다음에서 설명하는 것은?

- 폴리머에 농약이나 색소를 혼합하여 종자 표면에 얇게 코팅처리를 하는 것이다.
- 주된 목적은 농약을 분의 처리했을 때 농약이 묻어나와 인체에 해를 주기 때문에 이를 방지하고, 아울러 색을 첨가하여 종자의 품위와 식별을 쉽게 하는 데 있다.

① 필름코팅
② 종자펠릿
③ 종자피막처리
④ 종자테이프

12 메밀이나 해바라기와 같이 종자가 과피의 어느 한 줄에 붙어 있어 열개하지 않는 것을 무엇이라 하는가?

① 수과
② 협과
③ 대과
④ 삭과

㉠ 협과 : 잘록한 마디가 발달하고 익으면 2개의 봉합선을 따라 갈라지는 특성을 갖는 과실로, 육질이 없고 익으면 벌어지는 건과 계통의 진과이다.
㉡ 대과 : 작약의 열매처럼 하나의 심피가 하나인 꽃에서 발달하여 성숙하면 봉선을 따라 벌어지는 과실이다.
㉢ 삭과 : 열과의 일종으로 주두가 여럿인 꽃을 가진 식물에 달리며, 속이 여러 칸으로 나뉘고 성숙하면 각 칸에 많은 종자가 들어 있는 다양한 모습으로 벌어진다.

13 겉보리 포장검사 시 특정병에 해당하는 것은?

① 흰가루병 ② 줄기녹병
③ 겉깜부기병 ④ 좀녹병

해설

맥류 포장검사의 특정병에는 겉깜부기병, 속깜부기병, 비린 깜부기병, 보리 줄무늬병 등이 있다.

14 콩 포장검사는 개화기에 몇 회 실시하는가?

① 4회 ② 3회
③ 2회 ④ 1회

해설

콩 포장검사는 개화기에 1회 실시한다.

15 종자관련법상 종자관리사의 자격기준 등의 내용이다. ( )에 알맞은 내용은?

농림축산식품부장관은 종자관리사가 종자산업법에서 정하는 직무를 게을리하거나 중대한 과오를 저질렀을 때에는 그 등록을 취소하거나 ( ) 이내의 기간을 정하여 그 업무를 정지시킬 수 있다.

① 3개월 ② 6개월
③ 9개월 ④ 1년

해설

농림축산식품부장관은 종자관리사가 종자산업법에서 정하는 직무를 게을리하거나 중대한 과오를 저질렀을 때는 그 등록을 취소하거나 1년 이내의 기간을 정하여 그 업무를 정지시킬 수 있다.

16 종자업 등록을 한 날부터 1년 이내에 사업을 시작하지 아니하거나 정당한 사유 없이 1년 이상 계속하여 휴업한 경우 구청장은 종자업자에게 어떤 것을 명할 수 있는가?

① 종자업 등록을 취소하거나 3개월 이내의 기간을 정하여 영업의 전부 또는 일부의 정지를 명할 수 있다.

② 종자업 등록을 취소하거나 6개월 이내의 기간을

정하여 영업의 전부 또는 일부의 정지를 명할 수 있다.

③ 종자업 등록을 취소하거나 9개월 이내의 기간을 정하여 영업의 전부 또는 일부의 정지를 명할 수 있다.

④ 종자업 등록을 취소하거나 12개월 이내의 기간을 정하여 영업의 전부 또는 일부의 정지를 명할 수 있다.

17 일반농가에서 가장 일반적으로 쓰이는 방법으로 낫으로 수확한 벼를 단으로 묶어 세우거나 펼쳐서 햇볕으로 건조하는 방법은?

① 상온통풍건조 ② 천일건조
③ 열풍건조 ④ 실리카겔건조

해설

천일건조

햇볕과 바람을 이용한 건조법. 경비가 저렴한 장점이 있지만 자연 조건에 따라 건조 능력이 좌우되는 단점이 있다.

18 유한화서이면서 가운데 꽃이 맨 먼저 피고 다음 측지 또는 소화경에 꽃이 피는 것은?

① 총상화서 ② 원추화서
③ 단집산화서 ④ 수상화서

해설

㉠ 총상화서 : 중앙의 긴 꽃차례의 축에 거의 유사한 길이의 작은 꽃자루가 있는 꽃들이 달려 형성하는 꽃차례로, 무한화서의 일종이며 작은 꽃자루가 달리는 간격이 비교적 긴 편이다.

㉡ 원추화서 : 외관이 원추형인 복합화서로, 가지는 여러 번 분지하지만 화서 중 축상의 위치가 낮은 것일수록 크다.

㉢ 수상화서 : 총수화서(總穗花序)의 1형으로, 화서의 축이 길고 자루가 없는 꽃이 옆으로 달린다. 질경이, 오이풀이 여기에 속한다.

19 양파의 1대 교잡종 채종에 쓰이는 유전적 특성은?

① 자식약세　　　　② 자가화합성
③ 자가불화합성　　④ 웅성불임성

20 휴면타파를 가장 효과적으로 유도하는 광 파장 영역은?

① 400~500nm　　② 500~600nm
③ 600~700nm　　④ 700~800nm

제2과목　식물육종학

21 다음 중 교잡육종법이 널리 적용되고 있는 원인으로 가장 알맞은 것은?

① 인공적으로 교잡이 아주 쉽기 때문이다.
② 교잡을 하여야만 돌연변이체가 많이 나타나기 때문이다.
③ 교잡을 통하여서만 아조변이를 얻을 수 있으며, 우수한 품종만 생산하기 때문이다.
④ 교잡을 통하여 둘 이상의 품종이 가지고 있는 장점들을 한 개체에 모을 수 있기 때문이다.

22 피지식물의 꽃 기관에서 심피에 포함되지 않는 것은?

① 약　　　　　② 자방
③ 암술대　　　④ 암술머리

23 여교배 세대에 따른 반복친과 1회친의 비율에서 BC_4F_1의 1회친 비율은?

① 1.5626%　　　② 3.125%
③ 6.25%　　　　④ 12.5%

24 작물육종의 성과가 아닌 것은?

① 재배한계의 확대　　② 작황의 안정적 증가
③ 품질의 개선　　　　④ 도입 품종의 증가

25 외래 유전자를 벡터를 이용하여 식물세포에 도입하여 새로운 품종을 육성하는 생명공학기술은?

① 생장점 배양　　② 꽃가루 배양
③ 세포 융합　　　④ 유전자 조작

㉠ 생장점 배양

고등식물의 줄기나 뿌리의 생장점 또는 그것을 포함하는 주변조직을 분리하여 기내(器內)에서 무균적으로 배양하는 방법

㉡ 꽃가루 배양, 화분 배양

꽃밥에 들어 있는 화분을 무균적으로 배양하는 방법

㉢ 세포융합

두 종류의 세포를 특수한 조건에서 융합시켜 양쪽의 성질을 함께 갖는 새로운 세포 또는 생물을 만드는 방법

26 다음 중 잡종강세가 가장 크게 나타나는 것은?

① 3원교배   ② 복교배
③ 단교배   ④ 합성품종

잡종강세의 발현도 · 균일도 · 종자생산량 · 환경적응성 순위

구분	잡종강세의 발현도 · 균일도	종자생산량 · 환경적응성
단교잡종 (A×B)	1	5
변형단교잡종 (A×A′)×B	2	4
3계교잡종 (A×B)×C	3	3
복교잡종 (A×B)×(C×D)	4	2
합성품종 A×B×C×D×···×N	5	1

27 다음 중 반수체육종의 가장 큰 장점에 해당되는 것은?

① 육종연한을 단축한다.
② 교배과정이 필요없다.
③ 유전자 재조합이 많이 일어난다.
④ 유용 열성형질에 대한 선발이 어렵다.

약배양

반수체를 육성하여 유용한 형질을 얻어 교배모본으로 사용하며 육종연한을 단축한다.

28 다음 중 배수체 작성을 위한 돌연변이 유발원으로 가장 적합한 것은?

① 지베렐린   ② 옥신
③ 콜히친   ④ 에틸렌

동질배수체의 작성

인위적인 염색체 배가방법으로, 콜히친 처리법에 의해서 기본종의 염색체를 배가시켜 동질배수체를 작성한다($n \rightarrow 2n$, $2n \rightarrow 4n$ 등). 3배체($3n$)는 $4n \times 2n$의 방법으로 작성한다.

29 동질배수체의 특징에 대한 설명으로 틀린 것은?

① 세포의 증대
② 영양기관의 거대화
③ 개화기 및 종자의 등숙시기 촉진
④ 종자 임성의 저하 및 종자의 대형화

동질배수체의 특징

핵질의 증가에 따라 핵과 세포가 커지고, 따라서 잎, 줄기, 뿌리 등의 영양기관이 왕성한 발육을 하여 거대해지며, 생육 · 개화 · 결실이 늦어지는 경향이 있다.

30 다음 중 품종퇴화와 거리가 먼 것은?

① 기계적 혼입에 의한 퇴화
② 병해 발생에 의한 퇴화
③ 자연교잡에 의한 퇴화
④ 격리에 의한 퇴화

정답   26 ③   27 ①   28 ③   29 ③   30 ④

ⓐ $(9A\_B\_)$: $(3A\_bb+3aaB\_+1aabb)=9:7$
→ 보족유전자

ⓑ $(9A\_B\_)$: $(3A\_bb)$: $(3aaB\_+1aabb)=9:3:4$
→ 조건유전자(열성상위)

ⓒ $(9A\_B\_+3A\_bb)$: $(3aaB\_)$: $(1aabb)=12:3:1$
→ 피복유전자(우성상위)

ⓓ $(9A\_B\_+3A\_bb+3aaB\_)$: $1aabb=15:1$
→ 중복유전자

ⓔ $(9A\_B\_)$: $(3A\_bb+3aaB\_)$: $(1aabb)=9:6:1$
→ 복수유전자

ⓕ $(3aaB\_)$: $(9A\_B\_+3A\_bb+1aabb)=3:13$
→ 억제유전자

해설

품종퇴화의 원인

세대가 경과함에 따라서 자연교잡, 새로운 유전자형의 분리, 돌연변이, 이형 종자의 기계적 혼입, 병해 발생 등에 의하여 종자가 유전적으로 순수하지 못해져서 퇴화하게 된다.

31 다음 중 육종을 위한 변이 작성법으로 가장 적절하지 않은 것은?

① 돌연변이원 처리
② 인공교배
③ 춘화처리
④ 형질전환

해설

버널리제이션 춘화처리

작물의 출수·개화를 유도하기 위해서 생육의 일정한 시기에 일정한 온도(주로 저온) 처리를 하는 것을 버널리제이션(vernalization) 또는 춘화처리라 한다.

32 다음 중 방사선을 이용한 돌연변이 유발원이 아닌 것은?

① X선
② 중성자
③ β선
④ NMU

해설

인위돌연변이의 유발

유발원이 되는 방사선에는 자외선, X선, α선, β선, γ선, 중성자, 양자, 중양자 등이 있다.

※ 방사선 중에서 가장 널리 이용되는 것은 γ선이다.

33 F_2의 분리비가 9 : 3 : 4인 것은?

① 보족유전자
② 열성상위
③ 중복유전자
④ 우성상위

해설

비대립유전자 상호작용의 유형

상위성이 있는 경우 유전자 상호작용에 따른 여러 가지 분리비

34 다음 중 중복수정을 하는 식물은?

① 겉씨식물
② 속씨식물
③ 양치식물
④ 이끼식물

해설

중복수정

속씨식물에서 난핵과 극핵의 수정이 함께 이루어지는 현상을 말한다.

35 다음 중 고등식물의 유전자당 자연돌연변이율의 빈도로 가장 알맞은 것은?

① $10^{-4} \sim 10^{-3}$
② $10^{-6} \sim 10^{-5}$
③ $10^{-8} \sim 10^{-7}$
④ $10^{-9} \sim 10^{-8}$

해설

자연돌연변이율의 빈도가 $10^{-6} \sim 10^{-5}$이다.

36 다음 중 과수 육종에 가장 많이 이용되는 것은?

① 유전자 돌연변이
② 색소체 돌연변이
③ 아조변이
④ 인위 돌연변이

해설

아조변이(芽條變異)

영양번식식물, 특히 과수의 햇가지에 생기는 체세포돌연변이이다. 우리나라에서 아조변이로 육성한 과수에는 사과 품종은 화랑·한가위·고을, 배 품종은 수정·예왕배, 복숭아 품종은 월봉조생·월미복숭아, 감귤 품종은 신익조생·황금하귤·애월조생 등이 있다.

37 다음 중 계통육종법에서 생산력 검정을 위한 가장 효과적인 시기는?

① $F_2 \sim F_3$ ② $F_3 \sim F_4$
③ $F_6 \sim F_8$ ④ $F_{12} \sim F_{14}$

해설

계통육종 과정

㉠ F_1 양성 : F_1 20～30개체를 양성한다.
㉡ F_2 전개, 개체선발
㉢ F_3 이후의 계통선발은 먼저 계통군을 선발하고 계통을 선발하며, 계통 내에서 개체선발을 한다.
㉣ F_5 : 생산성 검정 예비시험
㉤ $F_6 \sim F_8$: 생산성 검정 본시험
㉥ $F_9 \sim F_{11}$: 지역 적응성 검정시험
㉦ $F_{12} \sim F_{14}$: 신품종 결정 및 등록
㉧ 증식 및 보급 : 기본식물 – 원원종 – 원종 – 보급종

38 무, 양배추 원종 개량법으로 모주의 생산력만을 기준으로 하여 선발하고, 방임수분에 의하여 채종하는 방법은?

① 가계 선발법   ② 잔수법
③ 모계 선발법   ④ 직접법

39 다음 중 여교잡 방법으로 옳은 것은?

① (A×B)×B   ② (A×B)×C
③ (A×B)×D   ④ (A×B)×AB

해설

여교배육종(backcross breeding)

여교배(backcross)는 양친 A와 B를 교배한 F_1을 양친 중 어느 하나와 다시 교배하는 것이다.

40 대립관계가 없는 우성유전자가 F_1에 모여 그들의 상호작용에 의해 나타나는 잡종강세 기구는?

① 복대립유전자설   ② 우성유전자 연관설
③ 초우성설   ④ 헤테로설

제3과목 **재배원론**

41 ( )에 알맞은 내용은?

> 작부체계에서 휴한하는 대신 클로버와 같은 콩과식물을 재배하면 지력이 좋아지는데, 이를 ( )이라고 한다.

① 피복작물   ② 자급작물
③ 휴한작물   ④ 중경작물

해설

㉠ 피복작물 : 목초류로 토양 보호와 관련하여 토양 전면을 덮는 작물로서 토양침식을 막는 효과가 크다.
㉡ 자급작물(自給作物) : 경영 면에 관련하여 쌀, 보리 등과 같이 농가에서 자급하기 위하여 재배하는 작물이다.
㉢ 중경작물 : 생육기간 중에 반드시 중경을 해 주는 작물로서 잡초를 억제하는 효과와 토양을 부드럽게 하는 효과가 있는 옥수수, 수수 등이다.

42 다음에서 설명하는 것은?

- 지상 1.8m 높이에 가로세로로 철선을 늘이고 결과부위를 평면으로 만들어 주는 수형이다.
- 포도나무 재배에 많이 이용된다.

① 개심자연형 정지   ② 변칙주간형 정지
③ 덕형 정지   ④ 갱신 정지

㉠ 덕식(수평책식)
- 철사 등을 공중에 가로세로 수평면으로 치고 가지를 수평면의 전면에 유인하는 정지법이다.
- 이용되는 과수 : 포도 · 배 등

㉡ 변칙주간형(變則主幹形)
- 원추형과 배상형의 장점을 취할 목적으로 처음에는 수년간 원추형으로 기르다가 뒤에 주간의 선단을 잘라서 주지가 바깥쪽으로 벌어지도록 하는 정지법이다. 수연개심형이라고도 한다.
- 이용되는 과수 : 사과 · 감 · 밤 · 서양배 등

㉢ 개심형(開心形)
- 개심형은 주간을 일찍이 끊고 3~4본의 주지를 발달시켜 수형이 술잔 모양이 되게 하는 정지법이며, 배상형이라고도 한다.
- 이용되는 과수 : 배 · 복숭아 · 자두 등

43 눈이나 가지의 바로 위에 가로로 깊은 칼금을 넣어 그 눈이나 가지의 발육을 조장하는 것을 무엇이라 하는가?

① 제얼
② 환상박피
③ 적심
④ 절상

해설

㉠ 제얼(除蘗)

감자재배에서 1포기로부터 여러 개의 싹이 나올 경우, 그 가운데에서 충실한 것을 몇 개 남기고 나머지를 제거하는 작업을 말한다.

㉡ 환상박피
- 줄기나 가지의 껍질을 3~6cm 정도 둥글게 도려내는 것이다.
- 과수에서 화아분화나 숙기를 촉진할 목적으로 실시된다.

㉢ 순지르기(＝적심)

주경이나 주지의 순을 질러서 그 생장을 억제하고, 측지의 발생을 많게 하여 개화 · 착과 · 탈립을 조장하는 것이다.

㉣ 절상

눈이나 가지의 바로 위에 가로로 깊은 칼금을 넣어 그 눈이나 가지의 발육을 조장하는 것이다.

44 등고선에 따라 수로를 내고, 임의의 장소로부터 월류하도록 하는 방법은?

① 보더관개
② 일류관개
③ 수반관개
④ 고랑관개

해설

㉠ 일류관개(등고선월류관개) : 등고선에 따라서 수로를 내고, 임의의 장소로부터 월류시키는 방법이다.

㉡ 보더관개(border method, 구획월류관개) : 완경사의 포장을 알맞게 구획하고, 상단의 수로로부터 전 표면에 물을 흘려 펼쳐서 대는 방법이다.

㉢ 수반관개 : 포장을 수평으로 구획하고 관개하는 방법이다.

㉣ 휴간관개(고랑관개) : 포장에 이랑을 세우고 이랑 사이에 물을 흘리는 방법이다.

45 다음 중 천연 옥신류에 해당하는 것은?

① IAA
② BA
③ 페놀
④ IPA

해설

㉠ 천연 옥신류 : IAA, IAN, PAA

㉡ 합성 옥신류 : NAA, IBA, 2,4-D, 2,4,5-T, PCPA, MCPA, BNOA

46 다음 중 CAM 식물에 해당하는 것은?

① 보리
② 담배
③ 파인애플
④ 명아주

해설

㉠ CAM 식물 : 파인애플

㉡ C_3 식물 : 벼, 보리, 밀, 콩, 고구마, 감자 등

㉢ C_4 식물 : 옥수수, 사탕수수, 수수 등

47 비료 3요소의 개념을 명확히 하고 N, P, K가 중요 원소임을 밝힌 사람은?

① Aristoteles
② Lawes
③ Liebig
④ Boussingault

④ 온도 : 20℃, 상대습도 : 약 80%

> **해설**

쌀의 안전저장 조건
온도 15℃, 상대습도 약 70%이다.

> **해설**

㉠ 로스(Lawes) : 비료 3요소의 개념을 명확히 하고 N, P, K가 중요 원소임을 밝혔다.
㉡ 아리스토텔레스(Aristoteles) : 식물은 토양 중의 유기물로부터 양분을 얻는다는 유기질설 또는 부식설을 주장하였다.
㉢ 리비히(Liebig) : 식물의 필수 영양분이 부식보다도 무기물이라는 광물질설(무기영양설)을 제창하였다.
㉣ 부생고(Boussingault) : 콩과 작물이 공중 질소를 고정하는 능력을 가졌다고 처음으로 시사하였다.

48 다음 중 장일식물에 해당하는 것은?

① 담배 　　　　　 ② 들깨
③ 나팔꽃 　　　　 ④ 감자

> **해설**

㉠ 장일식물(長日植物) : 추파맥류, 완두, 박하, 아주까리, 시금치, 양딸기, 양파, 상추, 감자, 해바라기 등
㉡ 단일식물(短日植物) : 늦벼, 조, 기장, 피, 콩, 고구마, 아마, 담배, 호박, 오이, 국화, 코스모스, 목화 등

49 다음 중 3년생 가지에 결실하는 것은?

① 감 　　　　　 ② 밤
③ 배 　　　　　 ④ 포도

> **해설**

주요과수의 결과습성
㉠ 1년생 가지에 결실하는 것 : 감, 포도, 감귤, 무화과, 비파, 호두 등
㉡ 2년생 가지의 액아에 결실하는 것 : 복숭아, 자두, 양앵두, 매실, 살구 등
㉢ 3년생 가지의 정아 혹은 액아에 결실하는 것 : 사과, 배 등

50 쌀의 안전저장 조건으로 가장 옳은 것은?

① 온도 : 5℃, 상대습도 : 약 60%
② 온도 : 10℃, 상대습도 : 약 65%
③ 온도 : 15℃, 상대습도 : 약 70%

51 ( )에 알맞은 내용은?

> 어미식물에서 발생하는 흡지(吸枝)를 뿌리가 달린 채로 분리하여 번식시키는 것을 ( ) (이)라고 한다.

① 성토법 　　　　 ② 분주
③ 선취법 　　　　 ④ 당목취법

> **해설**

㉠ 포기 나누기(division, 분주) : 지하부에서 나온 싹을 어미포기에서 떼어 내어 번식시키는 방법으로, 모 자체에 이미 뿌리가 붙어 있으므로 안전한 번식법이라 할 수 있다.
㉡ 성토법(盛土法) : 나무그루 밑동에 흙을 긁어모아 발근하는 방법으로 뽕나무, 사과나무, 양앵두, 자두, 환엽해당 등에서 실시된다.
㉢ 당목취법 : 가지를 수평으로 묻고, 각 마디에서 발생하는 새 가지를 발근하여 한 가지에서 여러 개 취목하는 방법으로, 포도, 양앵두, 자두 등에서 이용된다.

52 반건조지방의 밀 재배에 있어서 토양을 갈아엎지 않고 경운하여 작물의 그루터기를 그대로 남겨서 풍식과 수식을 경감시키는 농법은?

① 수경농법 　　　　 ② 노포크식 농법
③ 비닐멀칭 농법 　　 ④ 스터블멀칭 농법

> **해설**

스터블멀칭 농법(stubble mulching farming)
미국의 건조 또는 반건조 지방에서 밀 재배 시 토양을 갈아엎지 않고 경운하여 앞 작물의 그루터기를 그대로 남겨서 풍식과 수식을 경감시키는 농법을 실시하는 경우가 있는데, 이것을 스터블멀칭 농법이라고 한다.

정답 　 48 ④ 　 49 ③ 　 50 ③ 　 51 ② 　 52 ④

81 K모씨는 거래용 서류에 품종보호 출원 중이 아닌 품종을 품종보호 출원 중인 품종인 것 같이 거짓으로 표시하였다. K모씨가 처벌 받는 벌칙기준으로 맞는 것은?

① 6개월 이하의 징역 또는 3백만 원 이하의 벌금에 처한다.

② 1년 이하의 징역 또는 5백만 원 이하의 벌금에 처한다.

③ 2년 이하의 징역 또는 1천만 원 이하의 벌금에 처한다.

④ 3년 이하의 징역 또는 3천만 원 이하의 벌금에 처한다.

해설

거짓표시의 죄

3년 이하의 징역 또는 3천만 원 이하의 벌금에 처한다.

82 다음 중 ( ) 안에 알맞은 내용은?

종자관련법상 종자업자는 종자업 등록한 사항이 변경된 경우에는 그 사유가 발생한 날부터 ( ) 이내에 시장 · 군수 · 구청장에게 그 변경사항을 통지하여야 한다.

① 30일 ② 50일
③ 80일 ④ 100일

해설

종자업의 등록

1. 종자업의 등록을 하려는 자는 종자업의 시설과 인력에 관한 서류를 첨부하여 등록신청서를 종자업의 주된 생산시설의 소재지를 관할하는 특별자치시장 · 특별자치도지사 · 시장 · 군수 또는 구청장(구청장은 자치구의 구청장을 말하며, 이하 "시장 · 군수 · 구청장"이라 한다)에게 제출(전자문서에 의한 제출을 포함한다)하여야 한다.
2. 종자업 등록을 신청받은 시장 · 군수 · 구청장은 신청된 사항을 확인하고, 등록요건에 적합하다고 인정될 때에는 종자업등록증을 신청인에게 발급하여야 한다.

3. 종자업자는 등록한 사항이 변경된 경우에는 그 사유가 발생한 날부터 30일 이내에 시장 · 군수 · 구청장에게 그 변경사항을 통지하여야 한다.

83 식물신품종 보호관련법상 품종보호를 받을 수 있는 요건은?

① 지속성 ② 특이성
③ 균일성 ④ 계절성

해설

품종보호 요건

1. 신규성 2. 구별성
3. 균일성 4. 안정성
5. 제106조 제1항에 따른 품종명칭

품종명칭

① 품종보호를 받기 위하여 출원하는 품종은 1개의 고유한 품종명칭을 가져야 한다.
② 대한민국이나 외국에 품종 명칭이 등록되어 있거나 품종명칭 등록출원이 되어 있는 경우에는 그 품종명칭을 사용하여야 한다.

84 다음 중 ( ) 안에 알맞은 내용은?

( )(이)란 보호품종의 종자를 증식 · 생산 · 조제 · 양도 · 대여 · 수출 또는 수입하거나 양도 또는 대여의 청약(양도 또는 대여를 위한 전시를 포함한다. 이하 같다)을 하는 행위를 말한다.

① 실시 ② 보호품종
③ 육성자 ④ 품종보호권자

해설

㉠ 육성자 : 품종을 육성한 자나 이를 발견하여 개발한 자를 말한다.
㉡ 품종보호권자 : 품종보호권을 가진 자를 말한다.
㉢ 보호품종 : 이 법에 따른 품종보호 요건을 갖추어 품종보호권이 주어진 품종을 말한다.
㉣ 실시 : 보호품종의 종자를 증식 · 생산 · 조제(調製) · 양도 · 대여 · 수출 또는 수입하거나 양도 또는 대여의 청약(양도 또는 대여를 위한 전시를 포함한다. 이하 같다)을 하는 행위를 말한다.

정답   81 ④   82 ①   83 ③   84 ①

85 종자관련법상에서 유통종자의 품질표시 사항으로 틀린 것은?

① 품종의 명칭

② 종자의 포장당 무게 또는 낱알 개수

③ 수입 연월 및 수입자명(수입종자의 경우에 해당하며, 국내에서 육성된 품종의 종자를 해외에서 채종하여 수입하는 경우도 포함한다)

④ 종자의 발아율(버섯종균의 경우에는 종균 접종일)

해설

유통종자의 품질표시
1. 품종의 명칭
2. 종자의 발아율(버섯종균의 경우에는 종균 접종일)
3. 종자의 포장당 무게 또는 낱알 개수
4. 수입 연월 및 수입자명(수입종자의 경우만 해당하며, 국내에서 육성된 품종의 종자를 해외에서 채종하여 수입하는 경우는 제외한다)
5. 재배 시 특히 주의할 사항
6. 종자업 등록번호(종자업자의 경우만 해당한다)
7. 품종보호 출원공개번호(「식물신품종 보호법」 출원공개된 품종의 경우만 해당한다) 또는 품종보호 등록번호(「식물신품종 보호법」 보호품종으로서 품종보호권의 존속기간이 남아 있는 경우만 해당한다)
8. 품종 생산·수입 판매 신고번호(생산·수입 판매 신고 품종의 경우만 해당한다)
9. 규격묘 표시(묘목의 경우만 해당하며, 규격묘의 규격기준 및 표시방법은 농림축산식품부장관이 정하여 고시한다)
10. 유전자변형종자 표시(유전자변형종자의 경우만 해당하고, 표시방법은 「유전자변형생물체의 국가간 이동 등에 관한 법률 시행령」 따른다)

86 종자검사요령상 항온 건조기법을 통해 보리 종자의 수분함량을 측정하였다. 수분 측정관과 덮개의 무게가 10g, 건조 전 총 무게가 15g이고 건조 후 총 무게가 14g일 때 종자 수분함량은 얼마인가?

① 10.0%   ② 15.0%

③ 20.0%   ④ 25.0%

해설

항온 건조기법

수분함량은 다음 식으로 소수점 아래 1단위로 계산하며 중량비율로 한다.

$$\frac{(M_2 - M_3)}{(M_2 - M_1)} \times 100 = \frac{(15-14)}{(15-10)} \times 100 = \frac{1}{5} \times 100 = 20$$

여기서, M_1 : 수분 측정관과 덮개의 무게(g)

M_2 : 건조 전 총 무게(g)

M_3 : 건조 후 총 무게(g)

87 「종자산업법」상에서 위반한 행위 중 벌칙이 1년 이하의 징역 또는 1천만 원 이하의 벌금에 해당하지 않는 것은?

① 보증서를 거짓으로 발급한 종자관리사

② 등록이 취소된 종자업을 계속하거나 영업정지를 받고도 종자업을 계속한 자

③ 수입적응성 시험을 받지 아니하고 종자를 수입한 자

④ 유통종자에 대한 품질표시를 하지 않고 종자를 판매한 자

해설

1년 이하의 징역 또는 1천만 원 이하의 벌금에 처하는 경우
• 등록을 하지 아니하고 종자관리사 업무를 수행한 자
• 보증서를 거짓으로 발급한 종자관리사
• 보증을 받지 아니하고 종자를 판매하거나 보급한 자
• 명령에 따르지 아니한 자
• 무병화인증기관의 지정을 받거나 그 지정의 갱신을 하지 아니하고 무병화인증 업무를 한 자
• 무병화인증기관의 지정취소 또는 업무정지 처분을 받고도 무병화인증 업무를 한 자
• 거짓이나 그 밖의 부정한 방법으로 무병화인증을 받거나 갱신한 자
• 거짓이나 그 밖의 부정한 방법으로 무병화인증기관의 지정을 받거나 갱신한 자
• 무병화인증을 받지 아니한 종자의 용기나 포장에 무병화인증의 표시 또는 이와 유사한 표시를 한 자
• 무병화인증을 받은 종자의 용기나 포장에 무병화인증을 받은 내용과 다르게 표시한 자
• 무병화인증을 받지 아니한 종자를 무병화인증을 받은 종자로 광고하거나 무병화인증을 받은 종자로 오인할 수 있도록 광고한 자

- 무병화인증을 받은 종자를 무병화인증을 받은 내용과 다르게 광고한 자
- 등록하지 아니하고 육묘업을 한 자
- 등록이 취소된 종자업 또는 육묘업을 계속하거나 영업정지를 받고도 종자업 또는 육묘업을 계속한 자
- 종자를 수출 또는 수입하거나 수입된 종자를 유통시킨 자
- 수입적응성 시험을 받지 아니하고 종자를 수입한 자
- 거짓이나 그 밖에 부정한 방법으로 종자의 검정 따른 검정을 받은 자
- 검정결과에 대하여 거짓광고나 과대광고를 한 자
- 생산 또는 판매 중지를 명한 종자 또는 묘를 생산하거나 판매한 자
- 제47조 제4항 후단을 위반하여 시료채취를 거부·방해 또는 기피한 자

88 종자관련법상 특별한 경우를 제외하고 작물별 보증의 유효기간으로 틀린 것은?

① 채소 : 2년   ② 고구마 : 1개월

③ 버섯 : 1개월   ④ 맥류 : 6개월

해설

보증의 유효기간

작물별 보증의 유효기간은 다음 각 호와 같고, 그 기산일(起算日)은 각 보증종자를 포장(包裝)한 날로 한다. 다만, 농림축산식품부장관이 따로 정하여 고시하거나 종자관리사가 따로 정하는 경우에는 그에 따른다.

1. 채소 : 2년   2. 버섯 : 1개월

3. 감자·고구마 : 2개월   4. 맥류·콩 : 6개월

5. 그 밖의 작물 : 1년

89 보증종자를 판매하거나 보급하려는 자가 종자의 보증과 관련된 검사서류를 보관하지 아니하면 얼마의 과태료를 부과하는가?

① 1천만 원 이하의 과태료

② 2천만 원 이하의 과태료

③ 3천만 원 이하의 과태료

④ 5천만 원 이하의 과태료

해설

1천만 원 이하의 과태료

ⓐ 종자의 보증과 관련된 검사서류를 보관하지 아니한 자

ⓑ 무병화인증을 받은 종자업자, 무병화인증을 받은 종자를 판매·보급하는 자 또는 무병화인증기관은 정당한 사유 없이 보고·자료제출·점검 또는 조사를 거부·방해하거나 기피한 자

ⓒ 종자의 생산 이력을 기록·보관하지 아니하거나 거짓으로 기록한 자

ⓓ 종자의 판매 이력을 기록·보관하지 아니하거나 거짓으로 기록한 종자업자

ⓔ 정당한 사유 없이 자료제출을 거부하거나 방해한 자

ⓕ 유통 종자 또는 묘의 품질표시를 하지 아니하거나 거짓으로 표시하여 종자 또는 묘를 판매하거나 보급한 자

ⓖ 출입, 조사·검사 또는 수거를 거부·방해 또는 기피한 자

ⓗ 구입한 종자에 대한 정보와 투입된 자재의 사용 명세, 자재구입 증명자료 등을 보관하지 아니한 자

90 종자의 수·출입 또는 수입된 종자의 국내 유통을 제한할 수 있는 경우에 해당되지 않는 것은?

① 수입된 종자에 유해한 잡초종자가 농림축산식품부장관이 정하여 고시하는 기준 이상으로 포함되어 있는 경우

② 수입된 종자가 국내 종자 가격에 커다란 영향을 미칠 경우

③ 수입된 종자의 증식이나 교잡에 의한 유전자 변형 등으로 인하여 농작물 생태계 등 기존의 국내 생태계를 심각하게 파괴할 우려가 있는 경우

④ 수입된 종자로부터 생산된 농산물의 특수성분으로 인하여 국민건강에 나쁜 영향을 미칠 우려가 있는 경우

해설

수출입 종자의 국내유통 제한

종자의 수출·수입을 제한하거나 수입된 종자의 국내 유통을 제한할 수 있는 경우

1. 수입된 종자에 유해한 잡초종자가 농림축산식품부장관이 정하여 고시하는 기준 이상으로 포함되어 있는 경우

정답   88 ②   89 ①   90 ②

2. 수입된 종자의 증식이나 교잡에 의한 유전자 변형 등으로 인하여 농작물 생태계 등 기존의 국내 생태계를 심각하게 파괴할 우려가 있는 경우
3. 수입된 종자의 재배로 인하여 특정 병해충이 확산될 우려가 있는 경우
4. 수입된 종자로부터 생산된 농산물의 특수성분으로 인하여 국민건강에 나쁜 영향을 미칠 우려가 있는 경우
5. 재래종 종자 또는 국내의 희소한 기본종자의 무분별한 수출 등으로 인하여 국내 유전자원(遺傳資源) 보존에 심각한 지장을 초래할 우려가 있는 경우

91 다음 중 품종 명칭으로 등록될 수 있는 것은?

① 1개의 고유한 품종 명칭
② 숫자로만 표시하거나 기호를 포함하는 품종 명칭
③ 해당 품종 또는 해당 품종 수확물의 품질·수확량·생산시기·생산방법·사용방법 또는 사용시기로만 표시한 품종 명칭
④ 해당 품종이 속한 식물의 속 또는 종의 다른 품종의 품종 명칭과 같거나 유사하여 오인하거나 혼동할 염려가 있는 품종 명칭

해설

품종 명칭
1. 품종보호를 받기 위하여 출원하는 품종은 1개의 고유한 품종 명칭을 가져야 한다.
2. 대한민국이나 외국에 품종 명칭이 등록되어 있거나 품종 명칭 등록출원이 되어 있는 경우에는 그 품종 명칭을 사용하여야 한다.

92 다음 중 ( ) 안에 알맞은 내용은?

식물신품종 보호관련법상 품종보호권이 공유인 경우 각 공유자가 계약으로 특별히 정한 경우를 제외하고는 다른 공유자의 동의를 받지 아니하고 ( ) 할 수 있다.

① 공유지분을 양도
② 공유지분을 목적으로 하는 질권을 설정
③ 해당 품종보호권에 대한 전용실시권을 설정
④ 해당 보호품종을 자신이 실시

해설

품종보호권의 이전
① 품종보호권은 이전할 수 있다.
② 품종보호권이 공유인 경우 각 공유자는 다른 공유자의 동의를 받지 아니하면 다음 각 호의 행위를 할 수 없다.
 1. 공유지분을 양도하거나 공유지분을 목적으로 하는 질권의 설정
 2. 해당 품종보호권에 대한 전용실시권의 설정 또는 통상실시권의 허락
③ 품종보호권이 공유인 경우 각 공유자는 계약으로 특별히 정한 경우를 제외하고는 다른 공유자의 동의를 받지 아니하고 해당 보호품종을 자신이 실시할 수 있다.

93 품종보호를 받을 수 있는 권리의 승계에 대한 내용으로 틀린 것은?

① 동일인으로부터 승계한 동일한 품종보호를 받을 수 있는 권리에 대하여 같은 날에 둘 이상의 품종보호 출원이 있는 경우에는 품종보호 출원인 간에 협의하여 정한 자에게만 그 효력이 발생한다.
② 품종보호 출원 전에 해당 품종에 대하여 품종보호를 받을 수 있는 권리를 승계한 자는 그 품종보호의 출원을 하지 아니하는 경우에도 제3자에게 대항할 수 있다.
③ 품종보호 출원 후에 품종보호를 받을 수 있는 권리의 승계는 상속이나 그 밖의 일반승계의 경우를 제외하고는 품종보호 출원인이 명의변경 신고를 하지 아니하면 그 효력이 발생하지 아니한다.
④ 품종보호를 받을 수 있는 권리의 상속이나 그 밖의 일반승계를 한 경우에는 승계인은 지체없이 그 취지를 공동부령으로 정하는 바에 따라 농림축산식품부장관 또는 해양수산부장관에게 신고하여야 한다.

해설

품종보호를 받을 수 있는 권리의 승계
1. 품종보호 출원 전에 해당 품종에 대하여 품종보호를 받을 수 있는 권리를 승계한 자는 그 품종보호의 출원을 하지 아니하는 경우에는 제3자에게 대항할 수 없다.

2. 동일인으로부터 승계한 동일한 품종보호를 받을 수 있는 권리에 대하여 같은 날에 둘 이상의 품종보호 출원이 있는 경우에는 품종보호 출원인 간에 협의하여 정한 자에게만 그 효력이 발생한다.
3. 품종보호 출원 후에 품종보호를 받을 수 있는 권리의 승계는 상속이나 그 밖의 일반승계의 경우를 제외하고는 품종보호 출원인이 명의변경신고를 하지 아니하면 그 효력이 발생하지 아니한다.
4. 품종보호를 받을 수 있는 권리의 상속이나 그 밖의 일반승계를 한 경우에는 승계인은 지체 없이 그 취지를 공동부령으로 정하는 바에 따라 농림축산식품부장관 또는 해양수산부장관에게 신고하여야 한다.
5. 동일인으로부터 승계한 동일한 품종보호를 받을 수 있는 권리의 승계에 관하여 같은 날에 둘 이상의 신고가 있을 때에는 신고한 자 간에 협의하여 정한 자에게만 그 효력이 발생한다.

94 다음 중 종자관리사의 자격기준으로 틀린 것은?

① 종자기사 자격을 취득한 사람으로서 자격 취득 전후의 기간을 포함하여 종자업무에 1년 이상 종사한 사람
② 버섯종균기능사 자격을 취득한 사람으로서 자격 취득 전후의 기간을 포함하여 버섯 종균업무에 3년 이상 종사한 사람(버섯 종균을 보증하는 경우만 해당한다.)
③ 종자기술사 자격을 취득한 사람
④ 종자산업기사 자격을 취득한 사람으로서 자격 취득 전후의 기간을 포함하여 종자업무와 유사한 업무에 1년 이상 종사한 사람

[해설]

종자관리사의 자격기준
1. 「국가기술자격법」에 따른 종자기술사 자격을 취득한 사람
2. 「국가기술자격법」에 따른 종자기사 자격을 취득한 사람으로서 자격 취득 전후의 기간을 포함하여 종자업무 또는 이와 유사한 업무에 1년 이상 종사한 사람
3. 「국가기술자격법」에 따른 종자산업기사 자격을 취득한 사람으로서 자격 취득 전후의 기간을 포함하여 종자업무 또는 이와 유사한 업무에 2년 이상 종사한

사람
4. 「국가기술자격법」에 따른 종자기능사 자격을 취득한 사람으로서 자격 취득 전후의 기간을 포함하여 종자업무 또는 이와 유사한 업무에 3년 이상 종사한 사람
5. 「국가기술자격법」에 따른 버섯종균기능사 자격을 취득한 사람으로서 자격 취득 전후의 기간을 포함하여 버섯 종균업무 또는 이와 유사한 업무에 3년 이상 종사한 사람(버섯 종균을 보증하는 경우만 해당한다)

95 다음 중 종자업 등록을 하지 않아도 종자를 생산 · 판매할 수 있는 자로 맞는 것은?

① 시 · 도지사
② 농업계 대학원에서 실험하는 자
③ 농업계 전문대학에서 실험하는 자
④ 실업계 고등학교 교사

[해설]

종자업의 등록
1. 종자업의 등록을 하려는 자는 종자업의 시설과 인력에 관한 서류를 첨부하여 등록신청서를 종자업의 주된 생산시설의 소재지를 관할하는 특별자치시장 · 특별자치도지사 · 시장 · 군수 또는 구청장(구청장은 자치구의 구청장을 말하며, 이하 "시장 · 군수 · 구청장"이라 한다)에게 제출(전자문서에 의한 제출을 포함한다)하여야 한다.
2. 종자업을 하려는 자는 종자관리사를 1명 이상 두어야 한다. 다만, 대통령령으로 정하는 작물의 종자를 생산 · 판매하려는 자의 경우에는 그러하지 아니하다.
3. 농림축산식품부장관, 농촌진흥청장, 산림청장, 시 · 도지사, 시장 · 군수 · 구청장 또는 농업단체등이 종자의 증식 · 생산 · 판매 · 보급 · 수출 또는 수입을 하는 경우에는 제1항과 제2항을 적용하지 아니한다.

96 다음 중 종자를 생산 · 판매하려는 자의 경우에 종자관리사를 두어야 하는 작물은?

① 장미
② 뽕
③ 무
④ 페튜니아

종자관리사 보유의 예외

(종자업을 하려는 자는 종자관리사를 1명 이상 두어야 한다. 다만, 대통령령으로 정하는 작물의 종자를 생산·판매하려는 자의 경우에는 그러하지 아니하다.)

단서에서 "대통령령으로 정하는 작물"이란 다음의 작물을 말한다.

1. 화훼
2. 사료작물(사료용 벼·보리·콩·옥수수 및 감자를 포함한다)
3. 목초작물
4. 특용작물
5. 뽕
6. 임목(林木)
7. 해조류
8. 식량작물(벼·보리·콩·옥수수 및 감자는 제외한다)
9. 과수(사과·배·복숭아·포도·단감·자두·매실·참다래 및 감귤은 제외한다)
10. 채소류(무·배추·양배추·고추·토마토·오이·참외·수박·호박·파·양파·당근·상추 및 시금치는 제외한다)
11. 버섯류(양송이·느타리버섯·뽕나무버섯·영지버섯·만가닥버섯·잎새버섯·목이버섯·팽이버섯·복령·버들송이 및 표고버섯은 제외한다)

97 「식물신품종 보호관련법」상 품종보호권 또는 전용실시권을 침해한 자는 어떠한 처벌을 받는가?

① 3년 이하의 징역 또는 5백만 원 이하의 벌금에 처한다.
② 5년 이하의 징역 또는 1천만 원 이하의 벌금에 처한다.
③ 7년 이하의 징역 또는 1억 원 이하의 벌금에 처한다.
④ 9년 이하의 징역 또는 2억 원 이하의 벌금에 처한다.

침해죄

1. 다음 각 호의 어느 하나에 해당하는 자는 7년 이하의 징역 또는 1억 원 이하의 벌금에 처한다.

   ㉠ 품종보호권 또는 전용실시권을 침해한 자
   ㉡ 권리를 침해한 자. 다만, 해당 품종보호권의 설정등록이 되어 있는 경우만 해당한다.
   ㉢ 거짓이나 그 밖의 부정한 방법으로 품종보호결정 또는 심결을 받은 자

2. 죄는 고소가 있어야 공소를 제기할 수 있다.

98 다음의 종자검사의 검사기준에서 이물로 처리되는 것은?

① 선충에 의한 충영립   ② 미숙립
③ 발아립   ④ 소립

이물

정립이나 이종종자로 분류되지 않는 종자구조를 가졌거나 종자가 아닌 모든 물질로 다음의 것을 포함한다.

1. 원형의 반 미만의 작물종자 쇄립 또는 피해립
2. 완전 박피된 두과종자, 십자화과 종자 및 야생겨자종자
3. 작물종자 중 불임소수
4. 맥각병해립, 균핵병해립, 깜부기병해립, 선충에 의한 충영립
5. 배아가 없는 잡초종자
6. 회백색 또는 회갈색으로 변한 새삼과 종자
7. 모래, 흙, 줄기, 잎, 식물의 부스러기 꽃 등 종자가 아닌 모든 물질

정립

이종종자, 잡초종자 및 이물을 제외한 종자를 말하며 다음을 포함한다.

1. 미숙립, 발아립, 주름진립, 소립
2. 원래 크기의 1/2 이상인 종자쇄립
3. 병해립(맥각병해립, 균핵병해립, 깜부기병해립 및 선충에 의한 충영립을 제외한다)

99 종자관리요강에서 포장검사 및 종자검사의 검사기준 항목 중 백분율을 전체에 대한 개수 비율로 나타내는 항목으로만 짝지어진 것은?

① 정립, 수분   ② 정립, 피해립
③ 발아율, 수분   ④ 발아율, 병해립

백분율(%)

검사항목의 전체에 대한 중량비율을 말한다.

다만 발아율, 병해립과 포장 검사항목에 있어서는 전체
에 대한 개수비율을 말한다.

100 다음 중 국가품종목록 등재 대상작물이 아
닌 것은?

① 감자   ② 보리
③ 사료용 옥수수   ④ 콩

국가품종목록의 등재 대상

품종목록에 등재할 수 있는 대상작물은 벼, 보리, 콩, 옥
수수, 감자와 그 밖에 대통령령으로 정하는 작물로 한
다. 다만, 사료용은 제외한다.

제1과목 종자생산학 및 종자법규

01 종자관리요강에서 포장검사 시 겉보리의 특정병이 아닌 것은?

① 흰가루병
② 겉깜부기병
③ 속깜부기병
④ 보리줄무늬병

> **해설**
> - 특정병 : 겉깜부기병, 속깜부기병 및 보리줄무늬병을 말한다.
> - 기타병 : 흰가루병, 줄기녹병, 좀녹병, 붉은곰팡이병 및 바이러스병을 말한다.

02 종자를 토양에 파종했을 때 새싹이 지상으로 출현하는 것을 무엇이라 하는가?

① 출아
② 유근
③ 맹아
④ 부아

03 종자관리요강에서 보증종자에 대한 사후관리시험의 검사항목인 것은?

① 발아율
② 정립률
③ 품종순도
④ 피해립률

04 종자검사요령에서 "빽빽이 군집한 화서 또는 근대 속에서는 화서의 일부"의 용어는?

① 속생
② 배
③ 석과
④ 화방

> **해설**
> 용어
> ㉠ 화방(花房, Cluster) : 빽빽히 군집한 화서 또는 근대 속에서는 화서의 일부

㉡ 석과(石果·核果實, Drupe) : 단단한 내과피(Endocarp)와 다육질의 외층을 가진 비열개성의 단립종자를 가진 과실
㉢ 배(胚, Embryo) : 종자 안에 감싸인 어린 식물
㉣ 속생(束生, Fascicle) : 대체로 같은 장소에서 발생한 가지의 뭉치

05 「식물신품종법」상 과수와 임목의 경우 품종보호권의 존속기간은?

① 15년
② 20년
③ 25년
④ 30년

> **해설**
> 품종보호권 존속기간 : 20년(과수, 임목 25년)

06 종자검사요령에서 주병 또는 배주의 기부로부터 자라 나온 다육질이며 간혹 유색인 종자의 피막 또는 부속기관은?

① 망
② 종피
③ 부리
④ 포엽

> **해설**
> ① 망(芒, Awn, Arista) : 가늘고 곧거나 굽은 강모, 볏과에서는 통상 외영 또는 호영(Glumes)의 중앙맥의 연장임
> ② 종피·종의(種皮·種衣, Aril Arillus, Pl. Arilli) : 주병 또는 배주의 기부로부터 자라나 온 다육질이며 간혹 유색인 종자의 피막 또는 부속기관.
> ③ 부리(Beak, Beaked) : 과실의 길고 뾰족한 연장부
> ④ 포엽(包葉, Bract) : 꽃 또는 볏과식물의 소수(Spikelet)를 엽맥에 끼우는 퇴화한 잎 또는 인편상의 구조물

정답 01 ① 02 ① 03 ③ 04 ④ 05 ③ 06 ②

53 고립상태 시 광포화점을 조사광량에 대한 비율로 표시할 때 50% 정도에 해당하는 것은?

① 감자   ② 담배
③ 밀   ④ 강낭콩

해설

광포화점(光飽和點)

일반 작물의 광포화점은 30~60%의 범위 내에 있다.

식물명	광포화점	식물명	광포화점
음생식물	10% 정도	벼 · 목화	40~50% 정도
구약나물	25% 정도	밀 · 알팔파	50% 정도
콩	20~23% 정도	사탕무 · 무 · 사과나무 · 고구마	40~60% 정도
감자 · 담배 · 강낭콩 · 해바라기	30% 정도	옥수수	80~100%

54 작물의 기원지가 이란인 것은?

① 매화   ② 자운영
③ 배추   ④ 시금치

해설

작물의 기원지
㉠ 이란 : 시금치
㉡ 중국 : 매화, 자운영, 배추

55 다음 중 감광형에 해당하는 것은?

① 봄조   ② 어름베밀
③ 올콩   ④ 그루콩

해설

㉠ 감광형(感光型, bLt형)
• 감광형은 기본영양생장성과 감온성이 작고 감광성이 커서 생육기간이 주로 감광성에 지배되는 것이다.
• 우리나라 남부 평야지대에서 벼농사로 주로 만생종 벼가 재배된다.

㉡ 감온형(感溫型, blT형)
• 감온형은 기본영양생장성과 감광성이 작고 감온성이 커서 생육기간이 주로 감온성에 지배되는 것이다.
• 우리나라 산간 고랭지에서 벼농사로 조생종 벼가 재배된다.

56 다음 중 인과류로만 나열된 것은?

① 포도, 딸기   ② 복숭아, 자두
③ 배, 사과   ④ 밤, 호두

해설

과수
㉠ 인과류 : 배 · 사과 · 비파 등 → 꽃받침이 발달하였다.
㉡ 핵과류 : 복숭아 · 자두 · 살구 · 앵두 등 → 중과피가 발달하였다.
㉢ 장과류 : 포도 · 딸기 · 무화과 등 → 외과피가 발달하였다.
㉣ 각과류 : 밤 · 호두 등 → 씨의 자엽이 발달하였다.
㉤ 준인과류 : 감 · 귤 등 → 씨방이 발달하였다.

57 NO_2가 자외선하에서 광산화되어 생성되는 것은?

① 아황산가스   ② 불화수소가스
③ 오존가스   ④ 암모니아가스

해설

오존가스(O_3)
이산화질소(NO_2)가스는 광에너지에 의하여 일산화질소(NO)와 산소원자(O)로 분할되고 분할된 산소원자(O)가 산소(O_2)와 결합하여 오존가스(O_3)를 생성한다.

58 작물의 주요 생육온도에서 최고온도가 30℃에 해당하는 것은?

① 옥수수   ② 삼
③ 호밀   ④ 오이

해설

작물의 주요온도(Haberlandt)

작물	최저온도(℃)	최적온도(℃)	최고온도(℃)
호밀	1~2	25	30
옥수수	8~10	30~32	40~44
삼	1~2	35	45
오이	12	33~34	40

59 적산온도가 1,000~1,200℃에 해당하는 것은?

① 메밀 　　　　　② 벼

③ 담배 　　　　　④ 아마

해설

작물의 적산온도

㉠ 메밀 : 1,000℃~1,200℃

㉡ 벼 : 3,500℃~4,500℃

㉢ 담배 : 3,200℃~3,600℃

㉣ 아마 : 1,600℃~1,850℃

60 다음 중 땅속줄기에 해당하는 것은?

① 생강 　　　　　② 박하

③ 모시풀 　　　　④ 마늘

해설

줄기(莖)

㉠ 비늘줄기(鱗莖) : 나리(백합), 마늘 등

㉡ 땅속줄기(地下莖) : 생강, 연, 박하, 호프 등

㉢ 덩이줄기(塊莖) : 감자, 토란, 뚱딴지 등

㉣ 알줄기(球莖) : 글라디올러스 등

㉤ 흡지(吸枝) : 박하, 모시풀 등

제4과목 **식물보호학**

61 식물 병원성 세균의 침입경로로 가능성이 가장 낮은 것은?

① 각피 　　　　　② 상처

③ 수공 　　　　　④ 기공

해설

각피 침입

잎, 줄기 등의 표면에 있는 각피나 뿌리의 표피를 병원체가 뚫고 침입하는 것을 말한다.

62 유기인계와 합성피레스로이드계의 혼합제 계통인 농약은?

① 프로클로라즈 · 트리플루미졸 유제

② 디클로르보스 · 에토펜프록스 유제

③ 클로르피리포스 · 디플루벤주론 수화제

④ 브로모뷰타이드 · 옥사디아길 액상수화제

63 해충의 1령충이란 어느 기간을 말하는가?

① 산란 후 부화 직전까지

② 용화 이후 우화 직전까지

③ 1회 탈피 후 2회 탈피까지

④ 부화 직후부터 1회 탈피 전까지

해설

㉠ 1령충 : 부화하여 제1회 탈피할 때까지

㉡ 2령충 : 제1회 탈피를 끝낸 것

㉢ 3령충 : 제2회 탈피를 끝낸 것

㉣ 4령충 : 제3회 탈피를 끝내고 번데기가 될 때까지

64 병원체를 기주식물에 접종하여도 해당 병이 전혀 걸리지 않는 경우를 가리키는 것은?

① 면역성 　　　　② 감수성

③ 내병성 　　　　④ 수평저항성

㉠ 감수성 : 식물이 어떤 병에 걸리기 쉬운 성질
㉡ 내병성 : 감염되어도 기주가 실질적인 피해를 적게 받는 경우
㉢ 수평저항성 : 여러 레이스에 저항성을 가지므로 비특이적 저항성이라 한다.

65 식물병으로 인한 피해와 원인에 대한 설명으로 옳지 않은 것은?

① 1845년에는 감자 역병이 아일랜드의 기근을 초래하였다.
② 19세기 말 스리랑카에서는 커피 녹병으로 인해 차를 재배하게 되었다.
③ 1970년 미국에서는 옥수수 깜부기병으로 인해 옥수수 생산량이 급감하였다.
④ 20세기 초에는 사탕무 갈색무늬병으로 인해 한국 황해도의 사탕무 재배가 포기되었다.

1970년 미국에서는 옥수수 마름병으로 인해 옥수수 생산량이 급감하였다.

66 벼 흰잎마름병의 진단법으로 옳은 것은?

① 유출검사법
② 괴경지표법
③ 충체 내 주사법
④ Nicotiana glutinosa 접촉감염에 의한 진단법

벼 흰잎마름병 진단법
병이 의심되는 잎 중 마르지 않은 잎을 잘라 수돗물에 넣으면 노란색 세균의 유출물이 나온다. 또한 벼 흰잎마름병 진단용 Duplex 프라이머키트를 이용하여 정밀 진단이 가능하다.

67 약제의 유효성분을 가스 상태로 해충의 호흡기관을 통해 흡수하게 하는 약제는?

① 훈증제
② 접촉제
③ 유인제
④ 훈연제

㉠ 접촉제 : 피부에 접촉하여 흡수시켜 방제한다.
㉡ 유인제 : 해충을 유인하여 제거하고 포살하는 약제이다.
㉢ 훈연제 : 열을 가하여 가열작용에 의해 유효 성분이 공기 중에 확산되어 물체의 표면에 부착되어 접촉 또는 훈증작용으로 효력을 내는 약제이다.

68 해충의 종합적 방제에 대한 설명으로 옳지 않은 것은?

① 자연과 환경에 미치는 악영향을 줄이려는 방제법이다.
② 농약의 사용을 전면 금지하고 친환경적 방제 방법을 응용하는 것이다.
③ 재배지와 작부체계 등을 최적화하여 해충의 발생 가능성을 최소화하려는 방법이다.
④ 해충의 발생밀도를 경제적 피해수준 이하로 억제, 유지하고 부작용을 최소한으로 줄이는 관리수단이다.

해충의 종합적 방제는 해충이나 다른 작물 병해충 방제에 화학살충제의 의존도를 줄이고 오염을 최소화하며 생산물에 남는 독성을 줄이기 위해 물리적, 화학적, 생물학적 방법을 연합하여 사용하는 것이다.

69 잡초종자의 2차 휴면을 일으키는 주요 조건으로 거리가 가장 먼 것은?

① 고온
② 토질
③ 산소부족
④ 부족한 광조건

잡초종자의 2차 휴면
강제휴면(타발적 휴면)으로, 토양 중의 잡초종자는 고온·광선과 산소의 부족으로 휴면상태를 지속하는데, 이와 같이 외적 조건이 부적당하기 때문에 유발되는 휴면을 말한다.

70 생활형에 따라 분류된 잡초는?

① 논 잡초 ② 화본과 잡초
③ 다년생 잡초 ④ 포복형 잡초

> 해설

생활형에 따른 잡초의 분류
㉠ 일년생 : 1년 이내에 한 세대의 생활사를 끝내는 식물을 의미한다.
㉡ 월년생 : 1년 이상 생존하지만 2년 이상 생존하지 못한다.
㉢ 다년생 : 2년 이상 또는 무한정 생존 가능한 식물이다.

71 식물병의 전염경로를 짝지은 것으로 옳지 않은 것은?

① 물 – 벼 잎집얼룩병 ② 바람 – 밀 줄기녹병
③ 종자 – 무 사마귀병 ④ 토양 – 감자 암종병

> 해설

무 사마귀병 피해는 물이 잘 안 빠지며 흙이 산성에서 중성을 띠는 곳에서 가장 심하게 나타난다.

72 보호살균제에 대한 설명으로 옳지 않은 것은?

① 병이 발생하기 전에 식물체에 처리하여야 한다.
② 식물체 내에 침투해 있는 병원균을 죽이는 데 사용한다.
③ 약효지속 기간이 길어야 하고 물리적으로 부착성이 양호해야 한다.
④ 병원균의 포자나 균사가 식물체 내에 침입하는 것을 방지하기 위하여 사용되는 약제이다.

> 해설

②는 직접살균제를 뜻한다.

73 해충의 행동습성을 이용한 방제방법에 대한 설명으로 옳지 않은 것은?

① 포식성 곤충으로 해충의 생물적 방제에 이용할 수 있다.

② 주화성이 있는 해충은 성 유인 물질을 이용한 방제가 가능하다.
③ 이화명나방 성충은 주광성이 있어 유아등을 이용하여 방제한다.
④ 응애 방제를 위하여 이른 아침 논에 석유를 뿌리고 빗자루로 쓸어 떨어뜨려 방제하기도 한다.

> 해설

멸구류의 방제를 위하여 이른 아침에 논에 석유를 뿌리고 비로 쓸어 떨어뜨려 죽이는 방법이다.

74 유충은 기주식물의 열매 속을 식해하여 과심에 도달하며, 성충의 앞날개가 회백색인 해충은?

① 거세미나방 ② 미국흰불나방
③ 복숭아심식나방 ④ 사과무늬잎말이나방

75 잡초의 효과적인 예방을 위한 합리화된 재배관리의 주요 내용이 아닌 것은?

① 윤작체계 개선 ② 가축의 분뇨처리
③ 작물의 경합력 증진 ④ 작물의 초관형성 촉진

> 해설

가축 분뇨 퇴비는 성분이 정확하지 않아 합리적이지 못하다.

76 다년생 잡초에 해당하는 것은?

① 쇠뜨기 ② 개비름
③ 명아주 ④ 방동사니

> 해설

구분		1년생	다년생
논 잡초	화본과	강피 · 돌피 · 물피 등	나도겨풀
	방동사니과	알방동사니 · 올챙이고랭이 등	너도방동사니 · 올방개 · 쇠털골 · 매자기 등
	광엽잡초	여뀌 · 물달개비 · 물옥잠 · 사마귀풀 · 자귀풀 · 여뀌바늘 · 가막사리 등	가래 · 보풀 · 올미 · 벗풀 · 개구리밥 · 좀개구리밥 등

구분		1년생	다년생
밭잡초	화본과	뚝새풀 · 바랭이 · 강아지풀 · 돌피 · 개기장 등	참새피 · 띠 등
	방동사니과	참방동사니 · 방동사니 등	향부자 등
	광엽잡초	비름 · 냉이 · 명아주 · 망초 · 여뀌 · 쇠비름 · 마디풀 · 속속이풀(2년생) · 별꽃(2년생) 등	쑥 · 씀바귀 · 메꽃 · 쇠뜨기 · 민들레 · 토끼풀 등

77 애벌레의 입구조가 작물을 씹어 먹는 형태로만 올바르게 나열한 것은?

① 매미충, 애멸구, 깍지벌레
② 풍뎅이, 진딧물, 잎말이나방
③ 노린재, 짚시나방, 굴굴나방
④ 풍뎅이, 벼애나방, 배추흰나비

해설

식엽성 해충
㉠ 정의 : 식물의 잎을 갉아 먹어 피해를 입히는 해충을 말한다.
㉡ 종류 : 벼잎벌레, 혹명나방, 벼애나방, 벼물바구미, 보리잎벌, 멸강나방, 흰불나방, 솔나방, 배추흰나비, 무잎벌레, 담배거세미나방, 콩은무늬밤나방, 애풍뎅이, 노랑쐐기나방, 집시나방, 회양목명나방, 잎벌류, 풍뎅이류 등이 있다.

78 식물 병원체 중 크기가 가장 작은 것은?

① 진균
② 세균
③ 바이러스
④ 바이로이드

해설

병원체의 크기
바이로이드 < 바이러스 < 파이토플라스마 < 세균 < 진균 < 선충

79 제초제 1% 용액은 몇 ppm에 해당하는가?

① 10ppm
② 100ppm
③ 1,000ppm
④ 10,000ppm

해설

ppm은 1g의 시료 중에 100만 분의 1g이다.
1mL = 1g = 1,000mg

$$\frac{1g}{1g} = \frac{1L}{1L} = 100\% = 1,000,000ppm$$

∴ 1% = 10,000ppm

80 논에 토양처리형 제초제를 처리한 후 고온이 계속되어 약해가 발생하는 원인으로 옳은 것은?

① 제초제의 유실 촉진
② 제초제 유효성분의 변화
③ 벼의 제초제 흡수량 증대
④ 고온에 의한 벼의 뿌리 발육 불량

해설

토양처리형 제초제는 온도가 높아지면 벼의 뿌리에서 흡수되어 흡수량이 많아져 약해가 증대된다.

제1과목 종자생산학

01 벼의 포장검사 규격에 대한 설명으로 옳지 않은 것은?

① 유숙기로부터 호숙기 사이에 1회 검사한다.
② 채종포에서 이품종으로부터의 격리거리는 0.5m 이상 되어야 한다.
③ 전작물에 대한 조건은 없다.
④ 파종된 종자는 1/3 이상이 도복되어서는 안 된다.

해설

벼의 포장검사 규격
원원종포 · 원종포는 이품종으로부터 3m 이상 격리되어야 하고 채종포는 이품종으로부터 1m 이상 격리되어야 한다.

02 다음 설명에 해당하는 것은?

• 기계적 상처를 입은 콩과작물의 종자를 20%의 FeCl₃용액에 15분간 처리하면 손상을 입은 종자가 검은색으로 변한다.
• 종자를 정선 · 조제하는 과정 중에도 시험할 수 있다.

① ferric chloride법
② 셀레나이트법
③ 말라차이트법
④ 과산화효소법

03 배의 발생과 발달에 관하여 Soueges와 Johansen은 4가지 법칙을 주장하였는데, "필요 이상의 세포는 만들어지지 않는다."에 해당하는 것은?

① 기원의 법칙
② 절약의 법칙
③ 목적지 불변의 법칙
④ 수의 법칙

04 종자의 순도분석에 관한 설명으로 옳지 않은 것은?

① 표준 종자의 구성내용을 중량의 백분율로 구한다.
② 함유되어 있는 종자의 이물을 가려내는 검사다.
③ 발아 능력은 검사하지 않는다.
④ 미숙립, 발아립, 주름진립은 정립이 아니다.

해설

미숙립, 발아립, 주름진립은 정립에 해당한다.

05 작물의 종자생산 관리체계로 옳은 것은?

① 기본식물포 → 채종포 → 원원종포 → 원종포 → 농가포장
② 기본식물포 → 원원종포 → 원종포 → 채종포 → 농가포장
③ 원원종포 → 원종포 → 채종포 → 농가포장 → 기본식물포
④ 원원종포 → 원종포 → 기본식물포 → 채종포 → 농가포장

해설

채종 체계

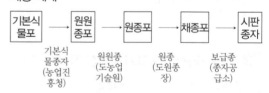

06 종자소독 약제의 처리방법으로 적절하지 않은 것은?

① 약액침지
② 종피분의
③ 종피도말
④ 종피 내 주입

07 성숙기에 얇은 과피를 가지는 것을 건과라 하는데 건과 중 성숙기에 열개하여 종자가 밖 으로 나오는 것은?

① 복숭아 ② 완두
③ 당근 ④ 밤

08 종이나 그 밖의 분해되는 재료로 만든 폭이 좁은 대상(帶狀)의 물질에 종자를 불규칙적 또는 규칙적으로 붙여서 배열한 것은?

① 장환종자 ② 피막처리종자
③ 테이프종자 ④ 펠릿종자

> 해설
> ㉠ 장환종자(seed granules) : 다소 원통형에 가까운 단위로서 2개 이상의 종자를 함께 집어넣을 수도 있다.
> ㉡ 피막종자(encrusted seed) : 종자의 형태와 크기는 원형에 가깝게 유지하고 중량이 약간 변할 정도로 피막 재료 속에 살충제, 살균제, 염료, 기타 첨가물을 포함시킨다.
> ㉢ 펠릿종자 : 종자가 작거나 표면이 불균일하여 손작업, 가계화 작업이 어려운 경우 종자에 고체물질을 피복하여 종자 크기를 크게 한 것이다.

09 종자에서 정핵과 난핵이 수정되어 이루어진 것은?

① 배유 ② 외주피
③ 배 ④ 내주피

> 해설
> **수정**
> 난세포(n) + 정핵(n) = 배(2n)

10 무한화서이며 긴 화경에 여러 개의 작은 화경이 붙어 개화하는 것은?

① 단집산화서 ② 복집산화서
③ 안목상취화서 ④ 총상화서

11 넓은 뜻의 종자를 식물학적으로 구분 시 "포자를 이용하는 것"에 해당하는 것은?

① 벼 ② 겉보리
③ 고사리 ④ 귀리

12 양파 채종지의 환경조건으로 잘못된 것은?

① 생육 전반기는 서늘해야 하고 후반기는 따뜻해야 한다.
② 최적 토양산도는 pH 7 내외이다.
③ 개화기의 월 강우량은 300mm가 알맞다.
④ 통풍이 잘 되어야 한다.

13 일반적으로 종자수확 후 안전저장을 위해 기본적으로 처리해야 할 사항으로 가장 중요한 것은?

① 종자의 정선(精選) ② 종자의 소독
③ 종자의 건조 ④ 종자의 포장(包裝)

14 배추과 작물의 채종에 대한 설명으로 옳지 않은 것은?

① 배추과 채소는 주로 인공교배를 실시한다
② 배추과 채소의 보급품종 대부분은 1대 잡종이다.
③ 등숙기로부터 수확기까지는 비가 적게 내리는 지역이 좋다
④ 자연교잡을 방지하기 위한 격리재배가 필요하다.

> 해설
> 배추과 채소는 자가불화합성 때문에 충매화에 의해 타가수정을 실시한다.

15 다음 중 무배유종자에 해당하는 것은?

① 보리 ② 상추
③ 밀 ④ 옥수수

⊙ 배유종자 : 배와 배유의 두 부분으로 형성되는 벼·
  보리·옥수수 등의 화본과 종자
ⓒ 무배유종자 : 배유가 흡수하여 저장 양분이 자엽에
  저장되며, 배는 유아·배축·유근의 세 부분으로 형
  성되는 콩·팥 등의 두과 종자

16 작물생식에 있어서 아포믹시스(apomixis) 를 옳게 설명한 것은?

① 수정에 의한 배 발달
② 수정 없이 배 발달
③ 세포 유합에 의한 배 발달
④ 배유 배양에 의한 배 발달

아포믹시스(apomixis)

mix가 없는 생식을 뜻한다. 아포믹시스는 수정과정을
거치지 않고 배가 만들어져 종자를 형성하기 때문에 무
수정종자 형성 또는 무수정생식이라고도 한다.

17 다음 중 타식성 작물에 해당하는 것은?

① 마늘   ② 담배
③ 토마토   ④ 가지

타식성 작물

옥수수, 호밀, 메밀, 딸기, 양파, 마늘, 시금치, 호프, 아
스파라거스

18 채종포 관리 중 최우선으로 고려해야 할 사항은?

① 관수 및 배수
② 병충해 방제
③ 도복 방지
④ 자연교잡 및 이품종 혼입 방지

채종재배는 우수한 종자생산을 목적한 재배이기 때문
에 이형주 제거에 가장 역점을 둔다.

19 종자를 상온 저장할 경우 종자수명은 저장 지역에 따라서 어떻게 변하는가?

① 위도가 낮을수록 수명이 길어진다.
② 위도가 높을수록 수명이 짧아진다.
③ 위도가 높을수록 수명이 길어진다.
④ 위도에 상관없이 수명이 길어진다.

저위도 지역은 여름철과 같은 높은 기온이 계속되므로
상온에서 종자의 수명이 짧아지고, 고위도에서는 낮은
기온이 계속되므로 상온에서 종자의 수명이 길어진다.

20 제(臍)가 종자의 뒷면에 있는 것은?

① 배추   ② 시금치
③ 콩   ④ 상추

⊙ 제(배꼽)
  종자의 배병 또는 태좌에 붙어있던 흔적
ⓒ 제의 위치
  • 종자 뒷면 : 콩
  • 종자 끝 : 시금치, 배추
  • 종자 기부 : 쑥갓, 상추

---

21 자가수정 작물의 재래종 집단을 이용한 순계분리육종의 목적으로 옳은 것은?

① 집단 내에서 우량형질을 골라내는 것이다.
② 집단 내 모든 개체를 균일하게 하는 것이다.
③ 우성과 열성을 구별하여 많은 쪽을 고르는 것이다.
④ 분리의 위험성이 없는 것을 고르는 것이다.

해설

순계선발법은 기본집단에서 개체를 선발하여 우수한 순계를 가려내는 방법으로, 주로 자가수정작물에 이용한다.

22 화본과 식물의 돌연변이육종에서 M_1세대의 채종은?

① 식물 개체 단위로 채종
② 임성이 낮은 개체에서 채종
③ 개체 내 이삭단위로 채종
④ 계통 단위로 채종

23 육성과정에서 새로운 변이의 창성방법으로서 쓰일 수 없는 것은?

① 인위 돌연변이   ② 인공교배
③ 배수체   ④ 단위결과

해설

변이의 창성방법에는 인공교잡으로 분리세대에서 변이체를 얻는 교잡육종법이 있다.

24 형질의 유전력은 선발효과와 깊은 관계가 있다. 선발효과가 가장 확실한 경우는?(h^2B는 넓은 의미의 유전력임)

① $h^2B = 0.34$ ② $h^2B = 0.13$
③ $h^2B = 0.92$ ④ $h^2B = 0.50$

해설

선발의 효과를 높이려면 선발 차가 커야 하고, 형질의 유전력이 높아야 하며 세대 간격이 짧아야 한다.

25 F_1의 유전자 구성이 AaBbCcDd인 잡종의 자식 후대에서 고정될 수 있는 유전자형의 종류는 몇 가지인가?(단, 모든 유전자는 독립유전한다.)

① 9   ② 12
③ 16   ④ 24

해설

생식세포 구하는 방법

헤테로 상태에서는 생식세포가 2개 나오고, 문제에서 4성이므로 $2 \times 2 \times 2 \times 2 = 16$이다.

26 여교배에서 F_1을 자방친으로 사용하는 경우는?

① F_1과 화분친의 개화기가 일치하지 않을 때
② F_1의 세포질에 불량유전자가 포함되어 있을 때
③ F_1의 불임이 심할 때
④ F_1의 임성이 높을 때

27 교배모본 선정 시 고려해야 할 사항이 아닌 것은?

① 유전자원의 평가 성적을 검토한다.
② 유전분석 결과를 활용한다.
③ 교배친으로 사용한 실적을 참고한다.
④ 목적형질 이외에 양친의 유전적 조성의 차이를 크게 한다.

해설

교배모본 선정

㉠ 특성검정 결과 이용
㉡ 유전자의 표현형질과의 관계를 명료히 하여 모본으로 사용
㉢ 각 지방에서 오랫동안 재배되어 온 품종(교배 모본으로 적합) 선정
㉣ 양적 형질이 개량목표인 경우 조합능력 검정을 토대로 선정

28 다음에서 설명하는 것은?

> • 배낭을 만들지 않고 포자체의 조직세포가 직접 배를 형성한다.
> • 밀감의 주심배가 대표적이다.

① 무포자생식   ② 복상포자생식
③ 부정배형성   ④ 위수정생식

해설

① 무포자생식 : 배낭을 만들지만 배낭의 조직세포가 배를 형성한다.
② 복상포자생식 : 배낭포세포가 감수분열을 못하거나 비정상적인 분열을 하여 배를 만들며 국화과에서 나타난다.
③ 부정배형성 : 배낭을 만들지 않고 포자체의 조직세포가 직접 배를 형성하며 밀감의 주심배가 대표적이다.
④ 위수정생식 : 수분의 자극을 받아 난세포가 배로 발달하는 것이다.

29 식물의 진화 과정상 새로운 작물의 형성에 가장 큰 원인이 된 배수체는?

① 복2배체   ② 동질4배체
③ 동질3배체   ④ 이질3배체

해설

복2배체(이질배수체)는 유전적으로 다른 종 사이의 잡종에서 염색체 수가 배가됨으로써 형성된 배수체이다.

30 자가수정을 계속함으로써 일어나는 자식약세 현상은?

① 타가수정 작물에서 더 많이 일어난다.
② 자가수정 작물에서 더 많이 일어난다.
③ 어느 것이나 구별 없이 심하게 일어난다.
④ 원칙적으로 자가수정 작물에만 국한되어 있는 현상이다.

해설

자식약세 현상(inbreeding depression)
타가수정을 원칙으로 하는 식물이나 동물이 자식 또는 근계교배를 계속하면 그 후대에 가서 현저하게 생활력이 감퇴되는 현상을 말한다.

31 양친의 특정 형질에 대한 분산이 각각 18과 20이고 F_2의 분산이 38인 경우 광의의 유전력은 몇 %인가?

① 18%   ② 20%
③ 38%   ④ 50%

해설

$$넓은\ 의미의\ 유전력 = \frac{유전분산}{표현형\ 분산}$$
$$= \frac{유전분산}{환경분산 + 유전분산}$$
$$= \frac{38}{(18+20)+38} \times 100 = 50\%$$

32 이질 배수체를 작성하는 방법으로 가장 알맞은 것은?

① 특정한 게놈을 가진 품종의 식물체에 콜히친을 처리한다.
② 서로 다른 게놈을 가진 식물체끼리 교잡을 시킨 후 그 잡종에 콜히친을 처리한다.
③ 동일한 게놈을 가진 품종끼리 교잡을 시킨 후 그 잡종에 콜히친을 처리한다.
④ 인위적으로 만들 수 없고 자연계에서 만들어지기를 기다린다.

33 정역교배의 표현으로 가장 옳은 것은?

① A×B, B×A   ② (A×B)×A, (A×B)×B
③ (A×B)×C, (C×A)×B   ④ (A×B)×(C×D)

해설

정역교배
A×B, B×A와 같이 지방친과 화분친을 바꾸어서 동시에 교배하는 단교배를 말한다.

34 내충성 품종의 특성으로 옳은 것은?

① 새로운 생태형이 나타날 수 있다.
② 필수아미노산 함유가 많다.
③ 단백질 함유가 많다.
④ 흡비력이 강하다.

해설

생태형은 한 종(種)의 생물이 서로 다른 환경 속에서 생활하여 환경 조건에 적응함으로써 분화한 성질이 유전적으로 고정되어 나타난 현상이며 내충성은 곤충 등의 가해에 대한 동식물의 저항성과 내성이다.

35 꽃망울 끝의 꽃잎을 약과 함께 제거하는 제웅방법은?

① 환상박피법
② 화판인발법
③ 절영법
④ 개영법

해설

화판인발법

꽃봉오리에서 꽃잎을 잡아당겨 꽃잎과 수술을 동시에 제거해 제웅하는 방법이다.

36 F₂에서 개체의 수량성에 대한 선발효과가 없는 이유는?

① 수량성에는 주동유전자가 관여하며 환경영향이 거의 없기 때문이다.
② 수량성에는 주동유전자가 관여하며 환경영향이 크기 때문이다.
③ 수량성에는 폴리진이 관여하며 환경영향이 거의 없기 때문이다.
④ 수량성에는 폴리진이 관여하며 환경영향이 크기 때문이다.

37 육종 대상 집단에서 유전양식이 비교적 간단하고 선발이 쉬운 변이는?

① 불연속변이
② 방황변이
③ 연속변이
④ 양적변이

해설

불연속변이(대립변이)

두 변이 사이에 구별이 뚜렷하고 중간 계급의 것이 없는 변이로 환경영향이 적어 유전양식이 비교적 간단하여 선발이 쉬운 변이이다.

38 계통육종에서의 선발에 대한 설명으로 틀린 것은?

① F₂세대에서는 유전력이 낮은 형질들을 대상으로 강선발을 실시하는 것이 효과적이다.
② F₃세대에서는 계통선발을 한 후 선발계통 내의 개체들을 선발한다.
③ 계통재배 세대수가 증가할수록 양적형질의 유전력이 증가하므로 선발이 용이하다.
④ F₄세대부터는 '계통군 선발 → 계통 선발 → 개체 선발' 순으로 선발을 진행한다.

39 집단육종법에 대한 설명으로 틀린 것은?

① 자연선택을 이용할 수 있다.
② 후기세대에서 선발함으로써 형질이 어느 정도 고정되어 정확한 선발이 가능하다.
③ 유전력이 낮은 형질을 대상으로 실시하는 것이 효율적이다.
④ 생산력 검정에 이르기 위한 육성계통의 세대수는 계통육종에 비해 적게 소요된다.

해설

집단육종법

자연 교잡에 의한 잡종 집단을, 유전특성이 같은 개체의 비율이 높아질 때까지 집단 재배를 한 후 기르는 목적에 맞는 것을 골라서 새 품종을 길러 내는 방법이다.

40 체세포의 염색체가 2n+1인 경우를 무엇이라 하는가?

① 핵형
② 3염색체 식물
③ 배수체
④ 3배체

해설

3염색체

이수체의 일종으로 염색체가 1개 여분이 있는 경우이다.

정답   35 ②   36 ④   37 ①   38 ①   39 ④   40 ②

41 답전윤환의 효과가 아닌 것은?

① 지력 보강 　　② 공간의 효율적 이용
③ 잡초의 감소 　　④ 기지의 회피

해설

답전윤환의 효과
지력 증진, 기지현상의 회피, 잡초 발생의 감소, 벼의 수량 증가

42 옥신에 대한 설명으로 틀린 것은?

① 옥신은 줄기의 선단이나 어린잎에서 생합성된다.
② 옥신은 세포의 신장을 촉진하는 역할을 한다.
③ 옥신은 곁눈의 생장을 촉진한다.
④ 옥신은 농도가 줄기의 생장을 촉진시킬 수 있는 농도보다 높아지면 뿌리의 신장이 억제된다.

해설

옥신이 정아의 생장은 촉진하나 아래로 확산하여 측아의 발달을 억제한다.

43 다음 중 장명종자로만 나열된 것은?

① 메밀, 양파, 고추, 콩
② 벼, 보리, 완두, 당근
③ 벼, 상추, 양배추, 밀
④ 클로버, 알팔파, 가지, 수박

해설

작물별 종자의 수명

단명종자(1~2년)	상명종자(3~5년)	장명종자(5년 이상)
콩, 땅콩, 옥수수, 메밀, 기장, 목화, 해바라기, 강낭콩, 양파, 파, 상추, 당근, 고추	벼, 밀, 보리, 귀리, 완두, 유채, 페스큐, 켄터키블루그라스, 목화, 무, 배추, 호박, 멜론, 시금치, 우엉	클로버, 알팔파, 베치, 사탕무, 가지, 토마토, 수박, 비트

44 다음 중 식물학상 과실로 과실이 나출된 식물은?

① 겉보리 　　② 귀리
③ 벼 　　④ 쌀보리

해설

식물학상의 과실
• 과실이 나출된 것 : 밀, 쌀보리, 옥수수, 메밀, 호프 (hop), 삼(大麻), 차조기(蘇葉=소엽), 박하, 제충국 등
• 과실의 외측이 내영 · 외영(껍질)에 싸여 있는 것 : 벼, 겉보리, 귀리 등

45 다음 중 합성 옥신 제초제로 이용되는 것은?

① IAA 　　② IAN
③ 2,4-D 　　④ PAA

해설

제초제로 이용되는 것
㉠ 신류 : 저농도에서는 세포의 신장촉진으로 생장을 조장하나 고농도에서는 생장에 억제적으로 작용하므로 고농도처리로 제초에 이용하게 된다.
㉡ 2,4-D : 최초의 제초제로서 이용되었다.

46 방사선 동위원소 중 재배적 이용에 대한 현저한 생물적 효과를 가진 것은?

① 알파선 　　② 베타선
③ 감마선 　　④ X선

해설

방사선의 종류
방사선에는 $\alpha \cdot \beta$선 · γ선이 있는데 α선은 입자의 흐름이라고 생각하여 α입자라고 하고, β선은 전자의 흐름으로 β입자라고 하며, γ선은 전자파의 일종이며 파장이 극히 작다. 이 중 가장 현저한 생물적 효과를 가진 것은 γ입자이다.

47 지베렐린에 대한 설명으로 틀린 것은?

① 쑥갓, 미나리의 신장 촉진
② 토마토의 위조 저항성 증가
③ 감자의 휴면타파
④ 포도의 단위결과 유도

ABA의 효과
ABA가 증가하면 기공이 닫혀서 위조 저항성이 커진다
(토마토).

48 녹체춘화형 식물로만 짝지어진 것은?

① 완두, 잠두　　　　② 봄무, 잠두
③ 양배추, 사리풀　　④ 추파맥류, 완두

녹체 버널리제이션
㉠ 정의 : 식물이 일정한 크기에 달한 녹체기에 처리하
　　는 것을 녹체 버널리제이션이라 하며 여기에 속하는
　　작물을 녹체 버널리제이션형이라 한다.
㉡ 종류 : 양배추 · 사리풀 등이 있다.

49 다음 중 요수량이 가장 큰 것은?

① 보리　　　　　　② 옥수수
③ 완두　　　　　　④ 기장

요수량은 수수 · 기장 · 옥수수 등이 작고, 알팔파 · 클
로버 · 완두 등이 크다. 명아주의 요수량은 극히 크며,
이 잡초는 토양수분을 많이 수탈한다.

50 작물이 여름철에 0℃ 이상의 저온을 만나서
입는 피해는?

① 냉해　　　　　　② 동해
③ 한해　　　　　　④ 상해

냉해
작물의 생육기간 중에 저온으로 작물의 생육이 현저히
나쁘게 되는 것을 말하는데, 특히 여름작물이 고온이 필
요한 여름철에 저온이 지속되어 냉온 장해를 일으키는
것을 냉해라고 한다.

51 작물의 내동성의 생리적 요인으로 틀린 것은?

① 원형질 수분 투과성이 크면 내동성이 증대된다.
② 원형질의 점도가 낮은 것이 내동성이 크다.
③ 당분 함량이 많으면 내동성이 증가한다.
④ 전분 함량이 많으면 내동성이 증가한다.

㉠ 전분함량 : 전분함량이 많으면 당분함량이 저하되며,
　　전분립은 원형질의 기계적 견인력에 의한 파괴를 크게
　　한다. 따라서 전분함량이 많으면 내동성은 저하한다.
㉡ 당분함량 : 가용성 당분함량이 높으면 세포의 삼투
　　압이 커지고, 원형질단백의 변성을 막으므로 내동성
　　도 증대된다.

52 하고현상이 심한 목초로만 나열된 것은?

① 화이트클로버, 수수
② 오처드그라스, 수단그라스
③ 퍼레니얼라이그라스, 수단그라스
④ 티머시, 레드클로버

하고의 발생
㉠ 목초의 하고현상은 여름철에 기온이 높고 건조할수
　　록 심하다.
㉡ 티머시는 중남부 평지에서는 격심한 하고현상을 보이
　　나, 산간부 높은 지대에서는 하고현상이 경미하다.
㉢ 티머시 · 블루그라스 · 레드클로버 등은 하고가 심하
　　고 오처드그라스 · 라이그라스 · 화이트클로버 등은
　　좀 덜하다.

정답　　47 ②　48 ③　49 ③　50 ①　51 ④　52 ④

53 다음 중 가장 먼저 발견된 식물 호르몬은?

① 옥신　　　　　② 지베렐린
③ 시토키닌　　　④ ABA

> 해설

식물 호르몬 중에서 옥신이 가장 먼저 연구되었으며 식물의 굴광성을 유발시키는 생장 촉진물로 밝혀져 인돌아세트산으로 알려졌다.

54 우리나라의 논에서 발생하는 주요 잡초이며 1년생 광엽잡초에 해당하는 것은?

① 나도겨풀　　　② 너도방동사니
③ 올방개　　　　④ 물달개비

> 해설

1년생 광엽잡초
여뀌, 물달개비, 물옥잠, 사마귀풀, 자귀풀, 여뀌바늘, 가막사리 등

55 토양의 중금속 오염으로 먹이연쇄에 따라 인체에 축적되면 미나마타병을 유발하는 것은?

① 비소　　　　　② 수은
③ 구리　　　　　④ 카드뮴

> 해설

중금속 오염
㉠ 비소(As) : 논 토양에 비소의 함량이 10ppm을 넘으면 벼의 수량이 감소한다.
㉡ 수은(Hg) : 사람의 몸에 축적되면 미나마타병이 나타난다.
㉢ 구리(Cu) : 생육장해를 받으며, 벼보다 맥류가 더욱 민감하게 장해를 받는다.
㉣ 카드뮴(Cd) : 사람의 몸에 축적되면 이타이이타이병이 나타난다.

56 다음 중 상대적으로 아연 결핍증이 발생하기 쉬운 것으로만 나열된 것은?

① 옥수수, 귤　　　② 고구마, 유채
③ 콩, 셀러리　　　④ 보리, 사탕무

> 해설

감귤류 · 옥수수 : 아연 결핍증이 발생하기 쉽다.

57 다음 중 땅속줄기(지하경)로 번식하는 작물은?

① 감자　　　　　② 토란
③ 마늘　　　　　④ 생강

> 해설

㉠ 비늘줄기(鱗莖) : 나리(백합) · 마늘 등
㉡ 땅속줄기(地下莖) : 생강 · 연 · 박하 · 호프 등
㉢ 덩이줄기(塊莖) : 감자 · 토란 · 뚱딴지 등

58 답압을 해서는 안 되는 경우는?

① 월동 중 서릿발이 설 경우
② 월동 전 생육이 왕성할 경우
③ 유수가 생긴 이후일 경우
④ 분얼이 왕성해질 경우

> 해설

생식생장으로 이어지면 답압을 중지한다.

59 우리나라 주요 작물의 기상생태형의 분포를 나타낸 것 중 옳은 것은?

① 기본영양생장형이 주를 이루고 있다.
② 콩의 감광형은 북부지방에 주로 분포한다.
③ 벼의 감온형은 조생종이 되며 북부지방에 분포한다.
④ 감광형은 수확기를 당길 수 있는 장점이 있다.

> 해설

① 감광형이 주를 이루고 있다.
② 콩의 감광형은 남부지방에 주로 분포한다.
④ 감온형은 수확기를 당길 수 있는 장점이 있다.

정답　　53 ①　54 ④　55 ②　56 ①　57 ④　58 ③　59 ③

60 과수원에서 초생재배를 실시하는 이유로 틀린 것은?

① 토양침식 방지 ② 제초노력 경감
③ 지력 증진 ④ 토양온도 상승

> 해설
초생법의 장단점
㉠ 장점
• 토양의 입단화(粒團化)가 촉진된다.
• 유기물의 환원으로 지력이 유지된다.
• 토양침식이 방지되어 양분과 토양 유실을 방지한다.
• 지온의 변화가 적다.
㉡ 단점
저온기에 지온상승이 어렵다.

제4과목 **식물보호학**

61 분제에 있어서 주성분의 농도를 낮추기 위하여 쓰이는 보조제는?

① 전착제 ② 감소제
③ 협력제 ④ 증량제

> 해설
증량제(增量劑)
분제 약제를 묽게 하거나 약효를 늘리기 위해 쓰는 물질

62 병원균에서 레이스(race)가 다르다는 것은 무엇을 의미하는가?

① 생활환이 다르다.
② 기주의 종이 다르다.
③ 형태적인 특성이 다르다.
④ 기주의 품종에 대한 병원성이 다르다.

> 해설
레이스가 다르면 형태는 같으나 특정한 품종에 대한 병원성이 다르다.

63 기주특이적 독소와 이를 분비하는 병원균의 연결이 옳지 않은 것은?

① victorin : 벼 키다리병균
② T－독소 : 옥수수 깨씨무늬병균
③ AK－독소 : 배나무 검은무늬병균
④ AM－독소 : 사과나무 점무늬낙엽병균

> 해설
㉠ 빅토린(victorin) : 귀리에 기생하는 victorin에 의해서 생성되는 강력한 독성이다.
㉡ 후사리움 후지쿠로이(Fusarium fujikuroi) : 벼 키다리병균

64 주로 작물의 즙액을 빨아먹어 피해를 입히는 해충은?

① 풍뎅이류 ② 하늘소류
③ 혹파리류 ④ 방패벌레류

> 해설
방패벌레류는 노린재목(Hemiptera) 방패벌레과(Tingidae)에 속하는 해충으로 주로 기주의 잎 뒷면에서 즙액을 빨아먹음으로써 잎 표면을 황백색으로 퇴색시킨다.

65 화본과에 속하는 잡초로만 올바르게 나열한 것은?

① 강피, 올방개 ② 메귀리, 나도겨풀
③ 마디꽃, 참방동사니 ④ 밭뚝외풀

> 해설
우리나라의 주요잡초

구분		1년생	다년생
논 잡초	화본과	강피 · 돌피 · 물피 등	나도겨풀
	방동사니과	알방동사니 · 올챙이고랭이 등	너도방동사니 · 올방개 · 쇠털골 · 매자기 등
	광엽잡초	여뀌 · 물달개비 · 물옥잠 · 사마귀풀 · 자귀풀 · 여뀌바늘 · 가막사리 등	가래 · 보풀 · 올미 · 벗풀 · 개구리밥 · 좀개구리밥 등

구분		1년생	다년생
밭 잡초	화본과	뚝새풀·바랭이· 강아지풀·돌피· 개기장 등	참새피·띠 등
	방동사니 과	참방동사니·방동 사니 등	향부자 등
	광엽잡초	비름·냉이·명아 주·망초·여뀌· 쇠비름·마디풀· 속속이풀(2년생)· 별꽃(2년생) 등	쑥·씀바귀·메 꽃·쇠뜨기·민 들레·토끼풀 등

66 우리나라 논잡초의 군락형성에 있어서 다년 생 잡초가 증가되는 요인으로 가장 큰 원인은?

① 시비량의 증가 등에 의한 재배법의 변화
② 동일 제초제의 연용처리에 의한 논잡초의 초종 변화
③ 경운이나 정지법의 변화에 따른 추경 및 춘경의 감소
④ 조기이식 및 답리작의 감소, 조숙품종의 도입 등 재배식의 변동

해설

농촌 노동력의 감소로 인해 1년생 잡초에 유용한 제초 제의 연용과 동일 제초제의 연용처리, 직파 재배에 의한 경운, 정지, 물관리, 시비법 등 재배법의 변화에 따라 다 년생 잡초가 매년 증가하는 추세이다.

67 입제에 대한 설명으로 옳은 것은?

① 농약 값이 싸다.
② 사용이 간편하다.
③ 환경오염성이 높다.
④ 사용자에 대한 안정성이 낮다.

해설

입제(粒劑)는 사용이 간편하고 입자가 크기 때문에 근 접오염 우려가 적다.

68 기주를 교대하며 작물에 피해를 입히는 병 원균은?

① 향나무 녹병균
② 무 모잘록병균
③ 보리 깜부리병균
④ 사과나무 흰가루병균

해설

향나무녹병균은 장미과 식물 중 배나무, 모과나무, 명자 나무, 산당화, 꽃사과 등의 녹병균과 동일한 병균으로 기주교대하는 이종 기생균이다.

69 제초제의 살초 기작과 관계가 없는 것은?

① 생장 억제
② 광합성 작용
③ 신경작용 억제
④ 대사작용 억제

해설

농약의 살초 기작에 따라서 광합성 저해제, 에너지대사 저해제, 단백질 생합성 저해제 등으로 분류하기도 한다.

70 주로 종자에 의해 전반되는 병은?

① 밀 줄기녹병
② 토마토 시듦병
③ 보리 깜부기병
④ 사과나무 탄저병

해설

㉠ 밀 줄기녹병 : 공기전염
㉡ 토마토 시듦병, 사과나무 탄저병 : 진균

71 다음 설명에 해당하는 곤충목은?

• 크기가 매우 작고 연약한 곤충이며 입틀이 대부분 씹는 형이고 더듬이는 4~6마디이다.
• 기관계와 말피기관이 없으며 버섯포자를 섭식한다.

① 바퀴목
② 사마귀목
③ 잠자리목
④ 톡토기목

해설

㉠ 무시아강 : 원래 날개가 없다
  • 톡토기목 : 메뚜기형 입술, 무변태, 도약기 갖고 있 다. 점진적 변태, 더듬이 있다(4마디 이상).

• 낫발이목 · 좀붙이목 · 좀목
ⓒ 유시아강 : 날개를 가지고 있지만 2차적으로 퇴화되어 없는 것도 있다.

72 종자가 물에 떠서 운반되는 잡초는?

① 달개비
② 소리쟁이
③ 도꼬마리
④ 털진득찰

해설

소리쟁이
㉠ 다년생 초본으로 근경이나 종자로 번식한다.
㉡ 전국적으로 분포하며 들의 습지에서 자란다.

73 비생물성 원인에 의한 병의 특징은?

① 기생성
② 비전염성
③ 표징형성
④ 병원체 증식

해설

비생물적 원인
비전염성이기 때문에 건전한 식물에 전염되지 않는다.

74 벼물바구미 성충방제를 위하여 유제를 1,000배로 희석하여 10a당 140L를 살포하려고 한다. 논 전체 살포면적이 80a일 때 소요되는 약량은?

① 11.2mL
② 112mL
③ 1,120mL
④ 11,200mL

해설

$$소요\ 농약량 = \frac{단위면적당\ 살포량}{소요\ 희석\ 배수}$$
$$= \frac{1,000\text{mL} \times 140}{1,000}$$
$$= 140 \times 8 = 1,120\text{mL}$$

75 불완전변태를 하는 해충이 아닌 것은?

① 말매미
② 메뚜기
③ 총채벌레
④ 배추흰나비

해설

변태의 종류
변태순서 : 부화 → 탈피 → 용화(蛹化) → 번데기 → 우화

변태의 종류		경과	예
완전변태		알→유충→번데기 →성충	나비목, 딱정벌레목, 벌레목
불완전변태	반변태	알→유충→성충 (유충, 성충이 아주 다르다.)	잠자리목
	점변태	알→유충→성충 (유충, 성충이 비교적 비슷하다.)	메뚜기목, 총채벌레목, 노린재목
	무변태	변화 없다.	톡토기목

76 1년생 잡초로만 올바르게 나열한 것은?

① 쑥, 쇠털골
② 뚝새풀, 쇠뜨기
③ 명아주, 바랭이
④ 토끼풀, 가을강아지풀

해설

1년생 잡초의 종류

종류	예
화본과 1년생 잡초	강아지풀, 개기장, 바랭이(전형적인 여름 밭 잡초), 피
방동사니과 1년생 잡초	바람하늘지기, 참방동사니, 파대가리
광엽 1년생 잡초	개비름, 명아주, 여뀌, 환삼덩굴, 석류풀, 까마중, 쇠비름(6월 초순 발생, 과수원), 자귀풀, 주름잎, 도꼬마리

77 유기인계 살충제에 대한 설명으로 옳은 것은?

① 살충력이 강하다.
② 적용 해충의 범위가 좁다.
③ 광선에 의해 분해되기 어렵다.
④ 동식물 체내에서 분해가 느리다.

해설

유기인계 살충제
살충력이 강하고 적용 해충의 범위가 넓다.

78 다음 설명이 의미하는 것은?

> 환경조건에 의한 일시적인 해독분해효소의 유도가 일어나 물리적 및 화학적 스트레스에 의한 약제 감수성이 떨어진 상태로 해충 후대에 유전되지 않는다.

① 내성
② 저항성
③ 항생성
④ 항객성

해설

② 저항성 : 생물체가 다른 병리적인 균이나 독소, 위해물질에 대해 면역성을 가지는 것
③ 항생성 : 생물체가 내부 환경을 최적화 상태로 유지하는 자율적인 조절작용 하는 것
④ 항객성 : 곤충의 정상적인 생장번식을 억제하는 것

79 각종 피해 원인에 대한 작물이 피해를 직접피해, 간접피해 및 후속피해로 분류할 때 간접적인 피해에 해당하는 것은?

① 수확물의 질적 저하
② 수확물의 양적 감소
③ 수확물의 분류, 건조 및 가공비용 증가
④ 2차적 병원체에 대한 식물의 감수성 증가

해설

①, ② : 직접피해
③ : 간접피해
④ : 후속피해

80 복숭아혹진딧물에 대한 설명으로 옳지 않은 것은?

① 유충으로 월동한다.
② 무시충과 유시충이 있다.
③ 식물 바이러스병을 매개한다.
④ 천적으로는 꽃등애류, 풀잠자리류, 기생벌류 등이 있다.

해설

복숭아혹진딧물은 알로 월동한다.

81 포장검사 및 종자검사의 검사기준에서 옥수수 교잡종 포장격리에 대한 내용이다. ( ) 안에 알맞은 내용은?

> 포장격리 : 원원종, 원종의 자식계통은 이품종으로부터 (   )m 이상 격리되어야 한다. 다만, 건물 또는 산림 등의 보호물이 있을 때는 200m로 단축할 수 있다.

① 300
② 400
③ 500
④ 600

해설

포장격리
원원종, 원종의 자식계통은 이품종으로부터 300m 이상, 채종용 단교잡종은 200m 이상 격리되어야 한다. 다만, 건물 또는 산림 등의 보호물이 있을 때는 200m로 단축할 수 있다.

82 종자검사요령상 고온 항온건조기법을 사용하게 되는 종은?

① 부추
② 시금치
③ 유채
④ 아마

해설

고온 항온건조기법을 사용하는 종
근대, 당근, 멜론, 상추, 시금치, 아스파라거스, 알팔파, 오이, 오처드그라스, 이탈리안라이그라스, 참외, 켄터키블루그라스, 톨페스큐, 토마토, 티머시, 호박, 수박, 강낭콩, 완두, 잠두, 녹두, 팥(1시간), 기장, 벼, 귀리, 메밀, 보리, 호밀, 수수, 수단그라스(2시간), 옥수수(4시간)

83 품종보호권 또는 전용실시권을 침해한 자의 벌칙은?

① 3년 이하의 징역 또는 1천만 원 이하의 벌금에 처한다.
② 5년 이하의 징역 또는 1천만 원 이하의 벌금에 처한다.

정답 78 ① 79 ③ 80 ① 81 ① 82 ② 83 ④

③ 5년 이하의 징역 또는 1억 원 이하의 벌금에 처한다.
④ 7년 이하의 징역 또는 1억 원 이하의 벌금에 처한다.

해설

식물신품종 보호법 131조(침해죄 등)
7년 이하의 징역 또는 1억 원 이하의 벌금
㉠ 품종보호권 또는 전용실시권을 침해한 자
㉡ 임시보호의 권리를 침해한 자(다만, 해당 품종보호권의 설정등록이 되어 있는 경우만 해당)
㉢ 거짓이나 그 밖의 부정한 방법으로 품종보호결정 또는 심결을 받은 자

84 종자관련법상 진흥센터가 거짓이나 그 밖의 부정한 방법으로 지정받은 경우에 해당하는 것은?

① 업무정지 6개월　　② 업무정지 9개월
③ 업무정지 12개월　　④ 지정 취소

해설

종자산업법 제12조(종자산업진흥센터의 지정 등)
농림축산식품부장관은 진흥센터가 다음 각 호의 어느 하나에 해당하는 경우에는 대통령령으로 정하는 바에 따라 그 지정을 취소하거나 3개월 이내의 기간을 정하여 업무의 정지를 명할 수 있다. 다만, 제1호에 해당하는 경우에는 그 지정을 취소하여야 한다.
1. 거짓이나 그 밖의 부정한 방법으로 지정받은 경우
2. 진흥센터 지정기준에 적합하지 아니하게 된 경우
3. 정당한 사유 없이 업무를 거부하거나 지연한 경우
4. 정당한 사유 없이 1년 이상 계속하여 업무를 하지 아니한 경우

85 종자관리요강상 농업기술실용화재단에서 실시하는 수입적응성 시험의 대상작물은?

① 배추　　② 참외
③ 수박　　④ 보리

해설

수입적응성 시험의 대상작물 중 벼, 보리, 콩, 옥수수, 감자, 밀, 호밀, 조, 수수, 메밀, 팥, 녹두, 고구마 식량작물은 농업기술실용화재단에서 시험을 실시한다.

86 국유품종보호권에 대한 전용실시권을 설정하거나 통상실시권을 허락하는 경우 그 실시기간은 해당 전용실시권의 설정 또는 통상실시권의 허락에 관한 계약일로부터 몇 년 이내로 하는가?

① 5년　　② 7년
③ 9년　　④ 12년

해설

식물신품종 보호법 시행령 제13조(전용실시권 등의 실시기간)
국유품종보호권에 대한 전용실시권을 설정하거나 통상실시권을 허락하는 경우 그 실시기간은 해당 전용실시권의 설정 또는 통상실시권의 허락에 관한 계약일부터 7년 이내로 한다.

87 국가보증이나 자체보증을 받은 종자를 생산하려는 자는 농림축산식품부장관 또는 종자관리사로부터 채종 단계별로 몇 회 이상 포장 검사를 받아야 하는가?

① 1회　　② 3회
③ 6회　　④ 9회

해설

종자산업법 제28조(포장검사)
국가보증이나 자체보증을 받은 종자를 생산하려는 자는 농림축산식품부장관 또는 종자관리사로부터 채종 단계별로 1회 이상 포장(圃場)검사를 받아야 한다.

88 종자관련법상 해외수출용 종자의 보증표시 방법은?

① 바탕색은 흰색으로, 대각선은 보라색으로, 글씨는 검은색으로 표시한다.
② 바탕색은 붉은색으로, 글씨는 검은색으로 표시한다.
③ 바탕색은 파란색으로, 글씨는 검은색으로 표시한다.
④ 바탕색은 보라색으로, 글씨는 검은색으로 표시한다.

해설

해외 수출종자는 청색 바탕, 글씨는 검정색으로 표시

89 농림축산식품부 · 해양수산부 직원, 심판위원회 직원 또는 그 직위에 있었던 사람이 직무상 알게 된 품종보호 출원 중인 품종에 관하여 비밀을 누설하거나 도용하였을 때 몇 년 이하의 징역을 받는가?

① 1년　　　　　② 3년
③ 5년　　　　　④ 7년

해설

비밀누설죄
5년 이하의 징역 또는 5천만 원 이하의 벌금

90 (　) 안에 알맞은 내용은?

> 가. 보급종 : 원종에서 (　) 증식하여 농가에 보급하는 종자
> 나. 원종 : 원원종에서 (　) 증식 종자

① 4세대　　　　　② 3세대
③ 2세대　　　　　④ 1세대

해설

보급종
㉠ 원종에서 1세대 증식종자
㉡ 원종에서 1세대 증식종자 품종 고유의 특성이 보존된 순도 높은 종자

91 품종목록 등재의 유효기간은 등재한 날이 속한 해의 다음 해부터 몇 년까지로 하는가?

① 3년　　　　　② 5년
③ 10년　　　　　④ 15년

해설

종자산업법 제19조(품종목록 등재의 유효기간)
㉠ 품종목록 등재의 유효기간은 등재한 날이 속한 해의 다음 해부터 10년까지로 한다.
㉡ 품종목록 등재의 유효기간 연장신청은 그 품종목록 등재의 유효기간이 끝나기 전 1년 이내에 신청하여야 한다.
㉢ 품종목록 등재의 유효기간은 유효기간 연장신청에 의하여 계속 연장될 수 있다.
㉣ 농림축산식품부장관은 품종등록 등재의 유효기간 연장신청을 받은 경우 그 유효기간 연장신청을 한 품종이 품종목록 등재 당시의 품종성능을 유지하고 있을 때에는 그 연장신청을 거부할 수 없다.

92 품종목록 등재의 유효기간 연장신청은 그 품종목록 등재의 유효기간이 끝나기 전 몇 년 이내에 신청하여야 하는가?

① 1년　　　　　② 2년
③ 3년　　　　　④ 4년

해설

품종목록 등재의 유효기간
품종목록 등재의 유효기간 연장신청은 그 품종목록 등재의 유효기간이 끝나기 전 1년 이내에 신청하여야 한다.

93 사후관리시험의 기준 및 방법에서 품종의 순도, 품종의 진위성, 종자전염병의 검사시기는?

① 성숙기　　　　　② 신장기
③ 분얼기　　　　　④ 활착기

해설

사후관리시험의 기준 및 방법
㉠ 검사항목 : 품종의 순도[포장검사, 실내검사(유묘검사, 전기영동검사)], 품종의 진위(품종고유의 특성이 발현되고 있는지 여부 확인), 종자전염병(포장상태에서 병해 조사)

ⓒ 검사시기 : 성숙기

ⓒ 검사횟수 : 1회 이상

94 국가품종목록 등재 대상 작물이 아닌 것은?

① 사료용 옥수수
② 벼
③ 보리
④ 콩

해설

종자산업법 제15조(국가품종목록의 등재 대상)
대상작물은 벼, 보리, 콩, 옥수수, 감자와 그 밖에 대통령령으로 정하는 작물로 한다. 다만, 사료용은 제외한다.

95 다음은 재배심사의 판정기준에 대한 내용이다. (가), (나)에 알맞은 내용은?

안정성은 (가) 차 시험의 균일성 판정결과와 (나) 차 이상의 시험의 균일성 판정결과가 다르지 않으면 안정성이 있다고 판정한다.

① (가) : 6개월, (나) : 1년
② (가) : 1년, (나) : 2년
③ (가) : 2년, (나) : 3년
④ (가) : 2년, 나 : 4년

해설

1년 차 시험의 균일성 판정결과와 2년 차 이상의 시험의 균일성 판정결과가 다르지 않으면 안정성이 있다고 판정한다.

96 종자검사 요령상 시료추출 방법으로 가장 적절하지 않은 것은?

① 유도관 색대를 사용한 시료추출
② 노브 색대를 사용한 시료 추출
③ 테이프 접착면을 사용한 시료 추출
④ 손으로 시료 추출

97 다음은 수입적응성 시험의 심사기준에 대한 내용이다. (가)에 알맞은 내용은?

재배시험지역은 최소한 2개 지역 이상[시설 내 재배시험인 경우에는 (가)개 지역 이상]으로 하되, 품종의 주 재배지역은 반드시 포함되어야 하며 작물의 생태형 또는 용도에 따라 지역 및 지대를 결정한다. 다만, 작물 및 품종의 특성에 따라 지역 수를 가감할 수 있다.

① 1
② 2
③ 3
④ 4

해설

수입적응성 시험 심사기준
재배시험지역은 최소한 2개 지역 이상(시설 내 재배시험인 경우에는 1개 지역 이상)으로 하되, 품종의 주 재배지역은 반드시 포함되어야 하며 작물의 생태형 또는 용도에 따라 지역 및 지대를 결정한다. 다만, 작물 및 품종의 특성에 따라 지역 수를 가감할 수 있다.

98 전문인력 양성기관의 지정취소 및 업무정지의 기준에서 정당한 사유 없이 전문인력 양성을 거부하거나 지연한 경우, 1회 위반 시 처분은?(단, 전문인력은 종자산업의 육성 및 지원에 필요한 전문인력을 의미함)

① 시정명령
② 업무정지 3개월
③ 업무정지 6개월
④ 지정취소

99 종자관리사에 대한 행정처분의 세부 개별 기준에서 행정처분이 업무정지 6개월에 해당하는 것은?

① 종자보증과 관련하여 형을 선고받은 경우
② 업무정지 처분기간 종료 3년 이내에 업무정지처분에 해당하는 행위를 한 경우
③ 종자보증과 관련하여 고의 또는 중대한 과실로 타인에게 손해를 입힌 경우
④ 업무정지 처분을 받은 후 그 업무정지 처분기간에 등록증을 사용한 경우

100 ( ) 안에 알맞은 내용은?

> 종자관리사 등록이 취소된 사람은 등록이 취소된 날
> 부터 ( )이 지나지 아니하면 종자관리사로 다시
> 등록할 수 없다.

① 6개월   ② 1년

③ 2년   ④ 3년

해설

종자산업법 제27조(종자관리사의 자격기준 등)
㉠ 농림축산식품부장관은 종자관리사가 이 법에서 정하
　 는 직무를 게을리하거나 중대한 과오(過誤)를 저질렀
　 을 때에는 그 등록을 취소하거나 1년 이내의 기간을 정
　 하여 그 업무를 정지시킬 수 있다.
㉡ 등록이 취소된 사람은 등록이 취소된 날부터 2년이
　 지나지 아니하면 종자관리사로 다시 등록할 수 없다.

제1과목 종자생산학

01 저장종자가 발아력을 잃게 되는 원인으로 틀린 것은?

① 종자 단백질의 변성
② 효소의 활성 증진
③ 호흡에 의한 종자 저장물질 소모
④ 저장 기간 중 저장고 온도와 습도의 상승

해설

저장 중의 종자가 발아력을 상실하는 이유
㉠ 원형질 단백질의 응고(주원인)
㉡ 효소의 활력 저하
㉢ 저장양분의 소모

02 웅성불임성에 대한 설명으로 틀린 것은?

① 웅성불임성은 유전자적 웅성불임성, 세포질적 웅성불임성으로 구분된다.
② 임성회복유전자는 배우체형과 포자체형이 있다.
③ 세포질적 웅성불임성은 불임요인이 세포질에 있기에 자방친이 불임이면 화분친의 유전자 구성에 관계없이 불임이다.
④ 대체로 세포질적 웅성불임성이 유전자적 웅성불임성보다 잘 생긴다.

03 다음 중 종자의 수명에서 장명종자에 해당하는 것은?

① 클로버
② 강낭콩
③ 해바라기
④ 베고니아

해설

작물별 종자의 수명

단명종자(1~2년)	상명종자(2~3년)	장명종자(4~6년)
콩, 땅콩, 옥수수, 메밀, 기장, 목화, 해바라기, 강낭콩, 양파, 파, 상추, 당근, 고추	벼, 밀, 보리, 귀리, 완두, 유채, 페스큐, 켄터키블루그래스, 목화, 무, 배추, 호박, 멜론, 시금치, 우엉	클로버, 알팔파, 베치, 사탕무, 가지, 토마토, 수박, 비트

04 벼 돌연변이 육종에서 종자에 돌연변이 물질을 처리하였을 때 이 처리 당대를 무엇이라 하는가?

① P_0
② M_1
③ Q_2
④ G_3

해설

돌연변이 유발원을 처리한 당대는 M_1이다.

05 다음 채소 중 자가수정률이 가장 높은 것은?

① 토마토
② 오이
③ 호박
④ 배추

해설

자식성 작물
벼, 밀, 보리, 콩, 완두, 담배, 토마토, 가지, 참깨, 복숭아나무

06 일대잡종 종자 채종 시 생력화 수단으로 활용되는 채종체계가 아닌 것은?

① 자가불화합성 이용
② 웅성불임 현상 이용
③ 화학적 제웅법
④ 잡종강세 현상 이용

07 종자의 발달에 대한 설명으로 틀린 것은?

① 수정 후 세포분열과 신장을 위한 양분과 수분의 흡수로 종자는 무거워진다.
② 수정 직후의 건물중은 과피가 가장 무겁다.
③ 배유 발달의 초기에 높은 수준에 있던 당함량은 전분함량이 증가함에 따라 급속히 감소한다.
④ DNA와 RNA는 배유의 초기발생과정 중 세포가 분열할 때에는 감소한다.

〔해설〕

DNA와 RNA는 배유의 초기발생과정 중 세포가 분열할 때에는 증가한다.

08 직접 발아시험을 하지 않고 배의 환원력으로 종자 발아력을 검사하는 방법은?

① X선 검사법
② 전기전도도 검사법
③ 테트라졸리움 검사법
④ 수분함량 측정법

09 타식성 작물의 채종포에 있어서 포장검사 시 반드시 조사해야 할 사항은?

① 총건물생산량
② 종실의 지방함량
③ 타 품종과의 격리거리
④ 개화기와 성숙기

10 종자생산에서 수확 적기의 판단 기준으로 옳은 것은?

① 식물체 외양과 종자의 수분함량에 따라 결정한다.
② 초기에 개화 성숙한 종자 상태에 따라 결정한다.
③ 생리적 성숙기에 도달한 때가 수확 적기이다.
④ 개화기에 따라 종자 활력을 검정하여 성숙한 종자 상태에 따라 결정한다.

〔해설〕

종자생산관리에서 수확 적기는 식물체의 외양으로 판단하는데, 수분이 알맞게 함유되어 있는 것이 좋다.

11 채종재배 시 채종포로서 적당하지 못한 것은?

① 등숙기에 강우량이 많고 습도가 높은 지역
② 토양이 비옥하고 배수가 양호하며 보수력이 좋은 토양
③ 겨울 기온이 온화하고 등숙기에 기온의 교차가 큰 곳
④ 교잡을 방지하기 위하여 다른 품종과 격리된 지역

〔해설〕

① 등숙기에 강우량이 적고 일조량이 양호하며 습도가 낮은 지역

12 종자의 수분평형곡선에 대한 설명으로 옳지 못한 것은?

① 어떤 일정한 상대습도하에서 온도가 상승하면 수분함량이 상대적으로 적어진다.
② 방습(防濕) 시의 평형곡선은 흡습 시의 평형곡선보다 약간 높다.
③ 지방의 함량이 많은 종자는 단백질이나 전분의 함량이 많은 종자보다 수분평형곡선이 높다.
④ 옥수수와 같은 화곡류의 종자는 동일한 상대습도하에서 유료작물보다 수분함량이 높아질 수 있다.

〔해설〕

종자의 수분평형곡선
단백질이나 전분의 함량이 많은 종자는 지방의 함량이 많은 종자보다 흡습성이 강하여 수분평형곡선이 높다.

13 품종의 유전적 순도를 높일 수 있는 방법으로 거리가 먼 것은?

① 인공수분
② 격리재배
③ 개화 전의 이형주 제거
④ 염수선에 의한 종자의 정선

해설

염수선에 의한 종자의 정선
크고 충실하여 발아와 생육이 좋은 우량종자를 선별하는 것이다.

14 무의 채종재배를 위한 포장의 격리거리는 얼마인가?

① 100m 이상　　② 250m 이상
③ 500m 이상　　④ 1,000m 이상

해설

채종재배를 위한 포장의 격리거리
㉠ 무, 배추, 양배추 : 1,000m 이상
㉡ 고추 : 500m 이상

15 종자의 온탕처리로 방제되는 병해가 아닌 것은?

① 벼의 선충심고병
② 맥류의 깜부기병
③ 고구마의 검은무늬병
④ 배나무의 붉은별무늬병

해설

배나무의 붉은별무늬병
배나무와 중간 기주인 향나무의 식재(植栽)가 증가하게 되어 발생이 심해지고 있다.

16 발아검사 시 재시험을 해야 하는 경우가 아닌 것은?

① 경실종자가 많아 휴면으로 여겨질 때

② 독물질이나 진균, 세균의 번식으로 시험결과에 신빙성이 없을 때
③ 발아율이 낮을 때
④ 반복 간 차이가 규정된 최대 허용오차 범위를 초과할 때

17 양파의 채종과 관련된 특성으로 틀린 것은?

① 녹식물 저온 감응성 식물
② 화분생명이 수분에 극히 약함
③ 모구(母球) 이용 채종
④ 영양번식이 거의 안 됨

해설

㉠ 양파는 영양번식인 비늘줄기로 번식한다.
㉡ 비늘줄기로 번식하는 것 : 나리, 달래, 마늘, 백합, 양파, 아마릴리스, 튤립 등이 있다.

18 봉지 씌우기를 필요로 하지 않는 경우는?

① 교배 육종
② 원원종 채종
③ 여교배 육종
④ 자가불화합성을 이용한 F_1 채종

해설

자가 불화합성(自家不和合性)
한 개의 꽃 또는 같은 계통의 꽃 사이에서 수분이 이루어져도 수정하지 않는 현상을 말한다.

19 다음 작물 중 뇌수분의 실용성이 가장 높은 것은?

① 호박　　　　② 가지
③ 토마토　　　④ 오이

해설

뇌수분(蕾受粉)
꽃이 피기 전인 꽃봉오리 때 수분을 하는 일을 말한다. 자가 불화합성 종자라도 이 작업을 통해 자가 수정 종자를 얻을 수 있어서 육종에 많이 이용한다.

20 다음 중 과실이 바로 종자로 취급되는 작물로만 나열된 것은?

① 오이, 고추　　② 고추, 옥수수
③ 옥수수, 벼　　④ 벼, 오이

> **해설**
>
> **식물학상의 종자**
> 두류, 평지(유채), 담배, 아마, 목화, 참깨 등이다.
>
> **식물학상의 과실**
> ㉠ 과실이 나출된 것 : 밀, 쌀보리, 옥수수, 메밀, 호프(hop), 삼(大麻), 차조기(蘇葉=소엽), 박하, 제충국 등
> ㉡ 과실의 외측이 내영, 외영(껍질)에 싸여 있는 것 : 벼, 겉보리, 귀리 등
> ㉢ 과실의 내과피와 그 내용물을 이용하는 것 : 복숭아, 자두, 앵두 등

제2과목 **식물육종학**

21 두 품종이 가지고 있는 우량한 특성을 1개체 속에 새로이 조합시키기 위하여 적용할 수 있는 가장 효율적인 육종법은?

① 교잡육종법　　② 돌연변이육종법
③ 분리육종법　　④ 배우성육종법

> **해설**
>
> **교잡육종(交雜育種, hybridization breeding)**
> 인위적인 교잡에 의한 잡종의 분리집단을 대상으로 하는 육종법으로 동식물에 널리 실시되는 현재 가장 기본적인 육종법이다.

22 자연교잡에 의한 배추과(십자화과) 채소품종의 퇴화를 막기 위하여 채종재배 시 사용할 수 있는 방법으로 가장 적당한 것으로만 나열된 것은?

① 망실재배, 수경재배
② 지베렐린 처리, 외딴섬 재배
③ 외딴섬재배, 망실재배
④ 수경재배, 지베렐린 처리

23 동질배수체를 육종에 이용할 때 가장 불리한 점은?

① 임성　　② 내병성
③ 생육상태　　④ 종자의 크기

> **해설**
>
> **임성(稔性)**
> 식물이 유성 생식에 의해 종자를 만들 능력이 있는 것

24 웅성불임성을 이용하여 F_1 종자 채종을 하는 작물로만 나열한 것은?

① 시금치, 호박, 완두　　② 배추, 상추, 오이
③ 양파, 고추, 당근　　④ 토마토, 강낭콩, 참외

> **해설**
>
> **1대잡종 종자의 채종**
> F_1 종자의 채종은 인공교배를 하거나 식물의 웅성불임성 또는 자가불화합성을 이용한다.
> ㉠ 인공교배 : 호박, 수박, 오이, 참외, 멜론, 가지, 토마토, 피망
> ㉡ 웅성불임성 이용 : 옥수수, 양파, 파, 상추, 당근, 고추, 벼, 밀, 쑥갓
> ㉢ 자가불화합성 이용 : 무, 순무, 배추, 양배추, 브로콜리

25 벼와 같은 자식성 작물에서의 잡종 강세에 대한 설명으로 옳은 것은?

① 자식성 식물이므로 잡종 강세가 일어나지 않는다.
② 교배조합에 따라 잡종강세가 일어날 수 있다.
③ 모든 교배조합에서 잡종강세가 크게 나타난다.
④ 자식성 식물에서는 잡종강세를 조사하지 않는다.

26 우리나라에서 봄에 배추와 무를 재배할 수 있게 된 가장 주요한 육종형질은 무엇인가?

① F_1의 잡종강세　　② 만추대성
③ 내병성　　④ 다수성

해설

만추대성(晩抽薹性)

추대가 늦게 나오는 성질

---

27 다음 중 타식성 작물의 특징으로만 나열된 것은?

① 완전화, 이형예현상   ② 이형예현상, 자웅이주

③ 자웅이주, 폐화수분   ④ 폐화수분, 완전화

---

28 육종단계에서 분자표지의 활용도가 매우 낮은 것은?

① 여교배육종 시 세대 단축

② 종자순도 검정

③ 생산성 검정

④ 유전자원 및 품종의 분류

---

29 염색체 배가에 가장 효과적인 처리방법은?

① 콜히친 처리   ② NAA 처리

③ 저온 처리   ④ 고온 처리

해설

콜히친 처리

콜히친 처리를 받은 핵은 분열할 때 2분된 각 염색체가 세포의 양단으로 이동하지 못해 정상세포보다 2배나 많은 염색체를 가진 핵을 생성하므로 이를 이용해서 4배체의 식물을 얻을 수 있다.

---

30 대부분의 형질이 우량한 장려품종에 내병성을 도입하고자 할 때 가장 효과적인 육종법?

① 분리육종법   ② 계통육종법

③ 영양계분리법   ④ 순계분리법

해설

순계분리법(순계도태법)

기본집단 → 개체선발(우수한 순계를 가려냄)

---

31 다음 중 타가수정 작물에 적용되기도 하나 자가수정 작물의 품종특성유지에 특히 잘 적용되는 육종법은?

① 계통분리법

② 순계도태법

③ 영양계분리법

④ 순계분리법

해설

계통분리법

기본집단 → 처음부터 집단선발 계속 → 우수한 계통분리

---

32 유전적으로 이형접합인 F_1 품종의 균등성과 영속성을 유지하기 위한 방법으로 가장 적당한 것은?

① 양친 품종의 균등성과 영속성을 유지시킴

② F_2에서 F_1과 똑같은 특성을 가진 개체를 선발함

③ 방사선 조사에 의하여 돌연변이를 유발함

④ 염색체를 배가시킴

---

33 잡종강세를 이용한 F_1 품종들의 장점으로 가장 거리가 먼 것은?

① 증수효과가 크다.

② 품질이 균일하다.

③ 내병충성이 양친보다 강하다.

④ 종자의 대량 생산이 용이하다.

해설

1대 잡종의 장점

㉠ 1대 잡종품종은 수량이 많다.

㉡ 균일한 생산물을 얻을 수 있다.

㉢ 우성유전자를 이용하기 유리하다.

㉣ 매년 새로 만든 F_1 종자를 파종하므로 종자산업 발전에 큰 몫을 담당한다.

정답   27 ②   28 ③   29 ①   30 ④   31 ①   32 ①   33 ④

34 생산력 검정에 대한 설명 중 틀린 것은?

① 검정포장은 토양의 균일성을 유지하도록 노력한다.

② 계측·계량을 잘못하면 포장시험에 따르는 오차가 커진다.

③ 시험구의 크기가 클수록 시험구당 수량 변동이 커진다.

④ 시험구의 반복횟수의 증가로 오차를 줄일 수 있다.

35 우수형질을 가진 아조변이가 나타났을 대 신품종으로만 이용할 수 있는 것으로 나열된 것은?

① 양파, 파

② 배추, 무

③ 토마토, 가지

④ 사과, 감귤

> [해설]
>
> 아조변이
>
> 영양번식식물, 특히 과수의 햇가지에 생기는 체세포 돌연변이이다. 우리나라에서 아조변이로 육성한 과수에는 사과 품종, 배 품종, 복숭아 품종, 감귤의 품종 등이 있다.

36 1염색체식물을 옳게 나타낸 것은?

① $2n+1$

② $2n-1$

③ n

④ $2n+2$

> [해설]
>
> 1염색체성
>
> 1배체 체세포의 염색체수가 $(2n-1)$로 되는 현상으로, 이(異)수성 또는 저(低)수성의 일종

37 자연일장이 13시간 이하로 되는 늦여름 야간 자정부터 1시까지 1시간 동안 충분한 광선을 식물체에 일정 기간 동안 조사했을 때 나타나는 현상은?

① 코스모스 같은 단일성 식물의 개화가 현저히 촉진되었다.

② 가을 배추가 꽃을 피웠다.

③ 가을 국화의 꽃봉오리가 제대로 생기지 않았다.

④ 조생종 벼가 늦게 여물었다.

38 온대지방이 원산지인 단일성 작물(벼, 콩 등)을 열대지방에서 재배했을 때를, 온대지방에 재배했을 때의 개화기와 비교하여 옳게 설명한 것은?

① 일반적으로 고도와는 관계없이 일찍 개화한다.

② 일반적으로 고도와는 관계없인 늦게 개화한다.

③ 열대지방의 저지대에서는 일찍 개화하고 고지대에서는 늦게 개화한다.

④ 일반적인 경향이 없다.

39 작물 육종에서 순계분리법이 가장 효과적인 경우는?

① 자식성인 수집 재래종의 개량

② 타가수정으로 근교약세인 수집 재래종의 개량

③ 타가수정의 영양번식 작물의 개량

④ 인공교배에 의한 품종 개량

> [해설]
>
> 순계분리(純系分離)
>
> 일반적으로 재래품종은 자연교잡, 자연돌연변이, 다른 품종의 기계적인 혼입 등으로 인하여 많은 유전자형이 혼합된 상태로 되어 있는데, 이들 재래품종의 개체군(개체군) 속에 들어 있는 형질 중에서 유용(有用)한 개체를 선발해 가는 일을 순계분리라고 하며, 이 같은 과정을 거처 새로운 품종으로 고정하는 것을 분리육종법이라 한다.

40 다음 중 트리티케일의 기원은?

① 밀×호밀

② 밀×보리

③ 호밀×보리

④ 보리×귀리

> [해설]
>
> 트리티케일(triticale)
>
> 빵밀과 호밀의 속간잡종에 의해 육성한 이질배수체이다.

41 다음 중 감온형에 해당하는 것은?

① 그루콩　　　　　② 그루조
③ 가을메밀　　　　④ 올콩

> 해설

감온형(感溫型, blT형)
㉠ 감온형(blT형)은 기본영양생장성과 감광성이 작고 감온성이 커서 생육 기간이 주로 감온성에 지배되는 것이다.
㉡ 우리나라 산간 고랭지에서 벼농사로 조생종 벼가 재배된다.

42 다음 중 C_3 식물에 해당하는 것으로만 나열된 것은?

① 옥수수, 수수　　② 기장, 사탕수수
③ 명아주, 진주조　④ 보리, 밀

> 해설

㉠ C_3 식물 : 벼, 보리, 밀, 콩, 고구마, 감자 등
㉡ C_4 식물 : 옥수수, 사탕수수, 수수 등

43 벼와 같이 식물체가 포기를 형성하는 작물은?

① 포복형 작물　　　② 주형 작물
③ 내냉성 작물　　　④ 내습성 작물

> 해설

주형(직립) 작물
하나하나의 그루가 포기를 형성하는 작물로 벼 · 맥류 등이 있다.

44 다음 중 작물의 내염성 정도가 가장 강한 것은?

① 가지　　　　　　② 사과
③ 감자　　　　　　④ 양배추

> 해설

내염성 작물
양배추, 사탕무, 목화, 수수, 유채처럼 간척지 염분 토양에 강하다.

45 다음 중 작물의 적산온도가 가장 낮은 것은?

① 벼　　　　　　　② 메밀
③ 담배　　　　　　④ 조

> 해설

작물 적산온도
㉠ 생육기간이 긴 것 : 벼(3,500~4,500℃), 담배(3,200 ~3,600℃)
㉡ 생육기간이 짧은 것 : 메밀(1,000~1,200℃), 조(1,800 ~3,000℃)

46 다음 중 (　) 안에 알맞은 내용은?

- Ookuma는 목화의 어린 식물로부터 이층의 형성을 촉진하여 낙엽을 촉진하는 물질로서 (　)을/를 순수 분리하였다.
- (　)은/는 잎의 노화, 낙엽을 촉진하고 휴면을 유도한다.

① 에틸렌　　　　　② 지베렐린
③ ABA　　　　　　④ 시토키닌

> 해설

ABA(Abscisic acid)
어린 식물로부터 이층의 형성을 촉진하여 낙엽을 촉진하는 물질로 이용된다.

47 (　) 안에 알맞은 내용은?

감자 영양체를 20,000rad 정도의 (　)에 의한 감마선을 조사하면 맹아억제 효과가 크므로 저장기간이 길어진다.

① ^{15}C　　　　　② ^{60}Co
③ ^{17}C　　　　　④ ^{40}K

> 해설

영양기관의 장기저장
감자괴경, 당근, 양파, 밤 등의 영양체를 자연상태에서 장기 저장하면 휴면이 타파되고 발아하게 되어 상품가치가 저하되는데, ^{60}Co, ^{137}Cs에 의한 γ선을 조사하면 휴면이 연장되고 맹아억제효과가 크므로 장기저장이 가능하다.

정답　41 ④　42 ④　43 ②　44 ④　45 ②　46 ③　47 ②

48 다음 중 작물의 기원지가 중국지역에 해당하는 것으로만 나열한 것은?

① 감자, 땅콩, 담배
② 조, 피, 메밀
③ 토마토, 고추, 수수
④ 수박, 참외, 호밀

해설

작물의 기원지가 중국지역인 곳

육조보리, 조, 피, 메밀, 콩, 팥, 파, 인삼, 배추, 자운영, 동양 배, 감, 복숭아 등

49 다음 중 굴광현상이 가장 유효한 것은?

① 440~480nm
② 490~520nm
③ 560~630nm
④ 650~690nm

해설

식물이 광조사의 방향에 반응하여 굴곡반응을 나타내는 현상으로 4,000~5,000Å, 특히 4,400 ~4,800Å의 청색광이 가장 유효하다.

50 작물의 주요온도에서 최저온도가 가장 낮은 것은?

① 귀리
② 옥수수
③ 호밀
④ 담배

해설

작물의 주요온도(Haberlandt)

작물	최저온도($°C$)	최적온도($°C$)	최고온도($°C$)
밀	3~4.5	25	30~32
호밀	1~2	25	30
보리	3~4.5	20	28~30
귀리	4~5	25	30
옥수수	8~10	30~32	40~44
벼	10~12	30~32	36~38
담배	13~14	28	35
삼	1~2	35	45
사탕무	4~5	25	28~30
완두	1~2	30	35
멜론	12~15	35	40
오이	12	33~34	40

51 열해에 대한 설명으로 가장 적절하지 않은 것은?

① 암모니아의 축적이 많아진다.
② 철분이 침전된다.
③ 유기물이 소모가 적어져 당분이 증가한다.
④ 증산이 과다해진다.

해설

유기물의 과잉 소모

㉠ 고온에서는 광합성보다 호흡작용이 우세해지며, 고온이 오래 지속되면 유기물의 소모가 많아진다.
㉡ 고온이 지속되면 흔히 당분이 감소한다.

52 다음에서 설명하는 것은?

- 펄프 공장에서 배출
- 감수성이 높은 작물인 무는 0.1ppm에서 1시간이면 피해를 받음
- 미세한 회백색의 반점이 잎 표면에 무수히 나타남
- 피해 대책으로 석회물질을 사용

① 아황산가스
② 불화수소가스
③ 염소계가스
④ 오존가스

53 다음 중 천연 식물생장조절제의 종류가 아닌 것은?

① 제아틴
② 에세폰
③ IPA
④ IAA

해설

식물생장조절제의 종류

구분		종류
옥신류	천연	IAA, IAN, PAA
	합성	NAA, IBA, 2,4-D, 2,4,5-T, PCPA, MCPA, BNOA
지베렐린류	천연	GA2, GA3, GA4+7, GA55
시토키닌류	천연	제아틴(zeatin), IPA
	합성	키네틴(kinetin), BA

정답   48 ②   49 ①   50 ③   51 ③   52 ③   53 ②

구분		종류
에틸렌	천연	C_2H_4
	합성	에세폰(ethephon)
생장억제제	천연	ABA, 페놀(phenol)
	합성	CCC, B-9, phosphon-D, AMO-1618, MH-30

※ 에세폰(ethephon)은 합성호르몬이다.

54 대기의 조성에서 질소가스는 약 몇 %인가?

① 21   ② 79

③ 0.03   ④ 50

[해설]

지상의 공기를 대기라고 하는데, 대기의 조성은 질소가스 : 약 79%, 산소가스 : 약 21%, 이산화탄소 : 약 0.03%(300ppm), 기타 : 수증기·연기·먼지·아황산가스, 미생물, 화분, 각종 가스 등이다.

55 벼의 침수피해에 대한 내용이다. ( ) 안에 알맞은 내용은?

• 분얼 초기에는 침수피해가 (가).
• 수잉기~출수개화기 때 침수피해는 (나).

① (가) : 작다, (나) : 작아진다
② (가) : 작다, (나) : 커진다
③ (가) : 크다, (나) : 커진다
④ (가) : 크다, (나) : 작아진다

[해설]

영양생장기인 분얼 초기에는 침수피해가 작고 생식생장기인 수잉기~출수개화기 때는 침수피해가 크다.

56 다음 중 단일식물에 해당하는 것으로만 나열된 것은?

① 샐비어, 콩   ② 양귀비, 시금치
③ 양파, 상추   ④ 아마, 감자

[해설]

단일식물(短日植物)

늦벼, 조, 기장, 피, 샐비어, 콩, 고구마, 아마, 담배, 호박, 오이, 국화, 코스모스, 목화 등이 있다.

57 다음 중 자연교잡률이 가장 낮은 것은?

① 아마   ② 밀
③ 보리   ④ 수수

[해설]

자연교잡률

㉠ 보리 : 0.0~0.15%   ㉡ 밀 : 0.3~06%
㉢ 아마 : 0.6~1.0%   ㉣ 수수 : 3~5%

58 다음 중 노후답의 재배대책으로 가장 거리가 먼 것은?

① 조식재배를 한다.
② 저항성 품종을 선택한다.
③ 무황산근 비료를 시용한다.
④ 덧거름 중점의 시비를 한다.

[해설]

노후화답의 재배대책

조기재배 : 수확이 빠르도록 재배하면 추락이 경감한다.

59 수박 접목에 대한 설명으로 가장 거리가 먼 것은?

① 흡비력이 강해진다.
② 과습에 살 견딘다.
③ 품질이 우수해진다.
④ 흰가루병에 강해진다.

[해설]

수박 접목의 단점

㉠ 질소 과다흡수의 우려가 있다.
㉡ 기형과가 많이 발생한다.
㉢ 당도가 떨어진다.
㉣ 흰가루병에 약하다.

60 다음 중 상대습도가 70%일 때 쌀의 안전저장온도 조건으로 가장 적절한 것은?

① 5℃   ② 10℃

③ 15℃   ④ 20℃

해설

쌀의 안전저장 조건

㉠ 온도 : 15℃

㉡ 상대습도 : 약 70%

제4과목 식물보호학

61 대부분의 나비목에 해당하는 것으로 부속지가 몸에 붙어 있는 번데기의 형태는?

① 위용   ② 피용

③ 저작형 나용   ④ 비저작형 나용

해설

피용(被蛹)

대부분의 나비목과 파리목의 번데기가 이에 해당한다.

62 제초제에 대한 설명으로 옳은 것은?

① 디캄바는 접촉형으로 비선택성이다.

② 글루포시네이트암모늄은 광엽잡초에 대하여 선택성이 있다.

③ 플루아지호프피부틸은 화본과 잡초에 대하여 선택성이 있다.

④ 글리포세이트는 이행형으로 콩과 잡초에 대하여 선택성이 있다.

63 주로 과실을 가해하는 해충이 아닌 것은?

① 복숭아순나방   ② 복숭아명나방

③ 복숭아심식나방   ④ 복숭아유리나방

해설

복숭아유리나방은 줄기와 가지에 구멍을 뚫어 형성층부위에 피해를 가한다.

64 무성포자에 해당하는 것은?

① 자낭포자   ② 분생포자

③ 담자포자   ④ 접합포자

해설

포자

㉠ 유성포자 : 난포자, 접합포자, 자낭포자, 담자포자

㉡ 무성포자 : 포자낭포자, 분생포자, 분철포자, 출아포자

65 항생제 계통의 살균제에 해당하는 것은?

① 만코제브 수화제

② 카벤다짐 수화제

③ 테부코나졸 유제

④ 스트렙토마이신 수화제

해설

스트렙토마이신 수화제는 세균성 병 방제에 사용

66 감자의 싹에 나타난 병징으로 바이러스 감염 여부를 판정하는 것은?

① 황산구리법   ② 형광항체법

③ 슬라이드법   ④ 괴경지표법

해설

괴경지표법

씨감자의 바이러스병 진단을 위하여 감자 조직의 일부만을 떼어 온실에서 자라게 하고 나머지 부분은 보관하면서 생육한 감자에 나타난 병징으로 바이러스 감염여부를 판정하여 보관된 감자를 도태하거나 건전주를 이용하는 방법이다.

67 알 → 약충 → 성충으로 변화하는 곤충 중에서 약충과 성충의 모양이 완전히 다르고, 주로 잠자리목과 하루살이목에서 볼 수 있는 변태의 형태는?

① 반변태   ② 과변태

③ 무변태   ④ 완전변태

---

68 A 유제(50%)를 2,000배로 희석하여 10a당 160L를 살포할 때 A 유제의 소요량(mL)은?

① 40   ② 60

③ 80   ④ 100

해설

$$소요약량 = \frac{단위면적당\ 사용량}{소요희석배수} = \frac{160,000mL}{2,000} = 80mL$$

69 월년생 잡초에 해당하는 것은?

① 명아주   ② 속속이풀

③ 밭뚝외풀   ④ 바람하늘지기

해설

월년생 잡초(월동형)

냉이, 망초, 별꽃, 둑새풀, 속속이풀, 벼룩나물, 벼룩이자리, 개미자리, 갈퀴덩굴, 점나도나물 등

70 농약의 살포 방법 중 '미스트법'에 대한 설명으로 옳지 않은 것은?

① 살포 시간 및 인력 비용 등을 절감한다.

② 살포액의 농도를 낮게 하여 많은 양을 살포한다.

③ 살포액의 미립화로 목표물에 균일하게 부착시킨다.

④ 분사 형식은 노즐에 압축공기를 같이 주입하는 유기분사 방식이다.

해설

미스트법

액제를 물에 희석하여 분무기로 살포할 때 물의 양을 적게 하고 진한 약액을 미립자로 살포하는 방법을 말한다.

71 벼 잎벌레에 대한 설명으로 옳은 것은?

① 식엽성 해충이다.   ② 유충만 가해한다.

③ 번데기로 월동한다.   ④ 1년에 3회 발생한다.

해설

벼 잎벌레

㉠ 1년에 1회 발생한다.

㉡ 논 부근의 잡초 등에서 월동하여 5~6월에 잎 끝에 몇 개의 알을 낳는다.

㉢ 유충이 7월경 잎끝 부분에서 아래로 잎 살만 식해하므로 이 부분이 백색이 되어 죽는다.

㉣ 월동 서식처를 태우고 성충 시기에 유기인제를 살포하여 방제한다.

72 다년생 잡초에 해당하는 것은?

① 쇠뜨기   ② 환삼덩굴

③ 중대가리풀   ④ 가을강아지풀

해설

우리나라의 주요잡초

구분		1년생	다년생
논 잡초	화본과	강피 · 돌피 · 물피 등	나도겨풀
	방동사니과	알방동사니 · 올챙이고랭이 등	너도방동사니 · 올방개 · 쇠털골 · 매자기 등
	광엽잡초	여뀌 · 물달개비 · 물옥잠 · 사마귀풀 · 자귀풀 · 여뀌바늘 · 가막사리 등	가래 · 보풀 · 올미 · 벗풀 · 개구리밥 · 좀개구리밥 등
밭 잡초	화본과	뚝새풀 · 바랭이 · 강아지풀 · 돌피 · 개기장 등	참새피 · 띠 등
	방동사니과	참방동사니 · 방동사니 등	향부자 등
	광엽잡초	비름 · 냉이 · 명아주 · 망초 · 여뀌 · 쇠비름 · 마디풀 · 속속이풀(2년생) · 별꽃(2년생) 등	쑥 · 씀바귀 · 메꽃 · 쇠뜨기 · 민들레 · 토끼풀 등

73 잡초로 인해 예상되는 피해 또는 손실이 아닌 것은?

① 작물의 품질 저하   ② 작물의 수확량 감소
③ 해충의 서식처 제공   ④ 토양의 물리성 악화

해설
잡초는 토양에 유기물을 제공하여 토양의 물리성을 개선한다.

74 비기생성 선충과 비교할 때 기생성 선충만 가지고 있는 것은?

① 근육   ② 신경
③ 구침   ④ 소화기관

해설
기생성 선충은 머리 부분에 주사침 모양의 구침을 가지고 있어서 근육에 의해 이 구침이 식물의 조직을 뚫고 들어가 즙액을 빨아 먹는다. 그러나 비기생성 선충에는 구침이 없다.

75 잡초의 밀도가 증가하면 수량이 감소되는데, 어느 밀도 이상으로 잡초가 존재하면 작물 수량이 현저하게 감소되는 수준의 밀도는?

① 잡초밀도   ② 잡초경제한계밀도
③ 잡초허용한계밀도   ④ 작물수량감소밀도

해설
잡초허용한계밀도
작물의 수량이 현저하게 감소하는 잡초의 밀도. 잡초의 밀도가 증가하면 작물의 수량이 감소한다.

76 병해충 발생 예찰을 위한 조사방법 중 정점조사의 목적으로 옳지 않은 것은?

① 방제 범위 결정
② 방제 적기 결정
③ 방제 여부 결정
④ 연차 간 발생장소 비교

해설
정점 조사는 정해진 장소에서, 관찰한 대상의 종류, 개체 수, 서식 환경 등을 기록하고 조사하는 일이다.

77 훈증제는 주로 해충의 어느 부분을 통하여 체내로 들어가서 해충을 죽게 하는가?

① 입   ② 피부
③ 날개   ④ 기문

해설
중독제는 입을 통해서, 훈증제는 기문을 통해서 해충을 죽게 한다.

78 벼에 사과 탄저병균을 접종하여도 같은 병에 걸리지 않는다. 벼의 이와 같은 성질을 나타내는 것은?

① 면역성   ② 내병성
③ 확대저항성   ④ 감염저항성

해설
저항성의 종류
수직저항성, 수평저항성, 침입저항성, 감염저항성, 확대저항성, 면역성(기주저항성), 내병성 등

79 밀 줄기녹병균의 제1차 전염원이 되는 포자는?

① 소생자   ② 겨울포자
③ 여름포자   ④ 녹병정자

80 시설원예의 대표적인 해충으로 성충의 몸이 전체적으로 흰색을 나타내며, 침 모양의 주둥이를 이용하여 기주를 흡즙하며 가해하는 해충은?

① 무잎벌   ② 온실가루이
③ 고자리파리   ④ 복숭아혹진딧물

정답   73 ④   74 ③   75 ③   76 ①   77 ④   78 ①   79 ③   80 ②

온실가루이
성충의 몸 길이는 1.4mm로서 작은 파리모양이고 몸 색은 열은 황색이지만 몸 표면이 흰 왁스가루로 덮여 있어 흰색을 띤다.

제5과목 종자 관련 법규

81 다음은 「식물신품종 보호법」에 대한 내용이다. (가)에 알맞은 내용은?

> 품종보호 출원일 이전(우선권을 주장하는 경우에는 최초의 품종보호 출원일 이전)에 대한민국에서는 (가) 이상, 그 밖의 국가에서는 4년[과수 및 임목인 경우에는 6년] 이상 해당 종자나 그 수확물이 이용을 목적으로 양도되지 아니한 경우에는 그 품종은 신규성을 갖춘 것으로 본다.

① 3개월　　　　② 6개월
③ 1년　　　　④ 2년

식물신품종 보호법 제17조(신규성)
품종보호 출원일 이전에 대한민국에서는 1년 이상, 그 밖의 국가에서는 4년[과수(果樹) 및 임목(林木)인 경우에는 6년] 이상 해당 종자나 그 수확물이 이용을 목적으로 양도되지 아니한 경우에는 그 품종은 신규성을 갖춘 것으로 본다.

82 「식물신품종 보호법」상 심판에 대한 내용이다. ( ) 안에 알맞은 내용은?

> 심판은 ( )의 심사위원으로 구성되는 합의체에서 한다.

① 3명　　　　② 5명
③ 7명　　　　④ 9명

식물신품종 보호법 제96조(심판의 합의체)
1. 심판은 3명의 심판위원으로 구성되는 합의체에서 한다.
2. 제1항에 따른 합의체의 합의는 과반수에 의하여 결정한다.
3. 심판의 합의는 공개하지 아니한다.

83 수입적응성 시험의 심사기준에서 재배시험지역에 대한 내용이다. ( ) 안에 알맞은 내용은? (단, 시설 내 재배시험인 경우는 제외한다.)

> 재배시험지역은 최소한 ( ) 지역 이상으로 하되, 품종의 주 재배지역은 반드시 포함되어야 하며 작물의 생태형 또는 용도에 따라 지역 및 지대를 결정한다. 다만, 작물 및 품종의 특성에 따라 지역 수를 가감할 수 있다.

① 4개　　　　② 3개
③ 2개　　　　④ 1개

수입적응성 시험 심사기준
재배시험지역은 최소한 2개 지역 이상(시설 내 재배시험인 경우에는 1개 지역 이상)으로 하되, 품종의 주 재배지역은 반드시 포함되어야 하며 작물의 생태형 또는 용도에 따라 지역 및 지대를 결정한다. 다만, 작물 및 품종의 특성에 따라 지역 수를 가감할 수 있다.

84 수입적응성 시험의 대상작물 및 실시기관에 대한 내용이다. 국립산림품종관리센터에서 실시하는 대상작물에 해당하는 것은?

① 당귀　　　　② 표고
③ 작약　　　　④ 황기

수입적응성 시험 대상작물 및 실시기관
㉠ 국립산림품종관리센터 : 표고, 목이, 복령
㉡ 한국종균생산협회 : 양송이, 느타리, 영지, 팽이, 잎새, 버들송이, 만가닥버섯, 상황버섯

85 규격묘의 규격기준에서 배의 묘목 직경 (mm)은?

① 6 이상
② 8 이상
③ 10 이상
④ 12 이상

배나무

묘목 직경은 10mm 이상, 묘목의 길이는 120cm 이상

86 종자검사요령상 발아검정에서 사용하는 내용이다. 다음에 해당하는 용어는?

종자 자체에 병원체가 있고 활성을 가지는 것

① 1차 감염
② 2차 감염
③ 3차 감염
④ 4차 감염

87 국가보증이나 자체보증을 받은 종자를 생산하려는 자는 농림축산식품부장관 또는 종자관리사로부터 채종 단계별로 몇 회 이상 포장검사를 받아야 하는가?

① 5회
② 3회
③ 2회
④ 1회

종자산업법 제28조(포장검사)

국가보증이나 자체보증을 받은 종자를 생산하려는 자는 농림축산식품부장관 또는 종자관리사로부터 채종 단계별로 1회 이상 포장(圃場)검사를 받아야 한다.

88 종자관리사 자격과 관련하여 최근 2년간 이중취업을 2회 이상 한 경우 행정처분 기준은?

① 등록 취소
② 업무정지 1년
③ 업무정지 6개월
④ 업무정지 3개월

89 종자검사요령상 순도분석에서 사용하는 용어 중 '석과'의 정의에 해당하는 것은?

① 주공 부분의 조그마한 돌기
② 외종피가 과피와 합쳐진 벼과 식물의 나출과
③ 빽빽이 군집한 화서 또는 근대 속에서는 화서의 일부
④ 단단한 내과피와 다육질의 외층을 가진 비열개성의 단립종자를 가진 과실

석과(石果 · 核果實, drupe)

단단한 내과피(endocarp)와 다육질의 외층을 가진 비열개성의 단립종자를 가진 과실

90 「식물신품종 보호법」상 우선권의 주장에 대한 내용이다. ( ) 안에 알맞은 내용은?

우선권을 주장하려는 자는 최초의 품종보호 출원일 다음 날부터 ( ) 이내에 품종보호 출원을 하지 아니하면 우선권을 주장할 수 없다.

① 1년
② 2년
③ 3년
④ 4년

식물신품종 보호법 제31조(우선권주장 기간 내 출원)

우선권을 주장하기 위해서는 제2국에의 출원은 최초의 국가에 품종보호출원일 다음 날부터 1년 이내에 하지 아니하면 주장을 할 수 없다.

91 옥수수 교잡종 포장검사 시 포장격리에 대한 내용이다. ( ) 안에 알맞은 내용은? (단, 건물 또는 산림 등의 보호물이 있을 때를 제외한다.)

채종용 단교잡종은 ( ) 이상 격리되어야 한다.

① 500m
② 400m
③ 300m
④ 200m

포장격리

㉠ 원원종, 원종의 자식계통은 이품종으로부터 300m 이상 격리되어야 한다.

ⓒ 채종용 단교잡종은 200m 이상 격리되어야 한다.
ⓒ 다만, 건물 또는 산림 등의 보호물이 있을 때는 200m로 단축할 수 있다.

92 종자관리요강상 유채의 포장검사 시 특정병에 해당하는 것은?

① 백수병　　　　② 균핵병
③ 근부병　　　　④ 공동병

해설

유채의 포장검사

㉠ 특정해초 : 십자화과 잡초를 말한다.
㉡ 특정병 : 균핵병을 말한다.
㉢ 기타병 : 백수병, 근부병, 공동병을 말한다.

93 종자업 또는 육묘업 등록을 한 날부터 1년 이내에 사업을 시작하지 않거나 정당한 사유 없이 1년 이상 계속하여 휴업한 경우 1회 위반 시 행정처분기준은?

① 영업정지 7일　　② 영업정지 15일
③ 영업정지 30일　　④ 등록취소

해설

종자업자 및 육묘업자에 대한 행정처분의 세부기준(종자산업법 시행규칙 별표 4)

위반행위	위반횟수별 행정처분기준		
	1회 위반	2회 위반	3회 이상 위반
거짓이나 그 밖의 부정한 방법으로 종자업 등록을 한 경우	등록취소		
종자업 또는 육묘업 등록을 한 날부터 1년 이내에 사업을 시작하지 않거나 정당한 사유 없이 1년 이상 계속하여 휴업한 경우	등록취소		
「식물신품종 보호법」에 따른 보호품종의 실시여부 등에 관한 보고명령에 따르지 않은 경우	영업정지 7일	영업정지 15일	영업정지 30일

위반행위	위반횟수별 행정처분기준		
	1회 위반	2회 위반	3회 이상 위반
「종자산업법」을 위반하여 종자의 보증을 받지 않은 품종목록 등재대상 작물의 종자를 판매하거나 보급한 경우	영업정지 90일	영업정지 180일	등록취소
종자업자 또는 육묘업자가 종자업 또는 육묘업 등록을 한 후 「종자산업법」에 따른 시설기준에 미치지 못하게 된 경우	영업정지 15일	영업정지 30일	등록취소
종자업자가 「종자산업법」을 위반하여 종자관리사를 두지 않은 경우	영업정지 15일	영업정지 30일	등록취소
「종자산업법」을 위반하여 신고하지 않은 종자를 생산하거나 수입하여 판매한 경우	영업정지 90일	영업정지 180일	등록취소
「종자산업법」에 따라 수출·수입이 제한된 종자를 수출·수입하거나, 수입되어 국내 유통이 제한된 종자를 국내에 유통한 경우	영업정지 90일	영업정지 180일	등록취소
「종자산업법」을 위반하여 수입적응성 시험을 받지 않은 외국산 종자를 판매하거나 보급한 경우	영업정지 90일	영업정지 180일	등록취소
「종자산업법」을 위반하여 품질표시를 하지 않은 종자 또는 묘를 판매하거나 보급한 경우	영업정지 3일	영업정지 30일	영업정지 60일
「종자산업법」에 따른 종자 또는 묘 등의 조사나 종자 또는 묘의 수거를 거부·방해 또는 기피한 경우	영업정지 15일	영업정지 30일	영업정지 60일
「종자산업법」에 따른 생산이나 판매를 중지하게 한 종자 또는 묘를 생산하거나 판매한 경우	영업정지 90일	영업정지 180일	등록취소

94 다음은 강낭콩 탄저병 조사에 대한 내용이다. (가) 안에 알맞은 내용은?

(가) 후 종피를 제거하고 자엽상에 테두리가 뚜렷한 검은 점이 있는가 관찰한다. 25배 입체현미경을 사용하고 검고 격막을 가진 강모가 있는 분생포자층을 가진 종자의 수를 기록한다.

① 3일   ② 5일
③ 7일   ④ 9일

95 종자검사요령상 고추 제출시료의 '시료의 최소 중량'은?

① 50g   ② 100g
③ 150g   ④ 200g

> **해설**

소집단과 시료의 중량

작물(Species)	소집단의 최대중량 (톤)	시료의 최소 중량			
		제출 시료 (g)	순도 검사 (g)	이종계 수용 (g)	수분 검정용 (g)
고추(Capsicum spp.)	10	150	15	150	50
귀리(Avena sativa L.)	30	1,000	120	1,000	100
녹두(Vigna radiatus L.)	30	1,000	120	1,000	50
당근(Daucus carota L.)	10	30	3	30	50
이탈리언라이그 라스(Lolium multiflorum Lam)	10	60	6	60	50
무(Raphanus sativus L.)	10	300	30	300	50
밀(Triticum aestivum L.)	30	1,000	120	1,000	100
배추(Brassica rapa L.)	10	70	7	70	50
벼(Oryza sativa L.)	30	700	70	700	100

작물(Species)	소집단의 최대중량 (톤)	시료의 최소 중량			
		제출 시료 (g)	순도 검사 (g)	이종계 수용 (g)	수분 검정용 (g)
보리(Hordeum vulgare L.)	30	1,000	120	1,000	100
땅콩(Arachis hypogaea L.)	30	1,000	1,000	1,000	100
레드톱(Agrostis gigantea Roth)	10	25	0.25	2.5	50
리드커네리그라스(Phalaris arundinacea L.)	10	30	3	30	50
메밀(Fagopyrum esculentum L.)	10	600	60	600	100
버어즈풋트레포일(Lotus corniculatus L.)	10	30	3	30	50
브로음그라스 (레스큐 : Bromus catharticus vahl) (스므스 : Bromus inermis Leysser)	10 / 10	200 / 90	20 / 9	200 / 90	50 / 50
수단그라스 (Sorghum sudanense P.)	10	250	25	250	100
수수(Sorghum bicolor L.)	30	900	90	900	100
트리티케일 (X Triticosecale Wittmack)	30	1,000	120	1,000	100
헤어리베치(Vicia villosa)	10	30	3	30	50
상추(Lactuca sativa L.)	10	30	3	30	50
수박(Citrullus lanatus S.)	20	1,000	250	1,000	100

96 품종목록 등재의 유효기간은 등재한 날이 속한 해의 다음 해부터 몇 년까지로 하는가?

① 3년   ② 5년
③ 10년   ④ 15년

정답   94 ③   95 ③   96 ③

품종목록 등재의 유효기간

㉠ 품종목록 등재의 유효기간은 등재한 날이 속한 해의 다음 해부터 10년까지로 한다.

㉡ 품종목록 등재의 유효기간 연장신청은 그 품종목록 등재의 유효기간이 끝나기 전 1년 이내 에 신청하여야 한다.

97 종자검사요령상 수분의 측정에서 저온항온건조기법을 사용하게 되는 종으로만 나열된 것은?

① 당근, 멜론
② 피마자, 참깨
③ 알팔파, 오이
④ 상추, 시금치

저온항온건조기법을 사용하게 되는 종

마늘, 파, 부추, 콩, 땅콩, 배추씨, 유채, 고추, 목화, 피마자, 참깨, 아마, 겨자, 무

98 보증종자를 판매하거나 보급하려는 자는 종자의 보급과 관련된 검사서류를 작성일로부터 몇 년 동안 보관하여야 하는가?(단, 묘목에 관련된 검사서류는 제외한다.)

① 1년
② 2년
③ 3년
④ 4년

99 다음 중 ( ) 안에 알맞은 내용은?

> 품종보호권자는 그 품종보호권의 존속기간 중에는 농림축산식품부장관에게 품종보호료를 ( ) 납부하여야 한다.

① 5년을 기준으로 1회
② 3년을 기준으로 1회
③ 2년을 기준으로 1회
④ 매년

100 과수와 임목의 경우 품종보호권의 존속기간은 품종보호권이 설정등록된 날로부터 몇 년으로 하는가?

① 15년
② 20년
③ 25년
④ 30년

식물신품종 보호법 제55조(품종보호권의 존속기간)

품종보호권이 설정등록된 날부터 20년으로 한다. 다만, 과수와 임목의 경우에는 25년으로 한다.

01 자가수정만 하는 작물로만 나열된 것은?

① 옥수수, 호밀
② 수박, 오이
③ 호박, 무
④ 완두, 강낭콩

[해설]

㉠ 자식성 작물 : 벼, 밀, 보리, 콩, 완두, 강낭콩, 담배, 토마토, 가지, 참깨, 복숭아나무
㉡ 타식성 작물 : 옥수수, 호밀, 메밀, 딸기, 양파, 마늘, 시금치, 호프, 아스파라거스

02 국가보증이나 자체보증을 받은 종자를 생산하려는 자는 종자관리사로부터 채종 단계별로 몇 회 이상 포장(圃場)검사를 받아야 하는가?

① 1회
② 2회
③ 3회
④ 4회

[해설]

포장검사
국가보증이나 자체보증 종자를 생산하려는 자는 포장검사의 기준에 합격한 포장에서 생산된 종자에 대하여는 농림축산식품부장관 또는 종자관리사로부터 채종단계별로 1회 이상 포장검사를 받아야 한다.

03 정세포 단독으로 분열하여 배를 만드는 것에 해당하는 것으로만 나열된 것은?

① 밀감, 부추
② 달맞이꽃, 진달래
③ 파, 국화
④ 담배, 목화

[해설]

무핵란생식(동정생식)
㉠ 핵을 잃은 난세포의 세포질 속으로 웅핵이 들어가서 이것이 단독 발육하여 웅성의 n식물을 이루는 것이다.
㉡ 달맞이꽃·진달래 등의 속(屬)에서 발견되었다.

04 종자가 매우 미세하거나 표면이 매우 불균일하여 손으로 다루거나 기계파종이 어려울 경우 종자 표면에 화학적으로 불활성의 고체 물질을 피복하여 종자를 크게 만드는 것은?

① 프라이밍 코팅
② 필름코팅
③ 종자펠릿
④ 테이프종자

[해설]

종자펠릿
㉠ 담배같이 종자가 매우 미세하거나, 당근같이 표면이 매우 불균일하거나, 참깨같이 종자가 가벼워서 손으로 다루거나 기계파종이 어려울 경우에 종자 표면에 화학적으로 불활성의 고체물질을 피복하여 종자를 크게 만드는 것이다.
㉡ 펠릿종자는 파종이 용이하고, 적량파종이 가능하여 솎음노력이 불필요하기 때문에 종자대와 솎음노력비를 동시에 절감할 수 있다.
㉢ 펠릿 시 종자에 근권정착미생물(根圈定着微生物 : PGPR)의 첨가로 토양 및 종자 전염성 병의 방제효과도 있어 농약사용을 줄일 수 있다.

05 수확적기의 작물별 종자의 수분함량이 14%일 때 수확하며, 15% 이상이거나 13% 이하일 경우에는 기계적 손상을 입기 쉬운 것은?

① 옥수수
② 콩
③ 아마
④ 라이그라스

[해설]

수확적기의 작물별 종자의 수분함량
㉠ 옥수수 : 20~25%
㉡ 콩 : 14%
㉢ 벼 : 16~19%

정답 01 ④ 02 ① 03 ② 04 ③ 05 ②

06 다음 중 (가)에 알맞은 내용은?

「식물신품종 보호법」상 품종보호심판위원회에서 심판위원회는 위원장 1명을 포함한 (가) 이내의 품종보호심판위원(이하 "심판위원"이라 한다)으로 구성하되, 위원장이 아닌 심판위원 중 1명은 상임(常任)으로 한다.

① 3명　　　　　　② 5명
③ 7명　　　　　　④ 8명

> **해설**
>
> **품종보호심판위원회**
> 1. 품종보호에 관한 심판과 재심을 관장하기 위하여 농림축산식품부에 품종보호심판위원회(이하 "심판위원회"라 한다)를 둔다.
> 2. 심판위원회는 위원장 1명을 포함한 8명 이내의 품종보호심판위원(이하 "심판위원"이라 한다)으로 구성하되, 위원장이 아닌 심판위원 중 1명은 상임(常任)으로 한다.

07 "1개의 꽃 안에 여러 개의 자방이 있는 것으로서 하나하나의 자방을 소과라고 하며 나무딸기, 포도 등이 해당된다."에 해당하는 용어는?

① 위과　　　　　　② 복과
③ 취과　　　　　　④ 단과

> **해설**
> ㉠ 위과 : 배, 사과 등과 같이 꽃턱, 꽃대의 부분이 씨방과 함께 커져서 된 과실
> ㉡ 복과 : 여러 개의 꽃이 꽃차례를 이루어 된 많은 열매가 한데 모여 마치 한 개의 열매처럼 생긴 것
> ㉢ 단과 : 1개의 심피로 된 암술이 성숙하여 된 열매

08 교배에 앞서 제웅이 필요 없는 작물로만 나열된 것은?

① 벼, 보리　　　　　② 오이, 호박
③ 귀리, 수수　　　　④ 토마토, 가지

자웅이화(雌雄異花)
암술과 수술이 서로 다른 꽃봉오리에서 피어서 암꽃과 수꽃을 구별할 수 있는 꽃

09 다음 중 장명종자로만 나열된 것은?

① 강낭콩, 상추　　　② 토마토, 가지
③ 양파, 고추　　　　④ 당근, 옥수수

> **해설**
>
> **작물별 종자의 수명**
>
> | 단명종자(1~2년) | 상명종자(2~3년) | 장명종자(4~6년) |
> | --- | --- | --- |
> | 콩, 땅콩, 옥수수, 메밀, 기장, 목화, 해바라기, 강낭콩, 양파, 파, 상추, 당근, 고추 | 벼, 밀, 보리, 귀리, 완두, 유채, 페스큐, 켄터키블루그래스, 목화, 무, 배추, 호박, 멜론, 시금치, 우엉 | 클로버, 알팔파, 베치, 사탕무, 가지, 토마토, 수박, 비트 |

10 식물학상의 과실을 이용할 때 과실이 나출된 것으로만 나열된 것은?

① 복숭아, 앵두　　　② 귀리, 자두
③ 벼, 겉보리　　　　④ 밀, 옥수수

> **해설**
>
> **식물학상의 종자**
> 두류, 평지(유채), 담배, 아마, 목화, 참깨 등
>
> **식물학상의 과실**
> ㉠ 과실이 나출된 것 : 밀, 쌀보리, 옥수수, 메밀, 호프(hop), 삼(大麻), 차조기(蘇葉=소엽), 박하, 제충국 등
> ㉡ 과실의 외측이 내영, 외영(껍질)에 싸여 있는 것 : 벼, 겉보리, 귀리 등
> ㉢ 과실의 내과피와 그 내용물을 이용하는 것 : 복숭아, 자두, 앵두 등

11 「식물신품종 보호법」상 침해죄 등에서 품종 보호권 또는 전용실시권을 침해한 자가 받는 것은?

① 3년 이하의 징역 또는 1억 원 이하의 벌금
② 5년 이하의 징역 또는 1억 원 이하의 벌금
③ 7년 이하의 징역 또는 1억 원 이하의 벌금
④ 10년 이하의 징역 또는 1억 원 이하의 벌금

> **해설**
>
> ㉠ 침해죄 : 7년 이하의 징역 또는 1억 원 이하의 벌금
> ㉡ 비밀누설죄 : 5년 이하의 징역 또는 5천만 원 이하의 벌금
> ㉢ 위증죄 : 5년 이하의 징역 또는 1천만 원 이하의 벌금
> ㉣ 거짓표시의 죄 : 3년 이하의 징역 또는 3천만 원 이하의 벌금

12 "배유의 발달 중에 핵은 발달하여도 세포벽이 형성되지 않는 경우"에 해당하는 것은?

① 핵배유   ② 다세포배유
③ Helobial배유   ④ 다공질배유

> **해설**
>
> **핵배유(核胚乳)**
> 발달 과정에서 핵은 분화, 발달해도 세포벽이 형성되지 않는 배유를 말함

13 과수와 임목의 경우를 제외하고 품종보호권의 존속기간은 품종보호권이 설정등록된 날부터 몇 년으로 하는가?

① 10년   ② 15년
③ 20년   ④ 25년

> **해설**
>
> **식물신품종 보호법 제55조(품종보호권의 존속기간)**
> 품종보호권이 설정등록된 날부터 20년으로 한다.

14 「종자산업법」상 영업정지를 받고도 종자업 또는 육묘업을 계속한 자의 벌칙은?

① 3개월 이하의 징역 또는 5백만 원 이하의 벌금
② 6개월 이하의 징역 또는 5백만 원 이하의 벌금
③ 6개월 이하의 징역 또는 1천만 원 이하의 벌금
④ 1년 이하의 징역 1천만 원 이하의 벌금

> **해설**
>
> 1년 이하의 징역 또는 1천만 원 이하의 벌금에 처하는 경우
> • 등록을 하지 아니하고 종자관리사 업무를 수행한 자
> • 보증서를 거짓으로 발급한 종자관리사
> • 보증을 받지 아니하고 종자를 판매하거나 보급한 자
> • 명령에 따르지 아니한 자
> • 무병화인증기관의 지정을 받거나 그 지정의 갱신을 하지 아니하고 무병화인증 업무를 한 자
> • 무병화인증기관의 지정취소 또는 업무정지 처분을 받고도 무병화인증 업무를 한 자
> • 거짓이나 그 밖의 부정한 방법으로 무병화인증을 받거나 갱신한 자
> • 거짓이나 그 밖의 부정한 방법으로 무병화인증기관의 지정을 받거나 갱신한 자
> • 무병화인증을 받지 아니한 종자의 용기나 포장에 무병화인증의 표시 또는 이와 유사한 표시를 한 자
> • 무병화인증을 받은 종자의 용기나 포장에 무병화인증을 받은 내용과 다르게 표시한 자
> • 무병화인증을 받지 아니한 종자를 무병화인증을 받은 종자로 광고하거나 무병화인증을 받은 종자로 오인할 수 있도록 광고한 자
> • 무병화인증을 받은 종자를 무병화인증을 받은 내용과 다르게 광고한 자
> • 등록하지 아니하고 육묘업을 한 자
> • 등록이 취소된 종자업 또는 육묘업을 계속하거나 영업정지를 받고도 종자업 또는 육묘업을 계속한 자
> • 종자를 수출 또는 수입하거나 수입된 종자를 유통시킨 자
> • 수입적응성 시험을 받지 아니하고 종자를 수입한 자
> • 거짓이나 그 밖에 부정한 방법으로 종자의 검정 따른 검정을 받은 자
> • 검정결과에 대하여 거짓광고나 과대광고를 한 자
> • 생산 또는 판매 중지를 명한 종자 또는 묘를 생산하거나 판매한 자
> • 제47조 제4항 후단을 위반하여 시료채취를 거부·방해 또는 기피한 자

정답   **11** ③   **12** ①   **13** ③   **14** ④

15 "포원세포로부터 자성배우체가 되는 기원이 된다."에 해당하는 용어는?

① 주심
② 주피
③ 주공
④ 에피스테이스

16 품종명칭등록 이의신청을 할 때에는 그 이유를 적은 품종명칭등록 이의신청서에 필요한 증거를 첨부하여 누구에게 제출하여야 하는가?

① 농림축산식품부장관
② 농업기술실용화재단장
③ 농업기술센터장
④ 농업기술원장

해설

품종명칭등록 이의신청을 할 때에는 그 이유를 적은 품종명칭등록 이의신청서에 필요한 증거를 첨부하여 농림축산식품부장관 또는 해양수산부장관에게 제출하여야 한다.

17 육묘업 등록의 취소 등에서 육묘업 등록을 한 날부터 1년 이내에 사업을 시작하지 아니하거나 정당한 사유 없이 1년 이상 계속하여 휴업한 경우에 받는 것은?

① 육묘업 등록이 취소되거나 1개월 이내의 기간을 정하여 영업의 전부 또는 일부의 정지
② 육묘업 등록이 취소되거나 3개월 이내의 기간을 정하여 영업의 전부 또는 일부의 정지
③ 육묘업 등록이 취소되거나 6개월 이내의 기간을 정하여 영업의 전부 또는 일부의 정지
④ 육묘업 등록이 취소되거나 12개월 이내의 기간을 정하여 영업의 전부 또는 일부의 정지

해설

종자산업법 39조(육묘업 등록의 취소 등)
시장·군수·구청장은 종자업자가 다음 각 호의 어느 하나에 해당하는 경우에는 종자업 등록을 취소하거나 6개월 이내의 기간을 정하여 영업의 전부 또는 일부의 정지를 명할 수 있다.

1. 거짓이나 그 밖의 부정한 방법으로 종자업 등록을 한 경우
2. 종자업 등록을 한 날부터 1년 이내에 사업을 시작하지 아니하거나 정당한 사유 없이 1년 이상 계속하여 휴업한 경우
3. 종자업자가 제37조제2항 본문을 위반하여 종자관리사를 두지 아니한 경우
4. 제38조를 위반하여 신고하지 아니한 종자를 생산하거나 수입하여 판매한 경우

18 다음 중 종자발아에 필요한 수분흡수량이 가장 많은 것은?

① 호밀
② 옥수수
③ 벼
④ 콩

해설

수분(水分) 흡수량
모든 종자는 일정량의 수분을 흡수해야만 발아한다.
㉠ 종자의 수분흡수량은 작물의 종류와 품종, 파종상의 온도와 수분상태 등에 따라 차이가 있다.
㉡ 종자무게에 대하여 벼와 옥수수는 30% 정도이고 콩은 50% 정도이다.
㉢ 전분종자보다 단백종자가 발아에 필요한 최소수분 함량이 많다.

19 다음에서 설명하는 것은?

- 무한화서이다.
- 수꽃이나 암꽃이 따로따로 모여 있는 화서로서 수상화서가 변형되었다.

① 단정화서
② 단집산화서
③ 복집산화서
④ 유이화서

20 다음 후숙에 의한 휴면타파에 대한 내용에 해당하는 것은?

- 휴면상태 : 종피휴면
- 후숙처리방법 : 광
- 후숙처리기간 : 3~7개월

① 야생귀리
② 보리
③ 벼
④ 밀

21 ( ) 안에 알맞은 내용은?

물질을 생성하는 유전자 A와 그 물질에 작용하여 새로운 물질을 만드는 유전자 B가 있을 때, 이것을 ( )라 한다.

① 보족유전자 ② 복수유전자
③ 억제유전자 ④ 열성상위

해설

㉠ 보족유전(補足遺傳)자
두 종류의 유전자가 단독으로 있을 때에는 각각의 형질을 나타내지만, 함께 있을 때에는 협동하여 새로운 형질을 나타낸다.
㉡ 복수유전자
같은 형질에 관여하는 비대립 유전자들의 누적 효과가 있는 경우
㉢ 억제유전(抑制遺傳)자
두 쌍의 대립유전자가 있을 때 한 우성 유전자가 독자적인 형질 발현 없이, 다른 우성 유전자의 형질 발현을 억압하는 유전자이다.

22 두 유전자의 연관이 상관일 때 두 유전자 사이의 교차가(cross over value)가 25%라면 $\frac{AB}{ab}$ 에서 생기는 AB : Ab : aB : ab의 배우자 비율은?

① 1 : 1 : 1 : 1 ② 2 : 1 : 1 : 2
③ 3 : 1 : 1 : 3 ④ 4 : 1 : 1 : 4

23 다음 중 육종과정으로 가장 옳은 것은?

① 육종목표 설정 → 육종재료 및 육종방법 결정 → 변이 작성 → 신품종 결정 및 등록 → 증식 및 보급
② 육종목표 설정 → 변이 작성 → 육종재료 및 육종방법 결정 → 신품종 결정 및 등록 → 증식 및 보급
③ 육종목표 설정 → 육종재료 및 육종방법 결정 → 변이 작성 → 증식 및 보급 → 신품종 결정 및 등록
④ 육종목표 설정 → 변이 작성 → 신품종 결정 및 등록 → 육종재료 및 육종방법 결정 → 증식 및 보급

해설

육종과정
육종목표 설정 → 육종재료 및 육종방법 결정 → 변이 작성 → 신품종 결정 및 등록 → 증식 및 보급

24 분리육종법과 교잡육종법의 차이점으로 옳지 않은 것은?

① 분리육종에서는 재래종집단을 대상으로 하고, 교잡육종에서는 잡종집단을 대상으로 한다.
② 분리육종에서는 유전자 재조합을 기대하는 것이고, 교잡육종에서는 유전자 상호작용을 기대하는 것이다.
③ 자식성 식물에서는 두 방법 모두 동형접합체를 선발한다.
④ 자식성 식물에서는 기존변이가 풍부할 때에는 교잡육종보다 분리육종이 더 효과적이다.

해설

교잡육종에서는 유전자 재조합을 기대하고, 분리육종에서는 유전자 상호작용을 기대한다.

25 (가), (나)에 알맞은 내용은?

유전력은 (가) 사이의 값을 가지며, $h^2 < 0.2$일 경우는 유전력이 (나) 말한다.

① (가) : 0~0.5 (나) : 높다고
② (가) : 0~0.5 (나) : 낮다고
③ (가) : 0~1 (나) : 낮다고
④ (가) : 0~1 (나) : 높다고

해설

유전력은 0~1 사이의 값을 가지며 일반적으로 유전력이 0.5 이상이면 높다고 하며 0.2 이하이면 낮다고 한다.

정답 21 ④ 22 ③ 23 ① 24 ② 25 ③

26 변이의 생성 원인이 아닌 것은?

① 영양번식 　　　　② 환경
③ 교잡 　　　　　　④ 방사선

27 매 세대 모든 개체로부터 1립씩 채종하여 집단 재배하고, 후기세대에 계통 재배하여 순계를 선발하는 육종방법은?

① 파생계통육종 　　② 1개체 1계통 육종
③ 순환선발육종 　　④ 자연선택육종

1개체 1계통 육종
초기세대를 진전시키기 위해서 한 개체를 한 계통으로 생각한다.

28 다음 중 내용이 틀린 것은?

> 타식성 식물집단의 유전자형 빈도는 원칙적으로 하디-바인베르크 법칙을 따른다. 즉,
> (가) : 개체 간에 자유롭게 교배가 이루어지는 집단이 충분히 크다.
> (나) : 돌연변이가 일어나지 않는다.
> (다) : 다른 집단과 유전자 교류가 없을 때에는 아무리 세대가 진전되더라도 집단의 최초 유전자 빈도와 유전자형 빈도는 변동하지 않는다.
> (라) : 집단 내에 자연선택이 일어난다. 이러한 집단을 유전적 평행을 이루었다고 한다.

① (가) 　　　　　② (나)
③ (다) 　　　　　④ (라)

29 다음 중 형질전환체 선발에 가장 이용되지 않는 것은?

① 병저항성 　　　　② 항생제저항성
③ GUS효소 　　　　④ 제초제저항성

30 배추에서 자가불화합성을 타파하기 위한 뇌수분의 시행 적기는?

① 개화 바로 직전
② 개화 예정일의 오전 10시경
③ 개화 후 1시간 이내
④ 개화 전 5~7일

뇌수분
꽃봉오리 때(개화 전 2~3일) 수분하는 것

31 타식성 식물을 인위적으로 자식시키거나 근친 교배하여 나온 식물체는 생육이 빈약하고 수량성이 떨어지는데, 이러한 현상을 무엇이라 하는가?

① 우성 　　　　　② 잡종강세
③ 초우성 　　　　④ 근교약세

32 다음 중 잡종강세 육종의 일반적인 장점에 대한 설명으로 옳지 않은 거은?

① 생육이 왕성해진다.
② 우성인자의 집적이 용이하다.
③ 열성인자의 이용이 용이하다.
④ 불량환경에 대한 내성이 좋아진다.

1대 잡종의 장점
㉠ 1대 잡종품종은 수량이 많다.
㉡ 균일한 생산물을 얻을 수 있다.
㉢ 우성 유전자를 이용하기 유리하다는 이점이 있다.
㉣ 매년 새로 만든 F_1 종자를 파종하므로 종자산업 발전에 큰 몫을 담당한다.

33 다음 중 계통육종법의 과정으로 가장 옳은 것은?

① 모본 선정 → 교배 → F_2 전개와 개체 선발 → 계통 육성 → 생산력 검정 → 지역적응성시험

② 모본 선정 → 교배 → F_2 전개와 개체 선발 → 계통 육성 → 지역적응성시험 → 생산력 검정

③ 모본 선정 → 교배 → F_2 전개와 개체 선발 → 생산력 검정 → 계통 육성 → 지역적응성시험

④ 모본 선정 → 교배 → F_2 전개와 개체 선발 → 지역적응성시험 → 생산력 검정 → 계통 육성

34 바나나처럼 종자의 생성이 없이 열매를 맺는 경우를 무엇이라 하는가?

① 영양번식　　　　② 재춘화현상
③ 단위결과　　　　④ 웅성불임

[해설]

단위결과(單爲結果)
수정되지 않고 과실이 형성되고 비대해지는 현상. 화학물질로서는 옥신 계통의 생장조절 물질인 NAA, 2,4−D 그리고 지베렐린 등이 단위결과 유기에 실용적으로 쓰이는 화학물질이다.

35 다음 중 동질 배수체에 대한 설명으로 가장 적절하지 않는 것은?

① 공변세포가 커진다.　② 착화율이 감소한다.
③ 화분립이 작아진다.　④ 화기가 커진다.

[해설]

동질 배수체의 특성
영양기관의 발육 왕성, 거대화, 생육 · 개화 · 성숙이 늦어지는 경향이 있다.

36 다음 중 반수체육종에 대한 설명으로 가장 적절하지 않은 것은?

① 육종연한을 단축한다.
② 선발효율이 높다.
③ 양친 간 유전자 재조합의 기회는 F_1이 배우자 형성을 할 때 한 번뿐이다.
④ 환경적응성을 선발할 수 있다.

37 세포질적 · 유전자적 웅성불임성에 해당하는 것으로만 나열된 것은?

① 보리, 수수　　　　② 수수, 토마토
③ 양파, 사탕무　　　④ 옥수수, 감자

[해설]

웅성불임의 유형
㉠ 유전자적 웅성불임 : 토마토, 보리, 수수, 벼 등
㉡ 세포질적 웅성불임 : 유채, 양파, 벼, 옥수수
㉢ 세포질적, 유전자적 웅성불임 : 벼, 양파, 사탕무, 아마

38 AA게놈과 AACC게놈 간 교배한 F_1이 감수분열할 때 예상되는 염색체 대합의 형태는?

① $3n_I$　　　　　② $2n_I + n_{II}$
③ $n_I + n_{II}$　　　④ $n_I + 2n_{II}$

39 씨 없는 수박을 생산하기 위한 배수성 간 교배과정으로 옳은 것은?

① $(4n \times 2n) \times 2n$　② $(3n \times 2n) \times 2n$
③ $2n \times (4n \times 3n)$　④ $2n \times 3n$

[해설]

동질 3배체 작물
4배체(♀)×2배체(♂)에서 나온 동질 3배체(♀)에 2배체(♂)의 화분을 수분하여 만든 수박 종자를 파종하여 얻은 과실(씨 없는 수박)은 종자가 맺히지 않는다.

40 아포믹시스에 대한 설명으로 옳은 것은?

① 부정배형성은 배낭을 만든다.
② 무포자생식은 배낭을 만들지만 배낭의 조직세포가 배를 형성한다.
③ 복상포자생식은 배낭모세포가 정상적으로 분열을 하여 배를 형성한다.
④ 웅성단위생식은 정핵과 난핵이 융합하여 배를 형성한다.

정답　34 ③　35 ③　36 ④　37 ③　38 ③　39 ①　40 ②

아포믹시스(Apomixis)

㉠ 부정배형성(adventitious embryony) : 배낭을 만들지 않고 포자체의 조직세포가 직접 배를 형성 (**예**밀감의 주심배)

㉡ 무포자생식(apospory) : 배낭을 만들지만 배낭의 조직세포가 배를 형성(**예** 부추, 파 등)

㉢ 복상포자생식(diplospory) : 배낭모세포가 감수분열을 못하거나 비정상적인 분열을 하여 배를 형성(**예** 볏과, 국화과)

㉣ 위수정생식(pseudogamy) : 수분(受粉)의 자극을 받아 난세포가 배로 발달하는 것(**예** 담배, 목화, 벼, 밀, 보리)

㉤ 웅성단위생식(male parthenogenesis) : 정세포 단독으로 분열하여 배를 형성(**예** 달맞이꽃, 진달래 등)

제3과목 재배원론

41 ( ) 안에 가장 알맞은 내용은?

양파 영양체를 20,000rad 정도의 ( ), ^{137}Cs에 의한 γ선을 조사하면 맹아억제 효과가 크므로 저장기간이 길어진다.

① ^{30}P ② ^{40}K
③ ^{10}N ④ ^{60}Co

영양기관의 장기저장

감자괴경, 당근, 양파, 밤 등의 영양체를 자연상태에서 장기 저장하면 휴면이 타파되고 발아하게 되어 상품가치가 저하되는데 $_{60}Co$, ^{137}Cs에 의한 γ선을 조사하면 휴면이 연장되고 맹아억제 효과가 크므로 장기저장이 가능하다.

42 다음 중 중금속 내성 정도에서 니켈에 대한 내성이 가장 작은 것은?

① 보리   ② 사탕무
③ 밀   ④ 호밀

작물의 중금속에 대한 내성 정도

금속명	내성 큼	내성 작음
니켈 아연 아연 · 카드뮴 카드뮴 망간	보리 · 밀 · 호밀 파 · 당근 · 셀러리 밭벼 · 호밀 · 옥수수 · 밀 · 옥수수 · 보리 · 밀 · 호밀 · 귀리 · 감자	사탕무 · 귀리 · 시금치 · 오이 · 콩 · 무 · 해바라기 · 강낭콩 · 양배추

43 다음 중 산성토양에 가장 강한 것은?

① 수박   ② 유채
③ 무   ④ 겨자

산성토양에 대한 작물의 적응성

㉠ 극히 강한 것 : 벼, 밭벼, 귀리, 토란, 아마, 기장, 땅콩, 감자, 봄무, 호밀, 수박 등

㉡ 가장 약한 것 : 알팔파, 자운영, 콩, 팥, 시금치, 사탕무, 셀러리, 부추, 양파 등

44 다음 중 내습성에 가장 강한 것은?

① 파   ② 감자
③ 고구마   ④ 옥수수

작물의 내습성

골풀 · 미나리 · 택사 · 연 · 벼 > 밭벼 · 옥수수 · 율무 > 토란 > 평지(유채) · 고구마 > 보리 · 밀 > 감자 · 고추 > 토마토 · 메밀 > 파 · 양파 · 당근 · 자운영

45 다음 중 작물의 동사온도가 가장 낮은 것은?

① 감나무 맹아기
② 포도나무 맹아전엽기
③ 배나무 유과기
④ 복숭아나무 유과기

작물의 동사점
ⓐ 배 : 만화기($-2.5℃\sim-2$), 유과기($-2.5℃\sim-2$)
ⓑ 복숭아 : 만화기($-3.5℃$), 유과기($-3℃$)
ⓒ 감 : 맹아기($-3℃\sim-2.5$)
ⓓ 포도 : 맹아전엽기($-4℃\sim-3.5$)
ⓔ 감귤 : 수목 $-8℃\sim-7$, $3\sim4$시간

46 다음 중 작물의 기원지가 중앙아시아 지역에 해당되는 것으로만 나열된 것은?

① 감자, 땅콩　　　　② 귀리, 기장
③ 담배, 토마토　　　④ 고구마, 해바라기

작물의 기원지가 중앙아시아 지역인 것
귀리, 기장, 완두, 삼, 당근, 양파, 무화과 등

47 가을에 파종하여 그 다음 해 초여름에 성숙하는 작물의 무엇이라 하는가?

① 월년생 작물　　　② 1년생 작물
③ 다년생 작물　　　④ 2년생 작물

월년생작물
가을에 종자를 뿌려 월동해서 이듬해에 개화 · 결실하는 작물로 가을밀, 가을보리, 유채 등이 있다.

48 등고선에 따라 수로를 내고, 임의의 장소로부터 월류하도록 하는 방법은?

① 수반법　　　　　② 보더관개
③ 암거법　　　　　④ 일류관개

ⓐ 수반법 : 포장을 수평으로 구획하고 관개하는 방법이다.
ⓑ 보더관개(border method, 구획월류관개) : 완경사의 포장을 알맞게 구획하고, 상단의 수로로부터 전 표면에 물을 흘려 펼쳐서 대는 방법이다.
ⓒ 암거법 : 지하에 토관 · 목관 · 콘크리트관 · 플라스

틱관 등을 배치하여 통수하고, 간극으로부터 스며 오르게 하는 방법이다.
ⓓ 일류관개(등고선월류관개) : 등고선에 따라서 수로를 내고, 임의의 장소로부터 월류시키는 방법이다.

49 다음 중 작물의 주요온도에서 최고온도가 가장 높은 것은?

① 호밀　　　　　　② 옥수수
③ 보리　　　　　　④ 귀리

주요온도(主要溫度)
ⓐ 최저온도(最低溫度) : 작물의 생육이 가능한 가장 낮은 온도이다.
ⓑ 최고온도(最高溫度) : 작물의 생육이 가능한 가장 높은 온도이다.
 • 호밀 : 30℃
 • 옥수수 : 40~44℃
 • 보리 : 28~30℃
 • 귀리 : 30℃

50 한해(旱害) 때 밭작물 재배 대책에 대한 설명으로 틀린 것은?

① 뿌림골을 낮게 한다.
② 뿌림골을 넓힌다.
③ 칼리를 증시한다.
④ 밀밭에 건조할 때에는 답압을 한다.

밭에서의 재배적 대책
뿌림골을 낮추고 뿌림골을 좁히거나 재식밀도를 성기게 한다.

51 다음 중 작물의 요수량이 가장 높은 것은?

① 감자　　　　　　② 귀리
③ 완두　　　　　　④ 보리

작물의 요수량

요수량은 건물 1g을 생산하는 데 소비된 수분량(g)을 표시하며 증산계수는 건물 1g을 생산하는 데 소비된 증산량(g)을 개념화한 수치이다.

- ㉠ 감자 : 636
- ㉡ 귀리 : 597
- ㉢ 완두 : 788
- ㉣ 보리 : 534

52 다음 중 대기의 조성에서 함량비가 약 21%에 해당하는 것은?

① 먼지
② 이산화탄소
③ 질소가스
④ 산소가스

대기의 조성

- ㉠ 질소가스 : 약 79%
- ㉡ 산소가스 : 약 21%
- ㉢ 이산화탄소 : 약 0.03%(300ppm)
- ㉣ 기타 : 수증기, 연기, 먼지, 아황산가스, 미생물, 화분, 각종 가스 등

53 다음 탄산가스 시용효과에 대한 설명에서 (가), (나)에 알맞은 내용은?

토마토는 엽폭이 (가) 건물생산이 증가하여 개화와 과실의 성숙이 (나) 착과율은 증가한다.

① (가) : 작아지고　　(나) : 지연되고
② (가) : 작아지고　　(나) : 촉진되고
③ (가) : 커지고　　　(나) : 지연되고
④ (가) : 커지고　　　(나) : 촉진되고

토마토의 탄산가스 시용효과

- ㉠ 엽폭이 커지고 건물생산이 증가하여 개화와 과실의 성숙이 지연되고 착과율은 증가한다.
- ㉡ 총수량은 20~40% 증가하나 조기수량은 감소한다.
- ㉢ 과실이 커지면 상대적으로 당도가 저하하는 경향도 있다.

54 다음 중 장과류에 해당하는 것으로만 나열된 것은?

① 포도, 무화과
② 감, 귤
③ 배, 사과
④ 밤, 호두

- ㉠ 인과류 : 배, 사과, 비파 등 → 꽃받침이 발달하였다.
- ㉡ 핵과류 : 복숭아, 자두, 살구, 앵두 등 → 중과피가 발달하였다.
- ㉢ 장과류 : 포도, 딸기, 무화과 등 → 외과피가 발달하였다.
- ㉣ 각과류 : 밤, 호두 등 → 씨의 자엽이 발달하였다.
- ㉤ 준인과류 : 감, 귤 등 → 씨방이 발달하였다.

55 다음 중 고립상태일 때 광포화점이 가장 낮은 것은?

① 옥수수
② 고구마
③ 사과나무
④ 콩

고립상태일 때 광포화점

식물명	광포화점	식물명	광포화점
음생식물	10% 정도	벼·목화	40~50% 정도
구약나물	25% 정도	밀·알팔파	50% 정도
콩	20~23% 정도	사탕무·무·사과나무·고구마	40~60% 정도
감자·담배·강낭콩·해바라기	30% 정도	옥수수	80~100%

56 다음 중 천연 옥신류에 해당하는 것은?

① 키네틴
② BA
③ IPA
④ PAA

식물생장조절제의 종류

구분		종류
옥신류	천연	IAA, IAN, PAA
	합성	NAA, IBA, 2,4-D, 2,4,5-T, PCPA, MCPA, BNOA
지베렐린류	천연	GA2, GA3, GA4+7, GA55
시토키닌류	천연	제아틴(zeatin), IPA
	합성	키네틴(kinetin), BA
에틸렌	천연	C_2H_4
	합성	에세폰(ethephon)
생장억제제	천연	ABA, 페놀(phenol)
	합성	CCC, B-9, phosphon-D, AMO-1618, MH-30

57 ( ) 안에 가장 알맞은 내용은?

굴광현상에는 ( )의 청색광이 가장 유효하다.

① 210~240nm
② 320~380nm
③ 440~480nm
④ 530~580nm

굴광현상
식물이 광조사의 방향에 반응하여 굴곡반응을 나타내는 현상으로, 4,000~5,000Å, 특히 4,400~4,800Å(440~480nm)의 청색광이 가장 유효하다.

58 다음에서 설명하는 것은?

일정한 한계일장이 없고, 대단히 넓은 범위의 일장에서 화성이 유도된다.

① 장일식물
② 단일식물
③ 정일성식물
④ 중성식물

중성식물(중일성식물)
㉠ 정의 : 일정한 한계일장이 없고 넓은 범위의 일장에서 화성이 유도되며, 화성이 일장에 영향을 받지 않는다.
㉡ 종류 : 강낭콩, 고추, 가지, 토마토, 당근, 셀러리 등

59 ( ) 안에 알맞은 내용은?

( )은/는 기공을 폐쇄시켜 증산을 억제시킴으로써 식물을 수분부족상태에서도 견디게 한다.

① 지베렐린
② ABA
③ 옥신
④ 에틸렌

ABA의 효과
㉠ 잎의 노화·낙엽을 촉진하고 휴면을 유도한다.
㉡ 생육 중에 연속 처리하면 휴면아를 형성한다(단풍나무).
㉢ 종자의 휴면을 연장하여 발아를 억제한다(감자, 장미, 양상추).
㉣ 단일식물에서 장일하의 화성을 유도하는 효과가 있다(나팔꽃, 딸기).
㉤ ABA가 증가하면 기공이 닫혀서 위조저항성이 커진다(토마토).
㉥ 목본식물에서는 냉해저항성이 커진다.

60 다음 중 미량원소에 해당하는 것은?

① N
② P
③ Cu
④ Ca

㉠ 다량원소 : C, H, O, N, K, Mg, Ca, P, S
㉡ 미량원소 : Fe, Cl, Mn, Zn, B, Cu, Mo

정답   57 ③   58 ④   59 ②   60 ③

61 곤충의 기관계에 대한 설명으로 옳지 않은 것은?

① 기문, 기관, 모세기관으로 이루어져 있다.
② 파리목에서는 기문이 하나도 없는 경우도 있다.
③ 곤충이 탈피하여도 모세기관의 표피는 그대로 남는다.
④ 기문은 몸의 양 옆에 최대 8쌍이 있지만 이보다 적은 경우도 많다.

해설

기문(氣門)
절지동물의 몸마디 옆에 있으며 호흡작용을 하는 구멍으로 보통 가슴에 2쌍 배에 8쌍이 있다.

62 농약 살포방법으로 옳지 않은 것은?

① 살포 전과 후에 살포기를 반드시 씻어야 한다.
② 쓰고 남은 농약은 다른 용기에 옮겨 보관하지 않는다.
③ 살포작업은 한 사람이 2시간 이상을 계속해서 작업하지 않는다.
④ 살포작업은 약제의 효능을 위해 날씨가 좋은 한낮에 살포하는 것이 좋다.

해설

④ 살포작업은 약제의 효능을 위해 날씨가 좋은 한낮은 피하고 오전 오후에 하는 것이 좋다.

63 생물학적 식물병 진단 방법이 아닌 것은?

① 혈청학적 진단
② 지표식물에 의한 진단
③ 즙액 접종에 의한 진단
④ 충체 내 주사법에 의한 진단

해설

병의 진단법
㉠ 눈에 의한 진단　　　　㉡ 해부적 진단

㉢ 병원적 진단　　　　㉣ 이화학적 진단
㉤ 혈청학적 진단

64 600kg의 수확물에 살충제 50% 유제를 8ppm이 되도록 처리할 때 필요한 양은?(단, 비중은 1.07)

① 약 0.09mL
② 약 0.9mL
③ 약 9mL
④ 약 90mL

65 해충 방제에 있어서 생물적 방제의 장점은?

① 비용이 저렴하다.
② 방제 효과가 빠르다.
③ 천적 생물의 유지가 용이하다.
④ 해충이 농약에 대한 내성이 생길 염려가 없다.

66 Sreptomyces scabies라는 균에 해당하는 것은?

① 혐기성 그람양성세균
② 호기성 그람양성세균
③ 혐기성 그람음성세균
④ 호기성 그람음성세균

67 월년생 광엽잡초에 해당하는 것은?

① 깨풀
② 망초
③ 명아주
④ 밭뚝외풀

해설

월년생 광엽잡초
1년 이상 2년 미만 생존하는 잡초로서 종자가 발아한 1년차에는 영양생장을 하고, 그 다음 해에는 개화하여 종자를 생산한 후 고사하는 잡초로서 2년생 잡초라고도 한다. 냉이. 망초 등이 이에 속한다.

정답　61 ④　62 ④　63 ①　64 ③　65 ④　66 ②　67 ②

68 제초제에 의해서 나타나는 작물의 약해 증상이 아닌 것은?

① 잎의 황화와 비틀림
② 잎의 큐티클층 비대
③ 잎의 백화 현상과 괴사
④ 잎과 줄기의 생장 억제

69 작물과 잡초가 경합하는 대상이 아닌 것은?

① 광   ② 수분
③ 양분   ④ 파이토알렉신

파이토알렉신(Phytoalexin)은 식물이 곰팡이나 균에 의해 공격을 받을 때 나오는 항생제이다.

70 기주식물의 즙액을 빨아먹으면서 바이러스를 매개하는 해충은?

① 애멸구   ② 벼잎벌레
③ 흑명나방   ④ 이화명나방

해설

애멸구

㉠ 크기는 2~4mm 가량으로, 벼즙을 빨아먹고, 벼에 치명적인 줄무늬잎마름병을 퍼트려 심각한 피해를 주는 해충이다.
㉡ 줄무늬잎마름병에 걸린 벼는 잎에 노란색 줄무늬가 길게 생기고 비틀리거나 말리면서 이삭이 영글지 않는다. 이 병은 치료제가 없고 확산속도가 빠르기 때문에 '벼 에이즈'라 불린다.

71 식물병의 제1차 전염원으로 가장 거리가 먼 것은?

① 꽃   ② 종자
③ 괴경   ④ 구근

해설

㉠ 제1차 전염원
제1차 감염을 일으킨 오염된 토양, 병든 식물의 잔재에서 월동한 균핵, 난포자, 식물의 조직 속에서 휴면 상태로 있는 균사 등으로 병의 종류에 따라 하나 또는 그 이상일 수도 있다.
㉡ 제2차 전염원
제1차 감염 결과 발병하여 형성된 병원체가 다른 식물로 옮겨져서 제2차 감염을 일으킨 전염원으로 비, 바람, 물, 곤충 등이 발병 원인이다.

72 잡초의 생육 특성에 대한 설명으로 옳은 것은?

① 종자 이외로도 번식이 가능하다.
② 휴면성이 없어 농경지의 점유 밀도가 높다.
③ 대부분 C_3 식물로서 초기 생장속도가 빠르다.
④ 잡초의 밀도가 낮아지면 개화 및 결실률이 낮아져 종자 생산량이 줄어든다.

73 여름철 밭작물 재배 시 발생하는 잡초에 해당하는 것은?

① 벗풀   ② 바랭이
③ 쇠털골   ④ 나도겨풀

해설

우리나라의 주요잡초

구분		1년생	다년생
논 잡초	화본과	강피 · 돌피 · 물피 등	나도겨풀
	방동사니과	알방동사니 · 올챙이고랭이 등	너도방동사니 · 올방개 · 쇠털골 · 매자기 등
	광엽잡초	여뀌 · 물달개비 · 물옥잠 · 사마귀풀 · 자귀풀 · 여뀌바늘 · 가막사리 등	가래 · 보풀 · 올미 · 벗풀 · 개구리밥 · 좀개구리밥 등

구분		1년생	다년생
밭잡초	화본과	뚝새풀 · 바랭이 · 강아지풀 · 돌피 · 개기장 등	참새피 · 띠 등
	방동사니과	참방동사니 · 방동사니 등	향부자 등
	광엽잡초	비름 · 냉이 · 명아주 · 망초 · 여뀌 · 쇠비름 · 마디풀 · 속속이풀(2년생) · 별꽃(2년생) 등	쑥 · 씀바귀 · 메꽃 · 쇠뜨기 · 민들레 · 토끼풀 등

74 잡초의 생태적 방제 방법에 대한 설명으로 옳지 않은 것은?

① 재배적 방제 방법과 같은 의미이다.
② 경합 특성을 이용한 작부체계 수립에 활용할 수 있다.
③ 작물의 재식밀도 증가는 선점현상 측면에서 바람직하지 않다.
④ 육묘 이식재배는 작물의 우생적 출발현상을 이용하는 것이다.

해설
③ 작물의 재식밀도 증가는 선점현상 측면에서 바람직하다.

75 거미와 비교한 곤충의 특징으로 옳지 않은 것은?

① 생식기는 배에 존재한다.
② 날개는 가운데 가슴과 뒷가슴에 위치한다.
③ 더듬이의 형태는 같은 종인 경우 암수에 관계없이 모두 동일하다.
④ 3쌍의 다리를 지니며, 각 다리는 기본적으로 5개의 마디로 되어 있다.

해설
수컷은 더듬이다리 끝이 부풀어 있고, 암컷은 부풀어 있지 않다.

76 해충이 살충제에 대하여 저항성을 갖게 되는 기작이 아닌 것은?

① 더듬이의 변형
② 표피층 구성의 변화
③ 피부 및 체내 지질의 함량 증가
④ 살충제에 대한 체내 작용점의 감수성 저하

77 종합적 방제 방법에 대한 설명으로 옳은 것은?

① 한 지역에서 동시에 방제하는 것이다.
② 여러 방제 방법을 조합하여 적용하는 것이다.
③ 항공 농약 살포 등 대규모로 방제하는 것이다.
④ 한 가지 방제 방법을 집중적으로 계속하여 적용하는 것이다.

해설
종합적 방제법
경제적 손실이 위험 수준이 되지 않는 범위에서 유해물질의 밀도를 유지하면서 작물의 전 생육기간 동안 체계적으로 방제하는 것으로, 약제의 사용을 줄이고, 노동생산성을 높이는 한편 천적과 유익생물을 보존하며, 환경보호의 목적도 달성하기 위한 개념이다.

78 유기인계 농약에 해당하는 것은?

① 카벤다짐 수화제
② 벤퓨라카브 입제
③ 페노뷰카브 유제
④ 페니트로티온 유제

79 우리나라 씨감자 생산은 대관령과 같은 고랭지에서 생산하게 되는데, 이는 씨감자를 주로 어떤 병원으로부터 보호하기 위해서인가?

① 세균
② 곰팡이
③ 바이러스
④ 파이토플라스마

해설
대관령과 같은 고랭지에서 씨감자를 생산하면 바이러스에 감염되지 않는다.

정답　74 ③　75 ③　76 ①　77 ②　78 ④　79 ③

80 대추나무 빗자루병 방제를 위해 가장 적합한 것은?

① 페니실린   ② 가나마이신
③ 테트라사이클린   ④ 스트렙토마이신

> 해설
>
> ㉠ 대추나무 빗자루병 병원균 : 파이토플라스마
> ㉡ 대추나무 빗자루병 방제 : 옥시테트라사이클린계 항생제 수간주사

제1과목 종자생산학

01 종피휴면을 하는 식물에서 억제물질의 존재부위가 배유에 해당하는 것은?

① 상추   ② 벼
③ 보리   ④ 도꼬마리

해설

종피휴면을 하는 식물

구분	억제물질의 존재부위
상추	배유
벼	내영, 외영
보리	내영, 주로 과피
도꼬마리	내종피

02 유한화서이면서 작살나무처럼 2차 지경 위에 꽃이 피는 것을 무엇이라 하는가?

① 두상화서   ② 유이화서
③ 원추화서   ④ 복집산화서

해설

유한화서
꽃이 줄기의 맨 끝에 착생하는 것으로 종류로는 단성화서, 단집산화서, 복집산화서, 전갈고리형화서, 집단화서 등이 있다.

무한화서
꽃이 측아에 착생하며 계속 신장하면서 성장하는 것으로 종류로는 총상화서, 원추화서, 수상화서, 유이화서, 육수화서, 산방화서, 산형화서, 두상화서 등이 있다.

03 채소작물 종자검사 시 검사규격에 대한 내용이다. ( )에 알맞은 내용은?

작물명		최고한도(%)		
		수분	이종종자	잡초종자
무	원종	9.0	0.05	( )

① 0.05   ② 0.15
③ 0.2   ④ 0.25

해설

채소작물 종자검사

작물명		최고한도(%)		
		수분	이종종자	잡초종자
무	원종	9.0	0.05	1.0

04 종자의 수분상태에 따른 안전건조온도의 범위에 대한 내용이다. ( )에 가장 알맞은 내용은?

완두 최소수분함량이 24% 이상일 때 적정온도는 ( )이다.

① 약 10℃   ② 약 18℃
③ 약 38℃   ④ 약 60℃

해설

완두 최소수분함량이 24% 이상일 때 적정온도는 약 38℃, 24% 이하일 때 적정온도는 약 40℃이다.

05 다음에서 설명하는 것은?

배낭을 만들지 않고 포자체의 조직세포가 직접 배를 형성한다.

① 무포자생식   ② 부정배생식
③ 복상포자생식   ④ 웅성단위생식

해설

아포믹시스(Apomixis)

정답   01 ①   02 ④   03 ①   04 ③   05 ②

○ 부정배형성(adventitious embryony) : 배낭을 만들지 않고 포자체의 조직세포가 직접 배를 형성(예 밀감의 주심 배)
○ 무포자생식(apospory) : 배낭을 만들지만 배낭의 조직세포가 배를 형성(예 부추, 파)
○ 복상포자생식(diplospory) : 배낭모세포가 감수분열을 못하거나 비정상적인 분열을 하여 배를 형성(예 볏과, 국화과)
○ 위수정생식(pseudogamy) : 수분(受粉)의 자극을 받아 난세포가 배로 발달하는 것(예 담배, 목화, 벼, 밀, 보리)
   ※ 위잡종(false hybrid) : 위잡종은 위수정생식에 의하여 종자가 생기는 것으로 주로 종·속 간 교배에서 나타난다.
○ 웅성단위생식(male parthenogenesis) : 정세포 단독으로 분열하여 배를 형성(ㅣ 달맞이꽃, 진달래)

06 종자의 형태에서 형상이 능각형에 해당하는 것으로만 나열된 것은?

① 보리, 작약　　　② 메밀, 삼
③ 모시풀, 참나무　　④ 배추, 양귀비

해설

종자의 형태에서 형상
○ 능각형 : 메밀, 삼
○ 방추형 : 보리, 모시풀
○ 구형 : 작약, 참나무, 배추, 양귀비

07 다음 중 채소류 영양번식의 특징에 대한 설명으로 가장 적절하지 않은 것은?

① 번식의 용이성
② 종자와 같은 장기저장 곤란
③ 영양체를 통한 바이러스 감염 방지
④ 저장 및 운반의 비용의 과다

해설

영양체를 통해 바이러스에 감염되면 제거가 불가능하다.

08 성숙한 자방이 꽃이 아닌 다른 식물부위나 변형된 포엽에 붙어있는 것을 무엇이라 하는가?

① 복과　　　　② 취과
③ 위과　　　　④ 장과

해설

○ 위과(거짓 과실) : 자방 이외의 화탁, 꽃잎 등이 발달하여 된 과실
○ 과실은 꽃의 자방이 비대한 것인데, 많은 자방과 그 자방 주변의 화상(화탁이라고도 함)이 함께 비대하여 과실이 된다(예 딸기, 오이, 사과, 배, 파인애플).

09 채소작물의 포장검사 시 시금치의 포장격리거리는?

① 100m　　　② 300m
③ 700m　　　④ 1,000m

해설

채소작물의 포장격리거리

작물명	격리거리(m)	작물명	격리거리(m)
무	1,000	고추	500
배추	1,000	토마토	300
양배추	1,000	오이	1,000
양파	1,000	참외	1,000
당근	1,000	수박	1,000
시금치	1,000	파	1,000

10 다음 중 (가), (나)에 가장 알맞은 내용은?

오이에 GA를 살포하면 암꽃분화가 (가) 되고, 대부분 (나)ppm 이상의 처리로 감응한다.

① (가) : 증가, (나) : 10　② (가) : 증가, (나) : 30
③ (가) : 억제, (나) : 2　　④ (가) : 억제, (나) : 50

해설
GA 함량이 낮으면 암꽃분화가 촉진된다.

11 다음에서 설명하는 것은?

> 종자가 지방벽에 붙어 있는 경우로서 대게 종자는 심피가 서로 연결된 측면에 붙어 있다.

① 측막태좌　　　　　② 중축태좌
③ 중앙태좌　　　　　④ 이형태좌

해설
㉠ 태반형성의 3가지 형태 : 측막태좌, 중측태좌, 중앙태좌
㉡ 중축태좌 : 암술의 씨방 안에 밑씨가 붙는 부분의 한 가지이다.
㉢ 중앙태좌 : 중축태좌에서 파생된 것으로 하나의 방을 이루지만 중앙에 남아 있는 축에 밑씨가 달린다.

12 다음 중 암발아성 종자에 해당하는 것으로만 나열된 것은?

① 양파, 오이　　　　② 베고니아, 갓
③ 명아주, 담배　　　④ 차조기, 우엉

해설
혐광성 종자
㉠ 광선이 있으면 발아가 저해되고 암중에서 잘 발아하는 종자이다.
㉡ 토마토, 가지, 파, 양파, 수박, 수세미, 호박, 무, 오이 등이다.
㉢ 광이 충분히 차단되도록, 복토를 깊게 한다.

13 다음 중 안전저장을 위한 종자의 최대 수분함량의 한계가 가장 높은 것은?

① 고추　　　　　　　② 양배추
③ 시금치　　　　　　④ 겨자

해설
안전저장을 위한 종자의 최대 수분함량
옥수수(13~14% 이내), 벼·밀(12%), 콩(11%), 시금치(8%), 십자화과 작물(5%), 고추(4.5%)

14 다음 ( )에 공통으로 들어갈 내용은?

> • ( )은/는 포원세포로부터 자성배우체가 되는 기원이 된다.
> • ( )은/는 원래 지방조직에서 유래하며 포원세포가 발달하는 곳이다.

① 주피　　　　　　　② 주심
③ 주공　　　　　　　④ 에피스테이스

해설
㉠ 주피 : 종피가 되는 기관
㉡ 주공 : 수정 후 화분관이 자라 난세포와 결합하기 위하여 들어가는 통로
㉢ 에피스테이스 : 종자의 주공 부위에 발달한 주심이나 주피조직

15 교배에 앞서 제웅이 필요 없는 작물로만 나열된 것은?

① 벼, 보리　　　　　② 토마토, 가지
③ 오이, 호박　　　　④ 귀리, 멜론

해설
㉠ 교배 전 제웅이 필요 없는 식물 : 오이, 호박, 수박 등
㉡ 교배 전 제웅이 필요한 식물 : 벼, 보리, 토마토, 귀리, 가지 등

16 ( )에 알맞은 내용은?

> 제1상의 저온감응상의 요구가 없고 다만 제2상의 일장감응상에 의하므로 이러한 ( ) 식물은 교배에 있어서 일장처리에 의하여 개화기를 조절할 수 있다.

① 녹식물춘화형　　　② 무춘화형
③ 종자춘화형　　　　④ 제춘화형

무춘화형

개화에 저온을 요구하지 않고 주로 일장반응에 따라 개화한다.(예 유채, 갓)

17 식물학상 과실을 이용하며, 과실이 영에 싸여 있는 것으로만 나열된 것은?

① 겉보리, 귀리　　② 밀, 시금치
③ 옥수수, 당근　　④ 상추, 목화

과실의 외측이 내영·외영(껍질)에 싸여 있는 것으로는 벼·겉보리·귀리 등이 있다.

18 후숙에 의한 휴면타파 시 휴면상태가 종피휴면이고, 후숙처리방법이 고온에 해당하는 것은?

① 야생귀리　　② 상추
③ 자작나무　　④ 벼

화곡류 종자는 30~40℃에 수일간 건조상태로 두어 후숙처리한다.

19 다음에서 설명하는 것은?

> 콩에서 꽃봉오리 끝을 손으로 눌러 잡아당겨 꽃잎과 꽃밥을 제거한다.

① 클립핑법　　② 전영법
③ 절영법　　④ 화판인발법

제웅작업

㉠ 절영법 : 화기를 상하지 않도록 꽃밥을 완전히 제거, 벼·보리의 영의 선단부를 가위로 잘라 핀셋으로 꽃밥을 제거한다.
㉡ 개열법 : 콩·고구마 등에서 꽃망울 때, 꽃잎을 헤쳐 꽃밥을 끌어낸다.

㉢ 화판인발법 : 꽃망울 끝의 꽃잎을 꽃밥과 함께 뽑아낸다.(콩과)

20 다음 중 장명종자에 해당하는 것으로만 나열된 것은?

① 스토크, 백일홍　　② 베고니아, 기장
③ 팬지, 스타티스　　④ 양파, 일일초

종자수명

㉠ 단명종자 : 베고니아, 기장, 팬지, 스타티스, 양파, 일일초
㉡ 장명종자 : 스토크, 백일홍

제2과목 식물육종학

21 재배식물에 발생하는 병에 대한 저항성으로 의미가 비슷한 것으로만 나열된 것은?

① 질적 저항성, 포장 저항성, 수직 저항성
② 양적 저항성, 비특이적 저항성, 수평 저항성
③ 질적 저항성, 비특이적 저항성, 수직 저항성
④ 양적 저항성, 진정 저항성, 수평 저항성

㉠ 질적 저항성, 특이적 저항성, 수직 저항성, 진정 저항성 : 저항성 반응이 분명하며, 특정한 레이스에 대해서만 나타남
㉡ 양적 저항성, 비특이적 저항성, 수평적 저항성, 포장 저항성 : 저항 정도가 여러 등급으로 나타나며, 여러 레이스에 대해 저항성을 가짐

22 다음 중 계통분리법과 가장 관계가 없는 것은?

① 자식성작물의 집단선발에 가장 많이 사용되는 방법이다.
② 주로 타가수분 작물에 쓰여지는 방법이다.
③ 개체 또는 계통의 집단을 대상으로 선발을 거듭하는 방법이다.
④ 1수1렬법과 같이 옥수수의 계통분리에 사용된다.

계통분리법

개체 또는 계통 집단의 반복적인 선발을 통하여 새로운 품종을 개발하는 분리 육종법의 하나로서 주로 타가수정 작물에서 이용된다.

23 다음 중 잡종(hetero)의 자가수정 작물을 계속해서 재배하면 어떻게 되는가?

① 동형접합성이 증가한다.
② 이형접합성이 증가한다.
③ 아무 변화도 없다.
④ 환경에 따라 호모나 헤테로 어느 하나가 증가한다.

자식성 식물집단은 세대가 넘어갈수록 동형접합성이 증가하고, 타식성 식물집단은 이형접합성이 증가한다.

24 (   )에 가장 알맞은 내용은?

> 자식 또는 근친교배로 인한 근교약세가 더 이상 진행되지 않는 수준을 (   )(이)라 한다.

① 선발
② 초우성
③ 잡종강세
④ 자식극한

25 다음 중 두 개의 다른 품종을 인공교배하기 위해 가장 우선적으로 고려해야 할 사항은?

① 개화시기
② 수량성
③ 종자탈립성
④ 도복저항성

인공교배 시 식물에 따라 제웅과 수분의 시기·방법 등이 다르며 교배친의 개화시기와 개화시각을 일치시키는 것이 중요하다.

26 다음 중 우성상위 F_2의 분리비로 가장 옳은 것은?

① 12 : 3 : 1
② 9 : 6 : 1
③ 15 : 1
④ 9 : 3 : 4

비대립유전자 상호작용의 유형

상위성이 있는 경우 유전자 상호작용에 따른 여러 가지 분리비

㉠ $(9A\_B\_) : (3A\_bb + 3aaB\_ + 1aabb) = 9 : 7$
 → 보족유전자
㉡ $(9A\_B\_) : (3A\_bb) : (3aaB\_ + 1aabb) = 9 : 3 : 4$
 → 조건유전자(열성상위)
㉢ $(9A\_B\_ + 3A\_bb) : (3aaB\_) : (1aabb) = 12 : 3 : 1$
 → 피복유전자(우성상위)
㉣ $(9A\_B\_ + 3A\_bb + 3aaB\_) : (1aabb) = 15 : 1$
 → 중복유전자
㉤ $(9A\_B\_) : (3A\_bb + 3aaB\_) : (1aabb) = 9 : 6 : 1$
 → 복수유전자
㉥ $(3aaB\_) : (9A\_B\_ + 3A\_bb + 1aabb) = 3 : 13$
 → 억제유전자

27 다음 중 인위적으로 유전변이를 작성하는 내용과 가장 관계가 없는 것은?

① 종이 다른 야생종 벼와 재배종 벼 간 교배를 한다.
② 감자와 토마토의 체세포 원형질을 융합시킨다.
③ 생장점배양에 의한 딸기의 무병주 증식을 한다.
④ 박테리아에서 분리한 특정 유전자를 배추에 형질전환 한다.

조직배양(組織培養)

생물의 조직 일부를 떼내어 새로운 개체로 만드는 번식 방법의 일종

28 고등식물 유전자의 구조 중에서 단백질을 합성하는 유전정보를 가지고 있는 부위는?

① 프로모터
② 리보솜
③ 인트론
④ 엑손

정답 23 ① 24 ④ 25 ① 26 ① 27 ③ 28 ④

⊙ 엑손(exon)은 단백질을 지정하는 DNA 염기서열이다.

ⓒ 유전자 DNA는 단백질을 지정하는 엑손(exon)과 단백질을 지정하지 않는 인트론(intron)을 포함한다.

29 여교배 세대에 따른 반복친과 1회친의 비율에서 BC_1F_1일 때 반복친의 비율은?

① 50%   ② 75%

③ 87.5%   ④ 93.75%

30 무배유종자를 가진 것으로만 나열된 것은?

① 벼, 밀   ② 벼, 콩

③ 보리, 팥   ④ 콩, 팥

무배유종자

배유가 흡수하여 저장 양분이 자엽에 저장되며, 배는 유아·배축·유근의 세 부분으로 형성되는 콩·팥 등의 두과 종자이다.

31 다음 중 분리육종방법에서 순계분리에 대한 설명으로 가장 옳은 것은?

① 품종화하기 이전에 지역적응시험이 필요치 않다.

② 다수의 선발개체로부터 채취한 종자를 혼합하여 세대를 진전한다.

③ 순계분리는 자식성 식물에 주로 적용되지만 타식성 식물의 자식계통 육성에도 이용된다.

④ 재래종을 공시화하여 선발계통의 우수성을 입증한다.

순계분리(純系分離)

일반적으로 재래품종은 자연교잡, 자연돌연변이, 다른 품종의 기계적인 혼입 등으로 인하여 많은 유전자형이 혼합된 상태로 되어 있는데, 이들 재래품종의 개체군 속에 들어 있는 형질 중에서 유용한 개체를 선발해 가는 일을 순계분리라고 하며, 이러한 과정을 거쳐 새로운 품종으로 고정하는 것을 분리육종법이라 한다.

32 피자식물에서 볼 수 있는 중복수정의 기구는?

① 난핵 × 정핵, 극핵 × 생식핵

② 난핵 × 생식핵, 극핵 × 영양핵

③ 난핵 × 정핵, 극핵 × 정핵

④ 난핵 × 정핵, 극핵 × 영양핵

중복수정

⊙ 난세포(n) + 정핵(n) = 배(2n)

ⓒ 2개의 극핵(n + n) + 정핵(n) = 배젖(3n)

33 다음 중 폴리진에 대한 설명으로 가장 옳지 않은 것은?

① 양적 형질 유전에 관여한다.

② 각각의 유전자가 주동적으로 작용한다.

③ 환경의 영향에 민감하게 반응한다.

④ 누적적 효과로 형질이 발현된다.

양적 형질

분리세대에서 연속변이하는 형질로 폴리진(polygene)이 관여하며 환경의 영향을 받으며 표현력이 작은 미동유전자에 의하여 지배된다.

34 다음 ( )에 공통으로 들어갈 내용은?

- 같은 형질에 관여하는 여러 유전자들이 누적효과를 가질 때 ( )라 한다.
- ( ) 경우는 여러 경로에서 생성하는 물질량이 상가적으로 증가한다.

① 우성상위   ② 보족유전자

③ 복수유전자   ④ 열성상위

복수유전자

여러 개의 유전자가 한 가지 양적 형질에 관여하고 표현형에 미치는 효과는 누적적(또는 상가적)이다.

35 1대 잡종을 품종으로 취급하는 이유로 옳지 않은 것은?

① 모든 개체가 동일한 유전자형이다.
② 광지역 적응이고 채종량이 많으며, 각기 다른 표현형을 나타낸다.
③ 인공교배로 똑같은 유전자형을 재생산할 수 있다.
④ 형질이 우수하고 균일하다.

해설

1대 잡종 품종은 균일한 생산물을 얻을 수 있고 후대에 우성유전자를 이용하기 유리하다.

36 감귤, 바나나와 같이 종자가 생성되지 않고 과일이 생기는 현상을 무엇이라 하는가?

① 중복수정
② 아포믹시스
③ 단위결과
④ 배낭형성

해설

단위결과
바나나, 감귤, 포도, 감 등의 과실은 수정에 의해서 종자가 생성되어야만 형성되는 것이 보통이지만 어떤 것에서는 종자가 생기지 않고 과실이 형성되는 현상인데, 이것은 꽃가루의 자극이나 생장조절물질의 처리로 유발된다.

37 다음에서 설명하는 것은?

자가불화합성의 유전양식 중 화분의 유전자가 화합·불화합을 결정한다.

① 계통형 자가불화합성
② 인공형 자가불화합성
③ 포자체형 자가불화합성
④ 배우체형 자가불화합성

해설

자가불화합성의 기구
㉠ 배우체형 : 화분의 불화합성 발현이 반수체인 화분의 유전자형에 의해 지배된다.
㉡ 포자체형 : 화분이 생산된 포자체(2n)의 유전자형에 의해 지배된다.

38 다음 중 멘델의 유전법칙에 대한 설명으로 틀린 것은?

① 우성과 열성의 대립유전자가 함께 있을 때 우성 형질이 나타난다.
② F_2에서 우성과 열성형질이 일정한 비율로 나타난다.
③ 유전자들이 섞여 있어도 순수성이 유지된다.
④ 두 쌍의 대립형질이 서로 연관되어 유전분리한다.

해설

대립형질은 서로 다른 형질의 영향을 받지 않고 우성과 열성, 분리의 법칙에 따라 독립적으로 유전된다.

39 자식성 작물에서 신품종의 증식과정은?

① 원원종포 → 원종포 → 채종포
② 채종포 → 원원종포 → 원종포
③ 원종포 → 원원종포 → 채종포
④ 원원종포 → 채종포 → 원종포

해설

종자 증식 체계
기본식물 → 원원종 → 원종 → 보급종의 단계을 거친다.

40 한 개의 유전자가 여러 가지 형질의 발현에 관여하는 현상을 무엇이라 하는가?

① 반응규격
② 다면발현
③ 호메오스타시스
④ 가변성

해설

다면발현(多面發現)
하나의 유전자가 여러 가지 유전적 효과를 나타내어 두 개 이상의 형질 발현에 영향을 미치는 일

41 다음 중 장일식물로만 나열된 것은?

① 도꼬마리, 코스모스 ② 시금치, 아마
③ 목화, 벼 ④ 나팔꽃, 들깨

해설

장일식물(長日植物)
추파맥류, 완두, 박하, 아주까리, 시금치, 양딸기, 양파,
상추, 감자, 해바라기, 아마 등

42 다음 중 다년생 방동사니과에 해당하는 것으로만 나열된 것은?

① 여뀌, 물달개비 ② 올방개, 매자기
③ 개비름, 맹아주 ④ 망초, 별꽃

해설

우리나라의 주요 논잡초

구분	1년생	다년생
화본과	강피, 돌피, 물피 등	나도겨풀
방동사니과	알방동사니, 올챙이고랭이 등	너도방동사니, 올방개, 쇠털골, 매자기 등

43 다음에서 설명하는 것은?

• 이랑을 세우고 이랑에 파종하는 방식이다.
• 배수와 토양통기가 좋게 된다.

① 평휴법 ② 휴립구파법
③ 성휴법 ④ 휴립휴파법

해설

㉠ 휴립구파법 : 이랑을 세우고 낮은 골에 파종하는 방식이다(맥류).
㉡ 휴립휴파법 : 이랑을 세우고 이랑을 파종하는 방식이다(콩·조).
㉢ 평휴법 : 두둑높이와 고랑높이를 같게 한다.
㉣ 성휴법 : 두둑을 크고 넓게 만들어 두둑에 파종한다.

44 다음 중 CO_2 보상점이 가장 낮은 식물은?

① 벼 ② 옥수수
③ 보리 ④ 담배

해설

C_3 식물과 C_4 식물을 비교하면 C_4 식물은 광보상점과 CO_2 보상점이 낮고, 광포화점과 CO_2 포화점이 높다.

45 공예작물 중 유료작물로만 나열된 것은?

① 목화, 삼 ② 모시풀, 아마
③ 참깨, 유채 ④ 어저귀, 왕골

해설

유료작물
참깨, 들깨, 아주까리, 평지(유채), 해바라기, 콩, 땅콩,
(아마, 목화) 등이 있다.

46 다음에서 설명하는 것은?

• 배출원은 질소질 비료의 과다사용이다.
• 잎 표면에 흑색 반점이 생긴다.
• 잎 전체가 백색 또는 황색으로 변한다.

① 아황산가스 ② 불화수소가스
③ 암모니아가스 ④ 염소계 가스

해설

암모니아가스
㉠ 식물체 잎에 접촉 시 잎 표면에 흑색 반점이 나타나고 잎맥 사이가 백색 또는 황색으로 변한다.
㉡ 뿌리에 접촉되면 뿌리가 흑색으로 변한다.
㉢ 줄기에 입고병 증상과 같은 잘록현상이 나타난다.

47 다음 중 작물의 기지 정도에서 휴작을 가장 적게 하는 것은?

① 당근 ② 토란
③ 참외 ④ 쑥갓

해설

3년 휴작을 요하는 작물 : 쑥갓, 토란, 참외, 강낭콩 등

정답 41 ② 42 ② 43 ④ 44 ② 45 ③ 46 ③ 47 ①

48 고립상태일 때 광포화점(%)이 가장 낮은 것은?(단, 조사광량에 대한 비율임)

① 고구마   ② 콩
③ 사탕무   ④ 무

해설 ----

고립상태일 때 광포화점

식물명	광포화점	식물명	광포화점
음생식물	10% 정도	벼 · 목화	40~50% 정도
구약나물	25% 정도	밀 · 알팔파	50% 정도
콩	20~23% 정도	사탕무 · 무 · 사과나무 · 고구마	40~60% 정도
감자 · 담배 · 강낭콩 · 해바라기	30% 정도	옥수수	80~100%

49 다음 중 자연교잡률(%)이 가장 높은 것은?

① 벼   ② 수수
③ 보리   ④ 밀

해설 ----

자식성 작물
벼, 밀, 보리, 콩, 완두, 담배, 토마토, 가지, 참깨, 복숭아나무 등

50 다음 중 3년생 가지에 결실하는 것으로만 나열된 것은?

① 감, 밤   ② 포도, 감귤
③ 사과, 배   ④ 호두, 살구

해설 ----

주요 과수의 결과습성
㉠ 1년생 가지에 결실하는 것 : 감, 밤, 포도, 감귤, 무화과, 비파, 호두 등
㉡ 2년생 가지에 결실하는 것 : 복숭아, 자두, 양앵두, 매실, 살구 등
㉢ 3년생 가지에 결실하는 것 : 사과, 배 등

51 엽채류의 안전저장 조건으로 가장 옳은 것은?

① 온도 : 0~4℃, 상대습도 : 90~95%
② 온도 : 5~7℃, 상대습도 : 80~90%
③ 온도 : 0~4℃, 상대습도 : 70~80%
④ 온도 : 5~7℃, 상대습도 : 70~80%

해설 ----

안전저장 조건
㉠ 감자 : 1~4℃에 80~95%
㉡ 고구마 : 12~15℃에 80~95%
㉢ 과실 : 0~4℃에 85~90%
㉣ 엽근채류 : 0~4℃에 90~95%

52 다음 중 천연 옥신류에 해당하는 것은?

① GA_2 ② IAA
③ CCC   ④ BA

해설 ----

옥신류	천연	IAA, IAN, PAA
	합성	NAA, IBA, 2,4-D, 2,4,5-T, PCPA, MCPA, BNOA

53 다음 중 작물별로 구분할 때 K의 흡수비율이 가장 높은 것은?

① 콩   ② 고구마
③ 옥수수   ④ 벼

해설 ----

작물의 종류에 따른 3요소(N : P : K) 흡수량

작물	3요소 흡수비율	작물	3요소 흡수비율
콩	5 : 1 : 1.5	옥수수	4 : 2 : 3
벼	5 : 2 : 4	고구마	4 : 1.5 : 5
맥류	5 : 2 : 3	감자	3 : 1 : 4

54 작물의 내열성에 대한 설명으로 틀린 것은?

① 늙은 잎은 내열성이 가장 작다.
② 내건성이 큰 것은 내열성도 크다.
③ 세포 내의 결합수가 많고, 유리수가 적으면 내열성이 커진다.
④ 당분함량이 증가하면 대체로 내열성은 증대한다.

해설

늙은 잎은 내열성이 크다.

55 냉해대책으로 입지조건 개선에 대한 내용으로 틀린 것은?

① 방풍림을 제거하여 공기를 순환시킨다.
② 객토 등으로 누수답을 개량한다.
③ 암거배수 등으로 습답을 개량한다.
④ 지력을 배양하여 건실한 생육을 꾀한다.

해설

냉해대책으로 입지조건
㉠ 방풍림을 설치하여 냉풍을 막는다.
㉡ 객토 등을 실시하여 누수답을 개량한다.
㉢ 암거배수 등을 하여 습답을 개량한다.
㉣ 지력을 배양하여 건실한 생육을 꾀한다.

56 수광태세가 좋아지고 밀식적응성을 높이는 콩의 초형으로 틀린 것은?

① 키가 크고, 도복이 안 되며, 가지를 적게 친다.
② 꼬투리가 원줄기에 많이 달리고, 밑에까지 착생한다.
③ 잎이 크고 가늘다.
④ 잎자루가 짧고 일어선다.

해설

콩의 초형
콩은 초형인 것이 군락의 수광태세가 좋아지고 밀식적응성이 커진다.
㉠ 키가 크고, 도복이 안 되며, 가지를 적게 치고, 가지가 짧다.

㉡ 꼬투리가 주경에 많이 달리고, 밑에까지 착생한다.
㉢ 잎줄기가 짧고 일어선다.
㉣ 잎이 작고 가늘다.

57 다음 중 감온형에 해당하는 것은?

① 그루콩   ② 올콩
③ 그루조   ④ 가을메밀

해설

우리나라 주요 작물의 기상 생태형

작물별		감온형(blT형)	중간형	감광형(bLt형)
벼	명칭 분포	조생종 북부	중생종 중북부	만생종 중남부
콩	명칭 분포	올콩(夏大豆型) 북부	중간형 중북부	그루콩(秋大豆型) 중남부
조	명칭 분포	봄조(春粟) 서북부·중부의 산간지	중간형	그루조(夏粟) 중부평야·남부
메밀	명칭 분포	여름 메밀(夏蕎麥) 서북부·중부의 산간지	중간형	가을메밀(秋蕎麥) 중부평야·남부

58 공기 속에 산소는 약 몇 % 정도 존재하는가?

① 약 35%   ② 약 32%
③ 약 28%   ④ 약 21%

해설

대기의 조성
㉠ 질소가스 : 약 79%
㉡ 산소가스 : 약 21%
㉢ 이산화탄소 : 약 0.03%(300ppm)
㉣ 기타 : 수증기·연기·먼지·아황산가스, 미생물, 화분, 각종 가스 등

59 다음 중 작물의 주요 온도에서 '최고온도'가 가장 높은 것은?

① 밀
② 옥수수
③ 호밀
④ 보리

해설

최적온도(最適溫度) : 작물의 생육이 가장 왕성한 온도이다.

주요 온도	여름 작물	겨울 작물
최저온도(℃)	10~15	1~5
최적온도(℃)	30~35	15~25
최고온도(℃)	40~50	30~40

60 작물의 기원지가 남아메리카 지역에 해당하는 것으로만 나열된 것은?

① 메밀, 파
② 배추, 감
③ 조, 복숭아
④ 감자, 담배

해설

작물의 기원지
㉠ 남아메리카 지역 : 감자 · 땅콩 · 담배 · 토마토 · 고추 등
㉡ 중국지역 : 육조보리 · 조 · 피 · 메밀 · 콩 · 팥 · 파 · 인삼 · 배추 · 자운영 · 동양 배 · 감 · 복숭아 등

61 배추 무사마귀병균에 대한 설명으로 옳은 것은?

① 산성 토양에서 많이 발생한다.
② 주로 건조한 토양에서 발생한다.
③ 전형적인 병징은 주로 꽃에서 발생한다.
④ 병원균을 인공배양하여 감염여부를 알 수 있다.

해설

배추뿌리혹병(무사마귀병)
배추나 무에서 주로 발생하는 뿌리혹병 또는 무사마귀병은 주로 산성 토양과 배수불량인 토양에서 발생한다.

62 다음 설명에 해당하는 것은?

> 약독계통의 바이러스를 기주에 미리 접종하여 같은 종류의 강독계통 바이러스의 감염을 예방하거나 피해를 줄인다.

① 파지
② 교차보호
③ 기주교대
④ 효소결합

해설

교차보호
약독계통의 바이러스를 이용하여 강독계통 바이러스의 감염을 막는 것

63 다년생 논 잡초가 우점하는 군락형으로 천이가 일어나는 원인으로 가장 거리가 먼 것은?

① 손 제초 감소
② 잡초의 휴면성
③ 재배시기 변동
④ 잡초 방제 방법 변화

해설

잡초의 휴면성은 잡초의 생존력과 방제에 많은 영향을 준다.

64 잡초의 생육 특성에 대한 설명으로 옳지 않은 것은?

① 잡초는 생육의 유연성이 크다.
② 대부분의 문제 잡초들은 C4 식물이다.
③ 일반적으로 잡초는 종자 크기가 작아서 발아가 빠르다.
④ 일반적으로 잡초는 독립 생장은 늦지만 초기 생장은 빠른 편이다.

해설

잡초는 종자의 크기가 일반적으로 작기 때문에 발아가 빠르고, 이유기가 빨리 오기 때문에 개체로의 독립생장을 이른 시기부터 하여 초기의 생장속도가 빠르다.

65 완전변태를 하는 곤충으로만 올바르게 나열한 것은?

① 벌, 파리　　　　② 매미, 잠자리
③ 메뚜기, 노린재　④ 진딧물, 총채벌레

해설

완전변태
• 과정 : 알 → 유충 → 번데기 → 성충
• 종류 : 나비목, 딱정벌레목, 벌레목

66 생물적 잡초 방제 방법으로 옳지 않은 것은?

① 상호대립 억제작용은 잡초 방제에 방해가 된다.
② 식물 병원균은 수생 잡초의 방제에 효과적이다.
③ 잡초 방제에 이용되는 천적은 식해성 곤충일수록 좋다.
④ 어패류를 이용할 경우 초종 선택성이 없어 방류 제한성이 문제가 된다.

해설

생태적 방제
재배적 방제법 또는 경종적 방제법이라고도 하며, 잡초와 작물의 생리 · 생태적 특성 차이에 근거를 두고 잡초에는 경합력이 저하되도록 유도하는 대신 작물에는 경합력이 높아지도록 재배관리를 해주는 방법이다.

67 10a당 3kg을 사용하는 약제를 가지고 5,000 m^2에 사용하려면 필요 약량은?

① 1.5kg　　　　② 2kg
③ 15kg　　　　④ 20kg

해설

$1,000m^2 = 10a$이므로 $5,000m^2 = 50a$
50a에 필요한 약량은 $3 \times 5 = 15kg$이다.

68 흰가루병균과 같이 살아있는 기주에 기생하여 기주의 대사산물을 섭취해서만 살아갈 수 있는 병원균은?

① 순사물기생균　② 반사물기생균
③ 반활물기생균　④ 순활물기생균

해설

순활물기생균
절대적으로 살아있는 기주에서만 살 수 있다.

69 밭에 발생하는 일년생 잡초는?

① 쑥, 망초　　　　② 메꽃, 쇠비름
③ 쇠뜨기, 까마중　④ 명아주, 바랭이

해설

밭에 발생하는 일년생 잡초
냉이, 명아주, 망초, 여뀌, 쇠비름, 마디풀 등

70 잡초에 대한 작물의 경합력을 높이는 방법으로 옳지 않은 것은?

① 윤작 실시　　　② 토양 pH 조절
③ 재배 방법 변화　④ 작물 품종 선택

71 벼 도열병균의 주요 전염 방법으로 옳은 것은?

① 토양　　　　② 잡초
③ 바람　　　　④ 관개수

작물병의 전파경로
㉠ 공기전염 : 맥류의 녹병, 벼의 도열병 · 깨씨무늬병
㉡ 수매(水媒)전염 : 벼의 잎집무늬마름병 · 흰잎마름병
㉢ 충매전염 : 오갈병, 모자이크병

72 파리목 성충의 형태적 특징으로 옳은 것은?

① 날개가 1쌍이다.
② 몸이 좌우로 납작하다.
③ 씹는 입틀을 가지고 있다.
④ 날개가 비늘가루로 덮여있다.

파리목 성충의 형태적 특징
곤충강의 한 목(目). 한 쌍의 날개와 큰 겹눈이 있고 보통 세 개의 홑눈이 있다.

73 1988년 부산 금정산에서 처음 발견되었고 소나무에 많은 피해를 주는 병의 매개충은?

① 솔나방
② 솔잎혹파리
③ 솔수염하늘소
④ 솔껍질깍지벌레

소나무재선충
㉠ 소나무재선충(소나무材線蟲)은 소나무, 잣나무, 해송 등에 기생해 나무를 갉아먹는 선충이다.
㉡ 솔수염하늘소, 북방수염하늘소 등 매개충에 기생하며 매개충을 통해 나무에 옮긴다.

74 매개충과 관련된 식물병을 짝지은 것으로 옳지 않은 것은?

① 끝동매미충 - 벼 오갈병
② 애멸구 - 벼 줄무늬잎마름병
③ 말매미충 - 대추나무 빗자루병
④ 복숭아혹진딧물 - 감자 잎말림병

대추나무 빗자루병
마이코플라스마의 일종인 '파이토플라스마(Phytoplasma)'의 감염에 의해 일어난다.

75 유기인계 농약이 아닌 것은?

① 포레이트 입제
② 페니트로티온 유제
③ 클로르피리포스메틸 유제
④ 감마사이할로트린 캡슐현탁제

유기인계 농약
탄소를 주 골격으로 하여 인 성분이 결합한 화합물을 주원료로 제조한 농약으로, 현재 가장 많이 사용되는 농약이다.
※ 피레스로이드계 : 감마사이할로트린 캡슐현탁제

76 식물 병원체의 변이 기작이 아닌 것은?

① 이핵 현상
② 일액 현상
③ 준유성생식
④ 이수체 형성

일액 현상
식물체의 배수조직에서 물방울로 배출되는 수분

77 다음 설명에 해당하는 식물병은?

> 병든 것으로 의심되는 토마토의 줄기를 잘라 물속에 넣었더니 우윳빛 즙액이 선명하게 흘러 나왔다.

① 돌림병
② 오갈병
③ 시들음병
④ 풋마름병

풋마름병과 시들음병(위조병) 구분
토마토의 줄기를 잘라 물속에 넣었을 때 우윳빛 즙액이 선명하게 흘러나오면 풋마름병이다.

78 농약이 인체 내로 들어와 흡입중독 시 응급 처치 방법으로 옳지 않은 것은?

① 옷을 벗겨 체온을 낮춘다.
② 편안한 자세로 안정시킨다.
③ 공기가 신선한 곳으로 옮긴다.
④ 호흡이 약하면 인공호흡을 한다.

해설
환자를 공기가 맑고 그늘진 곳으로 옮기고 편안한 자세로 안정시키며 체온을 유지시켜 준다.

79 다음 설명에 해당하는 해충은?

• 우리나라 제주도 귤나무에 피해가 많았으며, 두꺼운 밀랍으로 덮여있어 농약으로 인한 방제효과가 미비하다.
• 연 1회 발생하며 가지와 잎에 기생하며 흡즙하여 가해한다.

① 귤응애   ② 귤굴나방
③ 루비깍지벌레   ④ 담배거세미나방

해설
루비깍지벌레
㉠ 피해 증상 : 성충과 약충이 가지와 잎에서 수액을 빨아 먹어 나무의 수세를 약화시키고, 감로로 인해 그을음병이 유발된다.
㉡ 형태 : 암컷 성충의 깍지 크기는 4~5mm이고, 어두운 붉은색 두꺼운 밀랍 분비물로 덮여 있어 마치 루비와 같은 모양이다.
㉢ 생활사 : 연 1회 발생하고 암컷 성충으로 월동한다.

80 직접 살포하는 농약 제제인 것은?

① 유제   ② 입제
③ 수용제   ④ 수화제

해설
입제(粒劑)
농약의 형태로 대체로 8~60메시(입자지름 약 0.5~2.5mm) 범위의 작은 입자로 된 농약이다.

제5과목 | 종자 관련 법규

81 종자관련법상 품종목록 등재의 유효기간에서 품종목록 등재의 유효기간 연장신청은 그 품종목록 등재의 유효기간이 끝나기 전 몇 년 이내에 신청하여야 하는가?

① 1년   ② 2년
③ 3년   ④ 4년

해설
품종목록 등재의 유효기간
㉠ 품종목록 등재의 유효기간은 등재한 날이 속한 해의 다음 해부터 10년까지로 한다.
㉡ 품종목록 등재의 유효기간 연장신청은 그 품종목록 등재의 유효기간이 끝나기 전 1년 이내에 신청하여야 한다.

82 종자관련법상 포장검사에서 국가보증이나 자체보증을 받은 종자를 생산하려는 자는 농림축산식품부장관 또는 종자관리사로부터 채종 단계별로 몇 회 이상 포장(圃場)검사를 받아야 하는가?

① 1회   ② 2회
③ 3회   ④ 4회

해설
포장검사
국가보증이나 자체보증을 받은 종자를 생산하려는 자는 농림축산식품부장관 또는 종자관리사로부터 채종 단계별로 1회 이상 포장(圃場)검사를 받아야 한다.

83 보증서를 거짓으로 발급한 종자관리사는 얼마 이하의 벌금에 처하는가?

① 300만 원   ② 600만 원
③ 1천만 원   ④ 3천만 원

해설
1년 이하의 징역 또는 1천만 원 이하의 벌금에 처하는 경우
• 등록을 하지 아니하고 종자관리사 업무를 수행한 자
• 보증서를 거짓으로 발급한 종자관리사

- 보증을 받지 아니하고 종자를 판매하거나 보급한 자
- 명령에 따르지 아니한 자
- 무병화인증기관의 지정을 받거나 그 지정의 갱신을 하지 아니하고 무병화인증 업무를 한 자
- 무병화인증기관의 지정취소 또는 업무정지 처분을 받고도 무병화인증 업무를 한 자
- 거짓이나 그 밖의 부정한 방법으로 무병화인증을 받거나 갱신한 자
- 거짓이나 그 밖의 부정한 방법으로 무병화인증기관의 지정을 받거나 갱신한 자
- 무병화인증을 받지 아니한 종자의 용기나 포장에 무병화인증의 표시 또는 이와 유사한 표시를 한 자
- 무병화인증을 받은 종자의 용기나 포장에 무병화인증을 받은 내용과 다르게 표시한 자
- 무병화인증을 받지 아니한 종자를 무병화인증을 받은 종자로 광고하거나 무병화인증을 받은 종자로 오인할 수 있도록 광고한 자
- 무병화인증을 받은 종자를 무병화인증을 받은 내용과 다르게 광고한 자
- 등록하지 아니하고 육묘업을 한 자
- 등록이 취소된 종자업 또는 육묘업을 계속하거나 영업정지를 받고도 종자업 또는 육묘업을 계속한 자
- 종자를 수출 또는 수입하거나 수입된 종자를 유통시킨 자
- 수입적응성 시험을 받지 아니하고 종자를 수입한 자
- 거짓이나 그 밖에 부정한 방법으로 종자의 검정 따른 검정을 받은 자
- 검정결과에 대하여 거짓광고나 과대광고를 한 자
- 생산 또는 판매 중지를 명한 종자 또는 묘를 생산하거나 판매한 자
- 제47조 제4항 후단을 위반하여 시료채취를 거부·방해 또는 기피한 자

84 종자검사요령상 순도분석 용어에서 "화방"의 용어를 설명한 것은?

① 주공(珠孔)부분의 조그마한 돌기
② 빽빽이 군집한 화서 또는 근대 속에서는 화서의 일부
③ 외종피가 과피와 합쳐진 벼과 식물의 나출과
④ 단단히 내과피(endocarp)와 다육질의 외층을 가진 비열개성의 단립종자를 가진 과실

㉠ 씨혹(caruncle) : 주공(珠孔, micropylar)부분의 조그마한 돌기
㉡ 영과(潁果, caryopsis) : 외종피가 과피와 합쳐진 벼과 식물의 나출과
㉢ 화방(花房, cluster) : 빽빽이 군집한 화서 또는 근대 속에서는 화서의 일부
㉣ 석과(石果·核果實, drupe) : 단단한 내과피(endocarp)와 다육질의 외층을 가진 비열개성의 단립종자를 가진 과실

85 종자관련법상 "종자의 보증 효력을 잃은 것"에 해당하지 않은 것은?

① 보증표시를 하지 아니하거나 보증표시를 위조 또는 변조하였을 때
② 보증의 유효기간이 지났을 때
③ 거짓이나 그 밖의 부정한 방법으로 보증을 받았을 때
④ 해당 종자를 종자관리사의 감독에 따라 분포장(分包裝)했을 때

보증의 효력을 잃은 경우
㉠ 보증표시를 하지 아니하거나 보증표시를 위조 또는 변조하였을 때
㉡ 보증의 유효기간이 지났을 때
㉢ 포장한 보증종자의 포장을 뜯거나 열었을 때. 다만, 해당 종자를 보증한 보증기관이나 종자관리사의 감독에 따라 분포장(分包裝)하는 경우는 제외한다.
㉣ 거짓이나 그 밖의 부정한 방법으로 보증을 받았을 때

86 식물신품종관련법상 심판의 합의체에 대한 내용이다. (   )에 알맞은 내용은?

심판은 (   )의 심판위원으로 구성되는 합의체에서 한다.

① 3명   ② 5명
③ 7명   ④ 9명

심판의 합의체

심판은 3명의 심판위원으로 구성되는 합의체에서 한다.

87 식물신품종 관련법상 품종보호권의 존속기간에서 품종보호권의 존속기간은 품종보호권이 설정등록된 날부터 몇 년으로 하는가?(단, 과수와 임목의 경우는 제외한다.)

① 15년   ② 20년
③ 25년   ④ 30년

품종보호권의 존속기간

㉠ 품종보호권의 존속기간은 품종보호권이 설정등록된 날부터 20년으로 한다.
㉡ 과수와 임목의 경우에는 25년으로 한다.

88 ( )에 알맞은 내용은?

종자관리사의 자격기준 등에서 등록이 취소된 사람은 등록이 취소된 날부터 ( )이 지나지 아니하면 종자관리사로 다시 등록할 수 없다.

① 6개월   ② 1년
③ 2년   ④ 3년

종자관리사의 자격기준

㉠ 농림축산식품부장관은 종자관리사가 이 법에서 정하는 직무를 게을리하거나 중대한 과오(過誤)를 저질렀을 때에는 그 등록을 취소하거나 1년 이내의 기간을 정하여 그 업무를 정지시킬 수 있다.
㉡ 등록이 취소된 사람은 등록이 취소된 날부터 2년이 지나지 아니하면 종자관리사로 다시 등록할 수 없다.

89 식물신품종관련법상 우선권의 주장에 대한 내용이다. ( )에 알맞은 내용은?

우선권을 주장하려는 자는 최초의 품종보호 출원일 다음 날부터 ( ) 이내에 품종보호 출원을 하지 아니하면 우선권을 주장할 수 없다.

① 3개월   ② 6개월
③ 9개월   ④ 1년

우선권의 주장

우선권을 주장하려는 자는 최초의 품종보호 출원일 다음 날부터 1년 이내에 품종보호 출원을 하지 아니하면 우선권을 주장할 수 없다.

90 종자관련법상 종자업을 하려는 자는 종자관리사를 몇 명 이상 두어야 하는가?(단, 대통령령으로 정하는 작물의 종자를 생산·판매하려는 자의 경우는 제외한다.)

① 1명   ② 2명
③ 3명   ④ 4명

종자산업법 제37조(종자업의 등록)

종자업을 하기 위해서는 반드시 종자관리사 1인을 두어야 하며 그렇지 아니할 경우 종자사업법 제39조(종자업 등록의 취소 등) 제6항에 의하여 종자업 등록이 취소될 수 있다.

91 콩 포장검사 시 특정병에 해당하는 것은?

① 모자이크병   ② 세균성 점무늬병
③ 불마름병(엽소병)   ④ 자주무늬병(자반병)

콩 포장검사

㉠ 특정해초 : 새삼을 말한다.
㉡ 특정병 : 자주무늬병(자반병)을 말한다.

92 유통 종자 또는 묘의 품질표시를 하지 아니하거나 거짓으로 표시하여 종자 또는 묘를 판매하거나 보급한 자의 과태료는?

① 300만 원 이하   ② 600만 원 이하
③ 1천만 원 이하   ④ 2천만 원 이하

정답   87 ②   88 ③   89 ④   90 ①   91 ④   92 ③

해설

1천만 원 이하의 과태료

㉠ 종자의 보증과 관련된 검사서류를 보관하지 아니한 자

㉡ 무병화인증을 받은 종자업자, 무병화인증을 받은 종자를 판매·보급하는 자 또는 무병화인증기관은 정당한 사유 없이 보고·자료제출·점검 또는 조사를 거부·방해하거나 기피한 자

㉢ 종자의 생산 이력을 기록·보관하지 아니하거나 거짓으로 기록한 자

㉣ 종자의 판매 이력을 기록·보관하지 아니하거나 거짓으로 기록한 종자업자

㉤ 정당한 사유 없이 자료제출을 거부하거나 방해한 자

㉥ 유통 종자 또는 묘의 품질표시를 하지 아니하거나 거짓으로 표시하여 종자 또는 묘를 판매하거나 보급한 자

㉦ 출입, 조사·검사 또는 수거를 거부·방해 또는 기피한 자

㉧ 구입한 종자에 대한 정보와 투입된 자재의 사용 명세, 자재구입 증명자료 등을 보관하지 아니한 자

93 ( )에 알맞은 내용은?

> 종자관련법상 재검사신청 등에서 재검사를 받으려는 자는 종자검사 결과를 통지받은 날부터 ( ) 이내에 재검사신청서에 종자검사 결과통지서를 첨부하여 검사기관의 장 또는 종자관리사에게 제출하여야 한다.

① 15일 　　② 18일
③ 21일 　　④ 30일

해설

재검사신청

재검사를 받으려는 자는 종자검사 결과를 통지받은 날부터 15일 이내에 재검사신청서에 종자검사 결과통지서를 첨부하여 검사기관의 장 또는 종자관리사에게 제출하여야 한다.

94 종자검사요령에서 수분의 측정 시 저온항온건조기법을 사용하게 되는 종은?

① 오이 　　② 참외
③ 녹두 　　④ 피마자

해설

㉠ 저온항온 건조기법을 사용하는 종 : 마늘, 파, 부추, 콩, 땅콩, 배추씨, 유채, 고추, 목화, 피마자, 참깨, 아마, 겨자, 무 등

㉡ 고온항온 건조기법을 사용하는 종 : 귀리, 수박, 오이, 참외, 호박, 상추, 벼, 티머시, 버뮤다그라스, 밀, 수수, 수단그라스, 옥수수, 당근, 토마토 등

95 종자검사요령에서 시료추출 시 고추 제출시료의 최소중량은?

① 30g 　　② 50g
③ 100g 　　④ 150g

해설

㉠ 고추 제출시료의 최소중량 : 150g
㉡ 당근, 상추 제출시료의 최소중량 : 30g
㉢ 파 제출시료의 최소중량 : 50g
㉣ 유채, 들깨, 양배추 제출시료의 최소중량 : 100g

96 식물신품종 관련법상 품종보호를 받을 수 있는 권리의 승계에 대한 내용으로 틀린 것은?

① 동일인으로부터 승계한 동일한 품종보호를 받을 수 있는 권리에 대하여 같은 날에 둘 이상의 품종보호 출원이 있는 경우에는 품종보호 출원인 간에 협의하여 정한 자에게만 그 효력이 발생한다.

② 품종보호 출원 후에 품종보호를 받을 수 있는 권리의 승계는 상속이나 그 밖의 일반승계의 경우를 제외하고는 품종보호 출원인이 명의변경신고를 하지 아니하면 그 효력이 발생하지 아니한다.

③ 품종보호 출원 전에 해당 품종에 대하여 품종보호를 받을 수 있는 권리를 승계한 자는 그 품종보호의 출원을 하지 아니하는 경우에도 제3자에게 대항할 수 있다.

④ 동일인으로부터 승계한 동일한 품종보호를 받을 수 있는 권리의 승계에 관하여 같은 날에 둘 이상의 신고가 있을 때에는 신고한 자 간에 협의하여 정한 자에게만 그 효력이 발생한다.

97 ( )에 알맞은 내용은?

> 종자관련법상 품종성능의 심사기준에서 품종성능의 심사는 심사의 종류, 재배시험기간, 재배시험지역, 표준품종, 평가형질, 평가기준의 사항별로 ( )이 정하는 기준에 따라 실시한다.

① 국립종자원장   ② 농촌진흥청장
③ 농업기술센터장   ④ 농업기술원장

98 ( )에 알맞은 내용은?

> 〈종자업 등록의 취소 등〉
> 시장 · 군수 · 구청장은 종자업자가 종자업 등록을 한 날부터 ( ) 이내에 사업을 시작하지 아니하거나 정당한 사유 없이 1년 이상 계속하여 휴업한 경우에는 종자업 등록을 취소하거나 6개월 이내의 기간을 정하여 영업의 전부 또는 일부의 정지를 명할 수 있다.

① 6개월   ② 1년
③ 2년   ④ 3년

99 종자관리요강상 수입적응성 시험의 대상작물 및 실시기관에서 "인삼"의 실시기관은?

① 농업기술실용화재단   ② 한국종자협회
③ 한국생약협회   ④ 농업협동조합중앙회

100 종자관리요강상 포장검사 및 종자검사의 검사기준에 대한 내용이다. ( )에 알맞은 내용은?

> 겉보리 포장검사에서 전작물 조건은 품종의 순도유지를 위하여 ( ) 이상 윤작을 하여야 한다. 다만, 경종적 방법에 의하여 혼종의 우려가 없도록 담수처리, 객토, 비닐멀칭을 하였거나, 타 작물을 앞그루로 재배한 경우 및 이전 재배 품종이 당해 포장검사를 받는 품종과 동일한 경우에는 그러하지 아니하다.

① 6개월
② 1년
③ 2년
④ 3년

해설

겉보리, 쌀보리 및 맥주보리 포장검사
- 검사시기 및 회수 : 유숙기로부터 황숙기 사이에 1회 실시한다.
- 포장격리 : 벼에 준한다.
- 전작물 조건 : 품종의 순도유지를 위하여 2년 이상 윤작을 하여야 한다.

01 유한화서 중에서 가장 간단한 것으로 줄기의 맨 끝에서 1개의 꽃이 피는 것은?

① 총상화서　　　　② 원추화서
③ 단정화서　　　　④ 유이화서

해설

㉠ 단정화서 : 꽃대의 꼭대기에 단 한 개의 꽃이 붙는 꽃차례로, 튤립, 개양귀비꽃 따위가 이에 해당한다.
㉡ 총상화서 : 긴 꽃대에 꽃꼭지가 있는 여러 개의 꽃이 어긋나게 붙어서 밑에서부터 피기 시작하여 끝까지 미치어 핀다. 꼬리풀, 투구꽃, 싸리나무의 꽃 따위가 이에 속한다.
㉢ 원추화서 : 꽃이삭의 축(軸)이 몇 차례 가지를 나누어 최종의 가지가 총상 꽃차례가 되며, 전체가 원뿔 모양을 이루고 있다.
㉣ 유이화서 : 가늘고 긴 주축에 단성화(單性花)가 달리고, 밑으로 늘어진 모양을 하고 있다.

02 다음에서 설명하는 것은?

> 배낭모세포가 감수분열을 못하거나 비정상적인 분열을 하여 배를 만든다.

① 부정배생식　　　② 무포자생식
③ 복상포자생식　　④ 웅성단위생식

해설

아포믹시스(Apomixis)

㉠ 부정배형성(adventitious embryony) : 배낭을 만들지 않고 포자체의 조직세포가 직접 배를 형성(예 밀감의 주심 배)
㉡ 무포자생식(apospory) : 배낭을 만들지만 배낭의 조직세포가 배를 형성(예 부추, 파)
㉢ 웅성단위생식(male parthenogenesis) : 정세포 단독으로 분열하여 배를 형성(예 달맞이꽃, 진달래)

03 메밀이나 해바라기와 같이 종자가 과피의 어느 한 줄에 붙어 있어 열개하지 않는 것을 무엇이라 하는가?

① 이과　　　　　　② 핵과
③ 감과　　　　　　④ 수과

해설

㉠ 이과 : 과피가 3층 구조이고 갈색의 종피 안에 배유와 배가 들어있으며 사과, 배 등이 해당된다.
㉡ 핵과 : 피가 2층 구조로 종피 안에 들어 있는 것은 배유와 배이며 복숭아, 호두나무 등이 해당된다.
㉢ 감과 : 내과피에 의해 과육이 여러 개의 방으로 분리되어 있는 것으로 귤, 유자 등이 해당된다.

04 종자관련법상 종자업을 하려는 자는 종자관리사를 몇 명 이상 두어야 하는가?(단, 대통령령으로 정하는 작물의 종자를 생산, 판매하려는 자의 경우는 제외)

① 1명　　　　　　② 2명
③ 3명　　　　　　④ 4명

해설

종자업의 등록 등
1. 종자업을 하려는 자는 대통령령으로 정하는 시설을 갖추어 시장·군수·구청장에게 등록하여야 한다.
2. 종자업을 하려는 자는 종자관리사를 1명 이상 두어야 한다. 다만, 대통령령으로 정하는 작물의 종자를 생산·판매하려는 자의 경우에는 그러하지 아니하다.
3. 농림축산식품부장관, 농촌진흥청장, 산림청장, 시·도지사, 시장·군수·구청장 또는 농업단체등이 종자의 증식·생산·판매·보급·수출 또는 수입을 하는 경우에는 1.과 2.를 적용하지 아니한다.
4. 종자업의 등록 및 등록 사항의 변경 절차 등에 필요한 사항은 대통령령으로 정한다.

정답　01 ③　02 ③　03 ④　04 ①

05 다음 중 안전저장을 위해 종자의 최대 수분 함량의 한계에서 '종자의 최대 수분함량'이 가장 높은 것은?

① 토마토   ② 보리
③ 배추   ④ 고추

해설
안전저장을 위한 종자의 최대 수분함량
옥수수(13~14% 이내), 벼·밀(12%), 콩(11%), 시금치(8%), 십자화과 작물(5%), 고추(4.5%)

06 다음 중 수분의 측정에서 저온항온건조기법을 사용하게 되는 것은?

① 근대   ② 당근
③ 완두   ④ 마늘

해설
저온항온건조기법을 사용하는 종
마늘, 파, 부추, 콩, 땅콩, 배추씨, 유채, 고추, 목화, 피마자, 참깨, 아마, 겨자, 무 등

07 다음에서 설명하는 것은?

> 보리에서는 제웅할 때 영의 선단부를 가위로 잘라 내고 핀셋으로 수술을 끄집어 낸다.

① 개열법   ② 화판인발법
③ 절영법   ④ 페탈 스플릿법

해설
절영법
제웅의 한 방법으로, 벼·보리 영의 선단부를 가위로 잘라 핀셋으로 꽃밥을 제거하고 교배하는 방법이다.

08 씨 없는 수박의 종자 생산을 위한 교잡법은?

① 2배체(우) × 2배체(♂)
② 4배체(우) × 2배체(♂)
③ 3배체(우) × 2배체(♂)
④ 4배체(우) × 4배체(♂)

해설
동질 3배체의 이용작물
4배체(우)×2배체(♂)에서 나온 동질 3배체(우)에 2배체(♂)의 화분을 수분하여 만든 수박 종자를 파종하여 얻은 과실(씨 없는 수박)은 종자가 맺히지 않는다.

09 교배에 앞서 제웅이 필요 없는 작물로만 나열된 것은?

① 벼, 귀리   ② 오이, 호박
③ 수수, 토마토   ④ 가지, 멜론

해설
단성화
한 식물체가 암꽃 또는 수꽃만을 가지고 있는 식물이다 (예 오이, 호박).

10 다음 설명에 해당되는 것은?

> • 종피휴면
> • 후숙처리방법 : 광
> • 후숙처리기간 : 3~7개월

① 벼   ② 밀
③ 보리   ④ 야생귀리

11 화훼 구근류 포장검사의 검사규격에 대한 내용이다. (가)에 알맞은 내용은?

구분 작물명	최저한도(%) 맹아율
나리	(가)

① 60   ② 65
③ 75   ④ 85

12 다음에 해당되는 것으로만 나열된 것은?

- 식물학상의 과실을 이용하는 것
- 과실이 나출된 것

① 밀, 옥수수   ② 벼, 겉보리

③ 복숭아, 자두   ④ 귀리, 고사리

해설

식물학상의 과실이 나출된 것

밀, 쌀보리, 옥수수, 메밀, 호프(hop), 삼(大麻), 차조기
(蘇葉, 소엽), 박하, 제충국 등

13 채소작물의 포장검사에 대한 내용이다. (가)에 알맞은 내용은?

작물명	격리거리 (m)	포장 내지 식물로부터 격리되어야 하는 것
고추	(가)	• 같은 종의 다른 품종 • 바람이나 곤충에 의해 전파된 치명적인 특정병 또는 기타 병에 감염된 같은 작물이나 다른 숙주식물

① 300   ② 500

③ 800   ④ 1,000

해설

포장검사 및 종자검사의 검사기준

작물명	격리거리(m)	포장 내지 식물로부터 격리되어야 하는 것
고추	500	• 같은 종의 다른 품종 • 바람이나 곤충에 의해 전파된 치명적인 특정병 또는 기타 병에 감염된 같은 작물이나 다른 숙주식물
무	1,000	
배추	1,000	

14 제(臍)가 종자의 끝에 있는 것에 해당하는 것으로만 나열된 것은?

① 배추, 시금치   ② 상추, 고추

③ 콩, 메밀   ④ 쑥갓, 목화

해설

제(臍)

식물에서 종자가 태좌(胎座)에 붙는 점, 또는 종자가
태좌에서 떨어진 흔적(예 배추, 시금치)

15 녹두의 순도검사 시 시료의 최소 중량은?

① 80g   ② 100g

③ 120g   ④ 150g

해설

시료 추출 시 소집단과 시료의 중량

작물	소집단의 최대 중량 (ton)	시료의 최소 중량(g)			
		제출 시료	순도 검사	이종계 수용	수분검 정용
무	10	300	30	300	50
벼	30	700	70	700	100
고추	10	150	15	150	50
시금치	10	250	25	250	50
녹두	30	1,000	120	1,000	50

16 ( )에 알맞은 내용은?

시장 · 군수 · 구청장은 종자업자가 종자업 등록을
한 날부터 1년 이내에 사업을 시작하지 아니하거나
정당한 사유 없이 1년 이상 계속하여 휴업한 경우에
종자업 등록을 취소하거나 ( ) 이내에 기간을 정하여
영업의 전부 또는 일부의 정지를 명할 수 있다.

① 3개월   ② 6개월

③ 1년   ④ 2년

종자업 등록의 취소

시장 · 군수 · 구청장은 종자업자가 다음의 어느 하나에 해당하는 경우에는 종자업 등록을 취소하거나 6개월 이내의 기간을 정하여 영업의 전부 또는 일부의 정지를 명할 수 있다. 다만, 아래에 해당하는 경우에는 그 등록을 취소하여야 한다.

1. 거짓이나 그 밖의 부정한 방법으로 종자업 등록을 한 경우
2. 종자업 등록을 한 날부터 1년 이내에 사업을 시작하지 아니하거나 정당한 사유 없이 1년 이상 계속하여 휴업한 경우
3. 「식물신품종 보호법」에 따른 보호품종의 실시 여부 등에 관한 보고 명령에 따르지 아니한 경우
4. 종자의 보증을 받지 아니한 품종목록 등재대상작물의 종자를 판매하거나 보급한 경우
5. 종자업자가 종자업 등록을 한 후 시설기준에 미치지 못하게 된 경우
6. 종자업자가 본문을 위반하여 종자관리사를 두지 아니한 경우
7. 신고하지 아니한 종자를 생산하거나 수입하여 판매한 경우
8. 수출 · 수입이 제한된 종자를 수출 · 수입하거나, 수입되어 국내 유통이 제한된 종자를 국내에 유통한 경우
9. 수입적응성 시험을 받지 아니한 외국산 종자를 판매하거나 보급한 경우
10. 품질표시를 하지 아니한 종자를 판매하거나 보급한 경우
11. 종자 등의 조사나 종자의 수거를 거부 · 방해 또는 기피한 경우
12. 생산이나 판매를 중지하게 한 종자를 생산하거나 판매한 경우

17 종자관련법상 국가보증이나 자체보증을 받은 종자를 생산하려는 자는 농림축산식품부장관 또는 종자관리사로부터 채종 단계별로 몇 회 이상 포장(圃場)검사를 받아야 하는가?

① 1회 ② 2회
③ 3회 ④ 4회

포장검사

㉠ 국가보증이나 자체보증을 받은 종자를 생산하려는 자는 농림축산식품부장관 또는 종자관리사로부터 채종 단계별로 1회 이상 포장(圃場)검사를 받아야 한다.
㉡ 채종 단계별 포장검사의 기준, 방법, 절차 등에 관한 사항은 농림축산식품부령으로 정한다.

18 ( )에 알맞은 내용은?

> 종자관리사의 자격기준 등에서 농림축산식품부장관은 종자관리사가 종자산업법에서 정하는 직무를 게을리하거나 중대한 과오를 저질렀을 때에는 그 등록을 취소하거나 ( ) 이내의 기간을 정하여 그 업무를 정지시킬 수 있다.

① 6개월 ② 1년
③ 2년 ④ 3년

종자관리사의 자격기준

㉠ 종자관리사의 자격기준은 대통령령으로 정한다.
㉡ 종자관리사가 되려는 사람은 자격기준을 갖춘 사람으로서 농림축산식품부령으로 정하는 바에 따라 농림축산식품부장관에게 등록하여야 한다.
㉢ 농림축산식품부장관은 종자관리사가 이 법에서 정하는 직무를 게을리하거나 중대한 과오를 저질렀을 때에는 그 등록을 취소하거나 1년 이내의 기간을 정하여 그 업무를 정지시킬 수 있다.
㉣ 등록이 취소된 사람은 등록이 취소된 날부터 2년이 지나지 아니하면 종자관리사로 다시 등록할 수 없다.
㉤ 행정처분의 세부적인 기준은 그 위반행위의 유형과 위반 정도 등을 고려하여 농림축산식품부령으로 정한다.

19 (가)에 알맞은 내용은?

> (가)이/가 발달하여 종자가 된다.

① 배주 ② 에피스네이스
③ 주공 ④ 주피

20 녹식물춘화형 식물에 해당하는 것은?

① 무   ② 순무

③ 유채   ④ 양배추

> **해설**
>
> 녹체 버널리제이션
>
> ㉠ 식물이 일정한 크기에 달한 녹체기에 처리하는 것을 녹체 버널리제이션이라 하며 여기에 속하는 작물을 녹체 버널리제이션형이라 한다.
>
> ㉡ 양배추, 봄무 등이 있다.

제2과목 **식물육종학**

21 다음 중 콜히친의 기능을 가장 바르게 설명한 것은?

① 세포 융합을 시켜 염색체 수가 배가된다.

② 세포막을 통하여 인근 세포의 염색체를 이동, 복제시킨다.

③ 분열 중이 아닌 세포의 염색체를 분할시킨다.

④ 분열 중인 세포의 방추사와 세포막의 형성을 억제한다.

> **해설**
>
> 콜히친은 식물이 세포 분열할 때 방추사 기능을 저해해서 염색체가 잘 분리되지 않도록 하여 생식세포를 배수체로 만드는 효과가 있다. 이것을 이용해서 씨 없는 수박을 만들어 낸다.

22 다음 교배조합 중 복교배에 해당하는 것은?

① $(A \times M) \times (B \times M) \times (C \times M) \times (D \times M)$

② $(A \times B) \times (C \times D)$

③ $A \times B$

④ $(A \times B) \times B$

> **해설**
>
> 잡종종자의 생산방식
>
> ㉠ 단교배 : (A×B)
>
> ㉡ 복교배 : (A×B)×(C×D)

㉢ 다계교잡 : (A/B//C/D)/(E/F//G/H)

㉣ 여교배 : (A×B)×B

23 3염색체식물의 염색체 수를 표기하는 방법으로 가장 옳은 것은?

① $3n + 3$ ② $3n + 2$

③ $2n + 1$ ④ $2n - 1$

> **해설**
>
> 이수성
>
> ㉠ $2n - 2 \rightarrow 0$염색체
>
> ㉡ $2n - 1 \rightarrow 1$염색체
>
> ㉢ $2n + 1 \rightarrow 3$염색체
>
> ㉣ $2n + 2 \rightarrow 4$염색체

24 식량작물의 종자갱시체계로 가장 옳게 나열된 것은?

① 원원종 → 원종 → 보급종 → 기본종

② 보급종 → 원종 → 원원종 → 기본종

③ 기본종 → 원원종 → 원종 → 보급종

④ 원종 → 원원종 → 기본종 → 보급종

> **해설**
>
> 종자 증식 체계
>
> 기본식물 → 원원종 → 원종 → 보급종의 단계를 거친다.

25 세 가지 단성잡종의 분리비가 각각 3 : 1인 삼성잡종교배(AABBCC x aabbcc)에서 F_2유전자형 A_bbcc의 기대분리비는 얼마인가?(단, A는 a에 대하여 우성, B는 b에 대하여 우성, C는 c에 대하여 우성이다.

① $\dfrac{27}{64}$ ② $\dfrac{9}{64}$

③ $\dfrac{6}{64}$ ④ $\dfrac{3}{64}$

정답   20 ④   21 ④   22 ②   23 ③   24 ③   25 ④

26 연속 여교잡한 BC_3F_1에서 반복친의 유전구성을 회복하는 비율에 가장 가까운 것은?

① 약 75%   ② 약 87%

③ 약 93%   ④ 100%

자식과 여교잡의 세대관계

자식	여교잡	유전구성(호모)
F_2	BC_1F_1	75.00%
F_3	BC_2F_1	87.50%
F_4	BC_3F_1	93.75%

27 멘델의 법칙에서 이형접합체($WwGg$)를 열성친($wwgg$)과 검정교배하였을 때 표현형의 분리비로 가장 적절한 것은?

① $1 : 1 : 1 : 1$ ② $4 : 3 : 2 : 1$

③ $4 : 1 : 1 : 1$ ④ $9 : 6 : 3 : 1$

검정교배 $WwGg \times wwgg$

$(WG : Wg : wG : wg) \times wg$

$= WwGg : Wwgg : wwGg : wwgg$

검정교배하였을 때 표현형의 분리비 $= 1 : 1 : 1 : 1$

28 단성잡종($AA \times aa$)의 F_1을 자식시킨 F_2집단과 F_1에 열성친(aa)을 반복친으로 1회 여교잡한 집단의 동형집합체 비율은?

① 두 집단 모두 25%이다.

② 두 집단 모두 50%이다.

③ F_2 집단은 25%이고 여교잡 집단은 50%이다.

④ F_2 집단은 50%이고 여교잡 집단은 25%이다.

29 복이배체의 게놈을 가장 바르게 표현한 것은?

① AA   ② ABC

③ AABB   ④ AAAA

이질배수체(복2배체)

복2배체의 육성방법은 게놈이 다른 양친을 동질 4배체로 만들어 교배하거나 이종게놈의 양친을 교배한 F_1의 염색체를 배가시키거나 또는 체세포를 융합시킨다.

30 다음 중 유전자지도 작성의 기초가 되는 유전현상으로 가장 옳은 것은?

① 유전자 분리

② 염색체 배가 및 복제

③ 연관과 교차

④ 비대립 유전자의 상위성

31 잡종강세 육종에서 유전자형이 다른 자식계통들을 모두 상호교배하여 함께 검정하는 방법은?

① 단교배검정법   ② 톱교배검정법

③ 이면교배분석법   ④ 다교배검정법

이면교잡(Diallel cross)

여러 자식계를 둘씩 조합 교배하여 그들의 특정조합능력과 일반조합능력을 함께 검정하는 방법으로 환경에 의한 오차를 적게 할 수 있다.

32 다음 중 신품종의 3대 구비조건에 해당하지 않는 것은?

① 안정성   ② 다양성

③ 구별성   ④ 균일성

신품종의 3대 구비조건

㉠ 구별성 : 다른 품종과 명확하게 구별되는 특성을 가져야 한다.

㉡ 균일성 : 품종의 특성이 균일해야 한다.

㉢ 안정성 : 반복증식하거나 번식주기에 따라 번식한 후에 품종특성이 변화하지 말아야 한다.

33 아조변이에 대한 설명으로 가장 적절한 것은?

① 체세포의 돌연변이로서 영양번식 작물에 주로 이용되는 것

② 체세포의 돌연변이로서 유성번식 작물에 주로 이용되는 것

③ 생식세포의 돌연변이로서 영양번식 작물에 주로 이용되는 것

④ 생식세포의 돌연변이로서 유성번식 작물에 주로 이용되는 것

> **해설**
>
> 아조변이(芽條變異)
> 영양번식 식물, 특히 과수의 햇가지에 생기는 체세포 돌연변이이다.

34 3배체 수박의 채종법으로 가장 옳은 것은?

① $2n(♀) \times 3n(♂)$ ② $3n(♀) \times 3n(♂)$

③ $4n(♀) \times 2n(♂)$ ④ $5n(♀) \times 2n(♂)$

> **해설**
>
> 동질 3배체의 이용작물
> 4배체(♀)×2배체(♂)에서 나온 동질 3배체(♀)에 2배체(♂)의 화분을 수분하여 만든 수박 종자를 파종하여 얻은 과실(씨 없는 수박)은 종자가 맺히지 않는다.

35 ( )에 가장 알맞은 내용은?

> 계통육종은 인공교배하여 F_1을 만들고 ( )부터 매 세대 개체선발과 계통재배 및 계통선발을 반복하면서 우량한 유전자형의 순계를 육성하는 육종방법이다.

① F_2 ② F_3

③ F_4 ④ F_6

> **해설**
>
> 계통육종 과정
> ㉠ F_1 양성 : F_1 20~30개체를 양성한다.
> ㉡ F_2 전개, 개체선발 : F_2 2,000~10,000개체를 전개하고 그중 5~10%를 선발한다. F_2에서는 육안감별이 쉬운 질적 형질 또는 유전력이 높은 양적 형질을 집중적으로 선발한다.

36 일반적으로 1세대당 1유전자에 일어나는 자연 돌연변이의 출현 빈도로 가장 옳은 것은?

① $10^{-10} \sim 10^{-9}$ ② $10^{-6} \sim 10^{-5}$

③ $10^{-3} \sim 10^{-2}$ ④ 10^{-1}

> **해설**
>
> 자연 돌연변이의 출현 빈도는 $10^{-6} \sim 10^{-5}$이다.

37 다음 중 이종(異種) 게놈으로 된 이질배수 체는?

① 배추   ② 양배추

③ 고추   ④ 유채

38 배낭을 만들지만 배낭의 조직세포가 배를 형성하는 것은?

① 복상포자생식   ② 위수정생식

③ 웅성단위생식   ④ 무포자생식

> **해설**
>
> 무포자생식(apospory)
> 배낭을 만들지만 배낭의 조직세포가 배를 형성하는 것
> **(예)** 부추, 파)

39 합성품종의 설명으로 가장 옳지 않은 것은?

① 집단의 유전평형 원리가 적용된다.

② 반영구적으로 사용된다.

③ 채종방법이 복잡하다.

④ 환경변동에 대한 안정성이 높다.

> **해설**
>
> 합성품종(A×B×C×D× … ×N)
> ㉠ 다수의 자식계통을 방임수분시키는 방법으로 다계 교잡의 후대를 그대로 품종으로 이용하는 경우이다.
> ㉡ 채종방법이 간단하다.

---

40 Apomixis를 가장 바르게 설명한 것은?

① 수정 없이 종자가 생기는 현상이다.
② 종자 없이 과일이 생기는 현상이다.
③ 염색체가 배가 되는 현상이다.
④ 체세포에 일어나는 돌연변이다.

해설

아포믹시스(apomixis)

mix가 없는 생식을 뜻한다. 아포믹시스는 수정과정을 거치지 않고 배가 만들어져 종자를 형성하기 때문에 무수정종자형성 또는 무수정생식이라고도 한다.

제3과목 재배원론

41 수해를 입은 뒤 사후 대책에 대한 설명으로 틀린 것은?

① 물이 빠진 직후 덧거름을 준다.
② 철저한 병해충 방제 노력이 있어야 한다.
③ 퇴수 후 새로운 물을 갈아 댄다.
④ 짚을 매어 토양 표면의 흙 앙금을 헤쳐준다.

해설

표토가 많이 씻겨 내렸을 때에는 새 뿌리의 발생 후에 추비를 주도록 한다.

---

42 다음 중 식물의 이층 형성을 촉진하여 낙엽에 영향을 주는 것은?

① ABA ② IBA
③ CCC ④ MH

---

43 내건성 작물의 특성으로 옳은 것은?

① 세포액의 삼투압이 낮다.
② 원형질의 점성이 높다.
③ 원형질막의 수분투과성이 작다.
④ 기공이 크다.

해설

① 세포액의 삼투압이 높다.
③ 원형질막의 수분투과성이 크다.
④ 기공이 작다.

---

44 내동성에 대한 설명으로 옳은 것은?

① 생식기관은 영양기관보다 내동성이 강하다.
② 휴면아는 내동성이 극히 약하다.
③ 저온 처리를 해서 맥류의 추파성을 소거하면 생식 생장이 유도되어 내동성이 약해진다.
④ 직립성인 것이 포복성인 것보다 내동성이 강하다.

해설

① 생식기관은 영양기관보다 내동성이 약하다.
② 휴면아는 내동성이 극히 강하다.
④ 직립성인 것이 포복성인 것보다 내동성이 약하다.

---

45 감자의 휴면 타파를 위하여 흔히 사용하는 물질은?

① 질산염 ② ABA
③ 지베렐린 ④ 과산화수소

---

46 다음에서 설명하는 것은?

식물체 내에 함유된 탄수화물과 질소의 비율이 개화와 결실에 영향을 미친다.

① 일장효과 ② G/D균형
③ C/N율 ④ T/R률

---

47 C4 식물로만 나열된 것은?

① 벼, 보리, 수수
② 벼, 기장, 버뮤다그래스
③ 보리, 옥수수, 해바라기
④ 옥수수, 사탕수수, 기장

정답 40 ① 41 ① 42 ① 43 ② 44 ③ 45 ③ 46 ③ 47 ④

C4 식물

옥수수, 수수, 수단그래스, 사탕수수, 기장, 진주조, 버뮤다그래스, 명아주 등

48 일장 효과에 가장 큰 영향을 주는 광 파장은?

① 200~300mm   ② 400~500mm

③ 600~800mm   ④ 800~900mm

광의 파장

㉠ 600~800nm의 적색광이 가장 효과가 크다.(광합성은 600nm)

㉡ 400nm 부근의 자색광이 그 다음으로 효과가 크다. (광합성은 450nm)

49 식물체에서 내열성이 가장 강한 부위는?

① 주피   ② 눈

③ 유엽   ④ 중심주

물체에서 내열성

주피 · 완성엽은 내열성이 강하고, 눈 · 어린 잎은 비교적 강하며, 미성엽 · 중심주가 가장 약하다.

50 당료작물에 해당하는 것은?

① 옥수수   ② 고구마

③ 감자   ④ 사탕수수

㉠ 당료작물 : 사탕무, 단수수 등이 있다.

㉡ 전분작물 : 옥수수, 감자, 고구마 등이 있다.

51 작물이 자연적으로 분화하는 첫 과정으로 옳은 것은?

① 도태와 적응   ② 지리적 격절

③ 유전적 교섭   ④ 유전적 변이

작물의 분화과정

㉠ 유전적 변이 : 자연교잡과 돌연변이에 의해 새로운 유전형이 생긴다.

㉡ 도태와 적응

㉢ 고립(격리)

52 자식성 식물로만 나열된 것은?

① 양파, 감   ② 호두, 수박

③ 마늘, 샐러리   ④ 대두, 완두

자식성 작물

벼, 밀, 보리, 콩(대두), 완두, 담배, 토마토, 가지, 참깨, 복숭아나무 등

53 엽면시비가 필요한 경우가 아닌 것은?

① 토양시비가 곤란한 경우

② 급속한 영양 회복이 필요한 경우

③ 뿌리의 흡수력이 약해졌을 경우

④ 다량 요소의 공급이 필요한 경우

엽면시비의 효과적 이용

㉠ 뿌리의 흡수력이 약해졌을 경우

㉡ 미량 요소의 공급

㉢ 작물의 급속한 영양 회복

㉣ 품질 향상

㉤ 토양시비가 곤란한 경우

㉥ 비료성분의 유실 방지

㉦ 시비노력 절감

54 작물의 습해 대책으로 틀린 것은?

① 습답에서는 휴립재배한다.

② 황산근 비료의 시용을 피한다.

③ 미숙유기물을 다량 시용하여 입단을 조성한다.

④ 과산화석회를 시용하고 파종한다.

해설

작물의 습해 대책

유기물은 충분히 부숙시켜서 사용한다(미숙유기물은 피한다).

55 생리작용 중 광과 관련이 적은 것은?

① 굴광현상　　　　② 일비현상
③ 광합성　　　　　④ 착색

해설

일비현상(溢泌現象)

토양수분이 충분하고 지온이 높을 때 뿌리에서의 식물의 줄기를 절단하거나 도관부에 구멍을 내면 절구에서 다량의 수액이 배출되는데, 이것을 일비현상이라고 한다.

56 벼가 수온이 높고 정체된 흐린 물에 침관수되어 급속히 죽게 될 때의 상태는?

① 청고　　　　　　② 적고
③ 황화　　　　　　④ 백수

해설

청고

벼가 수온이 높은 정체 탁수 중에서 급속히 죽게 될 때 단백질이 소모되지 못하고 푸른 채로 죽는 현상이다.

57 윤작, 춘경과 같이 잡초의 경합력이 저하되도록 재배관리 해주는 방제법은?

① 물리적 방제법
② 생물적 방제법
③ 생태적, 경종적 방제법
④ 화학적 방제법

해설

생태적 방제법

㉠ 흔히 재배적 방제법 또는 경종적 방제법이라고도 하며, 잡초와 작물의 생리 · 생태적 특성 차이에 근거를 두고 잡초에는 경합력이 저하되도록 유도하는 대신 작물에는 경합력이 높아지도록 재배관리를 해주는 방법이다.

㉡ 처리내용으로는 파종기를 조절하거나 파종량 · 비료의 종류 · 시비량과 시기를 조절하고, 관수를 달리하며, 지면피복 또는 윤작체계 확립으로 잡초 생육을 억제하는 것 등을 들 수 있다.

58 단위면적당 광합성 능력을 표시하는 것은?

① 재식밀도 × 수광태세 × 평균동화능력
② 재식밀도 × 엽면적률 × 순동화율
③ 총엽면적 × 수광능률 × 평균동화능력
④ 엽면적률 × 수광태세 × 순동화율

해설

포장동화능력은 총엽면적 · 수광능률 · 평균동화능력 3자의 곱으로 표시된다.

59 벼 키다리병에서 유래되었으며 세포의 신장을 촉진하는 식물 생장 조절제는?

① 지베렐린　　　　② 옥신
③ ABA　　　　　　④ 에틸렌

해설

지베렐린의 발견

벼의 키다리병(마엽고병)은 심한 도장현상을 보이는데 이것은 병원균인 Gibbrella fujikuroi가 생성하는 특수한 물질에 기인한다.

60 벼 종자 선종 방법으로 염수선을 하고자 한다. 비중을 1.13으로 할 경우, 물 18L에 드는 소금의 분량은?

① 3.0kg　　　　　② 4.5kg
③ 6.0kg　　　　　④ 7.5kg

비중과 물 18L(1말)에 대한 재료의 분량

비중 \ 재료	소금 (kg)	황산암모니아 (kg)	간수 (L)	나무재 (L)
1.22		8.6	180	
1.13	4.5	5.625	23	
1.10	3.0	4.5	16	11
1.08	2.25	3.75	13	7

제4과목 식물보호학

61 잡초로 인한 피해로 옳지 않은 것은?

① 작물에 기생
② 작물과 경쟁
③ 토양 침식 가속화
④ 병충해 매개 역할

해설

잡초의 해작용
㉠ 작물과의 경쟁
㉡ 유해물질의 분비
㉢ 병충해의 전파
㉣ 품질의 저하
㉤ 가축에의 피해
㉥ 미관의 손상

62 잡초의 식생 천이에 관여하는 요인으로 옳지 않은 것은?

① 물 관리
② 시비 방법
③ 작부체계 변화
④ 비선택성 제초제 시용

63 석회황합제에 해당하는 농약 계통은?

① 무기황제 계통
② 유기황제 계통
③ 유기인제 계통
④ 유기염소제 계통

64 종합적 방제 체계의 정의로 옳은 것은?

① 전국적으로 동시에 실시하는 방제 체계
② 여러 가지 병해충을 동시에 박멸하는 방제 체계
③ 여러 가지 방제 방법을 골고루 사용하는 방제 체계
④ 여러 가지 화학 약제를 골고루 사용하는 방제 체계

해설

종합적 방제법
경제적 손실이 위험 수준이 되지 않는 범위에서 유해물질의 밀도를 유지하면서 작물의 전 생육기간 동안 체계적으로 방제하는 것으로, 약제의 사용을 줄이고, 노동생산성을 높이는 한편 천적과 유익생물을 보존하며, 환경보호의 목적도 달성하기 위한 여러 가지 가능한 방제 수단을 사용하는 방제방법이다.

65 1년에 가장 많은 세대를 경과하는 해충은?

① 흰등멸구
② 이화명나방
③ 섬서구메뚜기
④ 복숭아혹진딧물

해설

복숭아혹진딧물은 1년에 빠른 세대는 23회, 늦은 세대는 9회 정도 발생한다.

66 곤충의 형태적 특징에 대한 설명으로 옳은 것은?

① 폐쇄혈관계이다.
② 외골격 구조이다.
③ 몸은 머리, 배 2부분으로 이루어진다.
④ 앞가슴과 가운데 가슴에 2쌍의 날개가 있다.

67 작물의 생육 단계별로 제초제로 인한 약해 감수성이 가장 예민한 시기는?

① 유묘기
② 유숙기
③ 영양생장기
④ 생식생장기

정답 61 ③ 62 ④ 63 ① 64 ③ 65 ④ 66 ② 67 ①

작물은 생육시기에 따라 약해가 달리 나타나는데 대체적으로 유묘기, 생식생장기, 영양생장기, 휴면기 순으로 약해에 약하다.

68 어떤 농약을 250배로 희석하여 10a당 100L 씩 2ha에 처리하고자 할 때 필요한 농약의 양은?

① 8kg   ② 25kg

③ 50kg   ④ 80kg

10a당 원액소요량 = 100L/250 = 0.4L

10a에 필요한 약량 = 0.4L×200a/10a = 8kg

69 생태적 잡초 방제 방법으로 옳은 것은?

① 작물을 연작한다.

② 피복작물을 제거한다.

③ 작물을 육묘이식 재배한다.

④ 작물의 재식밀도를 낮춘다.

생태적 방제법

재배적 방제법 또는 경종적 방제법이라고도 하며, 잡초와 작물의 생리·생태적 특성 차이에 근거를 두고 잡초에는 경합력이 저하되도록 유도하는 대신 작물에는 경합력이 높아지도록 재배관리를 해주는 방법이다.

70 식물병 진단방법으로 생물학적 진단법에 해당하지 않는 것은?

① 파지에 의한 진단   ② 제한효소에 의한 진단

③ 지표식물에 의한 진단 ④ 즙액접종에 의한 진단

생물학적 진단

㉠ 지표 식물에 의한 진단

㉡ 충체 내 주사법에 의한 진단

㉢ 괴경지표법에 의한 진단

㉣ 병든 식물의 즙액접종법

㉤ 파지에 의한 진단

㉥ 토양검진(희석평판법, 포착법, 잔사법, 부상법, 유식물검정법)

71 벼 도열병 방제 방법으로 옳은 것은?

① 만파와 만식을 실시한다.

② 질소거름을 기준량보다 더 준다.

③ 종자소독보다 모판소독이 더 중요하다.

④ 생육기에 찬물이 유입되지 않도록 한다.

벼 도열병 방제 방법

㉠ 만파와 만식을 피한다.

㉡ 질소거름의 과용을 삼가며 비료를 시용할 때 적당히 사용한다면 최고의 예방이다.

㉢ 도열병은 주로 종자에 의해 전염되므로 볍씨 소독을 통한 사전예방인 종자소독을 철저히 한다.

㉣ 생육기에 찬물이 유입되지 않도록 한다.

㉤ 밀식재배를 피한다.

72 생물적 방제에 사용 가능한 포식성 천적이 아닌 것은?

① 굴파리 좀벌   ② 애꽃노린재

③ 깍지무당벌레   ④ 칠성풀잠자리

굴파리 좀벌은 기생성 천적이다.

73 농약을 사용한 해충 방제 방법의 장점이 아닌 것은?

① 방제 효과가 즉시 나타난다.

② 방제 효과가 지속적으로 유지된다.

③ 방제 대상 면적을 조절할 수 있다.

④ 사용이 비교적 간편하며 방제 효과가 크다.

미생물 방제가 농약에 비해 방제 효과가 지속적으로 유지된다.

정답   68 ①   69 ③   70 ②   71 ④   72 ①   73 ②

74 작물을 가해하는 해충에 대한 설명으로 옳지 않은 것은?

① 흰등멸구는 벼를 흡즙 가해하는 해충이다.
② 흑명나방의 유충은 십자화과 작물을 가해한다.
③ 진딧물류나 매미충류는 식물의 즙액을 빨아먹는다.
④ 온실가루이는 시설재배의 채소류 및 화훼류에 발생하는 대표적인 해충이다.

해설
흑명나방의 유충은 벼를 가해하는 유충이다.

75 논에 발생하는 다년생 잡초는?

① 강피   ② 뚝새풀
③ 사마귀풀   ④ 너도방동사니

해설
우리나라의 논 잡초

구분		1년생	다년생
논 잡초	화본과	강피 · 돌피 · 물피 등	나도겨풀
	방동사니과	알방동사니 · 올챙이고랭이 등	너도방동사니 · 올방개 · 쇠털골 · 매자기 등
	광엽잡초	여뀌 · 물달개비 · 물옥잠 · 사마귀풀 · 자귀풀 · 여뀌바늘 · 가막사리 등	가래 · 보풀 · 올미 · 벗풀 · 개구리밥 · 좀개구리밥 등

76 식물 병원성 곰팡이의 포자 발아에 가장 큰 영향을 미치는 것은?

① 대기습도   ② 낮의 길이
③ 밤의 온도   ④ 기주식물의 발육 정도

해설
습도가 높으면 곰팡이 포자의 발아가 촉진돼 곰팡이병이 늘어난다.

77 식물병 발생에 관여하는 요인으로 가장 거리가 먼 것은?

① 병원균의 종류
② 주변 환경 조건
③ 기주 식물의 종류
④ 주변에 서식하는 동물의 종류

해설
식물병 발생의 3대 요인 : 병원체, 환경, 감수체

78 진딧물류와 같이 흡즙형 구기를 이용하여 작물을 가해하는 해충을 방제하기 위해 가장 적절한 살충제는?

① 불임제
② 훈증제
③ 침투성 살충제
④ 잔류성 접촉제

해설
① 불임제 : 해충의 생식기관의 발육을 저해하여 생식 능력을 유해하는 약제이다.
② 훈증제 : 가스 상태로 유효성분을 방출하여 해충을 방제하는 약제이다.
④ 잔류성 접촉제 : 표피에 잔류하여 독성을 일으키는 약제이다.

79 비선택성 제초제로 옳은 것은?

① 이마자퀸 입제
② 오리자린 액상수화제
③ 글리포세이트포타슘 액제
④ 플라자설퓨론 입상수화제

해설
비선택성 제초제
글리포세이트 계통, 핵사지논, 글루포시네이트암모늄, 파라쿼트 등

80 주로 수공으로 침입하는 병원균은?

① 감자 역병균

② 벼 흰잎마름병균

③ 보리 흰가루병균

④ 보리 겉 깜부기병균

해설

수공으로 침입하는 병원균

벼 흰잎마름병균, 양배추 검은빛썩음병균 등

제1과목 종자생산학

01 채종포장 선정 시 격리 실시를 중요시하는 이유로 가장 옳은 것은?

① 조수해 방지
② 병해충 방지
③ 잡초유입 방지
④ 다른 화분의 혼입 방지

해설

포장격리는 서로 다른 속, 종, 아종, 변종, 품종에 속하는 개체가 자연상태에서 교배하여 잡종을 만드는 자연교잡이 일어나지 않도록 충분히 격리된 것을 말한다.

02 다음에 해당하는 용어는?

표원세포로부터 자성배우체가 되는 기원이 된다.

① 주심
② 주공
③ 주피
④ 에피스테이스

해설

주심은 지방조직에서 유래하며, 포원세포가 발달하는 곳이다.

03 다음 중 봉지씌우기(피대)를 가장 필요로 하는 것은?

① 시판을 위한 고정종 채종
② 인공수분에 의한 F_1 채종
③ 자가불화합성을 이용한 F_1 채종
④ 웅성불임성을 이용한 F_1 채종

해설

인공수분 시 교잡이 끝나면 곧바로 피대하여 다른 화분의 혼입을 막는다.

04 다음 중 피자식물의 중복수정에서 배의 염색체수로 가장 옳은 것은?

① 2n
② 3n
③ 4n
④ 5n

해설

중복수정의 피자식물
㉠ 난세포(n) + 정핵(n) = 배(2n)
㉡ 2개의 극핵(n + n) + 정핵(n) = 배젖(3n)

05 영양기관을 이용한 영양번식법을 실시하는 이유로 가장 옳은 것은?

① 일시에 번식이 가능하기 때문에
② 파종 또는 이식작업이 편리하여 노동력이 절약되기 때문에
③ 우량한 유전질의 영속적인 유지를 위하여
④ 종자가 크게 절약되기 때문에

해설

영양번식은 번식률이 낮아 대량번식은 어려우나 우량개체의 형질을 유지하고 균일한 개체를 얻을 수 있다.

06 다음 중 암꽃의 수정능력 보유기간이 가장 긴 작물은?

① 호박
② 수박
③ 양배추
④ 가지

해설

㉠ 꽃은 개화 당일부터 1~3일까지 수정 능력을 보유하며 지나친 고온, 건조, 바람 등 불량한 환경에서는 수정 능력을 보유하는 기간이 단축된다.
㉡ 호박·수박은 개화 익일, 가지는 개화 후 3일까지, 양배추는 5일 이상 수정력을 보유한다.

정답 01 ④ 02 ① 03 ② 04 ① 05 ③ 06 ③

07 다음 중 유한화서이면서, 단정화서에 해당하는 것은?

① 쥐똥나무　　　　② 목련
③ 붉은오리나무　　④ 사람주나무

해설
유한화서(有限花序)
완성 후 하향으로 잎이 만들어짐(주로 목본류)
㉠ 단정(單頂)화서 : 화경 끝에 꽃이 한 송이만 피는 것(예 목련, 모란)
㉡ 취산화서(cyme) : 소화경 끝에 달린 꽃들이 평편하거나 볼록한 모양으로 덩어리 꽃을 이루며 중심부의 꽃이 먼저 개화하는 것(예 백당나무, 덜꿩나무)

08 다음 중 종자 춘화형 채소로만 나열된 것은?

① 무, 배추　　　　② 양배추, 꽃양배추
③ 우엉, 당근　　　④ 샐러리, 양파

해설
종자 춘화형
㉠ 최아 종자의 시기에 저온에 감응하여 개화
㉡ 추파맥류, 완두, 잠두, 무, 배추 등

녹식물 춘화형
㉠ 유묘의 시기에 저온에 감응하여 개화
㉡ 양배추, 파, 양파, 당근, 우엉, 담배, 사탕무, 셀러리 등

09 배 휴면을 하는 종자의 경우 물리적 휴면 타파법으로 가장 효과적인 것은?

① 저온 습윤 처리　　② 고온 습윤 처리
③ 저온 건조 처리　　④ 고온 건조 처리

해설
배 휴면의 타파 시 후숙이 잘되도록 저온·습윤처리를 하거나 에틸렌 등의 발아촉진물질을 처리한다.

10 다음 중 공중습도가 높을 때 수정이 가장 잘 안 되는 작물에 해당하는 것은?

① 고추　　　　② 벼
③ 당근　　　　④ 양파

해설
양파 채종 특성
㉠ 양파 채종은 반드시 개화기에 간이 비가림 시설을 하거나 비닐하우스로 비가림을 해주어야 한다.
㉡ 고온다습한 기온은 개화 후 수정력 감퇴 및 수정장애, 강우와 다습에 의해 발생하는 병해와 개화 종료 후 소화경에 발생하는 병해를 유발한다.

11 다음 중 자연적으로 씨 없는 과실이 형성되는 작물로 가장 거리가 먼 것은?

① 감　　　　② 바나나
③ 수박　　　④ 포도

해설
동질 3배체의 이용작물
4배체(♀)×2배체(♂)에서 나온 동질 3배체(♀)에 2배체(♂)의 화분을 수분하여 만든 수박 종자를 파종하여 얻은 과실(씨 없는 수박)은 종자가 맺히지 않는다.

12 다음 중 화아유도에 영향을 미치는 조건으로 거리가 가장 먼 것은?

① 옥신　　　　　　② 730nm 이상의 광
③ 저온　　　　　　④ 질소/탄소의 비율

해설
화아유도에 가장 효과가 큰 광파장은 660nm이다.

13 다음 중 오이의 암꽃 발달에 가장 유리한 조건은?

① 13℃ 정도의 야간저온과 8시간 정도의 단일조건
② 18℃ 정도의 야간저온과 10시간 정도의 단일조건
③ 27℃ 정도의 주간온도와 14시간 정도의 장일조건
④ 32℃ 정도의 주간온도와 15시간 정도의 장일조건

오이의 암꽃분화는 13℃ 정도의 야간저온과 7~8시간의 단일조건하에서 촉진된다.

14 상추 종자에서 단백질을 다량 함유하고 발아기간 동안 배유를 분해하는 효소를 합성하는 곳으로 가장 옳은 것은?

① 과피　　　　　　② 중배축
③ 호분층　　　　　④ 종피

해설

단자엽식물 종자가 발아할 때 가수분해효소가 방출되는 곳은 호분층이다.

15 다음 중 종피의 특수기관인 제(臍, hilum)가 종자 뒷면에 있는 것으로 가장 옳은 것은?

① 상추　　　　　　② 배추
③ 콩　　　　　　　④ 쑥갓

해설

제(hilum)의 위치
㉠ 종자의 끝 : 배추, 시금치
㉡ 종자 기부 : 상추, 쑥갓
㉢ 종자 뒷면 : 콩

16 채종재배에서 화곡류의 일반적인 수확적기로 가장 옳은 것은?

① 감수분열기　　　② 황숙기
③ 유숙기　　　　　④ 갈숙기

해설

채종재배에서의 수확적기
화곡류는 황숙기가, 십자화과 채소는 갈숙기가 채종의 적기이다.

17 다음 중 종자발아에 필요한 수분흡수량이 가장 많은 것은?

① 벼　　　　　　　② 옥수수
③ 콩　　　　　　　④ 밀

해설

수분흡수량
모든 종자는 일정량의 수분을 흡수해야만 발아한다.
㉠ 종자무게에 대하여 벼와 옥수수는 30% 정도이고 콩은 50% 정도이다.
㉡ 전분종자보다 단백종자가 발아에 필요한 최소수분 함량이 많다.

18 다음 중 뇌수분을 원종채종의 수단으로 사용하는 작물로 가장 옳은 것은?

① 벼　　　　　　　② 오이
③ 토마토　　　　　④ 배추

해설

꽃망울 수분(蕾受粉)
자가불화합성을 억제하여 수정이 잘 이루어지기 위해서 꽃망울 시기에 수분하는 것(예 배추, 무)

19 다음 중 과실이 영(穎)에 싸여 있는 것은?

① 시금치　　　　　② 귀리
③ 밀　　　　　　　④ 옥수수

해설

과실의 외측이 내영·외영(껍질)에 싸여 있는 것 : 벼, 겉보리, 귀리 등

20 다음 중 감자의 휴면타파법으로 가장 적절한 것은?

① GA 처리　　　　② MH 처리
③ α선 처리　　　　④ 저온저장(0~6℃)

감자의 휴면타파법

감자의 가을 재배에서 지베렐린 처리로 휴면을 타파하면 발아가 빠르며, 박피처리 등에 비하여 현저한 증수를 가져온다.

제2과목 식물육종학

21 번식방법에 따른 육종방법 결정에 관여하는 요인이 아닌 것은?

① 유전자 수　　　　② 자가수정
③ 타가수정　　　　④ 영양번식

해설

육종방법 결정에 관여하는 요인

육종목표(형질의 유전양식), 면적, 시설, 인력, 경비, 육종연한 및 육종가의 능력 등을 충분히 고려한다.

22 배추의 수분과정 시 가장 관계가 적은 것은?

① 타가수분　　　　② 뇌수분
③ 말기수분　　　　④ 지연수분

해설

십자화과(배추, 무, 양배추, 갓) 채소는 뇌수분, 말기수분, 지연수분으로 자식시킬수 있어 자가불화합성의 계통을 유지할 수 있다.

23 다음 중 선발 총점에 대한 설명으로 가장 옳은 것은?

① 한 형질의 선발에 대해서만 이용 가능하다.
② 질적 형질에 대해서만 유효하다.
③ 선발 지수를 이용하여 구한다.
④ 선발 총점이 낮아야 선발대상이 된다.

해설

선발 총점(Selection Score)은 선발지수를 이용하여 구한다. 선발지수는 한 가지 형질만을 선발할 것이 아니라 종합적으로 우수한 것을 선발해야 하고, 이와 같은 종합판단을 하려면 선발지수를 산출하여 해당 형질의 측정치를 대입하여 여러 계통 중에서 선발총점이 큰 계통을 선발하도록 해야 한다.

24 목초류에서 가장 널리 이용되는 1대잡종 계통육종법은?

① 단교잡　　　　② 3원교잡
③ 합성품종　　　　④ 복교잡

해설

합성품종(A×B×C×D×⋯×N)

㉠ 다수의 자식계통을 방임수분시키는 방법으로 다계교잡의 후대를 그대로 품종으로 이용하는 경우이다.
㉡ 다양한 유전자형을 포함하고 있어서 유전적 변이의 폭이 넓기 때문에 환경변화에 대한 안정성이 높다.

25 다음 작물 중 크세니아 현상이 가장 잘 일어나는 작물은?

① 옥수수　　　　② 메밀
③ 호밀　　　　④ 양파

해설

크세니아(Xenia, 父性遺傳)

중복수정을 하는 속씨식물에서 부계의 우성형질이 모계의 배젖에 당대에 나타나는 현상을 말한다.

26 다음 중 교잡육종법에 대한 설명으로 가장 옳은 것은?

① 계통육종법은 질적형질의 선발에 효과적이다.
② 자식성 식물의 잡종은 자식을 거듭할수록 집단 내의 호모접합성은 감소한다.
③ 집단육종법은 잡종집단의 취급은 용이하지만, 자연선택은 이용할 수 없다.
④ 집단육종법이 계통육종법보다 육종연한을 단축할 수 있다.

해설

⊙ 집단육종법은 잡종집단의 취급이 용이하며 자연선택을 유리하게 이용할 수 있고 계통육종법보다 육종 연한이 길다.

ⓒ 자식성 식물의 잡종은 자식을 거듭하여도 집단 내의 호모접합성은 동일하다.

27 다음 변이의 종류 중 양적변이가 아닌 것은?

① 종실 수량　　② 곡물의 찰성
③ 단백질 함량　　④ 건물중

해설

양적변이
크기, 길이, 무게, 수 따위의 양적 형질에 변이가 일어나는 일

28 농작물의 꽃가루 배양에 의하여 얻어진 반수체 식물은 육종적으로 어떤 점이 가장 유리한가?

① 불임성이 높기 때문에 자연교잡률이 높다.
② 유전적으로 헤테로 상태이므로 잡종강세가 크게 나타난다.
③ 영양체가 거대해지기 때문에 영양체이용 작물에서는 유리하다.
④ 염색체 배가에 의하여 바로 호모가 되기 때문에 육종기간을 단축할 수 있다.

해설

꽃가루 배양
화분을 배양하여 반수(半數)의 염색체를 갖는 배양 세포나 식물체를 만드는 일

29 다음 중 유전적으로 고정될 수 있는 분산으로 가장 적절한 것은?

① 상가적 효과에 의한 분산
② 환경의 작용에 의한 분산
③ 우성효과에 의한 분산
④ 비대립유전자 상호작용에 의한 분산

해설

유전자의 상가적 효과는 형질 발현에 관여하는 유전자 각각의 고유효과로 세대가 바뀌어도 변하지 않는다.

30 식물병에 대한 저항성에는 진정저항성과 포장저항성이 있다. 이 두 가지 저항성의 차이를 가장 옳게 설명한 것은?

① 진정저항성이나 포장저항성은 병 감염률이 상대적으로 낮으나 병균을 접종하면 모두 병이 많이 발생한다.
② 진정저항성을 수평저항성이라고 하며, 포장저항성은 수직저항성이라고도 한다.
③ 진정저항성이나 포장저항성 모두 병 발생이 거의 없으나, 포장저항성은 포장에서 병 발생이 없다.
④ 진정저항성은 병이 거의 발생하지 않으나, 포장저항성은 여러 균계에 대하여 병 발생률이 상대적으로 낮다.

해설

⊙ 양적저항성(포장저항성)은 여러 레이스에 대해 저항성을 가지므로 비특이적 저항성(수평저항성)이라 한다.

ⓒ 질적저항성(진정저항성)은 특정한 레이스에 대해서만 저항성을 가지므로 특이적 저항성(수직저항성)이라 한다.

31 콜히친 처리에 의한 염색체 배가의 원인은?

① 염색체 길이의 증가
② 세포분열 시 방추사 형성의 억제
③ 세포분열 시 상동염색체 접합의 억제
④ 염색체 내의 핵의 크기 증가

해설

콜히친 처리법에 의해서 기본종의 염색체를 배가시켜 동질배수체를 작성한다(n → 2n, 2n → 4n 등).

32 감수분열에 대한 설명으로 가장 거리가 먼 것은?

① 상동염색체끼리 대합한다.
② 접합기의 염색체 수는 반수이다.
③ 화분모세포의 염색체 수는 반수이다.
④ 4분자의 소포자의 염색체 수는 반수이다.

> **해설**
>
> 화분모세포는 2n이며 화분은 n이다.

33 2개의 유전자가 독립유전하는 양성잡종의 F_2 분리비는?

① 3 : 1 : 1 　　　　② 9 : 1 : 1
③ 9 : 3 : 1 : 1 　　　④ 9 : 3 : 3 : 1

> **해설**
>
> **독립의 법칙(양성이용)**
> 멘델이 완두의 씨가 둥글고 떡잎이 황색인 순종과 씨가 주름지고 떡잎이 녹색인 순종을 교배시켰더니 F_1은 모두 씨가 둥글고 황색인 개체가 나타났으며, 이 F_1을 자가수분 시켰더니 F_2에서는 [둥글고 황색 : 둥글고 녹색 : 주름지고 황색 : 주름지고 녹색=9 : 3 : 3 : 1]의 비로 나타났다.

34 다음 중 자가수분이 가장 용이하게 되는 경우는?

① 돌연변이 집단일 경우 ② 이형예인 경우
③ 장벽수정인 경우 　　　④ 폐화수정인 경우

> **해설**
>
> 폐화수정은 꽃을 피우지 않고도 내부에서 수분과 수정이 완료되는 것으로 자가수분의 가능성을 매우 높일 수 있는 기작이다.

35 다음 중 양성화 웅예선숙에 해당하는 것으로 가장 적절한 것은?

① 목련 　　　　　　② 양파
③ 질경이 　　　　　④ 배추

> **해설**
>
> 양성화 웅예선숙(암술보다 수술이 먼저 성숙) : 양파, 마늘, 셀러리, 치자

36 6개의 품종으로 완전 2면 교배조합을 만들고자 할 때 F_1의 교배 조합수는?

① 15 　　　　　　　② 26
③ 30 　　　　　　　④ 42

> **해설**
>
> • 부분 2면교배 : $n(n-1)/2$
> • 완전 2면교배 : $n(n-1)$
> 그러므로 $6(6-1)=30$

37 품종의 유전적 취약성에 가장 큰 원인이 되는 것은?

① 재배품종의 유전적 배경이 단순화되었기 때문
② 재배품종의 유전적 배경이 다양화되었기 때문
③ 농약사용이 많아지기 때문
④ 잡종강세를 이용한 F_1 품종이 많아졌기 때문

> **해설**
>
> 유전적 취약성은 품종의 단순화에 의해 작물이 환경스트레스에 견디지 못하는 성질이다.

38 재래종이 육종재료로 활용될 수 있는 가장 중요한 이유에 해당하는 것은?

① 개량종에 비하여 품질이 우수하다.
② 유전적 기원이 뚜렷하다.
③ 내비성이 높다.
④ 유전적인 다양성이 잘 유지되어 있다.

> **해설**
>
> 재래종은 근대 육종이 시작되기 이전에 각각의 지역에서 육성되어 보존되어 온 품종으로, 일반적으로 긴 기간의 자연선택에 의해 각 지방의 환경조건에 적용한 형으로 성립하고 있다. 따라서 아직도 상당히 풍부한 유전적 변이를 포함하고 있다.

정답 　32 ③　33 ④　34 ④　35 ②　36 ③　37 ①　38 ④

39 어느 F_1의 화분의 유전자 조성이 4AB : 1Ab : 1aB : 4ab라고 한다면, 이때의 조환가는? (단, 양친의 유전자형은 AABB, aabb임)

① 5%   ② 10%
③ 20%   ④ 30%

해설

4AB : 1Ab : 1aB : 4ab = 4 : 1 : 1 : 4

조환가 $= \dfrac{100}{4+1} = 20\%$

---

40 다음 중 피자식물의 중복수정에서 배유세포의 염색체 수로 가장 옳은 것은?

① 배유 : 2n   ② 배유 : 3n
③ 배유 : 4n   ④ 배유 : 6n

해설

중복수정
㉠ 난세포(n) + 정핵(n) = 배(2n)
㉡ 2개의 극핵(n + n) + 정핵(n) = 배젖(3n)

제3과목 **재배원론**

41 작물의 특성을 유지하기 위한 방법이 아닌 것은?

① 영양번식에 의한 보존재배
② 격리재배
③ 원원종재배
④ 자연교잡

해설

자연교잡은 유전적 퇴화의 원인이 된다.

---

42 다음 중 휴작의 필요 기간이 가장 긴 작물은?

① 시금치   ② 고구마
③ 수수   ④ 토란

해설

㉠ 연작의 피해가 적은 작물 : 벼, 맥류, 조, 수수, 옥수수, 고구마, 삼(大麻), 담배, 무, 당근, 양파, 호박, 연, 순무, 뽕나무, 아스파라거스, 토당귀, 미나리, 딸기, 양배추, 꽃양배추 등
㉡ 1년 휴작을 요하는 작물 : 쪽파, 시금치, 콩, 파, 생강 등
㉢ 2년 휴작을 요하는 작물 : 마, 감자, 잠두, 오이, 땅콩 등
㉣ 3년 휴작을 요하는 작물 : 쑥갓, 토란, 참외, 강낭콩 등

---

43 수확물의 상처에 코르크층을 발달시켜 병균의 침입을 방지하는 조치를 나타내는 용어는?

① 큐어링   ② 예냉
③ CA 저장   ④ 후숙

해설

큐어링(예비저장, 아물이)
수확 직후의 고구마를 온도 32~33℃, 습도 90~95%인 곳에 4일 정도 보관하였다가 방열시킨 뒤에 저장하면 상처와 병반부가 아물고, 당분이 증가하여 저장이 잘 되고 품질도 좋아진다.

---

44 밭에 중경을 하면 때에 따라 작물에 피해를 준다. 다음 중 중경에 대한 설명으로 가장 거리가 먼 것은?

① 중경은 뿌리의 일부를 단근시킨다.
② 중경은 표토의 일부를 풍식시킨다.
③ 중경은 토양수분의 증발을 증가시킨다.
④ 토양온열의 지표까지 상승을 억제하고 동해를 조장한다.

해설

중경을 해서 표토가 부서지면, 토양의 모세관(毛細管)도 절단되므로 토양수분의 증발이 경감되어 한발해(旱害)를 덜 수 있다.

---

45 다음 중 단일성 작물로만 나열된 것은?

① 들깨, 담배, 코스모스 ② 감자, 시금치, 양파
③ 고추, 당근, 토마토   ④ 사탕수수, 딸기, 메밀

해설

단일식물(短日植物)

들깨, 늦벼, 조, 기장, 피, 콩, 고구마, 아마, 담배, 호박, 오이, 국화, 코스모스, 목화 등

46 버널리제이션의 농업적 이용에 가장 거리가 먼 것은?

① 억제 재배   ② 수량 증대
③ 육종에 이용   ④ 대파(代播)

해설

버널리제이션의 농업적 이용

촉성재배, 수량 증대, 육종·품종의 감정, 채종, 대파 등

47 다음 중 생존연한에 따른 분류상 2년생 작물에 해당되는 것은?

① 보리   ② 사탕무
③ 호프   ④ 벼

해설

2년생 작물

종자를 뿌려 1년 이상을 경과해서 개화·결실하는 작물로 무·사탕무 등이 있다.

48 광합성 양식에 있어서 C_4 식물에 대한 설명으로 가장 거리가 먼 것은?

① 광호흡을 하지 않거나 극히 작게 한다.
② 유관속초세포가 발달되어 있다.
③ CO_2 보상점은 낮으나 포화점이 높다.
④ 벼, 콩 및 보리가 C_4 식물에 해당된다.

해설

㉠ C_4 식물 : 옥수수, 수수, 수단그라스, 사탕수수, 기장, 명아주 등
㉡ C_3 식물 : 벼, 보리, 밀, 담배 등

49 내건성이 큰 작물의 세포적 특성이 아닌 것은?

① 세포가 작다.
② 세포의 삼투압이 높다.
③ 원형질막의 수분투과성이 크다.
④ 원형질의 점성이 낮다.

해설

세포적 특성

㉠ 세포가 작아서 함수량이 감소되어도 원형질의 변형이 적다.
㉡ 세포 중에 원형질이나 저장양분이 차지하는 비율이 높아서 수분 보유력이 강하다.
㉢ 원형질의 점성이 높고, 세포액이 삼투압이 높아서 수분 보유력이 강하다.
㉣ 탈수될 때 원형질의 응집이 덜하다.
㉤ 원형질막의 수분·요소·글리세린 등에 대한 투과성이 크다.

50 비늘줄기를 번식에 이용하는 작물은?

① 생강   ② 마늘
③ 토란   ④ 연

해설

㉠ 비늘줄기(鱗莖) : 나리(백합), 마늘 등
㉡ 땅속줄기(地下莖) : 생강, 연, 박하, 호프 등
㉢ 덩이줄기(塊莖) : 감자, 토란, 풍판지 등

51 논벼가 다른 작물에 비해서 계속 무비료 재배를 하여도 수량이 급격히 감소하지 않는 이유로 가장 적절한 것은?

① 잎의 동화력이 크기 때문이다.
② 뿌리의 활력이 좋기 때문이다.
③ 비료의 천연공급량이 많기 때문이다.
④ 비료의 흡수력이 크기 때문이다.

해설

논벼 재배 시에는 관개를 통해 외부로부터 벼의 양분이 되는 천연비료가 공급되므로 무비료재배를 하여도 수량이 급격히 감소하지 않는다.

52 박과채소류 접목육묘의 특징으로 가장 거리가 먼 것은?

① 흡비력이 강해진다.
② 토양전염성병의 발생이 적어진다.
③ 질소 흡수가 줄어들어 당도가 증가한다.
④ 불량 환경에 대한 내성이 증대된다.

해설

접목의 불리한 점
㉠ 질소 과다흡수의 우려가 있다.
㉡ 기형과가 많이 발생한다.
㉢ 당도가 떨어진다.
㉣ 흰가루병에 약하다.

53 다음 중 내염성이 가장 강한 작물은?

① 가지　　　　　　② 양배추
③ 셀러리　　　　　④ 완두

해설

내염성이 강한 작물
사탕무, 비트, 수수, 평지(유채), 목화, 양배추, 라이글라스 등

54 다음 중 작물 생육의 다량원소가 아닌 것은?

① K　　　　　　　② Cu
③ Mg　　　　　　④ Ca

해설

다량원소
C, H, O, N, K, Ca, Mg, P, S

55 다음 중 산성토양에 강하면서 연작의 장해가 가장 적은 작물로만 나열된 것은?

① 자운영, 양파　　② 옥수수, 시금치
③ 콩, 담배　　　　④ 벼, 귀리

해설

산성토양에 대한 작물의 적응성
㉠ 극히 강한 것 : 벼, 밭벼, 귀리, 토란, 아마, 기장, 땅콩, 감자, 봄무, 호밀, 수박 등
㉡ 강한 것 : 메밀, 당근, 옥수수, 목화, 오이, 포도, 호박, 딸기, 토마토, 밀, 조, 고구마, 베치, 담배 등
㉢ 약간 강한 것 : 평지(유채), 피, 무 등
㉣ 약한 것 : 보리, 클로버, 양배추, 근대, 가지, 삼, 겨자, 고추, 완두, 상추 등
㉤ 가장 약한 것 : 알팔파, 자운영, 콩, 팥, 시금치, 사탕무, 셀러리, 부추, 양파 등

56 다음 중 고추의 일장 감응형은?

① LL형　　　　　　② II형
③ SS형　　　　　　④ LS형

해설

일장감응의 9개형

명칭	화아분화 전	화아분화 후	종류
LL식물	장일성	장일성	시금치, 봄보리
LI식물	장일성	중일성	Phlox paniculate, 사탕무
LS식물	장일성	단일성	Boltonia, Physostegia
IL식물	중일성	장일성	밀, 보리
II식물	중일성	중일성	고추, 올벼, 메밀, 토마토
IS식물	중일성	단일성	소빈국(小濱菊)
SL식물	단일성	장일성	프리뮬러, 시네라리아, 양딸기
SI식물	단일성	중일성	늦벼(신력, 욱), 도꼬마리
SS식물	단일성	단일성	코스모스, 나팔꽃, 늦콩

(L＝Long, I＝Indeterminate, S＝Short)
• 장일식물 : Long−day plants
• 단일식물 : Short−day plants
• 중간식물 : Indeterminate plants
• 장단일식물 : Long−Short day plants
• 단장일식물 : Short−Long day plants

57 작물에서 화성을 유도하는 데 필요한 중요 요인으로 가장 거리가 먼 것은?

① 체내 동화생산물의 양적 균형
② 체내의 cytokine과 ABA의 균형
③ 온도조건
④ 일장조건

해설

화성 유도의 주요 요인
㉠ 내적 요인
  • 영양 상태, 특히 C/N율로 대표되는 동화생산물의 양적 관계
  • 식물호르몬, 특히 옥신과 지베렐린의 체내수준 관계
㉡ 외적 요인
  • 광조건, 특히 일장 효과의 관계
  • 온도조건, 특히 버널리제이션과 감온성의 관계

58 감자의 2기작 방식으로 추계 재배 시 휴면 타파에 가장 효과적으로 이용하는 화학약제는?

① B-995
② Gibberellin
③ Phosfon-D
④ CCC

해설

지베렐린은 감자의 추작재배를 위하여 휴면타파에 이용되는 생장조절제이다.

59 다음 중 적산온도를 가장 적게 요하는 작물은?

① 옥수수
② 조
③ 기장
④ 메밀

해설

적산온도
㉠ 생육기간이 긴 것
  • 벼 : 3,500℃~4,500℃
  • 담배 : 3,200℃~3,600℃
㉡ 생육기간이 짧은 것
  • 메밀 : 1,000℃~1,200℃
  • 조 : 1,800℃~3,000℃

60 다음 중 작물의 복토 깊이가 가장 깊은 것은?

① 당근
② 생강
③ 오이
④ 파

해설

작물의 복토 깊이
㉠ 종자가 보이지 않을 정도 : 소립목초종자, 파, 양파, 당근, 상추, 유채, 담배 등
㉡ 0.5 cm~1.0 cm : 양배추, 가지, 토마토, 고추, 배추, 오이, 순무, 차조기 등
㉢ 1.5 cm~2.0 cm : 조, 기장, 수수, 호박, 수박, 시금치 등
㉣ 2.5 cm~3.0 cm : 보리, 밀, 호밀, 귀리, 아네모네 등
㉤ 3.5 cm~4.0 cm : 콩, 팥, 옥수수, 완두, 강낭콩, 잠두 등
㉥ 5.0 cm~9.0 cm : 감자, 토란, 생강, 크로커스, 글라디올러스 등
㉦ 10 cm 이상 : 튤립, 수선, 히아신스, 나리 등

제4과목 식물보호학

61 식물 병원으로 균류의 변이에 해당하지 않는 것은?

① 교잡
② 약독변이
③ 자연돌연변이
④ 이질다상현상

해설

변이의 원인
교잡, 자연돌연변이, 이질다핵현상(heterokaryosis), 준유성교환(parasexual recombination) 등

62 살충제의 교차저항성에 대한 설명으로 옳은 것은?

① 한 가지 약제를 사용 후 그 약제에만 저항성이 생기는 것
② 한 가지 약제를 사용 후 모든 다른 약제에 저항성이 생기는 것
③ 한 가지 약제를 사용 후 동일 계통의 다른 약제에는 저항성이 약해지는 것

④ 한 가지 약제를 사용 후 약리작용이 비슷한 다른 약제에 저항성이 생기는 것

해설

교차저항성

하나의 살충제로 곤충을 누대 처리하였을 때 2종 이상의 살충제에 대해서 동시에 저항성이 생기는 것

63 토양전염성 병원균으로 옳은 것은?

① 고추 역병균
② 벼 도열병균
③ 사과 탄저병균
④ 대추나무 빗자루병균

해설

고추 역병

토양이 장기간 과습하거나 배수가 불량하고, 침수되면 병 발생이 조장되는데 연작지에서 발생이 많다. 병원균은 종자전염이 가능하나 대부분의 전염원은 토양에서 유입된다.

64 농약 성분에 따른 살균제 사용 목적 분류로 옳은 것은?

① 베노밀 – 보호살균제
② 만코제브 – 보호살균제
③ 프로피네브 – 직접살균제
④ 석회보르도액 – 직접살균제

해설

보호살균제로는 Mancozeb, Maneb, 석회보르도액 등이 있다.

65 주로 채소 작물을 가해하는 해충으로 옳은 것은?

① 흑명나방
② 박쥐나방
③ 점박이응애
④ 가루깍지벌레

해설

㉠ 점박이응애 : 과수, 채소 및 각종 원예식물에 피해를 준다.

㉡ 흑명나방 : 벼 잎을 갉아먹는다.
㉢ 박쥐나방 : 초목류의 줄기나 가지를 가해한다.
㉣ 가루깍지벌레 : 과총 부근의 단과지, 지간의 터진 틈, 과실의 꽃자리 부근 등에 기생하여 흡즙한다.

66 잡초와 작물과의 경합에서 잡초가 유리한 위치를 차지할 수 있는 특성으로 옳지 않은 것은?

① 잡초 종자는 일반적으로 크기가 작고 발아가 빠르다.
② 잡초는 작물에 비해 이유기가 빨리 와서 초기 생장속도가 빠르다.
③ 대부분의 잡초는 C_3 식물로서 대부분이 C_4 식물인 작물에 비해 광합성 효율이 높다.
④ 대부분의 잡초는 생육 유연성을 갖고 있어 밀도 변화가 있더라도 생체량을 유연하게 변화시킨다.

해설

③ 대부분의 잡초는 C_4 식물로서 대부분이 C_3 식물인 작물에 비해 광합성 효율이 높다.

67 1ppm 용액에 대한 설명으로 옳은 것은?

① 용액 1L 중에 용질이 10g 녹아 있는 용액
② 용액 1L 중에 용질이 100g 녹아 있는 용액
③ 용액 1,000mL 중에 용질이 1g 녹아 있는 용액
④ 용액 1,000mL 중에 용질이 1mg 녹아 있는 용액

해설

1ppm은 용액 1kg 속에 용질 1mg이 포함된 것을 의미하는데, 이때 실온에서 묽은 수용액은 1kg이 거의 1L이므로 1ppm은 용액 1L 속에 용질 1mg이 포함된 것을 의미하기도 한다.

68 노린재목에 해당하는 해충이 아닌 것은?

① 벼멸구
② 벼메뚜기
③ 끝동매미충
④ 복숭아혹진딧물

노린재목

육서, 반수서, 진수서군(초식성, 포식성) 매미형 입틀
(아랫입술 발달) 진딧물, 식물 바이러스 매개, 매미충,
멸구류, 반초시(앞날개의 끝부분은 막질)

※ 메뚜기목 : 메뚜기, 여치, 귀뚜라미, 땅강아지

69 비선택적 제초제로 가장 적합한 것은?

① 세톡시딤 유제
② 나프로파마이드 수화제
③ 글리포세이트암모늄 액제
④ 페녹사프로프 – 피 – 에틸 유제

비선택성 제초제인 글리포세이트액제, 글리포세이트암
모늄액제, 글리포세이트포타슘액제 등을 한 방울씩 떨
어뜨려 처리해야만 효과를 볼 수 있다.

70 유기인계 50% 유제를 1,000배로 희석해서 10a당 200L를 살포하여 해충을 방제하려고 할 때 소요되는 약량은?

① 10mL
② 20mL
③ 100mL
④ 200mL

$$소요\ 농약량 = \frac{단위면적당\ 살포량}{소요\ 희석\ 배수} = \frac{1,000mL \times 200}{1,000}$$
$$= 200mL$$

71 벼물바구미에 대한 설명으로 옳은 것은?

① 노린재목에 속한다.
② 번데기로 월동한다.
③ 유충은 뿌리를 갉아 먹는다.
④ 벼의 잎 뒷면에서 번데기가 된다.

벼물바구미

벼물바구미는 미국, 캐나다, 도미니카, 일본, 중국 등과
우리나라에 발생하며 점차 확산되는 추세에 있다. 우리
나라에서는 1988년 7월 경상남도 하동 지방에서 최초로
발견되었다.

㉠ 벼물바구미는 성충으로 논두렁이나 제방 등의 띠·
참억새·바랭이 등을 먹다가 5월경부터 못자리와
본답에 벼가 심어지면 벼로 옮겨 잎을 가해한다.

㉡ 벼 포기당 2~3마리가 부착했을 때 피해는 30% 이상
이나 감소한다.

㉢ 약제에 의한 방제법으로는 살충제를 살포한다.

72 잡초 종자의 발아에 영향을 주는 주요 요소 가 아닌 것은?

① 광
② 수분
③ 온도
④ 토양 양분

잡초 발아조건 4요소
적당한 온도, 수분, 산소, 빛

73 다음 ( ) 안에 들어갈 내용으로 순서대로 나 열한 것은?

병징은 나타나지 않지만 식물 조직 속에 병원균이
있는 것은 (   )이고, 바이러스에 의해 감염된 것은
(   )이다.

① 보균식물, 보독식물
② 기생식물, 감염식물
③ 은화식물, 보균식물
④ 감염식물, 잠재감염식물

㉠ 보균식물 : 병원균을 지니고 있으면서 외관상 병의
징후를 나타내지 않는 식물

㉡ 보독식물 : 병원바이러스를 체내에 가지고 있으면서
장기간 또는 결코 병징을 나타내지 않는 식물

74 나비목에서 주로 볼 수 있으며 더듬이, 다리, 날개 들이 몸에 꼭 붙어있는 번데기의 형태는?

① 피용   ② 나용
③ 위용   ④ 전용

해설

번데기의 형태
㉠ 피용 : 나비목에서 볼 수 있으며 날개, 다리, 촉각 등이 몸에 밀착·고정된 형태
㉡ 나용 : 벌목, 딱정벌레목에서 볼 수 있으며 날개, 다리, 촉각 등이 몸의 겉에서 분리된 형태
㉢ 위용 : 파리목의 번데기에서 볼 수 있으며, 유충이 번데기가 된 후 피부가 경화되고, 그 속에 나용이 형성된 형태
㉣ 대용 : 호랑나비, 배추흰나비 등의 번데기에서 볼 수 있으며, 1줄의 실로 가슴을 띠 모양으로 다른 물건에 매어 두는 형태
㉤ 수용 : 네발나비과의 번데기에서 볼 수 있으며, 배 끝이 딴 물건에 붙어 거꾸로 매달려 있는 형태

75 세균에 의한 식물병의 주요 병징으로 올바르게 나열한 것은?

① 무름, 궤양   ② 황화, 위축
③ 흰가루, 빗자루   ④ 줄무늬, 모자이크

해설

병징의 종류
• 국부병징 : 점무늬병, 혹병 등
• 전신병징 : 시들음병, 바이러스병, 오갈병, 황화병 등
• 세균병의 병징 : 무름병(배추무름병), 점무늬병, 잎마름병, 시들음병(토마토풋마름병), 세균성혹병(사과근두암) 등
• 바이러스병의 병징 : 외부병징, 내부병징, 병징은폐 등

76 방동사니과 잡초로만 올바르게 나열한 것은?

① 올방개, 자귀풀
② 매자기, 바늘골
③ 뚝새풀, 올챙이고랭이
④ 사마귀풀, 너도방동사니

77 다음 설명에 해당하는 식물병은?

> 배추가 시들어 뽑아보니 뿌리에 크고 작은 혹들이 무수히 보였다.

① 노균병   ② 균핵병
③ 무사마귀병   ④ 뿌리썩음병

해설

무사마귀병은 십자화과 식물들이 곰팡이의 한 종류인 무사마귀병균에 감염되어 나타나는 병으로 근류병(根瘤病)이라고도 한다.

78 식물 병원균이 생성하는 기주 비특이적 독소는?

① Victorin   ② Tabtoxin
③ AK−toxin   ④ Helminthosporoside

해설

탭톡신(tabtoxin)
담배의 야화병균(Pseudomonas syringae pv. tabaci)에서 얻어낸 식물독소

79 잡초로 인한 피해를 경감하기 위한 예방적 방제 방법으로 옳은 것은?

① 작물의 종자를 정선하여 관리한다.
② 가축의 분뇨가 발생하면 직접 경작지에 살포한다.
③ 작업이 완료된 농기구나 농기계는 별도 조치를 하지 않고 즉시 보관한다.
④ 관개 수로의 잡초 종자가 흐르게 하여 자연적으로 경작지 외부로 방출되도록 한다.

80 이화명나방에 대한 설명으로 옳은 것은?

① 연 1회 발생한다.
② 수십 개의 알을 따로따로 하나씩 낳는다.
③ 주로 볏집 속에서 성충 형태로 월동한다.
④ 유충은 잎집을 가해한 후 줄기 속으로 먹어 들어간다.

정답   74 ①   75 ①   76 ②   77 ③   78 ②   79 ①   80 ④

① 연 2회 발생한다.
② 수십 개의 알을 덩어리로 낳는다.
③ 주로 볏집 속에서 유충 형태로 월동한다.

제5과목 종자 관련 법규

81 순도분석 시 사용하는 용어에 대한 설명으로 "사마귀 모양의 돌기"에 해당하는 용어는?

① 작은 가종피 ② 불임의
③ 웅화 ④ 경

종자관련법상 용어
㉠ 경(莖, stalk) : 식물기관의 줄기(stem)
㉡ 웅화(雄花, staminate) : 수꽃만을 가진 꽃
㉢ 불임의(不稔, sterile) : 기능을 가진 생식기관이 없는 (목초류의 소화에는 영과가 없다)
㉣ 작은 가종피(strophiole) : 사마귀 모양의 돌기

82 육성자의 권리 보호에서 절차의 무효에 대한 내용이다. ( )에 알맞은 내용은?

> 농림축산식품부장관, 해양수산부장관 또는 심판위원회 위원장은 "보정명령을 받은 자가 지정된 기간까지 보정을 하지 아니한 경우에는 그 품종보호에 관한 절차를 무효로 할 수 있다."에 따라 그 절차가 무효로 된 경우로서 지정된 기간을 지키지 못한 것이 보정명령을 받은 자가 천재지변이나 그 밖의 불가피한 사유에 의한 것으로 인정될 때에는 그 사유가 소멸한 날부터 ( ) 이내에 또는 그 기간이 끝난 후 1년 이내에 보정명령을 받은 자의 청구에 따라 그 무효처분을 취소할 수 있다.

① 7일 ② 14일
③ 21일 ④ 30일

83 수분의 측정에서 저온항온 건조기법을 사용하게 되는 종으로만 나열된 것은?

① 벼, 귀리 ② 유채, 고추
③ 호밀, 수수 ④ 파, 오이

저온항온 건조기법을 사용하는 종
마늘, 파, 부추, 콩, 땅콩, 배추씨, 유채, 고추, 목화, 피마자, 참깨, 아마, 겨자, 무 등

고온항온 건조기법을 사용하는 종
귀리, 수박, 오이, 참외, 호박, 상추, 벼, 티머시, 버뮤다그라스, 밀, 수수, 수단그라스, 옥수수, 당근, 토마토 등

84 발아검정에 대한 내용이다. ( )에 알맞은 내용은?

작물	배지	온도(℃)		발아조사(일)		휴면타파 등 권고사항
		변온	항온	시작	마감	
고추	TP, BP, S	20~30	–	7	14	( )

① 예냉 ② 예열(30~35℃)
③ KNO₃ ④ GA₃

발아검정

작물	배지	온도(℃)		발아조사(일)		휴면타파 등 권고사항
		변온	항온	시작	마감	
고추	TP, BP, S	20~30	–	7	14	KNO₃
당근	TP, BP	20~30	20	7	14	–
라이그라스	TP	20~30 15~25	20	5	14	예냉, KNO₃
무	TP, BP, S	20~30	20	4	10	예냉
밀	TP, BP, S	–	20	4	8	예냉, GA₃ 예열(30~35℃)
배추	BP, TP	20~30	20	5	7	예냉, KNO₃

작물	배지	온도(℃)		발아조사(일)		휴면타파 등 권고사항
		변온	항온	시작	마감	
벼	TP, BP, S	20~30	25	5	14	예열 50℃, 물 또는 KNO₃에 24시간 침지
보리	BP, TP	–	20	4	7	예냉, GA₃, KNO₃ 예열(30~35℃)
상추	TP, BP	–	20	4	7	예냉, 광
수박	BP, S	20~30	25	5	14	PP 사용
시금치	TP, BP	–	15, 10	7	21	예냉
양배추	BP, TP	20~30	20	5	10	예냉, KNO₃
양파	TP, BP, S	–	20, 15	6	12	예냉
오이	TP, BP, S	20~30	25	4	8	PP 사용
옥수수	BP, S	20~30	25, 20	5	8	–
참외	BP, TPS, S	20~30	25	4	8	PP 사용
콩	BP, TPS, S	20~30	25	5	8	–
토마토	TP, BP, S	20~30	–	5	14	KNO₃
파	TP, BP, S	–	20, 15	6	12	예냉
호박	BP, S	20~30	25	4	8	PP 사용

85 품종보호료 및 품종보호 등록 등에서 납부기간 경과 후의 품종보호료 납부에 대한 내용으로 품종보호권의 설정등록을 받으려는 자나 품종 보호권자는 품종보호료 납부기간이 경과한 후에도 몇 개월 이내에는 품종보호료를 납부할 수 있는가?

① 6개월
② 8개월
③ 9개월
④ 12개월

해설

납부기간이 지난 후의 품종보호료 납부
품종보호권의 설정등록을 받으려는 자나 품종보호권자는 제46조 제5항에 따른 품종보호료 납부기간이 지난 후에도 6개월 이내에는 품종보호료를 납부할 수 있다.

86 시료 추출 시 소집단과 시료의 중량 중 "무"의 제출시료의 최소 중량은?

① 300g
② 450g
③ 700g
④ 1,000g

해설

시료 추출 시 소집단과 시료의 중량

작물	소집단의 최대 중량(ton)	시료의 최소 중량(g)			
		제출 시료	순도 검사	이종계 수용	수분검 정용
무	10	300	30	300	50
벼	30	700	70	700	100
고추	10	150	15	150	50
시금치	10	250	25	250	50

87 국가품종목록의 등재 등에서 품종목록 등재의 유효기간에 대한 내용이다. ( ) 안에 알맞은 내용은?

품종목록 등재의 유효기간은 등재한 날이 속한 해의 다음 해부터 ( )까지로 한다.

① 10년
② 7년
③ 5년
④ 3년

해설

품종목록 등재의 유효기간
㉠ 품종목록 등재의 유효기간은 등재한 날이 속한 해의 다음 해부터 10년까지로 한다.
㉡ 품종목록 등재의 유효기간은 유효기간 연장신청에 의하여 계속 연장될 수 있다.

ⓒ 품종목록 등재의 유효기간 연장신청은 그 품종목록 등재의 유효기간이 끝나기 전 1년 이내에 신청하여야 한다.

ⓓ 농림축산식품부장관은 품종목록 등재의 유효기간 연장신청을 받은 경우 그 유효기간 연장신청을 한 품종이 품종목록 등재 당시의 품종성능을 유지하고 있을 때에는 그 연장신청을 거부할 수 없다.

88 종자관리요강상 사진의 제출규격에서 사진의 크기에 대한 내용이다. ( )에 알맞은 내용은?

〈사진의 크기〉
(   )의 크기이어야 하며, 식물을 식별할 수 있어야 한다.

① 6″ × 8″
② 5″ × 8″
③ 3″ × 5″
④ 4″ × 5″

해설

사진의 제출규격

㉠ 사진의 크기는 4″ × 5″의 크기이어야 하며 실물을 식별할수 있어야 한다.

ⓛ 원색으로 선명도가 확실하여야 한다.

ⓒ 사진은 A4 용지에 붙이고 하단에 각각의 사진에 대해 품종명칭, 촬영부위, 축척과 촬영일시를 기록한다.

89 「식물신품종 보호법」상 "품종보호권"에 대한 내용으로 옳은 것은?

① 품종보호 요건을 갖추어 품종보호권이 주어진 품종을 말한다.

② 품종을 육성한 자나 이를 발견하여 개발한 자를 말한다.

③ 품종보호를 받을 수 있는 권리를 가진 자에게 주어지는 권리를 말한다.

④ 보호품종의 종자를 증식 · 생산 · 조제(調製) · 양도 · 대여 · 수출 또는 수입하거나 양도 또는 대여의 청약을 하는 행위를 말한다.

해설

용어 정의

1. "종자"란 「종자산업법」에 따른 종자 및 「수산종자산업육성법」에 따른 수산식물종자를 말한다.

2. "품종"이란 식물학에서 통용되는 최저분류 단위의 식물군으로서 품종보호 요건을 갖추었는지와 관계없이 유전적으로 나타나는 특성 중 한 가지 이상의 특성이 다른 식물군과 구별되고 변함없이 증식될 수 있는 것을 말한다.

3. "육성자"란 품종을 육성한 자나 이를 발견하여 개발한 자를 말한다.

4. "품종보호권"이란 품종보호를 받을 수 있는 권리를 가진 자에게 주는 권리를 말한다.

5. "품종보호권자"란 품종보호권을 가진 자를 말한다.

6. "보호품종"이란 품종보호 요건을 갖추어 품종보호권이 주어진 품종을 말한다.

7. "실시"란 보호품종의 종자를 증식 · 생산 · 조제(調製) · 양도 · 대여 · 수출 또는 수입하거나 양도 또는 대여의 청약을 하는 행위를 말한다.

90 포장검사 병주 판정기준에서 사과의 기타병에 해당하는 것은?

① 근두암종병(뿌리혹병)
② PeCV
③ PVd
④ 호프스턴트바이로이드병

해설

기타병

㉠ 사과, 배, 복숭아, 감의 경우 : 근두암종병(뿌리혹병)

ⓛ 포도 : 근두암종병(뿌리혹병), 뿌리혹선충(필록세라)

91 「종자산업법」상 "보증종자"에 대한 설명으로 옳은 것은?

① 일정 수준 이상의 재배 및 이용상의 가치를 생산하는 능력을 말한다.

② 해당 품종의 진위성(眞僞性)과 해당 품종 종자의 품질이 보증된 채종(採種) 단계별 종자를 말한다.

정답   88 ④   89 ③   90 ①   91 ②

③ 자격을 갖춘 사람으로서 종자업자가 생산하여 판매·수출하거나 수입하려는 종자를 보증하는 사람을 말한다.

④ 농산물 또는 임산물의 생산을 위하여 재배되는 모든 식물을 말한다.

용어 정의

1. "종자"란 증식용 또는 재배용으로 쓰이는 씨앗, 버섯 종균(種菌), 묘목(苗木), 포자(胞子) 또는 영양체(營養體)인 잎·줄기·뿌리 등을 말한다.

1의2. "묘"(苗)란 재배용으로 쓰이는 씨앗을 뿌려 발아시킨 어린 식물체와 그 어린 식물체를 서로 접목(接木)시킨 어린 식물체를 말한다.

2. "종자산업"이란 종자와 묘를 연구개발·육성·증식·생산·가공·유통·수출·수입 또는 전시 등을 하거나 이와 관련된 산업을 말한다.

3. "작물"이란 농산물 또는 임산물의 생산을 위하여 재배되는 모든 식물을 말한다.

4. "품종"이란 「식물신품종 보호법」의 품종을 말한다.

5. "품종성능"이란 품종이 일정 수준 이상의 재배 및 이용상의 가치를 생산하는 능력을 말한다.

6. "보증종자"란 해당 품종의 진위성(眞僞性)과 해당 품종 종자의 품질이 보증된 채종(採種) 단계별 종자를 말한다.

7. "종자관리사"란 자격을 갖춘 사람으로서 종자업자가 생산하여 판매·수출하거나 수입하려는 종자를 보증하는 사람을 말한다.

8. "종자업"이란 종자를 생산·가공 또는 다시 포장(包裝)하여 판매하는 행위를 업(業)으로 하는 것을 말한다.

8의2. "육묘업"이란 묘를 생산하여 판매하는 행위를 업으로 하는 것을 말한다.

9. "종자업자"란 종자업을 경영하는 자를 말한다.

10. "육묘업자"란 육묘업을 경영하는 자를 말한다.

92 수입적응성 시험의 대상작물 및 실시기관에서 한국생약협회의 대상작물에 해당하는 것은?

① 옥수수 ② 인삼
③ 브로콜리 ④ 상추

수입적응성 시험의 대상작물 및 실시기관

구분	대상작물	실시기관
식량작물(13)	벼, 보리, 콩, 옥수수, 감자, 밀, 호밀, 조, 수수, 메밀, 팥, 녹두, 고구마	농업기술실용화재단
채소(18)	무, 배추, 양배추, 고추, 토마토, 오이, 참외, 수박, 호박, 파, 양파, 당근, 상추, 시금치, 딸기, 마늘, 생강, 브로콜리	한국종자협회
버섯(11)	양송이, 느타리, 영지, 팽이, 잎새, 버들송이, 만가닥버섯, 상황버섯	한국종균생산협회
	표고, 목이, 복령	국립산림품종관리센터
약용작물(22)	곽향, 당귀, 맥문동, 반하, 방풍, 산약, 작약, 지황, 택사, 향부자, 황금, 황기, 전칠, 파극, 우슬	한국생약협회
	백출, 사삼, 시호, 오가피, 창출, 천궁, 하수오	국립산림품종관리센터
목초·사료 및 녹비작물(29)	오차드그라스, 톨페스큐, 티모시, 페러니얼라이그라스, 켄터키블루그라스, 레드톱, 리드카나리그라스, 알팔파, 화이트크로바, 레드크로바, 버즈풋트레포일, 메도우페스큐, 브롬그라스, 사료용 벼, 사료용 보리, 사료용 콩, 사료용 감자, 사료용 옥수수, 수수 수단그라스 교잡종(Sorghum Sudangrass Hybrid), 수수 교잡종(Sorghum Sorghum Hybrid), 호밀, 귀리, 사료용 유채, 이탈리안라이그라스, 헤어리베치, 콤먼벳치, 자운영, 크림손클로버, 수단그라스 교잡종(Sudangrass Sudangrass Hybrid)	농업협동조합중앙회
인삼(1)	인삼	한국생약협회

93 종자관리요강상 사후관리시험의 기준 및 방법에서 검사항목에 해당하지 않는 것은?

① 품종의 순도
② 품종의 진위성
③ 종자전염병
④ 종자의 구성력

> **해설**
>
> ㉠ 검사항목 : 품종의 순도, 품종의 진위성, 종자전염병
> ㉡ 검사방법
> • 품종의 순도
>   − 포장검사 : 작물별 사후관리시험 방법에 따라 품종의 특성조사를 바탕으로 이형주수를 조사하여 품종의 순도기준에 적합한지를 검사
>   − 실내검사 : 포장검사로 명확하게 판단할수 없는 경우 유료검사 및 전기 영동을 통한 정밀검사로 품종의 순도를 검사
> • 품종의 진위성
>   품종의 특성조사의 결과에 따라 품종 고유의 특성이 발현되고 있는지를 확인
> • 종자전염병
>   포장상태에서 식물체의 병해를 조사하여 종자에 의한 전염병 감염 여부를 조사

94 농림축산식품부장관은 종자산업의 육성 및 지원을 위하여 몇 년마다 농림종자산업의 육성 및 지원에 관한 종합계획을 수립 · 시행하여야 하는가?

① 1년
② 3년
③ 4년
④ 5년

> **해설**
>
> 농림축산식품부장관은 종자산업의 육성 및 지원을 위하여 5년마다 농림종자산업의 육성 및 지원에 관한 종합계획을 수립 · 시행하여야 한다.

95 품종보호권의 존속기간에서 품종보호권의 존속기간은 품종보호권이 설정등록된 날부터 몇 년으로 하는가?(단, 과수와 임목의 경우는 제외한다.)

① 5년
② 10년
③ 15년
④ 20년

> **해설**
>
> **품종보호권의 존속기간**
> 품종보호권의 존속기간은 품종보호권이 설정등록된 날부터 20년으로 한다. 다만, 과수와 임목의 경우에는 25년으로 한다.

96 포장검사 병주 판정기준에서 벼 특정병에 해당하는 것은?

① 흰가루병
② 줄기녹병
③ 키다리병
④ 위축병

> **해설**
>
> **벼의 특정병**
> ㉠ 특정병 : 키다리병, 선충심고병
> ㉡ 기타병 : 도열병, 깨시무늬병, 흰잎마름병, 잎집무늬마름병, 줄무늬잎마름병, 오갈병, 이삭누룩병, 및 세균성 벼알마름병
> ㉢ 특정해초 : 피

97 발아검정 시에 대한 내용이다. 다음에서 설명하는 것은?

> 모든 필수구조가 있고 명백히 종자 자체가 감염원이 아닌 것으로 판정되면 곰팡이(진균)나 박테리아(細菌)에 의해서 심하게 부패되어 있다 하더라도 정상묘로 분류한다.

① 완전묘
② 2차 감염묘
③ 경결합묘
④ 비정상묘

> **해설**
>
> 정상묘는 완전묘, 경결합묘, 2차 감염묘로 분류한다.

98 순도분석 시 선별에서 식별할 수 없는 종에 대한 내용이다. ( )에 알맞은 내용은?

〈식별할 수 없는 종〉
종 간의 식별이 어려운 경우 다음의 한 절차를 따른다.
(a) 속명만 분석서에 기록하고 그 속의 모든 종자를 정립종자로 분류하고 추가적인 사항을 "기타 판정"에 기록한다.
(b) 비슷한 종자들을 다른 구성 요소에서 분리 선별하여 무게를 단다. 이 혼합물로부터 최소한 ( ), 가능하면 1,000립을 무작위로 취하고 최종분리 후 중량으로 각 종의 비율을 정한다. 전체 시료 중의 종별 중량비를 계산한다. 이 절차를 준수하였다면 종자 숫자를 포함한 상세한 내용을 보고한다. 제출자가 레드톱, 유채, 라이그라스, 레드페스큐 중의 하나라고 기술하였을 때나 분석자의 재량에 의한 기타의 경우에 적용할 수 있다.

① 700립　　　　　② 400립
③ 300립　　　　　④ 100립

[해설]
순도분석의 목적은 시료의 구성요소(정립, 이종종자, 이물)를 중량백분율로 산출하여 소집단 전체의 구성요소를 추정하고, 품종의 동일성과 종자에 섞여 있는 이물질을 확인하는 데 있다.

99 국가품종목록의 등재 대상 중 품종목록에 등재할 수 있는 대상작물에 해당하지 않는 것은?

① 감자　　　　　② 보리
③ 콩　　　　　　④ 사료용 벼

[해설]
국가품종목록의 등재 대상
대상작물은 벼, 보리, 콩, 옥수수, 감자와 그 밖에 대통령령으로 정하는 작물로 한다. 다만, 사료용은 제외한다.

100 다음 ( )에 알맞은 내용은?

구별성의 판정 기준에서 잎의 모양 및 색 등과 같은 질적 특성의 경우에는 관찰에 의하여 특성 조사를 실시하고 그 결과를 계급으로 표현하여 출원품종과 대조품종의 계급이 ( ) 이상 차이가 나면 출원품종은 구별성이 있는 것으로 판정한다.

① 한 등급　　　　　② 두 등급
③ 세 등급　　　　　④ 네 등급

[해설]
구별성의 판정
구별성을 판단하는 기준으로서 조사대상 특성 중에서 한 가지 이상의 특성이 대조품종과 명확하게 다르면 구별성이 있는 것으로 본다.

제1과목 종자생산학

01 화아유도에 필요한 조건으로 가장 적절하지 않은 것은?

① 저온 ② MH
③ 밤 시간의 길이 ④ 식물의 영양상태

해설

MH는 생장억제물질이다.

02 단명종자에 해당하는 것으로만 나열된 것은?

① 사탕무, 베치 ② 메밀, 고추
③ 가지, 수박 ④ 토마토, 접시꽃

해설

작물별 종자의 수명

단명종자(1~2년)	상명종자(2~3년)	장명종자(4~6년)
콩, 땅콩, 옥수수, 메밀, 기장, 목화, 해바라기, 강낭콩, 양파, 파, 상추, 당근, 고추	벼, 밀, 보리, 귀리, 완두, 유채, 페스큐, 켄터키블루그래스, 목화, 무, 배추, 호박, 멜론, 시금치, 우엉	클로버, 알팔파, 베치, 사탕무, 가지, 토마토, 수박, 비트

03 종자의 휴면타파에 사용하는 생장조절제로 가장 옳은 것은?

① 지베렐린 ② ABA
③ 2,4−D ④ CCC

해설

지베렐린은 휴면종자의 휴면타파와 휴면하지 않은 종자의 발아 촉진에 효과적이다.

04 벼 원원종 생산을 담당하는 기관으로 가장 적절한 곳은?

① 도 농업기술원 ② 국립농업과학원
③ 농산물원종장 ④ 종자공급소

해설

원원종 : 기본식물을 받아 도 농업기술원 원원종포장에서 생산된 종자

05 기본식물에서 유래된 종자를 무엇이라 하는가?

① 원종 ② 원원종
③ 보급종 ④ 장려품종

해설

㉠ 기본식물 : 농촌진흥청에서 개발된 신품종 종자로 증식의 근원이 되는 종자
㉡ 원원종 : 기본식물을 받아 도 농업기술원 원원종포장에서 생산된 종자
㉢ 원종 : 원원종을 받아 도 농업자원관리원(원종장) 원종포장에서 생산된 종자
㉣ 보급종 : 원종을 국립종자원에서 받아 농가에 보급하기 위해 생산된 종자
㉤ 증식종 : 지방자치단체 등의 자체 계획에 따라 원종을 증식한 종자

06 다음 중 양성화에서 가장 늦게 발달하는 기관은?

① 꽃잎 ② 수술
③ 암술 ④ 악편

해설

부악편 → 악편 → 화판 → 수술 → 화탁 → 암술 순으로 형성된다.

정답 01 ② 02 ② 03 ① 04 ① 05 ② 06 ③

07 다음 중 광발아성 종자는?

① 파   ② 양파
③ 담배   ④ 수박

> 해설

호광성(광발아성) 종자
담배, 상추, 우엉, 피튜니아, 차조기, 금어초, 디기탈리스, 베고니아, 뽕나무, 벤트그래스, 버뮤다그래스, 켄터키블루그래스, 캐나다블루그래스, 스탠더드휘트그래스, 셀러리 등

혐광성 종자
토마토, 가지, 파, 양파, 수박, 수세미, 호박, 무, 오이 등

08 다음 중 일반적으로 작물의 화아분화 촉진에 가장 영향이 큰 것으로 나열된 것은?

① 온도, 일장   ② 수분, 질소
③ 온도, 토양수분   ④ 습도, 인산

> 해설

화아유도의 조건
㉠ 환경적 요인 : 온도, 일장
㉡ 내적 요인 : 호르몬, C/N율

09 다음 중 종자발아에 필요한 수분흡수량이 가장 많은 것은?

① 호밀   ② 콩
③ 수수   ④ 벼

> 해설

수분(水分)흡수량
㉠ 종자무게에 대하여 벼와 옥수수는 30% 정도이고 콩은 50% 정도이다.
㉡ 전분종자보다 단백종자가 발아에 필요한 최소수분함량이 많다.

10 다음 중 종자의 안전저장 요건으로 가장 적절한 것은?

① 고온 다습상태   ② 고온 저습상태
③ 저온 저습상태   ④ 저온 다습상태

> 해설

종자의 저장
건조한 종자를 저온·저습·밀폐 상태로 저장하면 수명이 매우 오래 지속된다.

11 다음 중 단위결과가 가장 잘 되는 것은?

① 오이   ② 수박
③ 멜론   ④ 참외

> 해설

종자의 형성 없이 과실이 비대하는 단위결과가 가장 잘 되는 과수는 오이, 감, 감귤, 바나나, 무화과 등이다.

12 식물의 암 배우자(가), 수 배우자(나)를 순서대로 옳게 나타낸 것은?

① (가) : 배낭, (나) : 화분립
② (가) : 소포자, (나) : 주심
③ (가) : 주피, (나) : 대포자
④ (가) : 꽃밥, (나) : 반족세포

> 해설

㉠ 배낭 : 식물의 암 배우체로서 배낭 속의 난세포가 암배우자이다.
㉡ 화분립 : 꽃가루 속에 있으면서 종자식물의 수 배우자를 낳는 과립상의 소포자이다.

13 종자의 테트라졸리움 검사의 목적은?

① 발아검사를 위하여   ② 활력검사를 위하여
③ 병리검사를 위하여   ④ 유전적 순도 검정을 위하여

> 해설

테트라졸리움법
발아시험을 거치지 않고 종자의 효소활력 등에 의해서 간단하게 종자의 발아력을 검정하는 방법이다.

14 다음 중 발아세의 정의로 가장 적절한 것은?

① 파종된 총 종자개체수에 대한 발아종자 개체수의 비율
② 파종기부터 발아기까지의 일수
③ 종자의 대부분이 발아한 날
④ 치상 후 일정 기간까지의 발아율

> **해설**
>
> **발아세(發芽勢, 발아속도 ; gernination)**
> 발아시험에 있어 파종한 다음 일정한 일수(화곡류는 3일, 귀리 · 강낭콩 · 시금치는 4일, 삼은 6일 등의 규약이 있음) 내의 발아를 말하며, 발아가 왕성한가 또는 왕성하지 못한가를 검정한다.

15 다음 중 종자의 모양이 방패형인 것은?

① 벼   ② 은행나무
③ 목화   ④ 양파

> **해설**
>
> 방패형 종자 : 양파, 부추, 파 등이 있다.

16 채종재배에서 화곡류의 일반적인 수확적기로 가장 옳은 것은?

① 황숙기   ② 유숙기
③ 갈숙기   ④ 고숙기

> **해설**
>
> **화곡류의 수확적기**
> 화곡류는 황숙기가, 십자화과 채소는 갈숙기가 채종의 적기가 되며, 이형립이나 협잡물이 섞이지 않도록 탈곡 · 조제한다.

17 다음 중 종자의 구조에서 모체의 일부인 것으로 가장 옳은 것은?

① 배   ② 종피
③ 배젖   ④ 책상조직

> **해설**
>
> **종자의 구조**
> ㉠ 종피 : 배주를 감싼 주피가 변형된 것으로 모체의 일부이다.
> ㉡ 저장조직 : 배유, 외배유, 자엽 등으로 구성되며 탄수화물, 지방, 단백질, 핵산, 유기산 및 무기화합물 등을 저장한다.
> ㉢ 배 : 난핵과 정핵이 만나 생긴 부분으로 장차 지상부의 줄기나 잎을 형성한다.

18 다음 중 수정과정에 대한 설명으로 가장 적절하지 않은 것은?

① 속씨식물은 대개의 경우 배우자핵이 이중결합을 한다.
② 2개의 웅핵 중에서 하나는 2배체의 극핵과 결합하여 3배체의 배유핵이 된다.
③ 화분립이 주두에 닿기 전에 발아하고 화분관이 신장하여 암술대를 거쳐 배낭 속으로 들어간다.
④ 자성배우자와 웅성배우자가 완전히 성숙했을 때 가능하다.

> **해설**
>
> 화분립이 주두에 닿아 발아하고 화분관이 신장하여 암술대를 거쳐 주공을 통해 다시 배낭 속으로 들어간다.

19 춘화처리를 실시하는 이유로 가장 옳은 것은?

① 휴면타파   ② 발아촉진
③ 생장억제   ④ 화성유도

> **해설**
>
> 작물의 개화를 유도하기 위해 생육의 일정한 시기에 저온처리 하는 것을 춘화처리라 한다.

20 저장 중 종자가 발아력을 상실하는 원인으로 가장 거리가 먼 것은?

① 효소의 활력저하   ② 원형질 단백의 응고
③ 수분함량의 감소   ④ 저장양분의 소모

정답   14 ④   15 ④   16 ①   17 ②   18 ③   19 ④   20 ③

저장 중에 종자가 발아력을 상실하는 주된 요인은 원형 질 단백의 응고, 효소의 활력 저하, 저장양분의 소모 등 이다.

제2과목 식물육종학

21 배낭모세포가 감수분열하여 형성한 대포자 중 살아남은 배낭세포는 8개의 핵을 갖는다. 이 들의 기능으로 가장 옳은 것은?

① 난핵, 조세포핵, 그리고 반족세포핵은 수정과 동 시에 퇴화한다.
② 조세포핵과 극핵은 수정과 함께 융합하여 배유 를 형성한다.
③ 난핵은 정세포핵과 융합하여 배를 형성한다.
④ 난핵과 극핵이 융합하여 다음 세대의 뿌리조직 을 형성한다.

해설

중복수정
㉠ 난세포(n) + 정핵(n) = 배(2n)
㉡ 2개의 극핵(n + n) + 정핵(n) = 배젖(3n)

22 반복친과 여러 번 교잡하면서 선발 고정하 는 육종법은?

① 계통육종법　　　② 여교잡육종법
③ 혼합육종법　　　④ 파생계통육종법

해설

여교잡육종법
잡종 제1세대를 만들 때 이용한 양친 가운데 우수한 형 질을 가진 반복친과 계속적으로 교배하여 새로운 품종 을 만드는 육종법으로, 내병성 육종에 많이 이용한다. 품질은 떨어지지만 내병성 품종을 일회친으로 하고 병 에 약하지만 우수 형질을 가진 품종을 반복친으로 하여 내병성 신품종을 육성할 수 있다.

23 생식세포 돌연변이와 체세포 돌연변이의 예로 가장 옳은 것은?

① 생식세포 돌연변이 : 염색체의 상호전좌, 체세 포 돌연변이 : 아조변이
② 생식세포 돌연변이 : 아조변이, 체세포 돌연변이 : 열성돌연변이
③ 생식세포 돌연변이 : 열성돌연변이, 체세포 돌 연변이 : 우성돌연변이
④ 생식세포 돌연변이 : 우성돌연변이, 체세포 돌 연변이 : 염색체의 상호전좌

24 체세포 염색체수가 20인 2배체 식물의 연 관군 수는?

① 20　　　　　　② 12
③ 10　　　　　　④ 2

해설

동일 염색체에서 서로 연관을 나타내는 유전자의 1군 (群)에 대해 개개의 생물은 반수염색체수와 같은 수(n) 의 연관군을 갖는다.
2n = 20, n = 10

25 재래종 또는 지방종에 대한 설명으로 옳지 않은 것은?

① 하나의 품종으로 보아도 좋다.
② 작물의 원산지에서 오랜 기간 자생 또는 재배되 어 온 것이어야만 한다.
③ 대부분의 재래종은 일종의 고정종에 속하는 것 이다.
④ 한 지역에서 예로부터 재배되어 내려 온 것을 흔 히 일컫는다.

해설

재래종
㉠ 지방종 또는 토산종이라고도 하며 육종의 과정을 거 치지 않고 각 지방에 보존되어 온 품종이다.

ⓒ 예전부터 전하여 내려오는 농작물이나 가축의 종자로, 다른 지역의 종자와 교배되는 일이 없이, 어떤 지역에서만 여러 해 동안 기르거나 재배되어 그곳의 풍토에 알맞게 적응된 종자를 이른다.

26 배낭에서 난세포 이외의 조세포나 반족세포의 핵이 단독으로 발육하여 배를 형성하는 생식은?

① 처녀생식 ② 무핵란생식
③ 무배생식 ④ 주심배생식

> 해설

무배생식
ⓐ 배낭의 난세포 이외의 조세포나 반족세포의 핵이 단독으로 발육하여 배를 형성하고 자성의 n식물을 이루는 것이다.
ⓑ 미모사 · 부추 · 파 등의 속에서 발견된다.

27 잡종강세 표현에 대한 설명으로 가장 적절하지 않은 것은?

① 외계의 불량 환경에 대한 저항성이 강하다.
② 영양체의 생장이 왕성하다.
③ 개화 및 생장이 촉진된다.
④ 임성이 저하된다.

28 돌연변이육종 시 고려해야 할 사항으로 가장 적절하지 않은 것은?

① 현실적인 육종규모를 설정한다.
② 주로 양적 형질을 육종목표로 설정한다.
③ 효과적인 돌연변이 유발원을 선택한다.
④ M_1 및 그 이후 세대의 효율적 육종방법을 설정한다.

29 신품종의 특성을 유지하는 데 문제가 되는 품종의 퇴화 원인으로 가장 적절하지 않은 것은?

① 근교 약세에 의한 퇴화
② 기계적 혼입에 의한 퇴화

③ 주동 유전자의 분리에 의한 퇴화
④ 자연 교잡에 의한 퇴화

> 해설

품종 퇴화의 원인
ⓐ 유전적 퇴화 : 돌연변이, 자연교잡, 이형 유전자의 분리, 기회적 부동, 자식(근교) 약세, 종자의 기계적 혼입 등
ⓑ 생리적 퇴화 : 재배환경(토양 생물환경, 기상), 재배조건 등
ⓒ 병리적 퇴화 : 바이러스, 병원균의 감염 등

30 인공교배를 할 때 고려해야 할 사항으로 가장 적절하지 않은 것은?

① 교배친의 조만성이 다를 경우 만생종을 일찍 파종한다.
② 자기수정 작물은 모본(종자친)에 제웅을 한다.
③ 추파성인 밀과 보리는 저온처리로 추파성을 소거해야 한다.
④ 벼는 장일처리를 하여 개화를 촉진시킨다.

> 해설

단일처리가 벼 품종의 출수기를 서로 비슷하게 앞당기는 가장 효과적인 방법이다.

31 작은 섬이나 산골짜기가 타식성 작물의 채종장소로 많이 이용되고 있는 이유로 가장 적절한 것은?

① 여러 가지 품종과의 자연교잡을 막을 수 있기 때문이다.
② 여러 가지 품종과의 자연교잡이 자유롭게 일어날 수 있기 때문이다.
③ 습도가 알맞기 때문이다.
④ 온도가 알맞기 때문이다.

> 해설

외딴 섬이나 산골짜기를 선정하여 격리채종을 실시하는 것은 타가수정작물의 교잡을 방지하여 생식질을 보존하기 위함이다.

32 교배모본 선정 시 고려할 사항으로 가장 적절하지 않은 것은?

① 가능한 결점이 적은 품종을 선정한다.
② 과거에 이용실적이 적은 품종을 선정한다.
③ 대상지역의 주요 품종을 교배친으로 설정한다.
④ 목표형질 이외에 양친의 유전조성이 유사한 품종을 설정한다.

33 다음 중 일염색체 식물인 것은?

① $2n+2$
② $2n+1$
③ $2n-1$
④ $2n$

> **해설**
>
> **이수성**
> ㉠ $2n-2 \rightarrow 0$염색체
> ㉡ $2n-1 \rightarrow 1$염색체
> ㉢ $2n+1 \rightarrow 3$염색체
> ㉣ $2n+2 \rightarrow 4$염색체

34 자가불화합성을 지닌 작물에 있어서 불화합성을 타파하여 자식종자를 생산할 수 있는 방법으로 가장 적절하지 않은 것은?

① 뇌수분
② 일장처리
③ 탄산가스
④ 고온처리

> **해설**
>
> **자가불화합성 타파 방법**
> 뇌수분, 노화수분, 고온처리, 전기자극, 고농도의 탄산가스 처리 등이 있다.

35 자웅동주이면서 웅예선숙인 작물로만 나열된 것은?

① 옥수수, 딸기
② 아스파라거스, 양파
③ 시금치, 벼
④ 시금치, 양파

> **해설**
>
> ㉠ 자웅이주 : 시금치, 아스파라거스, 은행나무 등
> ㉡ 자웅동주동화 : 무, 배추, 양배추 등 십자화과
> ㉢ 자웅동주이화 : 옥수수, 오이, 참외, 수박, 호박, 감, 딸기, 호두, 밤 등

36 다음 중 유전자의 지배자가 누적적인 유전자에 해당하는 것은?

① 중복유전자
② 복수유전자
③ 보족유전자
④ 억제유전자

> **해설**
>
> **복수유전자**
> 양적유전자라고도 하며, 동의유전자에서 개개 유전자의 작용이 상가적 또는 상승적 누적 효과를 표현형 발현에 미칠 때를 의미한다.

37 영양계 분리법과 가장 관련이 없는 것은?

① 과수류나 뽕나무 같은 영년생 식물에 이용한다.
② 양딸기의 자연집단에서 우량한 영양체를 분리하는 데 이용한다.
③ 영양이 좋은 종자를 선발 분리하는 방법이다.
④ 재래집단이나 자연집단에는 많은 변이체를 가지고 있다.

> **해설**
>
> **영양계 분리법**
> ㉠ 임목, 차나무, 과수류와 같은 영년식물이나 토란, 생강, 마늘, 고구마, 딸기 같은 영양체로 번식하는 작물들의 자연집단이나 재래품종 중에서 우량한 영양체를 분리해 이용하는 방법이다.
> ㉡ 영년식물이나 재래종 집단에는 많은 변이체가 포함되어 때로는 돌연변이체가 나타나기도 하며, 이러한 변이체 중에서 좋은 형질을 찾아내어 증식시켜 좋은 품종을 얻을 수 있다.

38 다음 중 육종목표로 가장 적절하지 않은 것은?

① 기존에 없던 새로운 식물을 창조하는 것
② 유용한 형질을 결합시켜 유용성을 높이는 것
③ 환경스트레스에 대한 저항성 증진
④ 시장 유통에 적합한 특성 증진

해설

육종은 사람이 원하는 대로 유전적 개량을 하는 것으로 변이집단에서 우량한 유전자형을 선발하여 신품종으로 육성 보급하는 기술이다. 즉, 종래의 것보다 우량한 품종을 만드는 것을 말한다.

39 다음 중 복교잡을 나타낸 것으로 가장 옳은 것은?

① A×B의 F_1에 B를 교잡
② (A×B)×(C×D)
③ (A×B)×C
④ A×B

해설

② 복교잡
③ 3원 교잡
④ 단교잡

40 다음 중 Brassica napus의 염색체의 수와 게놈으로 가장 적절한 것은?

① 2n=28, AABB
② 2n=30 AABBCC
③ 2n=32, AABBDD
④ 2n=38, AACC

해설

유채(Brassica napus : AACC, 2n=38)는 배추(B. rapa : AA, 2n=20)와 양배추(B. oleracea : CC, 2n=18)의 두 자가불화합성 품종 간의 종간 교잡을 통하여 나타난 자가화합 복이배체 식물이다.

제3과목 **재배원론**

41 토마토, 당근에 해당하는 일장형은?

① 단일식물
② 장일식물
③ 중성식물
④ 장단일식물

해설

작물의 일장 감응형

명칭	화아분화전	화아분화후	종류
LL식물	장일성	장일성	시금치, 봄보리
LI식물	장일성	중일성	Phlox paniculate, 사탕무
LS식물	장일성	단일성	Boltonia, Physostegia
IL식물	중일성	장일성	밀, 보리
II식물	중일성	중일성	고추, 올벼, 메밀, 토마토
IS식물	중일성	단일성	소빈국(小濱菊)
SL식물	단일성	장일성	프리뮬러, 시네라리아, 양딸기
SI식물	단일성	중일성	늦벼(신력, 욱), 도꼬마리
SS식물	단일성	단일성	코스모스, 나팔꽃, 늦콩

(L=Long, I=Indeterminate, S=Short)
• 장일식물 : Long-Day Plants
• 단일식물 : Short-Day Plants
• 중간식물 : Indeterminate Plants
• 장단일식물 : Long-Short Day Plants
• 단장일식물 : Short-Long Day Plants

42 화곡류의 생육 단계 중 한발해에 가장 약한 시기는?

① 유숙기
② 출수개화기
③ 감수분열기
④ 유수형성기

해설

생육시기와 한해
생식생장기는 영양생장기보다 약하며, 벼, 맥류의 경우 생식세포의 감수분열기에 가장 약하고 출수개화기, 유숙기의 순서이며 분얼기에는 강한 편이다.

---

43 C₄ 작물에 대한 설명으로 가장 거리가 먼 것은?

① 광포화점이 높다.　　② 광호흡률이 높다.

③ 광보상점이 낮다.　　④ 광합성효율이 높다.

해설

C₄ 작물에서는 광호흡이 없고 이산화탄소 시비의 효과가 작다.

44 녹제춘화형 식물인 것으로만 나열된 것은?

① 잠두, 무　　　　　② 추파맥류, 코스모스

③ 완두, 벼　　　　　④ 양배추, 양파

해설

녹체 버널리제이션

㉠ 식물이 일정한 크기에 달한 녹체기에 처리하는 것을 녹체 버널리제이션이라 하며 여기에 속하는 작물을 녹체 버널리제이션형이라 한다.

㉡ 양배추 · 봄무 등이 있다.

45 다음 중 윤작에 대한 설명으로 옳지 않은 것은?

① 동양에서 발달한 작부방식이다.

② 지력유지를 위하여 콩과 작물을 반드시 포함한다.

③ 병충해 경감 효과가 있다.

④ 경지이용률을 높일 수 있다.

해설

윤작은 유럽과 미국에서 발달한 경작방식이다.

46 단풍나무의 휴면을 유도하며, 위조 저항성, 한해 저항성, 휴면아 형성 등과 관련 있는 호르몬으로 가장 옳은 것은?

① 옥신　　　　　　② 지베렐린

③ 시토키닌　　　　④ ABA

해설

ABA의 효과

㉠ 잎의 노화 · 낙엽을 촉진하고 휴면을 유도한다.

㉡ 생육 중에 연속처리하면 휴면아를 형성한다(예 단풍나무).

㉢ 종자의 휴면을 연장하여 발아를 억제한다(예 감자 · 장미 · 양상추).

47 다음 중 인과류로만 나열되어 있는 것은?

① 사과, 배　　　　② 무화과, 딸기

③ 복숭아, 앵두　　④ 감, 밤

해설

인과류

배, 사과, 비파 등이 있으며, 꽃받침이 발달하였다.

48 논에 심층시비를 하는 효과에 대한 설명으로 가장 옳은 것은?

① 질산태 질소비료를 논 토양의 환원층에 주어 탈질을 막는다.

② 질산태 질소비료를 논 토양의 산화층에 주어 탈질을 막는다.

③ 암모니아태 질소비료를 논 토양의 환원층에 주어 탈질을 막는다.

④ 암모니아태 질소비료를 논 토양의 산화층에 주어 탈질을 막는다.

해설

암모니아태 질소는 환원층에서는 안정된 형태로 토양에 강하게 흡착 보전되지만, 산화층에서는 미생물의 작용으로 인해 빠르게 질산태 질소로 변한다.

49 벼의 관수해(冠水害)에 대한 설명으로 가장 옳은 것은?

① 출수개화기에 약하다.

② 관수상태에서 벼의 잎은 도장이 억제될 수 있다.

③ 수온과 기온이 높으면 피해가 적다.

④ 청수보다 탁수에서 피해가 적다.

정답 　43 ② 　44 ④ 　45 ① 　46 ④ 　47 ① 　48 ③ 　49 ①

② 관수상태에서 벼의 잎이 도장하여 이상신장한다.

③ 수온과 기온이 높으면 호흡기질의 소모가 많아 피해가 크다.

④ 청수보다 탁수에서 피해가 크다.

50 사료작물을 혼파 재배할 때 가장 불편한 것은?

① 채종이 어려움 ② 건초 제조가 어려움

③ 잡초 방제가 어려움 ④ 병해충 방제가 어려움

혼파의 단점

㉠ 작물의 수확기가 일치하지 않는 한 수확이 제한을 받는다.

㉡ 작물의 종류를 제한하여 혼파해야 한다.

㉢ 병충해 방제가 불편하다.

㉣ 채종 작업이 불편하다.

51 작부방식의 변천과정으로 가장 적절한 것은?

① 이동경작 → 3포식 농법 → 개량3포식 농법 → 자유작

② 자유작 → 이동경작 → 휴한농법 → 개량3포식 농법

③ 이동경작 → 개량3포식 농법 → 자유작 → 3포식 농법

④ 자유작 → 휴한농법 → 개량3포식 농법 → 이동경작

작부방식의 변천과정

이동경작 → 3포식 농법(휴한농법) → 개량3포식 농법(윤작농법) → 자유작

52 질소를 10a당 9.2kg 사용하고자 할 때, 기비 40%의 요소 필요량은?

① 약 4kg ② 약 8kg

③ 약 12kg ④ 약 16kg

• 9.2kg에서 기비에 필요한 40% : $9.2 \times 40\% = 3.68$kg

• 요소 중 질소함량은 46% : $3.68 \times \dfrac{100}{46} = 8$kg

53 작물의 도복에 대한 설명으로 가장 거리가 먼 것은?

① 맥류의 경우 절간 신장이 시작된 이후의 토입은 도복을 크게 경감시킨다.

② 밀식하면 통풍 및 통광이 저해되어 경엽이 연약해지고 뿌리의 발달도 불량해지므로 도복이 심해진다.

③ 질소 시비량을 증가시키면 도복이 억제된다.

④ 맥류의 경우 이식재배를 한 것은 직파재배한 것보다 도복을 경감시킨다.

질소 시비량이 증가할수록 도복의 위험성은 높아진다.

54 다음 중 적산온도에 대한 설명으로 가장 적합한 것은?

① 작물생육기간 중 0℃ 이상의 일평균 기온을 합산한 온도

② 작물생육의 최적온도를 생육일수로 곱한 온도

③ 작물생육기간 중 일최고기온을 합산한 온도

④ 작물생육기간 중 일최저기온을 합산한 온도

적산온도

일정한 날부터 매일의 평균기온을 더해서 정해진 어느 날까지의 합계온도를 말하는데, 이때 기준온도(0℃, 5℃, 10℃ 또는 15℃) 이하의 온도는 합계에서 제외하며, 이를 유효적산온도라 한다. 그러나 편의상 기준온도를 0℃로 하였을 때를 보통 적산온도라 한다.

55 우리나라 작물재배의 특색에 대한 설명으로 가장 적절하지 않은 것은?

① 토양비옥도가 낮음
② 전체적인 식량자급률이 높음
③ 경영규모가 영세함
④ 농산물의 국제 경쟁력이 약함

> **해설**
>
> 우리나라는 쌀을 제외한 곡물과 사료를 포함한 전체 식량자급률이 낮다.

56 토양 공극과 용기량과의 관계를 가장 올바르게 설명한 것은?

① 모관 공극이 많으면 용기량은 증대된다.
② 공극과 용기량은 관계가 없다.
③ 비모관 공극이 많으면 용기량은 증대된다.
④ 비모관 공극이 적으면 용기량은 증대된다.

57 다음 중 요수량이 가장 큰 작물은?

① 옥수수　　　　② 기장
③ 수수　　　　　④ 호박

> **해설**
>
> 요수량은 수수 · 기장 · 옥수수 등이 작고, 호박 · 알팔파 · 클로버 등이 크다.

58 세포분열을 촉진하는 활성물질로 잎의 노화를 방지하며 저장 중의 신선도를 유지해주는 것으로 가장 옳은 것은?

① 옥신　　　　　② 시토키닌
③ 지베렐린　　　④ ABA

> **해설**
>
> 시토키닌
> ㉠ 발아를 촉진한다.
> ㉡ 잎의 생장을 촉진한다(**예** 무).
> ㉢ 저장 중의 신선도를 증진하는 효과가 있다(**예** 아스파라거스).

㉢ 호흡을 억제하여 엽록소와 단백질의 분해를 억제하고 잎의 노화를 방지한다(**예** 해바라기).

59 포도 등의 착색에 관계하는 안토시안의 생성을 가장 조장하는 광파장은?

① 적외선　　　　② 녹색광
③ 자외선　　　　④ 적색광

> **해설**
>
> 안토시안(anthocyan, 화청소)의 생성에 의해 사과 · 포도 · 딸기 · 순무 등의 착색이 이루어지는데, 안토시안은 비교적 저온에 의해서 생성이 조장되고, 또 비교적 단파장의 자외선이나 자색광에 의해서 생성이 조장되며, 광선을 잘 받을 때 착색이 좋아진다.

60 세포벽의 가소성을 증대시켜 세포의 신장을 유발하는 것으로 가장 옳은 것은?

① Auxin　　　　② CCC
③ Cytokinin　　④ Ethylene

> **해설**
>
> 옥신의 생성
> 옥신은 줄기나 뿌리의 선단에서 생성되어 체내를 이동하면서 주로 세포의 신장 촉진을 통하여 조직이나 기관의 생장을 조장한다.

정답　　55 ②　56 ③　57 ④　58 ②　59 ③　60 ①

61 다음 설명에 해당하는 식물병원균은?

- 균사에는 격벽이 있고, 격벽에는 유연공이 있으며, 세포벽은 글루칸과 키틴으로 되어 있다.
- 나무를 썩히는 목재썩음병 등 대부분의 목재부후균에 해당된다.

① 난균
② 담자균
③ 접합균
④ 고생균류

해설

㉠ 난균류 : 세포벽에 키틴(chitin)이 없고, 소량의 섬유소와 글루칸(glucan)을 가지고 있다. 균사에는 격벽이 없고, 휴면포자는 난포자이며, 무성포자는 유주포자 또는 유주포자낭이다.

㉡ 접합균류(接合菌類) : 진균류의 한 종류이며 간단한 균사로 된 것도 있지만, 격벽이 없이 다핵 균사체가 발달된 것이 대부분이다.

㉢ 고생균류 : 진균류의 균 가운데 가장 하등에 속하는 곰팡이로 균사체가 없거나 발달이 미미하며 전실성(全實性)을 지닌 균류이다. 병원균으로는 무사마귀병균, 감자분상더뎅이병균, 감자암종병균 따위가 있다.

62 미생물의 독소를 이용하여 해충을 방제하는 생물농약은?

① 지베렐린
② 불임화제
③ 석회보르도액
④ BT(Bacillus Thuringiensis)제

해설

BT제는 나방류나 애벌레 방제에 탁월한 효과가 있는 천연 살충 미생물로서 포유류 등 다른 생물에는 독성이 거의 없어 유기농업에 많이 활용되고 있다.

63 생태적 잡초 방법에 해당하는 것은?

① 피복작물을 이용하는 방법
② 열을 이용하여 소각, 소토하는 방법
③ 새로운 잡초종의 침입과 오염을 막는 방법
④ 곤충, 가축, 미생물 등의 생물을 이용하는 방법

해설

생태적 방제법

㉠ 흔히 재배적 방제법 또는 경종적 방제법이라고도 하며, 잡초와 작물의 생리·생태적 특성 차이에 근거를 두고 잡초에는 경합력이 저하되도록 유도하는 대신 작물에는 경합력이 높아지도록 재배관리를 해주는 방법이다.

㉡ 처리내용으로는 파종기를 조절하거나 파종량·비료의 종류·시비량과 시기를 조절하고, 관수를 달리하며 지면피복 또는 윤작체계 확립으로 잡초 생육을 억제하는 것 등을 들 수 있다.

64 물리적 잡초 방제 방법에 속하지 않는 것은?

① 경운
② 비닐 피복
③ 작물 윤작
④ 침수 처리

해설

기계적(물리적) 방제

수취, 베기, 경운, 태우기, 침수, 훈연 등의 방법들이 있으며 잡초가 외세의 침해에 가장 약한 시기를 통하여 작물과의 경합력을 억제하고 번식을 막아줄 목적으로 실시된다.

※ 윤작은 생태적 잡초 방제방법이다.

65 곤충의 피부를 구성하는 부분이 아닌 것은?

① 융기
② 큐티클
③ 기점가
④ 표피세포

해설

곤충의 체벽은 큐티클층, 표피세포층, 기저막으로 구성되어 있다.

66 유충(또는 약충)과 성충이 모두 식물의 즙액을 빨아먹어 피해를 주는 해충은?

① 멸구류
② 나방류
③ 하늘소류
④ 좀벌레류

정답 61 ② 62 ④ 63 ① 64 ③ 65 ① 66 ①

멸구류

해마다 기류를 타고 중국 남부 대륙으로부터 우리나라에 공중 이동하여 농작물, 특히 벼에 기생하는 해충이다. 성충과 애벌레가 모두 농작물의 해충이다.

67 다음 설명에 해당하는 식물병은?

- 벼 수량에 간접적으로 영향을 준다.
- 병원균은 균핵의 형태로 월동한 후 초여름부터 발생한다.
- 발병 최성기는 고온다습한 8월 상순부터 9월 상순경이다.

① 벼 잎집얼룩병
② 벼 흰잎마름병
③ 벼 줄무늬잎마름병
④ 벼 검은줄무늬오갈병

벼 잎집얼룩병

벼의 병 중에서 일반적으로 온도가 높고 통기가 좋지 못할 때 많이 발생한다.

68 해충의 농약 저항성에 대한 설명으로 옳지 않은 것은?

① 혈동일 기작을 가진 계통의 약제를 연속하여 사용하지 않는다.
② 진딧물이나 응애류처럼 생활사가 짧을수록 저항성은 더 늦게 발달된다.
③ 방제 효과를 올리기 위해서 약제 사용량을 계속해서 늘리면서 발생하는 현상이다.
④ 약제에 대한 감수성종이 죽고 유전적으로 저항성을 가진 해충이 살아남아 저항성 개체가 우점종이 되는 것을 의미한다.

해충의 생활사가 짧을수록 저항성은 빠르게 발달한다.

69 배추 무사마귀병 방제 방법으로 옳지 않은 것은?

① 토양 소독
② 토양 산도 교정
③ 양배추 윤작 재배
④ 저항성 품종 재배

70 해충의 방제 방법 분류 중 성격이 다른 것은?

① 윤작
② 혼작
③ 온도처리
④ 재배밀도 조절

윤작, 혼작, 재배밀도 조절, 종자의 선택 등은 생태적 방제방법이고 온도처리, 소각 등은 물리적 방제방법이다.

71 토양 훈증제를 이용한 토양 소독 방법에 대한 설명으로 옳지 않은 것은?

① 효과가 크다.
② 비용이 많이 든다.
③ 화학적 방제의 일종이다.
④ 식물병에 선택적으로 작용한다.

토양 훈증제는 경작지역에 뿌리며 흙 속에 스며들어 병을 일으키는 균류·선형동물·잡초 등의 해로운 생물을 방제하기 위하여 토양에 주입하는 휘발성 약제이다.

72 식물 병해충의 종합적 방제 방법에 대한 설명으로 옳은 것은?

① 한 지역에서 동시에 방제하는 방법이다.
② 여러 가지 병해충을 동시에 방제하는 방법이다.
③ 여러 가지 농약을 동시에 사용하여 방제하는 방법이다.
④ 여러 가지 가능한 방제 수단을 사용하여 방제하는 방법이다.

> **해설**

종합적 방제법

경제적 손실이 위험 수준이 되지 않는 범위에서 유해물질의 밀도를 유지하면서 작물의 전 생육기간 동안 체계적으로 방제하는 것으로, 약제의 사용을 줄이고, 노동생산성을 높이는 한편 천적과 유익생물을 보존하며, 환경보호의 목적도 달성하기 위한 여러 가지 가능한 방제수단을 사용하는 방제방법이다.

73 유충기에 수확된 밤이나 밤송이 속으로 파먹어 들어가 많은 피해를 주는 해충은?

① 복숭아명나방   ② 복숭아혹진딧물
③ 복숭아심식나방   ④ 복숭아유리나방

> **해설**

복숭아명나방

㉠ 잡식성인 해충으로 밤나무, 복숭아나무 등 과수의 종실을 식해하는 활엽수형과 잣나무, 소나무 등의 침엽을 식해하는 침엽수형이 있다.

㉡ 활엽수형의 밤에 대한 피해 증상은 어린 유충이 밤송이의 가시를 잘라 먹기 때문에 밤송이 색이 누렇게 보이고 성숙한 유충은 밤송이 속으로 파먹어 들어가면서 똥과 즙액을 배출하여 거미줄로 밤송이에 붙여 놓으므로 피해가 쉽게 발견된다.

74 다년생 잡초로만 올바르게 나열한 것은?

① 가래, 쇠비름   ② 벗풀, 뚝새풀
③ 올방개, 바랭이   ④ 질경이, 나도겨풀

> **해설**

우리나라의 주요 잡초

구분		1년생	다년생
논 잡초	화본과	강피 · 돌피 · 물피 등	나도겨풀
	방동사니과	알방동사니 · 올챙이고랭이 등	너도방동사니 · 올방개 · 쇠털골 · 매자기 등
	광엽잡초	여뀌 · 물달개비 · 물옥잠 · 사마귀풀 · 자귀풀 · 여뀌바늘 · 가막사리 등	가래 · 보풀 · 올미 · 벗풀 · 개구리밥 · 좀개구리밥 등

구분		1년생	다년생
밭 잡초	화본과	뚝새풀 · 바랭이 · 강아지풀 · 돌피 · 개기장 등	참새피 · 띠 등
	방동사니과	참방동사니 · 방동사니 등	향부자 등
	광엽잡초	비름 · 냉이 · 명아주 · 망초 · 여뀌 · 쇠비름 · 마디풀 · 속속이풀(2년생) · 별꽃(2년생) 등	쑥 · 씀바귀 · 메꽃 · 쇠뜨기 · 민들레 · 토끼풀 등

75 광엽잡초로만 올바르게 나열한 것은?

① 강피, 바랭이   ② 냉이, 개비름
③ 메꽃, 강아지풀   ④ 뚝새풀, 나도방동사니

76 다음 설명에 해당하는 식물병원은?

- 식물병이 전신 감염성이어서 영양체에 의해 연속적으로 전염된다.
- 주로 매미충류와 기타 식물의 체관부에서 즙액을 빨아먹는 소수의 노린재, 나무이 등에 의해 매개 전염된다.
- 테트라사이클린에 감수성이다.

① 세균   ② 진균
③ 바이러스   ④ 파이토플라스마

> **해설**

파이토플라스마

바이러스와 세균의 중간 영역에 위치하는 생물계에서 가상 삭고 단순한 원핵생물의 일종이며 식물의 체관을 막아 잎을 오그라들게 한다. 대추나무, 복숭아, 밤나무의 오갈병의 원인이다.

77 살포액 20L에 농약 20g을 넣었을 때 희석배수는?

① 100배   ② 500배
③ 1,000배   ④ 2,000배

$20,000\text{mL}(20\text{L}) \div 20\text{g} = 1,000$배

78 나비목 해충이 알에서 부화한 후 3번 탈피하였을 때 유충의 영기는?

① 2령충　　　　　　② 3령충
③ 4령충　　　　　　④ 5령충

79 보르도액은 어떤 종류의 약제인가?

① 종자소독제　　　　② 보호살균제
③ 농용항생제　　　　④ 화학불인제

해설

보호살균제
병균이 식물체에 침투하는 것을 막기 위하여 쓰는 살균제이며 석회보르도액, 구리분제, 유기유황제 등이 있다.

80 주로 밭에서 발생하는 잡초는?

① 가래, 마디꽃　　　② 반하, 쇠비름
③ 억새, 개구리밥　　④ 올방개, 너도방동사니

해설

우리나라의 밭잡초

구분	1년생	다년생
화본과	뚝새풀, 바랭이, 강아지풀, 돌피, 개기장 등	참새피, 띠 등
방동사니과	참방동사니, 방동사니 등	향부자 등
광엽잡초	비름, 냉이, 명아주, 망초, 여뀌, 쇠비름, 마디풀, 속속이풀(2년생), 별꽃(2년생) 등	쑥, 씀바귀, 메꽃, 쇠뜨기, 민들레, 토끼풀, 반하 등

81 ( )에 가장 적절한 내용은?

농림축산식품부장관은 종자산업의 효율적인 육성 및 지원을 위하여 종자산업 관련 기관·단체 또는 법인 등 적절한 인력과 시설을 갖춘 기관을 ( )로 지정할 수 있다.

① 농업재단산업센터　② 종자산업진흥센터
③ 기술보급종자센터　④ 스마트농업센터

해설

종자산업진흥센터의 지정
농림축산식품부장관은 종자산업의 효율적인 육성 및 지원을 위하여 종자산업 관련 기관·단체 또는 법인 등 적절한 인력과 시설을 갖춘 기관을 종자산업진흥센터로 지정할 수 있다.

82 「식물신품종 보호법」상 심판에 대한 내용이다. ( )에 가장 적절한 내용은?

심판위원회는 위원장 1명을 포함한 ( ) 이내의 품종보호심판위원으로 구성하되, 위원장이 아닌 심판위원 중 1명은 상임(常任)으로 한다.

① 5명　　　　　　　② 8명
③ 9명　　　　　　　④ 12명

해설

품종보호심판위원회
㉠ 품종보호에 관한 심판과 재심을 관장하기 위하여 농림축산식품부에 품종보호심판위원회(이하 "심판위원회"라 한다)를 둔다.
㉡ 심판위원회는 위원장 1명을 포함한 8명 이내의 품종보호심판위원(이하 "심판위원"이라 한다)으로 구성하되, 위원장이 아닌 심판위원 중 1명은 상임으로 한다.
㉢ 위에서 규정한 사항 외에 심판위원회의 구성·운영 등에 필요한 사항은 대통령령으로 정한다.

83 품종보호권에 대한 내용이다. ( )에 가장 적절한 내용은?(단, "재정의 청구는 해당 보호품종의 품종 보호권자 또는 전용실시권자와 통상실시권 허락에 관한 협의를 할 수 없거나 협의의 결과 합의가 이루어지지 아니한 경우에만 할 수 있다."를 포함한다.)

> 보호품종을 실시하려는 자는 보호품종이 정당한 사유 없이 계속하여 ( ) 이상 국내에서 상당한 영업적 규모로 실시되지 아니하거나 적당한 정도와 조건으로 국내수요를 충족시키지 못한 경우 농림축산식품부장관 또는 해양수산부장관에게 통상실시권 설정에 관한 재정(裁定)을 청구할 수 있다.

① 6개월
② 1년
③ 2년
④ 3년

해설

통상실시권 설정의 재정
보호품종을 실시하려는 자는 보호품종이 다음의 어느 하나에 해당하는 경우에는 농림축산식품부장관 또는 해양수산부장관에게 통상실시권 설정에 관한 재정(裁定)을 청구할 수 있다.
㉠ 보호품종이 천재지변이나 그 밖의 불가항력 또는 대통령령으로 정하는 정당한 사유 없이 계속하여 3년 이상 국내에서 실시되고 있지 아니한 경우
㉡ 보호품종이 정당한 사유 없이 계속하여 3년 이상 국내에서 상당한 영업적 규모로 실시되지 아니하거나 적당한 정도와 조건으로 국내수요를 충족시키지 못한 경우
㉢ 전쟁, 천재지변 또는 재해로 인하여 긴급한 수급(需給) 조절이나 보급이 필요하여 비상업적으로 보호품종을 실시할 필요가 있는 경우
㉣ 사법적 절차 또는 행정적 절차에 의하여 불공정한 거래행위로 인정된 사항을 시정하기 위하여 보호품종을 실시할 필요성이 있는 경우

84 품종보호료 및 품종보호 등록 등에 대한 내용이다. ( )에 가장 적절한 내용은?

> 품종보호권의 설정등록을 받으려는 자 또는 품종보호권자가 책임질 수 없는 사유로 추가납부기간 이내에 품종보호료를 납부하지 아니였거나 보전기간 이내에 보전하지 아니한 경우에는 그 사유가 종료한 날부터 ( ) 이내에 그 품종보호료를 납부하거나 보전할 수 있다. 다만, 추가납부기간의 만료일 또는 전 기간의 만료일 중 늦은 날부터 6개월이 경과하였을 때에는 그러하지 아니하다.

① 5일
② 7일
③ 14일
④ 21일

해설

품종보호료의 추가납부 또는 보전에 의한 품종보호 출원과 품종보호권의 회복
품종보호권의 설정등록을 받으려는 자 또는 품종보호권자가 책임질 수 없는 사유로 추가납부기간 이내에 품종보호료를 납부하지 아니하였거나 보전기간 이내에 보전하지 아니한 경우에는 그 사유가 종료한 날부터 14일 이내에 그 품종보호료를 납부하거나 보전할 수 있다. 다만, 추가납부기간의 만료일 또는 보전기간의 만료일 중 늦은 날부터 6개월이 지났을 때에는 그러하지 아니하다.

85 종자 및 묘의 유통 관리에서 시장·군수·구청장은 종자업자가 종자업 등록을 한 날부터 1년 이내에 사업을 시작하지 아니하거나 정당한 사유 없이 1년 이상 계속하여 휴업한 경우 종자업 등록을 취소하거나 몇 개월 이내의 기간을 정하여 영업의 전부 또는 일부의 정지를 명할 수 있는가?

① 3개월
② 6개월
③ 9개월
④ 12개월

해설

종자업 등록의 취소
시장·군수·구청장은 종자업자가 다음 각 호의 어느 하나에 해당하는 경우에는 종자업 등록을 취소하거나 6개월 이내의 기간을 정하여 영업의 전부 또는 일부의 정지를 명할 수 있다. 다만, 아래에 해당하는 경우에는 그 등록을 취소하여야 한다.

1. 거짓이나 그 밖의 부정한 방법으로 종자업 등록을 한 경우
2. 종자업 등록을 한 날부터 1년 이내에 사업을 시작하지 아니하거나 정당한 사유 없이 1년 이상 계속하여 휴업한 경우
3. 「식물신품종 보호법」에 따른 보호품종의 실시 여부 등에 관한 보고 명령에 따르지 아니한 경우
4. 종자의 보증을 받지 아니한 품종목록 등재대상작물의 종자를 판매하거나 보급한 경우
5. 종자업자가 종자업 등록을 한 후 시설기준에 미치지 못하게 된 경우
6. 종자업자가 본문을 위반하여 종자관리사를 두지 아니한 경우
7. 신고하지 아니한 종자를 생산하거나 수입하여 판매한 경우
8. 수출·수입이 제한된 종자를 수출·수입하거나, 수입되어 국내 유통이 제한된 종자를 국내에 유통한 경우
9. 수입적응성 시험을 받지 아니한 외국산 종자를 판매하거나 보급한 경우
10. 품질표시를 하지 아니한 종자를 판매하거나 보급한 경우
11. 종자 등의 조사나 종자의 수거를 거부·방해 또는 기피한 경우
12. 생산이나 판매를 중지하게 한 종자를 생산하거나 판매한 경우

86 (   )에 알맞은 내용은?

> 품종보호 요건 및 품종보호 출원에서 우선권을 주장하려는 자는 최초의 품종보호일 다음 날부터 (   ) 이내에 품종보호 출원을 하지 아니하면 우선권을 주장할 수 없다.

① 1년   ② 9개월
③ 6개월   ④ 3개월

해설

품종보호 요건 및 품종보호 출원 우선권의 주장
1. 대한민국 국민에게 품종보호 출원에 대한 우선권을 인정하는 국가의 국민이 그 국가에 품종보호 출원을 한 후 같은 품종을 대한민국에 품종보호 출원하여 우선권을 주장하는 경우에는 그 국가에 품종보호 출원한 날을 대한민국에 품종보호 출원한 날로 본다. 대한

민국 국민이 대한민국 국민에게 품종보호 출원에 대한 우선권을 인정하는 국가에 품종보호 출원을 한 후 같은 품종을 대한민국에 품종보호 출원한 경우에도 또한 같다.
2. 우선권을 주장하려는 자는 최초의 품종보호 출원일 다음 날부터 1년 이내에 품종보호 출원을 하지 아니하면 우선권을 주장할 수 없다.
3. 우선권을 주장하려는 자는 품종보호 출원서에 그 취지, 최초로 품종보호 출원한 국명(國名)과 최초로 품종보호 출원한 연월일을 적어야 한다.
4. 우선권을 주장한 자는 최초로 품종보호 출원한 국가의 정부가 인정하는 품종보호 출원서 등본을 품종보호 출원일부터 90일 이내에 제출하여야 한다.
5. 우선권을 주장한 자는 최초의 품종보호 출원일부터 3년까지 해당 출원품종에 대한 심사의 연기를 농림축산식품부장관 또는 해양수산부장관에게 요청할 수 있으며 농림축산식품부장관 또는 해양수산부장관은 정당한 사유가 없으면 그 요청에 따라야 한다.

87 「종자산업법」상 종자 및 묘의 검정결과에 대하여 거짓광고나 과대광고를 한 자는 어떤 벌칙을 받는가?

① 6개월 이하의 징역 또는 3백만 원 이하의 벌금
② 6개월 이하의 징역 또는 5백만 원 이하의 벌금
③ 1년 이하의 징역 또는 5백만 원 이하의 벌금
④ 1년 이하의 징역 또는 1천만 원 이하의 벌금

해설

1년 이하의 징역 또는 1천만 원 이하의 벌금에 처하는 경우
• 등록을 하지 아니하고 종자관리사 업무를 수행한 자
• 보증서를 거짓으로 발급한 종자관리사
• 보증을 받지 아니하고 종자를 판매하거나 보급한 자
• 명령에 따르지 아니한 자
• 무병화인증기관의 지정을 받거나 그 지정의 갱신을 하지 아니하고 무병화인증 업무를 한 자
• 무병화인증기관의 지정취소 또는 업무정지 처분을 받고도 무병화인증 업무를 한 자
• 거짓이나 그 밖의 부정한 방법으로 무병화인증을 받거나 갱신한 자
• 거짓이나 그 밖의 부정한 방법으로 무병화인증기관의 지정을 받거나 갱신한 자
• 무병화인증을 받지 아니한 종자의 용기나 포장에 무

병화인증의 표시 또는 이와 유사한 표시를 한 자
- 무병화인증을 받은 종자의 용기나 포장에 무병화인증을 받은 내용과 다르게 표시한 자
- 무병화인증을 받지 아니한 종자를 무병화인증을 받은 종자로 광고하거나 무병화인증을 받은 종자로 오인할 수 있도록 광고한 자
- 무병화인증을 받은 종자를 무병화인증을 받은 내용과 다르게 광고한 자
- 등록하지 아니하고 육묘업을 한 자
- 등록이 취소된 종자업 또는 육묘업을 계속하거나 영업정지를 받고도 종자업 또는 육묘업을 계속한 자
- 종자를 수출 또는 수입하거나 수입된 종자를 유통시킨 자
- 수입적응성 시험을 받지 아니하고 종자를 수입한 자
- 거짓이나 그 밖에 부정한 방법으로 종자의 검정 따른 검정을 받은 자
- 검정결과에 대하여 거짓광고나 과대광고를 한 자
- 생산 또는 판매 중지를 명한 종자 또는 묘를 생산하거나 판매한 자
- 제47조 제4항 후단을 위반하여 시료채취를 거부 · 방해 또는 기피한 자

88 ( )에 가장 적절한 내용은?

> 고품질 종자 유통 · 보급을 통한 농림업의 생산성 향상 등을 위하여 ( )은/는 종자의 보증을 할 수 있다.

① 종자관리사
② 농업대학 교수
③ 농업관련 연구원
④ 농업마이스터 교사

해설

종자의 보증
㉠ 고품질 종자 유통 · 보급을 통한 농림업의 생산성 향상 등을 위하여 농림축산식품부장관과 종자관리사는 종자의 보증을 할 수 있다.
㉡ 종자의 보증은 농림축산식품부장관이 하는 보증과 종자관리사가 하는 보증으로 구분한다.

89 식물신품종 보호법상 보칙에서 "종자위원회는 필요한 경우 당사자나 그 대리인 또는 이해관계인에게 출석을 요구하거나 관계 서류의 제출을 요구할 수 있다."에 따라 당사자나 그 대리인 또는 이해관계인의 출석을 요구하거나 필요한 관계 서류를 출석을 요구하거나 필요한 관계 서류를 요구하는 경우에는 회의 개최일 며칠 전까지 서면으로 하여야 하는가?

① 3일
② 5일
③ 7일
④ 14일

해설

출석의 요구
㉠ 종자위원회는 필요한 경우 당사자나 그 대리인 또는 이해관계인에게 출석을 요구하거나 관계 서류의 제출을 요구할 수 있다.
㉡ 당사자나 그 대리인 또는 이해관계인의 출석을 요구하거나 필요한 관계 서류를 요구하는 경우에는 회의 개최일 7일 전까지 서면으로 하여야 한다.
㉢ 정당한 사유 없이 이에 따르지 아니하는 경우 의견진술을 포기한 것으로 본다는 뜻이 포함되어야 한다.
㉣ 당사자가 정당한 사유 없이 출석 요구 또는 관계 서류의 제출 요구를 따르지 아니하면 조정이 성립되지 아니한 것으로 본다.

90 종자검사요령상 수분의 측정에서 저온항온 건조기법을 사용하게 되는 종으로만 나열된 것은?

① 상추, 시금치
② 조, 참외
③ 보리, 호밀
④ 유채, 고추

해설

저온항온 건조기법을 사용하는 종
마늘, 파, 부추, 콩, 땅콩, 배추씨, 유채, 고추, 목화, 피마자, 참깨, 아마, 겨자, 무 등

91 종자산업의 기반 조성에 대한 내용이다. ( )에 가장 적절한 내용은?

> 농림축산식품부장관은 종자산업의 안정적인 정착에 필요한 기술보급을 위하여 ( )에게 종자 및 묘 생산과 관련된 기술의 보급에 필요한 정보 수집 및 교육사업을 수행하게 할 수 있다.

① 식품의약품안전처장 ② 농촌진흥청장
③ 환경부장관 ④ 지방자치단체의 장

해설

지방자치단체의 종자산업 사업수행
농림축산식품부장관은 종자산업의 안정적인 정착에 필요한 기술보급을 위하여 지방자치단체의 장에게 다음의 사업을 수행하게 할 수 있다.
㉠ 종자 및 묘 생산과 관련된 기술의 보급에 필요한 정보 수집 및 교육
㉡ 지역특화 농산물 품목 육성을 위한 품종개발
㉢ 지역특화 육종연구단지의 조성 및 지원
㉣ 종자생산 농가에 대한 채종 관련 기반시설의 지원
㉤ 그 밖에 농림축산식품부장관이 필요하다고 인정하는 사업

92 종자관리요강상 겉보리, 쌀보리 및 맥주보리의 포장검사에 대한 내용이다. ( )에 가장 적절한 내용은?

> 전작물 조건 : 품종의 순도유지를 위하여 ( ) 이상 윤작을 하여야 한다. 다만, 경종적 방법에 의하여 혼종의 우려가 없도록 담수처리, 객토, 비닐멀칭을 하였거나, 타 작물을 앞그루로 재배한 경우 및 이전 재배 품종이 당해 포장 검사를 받는 품종과 동일한 경우에는 그러하지 아니하다.

① 1년 ② 2년
③ 3년 ④ 5년

해설

겉보리, 쌀보리 및 맥주보리 포장검사
㉠ 검사시기 및 횟수 : 유숙기로부터 황숙기 사이에 1회 실시
㉡ 포장격리 : 벼에 준한다.
㉢ 전작물 조건 : 품종의 순도 유지를 위하여 2년 이상 윤작을 하여야 한다.

93 식물신품종 보호법상 품종의 명칭에서 품종명칭등록 이의신청을 한 자는 품종명칭 등록 이의신청기간이 경과한 후 며칠 이내에 품종명칭 등록 이의신청서에 적은 이유 또는 증거를 보정할 수 있는가?

① 7일 ② 14일
③ 21일 ④ 30일

해설

품종명칭등록 이의신청 이유 등의 보정
품종명칭등록 이의신청을 한 자는 품종명칭등록 이의신청기간이 지난 후 30일 이내에 품종명칭등록 이의신청서에 적은 이유 또는 증거를 보정할 수 있다.

94 ( )에 알맞은 내용은?

> 국가품종목록의 등재 등에서 품종목록 등재의 유효기간 연장 신청은 그 품종목록 등재의 유효기간이 끝나기 전 ( ) 이내에 신청하여야 한다.

① 3개월 ② 6개월
③ 1년 ④ 2년

해설

품종목록 등재의 유효기간
1. 품종목록 등재의 유효기간은 등재한 날이 속한 해의 다음 해부터 10년까지로 한다.
2. 품종목록 등재의 유효기간은 유효기간 연장신청에 의하여 계속 연장될 수 있다.
3. 품종목록 등재의 유효기간 연장신청은 그 품종목록 등재의 유효기간이 끝나기 전 1년 이내에 신청하여야 한다.
4. 농림축산식품부장관은 품종목록 등재의 유효기간 연장신청을 받은 경우 그 유효기간 연장신청을 한 품종이 품종목록 등재 당시의 품종성능을 유지하고 있을 때에는 그 연장신청을 거부할 수 없다.
5. 농림축산식품부장관은 품종목록 등재의 유효기간이 끝나는 날의 1년 전까지 품종목록 등재신청인에게 연장 절차와 제3항에 따른 기간 내에 연장신청을 하지 아니하면 연장을 받을 수 없다는 사실을 미리 통지하여야 한다.
6. 통지는 휴대전화에 의한 문자전송, 전자메일, 팩스, 전화, 문서 등으로 할 수 있다.

95 종자관리요강상 수입적응시험의 대상작물 및 실시기관에서 국립산림품종관리센터의 대상작물로만 나열된 것은?

정답 **92** ② **93** ④ **94** ③ **95** ②

① 곽향, 당귀   ② 백출, 사삼

③ 작약, 지황   ④ 느타리, 영지

해설

수입적응성 시험의 대상작물 및 실시기관

구분	대상작물	실시기관
식량작물(13)	벼, 보리, 콩, 옥수수, 감자, 밀, 호밀, 조, 수수, 메밀, 팥, 녹두, 고구마	농업기술실용화재단
채소(18)	무, 배추, 양배추, 고추, 토마토, 오이, 참외, 수박, 호박, 파, 양파, 당근, 상추, 시금치, 딸기, 마늘, 생강, 브로콜리	한국종자협회
버섯(11)	양송이, 느타리, 영지, 팽이, 잎새, 버들송이, 만가닥버섯, 상황버섯	한국종균생산협회
	표고, 목이, 복령	국립산림품종관리센터
약용작물(22)	곽향, 당귀, 맥문동, 반하, 방풍, 산약, 작약, 지황, 택사, 향부자, 황금, 황기, 전칠, 파극, 우슬	한국생약협회
	백출, 사삼, 시호, 오가피, 창출, 천궁, 하수오	국립산림품종관리센터
목초·사료 및 녹비작물(29)	오차드그라스, 톨페스큐, 티모시, 페러니얼라이그라스, 켄터키블루그라스, 레드톱, 리드카나리그라스, 알팔파, 화이트크로바, 레드크로바, 버즈풋트레포일, 메도우페스큐, 브롬그라스, 사료용 벼, 사료용 보리, 사료용 콩, 사료용 감자, 사료용 옥수수, 수수 수단그라스 교잡종(Sorghum Sudangrass Hybrid), 수수교잡종(Sorghum Sorghum Hybrid), 호밀, 귀리, 사료용 유채, 이탈리안라이그라스, 헤어리베치, 콤먼벳치, 자운영, 크림손클로버, 수단그라스 교잡종(Sudangrass Sudangrass Hybrid)	농업협동조합중앙회
인삼(1)	인삼	한국생약협회

96 종자의 보증에서 국가보증이나 자체보증을 받은 종자를 생산하려는 자는 농림축산식품부장관으로부터 채종 단계별로 몇 회 이상 포장(圃場) 검사를 받아야 하는가?

① 1회   ② 3회

③ 5회   ④ 7회

해설

포장검사

㉠ 국가보증이나 자체보증을 받은 종자를 생산하려는 자는 농림축산식품부장관 또는 종자관리사로부터 채종 단계별로 1회 이상 포장(圃場)검사를 받아야 한다.

㉡ 채종 단계별 포장검사의 기준, 방법, 절차 등에 관한 사항은 농림축산식품부령으로 정한다.

97 품종보호료 및 품종보호 등록 등에 대한 내용 중 ( )에 가장 적절한 내용은?

농림축산식품부장관 또는 해양수산부장관은 ( ) 품종보호 공보를 발행하여야 한다.

① 3개월마다   ② 6개월마다

③ 1년 마다   ④ 매월

해설

품종보호 공보

농림축산식품부장관 또는 해양수산부장관은 매월 품종보호 공보를 발행하여야 한다.

98 종자검사요령상 포장검사 병주 판정기준에서 벼의 특정병에 해당하는 것은?

① 이삭도열병   ② 키다리병

③ 깨씨무늬병   ④ 이삭누룩병

해설

벼의 특정병

㉠ 특정병 : 키다리병, 선충심고병

㉡ 기타병 : 도열병, 깨씨무늬병, 흰잎마름병, 잎집무늬마름병, 줄무늬잎마름병, 오갈병, 이삭누룩병, 세균성벼알마름병

㉢ 특정해초 : 피

99 종자관리요강상 규격묘의 규격기준에서 과수 묘목 중 배 묘목의 길이(cm)로 가장 옳은 것은?(단, 묘목의 길이는 지제부에서 묘목선단까지의 길이이다.)

① 50cm 이상　　　② 70cm 이상
③ 100cm 이상　　　④ 120cm이상

해설

규격묘의 규격기준(과수묘목)

작물	묘목의 길이 (cm)	묘목의 직경 (mm)
사과 −이중접목묘 −왜성대목지근접목묘	120 이상 140 이상	12 이상 12 이상
배	120 이상	12 이상
복숭아	100 이상	10 이상
포도 −접목묘 −삽목묘	50 이상 25 이상	6 이상 6 이상
감	100 이상	12 이상
감귤류	80 이상	7 이상
자두	80 이상	7 이상
매실	80 이상	7 이상
참다래	80 이상	7 이상

100 종자산업법상 종합계획에 대한 내용이다. (　)에 알맞은 내용은?

농림축산식품부장관은 종자산업의 육성 및 지원을 위하여 (　　)마다 농림종자산업의 육성 및 지원에 관한 종합계획을 수립·시행하여야 한다.

① 6개월　　　② 1년
③ 3년　　　④ 5년

해설

종합계획
농림축산식품부장관은 종자산업의 육성 및 지원을 위하여 5년마다 농림종자산업의 육성 및 지원에 관한 종합계획을 수립·시행하여야 한다.

제1과목 종자생산학

01 다음 중 식물체의 저온춘화처리 감응부위는?

① 잎　　　　　　② 줄기
③ 뿌리　　　　　④ 생장점

해설

감응부위
저온처리의 감응부위는 생장점이다.

02 채종포에서 이형주를 제거해야 하는 주된 이유는?

① 잡초 방제
② 품종의 생육속도 향상
③ 단위면적당 종자량의 확보
④ 품종의 유전적 순도 유지

해설

이형주(異型株)
동일 품종을 심은 포장에 형태가 전혀 다른 개체가 섞여 있을 때 이형주을 제거함으로써 품종의 유전적 순도를 유지한다.

03 단일성 식물의 개화기를 늦추기 위한 조건으로 가장 옳은 것은?

① 난일조건　　　　② 중일조건
③ 장일조건　　　　④ 정일조건

해설

개화기의 조절
일장처리에 의해서 개화기를 조절할 수 있다. 국화는 단일처리에 의하여 촉성 또는 반촉성 재배를 하고 장일처리에 의해서 억제재배를 하여 연중 어느 때나 개화시킬 수 있는데 이를 주년재배라고 한다.

04 과실이 영(穎)에 싸여 있는 것은?

① 시금치　　　　　② 밀
③ 옥수수　　　　　④ 귀리

해설

과실의 외측이 내영·외영(껍질)에 싸여 있는 것
벼, 겉보리, 귀리 등

05 종자의 발아를 억제시키는 물질로 가장 옳은 것은?

① abscisic acid(ABA)　　② gibberellin
③ cytokinin　　　　　　④ auxin

해설

ABA의 효과
종자의 휴면을 연장하여 발아를 억제한다(감자, 장미, 양상추).

06 피토크롬을 가장 잘 설명한 것은?

① 광합성에 관여하는 색소 중의 하나이다.
② 개화를 촉진하는 호르몬이다.
③ 광을 수용하는 색소 단백질이다.
④ 호흡조절에 관여하는 단백질이다.

해설

피토크롬(phytochrome)
㉠ 식물에 들어있는 단백질성 색소로 적색광(660nm) 또는 근적외선(730nm)을 흡수한다.
㉡ Pr형 피토크롬이 적색광을 흡수하면 Pfr형으로 바뀌고 Pfr형 피토크롬이 근적외선을 흡수하면 다시 Pr형으로 전환되며, 발아 또는 형태 형성을 조절하는 기능을 가진다.

정답　01 ④　02 ④　03 ③　04 ④　05 ①　06 ③

07 배추 F_1의 원종 채종 시 뇌수분을 실시하는 주된 이유는?

① 개화 시에는 화분이 없기 때문에
② 개화 시는 주두의 기능이 정지되기 때문에
③ 개화시기에는 웅성불임성이 나타나기 때문에
④ 개화 시에 자가불화합성이 나타나기 때문에

해설

뇌수분(蕾受粉)
자가불화합성 식물에서 화분관의 생장을 억제하는 물질이 생성되기 전인 꽃봉오리 때 수분하는 것을 말한다.

08 발아검사를 할 때 종이배지의 조건으로 틀린 것은?

① 시험 조작 중 찢어짐에 견디도록 충분한 강도를 가져야 한다.
② 종이는 전 기간을 통하여 종자에 계속적으로 수분을 공급할 수 있는 충분한 수분 보유력을 가져야 한다.
③ pH의 범위는 6.0~7.5이어야 한다.
④ 뿌리가 뚫고 들어가기 쉬워야 한다.

해설

종이배지의 조건
발아할 때 종이배지를 뿌리가 뚫고 들어가지 않아야 한다.

09 다음 중 발아세의 정의로 가장 적절한 것은?

① 치상 후 일정한 시일 내의 발아율
② 종자의 대부분이 발아한 날
③ 파종기부터 발아기까지의 일수
④ 파종된 총 종자 개체수에 대한 발아종자 개체수의 비율

해설

발아세(發芽勢, 발아속도 : germination rate)
발아시험에 있어 파종한 다음 일정한 일수(화곡류는 3일, 귀리·강낭콩·시금치는 4일, 삼은 6일 등의 규약이 있음) 내의 발아를 말하며, 발아가 왕성한가 또는 왕성하지 못한가를 검정한다.

10 꽃에서 발육하여 나중에 종자가 되는 부분은?

① 자방   ② 수술
③ 꽃받침   ④ 배주

해설

㉠ 배주(밑씨)가 수정하여 자란 것을 '종자'라 한다.
㉡ 수정 후 자방(씨방)과 그 관련 기관이 비대한 것을 '과실'이라 한다.

11 다음 중 수확 적기 때 수분 함량이 가장 높은 작물은?

① 밀   ② 옥수수
③ 콩   ④ 땅콩

해설

간식용으로 이용하는 찰옥수수와 단옥수수는 수염이 나온 후 각각 22~23일, 19~20일쯤에 수확한다. 곡실용 옥수수는 이삭 내 수분 함량이 30% 이하가 되는, 수염이 나온 지 45일 이후 수확하는 것이 좋다.

12 춘화처리를 실시하는 이유로 가장 옳은 것은?

① 휴면타파   ② 생장억제
③ 화성유도   ④ 발아촉진

해설

춘화처리(春化處理)
식물체가 생육 중 일정 시기에 저온에 노출되면 꽃눈의 분화발육이 촉진되는 현상을 춘화라고 하고, 자연적 또는 인위적으로 저온을 부여하여 꽃눈의 발달을 촉진하는 일을 춘화처리라고 한다.

13 배추과 채소 중 기본 염색체수가 다른 것은?

① B. chinensis   ② B. pekinensis
③ B. campestris   ④ B. oleracea

14 종자의 발아에 관여하는 외적 조건은?

① 유전자형, 수분
② 수분, 온도
③ 온도, 종자 성숙도
④ 종자 성숙도, 염색체 수

해설

발아의 외적 조건
수분(水分). 온도. 산소

15 장명종자로만 나열된 것은?

① 메밀, 목화
② 고추, 옥수수
③ 펜지, 당근
④ 가지, 수박

해설

작물별 종자의 수명

단명종자(1~2년)	상명종자(2~3년)	장명종자(4~6년)
콩, 땅콩, 옥수수, 메밀, 기장, 목화, 해바라기, 강낭콩, 양파, 파, 상추, 당근, 고추	벼, 밀, 보리, 귀리, 완두, 유채, 페스큐, 켄터키블루그래스, 목화, 무, 배추, 호박, 멜론, 시금치, 우엉	클로버, 알팔파, 베치, 사탕무, 가지, 토마토, 수박, 비트

16 다음 중 종자 프라이밍 처리 시 가장 적절한 온도는?

① 약 45℃
② 17℃
③ 5℃
④ 1℃

해설

프라이밍(priming)
프라이밍은 파종 전에 수분을 가하여 종자가 발아에 필요한 생리적인 준비를 갖추게 함으로써 발아의 속도와 균일성을 높이는 것이다.

17 보리의 수발아를 방지하기 위한 방법과 가장 거리가 먼 것은?

① 품종의 선택
② 조기수확
③ 기계수확
④ 도복 방지

해설

수발아의 대책
㉠ 맥종의 선택 : 보리는 밀보다 성숙기가 빠르므로 성숙기에 오랜 기간 비를 맞는 일이 적어 수발아의 위험이 적다.
㉡ 품종의 선택 : 조숙종이 만숙종보다 수발아성이 낮다. 숙기가 같더라도 휴면기간이 길어서 수발아의 위험이 적다.
㉢ 조기수확 : 수확을 서두르면 수발아의 위험을 덜게 되며, 작물건조제인 데시콘(desicon)을 수확 2~4일 전에 뿌려주면(2kg을 35~70L의 물에 타서) 이삭의 건조가 빠르다.
㉣ 도복의 방지 : 도복하면 수발아가 조장되므로 그 방지에 힘써야 한다.
㉤ 발아억제제 살포 : 출수 후 20일경 종피가 굳어지기 전에 0.5~1.0%의 MH액이나 0.1%의 α−나프탈렌 초산을 살포하면 수발아가 억제된다.

18 다음 종자 중 물속에서 발아가 가장 잘되는 것은?

① 가지
② 상추
③ 멜론
④ 담배

해설

㉠ 수중에서 발아를 잘 하는 종자 : 벼, 상추, 당근, 셀러리, 티머시, 피튜니아 등
㉡ 수중에서 발아가 감퇴되는 종자 : 담배, 토마토, 화이트글로버, 카네이션, 미모사 등
㉢ 수중에서 발아를 못 하는 종자 : 콩, 밀, 귀리, 메밀, 무, 양배추, 가지, 고추, 파, 알팔파, 옥수수, 수수, 호박, 율무 등

19 식물의 암배우자, 수배우자를 순서대로 옳게 나타낸 것은?

① 주피, 대포자
② 배낭, 화분립
③ 소포자, 주심
④ 반족세포, 꽃밥

㉠ 식물의 암배우자 : 배낭

㉡ 식물의 수배우자 : 화분립

20 광발아성 종자에 해당하는 것은?

① 상추   ② 토마토

③ 가지   ④ 오이

호광성 종자

㉠ 광선에 의해 발아가 조장되며 암흑에서는 전혀 발아하지 않거나 발아가 몹시 불량한 종자이다.

㉡ 담배, 상추, 우엉, 피튜니아, 차조기, 금어초, 디기탈리스, 베고니아, 뽕나무, 벤트그래스, 버뮤다그래스, 켄터키블루그래스, 캐나다블루그래스, 스탠더드휘트그래스, 셀러리 등이다.

㉢ 복토를 얕게 한다. 땅속에 깊이 파종하면 산소와 광선이 부족하여 휴면을 계속하고 발아가 늦어진다.

제2과목   식물육종학

21 양적형질이 아닌 것은?

① 토마토의 수확량   ② 완두콩의 종피색

③ 딸기의 개화기   ④ 벼의 초장

양적형질

㉠ 형질의 특성이 여러 가지 등급의 정도로 나타난다.

㉡ 분리세대에서 연속 변이하는 형질로 폴리진(polygene)이 관여하며 환경의 영향을 받으며 표현력이 작은 미동유전자에 의하여 지배된다.

22 검정교배조합을 바르게 나타낸 것은?

① Aa × Aa   ② Aa × aa

③ AA × Aa   ④ A × B

검정교배조합

우성 개체의 유전자형을 알아보기 위하여 열성 순종과 교배해보는 것

23 DNA를 구성하고 있는 염기로만 나열된 것은?

① 시토신, 티민, 우라실, 옥신

② 시토신, 우라실, 리보솜, 구아닌

③ 시토신, 메티오닌, 아데닌, 우라실

④ 시토신, 티민, 아데닌, 구아닌

DNA와 RNA

㉠ DNA를 구성하는 염기는 아데닌(A)과 구아닌(G) 및 시토신(C)과 티민(T)이다.

㉡ RNA는 A, G, C 그리고 티민 대신 우라실(U)을 갖는다.

24 동질배수체의 일반적인 특성과 가장 거리가 먼 것은?

① 임성과 착과성(着果性)의 감퇴

② 핵, 세포, 영양기관의 거대성

③ 발육의 촉진과 조기개화

④ 저항성의 증대와 성분 변화

동질배수체

㉠ 장점 : 거대화, 저항성

㉡ 단점 : 생육의 지연, 낮은 임성

25 세포질 유전에 대한 설명으로 틀린 것은?

① 멘델의 유전법칙을 따르지 않는다.

② 핵내 염색체에 있는 유전자의 지배를 받는다.

③ 색소체에 존재하는 유전자(핵외 유전자)의 지배를 받는다.

④ 자방친의 특성을 그대로 닮은 모계유전을 한다.

해설

세포질 유전

핵에 함유된 염색체와는 관계없이 세포질 중의 유전인자에 의하여 지배되는 형질의 유전

26 양파의 웅성불임성으로 가장 옳은 것은?

① 세포질적 웅성불임성
② 세포질－유전자적 웅성불임성
③ 유전자적 웅성불임성
④ 이형예불화합성

해설

세포질－유전자적 웅성불임성
㉠ 핵내 유전자와 세포질 유전자의 작용에 의한 웅성불임
㉡ 벼, 양파, 아마 등

27 집단육종법의 장점으로 가장 알맞은 것은?

① 제웅이 편리하다.
② 유용 유전자를 상실할 우려가 적다.
③ 돌연변이가 쉽게 생긴다.
④ 목적하는 형질의 유전현상을 쉽게 밝힐 수 있다.

해설

집단육종법의 장점
집단육종은 잡종 초기세대에 집단재배를 하기 때문에 유용 유전자를 상실할 염려가 적다.

28 다음 중 유전자간 상호작용의 성질이 다른 것은?

① 억제유전자
② 보족유전자
③ 복대립유전자
④ 중복유전자

29 다음 교배방법 중 가장 큰 잡종강세를 기대할 수 있는 것은?

① 단교배
② 복교배
③ 삼원교배
④ 합성품종

해설

단교배(single cross, A×B)
잡종강세가 가장 크나 채종량이 적다.

30 상업품종의 급속한 보급에 의해 재래종 유전자원이 소실되는 현상을 무엇이라 하는가?

① 유전적 침식
② 유전자 결실
③ 유전적 부동
④ 유전적 취약성

해설

유전적 침식
유전적으로 다양한 재래종들이 급속히 사라지게 되는 것을 유전적 침식이라고 한다.

31 미동유전자의 영향을 받는 비특이적 저항성은?

① 질적저항성
② 진정저항성
③ 포장저항성
④ 수직저항성

32 반복친과 여러 번 교잡하면서 선발 고정하는 육종법은?

① 파생계통육종법
② 혼합육종법
③ 계통육종법
④ 여교잡육종법

해설

여교잡육종
㉠ 만족할 만한 반복친이 있어야 한다.
㉡ 여교배를 하는 동안 이전 형질(유전자)의 특성이 변하지 말아야 한다.
㉢ 여러 번 여교배를 한 후에 반복친의 특성을 충분히 회복해야 한다.

정답　　26 ②　27 ②　28 ③　29 ①　30 ①　31 ③　32 ④

33 반수체 식물의 생식능력을 임실률로 나타낸 것은?

① 0%   ② 25%
③ 50%   ④ 100%

반수체는 식물체가 빈약하고, 감수분열 시 2가 염색체를 형성하지 못하기 때문에 완전불임이 된다. 즉 임실률은 0%이다.

34 동질 4배체의 유전자 조성이 AAAa일 때 생식세포의 유전자로 가장 옳은 것은?

① AA와 Aa   ② A와 Aa
③ a와 AA   ④ Aa와 Aa

35 다계품종에 대한 설명으로 가장 옳은 것은?

① 특정 형질의 특성이 같은 몇 개의 동질유전자계통을 특정 비율로 혼합하여 육성한다.
② 특정 형질의 특성이 다른 몇 개의 동질유전자계통을 특정 비율로 혼합하여 육성한다.
③ 저항성 다계품종은 저항성이 우수하나 숙기(출수기)가 고르지 못하다.
④ 저항성 다계품종은 병원균의 새로운 레이스분화가 일어나지 않는다.

다계품종
작물학적 특성은 균등하면서 특정 유전자만 다른 2개 이상의 계통(동질유전자계통이라 한다)을 혼합하여 만든 품종이다.

36 채종재배에 의하여 조속히 종자를 증식해야 할 때 적절한 방법은?

① 밀파(密播)하여 작은 묘를 기른다.
② 다비밀식(多肥密植) 재배를 한다.
③ 조기재배를 한다.
④ 박파(博播)를 하여 큰 묘를 기른다.

채종재배(採種栽培)
유전형질이 안정되고 병충해에 강한 종자를 얻을 목적으로 농작물을 튼튼하게 재배한다.

37 여교배 방법에 의해 도입하기가 가장 어려운 것은?

① 병 저항성   ② 웅성불임성
③ 꽃 색   ④ 고수량성

38 복교잡을 나타낸 것으로 옳은 것은?

① A×B의 F1에 B를 교잡
② A×B
③ (A×B)×C
④ (A×B)×(C×D)

① 여교잡
② 단교잡
③ 3계교잡

39 다음 중 자가불화합성 식물을 자식시키기 위한 방법으로 가장 적절하지 않은 것은?

① 뇌수분   ② 이산화탄소처리
③ 봉지 씌우기 ④ 고온처리

40 다음 중 타가수정작물의 일반적인 개화 및 수정 특성으로 가장 거리가 먼 것은?

① 폐화수정   ② 자가불화합성
③ 자웅이주   ④ 웅예선숙

폐화수정
꽃이 피기 전에, 즉 봉오리 안에서 자가수정이 될 경우

---

41 다음 중 중일성 식물은?

① 코스모스 ② 토마토
③ 나팔꽃 ④ 시금치

해설

중성 식물(중일성 식물)
㉠ 일정한 한계일장이 없고 넓은 범위의 일장에서 화성이 유도되며, 화성이 일장에 영향을 받지 않는다.
㉡ 강낭콩·고추·가지·토마토·당근·셀러리 등

42 감온형에 해당하는 것은?

① 벼 만생종 ② 그루조
③ 올콩 ④ 가을메밀

해설

감온성(感溫性) : blT
생육적온에 이르기까지는 저온보다 고온에 의해서 작물의 출수·개화가 촉진되는데, 이 성질을 감온성(Sensitivity for Temperature)이라고 한다. 올콩은 감온형이다.

43 목초의 하고(夏枯) 유인이 아닌 것은?

① 고온 ② 건조
③ 잡초 ④ 단일

44 다음 중 비료를 엽면시비할 때 흡수가 가장 잘되는 조건은?

① 미산성 용액 실포 ② 밤에 살포
③ 잎의 표면에 살포 ④ 하위 잎에 살포

45 작물의 기원지가 중국지역인 것으로만 나열된 것은?

① 조, 피 ② 참깨, 벼
③ 완두, 삼 ④ 옥수수, 고구마

해설

중국지역
6조보리, 조, 피, 메밀, 콩, 팥, 파, 인삼, 배추, 자운영, 동양배, 감, 복숭아 등

46 다음 중 산성토양에 적응성이 가장 강한 것은?

① 부추 ② 시금치
③ 콩 ④ 감자

해설

산성토양에 적응성이 가장 강한 작물
벼, 밭벼, 귀리, 토란, 아마, 기장, 땅콩, 감자, 봄무, 호밀, 수박 등

47 작물의 영양기관에 대한 분류가 잘못된 것은?

① 인경 - 마늘 ② 괴근 - 고구마
③ 구경 - 감자 ④ 지하경 - 생강

해설

㉠ 비늘줄기(鱗莖) : 나리(백합), 마늘 등
㉡ 알줄기(球莖) : 글라디올러스 등
㉢ 덩이줄기(塊莖) : 감자, 토란, 돼지감자

48 용도에 따른 분류에서 공예작물이며, 전분작물로만 나열된 것은?

① 고구마, 감자
② 사탕무, 유채
③ 사탕수수, 왕골
④ 삼, 닥나무

해설

전분작물 : 옥수수, 감자, 고구마 등

49 벼의 수량구성요소로 가장 옳은 것은?

① 단위면적당수수×1수영화수×등숙비율×1립중
② 식물체수×입모율×등숙비율×1립중
③ 감수분열기 기간×1수영화수×식물체수×1립중
④ 1수영화수×등숙비율×식물체수

벼의 수량구성요소
단위면적당수수×1수영화수×등숙비율×1립중

50 ( )에 알맞은 내용은?

제현과 현백을 합하여 벼에서 백미를 만드는 전 과
정을 ( )(이)라고 한다.

① 지대
② 마대
③ 도정
④ 수확

51 박과 채소류 접목의 특징으로 가장 거리가 먼 것은?

① 당도가 증가한다.
② 기형과가 많이 발생한다.
③ 흰가루병에 약하다.
④ 흡비력이 약하다.

52 다음 중 합성된 옥신은?

① IAA
② NAA
③ IAN
④ PAA

합성된 옥신
NAA, IBA, 2,4−D, 2,4,5−T, PCPA, MCPA, BNOA

53 다음 중 작물의 요수량이 가장 적은 것은?

① 호박
② 옥수수
③ 클로버
④ 완두

작물의 요수량은 수수 · 기장 · 옥수수 등이 적고, 알팔파 · 클로버 등이 많다.

54 작물의 특징에 대한 설명과 가장 거리가 먼 것은?

① 이용성과 경제성이 높아야 한다.
② 일반적인 작물의 이용 목적은 식물체의 특정 부위가 아닌 식물체 전체이다.
③ 작물은 대부분 일종의 기형식물에 해당된다.
④ 야생 식물들보다 일반적으로 생존력이 약하다.

55 작물 수량 삼각형에서 수량 증대 극대화를 위한 요인과 가장 거리가 먼 것은?

① 유전성
② 재배기술
③ 환경조건
④ 원산지

56 다음 중 내염성 정도가 가장 강한 것은?

① 완두
② 고구마
③ 유채
④ 감자

내염성이 강한 것 : 사탕무, 수수, 평지(유채), 목화, 보리 등

57 다음 중 벼에서 장해형 냉해를 가장 받기 쉬운 생육시기는?

① 묘대기
② 최고분얼기
③ 감수분열기
④ 출수기

감수분열기 > 출수기 > 묘대기 > 최고분얼기 순으로 냉해를 받기 쉽다.

58 다음 중 파종 시 작물의 복토깊이가 0.5~1.0cm에 해당하는 것은?

① 고추 ② 감자
③ 토란 ④ 생강

해설

작물의 복토깊이 0.5 ~ 1.0cm : 양배추, 가지, 토마토, 고추, 배추, 오이, 순무, 차조기 등

59 고립상태일 때 광포화점(%)이 가장 높은 것은?

① 감자 ② 옥수수
③ 강낭콩 ④ 귀리

해설

고립상태에서의 광포화점

식물명	광포화점	식물명	광포화점
음생식물	10% 정도	벼 · 목화	40~50% 정도
구약나물	25% 정도	밀 · 알팔파	50% 정도
콩	20~23% 정도	사탕무 · 무 · 사과나무 · 고구마	40~60% 정도
감자 · 담배 · 강낭콩 · 해바라기	30% 정도	옥수수	80~100%

60 콩의 초형에서 수광태세가 좋아지고 밀식적응성이 커지는 조건과 가장 거리가 먼 것은?

① 잎자루가 짧고 일어선다.
② 도복이 안 되며, 가지가 짧다.
③ 꼬투리가 원줄기에 적게 달린다.
④ 잎이 작고 가늘다.

해설

콩의 초형
㉠ 키가 크고, 도복이 안 되며, 가지를 적게 치고, 가지가 짧다.
㉡ 꼬투리가 주경에 많이 달리고, 밑에까지 착생한다.

㉢ 잎줄기가 짧고 일어선다.
㉣ 잎이 작고 가늘다.

61 병원체의 침입방법 중 자연 개구부를 통한 침입에 해당하지 않는 것은?

① 밀선 ② 기공
③ 표피 ④ 피목

해설

자연개구부 침입
㉠ 기공침입 : 녹병균, 노균병균, 흰가루병균 등
㉡ 수공침입 : 양배추검은썩음병균, 벼흰잎마름병균 등
㉢ 피목침입 : 뽕나무줄기마름병균, 감자더뎅이병균, 각종 과수잿빛무늬병균 등
㉣ 밀선침입 : 사과나무불마름병균, 밀맥각병균 등

62 다음 중 암발아 잡초는?

① 소리쟁이 ② 바랭이
③ 향부자 ④ 독말풀

해설

• 광발아 종자 : 바랭이, 쇠비름, 개비름, 참방동사니, 소리쟁이, 메귀리, 향부자
• 암발아 종자 : 냉이, 광대나물, 독말풀, 별꽃

63 다음 식물병 중 원인이 되는 병원체가 곤충에 의해 운반되는 것은?

① 벼 줄무늬잎마름병
② 밀 줄기녹병
③ 보리 줄무늬모자이크바이러스병
④ 벼 잎집무늬마름병

해설

벼 줄무늬잎마름병은 애멸구에 의해 전염된다. 방제방법으로 살충제를 살포한다.

64 다음 중 딱정벌레목에서 볼 수 있는 번데기의 형태로서, 부속지가 몸으로부터 떨어진 상태에서 움직일 수 있는 것은?

① 나용   ② 유각
③ 위용   ④ 피용

65 벼멸구의 분류학적 위치로 가장 옳은 것은?

① 총채벌레목   ② 딱정벌레목
③ 노린재목   ④ 나비목

> 해설
>
> 외시류
> ㉠ 불완전 변태한다(유시아강에 속함).
> ㉡ 노린재목 : 진딧물(식물 바이러스 매개), 매미충, 멸구류, 반초시(앞날개의 끝부분은 막질)

66 다음 중 경엽처리용 제초제가 아닌 것은?

① Propanil   ② Dicamba
③ Dalapon   ④ Glyphosate

> 해설
>
> 경엽처리용 제초제
> Propanil(프로파닐), Dicamba(디캄바), Dalapon(달라폰), Glyphosate(글리포세이트)

67 다음은 곤충의 탈피와 큐티클 형성 과정을 나타낸 것이다. (   )에 알맞은 용어를 순서대로 나열한 것은?

> 표피세포의 변화 → (   ) → 표피층의 분비 → (   ) → 기존 큐티클의 소화된 잔여물 흡수 → 새로운 원큐티클의 분비 개시 → 새로운 큐티클의 탈피 및 팽창 → (   ) → 왁스분비 개시

① 탈피액 분비, 경화, 탈피액 활성화
② 탈피액 분비, 탈피액 활성화, 경화
③ 경화, 탈피액 활성화, 탈피액 분비
④ 탈피액 활성화, 탈피액 분비, 경화

68 다음 중 국내에서 최초로 기록된 도입천적과 대상해충이 바르게 연결된 것은?

① 루비붉은좀벌 – 루비깍지벌레
② 칠레이리응애 – 온실가루이
③ 베달리아무당벌레 – 이세리아깍지벌레
④ 애꽃노린재 – 오이총채벌레

69 병원체의 주요 전염원의 잠복처와 가장 거리가 먼 것은?

① 식물의 잔사물   ② 농기구
③ 곤충   ④ 종자

70 다음 설명에 해당되는 해충은?

> 성충은 보편적으로 암갈색 또는 황갈색이며, 앞날개는 회백색이고 검은 점무늬가 한 개 있다. 주로 사과, 배 등의 인과류와 핵과류의 과실 내부를 가해하며, 노숙유충이 뚫고 나온 자리는 송곳으로 뚫은 듯이 보이고, 배설물을 배출하지 않는다.

① 사과무늬잎말이나방   ② 미국흰불나방
③ 거세미나방   ④ 복숭아심식나방

71 다음 중 다년생 잡초가 아닌 것은?

① 벗풀   ② 쇠뜨기
③ 냉이   ④ 달래

> 해설
>
> 냉이는 1년생 광엽잡초이다.

72 다음 중 해충에 대한 생물적 방제의 장점이 아닌 것은?

① 방제 효과가 즉시 나타난다.
② 반영구적 또는 영구적이다.
③ 해충에 대한 저항성이 생기지 않는다.
④ 인축에 독성이 없다.

---

73 농약보조제와 그에 대한 설명으로 옳지 않은 것은?

① 용제 – 유제나 액제와 같이 액상의 농약을 제조할 때 원제를 녹이기 위하여 사용하는 용매를 총칭한다.
② 계면활성제 – 서로 섞이지 않는 유기물질층과 물층으로 이루어진 두 층계의 확전, 유화, 분산 등의 작용을 하는 물질을 총칭한다.
③ 증량제 – 농약을 제제할 때 고농도의 농약 원제를 다량의 광물질 미세분말에 희석하는 경우에 사용되며, 흡유가가 일반적으로 낮다.
④ 전착제 – 농약 살포액 조제 시 첨가하여 살포약액의 습전성과 부착성을 향상시킬 목적으로 사용하는 보조제이다.

해설

증량제 (增量劑)
주재료를 희석시켜 분제나 수화제를 만드는 데 사용되는 제제이다.

74 다음 중 세포벽이 없으며, 항생제에 감수성인 병원체는?

① 파이토플라스마
② 바이러스
③ 곰팡이
④ 세균

75 다음 중 곤충 분비계의 일반적인 설명으로 옳은 것은?

① 유약호르몬(Juvenile Hormone) – 생장 촉진
② 성 페로몬 – 처녀생식
③ 카디아카체 호르몬 – 여왕물질 분비
④ 엑다이손(Ecdyson) – 탈피 촉진

76 파이토플라스마에 의해 발생되는 대추나무 빗자루병을 방제하는 데 가장 효과적으로 사용되는 방법은?

① 중간기주 제거
② 항생물질 수간주입
③ 토양 소독
④ 검역

77 다음 중 곤충의 알라타체에서 분비되는 물질을 이용하여 해충을 방제하는 방법은?

① 페로몬 이용법
② 호르몬 이용법
③ 경종적 방법
④ 생태적 방법

해설

알라타체
유충탈피를 돕는다. Juvenile Hormone 분비

78 메뚜기목에서 볼 수 있는 불완전변태에 대한 내용이다. 다음에서 설명하는 것은?

알 → 약충 → 성충의 단계를 거치면서 약충과 성충의 모양이 비슷하다.

① 중절변태
② 과변태
③ 점변태
④ 무변태

해설

변태의 종류

변태의 종류		경과	예
완전변태		알→유충→번데기→성충	나비목, 딱정벌레목, 벌레목
불완전변태	반변태	알→유충→성충 (유충, 성충이 아주 다르다.)	잠자리목
	점변태	알→유충→성충 (유충, 성충이 비교적 비슷하다.)	메뚜기목, 총채벌레목, 노린재목
	무변태	변화 없다.	톡토기목

※ 변태순서 : 부화→탈피→용화(蛹化)→번데기→우화

79 다음 중 해충의 방제 여부를 결정할 수 있는 방법이 아닌 것은?

① 이항축차조사법
② 이항조사법
③ 축차조사법
④ 산란모형조사법

80 다음 중 광합성 능력이 낮은 C3 식물로 가장 옳은 것은?

① 부레옥잠
② 옥수수
③ 피
④ 왕바랭이

C3 식물과 C4 식물
㉠ C3 식물 : 벼, 보리, 밀, 콩, 고구마, 감자, 부레옥잠 등
㉡ C4 식물 : 옥수수, 사탕수수, 수수, 피, 왕바랭이 등

제5과목 **종자 관련 법규**

81 종자검사요령상 포장검사 병주 판정기준에서 벼의 특정병은?

① 잎도열병
② 깨씨무늬병
③ 이삭누룩병
④ 키다리병

㉠ 벼 특정병 : 키다리병, 선충심고병
㉡ 맥류 특정병 : 겉깜부기병, 속깜부기병, 보리줄무늬병
㉢ 콩 특정병 : 자반병

82 「종자산업법」상 보증종자의 정의로 옳은 것은?

① 해당 품종의 진위성과 해당 품종 종자의 품질이 보증된 채종 단계별 종자를 말한다.
② 해당 품종의 우수성과 해당 품종 종자의 품질이 보증된 채종 단계별 종자를 말한다.
③ 해당 품종의 신규성과 해당 품종 종자의 품질이 보증된 채종 단계별 종자를 말한다.
④ 해당 품종의 돌연변이성과 해당 품종 종자의 품

질이 보증된 채종 단계별 종자를 말한다.

"보증종자"란 해당 품종의 진위성(眞僞性)과 해당 품종 종자의 품질이 보증된 채종(採種) 단계별 종자를 말한다.

83 국가보증이나 자체보증을 받은 종자를 생산하려는 자는 농림축산식품부장관 또는 종자관리사로부터 채종 단계별로 몇 회 이상 포장검사를 받아야 하는가?

① 4회
② 3회
③ 2회
④ 1회

검사 시기와 횟수
포장검사 시기는 작물의 품종별 고유특성이 가장 잘 나타나는 생육시기에 실시하여야 하며, 작물의 생육기간을 고려하여 1회 이상 포장검사를 실시한다.

84 「종자산업법」상 육묘업 등록의 취소 등에 대한 내용이다. ( )에 알맞은 내용은?

> 시장 · 군수 · 구청장은 육묘업자가 육묘업 등록을 한 날부터 ( ) 이내에 사업을 시작하지 아니하거나 정당한 사유 없이 1년 이상 계속하여 휴업한 경우에는 육묘업 등록을 취소하거나 6개월 이내의 기간을 정하여 영업의 전부 또는 일부의 정지를 명할 수 있다.

① 3개월
② 6개월
③ 1년
④ 2년

육묘업 등록의 취소
시장 · 군수 · 구청장은 육묘업자가 다음 어느 하나에 해당하는 경우에는 육묘업 등록을 취소하거나 6개월 이내의 기간을 정하여 영업의 전부 또는 일부의 정지를 명할 수 있다. 다만, 제1호에 해당하는 경우에는 그 등록을 취소하여야 한다.
㉠ 거짓이나 그 밖의 부정한 방법으로 육묘업 등록을 한 경우

ⓛ 육묘업 등록을 한 날부터 1년 이내에 사업을 시작하지 아니하거나 정당한 사유 없이 1년 이상 계속하여 휴업한 경우

ⓒ 육묘업자가 육묘업 등록을 한 후 시설기준에 미치지 못하게 된 경우

ⓔ 위반하여 품질표시를 하지 아니한 묘를 판매하거나 보급한 경우

ⓜ 묘 등의 조사나 묘의 수거를 거부 · 방해 또는 기피한 경우

ⓗ 생산이나 판매가 중지된 묘를 생산하거나 판매한 경우

85 「식물신품종 보호법」에 대한 내용이다. ( ) 에 알맞은 내용은?

> 품종명칭등록 이의신청을 한 자는 품종명칭등록 이의신청기간이 지난 후 ( ) 이내에 품종명칭등록 이의신청서에 적은 이유 또는 증거를 보정할 수 있다.

① 15일　　　　　② 30일
③ 60일　　　　　④ 90일

[해설]

품종명칭등록 이의신청 이유 등의 보정
품종명칭등록 이의신청을 한 자(이하 "품종명칭등록 이의신청인"이라 한다)는 품종명칭등록 이의신청기간이 지난 후 30일 이내에 품종명칭등록 이의신청서에 적은 이유 또는 증거를 보정할 수 있다.

86 식물신품종 보호법상 품종보호권의 설정등록을 받으려는 자나 품종보호권자는 품종보호료 납부기간이 지난 후에도 몇 개월 이내에 품종보호료를 납부할 수 있는가?

① 3개월　　　　　② 6개월
③ 12개월　　　　④ 24개월

[해설]

납부기간이 지난 후의 품종보호료 납부
품종보호권의 설정등록을 받으려는 자나 품종보호권자는 품종보호료 납부기간이 지난 후에도 6개월 이내에는 품종보호료를 납부할 수 있다.

87 「종자산업법」상 종자의 보증과 관련된 검사 서류를 보관하지 아니한 자의 과태료는?

① 3백만 원 이하　　　② 5백만 원 이하
③ 1천만 원 이하　　　④ 2천만 원 이하

[해설]

1천만 원 이하의 과태료
ⓐ 종자의 보증과 관련된 검사서류를 보관하지 아니한 자

ⓑ 무병화인증을 받은 종자업자, 무병화인증을 받은 종자를 판매 · 보급하는 자 또는 무병화인증기관은 정당한 사유 없이 보고 · 자료제출 · 점검 또는 조사를 거부 · 방해하거나 기피한 자

ⓒ 종자의 생산 이력을 기록 · 보관하지 아니하거나 거짓으로 기록한 자

ⓔ 종자의 판매 이력을 기록 · 보관하지 아니하거나 거짓으로 기록한 종자업자

ⓜ 정당한 사유 없이 자료제출을 거부하거나 방해한 자

ⓗ 유통 종자 또는 묘의 품질표시를 하지 아니하거나 거짓으로 표시하여 종자 또는 묘를 판매하거나 보급한 자

ⓢ 출입, 조사 · 검사 또는 수거를 거부 · 방해 또는 기피한 자

ⓞ 구입한 종자에 대한 정보와 투입된 자재의 사용 명세, 자재구입 증명자료 등을 보관하지 아니한 자

88 「식물신품종 보호법」상 품종보호권 · 전용실시권 또는 질권의 상속이나 그 밖의 일반승계의 취지를 신고하지 아니한 자의 과태료는?

① 30만 원 이하　　　② 50만 원 이하
③ 100만 원 이하　　④ 300만 원 이하

[해설]

「식물신품종 보호법」 과태료
① 다음에 해당하는 자에게는 50만 원 이하의 과태료를 부과한다.

　ⓐ 품종보호권 · 전용실시권 또는 질권의 상속이나 그 밖의 일반승계의 취지를 신고하지 아니한 자

　ⓑ 실시 보고 명령에 따르지 아니한 자

　ⓒ 선서한 증인, 감정인 및 통역인이 아닌 사람으로서 심판위원회에 대하여 거짓 진술을 한 사람

　ⓔ 심판위원회로부터 증거조사나 증거보전에 관하여 서류나 그 밖의 물건의 제출 또는 제시 명령을 받은

사람으로서 정당한 사유 없이 그 명령에 따르지 아니한 사람

ⓜ 심판위원회로부터 증인, 감정인 또는 통역인으로 소환된 사람으로서 정당한 사유 없이 소환을 따르지 아니하거나 선서, 진술, 증언, 감정 또는 통역을 거부한 사람

② 과태료는 대통령령으로 정하는 바에 따라 농림축산식품부장관 또는 해양수산부장관이 부과·징수한다.

89 종자관리요강상 수입적응성 시험의 대상작물 및 실시기관에서 농업실용화재단에 해당하지 않는 대상작물은?

① 옥수수   ② 감자
③ 밀   ④ 배추

해설

수입적응성 시험의 대상작물 및 실시기관

구분	실시기관	대상작물
식량작물	농업기술실용화재단	벼, 보리, 콩, 옥수수, 감자, 밀, 호밀, 조, 수수, 메밀, 팥, 녹두, 고구마
채소	한국종자협회	무, 배추, 양배추, 고추, 토마토, 오이, 참외, 수박, 호박, 파, 양파, 당근, 상추, 시금치, 딸기, 마늘, 생강, 브로콜리

90 종자검사요령상 수분의 측정에서 분석용 저울은 몇 단위까지 측정할 수 있어야 하는가?

① 0.001g
② 0.1g
③ 1g
④ 단위의 기준은 자유이다.

해설

분석용 저울

0.001g 단위까지 신속히 측정할 수 있어야 한다.

91 농림축산식품부장관은 종자관리사가 종자산업법에서 정하는 직무를 게을리하거나 중대한 과오를 저질렀을 때에는 그 등록을 취소하거나 몇 년 이내의 기간을 정하여 그 업무를 정지시킬 수 있는가?

① 1년   ② 2년
③ 3년   ④ 4년

해설

종자관리사의 자격기준

㉠ 종자관리사의 자격기준은 대통령령으로 정한다.

㉡ 종자관리사가 되려는 사람은 제1항에 따른 자격기준을 갖춘 사람으로서 농림축산식품부령으로 정하는 바에 따라 농림축산식품부장관에게 등록하여야 한다.

㉢ 농림축산식품부장관은 종자관리사가 이 법에서 정하는 직무를 게을리하거나 중대한 과오(過誤)를 저질렀을 때에는 그 등록을 취소하거나 1년 이내의 기간을 정하여 그 업무를 정지시킬 수 있다.

㉣ 등록이 취소된 사람은 등록이 취소된 날부터 2년이 지나지 아니하면 종자관리사로 다시 등록할 수 없다.

㉤ 행정처분의 세부적인 기준은 그 위반행위의 유형과 위반 정도 등을 고려하여 농림축산식품부령으로 정한다.

92 포장검사 및 종자검사 규격에서 벼 포장격리에 대한 내용이다. ( )에 알맞은 내용은?(단, 각 포장과 이품종이 논둑 등에서 구획되어 있는 경우는 제외한다.)

> 원원종포·원종포는 이품종으로부터 ( ) 이상 격리되어야 하고 채종포는 이품종으로부터 1m 이상 격리되어야 한다.

① 50cm   ② 1m
③ 2m   ④ 3m

해설

포장검사의 포장격리

원원종포·원종포는 이품종으로부터 3m 이상 격리되어야 하고 채종포는 이품종으로부터 1m 이상 격리되어야 한다. 다만 각 포장과 이품종이 논둑 등으로 구획되어 있는 경우에는 그러하지 아니한다.

정답   89 ④   90 ①   91 ①   92 ④

93 「식물신품종 보호법」상 품종보호권의 존속 기간은 품종보호권이 설정 등록된 날부터 몇 년으로 하는가?(단, 과수와 임목의 경우는 제외한다.)

① 5년 　　　　　　② 10년
③ 15년 　　　　　④ 20년

> 해설

품종보호권의 존속기간
품종보호권의 존속기간은 품종보호권이 설정등록된 날부터 20년으로 한다. 다만, 과수와 임목의 경우에는 25년으로 한다.

94 종자검사요령상 시료 추출 시 고추 제출시료의 최소 중량은?

① 50g 　　　　　　② 100g
③ 150g 　　　　　④ 200g

> 해설

시료의 중량

작물	소집단의 최대중량	시료의 최소 중량			
		제출 시료	순도 검사	이종계 수용	수분 검정용
고추	10톤	150g	15g	150g	50g

95 식물신품종 보호법상 품종명칭에서 품종보호를 받기 위하여 출원하는 품종은 몇 개의 고유한 품종명칭을 가져야 하는가?

① 1개 　　　　　　② 2개
③ 3개 　　　　　④ 5개

> 해설

품종명칭
㉠ 품종보호를 받기 위하여 출원하는 품종은 1개의 고유한 품종명칭을 가져야 한다.
㉡ 대한민국이나 외국에 품종명칭이 등록되어 있거나 품종명칭 등록출원이 되어 있는 경우에는 그 품종명칭을 사용하여야 한다.

96 보증서를 거짓으로 발급한 종자관리사의 벌칙은?

① 2년 이하의 징역 또는 3백만 원 이하의 벌금
② 1년 이하의 지역 또는 3천만 원 이하의 벌금
③ 1년 이하의 징역 또는 1천만 원 이하의 벌금
④ 2년 이하의 징역 또는 5백만 원 이하의 벌금

> 해설

1년 이하의 징역 또는 1천만 원 이하의 벌금에 처하는 경우
• 등록을 하지 아니하고 종자관리사 업무를 수행한 자
• 보증서를 거짓으로 발급한 종자관리사
• 보증을 받지 아니하고 종자를 판매하거나 보급한 자
• 명령에 따르지 아니한 자
• 무병화인증기관의 지정을 받거나 그 지정의 갱신을 하지 아니하고 무병화인증 업무를 한 자
• 무병화인증기관의 지정취소 또는 업무정지 처분을 받고도 무병화인증 업무를 한 자
• 거짓이나 그 밖의 부정한 방법으로 무병화인증을 받거나 갱신한 자
• 거짓이나 그 밖의 부정한 방법으로 무병화인증기관의 지정을 받거나 갱신한 자
• 무병화인증을 받지 아니한 종자의 용기나 포장에 무병화인증의 표시 또는 이와 유사한 표시를 한 자
• 무병화인증을 받은 종자의 용기나 포장에 무병화인증을 받은 내용과 다르게 표시한 자
• 무병화인증을 받지 아니한 종자를 무병화인증을 받은 종자로 광고하거나 무병화인증을 받은 종자로 오인할 수 있도록 광고한 자
• 무병화인증을 받은 종자를 무병화인증을 받은 내용과 다르게 광고한 자
• 등록하지 아니하고 육묘업을 한 자
• 등록이 취소된 종자업 또는 육묘업을 계속하거나 영업정지를 받고도 종자업 또는 육묘업을 계속한 자
• 종자를 수출 또는 수입하거나 수입된 종자를 유통시킨 자
• 수입적응성 시험을 받지 아니하고 종자를 수입한 자
• 거짓이나 그 밖에 부정한 방법으로 종자의 검정 따른 검정을 받은 자
• 검정결과에 대하여 거짓광고나 과대광고를 한 자
• 생산 또는 판매 중지를 명한 종자 또는 묘를 생산하거나 판매한 자
• 제47조 제4항 후단을 위반하여 시료채취를 거부·방해 또는 기피한 자

정답 　93 ④ 　94 ③ 　95 ① 　96 ③

97 「식물신품종 보호법」상 품종보호심판위원회에 대한 내용이다. ( )에 알맞은 내용은?

> 심판위원회는 위원장 1명을 포함한 ( ) 이내의 품종보호심판위원으로 구성하되, 위원장이 아닌 심판위원 중 1명은 상임으로 한다.

① 3명　　　　　　② 5명
③ 8명　　　　　　④ 15명

해설
품종보호심판위원회
㉠ 품종보호에 관한 심판과 재심을 관장하기 위하여 농림축산식품부에 품종보호심판위원회를 둔다.
㉡ 심판위원회는 위원장 1명을 포함한 8명 이내의 품종보호심판위원으로 구성하되, 위원장이 아닌 심판위원 중 1명은 상임(常任)으로 한다.
㉢ 규정한 사항 외에 심판위원회의 구성 · 운영 등에 필요한 사항은 대통령령으로 정한다.

98 「식물신품종 보호법」상 육성자의 정의로 옳은 것은?

① 품종을 육성한 자나 이를 발견하여 개발한 자를 말한다.
② 품종을 발견하여 정부기관에 신고한 자를 말한다.
③ 품종을 대여 또는 수출한 자를 말한다.
④ 품종보호를 받을 수 있는 권리를 가진 자를 말한다.

해설
정의
• "종자"란 종자 및 수산식물종자를 말한다.
• "품종"이란 식물학에서 통용되는 최저분류 단위의 식물군으로서 품종보호 요건을 갖추었는지와 관계없이 유전적으로 나타나는 특성 중 한 가지 이상의 특성이 다른 식물군과 구별되고 변함없이 증식될 수 있는 것을 말한다.
• "육성자"란 품종을 육성한 자나 이를 발견하여 개발한 자를 말한다.
• "품종보호권"이란 이 법에 따라 품종보호를 받을 수 있는 권리를 가진 자에게 주는 권리를 말한다.
• "품종보호권자"란 품종보호권을 가진 자를 말한다.
• "보호품종"이란 이 법에 따른 품종보호 요건을 갖추어

품종보호권이 주어진 품종을 말한다.
• "실시"란 보호품종의 종자를 증식생산 · 조제(調製) · 양도 · 대여 · 수출 또는 수입하거나 양도 또는 대여의 청약을 하는 행위를 말한다.

99 종자관리요강상 재배심사의 판정기준에 대한 내용이다. ( )에 알맞은 내용은?

> 안정성은 1년 차 시험의 균일성 판정결과와 ( ) 차 이상의 시험의 균일성 판정결과가 다르지 않으면 안정성이 있다고 판정한다.

① 1년　　　　　　② 2년
③ 3년　　　　　　④ 5년

해설
안정성의 판정기준
안정성의 심사는 반복적인 증식의 단계에 속하는 식물체가 「식물신품종 보호법」 규정에 의한 요건을 갖추었는지를 심사한다.
안정성은 1년 차 시험의 균일성 판정결과와 2년 차 이상의 시험의 균일성 판정결과가 다르지 않으면 안정성이 있다고 판정한다.

100 ( )에 알맞은 내용은?

> 농림축산식품부장관은 종자산업의 육성 및 지원을 위하여 ( )마다 농림종자산업의 육성 및 지원에 관한 종합계획을 수립 · 시행하여야 한다.

① 1년　　　　　　② 3년
③ 5년　　　　　　④ 7년

해설
종합계획
농림축산식품부장관은 종자산업의 육성 및 지원을 위하여 5년마다 농림종자산업의 육성 및 지원에 관한 종합계획을 수립 · 시행하여야 한다.

제1과목 종자생산학

01 다음 설명에 알맞은 용어는?

> 발아한 것이 처음 나타난 날

① 발아세   ② 발아전

③ 발아기   ④ 발아시

해설

발아시험(發芽試驗)
㉠ 발아시(發芽始) : 최초의 1개체가 발아한 날
㉡ 발아기(發芽期) : 전체 종자의 50%가 발아한 날
㉢ 발아전(發芽揃) : 대부분(80% 이상)이 발아한 날

02 다음 중 공중습도가 높을 때 수정이 가장 안 되는 작물은?

① 당근   ② 양파

③ 배추   ④ 고추

03 2년생 식물에 대한 설명으로 가장 옳은 것은?

① 1년에 꽃이 두 번 피는 식물
② 숙근성으로 2년이 경과되면 말라 죽는 식물
③ 발아하여 개화·결실되는 데 온도 등 환경과 관계없이 12개월 이상 소요되는 식물
④ 자연상태에서 일정한 저온을 경과해야 화아분화되어 개화·결실하는 식물

해설

2년생 작물
종자를 뿌리고 1년 이상 경과해야 개화·결실하는 작물로 무, 사탕무 등이 있다.

04 다음 중 자연적으로 씨 없는 과실이 형성되는 작물로 가장 거리가 먼 것은?

① 포도   ② 감귤류

③ 바나나   ④ 수박

05 다음 중 품종의 순도를 유지하기 위한 격리재배에서 차단격리법과 가장 거리가 먼 것은?

① 화기에 봉지 씌우기
② 망실재배
③ 망상이용
④ 꽃잎제거법

06 종자검사용 표본을 추출하는 원칙으로 가장 적절한 것은?

① 전체를 대표할 수 있도록 하되 무작위로 추출한다.
② 비교적 불량한 부분이 많이 포함되도록 채취한다.
③ 비교적 양호한 부분이 많이 포함되도록 채취한다.
④ 표본추출 대상이 되는 부분을 사전에 지정한 후 채취한다.

07 정세포 단독으로 분열하여 배를 만들며 달맞이꽃 등에서 일어나는 것은?

① 부정배생식   ② 무포자생식

③ 웅성단위생식   ④ 위수정생식

해설

웅성단위생식(Male Parthenogenesis)
㉠ 정세포 단독으로 분열하여 배를 형성
㉡ 달맞이꽃, 진달래 등

정답   01 ④   02 ②   03 ④   04 ④   05 ④   06 ①   07 ③

08 다음 중 종자수명에 관여하는 요인과 가장 거리가 먼 것은?

① 저장고의 상대습도와 온도
② 종자의 성숙도
③ 저장고 내의 공기조성
④ 저장고 내의 광의 세기

해설

수명에 영향을 미치는 조건
㉠ 주요 조건은 수분함량, 온도, 산소 등이다.
㉡ 젖은 종자를 고온·고습인 환경에 저장하면 수명이 극히 짧아지며, 맥류 종자를 수분함량 20%로 하여 습도 90%의 실온에 저장하면 수명은 1개월도 못 간다.

09 다음 중 장명종자로만 나열된 것은?

① 고추, 양파
② 당근, 옥수수
③ 상추, 강낭콩
④ 가지, 토마토

해설

작물별 종자의 수명

단명종자(1~2년)	상명종자(2~3년)	장명종자(4~6년)
콩, 땅콩, 옥수수, 메밀, 기장, 목화, 해바라기, 강낭콩, 양파, 파, 상추, 당근, 고추	벼, 밀, 보리, 귀리, 완두, 유채, 페스큐, 켄터키블루그래스, 목화, 무, 배추, 호박, 멜론, 시금치, 우엉	클로버, 알팔파, 베치, 사탕무, 가지, 토마토, 수박, 비트

10 다음 중 종자의 발아과정과 가장 거리가 먼 것은?

① 수분 흡수
② 과피(종피)의 파열
③ 저장양분 분해효소의 불활성화
④ 배의 생장 개시

해설

종자의 발아과정
수분의 흡수 → 효소의 활성화 → 배의 생장 개시 → 과피(종피)의 파열 → 유묘의 출현 → 유묘의 성장

11 다음 중 수정 후 배 발달 과정에서 배유가 퇴화하여 무배유 종자가 되는 작물로만 나열된 것은?

① 보리, 호박
② 보리, 완두
③ 완두, 콩
④ 토마토, 벼

해설

㉠ 배유 종자 : 주로 화본과 식물이다. 배와 배유의 두 부분으로 형성되며 배와 배유 사이에 흡수층이 있다.
㉡ 무배유 종자 : 주로 콩과 식물

12 다음 중 유전적 원인에 의한 불임현상으로 가장 거리가 먼 것은?

① 자가불화합성
② 장벽수정
③ 이형예현상
④ 다즙질불임성

해설

양분 과다에 의한 다즙질불임성은 환경적 원인에 의한 불임성이다.

13 찰벼와 메벼를 교잡하여 얻은 교잡종자의 배유가 투명한 메벼의 성질을 나타내는 현상으로 가장 옳은 것은?

① 크세니아
② 메타크세니아
③ 위잡종
④ 단위결과

해설

크세니아
종자의 배유에서 우성유전자의 표현형이 나타나는 것을 말한다.

14 세포질－유전자적 웅성불임을 이용한 채종재배에 필요한 계통과 가장 거리가 먼 것은?

① 웅성불임계통
② 웅성불임유지계통
③ 임성회복친
④ 자가불화합계통

자가불화합
암술과 화분의 기능은 정상이나 자가수분으로 종자를 형성하지 못해서 생기는 불임

15 다음 중 광발아성 종자로 가장 옳은 것은?

① 파 ② 상추
③ 오이 ④ 수박

호광성 종자
㉠ 광선에 의해 발아가 조장되며 암흑에서는 전혀 발아하지 않거나 발아가 몹시 불량한 종자이다.
㉡ 담배, 상추, 우엉, 피튜니아, 차조기, 금어초, 디기탈리스, 베고니아, 뽕나무, 벤트그래스, 버뮤다그래스, 켄터키블루그래스, 캐나다블루그래스, 스탠더드휘트그래스, 셀러리 등이다.

16 다음 중 우량품종의 유전적 퇴화를 방지하기 위하여 포장격리거리를 가장 멀게 해야 하는 작물은?

① 옥수수 ② 감자
③ 들깨 ④ 유채

자연교잡은 격리재배를 함으로써 유전적 퇴화를 방지할 수 있다.
포장격리거리
㉠ 옥수수 400~500m 이상
㉡ 호밀 300~500m 이상
㉢ 십자화과 식물 1,000m 능

17 다음 중 봉지 씌우기를 가장 필요로 하는 것은?

① 웅성불임성을 이용한 F_1 채종
② 영양배지를 통한 고정종 채종
③ 인공수분에 의한 F_1 채종
④ 자가불화합성을 이용한 F_1 채종

자연교잡을 억제하기 위해 수분 후 봉지 씌우기를 한다.

18 다음 중 종자발아에 필요한 수분흡수량이 가장 많은 것은?

① 벼 ② 옥수수
③ 콩 ④ 밀

수분흡수량
㉠ 모든 종자는 일정량의 수분을 흡수해야만 발아한다.
㉡ 종자무게에 대하여 벼와 옥수수는 30% 정도이고 콩은 50% 정도이다.
㉢ 전분종자보다 단백종자가 발아에 필요한 최소수분함량이 많다.

19 다음 중 종자의 발아력을 오래도록 유지할 수 있는 조건으로 가장 옳은 것은?

① 종자수분을 낮추고 저장온도를 낮춘다.
② 종자수분을 낮추고 저장온도를 높인다.
③ 종자수분을 높이고 저장온도를 낮춘다.
④ 종자수분을 높이고 저장온도를 높인다.

종자의 발아력을 오래도록 유지할 수 있는 조건
종자를 건조하여 저온에 저장한다.

20 다음 중 화곡류의 채종 적기로 가장 옳은 것은?

① 고숙기 ② 완숙기
③ 황숙기 ④ 유숙기

벼의 수확적기
황숙기(채종용)~완숙기(식용)

21 배수체육종에 의해 기관이 거대화하는 주된 이유는 무엇인가?

① 유전물질의 증가에 따라 세포용적이 증대되기 때문이다.
② 환경에 영향을 받지 않기 때문이다.
③ 생리적으로 불안정한 상태이기 때문이다.
④ 염색체의 개수와 상관없이 세포질이 증대되기 때문이다.

해설

배수성 육종
배수성 육종(Polyploidy Breeding)은 배수체의 특성을 이용하여 신품종을 육성하는 육종방법으로 3배체 이상 배수체는 2배체에 비하여 세포와 기관이 크고, 병해충에 대한 저항성이 증대하며 함유성분이 증가하는 등 형질 변화가 일어난다.

22 반수체육종에 대한 설명으로 옳지 않은 것은?

① 반수체는 많은 식물에서 나타난다.
② 반수체는 완전불임이면서 생육이 좋아 실용성이 높다.
③ 반수체의 염색체를 배가하면 바로 순계를 얻을 수 있다.
④ 반수체는 상동 게놈이 한 개뿐이므로 열성형질 선발이 쉽다.

해설

반수체는 완전불임으로 생육이 불량하며 실용성이 없다.

23 내병성 등 소수 형질을 개량할 목적으로 실시하는 가장 효과적인 육종방법은?

① 집단육종법
② 여교잡육종법
③ 계통간교잡법
④ 집단선발법

해설

여교배육종(Backcross Breeding)
여교배육종은 우량품종에 한두 가지 결점이 있을 때 이를 보완하는 데 효과적인 육종방법이다.

24 아조변이를 직접 신품종으로 이용하기 가장 용이한 작물은?

① 일년생 자가수정 작물
② 다년생 영양번식 작물
③ 일년생 타가수정 작물
④ 다년생 타가수정 작물

해설

영양계선발(Clonal Selection)
교배나 돌연변이(과수의 햇가지에 생기는 돌연변이를 아조변이라고 함)에 의한 유전변이 또는 실생묘 중에서 우량한 것을 선발하고, 삽목이나 접목 등으로 증식하여 신품종을 육성한다.

25 감수분열 제1전기의 진행 순서가 바르게 나열된 것은?

① 세사기 → 태사기 → 대합기 → 이동기
② 세사기 → 이동기 → 태사기 → 대합기
③ 세사기 → 이동기 → 대합기 → 태사기
④ 세사기 → 대합기 → 태사기 → 이동기

해설

감수제1분열(이형분열)
전기 : 세사기, 대합기, 태사기, 복사기(이중기), 이동기의 5단계로 구분되는 복잡한 과정을 거친다.

26 배수체 작성에 가장 많이 이용하는 방법은?

① 방사선 처리
② 교잡
③ 콜히친 처리
④ 에틸렌 처리

배수체를 작성하는 방법
㉠ 콜히친 처리
㉡ 조직배양에서 생기는 배수성 세포(3x, 4x 등)의 재분화
㉢ 기타 : 아세나프텐처리법, 절단법, 온도처리법 등

27 다음 중 자가불화합성 식물을 자식시키기 위한 방법으로 가장 적절하지 않은 것은?

① 봉지 씌우기　　② 고온처리
③ 이산화탄소처리　④ 뇌수분

28 DNA를 구성하고 있는 염기로만 나열된 것은?

① 시토신, 플라타닌, 아데닌, 우라실
② 시토신, 티민, 아데닌, 구아닌
③ 시토신, 우라실, 아데닌, 알리신
④ 시토신, 티민, 우라실, 리놀레산

DNA를 구성하고 있는 염기
아데닌, 티민, 구아닌, 시토신

29 다음 중 계통분리법과 가장 관계가 없는 것은?

① 자식성 작물의 집단선발에 가장 많이 사용되는 방법이다.
② 주로 타가수분 작물에 쓰이는 방법이다.
③ 개체 또는 계통의 집단을 대상으로 선발을 거듭하는 방법이다.
④ 1수1열법과 같이 옥수수의 계통분리에 사용된다.

계통 분리법
개체 또는 계통 집단의 반복적인 선발을 통하여 새로운 품종을 개발하는 분리육종법의 하나이며 주로 타가수정 작물에서 이용된다.

30 다음 중 자웅이주 식물은?

① 벼　　　② 보리
③ 콩　　　④ 시금치

31 혼형집단의 재래종을 수집하고, 이 집단에서 우수한 개체를 선발·고정시키는 육종법은?

① 세포융합육종　　② 돌연변이육종
③ 순계분리육종　　④ 배수체육종

32 이질배수체를 얻기 위한 종속 간 잡종채종에 대한 설명으로 옳지 않은 것은?

① 잡종식물의 생육이나 임실이 불량하다.
② 새로운 유전자형을 얻을 수 없다.
③ 후대의 유전현상이 복잡하다.
④ 교잡종자를 얻기 어렵다.

33 합성품종에 대한 설명으로 가장 옳은 것은?

① 조합능력이 우수한 근교계들을 혼합 재배하여 채종한 품종
② 몇 개의 단교잡 F1을 세포융합한 품종
③ 재래종처럼 몇 개의 순계가 섞여있는 품종
④ 현재 많이 재배되고 있는 몇 개의 품종을 혼합시킨 품종

34 피자식물의 중복수정에서 배유 형성을 바르게 설명한 것은?

① 하나의 웅핵이 극핵과 융합하여 3n의 배유 형성
② 하나의 웅핵이 난세포의 난핵과 융합하여 2n의 배유 형성
③ 하나의 웅핵이 2개의 조세포 핵과 융합하여 3n의 배유 형성
④ 하나의 웅핵이 3개의 반족세포핵과 융합하여 4n의 배유 형성

속씨식물의 중복수정

㉠ 난세포(n) + 정핵(n) = 배($2n$)

㉡ 2개의 극핵($n+n$) + 정핵(n) = 배젖($3n$)

35 다음 중 정역교배 조합인 것은?

① A×(A×B)
② A×B, B×A
③ B×(A×B)
④ (A×B)×(C×D)

36 벼의 인공교배를 위한 제웅과 수분에 가장 적합한 것은?

① 개화 다음 날 오후 4시까지 제웅하고 일주일 후 오후 4시 이후에 수분시킨다.
② 개화 전날 오전 10~12시 사이에 제웅하고 3일 후 오후 4시 이후에 수분시킨다.
③ 개화 전날 오후 4시 이후에 제웅하고 다음 날 오전 10~12시 사이에 수분시킨다.
④ 개화 다음 날 오전 12시 까지 제웅하고 2주일 후 오전에 수분시킨다.

37 돌연변이에 대한 설명으로 틀린 것은?

① 유전자의 일부 염기서열이 변화하여 생성되는 단백질에 영향을 받아 돌연변이 특성이 나타난다.
② 트랜스포존은 이동하는 특성을 가진 돌연변이 유발 유전자이다.
③ 염색체 구조적 돌연변이는 콜히친을 처리하여 대량 확보할 수 있다.
④ 아조변이는 이형접합성이 높은 영양번식 식물에서 주로 발생한다.

38 잡종강세가 가장 크게 나타나는 품종은?

① 복교배 품종
② 3원교배 품종
③ 단교배 품종
④ 합성품종

단교배(Single Cross, A×B)

F_1 잡종강세의 발현도와 균일성은 매우 우수하나 약세화된 자식계 또는 근교계에서 종자가 생산되므로 종자 생산량이 적은 결점이 있다.

39 방사선 감수성에 대한 일반적인 현상과 거리가 먼 것은?

① 큰 염색체를 가진 식물들은 작은 염색체를 가진 식물체보다 방사선 감수성이 높다.
② 자식성식물과 영양번식식물은 타식성식물에 비해 방사선 처리효과가 높다.
③ 식물체의 내·외적조건은 그 식물체의 방사선 감수성 정도에 영향을 미친다.
④ 같은 종 내에서는 방사선 감수성 정도가 같다.

40 자가불화합성의 생리적 원인에 대한 설명으로 옳지 않은 것은?

① 꽃가루관의 신장에 필요한 물질의 결여
② 꽃가루와 암술머리 조직의 단백질 간 친화성이 높음
③ 꽃가루관의 호흡에 필요한 호흡기질의 결여
④ 꽃가루의 발아·신장을 억제하는 물질의 존재

자가불화합성의 원인

생리적 원인	유전적 원인
• 꽃가루의 발아·신장을 억제하는 억제 물질의 존재 • 꽃가루관의 신장에 필요한 물질의 결여 • 꽃가루관의 호흡에 필요한 호흡 기질의 결여 • 꽃가루와 암술머리 조직 사이의 삼투압 차이 • 꽃가루와 암술머리 조직의 단백질 간 친화성의 결여	• 치사 유전자 • 염색체의 수적·구조적 이상 • 자가불화합성을 유기하는 유전자(이반유전자나 복대립유전자) • 자가불화합성을 유기하는 세포질

41 다음 중 생장 억제 물질이 아닌 것은?

① AMO－1618　　② CCC
③ GA2　　　　　④ B－9

> 해설
>
> 지베렐린은 생장 촉진 물질이다.

42 식물이 한여름 철을 지낼 때 생장이 현저히 쇠퇴·정지하고, 심한 경우 고사하는 현상은?

① 하고현상　　　② 좌지현상
③ 저온장해　　　④ 추고현상

> 해설
>
> 하고현상(夏枯現象)
> 목초에 있어서 여름철 한때 잎이 말라 죽는 현상이다. 목초는 서늘한 기후에서 생육이 좋은데, 여름철 고온하에서는 생육이 멈추고 잎이 황변하면서 쇠퇴하는 하고현상이 나타난다.

43 작물의 재배조건에 따른 T/R률에 대한 설명으로 가장 옳은 것은?

① 고구마는 파종기나 이식기가 늦어지면 T/R률이 감소된다.
② 질소비료를 많이 주면 T/R률이 감소된다.
③ 토양공기가 불량하면 T/R률이 감소된다.
④ 토양수분이 감소되면 T/R률이 감소된다.

> 해설
>
> ① 고구마는 파종기나 이식기가 늦어지면 T/R률이 증가된다.
> ② 질소비료를 많이 주면 T/R률이 증가된다.
> ③ 토양공기가 불량하면 T/R률이 증가된다.

44 다음 중 장일성 식물로만 나열된 것은?

① 딸기, 사탕수수, 코스모스
② 담배, 들깨, 코스모스
③ 시금치, 감자, 양파
④ 당근, 고추, 나팔꽃

> 해설
>
> 장일식물(長日植物)
> 추파맥류, 완두, 박하, 아주까리, 시금치, 양딸기, 양파, 상추, 감자, 해바라기 등

45 작물재배를 생력화하기 위한 방법으로 가장 옳지 않은 것은?

① 농작업의 기계화　　② 경지정리
③ 유기농법의 실시　　④ 재배의 규모화

> 해설
>
> 생력기계화재배의 전제조건
> ㉠ 경지정리(耕地整理)
> ㉡ 집단재배(集團栽培)
> ㉢ 공동재배(共同栽培)
> ㉣ 잉여 노동력의 수익화
> ㉤ 제초제의 사용

46 토양수분이 부족할 때 한발저항성을 유도하는 식물호르몬으로 가장 옳은 것은?

① 시토키닌　　　② 에틸렌
③ 옥신　　　　　④ 아브시스산

> 해설
>
> ABA(Abscisic Acid)
> ABA가 증가하면 기공이 닫혀서 위조저항성이 커진다. (토마토)

47 다음 중 과실에 봉지를 씌워서 병해충을 방제하는 것은?

① 경종적 방제　　② 물리적 방제
③ 생태적 방제　　④ 생물적 방제

물리적(物理的, 機械的) 방제법
㉠ 포살 및 채란에 의한 방제
㉡ 차단에 의한 방제
㉢ 유살에 의한 방제
㉣ 담수에 의한 방제

48 농업에서 토지생산성을 계속 증대시키지 못하는 주요 요인으로 가장 옳은 것은?

① 기술개발의 결여
② 노동 투하량의 한계
③ 생산재 투하량의 부족
④ 수확체감의 법칙이 작용

수확체감법칙(收穫遞減法則)
일정 토지에서 생산되는 수량은 투하되는 노동, 자본 등이 증가할수록 처음 어느 수준까지는 급격히 증가되지만 일정 수준부터는 그 증가율이 완만해지고 결국엔 오히려 수량이 감소한다는 경제법칙이다.

49 과수재배에서 환상박피를 이용한 개화의 촉진은 화성유인의 어떤 요인을 이용한 것인가?

① 일장효과
② 식물 호르몬
③ C/N율
④ 버널리제이션

C/N율
식물체의 탄수화물과 질소의 비율을 C/N율이라고 하며 C/N율이 높으면 화성이 유도되어 개화가 촉진된다.

50 파종 후 재배과정에서 상대적으로 노력이 가장 많이 요구되는 파종방법은?

① 산파
② 조파
③ 점파
④ 적파

산파(散播) = 흩어뿌림
포장 전면에 종자를 흩어 뿌리는 방법이며, 파종 후 재배과정에서 상대적으로 노력이 가장 많이 요구되는 파종방법이다.

51 다음 중 내염성이 가장 높은 작물은?

① 녹두
② 유채
③ 고구마
④ 가지

내염성 작물
사탕무, 목화, 수수, 유채처럼 간척지 염분 토양에 강하다.

52 식물의 영양생리의 연구에 사용되는 방사성 동위원소로만 나열된 것은?

① 32P, 42K
② 24Na, 80Al
③ 60Co, 72Na
④ 137Cs, 58Co

식물 영양생리 연구
15N, 32P, 42K, 45Ca 등의 방사성 동위원소로 표지화합물을 만들어 이용한다.

53 용도에 따른 작물의 분류에서 포도와 무화과는 어느 것에 속하는가?

① 장과류
② 인과류
③ 핵과류
④ 곡과류

장과류
포도, 딸기, 무화과 등으로 외과피가 발달하였다.

54 포장용수량의 pF 값의 범위로 가장 적합한 것은?

① 0
② 0~2.5
③ 2.5~2.7
④ 4.5~6

정답   48 ④   49 ③   50 ①   51 ②   52 ①   53 ①   54 ③

포장용수량

㉠ 수분으로 포화된 토양으로부터 증발을 방지하면서 중력수를 완전히 배제하고 남은 수분의 상태이며, 이를 최소용수량이라고도 한다.

㉡ 지하수위가 낮고 투수성이 중용인 포장에서 강우 또는 관개 후 만 1일쯤의 수분 상태가 이에 해당된다.

㉢ pF 값은 2.5~2.7(1/3~1/2 기압)이다.

55 중위도 지대에서의 조생종은 어떤 기상생태형 작물인가?

① 감온형
② 감광형
③ 기본영양생장형
④ 중간형

중위도 지대(우리나라)에서 감온형(blT형) 품종은 조생종으로 존재한다.

56 다음 중 토양의 입단구조를 파괴하는 요인으로서 가장 옳지 않은 것은?

① 경운
② 입단의 팽창과 수축의 반복
③ 나트륨 이온의 첨가
④ 토양의 피복

입단의 형성

㉠ 유기물 사용(완숙유기물보다는 미숙유기물이 효과적)
㉡ 콩과작물의 재배
㉢ 토양의 멀칭(피복)
㉣ Ca 사용
㉤ 토양 개량제의 사용

57 벼의 침수피해에 대한 내용이다. (가), (나)에 알맞은 내용은?

〈벼의 침수피해〉
• 분얼 초기에는 (가).
• 수잉기~출수개화기에는 (나).

① (가) : 크다, (나) : 크다
② (가) : 크다, (나) : 작다
③ (가) : 작다, (나) : 작다
④ (가) : 작다, (나) : 크다

58 지력유지를 위한 작부체계에서 '클로버'를 재배할 때 이 작물을 알맞게 분류한 것으로 가장 옳은 것은?

① 포착작물
② 휴한작물
③ 수탈작물
④ 기생작물

휴한작물

휴한을 하는 대신 작물을 재배하면 지력이 더욱 잘 유지되므로 매년 경작할 수 있도록 윤작체계에 삽입하는 작물로서 비트, 클로버 등이 있다.

59 땅속줄기를 번식하는 것으로만 나열된 것은?

① 감자, 토란
② 생강, 박하
③ 백합, 마늘
④ 달리아, 글라디올러스

줄기(莖)

㉠ 비늘줄기(鱗莖) : 나리(백합), 마늘 등
㉡ 땅속줄기(地下莖) : 생강, 연, 박하, 홉 등
㉢ 덩이줄기(塊莖) : 감자, 토란, 뚱딴지 등
㉣ 알줄기(球莖) : 글라디올러스 등

※ **뿌리(根)**

덩이뿌리(塊根) : 달리아, 고구마, 마 등

60 작물에서 낙과를 방지하기 위한 조치로 가장 거리가 먼 것은?

① 환상박피
② 방한
③ 합리적인 시비
④ 병해충 방제

환상박피(環狀剝皮)

나무의 줄기를 3~10mm 너비의 고리 모양으로 껍질을 벗기는 작업

정답 55 ① 56 ④ 57 ④ 58 ② 59 ② 60 ①

61 농약의 살포 방법에서 미스트법에 대한 설명으로 옳지 않은 것은?

① 살포 시간 및 인력, 비용 등을 절감한다.
② 살포액의 미립화로 목표물에 균일하게 부착시킨다.
③ 분무법에 비하여 살포액의 농도를 낮게 하고 많은 양을 살포한다.
④ 분사 형식은 노즐에 압축공기를 같이 주입하는 유기분사 방식이다.

62 다음 중 기주특이적 독소와 이를 분비하는 병원균의 연결이 옳지 않은 것은?

① victorin : 벼 키다리병균
② T-독소 : 옥수수 깨씨무늬병균
③ AK-독소 : 배나무 검은무늬병균
④ AM-독소 : 사과나무 점무늬낙엽병균

63 잡초의 생육특성으로 가장 옳은 것은?

① 밀도가 낮으면 결실률이 낮다.
② 대부분 C3 식물이다.
③ 발아가 느리다.
④ 초기생육이 빠르다.

[해설]
잡초의 생육특성
종자의 크기가 작아 발아가 빠르고 이유기가 빨라 개체로의 독립생장을 일찍 시작하여 초기 생장속도가 빠르다.

64 발아에 필요한 산소를 차단함으로써 잡초의 발아 또는 출아를 억제시키는 물리적 방제법으로 가장 적절한 것은?

① 담수   ② 예취
③ 소각   ④ 중경

65 병원체가 기주 식물체 내로 들어가는 침입 장소 중 자연개구부가 아닌 것은?

① 수공   ② 피목
③ 밀선   ④ 각피

[해설]
자연개구부(自然開口部)
식물의 기공이나 수공 또는 밀선처럼 형태적으로 처음부터 뚫려 있는 구멍

66 농약의 과용으로 생기는 부작용과 가장 거리가 먼 것은?

① 약제 저항성 해충의 출현
② 잔류독에 의한 환경오염
③ 자연계의 평형 파괴
④ 생물상의 다양화

[해설]
농약의 과용으로 생기는 부작용으로 생물상의 단순화가 나타난다.

67 배나무 붉은별무늬병균의 중간 기주는?

① 향나무   ② 느티나무
③ 참나무   ④ 강아지풀

[해설]
적성병균은 중간 기주인 향나무에 포자를 형성하여 반경 1km 이상 영향을 준다.

68 Phytoplasma에 대한 설명으로 옳은 것은?

① 곰팡이와 세균의 중간적 성질을 갖는다.
② 세포벽을 가지고 있다.
③ 주로 곤충에 의하여 매개된다.
④ 바이러스보다 크기가 훨씬 작다.

정답   61 ③ 62 ① 63 ④ 64 ① 65 ④ 66 ④ 67 ① 68 ③

69 다년생이며, 종자 또는 지하경으로 번식하는 잡초는?

① 너도방동사니   ② 가막사리
③ 개비름   ④ 바랭이

> **해설**
>
> 너도방동사니
> 다년생 초본으로 괴경이나 종자로 번식한다.

70 식물병을 일으키는 병삼각형 중 일반적으로 주인인 것은?

① 식물체   ② 환경
③ 병원체   ④ 광선

71 잡초의 철저한 방제가 요구되는 잡초경합한계기로 가장 옳은 것은?

① 작물의 초관 형성 이후
② 작물 전 생육기간 중 첫 1/3 ~ 1/2 기간인 생육 초기
③ 작물 전 생육기간 중 생육 중기 이후
④ 작물 전 생육기간 중 생육 후기 이후

> **해설**
>
> 잡초경합한계기간인 작물 전 생육기간 중 첫 1/3 ~ 1/2 기간인 생육 초기에 잡초를 없애는 것이 재배에 효과적이다.

72 미생물의 독소를 이용히여 해충을 방제하는 생물농약은?

① Bt(Bacillus Thuringiensis)제
② 석회보르도액
③ 지베렐린
④ 에틸렌

Bt(Bacillus Thuringiensis)제
박테리아의 한 종인 토양세균이 생산하는, 곤충들을 죽일 수 있는 독소 단백질을 이용한다.

73 종자가 물에 떠서 운반되며 마디풀과에 해당하는 것은?

① 소리쟁이   ② 달개비
③ 털진득찰   ④ 도꼬마리

74 활엽과수에서 문제가 되는 사과응애에 대한 설명으로 틀린 것은?

① 흡즙성 해충이다.
② 약충으로 월동한다.
③ 1년에 7~8회 발생한다.
④ 실을 토하며 바람에 날려 이동한다.

> **해설**
>
> 사과응애 등 과수 월동 해충은 성충 상태로 월동한다.

75 다음 중 화본과 잡초는?

① 명아주   ② 향부자
③ 나도겨풀   ④ 벗풀

> **해설**
>
> ① 명아주 : 1년생 광엽잡초
> ② 향부자 : 다년생 방동사니과
> ③ 나도겨풀 : 다년생 화본과 잡초
> ④ 벗풀 : 다년생 광엽잡초

정답   69 ①   70 ③   71 ②   72 ①   73 ①   74 ②   75 ③

76 다음 중 과실을 가해하는 해충으로 가장 거리가 먼 것은?

① 복숭아순나방
② 복숭아유리나방
③ 복숭아심식나방
④ 복숭아명나방

해설

복숭아유리나방
유충이 줄기나 가지의 수피 밑의 형성층 부위를 식해하므로 나무가 쇠약해지고 가해부에 부후균(腐朽菌)이 들어가 심하면 나무 전체가 고사한다.

77 벼 도열병의 발병원인으로 가장 적절한 것은?

① 고온 건조 조건일 때
② 저온 다습 조건일 때
③ 잡초 방제할 때
④ 질소 균형 시비할 때

해설

벼 도열병은 일조량이 적고 저온 다습할 때 많이 발생한다.

78 다음 중 명아주에 해당하는 것으로만 나열된 것은?

① 다년생, 화본과 잡초
② 2년생, 방동사니과 잡초
③ 1년생, 광엽잡초
④ 다년생, 방동사니과 잡초

해설

75번 해설 참조

79 다음 중 완전변태를 하는 목(目)은?

① 총채벌레목
② 메뚜기목
③ 나비목
④ 노린재목

해설

변태의 종류

변태의 종류		경과	예
완전변태		알 → 유충 → 번데기 → 성충	나비목, 딱정벌레목, 벌레목
불완전변태	반변태	알 → 유충 → 성충 (유충, 성충이 아주 다르다.)	잠자리목
	점변태	알 → 유충 → 성충 (유충, 성충이 비교적 비슷하다.)	메뚜기목, 총채벌레목, 노린재목
	무변태	변화 없다.	톡토기목

※ 변태순서 : 부화 → 탈피 → 용화(蛹化) → 번데기 → 우화

80 파종기의 변경, 재배방법의 개선 등 식물병원체의 활동시기를 피하여 식물이 병에 걸리지 않는 성질은?

① 회피성
② 면역성
③ 감수성
④ 내병성

해설

병원에 대한 식물의 성질
㉠ 저항성 : 병원체의 작용을 억제하는 기주의 능력
㉡ 면역성 : 식물이 전혀 어떤 병에 걸리지 않는 것
㉢ 감수성 : 식물이 어떤 병에 걸리기 쉬운 성질
㉣ 회피성 : 적극적 또는 소극적으로 식물 병원체의 활동기를 피하여 병에 걸리지 않는 성질
㉤ 내병성 : 감염되어도 기주가 실질적인 피해를 적게 받는 경우

81 종자의 보증에서 재검사를 받으려는 자는 종자검사 결과를 통지받은 날부터 며칠 이내에 재검사신청서에 종자검사 결과 통지서를 첨부하여 검사기관의 장에게 제출하여야 하는가?

① 15일　　　　　　② 20일
③ 30일　　　　　　④ 35일

해설

재검사 신청

㉠ 재검사를 받으려는 자는 종자검사 결과를 통지받은 날부터 15일 이내에 재검사신청서에 종자검사 결과 통지서를 첨부하여 검사기관의 장 또는 종자관리사에게 제출하여야 한다.

㉡ 재검사신청을 받은 검사기관의 장 또는 종자관리사는 그 신청서를 받은 날부터 20일 이내에 재검사를 하여야 한다.

82 종자업을 하려는 자는 종자관리사를 최소 몇 명 이상 두어야 하는가?

① 1명　　　　　　② 2명
③ 3명　　　　　　④ 5명

해설

종자업의 등록

㉠ 종자업을 하려는 자는 대통령령으로 정하는 시설을 갖추어 시장·군수·구청장에게 등록하여야 한다.

㉡ 종자업을 하려는 자는 종자관리사를 1명 이상 두어야 한다.

83 송자관리요강 중 용어에 대한 설명으로 틀린 것은?

① 포장격리 : 자연교잡이 충분히 일어나도록 준비된 포장을 말한다.

② 품종순도 : 재배작물 중 이형주(변형주), 이품종주, 이종종자주를 제외한 해당 품종 고유의 품종을 나타내고 있는 개체의 비율을 말한다.

③ 이형주(Off Type) : 동일 품종 내에서 유전적 형질이 그 품종 고유의 특성을 갖지 아니한 개체를 말한다.

④ 작황균일 : 시비, 제초, 약제살포 등 포장 관리 상태가 양호하여 작황이 고르게 좋은 것을 말한다.

해설

① 포장격리 : 자연교잡이 일어나지 않도록 충분히 격리된 것을 말한다.

84 저온항온건조기법을 사용하게 되는 종으로만 나열된 것은?

① 당근, 근대　　　　② 잠두, 녹두
③ 고추, 목화　　　　④ 기장, 벼

해설

저온항온건조기법을 사용하게 되는 종

마늘, 파, 부추, 콩, 땅콩, 배추씨, 유채, 고추, 목화, 피마자, 참깨, 아마, 겨자, 무

85 품종목록 등재의 유효기간 연장신청은 그 품종목록 등재의 유효기간이 끝나기 전 몇 년 이내에 신청하여야 하는가?

① 4년　　　　　　② 3년
③ 2년　　　　　　④ 1년

해설

품종목록 등재의 유효기간

㉠ 품종목록 등재의 유효기간은 등재한 날이 속한 해의 다음 해부터 10년까지로 한다.

㉡ 품종목록 등재의 유효기간은 유효기간 연장신청에 의하여 계속 연장될 수 있다.

㉢ 품종목록 등재의 유효기간 연장신청은 그 품종목록 등재의 유효기간이 끝나기 전 1년 이내에 신청하여야 한다.

86 ( )에 알맞은 내용은?

〈심판〉
• 품종보호에 관한 심판과 재심을 관장하기 위하여 농림축산식품부에 품종보호심판위원회를 둔다.
• 심판위원회는 위원장 1명을 포함한 ( ) 이내의 품종보호심판위원으로 구성하되, 위원장이 아닌 심판위원 중 1명은 상임(常任)으로 한다.

① 5명   ② 8명
③ 12명   ④ 15명

해설

품종보호심판위원회
㉠ 품종보호에 관한 심판과 재심을 관장하기 위하여 농림축산식품부에 품종보호심판위원회를 둔다.
㉡ 심판위원회는 위원장 1명을 포함한 8명 이내의 품종보호심판위원으로 구성하되, 위원장이 아닌 심판위원 중 1명은 상임(常任)으로 한다.
㉢ 규정한 사항 외에 심판위원회의 구성·운영 등에 필요한 사항은 대통령령으로 정한다

87 수입적응성 시험의 대상작물 및 실시기관 중 메밀의 실시기관은?

① 국립산림품종관리센터
② 한국종자협회
③ 농업기술실용화재단
④ 농업협동조합중앙회

해설

수입적응성 시험의 대상작물 및 실시기관

구분	대상작물	실시기관
식량작물(13)	벼, 보리, 콩, 옥수수, 감자, 밀, 호밀, 조, 수수, 메밀, 팥, 녹두, 고구마	농업기술실용화재단

88 ( )에 알맞은 내용은?

농림축산식품부장관은 진흥센터가 진흥센터 지정기준에 적합하지 아니하게 된 경우 대통령령으로 정하는 바에 따라 그 지정을 취소하거나 ( )의 기간을 정하여 업무의 정지를 명할 수 있다.

① 1개월 이내   ② 3개월 이내
③ 6개월 이내   ④ 12개월 이내

해설

종자산업진흥센터의 지정
농림축산식품부장관은 진흥센터가 다음 어느 하나에 해당하는 경우에는 대통령령으로 정하는 바에 따라 그 지정을 취소하거나 3개월 이내의 기간을 정하여 업무의 정지를 명할 수 있다.
㉠ 거짓이나 그 밖의 부정한 방법으로 지정받은 경우
㉡ 진흥센터 지정기준에 적합하지 아니하게 된 경우
㉢ 정당한 사유 없이 업무를 거부하거나 지연한 경우
㉣ 정당한 사유 없이 1년 이상 계속하여 업무를 하지 아니한 경우

89 품종보호권의 존속기관은 품종보호권이 설정등록된 날부터 몇 년으로 하는가?(단, 과수와 임목의 경우는 제외한다.)

① 10년   ② 15년
③ 20년   ④ 30년

해설

품종보호권의 존속기간
품종보호권의 존속기간은 품종보호권이 설정등록된 날부터 20년으로 한다. 다만, 과수와 임목의 경우에는 25년으로 한다.

90 ( )에 알맞은 내용은?

종자관리사는 종자기사 자격을 취득한 사람으로서 자격 취득 전후의 기간을 포함하여 종자업무 또는 이와 유사한 업무에 ( ) 이상 종사한 사람이다.

① 4년   ② 3년
③ 2년   ④ 1년

해설

종자관리사의 자격기준
㉠ 종자기술사 자격을 취득한 사람
㉡ 종자기사 자격을 취득한 사람으로서 자격 취득 전후의 기간을 포함하여 종자업무 또는 이와 유사한 업무에 1년 이상 종사한 사람
㉢ 종자산업기사 자격을 취득한 사람으로서 자격 취득 전후의 기간을 포함하여 종자업무 또는 이와 유사한 업무에 2년 이상 종사한 사람
㉣ 종자기능사 자격을 취득한 사람으로서 자격 취득 전후의 기간을 포함하여 종자업무 또는 이와 유사한 업무에 3년 이상 종사한 사람
㉤ 버섯종균기능사 자격을 취득한 사람으로서 자격 취득 전후의 기간을 포함하여 버섯 종균업무 또는 이와 유사한 업무에 3년 이상 종사한 사람(버섯 종균을 보증하는 경우만 해당한다)

91 품종보호권 또는 전용실시권을 침해한 자는 얼마 이하의 벌금에 처하는가?

① 1억 원
② 1천만 원
③ 5백만 원
④ 1백만 원

해설

침해죄
다음에 해당하는 자는 7년 이하의 징역 또는 1억 원 이하의 벌금에 처한다.
㉠ 품종보호권 또는 전용실시권을 침해한 자
㉡ 권리를 침해한 자. 다만, 해당 품종보호권의 설정등록이 되어 있는 경우만 해당한다.
㉢ 거짓이나 그 밖의 부정한 방법으로 품종보호결정 또는 심결을 받은 자

92 거짓이나 그 밖의 부정한 방법으로 품종보호결정 또는 심결을 받은 자는 몇 년 이하의 징역에 처하는가?

① 3년
② 5년
③ 7년
④ 10년

해설

침해죄
다음에 해당하는 자는 7년 이하의 징역 또는 1억 원 이하의 벌금에 처한다.
㉠ 품종보호권 또는 전용실시권을 침해한 자
㉡ 권리를 침해한 자. 다만, 해당 품종보호권의 설정등록이 되어 있는 경우만 해당한다.
㉢ 거짓이나 그 밖의 부정한 방법으로 품종보호결정 또는 심결을 받은 자

93 종자관리요강상 사진의 제출규격에 관한 내용이다. ( )에 알맞은 내용은?

> 품종의 사진은 ( )의 크기이어야 하며, 실물을 식별할 수 있어야 한다.

① $4'' \times 5''$
② $5'' \times 9''$
③ $6'' \times 8''$
④ $7'' \times 9''$

해설

사진의 제출규격
㉠ 사진의 크기 : $4'' \times 5''$의 크기이어야 하며, 실물을 식별할 수 있어야 한다.
㉡ 사진의 색채 : 원색으로 선명도가 확실하여야 한다.

94 종자의 보증 중 자체보증의 대상에 대한 내용이다. ( )에 알맞은 내용이 아닌 것은?

> ( )가 품종목록 등재대상작물의 종자를 생산하는 경우 자체보증의 대상으로 한다.

① 도지사
② 군수
③ 농업단체
④ 대학교수

해설

자체보증의 대상
㉠ 시·도지사, 시장·군수·구청장, 농업단체 등 또는 종자업자가 품종목록 등재대상작물의 종자를 생산하는 경우
㉡ 시·도지사, 시장·군수·구청장, 농업단체 등 또는 종자업자가 품종목록 등재대상작물 외의 작물의 종자를 생산·판매하기 위하여 자체보증을 받으려는 경우

정답 91 ① 92 ③ 93 ① 94 ④

95 ( )에 알맞은 내용은?

품종명칭등록 이의신청을 한 자는 품종명칭등록 이의신청기간이 경과한 후 ( ) 이내에 품종명칭등록 이의신청서에 적은 이유 또는 증거를 보정할 수 있다.

① 15일   ② 30일
③ 40일   ④ 50일

[해설]

품종명칭등록 이의신청 이유 등의 보정
품종명칭등록 이의신청을 한 자는 품종명칭등록 이의신청기간이 지난 후 30일 이내에 품종명칭등록 이의신청서에 적은 이유 또는 증거를 보정할 수 있다.

96 겉보리, 쌀보리 및 맥주보리의 포장검사에 대한 내용이다. ( )에 알맞은 내용은?

검사시기 및 횟수 : ( ) 사이에 1회 실시한다.

① 고숙기로부터 수확기 전
② 호숙기로부터 완숙기
③ 완숙기로부터 고숙기
④ 유숙기로부터 황숙기

[해설]

겉보리, 쌀보리 및 맥주보리의 포장검사
㉠ 검사시기 및 횟수 : 유숙기로부터 황숙기 사이에 1회 실시한다.
㉡ 포장격리 : 원원종포, 원종포는 이품종으로부터 3m 이상 격리되어야 하고 채종포는 이품종으로부터 1m 이상 격리되어야 한다.

97 포장검사 병주 판정기준에서 감자의 특정병에 해당하는 것은?

① 둘레썩음병   ② 흑지병
③ 후사리움위조병   ④ 역병

[해설]

㉠ 감자의 특정병 : 바이러스병, 둘레썩음병, 갈쭉병, 풋마름병
㉡ 감자의 기타병 : 흑지병, 후사리움(푸사륨)위조병, 역병, 하역병

98 품종보호권·전용실시권 또는 질권의 상속이나 그 밖의 일반승계의 취지를 신고하지 아니한 자에게는 얼마 이하의 과태료가 부과되는가?

① 50만 원
② 100만 원
③ 200만 원
④ 300만 원

[해설]

과태료(50만 원 이하)
㉠ 품종보호권·전용실시권 또는 질권의 상속이나 그 밖의 일반승계의 취지를 신고하지 아니한 자
㉡ 실시, 보고, 명령에 따르지 아니한 자
㉢ 선서한 증인, 감정인 및 통역인이 아닌 사람으로서 심판위원회에 대하여 거짓 진술을 한 사람
㉣ 심판위원회로부터 증거조사나 증거보전에 관하여 서류나 그 밖의 물건의 제출 또는 제시 명령을 받은 사람으로서 정당한 사유 없이 그 명령에 따르지 아니한 사람
㉤ 심판위원회로부터 증인, 감정인 또는 통역인으로 소환된 사람으로서 정당한 사유 없이 소환을 따르지 아니하거나 선서, 진술, 증언, 감정 또는 통역을 거부한 사람

99 품종목록 등재대상작물의 보증종자에 대하여 사후관리시험을 하여야 한다. 검사항목으로 틀린 것은?

① 품종의 순도
② 품종의 진위성
③ 종자전염병
④ 포장의 조건

[해설]

사후관리시험의 기준 및 방법
㉠ 검사항목 : 품종의 순도, 품종의 진위성, 종자전염병
㉡ 검사시기 : 성숙기
㉢ 검사횟수 : 1회 이상

정답   95 ②   96 ④   97 ①   98 ①   99 ④

100 종자검사요령상 시료추출에서 소집단과 시료의 중량에 대한 내용이다. ( )에 알맞은 내용은?

작물명	시료의 최소 중량
	순도검사
당근	( )g

① 7
② 4
③ 3
④ 2

> **해설**

당근 시료의 최소 중량

제출시료는 30g, 순도검사는 3g, 이종계수용은 30g, 수분검정용은 50g

제1과목 종자생산학

01 다음 중 무배유형 종자를 형성하는 것으로만 나열된 것은?

① 오이, 완두
② 밀, 양파
③ 토마토, 벼
④ 보리, 당근

─ 해설 ─

무배유 종자 : 주로 콩과 식물
㉠ 저장양분이 자엽에 저장되어 있고, 배는 유아ㆍ배유ㆍ유근의 세 부분으로 형성되어 있다.
㉡ 콩의 배는 잎 생장점, 줄기, 뿌리의 어린 조직이 구비되어 있다.
배유 종자 : 주로 화본과 식물
배와 배유의 두 부분으로 형성되며 배와 배유 사이에 흡수층이 있다.

02 자가불화합성을 타파하는 방법이 아닌 것은?

① 뇌수분
② 개화수분
③ 인공수분
④ CO₂ 처리

─ 해설 ─

개화수분은 자가수분이다.

03 다음 중 형태적 결함에 의한 불임성의 원인으로 가장 거리가 먼 것은?

① 이형예현상
② 뇌수분
③ 자웅이숙
④ 장벽수정

─ 해설 ─

뇌수분(蕾受粉)
㉠ 꽃이 피기 전인 꽃봉오리 때 수분하는 것을 말한다.

㉡ 자가불화합성 종자라도 이 작업을 통해 자가수정 종자를 얻을 수 있어서 육종에 많이 이용한다.

04 다음 중 무한화서가 아닌 것은?

① 두상화서
② 총상화서
③ 산형화서
④ 단집산화서

─ 해설 ─

단집산화서는 유한화서이다.

05 다음 중 단일식물로만 나열된 것은?

① 시금치, 상추
② 감자, 아마
③ 국화, 담배
④ 양파, 양귀비

─ 해설 ─

단일식물(短日植物)
늦벼, 조, 기장, 피, 콩, 고구마, 아마, 담배, 호박, 오이, 국화, 코스모스, 목화 등
장일식물(長日植物)
추파맥류, 완두, 박하, 아주까리, 시금치, 양딸기, 양파, 상추, 감자, 해바라기 등

06 원종 채종 시 뇌수분을 이용하는 작물로만 나열된 것은?

① 양배추, 무
② 밀, 당근
③ 고구마, 벼
④ 오이, 보리

─ 해설 ─

무, 배추 : 자가불화합성 이용

정답 01 ① 02 ② 03 ② 04 ④ 05 ③ 06 ①

07 최아한 종자를 점성이 있는 액상의 젤과 혼합하여 기계로 파종하는 방법은?

① 고체 프라이밍 파종　② 액체 프라이밍 파종
③ 액상파종　　　　　　④ 드럼 프라이밍 파종

08 종자의 형태에서 형상이 능각형에 해당하는 것으로만 나열된 것은?

① 보리, 작약　　　　　② 메밀, 삼
③ 모시풀, 참나무　　　④ 배추, 양귀비

해설

종자의 형태에서 형상
㉠ 능각형 : 메밀, 삼
㉡ 방추형 : 보리, 모시풀
㉢ 구형 : 작약, 참나무, 배추, 양귀비

09 다음 중 덩이줄기를 이용하여 번식하는 것은?

① 감자　　　　　　　　② 거베라
③ 고구마　　　　　　　④ 마

해설

㉠ 덩이줄기(塊莖) : 감자 · 토란 · 뚱딴지 등
㉡ 덩이뿌리(塊根) : 달리아 · 고구마 · 마 등

10 꽃가루가 암술머리에 떨어지는 현상은?

① 수정　　　　　　　　② 교배
③ 수분　　　　　　　　④ 교잡

해설

수분(Pollination)
꽃가루가 암술머리(주두)에 가서 붙는 현상이다.

11 침윤종자나 생장 중인 식물에 저온을 처리함으로써 개화를 유도하는 것은?

① 춘화처리　　　　　　② 광처리
③ 휴면처리　　　　　　④ 환상박피

해설

춘화처리(春化處理)
식물체의 생육 중 일정 시기에 저온에 노출시켜 꽃눈의 분화발육을 촉진하는 현상을 춘화처리라 한다.

12 종자검사의 주요 내용이 아닌 것은?

① 발아검사　　　　　　② 순도검사
③ 병해검사　　　　　　④ 단백질함량검사

13 종자의 발아과정을 바르게 나열한 것은?

① 저장양분 분해 → 수분 흡수 → 과피의 파열 → 배의 생장 개시
② 수분 흡수 → 저장양분 분해 → 과피의 파열 → 배의 생장 개시
③ 수분 흡수 → 저장양분 분해 → 배의 생장 개시 → 과피의 파열
④ 저장양분 분해 → 과피의 파열 → 수분 흡수 → 배의 생장 개시

해설

종자의 발아과정
수분의 흡수 → 효소의 활성화 → 배의 생장 개시 → 과피(종피)의 파열 → 유묘의 출현 → 유묘의 성장

14 다음 중 영양번식과 가장 관련이 있는 것은?

① 유성생식　　　　　　② 무성생식
③ 감수분열　　　　　　④ 타가수정

15 종자전염성병의 검정법 중 혈청학적 검정법에 속하는 것은?

① 면역이중확산법
② 여과지배양검정법
③ 유묘병징조사법
④ 한천배지검정법

16 다음 중 자연적으로 씨 없는 과실이 형성되는 작물로 가장 거리가 먼 것은?

① 바나나　　　　　② 수박
③ 감귤류　　　　　④ 포도

17 다음 중 발아 시 광을 필요로 하는 종자로만 나열된 것은?

① 벼, 파　　　　　② 셀러리, 상추
③ 호박, 오이　　　④ 토마토, 양파

호광성 종자
담배, 상추, 우엉, 피튜니아, 차조기, 금어초, 디기탈리스, 베고니아, 뽕나무, 벤트그래스, 버뮤다그래스, 켄터키블루그래스, 캐나다블루그래스, 스탠더드휘트그래스, 셀러리 등이다.

18 속씨식물의 중복수정에서 2개의 극핵과 1개의 웅핵이 수정되어 생성되는 것은?

① 배유　　　　　② 종피
③ 배　　　　　　④ 자엽

속씨식물의 중복수정
㉠ 난세포(n) + 정핵(n) = 배(2n)
㉡ 2개의 극핵(n + n) + 정핵(n) = 배유 = 배젖(3n)

19 채소류 종자 중 5년 이상의 장명종자로만 나열된 것은?

① 땅콩, 사탕무　　② 비트, 토마토
③ 옥수수, 강낭콩　④ 상추, 고추

작물별 종자의 수명

단명종자(1~2년)	상명종자(2~3년)	장명종자(4~6년)
콩, 땅콩, 옥수수, 메밀, 기장, 목화, 해바라기, 강낭콩, 양파, 파, 상추, 당근, 고추	벼, 밀, 보리, 귀리, 완두, 유채, 페스큐, 켄터키블루그래스, 목화, 무, 배추, 호박, 멜론, 시금치, 우엉	클로버, 알팔파, 베치, 사탕무, 가지, 토마토, 수박, 비트

20 배낭모세포가 감수분열을 못 하거나 비정상적인 분열을 하여 배를 형성하는 것은?

① 복상포자생식　　② 무성생식
③ 영양번식　　　　④ 유사분열

복상포자생식(Diplospory)
배낭모세포가 감수분열을 못 하거나 비정상적인 분열을 하여 배를 형성하는 것
예 볏과, 국화과

제2과목 **식물육종학**

21 다음 중 유전적 변이를 감별하는 방법으로 가장 알맞은 것은?

① 유의성 검정
② 후대검정
③ 전체형성능(Totipotency) 검정
④ 질소 이용률 검정

22 다음 중 트리티케일(Triticale)의 기원은?

① 밀 × 호밀　　　② 밀 × 보리
③ 호밀 × 보리　　④ 보리 × 귀리

트리티케일

밀의 단간, 조숙, 양질성과 호밀의 내한성, 왕성한 생육력, 긴 수장, 내병성 등을 조합할 목적으로 만들어졌다.

23 다음 중 감수분열 제1전기의 진행 순서가 바르게 나열된 것은?

① 세사기 → 이동기 → 대합기 → 태사기
② 이동기 → 세사기 → 태사기 → 대합기
③ 세사기 → 대합기 → 태사기 → 이동기
④ 세사기 → 이동기 → 태사기 → 대합기

감수제1분열(이형분열)

전기 : 세사기, 대합기, 태사기, 복사기(이중기), 이동기의 5단계로 구분되는 복잡한 과정을 거친다.

24 품종의 생리적 퇴화의 원인이 되는 것은?

① 돌연변이
② 자연교잡
③ 토양적인 퇴화
④ 이형 유전자형의 분리

25 단위생식(Apomixis)을 가장 옳게 표현한 것은?

① 씨 없는 수박은 이 원리를 이용한 것이다.
② 수분이 되지 않았는데 과실이 비대하는 현상이다.
③ 근친교배에서 많이 일어나는 일종의 퇴화현상이다.
④ 수정이 되지 않고도 종자가 생기는 현상이다.

아포믹시스(Apomixis)

mix가 없는 생식을 뜻한다. 아포믹시스는 수정과정을 거치지 않고 배가 만들어져 종자를 형성하기 때문에 무수정종자형성 또는 무수정생식이라고도 한다.

26 이질 배수체를 작성하는 방법으로 가장 알맞은 것은?

① 특정한 게놈을 가진 품종의 식물체에 콜히친을 처리한다.
② 서로 다른 게놈을 가진 식물체끼리 교잡을 시킨 후 그 잡종에 콜히친 처리를 한다.
③ 동일한 게놈을 가진 품종끼리 교잡을 시킨 후 그 잡종에 콜히친 처리를 한다.
④ 인위적으로는 만들 수 없고 자연계에서 만들어지기를 기다린다.

이질배수체(복2배체)

복2배체의 육성방법은 게놈이 다른 양친을 동질4배체로 만들어 교배하거나 이종 게놈의 양친을 교배한 F1의 염색체를 배가시키거나, 또는 체세포를 융합시키는 것이다.

27 다음 중 계통분리법에 해당하지 않는 육종법은?

① 집단육종법
② 성군집단선발법
③ 모계선발법
④ 가계선발법

집단육종은 교배육종에 속한다.

28 벼와 같은 자식성 식물에서 잡종강세에 대한 설명으로 옳은 것은?

① 자식성 식물이므로 잡종 강세가 일어나지 않는다.
② 교배조합에 따라 잡종강세가 일어날 수 있다.
③ 모든 교배조합에서 잡종강세가 크게 나타난다.
④ 자식성 식물에서는 잡종강세를 조사하지 않는다.

29 감자 등과 같은 영양번식성 작물이 바이러스병에 의해 퇴화되는 것을 방지하는 방법으로 가장 옳은 것은?

① 추파성 소거
② 고랭지 채종
③ 조기재배
④ 기계적 혼입 방지

30 타식성 식물에 대한 설명으로 옳은 것은?

① 유전자형이 동형접합(Homozygosity)이다.
② 단성화와 자가불임의 양성화뿐이다.
③ 자연계에서 서로 다른 개체 간 수정되는 비율이 높은 식물이다.
④ 자웅이숙 식물만이 순수한 타식성 식물이다.

31 완전히 자가수정하는 동형접합체의 1개체로부터 불어난 자손의 총칭은?

① 유전자원
② 유전변이체
③ 순계
④ 동질배수체

해설

순계(純系)
같은 유전자형으로 이루어진 개체군으로, 자가수정한 동형접합체의 1개체로부터 생겨난 자손의 총칭이다.

32 다음 중 반수체육종의 가장 큰 장점은?

① 이형집단 발생이 쉬우며 다양한 형질을 가지고 있다.
② 돌연변이가 많이 나온다.
③ 유전자 재조합이 많이 일어난다.
④ 육종연한을 단축한다.

해설

우리나라 벼 품종 중에서 화성벼·화진벼·화영벼·화선찰벼·화남벼·화중벼·화신벼·화안벼 등은 모두 반수체육종으로 육성하였으며, 이들 품종의 육종연한은 4~8년이 소요되었다.

33 웅성불임성의 발현에 해당하는 것은?

① 무배생식
② 위수정
③ 수술의 발생 억제
④ 배낭모세포의 감수분열 이상

해설

웅성불임(雄性不稔)
꽃가루, 꽃밥, 수술의 생식 기관에 결함이 있어 수정이 이루어지지 않는 현상

34 콩과 식물의 제웅에 가장 적당한 방법은?

① 화판인발법(花瓣引拔法)
② 집단제정법(集團除精法)
③ 절영법(切穎法)
④ 수세법(水洗法)

해설

화판인발법
꽃봉오리 끝을 손으로 눌러 잡아당겨서 꽃잎과 꽃밥을 제거하는 제웅법이다.

35 상위성이 있는 경우 양성잡종 F_2 분리비가 15 : 1인 것은?

① 보족유전자
② 중복유전자
③ 억제유전자
④ 피복유전자

해설

유전자의 상호작용이 일어날 경우 양성잡종 F2 분리비

상호작용	F2 분리비
멘델유전	9 : 3 : 3 : 1
보족유전자	9 : 7
중복유전자	15 : 1
복수유전자	9 : 6 : 1
억제유전자	13 : 3
피복유전자	12 : 3 : 1
조건유전자	9 : 3 : 4

36 교배모본 선정 시 고려해야 할 사항이 아닌 것은?

① 유전자원의 평가 성적을 검토한다.
② 유전분석 결과를 활용한다.
③ 교배친으로 사용한 실적을 참고한다.
④ 목적형질 이외에 양친의 유전적 조성의 차이를 크게 한다.

해설

④ 목표형질 이외의 양친의 유전조성이 유사한 품종을 선정한다.

37 육종과정에서 새로운 변이의 창성방법으로서 쓰일 수 없는 것은?

① 인위 돌연변이   ② 인공교배
③ 배수체   ④ 단위결과

해설

변이작성

변이작성은 자연변이를 이용하거나 인공교배, 돌연변이유발·염색체조작·유전자전환 등 인위적인 방법을 사용한다.

38 자연일장이 13시간 이하로 되는 늦여름 야간 자정부터 1시까지 1시간 동안 충분한 광선을 식물체에 일정 기간 동안 조명해 주었을 때 나타나는 현상은?

① 코스모스 같은 단일성 식물의 개화가 현저히 촉진되었다.
② 가을 배추가 꽃을 피웠다.
③ 가을 국화의 꽃봉오리가 제대로 생기지 않았다.
④ 조생종 벼가 늦게 여물었다.

39 잡종강세를 이용하는 데 구비해야 할 조건으로 옳지 않은 것은?

① 한 번의 교잡으로 많은 종자를 생산할 수 있어야 한다.
② 교잡조작이 쉬워야 한다.
③ 단위 면적당 재배에 요구되는 종자량이 많아야 한다.
④ F_1 종자를 생산하는 데 필요한 노임을 보상하고도 남음이 있어야 한다.

해설

단위 면적당 재배에 요구되는 종자량이 적어야 한다.

40 종자번식 농작물의 일생을 순서대로 나타낸 것은?

① 배우자 형성 → 결실 → 중복수정 → 영양생장 → 발아
② 영양생장 → 결실 → 발아 → 중복수정 → 배우자 형성
③ 발아 → 중복수정 → 배우자 형성 → 결실 → 영양생장
④ 발아 → 영양생장 → 배우자 형성 → 중복수정 → 결실

41 다음 중 3년생 가지에 결실하는 것은?

① 포도   ② 밤
③ 감   ④ 사과

해설

주요 과수의 결과습성
㉠ 1년생 가지에 결실하는 것 : 감, 포도, 감귤, 무화과, 비파, 호두 등
㉡ 2년생 가지에 결실하는 것 : 복숭아, 자두, 양앵두, 매실, 살구 등
㉢ 3년생 가지에 결실하는 것 : 사과, 배 등

42 세포의 팽압을 유지하며, 다량원소에 해당하는 것은?

① Mo   ② K
③ Cu   ④ Zn

해설

다량원소
탄소, 산소, 수소, 질소, 인, 칼륨, 칼슘, 마그네슘, 황

43 다음 중 묘대일수감응도가 낮으면서 만식 적응성이 큰 기상생태형은?

① Bit형   ② bLt형
③ bIT형   ④ blt형

해설

감광형(感光型) : bLt
㉠ 감광형(bLt형)은 기본영양생장성과 감온성이 작고 감광성이 커서 생육기간이 주로 감광성에 지배되는 것이다.
㉡ 벼농사는 우리나라 남부 평야지대에서 주로 만생종 벼가 재배된다.

44 다음 중 내염성 정도가 가장 큰 작물은?

① 고구마   ② 가지
③ 레몬   ④ 유채

해설

내염성 작물
사탕무, 목화, 수수, 유채처럼 간척지 염분 토양에 강하다.

45 다음 중 적산온도가 가장 낮은 것은?

① 메밀   ② 벼
③ 담배   ④ 조

해설

적산온도 : 작물의 생육시기와 생육기간에 따라 다르다.
㉠ 생육기간이 긴 것 – 벼 : 3,500℃~4,500℃, 담배 : 3,200℃~3,600℃
㉡ 생육기간이 짧은 것 – 메밀 : 1,000℃~1,200℃, 조 : 1,800℃~3,000℃

46 다음 중 작물별 안전저장 조건에서 온도가 가장 높은 것은?

① 식용감자   ② 과실
③ 쌀   ④ 엽채류

47 다음 중 산성토양에 가장 강한 작물은?

① 상추   ② 완두
③ 고추   ④ 수박

해설

산성토양에 대한 작물의 적응성
㉠ 극히 강한 것 : 벼, 밭벼, 귀리, 토란, 아마, 기장, 땅콩, 감자, 봄무, 호밀, 수박 등
㉡ 가장 약한 것 : 알팔파, 자운영, 콩, 팥, 시금치, 사탕무, 셀러리, 부추, 양파 등

정답   41 ④   42 ②   43 ②   44 ④   45 ①   46 ③   47 ④

48 다음 중 장일식물은?

① 들깨   ② 담배
③ 국화   ④ 감자

해설

장일식물(長日植物))
추파맥류, 완두, 박하, 아주까리, 시금치, 양딸기, 양파, 상추, 감자, 해바라기 등

49 포장을 수평으로 구획하고 관개하는 방법은?

① 다공관관개법   ② 수반법
③ 스프링클러관개법   ④ 물방울관개법

50 지력을 토대로 자연의 물질순환 원리에 따르는 농업은?

① 생태농업   ② 정밀농업
③ 자연농업   ④ 무농약농업

51 가지를 수평 또는 그보다 더 아래로 휘어 가지의 생장을 억제하고 정부우세성을 이동시켜 기부에서 가지가 발생하도록 하는 것은?

① 절상   ② 적엽
③ 제얼   ④ 휘기

52 다음에서 설명하는 것은?

경사지에서 수식성 작물을 재배할 때 등고선으로 일정한 간격을 두고 적당한 폭의 목초대를 두면 토양침식이 크게 경감된다.

① 등고선 경작 재배   ② 초생재배
③ 단구식 재배   ④ 대상재배

53 다음 중 작물에 따른 재배에 적합한 범위가 가장 큰 작물은?

① 콩   ② 아마
③ 담배   ④ 피

54 굴광현상에 가장 유효한 광은?

① 자외선   ② 자색광
③ 청색광   ④ 녹색광

해설

굴광작용(屈光作用)
식물이 광조사의 방향에 반응하여 굴곡반응을 나타내는 현상으로 4,000~5,000Å, 특히 4,400~4,800Å의 청색광이 가장 유효하다.

55 내건성 작물의 특성에 해당되는 것은?

① 잎이 크다.
② 건조 시에 당분의 소실이 빠르다.
③ 건조 시에 단백질의 소실이 빠르다.
④ 세포액의 삼투압이 높다.

해설

내건성 작물의 특성
㉠ 잎이 작다.
㉡ 건조 시에 당분의 소실이 늦다.
㉢ 건조 시에 단백질의 소실이 늦다.

56 다음 중 내습성이 가장 큰 것은?

① 파   ② 양파
③ 옥수수   ④ 당근

해설

작물의 내습성 크기
골풀 · 미나리 · 택사 · 연 · 벼 > 밭벼 · 옥수수 · 율무 > 토란 > 평지(유채) · 고구마 > 보리 · 밀 > 감자 · 고추 > 토마토 · 메밀 > 파 · 양파 · 당근 · 자운영

정답   48 ④   49 ②   50 ③   51 ④   52 ④   53 ①   54 ③   55 ④   56 ③

57 다음 중 장과류에 해당하는 것으로만 나열된 것은?

① 포도, 딸기
② 감, 귤
③ 배, 사과
④ 비파, 자두

해설

과수

㉠ 인과류 : 배, 사과, 비파 등 → 꽃받침이 발달하였다.

㉡ 핵과류 : 복숭아, 자두, 살구, 앵두 등 → 중과피가 발달하였다.

㉢ 장과류 : 포도, 딸기, 무화과 등 → 외과피가 발달하였다.

㉣ 각과류 : 밤, 호두 등 → 씨의 자엽이 발달하였다.

㉤ 준인과류 : 감, 귤 등 → 씨방이 발달하였다.

58 삽수의 발근 촉진에 주로 이용되는 생장조절제는?

① Ethylene
② ABA
③ IBA
④ BA

해설

삽수의 발근 촉진

생장호르몬 처리에는 IBA, NAA 등이 유효하다.

59 박과 채소류 접목의 특징으로 틀린 것은?

① 저온에 대한 내성이 증대된다.
② 과습에 잘 견딘다.
③ 기형과 발생을 억제한다.
④ 흡비력이 강해진다.

해설

접목의 단점

㉠ 질소 과다흡수의 우려가 있다.
㉡ 기형과가 많이 발생한다.
㉢ 당도가 떨어진다.
㉣ 흰가루병에 약하다.

60 다음 중 과실 성숙과 가장 관련이 있는 것은?

① Ethylene
② ABA
③ BA
④ IAA

해설

에틸렌의 이용

에틸렌은 과실의 성숙 촉진을 위시한 식물생장의 조절에 이용한다.

제4과목 **식물보호학**

61 잡초로 인한 피해가 아닌 것은?

① 방제 비용 증대
② 작물의 수확량 감소
③ 경지의 이용 효율 감소
④ 철새 등 조류에 의한 피해 증가

해설

잡초로 인한 피해

㉠ 방제 비용 증대
㉡ 작물의 수확량 감소
㉢ 경지의 이용 효율 감소

62 다음 중 무시류에 속하는 곤충목은?

① 파리목
② 돌좀목
③ 사마귀목
④ 집게벌레목

해설

무시류

㉠ 돌좀목(Microcoryphia)과 좀목(Thysanura)이 포함되는 곤충강의 한 아강(亞綱)

㉡ 무시류(無翅類)는 날개가 없는 곤충을 가리킨다.

㉢ 분류학에서 무시아강(無翅亞綱, Apterygota)으로 분류한다.

63 살비제의 구비 조건이 아닌 것은?

① 잔효력이 있을 것
② 적용 범위가 넓을 것
③ 약제 저항성의 발달이 지연되거나 안 될 것
④ 성충과 유충(약충)에 대해서만 효과가 있을 것

[해설]

살비제는 성충, 유충, 알에 대해 방제 효과가 있어야 한다.

64 식물 바이러스병의 외부병징과 가장 거리가 먼 것은?

① 변색　　　　　② 위축
③ 괴사　　　　　④ 무름증상

65 복숭아심식나방에 대한 설명으로 옳지 않은 것은?

① 일반적으로 연 2회 발생한다.
② 유충으로 나무껍질 속에서 겨울을 보낸다.
③ 부화유충은 과실 내부에 침입하여 식해한다.
④ 방제를 위해 과실에 봉지를 씌우면 효과적이다.

[해설]

복숭아심식나방
㉠ 겨울고치로 토양 속에서 월동한다.
㉡ 성충은 5월 중순경~9월 중순경까지 연속적으로 출현하는데 발생 최성기는 6월 중순경과 8월 상순경이고 해에 따라 10일 정도의 오차를 보인다.

66 상처가 아물도록 처리하여 저장힐 경우 방제 효과가 가장 큰 병은?

① 사과 탄저병　　② 고추 탄저병
③ 사과 겹무늬썩음병　④ 고구마 검은무늬병

[해설]

큐어링(Curing) 처리
㉠ 큐어링은 상처를 치유한다는 뜻이다.

㉡ 고구마의 경우 수확 직후 고온(32℃ 정도)과 고습(상대습도 90%)에 3~4일간 보관한 후에 저장하는 것이 큐어링인데, 큐어링을 하면 수확이나 병해충에 의한 상처가 잘 아물어 저장력을 크게 높인다.

67 다음 설명에 해당하는 해충은?

• 성충은 잎의 엽육을 갉아 먹어 벼 잎에 가는 흰색 선이 나타나며, 특히 어린 모에서 피해가 심하다.
• 유충은 뿌리를 갉아 먹어 뿌리가 끊어지게 하고 피해를 받은 포기는 키가 크지 못하고 분열이 되지 않는다.

① 벼밤나방　　　② 벼혹나방
③ 벼물바구미　　④ 끝동매미충

68 다음 중 토양 속에서 활동하며 주로 식물체의 뿌리를 침해하여 혹을 만들거나 토양전염성 병원체와 협력하여 식물병을 일으키는 것은?

① 지렁이　　　　② 멸구
③ 선충　　　　　④ 거미

[해설]

선충
토양이나 물에서 살며 동물이나 식물에 기생하는 마디가 없고 원통형으로 생긴 선형동물문에 속하는 동물 분류

69 세균성 무름증상에 대한 설명으로 옳지 않은 것은?

① Pseudomonas 속은 무름증상을 일으키지 않는다.
② Erwinia 속은 무름병의 진전이 빠르고 악취가 난다.
③ 수분이 적은 조직에서는 부패현상이 나타나지 않는다.
④ 병원균은 펙틴 분해효소를 생산하여 세포벽 내의 펙틴을 분해한다.

[해설]

Pseudomonas 속은 무름증상을 일으킨다.

70 각종 피해 원인에 대한 작물의 피해를 직접 피해, 간접피해 및 후속피해로 분류할 때 간접적인 피해에 해당하는 것은?

① 수확물의 질적 저하
② 수확물의 양적 감소
③ 수확물 분류, 건조 및 가공 비용 증가
④ 2차적 병원체에 대한 식물의 감수성 증가

해설

①, ② 직접피해 ③ 간접피해 ④ 후속피해

71 어떤 곤충이 종류가 다른 곤충을 잡아먹는 식성을 무엇이라고 하는가?

① 부식성   ② 포식성
③ 기생성   ④ 균식성

해설

포식성(捕食性)
동물이 다른 동물을 잡아먹고 생활하는 성질

72 제초제의 살초 기작과 관계가 없는 것은?

① 생장 억제   ② 광합성 억제
③ 신경작용 억제   ④ 대사작용 억제

73 해충종합관리(IPM)에 대한 설명으로 옳은 것은?

① 농약의 항공방제를 말한다.
② 여러 방제법을 조합하여 적용한다.
③ 한 가지 방법으로 집중적으로 방제한다.
④ 한 지역에서 동시에 방제하는 것을 뜻한다.

해설

해충종합관리(IPM)
해충이나 다른 작물 병해충 방제에 화학살충제의 의존도를 줄이고 오염을 최소화하며 생산물에 남는 독성을 줄이기 위해 물리적, 화학적, 생물학적 방법을 연합하여 사용하는 것

74 밀 줄기녹병균의 제1차 전염원이 되는 포자는?

① 소생자   ② 겨울포자
③ 여름포자   ④ 녹병정자

해설

밀 줄기녹병
대체로 남부지방에서 월동한 여름포자가 직접 제1차 전염원이 된다.

75 분제에 있어서 주성분의 농도를 낮추기 위하여 쓰이는 보조제는?

① 전착제   ② 감소제
③ 협력제   ④ 증량제

해설

증량제
주재료를 희석시켜 분제나 수화제를 만드는 데 사용되는 제제

76 잡초의 생태적 방제방법 중 경합특성 이용법에 해당되지 않는 것은?

① 관배수 조절   ② 재식밀도 조절
③ 육묘이식 재배   ④ 품종 및 종자 선정

해설

관배수 조절은 물관리이다.

77 주로 과실을 가해하는 해충이 아닌 것은?

① 복숭아순나방
② 복숭아명나방
③ 복숭아심식나방
④ 복숭아유리나방

해설

복숭아유리나방
유충이 줄기나 가지의 수피 밑의 형성층 부위를 식해한다.

정답   70 ③   71 ②   72 ③   73 ②   74 ③   75 ④   76 ①   77 ④

78 식물병 진단방법에 대한 설명으로 옳지 않은 것은?

① 충체 내 주사법은 주로 세균병 진단에 사용된다.
② 지표식물을 이용하여 일부 TMV를 진단할 수 있다.
③ 파지(Phage)에 의한 일부 세균병 진단이 가능하다.
④ 혈청학적인 방법은 바이러스병 진단에 효과적이다.

79 잡초의 밀도가 증가하면 작물의 수량이 감소되는데, 어느 밀도 이상으로 잡초가 존재하면 작물수량이 현저하게 감소되는 수준까지의 밀도는?

① 잡초밀도
② 잡초경제한계밀도
③ 잡초허용한계밀도
④ 작물수량감소밀도

80 살충제인 Bt제의 작용점은?

① 소뇌
② 중장 세포
③ 호르몬샘
④ 키틴합성회로

제5과목 **종자 관련 법규**

81 종자의 수출·수입 및 유통 제한에 관한 사항을 위반하여 종자를 수출 또는 수입하거나 수입된 종자를 유통시킨 자의 벌칙은?

① 5년 이하의 징역 또는 1억 원 이하의 벌금
② 3년 이하의 징역 또는 3천만 원 이하의 벌금
③ 2년 이하의 징역 또는 5백만 원 이하의 벌금
④ 1년 이하의 징역 또는 1천만 원 이하의 벌금

〔해설〕

1년 이하의 징역 또는 1천만 원 이하의 벌금에 처하는 경우
• 등록을 하지 아니하고 종자관리사 업무를 수행한 자
• 보증서를 거짓으로 발급한 종자관리사
• 보증을 받지 아니하고 종자를 판매하거나 보급한 자
• 명령에 따르지 아니한 자
• 무병화인증기관의 지정을 받거나 그 지정의 갱신을 하지 아니하고 무병화인증 업무를 한 자

• 무병화인증기관의 지정취소 또는 업무정지 처분을 받고도 무병화인증 업무를 한 자
• 거짓이나 그 밖의 부정한 방법으로 무병화인증을 받거나 갱신한 자
• 거짓이나 그 밖의 부정한 방법으로 무병화인증기관의 지정을 받거나 갱신한 자
• 무병화인증을 받지 아니한 종자의 용기나 포장에 무병화인증의 표시 또는 이와 유사한 표시를 한 자
• 무병화인증을 받은 종자의 용기나 포장에 무병화인증을 받은 내용과 다르게 표시한 자
• 무병화인증을 받지 아니한 종자를 무병화인증을 받은 종자로 광고하거나 무병화인증을 받은 종자로 오인할 수 있도록 광고한 자
• 무병화인증을 받은 종자를 무병화인증을 받은 내용과 다르게 광고한 자
• 등록하지 아니하고 육묘업을 한 자
• 등록이 취소된 종자업 또는 육묘업을 계속하거나 영업정지를 받고도 종자업 또는 육묘업을 계속한 자
• 종자를 수출 또는 수입하거나 수입된 종자를 유통시킨 자
• 수입적응성 시험을 받지 아니하고 종자를 수입한 자
• 거짓이나 그 밖에 부정한 방법으로 종자의 검정 따른 검정을 받은 자
• 검정결과에 대하여 거짓광고나 과대광고를 한 자
• 생산 또는 판매 중지를 명한 종자 또는 묘를 생산하거나 판매한 자
• 제47조 제4항 후단을 위반하여 시료채취를 거부·방해 또는 기피한 자

82 「식물신품종 보호법」상 재심 및 소송에서 "심결에 대한 소와 심판청구서 또는 재심청구서의 보정각하결정에 대한 소는 특허법원의 전속관할로 한다."에 따른 소는 심결이나 결정의 등본을 송달받은 날부터 며칠 이내에 제기하여야 하는가?

① 14일
② 21일
③ 30일
④ 60일

〔해설〕

심결 등에 대한 소
㉠ 심결에 대한 소와 심판청구서 또는 재심청구서의 보정각하결정에 대한 소는 특허법원의 전속관할로 한다.

ⓒ 소는 당사자, 참가인 또는 해당 심판이나 재심에 참가 신청을 하였으나 신청이 거부된 자만 제기할 수 있다.

ⓒ 소는 심결이나 결정의 등본을 송달받은 날부터 30일 이내에 제기하여야 한다.

83 「종자산업법」상 품종목록 등재의 유효기간은 등재한 날이 속한 해의 다음 해부터 몇 년까지로 하는가?

① 3년　　　　　② 5년
③ 10년　　　　　④ 15년

[해설]

품종목록 등재의 유효기간

ⓐ 품종목록 등재의 유효기간은 등재한 날이 속한 해의 다음 해부터 10년까지로 한다.

ⓑ 품종목록 등재의 유효기간은 유효기간 연장신청에 의하여 계속 연장될 수 있다.

ⓒ 품종목록 등재의 유효기간 연장신청은 그 품종목록 등재의 유효기간이 끝나기 전 1년 이내에 신청하여야 한다.

84 ( )에 알맞은 내용은?

(ᅟᅵ)은 품종목록에 등재된 품종의 종자는 일정량의 시료를 보관·관리하여야 한다. 이 경우 종자 시료가 영양체인 경우에는 그 제출 시기·방법 등은 농림축산식품부령으로 정한다.

① 농림축산식품부장관　② 농촌진흥청장
③ 국립종자원장　　　　④ 농업기술센터장

[해설]

종자 시료의 보관

농림축산식품부장관은 다음의 어느 하나에 해당하는 종자는 일정량의 시료를 보관·관리하여야 한다. 이 경우 종자시료가 영양체인 경우에는 그 제출 시기·방법 등은 농림축산식품부령으로 정한다.

ⓐ 품종목록에 등재된 품종의 종자
ⓑ 신고한 품종의 종자

85 종자관리요강상 규격묘의 규격기준에서 배 잎눈 개수는?

① 접목부위에서 상단 30cm 사이에 잎눈 3개 이상
② 접목부위에서 상단 30cm 사이에 잎눈 5개 이상
③ 접목부위에서 상단 10cm 사이에 잎눈 3개 이상
④ 접목부위에서 상단 10cm 사이에 잎눈 10개 이상

[해설]

과수묘목 규격묘의 규격기준

ⓐ 배 묘목의 길이 120cm 이상, 묘목의 직경 12mm 이상
ⓑ 배 잎눈 개수 : 접목부위에서 상단 30cm 사이에 잎눈 5개 이상

86 종자검사요령상 포장검사 병주 판정기준에서 팥, 녹두의 특정병은?

① 엽소병　　　　　② 갈반병
③ 콩세균병　　　　④ 흰가루병

[해설]

ⓐ 팥, 녹두의 특정병 : 콩세균병, 바이러스병(위축병, 황색모자이크병)

ⓑ 팥, 녹두의 기타병 : 엽소병, 갈반병, 탄저병, 흰가루병, 녹두모틀바이러스병

87 종자관리요강상 수입적응성 시험의 대상작물 및 실시기관에서 톨페스큐의 실시기관은?

① 한국생약협회　　　② 한국종자협회
③ 농업협동조합중앙회　④ 농업기술실용화재단

[해설]

수입적응성 시험의 대상작물 및 실시기관

구분	대상작물	실시기관
식량작물 (13)	벼, 보리, 콩, 옥수수, 감자, 밀, 호밀, 조, 수수, 메밀, 팥, 녹두, 고구마	농업기술실용화재단
채소 (18)	무, 배추, 양배추, 고추, 토마토, 오이, 참외, 수박, 호박, 파, 양파, 당근, 상추, 시금치, 딸기, 마늘, 생강, 브로콜리	한국종자협회

구분	대상작물	실시기관
목초·사료 및 녹비작물 (29)	오차드그라스, 톨페스큐, 티모시, 페러니얼라이그라스, 켄터키블루그라스, 레드톱, 리드카나리그라스, 알팔파, 화이트크로바, 레드크로바, 버즈풋트레포일, 메도우페스큐, 브롬그라스, 사료용 벼, 사료용 보리, 사료용 콩, 사료용 감자, 사료용 옥수수, 수수 수단그라스 교잡종(Sorghum Sudangrass Hybrid), 수수교잡종(Sorghum Sorghum Hybrid), 호밀, 귀리, 사료용 유채, 이탈리안라이그라스, 헤어리베치, 콤먼벳치, 자운영, 크림손클로버, 수단그라스 교잡종(Sudangrass Sudangrass Hybrid)	농업협동조합중앙회

88 과수와 임목의 경우 품종보호권의 존속기간은 품종보호권이 설정등록된 날부터 몇 년으로 하는가?

① 25년 ② 15년
③ 10년 ④ 5년

해설

품종보호권의 존속기간
품종보호권의 존속기간은 품종보호권이 설정등록된 날부터 20년으로 한다. 다만, 과수와 임목의 경우에는 25년으로 한다.

89 종자관리요강상 포장검사 및 종자검사의 검사기준에서 과수의 포장격리는 무병 묘목인지 확인되지 않은 과수와 최소 몇 m 이상 격리되어 근계의 접촉이 없어야 하는가?

① 5m ② 10m
③ 20m ④ 25m

해설

과수의 포장검사
㉠ 검사시기 및 횟수 : 생육기에 1회 실시하며 품종의

순도, 진위성, 무병성 등의 확인을 위해 필요할 경우 추가 검사한다.
㉡ 포장격리 : 무병 묘목인지 확인되지 않은 과수와 최소 5m 이상 격리되어 근계의 접촉이 없어야 한다. 다른 품종들과 섞이는 것을 방지하기 위해 한 열에는 한 품종만 재식한다.

90 종자검사요령상 종자 건전도 검정에서 벼 키다리병의 검사시료는?

① 104립 ② 200립
③ 300립 ④ 700립

해설

벼 키다리병의 배지검정 검사시료 : 104립(13립×8반복)

91 「식물신품종 보호법」상 품종보호권의 설정등록을 받으려는 자나 품종보호권자는 품종보호료 납부기간이 지난 후에도 몇 개월 이내에는 품종보호료를 납부할 수 있는가?

① 6개월 ② 7개월
③ 9개월 ④ 12개월

해설

납부기간이 지난 후의 품종보호료 납부
㉠ 품종보호권의 설정등록을 받으려는 자나 품종보호권자는 품종보호료 납부기간이 지난 후에도 6개월 이내에는 품종보호료를 납부할 수 있다.
㉡ 품종보호료를 납부할 때에는 품종보호료의 2배 이내의 범위에서 공동부령으로 정한 금액을 납부하여야 한다.

92 ( )에 옳지 않은 내용은?

「식물신품종 보호법」상 (   )은 품종보호에 관한 절차 중 납부해야 할 수수료를 납부하지 아니한 경우에는 기간을 정하여 보정을 명할 수 있다.

① 농림축산식품부장관 ② 농촌진흥청장
③ 해양수산부장관 ④ 심판위원회 위원장

절차의 보정

농림축산식품부장관, 해양수산부장관 또는 심판위원회 위원장은 품종보호에 관한 절차가 다음의 어느 하나에 해당하는 경우에는 기간을 정하여 보정을 명할 수 있다.

㉠ 대리권의 범위를 위반하거나 「특허법」 등의 준용을 위반한 경우

㉡ 이 법 또는 이 법에 따른 명령에서 정하는 방식을 위반한 경우

㉢ 납부해야 할 수수료를 납부하지 아니한 경우

---

93 종자검사요령상 시료추출에서 호박의 순도 검사를 위한 시료의 최소 중량은?

① 180g

② 200g

③ 250g

④ 300g

호박 시료의 최소 중량

제출시료는 350g, 순도검사는 180g, 수분검정용 50g

---

94 「식물신품종 보호법」상 신규성에 대한 내용이다. ( )에 알맞은 내용은?

> 품종보호 출원일 이전에 대한민국에서는 ( ) 이상, 그 밖의 국가에서는 4년[과수(果樹) 및 임목(林木)인 경우에는 6년] 이상 해당 종자나 그 수확물이 이용을 목적으로 양도되지 아니한 경우에는 그 품종은 신규성을 갖춘 것으로 본다.

① 1년

② 2년

③ 3년

④ 10년

신규성

품종보호 출원일 이전에 대한민국에서는 1년 이상, 그 밖의 국가에서는 4년(과수 및 임목인 경우에는 6년) 이상 해당 종자나 그 수확물이 이용을 목적으로 양도되지 아니한 경우에는 그 품종은 신규성을 갖춘 것으로 본다.

---

95 ( )에 알맞은 내용은?

> 고품질 종자 유통·보급을 통한 농림업의 생산성 향상 등을 위하여 ( )은/는 종자의 보증을 할 수 있다.

① 환경부장관

② 종자관리사

③ 농촌진흥청장

④ 농산물품질관리원장

종자의 보증

㉠ 고품질 종자 유통·보급을 통한 농림업의 생산성 향상 등을 위하여 농림축산식품부장관과 종자관리사는 종자의 보증을 할 수 있다.

㉡ 종자의 보증은 농림축산식품부장관이 하는 보증과 종자관리사가 하는 보증으로 구분한다.

---

96 종자검사요령상 수분의 측정에 필요한 절단 기구에 대한 설명이다. ( )에 알맞은 내용은?

> 수목종자나 경실 수목 종자와 같은 대립종자는 절단을 위하여 외과용 메스 또는 날의 길이가 최소 ( ) 되는 전지가위 등을 사용해야 한다.

① 2cm

② 3cm

③ 4cm

④ 7cm

수목종자나 경실 수목 종자와 같은 대립종자는 절단을 위하여 외과용 메스 또는 날의 길이가 최소 4cm 되는 전지가위 등을 사용해야 한다.

---

97 종자관리요강상 종자산업진흥센터 시설기준에 대한 내용이다. (가)에 알맞은 내용은?

시설구분		규모(m²)	장비 구비 조건
분자표지 분석실	필수	(가)	• 시료분쇄장비 • DNA추출장비 • 유전자증폭장비 • 유전자판독장비

① 60 이상

② 50 이상

③ 30 이상

④ 25 이상

종자산업진흥센터 시설기준

시설구분		규모(㎡)	장비 구비 조건
분자표지 분석실	필수	60 이상	• 시료분쇄장비 • DNA 추출장비 • 유전자증폭장비 • 유전자판독장비
성분 분석실	선택	60 이상	• 시료분쇄장비 • 성분추출장비 • 성분분석장비 • 질량분석장비
병리 검정실	선택	60 이상	• 균주배양장비 • 병원균접종장비 • 병원균감염확인장비 • 병리검정온실

98 품종보호권의 설정등록을 받으려는 자 또는 품종보호권자가 책임질 수 없는 사유로 추가 납부기간 이내에 품종보호료를 납부하지 아니하였거나 보전기간 이내에 보전하지 아니한 경우에는 그 사유가 종료한 날부터 며칠 이내에 그 품종 보호료를 납부하거나 보전할 수 있는가?(추가납부기간의 만료일 또는 보전기간의 만료일 중 늦은 날부터 6개월이 지났을 경우는 제외한다.)

① 5일
② 7일
③ 10일
④ 14일

품종보호료의 추가납부 또는 보전에 의한 품종보호 출원과 품종보호권의 회복
품종보호권의 설정등록을 받으려는 자 또는 품종보호권자가 책임질 수 없는 사유로 추가납부기간 이내에 품종보호료를 납부하지 아니하였거나 보전기간 이내에 보전하지 아니한 경우에는 그 사유가 종료한 날부터 14일 이내에 그 품종보호료를 납부하거나 보전할 수 있다. 다만, 추가납부기간의 만료일 또는 보전기간의 만료일 중 늦은 날부터 6개월이 지났을 때에는 제외한다.

99 다음에서 설명하는 것은?

「종자산업법」상 해당 품종의 진위성(眞僞性)과 해당 품종 종자의 품질이 보증된 채종(採種) 단계별 종자를 말한다.

① 포엽종자
② 묘종자
③ 미수종자
④ 보증종자

"보증종자"란 해당 품종의 진위성(眞僞性)과 해당 품종 종자의 품질이 보증된 채종 단계별 종자를 말한다.

100 「종자산업법」상 농림축산식품부장관은 진흥센터가 진흥센터 지정기준에 적합하지 아니하게 된 경우에는 대통령령으로 정하는 바에 따라 그 지정을 취소하거나 몇 개월 이내의 기간을 정하여 업무의 정지를 명할 수 있는가?

① 12개월
② 7개월
③ 6개월
④ 3개월

종자산업진흥센터의 지정
농림축산식품부장관은 진흥센터가 다음 어느 하나에 해당하는 경우에는 대통령령으로 정하는 바에 따라 그 지정을 취소하거나 3개월 이내의 기간을 정하여 업무의 정지를 명할 수 있다.
㉠ 거짓이나 그 밖의 부정한 방법으로 지정받은 경우
㉡ 진흥센터 지정기준에 적합하지 아니하게 된 경우
㉢ 정당한 사유 없이 업무를 거부하거나 지연한 경우
㉣ 정당한 사유 없이 1년 이상 계속하여 업무를 하지 아니한 경우

제1과목 종자생산학

01 종자에 의하여 전염되기 쉬운 병해는?

① 흰가루병　　　　② 모잘록병
③ 배꼽썩음병　　　④ 잿빛곰팡이병

> [해설]
> 모잘록병은 종자에 의하여 전염되기 쉬운 병해이기 때문에 반드시 종자소독을 하여야 한다.

02 두 작물 간 교잡이 가장 잘 되는 것은?

① 참외×멜론　　　② 오이×참외
③ 멜론×오이　　　④ 양파×파

> [해설]
> 참외와 멜론은 1년생 초본식물이며 염색체수는 2n=24개

03 성숙기에 얇은 과피를 가지는 것을 건과라 하는데, 건과 중 성숙기에 열개하여 종자가 밖으로 나오는 것은?

① 복숭아　　　　　② 완두
③ 당근　　　　　　④ 밤

> [해설]
> 두류는 건과(건조과) 중 성숙기에 열개하여 종자가 밖으로 나온다.

04 배추과 작물의 채종에 대한 설명으로 옳지 않은 것은?

① 배추과 채소는 주로 인공교배를 실시한다.
② 배추과 채소의 보급품종 대부분은 1대 잡종이다.
③ 등숙기로부터 수확기까지는 비가 적게 내리는 지역이 좋다.
④ 자연교잡을 방지하기 위한 격리재배가 필요하다.

> [해설]
> 자가불화합성 이용 : 무, 순무, 배추, 양배추, 브로콜리

05 저장 중 종자가 발아력을 상실하는 원인과 거리가 먼 것은?

① 수분함량의 감소　② 효소의 활력 저하
③ 원형질단백의 응고　④ 저장양분의 소모

> [해설]
> 저장 중 종자가 수분함량이 감소하면 발아력을 유지한다.

06 무한화서이고, 작은 화경이 없거나 있어도 매우 짧고, 화경과 함께 모여 있으며, 총포라고 불리는 포엽으로 둘러싸여 있는 것은?

① 두상화서　　　　② 단정화서
③ 단집산화서　　　④ 안목상취산화서

> [해설]
> 두상화서(頭狀花序)
> ㉠ 꽃자루의 끝에 소화경이 없는 꽃이 촘촘하게 들러붙어 있는 꽃차례
> ㉡ 버즘나무(플라타너스), 양버즘나무

07 다음 중 호광성 종자가 아닌 것은?

① 상추　　　　　　② 우엉
③ 오이　　　　　　④ 담배

> [해설]
> 호광성 종자
> 담배, 상추, 우엉, 피튜니아, 차조기, 금어초, 디기탈리스, 베고니아, 뽕나무, 벤트그래스, 버뮤다그래스, 켄터키블루그래스, 캐나다블루그래스, 스탠더드휘트그래스, 셀러리 등이다.

정답　01 ②　02 ①　03 ②　04 ①　05 ①　06 ①　07 ③

08 다음 종자 기관 중 종피가 되는 부분은?

① 주심 　　　　　② 주피
③ 주병 　　　　　④ 배낭

해설

종자 기관 중 종피가 되는 부분은 주피(껍질겨)이다.

09 시금치의 개화성과 채종에 대한 설명으로 옳은 것은?

① F_1 채종의 원종은 뇌수분으로 채종한다.
② 자가불화합성을 이용하여 F_1 채종을 한다.
③ 자웅이주로서 암꽃과 수꽃이 각각 따로 있다.
④ 장일성 식물로서 유묘기 때 저온처리를 하면 개화가 억제된다.

해설

시금치의 성 표현은 저온과 단일에서는 자화성이고 고온과 장일에서 웅성화인 경향이 있다.

10 벼 돌연변이 육종에서 종자에 돌연변이 물질을 처리하였을 때 이 처리 당대를 무엇이라 하는가?

① P_0 　　　　　② M_1
③ Q_2 　　　　　④ G_3

해설

돌연변이 유발원을 처리한 당대를 M_1 세대로 하여 M_2, M_3 등으로 표시한다.

11 유한화서이면서, 작살나무처럼 2차지경 위에 꽃이 피는 것을 무엇이라 하는가?

① 원추화서 　　　　　② 두상화서
③ 복집산화서 　　　　④ 유이화서

해설

①, ②, ④는 무한화서이다.

12 다음 중 오이의 암꽃 발달에 가장 유리한 조건은?

① 13℃ 정도의 야간저온과 8시간 정도의 단일조건
② 18℃ 정도의 야간저온과 10시간 정도의 단일조건
③ 27℃ 정도의 주간온도와 14시간 정도의 장일조건
④ 32℃ 정도의 주간온도와 15시간 정도의 장일조건

해설

오이의 암꽃 발달에 가장 유리한 조건
3℃ 정도의 야간저온과 8시간 정도의 단일조건

13 자가수정만 하는 작물로만 나열된 것은? (단, 자가수정 시 낮은 교잡률과 자식열세를 보이는 작물은 제외)

① 옥수수, 호밀 　　　　② 참외, 멜론
③ 당근, 수박 　　　　　④ 완두, 강낭콩

해설

자가수분은 양성화에서, 하나의 꽃에서 꽃가루가 암술머리에 붙는 현상을 말한다.

14 직접 발아시험을 하지 않고 배의 환원력으로 종자 발아력을 검사하는 방법은?

① X선 검사법 　　　　② 전기전도도 검사법
③ 테트라졸륨 검사법 　④ 수분함량 측정법

해설

테트라졸륨 검사법
TZ 검정은 종자의 활력을 신속하게 평가할 수 있는 생화학적 검정방법으로, 검정 목적은 활력종자가 정상 묘로 자랄 수 있는 잠재력을 측정하는 것이다. 수확 후 얼마 지나지 않은 종자를 심은 경우, 해당 종자가 심한 휴면 상태에 있는 경우, 발아가 느리게 출현하는 경우에 종자의 발아 잠재력을 신속하게 평가할 수 있다.

15 다음 중 종자의 수명이 가장 긴 종자는?

① 토마토 　　　　　② 상추
③ 당근 　　　　　　④ 고추

작물별 종자의 수명

단명종자(1~2년)	상명종자(2~3년)	장명종자(4~6년)
콩, 땅콩, 옥수수, 메밀, 기장, 목화, 해바라기, 강낭콩, 양파, 파, 상추, 당근, 고추	벼, 밀, 보리, 귀리, 완두, 유채, 페스큐, 켄터키블루그래스, 목화, 무, 배추, 호박, 멜론, 시금치, 우엉	클로버, 알팔파, 베치, 사탕무, 가지, 토마토, 수박, 비트

16 다음 중 종자의 모양이 방패형인 것은?

① 은행나무   ② 벼
③ 목화   ④ 양파

종자의 모양
㉠ 방패형 : 파, 양파, 부추
㉡ 타원형 : 벼, 밀, 팥, 콩

17 다음에서 설명하는 것은?

> 콩에서 꽃봉오리 끝을 손으로 눌러 잡아당겨 꽃잎과 꽃밥을 제거한다.

① 전영법   ② 화판인발법
③ 클립핑법   ④ 절영법

화판인발법
꽃망울 끝의 꽃잎을 꽃밥과 함께 뽑아내는 간단한 방법으로 자운영 등 콩과 목초의 제웅에 쓰인다.

18 다음 중 종자발아에 필요한 수분흡수량이 가장 많은 것은?

① 옥수수   ② 벼
③ 콩   ④ 밀

종자발아에 필요한 수분흡수량
㉠ 벼 : 23%   ㉡ 쌀보리 : 50%
㉢ 밀 : 30%   ㉣ 옥수수 : 70%
㉤ 콩 : 100%

19 다음 ( )에 공통으로 들어갈 내용은?

> • ( )은/는 포원세포로부터 자성배우체가 되는 기원이 된다.
> • ( )은/는 원래 자방조직에서 유래하며 포원세포가 발달하는 곳이다.

① 주공   ② 에피스테이스
③ 주피   ④ 주심

종자의 발달
주피가 발달하여 종피가 되고 주심이 발달하여 내종피가 된다.

20 다음 중 감자의 휴면타파법으로 가장 적절한 것은?

① α선 처리   ② MH 처리
③ GA 처리   ④ 저온저장(0~6℃)

감자의 휴면타파법으로 주로 GA 처리를 한다.

제2과목   식물육종학

21 체세포 염색체수가 20인 2배체 식물의 연관군 수는?

① 2   ② 12
③ 20   ④ 10

체세포 염색체수가 20인 2배체 식물의 연관군 수는 10이다.

정답   16 ④   17 ②   18 ③   19 ④   20 ③   21 ④

22 다음에서 설명하는 것은?

> • 배낭을 만들지 않고 포자체의 조직세포가 직접 배를 형성한다.
> • 밀감의 주심배가 대표적이다.

① 무포자생식　　　　② 복상포자생식
③ 부정배형성　　　　④ 위수정생식

해설

① 무포자생식 : 배낭을 만들지만 배낭의 조직세포가 배를 형성한다.
② 복상포자생식 : 배낭모세포가 감수분열을 못하거나 비정상적인 분열을 하여 배를 형성한다.
③ 부정배형성 : 배낭을 만들지 않고 포자체의 조직세포가 직접 배를 형성한다. 예 밀감의 주심배
④ 위수정생식 : 수분(受粉)의 자극을 받아 난세포가 배로 발달한다.

23 돌연변이육종과 가장 관련이 적은 것은?

① 감마선　　　　② 열성변이
③ 성염색체　　　　④ 염색체 이상

24 다음 중 유전적으로 고정될 수 있는 분산으로 가장 적절한 것은?

① 비대립유전자 상호작용에 의한 분산
② 우성효과에 의한 분산
③ 환경의 작용에 의한 분산
④ 상가적 효과에 의한 분산

해설

유전자의 상가적 효과는 형질 발현에 관여하는 유전자 각각의 고유 효과로 세대가 바뀌어도 변하지 않는다.

25 배수체 작성에 쓰이는 약품 중 콜히친의 분자구조를 기초로 하여 발견된 것은?

① 아세나프텐　　　　② 지베렐린
③ 멘톨　　　　④ 헤테로옥신

해설

아세나프텐을 처리하여 배수체를 양성한다.

26 다음 중 양성화 웅예선숙에 해당하는 것으로 가장 적절한 것은?

① 목련　　　　② 양파
③ 질경이　　　　④ 배추

해설

웅예선숙
수술이 먼저 성숙하는 것(양파, 마늘, 호밀, 메밀)

27 배추의 일대 교잡종 채종에 이용되는 유전적 성질은?

① 자가불화합성　　　　② 웅성불임성
③ 내혼약세　　　　④ 자화수분

해설

자가불화합성
한 개의 꽃 또는 같은 계통의 꽃 사이에서 수분이 이루어져도 수정하지 않는 현상

28 다음 중 두 개의 다른 품종을 인공교배하기 위해 가장 우선적으로 고려해야 할 사항은?

① 도복저항성　　　　② 수량성
③ 종자탈립성　　　　④ 개화시기

29 다음 중 선발의 효과가 가장 크게 기대되는 경우는?

① 유전변이가 작고, 환경변이가 클 때
② 유전변이가 크고, 환경변이가 작을 때
③ 유전변이가 크고, 환경변이도 클 때
④ 유전변이가 작고, 환경변이도 작을 때

정답　22 ③　23 ③　24 ④　25 ①　26 ②　27 ①　28 ④　29 ②

30 다음 중 조기검정법을 적용하여 목표 형질을 선발할 수 있는 경우는?

① 나팔꽃은 떡잎의 폭이 넓으면 꽃이 크다.
② 배추는 결구가 되어야 수확한다.
③ 오이는 수꽃이 많아야 암꽃도 많다.
④ 고추는 서리가 올 때까지 수확하여야 수량성을 알게 된다.

31 육종목표를 효율적으로 달성하기 위한 육종방법을 결정할 때 고려해야 할 사항은?

① 미래의 수요예측
② 농가의 경영규모
③ 목표형질의 유전양식
④ 품종보호신청 여부

32 생식세포 돌연변이와 체세포 돌연변이의 예로 가장 옳은 것은?

① 생식세포 돌연변이 : 염색체의 상호전좌, 체세포 돌연변이 : 아조변이
② 생식세포 돌연변이 : 아조변이, 체세포 돌연변이 : 열성돌연변이
③ 생식세포 돌연변이 : 열성돌연변이, 체세포 돌연변이 : 우성돌연변이
④ 생식세포 돌연변이 : 우성돌연변이, 체세포 돌연변이 : 염색체의 상호전좌

33 세포질적 웅성불임성에 해당하는 것은?

① 보리
② 옥수수
③ 토마토
④ 사탕무

〔해설〕
세포질적 웅성불임성
종자나 묘목을 얻으려고 기르는 나무의 세포질 인자 때문에 꽃가루의 발육이 불완전하여 씨를 맺지 못하는 성질로 옥수수, 밀, 벼, 담배, 유채에서 나타난다.

34 대부분의 형질이 우량한 장려품종에 내병성을 도입하고자 할 때 가장 효과적인 육종법은?

① 분리육종법
② 계통육종법
③ 집단육종법
④ 여교잡육종법

〔해설〕
여교잡육종법
교잡으로 생긴 잡종을 잡종 제1세대를 만들 때 이용한 양친 가운데 우수한 형질을 가진 반복친과 계속해서 교배하여 새로운 품종을 만드는 육종법으로 내병성 육종에 많이 이용한다. 품질은 떨어지지만 내병성 품종을 일회친으로 하고 병에 약하지만 우수 형질을 가진 품종을 반복친으로 하여 내병성 신품종을 육성할 수 있다.

35 아포믹시스에 대한 설명으로 옳은 것은?

① 웅성불임에 의해 종자가 만들어진다.
② 수정과정을 거치지 않고 배가 만들어져 종자를 형성한다.
③ 자가불화합성에 의해 유전분리가 심하게 일어난다.
④ 세포질불임에 의해 종자가 만들어진다.

〔해설〕
아포믹시스
난자가 수정되지 않고 생식하는 일. 유성생식의 일종이지만 배우자의 합착 없이 일어나는 생식으로, 보통 단위생식을 의미한다.

36 다음 중 피자식물의 성숙한 배낭에서 중복수정에 참여하여 배유를 생성하는 것은?

① 난세포
② 조세포
③ 반족세포
④ 극핵

〔해설〕
중복수정
㉠ 난세포(n) + 정핵(n) = 배(2n)
㉡ 2개의 극핵(n+n) + 정핵(n) = 배젖(3n)

37 다음 중 타식성 작물의 특성으로만 나열된 것은?

① 완전화(完全花), 이형예 현상
② 이형예 현상, 자웅이주
③ 자웅이주, 폐화수분
④ 폐화수분, 완전화(完全花)

해설

타식성 작물의 특성
이형예 현상, 자웅이주이다.

38 2개의 유전자가 독립유전하는 양성잡종의 F2 분리비는?

① 9 : 3 : 1 : 1
② 9 : 3 : 3 : 1
③ 3 : 1 : 1
④ 9 : 1 : 1

해설

양성잡종 : $(3+1)2 \rightarrow 9+3+3+1$

39 한 개의 유전자가 여러 가지 형질의 발현에 관여하는 현상을 무엇이라고 하는가?

① 반응규격
② 호메오스타시스
③ 다면발현
④ 가변성

해설

1개의 유전자에 의해 만들어진 1개의 유전자 산물이 2가지 이상의 형질에 관여하는 것을 다면발현이라 한다.

40 육종 대상 집단에서 유전양식이 비교적 간단하고 선발이 쉬운 변이는?

① 불연속 변이
② 방황 변이
③ 연속 변이
④ 양적 변이

해설

불연속 변이
유전자작용이 명확해서 정상 유전자에 대한 돌연변이 유전자로 발현되는 형질의 구별이 뚜렷한 변이

제3과목 재배원론

41 답전윤환의 효과와 가장 거리가 먼 것은?

① 지력 증강
② 공간의 효율적 이용
③ 잡초의 감소
④ 기지의 회피

해설

답전윤환의 효과
㉠ 지력증강
㉡ 벼 수량 증대
㉢ 잡초의 감소
㉣ 기지의 회피

42 엽록소 형성에 가장 효과적인 광파장은?

① 황색광 영역
② 자외선과 자색광 영역
③ 녹색광 영역
④ 청색광과 적색광 영역

해설

엽록소의 형성에는 4,500Å을 중심한 4,300~4,700Å의 청색광역과 6,500Å을 중심한 6,200~6,700Å의 적색광 영역이 가장 효과적이다.

43 광합성 연구에 활용되는 방사선 동위원소는?

① 14C
② 32P
③ 42K
④ 24Na

해설

광합성의 연구
^{11}C, ^{14}C 등으로 표지된 CO_2를 잎에 공급하여 시간의 경과에 따른 탄수화물의 합성과정을 규명할 수 있다. 또한 농화불질의 전류, 축석 과성노 ^{14}C를 표시화합물도 이용하여 밝힐 수 있다.

44 다음 중 단일식물에 해당하는 것으로만 나열된 것은?

① 샐비어, 콩
② 양귀비, 시금치
③ 양파, 상추
④ 아마, 감자

단일식물(短日植物)

㉠ 단일상태(보통 8~10시간 조명)에서 화성이 유도, 촉진되는 식물이며 장일상태는 이를 저해한다.

㉡ 늦벼, 조, 기장, 피, 콩, 고구마, 아마, 담배, 호박, 오이, 국화, 코스모스, 목화 등이 있다.

45 나팔꽃 대목에 고구마순을 접목시켜 재배하는 가장 큰 목적은?

① 개화 촉진
② 경엽의 수량 증대
③ 내건성 증대
④ 왜화 재배

46 작물의 냉해에 대한 설명으로 틀린 것은?

① 병해형 냉해는 단백질의 합성이 증가되어 체내에 암모니아의 축적이 적어지는 형의 냉해이다.

② 혼합형 냉해는 지연형 냉해, 장해형 냉해, 병해형 냉해가 복합적으로 발생하여 수량이 급감하는 형의 냉해이다.

③ 장해형 냉해는 유수형성기부터 개화기까지, 특히 생식세포의 감수분열기에 냉온으로 불임현상이 나타나는 형의 냉해이다.

④ 지연형 냉해는 생육 초기부터 출수기에 걸쳐서 여러 시기에 냉온을 만나서 출수가 지연되고, 이에 따라 등숙이 지연되어 후기의 저온으로 인하여 등숙 불량을 초래하는 형의 냉해이다.

해설

병해형 냉해
체내의 암모니아 축적이 늘어감으로써 병해의 발생이 더욱 조장되는 냉해이다.

47 다음 중 굴광현상이 가장 유효한 것은?

① 440~480nm
② 490~520nm
③ 560~630nm
④ 650~690nm

해설

굴광작용(屈光作用)
식물이 광 조사의 방향에 반응하여 굴곡반응을 나타내는 현상으로 4,000~5,000Å, 특히 4,400~4,800Å의 청색광이 가장 유효하다.

48 맥류의 수발아를 방지하기 위한 대책으로 옳은 것은?

① 수확을 지연시킨다.
② 지베렐린을 살포한다.
③ 만숙종보다 조숙종을 선택한다.
④ 휴면기간이 짧은 품종을 선택한다.

해설

품종의 선택
조숙종이 만숙종보다 수발아의 위험이 적다. 숙기가 같더라도 휴면기간이 긴 품종이 수발아성이 낮다.

49 다음 중 추파맥류의 춘화처리에 가장 적당한 온도와 기간은?

① 0~3℃, 약 45일
② 6~10℃, 약 60일
③ 0~3℃, 약 5일
④ 6~10℃, 약 15일

해설

추파맥류의 춘화처리
최아종자를 0~3℃에 30~60일 처리한다.

50 작물의 내동성의 생리적 요인으로 틀린 것은?

① 원형질 수분 투과성이 크면 내동성이 증대된다.
② 원형질의 점도가 낮은 것이 내동성이 크다.
③ 당분 함량이 많으면 내동성이 증가한다.
④ 전분 함량이 많으면 내동성이 증가한다.

해설

전분 함량
전분 함량이 많으면 당분 함량이 저하되며, 전분립은 원형질의 기계적 견인력에 의한 파괴를 크게 한다. 따라서 전분 함량이 많으면 내동성이 저하한다.

51 다음 중 투명 플라스틱 필름의 멀칭 효과와 가장 거리가 먼 것은?

① 지온 상승
② 잡초 발생 억제
③ 토양 건조 방지
④ 비료의 유실 방지

해설

투명 필름

멀칭용 플라스틱 필름 중 모든 광을 잘 투과시키는 투명 필름은 지온상승 효과가 크고, 잡초의 발생을 증가시킨다.

52 십자화과 작물의 성숙과정으로 옳은 것은?

① 녹숙 → 백숙 → 갈숙 → 고숙
② 백숙 → 녹숙 → 갈숙 → 고숙
③ 녹숙 → 백숙 → 고숙 → 갈숙
④ 갈숙 → 백숙 → 녹숙 → 고숙

해설

십자화과 작물의 성숙과정

1. 백숙(白熟)기 : 종자가 백색이고, 내용물이 물과 같은 상태이다.
2. 녹숙(綠熟)기 : 종자가 녹색이고, 내용물이 손톱으로 쉽게 압출되는 상태이다.
3. 갈숙(褐熟)기 : 꼬투리가 녹색을 상실해 가며, 종자는 고유의 성숙색이 되고, 손톱으로 파괴하기 어려운 상태이다. 보통 갈숙에 도달하면 성숙했다고 본다.
4. 고숙(枯熟)기 : 종자는 더욱 굳어지고, 꼬투리는 담갈색이 되어 취약해진다.

53 작물체 내에서의 생리적 또는 형태적인 균형이나 비율이 작물생육의 지표로 사용되는 것과 거리가 가장 먼 것은?

① C/N율
② T/R률
③ G－D 균형
④ 광합성－호흡

54 벼에서 백화묘(白化苗)의 발생은 어떤 성분의 생성이 억제되기 때문인가?

① BA
② 카로티노이드
③ ABA
④ NAA

55 다음 벼의 생육단계 중 한해(旱害)에 가장 강한 시기는?

① 분얼기
② 수잉기
③ 출수기
④ 유숙기

해설

생육시기와 한해

생식생장기는 영양생장기보다 한해에 약하다. 벼·맥류의 경우 생식세포의 감수분열기에 한해에 가장 약하고 출수개화기, 유숙기의 순서로 약하며, 분얼기에는 강한 편이다.

56 토양 수분 항수로 볼 때 강우 또는 충분한 관개 후 2~3일 뒤의 수분 상태를 무엇이라 하는가?

① 최대용수량
② 초기위조점
③ 포장용수량
④ 영구위조점

해설

포장용수량

㉠ 수분으로 포화된 토양으로부터 증발을 방지하면서 중력수를 완전히 배제하고 남은 수분의 상태이며, 최소용수량이라고도 한다.

㉡ 지하수위가 낮고 투수성이 중용인 포장에서 강우 또는 관개 후 2~3일 뒤의 수분 상태가 이에 해당한다.

57 엽면시비의 장점과 가장 거리가 먼 것은?

① 미량요소의 공급
② 점진적 영양 회복
③ 비료분의 유실 방지
④ 품질 향상

해설

토양시비보다 엽면시비가 효과가 빠르다.

58 식물의 광합성 속도에는 이산화탄소의 농도뿐 아니라 광의 강도도 관여를 하는데, 다음 중 광이 약할 때에 일어나는 일반적인 현상으로 가장 옳은 것은?

정답 51 ② 52 ② 53 ④ 54 ② 55 ① 56 ③ 57 ② 58 ③

① 이산화탄소 보상점과 포화점이 다 같이 낮아진다.
② 이산화탄소 보상점과 포화점이 다 같이 높아진다.
③ 이산화탄소 보상점이 높아지고 이산화탄소 포화점은 낮아진다.
④ 이산화탄소 보상점은 낮아지고 이산화탄소 포화점은 높아진다.

59 기온의 일변화(변온)에 따른 식물의 생리작용에 대한 설명으로 가장 옳은 것은?

① 낮의 기온이 높으면 광합성과 합성물질의 전류가 늦어진다.
② 기온의 일변화가 어느 정도 커지면 동화물질의 축적이 많아진다.
③ 낮과 밤의 기온이 함께 상승할 때 동화물질의 축적이 최대가 된다.
④ 밤의 기온이 높아야 호흡 소모가 적다.

해설 ....
동화물질의 축적
낮의 기온이 높으면 광합성과 합성물질의 전류가 촉진되고 밤의 기온은 비교적 낮은 것이 호흡 소모가 적으므로 변온이 어느 정도 클 때 동화물질의 축적이 증대한다.

60 토양수분의 수주 높이가 1,000cm일 때 pF 값과 기압은 각각 얼마인가?

① pF 0, 0.001기압　　② pF 1, 0.01기압
③ pF 2, 0.1기압　　④ pF 3, 1기압

해설 ....
1기압의 힘은 물기둥의 높이로 환산하면 약 10m에 상당한다. $10m = 1,000cm$이고 pF는 수주 높이(cm)에 상용로그를 취한 값이고 $\log 1,000 = 3$이므로 pF $= 3$이다.
1기압 $≒ 1,000cmH_2O = 10^3 cmH_2O$, pF $= \log$수주의 cm 높이
∴ pF $= \log 10^3 = 3$

제4과목 **식물보호학**

61 병이 반복하여 발생하는 과정 중 잠복기에 해당하는 기간은?

① 침입한 병원균이 기주에 감염되는 기간
② 전염원에서 병원균이 기주에 침입하는 기간
③ 병징이 나타나고 병원균이 생활하다 죽는 기간
④ 기주에 감염된 병원균이 병징이 나타나게 할 때까지의 기간

62 기주를 교대하며 작물에 피해를 입히는 병원균은?

① 향나무 녹병균　　② 무 모잘록병균
③ 보리 깜부기병균　　④ 사과나무 흰가루병균

63 살충제의 교차저항성에 대한 설명으로 옳은 것은?

① 한가지 약제를 사용 후 그 약제에만 저항성이 생기는 것
② 한가지 약제를 사용 후 약리작용이 비슷한 다른 약제에 저항성이 생기는 것
③ 한가지 약제를 사용 후 동일 계통의 다른 약제에는 저항성이 약해지는 것
④ 한가지 약제를 사용 후 모든 다른 약제에 저항성이 생기는 것

해설 ....
교차저항성
어떤 농약에 대하여 이미 저항성이 발달된 병원균, 해충 또는 잡초가 이전에 한 번도 사용하지 않은 농약에 대하여 저항성을 나타내는 현상으로 두 약제 간 작용기작이 비슷하거나 농약의 분해·대사에 영향을 미치는 효소계의 유사성에 의해 발생한다.

64 토양 훈증제를 이용한 토양 소독 방법에 대한 설명으로 옳지 않은 것은?

① 화학적 방제의 일종이다.
② 식물병에 선택적으로 작용한다.
③ 비용이 많이 든다.
④ 효과가 크다.

> **해설**
> 식물병에 대한 선택성이 없다.

65 비생물성 원인에 의한 병의 특징은?

① 기생성　　　　② 비전염성
③ 표징 형성　　　④ 병원체 증식

> **해설**
> 비생물성 병원 : 비전염성
> ㉠ 기상요인 : 수해, 냉해, 설해, 풍해, 한발해, 서리해, 동해 등
> ㉡ 토양요인 : 수분 및 양분의 부족이나 과잉, 산소부족, pH 농도 등
> ㉢ 환경요인 : 대기오염, 수질오염, 토양오염 등
> ㉣ 작업요인 : 농약해, 상해 등

66 비기생성 선충과 비교할 때 기생성 선충만 가지고 있는 것은?

① 근육　　　　　② 신경
③ 구침　　　　　④ 소화기관

> **해설**
> 비기생성 선충에는 구침이 없다.

67 유기인계 농약이 아닌 것은?

① 포레이트 입제
② 페니트로티온 유제
③ 감마사이할로트린 캡슐현탁제
④ 클로르피리포스메틸 유제

> **해설**
> 감마사이할로트린 캡슐현탁제는 합성피레스로이드계 살충제로서 접촉독 및 소화중독에 의해 살충효과를 나타낸다.

68 계면활성제에 대한 설명으로 옳지 않은 것은?

① 약액의 표면장력을 높이는 작용을 한다.
② 대상 병해충 및 잡초에 대한 접촉효율을 높인다.
③ 소수성 원자단과 친수성 원자단을 동일 분자 내에 갖고 있다.
④ 물에 잘 녹지 않는 농약의 유효성분을 살포용수에 잘 분산시켜 균일한 살포작업을 가능하게 한다.

> **해설**
> 계면활성제는 약액의 표면장력을 낮추는 작용을 한다.

69 광발아 잡초에 해당하는 것은?

① 냉이　　　　　② 별꽃
③ 쇠비름　　　　④ 광대나물

> **해설**
> 광발아(호광성) 잡초 : 바랭이, 쇠비름, 민들레

70 유충기에 수확된 밤이나 밤송이 속으로 파먹어 들어가 많은 피해를 주는 해충은?

① 복숭아유리나방　　② 복숭아흑진딧물
③ 복숭아심식나방　　④ 복숭아명나방

71 이화명나방에 대한 설명으로 옳은 것은?

① 유충은 잎집을 가해한 후 줄기 속으로 먹어 들어간다.
② 주로 볏짚 속에서 성충 형태로 월동한다.
③ 수십 개의 알을 따로따로 하나씩 낳는다.
④ 연 1회 발생한다.

72 직접 살포하는 농약 제재인 것은?

① 수용제
② 유제
③ 입제
④ 수화제

73 방동사니과 잡초로만 올바르게 나열한 것은?

① 매자, 바늘골
② 올방개, 자귀풀
③ 뚝새풀, 올챙이고랭이
④ 사마귀풀, 너도방동사니

74 잡초의 발생시기에 따른 분류로 옳은 것은?

① 봄형 잡초
② 2년형 잡초
③ 여름형 잡초
④ 가을형 잡초

75 접촉형 제초제에 대한 설명으로 옳지 않은 것은?

① 시마진, PCP 등이 있다.
② 효과가 곧바로 나타난다.
③ 주로 발아 후의 잡초를 제거하는 데 사용된다.
④ 약제가 부착된 세포가 파괴되는 살초효과를 보인다.

76 알 → 약충 → 성충으로 변화하는 곤충 중에 약충과 성충의 모양이 완전히 다르고, 주로 잠자리목과 하루살이목에서 볼 수 있는 변태의 형태는?

① 반변태
② 과변태
③ 무변태
④ 완전변태

77 곤충의 피부를 구성하는 부분이 아닌 것은?

① 큐티클
② 기저막
③ 융기
④ 표피세포

78 곤충의 배설태인 요산을 합성하는 장소는?

① 지방체
② 알라타체
③ 편도세포
④ 앞가슴샘

79 고추, 담배, 땅콩 등의 작물을 재배할 때 많이 사용되는 방법으로 잡초의 방제뿐만 아니라 수분을 유지해주는 장점을 지닌 방법은?

① 추경
② 중경
③ 담수
④ 피복

80 다음 설명에 해당하는 것은?

> 약독계통의 바이러스를 기주에 미리 접종하여 같은 종류의 강독계통 바이러스의 감염을 예방하거나 피해를 줄인다.

① 파지
② 교차보호
③ 기주교대
④ 효소결합

교차보호

약독계통(Mild Strain)의 바이러스를 이용하여 같은 종류의 강독계통(Severe Strain) 바이러스에 의하여 식물체가 감염되는 것을 방지하는 행위이다.

제5과목 종자 관련 법규

81 「식물신품종 보호법」상 품종보호권의 설정등록을 받으려는 자나 품종보호권자는 품종보호료 납부기간이 지난 후에도 얼마 이내에는 품종보호료를 납부할 수 있는가?

① 1개월   ② 2개월
③ 4개월   ④ 6개월

납부기간이 지난 후의 품종보호료 납부
㉠ 품종보호권의 설정등록을 받으려는 자나 품종보호권자는 품종보호료 납부기간이 지난 후에도 6개월 이내에는 품종보호료를 납부할 수 있다.
㉡ 품종보호료를 납부할 때에는 품종보호료의 2배 이내의 범위에서 공동부령으로 정한 금액을 납부하여야 한다.

82 「식물신품종 보호법」상 품종명칭등록 이의신청을 한 자는 품종명칭등록 이의신청기간이 지난 후 얼마 이내에 품종명칭등록 이의신청서에 적은 이유 또는 증거를 보정할 수 있는가?

① 10일   ② 20일
③ 30일   ④ 50일

품종명칭등록 이의신청 이유 등의 보정
품종명칭등록 이의신청을 한 자는 품종명칭등록 이의신청기간이 지난 후 30일 이내에 품종명칭등록 이의신청서에 적은 이유 또는 증거를 보정할 수 있다.

83 「종자산업법」에 대한 내용이다. ( )에 알맞은 내용은?

> (   )은 종자산업의 육성 및 지원에 필요한 시책을 마련할 때에는 중소 종자업자 및 중소 육묘업자에 대한 행정적·재정적 지원책을 마련하여야 한다.

① 농업실용화기술원장   ② 농림축산식품부장관
③ 국립종자원장   ④ 농촌진흥청장

중소 종자업자 및 중소 육묘업자에 대한 지원
농림축산식품부장관은 종자산업의 육성 및 지원에 필요한 시책을 마련할 때에는 중소 종자업자 및 중소 육묘업자에 대한 행정적·재정적 지원책을 마련하여야 한다.

84 보증서를 거짓으로 발급한 종자관리사에 대한 벌칙은?

① 2년 이하의 징역 또는 1천만 원 이하의 벌금
② 1년 이하의 징역 또는 1천만 원 이하의 벌금
③ 1년 이하의 징역 또는 5백만 원 이하의 벌금
④ 6개월 이하의 징역 또는 3백만 원 이하의 벌금

1년 이하의 징역 또는 1천만 원 이하의 벌금에 처하는 경우
• 등록을 하지 아니하고 종자관리사 업무를 수행한 자
• 보증서를 거짓으로 발급한 종자관리사
• 보증을 받지 아니하고 종자를 판매하거나 보급한 자
• 명령에 따르지 아니한 자
• 무병화인증기관의 지정을 받거나 그 지정의 갱신을 하지 아니하고 무병화인증 업무를 한 자
• 무병화인증기관의 지정취소 또는 업무정지 처분을 받고도 무병화인증 업무를 한 자
• 거짓이나 그 밖의 부정한 방법으로 무병화인증을 받거나 갱신한 자
• 거짓이나 그 밖의 부정한 방법으로 무병화인증기관의 지정을 받거나 갱신한 자
• 무병화인증을 받지 아니한 종자의 용기나 포장에 무병화인증의 표시 또는 이와 유사한 표시를 한 자
• 무병화인증을 받은 종자의 용기나 포장에 무병화인증을 받은 내용과 다르게 표시한 자
• 무병화인증을 받지 아니한 종자를 무병화인증을 받은 종자로 광고하거나 무병화인증을 받은 종자로 오인할

수 있도록 광고한 자
- 무병화인증을 받은 종자를 무병화인증을 받은 내용과 다르게 광고한 자
- 등록하지 아니하고 육묘업을 한 자
- 등록이 취소된 종자업 또는 육묘업을 계속하거나 영업정지를 받고도 종자업 또는 육묘업을 계속한 자
- 종자를 수출 또는 수입하거나 수입된 종자를 유통시킨 자
- 수입적응성 시험을 받지 아니하고 종자를 수입한 자
- 거짓이나 그 밖에 부정한 방법으로 종자의 검정 따른 검정을 받은 자
- 검정결과에 대하여 거짓광고나 과대광고를 한 자
- 생산 또는 판매 중지를 명한 종자 또는 묘를 생산하거나 판매한 자
- 제47조 제4항 후단을 위반하여 시료채취를 거부·방해 또는 기피한 자

85 「종자산업법」상 작물의 정의로 옳은 것은?

① 농산물 또는 임산물의 생산을 위하여 재배되는 모든 식물을 말한다.
② 농산물 중 생산을 위하여 재배되는 일부 식용 식물을 말한다.
③ 농산물 중 생산을 위하여 재배되는 기형 식물을 말한다.
④ 임산물의 생산을 위하여 재배되는 돌연변이 식물을 제외한 식용 식물을 말한다.

해설

'작물'이란 농산물 또는 임산물의 생산을 위하여 재배되는 모든 식물을 말한다.

86 (　　　)에 알맞은 내용은?

(육묘업 등록의 취소 등) 시장·군수·구청장은 육묘업자가 다음의 경우에 육묘업 등록을 취소하거나 6개월 이내의 기간을 정하여 영업의 전부 또는 일부의 정지를 명할 수 있다.
－다음－
육묘업 등록을 한 날부터 (　　　) 이내에 사업을 시작하지 아니하거나 정당한 사유 없이 (　　　) 이상 계속하여 휴업한 경유

① 1년　　　　　　　② 9개월
③ 6개월　　　　　　④ 3개월

해설

육묘업 등록의 취소
시장·군수·구청장은 육묘업자가 다음에 해당하는 경우에는 육묘업 등록을 취소하거나 6개월 이내의 기간을 정하여 영업의 전부 또는 일부의 정지를 명할 수 있다. 다만, ㉠에 해당하는 경우에는 그 등록을 취소하여야 한다.
㉠ 거짓이나 그 밖의 부정한 방법으로 육묘업 등록을 한 경우
㉡ 육묘업 등록을 한 날부터 1년 이내에 사업을 시작하지 아니하거나 정당한 사유 없이 1년 이상 계속하여 휴업한 경우
㉢ 육묘업자가 육묘업 등록을 한 후 시설기준에 미치지 못하게 된 경우
㉣ 품질표시를 하지 아니한 묘를 판매하거나 보급한 경우
㉤ 묘 등의 조사나 묘의 수거를 거부·방해 또는 기피한 경우
㉥ 생산이나 판매가 중지된 묘를 생산하거나 판매한 경우

87 「식물신품종 보호법」상 신규성에 대한 내용이다. (　　)에 알맞은 내용은?

품종보호 출원일 이전에 대한민국에서는 1년 이상, 그 밖에 국가에서는 4년[과수(果樹) 및 임목(林木)인 경우에는 (　　)] 이상 해당 종자나 그 수확물이 이용을 목적으로 양도되지 아니한 경우에는 그 품종은 신규성을 갖춘 것으로 본다.

① 6년　　　　　　　② 3년
③ 2년　　　　　　　④ 1년

해설

신규성
품종보호 출원일 이전에 대한민국에서는 1년 이상, 그 밖의 국가에서는 4년[과수(果樹) 및 임목(林木)인 경우에는 6년] 이상 해당 종자나 그 수확물이 이용을 목적으로 양도되지 아니한 경우에는 그 품종은 신규성을 갖춘 것으로 본다.

88 품종보호를 받지 아니하거나 품종보호 출원 중이 아닌 품종의 종자의 용기나 포장에 품종보호를 받았다는 표시 또는 품종보호 출원 중이라는 표시를 하거나 이와 혼동되기 쉬운 표시를 하는 행위에 대한 벌금은?

① 1천만 원 이하의 벌금 ② 3천만 원 이하의 벌금
③ 5천만 원 이하의 벌금 ④ 1억 원 이하의 벌금

[해설]

거짓표시의 금지
누구든지 다음의 어느 하나에 해당하는 행위를 하여서는 아니 된다.
㉠ 품종보호를 받지 아니하거나 품종보호 출원 중이 아닌 품종의 종자의 용기나 포장에 품종보호를 받았다는 표시 또는 품종보호 출원 중이라는 표시를 하거나 이와 혼동되기 쉬운 표시를 하는 행위
㉡ 품종보호를 받지 아니하거나 품종보호 출원 중이 아닌 품종을 보호품종 또는 품종보호 출원 중인 품종인 것처럼 영업용 광고, 표지판, 거래서류 등에 표시하는 행위

거짓표시의 죄
위반한 자는 3년 이하의 징역 또는 3천만 원 이하의 벌금에 처한다.

89 식물신품종 보호법상 해양수산부장관은 품종보호 출원의 포기, 무효, 취하 또는 거절결정이 있거나 품종보호권이 소멸한 날부터 얼마간 해당 품종보호 출원 또는 품종보호권에 관한 서류를 보관하여야 하는가?

① 3년   ② 5년
③ 7년   ④ 10년

[해설]

서류의 보관
농림축산식품부장관 또는 해양수산부장관은 품종보호 출원의 포기, 무효, 취하 또는 거절결정이 있거나 품종보호권이 소멸한 날부터 5년간 해당 품종보호 출원 또는 품종보호권에 관한 서류를 보관하여야 한다.

90 종자관리요강상 사후관리시험의 기준 및 방법에 대한 내용이다. (   )에 알맞은 내용은?

1. 검사항목 : 품종의 순도, 품종의 진위성, 종자전염병
2. 검사시기 : (   )
3. 검사횟수 : 1회 이상

① 수잉기   ② 유효분얼기
③ 감수분열기   ④ 성숙기

[해설]

사후관리시험의 기준 및 방법
1. 검사항목 : 품종의 순도, 품종의 진위성, 종자전염병
2. 검사시기 : 성숙기
3. 검사횟수 : 1회 이상

91 종자관리요강상 포장검사 및 종자검사의 검사기준에서 밀 포장검사 시 전작물 조건으로 옳은 것은?(단, 경종적 방법에 의하여 혼종의 우려가 없도록 담수처리 · 객토 · 비닐멀칭을 하였거나, 이전 재배품종이 당해 포장검사를 받는 품종과 동일한 경우의 사항은 제외한다.)

① 품종의 순도유지를 위해 6개월 이상 윤작을 하여야 한다.
② 품종의 순도유지를 위해 1년 이상 윤작을 하여야 한다.
③ 품종의 순도유지를 위해 2년 이상 윤작을 하여야 한다.
④ 품종의 순도유지를 위해 3년 이상 윤작을 하여야 한다.

[해설]

밀 포장검사
㉠ 검사시기 및 회수 : 유숙기로부터 황숙기 사이에 1회 실시한다.
㉡ 포장격리 : 벼에 준한다.
㉢ 전작물 조건 : 품종의 순도유지를 위해 2년 이상 윤작을 하여야 한다. 다만, 경종적 방법에 의하여 혼종의 우려가 없도록 담수처리 · 객토 · 비닐멀칭을 하였거나, 이전 재배품종이 당해 포장검사를 받는 품종과 동일한 경우에는 그러하지 아니하다.
㉣ 포장조건 : 벼에 준한다.

정답   88 ②   89 ②   90 ④   91 ③

92 종자관리요강상 사진의 제출규격에서 사진의 크기는?

① 6″×12″의 크기이어야 하며, 실물을 식별할 수 있어야 한다.
② 5″×9″의 크기이어야 하며, 실물을 식별할 수 있어야 한다.
③ 4″×5″의 크기이어야 하며, 실물을 식별할 수 있어야 한다.
④ 2″×6″의 크기이어야 하며, 실물을 식별할 수 있어야 한다.

해설

사진의 제출규격
㉠ 사진의 크기 : 4″×5″의 크기이어야 하며, 실물을 식별할 수 있어야 한다.
㉡ 사진의 색채 : 원색으로 선명도가 확실하여야 한다.

93 유통 종자 또는 묘의 품질표시를 하지 아니하거나 거짓으로 표시하여 종자 또는 묘를 판매하거나 보급한 자에 대한 과태료는?

① 1백만 원 이하의 과태료
② 3백만 원 이하의 과태료
③ 5백만 원 이하의 과태료
④ 1천만 원 이하의 과태료

해설

1천만 원 이하의 과태료
㉠ 종자의 보증과 관련된 검사서류를 보관하지 아니한 자
㉡ 무병화인증을 받은 종자업자, 무병화인증을 받은 종자를 판매·보급하는 자 또는 무병화인증기관은 정당한 사유 없이 보고·자료제출·점검 또는 조사를 거부·방해하거나 기피한 자
㉢ 종자의 생산 이력을 기록·보관하지 아니하거나 거짓으로 기록한 자
㉣ 종자의 판매 이력을 기록·보관하지 아니하거나 거짓으로 기록한 종자업자
㉤ 정당한 사유 없이 자료제출을 거부하거나 방해한 자
㉥ 유통 종자 또는 묘의 품질표시를 하지 아니하거나 거짓으로 표시하여 종자 또는 묘를 판매하거나 보급한 자
㉦ 출입, 조사·검사 또는 수거를 거부·방해 또는 기피한 자

㉤ 구입한 종자에 대한 정보와 투입된 자재의 사용 명세, 자재구입 증명자료 등을 보관하지 아니한 자

94 종자관리요강상 수입적응성 시험의 대상작물 및 실시기관에 대한 내용이다. ( )에 알맞은 내용은?

구분	대상작물	실시기관
식량작물	벼, 보리, 콩	( )

① 한국종자협회
② 농업기술실용화재단
③ 한국종균생산협회
④ 국립산림품종관리센터

해설

수입적응성 시험의 대상작물 및 실시기관

구분	대상작물	실시기관
식량작물(13)	벼, 보리, 콩, 옥수수, 감자, 밀, 호밀, 조, 수수, 메밀, 팥, 녹두, 고구마	농업기술실용화재단
채소(18)	무, 배추, 양배추, 고추, 토마토, 오이, 참외, 수박, 호박, 파, 양파, 당근, 상추, 시금치, 딸기, 마늘, 생강, 브로콜리	한국종자협회
버섯(11)	양송이, 느타리, 영지, 팽이, 잎새, 버들송이, 만가닥버섯, 상황버섯	한국종균생산협회
	표고, 목이, 복령	국립산림품종관리센터
약용작물(22)	곽향, 당귀, 맥문동, 반하, 방풍, 산약, 작약, 지황, 택사, 향부자, 황금, 황기, 전칠, 파극, 우슬	한국생약협회
	백출, 사삼, 시호, 오가피, 창출, 천궁, 하수오	국립산림품종관리센터
목초·사료 및 녹비작물(29)	오차드그라스, 톨페스큐, 티모시, 페레니얼라이그라스, 켄터키블루그라스, 레드톱, 리드카나리그라스, 알팔파, 화이트크로바, 레드크로바, 버즈풋트레포일, 메도우페스큐, 브롬그라스, 사료용 벼, 사료용 보리, 사료용 콩, 사료용 감자, 사료용 옥수수, 수수 수단그라스 교잡종(Sorghum Sudangrass Hybrid), 수수교잡종(Sorghum Sorghum Hybrid), 호밀, 귀리, 사료용 유채, 이탈리안라이그라스, 헤어리베치, 콤먼벳치, 자운영, 크림손클로버, 수단그라스 교잡종(Sudangrass Sudangrass Hybrid)	농업협동조합중앙회
인삼(1)	인삼	한국생약협회

95 종자검사요령상 포장검사 병주 판정기준에서 벼의 특정병은?

① 깨씨무늬병
② 잎도열병
③ 키다리병
④ 줄무늬잎마름병

해설

포장검사 병주 판정기준

구분		병명	병주 판정기준
벼	특정병	키다리병	증상이 나타난 주
		선충심고병	
	기타병	이삭도열병	이삭의 1/3 이상이 불임 고사된 주
		잎도열병	위로부터 3엽에 각 15개 이상 병반이 있거나, 엽면적 30% 이상 이병된 주
		기타도열병	이삭이 불임 고사된 주
		깨씨무늬병	위로부터 3엽의 중앙부 5cm 길이 내에 50개 이상 병반이 있는 주
		이삭누룩병	이병된 영화수 비율이 50% 이상인 주
		잎집무늬마름병	이삭이 불임 고사된 주
		흰잎마름병	지엽에서 제3엽까지 잎 가장자리가 희게 변색된 주
		오갈병	증상이 나타난 주
		줄무늬잎마름병	
		세균성 벼알마름병	이삭입수의 5.0%이상 이병된 주

96 종자검사요령상 시료추출에서 귀리 순도검사 시 시료의 최소 중량은?

① 80g
② 120g
③ 200g
④ 400g

해설

소집단과 시료의 중량

작물	소집단의 최대 중량 (ton)	시료의 최소 중량(g)			
		제출 시료	순도 검사	이종계 수용	수분검 정용
고추	10	150	15	150	50
귀리	30	1,000	120	1,000	100
녹두	30	1,000	120	1,000	50
당근	10	30	3	30	50

97 종자검사요령상 수분 측정의 분석용 저울에 대한 내용이다. ( )에 알맞은 내용은?

분석용 저울은 ( ) 단위까지 신속히 측정할 수 있어야 한다.

① 1g
② 0.1g
③ 0.01g
④ 0.001g

해설

분석용 저울
0.001g 단위까지 신속히 측정할 수 있어야 한다.

98 종자산업법상 품종목록 등재의 유효기간 연장신청은 그 품종목록 등재의 유효기간이 끝나기 전 얼마 이내에 신청하여야 하는가?

① 6개월
② 1년
③ 2년
④ 3년

해설

품종목록 등재의 유효기간
㉠ 품종목록 등재의 유효기간은 등재한 날이 속한 해의 다음 해부터 10년까지로 한다.
㉡ 품종목록 등재의 유효기간은 유효기간 연장신청에 의하여 계속 연장될 수 있다.
㉢ 품종목록 등재의 유효기간 연장신청은 그 품종목록 등재의 유효기간이 끝나기 전 1년 이내에 신청하여야 한다.

99 품종보호권 또는 전용실시권을 침해한 자의 벌칙은?

① 1년 이하의 징역 또는 1천만 원 이하의 벌금
② 3년 이하의 징역 또는 3천만 원 이하의 벌금
③ 5년 이하의 징역 또는 5천만 원 이하의 벌금
④ 7년 이하의 징역 또는 1억 원 이하의 벌금

해설

침해죄
다음에 해당하는 자는 7년 이하의 징역 또는 1억 원 이하의 벌금에 처한다.
㉠ 품종보호권 또는 전용실시권을 침해한 자
㉡ 권리를 침해한 자. 다만, 해당 품종보호권의 설정등록이 되어 있는 경우만 해당한다.
㉢ 거짓이나 그 밖의 부정한 방법으로 품종보호결정 또는 심결을 받은 자

100 종자검사요령상 과수 바이러스 · 바이로이드 검정방법에 대한 내용이다. (가), (나)에 알맞은 내용은?

〈시료 채취 방법〉
시료 채취는 (가) 단위로 잎 등 필요한 검정부위를 나무 전체에서 고르게 (나)를 깨끗한 시료용기(지퍼백 등 위생봉지)에 채취한다.

① (가) : 4주, (나) : 2개 ② (가) : 3주, (나) : 8개
③ (가) : 2주, (나) : 3개 ④ (가) : 1주, (나) : 5개

해설

과수 바이러스 · 바이로이드 검정방법
㉠ 시료 채취 시기 및 부위 : 과수 바이러스 · 바이로이드 검정을 위한 시료 채취 시기는 1년 중 2회 실시한다.
㉡ 시료 채취 방법 : 시료 채취는 1주 단위로 잎 등 필요한 검정부위를 나무 전체에서 고르게 5개를 깨끗한 시료용기(지퍼백 등 위생봉지)에 채취한다.

정답 99 ④ 100 ④

제1과목 종자생산학 및 종자법규

01 다음 설명에 알맞은 용어는?

발아한 것이 처음 나타난 날

① 발아세   ② 발아전
③ 발아기   ④ 발아시

해설

발아시험(發芽試驗)
㉠ 발아시(發芽始) : 최초의 1개체가 발아한 날
㉡ 발아기(發芽期) : 전체 종자의 50%가 발아한 날
㉢ 발아전(發芽揃) : 대부분(80% 이상)이 발아한 날

02 일반적으로 발아 촉진 물질이 아닌 것은?

① 지베렐린   ② 옥신
③ ABA   ④ 질산칼륨

해설

ABA(Abscisic Acid)
어린 식물의 이층 형성을 촉진하여 낙엽을 생성하는 물질로 이용된다.

03 거짓이나 그 밖의 부정한 방법으로 종자업 등록을 한 경우에 받는 처분은?

① 1개월 이내의 영업 전부 또는 일부 정지
② 3개월 이내의 영업 전부 또는 일부 정지
③ 9개월 이내의 영업 전부 또는 일부 정지
④ 등록 취소

해설

종자업 등록의 취소
㉠ 거짓이나 그 밖의 부정한 방법으로 종자업 등록을 한 경우
㉡ 종자업 등록을 한 날부터 1년 이내에 사업을 시작하지 아니하거나 정당한 사유 없이 1년 이상 계속하여 휴업한 경우

㉢ 종자업자가 종자업 등록을 한 후 시설기준에 미치지 못하게 된 경우
㉣ 종자업자가 종자관리사를 두지 아니한 경우
㉤ 수출·수입이 제한된 종자를 수출·수입하거나, 수입되어 국내 유통이 제한된 종자를 국내에 유통한 경우

04 종자관리요강상 감자 원원종포의 포장격리에 대한 내용이다.( ) 안에 알맞은 내용은?

불합격포장, 비채종포장으로부터 ( ) 이상 격리되어야 한다.

① 30m   ② 50m
③ 100m   ④ 150m

해설

포장격리
㉠ 원원종포 : 불합격포장, 비채종포장으로부터 50m 이상 격리되어야 한다.
㉡ 원종포 : 불합격포장, 비채종포장으로부터 20m 이상 격리되어야 한다.
㉢ 채종포 : 비채종포장으로부터 5m 이상 격리되어야 한다.

05 보증서를 거짓으로 발급한 종자관리사가 받는 벌칙은?

① 1년 이하의 징역 또는 1천만 원 이하의 벌금
② 1년 이하의 징역 또는 3천만 원 이하의 벌금
③ 3년 이하의 징역 또는 1천만 원 이하의 벌금
④ 3년 이하의 징역 또는 3천만 원 이하의 벌금

해설

1년 이하의 징역 또는 1천만 원 이하의 벌금에 처하는 경우
• 등록을 하지 아니하고 종자관리사 업무를 수행한 자
• 보증서를 거짓으로 발급한 종자관리사
• 보증을 받지 아니하고 종자를 판매하거나 보급한 자
• 명령에 따르지 아니한 자
• 무병화인증기관의 지정을 받거나 그 지정의 갱신을 하지 아니하고 무병화인증 업무를 한 자

정답   01 ④   02 ③   03 ④   04 ②   05 ①

- 무병화인증기관의 지정취소 또는 업무정지 처분을 받고도 무병화인증 업무를 한 자
- 거짓이나 그 밖의 부정한 방법으로 무병화인증을 받거나 갱신한 자
- 거짓이나 그 밖의 부정한 방법으로 무병화인증기관의 지정을 받거나 갱신한 자
- 무병화인증을 받지 아니한 종자의 용기나 포장에 무병화인증의 표시 또는 이와 유사한 표시를 한 자
- 무병화인증을 받은 종자의 용기나 포장에 무병화인증을 받은 내용과 다르게 표시한 자
- 무병화인증을 받지 아니한 종자를 무병화인증을 받은 종자로 광고하거나 무병화인증을 받은 종자로 오인할 수 있도록 광고한 자
- 무병화인증을 받은 종자를 무병화인증을 받은 내용과 다르게 광고한 자
- 등록하지 아니하고 육묘업을 한 자
- 등록이 취소된 종자업 또는 육묘업을 계속하거나 영업정지를 받고도 종자업 또는 육묘업을 계속한 자
- 종자를 수출 또는 수입하거나 수입된 종자를 유통시킨 자
- 수입적응성 시험을 받지 아니하고 종자를 수입한 자
- 거짓이나 그 밖에 부정한 방법으로 종자의 검정 따른 검정을 받은 자
- 검정결과에 대하여 거짓광고나 과대광고를 한 자
- 생산 또는 판매 중지를 명한 종자 또는 묘를 생산하거나 판매한 자
- 제47조 제4항 후단을 위반하여 시료채취를 거부·방해 또는 기피한 자

06 국가품종목록에 등재할 수 없는 대상작물은?

① 보리　　　　　　② 사료용 옥수수
③ 감자　　　　　　④ 벼

해설

국가품종목록의 등재 대상
대상작물은 벼, 보리, 콩, 옥수수, 감자와 그 밖에 대통령령으로 정하는 작물로 한다. 다만, 사료용은 제외한다.

07 식물학상 과실에서 과실이 내과피에 싸여 있는 것은?

① 옥수수　　　　　② 메밀
③ 차조기　　　　　④ 앵두

해설

식물학상의 과실
㉠ 과실이 나출된 것 : 밀, 쌀보리, 옥수수, 메밀, 홉(hop), 삼(大麻), 차조기(蘇葉＝소엽), 박하, 제충국 등이다.
㉡ 과실의 외측이 내영, 외영(껍질)에 싸여 있는 것 : 벼, 겉보리, 귀리 등이다.
㉢ 과실의 내과피와 그 내용물을 이용하는 것 : 복숭아, 자두, 앵두 등이다.

08 파종 시 작물의 복토깊이가 5.0~9.0cm인 것은?

① 가지　　　　　　② 토마토
③ 고추　　　　　　④ 감자

해설

작물의 복토 깊이
㉠ 종자가 보이지 않을 정도 : 소립목초종자, 파, 양파, 당근, 상추, 유채, 담배 등이다.
㉡ 0.5~1.0cm : 양배추, 가지, 토마토, 고추, 배추, 오이, 순무, 차조기 등이다.
㉢ 1.5~2.0cm : 조, 기장, 수수, 호박, 수박, 시금치 등이다.
㉣ 2.5~3.0cm : 보리, 밀, 호밀, 귀리, 아네모네 등이다.
㉤ 3.5~4.0cm : 콩, 팥, 옥수수, 완두, 강낭콩, 잠두 등이다.
㉥ 5.0~9.0cm : 감자, 토란, 생강, 크로커스, 글라디올러스 등이다.
㉦ 10cm 이상 : 튤립, 수선, 히아신스, 나리 등이다.

09 단명종자로만 나열된 것은?

① 토마토, 가지　　　② 파. 양파
③ 수박, 클로버　　　④ 사탕무, 알팔파

해설

작물별 종자의 수명

단명종자(1~2년)	상명종자(2~3년)	장명종자(4~6년)
콩, 땅콩, 옥수수, 메밀, 기장, 목화, 해바라기, 강낭콩, 양파, 파, 상추, 당근, 고추	벼, 밀, 보리, 귀리, 완두, 유채, 페스큐, 켄터키블루그래스, 목화, 무, 배추, 호박, 멜론, 시금치, 우엉	클로버, 알팔파, 베치, 사탕무, 가지, 토마토, 수박, 비트

10 종자의 외형적 특징 중 난형에 해당하는 것은?

① 고추　　　　　② 보리
③ 파　　　　　　④ 부추

해설

난형은 달걀 모양과 같이 위아래로 긴 둥근형 씨앗이다.

11 다음 중 발아최적온도가 가장 낮은 것은?

① 호밀　　　　　② 옥수수
③ 목화　　　　　④ 기장

해설

발아최적온도
㉠ 호밀 : 26℃　　　㉡ 옥수수 : 34～38℃
㉢ 목화 : 35℃　　　㉣ 기장 : 30℃

12 종자관리요강상 콩의 포장검사에서 특정병에 해당하는 것은?

① 모자이크병　　　　② 세균성점무늬병
③ 자주무늬병(자반병)　④ 불마름병(엽소병)

해설

콩의 특정병 : 자주무늬병(자반병)을 말한다.

13 (　　)에 알맞은 내용은?

> 종자관리사 등록이 취소된 사람은 등록이 취소된 날로부터 (　　)이 지나지 아니하면 종자관리사로 다시 등록할 수 없다.

① 1년　　　　　② 2년
③ 3년　　　　　④ 4년

해설

종자산업법 제27조(종자관리사의 자격기준 등)
등록이 취소된 사람은 등록이 취소된 날부터 2년이 지나지 아니하면 종자관리사로 다시 등록할 수 없다.

14 종자의 발아과정으로 옳은 것은?

① 수분흡수 → 저장양분 분해효소 생성과 활성화 → 저장양분의 분해, 전류 및 재합성 → 배의 생장시기 → 과피(종피)의 파열 → 유묘출현
② 수분흡수 → 저장양분의 분해, 전류 및 재합성 → 저장양분 분해효소 생성과 활성화 → 과피(종피)의 파열 → 배의 생장시기 → 유묘출현
③ 수분흡수 → 과피(종피)의 파열 → 저장양분 분해효소 생성과 활성화 → 저장양분의 분해, 전류 및 재합성 → 배의 생장시기 → 유묘출현
④ 수분흡수 → 저장양분 분해효소 생성과 활성화 → 과피(종피)의 파열 → 저장양분의 분해, 전류 및 재합성 → 배의 생장시기 → 유묘출현

15 농업기술실용화재단에서 실시하는 수입적응성 시험 대상 작물에 해당하는 것은?

① 메밀　　　　　② 배추
③ 토마토　　　　④ 상추

해설

수입적응성 시험의 대상작물
식량작물(13) : 벼, 보리, 콩, 옥수수, 감자, 밀, 호밀, 조, 수수, 메밀, 팥, 녹두, 고구마

16 정세포 단독으로 분열하여 배를 만들며 달맞이꽃 등에서 일어나는 것은?

① 부정배생식　　　② 무포자생식
③ 웅성단위생식　　④ 위수정생식

해설

웅성단위생식(Male Parthenogenesis)
정세포 단독으로 분열하여 배를 형성(달맞이꽃, 진달래 등)

17 수분을 측정할 때 고온 항온건조기법을 사용하는 종은?

① 파　　　　　　② 오이
③ 땅콩　　　　　④ 유채

정답　10 ①　11 ①　12 ③　13 ②　14 ①　15 ①　16 ③　17 ②

해설

저온항온건조기법을 사용하는 종

마늘, 파, 부추, 콩, 땅콩, 배추씨, 유채, 고추, 목화, 피마자, 참깨, 아마, 겨자, 무

고온 항온건조기법을 사용하는 종

㉠ 1시간 : 근대, 당근, 멜론, 버뮤다그래스, 벌노랑이, 상추, 시금치, 아스파라거스, 알팔파, 오이, 오처드그래스, 이탈리언라이그래스, 페레니얼라이그래스, 조, 참외, 치커리, 켄터키블루그래스, 클로버, 크리핑레드페스큐, 톨페스큐, 토마토, 티머시, 호박, 수박, 강낭콩, 완두, 잠두, 녹두, 팥

㉡ 2시간 : 기장, 벼, 귀리, 메밀, 보리, 호밀, 수수, 수단그래스

㉢ 4시간 : 옥수수

18 다음 중 암발아 종자로만 나열된 것은?

① 수세미. 무
② 베고니아. 명아주
③ 갓, 차조기
④ 우엉, 담배

해설

혐광성 종자

㉠ 광선이 있으면 발아가 저해되고 암중에서 잘 발아하는 종자이다.

㉡ 토마토, 가지, 파, 양파, 수박, 수세미, 호박, 무, 오이 등이다.

㉢ 광이 충분히 차단되도록, 복토를 깊게 한다.

19 품종목록 등재의 유효기간 연장신청은 그 품종목록의 유효기간이 끝나기 전 몇 년 이내에 신청하여야 하는가?

① 1년
② 2년
③ 3년
④ 4년

해설

품종목록 등재의 유효기간

㉠ 품종목록 등재의 유효기간은 등재한 날이 속한 해의 다음 해부터 10년까지로 한다.

㉡ 품종목록 등재의 유효기간 연장신청은 그 품종목록 등재의 유효기간이 끝나기 전 1년 이내에 신청하여야 한다.

㉢ 품종목록 등재의 유효기간은 유효기간 연장신청에 의하여 계속 연장될 수 있다.

㉣ 농림축산식품부장관은 유효기간 연장신청을 받은 경우 그 유효기간 연장신청을 한 품종이 품종목록 등재 당시의 품종성능을 유지하고 있을 때에는 그 연장신청을 거부할 수 없다.

20 다음 중 작물의 자연교잡율이 가장 높은 것은?

① 수수
② 벼
③ 보리
④ 아마

해설

자연교잡율이 높은 작물(타식성 작물)

옥수수, 호밀, 메밀, 수수, 딸기, 양파, 마늘, 시금치, 홉, 아스파라거스

---

21 다음 교배조합 중 복교배에 해당하는 것은?

① (A×M)×(B×M)×(C×M)×(D×M)
② (A×B)×(C×D)
③ A×B
④ (A×B)×B

해설

잡종종자의 생산방식

㉠ 단교배 : (A×B)

㉡ 복교배 : (A×B)×(C×D)

㉢ 다계교잡 : [(A×B)×(C×D)]×[(E×F)×(G×H)] 등

㉣ 여교배 : (A×B)×B

22 피자식물의 중복수정에서 배유 형성을 바르게 설명한 것은?

① 하나의 웅핵이 극핵과 융합하여 3n의 배유 형성
② 하나의 웅핵이 난세포의 난핵과 융합하여 2n의 배유 형성

③ 하나의 웅핵이 2개의 조세포 핵과 융합하여 3n의 배유 형성

④ 하나의 웅핵이 3개의 반족세포핵과 융합하여 4n의 배유 형성

> **해설**
>
> **속씨식물(피자식물)의 중복수정**
> ㉠ 난세포(n) + 정핵(n) = 배(2n)
> ㉡ 2개의 극핵(n+n) + 정핵(n) = 배젖(3n)

23 다음 중 콜히친의 기능을 가장 바르게 설명한 것은?

① 세포 융합을 시켜 염색체 수가 배가된다.
② 세포막을 통하여 인근 세포의 염색체를 이동, 복제시킨다.
③ 분열 중이 아닌 세포의 염색체를 분할한다.
④ 분열 중인 세포의 방추사와 세포막의 형성을 억제한다.

> **해설**
>
> 콜히친은 식물이 세포 분열할 때 방추사 기능을 저해해서 염색체가 잘 분리되지 않도록 하여 생식세포를 배수체로 만드는 효과가 있으며 이것을 이용해서 씨 없는 수박을 만들어 낸다.

24 3염색체 식물의 염색체수를 표기하는 방법으로 가장 옳은 것은?

① 3n+3
② 3n+2
③ 2n+1
④ 2n-1

> **해설**
>
> **이수성**
> ㉠ 2n-2 → 0염색체
> ㉡ 2n-1 → 1염색체
> ㉢ 2n+1 → 3염색체
> ㉣ 2n+2 → 4염색체

25 식량작물의 종자증식체계로 가장 옳게 나열된 것은?

① 원원종 → 원종 → 보급종 → 기본종
② 보급종 → 원종 → 원원종 → 기본종
③ 기본종 → 원원종 → 원종 → 보급종
④ 원종 → 원원종 → 기본종 → 보급종

> **해설**
>
> **종자증식체계**
> '기본식물 → 원원종 → 원종 → 보급종'의 단계을 거친다.

26 멘델의 법칙에서 이형접합체(WwGg)를 열성친(wwgg)과 검정교배 하였을 때 표현형의 분리비로 가장 적절한 것은?

① 1 : 1 : 1 : 1
② 4 : 3 : 2 : 1
③ 4 : 1 : 1 : 1
④ 9 : 6 : 3 : 1

> **해설**
>
> **검정교배 표현형의 분리비**
> WwGg×wwgg → WG : Wg : wG : wg = 1 : 1 : 1 : 1

27 복이배체의 게놈을 가장 바르게 표현한 것은?

① AA
② ABC
③ AABB
④ AAAA

> **해설**
>
> **이질배수체(복2배체) 육성방법**
> ㉠ 게놈이 다른 양친을 동질 4배체로 만들어 교배
> ㉡ 이종 게놈의 양친을 교배한 F_1의 염색체를 배가
> ㉢ 체세포 융합

28 돌연변이 육종의 특징이 아닌 것은?

① 원품종의 유전자형을 크게 변화시키지 않고 특정 형질만을 개량할 수 있다.
② 영양번식 작물에는 적용하기가 어렵다.
③ 실용 형질에 대한 돌연변이율이 매우 낮다.
④ 인위 돌연변이는 대부분 열성이므로 우성 돌연변이를 얻기 힘들다.

해설
돌연변이 육종은 영양번식 작물에 적용하기 쉽다.

29 웅성불임성의 발현에 해당하는 것은?

① 무배생식
② 위수정
③ 수술의 발생 억제
④ 배낭모세포의 감수분열 이상

해설

웅성불임(雄性不稔)
꽃가루 꽃밥, 수술의 생식기관에 결함이 있어 수정이 이루어지지 않는 현상

30 식물학적 분류방법의 최하위 분류단위는?

① 강(Class)   ② 목(Order)
③ 속(Genus)   ④ 종(Species)

해설

분류단계 순서
계 → 문 → 강 → 목 → 과 → 속 → 종

31 잡종강세 육종에서 유전자형이 다른 자식계통들을 모두 상호교배하여 함께 검정하는 방법은?

① 단교배검정법
② 톱교배검정법
③ 이면교배분석법
④ 다교배검정법

해설

이면교잡(Diallel Cross)
여러 자식계를 둘씩 조합 교배하여 그들의 특정 조합능력과 일반 조합능력을 함께 검정하는 방법으로 환경에 의한 오차를 줄일 수 있다.

32 아조변이를 직접 신품종으로 이용하기 가장 용이한 작물은?

① 일년생 자가수정 작물
② 다년생 영양번식 작물
③ 일년생 타가수정 작물
④ 다년생 타가수정 작물

해설

영양계 선발(Clone Selection)
교배나 돌연변이(과수의 햇가지에 생기는 돌연변이를 아조변이라고 함)에 의한 유전변이 또는 실생묘 중에서 우량한 것을 선발하고, 삽목이나 접목 등으로 증식하여 신품종을 육성한다.

33 여교배 육종의 특징으로 옳은 것은?

① 잡종강세를 가장 잘 이용할 수 있는 육종법이다.
② 유전자재조합을 가장 많이 기대할 수 있는 육종법이다.
③ 재배종 집단의 순계분리에 가장 효과적이다.
④ 재배품종이 가지고 있는 한 가지 결점을 개량하는 데 가장 효과적인 육종법이다.

해설

여교배 육종(Backcross Breeding)
여교배육종은 우량품종에 한두 가지 결점이 있을 때 이를 보완하는 데 효과적인 육종방법이다.

34 다음 중 신품종의 3대 구비조건에 해당하지 않는 것은?

① 안정성   ② 다양성
③ 구별성   ④ 균일성

해설

신품종의 3대 구비조건
㉠ 구별성 : 다른 품종과 명확하게 구별되는 특성을 가져야 한다.
㉡ 균일성 : 품종의 특성이 균일해야 한다.
㉢ 안정성 : 반복 증식하거나 번식주기에 따라 번식한 후에 품종특성이 변화하지 말아야 한다.

정답   29 ③   30 ④   31 ③   32 ②   33 ④   34 ②

35 아조변이에 대한 설명으로 가장 적절한 것은?

① 체세포의 돌연변이로서 영양번식 작물에 주로 이용되는 것

② 체세포의 돌연변이로서 유성번식 작물에 주로 이용되는 것

③ 생식세포의 돌연변이로서 영양번식 작물에 주로 이용되는 것

④ 생식세포의 돌연변이로서 유성번식 작물에 주로 이용되는 것

> 해설

아조변이(芽條變異)
영양번식 식물, 특히 과수의 햇가지에 생기는 체세포 돌연변이이다.

36 3배체 수박의 채종법으로 가장 옳은 것은?

① 2n(우)×3n(♂)   ② 3n(우)×3n(♂)

③ 4n(우)×2n(♂)   ④ 5n(우)×2n(♂)

> 해설

동질 3배체 이용 작물
4배체(우)×2배체(♂)에서 나온 동질 3배체(우)에 2배체(♂)의 화분을 수분하여 만든 수박 종자를 파종하여 얻은 과실(씨 없는 수박)은 종자가 맺히지 않는다.

37 (   )에 가장 알맞은 내용은?

> 계통육종은 인공교배하여 F_1을 만들고 (   )부터 매 세대 개체선발과 계통재배 및 계통선발을 반복하면서 우량한 유전자형의 순계를 육성하는 육종방법이다.

① F_2 ② F_3

③ F_4 ④ F_6

> 해설

계통육종 과정
㉠ F_1 양성 : F_1 20~30개체를 양성한다.
㉡ F_2 전개, 개체선발 : F_2 2,000~10,000개체를 전개하고 그중 5~10%를 선발한다. F_2에서는 육안감별이 쉬운 질적형질 또는 유전력이 높은 양적형질을 집중적으로 선발한다.

38 일반적으로 1세대당 1유전자에 일어나는 자연 돌연변이의 출현 빈도로 가장 옳은 것은?

① $10^{-10} \sim 10^{-9}$ ② $10^{-6} \sim 10^{-5}$

③ $10^{-3} \sim 10^{-2}$ ④ 10^{-1}

> 해설

자연 돌연변이의 출현 빈도는 $10^{-6} \sim 10^{-5}$이다

39 배낭을 만들지만 배낭의 조직세포가 배를 형성하는 것은?

① 복상포자생식   ② 위수정생식

③ 웅성단위생식   ④ 무포자생식

> 해설

무포자생식(Apospory)
배낭을 만들지만 배낭의 조직세포가 배를 형성한다.
예 부추, 파 등

40 합성품종에 대한 설명으로 가장 옳지 않은 것은?

① 집단의 유전평형 원리가 적용된다.

② 반영구적으로 사용된다.

③ 채종방법이 복잡하다.

④ 환경 변동에 대한 안정성이 높다.

> 해설

합성품종(A×B×C×D×⋯×N)
㉠ 다수의 자식계통을 방임수분시키는 방법으로 다계 교잡의 후대를 그대로 품종으로 이용하는 경우이다.
㉡ 채종방법이 간단하다.

41 종자의 수명에서 단명종자에 해당하는 것은?

① 당근   ② 토마토
③ 가지   ④ 수박

해설

작물별 종자의 수명

단명종자(1~2년)	상명종자(2~3년)	장명종자(4~6년)
콩, 땅콩, 옥수수, 메밀, 기장, 목화, 해바라기, 강낭콩, 양파, 파, 상추, 당근, 고추	벼, 밀, 보리, 귀리, 완두, 유채, 페스큐, 켄터키블루그래스, 목화, 무, 배추, 호박, 멜론, 시금치, 우엉	클로버, 알팔파, 베치, 사탕무, 가지, 토마토, 수박, 비트

42 다음 중 C_4 식물에 해당하는 것은?

① 벼   ② 기장
③ 밀   ④ 담배

해설

C_3 식물과 C_4 식물
㉠ C_3 식물 : 벼, 보리, 밀, 콩, 고구마, 감자 등
㉡ C_4 식물 : 옥수수, 사탕수수, 수수, 기장 등

43 최적엽면적에 대한 설명으로 가장 옳은 것은?

① 수광태세가 양호한 단위 면적당 군락엽면적
② 호흡량이 최소가 되는 단위 면적당 군락엽면적
③ 동화량이 최대가 되는 단위 면적당 군락엽면적
④ 건물생산량이 최대가 되는 단위 면적당 군락엽면적

해설

최적엽면적
건물생산량이 최대가 되는 단위 면적당 군락엽면적을 뜻하는데 일사량과 군락의 수광태세에 따라서 크게 변동한다.

44 이랑을 세우고 낮은 골에 파종하는 방식은?

① 휴립구파법   ② 휴립휴파법
③ 성휴법   ④ 평휴법

해설

휴립법(畦立法)
㉠ 이랑을 세워서 낮은 고랑을 만드는 방식
㉡ 종류
 • 휴립구파법 : 이랑을 세우고 낮은 골에 파종하는 방식(맥류)
 • 휴립휴파법 : 이랑을 세우고 이랑에 파종하는 방식(콩·조)

45 다음 중 작물의 요수량이 가장 큰 것은?

① 호박   ② 보리
③ 옥수수   ④ 수수

해설

작물의 요수량

조사자 / 작물	Briggs · Shantz	Shantz · Piemeisel	조사자 / 작물	Briggs · Shantz	Shantz · Piemeisel
호박	834	–	귀리	597	604
알팔파	831	835	메밀	–	540
클로버	799	759	보리	534	523
완두	788	745	밀	513	491 550 455
아마	–	752	사탕무	–	377
강낭콩	–	656	옥수수	368	361
잠두		646	수수	322	380 287 285
목화	646	–	기장	310	274
감자	636	499	오이	713	–
호밀	–	634	흰명아주	948	–

46 굴광현상에 가장 유효한 것은?

① 자외선   ② 자색광
③ 적색광   ④ 청색광

정답   41 ①   42 ②   43 ④   44 ①   45 ①   46 ④

굴광현상

식물이 광조사의 방향에 반응하여 굴곡반응을 나타내는 현상으로 $4,000 \sim 5,000 \text{Å}$, 특히 $4,400 \sim 4,800 \text{Å}$ 의 청색광이 가장 유효하다.

47 근채류를 괴근류와 직근류로 나눌 때 직근류에 해당하는 것은?

① 감자　　　　② 우엉
③ 마　　　　　④ 생강

해설

직근류

원뿌리가 비대하여 땅속으로 곧게 내리는 뿌리가 바로 저장기관이 되는 식물로 무 · 당근 · 우엉 등이 있다.

48 배유종자에 해당하는 것은?

① 상추　　　　② 피마자
③ 오이　　　　④ 완두

해설

㉠ 배유종자 : 배와 배유의 두 부분으로 형성되는 벼 · 보리 · 옥수수 등의 화본과 종자와 피마자 등
㉡ 무배유종자 : 배유가 흡수하여 저장 양분이 자엽에 저장되며, 배는 유아 · 배축 · 유근의 세 부분으로 형성되는 콩 · 팥 등의 두과 종자

49 수광태세를 좋아지게 하는 콩의 초형으로 틀린 것은?

① 가지가 짧다.
② 꼬투리가 원줄기에 많이 달리고 밑에까지 착생한다.
③ 잎자루가 짧고 일어선다.
④ 잎이 길고 넓다.

해설

콩의 초형

㉠ 키가 크고, 도복이 안 되며, 가지를 적게 치고, 가지가 짧다.

㉡ 꼬투리가 주경에 많이 달리고, 밑에까지 착생한다.
㉢ 잎줄기가 짧고 일어선다.
㉣ 잎이 작고 가늘다.

50 휴작기에 비가 올 때마다 땅을 갈아서 빗물을 지하에 잘 저장하고, 작기에는 토양을 잘 진압하여 지하수의 모관상승을 좋아지게 함으로써 한발적응성을 높이는 농법은?

① 프라이밍　　　② 일류관개
③ 드라이 파밍　　④ 수반법

해설

드라이 파밍(Dry Farming ; 내건성 농법)

작물을 재배하지 않을 때 비가 오기 전에 땅을 갈아서 빗물이 땅속 깊이 스며들게 하고, 작기에는 토양을 잘 진압하여 지하수의 모관상승을 조장함으로써 한발적응성을 높이는 방법이다.

51 다음에서 설명하는 것은?

> 생육 초기부터 출수기에 걸쳐서 여러 시기에 냉온을 만나서 출수가 지연되고, 이에 따라 등숙이 지연되어 후기의 저온으로 인하여 등숙불량을 초래한다.

① 혼합형 냉해　　② 병해형 냉해
③ 지연형 냉해　　④ 장해형 냉해

해설

지연형 냉해

㉠ 생육 초기부터 출수기에 이르기까지 여러 시기와 단계에 걸쳐 냉온 조건에 부딪히게 되어서 출수를 비롯한 등숙 등의 단계가 지연되고 결국 수량에까지 영향을 미치는 냉해이다.
㉡ 벼에서는 특히, 출수 30일 전부터 25일 전까지의 약 5일간, 즉 벼가 생식 생장기에 돌입하여 유수를 형성할 때 냉온에 부딪히면 출수의 지연이 가장 심하다.

52 다음 중 작물의 생육에 따른 최적온도가 가장 낮은 것은?

① 보리　　　　② 완두
③ 멜론　　　　④ 오이

정답　47 ②　48 ②　49 ④　50 ③　51 ③　52 ①

작물의 주요 온도(HABERLANDT)

작물	최저온도(℃)	최적온도(℃)	최고온도(℃)
밀	3~4.5	25	30~32
호밀	1~2	25	30
보리	3~4.5	20	28~30
귀리	4~5	25	30
옥수수	8~10	30~32	40~44
벼	10~12	30~32	36~38
담배	13~14	28	35
삼	1~2	35	45
사탕무	4~5	25	28~30
완두	1~2	30	35
멜론	12~15	35	40
오이	12	33~34	40

53 밀은 저온 버널리제이션을 실시한 직후에 35℃ 정도의 고온처리를 하면 버널리제이션 효과를 상실하는데, 이 현상을 무엇이라 하는가?

① 버날린 ② 화학적 춘화
③ 재춘화 ④ 이춘화

이춘화(離春化)

밀에서 저온 버널리제이션을 실시한 직후에 35℃ 정도의 고온처리를 하게 되면 버널리제이션 효과를 상실하며, 이와 같은 현상은 다른 작물에서도 인정되는데, 이것을 이춘화라고 한다.

54 대기 중의 이산화탄소 농도는?

① 약 21% ② 약 35%
③ 약 0.35% ④ 약 0.035%

대기 중의 CO_2 농도는 대체로 0.035%이다.

55 점오염원에 해당하는 것은?

① 산성비 ② 방사성 물질
③ 대단위 가축사육장 ④ 농약의 장기간 연용

56 작물의 기지 정도에서 2년 휴작이 필요한 작물은?

① 수박 ② 가지
③ 감자 ④ 완두

2년 휴작을 요하는 작물

마, 감자, 잠두, 오이, 땅콩 등

57 타가수정 작물은?

① 밀 ② 보리
③ 양파 ④ 수수

타식성 작물

옥수수, 호밀, 메밀, 딸기, 양파, 마늘, 시금치, 홉, 아스파라거스

58 토성의 분류법에서 세토 중의 점토함량이 12.5~25%에 해당하는 것은?

① 사토 ② 양토
③ 식토 ④ 사양토

토성의 분류와 판정방법

토성	점토함량(%)	점토와 모래 비율의 느낌	점토로 토성 판정
사토	12.5 이하	까칠까칠하고 거의 모래라는 느낌	반죽이 되지 않고 흐트러짐
사양토	12.5~25.0	70~80%가 모래이고 약간의 점토가 있는 느낌	반죽은 되지만 막대가 되지 않음
양토	25.0~37.5	모래와 점토가 반반인 느낌	굵은 막대가 됨
식양토	37.5~50.0	대부분이 점토이고 일부가 모래인 느낌	가는 막대가 됨
식토	50.0	거의 모래가 없이 부드러운 점토의 느낌	종이로 가늘게 꼰 끈 모양의 막대가 됨

59 박과 채소류의 접목 시 일반적인 특징에 대한 설명으로 틀린 것은?

① 당도가 높아진다.
② 흡비력이 강해진다.
③ 과습에 잘 견딘다.
④ 토양전염성 병의 발생을 억제한다.

해설

접목의 이로운 점
㉠ 토양전염성 병 발생을 억제한다(덩굴쪼김병 : 수박, 오이, 참외).
㉡ 저온, 고온 등 불량환경에 대한 내성이 증대된다(수박, 오이, 참외).
㉢ 흡비력이 강해진다(수박, 오이, 참외).
㉣ 과습에 잘 견딘다(수박, 오이, 참외).
㉤ 과실의 품질이 우수해진다(수박, 멜론).

접목의 불리한 점
㉠ 질소 과다흡수의 우려가 있다.
㉡ 기형과가 많이 발생한다.
㉢ 당도가 떨어진다.
㉣ 흰가루병에 약하다.

60 식물의 일장감응 중 SI 식물에 해당하는 것은?

① 도꼬마리   ② 시금치
③ 봄보리   ④ 사탕무

해설

일장감응의 9개형

명칭	화아분화전	화아분화후	종류
LL식물	장일성	장일성	시금치, 봄보리
LI식물	장일성	중일성	Phlox paniculate, 사탕무
LS식물	장일성	단일성	Boltonia, Physostegia
IL식물	중일성	장일성	밀, 보리
II식물	중일성	중일성	고추, 올벼, 메밀, 토마토
IS식물	중일성	단일성	소빈국(小濱菊)
SL식물	단일성	장일성	프리뮬러, 시네라리아, 양딸기

명칭	화아분화전	화아분화후	종류
SI식물	단일성	중일성	늦벼(신력, 욱), 도꼬마리
SS식물	단일성	단일성	코스모스, 나팔꽃, 늦콩

(L=Long, I=Indeterminate, S=Short)
• 장일식물 : Long-Day Plants
• 단일식물 : Short-Day Plants
• 중간식물 : Indeterminate Plants
• 장단일식물 : Long-Short Day Plants
• 단장일식물 : Short-Long Day Plants

제4과목 식물보호학

61 병원체가 식물체에 침입할 때 사용하는 분해요소가 아닌 것은?

① 큐틴 분해효소
② 펙틴 분해효소
③ 리그닌 분해효소
④ 헤미셀룰로오스 분해효소

62 벼의 즙액을 빨아먹어 직접 피해를 주고, 간접적으로는 바이러스를 매개하여 벼의 줄무늬잎마름병을 유발시키는 것은?

① 벼멸구   ② 애멸구
③ 벼잎벌레   ④ 흰등멸구

해설

애멸구
㉠ 1년에 5회 발생하며, 성충 기간은 약 1개월이다.
㉡ 유충의 형태로 자운영 또는 논둑의 잡초 속에서 월동한 후 4월 중순경에 성충이 되어 못자리 때부터 출현한다.
㉢ 잎집의 조직 속에 산란하며, 산란 수는 200개 이상이 된다. 유충 기간은 여름철에는 2주일, 가을철에는 3주일 정도이고, 5령을 거쳐 성충이 된다.
㉣ 줄무늬잎마름병의 병원 바이러스를 매개한다.

63 잡초의 결실을 미연에 방지하고 키가 큰 잡초의 차광 피해를 막기 위해 중간 베기로 잡초를 제거하는 방법은?

① 피복
② 경운
③ 예취
④ 침수

예취는 곡식이나 풀을 베는 것이며 예취 높이를 높이면 호광성 또는 광발아성 잡초의 발생과 생육을 억제하는 효과가 있다.

64 이화명나방 2화기 방제를 위하여 페니트로티온 50% 유제를 1,000배로 희석하여 10a당 160L를 살포한다. 논 전체 살포 면적이 60a일 때 소요되는 약량은?

① 160mL
② 480mL
③ 960mL
④ 3,200mL

희석된 160L 중 약량 = $\dfrac{160L}{1,000}$ = 160mL

10a당 160mL이므로

60a에 소요되는 약량 = 160mL×6 = 960mL

65 우리나라의 논에서 발생하는 주요 잡초가 아닌 것은?

① 피
② 쇠비름
③ 방동사니
④ 물달개비

쇠비름은 밭잡초이다.

66 천적 및 미생물제를 이용한 해충 방제방법은?

① 경종적 방제방법
② 화학적 방제방법
③ 물리적 방제방법
④ 생물적 방제방법

생물학적 방제법(生物學的 防除法)
해충에는 이를 포식하거나 이에 기생하는 자연계의 천적이 있는데, 이와 같은 천적을 이용하는 방제법을 생물학적 방제법이라고 한다.

67 농약 유제를 물에 넣으면 입자가 균일하게 분산하여 유탁액으로 되는 성질은?

① 수화성
② 현수성
③ 부착성
④ 유화성

유화성
유제를 연수에 희석하였을 때 입자가 균일하게 분산되어 유탁액으로 되는 성질

68 농약의 과용으로 생기는 부작용과 가장 거리가 먼 것은?

① 약제 저항성 해충의 출현
② 잔류독에 의한 환경오염
③ 자연계의 평형파괴
④ 생물상의 다양화

농약의 과용으로 생기는 부작용으로 생물상의 단순화가 나타난다.

69 무시류에 속하는 곤충목은?

① 파리목
② 돌좀목
③ 사마귀목
④ 집게벌레목

70 절대기생균에 해당하지 않는 병원균은?

① 녹병균
② 노균병
③ 흰가루병균
④ 잿빛곰팡이병균

절대기생균은 살아 있는 조직에서 영양원을 섭취하는 균이다.

정답 63 ③ 64 ③ 65 ② 66 ④ 67 ④ 68 ④ 69 ② 70 ④

71 대기오염으로 인한 피해로 식물의 잎을 은색으로 변하게 하는 것은?

① HF
② SO_2
③ NO_3
④ PAN

PAN

탄화수소 · 오존 · 이산화2질소가 화합해서 생성된다. PAN은 광화학적인 반응에 의하여 식물에 피해를 끼치는데 담배 · 피튜니아는 10ppm으로 5시간 접촉하면 피해증상이 생기며 잎의 뒷면에 황색 내지 백색의 반점이 잎맥 사이에 나타난다.

72 농약의 주성분 농도를 낮추기 위해 사용되는 것은?

① 전착제
② 감소제
③ 협력제
④ 증량제

증량제

입제, 분제, 수화제 등의 고체 약제 조제 시 주성분의 농도를 저하시키고 부피를 증대시켜 농약 주성분을 목적물에 균일하게 살포하여 농약의 부착력을 향상시키는 약제이다.

73 잡초의 발생으로 인한 피해가 아닌 것은?

① 병해충의 전염원
② 식물상의 다양화
③ 기생에 의한 양분 탈취
④ 영양분, 공간, 햇빛 등에 대한 경쟁

74 배나무방패벌레에 대한 설명으로 옳지 않은 것은?

① 1년에 3~4회 발생한다.
② 잎의 뒷면에서 즙액을 빨아먹는다.
③ 유충으로 잡초나 낙엽 밑에서 월동한다.
④ 알을 잎의 뒷면 조직 속에 낳아서 검은 배설물로 덮어 놓는다.

성충으로 피해목의 지제부(地際部), 잡초, 낙엽 밑에서 월동한다.

75 병원에 대한 설명으로 옳지 않은 것은?

① 파이토플라스마는 비생물성 병원이다.
② 병원이란 식물성의 원인이 되는 것이다.
③ 병원에는 생물성, 비생물성, 바이러스성이 있다.
④ 병원이 바이러스일 경우 이를 병원체라고 한다.

㉠ 생물성 원인 : 세균, 진균, 점균, 종자식물, 곤충, 선충, 응애, 고등동물(간접 원인), 바이러스, 파이토플라스마 등에 의하여 발생한다.
㉡ 비생물성 원인 : 대부분이 환경에 의한 영향이며, 농사작업 대사산물의 이상 등에 의해 발생한다.

76 식물병이 발생하는 데 직접적으로 관여하는 가장 중요한 요인은?

① 소인
② 주인
③ 유인
④ 종인

식물병의 요인

㉠ 주인 : 식물병에 직접적으로 관여하는 것
㉡ 유인 : 주인의 활동을 도와서 발병을 촉진시키는 환경요인 등

77 식물병 진단법 중 해부학적 방법에 해당하는 것은?

① DN법
② 즙액접종
③ 괴경지표법
④ 파지(Phage)의 검출

해부학적 진단

㉠ 현미경 관찰
㉡ 입체(X−body)의 형태를 이용해 바이러스 종을 동정
㉢ 침지법(DN) : 바이러스에 감염된 잎을 슬라이드글라스 위에 올려놓고 염색하여 관찰

ⓔ 그람염색법 : 감자둘레썩음병 등 그람 양성 병원균 진단
ⓜ 초박절편법(TEM) : 전자현미경으로 관찰
ⓗ 면역전자현미경법(ISEM) : 혈청반응을 전자현미경으로 관찰

78 제초제의 선택성에 관여하는 요인과 가장 거리가 먼 것은?

① 제초제의 독성
② 제초제의 대사속도
③ 잡초의 형태적 차이
④ 제초제의 처리방법

79 농약 제제 중 고형시용제인 것은?

① 유제   ② 수화제
③ 미분제   ④ 수용제

해설

미분제(微粉劑)
미세한 가루약의 일종으로, 부유성 지수 85 이상, 평균 입경 5마이크로미터(μm) 이하의 고운 가루로 형성된 제제이며, 주로 시설재배의 병해충 방제에 사용된다.

80 암발아 잡초에 해당하는 것은?

① 냉이   ② 쇠비름
③ 소리쟁이   ④ 노랑꽃창포

해설

암발아 잡초 : 냉이, 광대나물, 독말풀, 별꽃

제1과목 종자생산학

01 무한화서이며 긴 화경에 여러 개의 작은 화경이 붙어 개화하는 것은?

① 단집산화서   ② 복집산화서
③ 안목상취산화서   ④ 총상화서

해설

총상화서
긴 화서축에 자루가 있는 꽃을 측생(側生)시키는 총수화서(總穗花序)의 한 형태

02 다음 중 봉지 씌우기를 가장 필요로 하지 않는 경우는?

① 교배 육종
② 원원종 채종
③ 여교배 육종
④ 자가불화합성을 이용한 F_1 채종

해설

자가불화합성을 이용한 작물 : 무, 순무, 배추, 양배추, 브로콜리

03 작물이 영양생장에서 생식생장으로 전환되는 시점은?

① 종자발아기   ② 화아분화기
③ 유묘기   ④ 결실기

해설

작물이 영양생장에서 생식생장으로 전환되는 시점은 화아분화기이다.

04 물의 투과성 저해로 인하여 종자가 휴면하는 것은?

① 나팔꽃
② 미나리아재비과 식물
③ 보리
④ 사과나무

해설

경실종자
고구마. 연. 나팔꽃 등에 손톱깎이 같은 것으로 상처를 내서 심는다.

05 다음 중 일반적으로 종자의 발아촉진 물질과 가장 거리가 먼 것은?

① Gibberellin   ② ABA
③ Cytokinin   ④ Auxin

해설

ABA(Abscisic Acid)
어린 식물의 이층 형성을 촉진하여 낙엽을 생성하는 물질로 이용된다.

06 '제'가 종자의 뒷면에 있는 것은?

① 배추   ② 시금치
③ 콩   ④ 상추

07 다음 채소 중 자가수정률이 가장 높은 것은?

① 토마토   ② 오이
③ 호박   ④ 배추

08 옥수수의 화기구조 및 수분양식과 관련하여 옳은 것은?

① 충매수분
② 양성화
③ 자웅이주
④ 자웅동주이화

> 해설
>
> 옥수수는 자웅동주이화 식물이다.

09 채종재배 시 채종포로서 적당하지 못한 곳은?

① 등숙기에 강우량이 많고 습도가 높은 지역
② 토양이 비옥하고 배수가 양호하며 보수력이 좋은 토양
③ 겨울 기온이 온화하고 등숙기에 기온의 교차가 큰 곳
④ 교잡을 방지하기 위하여 다른 품종과 격리된 지역

> 해설
>
> 채종포 조건
> 등숙기에 강우량이 적고 습도가 낮은 지역

10 고추, 무, 레드클로버 종자의 형상은?

① 난형
② 도란형
③ 방추형
④ 구형

> 해설
>
> ㉠ 도란형 : 목화
> ㉡ 방추형 : 보리. 모시풀
> ㉢ 구형 : 배추, 양배추, 작약

11 종자소독 약제의 처리방법으로 적절하지 않은 것은?

① 약액침지
② 종피분의
③ 종피도말
④ 종피 내 도입

12 중복수정에서 배유가 형성되는 것은?

① 정핵과 극핵
② 정핵과 난핵
③ 화분관핵과 정핵
④ 극핵과 화분관핵

> 해설
>
> 중복수정
> ㉠ 난세포(n) + 정핵(n) = 배(2n)
> ㉡ 2개의 극핵(n+n) + 정핵(n) = 배유(3n)

13 종자의 자엽 부위에 양분을 저장하는 무배유작물로만 나열된 것은?

① 벼, 밀
② 벼, 옥수수
③ 밀, 보리
④ 콩, 팥

> 해설
>
> 무배유 작물
> 콩, 팥, 완두 등의 콩과 종자와 상추, 오이 등

14 일대 잡종종자 생산을 위한 인공교배에서 제웅에 대한 설명으로 가장 옳은 것은?

① 개화 전 양친의 암술을 제거하는 작업이다.
② 개화 전 자방친의 꽃밥을 제거하는 작업이다.
③ 개화 직후 화분친의 암술을 제거하는 작업이다.
④ 개화 직후의 양친의 꽃밥을 제거하는 작업이다.

15 배 휴면을 하는 종자를 습한 모래 또는 이끼와 교대로 층상을 쌓아 두고, 그것을 저온에 두어 휴면은 타파시키는 방법을 무엇이라 하는가?

① 밀폐처리
② 습윤처리
③ 층적처리
④ 예냉

16 고구마의 개화 유도 및 촉진방법이 아닌 것은?

① 14시간 이상의 장일처리를 한다.
② 나팔꽃의 대목에 고구마순을 접목한다.
③ 고구마덩굴의 기부에 절상을 낸다.
④ 고구마덩굴의 기부에 환상박피를 한다.

해설
고구마의 개화 유도 및 촉진 방법
단일식물이므로 8~10시간 단일처리하면 개화가 유도
된다.

17 ( )에 알맞은 내용은?

> 2개의 게놈을 갖고 있는 유채나 서양유채와 같은
> 것은 제1상의 저온감응상의 요구가 없고 다만 제2상
> 의 일장감응성에 의하므로 이러한 ( ) 식물은
> 교배에 있어서 일장 처리에 의하여 개화기를 조절할
> 수 있다.

① 뇌수분형   ② 종자춘화형
③ 적심형   ④ 무춘화형

해설

무춘화형
㉠ 개화에 저온을 요구하지 않고 주로 일장반응에 따라
   개화한다.
㉡ 유채, 갓

18 제웅하지 않고 풍매 또는 충매에 의한 자연 교잡을 이용하는 작물로만 나열된 것은?

① 벼, 보리   ② 수수, 토마토
③ 가지, 멜론   ④ 양파, 고추

해설

웅성불임성을 이용하는 작물
옥수수, 양파, 파, 상추, 당근, 고추, 벼, 밀, 쑥갓 등

19 광과 종자 발아에 대한 설명으로 옳지 않은 것은?

① 광은 종자 발아와 아무런 관계가 없는 경우도 있다.
② 종자 발아가 억제되는 광파장은 700~750nm 정
   도이다.
③ 종자 발아의 광가역성에 관여하는 물질은 Cy-
   tochrome이다.
④ 광이 없어야 발아가 촉진되는 종자도 있다.

해설
시토크롬은 동식물의 세포 안에서 호흡의 촉매작용을
하는 물질이다

20 다음 중 교잡 시 개화기 조절을 위하여 적심을 하는 작물로 옳은 것은?

① 양파   ② 상추
③ 참외   ④ 토마토

제2과목 **식물육종학**

21 형질의 유전력은 선발효과와 깊은 관계가 있다. 선발효과가 가장 확실한 경우는?(넓은 의미의 유전력임)

① 0.34   ② 0.13
③ 0.92   ④ 0.50

22 변이 중 유전하지 않는 변이는?

① 장소변이   ② 아조변이
③ 교배변이   ④ 돌연변이

23 쌍자엽식물의 형질전환에 가장 널리 이용하고 있는 유전자 운반체는?

① Ti-plasmid
② E. coli
③ 바이러스의 외투단백질
④ 제한효소

해설

Ti-plasmid는 식물의 유전자 조작에서 유전자 운반체
로 사용한다.

정답   17 ④ 18 ④ 19 ③ 20 ② 21 ③ 22 ① 23 ①

24 피자식물에서 볼 수 있는 중복수정의 기구는?

① 난핵×정핵, 극핵×생식핵
② 난핵×생식핵, 극핵×영양핵
③ 난핵×정핵, 극핵×정핵
④ 난핵×정핵, 극핵×영양핵

해설

피자식물의 중복수정
㉠ 난세포(n) + 정핵(n) = 배(2n)
㉡ 2개의 극핵(n + n) + 정핵(n) = 배젖(3n)

25 체세포로부터 식물체가 재생되는 현상을 적절하게 설명한 것은?

① 식물의 세포분화능을 이용하는 것이다.
② 세포의 탈분화능을 이용하는 것이다.
③ 식물의 생물농축형성능을 이용하는 것이다.
④ 세포의 전체형성능을 이용하는 것이다.

26 자가수정을 계속함으로써 일어나는 자식약세 현상은?

① 타가수정 작물에서 더 많이 일어난다.
② 자가수정 작물에서 더 많이 일어난다.
③ 어느 것이나 구별 없이 심하게 일어난다.
④ 원칙적으로 자가수정 작물에만 국한되어 있는 현상이다.

27 인위적으로 반수체 식물을 만들기 위해 주로 사용하는 조직배양 방법은?

① 배배양   ② 약배양
③ 생장점배양   ④ 원형질체배양

해설

약배양
절취한 꽃밥을 이용하여 그 안에 있는 화분 세포를 배양하는 일

28 식물의 화분모세포는 성숙분열 후 몇 개의 딸세포가 되는가?

① 1개   ② 2개
③ 3개   ④ 4개

해설

화분모세포가 2회 분열하여 4개의 딸세포가 형성된다.

29 품종퇴화를 방지하고 품종의 특성을 유지하는 방법으로 가장 거리가 먼 것은?

① 개체집단선발법   ② 계통집단선발법
③ 방임수분   ④ 격리재배

해설

방임 수분(放任受粉, Uncontrolled Pollination)
사람의 개입 없이 바람 등의 자연현상이나 곤충과 새 등 꽃가루 매개자에 의해 이루어지는 수분을 말한다.

30 동질배수체의 일반적인 특징이 아닌 것은?

① 핵과 세포가 커진다.
② 함유 성분의 변화가 생긴다.
③ 발육이 지연된다.
④ 채종량이 증가한다.

해설

임성 저하
동질배수체 식물은 임성이 저하되어 계통 유지가 곤란하며 높은 것은 70%, 낮은 것은 10% 이하가 된다. 3배체는 거의 불완전불임을 보인다.

31 다음 중 유전자원을 수집, 보존해야 하는 이유로 가장 옳은 것은?

① 멘델 유전법칙을 확인하기 위함
② 다양한 육종소재로 활용하기 위함
③ 야생종을 도태시키기 위함
④ 개량종의 보급을 확대시키기 위함

정답   24 ③   25 ④   26 ①   27 ②   28 ④   29 ③   30 ④   31 ②

32 잡종강세를 이용한 F_1 품종들의 장점으로 가장 거리가 먼 것은?

① 증수효과가 크다.
② 품질이 균일하다.
③ 내병충성이 양친보다 강하다.
④ 종자의 대량 생산이 용이하다.

33 감수분열 과정 중 재조합이 일어나 후대의 변이가 확대되는 단계는?

① 제1감수분열 후기, 제2감수분열 후기
② 제1감수분열 후기, 제2감수분열 전기
③ 제1감수분열 전기, 제1감수분열 중기
④ 제2감수분열 전기, 제2감수분열 후기

34 A/B//C 교배의 순서는?

① A와 B와 C를 함께 방임수분 함
② A와 B를 교배하여 나온 F_1과 C를 교배함
③ A와 B를 모본으로 하고, C를 부본으로 하여 함께 교배함
④ B와 C를 모본으로 하고, A를 부본으로 하여 함께 교배함

35 임성회복유전자가 존재하는 웅성불임성은?

① 집단웅성불임성
② 개체웅성불임성
③ 이수체웅성불임성
④ 세포질유전자웅성불임성

36 생산력 검정에 관한 설명 중 틀린 것은?

① 검정포장은 토양의 균일성을 유지하도록 노력한다.
② 계측, 계량을 잘못하면 포장시험에 따르는 오차가 커진다.
③ 시험구의 크기가 클수록 시험구당 수량변동이 커진다.
④ 시험구의 반복횟수의 증가로 오차를 줄일 수 있다.

37 유전자형이 Aa인 이형접합체를 지속적으로 자가수정하였을 때 후대집단의 유전자형 변화는?

① Aa 유전자형 빈도가 늘어난다.
② 동형접합체와 이형접합체 빈도의 비율이 1 : 1이 된다.
③ Aa 유전자형 빈도가 변하지 않는다.
④ 동형접합체 빈도가 계속 증가한다.

38 체세포의 염색체 구성이 2n+1일 때 이를 무엇이라 하는가?

① 일염색체   ② 삼염색체
③ 이질배수체   ④ 동질배수체

39 다음 중 일대잡종을 가장 많이 이용하는 작물은?

① 벼   ② 옥수수
③ 밀   ④ 콩

정답   32 ④   33 ③   34 ②   35 ④   36 ③   37 ④   38 ②   39 ②

40 다음 중 폴리진에 대한 설명으로 가장 옳지 않은 것은?

① 양적 형질 유전에 관여한다.
② 각각의 유전자가 주동적으로 작용한다.
③ 환경의 영향에 민감하게 반응한다.
④ 누적적 효과로 형질이 발현된다.

제3과목 재배원론

41 비료의 엽면흡수에 대한 설명으로 옳은 것은?

① 잎의 이면보다 표피에서 더 잘 흡수된다.
② 잎의 호흡작용이 왕성할 때에 잘 흡수된다.
③ 살포액의 pH는 알칼리성인 것이 흡수가 잘 된다.
④ 엽면시비는 낮보다는 밤에 실시하는 것이 좋다.

［해설］

① 잎의 표면보다 이면에서 더 잘 흡수된다.
③ 살포액의 pH는 약산성인 것이 흡수가 잘 된다.
④ 엽면시비는 밤보다는 낮에 실시하는 것이 좋다.

42 도복의 대책에 대한 설명으로 가장 거리가 먼 것은?

① 칼리, 인, 규소의 시용을 충분히 한다.
② 키가 작은 품종을 선택한다.
③ 맥류는 복토를 깊게 한다.
④ 벼의 유효분얼종지기에 지베렐린을 처리한다.

［해설］

벼의 유효분얼종지기에 지베렐린 생합성을 억제하는 생장조절제인 이나벤화이드를 처리하여 절간신장을 억제하여 도복을 방지한다.

43 작물의 수량을 최대화하기 위한 재배이론의 3요인으로 가장 옳은 것은?

① 비옥한 토양, 우량종자, 충분한 일사량

② 비료 및 농약의 확보, 종자의 우수성, 양호한 환경
③ 자본의 확보, 생력화 기술, 비옥한 토양
④ 종자의 우수한 유전성, 양호한 환경, 재배기술의 종합적 확립

［해설］

작물수량 3각형은 유전성, 환경, 재배기술이다.

44 이랑을 세우고 낮은 골에 파종하는 방식은?

① 휴립휴파법　　② 이랑재배
③ 평휴법　　　　④ 휴립구파법

［해설］

휴립구파법
이랑을 세우고 낮은 골에 파종하는 방식이다.(맥류)

45 다음 중 요수량이 가장 큰 것은?

① 보리　　　　　② 옥수수
③ 완두　　　　　④ 기장

［해설］

요수량
㉠ 보리 : 534
㉡ 옥수수 : 368
㉢ 완두 : 788
㉣ 기장 : 310

46 나팔꽃 대목에 고구마순을 접목하여 개화를 유도하는 것의 이론적 근거로 가장 적합한 것은?

① C/N율　　　　② G-D 균형
③ L/W율　　　　④ T/R률

［해설］

C/N율
식물체의 탄수화물과 질소의 비율을 C/N율이라고 하며 C/N율이 작물의 생장과 발육을 지배하는 기본적인 내적 요인이라고 생각하는 견해를 C/N율설이라고 한다

---

47 벼의 침수피해에 대한 내용이다. (   )에 알맞은 내용은?

> • 분얼 초기에는 침수피해가 (가   )
> • 수잉기~출수개화기 때 침수피해는 (나   )

① 가 : 작다, 나 : 작아진다.
② 가 : 작다, 나 : 커진다.
③ 가 : 크다, 나 : 커진다.
④ 가 : 크다, 나 : 작아진다.

해설

벼는 분얼 초기에는 침수피해가 적고, 수잉기~출수개화기 때 침수피해가 커진다.

48 다음 (   )에 알맞은 내용은?

> 감자 영양체를 20,000rad 정도의 (   )에 의한 γ선을 조사하면 맹아억제 효과가 크므로 저장기간이 길어진다.

① C   ② Co
③ Ca   ④ K

49 토양이 pH 5 이하로 변할 경우 가급도가 감소되는 원소로만 나열된 것은?

① P, Mg   ② Zn, Al
③ Cu, Mn   ④ H, Mn

해설

토양이 강산성이 되면 P, Ca, Mg, B, Mo 등의 가급도가 감소되어 작물 생육에 불리하다.

50 개량삼포식 농법에 해당하는 작부방식은?

① 자유경작법   ② 콩과 작물의 순환농법
③ 이동경작법   ④ 휴한농법

해설

개량3포식 농법(改良三圃式農法)
3포식 농법의 휴한지에 클로버와 같은 콩과 녹비작물을 재식하여 지력의 증진을 도모하는 것이다.

51 다음 중 T/R률에 관한 설명으로 옳은 것은?

① 감자나 고구마의 경우 파종기나 이식기가 늦어질수록 T/R률이 작아진다.
② 일사가 적어지면 T/R률이 작아진다.
③ 질소를 다량 시용하면 T/R률이 작아진다.
④ 토양함수량이 감소하면 T/R률이 감소한다.

해설

① 감자나 고구마의 경우 파종기나 이식기가 늦어질수록 T/R률이 커진다.
② 일사가 적어지면 T/R률이 커진다.
③ 질소를 다량 시용하면 T/R률이 커진다.

52 다음 중 벼의 적산온도로 가장 옳은 것은?

① 500~1,000   ② 1,200~1,500
③ 2,000~2,500   ④ 3,500~4,500

해설

생육기간이 긴 벼의 적산온도는 −3,500℃~4,500℃이다.

53 비료의 3요소 중 칼륨의 흡수비율이 가장 높은 작물은?

① 고구마   ② 콩
③ 옥수수   ④ 보리

해설

고구마는 칼리 · 두엄의 효과가 크다.

54 다음 중 CO_2 보상점이 가장 낮은 식물은?

① 벼   ② 옥수수
③ 보리   ④ 담배

해설

C_4 식물과 C_3 식물의 광합성
C_4 식물(옥수수)은 C_3 식물보다 CO_2 보상점이 낮아서 낮은 농도의 CO_2 조건에서도 적응할 수 있고, CO_2 포화점도 높아서 광합성 효율이 뛰어나다. CO_2 시비효과는 C_3 식물에서 더 크다.

55 작물의 영양번식에 대한 설명으로 옳은 것은?

① 종자 채종을 하여 번식시킨다.
② 우량한 유전특성을 영속적으로 유지할 수 있다.
③ 잡종 1세대 이후 분리집단이 형성된다.
④ 1대 잡종 벼는 주로 영양번식으로 채종한다.

> **해설**
>
> 영양번식은 우량한 상태의 유전질을 쉽게 영속적으로 유지할 수 있는 과수, 감자 등에 이용한다.

56 작물의 내열성에 대한 설명으로 틀린 것은?

① 늙은 잎은 내열성이 가장 작다.
② 내건성이 큰 것은 내열성도 크다.
③ 세포 내의 결합수가 많고, 유리수가 적으면 내열성이 커진다.
④ 당분함량이 증가하면 대체로 내열성은 증대한다.

> **해설**
>
> 작물체의 연령이 높아지면 내열성이 증대한다.

57 녹체춘화형 식물로만 나열된 것은?

① 완두, 잠두   ② 봄무, 잠두
③ 양배추, 사리풀   ④ 추파맥류, 완두

> **해설**
>
> 녹체 버널리제이션
> ㉠ 식물이 일정한 크기에 달한 녹체기에 처리하는 것을 녹체 버널리제이션이라 하며 여기에 속하는 작물을 녹체 버널리제이션형이라 한다.
> ㉡ 양배추, 사리풀, 봄무 등이 있다.

58 벼의 생육 중 냉해에 의한 출수가 가장 지연되는 생육단계는?

① 유효분얼기   ② 유수형성기
③ 유숙기   ④ 황숙기

> **해설**
>
> 지연형 냉해
> 벼에서는 특히, 출수 30일 전부터 25일 전까지의 약 5일간, 즉 벼가 생식 생장기에 돌입하여 유수를 형성할 때 냉온에 부딪히면 출수의 지연이 가장 심하다.

59 대기오염물질 중 오존을 생성하는 것은?

① 아황산가스(SO_2)   ② 이산화질소(NO_2)
③ 일산화탄소(CO)   ④ 불화수소(HF)

60 내건성이 강한 작물의 특성으로 옳은 것은?

① 세포액의 삼투압이 낮다.
② 작물이 표면적/체적 비가 크다.
③ 원형질막의 수분투과성이 크다.
④ 잎 조직이 치밀하지 못하고 울타리 조직의 발달이 미약하다.

> **해설**
>
> ① 세포액의 삼투압이 높다.
> ② 작물의 표면적/체적 비가 작다.
> ④ 잎 조직이 치밀하고 울타리 조직이 발달한다.

제4과목   **식물보호학**

61 일반적으로 벼 키다리병 방제를 위한 온탕침법의 가장 적당한 온도와 시간은?

① 70~75℃, 25분   ② 60~65℃, 15분
③ 50~55℃, 5분   ④ 40~45℃, 15분

> **해설**
>
> 온탕침법
> 60~65℃로 가열한 물에 종자를 15분 동안 담가서 열을 가한 후 바로 찬물에 담가 열을 식혀주는 소독방법이다.

---

62 주로 저장 곡식에 피해를 주는 해충은?

① 화랑곡나방
② 온실가루이
③ 꽃노랑총채벌레
④ 아메리카잎굴파리

해설

화랑곡나방

화랑곡나방(Indianmeal Moth)은 나비목 명나방과에 속하는 곤충이다. 흔히 쌀나방으로 불리며, 쌀이나 밀 등 곡류 안에 알을 낳는다.

63 다음에 대한 설명으로 옳은 것은?

제초제 저항성 생태형이 2개 이상의 분명한 저항성 메커니즘을 가진 현상을 의미한다.

① 부정적 교차저항성
② 내성
③ 다중저항성
④ 교차저항성

64 현재 논에서 발생하는 잡초는 일년생보다 다년생이 증가하였는데, 논 잡초 초종 변화의 가장 직접적인 요인은?

① 시비량의 감소
② 재배법의 변화
③ 물관리 변동
④ 동일 제초제의 연용

65 병원균이 특정 품종의 기주식물을 침해할 뿐 다른 품종은 침해하지 못하는 집단은?

① 클론
② 품종
③ 레이스
④ 분화형

해설

병원균의 레이스(Race)

㉠ 기주의 품종별로 기생성이 다른 것을 말한다.
㉡ 레이스가 다르면 형태는 같아도 기생성이 다르다.

66 다음 중 애멸구가 매개하는 병으로 가장 옳은 것은?

① 콩 위축병
② 노균병
③ 벼 줄무늬잎마름병
④ 벼 오갈병

67 다음 중 해충의 천적으로서 기생성이 아닌 것은?

① 진디혹파리
② 온실가루이좀벌
③ 굴파리좀벌
④ 콜레마니진디벌

해설

농업해충을 방제하기 위해 이용하는 천적 곤충은 크게 포식자와 기생자 두 가지로 구분하며 진디혹파리는 포식성 천적이다.

68 식물병원균 중 진균에 의한 병해의 가장 일반적인 방제방법으로 옳지 않은 것은?

① 물리적 방제로 열 또는 광을 이용한다.
② 화학적 방제로 살균제를 이용한다.
③ 생물적 방제로 미생물 농약을 사용한다.
④ 병원균의 매개체인 해충 방제를 위해 살충제를 사용한다.

69 다음 중 일반적으로 곤충 암컷의 생식기관이 아닌 것은?

① 수정관
② 저정낭
③ 여포
④ 수란관

70 해충종합관리(IPM)에 대한 설명으로 옳은 것은?

① 농약의 항공방제를 말한다.
② 여러 방제법을 조합하여 적용한다.
③ 한 가지 방법으로 집중적으로 방제한다.
④ 한 지역에서 동시에 방제하는 것을 뜻한다.

해설

종합적 방제(IPM)

여러 가지 잡초방제법 중에서 두 가지 이상을 사용하여 방제하는 것이다.

71 다음 중 종합적 방제의 의미로 볼 수 없는 것은?

① 모든 방제수단을 조화롭게 사용한다.
② 효과가 빨리 나오는 방제법을 우선으로 적용한다.
③ 생태학적 이론에 바탕을 두고 있다.
④ 경제적 피해 수준 이하로 억제·유지한다.

72 다음 중 암발아 잡초로만 나열된 것은?

① 메귀리, 바랭이   ② 독말풀, 별꽃
③ 쇠비름, 강피   ④ 참방동사니, 향부자

> **해설**

암발아 잡초 : 광대나물, 냉이, 별꽃, 독말

73 다음 중 곤충이 페로몬에 끌리는 현상은?

① 주광성   ② 주열성
③ 주지성   ④ 주화성

> **해설**

주화성(走化性)
생물이 화학적 자극에 반응하여 운동하는 성질

74 다음 중 액상수화제에 대한 설명으로 옳은 것은?

① 농약 원제를 물 또는 메탄올에 녹이고 계면활성제나 동결방지제를 첨가하여 제제한 제형
② 수용성 고체 원제와 유안이나 망간, 설탕과 같이 수용성인 증량제를 혼합, 분쇄하여 만든 분말 제제
③ 물과 유기용매에 난용성인 농약 원제를 넣어 액상 형태로 조제한 것으로 수화제에서의 분말의 비산 등의 단점을 보완한 제형
④ 농약 원제를 용제에 녹이고 계면활성제를 유화제로 첨가하여 제제한 유형

75 잡초로 인한 피해가 아닌 것은?

① 방제비용 증대
② 작물의 수확량 감소
③ 경지의 이용효율 감소
④ 철새 등 조류에 의한 피해 증가

> **해설**

잡초의 유용성
㉠ 토양에 유기물 제공 – 토양 물리 환경 개선
㉡ 곤충의 먹이와 서식처를 제공
㉢ 야생동물, 조류 및 미생물이 먹이와 서식처로 이용

76 다음 중 곤충의 소화기관으로 가장 거리가 먼 것은?

① 침샘   ② 전장
③ 기문   ④ 후장

> **해설**

기문(氣門) : 절지동물의 몸마디 옆에 있으며 호흡작용을 하는 구멍

77 액상 시용제의 물리적 성질에 해당하지 않는 것은?

① 유화성   ② 응집성
③ 수화성   ④ 습전성

> **해설**

농약 살포액(액상 시용제)의 물리적 성질
㉠ 유화성 : 유제를 연수에 희석하였을 때 입자가 균일하게 분산되어 유탁액으로 되는 성질
㉡ 수화성 : 수화제와 물 사이의 친화 정도를 나타내는 성질
㉢ 습전성 또는 습윤성 : 살포한 농약이 작물이나 곤충의 표면에 잘 적셔지고 퍼지는 성질
㉣ 현수성
㉤ 표면장력 : 일정량의 계면활성제를 제제에 첨가하면 표면장력이 작아짐
㉥ 부착성 및 고착성

78 다음 중 미국선녀벌레에 대한 설명으로 옳지 않은 것은?

① 2년에 1회 발생한다.
② 약충은 매미충의 형태로 백색에 가깝다.
③ 포도나무에 피해가 크다.
④ 왁스 물질과 감로를 분비하며, 그을음병을 유발한다.

79 사과나무 부란병에 대한 설명으로 옳은 것은?

① 기주교대를 한다.
② 균사 형태로 전염된다.
③ 잡초에 병원체가 월동하며 토양으로 전염된다.
④ 주로 빗물에 의해 전파되며 발병 부위에서 알코올 냄새가 난다.

〔해설〕

부란병은 병변 부위에서 포자를 형성해 빗물에 의해 병변이 확대될 우려가 크기 때문에 발견 즉시 치료하거나 없애 주는 것이 중요하다

80 다음 중 농약과 농약병 뚜껑의 색깔이 바르게 연결되지 않은 것은?

① 제초제 – 노란색(황색)
② 살충제 – 녹색
③ 살균제 – 분홍색
④ 생장조절제 – 적색

〔해설〕

농약병 뚜껑 색
㉠ 생장조절제 – 청색
㉡ 비선택성 제초제 – 적색

제5과목 종자 관련 법규

81 「종자산업법」상 육묘업 등록의 취소 등에 대한 내용이다. (   )에 알맞은 내용은?

"거짓이나 그 밖의 부정한 방법으로 육묘업 등록을 한 경우"에 따라 육묘업 등록이 취소된 자는 취소된 날부터 (   )이 지나지 아니하면 육묘업을 다시 등록할 수 없다

① 2년   ② 3년
③ 4년   ④ 5년

〔해설〕

육묘업 등록의 취소
㉠ 거짓이나 그 밖의 부정한 방법으로 육묘업 등록을 한 경우
㉡ 영업정지명령을 위반하여 정지기간 중 계속 영업을 할 때에는 그 영업의 등록을 취소할 수 있다. 육묘업 등록이 취소된 자는 취소된 날부터 2년이 지나지 아니하면 육묘업을 다시 등록할 수 없다. 행정처분의 세부적인 기준은 그 위반행위의 유형과 위반 정도 등을 고려하여 농림축산식품부령으로 정한다.

82 포장검사 병주 판정기준에서 고구마의 특정병은?

① 풋마름병   ② 흑반병
③ 역병   ④ 후사리움위조병

〔해설〕

㉠ 고구마 특정병 : 흑반병 및 마이코프라스마병
㉡ 고구마 기타병 : 만할병 및 선충병

83 「종자산업법」상 종자업의 등록 등에 대한 내용이다. (   )에 해당하지 않는 내용은?

종자업을 하려는 자는 대통령령으로 정하는 시설을 갖추어 (   )에게 등록하여야 한다.

① 국립생태원장   ② 시장
③ 군수   ④ 구청장

종자업의 등록

㉠ 종자업을 하려는 자는 대통령령으로 정하는 시설을 갖추어 시장·군수·구청장에게 등록하여야 한다.

㉡ 종자업을 하려는 자는 종자관리사를 1명 이상 두어야 한다.

84 「식물신품종 보호법」상 거절결정 또는 취소결정의 심판에 대한 내용이다. ( )에 알맞은 내용은?

심사관은 무권리자가 출원한 경우에는 그 품종보호 출원에 대하여 거절결정을 하여야 한다. 이에 따른 거절결정을 받은 자가 이에 불복하는 경우에는 그 등본을 송달받은 날부터 ( ) 이내에 심판을 청구할 수 있다.

① 10일   ② 30일

③ 50일   ④ 90일

거절결정 또는 취소결정에 대한 심판

거절결정 또는 취소결정을 받은 자가 이에 불복하는 경우에는 그 등본을 송달받은 날부터 30일 이내에 심판을 청구할 수 있다.

85 종자관리요강상 규격묘의 규격기준에 대한 내용에서 감 묘목의 길이(cm)는?(단, 묘목의 길이는 지체부에서 묘목선단까지의 길이로 한다.)

① 100 이상   ② 80 이상

③ 60 이상   ④ 40 이상

과수묘목 규격묘의 규격기준

작물		묘목의 길이(cm)	묘목의 직경(mm)	주요 병해충 최고한도
사과	이중접목묘	120 이상	12 이상	근두암종병(뿌리혹병) : 무
	왜성대목자 근접목묘	140 이상	12 이상	
배		120 이상	12 이상	근두암종병(뿌리혹병) : 무
복숭아		100 이상	10 이상	근두암종병(뿌리혹병) : 무
감		100 이상	12 이상	근두암종병(뿌리혹병) : 무

주) 묘목의 길이 : 지체부에서 묘목선단까지의 길이

86 「식물신품종 보호법」상 절차의 무효에 대한 내용이다. ( )에 알맞은 내용은?

심판위원회 위원장은 "보정명령을 받은 자가 지정된 기간까지 보정을 하지 아니한 경우에는 그 품종보호에 관한 절차를 무효로 할 수 있다"에 따라 그 절차가 무효로 된 경우로서 보정명령을 받은 자가 지정된 기간을 지키지 못한 것이 천재지변이나 그 밖의 불가피한 사유에 의한 것으로 인정될 때에는 그 사유가 소멸한 날부터 ( )이내에 또는 그 기간이 끝난 후 1년 이내에 보정명령을 받은 자의 청구에 따라 그 무효처분을 취소할 수 있다.

① 3일   ② 7일

③ 10일   ④ 14일

절차의 무효

㉠ 농림축산식품부장관, 해양수산부장관 또는 심판위원회 위원장은 보정명령을 받은 자가 지정된 기간까지 보정을 하지 아니한 경우에는 그 품종보호에 관한 절차를 무효로 할 수 있다.

㉡ 농림축산식품부장관, 해양수산부장관 또는 심판위원회 위원장은 그 절차가 무효로 된 경우로서 지정된 기간을 지키지 못한 것이 보정명령을 받은 자가 천재지변이나 그 밖의 불가피한 사유에 의한 것으로 인정될 때에는 그 사유가 소멸한 날부터 14일 이내에 또는 그 기간이 끝난 후 1년 이내에 보정명령을 받은 자의 청구에 따라 그 무효처분을 취소할 수 있다.

87 보증서를 거짓으로 발급한 종자관리사의 벌칙은?

① 6개월 이하의 징역 또는 3백만 원 이하의 벌금

② 1년 이하의 징역 또는 5백만 원 이하의 벌금

③ 1년 이하의 징역 또는 1천만 원 이하의 벌금

④ 2년 이하의 징역 또는 2천만 원 이하의 벌금

1년 이하의 징역 또는 1천만 원 이하의 벌금에 처하는 경우

• 등록을 하지 아니하고 종자관리사 업무를 수행한 자

• 보증서를 거짓으로 발급한 종자관리사

• 보증을 받지 아니하고 종자를 판매하거나 보급한 자

정답   84 ② 85 ① 86 ④ 87 ③

- 명령에 따르지 아니한 자
- 무병화인증기관의 지정을 받거나 그 지정의 갱신을 하지 아니하고 무병화인증 업무를 한 자
- 무병화인증기관의 지정취소 또는 업무정지 처분을 받고도 무병화인증 업무를 한 자
- 거짓이나 그 밖의 부정한 방법으로 무병화인증을 받거나 갱신한 자
- 거짓이나 그 밖의 부정한 방법으로 무병화인증기관의 지정을 받거나 갱신한 자
- 무병화인증을 받지 아니한 종자의 용기나 포장에 무병화인증의 표시 또는 이와 유사한 표시를 한 자
- 무병화인증을 받은 종자의 용기나 포장에 무병화인증을 받은 내용과 다르게 표시한 자
- 무병화인증을 받지 아니한 종자를 무병화인증을 받은 종자로 광고하거나 무병화인증을 받은 종자로 오인할 수 있도록 광고한 자
- 무병화인증을 받은 종자를 무병화인증을 받은 내용과 다르게 광고한 자
- 등록하지 아니하고 육묘업을 한 자
- 등록이 취소된 종자업 또는 육묘업을 계속하거나 영업정지를 받고도 종자업 또는 육묘업을 계속한 자
- 종자를 수출 또는 수입하거나 수입된 종자를 유통시킨 자
- 수입적응성 시험을 받지 아니하고 종자를 수입한 자
- 거짓이나 그 밖에 부정한 방법으로 종자의 검정 따른 검정을 받은 자
- 검정결과에 대하여 거짓광고나 과대광고를 한 자
- 생산 또는 판매 중지를 명한 종자 또는 묘를 생산하거나 판매한 자
- 제47조 제4항 후단을 위반하여 시료채취를 거부 · 방해 또는 기피한 자

88 품종보호권 또는 전용실시권을 침해한 자의 벌칙은?

① 7년 이하의 징역 또는 1억 원 이하의 벌금
② 5년 이하의 징역 또는 1천만 원 이하의 벌금
③ 3년 이하의 징역 또는 5백만 원 이하의 벌금
④ 1년 이하의 징역 또는 3백만 원 이하의 벌금

해설

침해죄 : 7년 이하의 징역 또는 1억 원 이하의 벌금
㉠ 품종보호권 또는 전용실시권을 침해한 자

㉡ 권리를 침해한 자. 다만, 해당 품종보호권의 설정등록이 되어 있는 경우만 해당한다.
㉢ 거짓이나 그 밖의 부정한 방법으로 품종보호결정 또는 심결을 받은 자

89 종자관리요강상 사진의 제출규격에 대한 내용이다. (   )에 알맞은 내용은?

제출방법 : 사진은 (   ) 용지에 붙이고 하단에 각각의 사진에 대해 품종명칭, 촬영부위, 축척과 촬영일시를 기록한다.

① A1 ② A2
③ A4 ④ A6

해설

사진의 제출규격
㉠ 사진의 크기 : 4″×5″의 크기이어야 하며, 실물을 식별할 수 있어야 한다.
㉡ 사진의 색채 : 원색으로 선명도가 확실하여야 한다.
㉢ 제출방법 : 사진은 A4 용지에 붙이고 하단에 각각의 사진에 대해 품종명칭, 촬영부위, 축척과 촬영일시를 기록한다.

90 종자관리사의 자격기준 등에 대한 나용이다. (   )에 알맞은 내용은?

농림축산식품부장관은 종자관리사가 종자산업법에서 정하는 직무를 게을리하거나 중대한 과오를 저질렀을 때에는 그 등록을 취소하거나 (   ) 이내의 기간을 정하여 그 업무를 정지시킬 수 있다.

① 3개월 ② 6개월
③ 1년 ④ 2년

해설

종자관리사의 자격기준
㉠ 종자관리사의 자격기준은 대통령령으로 정한다.
㉡ 종자관리사가 되려는 사람은 자격기준을 갖춘 사람으로서 농림축산식품부령으로 정하는 바에 따라 농림축산식품부장관에게 등록하여야 한다.
㉢ 농림축산식품부장관은 종자관리사가 직무를 게을리하거나 중대한 과오를 저질렀을 때에는 그 등록을

정답 88 ① 89 ③ 90 ③

취소하거나 1년 이내의 기간을 정하여 그 업무를 정
지시킬 수 있다.
② 등록이 취소된 사람은 등록이 취소된 날부터 2년이
지나지 아니하면 종자관리사로 다시 등록할 수 없다.

91 「식물신품종 보호법」상 품종보호료에 대한 내용이다. ( )에 알맞은 내용은?

> 품종보호권자는 그 품종보호권의 존속기간 중에는
> ( )에게 품종보호료를 매년 납부 하여야 한다.

① 농업기술실용화재단장
② 농촌진흥청장
③ 농림축산식품부장관
④ 국립농산물품질관리원장

해설

품종보호료
㉠ 품종보호권의 설정등록을 받으려는 자는 품종보호
　료를 납부하여야 한다.
㉡ 품종보호권자는 그 품종보호권의 존속기간 중에는
　농림축산식품부장관 또는 해양수산부장관에게 품
　종보호료를 매년 납부하여야 한다.
㉢ 품종보호권에 관한 이해관계인은 품종보호료를 납
　부하여야 할 자의 의사와 관계없이 품종보호료를 납
　부할 수 있다.
㉣ 품종보호권에 관한 이해관계인은 품종보호료를 납
　부한 경우에는 납부하여야 할 자가 현재 이익을 받
　은 한도에서 그 비용의 상환을 청구할 수 있다.

92 과수와 임목의 경우 품종보호권의 존속기간은 품종보호권이 설정등록된 날부터 몇 년으로 하는가?

① 5년　　　　　　　② 10년
③ 25년　　　　　　 ④ 30년

해설

품종보호권의 존속기간은 품종보호권이 설정등록된 날
부터 20년으로 한다. 다만, 과수와 임목의 경우에는 25
년으로 한다.

93 종자검사요령상 시료추출에 대한 내용이다. ( )에 알맞은 내용은?

작물	시료의 최소 중량		
	제출시료	순도검사	이종계수용
벼	( )	70	700

① 300　　　　　　　② 500
③ 700　　　　　　　④ 100

해설

소집단과 시료의 중량

작물	소집단의 최대 중량 (ton)	시료의 최소 중량(g)			
		제출 시료	순도 검사	이종계 수용	수분검 정용
고추	10	150	15	150	50
귀리	30	1,000	120	1,000	100
녹두	30	1,000	120	1,000	50
당근	10	30	3	30	50
벼	30	700	70	700	100

94 종자검사를 받은 보증종자를 판매하거나 보급하려는 자는 해당 보증종자에 대하여 보증표시를 하여야 한다. 이에 따라 보증종자를 판매하거나 보급하려는 자는 종자의 보증과 관련된 검사서류를 작성일부터 얼마 동안 보관하여야 하는가?(단, 묘목에 관련된 검사서류는 제외한다.)

① 6개월　　　　　　② 1년
③ 2년　　　　　　　④ 3년

해설

보증표시
㉠ 포장검사에 합격하여 종자검사를 받은 보증종자를
　판매하거나 보급하려는 자는 해당 보증종자에 대하
　여 보증표시를 하여야 한다.
㉡ 보증종자를 판매하거나 보급하려는 자는 종자의 보
　증과 관련된 검사서류를 작성일부터 3년(묘목에 관
　련된 검사서류는 5년) 동안 보관하여야 한다.
㉢ 보증표시 및 작물별 보증의 유효기간 등에 관한 사
　항은 농림축산식품부령으로 정한다.

95 종자관리요강상 수입적응성 시험의 대상작물 및 실시기관에서 인삼의 실시기관은?

① 농업기술실용화재단
② 한국생약협회
③ 한국종균생산협회
④ 국립산림품종관리센터

수입적응성 시험의 대상작물 및 실시기관

구분	실시기관
식량작물(13)	농업기술실용화재단
채소(18)	한국종자협회
버섯(11)	한국종균생산협회
	국립산림품종관리센터
약용작물(22)	한국생약협회
	국립산림품종관리센터
목초·사료 및 녹비작물(29)	농업협동조합중앙회
인삼(1)	한국생약협회

96 식물신품종 보호법상 거짓표시의 죄에 대한 내용이다. (　　)에 알맞은 내용은?

"품종보호를 받지 아니하거나 품종보호 출원 중이 아닌 품종의 종자의 용기나 포장에 품종보호를 받았다는 표시 또는 품종보호 출원 중이라는 표시를 하거나 이와 혼동되기 쉬운 표시를 하는 행위를 하여서는 아니 된다."를 위반한 자는 (　　)에 처한다.

① 6개월 이하의 징역 또는 1백만 원 이하의 벌금
② 1년 이하의 징역 또는 6백만 원 이하의 벌금
③ 2년 이하의 징역 또는 1천만 원 이하의 벌금
④ 3년 이하의 징역 또는 3천만 원 이하의 벌금

거짓표시의 금지
㉠ 품종보호를 받지 아니하거나 품종보호 출원 중이 아닌 품종의 종자의 용기나 포장에 품종보호를 받았다는 표시 또는 품종보호 출원 중이라는 표시를 하거나 이와 혼동되기 쉬운 표시를 하는 행위

㉡ 품종보호를 받지 아니하거나 품종보호 출원 중이 아닌 품종을 보호품종 또는 품종보호 출원 중인 품종인 것처럼 영업용 광고, 표지판, 거래서류 등에 표시하는 행위
㉢ 거짓표시의 죄
　위반한 자는 3년 이하의 징역 또는 3천만 원 이하의 벌금에 처한다.

97 포장검사 및 종자검사의 검사기준에서 밀 포장검사의 검사시기 및 횟수는?

① 각 지역 농업단체에서 정한 날짜에 1회 실시
② 감수분열기부터 유숙기 사이에 1회 실시
③ 완숙기로부터 고숙기 사이에 1회 실시
④ 유숙기로부터 황숙기 사이에 1회 실시

밀 포장검사
㉠ 검사시기 및 횟수 : 유숙기로부터 황숙기 사이에 1회 실시한다.
㉡ 포장격리 : 원원종포·원종포는 이품종으로부터 3m 이상 격리되어야 하고 채종포는 이품종으로부터 1m 이상 격리되어야 한다. 다만, 각 포장과 이품종이 논둑 등으로 구획되어 있는 경우에는 그러하지 아니하다.
㉢ 전작물 조건 : 품종의 순도유지를 위해 2년 이상 윤작을 하여야 한다. 다만, 경종적 방법에 의하여 혼종의 우려가 없도록 담수처리·객토·비닐멀칭을 하였거나, 이전 재배품종이 당해 포장검사를 받는 품종과 동일한 경우에는 그러하지 아니하다.

98 종자검사요령상 수분의 측정에서 저온항온건조기법을 사용하는 종에 해당하는 것은?

① 시금치　　　　② 상추
③ 부추　　　　　④ 오이

저온항온건조기법을 사용하는 종
마늘, 파, 부추, 콩, 땅콩, 배추씨, 유채, 고추, 목화, 피마자, 참깨, 아마, 겨자, 무.

고온 항온건조기법을 사용하는 종
㉠ 1시간 : 근대, 당근, 멜론, 버뮤다그래스, 벌노랑이,

상추, 시금치, 아스파라거스, 알팔파, 오이, 오처드
그라스, 이탤리언라이그래스, 페레니얼라이그라스,
조, 참외, 치커리, 켄터키블루그래스, 클로버, 크리
핑레드페스큐, 톨페스큐, 토마토, 티머시, 호박, 수
박, 강낭콩, 완두, 잠두, 녹두, 팥
ⓛ 2시간 : 기장, 벼, 귀리, 메밀, 보리, 호밀, 수수, 수단
그라스
ⓒ 4시간 : 옥수수

99 종자관리요강상 종자산업진흥센터 시설기준
에서 성분분석실의 장비구비 조건으로 옳은 것은?

① 시료분쇄장비　　② 균주배양장비
③ 병원균접종장비　　④ 유전자판독장비

┌─ 해설 ┄┄┄┄┄┄┄┄┄┄┄┄┄┄┄┄┄┄┄┄┄┄┄┄┄

종자산업진흥센터 시설기준

시설구분		규모(m²)	장비구비 조건
분자표지 분석실	필수	60 이상	• 시료분쇄장비 • DNA추출장비 • 유전자증폭장비 • 유전자판독장비
성분분석실	선택	60 이상	• 시료분쇄장비 • 성분추출장비 • 성분분석장비 • 질량분석장비
병리검정실	선택	60 이상	• 균주배양장비 • 병원균접종장비 • 병원균감염확인장비 • 병리검정온실(33m² 　이상 가능)

100 종자관리요강상 사후관리시험의 기준 및
방법에서 검사항목에 해당하지 않는 것은?

① 품종의 순도　　② 품종의 진위성
③ 종자전염병　　④ 토양 입경 분석

┌─ 해설 ┄┄┄┄┄┄┄┄┄┄┄┄┄┄┄┄┄┄┄┄┄┄┄┄┄

사후관리시험의 기준 및 방법
㉠ 검사항목 : 품종의 순도, 품종의 진위성, 종자전염병
ⓛ 검사시기 : 성숙기
ⓒ 검사횟수 : 1회 이상

정답　99 ①　100 ④

제1과목 종자생산학

01 층적저장과 가장 가까운 의미를 갖는 것은?

① 발아억제를 위한 건조처리
② 휴면타파를 위한 저온처리
③ 발아율 향상을 위한 후숙처리
④ 발아촉진을 위한 생장조절제 처리

해설

층적저장 목적

발아력 저하 방지 및 휴면 타파가 목적이며 나무상자나 나무통에 습기가 있는 모래나 톱밥과 종자를 층을 지어 5℃의 저온저장고에 보관하는 방법이다.

02 식물의 종자를 구성하고 있는 기관은?

① 전분, 단백질, 배유   ② 배, 전분, 초엽
③ 종피, 배유, 배   ④ 단백질, 종피, 초엽

해설

식물 종자의 구성 기관 : 배, 배유, 종피

03 자식성 작물의 종자생산 관리체계에서 증식체계로 옳은 것은?

① 기본식물 → 원원종 → 원종 → 보급종
② 보급종 → 기본식물 → 원원종 → 원종
③ 보급종 → 원원종 → 원종 → 기본식물
④ 원종 → 보급종 → 원원종 → 기본식물

해설

자식성 작물의 종자생산 관리체계의 증식체계
'기본식물 → 원원종 → 원종 → 보급종'의 단계를 거친다.

04 무의 채종재배를 위한 포장의 격리거리는 얼마인가?

① 100m 이상   ② 250m 이상
③ 500m 이상   ④ 1,000m 이상

해설

무의 채종재배 격리거리 : 1,000m

05 다음에서 설명하는 것은?

종자가 자방벽에 붙어 있는 경우로서 대개 종자는 심피가 서로 연결된 측면에 붙어 있다.

① 측막태좌   ② 중축태좌
③ 중앙태좌   ④ 이형태좌

해설

측막태좌

서로 이웃하는 심피가 유합하고 흔히 격벽을 형성하지 않으며 씨방벽의 안쪽에 직접 붙어 생긴다. 양귀비, 오랑캐꽃, 버드나무 따위의 태좌가 해당한다.

06 저장종자가 발아력을 잃게 되는 원인으로 옳지 않은 것은?

① 종자 단백질의 변성
② 효소의 활성 증진
③ 호흡에 의한 종자 저장물질 소모
④ 저장기간 중 저장고 온도와 습도의 상승

해설

효소 활력 저하로 효소가 소실, 급원의 소모되어 저장종자가 발아력을 잃게 된다.

정답 01 ② 02 ③ 03 ① 04 ④ 05 ① 06 ②

07 작물생식에 있어서 아포믹시스를 옳게 설명한 것은?

① 수정에 의한 배 발달
② 수정 없이 배 발달
③ 세포 융합에 의한 배 발달
④ 배유 배양에 의한 배 발달

[해설]

아포믹시스(Apomixis)
아포믹시스란 Mix가 없는 생식을 뜻한다. 아포믹시스는 수정과정을 거치지 않고 배가 만들어져 종자를 형성하기 때문에 무수정 종자형성 또는 무수정 생식이라고도 한다.

08 식물의 화아가 유도되는 생리적 변화에 영향을 미치는 요인과 가장 거리가 먼 것은?

① 춘화처리   ② 일장효과
③ 토양수분   ④ C/N율

[해설]

화성유도의 주요 요인
㉠ 내적 요인
• 영양상태 특히 C/N율로 대표되는 동화생산물의 양적 관계
• 식물호르몬 특히 옥신과 지베렐린의 체내수준 관계
㉡ 외적 요인
• 광조건, 특히 일장효과의 관계
• 온도조건, 특히 버널리제이션과 감온성의 관계

09 종자 프라이밍의 주목적으로 옳은 것은?

① 종피에 함유된 발아억제물질의 제거
② 종자 전염 병원균 및 바이러스 방제
③ 유묘의 양분흡수 촉진
④ 종자발아에 필요한 생리적인 준비를 통한 발아속도와 균일성 촉진

[해설]

프라이밍(Priming)
파종 전에 수분을 가하여 종자가 발아에 필요한 생리적

인 준비를 갖추게 함으로써 발아의 속도와 균일성을 높이는 것이다.

10 수확 적기로서 벼의 수확 및 탈곡 시 기계적 손상을 최소화할 수 있는 종자 수분함량은?

① 14% 이하   ② 17~23%
③ 30~35%   ④ 50% 이상

11 다음 중 뇌수분을 이용하여 채종하는 작물은?

① 벼   ② 배추
③ 당근   ④ 아스파라거스

[해설]

뇌수분(蕾受粉)
자가불화합성 식물에서 화분관의 생장을 억제하는 물질이 생성되기 전의 꽃봉오리 때 수분하는 것을 말한다.
예 배추

12 다음 설명에 해당하는 것은?

> 많은 꽃의 자방들이 모여서 하나의 덩어리를 이루고 있는 것으로 파인애플, 라즈베리가 해당한다.

① 복과   ② 위과
③ 취과   ④ 단과

13 옥수수 종자는 수정 후 며칠쯤 되면 발아율이 최대에 달하는가?

① 약 13일   ② 약 21일
③ 약 31일   ④ 약 43일

14 다음 중 무배유 종자에 해당하는 것은?

① 보리   ② 상추
③ 밀   ④ 옥수수

정답   07 ②   08 ③   09 ④   10 ②   11 ②   12 ①   13 ③   14 ②

15 유한화서이면서 작살나무처럼 2차지경 위에 꽃이 피는 것을 무엇이라 하는가?

① 두상화서
② 유이화서
③ 원추화서
④ 복집산화서

16 다음 중 발아촉진에 효과가 가장 큰 물질은?

① Gibberellin
② Abscisic Acid
③ Parasorbic Acid
④ Momilactone

17 종자의 생성 없이 과실이 자라는 현상은?

① 단위결과
② 단위생식
③ 무배생식
④ 영양결과

18 다음 중 호광성 종자인 것은?

① 토마토
② 가지
③ 상추
④ 호박

19 광합성 산물이 종자로 전류되는 이동형태는?

① Amylose
② Stachyose
③ Sucrose
④ Raffinose

20 한천배지검정에서 Sodium Hypochlorite (NaOCl)를 이용한 종자의 표면 소독 시 적정 농도와 침지시간으로 가장 적당한 것은?

① 1%, 1분
② 10%, 10분
③ 20%, 30분
④ 40%, 50분

21 유전자형이 이형접합 상태에서만 나타나는 분산은?

① 상가적 분산
② 우성적 분산
③ 상위적 분산
④ 환경 분산

22 순계 두 품종 사이의 교배에 의하여 생겨난 F_1 식물체(AaBbCcDdEe)가 생산하는 화분의 종류는?(단, 5개의 유전자는 서로 독립유전을 한다고 가정함)

① 5개
② 25개
③ 32개
④ 64개

23 다음 중 자식성 작물에서 유전력이 높은 형질의 개량에 가장 많이 쓰이는 육종방법은?

① 계통 육종법   ② 집단 육종법
③ 잡종강세 육종법   ④ 배수성 육종법

┌ 해설 ┐

계통 육종법은 인공교배하여 F_1을 만들고 F_2 세대부터 매 세대 개체선발과 계통재배 및 계통선발을 되풀이하면서 우량한 유전자형의 동형 접합체를 선발하여 품종으로 육성하는 방법이다.

24 다음 중 하디-바인베르크 법칙의 전제조건으로 옳지 않은 것은?

① 집단 내에 유전적 부동이 있어야 한다.
② 다른 집단과 유전자 교류가 없어야 한다.
③ 집단 내에서 자연적 선택이 일어나지 않아야 한다.
④ 집단 내에 돌연변이가 일어나지 않아야 한다.

┌ 해설 ┐

하디-바인베르크 법칙의 전제조건은 유전적 부동이 없어야 하고, 부작위교배가 이루어져야 한다는 것이다. 서로 다른 집단 사이에 이주가 없어야 하고, 자연선택이 없어야 한다. 또 집단 내에 돌연변이가 없어야 한다.

25 바빌로프의 유전자중심지설에서 감자, 토마토, 고추의 재배식물 기원 중심지는?

① 지중해 연안 지구   ② 근동 지구
③ 남미 지구   ④ 중앙아메리카 지구

26 토마토의 웅성불임은 세포질은 관여하지 않고 핵유전자가 열성의 msms일 때 나타난다. 웅성불임계통을 웅성불임유지친과 교배하여 얻는 후대 중에서 웅성불임 개체는 최고 몇 %를 얻을 수 있는가?

① 100%   ② 75%
③ 50%   ④ 25%

27 피자식물의 중복수정에 의해 형성되는 배유의 염색체 수는?

① 1n   ② 2n
③ 3n   ④ 4n

┌ 해설 ┐

중복수정
㉠ 난세포(n) + 정핵(n) = 배(2n)
㉡ 2개의 극핵(n+n) + 정핵(n) = 배젖(3n)

28 배추, 무 등 호냉성 채소의 주년생산은 어떤 형질의 개량에 의해 가능해진 것인가?

① 저온감응성   ② 내습성
③ 내도복성   ④ 내염성

29 새로 육성한 우량품종의 순도를 유지하기 위하여 육종가 또는 육종기관이 유지·관리하고 있는 종자는?

① 보급종 종자   ② 원종 종자
③ 원원종 종자   ④ 기본식물 종자

┌ 해설 ┐

기본식물(국립시험연구기관)
기본식물은 신품종 증식의 기본이 되는 종자로 육종가들이 직접 생산하거나, 육종가의 관리하에서 생산한다.

종자 증식 체계
'기본식물 → 원원종 → 원종 → 보급종'의 단계를 거친다.

30 세포질-유전자적 웅성불임성에 있어서 불임주의 유지친이 갖추어야 할 유전적 조건으로 옳은 것은?

① 핵내의 불임 유전자 조성이 웅성불임친과 동일해야 한다.
② 웅성불임친과 교배 시에 강한 잡종강세 현상이 일어나야 한다.

---

③ 핵내의 모든 유전자 조성이 웅성불임친과 동일
하지 않아야 한다.

④ 웅성불임친에는 없는 내병성 유전인자를 가져
야 한다.

31 두 유전자가 연관되었는지를 알아보기 위하여 주로 쓰는 방법은?

① 타가수정 　　　② 원형질융합
③ 속간교배 　　　④ 검정교배

해설

검정교배
교배에 의해 생긴 잡종 제1대와 이교배에 이용된 부모
중 어느 한쪽과의 교배이다.

32 다음 중 우장춘 박사의 작물육종 업적으로 옳은 것은?

① 배추와 양배추 간의 종간잡종 획득
② 속간잡종을 이용한 담배의 내병성 품종 육성
③ 콜히친에 의한 C-mitosis 발생기작 규명
④ 방사선을 이용한 옥수수의 돌연변이체 획득

해설

염색체가 10쌍인 배추와 9쌍인 양배추를 교배하면 두
종의 염색체가 그대로 합쳐져 염색체가 19쌍인 유채가
된다는 것을 밝혀냈으며 배추속에 속하는 3종의 식물들
이 교배를 통해 다른 종을 합성할 수 있다는 '우장춘의
삼각형' 이론을 정립했다.

33 여교잡 육종법에 대한 설명으로 옳지 않은 것은?

① 목표 형질 이외 다른 형질의 개량이 용이함
② 재래종의 내병성을 이병성 품종에 도입하는 경
우 효과적임
③ 복수의 유전자 집적이 가능함
④ 비실용 품종의 한 가지 우수한 특성을 도입하기
유용함

해설

여교잡(桅交雜)
A 품종과 B 품종의 교배에 의해 얻어진 잡종 제1세대
(F₁)를 그 양친 A, B 중 어느 한쪽과 다시 교배하는 것으
로, (A×B)×A 또는 (A×B)×B 의 교잡을 말한다. 비실용적
인 품종의 우수형질을 실용적인 품종에 옮기는 데 매우
유리한 방법이다.

34 잡종 집단에서 선발차가 50이고, 유전획득량이 25일 때의 유전력(%)은?

① 0.2 　　　② 0.5
③ 20 　　　④ 50

해설

$$유전력 = \frac{유전획득량}{선발차} \times 100 = 50\%$$

35 600개의 염기로 구성된 유전자의 DNA 단편이 단백질로 합성되는 과정에서 몇 개의 코돈을 형성하는가?

① 100 　　　② 200
③ 300 　　　④ 600

36 잡종강세육종에서 일반조합능력과 특정조합능력을 함께 검정할 수 있는 것은?

① 단교배 　　　② 톱교배
③ 이면교배 　　　④ 3원교배

37 동질배수체의 일반적인 특징에 대한 설명으로 옳지 않은 것은?

① 저항성이 증대된다.
② 핵과 세포가 커진다.
③ 착과수가 많아진다.
④ 영양기관의 생육이 증진된다.

정답　31 ④　32 ①　33 ①　34 ④　35 ②　36 ③　37 ③

해설

동질배수체의 일반적인 특징
㉠ 발육이 왕성하여 거대화된다.
㉡ 내병성이 대체로 증대된다.
㉢ 식물체 함유성분에 변화가 생긴다.
㉣ 결실성이 대체로 낮아진다.

38 일장효과의 이용에 대한 설명으로 틀린 것은?

① 단일성 작물에 한계일장 이상의 일장처리를 하면 개화가 지연된다.
② 단일성 작물에 한계일장 이하의 일장처리를 하면 개화가 촉진된다.
③ 장일성 작물에 한계일장 이하의 일장처리를 하면 개화가 촉진된다.
④ 장일성 작물에 한계일장 이상의 일장처리를 하면 개화가 촉진된다.

39 동질 4배체의 F_1(AAaa)을 자가수정하여 만들어진 F_2의 표현형의 분리비로 옳은 것은? (단, A는 a에 우성이다.)

① 우성 : 열성 = 1 : 1
② 우성 : 열성 = 3 : 1
③ 우성 : 열성 = 15 : 1
④ 우성 : 열성 = 35 : 1

40 집단선발법에 대한 설명으로 옳지 않은 것은?

① 집단 속에서 선발한 우량개체 간에 타식시킨다.
② 집단 속에서 선발한 우량개체를 자식시켜 나간다.
③ 어느 정도 이형접합성을 유지해 나가도록 할 필요가 있다.
④ 선발한 우량개체를 방임상태로 수분시켜 채종한다.

41 다음 중 인과류에 해당하는 것은?

① 앵두
② 포도
③ 감
④ 사과

해설

㉠ 인과류 : 배 · 사과 · 비파 등 → 꽃받침이 발달
㉡ 핵과류 : 복숭아 · 자두 · 살구 · 앵두 등 → 중과피 발달
㉢ 장과류 : 포도 · 딸기 · 무화과 등 → 외과피 발달
㉣ 각과류 : 밤 · 호두 등 → 씨의 자엽이 발달
㉤ 준인과류 : 감 · 귤 등 → 씨방이 발달

42 벼, 보리 등 자가수분 작물의 종자갱신방법으로 옳은 것은?(단, 기계적 혼입의 경우는 제외한다.)

① 자가에서 정선하면 종자교환을 할 필요가 없다.
② 원종장에서 보급종을 3~4년마다 교환한다.
③ 원종장에서 10년마다 교환한다.
④ 작황이 좋은 농가에서 15년마다 교환한다.

해설

종자갱신주기
벼, 보리, 콩 등 자식성 작물의 종자갱신 연한은 4년 1기이다.

43 다음 중 방사선을 육종적으로 이용할 때에 대한 설명으로 옳지 않은 것은?

① 주로 알파선을 조사하여 새로운 유전자를 창조한다.
② 목적하는 단일 유전자나 몇 개의 유전자를 바꿀 수 있다.
③ 연관군 내의 유전자를 분리할 수 있다.
④ 불화합성을 화합성으로 변화시킬 수 있다.

44 고구마의 저장온도와 저장습도로 가장 적합한 것은?

① 1~4℃, 60~70% ② 5~7℃, 70~80%
③ 13~15℃, 80~90% ④ 15~17℃, 90% 이상

해설 ----

고구마 안전 저장 조건은 온도 13~15℃, 상대습도 85~90%이다.

45 무기성분의 산화와 환원 형태로 옳지 않은 것은?

① 산화형 : SO_4, 환원형 : H_2S
② 산화형 : NO_3, 환원형 : NH_4
③ 산화형 : CO_2, 환원형 : CH_4
④ 산화형 : Fe^{++}, 환원형 : Fe^{+++}

해설 ----

산화(酸化, Oxidation)는 화합물이 전자(e^-)를 잃어 산화수가 증가하는 반응이고, 환원(還元, reduction)은 반대로 전자를 얻어 산화수가 감소하는 반응이다.

$$Fe^{3+} + e^- \underset{(\text{산화})}{\overset{(\text{환원})}{\rightleftarrows}} Fe^{2+}$$

46 다음 중 세포의 신장을 촉진시키며 굴광현상을 유발하는 식물호르몬은?

① 옥신 ② 지베렐린
③ 사이토카이닌 ④ 에틸렌

해설 ----

옥신의 발견
Darwin(1880)은 단자엽 식물의 소엽을 가지고 굴광현상을 일으키는 옥신을 발견했다.

47 영양번식을 위해 엽삽을 이용하는 것은?

① 베고니아 ② 고구마
③ 포도나무 ④ 글라디올러스

48 화곡류에서 잎을 일어서게 하여 수광률을 높이고, 증산을 줄여 한해 경감효과를 나타내는 무기성분으로 옳은 것은?

① 니켈 ② 규소
③ 셀레늄 ④ 리튬

49 건물생산이 최대가 되는 단위 면적당 군락 엽면적을 뜻하는 용어는?

① 최적엽면적 ② 비엽면적
③ 엽면적지수 ④ 총엽면적

해설 ----

최적엽면적(最適葉面積)
광합성에 의한 물질 생산이 최대가 되는 데 필요한 잎의 면적이다.

50 토양의 pH가 1단위 감소하면 수소이온의 농도는 몇 % 증가하는가?

① 1% ② 10%
③ 100% ④ 1,000%

51 다음 중 봄철 늦추위가 올 때 동상해의 방지책으로 옳지 않은 것은?

① 발연법 ② 송풍법
③ 연소법 ④ 냉수온탕법

해설 ----

냉수온탕침법(冷水溫湯浸法)
벼 종자로 전염하는 잎마름선충병을 방제하는 물리적 방법으로 벼 종자를 먼저 20℃ 이하의 냉수에 16~24시간 담갔다가 즉시 45~48℃의 온탕에 1~2분간 침지하고, 다시 51~52℃의 온탕에 7~10분간 침지하고 청수에 냉각시키는 종자소독법을 말한다.

52 다음 중 하고현상이 가장 심하지 않은 목초는?

① 티머시
② 켄터키블루그래스
③ 레드클로버
④ 화이트클로버

해설

하고의 발생

㉠ 목초의 하고현상은 여름철의 기온이 높고 건조가 심할수록 심하다.

㉡ 티머시 · 블루그래스 · 레드클로버 등은 하고가 심하고 오처드그라스 · 라이그라스 · 화이트클로버 등은 좀 덜하다.

53 다음 중 질산태질소에 관한 설명으로 옳은 것은?

① 산성토양에서 알루미늄과 반응하여 토양에 고정되어 흡수율이 낮다.
② 작물의 이용 형태로 잘 흡수 · 이용하지만 물에 잘 녹지 않으며 지효성이다.
③ 논에서는 탈질작용으로 유실이 심하다.
④ 논에서 환원층에 주면 비효가 오래 지속된다.

해설

질산태질소의 특징

음이온($-$)으로 구성되어 있어 논에서는 탈질작용으로 유실이 심하다.

54 질소농도가 0.3%인 수용액 20L를 만들어서 엽면시비를 할 때 필요한 요소비료의 양은? (단, 요소비료의 질소함량은 46%이다.)

① 약 28g
② 약 60g
③ 약 77g
④ 약 130g

55 작물이 정상적으로 생육하는 토양의 유효수분 범위(pF)는?

① 1.8~3.0
② 18~30
③ 180~300
④ 1,800~3,000

해설

토양의 유효수분 범위

토양의 성질, 식물의 종류 및 기후조건에 따라 차이가 있지만, 최대용수량의 60~80%의 범위이고, 수분 보유력은 pF 1.8~3.0 사이이다.

56 식물의 무기영양설을 제창한 사람은?

① 바빌로프
② 캔돌레
③ 린네
④ 리비히

해설

리비히(Liebig)

식물의 필수 영양분이 부식보다도 무기물이라는 견지에서 광물질설(무기영양설, 1840)을 제창하였다.

57 다음 중 벼의 장해형 냉해에 가장 민감한 시기로 옳은 것은?

① 유묘기
② 감수분열기
③ 최고분열기
④ 유숙기

해설

감수분열기의 냉해는 소포자의 형성 시 세포막 형성을 저해하고 약벽내면층(타페트) 이상비대 현상을 일으켜 생식기관의 이상을 초래한다.

58 다음 중 연작 장해가 가장 심한 작물은?

① 당근
② 시금치
③ 수박
④ 파

해설

5~7년 휴작을 요하는 작물

수박, 가지, 완두, 우엉, 고추, 토마토, 레드클로버, 사탕무 등

59 다음 중 파종량을 늘려야 하는 경우로 가장 적합한 것은?

① 단작을 할 때
② 발아력이 좋을 때
③ 따뜻한 지방에 파종할 때
④ 파종기가 늦어질 때

해설

파종량을 늘려야 하는 경우
파종기가 늦어질수록 대체로 모든 작물이 개체의 발육도가 낮아지므로 파종기가 늦어지면 파종량을 늘리는 것이 알맞다.

60 다음 중 영양번식의 발근 및 활착을 촉진하는 처리가 아닌 것은?

① 황화처리
② 프라이밍
③ 환상박피
④ 옥신류처리

제4과목　식물보호학

61 마늘의 뿌리를 가해하는 해충은?

① 고자리파리
② 점박이응애
③ 왕귀뚜라미
④ 아이노각다귀

해설

고자리파리
꽃파릿과의 곤충. 몸의 길이는 성충이 9~10mm이며, 애벌레는 마늘, 양파 따위의 작물을 해친다.

62 병원균이 균핵 형태로 종자와 섞여 있다가 전염되는 병은?

① 보리 깜부기병
② 호밀 맥각병
③ 벼 키다리병
④ 벼 도열병

해설

호밀에 발생하는 맥각병은 맥각균에 의해 나타나는데, 병원균이 균핵 형태로 종자와 섞여 있다가 전염된다.

63 곤충의 감각기에 대한 설명으로 옳지 않은 것은?

① 곤충의 감각에는 청각, 후각, 촉각, 시각 등이 있다.
② 각종 화학물질을 탐지할 수 있는 화학감각기가 잘 발달되어 있다.
③ 곤충은 소리를 탐지할 수 없다.
④ 대부분의 곤충은 적색을 감지하지 못한다.

해설

존스턴 기관
곤충의 촉각 제2절인 경절(脛節)에 있는 특수한 기계적 수용기(受容器). 평형을 유지하거나 기계적인 진동 및 소리를 감지하는 기관의 하나로, 특히 쌍시목(雙翅目) 곤충의 수컷에 발달하였다.

64 고구마 무름병균과 귤 푸른곰팡이병의 공통된 기주 침입방법은?

① 자연개구부를 통한 침입
② 상처를 통한 침입
③ 각피를 통한 침입
④ 특수기관을 통한 침입

해설

고구마 무름병균과 귤 푸른곰팡이병의 공통된 기주 침입방법은 상처를 통한 침입이다.

65 벼의 줄무늬잎마름병의 매개충은?

① 벼멸구
② 애멸구
③ 흰등멸구
④ 복숭아혹진딧물

해설

애멸구는 벼의 줄무늬잎마름병의 매개충이다.

66 식물병을 일으키는 비기생성 원인과 가장 거리가 먼 것은?

① 양분 부족
② 유해 물질
③ 바이로이드
④ 산업폐기물

바이로이드
저분자량인 한 가닥의 사슬 RNA로 구성되는 식물 병원체이다.

67 농약의 구비조건이 아닌 것은?

① 약해가 없을 것
② 가격이 저렴할 것
③ 약효가 확실할 것
④ 타 약제와 혼용 시 물리적 작용이 일어날 것

농약은 타 약제와 혼용 시 물리적 작용이 일어나지 않아야 한다.

68 사용 목적에 따른 농약의 분류에서 종류가 다른 것은?

① 접촉독제   ② 유인제
③ 훈증제   ④ 종자소독제

농약의 사용 목적에 따른 분류
㉠ 살균제(Fungicide) : 농산물의 질적 향상 및 양적 증대를 목적으로 병원 미생물로부터 농작물을 보호하기 위해 사용되는 약제를 총칭함. '직접 살균제'와 '보호 살균제'로 나눌 수 있다.
㉡ 살충제 : 농작물을 가해하는 해충의 방제에 사용하는 약제로 소화중독제, 접촉제, 침투성 살충제, 훈증제, 기피제 등으로 세분화한다.
㉢ 살비제 : 곤충에 대하여는 살충 효과가 없고 응애류에 대해 효력이 있는 약제다.
㉣ 살선충제 : 식물의 뿌리에 기생하는 선충을 방제하는 약제다.
㉤ 살서제 : 농림상 해를 주는 쥐, 두더지 및 기타 설치류의 방제 시 사용하는 약제다.

69 식물을 보호하기 위한 포장위생 방법으로 옳지 않은 것은?

① 병든 식물의 제거
② 윤작
③ 병환부의 제거
④ 수확 후 이병잔재물의 제거

윤작(輪作)은 한 포장에 같은 작물을 계속하여 재배하지 않고 어떤 작부방식을 규칙적으로 반복해나가는 경작방식이다.

70 식물병 표징의 특징이 다른 하나는?

① 흰가루병   ② 녹병
③ 균핵병   ④ 흰녹가루병

균핵병
진균에 의해서 식물에 발생하는 병의 하나로 유실수에서 발생하며, 열매의 표면에 갈색의 점무늬가 커지면서 열매가 물러져 못 먹게 된다.

71 밑줄기녹병균의 중간기주는?

① 향나무   ② 밀
③ 매자나무   ④ 모과나무

72 프루텔고치벌이 기생하는 기주곤충은?

① 파밤나방   ② 담배나방
③ 배추좀나방   ④ 담배거세미나방

73 도열병균의 포자가 발아한 후 잎 표피를 침입하기 위하여 형성하는 기구는?

① 부착기   ② 발아관
③ 흡기   ④ 제2차 균사

74 곤충의 특징이 아닌 것은?

① 머리에는 한 쌍의 촉각과 여러 모양으로 변형된 입틀(구기)을 가지고 있다.
② 폐쇄 혈관계를 가지고 있다.
③ 호흡은 잘 발달된 기관계를 통해서 이루어진다.
④ 외골격으로 이루어져 있다.

> **해설**
>
> 곤충은 개방 혈관계이다. 폐쇄 혈관계는 환형동물, 척추동물의 혈관계이다.

75 날개가 없는 원시적인 곤충들의 후배자 발육에서 볼 수 있고 탈피만 일어나는 변태는?

① 완전변태   ② 불완전변태
③ 과변태   ④ 무변태

76 곤충의 가슴에 대한 설명으로 옳지 않은 것은?

① 두 쌍의 날개가 있는 경우, 앞가슴과 가운데가슴에 각각 한 쌍씩 있다.
② 앞가슴, 가운데가슴, 뒷가슴의 세 부분으로 구성된다.
③ 파리목 곤충은 뒷날개가 퇴화되어 있다.
④ 각 마디마다 한 쌍씩의 다리가 있다.

> **해설**
>
> 두 쌍의 날개가 있는 경우, 가운데가슴과 뒷가슴에 각각 한 쌍씩 있다.

77 식물병을 일으키는 요인 중 전염성 병원이 아닌 것은?

① 항생제   ② 바이로이드
③ 스피로플라스마   ④ 파이토플라스마

> **해설**
>
> 항생제는 미생물이나 세균 따위의 발육과 번식을 억제하는 물질로 만든 약제이다.

78 해충 종합관리에 대한 설명으로 옳지 않은 것은?

① 이용할 수 있는 모든 방제수단을 조화롭게 활용한다.
② 작물 재배지 내의 모든 해충을 박멸한다.
③ 해충밀도를 경제적 피해 허용수준 이하로 유지한다.
④ 해충방제의 부작용을 최소한으로 줄인다.

> **해설**
>
> ②는 화학적 방제방법이다.

79 식물병원 바이러스에 대한 설명으로 옳지 않은 것은?

① 인공배지에 배양할 수 없다.
② 핵산은 DNA로만 구성되어 있다.
③ 주로 핵산과 단백질로 되어 있다.
④ 식물에 병을 일으키는 능력을 가진다.

> **해설**
>
> 바이러스는 DNA나 RNA 중 한 종류의 핵산을 가지고 있어 이를 기준으로 DNA 바이러스와 RNA바이러스로 구분한다.

80 식물 바이러스에 대한 설명으로 옳지 않은 것은?

① 식물 세균보다 크기가 큰 병원체이다.
② 초현미경적 병원체이다.
③ 살아있는 세포에서만 증식이 가능하다
④ 핵산의 주위를 외피단백질이 둘러싸고 있다.

> **해설**
>
> 바이러스는 세균보다 크기가 훨씬 작아 세균을 걸러내는 세균 여과기를 그대로 통과한다.

정답   74 ②   75 ④   76 ①   77 ①   78 ②   79 ②   80 ①

81 「식물신품종보호법」상 우선권을 주장하려는 자는 최초의 품종보호 출원일 다음 날부터 얼마 이내에 품종보호 출원을 하지 아니하면 우선권을 주장할 수 없는가?

① 3개월 이내 ② 6개월 이내
③ 9개월 이내 ④ 1년 이내

해설 ┄┄┄┄

우선권의 주장

㉠ 대한민국 국민에게 품종보호 출원에 대한 우선권을 인정하는 국가의 국민이 그 국가에 품종보호 출원을 한 후 같은 품종을 대한민국에 품종보호 출원하여 우선권을 주장하는 경우에는 그 국가에 품종보호 출원한 날을 대한민국에 품종보호 출원한 날로 본다.

㉡ 우선권을 주장하려는 자는 최초의 품종보호 출원일 다음 날부터 1년 이내에 품종보호 출원을 하지 아니하면 우선권을 주장할 수 없다.

82 「종자산업법」상 출입, 조사·검사 또는 수거를 거부·방해 또는 기피한 자의 과태료는?

① 5백만 원 이하의 과태료
② 1천만 원 이하의 과태료
③ 2천만 원 이하의 과태료
④ 5천만 원 이하의 과태료

해설 ┄┄┄┄

1천만 원 이하의 과태료

㉠ 종자의 보증과 관련된 검사서류를 보관하지 아니한 자
㉡ 무병화인증을 받은 종자업자, 무병화인증을 받은 종자를 판매·보급하는 자 또는 무병화인증기관은 정당한 사유 없이 보고·자료제출·점검 또는 조사를 거부·방해하거나 기피한 자
㉢ 종자의 생산 이력을 기록·보관하지 아니하거나 거짓으로 기록한 자
㉣ 종자의 판매 이력을 기록·보관하지 아니하거나 거짓으로 기록한 종자업자
㉤ 정당한 사유 없이 자료제출을 거부하거나 방해한 자
㉥ 유통 종자 또는 묘의 품질표시를 하지 아니하거나 거짓으로 표시하여 종자 또는 묘를 판매하거나 보급한 자

㉦ 출입, 조사·검사 또는 수거를 거부·방해 또는 기피한 자
㉧ 구입한 종자에 대한 정보와 투입된 자재의 사용 명세, 자재구입 증명자료 등을 보관하지 아니한 자

83 종자검사요령상 종자검사 순위도에서 종자검사 시 가장 우선 실시하는 것은?

① 발아세검사 ② 농약검사
③ 발아율검사 ④ 수분검사

해설 ┄┄┄┄

종자검사 시 수분검사를 가장 우선 실시한다.

84 종자검사요령상 시료추출에서 수수의 순도검사 최소 중량은?

① 25g ② 50g
③ 90g ④ 120g

해설 ┄┄┄┄

소집단과 시료의 중량

작물	소집단의 최대 중량 (ton)	시료의 최소 중량(g)			
		제출 시료	순도 검사	이종계 수용	수분검 정용
고추	10	150	15	150	50
배추	10	70	7	70	50
벼	30	700	70	700	100
수수	30	900	90	900	100

85 「종자산업법」상 국가보증의 대상에 대한 내용이다. (　　)에 옳지 않은 내용은?

(　　)가/이 품종목록 등재대상작물의 종자를 생산하거나 수출하기 위하여 국가보증을 받으려는 경우 국가보증의 대상으로 한다.

① 군수
② 시장
③ 도지사
④ 각 지역 국립 대학교 연구원

국가보증의 대상
㉠ 농림축산식품부장관이 종자를 생산하거나 그 업무를 대행하게 한 경우
㉡ 시·도지사, 시장·군수·구청장, 농업단체 등 또는 종자업자가 품종목록 등재대상작물의 종자를 생산하거나 수출하기 위하여 국가보증을 받으려는 경우

86 「종자산업법」상 육묘업 등록이 취소된 자는 취소된 날부터 몇 년이 지나지 아니하면 육묘업을 다시 등록할 수 없는가?

① 2년 ② 3년
③ 5년 ④ 7년

육묘업 등록의 취소
㉠ 시장·군수·구청장은 육묘업자가 다음에 해당하는 경우에는 육묘업 등록을 취소하거나 6개월 이내의 기간을 정하여 영업의 전부 또는 일부의 정지를 명할 수 있다. 다만, 제1호에 해당하는 경우에는 그 등록을 취소하여야 한다.
  1. 거짓이나 그 밖의 부정한 방법으로 육묘업 등록을 한 경우
  2. 육묘업 등록을 한 날부터 1년 이내에 사업을 시작하지 아니하거나 정당한 사유 없이 1년 이상 계속하여 휴업한 경우
  3. 육묘업자가 육묘업 등록을 한 후 시설기준에 미치지 못하게 된 경우
  4. 품질표시를 하지 아니한 묘를 판매하거나 보급한 경우
  5. 묘 등의 조사나 묘의 수거를 거부·방해 또는 기피한 경우
  6. 생산이나 판매가 중지된 묘를 생산하거나 판매한 경우
㉡ 시장·군수·구청장은 육묘업자가 영업정지명령을 위반하여 정지기간 중 계속 영업을 할 때에는 그 영업의 등록을 취소할 수 있다.
㉢ 육묘업 등록이 취소된 자는 취소된 날부터 2년이 지나지 아니하면 육묘업을 다시 등록할 수 없다.

87 「식물신품종 보호법」상 품종보호권의 설정등록을 받으려는 자나 품종보호권자는 품종보호료 납부기간이 지난 후에도 얼마 이내에는 품종보호료를 납부할 수 있는가?

① 6개월 ② 9개월
③ 12개월 ④ 2년

납부기간이 지난 후의 품종보호료 납부
㉠ 품종보호권의 설정등록을 받으려는 자나 품종보호권자는 품종보호료 납부기간이 지난 후에도 6개월 이내에는 품종보호료를 납부할 수 있다.
㉡ 품종보호료를 납부할 때에는 품종보호료의 2배 이내의 범위에서공동부령으로 정한 금액을 납부하여야 한다.

88 「종자산업법」상 지방자치단체의 종자산업 사업수행에 대한 내용이다. ( )에 알맞은 내용은?

( )은 종자산업의 안정적인 정착에 필요한 기술보급을 위하여 지방자치단체의 장에게 지역특화 농산물 품목 육성을 위한 품종개발사업을 수행하게 할 수 있다.

① 농림축산식품부장관
② 환경부장관
③ 농업기술실용화재단장
④ 농촌진흥청장

지방자치단체의 종자산업 사업수행
농림축산식품부장관은 종자산업의 안정적이 정착에 필요한 기술보급을 위하여 지방자치단체의 장에게 다음의 사업을 수행하게 할 수 있다.
㉠ 종자 및 묘 생산과 관련된 기술의 보급에 필요한 정보 수집 및 교육
㉡ 지역특화 농산물 품목 육성을 위한 품종개발
㉢ 지역특화 육종연구단지의 조성 및 지원
㉣ 종자생산 농가에 대한 채종 관련 기반시설의 지원
㉤ 그 밖에 농림축산식품부장관이 필요하다고 인정하는 사업

정답 86 ① 87 ① 88 ①

89 「종자산업법」상 품종목록 등재의 유효기간은 등재한 날이 속한 해의 다음 해부터 몇 년까지로 하는가?

① 3년 　　　　　② 5년
③ 7년 　　　　　④ 10년

해설

품종목록 등재의 유효기간
품종목록 등재의 유효기간은 등재한 날이 속한 해의 다음 해부터 10년까지로 한다.

90 「종자산업법」상 종자업 등록의 취소 등에서 구청장은 종자산업자가 종자업 등록을 한 날부터 1년 이내에 사업을 시작하지 아니하거나 정당한 사유 없이 1년 이상 계속하여 휴업한 경우에는 종자업 등록을 취소하거나 얼마 이내의 기간을 정하여 영업의 전부 또는 일부의 정지를 명할 수 있는가?

① 1개월 　　　　　② 3개월
③ 6개월 　　　　　④ 9개월

해설

종자업 등록의 취소
시장·군수·구청장은 종자업자가 다음에 해당하는 경우에는 종자업 등록을 취소하거나 6개월 이내의 기간을 정하여 영업의 전부 또는 일부의 정지를 명할 수 있다. 다만, ㉠에 해당하는 경우에는 그 등록을 취소하여야 한다.
㉠ 거짓이나 그 밖의 부정한 방법으로 종자업 등록을 한 경우
㉡ 종자업 등록을 한 날부터 1년 이내에 사업을 시작하지 아니하거나 정당한 사유 없이 1년 이상 계속하여 휴업한 경우
㉢ 보호품종의 실시 여부 등에 관한 보고 명령에 따르지 아니한 경우
㉣ 종자의 보증을 받지 아니한 품종목록 등재대상작물의 종자를 판매하거나 보급한 경우
㉤ 종자업자가 종자업 등록을 한 후 시설기준에 미치지 못하게 된 경우
㉥ 종자업자가 본문을 위반하여 종자관리사를 두지 아니한 경우

㋐ 신고하지 아니한 종자를 생산하거나 수입하여 판매한 경우
㋑ 수출·수입이 제한된 종자를 수출·수입하거나, 수입되어 국내 유통이 제한된 종자를 국내에 유통한 경우
㋒ 수입적응성 시험을 받지 아니한 외국산 종자를 판매하거나 보급한 경우
㋓ 품질표시를 하지 아니한 종자를 판매하거나 보급한 경우
㋔ 종자 등의 조사나 종자의 수거를 거부·방해 또는 기피한 경우
㋕ 생산이나 판매를 중지하게 한 종자를 생산하거나 판매한 경우

91 종자관리요강상 과수 포장검사에 대한 내용이다. ( )에 알맞은 내용은?

항목 생산단계	최고한도(%)			
	이품종주	이종주	병주	
			특정병	기타병
원원종포	무	무	무	( )

① 1.0 　　　　　② 2.0
③ 3.0 　　　　　④ 4.0

해설

검사규격

항목 생산단계	최고한도(%)			
	이품종주	이종주	병주	
			특정병	기타병
원원종포	무	무	무	2.0
원종포	무	무	무	2.0
모수포	무	무	무	6.0
증식포	1.0	무	무	10.0

92 「식물신품종 보호법」상 과수와 임목의 경우 품종보호권의 존속기간은 품종보호권이 설정등록된 날부터 몇 년으로 하는가?

① 25년 　　　　　② 20년
③ 15년 　　　　　④ 10년

품종보호권의 존속기간

품종보호권의 존속기간은 품종보호권이 설정등록된 날부터 20년으로 한다. 다만, 과수와 임목의 경우에는 25년으로 한다.

93 「식물신품종 보호법」상 절차의 무효에 대한 내용이다. (   )에 알맞은 내용은?

> 심판위원회 위원장은 육성자의 권리 보호에 대한 절차가 무효로 된 경우로서 지정된 기간을 지키지 못한 것이 보정명령을 받은 자가 천재지변이나 그 밖의 불가피한 사유에 의한 것으로 인정될 때에는 그 사유가 소멸한 날부터 (   )에 또는 그 기간이 끝난 후 1년 이내에 보정명령을 받은 자의 청구에 따라 그 무효처분을 취소할 수 있다.

① 7일 이내   ② 14일 이내
③ 30일 이내   ④ 50일 이내

절차의 무효

㉠ 농림축산식품부장관, 해양수산부장관 또는 심판위원회 위원장은 보정명령을 받은 자가 지정된 기간까지 보정을 하지 아니한 경우에는 그 품종보호에 관한 절차를 무효로 할 수 있다.

㉡ 농림축산식품부장관, 해양수산부장관 또는 심판위원회 위원장은 그 절차가 무효로 된 경우로서 지정된 기간을 지키지 못한 것이 보정명령을 받은 자가 천재지변이나 그 밖의 불가피한 사유에 의한 것으로 인정될 때에는 그 사유가 소멸한 날부터 14일 이내에 또는 그 기간이 끝난 후 1년 이내에 보정명령을 받은 자의 청구에 따라 그 무효처분을 취소할 수 있다.

94 종자검사요령상 포장검사 병주 판정기준에서 참깨의 기타병은?

① 엽고병   ② 균핵병
③ 갈반병   ④ 풋마름병

㉠ 참깨의 특정병 : 역병, 위조병
㉡ 참깨의 기타병 : 엽고병

95 종자관리요강상 수입적응성 시험의 대상작물 및 실시기관에서 배추 작물의 실시기관은?

① 농업기술실용화재단   ② 한국종자협회
③ 한국생약협회   ④ 농업협동조합중앙회

수입적응성 시험의 대상작물 및 실시기관

구분	대상작물	실시기관
식량작물(13)	벼, 보리, 콩, 옥수수, 감자, 밀, 호밀, 조, 수수, 메밀, 팥, 녹두, 고구마	농업기술실용화재단
채소(18)	무, 배추, 양배추, 고추, 토마토, 오이, 참외, 수박, 호박, 파, 양파, 당근, 상추, 시금치, 딸기, 마늘, 생강, 브로콜리	한국종자협회
버섯(11)	양송이, 느타리, 영지, 팽이, 잎새, 버들송이, 만가닥버섯, 상황버섯	한국종균생산협회
	표고, 목이, 복령	국립산림품종관리센터
약용작물(22)	곽향, 당귀, 맥문동, 반하, 방풍, 산약, 작약, 지황, 택사, 향부자, 황금, 황기, 전칠, 파극, 우슬	한국생약협회
	백출, 사삼, 시호, 오가피, 창출, 천궁, 하수오	국립산림품종관리센터
목초·사료 및 녹비작물(29)	오차드그라스, 톨페스큐, 티모시, 페러니얼라이그라스, 켄터키블루그라스, 레드톱, 리드카나리그라스, 알팔파, 화이트크로바, 레드크로바, 버즈풋트레포일, 메도우페스큐, 브롬그라스, 사료용 벼, 사료용 보리, 사료용 콩, 사료용 감자, 사료용 옥수수, 수수 수단그라스 교잡종(Sorghum Sudangrass Hybrid), 수수교잡종(Sorghum Sorghum Hybrid), 호밀, 귀리, 사료용 유채, 이탈리안라이그라스, 헤어리베치, 콤먼벳치, 자운영, 크림손클로버, 수단그라스 교잡종(Sudangrass Sudangrass Hybrid)	농업협동조합중앙회
인삼(1)	인삼	한국생약협회

96 「종자산업법」상 전문인력의 양성에 대한 내용이다. (   )에 알맞은 내용은?

> 국가와 지방자치단체는 지정된 전문인력 양성기관이 정당한 사유 없이 전문인력 양성을 거부하거나 지연한 경우 그 지정을 취소하거나 (   ) 이내의 기간을 정하여 업무의 전부 또는 일부 정지를 명할 수 있다.

① 3개월
② 6개월
③ 9개월
④ 12개월

〔해설〕

전문인력의 양성

국가와 지방자치단체는 종자산업의 육성 및 지원에 필요한 전문인력을 양성하여야 한다.

국가와 지방자치단체는 지정된 전문인력 양성기관이 다음에 해당하는 경우에는 대통령령으로 정하는 바에 따라 그 지정을 취소하거나 3개월 이내의 기간을 정하여 업무의 전부 또는 일부 정지를 명할 수 있다. 다만, ㉠에 해당하는 경우에는 그 지정을 취소하여야 한다.

㉠ 거짓이나 그 밖의 부정한 방법으로 지정받은 경우
㉡ 전문인력 양성기관의 지정기준에 적합하지 아니하게 된 경우
㉢ 정당한 사유 없이 전문인력 양성을 거부하거나 지연한 경우
㉣ 정당한 사유 없이 1년 이상 계속하여 전문인력 양성 업무를 하지 아니한 경우

97 종자관리요강상 규격묘의 규격기준에서 뽕나무 묘목의 접목묘 길이(cm)는?(단, 묘목의 길이는 지제부에서 묘목선단까지의 길이이다.)

① 20 이상
② 30 이상
③ 40 이상
④ 50 이상

〔해설〕

뽕나무 묘목

묘목의 종류	묘목의 길이(cm)	묘목의 직경(mm)
접목묘	50 이상	7
삽목묘	50 이상	7
휘문이묘	50 이상	7

※ 1) 묘목의 길이 : 지제부에서 묘목 선단까지의 길이
2) 묘목의 직경 : 접목부위 상위 3cm 부위 접수의 줄기 직경. 단, 삽목묘 및 휘문이묘는 지제부에서 3cm 위의 직경

98 「식물신품종 보호법」상 품종보호권의 취소결정을 받은 자가 이에 불복하는 경우에는 그 등본을 송달받은 날부터 얼마 이내에 심판을 청구할 수 있는가?

① 14일
② 30일
③ 45일
④ 90일

〔해설〕

거절결정 또는 취소결정에 대한 심판

거절결정 또는 취소결정을 받은 자가 이에 불복하는 경우에는 그 등본을 송달받은 날부터 30일 이내에 심판을 청구할 수 있다.

99 「식물신품종 보호법」상 신규성에 대한 내용이다. (   )에 알맞은 내용은?(단, 과수 및 임목인 경우에는 제외한다.)

> 품종보호 출원일 이전에 대한민국에서는 (   ) 이상, 그 밖의 국가에서는 4년 이상 해당 종자나 그 수확물이 이용을 목적으로 양도되지 아니한 경우에는 그 품종은 신규성을 갖춘 것으로 본다.

① 6개월
② 1년
③ 2년
④ 3년

〔해설〕

신규성

품종보호 출원일 이전에 대한민국에서는 1년 이상, 그 밖의 국가에서는 4년[과수(果樹) 및 임목(林木)인 경우에는 6년] 이상 해당 종자나 그 수확물이 이용을 목적으로 양도되지 아니한 경우에는 그 품종은 신규성을 갖춘 것으로 본다.

100 「식물신품종 보호법」상 품종명령등록 이의 신청 이유 등의 보정에서 품종명칭등록 이의신청을 한 자는 품종명칭등록 이의신청기간이 지난 후 얼마 이내에 품종명칭등록 이의신청서에 적은 이유 또는 증거를 보정할 수 있는가?

① 7일　　　　　② 15일
③ 30일　　　　　④ 45일

해설

품종명칭등록 이의신청 이유 등의 보정
품종명칭등록 이의신청을 한 자는 품종명칭등록 이의신청기간이 지난 후 30일 이내에 품종명칭등록 이의신청서에 적은 이유 또는 증거를 보정할 수 있다.

제1과목 | 종자생산학

01 자가불화합성을 이용한 배추과 채소의 F_1 채종 시 양친의 개화기를 일치시키는 방법으로 옳지 않은 것은?

① 저온처리
② 일장처리
③ H_2O_2 처리
④ 파종기 조절

> **해설**
>
> H_2O_2 처리는 맥류의 휴면타파이다.

02 십자화과채소의 채종 적기는?

① 백숙기
② 녹숙기
③ 갈숙기
④ 고숙기

> **해설**
>
> 십자화과 작물의 성숙과정
> ① 백숙(白熟)기 : 종자가 백색이고, 내용물이 물과 같은 상태의 과정이다.
> ② 녹숙(綠熟)기 : 종자가 녹색이고, 내용물이 손톱으로 쉽게 압출되는 상태의 과정이다.
> ③ 갈숙(褐熟)기 : 꼬투리가 녹색을 상실해 가며, 종자는 고유의 성숙색이 되고, 손톱으로 파괴하기 어려운 과정이다. 보통 갈숙에 도달하면 성숙했다고 본다.
> ④ 고숙(枯熟)기 : 종자는 더욱 굳어지고, 꼬투리는 담갈색이 되어 취약해진다.

03 종자 순도분석을 위한 시료의 구성요소에 해당하지 않는 것은?

① 정립
② 수분함량
③ 이종종자
④ 이물

> **해설**
>
> 순도분석의 목적은 시료의 구성요소(정립, 이종종자, 이물)를 중량백분율로 산출하여 소집단 전체의 구성요소를 추정하고, 품종의 동일성과 종자에 섞여 있는 이물질을 확인하는 데 있다.

04 무수정생식에 해당하지 않는 것은?

① 부정배생식
② 위수정생식
③ 포자생식
④ 웅성단위생식

> **해설**
>
> 무수정생식
> 특별한 생식조직에 의한 수정이 없이 일어나는 생식

05 감자의 채종체계로 옳은 것은?

① 조직배양 → 원종 → 원원종 → 기본종 → 기본식물 → 보급종
② 조직배양 → 기본종 → 기본식물 → 원종 → 원원종 → 보급종
③ 조직배양 → 원원종 → 원종 → 기본종 → 기본식물 → 보급종
④ 조직배양 → 기본종 → 기본식물 → 원원종 → 원종 → 보급종

06 종자의 생화학적 검사 방법으로 옳지 않은 것은?

① 착색법
② 전기전도율 검사
③ 효소활성측정법
④ 페릭 클로라이드법(Ferric Chloride법)

정답 01 ③ 02 ③ 03 ② 04 ③ 05 ④ 06 ②

07 기내 인공발아시험 시 광 조사를 할 필요가 없는 작물은?

① 파   ② 상추
③ 우엉   ④ 셀러리

해설

㉠ 호광성(광발아성) 종자
　담배, 상추, 우엉, 피튜니아, 차조기, 금어초, 디기탈리스, 베고니아, 뽕나무, 벤트그래스, 버뮤다그래스, 켄터키블루그래스, 캐나다블루그래스, 스탠더드휘트그래스, 셀러리 등
㉡ 혐광성 종자
　토마토, 가지, 파, 양파, 수박, 수세미, 호박, 무, 오이 등

08 발아세를 높이는 방법으로 옳지 않은 것은?

① 프라이밍 처리
② 테트라졸리움액 처리
③ 저온 처리
④ 지베렐린액 처리

해설

테트라졸리움법은 종자 발아력의 간이 검정법이다.

09 종자의 휴면을 조절하는 요인으로 가장 거리가 먼 것은?

① 광   ② 종피파상
③ 온도   ④ 이산화탄소

10 종자의 저장조직에 해당하지 않는 것은?

① 배유   ② 배
③ 외배유   ④ 자엽

해설

배는 식물체의 종자 속에 있는 식물체를 형성하는 부위이다.

11 포장검사에서 함께 조사해야 할 사항으로 가장 옳지 않은 것은?

① 이전에 재배한 작물로부터 출현한 식물과 섞일 위험성이 있는가
② 1대 잡종의 경우 자응비율이 충분하고 제응이 충분히 되어 있는가
③ 다른 작물과 가까워 타가수분이 충분히 잘 이루어질 수 있는가
④ 병으로부터 안전한가

해설

③ 다른 작물과 격리되어야 한다.

12 콩과작물 종자의 외형에 나타나는 특수기관에 해당하지 않는 것은?

① 제   ② 주공
③ 외영   ④ 봉선

해설

성숙한 종자의 외형에는 제, 주공, 봉선, 합점, 우류 등의 특수기관이 있다.

13 채소류의 채종지 환경에 대한 설명으로 가장 옳은 것은?

① 고온에서 꽃가루가 충실하고 종자의 발육이 좋아져서 채종량이 많아진다.
② 등숙기로부터 수확기까지의 시기에 강우가 많아야 충실한 종자를 얻을 수 있다.

③ 후기에는 일시에 다량의 종자를 성숙시키므로 비효가 오래 지속되는 토양이 좋다.

④ 수분 매개충의 활동은 온도의 영향을 받지 않는다.

> **해설**
>
> ① 온난한 곳에서 꽃가루가 충실하고 종자의 발육이 좋아져서 채종량이 많아진다.
>
> ② 등숙기로부터 수확기까지의 시기에 강우가 적어야 충실한 종자를 얻을 수 있다.
>
> ④ 수분 매개충의 활동은 온도의 영향을 받는다.

14 종자검사 시 표본추출에 대한 설명으로 가장 옳지 않은 것은?

① 포장검사, 종자검사는 전수 또는 표본 추출 검사 방법에 의한다.

② 표본 추출은 채종 전 과정에서 골고루 채취한다.

③ 기계적인 채취 시에는 일정량을 한 번만 채취하면 된다.

④ 가마니, 포대 등에 들어 있을 때는 손을 넣어 휘저어 여러 번 채취한다.

15 보급종 채종량은 일반재배의 몇 %로 하는가?

① 50% ② 70%
③ 80% ④ 100%

> **해설**
>
> 종자생산포장의 채종량
> 원원종포(50%) − 원종포(80%) − 채종포(100%)이다.

16 배낭모세포의 감수분열 결과 생긴 4개의 배낭세포 중 몇 개가 정상적인 세포로 남게 되는가?

① 1개 ② 2개
③ 3개 ④ 4개

> **해설**
>
> 배낭모세포(胚囊母細胞)가 감수분열하여 생성된 세포 중 3개는 퇴화하고 남은 1개의 세포가 배낭세포이다.

17 국제적으로 유통되는 종자의 검사규정을 입안하고, 국제 종자분석 증명서를 발급하는 기관은?

① FAO ② UPOV
③ ISTA ④ ISO

> **해설**
>
> ① FAO : 세계식량농업기구
>
> ② UPOV : 식물신품종보호에 관한 동맹
>
> ④ ISO : 인증규격 국제표준화기구

18 종자를 70℃ 정도에서 일정시간 건열처리했을 때 종자전염성 병 방제에 효과가 있는 것으로만 나열된 것은?

① 보리 깜부기병, 벼 키다리병

② 수박 탄저병, 토마토 TMV

③ 감자 역병, 밀 비린깜부기병

④ 밀 비린깜부기병, 보리 깜부기병

19 퇴화하는 종자의 특성으로 옳지 않은 것은?

① 발아율 저하

② 종자침출물 감소

③ 저항성 감소

④ 유리지방산 증가

> **해설**
>
> ② 종자침출물 증가이다.

20 배휴면을 하는 종자의 휴면타파에 가장 효과적인 방법은?

① 습윤 저온처리 ② 습윤 고온처리
③ 건조 저온처리 ④ 건조 고온처리

> **해설**
>
> 습윤 · 저온처리하면 ABA는 감소하고 지베렐린이 증가하여 휴면이 타파된다.

정답 14 ③ 15 ④ 16 ① 17 ③ 18 ② 19 ② 20 ①

21 체세포의 염색체 구성이 $2n+1$일 때 이를 무엇이라고 하는가?

① 일염색체
② 이질배수체
③ 삼염색체
④ 분리배수체

> 해설

체세포의 염색체 구성이 $2n+1$일 때 이를 삼염색체라 한다.

22 ( ) 안에 알맞은 내용은?

- 같은 형질에 관여하는 여러 유전자들이 누적효과를 가질 때 ( )라 한다.
- ( )의 경우는 여러 경로에서 생성하는 물질량이 상가적으로 증가한다.

① 우성상위
② 복수유전자
③ 보족유전자
④ 치사유전자

> 해설

우성상위(優性上位)
두 개의 비대립 유전자 사이에 한 유전자가 다른 유전자의 발현을 억제하고 자신의 고유한 특성만을 발현하는 현상

보족유전자
서로 보충하여 하나의 형질을 표현하는 비대립유전자. 어떤 형질은 2가지 이상의 비대립유전자가 공존하는 경우에만 나타나는데, 예로는 완두콩의 꽃색을 지배하는 유전자가 있다.

23 F_1의 유전자 구성이 AaBbCcDd인 잡종인 자식 후대에서 고정된 유전자형의 종류는 몇 가지인가?(단, 모든 유전자는 독립유전한다.)

① 4
② 12
③ 16
④ 30

> 해설

$2 \times 2 \times 2 \times 2 = 16$

24 자가불화합성 식물을 자가수정시켜 종자를 얻을 수 있는 방법으로만 알맞게 나열된 것은?

① 종간교배, 자연교배
② 여교배, 정역교배
③ 뇌수분, 노화수분
④ 웅성불임, 종간교배

> 해설

뇌수분(蕾受粉)
꽃이 피기 전인 꽃봉오리 때 수분을 하는 일. 자가불화합성 종자라도 이 작업을 통해 자가수정 종자를 얻을 수 있어서 육종에 많이 이용한다.

25 다음 중 식물병에 대한 진정저항성과 동일한 뜻을 가진 저항성은?

① 질적저항성
② 양적저항성
③ 포장저항성
④ 수평저항성

26 다음 중 선발효과가 가장 큰 경우는?

① 유전변이가 작고, 환경변이가 클 때
② 유전변이가 작고, 환경변이도 작을 때
③ 유전변이가 크고, 환경변이도 클 때
④ 유전변이가 크고, 환경변이가 작을 때

27 자연교잡에 의한 십자화과 채소품종의 퇴화를 방제하기 위해 사용할 수 있는 방법으로 가장 옳은 것으로만 나열된 것은?

① 외딴섬재배, 망실재배
② 수경재배, B-9 처리
③ 에틸렌 처리, 지베렐린 처리
④ 옥신 처리, 수경재배

28 트리티케일의 기원에 해당하는 것은?

① 보리×귀리
② 밀×보리
③ 호밀×보리
④ 밀×호밀

정답   21 ③   22 ②   23 ③   24 ③   25 ①   26 ④   27 ①   28 ④

트리티케일
'밀'과 '호밀'의 속간교배에 의하여 생긴 식물이며 사료
작물과 녹비로 이용되고 있다.

29 완전히 자가수정하는 동형접합체의 1개체
로부터 불어난 자손의 총칭은?

① 동질배수체　　　② 유전변이체
③ 돌연변이　　　　④ 순계

순계
모든 유전자에 대해서 호모인 계통

30 영양번식 작물의 교배육종 시 선발은 어느
때 하는 것이 가장 좋은가?

① 어느 세대든 관계가 없다.
② F_1 세대
③ F_4 세대
④ F_6 세대

영양번식 식물은 이형접합자가 많으며, 우량한 유전자형
이 발견되면 그것을 영양계로 증식하여 그대로 품종으로
이용할 수 있다는 특징이 있다. F_1에서 우량한 실생묘를
선발하여 영양계로 증식하면 품종을 육성할 수 있다.

31 교배모본 선정 시 고려해야 할 사항으로 옳
지 않은 것은?

① 유전자원의 평가 성적을 검토한다.
② 유전분석 결과를 활용한다.
③ 목적형질 이외에 양친의 유전적 조성의 차이를
　크게 한다.
④ 교배친으로 사용한 실적을 참고한다.

교배모본 선정
㉠ 특성검정 결과 이용
㉡ 유전자의 표현형질과의 관계를 명료히 하여 모본으
　로 사용
㉢ 각 지방에서 오랫동안 재배되어 온 품종(교배 모본
　으로 적합) 선정
㉣ 양적 형질이 개량목표인 경우 조합능력 검정을 토대
　로 선정

32 품종의 유전적 취약성의 가장 큰 원인은?

① 재배품종의 유전적 배경이 다양화되었기 때문
② 재배품종의 유전적 배경이 단순화되었기 때문
③ 농약 사용이 많아졌기 때문
④ 잡종강세를 이용한 F_1 품종이 많아졌기 때문

어떤 작물의 품종을 획일화한 어떤 지역에서 재배조건
의 급변에 의해 재배가 성립되지 못하는 것을 품종의 유
전적 취약성이라 한다.

33 다음 중 육종집단의 변이 크기를 나타내는
통계치는?

① 최소치와 평균치의 차이
② 평균치
③ 분산
④ 중앙치

분산(分散, Variance)
어떤 집단의 자료가 중심치인 평균으로부터 떨어진 정
도를 나타내는 양, 즉 산포(散布)의 정도를 나타내는 방
법 중의 하나를 분산이라고 한다.

34 다음 중 동질배수체를 육종에 이용할 때 가
장 불리한 점은?

① 종자의 크기　　　② 내병성
③ 생육상태　　　　④ 임성

임성

식물이 유성생식에 의해 종자를 만들 능력이 있는 것

35 다음 중 식물의 타가수정률을 높이는 기작으로 옳지 않은 것은?

① 폐화수정   ② 자가불화합성
③ 자웅이주   ④ 웅예선숙

폐화수정

속씨식물에서 꽃이 피기 전의 봉오리상태일 때 일어나는 자가수정으로, 개화하지 않고 자가수정으로 결실되는 꽃을 폐쇄화(Cleistogamous Flower)라고 한다.

36 인위적인 교잡에 의해서 양친이 가지고 있는 유전적인 장점만을 취하여 육종하는 것은?

① 초월육종   ② 조합육종
③ 반수체육종   ④ 이수체육종

① 초월육종 : 교배에 의하여 생기는 변이형 가운데 부모보다 우수한 형질을 가진 새로운 품종을 얻어 내는 일
③ 반수체육종 : 반수체를 배가함으로써 동형접합체를 생산하는 육종법

37 다음 중 정역교배의 표현으로 가장 옳은 것은?

① (A×B)×A, (A×B)×B
② (A×B)×C, (C×A)×B
③ A×B, B×A
④ (A×B)×(C×D)

정역교배(Reciprocal Cross)

멘델은 각 교배조합의 양친(A, B) 간에 A(♀)×B(♂) 교배를 하고, 동시에 B(♀)×A(♂) 교배도 하였는데, 이러한 교배방식을 정역교배라고 한다.

38 유전적 변이를 감별하는 방법으로 가장 알맞은 것은?

① 전체형성능 검정   ② 질소 이용률 검정
③ 후대검정   ④ 유의성 검정

후대검정

작물의 개체가 갖는 유전적 형질을 추정하기 위하여 그 자식 또는 몇 대째의 자손의 형질을 검정하는 일

39 피자식물의 중복수정에 해당하는 것은?

① 난핵×정핵, 극핵×정핵
② 난핵×정핵, 극핵×영양핵
③ 난핵×생식핵, 극핵×영양핵
④ 난핵×극핵, 영양핵×생식핵

중복수정

속씨식물의 난세포와 극핵이 동시에 두 개의 정핵에 의해서 수정되는 현상

40 다음 중 아포믹시스에 대한 설명으로 옳은 것은?

① 웅성불임에 의해 종자가 만들어진다.
② 수정과정을 거치지 않고 배가 만들어져 종자를 형성한다.
③ 자가불화합성에 의해 유전분리가 심하게 일어난다.
④ 세포질 불임에 의해 종자가 만들어진다.

아포믹시스

수정과정을 거치지 않고 배가 만들어져 종자를 형성한다.

41 화성유도 시 저온, 장일이 필요한 식물의 저온이나 장일을 대신하여 사용하는 식물호르몬은?

① CCC
② 에틸렌
③ 지베렐린
④ ABA

해설

화성의 유도 및 촉진
식물이 어느 정도 자란 다음에 지베렐린을 살포하면 (1,000ppm 2회), 양배추(100~1,000ppm), 당근(100ppm) 등에서 저온 처리를 대신하여 추대 · 개화하고, 추파맥류에서도 6엽기 정도부터 100ppm 액을 몇 차례 살포하면 저온 처리가 불충분해도 출수한다.

42 다음 중 침수에 의한 피해가 가장 큰 벼의 생육단계는?

① 분열성기
② 최고분열기
③ 수잉기
④ 고숙기

해설

침수에 의한 피해가 가장 큰 벼의 생육단계는 생식생장기인 수잉기에서 출수기이다.

43 ( ) 안에 알맞은 내용은?

> 감자 영양체를 20,000rad 정도의 (   )에 의한 γ선을 조사하면 맹아억제 효과가 크므로 저장기간이 길어진다.

① ^{13}C
② ^{17}C
③ ^{60}Co
④ ^{52}K

해설

영양기관의 장기저장
감자괴경, 당근, 양파, 밤 등의 영양체를 자연상태에서 장기 저장하면 휴면이 타파되고 발아하게 되어 상품가치가 저하되는데, ^{60}Co, ^{137}Cs에 의한 γ선을 조사하면 휴면이 연장되고 맹아억제효과가 크므로 장기저장이 가능하다.

44 노후답의 재배대책으로 가장 거리가 먼 것은?

① 저항성 품종을 선택한다.
② 조식재배를 한다.
③ 무황산근 비료를 시용한다.
④ 덧거름 중점의 시비를 한다.

해설

조기재배를 한다.

45 녹체춘화형 식물로만 나열된 것은?

① 완두, 잠두
② 봄무, 잠두
③ 사리풀, 양배추
④ 완두, 추파맥류

해설

녹체춘화형(綠體春化型)
식물이 발아 후 어느 정도 생장한 녹식물 상태가 되었을 때 저온에 반응하여 화성유도가 되고, 이후 화아 분화와 개화가 이루어지는 식물로서 양배추, 당근, 양파 등이 있다.

46 다음 중 땅속줄기(지하경)로 번식하는 작물은?

① 마늘
② 생강
③ 토란
④ 감자

해설

㉠ 비늘줄기(鱗莖) : 나리(백합) · 마늘 등
㉡ 땅속줄기(地下莖) : 생강 · 연 · 박하 · 호프 등

47 순무의 착색에 관계하는 안토시안의 생성을 가장 조장하는 광파장은?

① 적색광
② 녹색광
③ 적외선
④ 자외선

해설

자외선
태양 광선의 스펙트럼을 사진으로 찍었을 때 가시광선의 바깥쪽에 나타나는 전자파를 통틀어 이르는 말

정답 41 ③ 42 ③ 43 ③ 44 ② 45 ③ 46 ② 47 ④

48 다음 중 작물의 주요 온도에서 최적온도가 가장 낮은 작물은?

① 옥수수　　　　　② 완두

③ 보리　　　　　　④ 벼

최적온도가 가장 낮은 작물은 월동작물인 맥류이다.

49 뿌림골을 만들고 그곳에 줄지어 종자를 뿌리는 방법은?

① 산파　　　　　　② 점파

③ 적파　　　　　　④ 조파

조파(條播, 줄뿌림)
㉠ 작조하고 종자를 줄지어 뿌리는 방법이며, 맥류처럼 개체가 차지하는 평면공간이 넓지 않은 작물에 적용된다.
㉡ 골 사이가 비어 있으므로 수분·양분의 공급이 좋고, 통풍·통광이 좋으며, 관리 작업도 편리하여 생장이 고르고 수량과 품질도 좋아지는 경향이 있다.
㉢ 대부분의 작물들은 조파 양식으로 파종된다.

50 작물의 수해에 대한 설명으로 옳은 것은?

① 수온이 높은 것이 낮은 것에 비하여 피해가 심하다.
② 유수가 정체수보다 피해가 심하다.
③ 벼 분얼 초기는 다른 생육단계보다 침수에 약하다.
④ 화본과 목초, 옥수수는 침수에 약하다.

② 유수가 정체수보다 피해가 적다.
③ 벼 분얼 초기는 다른 생육단계보다 침수에 강하다.
④ 화본과 목초, 옥수수는 침수에 강하다.

51 앞 작물의 그루터기를 그대로 남겨서 풍식과 수식을 경감시키는 농법은?

① 녹색 필름 멀칭　　② 스터블 멀칭

③ 볏짚 멀칭　　　　　④ 투명 필름 멀칭

스터블 멀칭 농법
토양을 갈아엎지 않고, 경운하여 앞 작물의 그루터기를 그대로 남겨서 풍식과 수식을 경감시키는 농법

52 다음 중 T/R률에 대한 설명으로 옳은 것은?

① 감자나 고구마의 경우 파종기나 이식기가 늦어질수록 T/R률이 작아진다.
② 일사가 적어지면 T/R률이 작아진다.
③ 토양함수량이 감소하면 T/R률이 감소한다.
④ 질소를 다량 사용하면 T/R률이 작아진다.

① 감자나 고구마의 경우 파종기나 이식기가 늦어질수록 T/R률이 커진다.
② 일사가 적어지면 T/R률이 커진다.
④ 질소를 다량 사용하면 T/R률이 커진다.

53 우리나라가 원산지인 작물로만 나열된 것은?

① 감, 인삼　　　　　② 벼, 참깨

③ 담배, 감자　　　　④ 고구마, 옥수수

54 광합성에서 C_4 작물에 속하지 않는 것은?

① 사탕수수　　　　　② 옥수수

③ 벼　　　　　　　　④ 수수

벼는 C_3 작물이다.

55 벼의 비료 3요소 흡수 비율로 옳은 것은?

① 질소 5 : 인산 1 : 칼륨 1
② 질소 3 : 인산 1 : 칼륨 3
③ 질소 5 : 인산 2 : 칼륨 4
④ 질소 4 : 인산 2 : 칼륨 3

정답　48 ③　49 ④　50 ①　51 ②　52 ③　53 ①　54 ③　55 ③

작물의 종류에 따른 3요소(N : P : K) 흡수량

작물	3요소 흡수비율	작물	3요소 흡수비율
콩	5 : 1 : 1.5	옥수수	4 : 2 : 3
벼	5 : 2 : 4	고구마	4 : 1.5 : 5
맥류	5 : 2 : 3	감자	3 : 1 : 4

56 등고선에 따라 수로를 내고, 임의의 장소로부터 월류하도록 하는 방법은?

① 등고선관개　　　② 보더관개
③ 일류관개　　　　④ 고랑관개

해설

보더관개
낮은 둑으로 나누어진 논밭에 물을 얕게 펼쳐서 흘러내리게 하는 관수 방법

57 다음 중 식물학상 과실로 과실이 나출된 식물은?

① 벼　　　　　　　② 겉보리
③ 쌀보리　　　　　④ 귀리

해설

식물학상의 과실
㉠ 과실이 나출된 것 : 밀 · 쌀보리 · 옥수수 · 메밀 · 호프(hop) · 삼(大麻) · 차조기(蘇葉＝소엽) · 박하 · 제충국 등
㉡ 과실의 외측이 내영 · 외영(껍질)에 싸여 있는 것 : 벼 · 겉보리 · 귀리 등

58 고무나무와 같은 관상수목을 높은 곳에서 발근시켜 취목하는 영양번식 방법은?

① 삽목　　　　　　② 분주
③ 고취법　　　　　④ 성토법

해설

고취법
큰 나무의 가지를 취목하고자 할 때 실시되는 방법. 정원에 식재된 나무의 짜임새 있는 가지의 부분을 취목하고자 할 때 실시한다.

59 다음 중 단일식물에 해당하는 것으로만 나열된 것은?

① 양파, 상추　　　② 샐비어, 콩
③ 시금치, 양귀비　④ 아마, 감자

해설

단일식물
낮의 길이가 12시간보다 짧아지면 꽃눈을 피우는 식물이다.

60 식물체의 부위 중 내열성이 가장 약한 곳은?

① 완성엽　　　　　② 중심주
③ 유엽　　　　　　④ 눈

해설

물체에서 내열성
주피 · 완성엽은 내열성이 강하고, 눈 · 어린 잎은 비교적 강하며, 미성엽 · 중심주가 가장 약하다.

제4과목 **식물보호학**

61 완두콩바구미의 발생 횟수와 월동 형태로 가장 적절한 것은?

① 연 1회 발생, 성충
② 연 3회 발생, 번데기
③ 연 4~5회 발생, 성충
④ 연 7~10회 발생, 유충

---

62 다음 중 종자소독제가 아닌 것은?

① 테부코나졸 유제
② 프로클로라즈 유제
③ 디노테퓨란 수화제
④ 베노밀 · 티람 수화제

해설
디노테퓨란 수화제는 살충제이다.

63 성충의 몸이 전체 흰색을 나타내며, 침 모양의 주둥이를 이용하여 기주를 흡즙하여 가해하는 해충은?

① 무잎벌
② 온실가루이
③ 고자리파리
④ 복숭아혹진딧물

해설
온실가루이
성충의 몸 길이는 1.4mm로서 작은 파리모양이고 몸 색은 옅은 황색이지만 몸 표면이 흰 왁스가루로 덮여 있어 흰색을 띤다.

64 번데기가 위용인 곤충은?

① 파리
② 나비목
③ 벌목
④ 딱정벌레목

해설
번데기
벌(나용), 나비(피용), 파리(위용)

65 잡초의 생활형에 따른 분류는?

① 여름형, 겨울형
② 수생, 습생, 건생
③ 일년생, 월년생, 다년생
④ 화본과, 방동사니과, 광엽류

해설
① 잡초의 발생 시기에 따른 분류
② 잡초의 수습 적응에 따른 분류

③ 잡초의 생육기간에 따른 분류
④ 잡초의 종류

66 담자균문에 속하는 병원균으로 담자기에 격벽이 없는 균은?

① 보리 깜부기병균
② 밀 줄기녹병균
③ 잣나무 털녹병균
④ 뽕나무 버섯균

67 흰가루병균과 같이 살아 있는 기주에 기생하여 기주의 대사산물을 섭취해야만 살아갈 수 있는 병원균은?

① 반사물기생균
② 반활물기생균
③ 순사물기생균
④ 순활물기생균

해설
순활물기생균
절대적으로 살아 있는 기주에서만 살 수 있다.

68 병원체가 생성한 독소에 감염된 식물을 사람이나 동물이 섭취할 경우 독성을 유발할 수 있는 병은?

① 벼 도열병
② 고추 탄저병
③ 채소류 노균병
④ 맥류 붉은곰팡이병

69 곰팡이의 대사산물에서 분리된 항곰팡이성 항생물질은?

① 부라에스
② 포리옥신
③ 가스가마이신
④ 글리세오풀빈

70 유기인계 살충제에 대한 설명으로 가장 거리가 먼 것은?

① 신경독이다.
② 적용 해충의 범위가 좁다.
③ 알칼리에 분해되기 쉽다.

④ 일반적으로 잔효성이 짧다.

해설

유기인계 살충제

탄소 골격 화합물에 인이 결합한 물질을 주원료로 하여 제조한 농약으로, 현재 가장 흔하게 사용되는 농약의 종류이다.

71 작물 피해의 주요 원인 중 생물요소인 것은?

① 파이토플라스마　　② 대기오염
③ 토양습도　　　　　④ 토양온도

해설

파이토플라스마

바이러스와 세균의 중간 영역에 위치하는, 생물계에서 가장 작고 단순한 원핵생물의 일종. 식물의 체관을 막아 잎을 오그라들게 한다.

72 입제에 대한 설명으로 옳은 것은?

① 농약 값이 싸다.
② 사용이 간편하다.
③ 환경오염성이 높다.
④ 사용자에 대한 안정성이 낮다.

해설

입제(粒劑)는 사용이 간편하고 입자가 크기 때문에 근접오염 우려가 적다.

73 병원균을 접종하여도 기주가 병에 전혀 걸리지 않는 것은?

① 면역성　　　　　② 내병성
③ 확대저항성　　　④ 감염저항성

해설

병원에 대한 식물의 성질
㉠ 면역성 : 식물이 전혀 어떤 병에 걸리지 않는 것
㉡ 내병성 : 감염되어도 기주가 실질적인 피해를 적게 받는 경우
㉢ 저항성 : 병원체의 작용을 억제하는 기주의 능력

74 완전변태 곤충의 유리한 점은?

① 유충과 성충의 형태가 거의 같아서 분류에 용이하다.
② 유충과 성충의 먹이와 서식처의 경합이 생기지 않는다.
③ 유충과 성충이 먹이가 같으므로 먹이를 찾는 데 유리하다.
④ 유충과 성충이 같은 곳에 살 수 있어서 서식 공간 확보에 유리하다.

75 저장 곡식에 피해를 주는 해충은?

① 화랑곡나방　　　② 온실가루이
③ 꽃노랑총채벌레　④ 아메리카잎굴파리

해설

화랑곡나방

흔히 쌀나방으로 불리며, 쌀이나 밀 등 곡류 안에 알을 낳는다.

76 복숭아혹진딧물에 대한 설명으로 옳지 않은 것은?

① 유충으로 월동한다.
② 무시충과 유시충이 있다.
③ 식물 바이러스병을 매개한다.
④ 천적으로는 꽃등에류, 풀잠자리류, 기생벌류 등이 있다.

해설

복숭아혹진딧물

기주식물의 새순 기부에서 알로 월동한다.

77 잡초의 종자가 바람에 의하여 먼 거리까지 이동이 가능한 것은?

① 등대풀　　　　　② 바랭이
③ 민들레　　　　　④ 까마중

정답　71 ①　72 ②　73 ①　74 ②　75 ①　76 ①　77 ③

자연력에 의한 전파

바람을 타고 종자가 날기도 하고(민들레 등의 국화과 잡초), 바람에 의해 이동하기도 하며(강아지풀), 물에 떠내려가기도 한다(돌피).

78 완전변태를 하는 곤충으로만 나열된 것은?

① 바퀴목, 하루살이목

② 파리목, 나비목

③ 메뚜기목, 노린재목

④ 총채벌레목, 벼룩목

완전변태

곤충변태의 한 형식으로 후배 발생에서 번데기라는 특수한 시기를 거쳐 성충에 이르는 현상이다.

79 살충제에 대한 해충의 저항성이 발달되는 요인은?

① 살균제와 살충제를 섞어 뿌리기 때문에

② 같은 약제를 계속해서 뿌리기 때문에

③ 약제를 농도가 진하게 만들어 조금 뿌리기 때문에

④ 약제의 계통이나 주성분이 다른 약제를 바꾸어 뿌리기 때문에

약제저항성

동일 살충제를 해충의 집단에 계속 사용하면 저항력이 강한 개체만이 계속 선발되어 저항력이 더욱 증가한다. 따라서 이전에 유효했던 약량(사용배수)으로는 그 해충을 방제할 수 없게 되는데, 이러한 현상을 약제저항성(Chemical resistance)이라 하고, 이러한 해충집단을 저항성 계통이라 한다.

80 밭잡초 중 일년생 잡초로만 나열된 것은?

① 쑥, 망초
② 메꽃, 쇠비름
③ 쇠뜨기, 까마중
④ 명아주, 바랭이

구분		1년생	다년생
논잡초	화본과	강피 · 돌피 · 물피 등	나도겨풀
	방동사니과	알방동사니 · 올챙이고랭이 등	너도방동사니 · 올방개 · 쇠털골 · 매자기 등
	광엽잡초	여뀌 · 물달개비 · 물옥잠 · 사마귀풀 · 자귀풀 · 여뀌바늘 · 가막사리 등	가래 · 보풀 · 올미 · 벗풀 · 개구리밥 · 좀개구리밥 등
밭잡초	화본과	뚝새풀 · 바랭이 · 강아지풀 · 돌피 · 개기장 등	참새피 · 띠 등
	방동사니과	참방동사니 · 방동사니 등	향부자 등
	광엽잡초	비름 · 냉이 · 명아주 · 망초 · 여뀌 · 쇠비름 · 마디풀 · 속속이풀(2년생) · 별꽃(2년생) 등	쑥 · 씀바귀 · 메꽃 · 쇠뜨기 · 민들레 · 토끼풀 등

제5과목 종자 관련 법규

81 종자검사요령상 배추 순도검사를 위한 시료의 최소 중량(g)은?

① 120
② 100
③ 30
④ 7

시료의 중량

작물	소집단의 최대 중량(ton)	시료의 최소 중량(g)			
		제출 시료	순도 검사	이종계수용	수분검정용
고추	10	150	15	150	50
배추	10	70	7	70	50
벼	30	700	70	700	100
보리	30	1,000	120	1,000	100

82 ( ) 안에 알맞은 내용은?

종자산업의 기반 조성에서 국가와 지방자치단체는 지정된 전문인력 양성기관이 정당한 사유 없이 1년 이상 계속하여 전문인력 양성업무를 하지 아니한 경우에는 대통령령으로 정하는 바에 따라 그 지정을 취소하거나 ( )의 기간을 정하여 업무의 전부 또는 일부 정지를 명할 수 있다.

① 24개월 이내   ② 12개월 이내
③ 6개월 이내   ④ 3개월 이내

해설

전문인력의 양성
국가와 지방자치단체는 지정된 전문인력 양성기관이 다음 어느 하나에 해당하는 경우에는 대통령령으로 정하는 바에 따라 그 지정을 취소하거나 3개월 이내의 기간을 정하여 업무의 전부 또는 일부 정지를 명할 수 있다. 다만, ㉠에 해당하는 경우에는 그 지정을 취소하여야 한다.
㉠ 거짓이나 그 밖의 부정한 방법으로 지정받은 경우
㉡ 전문인력 양성기관의 지정기준에 적합하지 아니하게 된 경우
㉢ 정당한 사유 없이 전문인력 양성을 거부하거나 지연한 경우
㉣ 정당한 사유 없이 1년 이상 계속하여 전문인력 양성 업무를 하지 아니한 경우

83 종자관리요강상 수입적응성 시험의 심사기준에 대한 내용이다. ( ) 안에 알맞은 내용은? (단, 시설 내 재배시험인 경우는 제외한다.)

재배시험지역은 최소한 ( ) 지역 이상으로 하되, 품종의 주 재배지역은 반드시 포함되어야 하며 작물의 생태형 또는 용도에 따라 지역 및 지대를 결정한다. 다만, 실시기관의 장이 필요하다고 인정하는 경우에는 작물 및 품종의 특성에 따라 지역수를 가감할 수 있다.

① 7개   ② 5개
③ 4개   ④ 2개

해설

수입적응성 시험의 심사기준
㉠ 재배시험기간 : 재배시험기간은 2작기 이상으로 하되 실시기관의 장이 필요하다고 인정하는 경우에는 재배시험기간을 단축 또는 연장할 수 있다.
㉡ 재배시험지역 : 재배시험지역은 최소한 2개 지역 이상(시설 내 재배시험인 경우에는 1개 지역 이상)으로 하되, 품종의 주 재배지역은 반드시 포함되어야 하며 작물의 생태형 또는 용도에 따라 지역 및 지대를 결정한다. 다만, 실시기관의 장이 필요하다고 인정하는 경우에는 작물 및 품종의 특성에 따라 지역수를 가감할 수 있다.

84 종자관리요강상 겉보리 포장검사 시기 및 횟수는 유숙기로부터 황숙기 사이에 몇 회 실시하는가?

① 7회   ② 5회
③ 3회   ④ 1회

해설

겉보리, 쌀보리 및 맥주보리의 포장검사
㉠ 검사시기 및 횟수 : 유숙기로부터 황숙기 사이에 1회 실시한다.
㉡ 포장격리 : 벼에 준한다.
㉢ 전작물 조건 : 품종의 순도 유지를 위하여 2년 이상 윤작을 하여야 한다. 다만, 경종적 방법에 의하여 혼종의 우려가 없도록 담수처리, 객토, 비닐멀칭을 하였거나, 타 작물을 앞그루로 재배한 경우 및 이전 재배 품종이 당해 포장검사를 받는 품종과 동일한 경우에는 그러하지 아니하다.

85 종자관리요강상 사진의 제출규격 촬영부위 및 방법에서 생산, 수입판매신고품종의 경우에 대한 설명이다. ( ) 안에 알맞은 내용은?

화훼작물 : ( ) 및 꽃의 측면과 상면이 나타나야 한다.

① 화훼종자의 표본   ② 접목 시설장의 전경
③ 개화기의 포장 전경   ④ 유묘기의 포장 전경

생산 · 수입판매신고품종의 경우
㉠ 식량작물 : 수확기 포장의 전경, 이삭특성, 종실특성이 나타나야 한다.
㉡ 채소작물 : 생육최성기(과채류) 또는 수확기(엽근채류)의 생육상태가 나타나야 하며 식용부위의 측면, 상면, 횡단면 또는 종단면이 나타나야 한다.
㉢ 과수작물 : 과실 성숙기의 모수(3주 이상) 전경과 과실의 측면, 상면, 하면, 횡단면 또는 종단면이 나타나야 한다. 다만, 포도 등 과실의 크기가 작은 경우에는 과방의 측면만 나타낼 수 있다.
㉣ 화훼작물 : 개화기의 포장 전경 및 꽃의 측면과 상면이 나타나야 한다.

86 ( ) 안에 알맞은 내용은?

품종보호권자는 그 품종보호권의 존속기간 중에는 농림축산식품부장관에게 품종보호료를 ( ) 납부하여야 한다.

① 매년
② 2년에 1번
③ 3년에 1번
④ 5년에 1번

품종보호료
㉠ 품종보호권의 설정등록을 받으려는 자는 품종보호료를 납부하여야 한다.
㉡ 품종보호권자는 그 품종보호권의 존속기간 중에는 농림축산식품부장관 또는 해양수산부장관에게 품종보호료를 매년 납부하여야 한다.
㉢ 품종보호권에 관한 이해관계인은 품종보호료를 납부하여야 할 자의 의사와 관계없이 품종보호료를 납부할 수 있다.
㉣ 품종보호권에 관한 이해관계인은 품종보호료를 납부한 경우에는 납부하여야 할 자가 현재 이익을 받은 한도에서 그 비용의 상환을 청구할 수 있다.

87 품종보호권의 존속기간은 과수와 임목의 경우 몇 년으로 하는가?

① 25년
② 15년
③ 10년
④ 5년

품종보호권의 존속기간
품종보호권의 존속기간은 품종보호권이 설정등록된 날부터 20년으로 한다. 다만, 과수와 임목의 경우에는 25년으로 한다.

88 ( ) 안에 알맞은 내용은?

「식물신품종 보호법」상 품종보호를 받을 수 있는 권리를 가진 자에서 2인 이상의 육성자가 공동으로 품종을 육성하였을 때에는 품종보호를 받을 수 있는 권리는 ( )

① 공유로 한다.
② 1인으로 제한한다.
③ 순번을 정하여 격년제로 실시한다.
④ 순번을 정하여 3년마다 변경하여 실시한다.

품종보호를 받을 수 있는 권리를 가진 자
㉠ 육성자나 그 승계인은 이 법에서 정하는 바에 따라 품종보호를 받을 수 있는 권리를 가진다.
㉡ 2인 이상의 육성자가 공동으로 품종을 육성하였을 때에는 품종보호를 받을 수 있는 권리는 공유(共有)로 한다.

89 거짓이나 그 밖의 부정한 방법으로 품종보호결정 또는 심결을 받은 자의 벌칙은?

① 3년 이하의 징역 또는 3천만 원 이하의 벌금
② 5년 이하의 징역 또는 3천만 원 이하의 벌금
③ 5년 이하의 징역 또는 5천만 원 이하의 벌금
④ 7년 이하의 징역 또는 1억 원 이하의 벌금

침해죄 : 7년 이하의 징역 또는 1억 원 이하의 벌금
㉠ 품종보호권 또는 전용실시권을 침해한 자
㉡ 제38조제1항에 따른 권리를 침해한 자. 다만, 해당 품종보호권의 설정등록이 되어 있는 경우만 해당한다.
㉢ 거짓이나 그 밖의 부정한 방법으로 품종보호결정 또는 심결을 받은 자

정답   86 ①   87 ①   88 ①   89 ④

90 종자검사요령상 종자 건전도 검정에서 벼의 깨씨무늬병균의 배양방법은?

① 암기 12시간, 명기 12시간씩 22℃에서 3일간 배양
② 암기 12시간, 명기 12시간씩 22℃에서 7일간 배양
③ 암기 12시간, 명기 12시간씩 22℃에서 15일간 배양
④ 암기 12시간, 명기 12시간씩 22℃에서 30일간 배양

해설

벼의 깨씨무늬병균의 배양방법
㉠ 시험시료 : 400입
㉡ 방법 : 샬레당 25입씩 흡습시킨 흡습지 위에 치상
㉢ 배양 : 암기 12시간, 명기 12시간씩 22℃에서 7일간 배양

91 「식물신품종 보호법」상 품종보호에 대해 취소결정을 받은 자가 이에 불복하는 경우에는 그 등본을 송달받은 날부터 며칠 이내에 심판을 청구할 수 있는가?

① 15일   ② 30일
③ 40일   ④ 100일

해설

거절결정 또는 취소결정에 대한 심판
거절결정 또는 취소결정을 받은 자가 이에 불복하는 경우에는 그 등본을 송달받은 날부터 30일 이내에 심판을 청구할 수 있다.

92 국가품종목록의 등재에서 품종목록 등재의 유효기간은 등재한 날이 속한 해의 다음 해부터 얼마까지로 하는가?

① 5년   ② 10년
③ 15년   ④ 20년

해설

품종목록 등재의 유효기간
㉠ 품종목록 등재의 유효기간은 등재한 날이 속한 해의 다음 해부터 10년까지로 한다.
㉡ 품종목록 등재의 유효기간은 유효기간 연장신청에 의하여 계속 연장될 수 있다.

㉢ 품종목록 등재의 유효기간 연장신청은 그 품종목록 등재의 유효기간이 끝나기 전 1년 이내에 신청하여야 한다.

93 종자검사요령상 포장검사 병주 판정기준에서 벼 깨씨무늬병의 병주판정기준은?

① 위로부터 1엽의 중앙부 3cm 길이 내에 3개 이상 병반이 있는 주
② 위로부터 2엽의 중앙부 3cm 길이 내에 5개 이상 병반이 있는 주
③ 위로부터 2엽의 중앙부 5cm 길이 내에 30개 이상 병반이 있는 주
④ 위로부터 3엽의 중앙부 5cm 길이 내에 50개 이상 병반이 있는 주

해설

벼 포장검사 병주판정기준

구분	병명	병주판정기준
특정병	키다리병	증상이 나타난 주
기타병	이삭도열병	이삭의 1/3 이상이 불임 고사된 주
	잎도열병	위로부터 3엽에 각 15개 이상 병반이 있거나, 엽면적 30% 이상 이병된 주
	깨씨무늬병	위로부터 3엽의 중앙부 5cm 길이 내에 50개 이상 병반이 있는 주

94 육묘업 등록을 한 날부터 1년 이내에 사업을 시작하지 아니하거나 정당한 사유 없이 1년 이상 계속하여 휴업한 경우 육묘업 등록이 취소되거나 얼마 이내의 영업의 전부 또는 일부의 정지를 받는가?

① 1개월 이내   ② 3개월 이내
③ 6개월 이내   ④ 12개월 이내

해설

육묘업 등록의 취소
시장·군수·구청장은 육묘업자가 다음의 어느 하나에 해당하는 경우에는 육묘업 등록을 취소하거나 6개월 이

내의 기간을 정하여 영업의 전부 또는 일부의 정지를 명할 수 있다. 다만, ㉠에 해당하는 경우에는 그 등록을 취소하여야 한다.

㉠ 거짓이나 그 밖의 부정한 방법으로 육묘업 등록을 한 경우
㉡ 육묘업 등록을 한 날부터 1년 이내에 사업을 시작하지 아니하거나 정당한 사유 없이 1년 이상 계속하여 휴업한 경우
㉢ 육묘업자가 육묘업 등록을 한 후 시설기준에 미치지 못하게 된 경우

95 종자의 보증에서 자체보증의 대상에 해당하지 않는 것은?

① 도지사가 품종목록 등재대상작물의 종자를 생산하는 경우
② 군수가 품종목록 등재대상작물의 종자를 생산하는 경우
③ 구청장이 품종목록 등재대상작물의 종자를 생산하는 경우
④ 국립대학교 연구원이 품종목록 등재대상작물의 종자를 생산하는 경우

해설

자체보증의 대상
㉠ 시 · 도지사, 시장 · 군수 · 구청장, 농업단체 등 또는 종자업자가 품종목록 등재대상작물의 종자를 생산하는 경우
㉡ 시 · 도지사, 시장 · 군수 · 구청장, 농업단체 등 또는 종자업자가 품종목록 등재대상작물 외의 작물의 종자를 생산 · 판매하기 위하여 자체보증을 받으려는 경우

96 종자검사요령상 과수 바이러스, 바이로이드 검정방법에서 시료 채취 방법은?

① 과수 포장에 종자관리사가 임의로 1주를 선정하여 병이 발생한 잎을 3개 채취
② 1주 단위로 잎 등 필요한 검정부위를 나무 전체에서 고르게 1개를 깨끗한 시료용기에 채취

③ 1주 단위로 잎 등 필요한 검정부위를 나무 전체에서 고르게 3개를 깨끗한 시료용기에 채취
④ 1주 단위로 잎 등 필요한 검정부위를 나무 전체에서 고르게 5개를 깨끗한 시료용기에 채취

해설

과수 바이러스 · 바이로이드 검정방법
㉠ 시료 채취 시기 및 부위 : 과수 바이러스 · 바이로이드 검정을 위한 시료 채취 시기는 1년 중 2회 실시하며 3개 시기 중 적당한 시기를 선택하여 수행한다. 단, 바이로이드의 경우 과일 과피를 이용할 수 있다.
㉡ 시료 채취 방법 : 시료 채취는 1주 단위로 잎 등 필요한 검정부위를 나무 전체에서 고르게 5개를 깨끗한 시료용기(지퍼백 등 위생봉지)에 채취한다.

97 ( ) 안에 알맞은 내용은?

농림축산식품부장관은 종자산업의 육성 및 지원을 위하여 ( )마다 농림종자산업의 육성 및 지원에 관한 종합계획을 수립 · 시행하여야 한다.

① 1년   ② 2년
③ 3년   ④ 5년

해설

종합계획
농림축산식품부장관은 종자산업의 육성 및 지원을 위하여 5년마다 농림종자산업의 육성 및 지원에 관한 종합계획을 수립 · 시행하여야 한다.

98 보증서를 거짓으로 발급한 종자관리사의 벌칙은?

① 1년 이하의 징역 또는 1천만 원 이하의 벌금
② 3년 이하의 징역 또는 2천만 원 이하의 벌금
③ 3년 이하의 징역 또는 5천만 원 이하의 벌금
④ 5년 이하의 징역 또는 7천만 원 이하의 벌금

해설

1년 이하의 징역 또는 1천만 원 이하의 벌금에 처하는 경우
• 등록을 하지 아니하고 종자관리사 업무를 수행한 자
• 보증서를 거짓으로 발급한 종자관리사

정답   95 ④   96 ④   97 ④   98 ①

- 보증을 받지 아니하고 종자를 판매하거나 보급한 자
- 명령에 따르지 아니한 자
- 무병화인증기관의 지정을 받거나 그 지정의 갱신을 하지 아니하고 무병화인증 업무를 한 자
- 무병화인증기관의 지정취소 또는 업무정지 처분을 받고도 무병화인증 업무를 한 자
- 거짓이나 그 밖의 부정한 방법으로 무병화인증을 받거나 갱신한 자
- 거짓이나 그 밖의 부정한 방법으로 무병화인증기관의 지정을 받거나 갱신한 자
- 무병화인증을 받지 아니한 종자의 용기나 포장에 무병화인증의 표시 또는 이와 유사한 표시를 한 자
- 무병화인증을 받은 종자의 용기나 포장에 무병화인증을 받은 내용과 다르게 표시한 자
- 무병화인증을 받지 아니한 종자를 무병화인증을 받은 종자로 광고하거나 무병화인증을 받은 종자로 오인할 수 있도록 광고한 자
- 무병화인증을 받은 종자를 무병화인증을 받은 내용과 다르게 광고한 자
- 등록하지 아니하고 육묘업을 한 자
- 등록이 취소된 종자업 또는 육묘업을 계속하거나 영업정지를 받고도 종자업 또는 육묘업을 계속한 자
- 종자를 수출 또는 수입하거나 수입된 종자를 유통시킨 자
- 수입적응성 시험을 받지 아니하고 종자를 수입한 자
- 거짓이나 그 밖에 부정한 방법으로 종자의 검정 따른 검정을 받은 자
- 검정결과에 대하여 거짓광고나 과대광고를 한 자
- 생산 또는 판매 중지를 명한 종자 또는 묘를 생산하거나 판매한 자
- 제47조 제4항 후단을 위반하여 시료채취를 거부·방해 또는 기피한 자

99 ( ) 안에 알맞은 내용은?

「식물신품종 보호법」상 육성자의 권리 보호에서 보정명령을 받은 자가 지정된 기간까지 보정을 하지 아니한 경우에는 그 품종보호에 관한 절차가 무효로 될 수 있다. 다만, 지정된 기간을 지키지 못한 것이 보정명령을 받은 자가 천재지변이나 그 밖의 불가피한 사유에 의한 것으로 인정될 때에는 그 사유가 소멸한 날부터 ( ) 이내에 또는 그 기간이 끝난 후 1년 이내에 보정명령을 받은 자의 청구에 따라 그 무효처분을 취소할 수 있다.

① 3일   ② 7일
③ 14일   ④ 30일

해설

절차의 무효
㉠ 농림축산식품부장관, 해양수산부장관 또는 심판위원회 위원장은 보정명령을 받은 자가 지정된 기간까지 보정을 하지 아니한 경우에는 그 품종보호에 관한 절차를 무효로 할 수 있다.
㉡ 그 절차가 무효로 된 경우로서 지정된 기간을 지키지 못한 것이 보정명령을 받은 자가 천재지변이나 그 밖의 불가피한 사유에 의한 것으로 인정될 때에는 그 사유가 소멸한 날부터 14일 이내에 또는 그 기간이 끝난 후 1년 이내에 보정명령을 받은 자의 청구에 따라 그 무효처분을 취소할 수 있다.

100 종자관리요강상 사후관리시험의 기준 및 방법에서 검사항목에 해당하지 않는 것은?

① 종자전염병   ② 품종의 진위성
③ 품종의 순도   ④ 품종의 기원

해설

사후관리시험의 기준 및 방법
㉠ 검사항목 : 품종의 순도, 품종의 진위성, 종자전염병
㉡ 검사시기 : 성숙기
㉢ 검사횟수 : 1회 이상

PART

02

최신 기출문제

부록 2
CBT 기출복원문제

제1과목 종자생산학

01 충분히 건조된 종자의 저장용기로서 가장 좋은 재료는?

① 캔
② 종이
③ 면
④ 폴리에스테르

02 종자의 휴면타파 방법으로 식물 생장조절제를 이용하는 경우가 있는데 이와 관련이 적은 것은?

① Gibberellin
② ABA
③ Cytokinin
④ Ethylene

해설

ABA(아브시스산)은 휴면을 유도한다.

03 피토크롬(Phytochrome)을 가장 잘 설명한 것은?

① 개화를 촉진하는 호르몬이다.
② 광을 수용하는 색소 단백질이다.
③ 광합성에 관여하는 색소 중의 하나이다.
④ 호흡 조절에 관여하는 단백질이다.

04 종자의 발아를 촉진시키는 데 가장 효과적인 광은?

① 녹색광
② 적색광
③ 청색광
④ 초적색광

05 광합성 산물이 종자로 전류되는 이동형태는?

① Amylose
② Stachyose
③ Sucrose
④ Raffinose

해설

Sucrose은 전분 합성의 기초물질이다.

06 채종포 선정에 대한 설명 중 가장 적합한 것은?

① 종자생산 포장은 같은 작물의 다른 품종을 재배하였던 곳은 무방하다.
② 종자생산 재배지역이 역사적으로 재배가 성행했던 곳이 좋다.
③ 콩과작물은 개화기에 다소 고온 및 건조하여도 종자 결실에 지장이 없다.
④ 종자생산은 한 지역에서 단일 품종을 집중적으로 재배하는 것은 좋지 않다.

07 식물의 화아가 유도되는 생리적 변화에 영향을 미치는 요인으로 가장 거리가 먼 것은?

① 춘화처리
② 일장효과
③ 토양수분
④ C/N율

08 복 2배체 육종법의 설명으로 틀린 것은?

① 고정이 가능하다.
② 2배체와의 교잡으로 2차적 육종이 가능하다.
③ 자연상태에서 육성된다.
④ 인공적으로 육성되지 않는다.

09 발아 시 자엽이나 자엽처럼 양분을 저장하고 있는 기관을 지하에 남아 있게 하는 식물이 아닌 것은?

① 완두   ② 콩
③ 옥수수   ④ 벼

10 찰벼를 화분친으로 하고 메벼를 자방친으로 하여 교배한 F_1 종자의 배와 배유의 유전자형은?(단, 메벼는 WxWx, 찰벼는 wxwx이다.)

① 배 Wxwx,   배유 wxwxWx
② 배 Wxwx,   배유 WxWxwx
③ 배 WxWxwx,   배유 Wxwx
④ 배 wxwxWx,   배유 Wxwx

11 밀봉용기 내에 종자와 같이 넣어 저장하면 종자의 수명을 연장시킬 수 있는 것은?

① 지베렐린   ② 염화석회
③ 질산칼륨   ④ 황산마그네슘

12 F_1 종자생산과 관련하여 웅성불임성에 대한 설명으로 옳은 것은?

① 웅성불임성의 육안적 판별은 불가능하다.
② 세포질적 웅성불임은 멘델식 유전을 한다.
③ 고추의 F_1 종자생산에는 세포질적 웅성불임계를 모계로 쓴다.
④ 웅성불임계를 이용한 고추의 F_1 종자생산 시 부계로는 반드시 임성회복계통을 써야 한다.

13 식물의 종자를 구성하고 있는 기관은?

① 전분, 단백질, 배유   ② 배, 전분, 초엽
③ 종피, 배유, 배   ④ 단백질, 종피, 초엽

14 자연조건에서 종자의 수명이 가장 짧은 작물로 나열된 것은?

① 양파, 벼   ② 땅콩, 수박
③ 벼, 수박   ④ 양파, 상추

15 후작용(After Effect)에 의한 품종퇴화의 설명으로 옳은 것은?

① 콩을 계속하여 동일 장소에서 재배, 채종하면 자실(子實)이 소립(小粒)이 되고, 차대식물의 생육도 떨어진다.
② 가을 뿌림 양배추를 여름 뿌림으로 채종을 계속하여 나가면 조기 추대 종자로 변하기 쉽다.
③ 백합에서 목자(木子) 대신 실생으로 번식하면 생육이 좋아진다.
④ 타식성 작물에서 채종 개체수가 너무 적을 때는 차대의 유전자형에 편향이 생겨 품종퇴화를 초래할 수 있다.

16 종자 코팅의 목적과 거리가 먼 것은?

① 종자의 휴면파를 위함이다.
② 기계 파종 시 취급이 유리하다.
③ 종자소독이 가능하다.
④ 종자의 품위를 향상시킬 수 있다.

17 티머시 보급종의 정립의 최저한도는 얼마인가?

① 92.0%   ② 95.0%
③ 97.0%   ④ 99.0%

18 종피가 되는 기관은?

① 제(臍)   ② 주피
③ 주공   ④ 봉선

19 종피파상법(種皮破傷法)으로 휴면타파를 해야 하는 경우는?

① 종피가 두꺼운 종자
② 암상태에서 발아하지 않는 종자
③ 생장조절제를 생성하지 못하는 종자
④ 저온조건에서 발아하지 않는 종자

20 종자보급체계에서 보급종(普及種)이란?

① 육성자가 유지하고 있는 종자
② 기본식물에서 1세대 증식된 종자
③ 원원종에서 1세대 증식된 종자
④ 원종에서 1세대 증식된 종자

제2과목 식물육종학

21 양파의 웅성불임인자의 유전기구와 가장 관계가 깊은 것은?

① 핵 유전자와 특수한 세포질의 상호 관계에 의해서 일어난다.
② 불임계통을 모본(母本)으로 하면 항상 웅성불임이 생긴다.
③ 세포질과는 관계없이 열성핵유전자에 의해 지배된다.
④ 단일 조건에서는 세포질에 의해서, 장일 조건에서는 열성 핵유전자에 의해 지배된다.

22 1대 잡종 종자 채종 시 웅성불임성을 이용하는 화본과 작물은?

① 벼   ② 배추
③ 토마토   ④ 오이

23 식물육종의 성과로서 부정적인 것은?

① 생산성 증가   ② 품질 향상
③ 환경적응성 증대 ④ 재래종 감소

24 신품종 증식을 위한 채종 재배 시 지켜야 할 사항으로만 바르게 나열된 것은?

① 불량주 도태, 단일처리
② 단일처리, 우량모본의 양성
③ 우량모본의 양성, 열성중성자 처리
④ 불량주 도태, 우량모본의 양성

25 타식성 식물에서 순계선발을 이용한 육종을 하지 않는 이유는?

① 자식이 불가능하기 때문이다.
② 순계선발을 하면 우성 유전자들이 소실되기 때문이다.
③ 근교약세가 심하게 나타나기 때문이다.
④ 유전자 재조합을 방지하여 유전형질을 안정화하기 위해서이다.

26 작물 육종법 중 시대적으로 가장 먼저 이용된 방법은?

① 잡종강세육종   ② 교잡육종
③ 돌연변이육종   ④ 분리육종

27 변이의 창성과 관련이 없는 것은?

① 교차
② 콜히친
③ 형질 전환
④ 하디 – 바인베르크의 법칙

정답 19 ① 20 ④ 21 ① 22 ① 23 ④ 24 ④ 25 ③ 26 ④ 27 ④

28 육종에서 후대까지 유용하게 이용할 수 있는 변이가 아닌 것은?

① 환경변이
② 돌연변이
③ 염색체의 조환에 의한 변이
④ 염색체의 교차에 의한 변이

29 감수분열 과정 중 재조합이 일어나 후대의 변이가 확대되는 단계는?

① 제1감수분열 전기, 제2감수분열 후기
② 제1감수분열 중기, 제2감수분열 중기
③ 제1감수분열 전기, 제1감수분열 중기
④ 제2감수분열 전기, 제2감수분열 중기

30 TTGG × ttgg 사이의 F_1을 얻었을 때 이 F_1으로부터 형성되는 배우자형은 몇 종류인가?

① 1종류　　　　② 2종류
③ 3종류　　　　④ 4종류

31 종·속간 잡종에서는 게놈 구성이 다르므로 어려움이 따른다. 이에 대한 설명으로 틀린 것은?

① 복이배체를 인위적으로 만들 수 없다.
② 교잡종자를 얻기 어렵다.
③ 잡종식물의 생육이 좋지 않다.
④ 후대의 유전현상이 복잡하다.

32 돌연변이체의 선발 시기는?

① M_1 세대 이후　　② M_2 세대 이후
③ M_4 세대 이후　　④ M_6 세대 이후

33 자연교잡에 의한 신품종의 퇴화를 방지하는 데 사용되는 방법으로 가장 실용적인 것은?

① 밀식재배법　　　　② 주보존재배법
③ 격리재배법　　　　④ 다비재배법

34 수량성을 늘리기 위한 육종방법(다수성 육종)에 대한 설명으로 틀린 것은?

① 수량성은 주로 폴리진(Polygene)이 관여하는 전형적인 양적 형질이다.
② 환경의 영향을 많이 받기 때문에 유전력이 높은 편이다.
③ 다수성 육종에서는 계통육종법보다 집단육종법이 유리하다.
④ 수량성의 선발은 개체선발보다 계통선발에 중점을 둔다.

> 해설
> ② 환경의 영향을 많이 받기 때문에 유전력이 낮은 편이다.

35 자가불화합성과 웅성불임성은 육종과정 중 어느 단계에서 활용되는가?

① 변이의 창성
② 인위적 선발
③ 생산성 및 지역 적응성 검정
④ 종자 및 묘목의 증식

36 종속이 다른 작물 간 교배에 의하여 새로운 작물을 육성해내는 데 사용될 수 있는 가장 적절한 방법은?

① 생장점 배양　　　② 배 배양
③ 단위생식 유도법　　④ 웅성불임 유도법

37 임성회복유전자가 존재하는 웅성불임성은?

① 유전자웅성불임성
② 세포질웅성불임성
③ 임성회복웅성불임성
④ 세포질유전자웅성불임성

38 농작물 육종 과정 중 세대 촉진 및 생육기간 단축을 위하여 쓰이는 방법으로 가장 알맞은 것은?

① 접목, 일장처리　　② 일장처리, 자연도태
③ 자연도태, 검정교잡　④ 검정교잡, 접목

39 약배양(約培養)에 의하여 새 품종을 육성하려면 다음 세대 중 어느 것으로부터 약을 채취하는 것이 바람직한가?

① 순계　　　　　　② F_1
③ F_2　　　　　　④ F_3

40 유전자지도 작성의 기초가 되는 유전현상은?

① 염색체 배가
② 연관과 교차
③ 유전자 분리
④ 비대립 유전자의 상위성

제3과목　재배원론

41 C/N율과 작물의 생육, 화성, 결실과의 관계를 잘못 설명한 것은?

① 작물의 양분이 풍부해도 탄수화물의 공급이 불충분할 경우 생장이 미약하고 화성 및 결실도 불량하다.
② 탄수화물의 공급이 풍부하고, 무기양분 중 특히 질소의 공급이 풍부하면 생육이 왕성할 뿐만 아니라 화성 및 결실도 양호하고 빨라진다.
③ 탄수화물의 공급이 질소 공급보다 풍부하면 생육은 다소 감퇴하나 화성 및 결실은 양호하다.
④ 탄수화물의 증대를 저해하지는 않으나, 질소의 공급이 더욱 감소될 경우 생육 감퇴 및 화아 형성도 불량해진다.

42 질소 농도가 0.2%인 수용액 20L를 만들어서 엽면시비를 하려 할 때, 필요한 요소비료의 양은?(단, 요소비료의 질소 함량은 46%이다.)

① 약 3.96g　　　　② 약 8.70g
③ 약 40.0g　　　　④ 약 86.96g

┌해설┐

수용액 20L에 0.2% 질소 농도
질소 = 20,000mL×0.002 = 40mL = 40g
요소의 질소 함량 46%
40g/0.46 = 86.96g

43 기후가 불순하여 흉년이 들 때 조, 기장, 피 등과 같이 안전한 수확을 얻을 수 있어 도움이 되는 재배작물을 무엇이라고 불렀는가?

① 보호작물　　　　② 대용작물
③ 구황작물　　　　④ 포착작물

44 토양수분의 수주 높이가 1,000cm일 때 pF 값과 기압은 각각 얼마인가?

① pF0, 0.001기압　② pF1, 0.01기압
③ pF2, 0.1기압　　④ pF3, 1기압

45 수발아를 방지하기 위한 대책으로 옳은 것은?

① 수확을 지연시킨다.
② 지베렐린을 살포한다.
③ 만숙종보다 조숙종을 선택한다.
④ 휴면기간이 짧은 품종을 선택한다.

46 묘상을 갖추되 가온하지 않고 태양열만을 유효하게 이용하여 육묘하는 방법은?

① 온상(溫床)　　　② 노지상(露地床)
③ 냉상(冷床)　　　④ 묘상(苗床)

정답　38 ①　39 ②　40 ②　41 ②　42 ④　43 ③　44 ④　45 ③　46 ③

47 제초제로써 처음 사용한 약제는?

① MCP
② MH
③ 2,4-D
④ 2, 4, 5-T

48 내건성(耐乾性)이 강한 작물의 특성으로 옳은 것은?

① 세포액의 삼투압이 낮다.
② 작물의 표면적/체적 비가 크다.
③ 원형질막의 수분 투과성이 크다.
④ 잎 조직이 치밀하지 못하고 울타리 조직의 발달이 미약하다.

49 토양구조에 관한 설명으로 옳은 것은?

① 식물이 가장 잘 자라는 구조는 이상구조이다.
② 단립(單粒)구조는 점토질 토양에서 많이 볼 수 있다.
③ 수분과 양분의 보유력이 가장 큰 구조는 입단구조이다.
④ 이상구조는 대공극이 많고 소공극이 적다.

50 작물재배의 광합성 촉진 환경으로 거리가 먼 것은?

① 공기의 흐름이 높을수록 광합성이 촉진된다.
② 공기습도가 높지 않고 적당히 건조해야 광합성이 촉진된다.
③ 최적온도에 이르기까지는 온도의 상승에 따라서 광합성이 촉진된다.
④ 광합성 증대의 이산화탄소 포화점은 대기 중 농도의 약 7~10배(0.21~0.3%)이다.

51 식물체의 수분퍼텐셜을 측정하는 방법이 아닌 것은?

① 가압상법
② 중성자 산란법
③ Chardakov 방법
④ 노점식 방법(증기압 측정법)

52 작물 재배에서 도복을 유발시키는 재배조건으로 가장 적합한 것은?

① 밀식과 질소 다용(多用)
② 소식과 이식재배
③ 토입과 배토
④ 칼륨과 규산질 증시(增施)

53 비료의 3요소 중 칼륨의 흡수비율이 가장 높은 작물은?

① 고구마
② 콩
③ 옥수수
④ 보리

54 재배조건과 T/R률의 관계가 틀린 것은?

① 일사량이 부족하면 T/R률이 증대함
② 질소 다비재배는 T/R률이 증대함
③ 토양 수분이 부족하면 T/R률이 증대함
④ 토양 통기가 나쁘면 T/R률이 증대함

55 대기오염물질 중 오존을 생성하는 것은?

① 아황산가스(SO_2)
② 이산화질소(NO_2)
③ 일산화탄소(CO)
④ 불화수소(HF)

56 벼농사 육묘방법 중 기계이앙을 위한 방법은?

① 물못자리
② 밭못자리
③ 상자육묘
④ 절충형 못자리

정답   47 ③   48 ③   49 ③   50 ①   51 ②   52 ①   53 ①   54 ③   55 ②   56 ③

57 작물의 습해(濕害)에 대한 설명으로 틀린 것은?

① 근계가 얕게 발달하거나, 부정근의 발생이 큰 것이 내습성을 강하게 한다.
② 뿌리의 피층세포가 직렬로 되어 있는 것은 사열로 되어 있는 것보다 내습성이 강하다.
③ 채소류에서 꽃양배추, 토마토, 피망 등은 양상추, 가지에 비하여 내습성이 강한 것으로 알려져 있다.
④ 춘·하계 습해는 토양 산소 부족뿐만 아니라 환원성 유해물질 생성에 의해 피해가 더욱 크다.

58 식물생장조절물질의 역할에 대한 설명으로 옳은 것은?

① 2, 4-DNC는 강낭콩의 키를 작게 한다.
② BOH는 파인애플의 줄기 신장을 촉진한다.
③ Rh-531은 볏모의 신장을 촉진한다.
④ CCC는 절간 신장을 촉진한다.

59 식물 유전의 돌연변이설을 주장한 사람은?

① 멘델(Mendel)
② 다윈(Darwin)
③ 드 브리스(De Vries)
④ 파스퇴르(Pasteur)

60 일반적으로 종자량이 많이 소요되는 파종 양식의 순서로 옳은 것은?

① 산파 > 소파 > 석파 > 섬파
② 산파 > 적파 > 점파 > 조파
③ 조파 > 산파 > 점파 > 적파
④ 조파 > 산파 > 적파 > 점파

61 고형 사용제 중 농약 살포 도중에 비산이 적다는 의미의 제형은?

① 분제
② 수화제
③ DL분제
④ FD제

62 화학적 잡초방제법에 속하는 것은?

① 비산 종자의 관리
② 약제 방제
③ 피복처리
④ 식물 병원균의 이용

63 각종 피해로부터 작물을 보호하기 위한 방법으로 틀린 것은?

① 재배방법의 개선
② 다비밀식재배
③ 저항성 품종의 육성
④ 병해충의 발생 예찰

64 잡초로 인한 피해의 형태가 아닌 것은?

① 작물의 수확량 감소
② 경지의 이용 효율 감소
③ 조류(鳥類)에 의한 피해 증가
④ 해충과 병의 방제에 드는 비용 증대

65 양성주화성과 가장 관계가 먼 것은?

① 호랑나비는 탱자나무에 산란한다.
② 매미나방의 암컷은 성페로몬을 방출하여 수컷을 유인한다.
③ 유아등으로 끝동매미충을 유살한다.
④ 당밀채집법으로 여러 가지 곤충을 채집한다.

정답 57 ③ 58 ① 59 ③ 60 ① 61 ③ 62 ② 63 ② 64 ③ 65 ③

66 흰가루병에 대한 설명으로 틀린 것은?

① 순활물기생균으로, 일반적으로 인공배양을 할 수 없다.

② 광합성이 증가되고, 호흡과 증산이 증가하므로 식물의 생장이 저해되어 수량이 감소된다.

③ 경우에 따라 감수율이 20~40%가 되는 경우도 있다.

④ 병든 식물체에서는 백색 또는 회백색의 점 또는 얼룩이 나타난다.

해설

② 광합성이 감소되고, 호흡과 증산이 증가하므로 식물의 생장이 저해되어 수량이 감소된다.

67 번데기가 위용(圍蛹)인 곤충은?

① 파리목
② 나비목
③ 벌목
④ 딱정벌레목

68 곤충의 순환계에 대한 설명으로 틀린 것은?

① 혈액의 적절한 순환을 돕기 위해 펌프할 수 있는 구조로 되어 있다.

② 폐쇄 순환계이다.

③ 혈액은 혈장과 혈구세포로 구성되어 있다.

④ 등횡격막과 배횡격막이 있다.

69 곤충성장조절제(IGR : Insect Growth Regulator)가 아닌 것은?

① 성페로몬
② 키틴합성억제제
③ 유약호르몬 유사체
④ 탈피호르몬 유사체

70 약제 살포방법 중 분무법에 비해서 작업이 간편하고 노력이 적게 들며 용수가 필요치 않은 이점이 있으나, 단위면적에 대한 주제의 소요량이 많고 방제 효과가 비교적 떨어지는 약제 살포방법은?

① 액체 살포법
② 미스트법
③ 살분법
④ 연무법

71 유기인계 살충제의 성질과 관계가 먼 것은?

① 신경독이다.
② 적용해충의 범위가 좁다.
③ 알칼리에 분해되기 쉽다.
④ 일반적으로 잔효성이 짧다.

72 완두콩바구미의 연 발생횟수와 월동태는?

① 연 1회 발생, 성충
② 연 2~3회 발생, 성충
③ 연 4~5회 발생, 유충
④ 연 1회 발생, 번데기

73 곤충을 분류할 때 무시아류에 속하는 곤충의 분류 목이 아닌 것은?

① 톡톡이목
② 좀붙이목
③ 강도래목
④ 낫발이목

74 밭에서 문제가 되고 있는 광발아 잡초는?

① 바랭이
② 냉이
③ 광대나물
④ 별꽃

75 식물 병원균이 분비하는 어떤 대사물질 중 기주식물의 세포벽을 파괴하는 것은?

① 효소
② 독소
③ 병소
④ 병원

76 병해 방제방법 중 농민의 입장에서 가장 확실하고 값이 싼 방제법은?

① 법적 방제법
② 저항성 품종 재배
③ 생물적 방제법
④ 재배적 예방법

77 살충제 중 Bt제의 작용점은?

① 대사과정 ② 중장세포
③ 호르몬샘 ④ 키틴 합성회로

78 식물병원 세균의 특징으로 옳은 것은?

① 내생포자를 만든다.
② 균사가 있다.
③ 상처를 통하여 침입한다.
④ 인공배양이 잘 되지 않는다.

79 다음은 어느 오염물질에 대한 설명인가?

- 자동차 배기가스에 의해 많이 생긴다.
- 침엽수에서는 주로 잎끝마름 증상을 나타낸다.
- 활엽수의 잎에는 잎맥 사이의 황화나 괴저를 일으킨다.
- 활엽수의 만성피해는 잎 크기가 작아지고 일찍 단풍이 든다.

① 아황산가스 ② 에틸렌
③ 암모니아 ④ 염소

80 벼의 병해 중에서 병원균이 세균인 것은?

① 잎집무늬마름병 ② 오갈병
③ 흰잎마름병 ④ 깨씨무늬병

81 직무상 알게 된 품종보호출원 중인 품종에 관한 비밀을 누설하거나 도용한 때에 해당되는 벌칙은?

① 1년 이하의 징역 또는 1천만 원 이하의 벌금
② 2년 이하의 징역 또는 2천만 원 이하의 벌금
③ 3년 이하의 징역 또는 3천만 원 이하의 벌금
④ 5년 이하의 징역 또는 5천만 원 이하의 벌금

해설

비밀누설죄
농림축산식품부·해양수산부 직원, 심판위원회 직원 또는 그 직위에 있었던 사람이 직무상 알게 된 품종보호 출원 중인 품종에 관하여 비밀을 누설하거나 도용하였을 때에는 5년 이하의 징역 또는 5천만 원 이하의 벌금에 처한다.

82 종자관리사의 자격기준으로 옳지 않은 것은?

① 「국가기술자격법」에 따른 종자기술사 자격 취득자
② 「국가기술자격법」에 따른 종자기사 자격 취득자로 종자업무 또는 이와 유사한 업무에 1년 이상 종사한 사람
③ 「국가기술자격법」에 따른 종자산업기사 자격 취득자로 종자업무 또는 이와 유사한 업무에 2년 이상 종사한 사람
④ 「국가기술자격법」에 따른 버섯종균기능사 자격 취득자로 종자업무 또는 이와 유사한 업무에 2년 이상 종사한 사람

해설

종자관리사의 자격기준
종자관리사는 다음 어느 하나에 해당하는 사람으로 한다.
1. 「국가기술자격법」에 따른 종자기술사 자격을 취득한 사람
2. 「국가기술자격법」에 따른 종자기사 자격을 취득한 사람으로서 자격 취득 전후의 기간을 포함하여 종자 업무 또는 이와 유사한 업무에 1년 이상 종사한 사람

3. 「국가기술자격법」에 따른 종자산업기사 자격을 취득한 사람으로서 자격 취득 전후의 기간을 포함하여 종자업무 또는 이와 유사한 업무에 2년 이상 종사한 사람

4. 「국가기술자격법」에 따른 종자기능사 자격을 취득한 사람으로서 자격 취득 전후의 기간을 포함하여 종자업무 또는 이와 유사한 업무에 3년 이상 종사한 사람

5. 「국가기술자격법」에 따른 버섯종균기능사 자격을 취득한 사람으로서 자격 취득 전후의 기간을 포함하여 버섯 종균업무 또는 이와 유사한 업무에 3년 이상 종사한 사람(버섯 종균을 보증하는 경우만 해당한다)

83 보증종자의 사후관리시험 항목에 해당되지 않는 것은?

① 검사항목
② 검사시기
③ 검사횟수
④ 검사수량

【해설】

사후관리시험

사후관리시험은 다음 각 호의 사항별로 검사기관의 장이 정하는 기준과 방법에 따라 실시한다.

1. 검사항목 : 품종의 순도(포장검사, 실내검사 : 유묘검사, 전기영동검사), 품종의 진위(품종 고유의 특성이 발현되고 있는지 확인), 종자전염병(포장상태에서 병해 조사)
2. 검사시기 : 성숙기
3. 검사횟수 : 1회 이상
4. 검사방법

84 외국인 재외자로서 「식물신품종 보호법」에 의한 품종보호권을 향유할 수 있는 자로 옳은 것은?

① 국적이 무국적인 외국인
② WTO/TRIPs 협정 가입국인 외국인
③ 부모의 국적이 대한민국인 외국인
④ 우리나라에 일정기간 체류한 적이 있는 외국인

【해설】

외국인의 권리능력

재외자 중 외국인이 다음의 어느 하나에 해당하는 경우에만 품종보호권이나 품종보호를 받을 수 있는 권리를 가질 수 있다.

1. 해당 외국인이 속하는 국가에서 대한민국 국민에 대하여 그 국민과 같은 조건으로 품종보호권 또는 품종보호를 받을 수 있는 권리를 인정하는 경우
2. 대한민국이 해당 외국인에게 품종보호권 또는 품종보호를 받을 수 있는 권리를 인정하는 경우에는 그 외국인이 속하는 국가에서 대한민국 국민에 대하여 그 국민과 같은 조건으로 품종보호권 또는 품종보호를 받을 수 있는 권리를 인정하는 경우
3. 조약 및 이에 준하는 것(이하 "조약등"이라 한다)에 따라 품종보호권이나 품종보호를 받을 수 있는 권리를 인정하는 경우

85 국가품종목록 등재 신청 시 절차로 옳은 것은?

① 신청 → 심사 → 등재 → 공고
② 신청 → 심사 → 공고 → 등재
③ 신청 → 공고 → 심사 → 등재
④ 신청 → 등재 → 심사 → 공고

【해설】

종자산업법 제16조(품종목록의 등재신청)

1. 품종목록에 등재할 수 있는 대상작물의 품종을 품종목록에 등재하여 줄 것을 신청하는 자는 농림축산식품부령으로 정하는 품종목록 등재신청서에 해당 품종의 종자시료를 첨부하여 농림축산식품부장관에게 신청하여야 한다.

종자산업법 제17조(품종목록 등재신청 품종의 심사 등)

1. 농림축산식품부장관은 품종목록 등재신청을 한 품종에 대하여는 농림축산식품부령으로 정하는 품종성능의 심사기준에 따라 심사하여야 한다.
4. 농림축산식품부장관은 제1항에 따른 심사 결과 품종목록 등재신청을 한 품종이 품종성능의 심사기준에 맞는 경우에는 지체 없이 그 사실을 해당 품종목록 등재신청인에게 알리고 해당 품종목록 등재신청 품종을 품종목록에 등재하여야 한다.

종자산업법 제18조(품종목록 등재품종의 공고)

농림축산식품부장관은 품종목록에 등재한 경우에는 해당 품종이 속하는 작물의 종류, 품종 명칭, 품종목록 등재의 유효기간 등을 농림축산식품부령으로 정하는 바에 따라 공고하여야 한다.

정답   83 ④   84 ②   85 ①

86 「종자산업법」상의 규정에 의한 발아보증시한이 경과된 종자를 진열·보관한 자에 대한 벌칙으로 1회 위반 시 과태료는?

① 1만 원
② 10만 원
③ 100만 원
④ 1,000만 원

해설

과태료

위반행위	과태료(단위 : 만 원)				
	1회 위반	2회 위반	3회 위반	4회 위반	5회 이상 위반
발아보증시한이 경과된 종자를 진열·보관한 경우	10	30	50	70	100

87 품종보호 임시보호권리를 침해한 경우 처벌할 수 있는 벌칙기준으로 옳은 것은?(단, 당해 품종은 품종보호권이 설정·등록되었으며, 피해자의 고소가 있었다.)

① 3년 이하의 징역 또는 7천만 원 이하의 벌금
② 7년 이하의 징역 또는 1억 원 이하의 벌금
③ 3년 이하의 징역 또는 1억 원 이하의 벌금
④ 7년 이하의 징역 또는 7천만 원 이하의 벌금

해설

침해죄

다음 각 호의 어느 하나에 해당하는 자는 7년 이하의 징역 또는 1억 원 이하의 벌금에 처한다.
1. 품종보호권 또는 전용실시권을 침해한 자
2. 제38조 제1항에 따른 권리를 침해한 자. 다만, 해당 품종보호권의 설정등록이 되어 있는 경우만 해당한다.
3. 거짓이나 그 밖의 부정한 방법으로 품종보호 결정 또는 심결을 받은 자

88 품종보호출원을 한 직무육성품종에 대하여 품종보호권의 설정등록을 했을 때 품종보호권자는?

① 대한민국
② 국립종자원장
③ 해양수산부장관
④ 농림축산식품부장관

해설

품종보호권의 설정등록

농림축산식품부장관 또는 해양수산부장관은 품종보호출원을 한 직무육성품종이 품종보호결정이 되었을 때에는 그 직무육성품종에 대하여 지체 없이 다음 각 호와 같이 국가 명의로 품종보호권의 설정등록을 하여야 한다.
1. 품종보호권자 : 대한민국
2. 관리청 : 농림축산식품부장관 또는 해양수산부장관
3. 승계청 : 농림축산식품부장관 또는 해양수산부장관

89 품종보호에 관한 설명으로 옳은 것은?

① 품종보호를 받을 수 있는 권리는 이를 이전할 수 없다.
② 품종보호를 받을 수 있는 권리는 질권의 목적으로 할 수 없다.
③ 품종보호를 받을 수 있는 권리는 공유자의 동의 없이 양도할 수 있다.
④ 품종보호를 받을 수 있는 권리를 상속할 경우 자치단체장에게 신고하여야 한다.

해설

품종보호를 받을 수 있는 권리의 이전

㉠ 품종보호를 받을 수 있는 권리는 이전할 수 있다.
㉡ 품종보호를 받을 수 있는 권리는 질권의 목적으로 할 수 없다.
㉢ 품종보호를 받을 수 있는 권리가 공유인 경우에는 각 공유자는 다른 공유자의 동의를 받지 아니하면 그 지분을 양도할 수 없다.

품종보호를 받을 수 있는 권리의 승계

품종보호를 받을 수 있는 권리의 상속이나 그 밖의 일반승계를 한 경우에는 승계인은 지체 없이 그 취지를 공동부령으로 정하는 바에 따라 농림축산식품부장관 또는 해양수산부장관에게 신고하여야 한다.

90 포장검사나 종자검사 재검사 신청을 받은 자는 신청서를 받은 날부터 며칠 이내에 재검사를 실시하여야 하는가?

① 7일
② 15일
③ 20일
④ 30일

해설

재검사 신청

㉠ 재검사를 받으려는 자는 종자검사 결과를 통지받은 날부터 15일 이내에 별지 제15호 서식의 재검사신청서에 종자검사 결과통지서를 첨부하여 검사기관의 장 또는 종자관리사에게 제출하여야 한다.

㉡ ㉠에 따라 재검사 신청을 받은 검사기관의 장 또는 종자관리사는 그 신청서를 받은 날부터 20일 이내에 재검사를 하여야 한다.

재검사를 받으려는 자	재검사 신청을 받은 자
결과를 통지받은 날부터 15일 이내에 제출	신청서를 받은 날부터 20일 이내에 실시

91 「종자산업법」이 다루고 있는 내용으로 옳지 않은 것은?

① 종자의 보증
② 종자의 유통관리
③ 종자 기금의 관리
④ 종자산업의 육성 및 지원

해설

종자산업법의 목적

이 법은 종자의 생산·보증 및 유통, 종자산업의 육성 및 지원 등에 관한 사항을 규정함으로써 종자산업의 발전을 도모하고 농업·임업 및 수산업 생산의 안정에 이바지함을 목적으로 한다.

92 종자업 등록취소에 해당하는 위반사항인 것은?

① 종자업자가 품질표시를 하지 아니한 종자를 판매한 때
② 종자업자가 수입적응성 시험을 거치지 아니한 외국산 종자를 판매한 때

③ 종자업자가 종자업 등록을 한 날로부터 1년 이내에 사업에 착수하지 아니할 때
④ 종자업자가 품종보호 품종의 실시 보고 등의 명령에 응하지 아니한 때

해설

종자산업법 시행규칙 제28조(종자업자에 대한 행정처분의 세부 기준 등) 제1항

위반행위	위반횟수별 행정처분기준		
	1회 위반	2회 위반	3회 이상 위반
가. 종자업 등록을 한 날부터 1년 이내에 사업을 시작하지 않거나 정당한 사유 없이 1년 이상 계속하여 휴업한 경우	등록취소		
나. 거짓이나 그 밖의 부정한 방법으로 종자업 등록을 한 경우	등록취소		
다. 「식물신품종 보호법」에 따른 보호품종의 실시 여부 등에 관한 보고명령에 따르지 않은 경우	영업정지 7일	영업정지 15일	영업정지 30일
라. 「종자산업법」을 위반하여 종자의 보증을 받지 않은 품종목록 등재 대상작물의 종자를 판매하거나 보급한 경우	영업정지 90일	영업정지 180일	등록취소
마. 종자업자가 종자업 등록을 한 후 「종자산업법」에 따른 시설기준에 미치지 못하게 된 경우	영업정지 15일	영업정지 30일	등록취소
바. 종자업자가 「종자산업법」을 위반하여 종자관리사를 두지 않은 경우	영업정지 15일	영업정지 30일	등록취소
사. 「종자산업법」을 위반하여 신고하지 않은 종자를 생산하거나 수입하여 판매한 경우	영업정지 90일	영업정지 180일	등록취소
아. 「종자산업법」에 따라 수출·수입이 제한된 종자를 수출·수입하거나, 수입되어 국내 유통이 제한된 종자를 국내에 유통한 경우	영업정지 90일	영업정지 180일	등록취소

위반행위	위반횟수별 행정처분기준		
	1회 위반	2회 위반	3회 이상 위반
자. 「종자산업법」을 위반하여 수입적응성 시험을 받지 않은 외국산 종자를 판매하거나 보급한 경우	영업정지 90일	영업정지 180일	등록취소
차. 「종자산업법」을 위반하여 품질표시를 하지 않은 종자를 판매하거나 보급한 경우	영업정지 3일	영업정지 30일	영업정지 60일
카. 「종자산업법」에 따른 종자 등의 조사나 종자의 수거를 거부·방해 또는 기피한 경우	영업정지 15일	영업정지 30일	영업정지 60일
타. 「종자산업법」에 따른 생산이나 판매를 중지하게 한 종자를 생산하거나 판매한 경우	영업정지 90일	영업정지 180일	등록취소

93 「종자산업법」에서 종자산업 기반 조성을 위해 규정한 사항으로 옳지 않은 것은?

① 전문인력 양성
② 종자산업진흥센터의 지정
③ 종자산업 관련 기술 개발의 촉진
④ 종자수입 제한을 통한 국내 종자시장 보호

해설

종자산업 기반 조성을 위해 규정한 사항
종자산업법 제6조(전문인력의 양성)
제7조(종자산업 관련 기술 개발의 촉진)
세8조(국제협력 및 대외시장 진출의 촉진)
제9조(지방자치단체의 종자산업 사업 수행)
제10조(재정 및 금융 지원 등)
제11조(중소종자업자에 대한 지원)
제12조(종자산업진흥센터의 지정 등)
제13조(종자기술연구단지의 조성 등)
제14조(단체의 설립)

94 수입적응성 시험의 심사기준으로 옳지 않은 것은?

① 표준품종은 국내 품종 중 널리 재배되고 있는 품종 1개 이상으로 한다.
② 목적형질의 발현, 기후적응성, 내병충성에 대해 평가하여 국내적응성 여부를 판단한다.
③ 재배시험기간은 2작기 이상으로 하되 실시기관의 장이 필요하다고 인정하는 경우에는 재배시험기간을 단축 또는 연장할 수 있다.
④ 평가대상 형질은 작물별로 품종의 목표형질을 필수형질과 추가형질을 정하여 평가하며, 신청서에 기재된 추가사항이 있는 경우에는 이를 포함한다.

해설

수입적응성 시험의 심사기준
㉠ 재배시험기간 : 재배시험기간은 2작기 이상으로 하되 실시기관의 장이 필요하다고 인정하는 경우에는 재배시험기간을 단축 또는 연장할 수 있다.
㉡ 재배시험지역 : 재배시험지역은 최소한 2개 지역 이상(시설 내 재배시험인 경우에는 1개 지역 이상)으로 하되, 품종의 주 재배지역은 반드시 포함되어야 하며 작물의 생태형 또는 용도에 따라 지역 및 지대를 결정한다. 다만, 작물 및 품종의 특성에 따라 지역 수를 가감할 수 있다.
㉢ 표준품종 : 표준품종은 국내외 품종 중 널리 재배되고 있는 품종 1개 이상으로 한다.
㉣ 평가형질 : 평가대상 형질은 작물별로 품종의 목표형질을 필수형질과 추가형질을 정하여 평가하며, 신청서에 기재된 추가사항이 있는 경우에는 이를 포함한다.
㉤ 평가기준
• 목적형질의 발현, 기후적응성, 내병충성에 대해 평가하여 국내적응성 여부를 판단한다.
• 국내 생태계 보호 및 자원보존에 심각한 지장을 초래할 우려가 없다고 판단되어야 한다.

95 「식물신품종 보호법」에서 정하는 양벌규정이 적용되는 위반행위에 해당하지 않는 것은?

① 위증죄
② 거짓표시의 죄
③ 전용실시권 침해의 죄
④ 품종보호권 침해의 죄

양벌규정

법인의 대표자나 법인 또는 개인의 대리인, 사용인, 그 밖의 종업원이 그 법인 또는 개인의 업무에 관하여 위반행위를 하면 그 행위자를 벌하는 외에 그 법인 또는 개인에게도 해당 조문의 벌금형을 과(科)한다. 다만, 법인 또는 개인이 그 위반행위를 방지하기 위하여 해당 업무에 관하여 상당한 주의와 감독을 게을리하지 아니한 경우에는 그러하지 아니하다.

96 국가품종목록등재 대상작물로 옳은 것은?

① 인삼　　　　　　② 보리
③ 고추　　　　　　④ 참깨

품종목록에 등재할 수 있는 대상작물은 벼, 보리, 콩, 옥수수, 감자와 그 밖에 대통령령으로 정하는 작물로 한다. 다만, 사료용은 제외한다.

97 「종자산업법」에서 사용하는 "종자산업"에 대한 용어 정의로 옳은 것은?

① 종자를 육성·증식·생산·수입 또는 전시 등을 하거나 이와 관련된 사업을 말한다.
② 종자를 육성·증식·생산·수출·대여 또는 전시 등을 하거나 이와 관련된 사업을 말한다.
③ 종자를 육성·증식·생산·조제·수출·수입 또는 전시 등을 하거나 이와 관련된 사업을 말한다.
④ 종자를 연구개발·육성·증식·생산·가공·유통·수출·수입 또는 전시 등을 하거나 이와 관련된 사업을 말한다.

"종자산업"이란 종자를 연구개발·육성·증식·생산·가공·유통·수출·수입 또는 전시 등을 하거나 이와 관련된 산업을 말한다.

98 보증종자 보증표시 사항으로 옳지 않은 것은?

① 생산지　　　　　② 품종명
③ 발아율　　　　　④ 이종품률

보증종자 보증표시 사항

분류번호, 종명(種名), 품종명, 로트(Lot) 번호, 발아율, 이품종률, 유효기간, 무게 또는 낱알 개수, 포장일

99 종자의 사후관리시험의 기준 및 방법 중 검사항목으로 옳지 않은 것은?

① 품종의 순도　　　② 품종의 진위
③ 종자 영속성　　　④ 종자 전염병

검사항목

품종의 순도(포장검사, 실내검사 : 유묘검사, 전기영동검사), 품종의 진위(품종 고유의 특성이 발현되고 있는지 확인), 종자전염병(포장상태에서 병해 조사)

100 농림축산식품부장관이 국가품종목록에 등재된 품종의 종자를 생산하고자 할 때 대행시킬 수 있는 종자업자 또는 농어업인민의 필요한 해당 농작물 재배경험으로 옳은 것은?

① 1년 이상　　　　② 2년 이상
③ 3년 이상　　　　④ 4년 이상

종자생산의 대행자격

"농림축산식품부령으로 정하는 종자업자 또는 농어업인"이란 다음 어느 하나에 해당하는 자를 말한다.
1. 등록된 종자업자
2. 해당 작물 재배에 3년 이상의 경험이 있는 농어업인으로서 농림축산식품부장관이 정하여 고시하는 확인 절차에 따라 특별자치시장·특별자치도지사·시장·군수 또는 자치구의 구청장(이하 "시장·군수·구청장"이라 한다)이나 관할 국립종자원 지원장의 확인을 받은 자

제1과목 종자생산학 및 종자법규

01 종자의 선별을 위해 이용되는 비중정선기의 역할이 아닌 것은?

① 타 작물 종자를 모양으로 정선한다.
② 종자 종피의 특성에 따라 정선한다.
③ 종자에 붙어 있는 까락을 제거한다.
④ 정상적인 종자보다 무거운 종자, 돌, 현미 등을 제거한다.

02 종자소독에 대한 설명으로 틀린 것은?

① 고추의 반점세균병에 대하여는 55℃에 25분 온탕처리 후 냉온 건조처리한다.
② 십자화과의 반점세균병에 대하여는 50℃의 온탕에 20~30분간 침적한다.
③ 종자소독 약제로 Ethylene을 사용한다.
④ 약제를 이용하는 경우에는 약제를 물에 용해시키고 종자를 30분~1시간 침적한다.

03 고추종자 15g으로 순도검사를 실시하였다. 정립을 칭량하는 소수점 이하 단위로 가장 적당한 것은?

① 13.1g
② 13.12g
③ 13.123g
④ 13.1234g

> **해설**
> 검사시료는 그 구성요소의 백분율을 소수점 이하 한 자리까지 계산하는 데 필요한 자릿수까지 그램(g)으로 칭량하여야 하며 그 기준은 다음과 같다.

검사시료 또는 반량시료의 중량(g)	총 중량 및 구성요소 중량의 칭량 시 소수점 이하 자릿수	표시방법(g)
1미만	4	~0.9999
1 이상~10 미만	3	1.000~9.999
10 이상~100 미만	2	10.00~99.99
100 이상~1,000 미만	1	100.0~999.9
1,000 이상	0	1,000~

04 국립종자원의 기능으로 거리가 먼 것은?

① 주요 식량작물의 신품종 개발
② 정부 보급종의 생산, 공급
③ 품종보호출원품종의 출원접수, 심사, 등록
④ 국가품종목록 등재신청품종의 접수, 심사, 등재

05 종피에 의해 휴면하는 종자의 휴면타파 방안으로 적합하지 않은 것은?

① 물의 투과 촉진
② Gas의 투과 촉진
③ 기계적 종피 파상
④ 미성숙 배의 후숙

06 종자는 알맞은 등숙단계에서 채종되어야 한다. 화곡류의 채종 수확 적기로 옳은 것은?

① 유숙기
② 황숙기
③ 갈숙기
④ 완숙기

07 당근은 식물학상으로 무엇을 종자로 이용하는가?

① 과실
② 종자
③ 배유
④ 포자

정답 01 ③ 02 ③ 03 ② 04 ① 05 ④ 06 ② 07 ①

08 벼의 A라는 품종이 2010년 7월 1일에 국가 품종목록에 등재되었다. A품종의 품종목록 등재의 유효기간은 언제까지인가?

① 2019년 6월 30일   ② 2020년 6월 30일
③ 2020년 7월 1일   ④ 2020년 12월 31일

09 광발아종자가 아닌 것은?

① 담배   ② 호박
③ 상추   ④ 차조기

10 발아 촉진 물질과 관계가 가장 먼 것은?

① 지베렐린   ② 페놀화합물
③ 사이토카이닌   ④ 에틸렌

11 배유가 퇴화되어 없는 것은?

① 밀   ② 보리
③ 옥수수   ④ 동양란

12 유전적 원인에 의한 불임 현상이 아닌 것은?

① 이형예현상   ② 다즙질불임성
③ 장벽수정   ④ 자가불화합성

13 시판종자 검사시료의 중량이 43.00g이고 이 가운데 순종자가 39.30g, 타 종자가 0.90g, 그리고 협잡물이 2.80g이라면 각각의 순종자율(%), 타종자율(%)과 협잡물률(%)은?

① 순종자율 : 90.4, 타종자율 : 3.2, 협잡물률 : 6.4
② 순종자율 : 91.4, 타종자율 : 2.1, 협잡물률 : 6.5
③ 순종자율 : 92.0, 타종자율 : 0.2, 협잡물률 : 7.8
④ 순종자율 : 93.0, 타종자율 : 3.2, 협잡물률 : 3.8

14 일장이 긴 여름철에 재배되는 만추대성 품종의 대부분을 수입에 의존하고 있는 작물은?

① 열무   ② 시금치
③ 노지오이   ④ 고랭지 배추

15 단일식물에 대한 설명으로 옳은 것은?

① 최적일장은 한계일장보다 길다.
② 한계일장보다 짧은 일장하에서 개화가 촉진된다.
③ 한계일장보다 긴 일장하에서는 생식생장만 계속한다.
④ 하루 24시간 중 12시간보다 짧은 일장일 때, 모든 단일 식물은 개화가 촉진된다.

16 종자번식 작물은 다른 꽃가루 및 종자전염병의 모든 원천으로부터 격리되어야 한다. 다음 중 격리거리가 가장 먼 것은?

① 토마토   ② 고추
③ 오이   ④ 상추

17 벼 포장검사에서 채종포의 포장격리 기준은?

① 1m 이상   ② 2m 이상
③ 3m 이상   ④ 5m 이상

18 「종자산업법」에서 정한 종자 보증표시 사항으로 틀린 것은?

① Lot 번호
② 보증기관(종자관리사)
③ 발아율(%)
④ 국가품종목록등재번호

> 해설

보증종자 보증표시 사항
분류번호, 종명(種名), 품종명, 로트(Lot) 번호, 발아율, 이품종률, 유효기간, 무게 또는 낱알 개수, 포장일

정답   **08** ④   **09** ②   **10** ②   **11** ④   **12** ②   **13** ②   **14** ②   **15** ②   **16** ③   **17** ①   **18** ④

19 「종자산업법」상 작물에 해당하지 않는 것은?

① 콩   ② 배추
③ 호두나무   ④ 곤충

> **해설**
>
> 종자산업법 제2조(정의)
> "작물"이란 농산물, 임산물 또는 수산물의 생산을 위하여 재배되거나 양식되는 모든 식물을 말한다.

20 종자관련법에서 규정하고 있는 심사관의 심사대상에 해당하지 않는 것은?

① 품종보호 출원
② 품종보호 거절결정에 대한 심판
③ 품종명칭 등록출원
④ 국가품종목록 등재신청

> **해설**
>
> 심사관에 의한 심사
> 1. 농림축산식품부장관은 심사관에게 품종보호 출원 및 품종명칭 등록출원을 심사하게 한다.
> 2. 농림축산식품부장관은 품종목록 등재신청을 한 품종에 대하여는 농림축산식품부령으로 정하는 품종성능의 심사기준에 따라 심사하여야 한다.
>   ※ 품종보호 출원에 대하여 거절결정을 하거나 거절결정에 대한 심판청구의 기각심결을 확정하거나 또는 품종보호의 무효심결을 확정한 경우에는 이를 그 정당한 권리자에게 서면으로 통지하여야 한다.

21 양적 형질과 관계가 먼 것은?

① 연속변이   ② 폴리진
③ 복수유전자   ④ 대립변이

22 육종의 효과와 가장 거리가 먼 것은?

① 수량 증대   ② 병해충저항성의 증대
③ 재배면적의 확대   ④ 유전자의 다양화

23 병충해저항성 품종의 저항성이 붕괴되는 주된 원인은?

① 품종의 유전적 조성 변화
② 병원균의 레이스나 해충의 생태형 분화
③ 병해충 상습 발생지에서 질소질 비료의 과용
④ 병충해에 대해 저항성을 나타낸 유전자의 기능 상실

24 식물의 병저항성에 대한 설명으로 틀린 것은?

① 레이스(Race)는 주로 병원균에 대해 사용한다.
② 레이스를 구별하기 위해 사용하는 품종을 판별 품종이라고 한다.
③ 특정한 레이스에 대하여만 저항성을 나타내는 것을 질적 저항성이라 한다.
④ 질적 저항성은 비특이적 저항성으로 포장저항성이라 한다.

25 품종의 퇴화를 유전자 퇴화와 생리적 퇴화로 나눌 때 생리적 퇴화에 속하는 것은?

① 토양적 퇴화   ② 돌연변이 퇴화
③ 자연교잡 퇴화   ④ 이형 유전자형의 분리

26 종자증식체계로 옳은 것은?

① 원원종 → 원종 → 기본식물 → 보급종

② 원원종 → 원종 → 보급종 → 기본식물

③ 원종 → 원원종 → 보급종 → 기본식물

④ 기본식물 → 원원종 → 원종 → 보급종

27 2배체 작물에서 2쌍의 유전자가 관여하는 독립유전의 경우 F_1(AaBb)의 F_2 세대에 있어서의 유전자형의 종류는?

① 4

② 8

③ 9

④ 16

28 연관 관계가 없을 때 유전자형 AaBb를 가진 식물체가 만드는 배우자 중에서 유전자형 Ab를 가진 배우자의 출현 비율은 얼마인가?

① 1/2

② 1/3

③ 1/4

④ 1/16

29 복2배체 작성과 관계없는 것은?

① 이종속 간 교배

② 게놈의 배가

③ 염색체 배가

④ Homo 접합체의 증가

30 배수체를 이용하여 단위결과를 시킬 수 있는 것은?

① 동질2배체

② 동질4배체

③ 이질복2배체

④ 3배체

31 웅성불임 개체에 웅성임성 개체를 교배한 다음 대에 모두 웅성불임 개체를 얻을 수 있는 웅성불임은?

① 세포질적 유전자적 웅성불임

② 유전자적 웅성불임

③ 세포질적 웅성불임

④ 세포질적 유전자적 웅성불임과 유전자적 웅성불임

32 우수한 아조변이를 선발증식시켜 품종화하는 것은?

① 실생선발

② 영양계분리

③ 순계분리

④ 계통분리

33 작물 시험구의 형상으로 가장 적당한 형은?

① 원형

② 타원형

③ 장방형

④ 삼각형

34 암포기와 수포기가 따로 있는 자웅이주 식물은?

① 벼, 보리

② 오이, 호박

③ 시금치, 삼

④ 옥수수, 콩

35 일반조합능력과 특정조합능력을 동시에 통계학적으로 추정이 가능한 검정방법은?

① 단교잡 검정법

② 이면교잡 검정법

③ 톱교잡 검정법

④ 다교잡 검정법

36 환경의 영향보다 유전자의 지배가 작아 관여 유전자 수를 추정하기 어려운 유전자는?

① 주동유전자

② 폴리진

③ 변경유전자

④ 치사유전자

37 핵 내 유전자와 특정한 세포질 간의 상호작용에 의하여 웅성불임이 나타나는 대표적인 작물은?

① 양파

② 메밀

③ 옥수수

④ 수박

정답   26 ④   27 ③   28 ③   29 ④   30 ④   31 ③   32 ②   33 ③   34 ③   35 ②   36 ②   37 ①

38 세계 3대 식량작물인 밀, 옥수수, 벼의 염색체수(2n)와 배수성을 바르게 나타낸 것은?

① 밀 : $24-2x$, 옥수수 : $42-6x$, 벼 : $24-2x$
② 밀 : $28-4x$, 옥수수 : $24-2x$, 벼 : $20-2x$
③ 밀 : $42-6x$, 옥수수 : $20-2x$, 벼 : $24-2x$
④ 밀 : $28-4x$, 옥수수 : $24-2x$, 벼 : $28-4x$

39 작물육종상 이용가치가 가장 낮은 변이는?

① 돌연변이
② 교잡변이
③ 아조변이
④ 방황변이

40 계통육종법을 적용하는 것이 가장 유리한 것은?

① 유전력이 낮은 형질의 개량
② 폴리진에 의해 지배되는 형질의 개량
③ 유전자의 영향보다는 환경의 영향을 더 크게 받는 형질의 개량
④ 병·충해 저항성과 같은 주동유전자에 의해 지배되는 형질의 개량

제3과목 | 재배원론

41 작물이 주로 이용하는 토양수분의 형태는?

① 결합수
② 흡습수
③ 모관수
④ 중력수

42 다음 중 T/R률이 가장 많이 증대하는 것은?

① 칼륨비료 다량 시용
② 인산비료 다량 시용
③ 질소비료 다량 시용
④ 석회 다량 시용

43 경지 토양의 입단구조에 대하여 올바르게 설명한 것은?

① 입자가 크고, 투수력과 투기력이 극히 양호하다.
② 대공극이 많고 소공극이 적다.
③ 유기물과 석회가 많은 표층토에 많이 분포한다.
④ 부식 함량이 적고, 과습한 식질토양에서 많다.

44 식물영양에 대한 역사적 설명 중 맞지 않는 것은?

① 유기질설 또는 부식설은 Wallerius와 Thaer에 의해 신봉되었다.
② 무기영양설은 Libeg에 의해 주장되었다.
③ 콩과작물의 질소고정작용은 1883년 Sachs와 Knops에 의하여 밝혀졌다.
④ Lawes는 비료 3요소의 개념을 명확히 하고 N, P, K가 중요 원소임을 밝혔다.

45 단위결과가 가장 잘되는 과수 종류로만 나열된 것은?

① 감, 감귤, 포도
② 포도, 복숭아, 감귤
③ 사과, 감, 감귤
④ 자두, 포도, 감

46 작물체가 무기호흡을 지속하면 체내에 많이 집적되는 물질은?

① 옥살초산
② 피루브산
③ 말산
④ 알코올

47 다음 중 무배유 종자에 해당되는 작물은?

① 옥수수
② 벼
③ 콩
④ 보리

정답   38 ③   39 ④   40 ④   41 ③   42 ③   43 ③   44 ③   45 ①   46 ④   47 ③

48 벼 담수 토중 직파재배에서 과산화석회를 분의하여 파종하는 이유는?

① 산소 공급　　　　② 석회 공급
③ 종자 소독　　　　④ 도복 방지

49 무기성분 중 결핍증상을 하위엽에서 주로 관찰할 수 있는 것으로만 나열된 것은?

① N, P　　　　　　② P, B
③ K, Ca　　　　　　④ Ca, B

50 노후답에 대한 다음 설명 중 맞지 않는 것은?

① 논의 작토층에서 철, 망간 등의 성분이 결핍된 논토양을 노후답이라고 한다.
② 담수조건의 작토의 환원층에서 황산염이 환원되어 황화수소(H_2S)가 발생하여 토양의 철분과 결합하여 황화철(FeS)로 된다.
③ 철분이 적고 벼 뿌리가 회백색을 띨 때 벼 뿌리가 손상을 입어 양분 흡수가 부진하게 된다.
④ 노후화답의 재배대책에는 기비중점재배가 있다.

51 다음 재배 형식들 중 구미의 발달된 농업지대에서 주로 이루어지는 식량과 사료를 균형 있게 생산하는 유축농업을 일컫는 용어는?

① 곡경　　　　　　② 식경
③ 원경　　　　　　④ 포경

52 다음 중 일반적으로 겨울철 동사온도가 가장 낮은 작물은?

① 시금치　　　　　② 감귤
③ 고추　　　　　　④ 고구마

53 다음 작물 중 산성 토양에 적응성이 가장 강한 것은?

① 감자　　　　　　② 양배추
③ 무　　　　　　　④ 양파

54 감자의 추작재배를 위하여 휴면타파에 이용되는 생장조절제는?

① 옥신　　　　　　② 지베렐린
③ 사이토카이닌　　　④ ABA

55 다음 중 광엽잡초이며, 다년생으로 논에서 문제가 되는 잡초는?

① 올방개　　　　　② 알방동사니
③ 명아주　　　　　④ 올미

56 습답 토양에서 가장 잘 생육할 수 있는 작물은?

① 골풀　　　　　　② 옥수수
③ 토란　　　　　　④ 유채

57 벼의 침·관수 시 퇴수 후의 대책 중 옳은 설명은?

① 정상적인 담수 상태로 유지한다.
② 물을 여러 번 갈아대고, 흰잎마름병 약제를 살포한다.
③ 질소질 비료를 충분히 주어야 한다.
④ 병해충 방제는 필요 없다.

58 벼의 도복 경감제로 이용되는 생장조절제는?

① 지베렐린　　　　② 에스렐
③ MH　　　　　　④ 이나벤파이드 입제

59 맥류는 품종의 파성과 지역에 따라 품종의 선택이 다르게 된다. 다음 중 선택이 가장 잘못된 것은?

① 한지에서 추파하는 경우 추파성이 높은 품종의 선택
② 한지에서 춘파하는 경우 춘파성이 높은 품종의 선택
③ 난지에서 추파하는 경우 추파성이 낮은 품종의 선택
④ 난지에서 추파하는 경우 추파성이 높은 품종의 선택

60 작물의 종자갱신을 지속적으로 해야 하는 이유로서 타당하지 않은 것은?

① 미고정형질의 분리　② 돌연변이
③ 자연교잡　　　　　④ 세포의 탈분화

제4과목　식물보호학

61 화학농약에 첨가하는 증량제의 구비 조건이 아닌 것은?

① 혼합성　　　　　② 분산성
③ 비산성　　　　　④ 습전성

62 농약의 발달이 미친 영향으로 거리가 먼 것은?

① 작물의 수량확보와 품질향상에 기여하였다.
② 지속적인 병해충 방제 효과가 있다.
③ 재배시기의 선택폭이 확대되었다.
④ 생산비를 저하하였다.

63 균독소(Mycotoxin)에 대한 설명으로 틀린 것은?

① 균에 대해 독성을 보이는 물질이다.
② 일부 Penicillium도 균독소를 생산한다.
③ 아플라톡신(Aflatoxin)은 매우 강한 균독소이다.
④ 균이 생산하는 독소로서 동물에 독성을 보인다.

64 식물 공해의 범주에 속하는 것은?

① 충해　　　　　② 병해
③ 산성비　　　　④ 약해

65 곤충의 변형된 다리 구조와 기능의 연결로 틀린 것은?

① 물방개 수컷 앞다리 – 수영하는 데 사용
② 땅강아지 앞다리 – 구멍을 파는 데 사용
③ 사마귀 앞다리 – 먹이 포획 시 사용
④ 이의 앞다리 – 기주에 부착하는 데 사용

66 잡초로 인한 피해가 아닌 것은?

① 잡초는 작물과 여러 가지 면에서 경합한다.
② 잡초는 동일 종속 작물의 유전자은행 역할을 한다.
③ 상호대립 억제작용(Allelopathy)을 일으킨다.
④ 병해충 매개작용을 한다.

67 빙점 이하의 저온에 의해 작물체 내의 조직에 결빙이 생겨서 받는 피해는?

① 습해　　　　　② 한해
③ 동해　　　　　④ 냉해

68 살충제에 대한 설명으로 틀린 것은?

① 독제는 해충이 먹어야 살충작용이 나타난다.
② 접촉제는 해충이 먹지 않아도 살충작용을 한다.
③ 훈증제란 유효성분이 가스상태로 작용한다.
④ 침투성 살충제는 표피조직에 스며드는 약제이다.

69 병원체를 접종하여도 기주식물이 전혀 병에 걸리지 않는 경우를 가리키는 것은?

① 저항성　　　　② 감수성
③ 면역성　　　　④ 내병성

70 윤작을 이용한 식물병의 방제에서 작물 재배기간을 결정하는 중요 요인으로 가장 거리가 먼 것은?

① 병원체의 생존능력
② 광선에 대한 병원체의 감수성
③ 병원체의 감소 및 제거 가능성
④ 병원체의 개체군 밀도와 증식능력

71 해충의 약제 방제 효과는 1령충 때에 크게 나타난다. 1령충이란 어느 기간을 말하는가?

① 산란 이후 부화 직전까지
② 부화 직후부터 1회 탈피 전까지
③ 1회 탈피 후 2회 탈피 전까지
④ 용화 이후 우화 직전까지

72 잡초의 효과적인 예방을 위한 합리화된 재배관리의 주 내용이 아닌 것은?

① 잡초의 경합력 증진　　② 가축의 분뇨 처리
③ 윤작체계 개선　　　　④ 소토 처리

73 식물병의 피해와 그 원인의 설명으로 틀린 것은?

① 아일랜드의 기근(Lrish Famine)은 밀 녹병의 대발생으로 인해 발생되었다.
② 인도 벵갈지방의 기근은 벼 깨씨무늬병의 대발생으로 인해 발생되었다.
③ 미국 옥수수 생산량의 큰 감소는 옥수수 깨씨무늬병의 대발생으로 인해 발생되었다.
④ 미국 느릅나무의 전멸에 가까운 피해는 느릅나무 마름병의 대발생으로 인해 발생되었다.

74 잡초를 1년생, 월년생, 2년생 및 다년생으로 구분하는 분류 방식은?

① 잡초의 발생 시기에 따른 분류
② 잡초방제의 실용면에 따른 분류
③ 잡초의 생활형에 따른 분류
④ 잡초의 토양수분의 적응성에 따른 분류

75 식물 바이러스를 진단하는 방법은?

① KOSEF　　　　② NMR
③ ELISA　　　　④ NIR

76 곤충의 습성에 대한 설명으로 틀린 것은?

① 이화명나방은 주광성이 있어 330~400nm 광선에 유인된다.
② 주화성이 있는 해충은 성 유인물질을 이용한 방제가 가능하다.
③ 육식성 곤충은 생물적 방제에 이용된다.
④ 서식장소는 곤충의 종류에 따라 특별히 다르지는 않다.

77 화학적 잡초방제법 중 발아 전 처리에 대한 설명으로 옳은 것은?

① 토양소독과 함께 작물을 재식하거나 파종하기 전에 처리하는 것
② 작물이 발아한 후 잡초가 발생한 상태에서 처리하는 것
③ 작물을 이식한 후 잡초가 발생한 상태에서 처리하는 것
④ 작물과 잡초가 출현하기 전이나 잡초가 출현하기 전에 처리하는 것

78 리바이짓드 유제 50%를 100배로 희석하여 20L의 약액을 만들려고 할 때 필요한 약량은?

① 20mL ② 50mL
③ 100mL ④ 200mL

79 알 → 약충 → 성충의 3시기로 변화하는데 약충과 성충의 모습이 완전히 다르며, 잠자리목과 하루살이목에서 볼 수 있는 것은?

① 점변태 ② 반변태
③ 무변태 ④ 증절변태

80 벼 냉해의 유형이 아닌 것은?

① 유연형 ② 병해형
③ 장해형 ④ 지연형

01 보리종자의 단백질 함량에 미치는 환경의 영향을 옳게 설명한 것은?

① 종자의 단백질 함량은 종자발달의 초기에 주로 축적된다.
② 종자의 단백질 함량은 종자발달의 후기에 주로 축적된다.
③ 종실의 발달기간에 환경조건이 좋으면 단백질 농도가 증가한다.
④ 종실의 발달기간에 환경조건이 나쁘면 단백질 농도가 증가한다.

02 종자휴면에 대한 설명으로 틀린 것은?

① 배 휴면을 하는 종자의 휴면타파를 위하여 저온처리할 때 0~6℃의 온도가 적당하다.
② Gibberellin은 Cytokinin과 ABA를 함께 사용했을 때 ABA의 억제작용을 상쇄하는 제3의 호르몬 역할을 한다.
③ 수확 전 종자의 발달과 성숙기간 동안의 환경요인들은 배의 휴면기간에 영향을 끼친다.
④ 경실종자는 자연조건과 유사한 휴면타파방법으로서 고온처리법과 변온처리법이 있다.

03 발아검사 결과 재시험을 해야 할 경우에 해당하지 않는 것은?

① 4반복의 반복 간 차이가 최대 허용범위를 벗어났을 때
② 휴면종자가 많았을 때
③ 발아세가 낮았을 때
④ 발아상(床)에 1차 감염이 심했을 때

04 종묘회사에서 해외채종을 하게 되는 가장 주된 이유는?

① 채종포 격리가 쉽다.
② 병충해 감염의 우려가 적다.
③ 기후조건이 채종에 유리하다.
④ 원산지에서의 모본 선발이 유리하다.

05 중복수정에서 배유가 형성되는 것은?

① 정핵과 극핵 ② 정핵과 난핵
③ 화분관핵과 정핵 ④ 극핵과 화분관핵

06 여름철 재배되는 시금치 품종의 채종 적지로 알맞은 곳은?

① 해발이 높은 고랭지대
② 강우가 적은 건조지대
③ 장일조건이 되는 고위도지대
④ 고온조건인 적도에 가까운 지대

07 종자검사시료의 추출방법으로 적합하지 않은 것은?

① 균분기 이용 ② 표본방법
③ 무작위컵방법 ④ 균분격자방법

08 옥신 1M을 만들려면 물 1L에 얼마의 옥신이 필요한가?(단, 옥신의 분자량은 175.15로 한다.)

① 1.7518g ② 17.518g
③ 175.18g ④ 1751.8g

정답 01 ④ 02 ② 03 ③ 04 ③ 05 ① 06 ③ 07 ② 08 ③

분자량은 분자 1몰(M)과 같으므로 175.18g로 한다.

09 배추나 양배추에서 뇌수분을 하는 궁극적인 목적은?

① 종자휴면을 타파할 때
② 자가불화합성 양친의 자식계통을 얻을 때
③ F₁ 교잡종자를 채종할 때
④ 웅성불임계통을 유지할 때

10 채소작물 채종에서 웅성불임 개체를 찾으려고 노력하는 이유는?

① 재배하기 쉽다.
② 병충해에 강하다.
③ 과실당 채종량을 높일 수 있다.
④ 인공교배작업을 생략할 수 있다.

11 오이의 암꽃착생비율을 증가시키는 식물생장조절물질은?

① GA
② CPA
③ ethylene
④ cytokinin

12 종자 훈증제의 구비조건이 되지 못하는 것은?

① 공기보다 가벼워야 한다.
② 불연성이고 비폭발성이어야 한다.
③ 종자의 활력에 영향을 주지 말아야 한다.
④ 가격이 싸고 사용할 때 증발이 쉬워야 한다.

13 작물이 영양생장에서 생식생장으로 전환되는 시점은?

① 종자발아기
② 화아분화기
③ 감수분열기
④ 개화기

14 주로 자가불화합성을 활용한 채종체계가 확립된 대표적 작물은?

① 박과 작물
② 콩과 작물
③ 가지과 작물
④ 배추과 작물

15 작물병의 진단요소가 아닌 것은?

① 병원체
② 표징
③ 병환
④ 병징

16 상추종자를 채종한 후 상온하에서 휴면타파를 위한 저장방법은?

① 건조 저장
② 다습 저장
③ 고온 저장
④ 저온 저장

17 종자 저장을 위해 사용되는 건조제로 적당하지 않은 것은?

① SO_2
② H_2SO_4
③ HNO_3
④ CaO

18 경실종자의 휴면타파 방법으로 효과가 가장 낮은 것은?

① 질산칼륨 처리
② 끓는 물에 담금
③ 산으로 상처내기
④ 종피에 기계적 상처내기

정답 09 ② 10 ④ 11 ③ 12 ① 13 ② 14 ④ 15 ③ 16 ① 17 ① 18 ①

19 농약과 색소를 혼합하여 접착제(Polymer)로 종자 표면에 얇게 코팅 처리를 하는 것은?

① 종자펠릿
② 필름코팅
③ 장환종자
④ 피막종자

20 생식세포의 접합에 의하여 생성된 배유의 염색체 조성은?

① 1n
② 2n
③ 3n
④ 4n

제2과목 **식물육종학**

21 유전자 재조합과 관계없이 어떤 원인에 의하여 유전물질 자체에 변화가 일어나 발생되는 변이는?

① 양적 변이
② 교배변이
③ 방황변이
④ 돌연변이

22 순계분리(純系分離) 육종법에 대한 설명으로 틀린 것은?

① 타 식성 작물에 적용되는 육종법으로 내병성 작물 육종에 많이 적용되는 육종법이다.
② 자연 상태에서 잡박한 여러 순계가 혼합되어 있을 때에 효과가 있다.
③ 동일한 순계 내에서 자연돌연변이가 일어나지 아니할 때는 효과가 없다.
④ Johannsen의 순계설에 이론적 근거를 두었다.

23 유전적 평형집단에서 A 유전자의 빈도를 0.7, a 유전자의 빈도를 0.3이라고 했을 때 집단 내에서 AA, Aa, aa 유전자형의 빈도는?

① AA : 0.7, Aa : 0.21, aa : 0.3
② AA : 0.49, Aa : 0.42, aa : 0.09
③ AA : 0.09, Aa : 0.42, aa : 0.49
④ AA : 0.7, Aa : 0, aa : 0.3

24 내병성 육종과정에 대한 설명으로 틀린 것은?

① 대상되는 병이 많이 발생하는 계절에 선발한다.
② 튼튼하게 키우기 위하여 농약 살포를 충분히 한다.
③ 대상되는 병에 대해 제일 약한 품종을 일정한 간격으로 심는다.
④ 병원균을 인위적으로 살포하여 준다.

25 식물조직배양 기술 중 배주(胚珠)배양이나 배(胚)배양은 주로 어떤 경우에 적용하는가?

① 품질이 우수한 품종을 육성코자 할 때
② 여교배에 의하여 동질 유전자 계통을 육성코자 할 때
③ 종속 간 교배에 의한 유용한 유전자 도입을 목표로 할 때
④ 수량이 많은 합성품종을 육성코자 할 때

26 종속 간 교잡육종법의 장점은?

① 교잡을 하기 쉽다.
② 종자의 임실률이 높아진다.
③ 변이의 폭을 확대할 수 있다.
④ 적은 수의 유전자를 집적하는 방법이다.

27 토마토 과실 하나 안에 종자가 500개 생겼을 때에 그 생성 과정을 바르게 설명한 것은?

① 한 개의 난세포와 한 개의 화분에 의해 생긴 한 개의 접합자가 분열하여 500개의 종자를 생산하였다.
② 한 개의 난세포가 500개의 화분에 의해 수정되어 종자로 발육하였다.
③ 500개의 난세포가 하나의 화분에 의해 수정되어 종자로 발육하였다.
④ 500개의 난세포가 각각 다른 화분에 의해 수정되어 종자로 발육하였다.

정답　19 ②　20 ③　21 ④　22 ①　23 ②　24 ②　25 ③　26 ③　27 ④

28 다음 중 일대잡종을 가장 많이 이용하는 작물은?

① 벼
② 옥수수
③ 밀
④ 콩

29 배우체형 자가불화합성과 포자체형 자가불화합성의 차이를 옳게 설명한 것은?

① 불화합성이 배우체형은 화주 내에서, 그리고 포자체형은 주두의 표면에서 발현된다.
② 불화합성 관련 대립유전자 간에 배우체형은 우열관계, 포자체형은 공우성 관계가 성립된다.
③ 주두 표면의 특성 비교 시 배우체형 식물의 주두는 건성이고, 포자체형 식물의 주두는 습성(점성)이다.
④ 불화합성에 관련된 유전자가 배우체형은 한 쌍이고, 포자체형은 여러 쌍이다.

30 육성계통의 생산력 검정을 위한 포장시험에서 주의해야 할 사항으로 가장 거리가 먼 것은?

① 토양의 균일성 유지
② 품종 및 계통의 임의 배치
③ 반복실험
④ 일장처리

31 유전자(Gene)를 가장 바르게 표현한 것은?

① Plasmagene
② 핵산과 단백질로 구성된 물질
③ 질소를 가진 염기 3개로 구성된 RNA 절편
④ 단백질 합성을 위한 완전한 염기코드를 가진 DNA 절편

32 품종 퇴화를 방지하고 품종의 특성을 유지하는 방법으로 틀린 것은?

① 개체집단선발법
② 계통집단선발법
③ 방임 수분
④ 격리재배

33 주로 타가수정 작물에 적용하는 육종방법으로, 개체 또는 계통의 집단을 대상으로 선발을 거듭하는 방법은?

① 계통분리법
② 인공교배법
③ 도입육종법
④ 단위생식 이용법

34 원연종 간의 유전질 조합방법으로 체세포를 이용하는 것은?

① 복교잡
② 원형질체 융합
③ 3계교잡
④ 배배양

35 벼 농사의 녹색 혁명과 관련이 있는 기관은?

① USDA
② CIMMYT
③ IRRI
④ AVRDC

36 육종을 위한 교배친 선정 시 고려할 사항으로 틀린 것은?

① 교배친으로 사용한 실적을 참고, 우량품종을 육성한 실적이 많은 계통을 교배친으로 사용한다.
② 목표형질 이외에 자방친과 화분친의 유전적 조성이 다를수록 좋다.
③ 대상지역의 주요 품종과 주요 품종의 결점을 보완할 수 있는 품종을 교배친으로 선정하는 것이 바람직하다.
④ 여러 지역에서 수집한 자원은 같은 장소에서 특성을 조사해야 하며, 양적 형질은 여러 해 반복해서 조사해야 한다.

해설
② 목표형질 이외에 자방친과 화분친의 유전적 조성이 유사할수록 좋다.

37 장벽수정(Hercogamy)의 대표적 식물은?

① 양파　　　　　② 복숭아
③ 붓꽃　　　　　④ 국화

장벽수정(Hercogamy)
꽃잎이 있는 부분에는 암술이 숨어 있다는 것이다.
붓꽃은 대표적으로 장벽수정을 하는 것을 볼 수 있다.

38 냉이의 삭과형에서 부채꼴×창꼴의 F_1은 부채꼴이고, F_2에서는 부채꼴과 창꼴이 15 : 1로 분리된다면, 이러한 유전인자는?

① 보족유전자　　② 억제유전자
③ 중복유전자　　④ 변경유전자

39 자식성 작물의 변이집단에서 개체선발 효과를 알기 위한 척도가 되는 것은?

① 유전력　　　　② 표현형 지배가
③ 잡종강세 현상　④ 자식약세 현상

40 자식열세 현상의 설명으로 옳은 것은?

① 자가수정 작물이나 타가수정 작물 모두에서 나타난다.
② 열성 유전자의 동형화에 의하여 불량형질이 나타난다.
③ 자식열세 현상은 세대를 거듭하여도 거의 일정한 비율로 나타난다.
④ 자식열세 현상은 자식 초기에는 적지만 자식 후기에는 크다.

41 감자나 고구마의 파종기나 이식기가 늦어졌을 때 T/R률이 커지는 이유로 옳은 것은?

① 탄수화물의 축적이 지하부에서 더 빨리 진행되기 때문이다.
② 지하부의 중량 감소가 지상부의 중량 감소보다 커지기 때문이다.
③ 지하부의 생장보다 지상부의 생장이 더 크게 저해되기 때문이다.
④ 지하부에 질소 집적이 많아지고 단백질 합성이 왕성해지기 때문이다.

42 작물의 냉해에 대한 설명으로 틀린 것은?

① 병해형 냉해는 단백질의 합성이 증가되어 체내에 암모니아 축적이 적어지는 형의 냉해이다.
② 혼합형 냉해는 지연형 냉해, 장해형 냉해, 병해형 냉해가 복합적으로 발생하여 수량이 급감하는 형의 냉해이다.
③ 장해형 냉해는 유수형성기부터 개화기까지, 특히 생식세포의 감수분열기에 냉온으로 불임현상이 나타나는 형의 냉해이다.
④ 지연형 냉해는 생육 초기부터 출수기에 걸쳐서 여러 시기에 냉온을 만나서 출수가 지연되고, 이에 따라 등숙이 지연되어 후기의 저온으로 인하여 등숙 불량을 초래하는 냉해이다.

43 우량종자가 갖추어야 할 조건으로 틀린 것은?

① 발아력이 좋아야 한다.
② 초기 신장성이 좋아야 한다.
③ 유전적으로 다양해야 한다.
④ 병해충에 감염되지 않아야 한다.

44 목초의 하고현상(夏枯現象)에 대한 설명으로 옳은 것은?

① 일년생 남방형 목초가 여름철에 많이 발생한다.
② 다년생 북방형 목초가 여름철에 많이 발생한다.
③ 여름철의 고온, 다습한 조건에서 많이 발생한다.
④ 월동목초가 단일(短日) 조건에서 많이 발생한다.

45 나팔꽃 대목에 고구마 순을 접목하여 개화를 유도하는 이론적 근거로 가장 적합한 것은?

① C/N율
② G-D 균형
③ L/W율
④ T/R률

46 1년생 가지에서 결실하는 과수로만 나열된 것은?

① 복숭아-감
② 사과-밤
③ 감-밤
④ 복숭아-사과

47 작물의 내열성에 대한 설명으로 옳은 것은?

① 어린잎이 늙은 잎보다 내열성이 크다.
② 세포 내의 점성이 높으면 내열성이 증대한다.
③ 세포 내의 유리수가 많으면 내열성이 증대된다.
④ 세포 내의 단백질 함량이 많으면 내열성이 감소한다.

48 비선택성의 파종 전 처리 제초제로서 제초 효과가 높고 값이 싸 널리 이용되었으나, 음독 농약으로 사회적 물의를 일으키는 등 문제됨에 따라 최근 사용이 금지된 것은?

① Simazine
② Paraquat
③ Alachlor
④ Bentazon

49 기지의 원인이 되는 토양전염병이 아닌 것은?

① 완두 모잘록병
② 인삼 뿌리썩음병
③ 사과적진병
④ 토마토 풋마름병

50 식물의 생장을 억제하는 물질이 아닌 것은?

① B-nine(B-9)
② CCC(Cycocel)
③ Mh(Maleic Hydrazide)
④ NAA(1-Naphthaleneacetic Acid)

51 토양수분과 작물 생육의 관계를 옳게 설명한 것은?

① 포장용수량의 pF는 2.5~2.7 정도이다.
② 작물생육에 적합한 수분함량은 pF 3.0~4.7 정도이다.
③ 작물이 주로 이용하는 수분은 중력수와 토양입자 흡습수이다.
④ 초기위조점에 달한 식물은 수분을 공급해도 살아나기 어렵다.

52 바람이 작물에 미치는 영향을 설명한 것으로 옳은 것은?

① 냉풍은 작물체온을 저하시키나 냉해를 유발시키지 않는다.
② 강한 바람으로 기공이 열려 이산화탄소의 흡수가 증가되므로 광합성을 조장한다.
③ 강한 바람에 의해서 상처가 나면 호흡이 증대하여 체내 양분의 소모가 증대한다.
④ 일반적으로 벼의 백수현상은 습도 60%에서는 풍속 10m/s에서도 발생하지 않는다.

정답   44 ②   45 ①   46 ③   47 ②   48 ②   49 ③   50 ④   51 ①   52 ③

53 미숙한 상태의 종자에 이 처리를 하게 되면 배가 더 성숙하여 실제 파종 시 발아율이 향상된다. 즉, 저장 중의 종자를 일시적으로 약간의 수분을 흡수하게 했다가 다시 건조하여 종자를 보관하는 종자처리 방법은?

① 침종(Seed Soaking)
② 펠릿팅(Pelleting)
③ 프라이밍(Priming)
④ 지베렐린(Gibberellin) 처리

54 접목 육묘 시 활착률을 높이기 위해 필요한 검토사항으로 적절하지 않은 것은?

① 접목 시 가능한 한 상처 면적을 줄이기 위해 절단면을 작게 한다.
② 대목과 접수의 접목친화성이 낮으면 대승현상이나 대부현상 등이 발생하여 생육이 왕성한 시기에 접목부위를 통한 양수분의 이동이 적어져 말라죽는다.
③ 접목시기는 대부분 겨울철로 저온과 낮은 상대습도로 인해 활착이 늦어지고 활착률이 떨어지므로 접목상 내는 저온이 되지 않도록 하고 가습장치를 이용하여 상대습도가 지나치게 낮지 않도록 해야 한다.
④ 이병주 접목에 따른 연쇄적인 병 발생 방지를 위해 접목도구의 소독문제를 고려해야 한다.

55 습해의 대책으로 적합하지 않은 것은?

① 배수시설을 설치한다.
② 밭에서는 휴립휴파 재배를 한다.
③ 과산화석회(CaO_2)를 종자에 분의하여 파종한다.
④ 미숙 유기물과 황산근 비료를 사용하여 입단 형성을 촉진시킨다.

56 Oryza sativa L.은 어떤 작물의 학명인가?

① 밀   ② 토마토
③ 벼   ④ 담배

57 요수량에 대한 설명으로 틀린 것은?

① 건물 생산의 속도가 낮은 생육 초기의 요수량이 크다.
② 토양수분의 과다 및 과소, 척박한 토양 등의 환경 조건은 요수량을 크게 한다.
③ 수수·기장·옥수수 등이 크고, 알팔파·클로버 등이 적다.
④ 광 부족, 많은 바람, 공기습도의 저하, 저온과 고온은 요수량을 크게 한다.

58 엽록소 형성에 가장 효과적인 광파장은?

① 황색광 영역   ② 자외선과 자색광 영역
③ 녹색광 영역   ④ 청색광과 적색광 영역

59 스위스의 식물학자로 산야에서 채취한 과실을 먹고 던져둔 종자에서 똑같은 식물이 자라는 것을 보고 파종이라는 관념을 배웠을 것으로 추정한 사람은?

① A.P. De Candolle   ② G. Allen
③ H.J.E. Peake   ④ P. Dettweiler

60 작물과 온도의 관계를 바르게 설명한 것은?

① 고등식물의 열사 온도는 대략 80~90℃이다.
② 밤이나 그늘의 작물체온은 기온보다 높아지기 쉽다.
③ 고구마는 변온보다 항온조건에서 덩이뿌리의 발달이 촉진된다.
④ 혹서기에 토양온도는 기온보다 10℃ 이상 높아질 수 있다.

61 보호살균제에 해당하는 것은?

① 석회보르도액
② 페나리몰 유제
③ 스트렙토마이신 수화제
④ 가스가마이신 액제

62 우리나라 맥류포장의 동계 1년생에 해당되는 잡초는?

① 애기수영
② 왕바랭이
③ 광대나물
④ 민들레

63 약제가 해충의 먹이와 함께 소화관으로 들어가서 해충을 죽일 수 있는 것은?

① 독제
② 접촉제
③ 훈증제
④ 기피제

64 사과나무 부란병의 증세에 대한 설명으로 옳은 것은?

① 기주교대를 보이는 병이다.
② 균사형태로 전염되는 병이다.
③ 잡초에 병원체가 월동하며, 토양으로 전염되는 병이다.
④ 주로 빗물에 의해 전파되며, 발병 부위에 알코올 냄새가 난다.

65 농약제조용 증량제의 특성에 대한 설명으로 틀린 것은?

① 증량제 입자의 크기는 분제의 분산성, 비산성, 부착성에 영향을 미친다.
② 증량제의 강도가 너무 강하면 농약 살포 때 살분기의 마모가 심하다.
③ 증량제의 수분 함량 및 흡습성이 높으면 살포된 농약의 응집력이 증대되어 분산성이 향상된다.
④ 농약의 저장 중 증량제에 의해 유효성분이 분해되지 않고 안정성이 유지되어야 한다.

> **해설**
> ③ 증량제의 수분 함량 및 흡습성이 높으면 살포된 농약의 응집력이 증대되어 분산성이 저하된다.

66 해충의 종합적 방제를 위한 방안으로 해충의 발생밀도 조사방법 중 주광성을 이용해 해충의 발생시기, 발생량, 발생장소 등을 조사하기 위한 방법은?

① 페로몬 조사법
② 수반조사법
③ 예찰등 조사법
④ 포충망 조사법

67 잡초의 생태적 방제법 중 작물의 경합력 증진을 위한 재배조치로 경합특성 이용법에 해당하는 것은?

① 윤작, 재식밀도
② 피복, 예취
③ 시비, 열처리
④ 경운, 침수처리

68 달리아, 튤립, 글라디올러스 등에 발생하는 바이러스병의 가장 중요한 1차 전염원은?

① 상토
② 곤충
③ 양액
④ 구근

69 가장 바람직한 작물병의 방제방법은?

① 화학약제의 충분한 사용
② 저항성 품종의 재배
③ 질소질 비료의 충분한 시비
④ 포장 청결

70 완전변태 곤충의 유리한 점은?

① 유충과 성충의 형태가 거의 같아서 분류에 용이하다.
② 유충과 성충의 먹이와 서식처의 경합이 생기지 않는다.
③ 유충과 성충의 먹이가 같으므로 먹이 찾는 데 유리하다.
④ 유충과 성충이 같은 곳에 살 수 있어서 서식공간 확보에 유리하다.

71 특정 품종의 기주식물을 침해할 뿐, 다른 품종은 침해하지 못하는 집단은?

① 클론　　　　　　　② 품종
③ 레이스　　　　　　④ 스트레인

72 노균병, 역병을 일으키는 난균류(Oomycetes)의 특징으로 옳은 것은?

① 격벽이 있는 긴 균사체이다.
② 일반적으로 분생포자와 후막포자를 형성한다.
③ 장정기와 장란기의 결합으로 유주포자를 생성한다.
④ 균사체는 주로 글루칸과 셀룰로스로 이루어져 있다.

73 적절한 해충 방제방법으로 볼 수 없는 것은?

① 예찰을 통해 적기에 방제한다.
② 해충밀도가 zero 상태가 될 때까지 주기적으로 농약을 살포함으로써 해충 발생을 사전에 예방한다.
③ 동일한 작용기작의 농약은 연속하여 사용하지 않는다.
④ 내충성 품종이나 작물을 재배한다.

74 다음 설명에 해당하는 해충은?

- 성충은 긴 주둥이로 열매에 구멍을 내고 산란한다.
- 부화유충은 과실 내부를 가해하고 똥을 외부로 배출하지 않아 피해 과실을 구별하기 어렵다.

① 밤나무순혹벌　　　② 복숭아명나방
③ 거위벌레　　　　　④ 밤바구미

75 작물 피해의 주요 원인 중 생물요소인 것은?

① 진균　　　　　　　② 풍해
③ 오염된 물　　　　　④ 영양장애

76 잡초방제를 위한 제초제의 살포에 있어 살포액의 부착성이 뛰어나고 중복살포나 살포되지 않는 부분이 없도록 살포하기에 가장 접합한 살포방법은?

① 스프링클러(Sprinkler)법
② 미스트(Mist Spray)법
③ 폼스프레이(Form Spray)법
④ 분무(Spray)법

77 식물병 삼각형의 요인이 아닌 것은?

① 병원체　　　　　　② 저항성
③ 감수체　　　　　　④ 환경

78 복숭아심식나방에 대한 설명으로 틀린 것은?

① 일반적으로 연 2회 발생한다.
② 부화유충은 과실 내부에 침입하여 식해한다.
③ 방제를 위해 봉지 씌우기를 하면 효과적이다.
④ 월동태는 유충태로 나무껍질 속에서 겨울을 보낸다.

79 제초제의 선택성 중 작물과 잡초 간의 연령 차이와 공간적 차이에 의해 잡초만을 방제하는 유형은?

① 생리적 선택성　　② 생화학적 선택성
③ 형태적 선택성　　④ 생태적 선택성

80 유기인계 농약에 대한 설명으로 틀린 것은?

① 많은 주요 살충제가 유기인 화합물에서 개발되어 왔다.
② 인(P)을 중심으로 각종 원자나 원자단이 결합되어 있다.
③ Streptomycin, polyoxin이 속한다.
④ 식물체내에서는 분해가 빠르며 축적작용이 없다.

제5과목　종자 관련 법규

81 「식물신품종 보호법」상 7년 이하의 징역 또는 1억 원 이하의 벌금에 해당하지 않는 것은?

① 품종보호권 및 전용실시권을 침해한 자
② 품종보호권 및 전용실시권의 상속을 신고하지 않은 자
③ 당해품종보호권의 설정등록이 되어 있는 임시보호권을 침해한 자
④ 거짓이나 기타 부정한 방법으로 품종보호결정 또는 심결을 받은 사

> 해설

침해죄(해당하는 자는 7년 이하의 징역 또는 1억 원 이하의 벌금)
1. 품종보호권 또는 전용실시권을 침해한 자
2. 권리를 침해한 자. 다만, 해당 품종보호권의 설정등록이 되어 있는 경우만 해당한다.
3. 거짓이나 그 밖의 부정한 방법으로 품종보호결정 또는 심결을 받은 자
※ 품종보호권 및 전용실시권의 상속을 신고하지 않은 자는 50만 원 이하의 과태료를 부과한다.

82 「종자산업법」에서 정의된 '종자'로 옳지 않은 것은?

① 재배용 볍씨
② 약제용 당귀 뿌리
③ 양식용 버섯의 종균
④ 증식용 튤립의 구근

> 해설

"종자"란 증식용 · 재배용 또는 양식용으로 쓰이는 씨앗, 버섯 종균(種菌), 묘목(苗木), 포자(胞子) 또는 영양체(營養體)인 잎 · 줄기 · 뿌리 등을 말한다.

83 다음 중 수입적응성 시험의 대상작물이 아닌 것은?

① 호박　　　　　　② 국화
③ 수수　　　　　　④ 버들송이

> 해설

수입적응성 시험의 대상작물
1. 식량작물(13)
   벼, 보리, 콩, 옥수수, 감자, 밀, 호밀, 조, 수수, 메밀, 팥, 녹두, 고구마
2. 채소(18)
   무, 배추, 양배추, 고추, 토마토, 오이, 참외, 수박, 호박, 파, 양파, 당근, 상추, 시금치, 딸기, 마늘, 생강, 브로콜리
3. 버섯(11)
   양송이, 느타리, 영지, 팽이, 표고, 잎새, 목이, 버들송이, 만가닥버섯, 복령, 상황버섯
4. 약용작물(22)
   곽향, 당귀, 맥문동, 반하, 방풍, 백출, 사삼, 산약, 시호, 오가피, 우슬, 작약, 지황, 창출, 천궁, 하수오, 향부자, 황금, 황기, 전칠, 파극, 택사
5. 목초 사료 및 녹비작물(29)
6. 인삼
7. 산림 및 조경용등 기타용도

---

84 종자산업법규상 종자보증과 관련하여 형의 선고를 받은 종자관리사에 대한 행정처분의 기준으로 맞는 것은?

① 등록취소   ② 업무정지 1년
③ 업무정지 6월   ④ 업무정지 3월

> **해설**
>
> 직무를 게을리하거나 중대한 과오(過誤)를 저질렀을 때에는 그 등록을 취소하거나 1년 이내의 기간을 정하여 그 업무를 정지시킬 수 있다.

85 국유품종보호권의 정의로 옳은 것은?

① 국가가 구입한 품종보호권
② 국가 간에 거래되는 품종보호권
③ 국가 명의로 등록된 품종보호권
④ 국가가 생산 · 공급하는 종자의 품종보호권

> **해설**
>
> "국유품종보호권"이란 식물신품종 보호법에 따라 국가 명의로 등록된 품종보호권을 말한다.

86 「식물신품종 보호법」상 품종보호권의 효력이 미치지 않는 것이 아닌 것은?

① 자가소비를 하기 위한 보호품종 실시
② 다른 품종을 육성하기 위한 보호품종 실시
③ 실험 또는 연구를 하기 위한 보호품종 실시
④ 농업인을 대상으로 판매하기 위한 보호품종 실시

> **해설**
>
> **품종보호권의 효력이 미치지 아니하는 범위**
> 1. 다음의 어느 하나에 해당하는 경우에는 제56조에 따른 품종보호권의 효력이 미치지 아니한다.
>   ㉠ 영리 외의 목적으로 자가소비(自家消費)를 하기 위한 보호품종의 실시
>   ㉡ 실험이나 연구를 하기 위한 보호품종의 실시
>   ㉢ 다른 품종을 육성하기 위한 보호품종의 실시
> 2. 농어업인이 자가생산(自家生産)을 목적으로 자가채종(自家採種)을 할 경우 농림축산식품부장관 또는 해양수산부장관은 해당 품종에 대한 품종보호권을 제한할 수 있다.

87 품종목록 등재의 유효기간에 관한 설명으로 옳은 것은?

① 품종목록을 등재한 날부터 10년
② 품종목록을 등재한 날부터 15년
③ 품종목록을 등재한 날이 속한 해의 다음 해부터 10년
④ 품종목록을 등재한 날이 속한 해의 다음 해부터 15년

> **해설**
>
> ㉠ 품종목록 등재의 유효기간은 등재한 날이 속한 해의 다음 해부터 10년까지로 한다.
> ㉡ 품종목록 등재의 유효기간은 유효기간 연장신청에 의하여 계속 연장될 수 있다.
> ㉢ 품종목록 등재의 유효기간 연장신청은 그 품종목록 등재의 유효기간이 끝나기 전 1년 이내에 신청하여야 한다.

88 「종자산업법」상 종자의 보증 효력을 잃은 경우는?

① 보증한 종자를 판매한 경우
② 보증한 종자를 다른 지역으로 이동한 경우
③ 보증의 유효기간이 하루 지난 종자의 경우
④ 당해 종자를 보증한 종자관리사의 감독하에 분포장하는 경우

> **해설**
>
> **보증의 실효**
> ㉠ 보증표시를 하지 아니하거나 보증표시를 위조 또는 변조하였을 때
> ㉡ 보증의 유효기간이 지났을 때
> ㉢ 포장한 보증종자의 포장을 뜯거나 열었을 때. 다만, 해당 종자를 보증한 보증기관이나 종자관리 사의 감독에 따라 분포장(分包裝)하는 경우는 제외한다.
> ㉣ 거짓이나 그 밖의 부정한 방법으로 보증을 받았을 때

정답   84 ①   85 ③   86 ④   87 ③   88 ③

89 국가품종목록의 등재 대상으로 옳지 않은 것은?

① 사료용 옥수수는 국가 품종목록 등재 대상에서 제외한다.
② 대통령령으로 국가품종목록 등재 대상작물을 추가하여 정할 수 있다.
③ 국가품종목록에 등재할 대상작물은 벼·보리·콩·옥수수·감자이다.
④ 국가품종목록 등재는 작물의 품종성능관리를 위하여 모든 작물에 실시한다.

품종목록에 등재할 수 있는 대상작물은 벼, 보리, 콩, 옥수수, 감자와 그 밖에 대통령령으로 정하는 작물로 한다. 다만, 사료용은 제외한다.

90 품종보호 출원 중인 품종에 대하여 관련 농림축산식품부 직원이 그 직무상 알게 된 비밀을 누설하였을 경우 처벌규정으로 옳은 것은?

① 5년 이하의 징역 또는 5천만 원 이하의 벌금
② 3년 이하의 징역 또는 5천만 원 이하의 벌금
③ 2년 이하의 징역 또는 1천만 원 이하의 벌금
④ 1년 이하의 징역 또는 5백만 원 이하의 벌금

비밀누설죄
심판위원회 직원 또는 그 직위에 있었던 사람이 직무상 알게 된 품종보호 출원 중인 품종에 관하여 비밀을 누설하거나 도용하였을 때에는 5년 이하의 징역 또는 5천만 원 이하의 벌금에 처한다.

91 품종보호출원에 관한 설명으로 옳지 않은 것은?

① 품종보호를 받을 수 있는 자는 육성자 또는 그 승계인이다.
② 국내에 주소를 두지 않은 외국인이 국내에 출원할 때는 품종보호관리인을 두어야 한다.

③ 국제식물신품종보호동맹(UPOV)에 가입하지 않은 국가의 국민은 우리나라에 출원할 수 없다.
④ 같은 품종에 대하여 다른 날에 둘 이상의 품종보호 출원이 있을 때에는 먼저 품종보호를 출원한 자만이 그 품종에 대하여 품종보호를 받을 수 있다.

외국인의 권리능력
재외자 중 외국인은 다음 각 호의 어느 하나에 해당하는 경우에만 품종보호권이나 품종보호를 받을 수 있는 권리를 가질 수 있다.
1. 해당 외국인이 속하는 국가에서 대한민국 국민에 대하여 그 국민과 같은 조건으로 품종보호권 또는 품종보호를 받을 수 있는 권리를 인정하는 경우
2. 대한민국이 해당 외국인에게 품종보호권 또는 품종보호를 받을 수 있는 권리를 인정하는 경우에는 그 외국인이 속하는 국가에서 대한민국 국민에 대하여 그 국민과 같은 조건으로 품종보호권 또는 품종보호를 받을 수 있는 권리를 인정하는 경우
3. 조약 및 이에 준하는 것에 따라 품종보호권이나 품종보호를 받을 수 있는 권리를 인정하는 경우

92 「종자산업법」에서 "작물"의 정의로 옳은 것은?

① 농산물 또는 수산물의 생산을 위하여 재배되는 일부 특정 식물
② 농산물 또는 수산물의 생산을 위하여 재배되는 모든 식물과 동물
③ 농산물·임산물 또는 수산물의 생산을 위하여 재배되는 모든 식물과 동물
④ 농산물, 임산물 또는 수산물의 생산을 위하여 재배되거나 양식되는 모든 식물

"작물"이란 농산물, 임산물 또는 수산물의 생산을 위하여 재배되거나 양식되는 모든 식물을 말한다.

93 품종보호 출원 시 심판청구 수수료로 옳은 것은?

① 품종당 5만 원 ② 품종당 7만 원
③ 품종당 10만 원 ④ 품종당 15만 원

해설

품종보호 출원 등에 관한 수수료

1. 품종보호관리인의 선임등록 또는 변경등록 수수료 : 품종당 5천 5백 원
2. 품종보호 출원수수료 : 품종당 3만 8천 원
3. 품종보호 심사수수료
   가. 서류심사 : 품종당 5만 원
   나. 재배심사 : 재배시험 때마다 품종당 50만 원
4. 우선권주장 신청수수료 : 품종당 1만 8천 원
5. 통상실시권 설정에 관한 재정신청수수료 : 품종당 10만 원
6. 심판청구수수료 : 품종당 10만 원
7. 재심청구수수료 : 품종당 15만 원

94 「식물신품종 보호법」상 품종의 보호요건으로만 묶인 것은?

① 구별성, 균일성, 안정성
② 상업성, 구별성, 안정성
③ 신규성, 상업성, 안정성
④ 안정성, 균일성, 신규성

해설

품종보호 요건

㉠ 신규성 ㉡ 구별성
㉢ 균일성 ㉣ 안정성
㉤ 품종보호를 받기 위하여 출원하는 품종은 1개의 고유한 품종 명칭을 가져야 한다.

95 유통종자의 품질표시 내용으로 옳지 않은 것은?

① 품종의 명칭
② 종자의 생산지
③ 재배 시 특히 주의할 사항
④ 종자의 포장당 무게 또는 낱알 개수

해설

유통종자의 품질표시

국가보증 대상이 아닌 종자나 자체 보증을 받지 아니한 종자를 판매하거나 보급하려는 자는 다음의 사항을 모두 종자의 용기나 포장에 표시(이하 "품질표시"라 한다)하여야 한다.

1. 품종의 명칭
2. 종자의 발아율(버섯종균의 경우에는 종균 접종일)
3. 종자의 포장당 무게 또는 낱알 개수
4. 수입 연월 및 수입자명(수입종자의 경우만 해당하며, 국내에서 육성된 품종의 종자를 해외에서 채종하여 수입하는 경우는 제외한다)
5. 재배 시 특히 주의할 사항
6. 종자업 등록번호(종자업자의 경우만 해당한다)
7. 품종보호 출원공개번호 또는 품종보호 등록번호
8. 품종 생산·수입 판매 신고번호
9. 규격묘 표시
10. 유전자변형종자 표시
11. 종자의 생산 연도 또는 포장 연월
12. 종자의 발아(發芽) 보증시한

96 농림축산식품부장관이 국가품종목록 등재 품종의 종자를 생산하고자 할 때 그 생산을 대행하게 할 수 없는 자는?

① 산림청장 ② 마포구청장
③ 서울특별시장 ④ 해양항만청장

해설

품종목록 등재품종 등의 종자생산

농림축산식품부장관이 품종목록에 등재한 품종의 종자 또는 농산물의 안정적인 생산에 필요하여 고시한 품종의 종자를 생산할 경우에는 다음의 어느 하나에 해당하는 자에게 그 생산을 대행하게 할 수 있다. 이 경우 농림축산식품부장관은 종자생산을 대행하는 자에 대하여 종자의 생산·보급에 필요한 경비의 전부 또는 일부를 보조할 수 있다.

① 농촌진흥청장 또는 산림청장
② 특별시장·광역시장·특별자치시장·도지사 또는 특별자치도지사
③ 특별자치시장·특별자치도지사·시장·군수 또는 자치구의 구청장
④ 대통령령으로 정하는 농업단체 또는 임업단체
⑤ 농림축산식품부령으로 정하는 종자업자 또는 「농

어업경영체 육성 및 지원에 관한 법률」에 따른 농업경영체

97 「식물신품종 보호법」상 죄를 범한 자가 자수를 한 때에 그 형을 경감 또는 면제받을 수 있는 죄로 맞는 것은?

① 위증죄　　　　　② 침해죄
③ 비밀 누설죄　　　④ 허위 표시의 죄

해설

위증죄를 지은 사람이 그 사건의 결정 또는 심결 확정 전에 자수하였을 때에는 그 형을 감경하거나 면제할 수 있다.

98 포장검사 또는 종자검사를 받으려는 자는 별지 서식의 검사신청서를 누구에게 제출하여야 하는가?

① 국립종자원장　　　② 농촌진흥청장
③ 산림과학원장　　　④ 농림축산식품부장관

해설

포장검사 또는 종자검사를 받으려는 자는 검사신청서를 산림청장 · 국립종자원장 · 국립수산과학원장 또는 종자관리사에게 제출하여야 한다.

99 종자의 수출 · 수입을 제한하거나 수입된 종자의 국내유통을 제한할 수 있는 경우로 옳은 것은?

① 국내유전자원 보존에 심각한 지장을 초래할 우려가 있는 경우
② 국내에서 육성된 품종의 종자가 수출되어 복제될 우려가 크다고 판단될 경우
③ 지나친 수입으로 국내종자 산업발전에 막대한 지장을 초래할 우려가 있는 경우
④ 지나친 수출로 해당 작물의 생산이 크게 부족하여 해당 농산물의 자급률이 크게 악화될 우려가 있는 경우

해설

수출입 종자의 국내유통 제한
1. 수입된 종자에 유해한 잡초종자가 농림축산식품부장관이 정하여 고시하는 기준 이상으로 포함되어 있는 경우
2. 수입된 종자의 증식이나 교잡에 의한 유전자 변형 등으로 인하여 농작물 생태계 등 기존의 국내 생태계를 심각하게 파괴할 우려가 있는 경우
3. 수입된 종자의 재배로 인하여 특정 병해충이 확산될 우려가 있는 경우
4. 수입된 종자로부터 생산된 농산물의 특수성분으로 인하여 국민건강에 나쁜 영향을 미칠 우려가 있는 경우
5. 재래종 종자 또는 국내의 희소한 기본종자의 무분별한 수출 등으로 인하여 국내 유전자원(遺傳資源) 보존에 심각한 지장을 초래할 우려가 있는 경우

100 종자검사 항목 중에서 정립에 속하는 것은?

① 이물　　　　　② 주름진립
③ 잡초종자　　　④ 이종종자

해설

정립
이종종자, 잡초종자 및 이물을 제외한 종자를 말하며 다음의 것을 포함한다.
㉠ 미숙립, 발아립, 주름진립, 소립
㉡ 원래크기의 1/2 이상인 종자쇄립
㉢ 병해립(맥각병해립, 균핵병해립, 깜부기병해립 및 선충에 의한 충영립을 제외한다)
㉣ 목초나 화곡류의 영화가 배유를 가진 것

참고문헌 및 자료출처

1. 참고 인터넷 사이트

농림수산식품부(http : //www.maf.go.kr)
농촌진흥청(http : //www.rda.go.kr)
국립농산물품질관리원(http : //www.naqs.go.kr)

2. 참고문헌

「재배학」 최상민, 이그잼(EBS 교재)
「식용작물학」 최상민, 이그잼(EBS 교재)
「삼고 재배학원론」 박순직 외, 향문사
「쌀생산과학」 채제천, 향문사
「알기쉬운 벼 재배기술」 박광호 외, 향문사
「농산물품질평가와 관리」 채제천, 향문사
「재배학범론」 조재영 외, 향문사
「재배식물육종학」 박순직 외, 한국방송통신대학교 출판부
「재배식물생리학」 문원 외, 한국방송통신대학교 출판부
「외환경친화형농업」 류수노, 한국방송통신대학교 출판부
「외작물생산생태학」 이종훈, 한국방송통신대학교 출판부
「외식용작물학 I」 박순직, 한국방송통신대학교 출판부
「외식용작물학 II」 류수노, 한국방송통신대학교 출판부
「작물 생산 기술」 류수노, 교육인적자원부

최상민 교수 약력

■ 강의

- EBS 교육방송 농업직 담당(2006년)
- 전국 농업·농촌지도사 전문 강의
- 사무관 승진 농업·임업·농진청·농촌지도직 강의
- 농업자격증(종자, 유기농, 농산물품질관리사 및 기타) 강의
- 강원대학교 유기농업기능사, 종자기사 특강
- 충남대학교 종자기사 특강
- 前 (주)노량진 이그잼 고시학원 농업·농촌지도직 전임
- 前 대구 한국공무원고시학원 농업·농촌지도 전임
- 前 전주 행정고시학원
- 前 광주 서울고시학원
- 前 마산 중앙고시학원

■ 주요 저서

- 「종자기사산업기사 실기」 예문사
- 「종자기사산업기사 필기」 예문사
- 「종자기능사 필기·실기」 예문사
- 「토양학 이론서」 예문사
- 「유기농업기능사 필기·실기」 예문사
- 「EBS 식용작물학 이론서」 지식과미래
- 「EBS 재배학 이론서」 지식과미래
- 「재배학 핵심기출문제」 미래가치
- 「식용작물 핵심기출문제」 미래가치
- 「토양학 핵심기출문제」 미래가치
- 「작물생리학 핵심기출문제」 미래가치
- 「농촌지도론 핵심기출문제」 미래가치
- 「원예학, 원예작물학 이론서」 한국고시회
- 「작물생리학 이론서」 한국고시회

종자기사 · 산업기사 필기

발행일	2010. 5. 10	초판발행
	2011. 5. 20	개정 1판1쇄
	2012. 2. 20	개정 1판2쇄
	2013. 1. 10	개정 2판1쇄
	2014. 3. 5	개정 3판1쇄
	2017. 3. 20	개정 4판1쇄
	2018. 1. 10	개정 5판1쇄
	2019. 2. 20	개정 6판1쇄
	2020. 4. 20	개정 7판1쇄
	2021. 4. 10	개정 8판1쇄
	2022. 1. 10	개정 9판1쇄
	2022. 3. 10	개정 9판2쇄
	2023. 2. 10	개정 10판1쇄
	2024. 3. 20	개정 11판1쇄

저　자 | 최 상 민
발행인 | 정 용 수
발행처 | 예문사

주　소 | 경기도 파주시 직지길 460(출판도시) 도서출판 예문사
T E L | 031) 955 – 0550
F A X | 031) 955 – 0660
등록번호 | 11 – 76호

정가 : 32,000원

ISBN 978–89–274–5396–3　13520